Teubner Studienbücher Mathematik

Helmut Fischer, Helmut Kaul

Mathematik für Physiker

Helmut Fischer, Helmut Kaul

Mathematik für Physiker

Band 2: Gewöhnliche und partielle Differentialgleichungen, mathematische Grundlagen der Quantenmechanik

3., überarbeitete Auflage

Teubner

Bibliografische Information Der Deutschen Bibliothek
Die Deutsche Bibliothek verzeichnet diese Publikation in der Deutschen Nationalbibliografie; detaillierte bibliografische Daten sind im Internet über <http://dnb.ddb.de> abrufbar.

Dr. rer. nat Helmut Fischer

Akad. Oberrat i. R., geb. 1936 in Wuppertal. Ab 1955 Studium der Mathematik und Physik, Universität Tübingen bei E. Kamke, H. Wielandt und W. Braunbek. Angestellten- und Assistententätigkeit am Mathematischen Institut der Universität Tübingen, 1967 Promotion bei H. Wielandt. 1969 - 2001 Rat/Oberrat am Mathematischen Institut der Universität Tübingen.

Prof. Dr. rer. nat Helmut Kaul

Geboren 1936 in Gleiwitz. 1958-1965 Studium der Mathematik und Physik, Universität Göttingen und FU Berlin bei H. Grauert, K.-P. Grotemeyer, W. Klingenberg und S. Hildebrandt. 1970 Promotion, Universität Mainz. 1971-1977 Wiss. Rat und Professor, GHS Duisburg. 1978-2001 Professor, Universität Tübingen.

1. Auflage 1998
2. Auflage 2004
3., überarbeitete Auflage 2008

Lektorat: Ulrich Sandten / Kerstin Hoffmann

Der B. G. Teubner Verlag ist ein Unternehmen von Springer Science+Business Media.
www.teubner.de

Umschlaggestaltung: Ulrike Weigel, www.CorporateDesignGroup.de
Druck und buchbinderische Verarbeitung: Strauss Offsetdruck, Mörlenbach
Gedruckt auf säurefreiem und chlorfrei gebleichtem Papier.
Printed in Germany

ISBN 978-3-8351-0233-0

Vorwort

In diesem Band behandeln wir die Theorie und elementare Lösungsmethoden für wichtige Grundtypen von Differentialgleichungen der Physik und stellen mathematische Grundlagen für die Quantenmechanik bereit. Zielgruppe sind Studierende und Absolventen der Physik und der Mathematik, die sich mit Methoden und Ergebnissen der mathematischen Physik vertraut machen wollen.

Für die zahlreichen hier behandelten Problemstellungen und Methoden gibt es über die Literatur verstreut gute und detaillierte Darstellungen, deren gezielte Nutzung für Studierende aber oft einen großen Aufwand bedeutet. Wir wollen mit diesem Werk eine Übersicht geben und eine Orientierungshilfe bieten, indem wir wichtige Methoden hervorheben und die leitenden Grundgedanken herausarbeiten, die Theorie aber nicht bis in die letzten Details verfolgen.

Bei der Organisation dieses Bandes ließen wir uns von folgenden Gesichtspunkten leiten: Es sollte einen Leserkreis unterschiedlicher mathematischer Vorbildung angesprochen werden. Die Möglichkeit von Quereinstiegen sollte so gut es geht geboten und erleichtert werden. Daher verbot es sich, die benötigten umfangreichen Hilfsmittel aus der Analysis an den Anfang zu stellen, was zur Folge gehabt hätte, daß die Leser erst nach mehr als 120 Seiten bei den Kernthemen angekommen wären.

Dementsprechend sind wir stufenweise vorgegangen. Die ersten drei Kapitel setzen nur Kenntnisse aus Band 1 voraus. Sie führen in die Theorie gewöhnlicher Differentialgleichungen ein und enthalten partielle Differentialgleichungen, die sich mit elementaren Methoden behandeln lassen. Hierbei geht es um die schwingende Saite, die Wärmeleitung in einem Draht endlicher Länge, die stationäre Wärmeverteilung in der Kreisscheibe und nichtlineare partielle Differentialgleichungen erster Ordnung. Erst danach wird der für mehrdimensionale Differentialgleichungsprobleme benötigte mathematische Apparat in einem eigenen Kapitel bereitgestellt: Übersicht über die Lebesgue–Integration, Hilberträume, Glättung von Funktionen, Integralsätze, Fouriertransformation, schwache Lösungen und Distributionen. Da die dort entwickelten Hilfsmittel in den folgenden Kapiteln nicht gleich von Anfang an und auch nicht alle zugleich verwendet werden, empfehlen wir den Lesern, sich diese erst bei Bedarf anzueignen; die benötigten Vorkenntnisse werden jeweils zu Beginn eines Paragraphen genannt. Der Wegweiser auf der folgenden Seite kann der groben Orientierung dienen.

Bei diesem Aufbau waren Brüche nicht zu vermeiden. So werden z.B. die das Lebesgue–Integral betreffenden Beweise erst später im Rahmen einer allgemeinen Integrationstheorie nachgeholt, und für die Eigenwerttheorie des Laplace–Operators in § 15 wird auf einen Satz aus dem Schlußkapitel vorgegriffen.

Die meisten Beweise sind ausgeführt, um den logischen Zusammenhang der jeweiligen Theorie erkennbar zu machen und um dem Leser die Möglichkeit zu geben, sich einschlägige Argumentations- und Arbeitsweisen anzueignen. Wo Beweise weggelassen werden, haben wir uns bemüht, den Zugang zur Literatur gezielt zu erleichtern.

Bei der Fülle des Materials war es unvermeidlich, daß sich in die beiden ersten Auflagen einige Flüchtigkeitsfehler eingeschlichen haben, meistens leicht aus dem Kontext als solche zu erkennen. Auf einige Irrtümer und Beweislücken haben uns Kollegen und Studierende aufmerksam gemacht, denen wir für ihre Hinweise herzlich danken. Neben den notwendigen Berichtigungen haben wir für die dritte Auflage nur an wenigen Stellen größere Änderungen vorgenommen, um den gedanklichen Aufbau durchsichtiger zu machen.

Wir danken den Herren J. Hellmich, J. Hertle, R. Honegger und B. Kümmerer dafür, daß sie uns in vielen Diskussionen zu Fragen der Quantenmechanik beraten haben. Unser ganz besonderer Dank gilt Ralph Hungerbühler für die drucktechnische Ausgestaltung und die Anfertigung der Figuren. Ohne seine Sachkenntnis, seinen Einsatz, sein Verständnis und seine Geduld hätte dieser Band nicht entstehen können.

Tübingen, Oktober 2007 H. Fischer, H. Kaul

Zum Gebrauch. Ein Querverweis wie z.B. § 2 : 6.7 (b) bezieht sich auf § 2, Abschnitt 6, Unterabschnitt 6.7, Teil (b). Innerhalb von § 2 wird die betreffende Stelle lediglich in der Form 6.7 (b) zitiert.

Literaturverweise wie z.B. auf [132] Reed, M., Simon, B.: Methods of Modern Physics I–IV, Band II, Theorem X.14 erfolgen nach dem Muster

[132, II] X.14 oder [Reed–Simon II] X.14.

Durch das Symbol [ÜA] (Übungsaufgabe) wird dazu aufgefordert, Rechnungen, Beweisschritte oder Übungsbeispiele selbst auszuführen.

Wegweiser. Mit den Grundkenntnissen aus Band 1 direkt zugänglich sind § 6 (Fourierreihen, Separationsansätze), §§ 8, 9 (Lebesgue–Integral, Hilberträume), § 12 (Fouriertransformation), jeweils die ersten drei Abschnitte von § 16 (Wärmeleitungsgleichung) und von § 17 (Wellengleichung) sowie §§ 19, 20 (Wahrscheinlichkeit, Maß und Integral). Die Charakteristikenmethode für partielle Differentialgleichungen erster Ordnung in § 7 setzt die Theorie gewöhnlicher Differentialgleichungen (§ 2) voraus. Für das Schlußkapitel über mathematische Grundlagen der Quantenmechanik sind elementare Kenntnisse über das Lebesgue–Integral nützlich und die Theorie der Hilberträume (§ 9) unerläßlich; darüber hinaus sind nur wenige, zu Beginn jedes Paragraphen benannte Vorkenntnisse aus dem vorangehenden Text erforderlich.

Fehlermeldungen und Verbesserungsvorschläge von unseren Lesern nehmen die Autoren dankbar entgegen unter `helmut.kaul@uni-tuebingen.de`.

Inhalt

Kapitel VI Mathematische Grundlagen der Quantenmechanik

§ 18 Mathematische Probleme der Quantenmechanik

§ 19 Maß und Wahrscheinlichkeit

§ 20 Integration bezüglich eines Maßes

§ 21 Spektrum und Funktionalkalkül symmetrischer Operatoren

Kapitel I Übersicht

§ 1 Beispiele für Differentialgleichungsprobleme

1 Gewöhnliche Differentialgleichungen

1.1 Mechanische Systeme

Die Hamiltonschen kanonischen Gleichungen

$$\begin{aligned}\dot{q}_k(t) &= \frac{\partial H}{\partial p_k}(t, q_1(t), \ldots, q_N(t), p_1(t), \ldots, p_N(t)) \quad (k = 1, \ldots, N)\,, \\ \dot{p}_k(t) &= -\frac{\partial H}{\partial q_k}(t, q_1(t), \ldots, q_N(t), p_1(t), \ldots, p_N(t)) \quad (k = 1, \ldots, N)\end{aligned}$$

stellen ein gekoppeltes System von gewöhnlichen Differentialgleichungen dar. Durch Zusammenfassung der Orts– und Impulsvariablen zu einem Vektor $\mathbf{y}(t) = (\mathbf{q}(t), \mathbf{p}(t))$ erhält dieses die Gestalt

$$\dot{\mathbf{y}}(t) = \mathbf{f}(t, \mathbf{y}(t))\,, \quad \text{kurz} \quad \dot{\mathbf{y}} = \mathbf{f}(t, \mathbf{y}).$$

Von solchen Systemen erwarten wir deterministisches Verhalten: Durch Kenntnis des Zustandsvektors $\mathbf{y}_0 = (\mathbf{q}_0, \mathbf{p}_0)$ zu irgend einem Zeitpunkt t_0 ist die Lösung $\mathbf{y}(t) = (\mathbf{q}(t), \mathbf{p}(t))$ in Vergangenheit und Zukunft eindeutig bestimmt. Das bedeutet, daß das **Anfangswertproblem**

$$(*) \quad \dot{\mathbf{y}} = \mathbf{f}(t, \mathbf{y})\,, \quad \mathbf{y}(t_0) = \mathbf{y}_0\,.$$

eine eindeutig bestimmte Lösung haben soll. Deren explizite Bestimmung ist in der Regel nicht möglich und steht auch nicht in jedem Fall im Vordergrund des Interesses. Die statistische Mechanik will beispielsweise Aussagen über Eigenschaften des Flusses im Phasenraum machen (Volumentreue, Raummittel, Zeitmittel). Eine andere Frage richtet sich auf das qualitative Verhalten der Lösungen in der Nähe von Gleichgewichtslagen von Systemen $\dot{\mathbf{y}} = \mathbf{f}(\mathbf{y})$, z.B. bei zeitunabhängiger Hamilton–Funktion oder bei gedämpften mechanischen Systemem

$$\dot{\mathbf{q}} = M(\mathbf{q})\,\mathbf{p}\,, \quad \dot{\mathbf{p}} = -\nabla U(\mathbf{q}) - D(\mathbf{q})\,\mathbf{p}$$

mit positiv definiten Massematrizen $M(\mathbf{q})$ und Dämpfungsmatrizen $D(\mathbf{q})$.

Um über diese und andere Fragen nach dem qualitativen Verhalten ohne explizite Kenntnis der Lösungen entscheiden zu können, bedarf es einer allgemeinen Theorie der Anfangswertprobleme $(*)$: Existenz und Eindeutigkeit von Lösungen, Existenz der Lösungen für alle Zeiten, differenzierbare Abhängigkeit der Lösungen vom Anfangswert $\mathbf{y}_0$ (§ 2) und Stabilitätsverhalten (§ 5).

1.2 Singuläre Differentialgleichungen zweiter Ordnung

Produktansätze für lineare partielle Differentialgleichungen zweiter Ordnung führen auf gewöhnliche Differentialgleichungen zweiter Ordnung. Zum Beispiel wird das stationäre Wärmeleitungsproblem in der Einheitskreisscheibe durch die Laplace–Gleichung für die Temperaturverteilung (2.5) beschrieben, welche in Polarkoordinaten folgende Gestalt besitzt (vgl. § 6 : 5.2):

$$\frac{1}{r}\frac{\partial}{\partial r}\left(r\,\frac{\partial u(r,\varphi)}{\partial r}\right) + \frac{1}{r^2}\,\frac{\partial^2 u(r,\varphi)}{\partial \varphi^2} = 0\,.$$

Der Produktansatz $u(r,\varphi) = v(r)\,w(\varphi)$ führt auf zwei gewöhnliche Differentialgleichungen 2. Ordnung

(a) $$v''(r) + \frac{1}{r}\,v'(r) - \frac{\lambda}{r^2}\,v(r) = 0\,,$$

(b) $$w''(\varphi) + \lambda\, w(\varphi) = 0$$

mit einer geeigneten Konstanten λ. Da w 2π–periodisch sein muß, kommen nur die Werte $\lambda = k^2$ mit $k \in \mathbb{N}_0$ in Betracht (§ 6 : 5.3). In ähnlicher Weise führen Produktansätze bei der Behandlung der kreisförmigen schwingenden Membran oder von Schwingungen der Kugel auf die *Besselsche Differentialgleichung*

(c) $$v''(r) + \frac{1}{r}\,v'(r) + \left(\lambda - \frac{\nu^2}{r^2}\right)v(r) = 0$$

für $r > 0$ mit Parametern λ und ν.

Die Differentialgleichungen (a) und (c) werden *singulär* genannt, weil die Koeffizienten vor v' und v an der Stelle $r = 0$ Pole besitzen. Für die Lösungen solcher Differentialgleichungen lassen sich nicht die Werte im Randpunkt $r = 0$ vorschreiben; hier besteht nur die Möglichkeit, Lösungen durch ihre Beschränktheit oder Unbeschränktheit nahe $r = 0$ zu unterscheiden.

Die Darstellung von Lösungen singulärer Differentialgleichungen durch verallgemeinerte Potenzreihen wird in § 4 behandelt.

1.3 Die Charakteristikenmethode

Partielle Differentialgleichungen 1. Ordnung für eine gesuchte Funktion u,

$$F(\mathbf{x}, u(\mathbf{x}), \nabla u(\mathbf{x})) = 0\,,$$

beschreiben Phänomene der Wellenausbreitung. Hierzu gehört z.B. die *Eikonalgleichung* (*Hamilton–Jacobi–Gleichung*) der geometrischen Optik,

$$H(\mathbf{x}, \nabla u(\mathbf{x})) = 1\,.$$

Die Charakteristikenmethode zur Lösung dieser Differentialgleichungen besteht darin, den Graphen der Lösung u aus einer Kurvenschar (den *Charakteristiken*) aufzubauen, die durch ein System gewöhnlicher Differentialgleichungen gegeben ist. Hierbei ist es entscheidend, daß die Charakteristikenschar auf differenzierbare Weise von den Anfangswerten abhängt, was in § 2 bewiesen wird. Bei der Eikonalgleichung beschreiben die Charakteristiken die Lichtstrahlen und die Niveauflächen $\{u = \text{const}\}$ die zugehörigen Wellenfronten.

Die Charakteristikenmethode wird in § 7 behandelt.

2 Partielle Differentialgleichungen

2.1 Die Gleichung der schwingenden Saite

Wir betrachten eine an den Enden fest eingespannte elastische Saite, die ebene Transversalschwingungen ausführt. In der Schwingungsebene wählen wir kartesische Koordinaten so, daß die Saite in der Ruhelage die Strecke

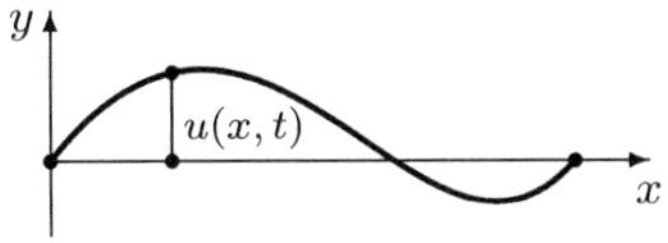

$$\{(x,y) \mid 0 \le x \le L\,,\ y = 0\}$$

einnimmt. Die vertikale Auslenkung der Saite an der Stelle x zum Zeitpunkt t bezeichnen wir mit $u(x,t)$.

Wir machen folgende Annahmen:

- Die Saite ist homogen und die Biegesteifigkeit wird vernachlässigt.
- Die Auslenkungen der Saite sind von kleiner Steigung, $\left|\frac{\partial u}{\partial x}\right| \ll 1$.
- Es wirken keine Schwerkraft und keine Anregungen durch Zupfen oder Streichen der Seite.

Dann lautet die Bewegungsgleichung

$$\frac{\partial^2 u}{\partial t^2} = c^2\,\frac{\partial^2 u}{\partial x^2} \qquad \text{mit einer Konstanten } c > 0$$

(d'Alembert 1746). In geometrischer Interpretation bedeutet dies, daß die Beschleunigung proportional zur Krümmung der Saite ist.

Ein spezieller Schwingungsablauf wird erst durch geeignete Zusatzbedigungen festgelegt; diese bestehen aus der **Randbedingung** (Einspannbedingung)

$$u(0,t) = u(L,t) = 0 \quad \text{für alle } t \in \mathbb{R}\,,$$

und den **Anfangsbedingungen** zu einem Zeitpunkt, etwa zur Zeit $t = 0$,

$$u(x,0) = f(x), \quad \frac{\partial u}{\partial t}(x,0) = g(x),$$

wobei f, g vorgegebene, an den Endpunkten verschwindende Funktionen auf $[0, L]$ sind.

In § 6 wird gezeigt, daß das hiermit formulierte Anfangs–Randwertproblem unter geeigneten Differenzierbarkeitsvoraussetzungen an f und g eine eindeutig bestimmte und explizit angebbare Lösung u besitzt.

2.2 Herleitung der Wellengleichung aus dem Hamiltonschen Prinzip der stationären Wirkung

Die kinetische Energie der Saite zum Zeitpunkt t ist bei reiner Transversalschwingung

$$T(t) = \frac{1}{2}\varrho \int_0^L \frac{\partial u}{\partial t}(x,t)^2\,dx\,,$$

dabei ist ϱ die Masse pro Längeneinheit. Die durch die Verlängerung der Saite bedingte potentielle Energie ist zur Zeit t

$$U(t) = \sigma \int_0^L \Big(\sqrt{1+\frac{\partial u}{\partial x}(x,t)^2} - 1\Big)\,dx \approx \frac{1}{2}\sigma \int_0^L \frac{\partial u}{\partial x}(x,t)^2\,dx\,.$$

Die Konstante $\sigma > 0$ ist die *Spannungskoeffizient* der Saite.

Das *Wirkungsintegral* für das Zeitintervall $[t_1, t_2]$ lautet

$$W(u) = \int_{t_1}^{t_2} \big(T(t) - U(t)\big)\,dt = \frac{1}{2}\int_{t_1}^{t_2}\int_0^L \Big(\varrho\,\frac{\partial u}{\partial t}(x,t)^2 - \sigma\,\frac{\partial u}{\partial x}(x,t)^2\Big)\,dx\,dt.$$

Das *Hamiltonsche Prinzip der stationären Wirkung* verlangt

$$\delta W(u)\varphi := \frac{d}{ds}\,W(u+s\varphi)\Big|_{s=0} = 0$$

für jedes Zeitintervall $[t_1, t_2]$ und für jede auf $R := [0, L] \times [t_1, t_2]$ stetige Funktion φ, die auf ∂R verschwindet und im Innern C^2–differenzierbar ist. Da $W(u + s\varphi)$ ein Polynom zweiten Grades in s ist, gilt

$$\begin{aligned} 0 &= \frac{d}{ds}\,W(u+s\varphi)\Big|_{s=0} = \int_{t_1}^{t_2}\int_0^L \Big(\varrho\,\frac{\partial u}{\partial t}\,\frac{\partial \varphi}{\partial t} - \sigma\,\frac{\partial u}{\partial x}\,\frac{\partial \varphi}{\partial x}\Big)\,dx\,dt \\ &= \varrho \int_0^L \Big(\int_{t_1}^{t_2} \frac{\partial u}{\partial t}\,\frac{\partial \varphi}{\partial t}\,dt\Big)\,dx - \sigma \int_{t_1}^{t_2} \Big(\int_0^L \frac{\partial u}{\partial x}\,\frac{\partial \varphi}{\partial x}\,dx\Big)\,dt \end{aligned}$$

$$= -\varrho \int_0^L \Big(\int_{t_1}^{t_2} \frac{\partial^2 u}{\partial t^2} \varphi \, dt \Big) dx + \sigma \int_{t_1}^{t_2} \Big(\int_0^L \frac{\partial^2 u}{\partial x^2} \varphi \, dx \Big) dt$$

$$= \int_{t_1}^{t_2} \int_0^L \Big[-\varrho \frac{\partial^2 u}{\partial t^2} + \sigma \frac{\partial^2 u}{\partial x^2} \Big] \varphi \, dx \, dt .$$

Die vorletzte Identität ergibt sich durch partielle Integration, wobei das Verschwinden von φ auf dem Rand ∂R ausgenützt wird. Das letzte Integral kann nur dann für alle oben zugelassenen „Variationen" φ Null sein, wenn die eckige Klammer im Innern von R verschwindet, d.h. wenn

$$\frac{\partial^2 u}{\partial t^2}(x,t) = c^2 \frac{\partial^2 u}{\partial x^2}(x,t) \quad \text{mit} \quad c = \sqrt{\sigma/\varrho}$$

in jedem Zeitintervall und für alle $x \in \,]0, L[$. Denn wäre die eckige Klammer in einer r–Umgebung von (x_0, t_0) beispielsweise positiv, so ergäbe sich mit $\varphi(x,t) = (r^2 - (x - x_0)^2 - (t - t_0)^2)^2$ (außerhalb $K_r(x_0, t_0)$ gleich Null gesetzt) ein Widerspruch.

2.3 Die schwingende Membran

Eine elastische Membran sei in einen ebenen Rahmen eingespannt und führe kleine Schwingungen senkrecht zu der Ebene des Rahmens aus. Wir wählen ein räumliches Koordinatensystem so, daß die Membran in der Ruhelage ein Gebiet Ω der x_1,x_2–Ebene bedeckt. Unter entsprechenden Annahmen wie bei der schwingenden Saite ergibt sich für die senkrechte Auslenkung $u(\mathbf{x}, t)$ des Membranpunkts $\mathbf{x} = (x_1, x_2) \in \Omega$ aus der Ruhelage zur Zeit t die Bewegungsgleichung

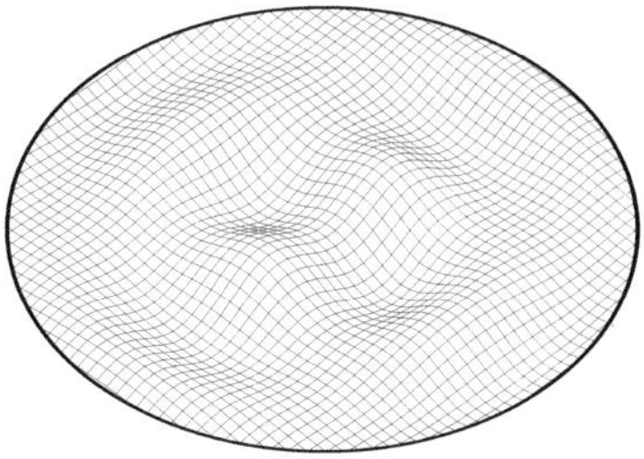

$$\frac{\partial^2 u}{\partial t^2} = c^2 \Delta u \quad \text{mit einer Konstanten } c > 0.$$

Der Laplace–Operator wirkt dabei nur auf die Ortsvariablen,

$$\Delta u = \frac{\partial^2 u}{\partial x_1^2} + \frac{\partial^2 u}{\partial x_2^2} .$$

Die Randbedingung für die eingespannte Membran lautet

$$u(\mathbf{x}, t) = 0 \quad \text{für } \mathbf{x} \in \partial\Omega , \ t \in \mathbb{R},$$

die Anfangsbedingungen stellen wir wie bei der Saite:

$$u(\mathbf{x},0) = f(\mathbf{x}), \quad \frac{\partial u}{\partial t}(\mathbf{x},t) = g(\mathbf{x}) \quad \text{für } \mathbf{x} \in \Omega$$

mit gegebenen, auf dem Rand verschwindenden Funktionen f und g auf $\overline{\Omega}$.

Die Ableitung der Schwingungsgleichung $\partial^2 u/\partial t^2 = c^2\,\Delta u$ aus dem Hamiltonschen Prinzip der stationären Wirkung erfolgt ganz analog zu der für die schwingende Saite. Als potentielle Energie im Wirkungsintegral wird das Integral über die Verzerrung des Flächeninhalts bei der Auslenkung der Membran zugrundegelegt:

$$U(t) = \sigma \int\limits_{\Omega} \left(\sqrt{1 + \|\nabla u\|^2} - 1 \right) d^2\mathbf{x} \approx \frac{1}{2}\sigma \int\limits_{\Omega} \|\nabla u\|^2 \, d^2\mathbf{x}\,.$$

Der Gradient $\nabla u = (\partial_1 u, \partial_2 u)$ bezieht sich dabei auf die Raumvariablen, und es wird kleine Auslenkung $\|\nabla u\| \ll 1$ angenommen.

ÜA Leiten Sie nach dem Vorbild von 2.2 die Schwingungsgleichung aus dem Hamiltonschen Prinzip her unter Verwendung des Gaußschen Integralsatzes und geeigneter Buckelfunktionen φ.

2.4 Die Wellengleichung im $\mathbb{R}^n$

Hierunter verstehen wir die Differentialgleichung

$$\frac{\partial^2 u}{\partial t^2} = c^2\,\Delta u \quad \text{mit einer Konstanten } c > 0$$

für eine Funktion $u(\mathbf{x},t)$ von $\mathbf{x} \in \Omega$ und $t \in \mathbb{R}$, wobei Ω ein Gebiet des $\mathbb{R}^n$ ist. Hier – wie auch im folgenden – verabreden wir, daß der Laplace–Operator nur auf die räumlichen Variablen $\mathbf{x} = (x_1, \ldots, x_n)$ wirken soll.

Das Anfangs–Randwertproblem für die Wellengleichung auf beschränkten Gebieten wird in § 17 behandelt.

Die Wellengleichung im $\mathbb{R}^3$ beschreibt in der Gasdynamik die Schallausbreitung und in der Maxwellschen Theorie die Ausbreitung elektromagnetischer Wellen, vgl. 2.6 (b) und 2.7 (c). Die Behandlung der Wellengleichung in der Ebene und im Raum erfolgt in § 17.

Daß die Konstante c als Ausbreitungsgeschwindigkeit von Wellenfronten gedeutet werden kann, machen wir an den Beispielen der ebenen Welle und der Kugelwelle plausibel:

Für jede C^2–Funktion $U : \mathbb{R} \to \mathbb{R}$ und jeden Vektor $\mathbf{k} \in \mathbb{R}^n$ ist durch

$$u(\mathbf{x},t) = U(\langle \mathbf{k}, \mathbf{x} \rangle - ct)$$

eine Lösung der Wellengleichung gegeben, ÜA. Die Wellenfronten, d.h. die Flächen konstanter Phase $\{\mathbf{x} \in \mathbb{R}^3 \,|\, \langle \mathbf{k}, \mathbf{x} \rangle - ct = \text{const}\}$ sind Ebenen, die sich mit der Geschwindigkeit c bewegen. Durch

$$u(\mathbf{x}, t) = \frac{1}{r} U(r - ct) \quad \text{mit} \quad r := \|\mathbf{x}\| > 0$$

ist eine weitere Lösung der Wellengleichung gegeben (ÜA, berechnen Sie zunächst $\partial_i \partial_k r$). Deren Wellenfronten $\{\, \mathbf{x} \in \mathbb{R}^3 \mid \|\mathbf{x}\| - ct = \text{const} \,\}$ sind Sphären, die sich mit der Geschwindigkeit c ausbreiten.

2.5 Die Wärmeleitungsgleichung

(a) Die Wärmeleitungsgleichung für die Temperaturverteilung $u(\mathbf{x}, t)$ in einem das Gebiet Ω ausfüllenden, wärmeleitenden homogenen Medium lautet nach Fourier (1807)

$$\varrho\, c_p \frac{\partial u}{\partial t}(\mathbf{x}, t) - \kappa\, \Delta u(\mathbf{x}, t) = Q(\mathbf{x})$$

([156] (50,7)). Dabei ist ϱ die Dichte, c_p die spezifische Wärme bei konstantem Druck, κ das Wärmeleitvermögen und Q die pro Volumen– und Zeiteinheit durch eine Wärmequelle abgegebene Wärmemenge.

Diese Gleichung ergibt sich aus der Annahme, daß der Wärmefluß $\mathbf{q}(\mathbf{x}, t)$ proportional zum negativen Temperaturgradienten ist,

$$\mathbf{q} = -\kappa\, \nabla u\,.$$

Aus dem Erhaltungssatz für die Wärmemenge folgt die Bilanzgleichung

$$\frac{\partial}{\partial t} \int\limits_K \varrho\, c_p\, u\; d^3\mathbf{x} + \int\limits_{\partial K} \mathbf{q} \bullet d\mathbf{o} = \int\limits_K Q\; d^3\mathbf{x}$$

für jedes Gaußsche Gebiet K, und daraus mit dem Gaußschen Integralsatz

$$\int\limits_K \Big(\varrho\, c_p \frac{\partial u}{\partial t} - \kappa \operatorname{div} \nabla u \Big)\, d^3\mathbf{x} = \int\limits_K Q\; d^3\mathbf{x}\,.$$

Wie in Bd. 1, § 26 : 6.1 erhalten wir hieraus die Wärmeleitungsgleichung.

(b) Zur Bestimmung eines konkreten Wärmeleitungsprozesses sind neben der Wärmeleitungsgleichung, die wir in der Form

$$\frac{\partial u}{\partial t} - k\, \Delta u = f$$

schreiben, Anfangs– und Randbedingungen zu stellen. Durch

$$u(\mathbf{x}, 0) = u_0(\mathbf{x}) \quad \text{für} \quad \mathbf{x} \in \Omega$$

wird eine Anfangstemperaturverteilung $u_0 \in C(\overline{\Omega})$ vorgeschrieben. Hinzu kommen wahlweise weitere Bedingungen. Ist Ω ein beschränktes Gebiet (Innenraumaufgabe), so werden alternativ folgende Randbedingungen betrachtet:

(1) *Vorgeschriebene Temperatur* am Gebietsrand (etwa durch ein Wärmebad)

$$u(\mathbf{x},t) = g(\mathbf{x},t) \quad \text{für} \quad \mathbf{x} \in \partial\Omega\,, \quad t \geq 0$$

(**Dirichletsches** oder **erstes Randwertproblem**).

(2) *Vorgeschriebener Wärmefluß durch den Rand*

$$k\,\partial_{\mathbf{n}} u(\mathbf{x},t) \;=\; g(\mathbf{x},t) \quad \text{für} \quad \mathbf{x} \in \partial\Omega\,, \quad t \geq 0$$

(**Neumannsches** oder **zweites Randwertproblem**). Dabei ist $\mathbf{n}$ das äußere Normalenfeld des als hinreichend glatt berandet vorausgesetzten Gebietes Ω.

(3) **Gemischte (Robinsche) Randbedingung** (**drittes Randwertproblem**)

$$\mathbf{a}(\mathbf{x},t)\,u(x,t) \;+\; k\,b(\mathbf{x},t)\,\partial_{\mathbf{n}} u(\mathbf{x},t) \;=\; \mathbf{g}(\mathbf{x},t) \quad \text{für} \quad \mathbf{x} \in \partial\Omega\,, \quad t \geq 0$$

mit $|\mathbf{a}| + |b| > 0$.

Ist $\mathbb{R}^n \setminus \overline{\Omega}$ beschränkt und nicht leer (Außenraumaufgabe), so kommt zu (1), (2) oder (3) noch die „Randbedingung im Unendlichen“ hinzu:

$$\lim_{\|\mathbf{x}\| \to \infty} u(\mathbf{x},t) = 0 \quad \text{für} \quad t \geq 0.$$

(c) Bei zeitunabhängigen Randwerten stellt sich nach längerer Zeit ein Gleichgewicht ein, und die Lösungen werden *stationär*, d.h. unabhängig von der Zeitkoordinate. Diese genügen dann der **Poisson–Gleichung**

$$-k\,\Delta u \;=\; f \quad \text{in} \;\; \Omega\,,$$

bzw. bei nichtvorhandenen Wärmequellen ($f = 0$) der **Laplace–Gleichung**

$$\Delta u \;=\; 0 \quad \text{in} \;\; \Omega\,.$$

Bei dieser Gleichung entfällt die Anfangsbedingung.

2.6 Die Maxwellschen Gleichungen

Diese lauten für ein isotropes (d.h. nicht kristallines) Medium im cgs–System

$$\text{(1)} \quad \frac{1}{c}\,\frac{\partial(\mu\mathbf{H})}{\partial t} + \operatorname{rot}\mathbf{E} \;=\; \mathbf{0}\,, \qquad -\frac{1}{c}\,\frac{\partial(\varepsilon\mathbf{E})}{\partial t} + \operatorname{rot}\mathbf{H} \;=\; \frac{4\pi}{c}\,\mathbf{j}\,,$$

$$\text{(2)} \quad \operatorname{div}(\mu\mathbf{H}) \;=\; 0\,, \qquad \operatorname{div}(\varepsilon\mathbf{E}) \;=\; 4\pi\varrho\,.$$

(MAXWELL 1856, gestützt auf Vorarbeiten von AMPÈRE, FARADAY u.a.).

Hierbei bezeichnet $\mathbf{E}$ die elektrische, $\mathbf{H}$ die magnetische Feldstärke, ϱ die Ladungsdichte, $\mathbf{j}$ die elektrische Stromdichte, ε die Dielektrizitätskonstante, μ die Permeabilität und c die Lichtgeschwindigkeit im Vakuum.

Die Maxwellschen Gleichungen stellen ein System partieller Differentialgleichungen dar. Eine Diskussion nur der wichtigsten damit verbundenen Aufgabenstellungen würde den Rahmen dieses Buches sprengen; wir beschränken uns daher auf einige spezielle Aspekte.

(a) Strom– und Ladungsdichte hängen über die Kontinuitätsgleichung

$$\frac{\partial \varrho}{\partial t} + \operatorname{div} \mathbf{j} = 0$$

miteinander zusammen. Das ergibt sich wie in Bd. 1, § 26 : 6.1 bzw. wie in Abschnitt 2 mit Hilfe des Gaußschen Integralsatzes.

Seien ϱ, $\mathbf{j}$, $\mathbf{E}_0$, $\mathbf{H}_0$ mit $\operatorname{div}(\mu \mathbf{H}_0) = 0$, $\operatorname{div}(\varepsilon \mathbf{E}_0) = 4\pi \varrho_0$ vorgegeben, wobei $\varrho_0(\mathbf{x}) = \varrho(\mathbf{x}, 0)$ gesetzt wird. Für Lösungen $\mathbf{E}(\mathbf{x}, t)$, $\mathbf{H}(\mathbf{x}, t)$ der Maxwell–Gleichungen (1) mit den Anfangswerten

$$\mathbf{E}(\mathbf{x}, 0) = \mathbf{E}_0(\mathbf{x}), \quad \mathbf{H}(\mathbf{x}, 0) = \mathbf{H}_0(\mathbf{x}) \quad \text{für alle } \mathbf{x} \in \mathbb{R}^3$$

gelten dann automatisch die Gleichungen (2). Denn aus (1) folgt [ÜA]

$$\frac{\partial}{\partial t} \operatorname{div}(\mu \mathbf{H}) = 0, \quad \frac{\partial}{\partial t} (\operatorname{div}(\varepsilon \mathbf{E}) - 4\pi \varrho) = 0,$$

also gelten die Gleichungen (2) für alle Zeiten.

(b) Im Vakuum ($\varepsilon = \mu = 1$, $\varrho = 0$, $\mathbf{j} = \mathbf{0}$) gilt für Lösungen von (1)

$$\frac{\partial^2 \mathbf{E}}{\partial t^2} = c^2 \Delta \mathbf{E}, \quad \frac{\partial^2 \mathbf{H}}{\partial t^2} = c^2 \Delta \mathbf{H},$$

d.h. die Komponenten von $\mathbf{E}$ und $\mathbf{H}$ erfüllen jede für sich die Wellengleichung

$$\frac{\partial^2 u}{\partial t^2} = c^2 \Delta u$$

im $\mathbb{R}^3$. Das ergibt sich mit Hilfe der Identität $\operatorname{rot} \operatorname{rot} u = \nabla \operatorname{div} u - \Delta u$ von Bd. 1, § 24 : 7.2 (d) [ÜA].

(c) Sind $\mathbf{E}$, $\mathbf{H}$, ϱ, ε, μ und $\mathbf{j}$ zeitunabhängig, so ergibt sich in sternförmigen Gebieten aus $\operatorname{rot} \mathbf{E} = \mathbf{0}$, $\operatorname{div}(\mu \mathbf{H}) = 0$ die Existenz eines Potentials U und eines Vektorpotentials $\mathbf{A}$ mit

$$\mathbf{E} = -\nabla U, \quad \mu \mathbf{H} = \operatorname{rot} \mathbf{A}$$

(vgl. Bd. 1, § 24 : 5.5 und 7.3). Dabei dürfen wir $\operatorname{div} \mathbf{A} = 0$ annehmen, denn ist $\mathbf{A}_0$ irgend ein Vektorpotential für $\mu\mathbf{H}$ und ist φ eine Lösung der Poisson–Gleichung $\Delta\varphi = \operatorname{div} \mathbf{A}_0$, so ist $\mathbf{A} = \mathbf{A}_0 - \nabla\varphi$ ebenfalls ein Vektorpotential für $\mu\mathbf{H}$ mit $\operatorname{div} \mathbf{A} = 0$. Wegen $\Delta U = \operatorname{div} \nabla U = \operatorname{div} E$ und der schon in (b) verwendeten Beziehung $\operatorname{rot}\operatorname{rot} \mathbf{A} = \nabla\operatorname{div} \mathbf{A} - \Delta\mathbf{A} = -\Delta\mathbf{A}$ reduzieren sich die Maxwell–Gleichungen auf die Gleichungen der Elektro– und Magnetostatik

$$-\Delta U = \frac{4\pi}{\varepsilon}\varrho, \quad -\Delta\mathbf{A} = \frac{4\pi}{c}\mathbf{j}.$$

Wir stellen fest, daß sich aus den Maxwell–Gleichungen in Spezialfällen wieder die Wellengleichung und Poisson–Gleichung ergeben.

2.7 Die Gleichungen der Strömungsmechanik

Die Differentialgleichungen für Gase und Flüssigkeiten beruhen auf den Erhaltungssätzen für Impuls und Masse sowie auf der Annahme, daß die Verformungen des Mediums linear von den inneren Spannungen abhängen. Die auftretenden Zustandsgrößen sind das Geschwindigkeitsfeld $\mathbf{v}(\mathbf{x}, t)$, die Massendichte $\varrho(\mathbf{x}, t)$ und der Druck $p(\mathbf{x}, t)$ an der Stelle $\mathbf{x}$ zum Zeitpunkt t.

(a) Für Gase und ideale (nicht zähe) Flüssigkeiten gelten nach Bd. 1, § 26 : 6 die **Eulerschen Gleichungen**

$$\frac{\partial\mathbf{v}}{\partial t} + \sum_{i=1}^{3} v_i \frac{\partial\mathbf{v}}{\partial x_i} + \frac{1}{\varrho}\nabla p = \mathbf{f}, \quad \frac{\partial\varrho}{\partial t} + \operatorname{div}(\varrho\mathbf{v}) = 0.$$

Dabei ist $\mathbf{f}$ die Kraftdichte der äußeren Kräfte pro Masseneinheit (z.B. der Gravitationskräfte). Hinzu kommt noch eine Zustandsgleichung $F(\varrho, p) = 0$, mit deren Hilfe wir p oder ϱ in den Eulerschen Gleichungen eliminieren können. Beispiele von Zustandsgleichungen sind $p = K\varrho^\gamma$ ($K > 0$, $\gamma > 1$ Konstanten) für polytrope Gase und $\varrho = \text{const}$ für inkompressible Flüssigkeiten.

(b) Die **Gleichungen von Navier–Stokes** für zähe, inkompressible Flüssigkeiten lauten

$$\frac{\partial\mathbf{v}}{\partial t} + \sum_{i=1}^{3} v_i \frac{\partial\mathbf{v}}{\partial x_i} + \frac{1}{\varrho}\nabla p - \frac{\mu}{\varrho}\Delta\mathbf{v} = \mathbf{f}, \quad \operatorname{div}\mathbf{v} = 0;$$

hierbei ist ϱ die konstante Massendichte und $\mu \geq 0$ die *Zähigkeitskonstante* (Navier 1822, Poisson 1831, Saint–Venant 1834, Stokes 1845).

(c) Wir leiten die Gleichungen der Schallausbreitung aus den Eulerschen Gleichungen unter den folgenden Annahmen (i)–(iv) ab:

(i) Kompressibles Gas mit kleinen Abweichungen der Dichte ϱ von einem konstanten Wert $\varrho_0 > 0$,

$$|\varrho - \varrho_0| \ll 1, \quad p'(\varrho_0) > 0 \quad \text{für die Zustandsgleichung } p = p(\varrho),$$

(ii) Vernachlässigung der Konvektionsterme in den Eulerschen Gleichungen,

$$\sum_{i=1}^{3} v_i \frac{\partial \mathbf{v}}{\partial x_i} = \mathbf{0}\,, \quad \sum_{i=1}^{3} v_i \frac{\partial \varrho}{\partial x_i} = 0\,,$$

(iii) rotationsfreies Geschwindigkeitsfeld, $\operatorname{rot} \mathbf{v} = \mathbf{0}$,

(iv) Abwesenheit von äußeren Kräften, $\mathbf{f} = \mathbf{0}$.

Dann folgt aus der Zustandsgleichung $p = p(\varrho)$, daß $\nabla p = p'(\varrho) \nabla \varrho \approx p'(\varrho_0) \nabla \varrho$ gilt. Die Eulerschen Gleichungen gehen damit über in

$$\frac{\partial \mathbf{v}}{\partial t} + \frac{p'(\varrho_0)}{\varrho_0} \nabla \varrho = \mathbf{0}\,, \quad \frac{\partial \varrho}{\partial t} + \varrho_0 \operatorname{div} \mathbf{v} = 0$$

und durch Ableitung beider Gleichungen nach der Zeit ergibt sich ÜA

$$\frac{\partial^2 \mathbf{v}}{\partial t^2} = c^2 \,\Delta \mathbf{v}\,, \quad \frac{\partial^2 \varrho}{\partial t^2} = c^2 \,\Delta \varrho \quad \text{mit} \quad c = \sqrt{p'(\varrho_0)}\,.$$

Die Zustandsgrößen $\mathbf{v}$, ϱ erfüllen also die Wellengleichung mit $c = \sqrt{p'(\varrho_0)}$ als Schallgeschwindigkeit. Die Interpretation der Konstanten c in der Wellengleichung als Ausbreitungsgeschwindigkeit von Wellenfronten wurde in 1.3 plausibel gemacht.

Zum Beispiel ergibt sich für die polytrope Zustandsgleichung $p(\varrho) = p_0 (\varrho/\varrho_0)^\gamma$ als Schallgeschwindigkeit $c = \sqrt{\gamma\, p_0/\varrho_0}$.

Die Behandlung der Gleichungen von Euler und Navier–Stokes würde den Rahmen dieses Buches bei weitem sprengen. Auch hier müssen wir uns mit der Diskussion der Wärmeleitungsgleichung und der Wellengleichung begnügen.

3 Was bedeutet „Lösung einer Differentialgleichung“?

In einfach gelagerten Fällen kann die Lösung eines Differentialgleichungsproblems durch eine explizite Lösungsdarstellung, d.h. durch einen Funktionsausdruck, ein Integral oder eine Reihe angegeben werden. Bei partiellen Differentialgleichungen setzt dies in der Regel eine Symmetrieeigenschaft der physikalischen Konfiguration voraus; Beispiele wie Laplace–Gleichung, Wärmeleitungsgleichung und Wellengleichungen auf einer Kreisscheibe oder einer Kugel nehmen in diesem Buch gebührenden Raum ein.

Die meisten Probleme aber müssen wir so angehen, daß wir zunächst die Existenz einer Lösung sichern und dann deren physikalisch interessante Eigenschaften durch qualitative Überlegungen ableiten. Dabei ist zunächst zu klären, was wir unter einer Lösung verstehen wollen: Welche Anfangs– bzw. Randbedingungen sind vorzuschreiben? Was wird über die Differenzierbarkeitsstufe und das Randverhalten vorausgesetzt? Erstere sind meistens durch die physikalische Fragestellung vorgegeben, während die anderen Fragen eher technischer Natur scheinen, abhängig von den für die Durchführbarkeit des Existenz– und Eindeutigkeitsbeweises benötigten Voraussetzungen. Die Trennungslinie ist allerdings nicht immer klar zu ziehen. Von der Bauart der Differentialgleichung der schwingenden Saite 2.1 her ist es z.B. natürlich, von den Lösungen C^2–Differenzierbarkeit in $]0, L[\, \times \mathbb{R}$ zu verlangen. Dies schließt aber den durchaus interessanten Fall aus, daß die Anfangsgestalt der Saite einen Knick hat, dessen Fortpflanzung untersucht werden soll. Um auch solche Phänomene beschreiben zu können, haben wir im mathematischen Modell den Lösungsbegriff zu erweitern und *schwache* (*distributionelle*) Lösungen zuzulassen (§ 13). Dies gilt erst recht, wenn unstetige Phänomene beschrieben werden müssen wie bei Turbulenzen oder Schockwellen in der Hydrodynamik.

Das zentrale Problem der Lösungstheorie in § 14, § 16 und § 17 ist die passende Fassung des Lösungsbegriffs, dies bedeutet die Wahl eines geeigneten Funktionenraums. In der Regel wird in zwei Schritten vorgegangen: Zugrundelegung eines schwachen Lösungsbegriffs derart, daß der Beweis der Existenz und Eindeutigkeit einer Lösung ohne großen Aufwand möglich ist, dann Untersuchung der Frage, inwieweit diese Lösung das gestellte Problem im herkömmlichen Sinn löst.

Läßt sich die Lösung eines Differentialgleichungsproblems nicht explizit angeben, so sind numerische Methoden zu deren näherungsweiser Berechnung einzusetzen, für die wir auf die angegebene Literatur verweisen müssen. Die Entwicklung effizienter Verfahren hierzu setzt gleichfalls eine gut entwickelte Lösungstheorie voraus, um die Eigentümlichkeiten des betrachteten Differentialgleichungstyps bzw. seiner Lösungen optimal ausnützen zu können.

4 Die Schrödinger–Gleichung

(a) Der Bewegung eines Teilchens der Masse m unter dem Einfluß eines Potentials V in der klassischen Mechanik entspricht in der Quantenmechanik folgende Grundaufgabe. Gegeben ist eine hinreichend glatte Funktion $\psi_0 : \mathbb{R}^3 \to \mathbb{C}$ mit $\int_{\mathbb{R}^3} |\psi_0(\mathbf{x})|^2 \, d^3\mathbf{x} = 1$. Gesucht ist eine komplexwertige Lösung $\psi(\mathbf{x}, t)$ der *Schrödinger–Gleichung*

$$(*) \qquad i\hbar \frac{\partial \psi}{\partial t}(\mathbf{x}, t) = -\frac{\hbar^2}{2m} \Delta\psi(\mathbf{x}, t) + V(\mathbf{x})\, \psi(\mathbf{x}, t)$$

mit $\psi(\mathbf{x}, 0) = \psi_0(\mathbf{x})$. Durch Umskalierung der Orts– und Zeitkoordinate können wir $\hbar = m = 1$ erreichen.

(b) Die mit $(*)$ und mit ähnlichen Gleichungen der Quantenmechanik verbundenen Fragestellungen führen uns in die Theorie der linearen Operatoren im

Hilbertraum. Für $(*)$ legen wir den Raum

$$\mathrm{L}^2 = \mathrm{L}^2(\mathbb{R}^3) = \{ u : \mathbb{R}^3 \to \mathbb{C} \mid \int_{\mathbb{R}^3} |u(\mathbf{x})|^2 \, d^3\mathbf{x} < \infty \}$$

zugrunde, versehen mit dem Skalarprodukt

$$\langle u, v \rangle = \int_{\mathbb{R}^3} \overline{u(\mathbf{x})} \, v(\mathbf{x}) \, d^3\mathbf{x} \, .$$

Der Raum L^2 ist vollständig, d.h. ist ein Hilbertraum, wenn wir den Lebesgueschen Integralbegriff verwenden. Das Lebesgue–Integral und seine Eigenschaften werden in § 8 kurz vorgestellt; die Beweise und die Konstruktion weiterer Hilberträume der Quantenmechanik sind in § 20 zu finden.

Mit den Abkürzungen

$$\psi_t : \mathbf{x} \mapsto \psi(\mathbf{x}, t) \, , \quad \dot{\psi}_t : \mathbf{x} \mapsto \frac{\partial \psi}{\partial t}(\mathbf{x}, t)$$

erhält die auf $\hbar = m = 1$ skalierte Schrödinger–Gleichung $(*)$ die Form

$$(**) \quad \dot{\psi}_t = -iH\psi_t \, ;$$

dabei ist H der durch

$$Hu := -\frac{1}{2} \Delta u + Vu$$

gegebene *Hamilton–Operator*. Da Hu nicht für alle $u \in \mathrm{L}^2$ Sinn macht, ist eine Teilmenge des Hilbertraums L^2 als Definitionsbereich $\mathcal{D}$ für H festzulegen, z.B. die Menge aller C^∞–Funktionen u, für die u, Δu, Vu für $\|\mathbf{x}\| \to \infty$ rasch abfallen und zu L^2 gehören. H erfüllt dann die Symmetriebedingung

$$\langle u, Hv \rangle = \langle Hu, v \rangle \quad \text{für} \quad u, v \in \mathcal{D}.$$

(c) Das Anfangswertproblem für $(**)$ lautet: Gegeben sei eine Funktion $\psi_0 \in \mathcal{D}$ mit $\|\psi_0\|^2 = \langle \psi_0 , \psi_0 \rangle = 1$. Gesucht sind Funktionen $\psi_t \in \mathcal{D}$ mit

$$\lim_{h \to 0} \left\| \frac{\psi_{t+h} - \psi_t}{h} - (-iH\psi_t) \right\| = 0 \quad \text{für alle} \quad t \in \mathbb{R}$$

(Lösungen von $(**)$ im Hilbertraumsinn). Besitzt dieses Problem eine eindeutig bestimmte stetige Lösung $t \mapsto \psi_t$, $\mathbb{R} \to \mathcal{D}$ für alle $t \in \mathbb{R}$, so heißt H ein *Schrödinger–Operator* oder *wesentlich selbstadjungiert*. Dies trifft z.B. für das Coulomb–Potential $V(\mathbf{x}) = \|\mathbf{x}\|^{-1}$ und für $V(\mathbf{x}) = \frac{1}{2} \|\mathbf{x}\|^2$ zu. Eine Grundaufgabe der mathematischen Quantenmechanik besteht darin, Kriterien für wesentliche Selbstadjungiertheit des „Energieoperators“ H und anderer Hilbertraumoperatoren anzugeben.

(d) Zu jedem Schrödinger–Operator H gehört eine Schar von unitären Abbildungen $U(t) : \mathcal{D} \to \mathcal{D}$, die definiert ist durch $\psi_t = U(t)\psi_0$, wobei ψ_t die Lösung zum Anfangswert ψ_0 ist. Für diese Schar läßt sich zeigen, daß

$$U(s+t) = U(s)U(t)\,, \quad U(0) = \mathbb{1}\,, \quad U(t)^{-1} = U(-t)\,.$$

Wir sprechen von einer *unitären Zeitentwicklungsgruppe.*

(e) Die *Wellenfunktion* ψ_t beschreibt den *Zustand* eines spinlosen „Teilchens“ der Masse m unter dem Einfluß des Potentials V zur Zeit t. Dies ist so zu verstehen: Über das zeitliche Verhalten eines einzelnen Elementarteilchens sind prinzipiell keine Voraussagen möglich, wohl aber über das statistische Verhalten eines Teilchenstrahls bzw. der Meßergebnisse bei hohen Versuchszahlen unter identischen Versuchsbedingungen. Die Gruppeneigenschaft (d) besagt gerade, daß die Kenntnis des Zustandes ψ_s zu irgend einem Zeitpunkt s das zeitliche Verhalten der Zustände für alle Zeiten festlegt (Determinismus für die Zustände).

(f) Wie schon der Name sagt, können mit Hilfe der Funktionen ψ_t Welleneigenschaften einer Gesamtheit von Elementarteilchen wie Interferenz und Beugung beschrieben werden; dies wird durch die Komplexwertigkeit von ψ_t ermöglicht. Im Korpuskelbild kann $\int\limits_\Omega |\psi_t(\mathbf{x})|^2\, d^3\mathbf{x}$ als Wahrscheinlichkeit gedeutet werden, ein Teilchen bei einer Ortsmessung im Raumgebiet Ω vorzufinden.

In Kap. VI wird sich zeigen, daß $\langle \psi_t\,, H\psi_t \rangle$ zeitunabhängig ist und als statistischer Mittelwert (Erwartungswert) der Energie über die Teilchengesamtheit zu deuten ist. Den mathematischen Hintergrund für solche Aussagen liefert die Wahrscheinlichkeitstheorie, mit der wir uns in § 19 befassen.

(g) Neben der Energie werden auch weiteren Observablen wie Ort, Impuls und Drehimpuls in der Quantenmechanik (wesentlich) selbstadjungierte Hilbertraumoperatoren zugeordnet. Die Theorie solcher Operatoren wird in den Paragraphen § 18 – § 22 entwickelt. Im Mittelpunkt steht dabei der Begriff *Spektrum* und dessen physikalische Deutung als Menge der möglichen Meßwerte der betreffenden Observablen.

Kapitel II
Gewöhnliche Differentialgleichungen

§ 2 Grundlegende Theorie

1 Das allgemeine Anfangswertproblem

1.1 Zielsetzung

Im ersten Band wurde eine Reihe von Differentialgleichungsproblemen behandelt, u.a. die Schwingungsgleichung $\ddot{y} + a\dot{y} + by = f$, die separierte Differentialgleichung $y' = a(x)\,b(y)$ und lineare Systeme $\ddot{\mathbf{y}} = B\mathbf{y}$ mit symmetrischer Matrix B, jeweils mit geeigneten Anfangsbedingungen.

In allen Fällen ergab sich die eindeutige Lösbarkeit des Anfangswertproblems aus dem Lösungsverfahren: Das Differentialgleichungsproblem konnte auf einfachere Aufgaben zurückgeführt werden wie Aufsuchen einer Stammfunktion und Auflösung einer Gleichung $F(x, y) = 0$, Bestimmung von Polynomnullstellen, Diagonalisierung einer Matrix.

Nicht für jeden Differentialgleichungstyp gibt es solche Lösungsverfahren. Außerdem wollen wir Aussagen über qualitatives Verhalten und Gesetzmäßigkeiten der Lösungen machen, ohne diese explizit bestimmen zu müssen. Aus beiden Gründen bedarf es einer *Theorie*, welche für geeignet formulierte Anfangswertprobleme die Existenz und Eindeutigkeit der Lösung sicherstellt und ihr Verhalten beschreibt.

1.2 Die allgemeine Form des Anfangswertproblems

(a) Es sei $\mathbf{f} : \Omega \to \mathbb{R}^n$ eine stetige Funktion auf einem Gebiet Ω des $\mathbb{R}^{n+1}$, dessen Punkte wir mit

$$(x, \mathbf{y}) = (x, y_1, \ldots, y_n) \quad \text{oder} \quad (\xi, \boldsymbol{\eta}) = (\xi, \eta_1, \ldots, \eta_n)$$

bezeichnen.

Unter einer **Lösung der Differentialgleichung (DG)** $\mathbf{y}' = \mathbf{f}(x, \mathbf{y})$ verstehen wir eine C^1–Kurve $\mathbf{u} : I \to \mathbb{R}^n$ auf einem nicht einpunktigen Intervall I mit

$$(x, \mathbf{u}(x)) \in \Omega \quad \text{und} \quad \mathbf{u}'(x) = \mathbf{f}(x, \mathbf{u}(x)) \quad \text{für alle} \quad x \in I,$$

in Komponentenschreibweise

$$\begin{aligned} u_1'(x) &= f_1(x, u_1(x), \ldots, u_n(x)), \\ &\vdots \\ u_n'(x) &= f_n(x, u_1(x), \ldots, u_n(x)). \end{aligned}$$

Wenngleich es sich im Fall $n \geq 2$ um ein **System von Differentialgleichungen 1. Ordnung** handelt, werden wir doch meist von einer **Differentialgleichung (DG)** sprechen. Die Funktion $\mathbf{f}$ heißt traditionsgemäß die **rechte Seite** der Differentialgleichungen. Differentialgleichungen der betrachteten Art werden **explizit** genannt im Gegensatz zu **impliziten Differentialgleichungen** der Form $\mathbf{F}(x, \mathbf{y}, \mathbf{y}') = \mathbf{0}$.

Wie wir gleich zeigen, läßt sich jede explizite DG höherer Ordnung in ein äquivalentes System 1. Ordnung überführen. Bei den folgenden grundlegenden Aussagen über Lösungen betrachten wir daher durchweg Systeme 1. Ordnung.

(b) Das **Anfangswertproblem (AWP)** besteht darin, für einen gegebenen **Anfangspunkt** $(\xi, \boldsymbol{\eta}) \in \Omega$ eine Lösung $\mathbf{u}$ auf einem ξ umfassenden Intervall I mit $\mathbf{u}(\xi) = \boldsymbol{\eta}$ zu finden.

Für diese Aufgabe schreiben wir kurz

$$\mathbf{y}' = \mathbf{f}(x, \mathbf{y}), \quad \mathbf{y}(\xi) = \boldsymbol{\eta}.$$

Das Anfangswertproblem heißt **eindeutig lösbar**, wenn folgendes gilt:
Ist $(\xi, \boldsymbol{\eta})$ ein beliebiger Punkt aus Ω und sind

$$\mathbf{u}_1 : I_1 \to \mathbb{R}^n, \quad \mathbf{u}_2 : I_2 \to \mathbb{R}^n$$

Lösungen des AWP $\mathbf{y}' = \mathbf{f}(x, \mathbf{y})$, $\mathbf{y}(\xi) = \boldsymbol{\eta}$, so ist

$$\mathbf{u}_1(x) = \mathbf{u}_2(x) \quad \text{für } x \in I_1 \cap I_2 .$$

Wir werden uns hier nur für eindeutig lösbare AWP interessieren und die Voraussetzungen über die rechte Seite entsprechend fassen.

1.3 Differentialgleichungen n–ter Ordnung als Systeme erster Ordnung

Eine **explizite DG n–ter Ordnung** hat die Form

$$y^{(n)} = f(x, y, y', \ldots, y^{(n-1)}).$$

Dabei sei f eine auf einem Gebiet $\Omega \subset \mathbb{R}^{n+1}$ stetige Funktion. Von einer **Lösung** u in einem nicht einpunktigem Intervall I verlangen wir:

(a) $u \in \mathrm{C}^n(I)$,

(b) $(x, u(x), u'(x), \ldots, u^{(n-1)}(x)) \in \Omega \quad$ für $x \in I$,

(c) $u^{(n)}(x) = f(x, u(x), u'(x), \ldots, u^{(n-1)}(x)) \quad$ für $x \in I$.

SATZ. *Für jede Lösung $u \in \mathrm{C}^n(I)$ der DG $y^{(n)} = f(x, y, y', \ldots, y^{(n-1)})$ liefert*

$$\mathbf{y} := (y_1, \ldots, y_n) \quad \textit{mit} \quad y_1 := u, \quad y_2 := u', \; \ldots, \; y_n := u^{(n-1)}$$

eine C^1*–differenzierbare Lösung* $\mathbf{y} : I \to \mathbb{R}^n$ *des Systems*

$$(S) \qquad \begin{cases} y_1' &= y_2 \\ &\vdots \\ y_{n-1}' &= y_n \\ y_n' &= f(x, y_1, \ldots, y_n)\,. \end{cases}$$

Ist umgekehrt $\mathbf{u} = (u_1, \ldots, u_n) : I \to \mathbb{R}^n$ *eine* C^1*–differenzierbare Lösung von* (S)*, so ist* $u := u_1$ *eine* C^n*–differenzierbare Lösung der Differentialgleichung* $y^{(n)} = f(x, y, y', \ldots, y^{(n-1)})$ ÜA.

Daraus ergibt sich die adäquate Form des **Anfangswertproblems für eine DG n–ter Ordnung**:

$$y^{(n)} = f(x, y, y', \ldots, y^{(n-1)})\,, \quad y(\xi) = \eta_1,\ \ldots\ ,\ y^{(n-1)}(\xi) = \eta_n$$

für einen gegebenen Punkt $(\xi, \eta_1, \ldots, \eta_n) = (\xi, \boldsymbol{\eta}) \in \Omega$.

SATZ. *Dieses AWP ist eindeutig lösbar genau dann, wenn das AWP* (S) *mit der Anfangsbedingung* $\mathbf{y}(\xi) = \boldsymbol{\eta}$ *eindeutig lösbar ist. Es handelt sich also um äquivalente Problemstellungen.*

Denn für $u, v \in C^n(I)$ gilt $u = v \iff (u, u', \ldots, u^{(n-1)}) = (v, v', \ldots, v^{(n-1)})$.

1.4 Systeme von Differentialgleichungen n–ter Ordnung lassen sich auf diesem Wege ebenfalls in Systeme erster Ordnung umwandeln.

ÜA Führen Sie dies für ein System $\ddot{\mathbf{y}} = B\mathbf{y}$ mit einer 2×2–Matrix B aus.

2 Das Anfangswertproblem als Integralgleichung

2.1 Integrale von vektorwertigen Funktionen

Für eine vektorwertige Funktion $\mathbf{a}(t) = (a_1(t), \ldots, a_n(t))$ mit reell– oder komplexwertigen Funktionen $a_k \in C(I)$ definieren wir das Integral komponentenweise:

$$\int_\alpha^\beta \mathbf{a}(t)\,dt := \Big(\int_\alpha^\beta a_1(t)\,dt,\ \ldots\ ,\ \int_\alpha^\beta a_n(t)\,dt\Big)$$

($\alpha, \beta \in I$, auch für $\beta < \alpha$). Bezüglich des kanonischen Skalarproduktes gilt

$$(*) \qquad \Big\langle\, \mathbf{b}\,, \int_\alpha^\beta \mathbf{a}(t)\,dt \,\Big\rangle = \int_\alpha^\beta \langle \mathbf{b}, \mathbf{a}(t) \rangle\,dt\,,$$

wobei $t \mapsto \langle \mathbf{b}, \mathbf{a}(t) \rangle$ stetig ist. Auch $\|\mathbf{a}(t)\|$ ist stetig in t, und es gilt die **Integralabschätzung**

$$\left\| \int_\alpha^\beta \mathbf{a}(t)\, dt \right\| \leq \left| \int_\alpha^\beta \|\mathbf{a}(t)\|\, dt \right| .$$

(Die Betragsstriche auf der rechten Seite tragen der Möglichkeit $\beta < \alpha$ Rechnung.)

Dies ergibt sich für $\alpha < \beta$ aus $(*)$ mit der Cauchy–Schwarzschen Ungleichung und anschließendem Einsetzen von $\int_\alpha^\beta \mathbf{a}(t)\, dt$ für $\mathbf{b}$ [ÜA]. Diese Integralabschätzung gilt auch bezüglich der Norm $\|\mathbf{a}\|_\infty = \max\{|a_1|, \ldots, |a_n|\}$ [ÜA].

2.2 Das Anfangswertproblem in Fixpunktform

Genau dann ist $\mathbf{u} : I \to \mathbb{R}^n$ *eine Lösung des AWP*

$$\mathbf{y}' = \mathbf{f}(x, \mathbf{y}), \quad \mathbf{y}(\xi) = \boldsymbol{\eta},$$

wenn $\mathbf{u} : I \to \mathbb{R}^n$ *stetig ist und die Integralgleichung*

$$\mathbf{u}(x) = \boldsymbol{\eta} + \int_\xi^x \mathbf{f}(t, \mathbf{u}(t))\, dt$$

für alle $x \in I$ *erfüllt.*

Schreiben wir für die rechte Seite dieser Gleichung $T(\mathbf{u})(x)$, so haben wir das AWP auf eine einzige **Fixpunktgleichung** der Gestalt

$$\mathbf{u} = T(\mathbf{u})$$

zurückgeführt, wobei nur nach **stetigen** Lösungen zu suchen ist.

Das folgt sofort aus dem Hauptsatz der Differential– und Integralrechnung für die Komponenten des Integrals [ÜA].

3 Die Standardvoraussetzung für DG–Systeme

3.1 Die Standardvoraussetzung für die rechte Seite ist in diesem Paragraphen grundsätzlich: $\mathbf{f} : \mathbb{R}^{n+1} \supset \Omega \to \mathbb{R}^n$ ist stetig, die partiellen Ableitungen $\frac{\partial f_i}{\partial y_k}$ existieren in Ω und sind dort stetige Funktionen, kurz

$$\mathbf{f} \quad \text{und} \quad D_\mathbf{y}\mathbf{f} \ \text{ sind stetig auf } \Omega, \ \text{ wobei } \ D_\mathbf{y}\mathbf{f}(x, \mathbf{y}) := \left(\frac{\partial f_i}{\partial y_k}(x, \mathbf{y}) \right).$$

Der Sinn dieser scheinbar unnötig komplizierten Voraussetzung ergibt sich daraus, daß die allgemeine Theorie zwei wichtigen Spezialfällen Rechnung tragen soll:

(a) **Lineare Systeme** $\mathbf{y}' = A(x)\mathbf{y} + \mathbf{b}(x)$. Hier muß zugelassen werden, daß die Komponenten $a_{ik}(x)$ der $n \times n$–Matrix $A(x)$ und die Komponenten $b_j(x)$ von $\mathbf{b}(x)$ auf einem offenen Intervall I stetig sind. Dann erfüllt die rechte Seite $\mathbf{f}(x,\mathbf{y}) = A(x)\mathbf{y} + \mathbf{b}(x)$ auf $\Omega = I \times \mathbb{R}^n$ die Standardvoraussetzung.

(b) **Autonome Systeme** $\mathbf{y}' = \mathbf{g}(\mathbf{y})$, bei denen die rechte Seite nicht explizit von x abhängt. Ist $\mathbf{g} : \mathbb{R}^n \supset \Omega' \to \mathbb{R}^n$ eine C^1–Abbildung, so erfüllt die Funktion $\mathbf{f}(x,\mathbf{y}) := \mathbf{g}(\mathbf{y})$ auf $\Omega := \mathbb{R} \times \Omega'$ die Standardvoraussetzung. Auf autonome Systeme gehen wir in § 5 näher ein.

3.2 Die Lipschitz–Bedingung

(a) Die rechte Seite $\mathbf{f}$ erfüllt auf einer Teilmenge K von Ω eine **Lipschitz–Bedingung** mit der **Lipschitz–Konstanten** L, in Zeichen

$$\mathbf{f} \in \mathrm{Lip}\,(K, L),$$

wenn für alle $(x,\mathbf{y}), (x,\mathbf{z}) \in K$ die Ungleichung

$$\|\mathbf{f}(x,\mathbf{y}) - \mathbf{f}(x,\mathbf{z})\| \le L\,\|\mathbf{y} - \mathbf{z}\|$$

erfüllt ist.

(b) **Die Lipschitz–Bedingung für lineare Systeme** $\mathbf{y}' = A(x)\mathbf{y} + \mathbf{b}(x)$. Sind die Komponenten a_{ik} von A und b_i von $\mathbf{b}$ stetig auf einem Intervall I und setzen wir

$$\|A(x)\|_2 := \Big(\sum_{i=1}^{n}\sum_{k=1}^{n} a_{ik}(x)^2\Big)^{1/2},$$

so gilt für $\mathbf{f}(x,\mathbf{y}) = A(x)\mathbf{y} + \mathbf{b}(x)$

$$\|\mathbf{f}(x,\mathbf{y}) - \mathbf{f}(x,\mathbf{z})\| \le \|A(x)\|_2\,\|\mathbf{y} - \mathbf{z}\|,$$

vgl. Bd.1, § 21 : 7.2. Ist also J ein kompaktes Teilintervall von I und $K = J \times \mathbb{R}^n$, so gilt $\mathbf{f} \in \mathrm{Lip}\,(K, L)$ mit $L = \max\{\|A(x)\|_2 \mid x \in J\}$.

(c) SATZ. *Unter der Standardvoraussetzung 3.1 erfüllt* $\mathbf{f}$ *eine Lipschitz–Bedingung in jeder kompakten Menge* $K \subset \Omega$, *die mit je zwei Punkten* $(x,\mathbf{y})$, $(x,\mathbf{z})$ *auch die Verbindungsstrecke enthält.*

BEWEIS. Wir setzen (vgl. (b))

$$A(x,\mathbf{y}) = \left(\frac{\partial f_i}{\partial y_k}(x,\mathbf{y})\right), \quad L = \max\left\{\|A(x,\mathbf{y})\|_2 \mid (x,\mathbf{y}) \in K\right\}.$$

Für $(x,\mathbf{y}), (x,\mathbf{z}) \in K$ und $\mathbf{b} \in \mathbb{R}^n$ setzen wir $\varphi(t) := \langle \mathbf{b}, \mathbf{f}(x, \mathbf{z} + t(\mathbf{y} - \mathbf{z}))\rangle$.

Nach dem Mittelwertsatz gilt mit geeignetem $\vartheta \in]0,1[$

$$\begin{aligned}\langle \mathbf{b}, \mathbf{f}(x,\mathbf{y}) - \mathbf{f}(x,\mathbf{z})\rangle &= \varphi(1) - \varphi(0) \\ &= \langle \mathbf{b}, A(x, \mathbf{z} + \vartheta(\mathbf{y}-\mathbf{z}))(\mathbf{y}-\mathbf{z})\rangle \\ &\le \|\mathbf{b}\| \, \|A(x,\mathbf{z}+\vartheta(\mathbf{y}-\mathbf{z}))(\mathbf{y}-\mathbf{z})\| \\ &\le \|\mathbf{b}\| \, L \, \|\mathbf{y}-\mathbf{z}\| \,.\end{aligned}$$

Die Behauptung folgt jetzt mit $\mathbf{b} = \mathbf{f}(x,\mathbf{y}) - \mathbf{f}(x,\mathbf{z})$. □

(d) **Eine Lipschitz–Bedingung für Graphenumgebungen.**
Sei $\mathbf{u} : [\alpha,\beta] \to \mathbb{R}^n$ *eine stetige Kurve, deren Graph*

$$G_\mathbf{u} := \big\{(x,\mathbf{u}(x)) \mid \alpha \le x \le \beta\big\}$$

in Ω *liegt. Dann gibt es ein* $\delta > 0$, *so daß der* δ*–Schlauch*

$$S_\delta(\mathbf{u}) := \big\{(x,\mathbf{y}) \mid \alpha \le x \le \beta,\ \|\mathbf{y}-\mathbf{u}(x)\| \le \delta\big\}$$

eine kompakte Teilmenge von Ω *der in (c) genannten Art ist.*

Denn $G_\mathbf{u}$ ist als Bildmenge des kompakten Intervalls $[\alpha,\beta]$ unter der stetigen Abbildung $x \mapsto (x,\mathbf{u}(x))$ kompakt. Im Fall $\Omega = \mathbb{R}^{n+1}$ ist nichts zu beweisen, andernfalls setzen wir $\delta := \frac{1}{2}\,\mathrm{dist}\,(G_\mathbf{u}, \partial\Omega)$.

4 Kontrolle und Eindeutigkeit von Lösungen

4.1 Abstandskontrolle von Lösungen

Seien $\mathbf{u}_0, \mathbf{u} : I \to \mathbb{R}^n$ Lösungen der Anfangswertprobleme

$$\mathbf{u}_0' = \mathbf{f}_0(x,\mathbf{u}_0)\,,\quad \mathbf{u}_0(\xi_0) = \boldsymbol{\eta}_0 \quad\text{und}\quad \mathbf{u}' = \mathbf{f}(x,\mathbf{u})\,,\quad \mathbf{u}(\xi) = \boldsymbol{\eta}\,.$$

Gesucht ist eine Abschätzung für den Abstand $\varrho(x) := \|\mathbf{u}_0(x) - \mathbf{u}(x)\|$ der beiden Lösungen in Abhängigkeit von den Abweichungen der Ausgangsdaten

$$\|\mathbf{f} - \mathbf{f}_0\|\,,\quad |\xi - \xi_0|\,,\quad \|\boldsymbol{\eta} - \boldsymbol{\eta}_0\|\,.$$

Wir setzen voraus, daß beide Lösungsgraphen in einer kompakten Teilmenge K von Ω verlaufen und daß $\mathbf{f} \in \mathrm{Lip}\,(K,L)$. Ferner setzen wir

$$\varepsilon_1 := \max\{\|\mathbf{f}_0(x,\mathbf{y}) - \mathbf{f}(x,\mathbf{y})\| \mid (x,\mathbf{y}) \in K\},$$

$$M := \max\{\|\mathbf{f}_0(x,\mathbf{y})\| \mid (x,\mathbf{y}) \in K\}.$$

Dann ergibt sich aus der Fixpunktform 2.2 der beiden Anfangswertprobleme

$$\begin{aligned}\varrho(x) &= \|\mathbf{u}_0(x)-\mathbf{u}(x)\| = \Big\| \boldsymbol{\eta}_0 + \int_{\xi_0}^{x} \mathbf{f}_0(t,\mathbf{u}_0(t))\,dt - \boldsymbol{\eta} - \int_{\xi}^{x} \mathbf{f}(t,\mathbf{u}(t))\,dt \Big\| \\ &= \Big\| \boldsymbol{\eta}_0 - \boldsymbol{\eta} + \int_{\xi}^{x} \big([\mathbf{f}_0(t,\mathbf{u}_0(t)) - \mathbf{f}_0(t,\mathbf{u}(t))] + [\mathbf{f}_0(t,\mathbf{u}(t)) - \mathbf{f}(t,\mathbf{u}(t))] \big)\,dt \\ &\quad + \int_{\xi_0}^{\xi} \mathbf{f}_0(t,\mathbf{u}_0(t))\,dt \Big\| \\ &\le \|\boldsymbol{\eta}_0 - \boldsymbol{\eta}\| + \Big| \int_{\xi}^{x} (L\,\|\mathbf{u}_0(t)-\mathbf{u}(t)\| + \varepsilon_1)\,dt \Big| + |\xi - \xi_0|\,M\,.\end{aligned}$$

Daher gilt mit $\varepsilon_0 = \|\boldsymbol{\eta} - \boldsymbol{\eta}_0\| + |\xi - \xi_0|\,M$

$$(*) \qquad \varrho(x) \le \varepsilon_0 + \Big| \int_{\xi}^{x} (L\,\varrho(t) + \varepsilon_1)\,dt \Big|\,.$$

Um daraus eine Abschätzung für $\varrho(x)$ zu gewinnen, dient uns

4.2 Das Lemma von Gronwall

Genügt eine stetige Funktion $\varrho : I \to \mathbb{R}_+$ der Integralungleichung $(*)$ mit $\varepsilon_0, \varepsilon_1 \ge 0$ und $L > 0$, so gilt für alle $x \in I$

$$\varrho(x) \le \left(\varepsilon_0 + \frac{\varepsilon_1}{L}\right) e^{L\,|x-\xi|} - \frac{\varepsilon_1}{L}\,.$$

Beweis.
Wir setzen $h(x) := \varepsilon_0 + \Big| \int_{\xi}^{x} (L\,\varrho(t) + \varepsilon_1)\,dt \Big|$.

Dann ist h stetig und $\varrho(x) \le h(x)$. Zwar existiert $h'(\xi)$ nicht, aber die Einschränkungen von h auf $I_1 = \{x \in I \mid x \le \xi\}$ und $I_2 = \{x \in I \mid x \ge \xi\}$ sind in ihren Definitionsbereichen C^1–differenzierbar. Für $x \in I_1$ gilt

$$h'(x) = -L\,\varrho(x) - \varepsilon_1 \ge -L\,h(x) - \varepsilon_1\,,$$

$$\frac{d}{dt}\left(e^{Lt}h(t)\right) = L\,e^{Lt}h(t) + e^{Lt}h'(t) \ge -\varepsilon_1 e^{Lt}\,.$$

Integration von $x \in I_1$ bis ξ ergibt wegen $h(\xi) = \varepsilon_0$

$$e^{L\xi}\,\varepsilon_0 - e^{Lx}h(x) \ge \frac{\varepsilon_1}{L}\left(e^{Lx} - e^{L\xi}\right).$$

Daraus folgt

$$h(x) \le \left(\varepsilon_0 + \frac{\varepsilon_1}{L}\right) e^{L(\xi - x)} - \frac{\varepsilon_1}{L} \quad \text{für } x \le \xi\,.$$

Der Fall $x > \xi$ ergibt sich analog (Integration von $\frac{d}{dt}(e^{-Lt}h(t))$ von ξ bis x). □

4.3 Der Eindeutigkeitssatz

Unter der Standardvoraussetzung 3.1 hat das Anfangswertproblem

$$\mathbf{y}' = \mathbf{f}(x,\mathbf{y}), \quad \mathbf{y}(\xi) = \boldsymbol{\eta}$$

höchstens eine Lösung.

BEWEIS.
Angenommen, für zwei Lösungen $\mathbf{u}: I \to \mathbb{R}^n$, $\mathbf{v}: J \to \mathbb{R}^n$ dieses AWP gibt es ein $s \in I \cap J$ mit $\mathbf{u}(s) \neq \mathbf{v}(s)$, o.B.d.A. $s > \xi$. Dann existiert

$$x_0 := \inf\left\{x > \xi \;\middle|\; \mathbf{u}(x) \neq \mathbf{v}(x)\right\},$$

und es gilt $\mathbf{u}(x_0) = \mathbf{v}(x_0) =: \mathbf{y}_0$. Wir wählen eine Graphenumgebung

$$K = \left\{(x,\mathbf{y}) \;\middle|\; |x - x_0| \leq r, \;\; \|\mathbf{y} - \mathbf{u}(x)\| \leq \delta\right\} \subset \Omega$$

für $\mathbf{u}$, wobei wir $r > 0$ so wählen, daß

$$\varrho(x) := \|\mathbf{u}(x) - \mathbf{v}(x)\| \leq \delta, \quad \text{d.h.} \quad (x, \mathbf{v}(x)) \subset K \quad \text{für} \quad |x - x_0| \leq r\,.$$

Nach 3.2 (d) gibt es eine Lipschitzkonstante L für $\mathbf{f}$ in K. Aus 4.1 folgt mit $\xi = \xi_0 := x_0$, $\boldsymbol{\eta} = \boldsymbol{\eta}_0 := \mathbf{y}_0$ und $\mathbf{g} = \mathbf{f}$ (also $\varepsilon_1 = \varepsilon_0 = 0$)

$$\varrho(x) \leq \int_{x_0}^{x} L\,\varrho(t)\,dt \quad \text{für} \quad x_0 \leq x < x_0 + r\,,$$

also ist nach dem Gronwallschen Lemma $\varrho(x) = 0$, d.h. $\mathbf{u}(x) = \mathbf{v}(x)$ für $x_0 \leq x \leq x_0 + r$. Dies steht im Widerspruch zur Wahl von x_0. □

5 Existenz von Lösungen

5.1 Das Iterationsverfahren von Picard–Lindelöf

Unter der Standardvoraussetzung 3.1 gibt es zu jedem Punkt $(\xi, \boldsymbol{\eta}) \in \Omega$ *eine* **lokale Lösung** *des Anfangswertproblems*

$$\mathbf{y}' = \mathbf{f}(x,\mathbf{y}), \quad \mathbf{y}(\xi) = \boldsymbol{\eta},$$

d.h. es gibt eine eindeutig bestimmte Lösung $\mathbf{u}: I \to \mathbb{R}^n$ *auf einem Intervall* $I = [\xi - \delta, \xi + \delta]$ *mit* $\delta > 0$. *Diese ist gleichmäßiger Limes der* **Picard–Iterierten** $\mathbf{u}_k$, *gegeben durch die Iterationsvorschrift*

$$\mathbf{u}_0(x) = \boldsymbol{\eta}\,,$$

$$\mathbf{u}_{k+1}(x) = \boldsymbol{\eta} + \int_{\xi}^{x} \mathbf{f}(t, \mathbf{u}_k(t))\,dt \quad \textit{für } k = 0, 1, \ldots\,.$$

Beweis.

(a) *Wahl von δ.* Wir bestimmen zunächst $r > 0$, $R > 0$ so, daß der Zylinder

$$Z = \left\{(x, \mathbf{y}) \;\middle|\; |x - \xi| \le r,\ \|\mathbf{y} - \boldsymbol{\eta}\| \le R\right\}$$

ganz in Ω liegt. Ist $M = \max\{\|\mathbf{f}(x, \mathbf{y})\| \mid (x, \mathbf{y}) \in Z\}$, so wählen wir $\delta > 0$ so, daß $\delta \le r$ und $\delta M \le R$.

Nun setzen wir

$$K := \left\{(x, \mathbf{y}) \;\middle|\; |x - \xi| \le \delta,\ \|\mathbf{y} - \boldsymbol{\eta}\| \le R\right\}$$

und wählen eine Lipschitzkonstante L für $\mathbf{f}$ auf K gemäß 3.2 (c).

(b) *Durchführbarkeit des Iterationsverfahrens.* Wir zeigen per Induktion, daß der Graph der Iterierten $\mathbf{u}_k$ in K liegt. Für $\mathbf{u}_0$ ist das richtig. Liegt $(x, \mathbf{u}_k(x))$ für $|x - \xi| \le \delta$ in K, so folgt

$$\|\mathbf{u}_{k+1}(x) - \boldsymbol{\eta}\| \le \left| \int_\xi^x \|\mathbf{f}(t, \mathbf{u}_k(t))\|\, dt \right| \le M\,|x - \xi| \le M\,\delta \le R .$$

(c) *Die gleichmäßige Konvergenz der Picard–Iterierten* $\mathbf{u}_k$.
Zunächst ist $\|\mathbf{u}_1(x) - \mathbf{u}_0(x)\| = \|\mathbf{u}_1(x) - \boldsymbol{\eta}\| \le R$ nach (b). Allgemein gilt

$$\begin{aligned}
\|\mathbf{u}_{k+1}(x) - \mathbf{u}_k(x)\| &= \left\| \int_\xi^x [\mathbf{f}(t, \mathbf{u}_k(t)) - \mathbf{f}(t, u_{k-1}(t))]\, dt \right\| \\
&\le \left| \int_\xi^x \|\mathbf{f}(t, \mathbf{u}_k(t)) - \mathbf{f}(t, \mathbf{u}_{k-1}(t))\|\, dt \right| \\
&\le L \left| \int_\xi^x \|\mathbf{u}_k(t) - \mathbf{u}_{k-1}(t)\|\, dt \right| .
\end{aligned}$$

Daraus ergibt sich sukzessive

$$\begin{aligned}
\|\mathbf{u}_2(x) - \mathbf{u}_1(x)\| &\le L \left| \int_\xi^x \|\mathbf{u}_1(t) - \mathbf{u}_0(t)\|\, dt \right| \le R\,L\,|x - \xi| , \\
\|\mathbf{u}_3(x) - \mathbf{u}_2(x)\| &\le L \left| \int_\xi^x R\,L\,|t - \xi|\, dt \right| = R\,L^2 \frac{|x - \xi|^2}{2} .
\end{aligned}$$

Durch Induktion erhalten wir für $k = 0, 1, \ldots$ ÜA

$$(*) \qquad \|\mathbf{u}_{k+1} - \mathbf{u}_k\| \le R\,\frac{(L\,|x - \xi|)^k}{k!} \le R\,\frac{(L\delta)^k}{k!} .$$

Also konvergiert jede Komponente von

$$\mathbf{u}_{k+1}(x) = \boldsymbol{\eta} + \sum_{j=0}^{k} \big(\mathbf{u}_{j+1}(x) - \mathbf{u}_j(x)\big)$$

gleichmäßig auf $I = [\xi - \delta, \xi + \delta]$, denn die Komponenten der Reihe

$$\sum_{j=0}^{\infty} \big(\mathbf{u}_{j+1}(x) - \mathbf{u}_j(x)\big) \quad \text{haben nach } (*) \text{ die Majorante } R \sum_{j=0}^{\infty} \frac{(\delta L)^j}{j!}\,.$$

(d) $\mathbf{u} := \lim\limits_{k\to\infty} \mathbf{u}_k$ *löst das Anfangswertproblem auf* I. Denn die Komponenten von $\mathbf{u}$ sind stetig als gleichmäßige Limites stetiger Funktionen. Da K abgeschlossen ist, liegt der Graph von $\mathbf{u}$ in K. Aus

$$\|\mathbf{f}(t, \mathbf{u}(t)) - \mathbf{f}(t, \mathbf{u}_k(t))\| \le L\,\|\mathbf{u}(t) - \mathbf{u}_k(t)\|$$

folgt die gleichmäßige Konvergenz $\mathbf{f}(t, \mathbf{u}_k(t)) \to \mathbf{f}(t, \mathbf{u}(t))$, somit

$$\begin{aligned} \mathbf{u}(x) &= \lim_{k\to\infty} \mathbf{u}_{k+1}(x) = \lim_{k\to\infty} \Big(\boldsymbol{\eta} + \int_\xi^x \mathbf{f}(t, \mathbf{u}_k(t))\,dt\Big) \\ &= \boldsymbol{\eta} + \int_\xi^x \lim_{k\to\infty} \mathbf{f}(t, \mathbf{u}_k(t))\,dt = \boldsymbol{\eta} + \int_\xi^x \mathbf{f}(t, \mathbf{u}(t))\,dt\,. \end{aligned}$$

Damit ist $\mathbf{u} : I \to \mathbb{R}^n$ eine Lösung des AWP nach 2.2. □

5.2 Aufgaben

(a) Sei $n = 1$ und $f(x, y) = x\sqrt{|y|}$ in $\mathbb{R} \times \mathbb{R}$. Warum kann f in $[-1, 1] \times [-1, 1]$ keine Lipschitz–Bedingung erfüllen?

(b) **Das Anwachsen der Lösung.** Mit den Bezeichnungen des Beweises 5.1 gilt $\|\mathbf{u}(x) - \boldsymbol{\eta}\| \le R\,\mathrm{e}^{L\,|x-\xi|}$. Begründung?

(c) Führen Sie die Picard–Iteration für das AWP

$$y_1' = \frac{2}{x}\,y_2\,, \quad y_2' = \frac{1}{2x}\,y_1\,, \quad y_1(1) = 2\,, \quad y_2(1) = 1$$

in $\mathbb{R}_{>0} \times \mathbb{R}$ durch. Es ergibt sich ein einfaches Resultat.

(d) **Fehlerabschätzung für das Iterationsverfahren.** Zeigen Sie mit Hilfe der Fixpunktgleichung für die Lösung $\mathbf{u}$ und mittels Induktion, daß für die Picard–Iterierte $\mathbf{u}_k$ unter den Voraussetzungen 5.1 (a) folgendes gilt:

$$\|\mathbf{u}(x) - \mathbf{u}_k(x)\| \le M\,L^k\,\frac{|x-\xi|^{k+1}}{(k+1)!} \quad \text{für } |x - \xi| \le \delta\,.$$

(e) Sei u die Lösung des AWP $y' = 1 + 3x^2 + \frac{1}{4}y^2$, $y(0) = 0$ auf dem Intervall $I = \left[-\frac{1}{2}, \frac{1}{2}\right]$. Geben Sie ein Polynom p an mit $|\,u(x) - p(x)\,| \le 0.02$ für $x \in I$.

Anleitung: Um die Fehlerabschätzung (d) anwenden zu können, ist zunächst ein Rechteck $K_R = \left[-\frac{1}{2}, \frac{1}{2}\right] \times [-R, R]$ so zu bestimmen, daß die Graphen aller Picard–Iterierten dort verbleiben. Nach 5.1 (a) lautet die Bedingung dafür $\frac{1}{2}\,M(R) \le R$, wobei

$$M(R) = \max\left\{1 + 3x^2 + \tfrac{1}{4}y^2 \mid |x| \le \tfrac{1}{2},\ |y| \le R\right\}.$$

Wählen Sie R passend und bestimmen Sie die Lipschitz–Konstante für K_R.

(f) Führen Sie das Iterationsverfahren für das Anfangswertproblem

$$\begin{aligned} y_1' &= \tfrac{3}{2}y_1 - \tfrac{1}{2}y_2\,, & y_1(0) &= 2\,,\\ y_2' &= \tfrac{1}{2}y_1 + \tfrac{1}{2}y_2\,, & y_2(0) &= 0 \end{aligned}$$

durch. Nach wenigen Schritten erkennen Sie das Bildungsgesetz der Reihe für y_2; es ergibt sich eine einfache Formel für y_2. Aus der zweiten DG erhalten Sie dann y_1. Vergleichen Sie den realen Fehler mit der Fehlerabschätzung (d).

Bemerkung. Die dem System zugrundeliegende Matrix $A = \frac{1}{2}\left(\begin{smallmatrix} 3 & -1 \\ 1 & 1 \end{smallmatrix}\right)$ ist nicht diagonalähnlich; der Entkopplungsansatz von Bd. 1, § 18 : 5 führt hier nicht zum Ziel. Weiteres zu linearen Systemen in 3.1 und 3.2.

5.3 Der globale Existenz– und Eindeutigkeitssatz

Unter der Standardvoraussetzung 3.1 hat das Anfangswertproblem

$$\mathbf{y}' = \mathbf{f}(x, \mathbf{y})\,, \quad \mathbf{y}(\xi) = \boldsymbol{\eta}$$

für jeden Startpunkt $(\xi, \boldsymbol{\eta}) \in \Omega$ *genau eine Lösung* $x \mapsto \boldsymbol{\varphi}(x, \xi, \boldsymbol{\eta})$ *auf einem maximalen Intervall* $J(\xi, \boldsymbol{\eta})$*. Dieses Existenzintervall* $J(\xi, \boldsymbol{\eta})$ *ist offen.*
Für jede andere Lösung $\mathbf{u} : I \to \mathbb{R}^n$ *des Anfangswertproblems gilt also*

$$I \subset J(\xi, \boldsymbol{\eta}) \quad \textit{und} \quad \mathbf{u}(x) = \boldsymbol{\varphi}(x, \xi, \boldsymbol{\eta}) \ \textit{ für alle } \ x \in I\,.$$

Wir nennen

$$x \mapsto \boldsymbol{\varphi}(x, \xi, \boldsymbol{\eta}), \quad J(\xi, \boldsymbol{\eta}) \to \mathbb{R}^n$$

die **maximal definierte (maximale) Lösung** des AWP.

Beweis.

Wir definieren $J(\xi, \boldsymbol{\eta})$ als Vereinigung aller Lösungsintervalle, d.h. aller Intervalle I, für die ξ innerer Punkt ist und die Definitionsintervall einer Lösung des AWP $\mathbf{y}' = \mathbf{f}(x, \mathbf{y})$, $\mathbf{y}(\xi) = \boldsymbol{\eta}$ sind. Nach dem lokalen Existenzsatz gibt es solche, und nach dem Eindeutigkeitssatz bestimmt jedes Lösungsintervall I eindeutig eine dort definierte Lösung $\mathbf{u}_I$. Der Durchschnitt und die Vereinigung zweier Lösungsintervalle I, J ist wieder eines, letzteres wegen $\xi \in I \cup J$. Daher ist $J(\xi, \boldsymbol{\eta})$ ein Intervall, d.h. für $\alpha, \beta \in J(\xi, \boldsymbol{\eta})$ mit $\alpha < \beta$ ist $[\alpha, \beta] \subset J(\xi, \boldsymbol{\eta})$

(Bd. 1, § 8 : 4.7). Sind nämlich I, J Lösungsintervalle mit $\alpha \in I$, $\beta \in J$, so gilt $[\alpha, \beta] \subset I \cup J \subset J(\xi, \boldsymbol{\eta})$. Wegen des Eindeutigkeitssatzes dürfen wir definieren

$$\boldsymbol{\varphi}(x, \xi, \boldsymbol{\eta}) := \mathbf{u}_I(x), \quad \text{falls } x \text{ im Lösungsintervall } I \text{ liegt.}$$

Dann ist $x \mapsto \boldsymbol{\varphi}(x, \xi, \boldsymbol{\eta})$ eine nach Konstruktion maximal definierte Lösung.

Das Existenzintervall $J(\xi, \boldsymbol{\eta})$ ist offen. Denn zu jedem $x_0 \in J(\xi, \boldsymbol{\eta})$ gibt es nach 5.1 ein mit $\delta > 0$ und eine lokale Lösung $\mathbf{z} : [x_0 - \delta, x_0 + \delta] \to \mathbb{R}^n$ des AWP

$$\mathbf{y}' = \mathbf{f}(x, \mathbf{y}), \quad \mathbf{y}(x_0) = \boldsymbol{\varphi}(x_0, \xi, \boldsymbol{\eta}).$$

Diese stimmt in $[x_0 - \delta, x_0 + \delta]$ mit $\boldsymbol{\varphi}(x, \xi, \boldsymbol{\eta})$ überein, somit ist $[x_0 - \delta, x_0 + \delta]$ in $J(\xi, \boldsymbol{\eta})$ enthalten. □

5.4 Beispiele und Aufgaben

(a) Bestimmen Sie die maximalen Lösungen und deren Definitionsintervall für das AWP $y' = f(x, y)$, $y(0) = y_0$ mit den rechten Seiten

$$f(x, y) = \frac{y}{1 - x^2} \quad \text{bzw.} \quad f(x, y) = \frac{y^2}{1 - x^2} \quad \text{in} \quad \Omega =]-1, 1[\times \mathbb{R}.$$

(b) Zeigen Sie: Die Lösung $y(x) = y_0 \exp((x - 1) \sin \log(1 - x))$ des AWP

$$y' = y(\sin \log(1 - x) + \cos \log(1 - x)), \quad y(0) = y_0 > 0$$

in $\Omega =]-\infty, 1[\times \mathbb{R}$ existiert für $x < 1$ und besitzt für $x \to 1-$ einen Grenzwert, während $\lim\limits_{x \to 1-} y'(x)$ nicht existiert.

6 Zum Definitionsintervall maximaler Lösungen

6.1 Der Fortsetzungssatz

Für die DG $\mathbf{y}' = \mathbf{f}(x, \mathbf{y})$ *auf* $\Omega \subset \mathbb{R}^{n+1}$ *sei die Standardvoraussetzung 3.1 erfüllt, und* $\mathbf{u}$ *sei eine Lösung. Dann gilt*

(a) *Liegen alle Punkte* $(x, \mathbf{u}(x))$ *für* $x \in]a, b[$ *in einer kompakten Teilmenge von* Ω, *so kann* $\mathbf{u}$ *zu einer Lösung auf einem größeren Intervall* $]a - \varepsilon, b + \varepsilon[$ $(\varepsilon > 0)$ *fortgesetzt werden.*

(b) *Ist* $\mathbf{u}$ *maximal definiert, so verlassen die Punkte* $(x, \mathbf{u}(x))$ *sowohl für wachsendes als auch für fallendes* x *schließlich jede kompakte Teilmenge von* Ω.

Da sich Ω durch kompakte Mengen ausschöpfen läßt (Bd. 1, § 23 : 4.7), können wir für (b) auch sagen: „Der Graph von $\mathbf{u}$ läuft in Ω von Rand zu Rand.“

Beweis.

(a) folgt unmittelbar aus (b).

(b) Sei $\mathbf{u}$ eine maximale Lösung auf dem nach 5.3 offenen Intervall I, deren Graph die kompakte Menge $K \subset \Omega$ trifft.

Dann ist $A := \{x \in I \mid (x, \mathbf{u}(x)) \in K\}$ nicht leer und beschränkt, da K beschränkt ist. Also existiert $\beta := \sup A$. Haben wir $\beta \in I$ gezeigt, so gibt es Zahlen $x \in I$ mit $x > \beta$, und für alle diese x gilt $(x, \mathbf{u}(x)) \notin K$.

Zum Nachweis von $\beta \in I$ geben wir anschließend ein $\delta > 0$ an mit

$(*)\quad [\xi - \delta, \xi + \delta] \subset J(\xi, \boldsymbol{\eta})$ für jeden Punkt $(\xi, \boldsymbol{\eta}) \in K$;

dabei ist $J(\xi, \boldsymbol{\eta})$ gemäß 5.3 definiert. Da es nach Definition von β ein $\xi \in A$ gibt mit $\beta - \delta < \xi \leq \beta$, also $\beta \in [\xi, \xi + \delta[$, folgt dann $\beta \in J(\xi, \mathbf{u}(\xi)) = I$.

Nachweis von $(*)$: Für $\varrho := \frac{1}{2}\,\text{dist}\,(K, \partial\Omega)$ bzw. $\varrho := 1$ im Fall $\Omega = \mathbb{R}^{n+1}$ ist

$$K^{\varrho} := \left\{\mathbf{z} \in \mathbb{R}^{n+1} \mid \text{dist}\,(\mathbf{z}, K) \leq \varrho\right\}$$

eine kompakte Teilmenge von Ω. Wir setzen $M := \max\{\|\mathbf{f}(x, \mathbf{y})\| \mid (x, \mathbf{y}) \in K^{\varrho}\}$ und wählen $\delta > 0$ so, daß $M\delta \leq \varrho/\sqrt{2}$. Für $(\xi, \boldsymbol{\eta}) \in K$ gilt

$$\mathcal{Z}_{\varrho}(\xi, \boldsymbol{\eta}) := \left\{(x, \mathbf{y}) \mid |x - \xi| \leq \varrho/\sqrt{2}\,,\ \|\mathbf{y} - \boldsymbol{\eta}\| \leq \varrho/\sqrt{2}\right\} \subset \overline{K_{\varrho}(\xi, \boldsymbol{\eta})} \subset K^{\varrho}\,.$$

Dem Teil (a) des Existenzbeweises 5.1 entnehmen wir die Aussage $(*)$.

Entsprechend schließen wir, daß $\alpha := \inf A \in I$. □

6.2 Zur Anwendung

Sei $\mathbf{u} : I = [\alpha, \beta] \to \mathbb{R}^n$ stetig, und der δ–Schlauch

$K := \{(x, \mathbf{y}) \mid x \in I,\ \|\mathbf{y} - \mathbf{u}(x)\| \leq \delta\}$

liege ganz in Ω. Läßt sich für die in $(\xi, \boldsymbol{\eta}) \in K$ startende Lösung $\boldsymbol{\varphi}(x, \xi, \boldsymbol{\eta})$ zeigen, daß sie den Schlauchmantel nicht trifft, d.h.

$$\|\boldsymbol{\varphi}(x, \xi, \boldsymbol{\eta}) - \mathbf{u}(x)\| < \delta$$

für $x \in I \cap J(\xi, \boldsymbol{\eta})$, so folgt $[\alpha, \beta] \subset J(\xi, \boldsymbol{\eta})$. Denn nach 6.1 (c) verlassen die Punkte $(x, \boldsymbol{\varphi}(x, \xi, \boldsymbol{\eta}))$ für wachsendes bzw. fallendes $x \in J(\xi, \boldsymbol{\eta})$ die kompakte Menge K. Da dies nicht durch den Schlauchmantel geschehen kann ($\varrho(x) := \|\boldsymbol{\varphi}(x, \xi, \boldsymbol{\eta}) - \mathbf{u}(x)\|$ ist stetig), müssen sie die Schlauchenden $x = \beta$, $x = \alpha$ durchstoßen.

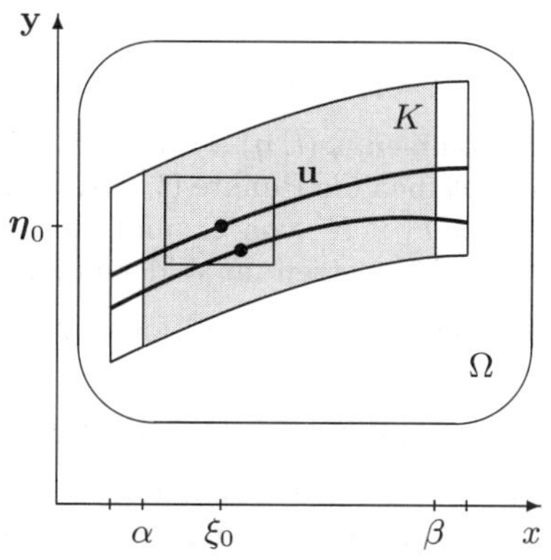

6.3 Anwendung auf autonome Systeme

Autonome Systeme haben nach 3.1 (c) die Form $\dot{\mathbf{y}} = \mathbf{g}(\mathbf{y})$, wobei $\mathbf{g}$ in einem Gebiet $\Omega' \subset \mathbb{R}^n$ stetig differenzierbar ist. Wir deuten hier im Hinblick auf die Anwendungen die unabhängige Variable als Zeit und bezeichnen sie mit t.

Als Startzeitpunkt dürfen wir immer $\xi = 0$ wählen. Denn gilt

$$\dot{\mathbf{u}}(t) = \mathbf{g}(\mathbf{u}(t)) \quad \text{für } t \in I \quad \text{und} \quad u(\xi) = \boldsymbol{\eta},$$

so löst $\mathbf{v}(t) = \mathbf{u}(t+\xi)$ im verschobenen Intervall $I - \xi$ das AWP

$$\dot{\mathbf{v}}(t) = \mathbf{g}(\mathbf{v}(t)), \quad \mathbf{v}(0) = \boldsymbol{\eta},$$

und für jede Lösung $\mathbf{v}$ des letzteren AWP löst $\mathbf{u}(t) = \mathbf{v}(t-\xi)$ das ursprüngliche.

Wir bezeichnen die maximale Lösung des AWP

$$\dot{\mathbf{y}}(t) = \mathbf{g}(\mathbf{y}), \quad \mathbf{y}(0) = \boldsymbol{\eta}$$

mit $t \mapsto \varphi(t, \boldsymbol{\eta})$, ihr Definitionsintervall mit $J(\boldsymbol{\eta})$.

Der Fortsetzungssatz für autonome Systeme

(a) *Bleibt $\boldsymbol{\varphi}(t, \boldsymbol{\eta})$, soweit definiert, für wachsendes $t \geq 0$ in einer kompakten Teilmenge K' von Ω', so existiert $\boldsymbol{\varphi}(t, \boldsymbol{\eta})$ in aller Zukunft, das heißt, es gilt $\mathbb{R}_+ \subset J(\boldsymbol{\eta})$.*

(b) *Bleibt $\boldsymbol{\varphi}(t, \boldsymbol{\eta})$ für fallendes $t \leq 0$ in einer kompakten Teilmenge K' von Ω', so existiert $\boldsymbol{\varphi}(t, \boldsymbol{\eta})$ in der vollen Vergangenheit, d.h. $\mathbb{R}_{\leq 0} \subset J(\boldsymbol{\eta})$.*

(c) *Sind beide Voraussetzungen erfüllt, so existiert $\boldsymbol{\varphi}(t, \boldsymbol{\eta})$ für alle Zeiten.*

Beweis.
(a) Sei $\Omega = \mathbb{R} \times \Omega'$ und $\mathbf{f} : \Omega \to \mathbb{R}^n, \quad (t, \mathbf{y}) \mapsto \mathbf{g}(\mathbf{y})$.

Angenommen, $\boldsymbol{\varphi}(t, \boldsymbol{\eta})$ sei nicht für alle $t \geq 0$ definiert, also $J(\boldsymbol{\eta}) \cap \mathbb{R}_+ = [0, T[$. Dann bleiben die Punkte $(t, \boldsymbol{\varphi}(t, \boldsymbol{\eta}))$ für $0 \leq t < T$ in der kompakten Teilmenge $K = [0, T] \times K'$ von Ω, und nach 6.1 (a) ließe sich $\boldsymbol{\varphi}(x, \boldsymbol{\eta})$ auf ein Intervall $[0, T + \delta[$ fortsetzen im Widerspruch zur Wahl von T.

(b) ergibt sich analog; (c) folgt aus (a) und (b). □

6.4 Die logistische Differentialgleichung

Vermehrt sich eine Population mit konstanter Wachstumsrate $\alpha > 0$, d.h. gilt für den Populationsstand $u(t)$ zur Zeit t die DG

$$\dot{u}(t) = \alpha u(t),$$

so wächst die Population nach dem Exponentialgesetz $u(t) = u(0)\,\mathrm{e}^{\alpha t}$. Ein solches Wachstum ist unrealistisch, denn mit wachsender Populationszahl gehen irgendwann die Ressourcen zu Ende. Das einfachste Modell einer von der Population abhängigen Wachstumsrate legt die DG $\dot{u} = \beta(K-u)\,u$ mit Konstanten $\beta, K > 0$ zugrunde (gedämpftes Wachstum mit Sättigungsgrenze K). Die Umskalierung

$$y(t) = \frac{1}{K}\,u\left(\frac{t}{\beta K}\right)$$

führt auf die **logistische DG**

$$\dot{y} = y\,(1-y)$$

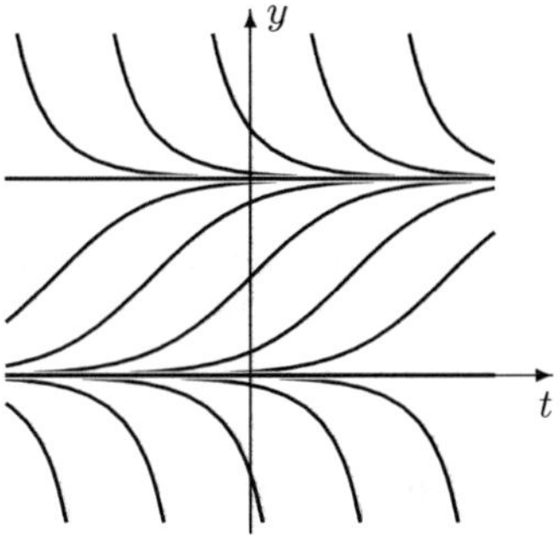

Diese hat die konstanten Lösungen 0 und 1.
Startet eine Lösung mit einem von 0 oder 1 verschiedenen Anfangswert, so kann sie wegen des Eindeutigkeitssatzes keinen dieser beiden Werte annehmen.
Für $\eta \in \,]0,1[$ bleibt also $\varphi(t,\eta)$, soweit definiert, immer in $[0,1]$ (sogar in $]0,1[$). Nach 6.3 existiert also $\varphi(t,\eta)$ für alle Zeiten.

Für $\eta > 1$ bleibt aus den obengenannten Gründen $\varphi(t,\eta) > 1$, soweit definiert. Also gilt $\dot{\varphi}(t,\eta) = \varphi(t,\eta)(1-\varphi(t,\eta)) < 0$, d.h. $\varphi(t,\eta)$ fällt monoton und bleibt für wachsendes t im Intervall $]1,\eta]$. Somit existiert $\varphi(t,\eta)$ nach 6.3 für alle $t \geq 0$. Entsprechend ergibt sich, daß $\varphi(t,\eta)$ im Fall $\eta < 0$ für alle $t \leq 0$ existiert.

Für $0 < \eta < 1$ folgt aus der DG, daß $\varphi(t,\eta)$ monoton wächst. Also existiert

$$c := \lim_{t\to\infty} \varphi(t,\eta).$$

Daraus folgt $\lim\limits_{t\to\infty} \dot{\varphi}(t,\eta) = c(1-c)$, andererseits muß dieser Limes Null sein. Damit ergibt sich $\lim\limits_{t\to\infty} \varphi(t,\eta) = 1$ für alle $\eta > 0$.

Betrachtungen dieser Art sind typisch für die qualitative Behandlung von Differentialgleichungen, vgl. § 5

Aufgabe. Bestimmen Sie $\varphi(t,\eta)$ und $J(\eta)$ nach dem Verfahren Bd. 1, § 13 : 3. Es ergibt sich für $\eta > 1$, daß $\varphi(t,\eta)$ nicht in der vollen Vergangenheit existiert. Für $\eta < 0$ existiert $\varphi(t,\eta)$ nicht für alle $t \geq 0$.

6.5 Beispiel

Wir betrachten für $r := \sqrt{x^2+y^2} > 0$ das System

$$\dot{x} = -y + \frac{x}{r}\,(1-r^2)\,, \quad \dot{y} = x + \frac{y}{r}\,(1-r^2)\,.$$

Eine leichte Rechung [ÜA] zeigt

$$\dot{r} = \frac{1}{r}(x\dot{x} + y\dot{y}) = 1 - r^2 \quad \text{längs jeder Lösung} \quad t \mapsto (x(t), y(t)).$$

Die DG $\dot{r} = 1 - r^2$ besitzt die konstante Lösung $r = 1$, und tatsächlich ist

$$t \mapsto \mathbf{u}(t) := (\cos t, \sin t) \quad \text{eine Lösung des Ausgangssystems.}$$

Jede mit $0 < r(0) < 1$ startende Lösung $\mathbf{v}$ kann die Einheitskreislinie nicht treffen: Aus $\mathbf{v}(t_2) = \mathbf{u}(t_1)$ würde folgen $\mathbf{v}(t+t_2) = \mathbf{u}(t+t_1)$ für alle t, vgl. 6.3. Wegen $\dot{r} > 0$ existiert sie daher nach dem Fortsetzungssatz 6.3 mindestens für $t \in \mathbb{R}_+$

Aufgabe. (a) Zeigen Sie, daß auch die außerhalb des Einheitskreises startenden Lösungen für alle $t \geq 0$ existieren. (Beachten Sie: $\dot{r}(t) < 0$.)

(b) Zeigen Sie analog zu 6.4, daß $\lim\limits_{t \to \infty} r(t) = 1$.

6.6 Linear beschränkte Systeme

Die rechte Seite $\mathbf{f} : I \times \mathbb{R}^n \to \mathbb{R}^n$ heißt **linear beschränkt (von linearem Wachstum)**, wenn I ein offenes Intervall ist und wenn es stetige Funktionen $a, b : I \to \mathbb{R}_+$ gibt mit

$$\left\|\mathbf{f}(x, \mathbf{y})\right\| \leq a(x)\|\mathbf{y}\| + b(x)$$

für alle $x \in I$, $\mathbf{y} \in \mathbb{R}^n$.

Für linear beschränkte Systeme gilt immer $J(\xi, \boldsymbol{\eta}) = I$, d.h. die Lösung ist so weit definiert, wie es die rechte Seite überhaupt zuläßt.

Beweis.

Für $\mathbf{u}(x) = \boldsymbol{\varphi}(x, \xi, \boldsymbol{\eta})$ gilt

$$\begin{aligned}
\|\mathbf{u}(x)\| &= \left\| \boldsymbol{\eta} + \int_\xi^x \mathbf{f}(t, \mathbf{u}(t))\, dt \right\| \leq \|\boldsymbol{\eta}\| + \left| \int_\xi^x \|\mathbf{f}(t, \mathbf{u}(t))\|\, dt \right| \\
&\leq \|\boldsymbol{\eta}\| + \left| \int_\xi^x (a(t)\|\mathbf{u}(t)\| + b(t))\, dt \right| \\
&\leq B(x) + A(x) \left| \int_\xi^x \|\mathbf{u}(t)\|\, dt \right|
\end{aligned}$$

mit

$$B(x) = \|\boldsymbol{\eta}\| + \left| \int_\xi^x b(t)\, dt \right|, \quad A(x) = \max\left\{a(t) \;\middle|\; |t - \xi| \leq |x - \xi|\right\}.$$

Sei $[\xi, \beta]$ ein kompaktes Teilintervall von I. Wir zeigen $[\xi, \beta] \subset J(\xi, \boldsymbol{\eta})$. Offenbar ist

$$A(x) \leq A(\beta), \quad B(x) \leq B(\beta) \quad \text{für } \xi \leq x \leq \beta.$$

Wir setzen $C(\beta) := B(\beta)\exp\big(A(\beta)\,(\beta-\xi)\big)$. Aus

$$\|\mathbf{u}(x)\| \;\le\; B(\beta) + A(\beta)\left|\int_\xi^x \|\mathbf{u}(t)\|\,dt\right| \quad \text{für } x \in [\xi,\beta] \cap J(\xi,\boldsymbol{\eta})$$

folgt nach dem Gronwallschen Lemma mit $\varepsilon_0 = B(\beta)$, $L = A(\beta)$, daß

$$\|\mathbf{u}(x)\| \le C(\beta) \quad \text{für } x \in [\xi,\beta] \cap J(\xi,\boldsymbol{\eta})\,.$$

Angenommen, $\beta \notin J(\xi,\boldsymbol{\eta})$. Dann bleiben die Punkte $(x,\mathbf{u}(x))$ für alle $x \in J(\xi,\boldsymbol{\eta})$ mit $x \ge \xi$ in der kompakten Menge

$$K \;:=\; \{(x,\mathbf{y}) \mid \xi \le x \le \beta\,,\;\; \|\mathbf{y}\| \le C(\beta)\}\,.$$

Nach dem Fortsetzungssatz 6.1 (a) ließe sich dann die Lösung über das rechte Intervallende von $J(\xi,\boldsymbol{\eta})$ hinaus fortsetzen, ein Widerspruch. Somit liegt jedes kompakte Teilintervall $[\xi,\beta]$ von I in $J(\xi,\boldsymbol{\eta})$. Es folgt $I = J(\xi,\boldsymbol{\eta})$. Entsprechend ergibt sich, daß jedes kompakte Teilintervall $[\alpha,\xi]$ von I zu $J(\xi,\boldsymbol{\eta})$ gehört ÜA. □

Beispiel. Jede maximale Lösung der inhomogenen Pendelgleichung

$$\ddot{y}(t) + \sin y(t) \;=\; f(t)$$

mit $f \in \mathrm{C}(\mathbb{R})$ existiert für alle Zeiten ÜA.

6.7 Lineare Systeme $\mathbf{y}' = A(x)\mathbf{y} + \mathbf{b}(x)$

(a) Nach 3.2 (b) ist die rechte Seite linear beschränkt. Sind also die Komponentenfunktionen von A, $\mathbf{b}$ auf einem Intervall I stetig, so sind die maximalen Lösungen jeweils auf ganz I erklärt. Dies gilt auch für abgeschlossene Intervalle I, die wir bei linearen Systemen zulassen. Um diese in die bisher entwickelte Theorie einzuordnen, brauchen wir die Koeffizientenfunktionen nur stetig auf ein I umfassendes offenes Intervall fortzusetzen.

(b) *Die Lösungsvektoren* $\mathbf{y} : I \to \mathbb{R}^n$ *der homogenen Gleichung bilden einen Vektorraum der Dimension* n *über* $\mathbb{R}$.

Beweis.
Für $\mathbf{y} \in \mathrm{C}^1(I,\mathbb{R}^n)$ sei $L\mathbf{y} = \mathbf{y}' - A\mathbf{y}$. Dann ist $L : \mathrm{C}^1(I,\mathbb{R}^n) \to \mathrm{C}(I,\mathbb{R}^n)$ eine lineare Abbildung, also ist $\mathcal{L}_0 = \operatorname{Kern} L$ ein Vektorraum. Für festes $\xi \in I$ ist die Abbildung

$$T : \mathcal{L}_0 \to \mathbb{R}^n\,, \qquad \mathbf{u} \mapsto \mathbf{u}(\xi)$$

ebenfalls linear. Nach dem Existenz- und Eindeutigkeitssatz und nach (a) gibt es zu jedem $\boldsymbol{\eta} \in \mathbb{R}^n$ genau ein $\mathbf{u} \in \mathcal{L}_0$ mit $\mathbf{u}(\xi) = \boldsymbol{\eta}$. Also ist $T : \mathcal{L}_0 \to \mathbb{R}^n$ bijektiv und damit $\dim \mathcal{L}_0 = n$. □

(c) Ein System von n linear unabhängigen Lösungen $\mathbf{y}_1, \ldots, \mathbf{y}_n \in \mathcal{L}_0$ heißt **Fundamentalsystem** oder **Lösungsbasis** für die DG $\mathbf{y}' = A(x)\mathbf{y}$.

Ein spezielles Fundamentalsystem ist gegeben durch

$$\mathbf{y}_k(x) = \boldsymbol{\varphi}(x, \xi, \mathbf{e}_k) \quad (k = 1, \ldots, n),$$

wo ξ ein fester Punkt in I ist, $\mathbf{e}_k$ die kanonischen Basisvektoren des $\mathbb{R}^n$ und $x \mapsto \boldsymbol{\varphi}(x, \xi, \mathbf{e}_k)$ die maximale Lösung des AWP

$$\mathbf{y}' = A(x)\mathbf{y}, \quad \mathbf{y}(\xi) = \mathbf{e}_k.$$

Die Matrix $Y(x, \xi)$ mit den Spalten $\mathbf{y}_1(x), \ldots, \mathbf{y}_n(x)$ wird die **kanonische Fundamentalmatrix** an der Stelle ξ genannt. Offenbar gilt

$$\boldsymbol{\varphi}(x, \xi, \boldsymbol{\eta}) = Y(x, \xi)\boldsymbol{\eta} = \sum_{k=1}^{n} \eta_k \, \mathbf{y}_k(x).$$

(d) Weiteres zu linearen Systemen finden Sie in § 3 : 1.

7 Differenzierbarkeitseigenschaften von Lösungen

7.1 Differenzierbarkeit der Lösung nach den Anfangswerten

Wir betrachten das Anfangswertproblem

$$\mathbf{y}' = \mathbf{f}(x, \mathbf{y}), \quad \mathbf{y}(\xi) = \boldsymbol{\eta}$$

unter der Standardvoraussetzung, daß $\mathbf{f}$ und $D_{\mathbf{y}}\mathbf{f}$ stetig im Gebiet $\Omega \subset \mathbb{R}^{n+1}$ sind. Die maximale Lösung bezeichnen wir wieder mit $x \mapsto \boldsymbol{\varphi}(x, \xi, \boldsymbol{\eta})$, ihr Definitionsintervall mit $J(\xi, \boldsymbol{\eta})$. Als Funktion sämtlicher Variabler besitzt $\boldsymbol{\varphi}(x, \xi, \boldsymbol{\eta})$ den Definitionsbereich

$$\Omega_{\mathbf{f}} := \big\{(x, \xi, \boldsymbol{\eta}) \mid (\xi, \boldsymbol{\eta}) \in \Omega, \; x \in J(\xi, \boldsymbol{\eta})\big\} \subset \mathbb{R}^{n+2}.$$

Satz. (a) *$\Omega_{\mathbf{f}}$ ist ein Gebiet.*

(b) *$\boldsymbol{\varphi}$ ist dort C^1-differenzierbar nach allen Variablen $x, \xi, \boldsymbol{\eta}$.*

(c) *Die partiellen Ableitungen von $\boldsymbol{\varphi}$ nach den Anfangsdaten*

$$\mathbf{v}(x) := \frac{\partial \boldsymbol{\varphi}}{\partial \xi}(x, \xi, \boldsymbol{\eta}), \quad \mathbf{w}_k(x) := \frac{\partial \boldsymbol{\varphi}}{\partial \eta_k}(x, \xi, \boldsymbol{\eta}) \text{ für } k = 1, \ldots, n$$

erfüllen die lineare homogene Differentialgleichung

$$\text{(L)} \quad \mathbf{y}' = A(x)\,\mathbf{y} \quad \text{mit} \quad A(x) := D_{\mathbf{y}}\mathbf{f}(x, \boldsymbol{\varphi}(x, \xi, \boldsymbol{\eta}))$$

und besitzen die Anfangswerte

$$\mathbf{v}(\xi) = -\,\mathbf{f}(\xi, \boldsymbol{\eta}), \quad \mathbf{w}_k(\xi) = \mathbf{e}_k \text{ für } k = 1, \ldots, n.$$

(d) *Sind* $\mathbf{f}$ *und* $D_{\mathbf{y}}\mathbf{f}$ *nach allen Variablen* C^k*–differenzierbar, so ist* φ *nach allen Variablen* C^{k+1}*–differenzierbar. Ist insbesondere* $\mathbf{f}$ *nach allen Variablen* C^∞*–differenzierbar, so auch* φ.

BEMERKUNGEN. (i) Der langwierige Beweis wird im Anschluß an die Formulierung der Sätze 7.2 und 7.3 in drei Schritten geführt:

– In 7.4 : Gebietseigenschaft von $\Omega_{\mathbf{f}}$ und Stetigkeit von φ. Der hierbei anfallende Satz über die Kontrolle der Lösungen ist von eigenem Interesse.

– In 7.6 : C^1–Differenzierbarkeit von φ und Bestehen der **Variationsgleichung** (L).

– In 7.7 : Beweis von (d).

(ii) Die lokale Existenz von Lösungen einschließlich ihrer differenzierbaren bzw. analytischen Abhängigkeit läßt sich auch mit Hilfe des Satzes über impliziten Funktionen auf Banachräumen zeigen, siehe [27] III, § 1 und [73, I] Thm. 4.D.

7.2 Differenzierbare Abhängigkeit der Lösung von Parametern

Wir nehmen an, daß die rechte Seite der DG von Parametern $\lambda_1, \ldots, \lambda_m$ abhängt, die wir zu einem Vektor $\boldsymbol{\lambda} = (\lambda_1, \ldots, \lambda_m)$ zusammenfassen. $\mathbf{f}(x, \mathbf{y}, \boldsymbol{\lambda})$ sei stetig in einem Gebiet $\Omega \subset \mathbb{R}^{n+m+1}$ und besitze dort stetige partielle Ableitungen $\partial \mathbf{f}/\partial y_k$, $\partial \mathbf{f}/\partial \lambda_j$. Die maximale Lösung des AWP

$$\mathbf{y}' = \mathbf{f}(x, \mathbf{y}, \boldsymbol{\lambda}), \quad \mathbf{y}(\xi) = \boldsymbol{\eta}$$

bezeichnen wir mit $x \mapsto \varphi(x, \xi, \boldsymbol{\eta}, \boldsymbol{\lambda})$, ihr Definitionsintervall mit $J(x, \boldsymbol{\eta}, \boldsymbol{\lambda})$.

SATZ. (a) $\Omega_{\mathbf{f}} := \left\{ (x, \xi, \boldsymbol{\eta}, \boldsymbol{\lambda}) \in \mathbb{R}^{n+m+2} \;\middle|\; (x, \boldsymbol{\eta}, \boldsymbol{\lambda}) \in \Omega , \quad x \in J(x, \boldsymbol{\eta}, \boldsymbol{\lambda}) \right\}$ *ist ein Gebiet, und*

(b) $\varphi(x, \xi, \boldsymbol{\eta}, \boldsymbol{\lambda})$ *ist dort* C^1*–differenzierbar nach allen Variablen.*

(c) *Hängen* $\mathbf{f}$, $D_{\mathbf{y}}\mathbf{f}$ *und* $D_{\boldsymbol{\lambda}}\mathbf{f}$ *in* C^k*–differenzierbarer Weise von allen Variablen ab, so ist* $\varphi(x, \xi, \boldsymbol{\eta}, \boldsymbol{\lambda})$ *sogar* C^{k+1}*–differenzierbar.*

Das ergibt sich unmittelbar aus 7.1, wenn wir das erweiterte AWP

$$\begin{cases} \mathbf{y}' = \mathbf{f}(x, \mathbf{y}, \mathbf{z}) , & \mathbf{y}(\xi) = \boldsymbol{\eta} \\ \mathbf{z}' = 0 , & \mathbf{z}(\xi) = \boldsymbol{\lambda} \end{cases}$$

betrachten. $(\mathbf{u}(x), \mathbf{v}(x))$ ist genau dann Lösung dieses Problems, wenn $\mathbf{u}$ das Originalproblem löst und $\mathbf{v}(x)$ der konstante Vektor $\boldsymbol{\lambda}$ ist.

7.3 Analytische Lösungen linearer Differentialgleichungen

Lineare Differentialgleichungen

$$u'' + f(x)\,u' + g(x)\,u = h(x)$$

mit analytischen Koeffizienten f, g, h treten bei Separationsansätzen für partielle Differentialgleichungen auf; sie werden in § 3 : 3 ausführlich behandelt. Der Beweis des folgenden Satzes wird in 7.8 geführt.

SATZ. *Besitzen die Funktionen f, g, h für $|x - x_0| < r$ konvergente Potenzreihenentwicklungen, so läßt sich jede Lösung u der obengenannten Gleichung in eine für $|x - x_0| < r$ konvergente Potenzreihe entwickeln.*

7.4 Zur stetigen Abhängigkeit der Lösung von den Anfangswerten

Als ersten Beweisschritt für 7.1 zeigen wir unter den Standardvoraussetzungen:

(a) $\Omega_{\mathbf{f}}$ *ist ein Gebiet.*

(b) $\boldsymbol{\varphi}$ *ist stetig in* $\Omega_{\mathbf{f}}$.

Kernstück des Beweises ist die Kontrollierbarkeit im Kleinen:

(c) *Gegeben seien ein Anfangspunkt $(\xi_0, \boldsymbol{\eta}_0) \in \Omega$ und ein kompaktes Teilintervall I von $J(\xi_0, \boldsymbol{\eta}_0)$ mit $\xi_0 \in I$. Dann gibt es Zahlen $r, R, \kappa > 0$, so daß für alle Anfangspunkte $(\xi, \boldsymbol{\eta})$ mit $|\xi - \xi_0| < r$, $\|\boldsymbol{\eta} - \boldsymbol{\eta}_0\| < R$ folgendes gilt:*

$$I \subset J(\xi, \boldsymbol{\eta}),$$
$$\|\boldsymbol{\varphi}(x, \xi, \boldsymbol{\eta}) - \boldsymbol{\varphi}(x, \xi_0, \boldsymbol{\eta}_0)\| \le \kappa\big(|\xi - \xi_0| + \|\boldsymbol{\eta} - \boldsymbol{\eta}_0\|\big) \quad \text{für } x \in I.$$

BEMERKUNG. Daß auf nicht kompakten Intervallen i.a. keine Kontrollierbarkeit der Lösung gegeben ist, zeigt das Beispiel der DG $y' = y$. Hier ist

$$\varphi(x, \xi, \eta) = \eta\, e^{x-\xi}.$$

Die beiden Lösungen $\varphi(x, 0, 0) = 0$ und $\varphi(x, \xi, \eta)$ mit $\eta \ne 0$ entfernen sich für $x \to \infty$ beliebig weit voneinander, ganz gleich, wie nahe (ξ, η) bei $(0, 0)$ liegt.

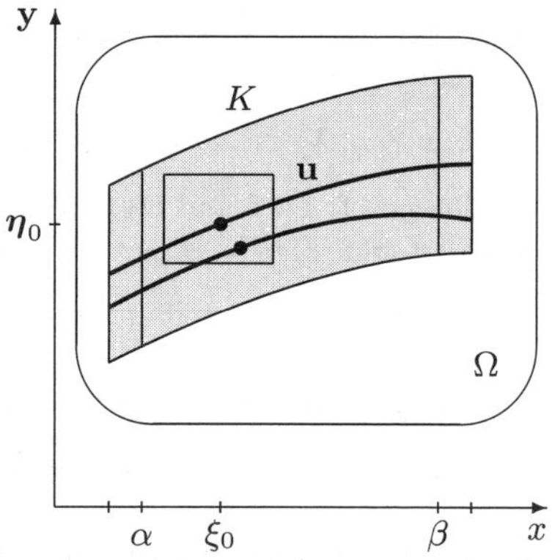

BEWEIS.

Wir beginnen mit (c). Sei $I = [\alpha, \beta]$ und $\mathbf{u}(x) = \boldsymbol{\varphi}(x, \xi_0, \boldsymbol{\eta}_0)$. Da $J(\xi_0, \boldsymbol{\eta}_0)$ offen ist, gibt es ein $\delta > 0$ mit

$$J := [\alpha - \delta, \beta + \delta] \subset J(\xi_0, \boldsymbol{\eta}_0).$$

(1) Nach 3.2 (d) gibt es ein $\varrho_0 > 0$, so daß der ϱ_0–Schlauch um $\mathbf{u}$ über dem Intervall J ganz in Ω liegt:

$$K := \left\{(x, \mathbf{y}) \mid x \in J\,,\ \|\mathbf{y} - \mathbf{u}(x)\| \le \varrho_0\right\} \subset \Omega\,,$$

und es gibt Zahlen $L, M > 0$ mit

$$\mathbf{f} \in \mathrm{Lip}\,(K, L)\,, \quad \|\mathbf{f}(x, \mathbf{y})\| \le M \ \text{ für } (x, \mathbf{y}) \in K\,.$$

(2) Wir setzen $\gamma := \beta - \alpha + 2\delta$, $R := \frac{1}{2}\,\varrho_0\,\mathrm{e}^{-L\,\gamma}$ und $r := \min\left\{\frac{R}{M}, \delta\right\}$. Sei jetzt $|\,\xi - \xi_0\,| < r$ und $\|\boldsymbol{\eta} - \boldsymbol{\eta}_0\| < R$. Dann ist $\xi \in \overset{\circ}{J}$, $\|\boldsymbol{\eta} - \boldsymbol{\eta}_0\| < \frac{1}{2}\varrho_0$ und $\varepsilon_0 := \|\boldsymbol{\eta} - \boldsymbol{\eta}_0\| + M\,|\,\xi - \xi_0\,| < \varrho_0$.

(3) Für $\varrho(x) := \|\boldsymbol{\varphi}(x, \xi, \boldsymbol{\eta}) - \mathbf{u}(x)\|$ folgt aus der Fixpunktgleichung für $\mathbf{u}$

$$\varrho(\xi) = \|\boldsymbol{\eta} - \mathbf{u}(\xi)\| \le \|\boldsymbol{\eta} - \boldsymbol{\eta}_0\| + M\,|\,\xi - \xi_0\,| = \varepsilon_0 < \varrho_0\,,$$

also $(\xi, \boldsymbol{\eta}) = (\xi,\ \boldsymbol{\varphi}(x, \xi, \boldsymbol{\eta})) \in \overset{\circ}{K}$.

(4) Solange die Punkte $(x, \boldsymbol{\varphi}(x, \xi, \boldsymbol{\eta}))$ in K verbleiben, ergibt das Prinzip der Fehlerkontrolle 4.1 (mit $\varepsilon_1 = 0$, ε_0 wie oben)

$$\varrho(x) \le \varepsilon_0 + \Big|\int_\xi^x L\,\varrho(x)\,dt\,\Big|\,,$$

also nach dem Gronwall–Lemma 4.2 wegen $|\,x - \xi\,| < \gamma$ für $x \in J$

$$\varrho(x) \le \varepsilon_0\,\mathrm{e}^{L\,|x-\xi|} < \varepsilon_0 \mathrm{e}^{L\,\gamma} < (R + M\,r)\mathrm{e}^{L\,\gamma} < 2R\,\mathrm{e}^{L\,\gamma} < \varrho_0\,.$$

Das heißt aber: Entfernt sich x von ξ, so können die Punkte $(x, \boldsymbol{\varphi}(x, \xi, \boldsymbol{\eta}))$ die Mantelfläche von K nicht treffen. Nach dem Fortsetzungsprinzip 6.2 folgt $J(\xi, \boldsymbol{\eta}) \supset J \supset I$.

Der Rest von (c) folgt aus $\varrho(x) < \varepsilon_0 \mathrm{e}^{L\,\gamma}$ mit $\varepsilon_0 = \|\boldsymbol{\eta} - \boldsymbol{\eta}_0\| + M\,|\,\xi - \xi_0\,|$.

(5) *$\Omega_\mathbf{f}$ ist offen, und $\boldsymbol{\varphi}$ ist dort stetig.* Sei $(x_0, \xi_0, \boldsymbol{\eta}_0) \in \Omega_\mathbf{f}$. Wir wählen ein kompaktes Intervall $I = [\alpha, \beta] \subset J(\xi_0, \boldsymbol{\eta}_0)$ mit $x_0, \xi_0 \in I$ und dazu δ, r, R, κ wie oben. Für $|\,x - x_0\,| < r$, $|\,\xi - \xi_0\,| < r$ und $\|\boldsymbol{\eta} - \boldsymbol{\eta}_0\| < R$ ist zunächst $(\xi, \boldsymbol{\eta}) \in \overset{\circ}{K} \subset \Omega$ nach (3) und $x \in J \subset J(\xi, \boldsymbol{\eta})$ nach (4); somit ist $(x, \xi, \boldsymbol{\eta}) \in \Omega_\mathbf{f}$. Ferner gilt

$$\begin{aligned}\|\boldsymbol{\varphi}(x, \xi, \boldsymbol{\eta}) - \boldsymbol{\varphi}(x_0, \xi_0, \boldsymbol{\eta}_0)\| &\le \|\boldsymbol{\varphi}(x, \xi, \boldsymbol{\eta}) - \mathbf{u}(x)\| + \|\mathbf{u}(x) - \mathbf{u}(x_0)\| \\ &\le \varepsilon_0\,\mathrm{e}^{L\,\gamma} + M\,|\,x - x_0\,| = M\,|\,x - x_0\,| + \mathrm{e}^{L\,\gamma}\big(M\,|\,\xi - \xi_0\,| + \|\boldsymbol{\eta} - \boldsymbol{\eta}_0\|\big)\,.\end{aligned}$$

(6) *$\Omega_\mathbf{f}$ ist wegzusammenhängend.* Für $(x, \xi, \boldsymbol{\eta}) \in \Omega_\mathbf{f}$ gilt $x, \xi \in J(\xi, \boldsymbol{\eta})$, also liegt die Verbindungsstrecke zwischen $(x, \xi, \boldsymbol{\eta})$ und $(\xi, \xi, \boldsymbol{\eta})$ in $\Omega_\mathbf{f}$.

Ist $t \mapsto \big(u(t), \mathbf{v}(t)\big)$ ein Weg, der die Punkte $(\xi, \boldsymbol{\eta})$, $(\xi_1, \boldsymbol{\eta}_1)$ in Ω verbindet, so liefert $t \mapsto \big(u(t), u(t), \mathbf{v}(t)\big)$ einen Verbindungsweg in $\Omega_{\mathbf{f}}$ von $(\xi, \xi, \boldsymbol{\eta})$ nach $(\xi_1, \xi_1, \boldsymbol{\eta}_1)$. □

(d) ZUSATZ. (Bezeichnungen wie in (c)). *Für alle* $(\xi, \boldsymbol{\eta})$ *mit* $|\xi - \xi_0| \leq \frac{r}{2}$, $\|\boldsymbol{\eta} - \boldsymbol{\eta}_0\| \leq \frac{R}{2}$ *und alle* $(k, \mathbf{h})$ *mit* $|k| \leq \frac{r}{2}$ *und* $\|\mathbf{h}\| \leq \frac{R}{2}$ *gilt*

$$J(\xi + k, \boldsymbol{\eta} + \mathbf{h}) \supset J \supset I$$

und

$$\|\boldsymbol{\varphi}(x, \xi + k, \boldsymbol{\eta} + \mathbf{h}) - \boldsymbol{\varphi}(x, \xi, \boldsymbol{\eta})\| \leq \kappa \big(|k| + \|\mathbf{h}\|\big) \quad \textit{für } x \in J.$$

Ersteres folgt aus (c) wegen $\|\boldsymbol{\eta} + \mathbf{h} - \boldsymbol{\eta}_0\| < R$, $|\xi + k - \xi_0| < r$. Für die zweite Behauptung betrachten wir $w(x) = \|\boldsymbol{\varphi}(x, \xi + k, \boldsymbol{\eta} + \mathbf{h}) - \boldsymbol{\varphi}(x, \xi, \boldsymbol{\eta})\|$. Dann ergibt sich wie in (3)

$$\begin{aligned} w(\xi) &= \|\boldsymbol{\varphi}(\xi, \xi + k, \boldsymbol{\eta} + \mathbf{h}) - \boldsymbol{\eta}\| = \|\boldsymbol{\varphi}(\xi, \xi + k, \boldsymbol{\eta} + \mathbf{h}) - (\boldsymbol{\eta} + \mathbf{h}) + \mathbf{h}\| \\ &= \|\boldsymbol{\varphi}(\xi, \xi + k, \boldsymbol{\eta} + \mathbf{h}) - \boldsymbol{\varphi}(\xi + k, \xi + k, \boldsymbol{\eta} + \mathbf{h}) + \mathbf{h}\| \\ &\leq M|k| + \|\mathbf{h}\| < \tfrac{1}{2}\varrho_0 \end{aligned}$$

und nach 4.1 und 4.2 (ÜA)

$$w(x) \leq (\|\mathbf{h}\| + M|k|)\, \mathrm{e}^{L|x-\xi|} \leq (\|\mathbf{h}\| + M|k|)\, \mathrm{e}^{L\delta}.$$

7.5 Die Variationsgleichung

(a) Zu gegebener Lösung $x \mapsto \mathbf{u}(x)$ von $\mathbf{y}' = \mathbf{f}(x, \mathbf{y})$ heißt die homogene lineare DG

$$\mathbf{y}' = A(x)\,\mathbf{y} \quad \text{mit der Matrix } A(x) := D_{\mathbf{y}}\mathbf{f}(x, \mathbf{u}(x))$$

die **linearisierte Differentialgleichung** (**Linearisierung, Variationsgleichung**) der gegebenen Differentialgleichung längs der Lösung **u**.
Diese kommt in natürlicher Weise ins Spiel, wenn sich zwei Lösungen **u** und **v** von $\mathbf{y}' = \mathbf{f}(x, \mathbf{y})$ nur wenig unterscheiden. Denn dann gilt für $\mathbf{y} := \mathbf{v} - \mathbf{u}$ nach dem Mittelwertsatz

$$y_i'(x) = f_i(x, \mathbf{v}(x)) - f_i(x, \mathbf{u}(x)) \approx \sum_{k=1}^{n} a_{ik}(x) y_k(x).$$

(b) Existieren die partiellen Ableitungen

$$\mathbf{v}(x) := \frac{\partial \boldsymbol{\varphi}}{\partial \xi}(x, \xi, \boldsymbol{\eta}), \quad \mathbf{w}_k(x) := \frac{\partial \boldsymbol{\varphi}}{\partial \eta_k}(x, \xi, \boldsymbol{\eta}) \quad (k = 1, \ldots, n)$$

in $\Omega_{\mathbf{f}}$ und sind diese dort stetig, so erfüllen sie die Variationsgleichung längs $x \mapsto \boldsymbol{\varphi}(x, \xi, \boldsymbol{\eta})$ mit den Anfangsbedingungen

$$\mathbf{v}(\xi) = -\mathbf{f}(\xi, \boldsymbol{\eta}),$$

$$\mathbf{w}_k(\xi) = \mathbf{e}_k \quad (k = 1, \ldots, n).$$

Denn aus der Fixpunktgleichung

$$\boldsymbol{\varphi}(x, \xi, \boldsymbol{\eta}) = \boldsymbol{\eta} + \int_\xi^x \mathbf{f}(t, \boldsymbol{\varphi}(t, \xi, \boldsymbol{\eta}))\, dt$$

folgt nach dem Satz über Parameterintegrale und der Kettenregel ÜA

$$\frac{\partial \boldsymbol{\varphi}}{\partial \eta_k}(x, \xi, \boldsymbol{\eta}) = \mathbf{e}_k + \int_\xi^x D_{\mathbf{y}}\mathbf{f}(t, \boldsymbol{\varphi}(t, \xi, \boldsymbol{\eta}))\, \frac{\partial \boldsymbol{\varphi}}{\partial \eta_k}(t, \xi, \boldsymbol{\eta})\, dt$$

und

$$\frac{\partial \boldsymbol{\varphi}}{\partial \xi}(x, \xi, \boldsymbol{\eta}) = -\mathbf{f}(x, \boldsymbol{\varphi}(x, \xi, \boldsymbol{\eta})) + \int_\xi^x D_{\mathbf{y}}\mathbf{f}(t, \boldsymbol{\varphi}(t, \xi, \boldsymbol{\eta})\, \frac{\partial \boldsymbol{\varphi}}{\partial \xi}(t, \xi, \boldsymbol{\eta})\, dt.$$

7.6 Beweis der C¹–Differenzierbarkeit von $\boldsymbol{\varphi}$

(a) *Zum Vorgehen.* Falls die partiellen Ableitungen $\partial \boldsymbol{\varphi}/\partial \xi$, $\partial \boldsymbol{\varphi}/\partial \boldsymbol{\eta}_k$ existieren und stetig sind, genügen sie nach 7.5 der linearisierten DG

$$\mathbf{y}' = D_{\mathbf{y}}\mathbf{f}(x, \xi, \boldsymbol{\eta})\, \mathbf{y}.$$

Bezeichnen wir die zugehörige kanonische Fundamentalmatrix mit $Y(x, \xi, \boldsymbol{\eta})$ (vgl. 6.7), so muß nach 7.5 gelten

$$\frac{\partial \boldsymbol{\varphi}}{\partial \eta_k}(x, \xi, \boldsymbol{\eta}) = Y(x, \xi, \boldsymbol{\eta})\mathbf{e}_k, \quad \frac{\partial \boldsymbol{\varphi}}{\partial \xi}(x, \xi, \boldsymbol{\eta}) = -Y(x, \xi, \boldsymbol{\eta})\, \mathbf{f}(\xi, \boldsymbol{\eta}).$$

Wir haben also für einen festen Anfangspunkt $(\xi, \boldsymbol{\eta})$ zu zeigen, daß

$$\boldsymbol{\varphi}(x, \xi, \boldsymbol{\eta} + \mathbf{h}) - \boldsymbol{\varphi}(x, \xi, \boldsymbol{\eta}) - Y(x, \xi, \boldsymbol{\eta})\, \mathbf{h} = \mathbf{r}(x, \mathbf{h}),$$

$$\boldsymbol{\varphi}(x, \xi + k, \boldsymbol{\eta}) - \boldsymbol{\varphi}(x, \xi, \boldsymbol{\eta}) + Y(x, \xi, \boldsymbol{\eta})\, \mathbf{f}(\xi, \boldsymbol{\eta}) = \mathbf{s}(x, k)$$

mit

$$\lim_{\mathbf{h} \to \mathbf{0}} \frac{\mathbf{r}(x, \mathbf{h})}{\|\mathbf{h}\|} = \mathbf{0}, \qquad \lim_{k \to 0} \frac{\mathbf{s}(x, k)}{|k|} = \mathbf{0}.$$

Läßt sich noch zeigen, daß die Limites gleichmäßig in einem noch zu präzisierenden Sinn existieren, so sind die partiellen Ableitungen von $\boldsymbol{\varphi}$ stetig.

(b) *Festlegung eines Arbeitsbereichs* K. Sei $(x_0, \xi_0, \boldsymbol{\eta}_0) \in \Omega_{\mathbf{f}}$ gegeben. Wie im Beweis 7.4 wählen wir ein kompaktes Intervall $J \supset J(\xi_0, \boldsymbol{\eta}_0)$ der Länge γ, in welchem x_0 und ξ_0 innere Punkte sind und Konstante ϱ_0, L, $M > 0$ mit

$$K := \left\{ (x, \mathbf{y}) \,\middle|\, x \in J \,,\ \|\mathbf{y} - \boldsymbol{\varphi}(x, \xi_0, \boldsymbol{\eta}_0)\| \le \varrho_0 \right\} \subset \Omega$$

und

$$\|\mathbf{f}(x,\mathbf{y})\| \le M \,, \quad \|D_{\mathbf{y}}\mathbf{f}(x,\mathbf{y})\,\mathbf{z}\| \le L\,\|\mathbf{z}\| \,, \quad \text{also } \mathbf{f} \in \operatorname{Lip}(K, L) \,.$$

Nach dem Zusatz zu 7.4 gibt es Zahlen $r, R, \kappa > 0$ folgender Art:
Für $|\xi - \xi_0| \le \frac{r}{2}$ und $\|\boldsymbol{\eta} - \boldsymbol{\eta}_0\| < \frac{R}{2}$ sowie $|k| \le \frac{r}{2}$, $\|\mathbf{h}\| < \frac{R}{2}$ gilt

$$J \subset J(\xi + k, \boldsymbol{\eta} + \mathbf{h}) \,,$$

für $x \in J$ liegen die Punkte $(x, \boldsymbol{\varphi}(x, \xi + k, \boldsymbol{\eta} + \mathbf{h}))$ in K,

$$\|\boldsymbol{\varphi}(x, \xi + k, \boldsymbol{\eta} + \mathbf{h}) - \boldsymbol{\varphi}(x, \xi, \boldsymbol{\eta})\| \le \kappa\,\big(|k| + \|\mathbf{h}\|\big) \,.$$

(c) *Abschätzung von* $\mathbf{R}(x, \mathbf{y}, \mathbf{z}) := \mathbf{f}(x, \mathbf{z}) - \mathbf{f}(x, \mathbf{y}) - D_{\mathbf{y}}\mathbf{f}(x, \mathbf{y})(\mathbf{z} - \mathbf{y})$.
Wir zeigen, daß es zu jedem $\varepsilon > 0$ ein $\delta > 0$ gibt mit

$$\|\mathbf{R}(x, \mathbf{y}, \mathbf{z})\| < \varepsilon\,\|\mathbf{z} - \mathbf{y}\| \quad \text{für alle } (x, \mathbf{y}), (x, \mathbf{z}) \in K \text{ mit } \|\mathbf{z} - \mathbf{y}\| < \delta \,.$$

Denn nach dem Mittelwertsatz für die k–te Komponente R_k von $\mathbf{R}$ gibt es zu je zwei Punkten $(x, \mathbf{y}), (x, \mathbf{z}) \in K$ ein $\vartheta \in \,]0, 1[$ mit

$$\begin{aligned} R_k(x, \mathbf{y}, \mathbf{z}) &= f_k(x, \mathbf{z}) - f_k(x, \mathbf{y}) - \langle \nabla f_k(x, \mathbf{y}) \,,\, \mathbf{z} - \mathbf{y} \rangle \\ &= \langle \nabla f_k(x, \mathbf{y} + \vartheta(\mathbf{z} - \mathbf{y}) - \nabla f_k(x, \mathbf{y}) \,,\, \mathbf{z} - \mathbf{y} \rangle \,. \end{aligned}$$

Wegen der gleichmäßigen Stetigkeit von ∇f_k auf K gibt es zu jedem $\varepsilon > 0$ ein $\delta \in \,]0, \varrho_0[$, so daß für $(x, \mathbf{w}), (x, \mathbf{y}) \in K$ mit $\|\mathbf{w} - \mathbf{y}\| < \delta$

$$\Big\| \nabla f_k(x, \mathbf{w}) - \nabla f_k(x, \mathbf{y}) \Big\| \le \frac{\varepsilon}{\sqrt{n}} \quad (k = 1, \ldots, n) \,.$$

Nach Cauchy–Schwarz folgt $|R_k(x, \mathbf{y}, \mathbf{z})| \le \frac{\varepsilon}{\sqrt{n}}\|\mathbf{z} - \mathbf{y}\|$ für $(x, \mathbf{y}), (x, \mathbf{z}) \in K$ mit $\|\mathbf{z} - \mathbf{y}\| < \delta$ und daraus die Behauptung für $\mathbf{R}$.

(d) *Differenzierbarkeit von* $\boldsymbol{\varphi}$ *bezüglich* $\boldsymbol{\eta}$.
Sei $(\xi, \boldsymbol{\eta})$ ein fester Punkt mit $|\xi - \xi_0| < \frac{1}{2}r$, $\|\boldsymbol{\eta} - \boldsymbol{\eta}_0\| < \frac{1}{2}R$, ferner sei $|k| < \frac{1}{2}r$, $\|\mathbf{h}\| < \frac{1}{2}R$ und $x \in J$.

Wir verwenden folgende Abkürzungen:

(1) $\mathbf{u}(x) := \varphi(x,\xi,\boldsymbol{\eta})$, also $\mathbf{u}(x) = \boldsymbol{\eta} + \int\limits_{\xi}^{x} f(t,\mathbf{u}(t))\,dt$,

(2) $\mathbf{v}(x) := \varphi(x,\xi,\boldsymbol{\eta}+\mathbf{h})$, also $\mathbf{v}(x) = \boldsymbol{\eta} + \mathbf{h} + \int\limits_{\xi}^{x} f(t,\mathbf{v}(t))\,dt$,

(3) $A(x) := D_{\mathbf{y}}\mathbf{f}(x,\mathbf{u}(x))$,

(4) $Y(x) :=$ Fundamentalmatrix für $\mathbf{y}' = A(x)\,\mathbf{y}$ bezüglich der Stelle ξ,

(5) $\mathbf{w}(x) := Y(x)\,\mathbf{h}$, also $\mathbf{w}(x) = \mathbf{h} + \int\limits_{\xi}^{x} A(t)\,\mathbf{w}(t)\,dt$,

(6) $\mathbf{r}(x,\mathbf{h}) := \mathbf{v}(x) - \mathbf{u}(x) - \mathbf{w}(x)$, vgl. (a).

Nach dem in (a) beschriebenen Programm gilt es, zu $\varepsilon > 0$ ein $\Delta > 0$ und eine Konstante C zu finden mit $\|\mathbf{r}(x,\mathbf{h})\| < \varepsilon\, C\,\|\mathbf{h}\|$, sobald $\|\mathbf{h}\| < \Delta < \frac{1}{2}R$. Nun ist mit den Bezeichnungen (c) und wegen der Darstellungen (1), (2), (5)

$$\begin{aligned}\mathbf{r}(x,\mathbf{h}) &= \int\limits_{\xi}^{x} \big(\mathbf{f}(t,\mathbf{v}(t)) - \mathbf{f}(t,\mathbf{u}(t)) - A(t)\,\mathbf{w}(t)\big)\,dt \\ &= \int\limits_{\xi}^{x} \mathbf{R}(t,\mathbf{u}(t),\mathbf{v}(t))\,dt + \int\limits_{\xi}^{x} A(t)\,\mathbf{r}(t,\mathbf{h})\,dt\,.\end{aligned}$$

Gemäß (c) gibt es zu gegebenem $\varepsilon > 0$ ein $\delta > 0$ mit

$$\|\mathbf{R}(x,\mathbf{y},\mathbf{z})\| < \varepsilon\|\mathbf{y}-\mathbf{z}\| \quad \text{für} \quad \|\mathbf{y}-\mathbf{z}\| < \delta\,.$$

Setzen wir $\Delta := \min\left\{\frac{1}{2}R, \delta/\kappa\right\}$, so folgt für $\|\mathbf{h}\| < \Delta$ zunächst nach (b)

$$\|\mathbf{v}(t) - \mathbf{u}(t)\| < \kappa\,\|\mathbf{h}\| < \delta$$

und dann nach (c)

$$\|\mathbf{R}(t,\mathbf{u}(t),\mathbf{v}(t))\| < \varepsilon\,\kappa\,\|\mathbf{h}\|\,,$$

also

$$\begin{aligned}\|\mathbf{r}(x,\mathbf{h})\| &\le \varepsilon\,\kappa\,\gamma\,\|\mathbf{h}\| + \Big|\int\limits_{\xi}^{x} \|A(t)\|_2\,\|\mathbf{r}(t,\mathbf{h})\|\,dt\Big| \\ &\le \varepsilon\,\kappa\,\gamma\,\|\mathbf{h}\| + \Big|\int\limits_{\xi}^{x} L\,\|\mathbf{r}(t,\mathbf{h})\|\,dt\Big|\,.\end{aligned}$$

Mit dem Gronwall–Lemma 4.2 folgt schließlich

$$\|\mathbf{r}(x,\mathbf{h})\| < \varepsilon\,\kappa\,\gamma\,\|\mathbf{h}\|\,\mathrm{e}^{L\gamma} =: \varepsilon\,C\,\|\mathbf{h}\| \quad \text{für} \quad \|\mathbf{h}\| < \Delta\,.$$

(e) *Stetigkeit von* $\frac{\partial\varphi}{\partial\eta_j}$. Die zuletzt gegebene Abschätzung gilt für alle $(x,\xi,\boldsymbol{\eta})$ mit $|x - x_0| < \frac{1}{2}r$, $|\xi - \xi_0| < \frac{1}{2}r$, $\|\boldsymbol{\eta} - \boldsymbol{\eta}_0\| < \frac{1}{2}R$ gleichmäßig. Setzen wir

$$\mathbf{f}_m(x,\xi,\boldsymbol{\eta}) := m\left(\varphi(x,\xi,\boldsymbol{\eta}+\tfrac{1}{m}\mathbf{e}_j) - \varphi(x,\xi,\boldsymbol{\eta})\right) \quad \text{für } \tfrac{1}{m} < \Delta,$$

so sind die $\mathbf{f}_m$ im genannten Gebiet stetig und konvergieren dort gleichmäßig gegen $D_{\mathbf{y}}\mathbf{f}(x,\xi,\boldsymbol{\eta})\,\mathbf{e}_j$, was die Stetigkeit dieses Limes in genannten Bereich zur Folge hat.

(f) *Die* C^1*–Differenzierbarkeit von* φ *bezüglich* ξ ergibt sich analog. Für festes $(\xi,\boldsymbol{\eta})$ aus dem obengenannten Bereich setzen wir diesmal

$$\mathbf{v}(x) := \varphi(x,\xi+k,\boldsymbol{\eta}) = \boldsymbol{\eta} + \int_{\xi+k}^{x} \mathbf{f}(t,\mathbf{v}(t))\,dt,$$

$$\mathbf{w}(x) := -\,k\,Y(x)\,\mathbf{f}(\xi,\boldsymbol{\eta}) = -k\,\mathbf{f}(\xi,\boldsymbol{\eta}) + \int_{\xi}^{x} A(t)\,\mathbf{w}(t)\,dt$$

und wollen jetzt für $\mathbf{s}(x,k) := \mathbf{v}(x) - \mathbf{u}(x) - \mathbf{w}(x)$ zeigen, daß es zu gegebenem $\varepsilon > 0$ ein $\delta > 0$ und Konstanten C_1, C_2 gibt mit

$$(*) \qquad \mathbf{s}(x,k) \le (C_1\,\varepsilon + C_2\,k)\,k \quad \text{für } |x-\xi| < \delta.$$

Wir wählen dabei $\delta > 0$ gleich so klein, daß

$$(**) \qquad \|\mathbf{f}(\xi,\boldsymbol{\eta}) - \mathbf{f}(t,\boldsymbol{\eta})\| < \varepsilon \quad \text{für } |t-\xi| < \delta.$$

Wir erhalten $(*)$ durch Abschätzung von

$$\begin{aligned}\mathbf{s}(x,k) &= \int_{\xi+k}^{x} \mathbf{f}(t,\mathbf{v}(t))\,dt - \int_{\xi}^{x} \mathbf{f}(t,\mathbf{u}(t))\,dt + k\,\mathbf{f}(\xi,\boldsymbol{\eta}) - \int_{\xi}^{x} A(t)\,\mathbf{w}(t)\,dt \\ &= \int_{\xi}^{x} \mathbf{R}(t,\mathbf{u}(t),\mathbf{v}(t))\,dt + \int_{\xi}^{x} A(t)\,\mathbf{s}(t,k)\,dt + \int_{\xi}^{\xi+k} (\mathbf{f}(\xi,\boldsymbol{\eta}) - \mathbf{f}(t,\mathbf{v}(t)))\,dt.\end{aligned}$$

Die beiden ersten Integrale schätzen wir wie in (d) ab, für das dritte beachten wir, daß

$$\begin{aligned}\|\mathbf{f}(\xi,\boldsymbol{\eta}) - \mathbf{f}(t,\mathbf{v}(t))\| &\le \|\mathbf{f}(\xi,\boldsymbol{\eta}) - \mathbf{f}(t,\boldsymbol{\eta})\| + L\,\|\boldsymbol{\eta} - \mathbf{v}(t)\| \\ &\overset{(**)}{<} \varepsilon + \|\mathbf{u}(\xi) - \mathbf{u}(t) + \mathbf{u}(t) - \mathbf{v}(t)\| \\ &\le \varepsilon + L\,(M+\kappa)\,k.\end{aligned}$$

(Detaillierte Ausführung als ÜA .) Die Stetigkeit von $\partial\varphi/\partial\xi$ ergibt sich wie in (e). □

7.7 Beweis des Satzes über C^{k+1}–Differenzierbarkeit von φ

Sind $\mathbf{f}$ und $D_{\mathbf{y}}\mathbf{f}$ C^k–differenzierbar im Gebiet Ω, so ist φ nach allen Variablen C^{k+1}–differenzierbar in $\Omega_{\mathbf{f}}$. Wir zeigen dies durch Induktion, wobei wie üblich C^0–Differenzierbarkeit einfach Stetigkeit bedeutet. Für $k = 0$ ist also die Behauptung richtig nach 7.6. Angenommen, die Behauptung ist für $k \ge 1$ schon richtig, und $\mathbf{f}$, $D_{\mathbf{y}}\mathbf{f}$ seien C^{k+1}–differenzierbar. Wir betrachten das System

$$\mathbf{y}' = \mathbf{f}(x,\mathbf{y}), \qquad \mathbf{y}(\xi) = \boldsymbol{\eta},$$

$$\mathbf{z}' = D_{\mathbf{y}}\mathbf{f}(x,\mathbf{y})\,\mathbf{z}, \quad \mathbf{z}(\xi) = \boldsymbol{\zeta},$$

wobei $\mathbf{F}(x,\mathbf{y},\mathbf{z}) := \big(\mathbf{f}(x,\mathbf{y}),\, D_{\mathbf{y}}\mathbf{f}(x,\mathbf{y})\,\mathbf{z}\big)$ auf $\Omega \times \mathbb{R}^n$ C^k–differenzierbar ist. Die Lösung bezeichnen wir mit $x \mapsto \boldsymbol{\Phi}(x,\xi,\boldsymbol{\eta},\boldsymbol{\zeta})$; sie ist nach Induktionsvoraussetzung C^{k+1}–differenzierbar in allen Variablen. Nach 7.1 ist aber

$$\boldsymbol{\Phi}(x,\xi,\boldsymbol{\eta},\mathbf{e}_i) = \big(\boldsymbol{\varphi}(x,\xi,\boldsymbol{\eta}), \tfrac{\partial \boldsymbol{\varphi}}{\partial \eta_i}(x,\xi,\boldsymbol{\eta})\big) \quad \text{für } i = 1,\dots,n,$$

$$\boldsymbol{\Phi}(x,\xi,\boldsymbol{\eta},-\mathbf{f}(\xi,\boldsymbol{\eta})) = \big(\boldsymbol{\varphi}(x,\xi,\boldsymbol{\eta}), \tfrac{\partial \boldsymbol{\varphi}}{\partial \xi}(x,\xi,\boldsymbol{\eta})\big).$$

Also sind $\partial\boldsymbol{\varphi}/\partial\xi$ und $\partial\boldsymbol{\varphi}/\partial\eta_i$ $(i = 1,\dots,n)$ nach allen Variablen C^{k+1}–differenzierbar; dasselbe gilt für $\frac{\partial \boldsymbol{\varphi}}{\partial x}(x,\xi,\boldsymbol{\eta}) = \mathbf{f}(x,\boldsymbol{\varphi}(x,\xi,\boldsymbol{\eta}))$. □

7.8 Beweis von 7.3

Wir betrachten die DG zweiter Ordnung $u'' + f(x)\,u' + g(x)\,u = h(x)$, wobei o.B.d.A. f, g, h in $]-r, r[$ konvergente Potenzreihenentwicklungen

$$f(x) = \sum_{k=0}^{\infty} \alpha_k\, x^k, \quad g(x) = \sum_{k=0}^{\infty} \beta_k\, x^k, \quad h(x) = \sum_{k=0}^{\infty} \gamma_k\, x^k,$$

besitzen. Diese DG wandeln wir in ein System $\mathbf{y}' = A(x)\,\mathbf{y} + \mathbf{b}(x)$ um mit

$$\mathbf{y}(x) = \begin{pmatrix} u(x) \\ u'(x) \end{pmatrix}, \quad A(x) = \begin{pmatrix} 0 & 1 \\ -g(x) & -f(x) \end{pmatrix}, \quad \mathbf{b}(x) = \begin{pmatrix} 0 \\ h(x) \end{pmatrix}.$$

(a) Nach Bd. 1, § 10 : 2.2 konvergieren die Potenzreihen

$$f(z) = \sum_{k=0}^{\infty} \alpha_k\, z^k, \quad g(z) = \sum_{k=0}^{\infty} \beta_k\, z^k, \quad h(z) = \sum_{k=0}^{\infty} \gamma_k\, z^k$$

für alle $z \in \mathbb{C}$ mit $|z| < r$ und stellen dort holomorphe Funktionen dar (Bd. 1, § 27). Mit diesen Funktionen bilden wir $A(z)$, $\mathbf{b}(z)$.

(b) Das komplexe Kurvenintegral einer für $|z| < r$ holomorphen Funktion v ist wegunabhängig, da die Kreisscheibe $K_r(0)$ ein einfaches Gebiet ist (Bd. 1, § 27 : 2.2). Nach Bd. 1, § 27 : 2.6 liefert daher

$$V(z) = \int_0^z v(w)\, dw = z \int_0^1 v(tz)\, dt$$

(Integration längs der Strecke von 0 nach z) eine holomorphe Stammfunktion V für v.

(c) Statt der Picard–Iterierten für das AWP

$$\mathbf{y}' = A(x)\,\mathbf{y} + \mathbf{b}(x)\,, \quad \mathbf{y}(0) = \boldsymbol{\eta} := \left(\begin{smallmatrix}\eta_1\\ \eta_2\end{smallmatrix}\right),$$

d.h. statt

$$\mathbf{u}_0(x) = \boldsymbol{\eta}\,, \quad \mathbf{u}_{n+1}(x) = \boldsymbol{\eta} + \int_0^x \big(\mathbf{A}(t)\,\mathbf{u}_n(t) + \mathbf{b}(t)\big)\,dt$$

betrachten wir jetzt die mit $\mathbf{v}_0(z) = \boldsymbol{\eta}$ beginnende Iterationsfolge

$$\mathbf{v}_{n+1}(z) = \boldsymbol{\eta} + z\int_0^1 \big(A(tz)\,\mathbf{v}_n(tz)\,dt + \mathbf{b}(tz)\big)\,dt$$

mit komplexen Argumenten z. Offenbar gilt

$$\mathbf{v}_n(x) = \mathbf{u}_n(x) \quad \text{für} \quad -r < x < r.$$

Nach (b) ergibt sich durch Induktion, daß die Komponenten der $\mathbf{v}_n$ holomorph sind für $|z| < r$. Wir zeigen in (d), daß die Komponenten der $\mathbf{v}_n$ auf jeder kompakten Teilmenge K von $K_r(0)$ gleichmäßig konvergieren. Nach Bd. 1, § 27 : 7.2 sind dann die Komponenten $u(z)$, $v(z)$ von $\mathbf{v}(z) = \lim\limits_{n\to\infty} \mathbf{v}_n(z)$ holomorph für $|z| < r$, insbesondere besitzt dann u eine Potenzreihenentwicklung

$$u(z) = \sum_{k=0}^{\infty} a_k\, z^k \quad \text{für } |z| < r$$

(Bd. 1, § 27 : 5.3). Für $-r < x < r$ löst aber $u(x)$ nach 5.1 das AWP

$$u'' + f(x)\,u' + g(x)\,u = h(x)\,, \quad u(0) = \eta_1, \quad u'(0) = \eta_2\,.$$

Es bleibt also nur noch zu zeigen:

(d) Die $\mathbf{v}_n$ konvergieren gleichmäßig in jeder kompakten Teilmenge K von $K_r(0)$. Denn K liegt in einer kompakten Kreisscheibe $|z| \le \varrho$ mit $0 < \varrho < r$. Setzen wir

$$L := \max\left\{\, \|A(z)\|_2 \;\middle|\; |z| \le \varrho \right\}, \quad M := \max\left\{\, \|\mathbf{v}_1(z) - \boldsymbol{\eta}\| \;\middle|\; |z| \le \varrho \right\},$$

so erhalten wir wie im Beweis von 5.1 die Abschätzung

$$\|\mathbf{v}_{n+1}(z) - \mathbf{v}_n(z)\| \le M\,\frac{(L\varrho)^n}{n!} \quad \text{für } |z| \le \varrho\,.$$

Daraus folgt wie dort die komponentenweise gleichmäßige Konvergenz von

$$\mathbf{v}_n(z) = \boldsymbol{\eta} + \sum_{k=0}^{n-1} \big(\mathbf{v}_{k+1}(z) - \mathbf{v}_k(z)\big)\,.$$

□

§ 3 Allgemeine lineare Theorie

1 Lineare Systeme

1.1 Die Struktur des Lösungsraums

$\mathcal{L}_{\mathbf{b}}$ bezeichne die Gesamtheit der maximalen Lösungen des linearen Systems

$$\mathbf{y}' = A(x)\,\mathbf{y} + \mathbf{b}(x)\,,$$

bei dem die Koeffizienten $a_{ij}(x)$ der $n \times n$–Matrix $A(x)$ und die Komponenten $b_k(x)$ von $\mathbf{b}(x)$ in einem Intervall I stetig seien. Nach § 2 : 6.7 sind die maximalen Lösungen auf ganz I definiert. (I braucht nicht offen zu sein.)

SATZ. (a) *Die Lösungsmenge $\mathcal{L}_{\mathbf{0}}$ des homogenen Systems*

$$\mathbf{y}' = A(x)\,\mathbf{y}$$

ist ein n–dimensionaler Teilraum von $\mathrm{C}^1(I,\mathbb{R}^n)$. Jede Basis von $\mathcal{L}_{\mathbf{0}}$ wird ein **Fundamentalsystem** *genannt. Lösungen $\mathbf{u}_1,\ldots,\mathbf{u}_n$ von $\mathbf{y}' = A(x)\,\mathbf{y}$ bilden genau dann ein Fundamentalsystem, d.h. sind als Vektorfunktionen linear unabhängig, wenn für ein beliebiges $\xi \in I$ die Vektoren $\mathbf{u}_1(\xi),\ldots,\mathbf{u}_n(\xi)$ als Vektoren des $\mathbb{R}^n$ linear unabhängig sind.*

(b) *Die Lösungsmenge $\mathcal{L}_{\mathbf{b}}$ des inhomogenen Systems*

$$\mathbf{y}' = A(x)\,\mathbf{y} + \mathbf{b}(x)$$

ist ein affiner Teilraum von $\mathrm{C}^1(I,\mathbb{R}^n)$: Ist $\mathbf{v}$ eine spezielle (partikuläre) Lösung des inhomogenen Systems, so gilt

$$\mathcal{L}_{\mathbf{b}} = \mathbf{v} + \mathcal{L}_{\mathbf{0}} := \{\mathbf{v} + \mathbf{u} \mid \mathbf{u} \in \mathcal{L}_{\mathbf{0}}\}\,.$$

BEWEIS.

(a) Die Abbildung $T : \mathcal{L}_{\mathbf{0}} \to \mathbb{R}^n$, $\mathbf{u} \mapsto \mathbf{u}(\xi)$ ist linear und nach dem Existenz– und Eindeutigkeitssatz bijektiv. Daher werden durch T und T^{-1} jeweils Basen auf Basen abgebildet.

(b) Die Abbildung $L : \mathrm{C}^1(I,\mathbb{R}^n) \to \mathrm{C}(I,\mathbb{R}^n)$, $\mathbf{y} \mapsto \mathbf{y}' - A\,\mathbf{y}$ ist linear. Daher folgt die Behauptung aus der Theorie linearer Gleichungen, wenn noch berücksichtigt wird, daß die Gleichung $L\mathbf{y} = \mathbf{b}$ nach § 2 : 6.7 (a) eine auf ganz I definierte Lösung hat. □

1.2 Fundamentalmatrizen und Lösungsdarstellung für die homogene Gleichung

(a) Für jedes Fundamentalsystem $(\mathbf{u}_1,\ldots,\mathbf{u}_n)$ nennen wir die Matrix U mit den Spalten $\mathbf{u}_1,\ldots,\mathbf{u}_n$ die zugehörige **Fundamentalmatrix**.

(b) Die Matrix $Y(x,\xi)$ mit den Spalten $\varphi(x,\xi,\mathbf{e}_1),\ \ldots\ ,\ \varphi(x,\xi,\mathbf{e}_n)$ nennen wir die **kanonische Fundamentalmatrix** an der Stelle $\xi \in I$.

(c) *Die Lösung des AWP*

$$\mathbf{y}' = A(x)\,\mathbf{y}\,, \quad \mathbf{y}(\xi) = \boldsymbol{\eta}$$

ist gegeben durch

$$\mathbf{y}(x) = Y(x,\xi)\,\boldsymbol{\eta}\,.$$

(d) *Jede andere Fundamentalmatrix ist von der Form* $U(x) = Y(x,\xi)C$, *wobei* $C = U(\xi)$ *invertierbar ist.*

BEWEIS.

(c) ergibt sich aus $Y(x,\xi)\boldsymbol{\eta} = \eta_1\,\boldsymbol{\varphi}(x,\xi,\mathbf{e}_1) + \ldots + \eta_n\,\boldsymbol{\varphi}(x,\xi,\mathbf{e}_n)$.

(d) $U(x)$ habe die Spalten $\mathbf{u}_1(x),\ldots,\mathbf{u}_n(x)$. Nach 1.1 (a) ist $U(\xi)$ invertierbar. Sei $U(\xi)^{-1}\mathbf{e}_k = \mathbf{a} = (a_1,\ldots,a_n)$. Dann ist die k–te Spalte von $U(x)U(\xi)^{-1}$,

$$U(x)U(\xi)^{-1}\,\mathbf{e}_k = a_1\mathbf{u}_1(x) + \ldots + a_n\mathbf{u}_n(x)\,,$$

eine Lösung des homogenen Systems. Diese nimmt für $x = \xi$ den Wert $\mathbf{e}_k$ an. Somit ist $U(x)U(\xi)^{-1}\mathbf{e}_k = \boldsymbol{\varphi}(x,\xi,\mathbf{e}_k)$. □

1.3 Wronski–Determinante und Fundamentalsysteme

(a) *Sind* $\mathbf{y}_1,\ldots,\mathbf{y}_n$ *beliebige Lösungen von* $\mathbf{y}' = A(x)\,\mathbf{y}$, *so heißt*

$$W(x) := \det\big(\,\mathbf{y}_1(x),\ldots,\mathbf{y}_n(x)\big)$$

die zugehörige **Wronski–Determinante.**

(b) *Die Wronski–Determinante genügt der DG* $W'(x) = (\operatorname{Spur} A(x))\,W(x)$, *also gilt nach Band 1, § 13 : 1.2*

$$W(x) = W(\xi)\exp\Big(\int_\xi^x (a_{11}(t) + \ldots + a_{nn}(t))\,dt\Big) \quad \textit{für} \;\; x,\xi \in \mathbb{R}.$$

(c) $\mathbf{y}_1,\ldots,\mathbf{y}_n$ *bilden genau dann ein Fundamentalsystem, wenn* $W(\xi) \neq 0$ *für wenigstens ein* $\xi \in I$. *Nach* (b) *ist das äquivalent mit* $W(x) \neq 0$ *für alle* $x \in I$.

BEWEIS.

(b) Es gilt

$$W'(x) = \sum_{k=1}^{n} W_k(x)\,,$$

wobei $W_k(x)$ aus $W(x)$ durch Differentiation der k–ten Zeile entsteht. Für $n = 2$ folgt das mit der Produktregel. Der Schluß von n auf $n+1$ geschieht durch

Entwicklung nach der ersten Zeile [ÜA]. Bezeichnen wir die i–te Komponente von $\mathbf{y}_k(x)$ mit $y_{ik}(x)$, so folgt aus der DG (wir lassen die Argumente fort)

$$W_1 = \begin{vmatrix} a_{11}y_{11} + \ldots + a_{1n}y_{n1} & \ldots & a_{11}y_{1n} + \ldots + a_{1n}y_{nn} \\ y_{21} & \ldots & y_{2n} \\ \vdots & & \vdots \\ y_{n1} & \ldots & y_{nn} \end{vmatrix} .$$

Wir multiplizieren für $k = 2, \ldots, n$ die k–te Zeile mit a_{1k} und subtrahieren sie von der ersten. Da W_1 sich hierbei nicht ändert, erhalten wir

$$W_1 = \begin{vmatrix} a_{11}y_{11} & \ldots & a_{11}y_{1n} \\ y_{21} & \ldots & y_{2n} \\ \vdots & & \vdots \\ y_{n1} & \ldots & y_{nn} \end{vmatrix} = a_{11}W .$$

Die Beziehung $W_k = a_{kk}W$ ergibt sich ganz analog.

(c) folgt aus 1.1 (a) oder aus (b). □

1.4 Die inhomogene Gleichung

Kennen wir ein Fundamentalsystem $\mathbf{u}_1, \ldots, \mathbf{u}_n$ für das homogene System, so ist nach 1.1 das inhomogene System vollständig gelöst, wenn wir eine partikuläre Lösung $\mathbf{v}$ angeben können. Zur Konstruktion einer solchen betrachten wir die zugehörige Fundamentalmatrix $U(x)$ und machen den Ansatz

$$\mathbf{v}(x) = U(x)\,\mathbf{c}(x)$$

mit einer C^1–Funktion $\mathbf{c} : I \to \mathbb{R}^n$ (**Variation der Konstanten**, vgl. Bd. 1, § 13 : 1.3). Eine leichte Rechnung zeigt: Genau dann liefert dieser Ansatz eine Lösung, wenn $U(x)\,\mathbf{c}'(x) = \mathbf{b}(x)$. Daher ist durch die Formel

$$\mathbf{v}(x) := U(x) \int_\xi^x U(t)^{-1}\mathbf{b}(t)\,dt$$

eine Lösung des inhomogenen Systems mit $\mathbf{v}(\xi) = \mathbf{0}$ gegeben. Da diese eindeutig bestimmt ist, hat die rechte Seite dieser Formel für jede Fundamentalmatrix denselben Wert. Insbesondere gilt für die kanonische Fundamentalmatrix $Y(x,\xi)$ von 1.2 (b)

$$\mathbf{v}(x) = Y(x,\xi) \int_\xi^x Y(t,\xi)^{-1}\mathbf{b}(t)\,dt = \int_\xi^x Y(x,\xi)Y(t,\xi)^{-1}\mathbf{b}(t)\,dt .$$

Zusammen mit 1.2 (c) erhalten wir den

SATZ. *Die Lösung* $\mathbf{v}$ *des AWP*

$$\mathbf{y}' = A(x)\,\mathbf{y} + \mathbf{b}(x)\,, \quad \mathbf{y}(\xi) = \boldsymbol{\eta}$$

ist gegeben durch

$$\mathbf{v}(x) = U(x)\left(U^{-1}(\xi)\,\boldsymbol{\eta} + \int_\xi^x U^{-1}(t)\,\mathbf{b}(t)\,dt\right)$$

mit einer beliebigen Fundamentalmatrix $U(x)$*, insbesondere mit der kanonischen Fundamentalmatrix* $Y(x,\xi)$.

1.5 Homogene Systeme mit konstanten Koeffizienten, die Matrix e^{tA}

Hat die $n\times n$–Matrix A konstante Koeffizienten, so ist das zugehörige homogene System autonom. Wie in § 2 : 6.3 vereinbart, bezeichnen wir die unabhängige Variable mit t statt x. Es genügt, das AWP

$$\dot{\mathbf{y}} = A\,\mathbf{y}\,, \quad \mathbf{y}(0) = \boldsymbol{\eta}$$

zu lösen. Die Lösung $t \mapsto \boldsymbol{\varphi}(t,\boldsymbol{\eta})$ existiert nach 1.1 für alle Zeiten t. Das Iterationsverfahren § 2 : 5.1 von Picard–Lindelöf liefert für die Iterierten ÜA

$$\mathbf{u}_n(t) = \sum_{k=0}^{\infty} \frac{t^k}{k!}\,A^k\,\boldsymbol{\eta}\,.$$

Aus dem Beweis § 2 : 5.1 ergibt sich $\|\boldsymbol{\varphi}(t,\boldsymbol{\eta}) - \mathbf{u}_n(t)\| \to 0$ gleichmäßig auf jedem kompakten Intervall $I = [-\delta,\delta]$. Dies folgt, wie ein kurzer Blick zeigt, wenn wir im dortigen Beweisteil (c) $L := \|A\|_2$ und $R := \max\{\|\mathbf{u}_1(x) - \boldsymbol{\eta}\| \mid x \in I\}$ setzen. Wählen wir $\boldsymbol{\eta} = \mathbf{e}_i$, so erhalten wir als Lösung die i–te Spalte $\boldsymbol{\varphi}(t,\mathbf{e}_i)$ der kanonischen Fundamentalmatrix an der Stelle 0. Damit haben wir

$$\boldsymbol{\varphi}(t,\mathbf{e}_i) = \sum_{k=0}^{\infty} \frac{t^k}{k!}\,A^k\,\mathbf{e}_i = \lim_{n\to\infty} \sum_{k=0}^{n} \frac{t^k}{k!}\,A^k\,\mathbf{e}_i\,.$$

Somit gilt der

SATZ. (a) *Auf jedem kompakten Intervall konvergiert die Reihe*

$$e^{tA} := \sum_{k=0}^{\infty} \frac{t^k}{k!}\,A^k\,.$$

gleichmäßig und liefert die kanonische Fundamentalmatrix $Y(t,0)$. *(Konvergenz wahlweise zu verstehen als Konvergenz der Spalten oder der Koeffizienten.)*

(b) *Das AWP* $\dot{\mathbf{y}} = A\,\mathbf{y}$, $\mathbf{y}(\xi) = \boldsymbol{\eta}$ *hat die für alle t definierte Lösung*

$$\mathbf{y}(t) = e^{(t-\xi)A}\,\boldsymbol{\eta}\,.$$

(c) *Es gilt das* **Exponentialgesetz**

$$e^{(s+t)A} = e^{sA}\,e^{tA} = e^{tA}\,e^{sA} \quad \textit{für} \quad s,t \in \mathbb{R}, \quad e^{0A} = E = \textit{Einheitsmatrix}.$$

Aus (c) ergibt sich [ÜA] $\left(e^{tA}\right)^{-1} = e^{-tA}$.

BEWEIS von (b) und (c).

(b) Genau dann liefert $\mathbf{y}$ eine Lösung des genannten AWP, wenn $\mathbf{u}(t) = \mathbf{y}(t+\xi)$ das AWP $\dot{\mathbf{u}} = A\,\mathbf{u}$, $\mathbf{u}(0) = \boldsymbol{\eta}$ löst, d.h. wenn $\mathbf{u}(t) = e^{tA}\,\boldsymbol{\eta}$.

(c) Sei $\mathbf{u}(t) = e^{tA}\,\boldsymbol{\eta}$. Wir halten $t, \boldsymbol{\eta}$ fest und setzen

$$\mathbf{v}(s) := e^{(s+t)A}\,\boldsymbol{\eta} = \mathbf{u}(s+t)\,, \quad \mathbf{w}(s) := e^{sA}e^{tA}\,\boldsymbol{\eta} = e^{sA}\mathbf{u}(t)\,.$$

Sowohl $\mathbf{v}$ als auch $\mathbf{w}$ lösen das AWP $\dot{\mathbf{y}} = A\mathbf{y}$, $\mathbf{y}(0) = e^{tA}\,\boldsymbol{\eta}$, stimmen also nach dem Eindeutigkeitssatz überein:

$$e^{(s+t)A}\,\boldsymbol{\eta} = \mathbf{v}(s) = \mathbf{w}(s) = e^{sA}e^{tA}\,\boldsymbol{\eta} \quad \text{für alle} \quad s \in \mathbb{R}\,.$$

Da dies für alle $t \in \mathbb{R}$, $\boldsymbol{\eta} \in \mathbb{R}^n$ gilt, folgt $e^{(s+t)A} = e^{sA}e^{tA}$ für $s, t \in \mathbb{R}$. Durch Vertauschen der Rollen von s und t ergibt sich der Rest. □

1.6 Beispiele und Aufgaben

(a) Die Matrix $A = \left(\begin{smallmatrix}\lambda & 1\\ 0 & \lambda\end{smallmatrix}\right)$ ist nicht diagonalähnlich [ÜA]. Durch Induktion erhalten wir [ÜA]

$$A^k = \begin{pmatrix}\lambda^k & k\lambda^{k-1}\\ 0 & \lambda^k\end{pmatrix}, \quad \text{also} \quad e^{tA} = \begin{pmatrix}e^{\lambda t} & te^{\lambda t}\\ 0 & e^{\lambda t}\end{pmatrix} = e^{\lambda t}\begin{pmatrix}1 & t\\ 0 & 1\end{pmatrix}.$$

(b) Bestimmen Sie e^{tA} für $A = \left(\begin{smallmatrix}2 & 1\\ -1 & 0\end{smallmatrix}\right)$.

(c) Wir erinnern an die Aufgabe § 2 : 5.2 (f).

(d) Zeigen Sie $e^{A+B} = e^A\,e^B$ für vertauschbare Matrizen A, B $(AB = BA)$. Gehen Sie dabei wie im Nachweis von 1.5 (c) vor.

2 Zur algebraischen Bestimmung von e^{tA}

2.1 Homogene Systeme mit komplexen Koeffizienten

Die Reihendarstellung der Lösungen in 1.5 läßt sich ohne Probleme auf komplexe Matrizen A übertragen:

(a) *Für jede $n \times n$–Matrix A mit komplexen Koeffizienten besitzt das Anfangswertproblem $\dot{\mathbf{y}} = A\,\mathbf{y}$, $\mathbf{y}(0) = \boldsymbol{\eta}$ für alle $\boldsymbol{\eta} \in \mathbb{C}^n$ eine eindeutig bestimmte Lösung $\mathbf{z} : \mathbb{R} \to \mathbb{C}^n$. Diese ist gegeben durch*

$$\mathbf{z}(t) = e^{tA}\,\boldsymbol{\eta}\,,$$

wobei die Reihe

$$e^{tA} := \sum_{k=0}^{\infty} \frac{t^k}{k!} A^k$$

auf jedem kompakten Teilintervall von $\mathbb{R}$ *gleichmäßig konvergiert.*

(b) *Es gilt das Exponentialgesetz*

$$e^{(s+t)A} = e^{sA}\, e^{tA} \quad \textit{für } s,t \in \mathbb{R}, \quad e^{0A} = E.$$

(c) *Für jedes* $\lambda \in \mathbb{C}$ *gilt*

$$e^{tA} = e^{\lambda t}\, e^{t(A-\lambda E)} \quad \textit{für } t \in \mathbb{R}.$$

Beweis.

(a) Eine Durchsicht des Existenzbeweises (§ 2 : 5.1) und des Eindeutigkeitsbeweises (§ 2 : 4.3) zeigt die Übertragbarkeit auf den komplexen Fall ÜA.

(b) verläuft wörtlich wie der Beweis von 1.5 (c).

(c) $\mathbf{u}(t) = e^{t(A-\lambda E)}\boldsymbol{\eta}$ löst das AWP $\dot{\mathbf{u}}(t) = (A - \lambda E)\mathbf{u}(t)$, $\mathbf{u}(0) = \boldsymbol{\eta}$. Ferner gilt für $\mathbf{v}(t) = e^{\lambda t}\,\mathbf{u}(t)$

$$\dot{\mathbf{v}}(t) = \lambda \mathbf{v}(t) + e^{\lambda t}(A - \lambda E)\,\mathbf{u}(t) = A\,\mathbf{v}(t), \quad \mathbf{v}(0) = \boldsymbol{\eta}$$

und somit $\mathbf{v}(t) = e^{tA}\boldsymbol{\eta}$ nach dem Eindeutigkeitssatz. □

2.2 Einsetzen von Operatoren in Polynome

(a) Für einen linearen Operator $T : V \to V$ eines Vektorraumes V über $\mathbb{K}$ ($= \mathbb{R}$ oder $\mathbb{C}$) setzen wir

$$T^0 := \mathbb{1}, \quad T^2 := T \circ T \quad \text{und rekursiv } T^{n+1} := T \circ T^n.$$

Ein einfacher Induktionsbeweis zeigt ÜA

$$T^{n+m} = T^n T^m = T^m T^n \quad \text{für } n, m \in \mathbb{N}_0 = \{0, 1, 2, \ldots\}.$$

(b) Für $p(x) = a_0 + a_1 x + \ldots + a_n x^n$ mit $a_0, \ldots, a_n \in \mathbb{K}$ definieren wir

$$p(T) := a_0\,\mathbb{1} + a_1 T + \ldots + a_n T^n.$$

Dann gilt für Polynome p, q

$$(p+q)(T) = p(T) + q(T) = q(T) + p(T),$$

$$(p\,q)(T) = p(T)\,q(T) = q(T)\,p(T) \quad \text{ÜA}.$$

2.3 Das Minimalpolynom

Im folgenden sei T ein linearer Operator eines Vektorraums V der endlichen Dimension $n \geq 2$.

SATZ. (a) *Es existieren* **annullierende Polynome** *für T, d.h. nichtkonstante Polynome p mit Koeffizienten aus $\mathbb{K}$ und mit $p(T) = 0$.*

(b) *Es gibt ein eindeutig bestimmtes annullierendes Polynom von kleinstem positiven Grad und höchstem Koeffizienten 1. Dieses* **Minimalpolynom** *bezeichnen wir mit m_T.*

(c) *Das Minimalpolynom teilt jedes annullierende Polynom.*

BEWEIS.

(b) Die linearen Operatoren $T : V \to V$ bilden einen Vektorraum der Dimension n^2 über $\mathbb{K}$. Wegen $T^0 = \mathbb{1}_V \neq 0$ gibt es eine kleinste natürliche Zahl m, so daß $T^0, \ldots, T^{m-1}$ linear unabhängig sind. T^m ist dann eine Linearkombination von $T^0, \ldots, T^{m-1}$; wir schreiben

$$T^m = -a_0 T^0 - \ldots - a_{m-1} T^{m-1}$$

mit eindeutig bestimmten Koeffizienten $a_0, \ldots, a_{m-1}$. Das Minimalpolynom ist daher

$$m_T(x) := a_0 + a_1 x + \ldots + a_{m-1} x^{m-1} + x^m$$

(c) Sei p ein T annullierendes Polynom. Division mit Rest liefert Polynome q, r mit

$$p = m_T\, q + r\,, \quad \text{Grad}\,(r) < \text{Grad}\,(m_T)\,.$$

Mit 2.2 folgt $p(T) = m_T(T)q(T) + r(T)$, also $r(T) = 0$. Wegen der Minimalitätseigenschaft von m_T muß r konstant sein, also ist r das Nullpolynom wegen $r(T) = 0$. □

BEISPIELE. (i) Für den Nulloperator $\mathbb{0}$ gilt $m_{\mathbb{0}}(x) = x$;

für die Identität $\mathbb{1} = \mathbb{1}_V$ gilt $m_{\mathbb{1}}(x) = x - 1$.

(ii) Hat T die Matrix $A = \begin{pmatrix} 0 & 1 \\ 0 & 0 \end{pmatrix}$, so ist $m_T(x) = x^2$ [ÜA].

SATZ. *Ist T diagonalisierbar und $\sigma(T) = \{\lambda_1, \ldots, \lambda_r\}$ die Menge der paarweis verschiedenen Eigenwerte von T, so ist $m_T(x) = (x - \lambda_1) \cdots (x - \lambda_r)$.*

BEWEIS.

Da es eine Basis für V aus Eigenvektoren von T gibt, ist

$$\begin{aligned} p(x) &= (x - \lambda_1) \cdots (x - \lambda_r) \\ &= (x - \lambda_1) \cdots (x - \lambda_{k-1})(x - \lambda_{k+1}) \cdots (x - \lambda_r)(x - \lambda_k) \end{aligned}$$

ein annullierendes Polynom: Für jeden Eigenvektor v zum Eigenwert λ_k ist

$$p(T)v = (T - \lambda_1) \cdots (T - \lambda_r)(T - \lambda_k)v = 0\,.$$

Also wird p von m_T geteilt. Lassen wir in p einen Linearfaktor weg, z.B. den ersten, so ist das Restpolynom nicht mehr annullierend:

Es sei z.B. $q(x) = (x - \lambda_2) \cdots (x - \lambda_r)$ und v ein Eigenvektor zum Eigenwert λ_1. Dann ist

$$\begin{aligned} q(T)v &= (T - \lambda_2 \mathbb{1}) \cdots (T - \lambda_1 \mathbb{1} + (\lambda_1 - \lambda_r)\mathbb{1})v \\ &= (T - \lambda_2 \mathbb{1}) \cdots (T - \lambda_{r-1}\mathbb{1})(\lambda_1 - \lambda_r)v \\ &= (\lambda_1 - \lambda_2) \cdots (\lambda_1 - \lambda_r)v \neq 0. \end{aligned}$$

□

2.4 Direkte Summen und direkte Zerlegung eines linearen Operators

(a) Ein Vektorraum V über $\mathbb{K}$ heißt **direkte Summe** der Teilräume $V_1, \ldots, V_r$,

$$V = V_1 \oplus \ldots \oplus V_r ,$$

wenn jeder Vektor $v \in V$ eine eindeutige Darstellung

$$v = v_1 + \ldots + v_r$$

mit

$$v_1 \in V_1, \ldots, v_r \in V_r$$

besitzt.

(b) Ist $T : V \to V$ ein linearer Operator, $V = V_1 \oplus \ldots \oplus V_r$, und sind die direkten Summanden V_k sämtlich T–invariant, $T(V_k) \subset V_k$, so sind die Einschränkungen T_k von T auf V_k lineare Operatoren $T_k : V_k \to V_k$. T wird so in kleinere Bausteine $T_1, \ldots, T_r$ zerlegt.

BEISPIEL: Drehungen im $\mathbb{R}^3$. Ist $V_1 = \text{Span}\{\mathbf{u}\}$ die Drehachse und V_2 der zu $\mathbf{u}$ orthogonale Teilraum, so gilt $V = V_1 \oplus V_2$, und T_1 ist die Identität auf V_1, während T_2 eine ebene Drehung ist.

2.5 Der Zerlegungssatz

(a) *Ist p ein annullierendes Polynom für $T : V \to V$ und*

$$p = p_1 \cdots p_r \quad (r \geq 2)$$

eine Zerlegung in nichtkonstante, paarweis zueinander teilerfremde Polynome p_k, so gibt es eine korrespondierende Darstellung

$$V = \text{Kern}\, p_1(T) \oplus \ldots \oplus \text{Kern}\, p_r(T)$$

in T–invariante Teilräume $V_k = \text{Kern}\, p_k(T)$.

(b) *Ist p das Minimalpolynom von T, so sind alle V_k echte Teilräume: $V_k \neq \{0\}$, $V_k \neq V$. Die Einschränkung T_k von T auf V_k hat dann das Minimalpolynom p_k.*

Beweis.

(i) Es gilt $p = p_1 q$, wobei p_1 und $q = p_2 \cdots p_r$ teilerfremd sind. Nach Bd. 1, § 3 : 7.9 gibt es also Polynome r und s mit $1 = qr + p_1 s$, somit folgt nach 2.2

$$(*) \qquad \mathbb{1}_V = q(T)\, r(T) + p_1(T)\, s(T) = r(T)\, q(T) + s(T)\, p_1(T)\,.$$

Jeder Vektor $v \in V$ besitzt also eine Zerlegung

$$v = q(T)\, r(T)\, v + p_1(T) s(T)\, v = v_1 + v_2$$

mit $p_1(T)\, v_1 = p(T)(r(T)\, v) = 0$, $q(T)\, v_2 = p(T)(s(T)\, v) = 0$, d.h. es gilt $v_1 \in V_1 := \operatorname{Kern} p_1(T)$ und $v_2 \in W := \operatorname{Kern} q(T)$.

(ii) *v_1 und v_2 sind durch v eindeutig bestimmt:*
Aus $v = u_1 + u_2 = v_1 + v_2$ mit $u_1, v_1 \in V_1$ und $u_2, v_2 \in W$ folgt $v_1 - u_1 = u_2 - v_2 \in W$, also $v_1 - u_1 \in V_1 \cap W$. Aus $(*)$ folgt

$$v_1 - u_1 = r(T)\, q(T)\, (v_1 - u_1) + s(T) p_1(T)\, (v_1 - u_1) = 0\,,$$

also $v_1 = u_1$ und damit auch $v_2 = u_2$.

(iii) *V_1 und W sind T–invariant.*
Aus $q(T)\, v = 0$ folgt z.B. $q(T)\, T\, v = T\, q(T)\, v = T0 = 0$, entsprechend ergibt sich: $p_1(T)\, v = 0 \implies p_1(T)\, T v = T\, p_1(T)\, v = 0$.

(iv) Ist p das Minimalpolynom, so gilt $W \neq V$, also $V_1 \neq \{0\}$, denn sonst wäre q ein annullierendes Polynom für T, im Widerpruch zur Definition des Minimalpolynoms. Entsprechend folgt $V_1 \neq V$.

Für die Einschränkungen T_1 von T auf V_1, S von T auf W sind p_1 bzw. q annullierende Polynome. Wäre p_1 nicht das Minimalpolynom von T_1, so gäbe es ein Polynom m_1, das T_1 annulliert und ein echter Teiler von p_1 ist (2.3 (c)). Dann wäre aber schon $m_1 q$ ein annullierendes Polynom von T. Entsprechend folgt $q = m_S$.

(v) Für die Einschränkung S von T auf W ist q ein annullierendes Polynom. Im Fall $r \geq 3$ ist $q = q_2\, (q_3 \, \ldots \, q_r)$, und wir verfahren wieder wie oben. Nach endlich vielen Schritten sind wir am Ziel. □

2.6 Die Nullstellen des Minimalpolynoms

Ist $T : V \to V$ ein linearer Operator auf einem endlichdimensionalen Vektorraum V, so gilt:

(a) *Die Nullstellen des Minimalpolynoms m_T sind genau die Eigenwerte von T.*

(b) *T ist genau dann diagonalisierbar, wenn das Minimalpolynom die Gestalt $m_T(x) = (x - \lambda_1) \, \ldots \, (x - \lambda_r)$ hat mit paarweise verschiedenen $\lambda_1, \ldots, \lambda_r \in \mathbb{K}$.*

BEWEIS.

(a) Ist λ eine k–fache Nullstelle von m_T, so gilt

$$m_T(x) = (x-\lambda)^k\, q(x) \quad \text{mit} \quad q(\lambda) \neq 0\,.$$

Das ist eine Zerlegung in teilerfremde Faktoren. Nach 2.5 (b) folgt

$$V = \operatorname{Kern}\,(T-\lambda\mathbb{1})^k \oplus \operatorname{Kern} q(T)\,,$$

wobei $(x-\lambda)^k$ das Minimalpolynom der Einschränkung T_1 von T auf den invarianten Teilraum $V_1 = \operatorname{Kern}\,(T-\lambda\mathbb{1})^k$ ist. Wegen $(T-\lambda\mathbb{1}_{V_1})^{k-1} \neq \mathbb{0}$ gibt es ein $v_1 \in V_1$ mit

$$v := (T-\lambda\mathbb{1})^{k-1} v_1 \neq 0\,, \quad \text{und} \quad Tv - \lambda v = (T-\lambda\mathbb{1})^k v_1 = 0\,,$$

d.h. v ist Eigenvektor zum Eigenwert λ.

Sei umgekehrt $Tv = \lambda v$ mit $v \neq 0$. Division mit Rest ergibt

$$m_T(x) = (x-\lambda)\, q(x) + r \quad \text{mit geeignetem} \quad r \in \mathbb{K}, \qquad \text{also}$$

$$0 = m_T(T)\, v = q(T)\,((T-\lambda\mathbb{1})v) + r\,v = r\,v\,, \text{ somit } r = 0\,.$$

(b) Die eine Richtung wurde in 2.3 (iii) gezeigt. Umgekehrt: Aus

$$m_T(x) = (x-\lambda_1)\,\cdots\,(x-\lambda_r) \text{ folgt mit 2.5}$$

$$V = \operatorname{Kern}\,(T-\lambda_1\mathbb{1}) \oplus \ldots \oplus \operatorname{Kern}\,(T-\lambda_r\mathbb{1})\,,$$

d.h. jeder Vektor $v \in V$ ist Linearkombination von Eigenvektoren. □

2.7 Zerlegung von e^{tA}

Sei A eine beliebige $n\times n$–Matrix. Wir gehen jetzt ins Komplexe und betrachten $\mathbf{y} \mapsto A\mathbf{y}$ als Operator T des $\mathbb{C}^n$. Hier zerfällt das Minimalpolynom in Linearfaktoren: $m_T(x) = (x-\lambda_1)^{k_1}\cdots(x-\lambda_r)^{k_r}$ mit paarweis verschiedenen $\lambda_1,\ldots,\lambda_r \in \mathbb{C}$. Sei

$$\mathbb{C}^n = V_1 \oplus \ldots \oplus V_r \quad \text{mit} \quad V_j = \operatorname{Kern}\,(T-\lambda_j\mathbb{1})^{k_j}$$

die nach 2.5 existierende zugehörige direkte Zerlegung. Wir betrachten einen Summanden V_j, schreiben zur Abkürzung $\lambda = \lambda_j$, $k = k_j$, $V = \operatorname{Kern}\,(A-\lambda E)^k$ und zeigen:

(a) *V ist invariant unter e^{tA} für $t \in \mathbb{R}$:*

(b) *Für $\boldsymbol{\eta} \in V$ ist die Lösung des AWP $\dot{\mathbf{y}} = A\mathbf{y}$, $\mathbf{y}(0) = \boldsymbol{\eta}$ gegeben durch*

$$\mathbf{y}(t) = \mathrm{e}^{tA}\boldsymbol{\eta} = \mathrm{e}^{\lambda t}\left(E + t(A-\lambda E) + \ldots + \frac{t^{k-1}}{(k-1)!}(A-\lambda E)^{k-1}\right)\boldsymbol{\eta}\,.$$

Denn in der nach 2.1 bestehenden Reihenentwicklung

$$e^{tA}\boldsymbol{\eta} = e^{\lambda t}\, e^{t(A-\lambda E)}\boldsymbol{\eta} = e^{\lambda t} \sum_{m=0}^{\infty} \frac{t^m}{m!} (A - \lambda E)^m \boldsymbol{\eta}$$

gilt

$$(A - \lambda E)^m \boldsymbol{\eta} = (A - \lambda E)^{m-k} (A - \lambda E)^k \boldsymbol{\eta} = \mathbf{0} \quad \text{für} \quad m \geq k\,,$$

also bleibt nur die angegebene endliche Summe. Für $\boldsymbol{\eta} \in V = \text{Kern}\,(A - \lambda E)^k$ folgt $(A - \lambda E)^m \boldsymbol{\eta} \in V$ für $0 \leq m < k$ wegen

$$(A - \lambda E)^k (A - \lambda E)^m \boldsymbol{\eta} = (A - \lambda E)^m (A - \lambda E)^k \boldsymbol{\eta} = \mathbf{0}.$$

2.8 Zur algebraischen Lösung des allgemeinen Anfangswertproblems

(a) Das Minimalpolynom erhalten wir auf folgende Weise: Ist für einen Eigenwert $\lambda \in \mathbb{C}$ die Dimension des Eigenraums (in $\mathbb{C}^n$) kleiner als die algebraische Vielfachheit ν, so tritt $x - \lambda$ im Minimalpolynom mindestens in der zweiten, höchstens in der ν–ten Potenz auf. Letzteres folgt aus dem

Satz von Cayley–Hamilton. *Das Minimalpolynom teilt das charakteristische Polynom* (siehe [146] S. 180 ff.).

Für das Minimalpolynom bleiben so endlich viele Möglichkeiten; die richtige können wir durch Probieren finden.

(b) Ist $m_T(x) = (x - \lambda_1)^{k_1} \cdots (x - \lambda_r)^{k_r}$ und setzen wir

$$q_j(x) = \frac{m_T(x)}{(x - \lambda_j)^{k_j}}\,,$$

so gibt es Polynome $s_1, \ldots, s_r$ mit $\text{Grad}\, s_j < k_j$ und

$$1 = q_1 s_1 + \ldots + q_r s_r\,.$$

Das ergibt sich aus Bd. 1. § 3 : 7.9 durch Induktion bzw. durch Partialbruchzerlegung

$$\frac{1}{m_T(x)} = \frac{s_1(x)}{(x - \lambda_1)^{k_1}} + \ldots + \frac{s_r(x)}{(x - \lambda_r)^{k_r}}\,.$$

Es folgt

$$\mathbb{1} = q_1(T)\, s_1(T) + \ldots + q_r(T)\, s_r(T)\,,$$

also für $\mathbf{v} \in \mathbb{C}^n$

$$\mathbf{v} = q_1(T)\, s_1(T)\, \mathbf{v} + \ldots + q_r(T)\, s_r(T)\, \mathbf{v} = \mathbf{v}_1 + \ldots + \mathbf{v}_r\,.$$

Offenbar gilt $(T - \lambda_j)^{k_j} \mathbf{v}_j = \mathbf{0}$. Also haben wir hiermit eine und damit die einzige Zerlegung im Sinne des Zerlegungssatzes gefunden.

Setzen wir $P_j := q_j(T)\, s_j(T) \quad (j = 1, \ldots, r)$, *so erhalten wir die Lösung des AWP* $\dot{\mathbf{y}} = A\mathbf{y}$, $\mathbf{y}(0) = \boldsymbol{\eta}$ *wie folgt:*

Mit der Zerlegung $\boldsymbol{\eta} = P_1\boldsymbol{\eta} + \ldots + P_r\boldsymbol{\eta} = \boldsymbol{\eta}_1 + \ldots + \boldsymbol{\eta}_r$ *erhalten wir*

$$\mathbf{y}(t) = \mathbf{y}_1(t) + \ldots + \mathbf{y}_r(t),$$

wobei sich $\mathbf{y}_j(t) = \mathrm{e}^{tA}\,\boldsymbol{\eta}_j$ *wie in 2.7 ergibt.*

Ist $\boldsymbol{\eta} \in \mathbb{R}^n$, *so muß auch* $\mathbf{y}(t) \in \mathbb{R}^n$ *wegen der Eindeutigkeit der Lösung sein.*

2.9 Aufgabe (Jordansche Normalform einer 2×2–Matrix)

Es sei A eine reelle, nicht diagonalähnliche 2×2–Matrix über $\mathbb{C}$. Zeigen Sie:

(a) A hat genau einen reellen Eigenwert λ.

(b) Der lineare Operator $\mathbf{x} \mapsto A\mathbf{x}$ des $\mathbb{R}^2$ hat das Minimalpolynom $(x-\lambda)^2$.

(c) Es gibt eine Basis $\mathcal{B} = (\mathbf{v}_1, \mathbf{v}_2)$ des $\mathbb{R}^2$ mit

$$M_{\mathcal{B}}(T) = \begin{pmatrix} \lambda & 1 \\ 0 & \lambda \end{pmatrix}.$$

(d) Stellen Sie e^{tA} in der Form 2.7 dar: $\mathrm{e}^{\lambda t}$ mal Polynom in A. Zeigen Sie mit Hilfe von (b), daß $\mathbf{y}(t) = \mathrm{e}^{tA}\boldsymbol{\eta}$ das AWP $\dot{\mathbf{y}} = A\mathbf{y}$ tatsächlich löst.

Bemerkung. Hat der Operator T des $\mathbb{C}^n$ das charakteristische Polynom

$$p_T(x) = (x-\lambda_1)^{m_1} \cdots (x-\lambda_r)^{m_r},$$

so läßt sich die Existenz einer Basis $\mathcal{B}$ des $\mathbb{C}^n$ zeigen, für welche gilt

$$M_{\mathcal{B}}(T) = \begin{pmatrix} \boxed{J_1} & & 0 \\ & \ddots & \\ 0 & & \boxed{J_r} \end{pmatrix} \quad \text{mit} \quad J_i = \begin{pmatrix} \lambda_i & * & 0 \\ & \ddots & * \\ 0 & & \lambda_i \end{pmatrix}_{m_i \times m_i}.$$

Die Untermatrizen J_i enthalten in der Diagonalen den Eigenwert λ_i, in der oberen Nebendiagonalen entweder Nullen oder Einsen und sonst nur Nullen (**Jordansche Normalform**). Näheres zur Jordanschen Normalform finden Sie in Fischer [146] 5.4.

2.10 Folgerung für das Abklingen der Lösungen

Genau dann gilt $\lim\limits_{t\to\infty} \mathrm{e}^{tA}\boldsymbol{\eta} = \mathbf{0}$ *für jedes* $\boldsymbol{\eta} \in \mathbb{R}^n$, *wenn alle (komplexen) Eigenwerte von* A *negativen Realteil haben.*

Das folgt direkt aus 2.8 und 2.7 wegen $\left|\mathrm{e}^{\lambda t}\right| = \mathrm{e}^{\mathrm{Re}\,\lambda t}$.

Dieses Ergebnis dient als Grundlage für die Theorie der asymptotischen Stabilität autonomer Systeme. Hierfür ist folgender Sachverhalt wesentlich:

$\boxed{\text{ÜA}}$ Gilt $\mathrm{Re}\,\lambda < \rho$ für alle (komplexen) Eigenwerte λ der reellen $n \times n$–Matrix A, so gibt es eine Konstante $c \geq 1$ mit

$$\|\mathrm{e}^{tA}\boldsymbol{\eta}\| \leq c\,\mathrm{e}^{\varrho t}\|\boldsymbol{\eta}\| \quad \text{für alle } \boldsymbol{\eta} \in \mathbb{R}^n \quad \text{und} \quad t \geq 0.$$

3 Die lineare Differentialgleichungen n–ter Ordnung

3.1 Umwandlung in ein System

Gegeben sei eine lineare DG n–ter Ordnung für $u \in \mathrm{C}^n(I)$

$$Lu := \sum_{k=0}^{n} a_k u^{(k)} = f$$

mit $a_n = 1$ auf einem Intervall I. Hierbei sind $a_0, \ldots, a_{n-1}, f$ gegebene stetige Funktionen auf I.

Um über die Lösungsgesamtheit $\mathcal{L}_f$ der Gleichung $Lu = f$ eine Übersicht zu gewinnen, verwenden wir die Korrepondenz mit dem Lösungraum $\mathcal{L}_{\mathbf{b}}$ des gemäß § 2 : 1.3 zugeordneten linearen Systems $\mathbf{y}' = A(x)\mathbf{y} + \mathbf{b}(x)$, ausgeschrieben

$$(\mathrm{S}) \quad \begin{cases} y_1' &= \quad y_2 \\ \vdots & \qquad \ddots \\ y_{n-1}' &= \qquad\qquad y_n \\ y_n' &= -a_0 y_1 - a_1 y_2 - \ldots - a_{n-1} y_n + f\,. \end{cases}$$

Zwischen den beiden Lösungsräumen $\mathcal{L}_f, \mathcal{L}_{\mathbf{b}}$ besteht eine bijektive Zuordnung $J : \mathcal{L}_f \to \mathcal{L}_{\mathbf{b}}$, gegeben durch

$$Ju := \begin{pmatrix} u \\ u' \\ \vdots \\ u^{(n-1)} \end{pmatrix} \quad \textit{mit} \;\; J^{-1}\mathbf{y} = y_1 \;\; \textit{für} \;\; \mathbf{y} = \begin{pmatrix} y_1 \\ y_2 \\ \vdots \\ y_n \end{pmatrix} \in \mathcal{L}_{\mathbf{b}}\,.$$

Im homogenen Fall $f = 0$ sind die Lösungsräume jeweils Vektorräume, und die Abbildung J ist eine bijektive, lineare Abbildung von Kern L *auf den Lösungsraum von $\mathbf{y}' = A(x)\,\mathbf{y}$. Dieser läßt sich durch $\mathbf{y} \mapsto \mathbf{y}(\xi)$ $(\xi \in I)$ wiederum bijektiv auf den $\mathbb{R}^n$ abbilden (*1.1 (a)*). Daraus ergibt sich die folgende*

3.2 Lösungstheorie

(a) *Das Anfangswertproblem*

$$Lu = f\,, \quad u(\xi) = \eta_0\,, \; \ldots\,, \; u^{(n-1)}(\xi) = \eta_{n-1}$$

besitzt für gegebene Anfangsdaten $\xi \in I$, $\eta_0, \ldots, \eta_{n-1} \in \mathbb{R}$ eine eindeutig bestimmte Lösung $u \in \mathrm{C}^n(I)$.

(b) *Der Lösungsraum $\mathcal{L}_0 =$* Kern L *der homogenen Gleichung $Lu = 0$ ist ein n–dimensionaler Teilraum von $\mathrm{C}^n(I)$.*

(c) *Genau dann bilden die Funktionen* $u_1, \ldots, u_n$ *ein* **Fundamentalsystem** *für* $Lu = 0$, *d.h. eine Basis für* $\mathcal{L}_0$, *wenn die Vektoren* $Ju_1, \ldots, Ju_n$ (*siehe* 3.1) *ein Fundamentalsystem für* (S) *bilden, d.h. wenn ihre Wronski–Determinante*

$$W(x) = \begin{vmatrix} u_1(x) & \cdots & u_n(x) \\ u_1'(x) & & u_n'(x) \\ \vdots & & \vdots \\ u_1^{(n-1)}(x) & \cdots & u_n^{(n-1)}(x) \end{vmatrix}$$

wenigstens an einer Stelle von Null verschieden ist.

(d) *Für beliebige Lösungen* $u_1, \ldots, u_n$ *der homogenen DG* $Lu = 0$ *gilt*

$$W(x) = W(\xi) \exp\Big(- \int_\xi^x a_{n-1}(t)\, dt \Big), \quad \text{vgl. 1.3.}$$

(e) *Kennen wir ein Fundamentalsystem für* $Lu = 0$, *so lassen sich die Lösungen der inhomogenen DG* $Lu = f$ *mit Hilfe der Variation der Konstanten* (1.4) *explizit darstellen.*

3.3 Die homogene DG n–ter Ordnung mit konstanten Koeffizienten

Sind die Koeffizienten $a_0, \ldots, a_{n-1}$ des Differentialoperators L konstant, so können wir uns ein Fundamentalsystem mit Hilfe des **Exponentialansatzes** $u(t) = \mathrm{e}^{\lambda t}$ verschaffen. Dieser liefert genau dann eine (ggf. komplexwertige) Lösung, wenn λ die **charakteristische Gleichung**

$$p(\lambda) := a_0 + a_1\lambda + \ldots + a_n\lambda^n = 0 \quad \text{mit} \quad a_n = 1$$

erfüllt. Hat das Polynom p lauter einfache Nullstellen $\lambda_1, \ldots, \lambda_n \in \mathbb{C}$, so liefern $z_1(t) = \mathrm{e}^{\lambda_1 t}, \ldots, z_n(t) = \mathrm{e}^{\lambda_n t}$ ein komplexwertiges Fundamentalsystem. Das ergibt sich aus folgenden

Satz. (a) *Zu jeder Nullstelle* λ *der Ordnung* k *von* p *liefern*

$$w_1(t) = \mathrm{e}^{\lambda t}, \ \ldots, \ w_k(t) = t^{k-1}\mathrm{e}^{\lambda t}$$

über $\mathbb{C}$ *linear unabhängige Lösungen von* $Lu = 0$. *Ist* λ *reell, so sind* $w_1, \ldots, w_k$ *auch linear unabhängig über* $\mathbb{R}$.

(b) *Ist* λ *nicht reell, so sind* $w_1, \ldots, w_k, \overline{w}_1, \ldots, \overline{w}_k$ *linear unabhängig über* $\mathbb{C}$, *und*

$$u_1 = \operatorname{Re} w_1, \ \ldots, \ u_k = \operatorname{Re} w_k, \quad v_1 = \operatorname{Im} w_1, \ \ldots, \ v_k = \operatorname{Im} w_k$$

sind linear unabhängig über $\mathbb{R}$.

(c) *Alle genannten reellwertigen Lösungen zusammen bilden ein reelles Fundamentalsystem für* $Lu = 0$.

BEWEIS.

(a) Die Gesamtheit $\mathcal{L}_0 = \text{Kern}\, L$ aller komplexen Lösungen von $Lu = 0$ ist ein n–dimensionaler Vektorraum über $\mathbb{C}$ (ÜA mit 3.2 (b)). Für $u \in \mathcal{L}_0$ gilt offenbar $u \in \mathrm{C}^{n+1}(\mathbb{R})$ und $Lu' = 0$, also ist durch $u \mapsto Du = u'$ ein linearer Operator $D : \mathcal{L}_0 \to \mathcal{L}_0$ gegeben. Statt $Lu = 0$ können wir auch $p(D)u = 0$ schreiben. Somit ist p ein annullierendes Polynom für D. Es folgt, daß p das Minimalpolynom von D ist. Denn für ein Polynom q vom Grad $m < n$ ist der Lösungsraum von $q(D)u = 0$ nur m–dimensional. Sei

$$p(x) = (x - \lambda_1)^{k_1} \cdots (x - \lambda_r)^{k_r}$$

mit $\lambda_1, \ldots, \lambda_r \in \mathbb{C}$. Dann folgt nach dem Zerlegungssatz 2.5 (b)

$$\mathcal{L}_0 = \text{Kern}\,(D - \lambda_1 \mathbb{1})^{k_1} \oplus \ldots \oplus \text{Kern}\,(D - \lambda_r \mathbb{1})^{k_r}.$$

Es genügt also, die DG $(D - \lambda \mathbb{1})^k u = 0$ zu betrachten. Für $k = 1$ sind alle Lösungen von der Form $u(t) = u_0\, \mathrm{e}^{\lambda t}$. Wir nehmen als Induktionsvoraussetzung an, jede Lösung von $(D - \lambda \mathbb{1})^k v = 0$ sei von der Form

$$v(t) = \left(c_0 + c_1 t + \ldots + c_{k-1} t^{k-1}\right) \mathrm{e}^{\lambda t}.$$

Dann bedeutet $(D - \lambda \mathbb{1})^{k+1} u = 0$, daß $v := u' - \lambda u$ von der Form

$$u'(t) - \lambda u(t) = \left(c_0 + c_1 t + \ldots + c_{k-1} t^{k-1}\right) \mathrm{e}^{\lambda t}$$

ist. Wie im Reellen ergibt sich u durch Variation der Konstanten ÜA:

$$u(t) = \mathrm{e}^{\lambda t} \left(u_0 + \int_0^t v(s)\, \mathrm{e}^{-\lambda s}\, ds\right) = \mathrm{e}^{\lambda t} \left(u_0 + c_0 t + \ldots + \frac{c_{k-1}}{k} t^k\right).$$

Dieser Induktionsschritt zeigt, daß die in (a) genannten $w_1, \ldots, w_k$ ein Erzeugendensystem des k–dimensionalen Lösungsraums von $(D - \lambda \mathbb{1})^k u = 0$ bilden, also linear unabhängig sind.

(b) ergibt sich daraus, daß mit w_k auch $\mathrm{Re}\, w_k$ und $\mathrm{Im}\, w_k$ die homogene Gleichung $Lu = 0$ erfüllen, daß ferner

$$\text{Span}\left\{u_1, \ldots, u_k, v_1, \ldots, v_k\right\} = \text{Span}\left\{w_1, \ldots, w_k, \overline{w}_1, \ldots, \overline{w}_k\right\}$$

über $\mathbb{C}$ gilt, und daß dieser Aufspann $2k$–dimensional ist ÜA.

(c) ist, wie im Beweisteil (a) zu sehen war, eine Folge des Zerlegungssatzes. □

§ 4 Lineare Differentialgleichungen zweiter Ordnung

1 Problemstellung

(a) Gewöhnliche lineare Differentialgleichungen zweiter Ordnung treten typischerweise bei Separationsansätzen für die Lösung von partiellen linearen Differentialgleichungen zweiter Ordnung auf, z.B. der Wellengleichung, Wärmeleitungsgleichung und Schrödinger–Gleichung. Wir skizzieren dies am Beispiel der Gleichung für die stationäre Temperaturverteilung in der Einheitskreisscheibe, ohne auf rechnerische und beweistechnische Details einzugehen. In Polarkoordinaten (r, φ) ergibt sich folgende partielle DG für die Temperatur $U(r, \varphi)$ (vgl. § 6 : 5.1, 5.2)

(D) $$\frac{\partial^2 U}{\partial r^2} + \frac{1}{r}\frac{\partial U}{\partial r} + \frac{1}{r^2}\frac{\partial^2 U}{\partial \varphi^2} = 0 \quad (0 < r < 1)\,.$$

Von Interesse sind nur 2π–periodische, für $r \to 0$ stetige Lösungen. Die **Separationsmethode** besteht darin, zunächst alle Lösungen in Produktgestalt

$$U(r, \varphi) = u(r)\, v(\varphi)$$

zu bestimmen und dann zu zeigen, daß sich jede beliebige Lösung von (D) aus solchen Produktlösungen in Form einer unendlichen Reihe aufbauen läßt. Für nicht verschwindende Produktlösungen ergibt sich aus (D)

$$\frac{r^2\, u''(r) + r\, u'(r)}{u(r)} = -\frac{v''(\varphi)}{v(\varphi)}$$

bis auf Nullstellen der Nenner. Beide Seiten der Gleichung müssen offenbar konstant sein, d.h. es folgt

$$r^2 u''(r) + r u'(r) - \lambda u(r) = 0, \quad v''(\varphi) + \lambda v(\varphi) = 0$$

mit einer Konstanten λ. Damit haben wir (D) in zwei gewöhnliche lineare Differentialgleichungen „separiert“. Wegen der notwendigen 2π–Periodizität von $v(\varphi)$ hat die DG für v genau dann nichttriviale Lösungen, wenn $\lambda = n^2$ mit $n \in \mathbb{N}_0 = \{0, 1, 2, \ldots\}$. Die DG für u hat, wie sich in 2.4 ergibt, für $\lambda = n^2$ die allgemeine Lösung

$$u(r) = \begin{cases} \alpha + \beta \log r & \text{für } n = 0\,, \\ \alpha r^n + \beta r^{-n} & \text{für } n = 1, 2, \ldots\,. \end{cases}$$

Da u in $r = 0$ stetig sein muß, ist $\beta =$ zu wählen. Somit haben die gesuchten Produktlösungen von (D) die Gestalt

$$U(r, \varphi) = r^n \left(a_n \cos n\varphi + b_n \sin n\varphi\right) \text{ mit Konstanten } a_n, b_n \quad (n = 0, 1, \ldots).$$

(b) Wichtige Beispiele von solchen bei Separationsansätzen auftretenden Differentialgleichungen sind:

$$(1-x^2)u''(x) - 2xu'(x) + \lambda u(x) = 0 \quad \text{in } \left]-1,1\right[\quad \text{(Legendresche DG)},$$

$$u''(x) + \frac{1}{x}u'(x) + \Big(\lambda - \frac{\nu^2}{x^2}\Big)u(x) = 0 \quad \text{in } \mathbb{R}_{>0} \quad \text{(Besselsche DG)},$$

$$u''(x) - 2xu'(x) + \lambda u(x) = 0 \quad \text{in } \mathbb{R} \quad \text{(Hermitesche DG)}.$$

(c) Wir betrachten im folgenden Differentialgleichungen der Form

$$(*) \quad fu'' + gu' + hu + \lambda u = 0 \quad \text{in } I,$$

wobei I ein offenes Intervall ist und f, g, h gegebene stetige Funktionen auf I mit $f(x) > 0$ für alle $x \in I$ sind. Nach der Untersuchung einiger Eigenschaften von Fundamentalsystemen in Abschnitt 2 lassen wir für f, g, h nur noch auf I analytische Funktionen zu und fragen nach Reihenentwicklungen für die Lösungen.

Die zentrale Frage ist das **Eigenwertproblem**: Gesucht sind alle Zahlen λ, für die es nichttriviale Lösungen u von $(*)$ mit zusätzlichen Eigenschaften gibt, z.B. beschränkte Lösungen oder Lösungen mit Integrierbarkeitsbedingungen. Die Bestimmung der stationären Zustände des quantenmechanischen harmonischen Oszillators läßt sich beispielsweise auf die Frage nach Lösungen $u \neq 0$ der Hermiteschen DG zurückführen, für die $\mathrm{e}^{-x^2/2}u(x)$ quadratintegrierbar ist.

2 Sturm–Liouville–Form und Fundamentalsysteme

2.1 Sturm–Liouville–Form und Lagrange–Identität

(a) SATZ. *Jede DG der Gestalt* $(*)$ *läßt sich in die* **Sturm–Liouville–Form**

$$-(pu')' + qu = \lambda \varrho u$$

bringen, wobei p, q, ϱ *bis auf einen gemeinsamen, von Null verschiedenen Vorfaktor eindeutig bestimmt sind. Es ergibt sich mit passendem* $x_0 \in I$ ÜA

$$p(x) = \exp\Big(\int_{x_0}^{x} \frac{g(t)}{f(t)}\,dt\Big), \quad \varrho = \frac{p}{f}, \quad q = -\frac{ph}{f}.$$

Diese DG können wir als Eigenwertproblem $\frac{1}{\varrho}Lu = \lambda u$ mit

$$Lu := -(pu')' + qu$$

auffassen. Solange wir λ nur als einen konstanten Parameter betrachten, ersetzen wir q durch $q - \lambda\varrho$ und schreiben die DG in der Form $Lu = 0$.

Die drei Differentialgleichungen in 1 (b) lauten in der Sturm–Liouville–Form
ÜA

$$-((1-x^2)\,u')' = \lambda u\,,$$

$$-(xu')' + \frac{\nu^2}{x}u = \lambda x u\,,$$

$$-(\mathrm{e}^{-x^2}u')' = \lambda \mathrm{e}^{-x^2}u\,.$$

(c) *Für beliebige Funktionen* $u_1, u_2 \in \mathrm{C}^2(I)$ *gilt mit den Bezeichnungen* 2.1 (a) *die* **Lagrange–Identität**

$$u_2 L u_1 - u_1 L u_2 = (pW)'\,,$$

wobei

$$W = \begin{vmatrix} u_1 & u_2 \\ u_1' & u_2' \end{vmatrix} = u_1 u_2' - u_1' u_2$$

die Wronski–Determinante von u_1 *und* u_2 *ist.*
Für je zwei Lösungen u_1, u_2 *der Gleichung* $Lu = 0$ *ist also*

$$pW = p(u_1 u_2' - u_1' u_2) \ \textit{konstant},$$

denn es gilt

$$\begin{aligned}(pW)' &= (u_1(pu_2') - u_2(pu_1'))' = u_1(pu_2')' - u_2(pu_1')' \\ &= u_2(-(pu_1')' + qu_1) - u_1(-(pu_2')' + qu_2) \\ &= u_2 Lu_1 - u_1 Lu_2.\end{aligned}$$

2.2 Fundamentalsysteme

Der Lösungsraum $\mathcal{L}_0$ *der homogenen Differentialgleichung* $Lu = 0$ *ist ein zweidimensionaler Teilraum von* $\mathrm{C}^2(I)$.
Zwei Lösungen u_1, u_2 *bilden genau dann ein Fundamentalsystem, d.h. eine Basis von* $\mathcal{L}_0$, *wenn* pW *eine von Null verschiedene Konstante ist.*

Das folgt aus § 3 : 3.2 zusammen mit dem oben Gesagten.

2.3 Ergänzung einer Lösung zu einem Fundamentalsystem

Jede nullstellenfreie Lösung u_1 *von* $Lu = 0$ *läßt sich durch den Produktansatz* $u_2 = \varphi u_1$ *zu einem Fundamentalsystem* u_1, u_2 *ergänzen:* $u_2 = \varphi u_1$ *ist genau dann eine von* u_1 *linear unabhängige Lösung von* $Lu = 0$, *wenn*

$$\varphi(x) = a + b\int_{x_0}^{x} \frac{dt}{p u_1^2} \qquad \textit{mit } x_0 \in I \textit{ und Konstanten } a, b \textit{ mit } b \neq 0.$$

(**Reduktionsverfahren von d'Alembert**).

Beweis als $\boxed{\text{ÜA}}$.

Rechnen Sie für u_1 und $u_2 = \varphi u_1$ nach, daß

$$pW = 1. \qquad \square$$

2.4 Beispiel und Aufgaben

Wir betrachten für $n = 0, 1, \dots$ die **Eulersche Differentialgleichung**

$$(*) \qquad x^2 u''(x) + x\,u'(x) = n^2 u(x) \quad \text{für } x > 0\,.$$

(a) Berechnen Sie das in Abschnitt 1 angegebene Fundamentalsystem durch den Eulerschen Ansatz $u(x) = v(\log x)$.

(b) Ein im Hinblick auf die kommende Theorie systematischerer Weg zur Aufstellung eines Fundamentalsystems u_1, u_2 besteht darin, zuerst eine Lösung u_1 der Eulerschen DG in Potenzreihenform

$$u_1(x) = \sum_{k=0}^{\infty} a_k x^k$$

zu suchen, dann die DG in Sturm–Liouville–Form 2.1 zu bringen und das Reduktionsverfahren anzuwenden. Führen Sie das durch!

2.5 Einfachheit von Nullstellen

Ist $u \neq 0$ eine Lösung der homogenen DG $Lu = 0$ auf I, so sind alle Nullstellen von u einfach und besitzen keinen Häufungspunkt in I, d.h. besitzen keine konvergente Teilfolge mit Grenzwert in I.

Beweis.

(a) Jede Nullstelle $x_0 \in I$ von u ist einfach, weil das Anfangswertproblem $Lu = 0$, $u(x_0) = u'(x_0) = 0$ nur die Lösung $u = 0$ besitzt.

(b) Ist $x_0 \in I$ Grenzwert einer Folge (x_k) von Nullstellen in $I \setminus \{x_0\}$, so folgt

$$u(x_0) = \lim_{k\to\infty} u(x_k) = 0\,, \quad u'(x_0) = \lim_{k\to\infty} \frac{u(x_k) - u(x_0)}{x_k - x_0} = 0\,,$$

was nach (a) unmöglich ist. $\square$

2.6 Nullstellenvergleichssatz

Seien u, v Lösungen der Differentialgleichungen

$$-(pu')' + qu = 0\,, \quad -(pv')' + q_0 v = 0 \quad \text{in } I$$

und es gelte $q(x) < q_0(x)$ für $x \in I$.

Sind dann $\alpha < \beta$ aufeinanderfolgende Nullstellen von v in I, so hat u eine Nullstelle in $]\alpha, \beta[$.

FOLGERUNG. *Jede Lösung* $u \neq 0$ *der DG* $-u'' + qu = 0$ *in* $]r, \infty[$ *mit* $q < -\omega^2$ $(\omega > 0)$ *besitzt dort unendlich viele Nullstellen.*

Das ergibt sich durch Vergleich von u mit der Lösung $v(x) = \sin \omega x$ der DG $-v'' - \omega^2 v = 0$.

BEWEIS.
Wir setzen $W := uv' - u'v$ und $Lw := -(pw')' + q_0 w$. Angenommen, u hat in $]\alpha, \beta[$ keine Nullstellen. Dann können wir o.B.d.A. $u, v > 0$ in $]\alpha, \beta[$ annehmen und erhalten $u(\alpha), u(\beta) \geq 0$, $v'(\alpha) > 0$, $v'(\beta) < 0$ (nach 2.5), woraus $(pW)(\alpha) = p\,(uv' - u'v)(\alpha) \geq 0$ folgt. Die Lagrange–Identität liefert

$$(pW)' = v\,Lu - u\,Lv = (q_0 - q)\,uv > 0 \quad \text{in} \quad]\alpha, \beta[\,.$$

Hieraus folgt $0 < (pW)(\beta) = p\,(uv' - u'v)(\beta) = (p\,uv')(\beta)$, was $u(\beta) \geq 0$, $v'(\beta) < 0$ widerspricht. □

Mit geringen Modifikationen der eben gemachten Schlüsse ergibt sich:

2.7 Trennung der Nullstellen

Bilden u_1, u_2 *ein Fundamentalsystem von* $Lu = 0$, *so trennen sich die Nullstellen von* u_1, u_2 *gegenseitig, d.h. zwischen je zwei aufeinanderfolgenden Nullstellen von* u_1 *liegt genau eine von* u_2 *und umgekehrt.*

2.8 Aufgabe

Schätzen Sie den Abstand aufeinanderfolgender Nullstellen einer Lösung $u \neq 0$ der DG $-u'' + (x^{-2} - 1)\,u = 0$ im Intervall $]r, \infty[$ $(r \gg 1)$ nach oben und unten ab.

3 Potenzreihenentwicklungen von Lösungen

3.1 Reihenentwicklungen um innere Punkte

Wir betrachten die DG $(*)$ mit festem Parameter λ und bringen diese in die Form

$$u'' + Gu' + Hu = 0 \quad \text{in} \quad I\,,$$

wobei jetzt vorausgesetzt wird, daß die Koeffizienten G und H analytische Funktionen in I sind. Nach § 2 : 7.3 läßt sich jede Lösung u um jeden beliebigen Punkt $x_0 \in I$ in eine Potenzreihe entwickeln. Ihr Konvergenzradius ist mindestens $r = \operatorname{dist}(x_0, \partial I)$, bzw. $r = \infty$ für $I = \mathbb{R}$. In vielen Fällen ist es praktisch, die Reihe in der Gestalt

$$u(x) = \sum_{k=0}^{\infty} \frac{a_k}{k!}\,(x - x_0)^k$$

anzusetzen. Die a_k ergeben sich durch Koeffizientenvergleich, wie wir an zwei Beispielen ausführen.

3.2 Die Legendresche Differentialgleichung

$$(1-x^2)u'' - 2xu' + \lambda u = 0 \quad \text{auf } I =]-1,1[\,.$$

(a) Wählen wir als Entwicklungspunkt $x_0 = 0$, so wissen wir nach 3.1, daß jede Lösung u eine für $|x| < 1$ konvergente Potenzreihenentwicklung besitzt, die wir in der Form

$$u(x) = \sum_{k=0}^{\infty} \frac{a_k}{k!}\, x^k$$

schreiben. Gliedweise Differentiation ergibt

$$u'(x) = \sum_{k=1}^{\infty} k\, a_k \frac{x^{k-1}}{k!}, \quad u''(x) = \sum_{k=2}^{\infty} k(k-1)\, a_k \frac{x^{k-2}}{k!} = \sum_{n=0}^{\infty} a_{n+2} \frac{x^n}{n!}\,.$$

Setzen wir dies in die DG ein, so erhalten wir

$$\sum_{k=0}^{\infty} \frac{x^k}{k!} \big(a_{k+2} - k(k-1)a_k - 2k a_k + \lambda a_k\big) = 0\,.$$

Koeffizientenvergleich für $k = 0, 1, 2 \ldots$ ergibt die Rekursionsformel

$$a_{k+2} = (k(k+1) - \lambda)\, a_k \quad \text{für } k = 0, 1, 2, \ldots\,,$$

insbesondere

$$a_2 = -\lambda a_0\,, \quad a_3 = (2-\lambda)\, a_1\,.$$

Damit sind a_2, a_4, $a_6, \ldots$ durch $a_0 = u(0)$ und a_3, a_5, $a_7, \ldots$ durch $a_1 = u'(0)$ eindeutig bestimmt. Aus 3.1 und der eindeutigen Lösbarkeit des AWP folgt:

Geben wir a_0 und a_1 vor und bestimmen $a_2, a_3, \ldots$ aus den Rekursionsformeln, so konvergiert die Reihe

$$u(x) = \sum_{k=0}^{\infty} a_k \frac{x^k}{k!}$$

für $|x| < 1$ gegen die eindeutig bestimmte Lösung der Legendreschen DG mit den Anfangsbedingungen $u(0) = a_0$, $u'(0) = a_1$.

(b) *Nichttriviale Polynomlösungen existieren genau dann, wenn $\lambda = n(n+1)$ mit $n \in \mathbb{N}_0 = \{0, 1, 2, \ldots\}$.*

Darstellungen für diese geben wir in (c) an.

Beweis.
Ist u eine Polynomlösung mit $\mathrm{Grad}\,(u) = n$, so folgt aus $a_{n+2} = 0$, $a_n \neq 0$ sofort $0 = a_{n+2} = (n(n+1) - \lambda)a_n$, also $\lambda = n(n+1)$. Aus $0 = a_{n+1} = (n(n-1) - \lambda)a_{n-1}$ mit $\lambda = n(n+1)$ folgt $a_{n-1} = 0$ für $n \geq 1$.

Durch Rückwärtsverfolgen der Rekursionsformeln erhalten wir ÜA

$$\begin{aligned} &a_0 \neq 0\,, \quad a_1 = a_3 = \ldots = a_{n-1} = 0 \quad \text{für gerades } n\,, \\ &a_1 \neq 0\,, \quad a_0 = a_2 = \ldots = a_{n-1} = 0 \quad \text{für ungerades } n\,. \end{aligned}$$

Umgekehrt: Ist $\lambda = n(n+1)$ mit $n \in \mathbb{N}_0$, so liefern die Anfangsbedingungen

$$\begin{aligned} &u(0) = a_0 = 1\,, \quad u'(0) = a_1 = 0 \quad \text{für gerades } n \text{ bzw.} \\ &u(0) = a_0 = 0\,, \quad u'(0) = a_1 = 1 \quad \text{für ungerades } n \end{aligned}$$

jeweils Lösungen der Gleichung

$$(1 - x^2)\,u'' - 2x\,u' + n(n+1)\,u = 0$$

in Form von Polynomen n–ten Grades. □

(c) *Für die Polynomlösung P_n n–ten Grades mit dem höchsten Koeffizienten $\frac{1}{2^n}\binom{2n}{n}$ ergibt sich dagegen* ÜA

$$P_n(x) \;=\; \frac{1}{2^n} \sum_{0 \leq 2k \leq n} (-1)^k \binom{n}{k} \binom{2n-2k}{n}\, x^{n-2k} \quad (n = 0, 1, 2, \ldots).$$

Wir zeigen in § 15 : 3.4, daß dies die in Bd. 1, § 19 : 3.3 eingeführten **Legendre–Polynome** sind, gekennzeichnet durch die Orthogonalitätsrelation

$$\int\limits_{-1}^{1} P_m(x)\, P_n(x)\, dx \;=\; \left(1 + \tfrac{n}{2}\right)^{-1} \delta_{mn}\,.$$

Es gilt die **Formel von Rodrigues**:

$$P_n(x) \;=\; \frac{1}{2^n n!}\, \frac{d^n}{dx^n}\, (x^2 - 1)^n \quad (n = 0, 1, \ldots).$$

Nachweis als ÜA mit Hilfe der Binomialformel.

(d) *Die Legendre–Polynome besitzen eine* **erzeugende Funktion**: *Es gilt*

$$\left(1 - 2xt + t^2\right)^{-1/2} \;=\; \sum_{n=0}^{\infty} P_n(x)\, t^n \quad \textit{für } |x| < 1\,,\ |t| \ll 1\,.$$

Nachweis als ÜA: Verwenden Sie die Binomialreihe (Bd. 1, § 10 : 1.7)

$$(1 + \xi)^{-1/2} \;=\; \sum_{m=0}^{\infty} a_m\, \xi^m \quad (|\xi| < 1) \quad \text{mit} \quad a_m \;:=\; \frac{(-1)^m}{2^{2m}} \binom{2m}{m},$$

entwickeln Sie $\xi^m = (t^2 - 2xt)^m$ nach der Binomialformel, und ordnen Sie die entstehende Doppelreihe nach Potenzen t^n. Beachten Sie, daß definitionsgemäß $\binom{\alpha}{\beta} = 0$ für $\beta \in \mathbb{N}_0$, $\alpha \in \mathbb{Z}$, $\alpha < \beta$.

(e) *Es gelten die* **Rekursionsformeln**

$$(n+1)\,P_{n+1}(x) = (2n+1)\,x\,P_n(x) - n\,P_{n-1}(x) \quad \textit{für} \quad n = 1, 2, \ldots .$$

Ausgehend von $P_0(x) = 1$, $P_1(x) = x$ ermöglichen diese eine einfache Berechnung der Legendre–Polynome.

Beweis als ÜA: Differenzieren Sie die Reihe in (d) nach t, multiplizieren Sie dann die entstehende Gleichung mit $1 - 2xt + t^2$, und nehmen Sie Koeffizientenvergleich vor.

Durch Induktion folgt unmittelbar $P_n(1) = 1$.

3.3 Die Hermitesche Differentialgleichung

(a) Nach 3.1 besitzt jede Lösung u des Anfangswertproblems

$$(*) \qquad u'' - 2x\,u' + \lambda\,u = 0\,, \quad u(0) = a_0\,, \quad u'(0) = a_1$$

eine für alle $x \in \mathbb{R}$ konvergente Reihenentwicklung

$$u(x) = \sum_{k=0}^{\infty} a_k \frac{x^k}{k!}\,.$$

Gliedweise Differentiation und Einsetzen in die DG ergibt wie oben

$$\sum_{k=0}^{\infty} \frac{x^k}{k!} \Big(a_{k+2} + (\lambda - 2k)\,a_k \Big) = 0\,,$$

und durch Koeffizientenvergleich die Rekursionsformel

$$a_{k+2} = (2k - \lambda)\,a_k \quad (k = 0, 1, 2, \ldots).$$

Bei gegebenen $a_0 = u(0)$, $a_1 = u'(0)$ sind dann $a_2, a_3, \ldots$ dadurch eindeutig bestimmt. Die zugehörige Reihe liefert die Lösung des AWP $(*)$ auf $\mathbb{R}$.

(b) *Polynomlösungen vom* Grad n *gibt es genau für* $\lambda = 2n$, $n = 0, 1, 2, \ldots$. *Jede Polynomlösung ist durch ihren höchsten Koeffizienten eindeutig festgelegt. Setzen wir diesen gleich* 2^n, *so ergibt sich das* n*–te* **Hermite–Polynom** ÜA

$$H_n(x) = \sum_{0 \le 2k \le n} (-1)^k \frac{n!}{k!\,(n-2k)!}\,(2x)^{n-2k}\,.$$

(c) *Die Hermite–Polynome besitzen eine erzeugende Funktion: Es gilt*

$$\mathrm{e}^{-t^2+2tx} = \sum_{n=0}^{\infty} \frac{H_n(x)}{n!}\,t^n \quad \textit{für} \quad x \in \mathbb{R}\,, \quad |t| \ll 1\,.$$

BEWEIS als [ÜA]: Mit $\xi := t - x$ gilt $\mathrm{e}^{-t^2+2xt} = \mathrm{e}^{x^2}\,\mathrm{e}^{-\xi^2} = \mathrm{e}^{x^2} \sum\limits_{m=0}^{\infty} (-1)^m \frac{\xi^{2m}}{m!}$. Entwickeln Sie $\xi^{2m} = (t-x)^{2m}$ nach der Binomialformel, und ordnen Sie die entstehende Doppelreihe nach den Potenzen t^n.

(d) *Es gelten die* **Formel von Rodrigues**

$$H_n(x) = (-1)^n\,\mathrm{e}^{x^2} \frac{d^n}{dx^n}\,\mathrm{e}^{-x^2}.$$

und die **Rekursionsformeln**

$$H_{n+1}(x) = 2x\,H_n(x) - 2n\,H_{n-1}(x) \quad \textit{für } n = 1, 2, \ldots .$$

BEWEIS als [ÜA]: Beachten Sie für die Formel von Rodrigues, daß nach (c) mit $\xi = t - x$

$$H_n(x) = \frac{d^n}{dt^n}\,\mathrm{e}^{-t^2+2tx}\,\Big|_{t=0} = (-1)^n \mathrm{e}^{x^2} \frac{d^n}{d\xi^n} \mathrm{e}^{-\xi^2}\,\Big|_{\xi=x}$$

gilt. Die Rekursionsformeln ergeben sich durch Differentiation der Reihendarstellung (c) nach t und Koeffizientenvergleich.

(d) SATZ. *Eine Lösung u der Hermiteschen DG ist genau dann ein Polynom, wenn*

$$\int\limits_{-\infty}^{+\infty} \mathrm{e}^{-x^2}\,u(x)^2\,dx < \infty .$$

BEWEIS.

(i) Zu jeder Polynomlösung u gibt es eine Konstante C mit $\mathrm{e}^{-\frac{1}{2}x^2} u(x)^2 \le C$ für alle $x \in \mathbb{R}$. Also liefert $C\,\mathrm{e}^{-\frac{1}{2}x^2}$ eine Majorante für den Integranden.

(ii) Die Lösung u sei kein Polynom. Aus (b) folgt $\lambda \ne 2n$ für $n = 0, 1, \ldots$. Wir zerlegen u in den geraden und den ungeraden Anteil,

$$u(x) = \sum_{k=0}^{\infty} a_{2k} \frac{x^{2k}}{(2k)!} + \sum_{k=0}^{\infty} a_{2k+1} \frac{x^{2k+1}}{(2k+1)!} = u_0(x) + x\,u_1(x) .$$

Im Fall $a_0 \ne 0$ folgt aus der Rekursionsformel für die Koeffizienten

$$a_{2n} = a_0 \prod_{k=0}^{n-1} (4k - \lambda) \ne 0 \quad \text{für } n = 0, 1, 2, \ldots .$$

Wir zeigen, daß es in diesem Fall eine Konstante $c_0 > 0$ gibt mit

$$(*) \qquad \mathrm{e}^{-\frac{1}{2}x^2} |u_0(x)| \ge \tfrac{1}{2} c_0 \quad \text{für } |x| \gg 1 .$$

Wir fixieren ein $N \in \mathbb{N}$ mit $2N \geq \lambda+2$. Dann folgt für $k \geq N$ die Ungleichung $4k - \lambda \geq 2(k+1)$. Also gilt für $n \geq N+1$

$$
\begin{aligned}
|a_{2n}| &\geq |a_0| \prod_{k=0}^{N-1} |4k-\lambda| \prod_{k=N}^{n-1} 2(k+1) \\
&= |a_0| \prod_{k=0}^{N-1} \frac{|4k-\lambda|}{2(k+1)} \prod_{k=0}^{n-1} 2(k+1) = c_0 \prod_{k=0}^{n-1} 2(k+1) \\
&= c_0\, 2n\,(2n-2) \cdots 2 > c_0 \frac{(2n)!}{2^n\, n!}\,.
\end{aligned}
$$

Da die a_{2k} für $k \geq N$ alle dasselbe Vorzeichen haben, folgt

$$
\begin{aligned}
|u_0(x)| &= \Big| \sum_{k=0}^{N} \frac{a_{2k}}{(2k)!} x^{2k} + \sum_{k=N+1}^{\infty} \frac{a_{2k}}{(2k)!} x^{2k} \Big| \\
&\geq \Big| \sum_{k=N+1}^{\infty} \frac{|a_{2k}|}{(2k)!} x^{2k} \Big| - \sum_{k=0}^{N} \frac{|a_{2k}|}{(2k)!} x^{2k} \\
&\geq c_0 \sum_{k=N+1}^{\infty} \frac{x^{2k}}{2^k\, k!} - \sum_{k=0}^{N} \frac{|a_{2k}|}{(2k)!} x^{2k} = c_0\, \mathrm{e}^{\frac{1}{2}x^2} - p_0(x)
\end{aligned}
$$

mit einem Polynom p_0. Hieraus folgt die Abschätzung $(*)$.

Nun zeigen wir, daß es im Fall $a_1 \neq 0$ eine Konstante $c_1 > 0$ gibt mit

$$
(**) \quad \mathrm{e}^{-\frac{1}{2}x^2} |u_1(x)| \geq \tfrac{1}{2} c_1 \quad \text{für } |x| \gg 1\,.
$$

Da λ nicht geradzahlig ist, liefert die Rekursionsformel für die Koeffizienten

$$
a_{2n+1} = a_1 \prod_{k=0}^{n-1} (4k+2-\lambda) \neq 0 \quad \text{für } k = 0, 1, 2, \ldots\,.
$$

Sei $2N \geq \lambda$. Für $k \geq N$ gilt $4k+2-\lambda \geq 2(k+2)$; für $n \geq N+1$ ist daher

$$
\begin{aligned}
|a_{2n+1}| &\geq |a_1| \prod_{k=0}^{N-1} (4k+2-\lambda) \prod_{k=N}^{n-1} 2(k+2) \\
&= |a_1| \prod_{k=0}^{N-1} \frac{4k+2-\lambda}{2(k+2)} \prod_{k=0}^{n-1} 2(k+2) \\
&= c_1\, (2n+2) 2n (2n-2) \cdots 4 > c_1 \frac{(2n+1)!}{2^n\, n!}\,.
\end{aligned}
$$

Hieraus ergibt sich wie oben die Abschätzung

$$
|u_1(x)| \geq c_1\, \mathrm{e}^{\frac{1}{2}x^2} - p_1(x)
$$

mit einem Polynom p_1 und damit die Abschätzung (∗∗).

Im Fall $a_1 = 0$ gilt $a_0 \neq 0$, und aus (∗) folgt

$$e^{-x^2}\,|u(x)|^2 \;=\; e^{-x^2}|u_0(x)|^2 \;\geq\; \tfrac{1}{4}\,c_0^2 \;\text{ für }\; |x| \gg 1\,.$$

Entsprechend folgt im Fall $a_0 = 0$ aus (∗∗), daß $e^{-x^2}|u(x)|^2$ nicht integrierbar ist. Im Fall $a_0 \neq 0$, $a_1 \neq 0$ haben $u_0(x)$ und $u_1(x)$ für $|x| \gg 1$ nach (∗) bzw. (∗∗) jeweils festes Vorzeichen. Da $u_0(x)$ eine gerade und $x\,u_1(x)$ eine ungerade Funktion ist, haben beide entweder für $x \gg 1$ oder für $x \ll -1$ dasselbe Vorzeichen. Es gilt also $|u(x)| = |u_0(x)| + |x\,u_1(x)| \geq |u_0(x)|$ entweder für $x \gg 1$ oder für $x \ll -1$, so daß $e^{-x^2}|u(x)|^2$ nicht über $\mathbb{R}$ integrierbar ist. □

4 Reihendarstellung von Lösungen in singulären Randpunkten

4.1 Schwach singuläre Randpunkte

Wie in Abschnitt 3 betrachten wir die DG (∗) mit festem λ und schreiben diese in der Form

$$u'' + G\,u' + H\,u \;=\; 0 \quad \text{in } I =]\alpha, \beta[\;.$$

Wir betrachten jetzt den Fall, daß die DG im linken Randpunkt α von I **schwach singulär** ist, d.h. daß gilt:

(i) G ist analytisch und besitzt in α einen Pol höchstens erster Ordnung,

(ii) H ist analytisch und besitzt in α einen Pol höchstens zweiter Ordnung.

Entsprechend definieren wir schwache Singularitäten im rechten Endpunkt β, falls β endlich ist.

Im folgenden betrachten wir stets den linken Endpunkt als schwach singuläre Stelle. Die hierfür gewonnenen Aussagen übertragen sich durch die Spiegelung $x \mapsto \alpha + \beta - x$ auf den rechten Randpunkt β von I, falls I beschränkt ist.

Beispiele. (a) Die Besselsche DG, die wir in der Form

$$u''(x) + \frac{1}{x}\,u'(x) + \left(\lambda - \frac{\nu^2}{x^2}\right)u(x) \;=\; 0 \quad \text{in } I =]0, \infty[$$

schreiben, ist schwach singulär im Nullpunkt.

(b) Die Legendresche DG in der Form

$$u''(x) - \frac{2x}{1-x^2}\,u'(x) + \frac{\lambda}{1-x^2}\,u(x) \;=\; 0 \quad \text{in } I =]-1, 1[$$

ist in beiden Randpunkten schwach singulär, da $1 - x^2 = (1+x)(1-x)$ dort jeweils eine Nullstelle erster Ordnung hat.

4.2 Ein Beispiel für das Lösungsverhalten nahe singulärer Punkte

Für die **Eulersche Differentialgleichung**

$$x^2 u''(x) + ax\,u'(x) + b\,u(x) = 0 \text{ für } x > 0 \quad (a, b \in \mathbb{R}),$$

ist 0 ein schwach singulärer Randpunkt. Der Lösungsansatz

$$u(x) = x^{\mu} = \mathrm{e}^{\mu \log x}$$

liefert genau dann eine (evtl. komplexwertige) Lösung, wenn μ die Gleichung

$$(*) \quad \mu(\mu - 1) + a\mu + b = 0$$

erfüllt [ÜA]. Wir haben drei Fälle zu unterscheiden:

(a) $(*)$ *hat zwei reelle Wurzeln* $\mu_1 \neq \mu_2$. Dann liefern $u_1(x) = \mathrm{e}^{\mu_1 x}$, $u_2 = \mathrm{e}^{\mu_2 x}$ ein reelles Fundamentalsystem, denn ihre Wronski–Determinante hat an der Stelle 1 den Wert $\mu_2 - \mu_1 \neq 0$, vgl. 2.1 (c).

(b) $(*)$ *hat genau eine Wurzel* $\mu = \frac{1}{2}(1-a) \in \mathbb{R}$. Dann liefert $u_1(x) = x^{\mu}$ eine Lösung ohne Nullstellen in $]0, \infty[$. Das d'Alembertsche Verfahren 2.2 ergibt als zweite Fundamentallösung [ÜA]

$$u_2(x) = x^{\mu} \log x\,.$$

(c) $(*)$ *hat zwei nichtreelle Wurzeln* $\mu_1 = \lambda + i\omega$, $\mu_2 = \overline{\mu}_1$ mit $\omega > 0$. Dann liefert $u(x) = x^{\mu_1} = x^{\lambda} x^{i\omega} = x^{\lambda} \mathrm{e}^{i\omega \log x}$ eine komplexwertige Lösung, also liefern Real– und Imaginärteil

$$u_1(x) = x^{\lambda} \cos(\omega \log x)\,, \quad u_2(x) = x^{\lambda} \sin(\omega \log x)$$

reellwertige Lösungen. Diese bilden ein reelles Fundamentalsystem, denn die Wronski–Determinante an der Stelle 1 ist $W(1) = \omega \neq 0$ [ÜA].

Das Auftreten von Termen $(x - \alpha)^{\mu}$ und $(x - \alpha)^{\mu} \log(x - \alpha)$ im Fall eines schwach singulären linken Randpunkts α ist typisch, wie sich im folgenden zeigen wird.

4.3 Der Reihenansatz von Frobenius

(a) **Normalisierung der Differentialgleichung**. Die Untersuchung der Lösungen von $u'' + G\,u' + H\,u = 0$ auf $I =]\alpha, \beta[$ in der Nähe des schwach singulären Randpunkts α kann auf das Studium der Gleichung

$$(\mathcal{N}) \quad x^2 v''(x) + x\,A(x) v'(x) + B(x) v(x) = 0 \text{ auf }]0, r[$$

mit $r = \beta - \alpha$ zurückgeführt werden, wobei A und B in einer Umgebung des Nullpunkts analytisch sind, also Potenzreihenentwicklungen

$$A(x) = \sum_{k=0}^{\infty} \alpha_k x^k\,, \quad B(x) = \sum_{k=0}^{\infty} \beta_k x^k$$

mit Konvergenzradius $r > 0$ besitzen. Dies geschieht wie folgt.

Nach Voraussetzung können wir die Ausgangs–Differentialgleichung durch Multiplikation mit $(x-\alpha)^2$ in folgende Form bringen

$$(x-\alpha)^2\,u''(x) + (x-\alpha)\,A(x-\alpha)\,u'(x) + B(x-\alpha)\,u(x) \;=\; 0\,,$$

wobei

$$A(x) \;=\; -x\,G(x+\alpha)\,, \quad B(x) \;=\; x^2\,H(x+\alpha)$$

in einer Nullpunktsumgebung analytisch sind. Genau dann ist u eine Lösung in $]\alpha,\beta[$, wenn $v(x) := u(x+\alpha)$ eine Lösung von $(\mathcal{N})$ in $]0,r[$ liefert.

Ist β ein schwach singulärer rechter Randpunkt, so bringen wir die Differentialgleichung $u'' + G\,u' + H\,u = 0$ in die Form

$$(\beta-x)^2u''(x) - (\beta-x)A(\beta-x)u'(x) + B(\beta-x)u(x) = 0$$

mit

$$A(x) = -x\,G(\beta-x)\,, \quad B(x) = x^2\,H(\beta-x)\,.$$

Genau dann ist u eine Lösung in $]\alpha,\beta[$, wenn durch $v(x) := u(\beta-x)$ eine Lösung von $(\mathcal{N})$ in $]0,\beta-\alpha[$ gegeben ist.

(b) **Reihenansatz**. Wir suchen komplexwertige Lösungen v von $(\mathcal{N})$, die sich für $0 < x < r$ (r wie oben) durch eine **verallgemeinerte Potenzreihe**

$$v(x) \;=\; x^\mu \sum_{n=0}^\infty c_n\,x^n \quad (c_0 \neq 0,\; \mu \in \mathbb{C})$$

darstellen lassen, wobei die Potenzreihe $\sum\limits_{n=0}^\infty c_n x^n$ für $|x| < r$ konvergiert und x^μ für $x > 0$ durch $e^{\mu\log x}$ definiert ist. Für solche Lösungen gilt

$$v'(x) \;=\; \mu\,x^{\mu-1}\sum_{n=0}^\infty c_n x^n + x^\mu \sum_{n=0}^\infty n c_n x^{n-1} \;=\; x^{\mu-1}\sum_{n=0}^\infty (n+\mu)c_n x^n\,,$$

$$v''(x) \;=\; x^{\mu-2}\sum_{n=0}^\infty (n+\mu)(n+\mu-1)c_n x^n\,.$$

Setzen wir das in $(\mathcal{N})$ ein, so erhalten wir nach Division durch x^μ

$$\sum_{n=0}^\infty (n+\mu)(n+\mu-1)c_n x^n \;+\; \Big(\sum_{j=0}^\infty \alpha_j x^j\Big)\Big(\sum_{k=0}^\infty (k+\mu)c_k x^k\Big)$$
$$+\; \Big(\sum_{j=0}^\infty \beta_j x^j\Big)\Big(\sum_{k=0}^\infty c_k x^k\Big) \;=\; 0\,.$$

Wir multiplizieren die Reihen nach der Cauchy–Produkt–Formel Bd. 1, § 7 : 7.1, ordnen nach Potenzen von x und erhalten durch Koeffizientenvergleich

$$(n+\mu)(n+\mu-1)\,c_n + \sum_{j+k=n} ((k+\mu)\,\alpha_j + \beta_j)\,c_k \;=\; 0 \quad (n=0,1,2,\ldots).$$

Mit der Abkürzung

$$D(\lambda) \;:=\; \lambda(\lambda-1) + \alpha_0\,\lambda + \beta_0 \;=\; \lambda^2 + (\alpha_0 - 1)\,\lambda + \beta_0$$

ergibt sich für $n = 0$ wegen der Voraussetzung $c_0 \neq 0$ die **Indexgleichung** oder **charakteristische Gleichung**

$$(*) \qquad D(\mu) = 0\,,$$

ferner die Rekursionsformel

$$(**) \quad D(n+\mu)\,c_n \;+\; \sum_{k=0}^{n-1} \Big((k+\mu)\,\alpha_{n-k} + \beta_{n-k}\Big)\,c_k \;=\; 0 \quad (n=1,2,\ldots).$$

Damit ergeben sich $c_1, c_2, \ldots$ der Reihe nach eindeutig aus c_0, sofern die Auflösebedingungen

$$D(n+\mu) \;\neq\; 0 \quad \text{für } n = 1,2,\ldots$$

erfüllt sind. Wir legen $c_0 = 1$ fest.

(c) **Satz von Frobenius** (1873). *Ist μ eine Lösung der charakteristischen Gleichung $D(\mu) = 0$ mit $D(n+\mu) \neq 0$ für $n = 1, 2, \ldots$, und sind die Koeffizienten $c_1, c_2, \ldots$ aus der Rekursionsformel $(**)$ bestimmt, so konvergiert die Reihe $\sum_{n=0}^{\infty} c_n\,x^n$ für $|x| < r$, und*

$$v(x) \;=\; x^{\mu} \sum_{n=0}^{\infty} c_n\,x^n$$

ist eine Lösung der Differentialgleichung $(\mathcal{N})$ für $0 < x < r$.

Der Konvergenzbeweis für die Reihe besteht in der Aufstellung einer geeigneten Majorante; wir verweisen auf [9] § 28, [112] § 7.

Die Verwendung von verallgemeinerten Potenzreihen geht schon auf Euler (1766) zurück.

4.4 Bestimmung von Fundamentalsystemen in der Nähe singulärer Randpunkte

Wir gehen von der normalisierten Form

$$(\mathcal{N}) \quad x^2 v''(x) \;+\; x\,A(x)v'(x) \;+\; B(x)v(x) \;=\; 0$$

der DG aus mit $A(x) = \sum_{k=0}^{\infty} \alpha_k x^k$, $B(x) = \sum_{k=0}^{\infty} \beta_k x^k$ für $|\,x\,| < r$. Dabei setzen wir voraus, daß die charakteristische Gleichung $D(\mu) = 0$ nur reelle Wurzeln

μ_1, μ_2 besitzt. (Das ist der für die Anwendungen wichtigste Fall.) Diese numerieren wir so, daß $\mu_1 \geq \mu_2$.

SATZ. *Unter diesen Voraussetzungen besitzt die normalisierte Gleichung* $(\mathcal{N})$ *auf* $]0, r[$ *ein Fundamentalsystem* v_1, v_2 *der Gestalt*

$$v_1(x) \;=\; x^{\mu_1} \sum_{n=0}^{\infty} c_n x^n \,, \qquad v_2(x) \;=\; x^{\mu_2} \sum_{n=0}^{\infty} d_n x^n \;+\; \gamma\, v_1(x) \log x \,.$$

Dieses ist eindeutig bestimmt durch die Vorgaben $c_0 = 1$ *sowie*

$$\begin{array}{lll} \gamma = 0, & d_0 = 1, & \textit{wenn } \mu_1 - \mu_2 \textit{ keine ganze Zahl ist,} \\ \gamma = 1, & d_0 = 0, & \textit{im Fall } \mu_1 = \mu_2, \\ d_0 = 1, & d_m = 0, & \textit{wenn } \mu_1 - \mu_2 \textit{ eine natürliche Zahl } m \textit{ ist.} \end{array}$$

Die Lösung v_1 *ergibt sich in jedem der drei Fälle mit der Methode von Frobenius 4.3, da die Auflösebedingungen* $D(n + \mu_1) \neq 0$ *für alle* $n \in \mathbb{N}$ *erfüllt sind. Im Fall* $\mu_1 - \mu_2 \notin \mathbb{N}_0$ *ergibt sich auch* v_2 *nach der Methode 4.3 wegen* $D(n + \mu_2) \neq 0$ *für* $n \in \mathbb{N}$.

Wegen 4.3 (c) bleibt im Fall $\mu_1 - \mu_2 \notin \mathbb{N}_0$ nur zu zeigen, daß v_1 und v_2 ein Fundamentalsystem bilden. Die Bestimmung der noch fehlenden Koeffizienten im Fall $\mu_1 - \mu_2 \in \mathbb{N}_0$ wird anschließend beschrieben.

Machen wir die Transformation 4.3 (a) rückgängig, so erhalten wir für die Originalgleichung $a_2 u'' + a_1 u' + a_0 u = 0$ folgende Fundamentalsysteme:

$$\begin{aligned} u_1(x) \;&=\; (x - \alpha)^{\mu_1} \sum_{n=0}^{\infty} c_n (x - \alpha)^n \,, \\ u_2(x) \;&=\; (x - \alpha)^{\mu_2} \sum_{n=0}^{\infty} d_n (x - \alpha)^n \;+\; \gamma\, u_1(x) \log(x - \alpha) \end{aligned}$$

im Fall eines schwach singulären linken Randpunkts α. Im Fall eines schwach singulären rechten Randpunkts β ergibt sich

$$\begin{aligned} u_1(x) \;&=\; (\beta - x)^{\mu_1} \sum_{n=0}^{\infty} c_n (\beta - x)^n \,, \\ u_2(x) \;&=\; (\beta - x)^{\mu_2} \sum_{n=0}^{\infty} d_n (\beta - x)^n \;+\; \gamma\, u_1(x) \log(\beta - x) \,, \end{aligned}$$

wobei die Koeffizienten c_n, d_n, γ dieselben sind wie oben.

Dieser Satz gestattet es in den meisten Fällen, durch bloßes Lösen der quadratischen Gleichung $(*)$ das Verhalten der Lösungen in Umgebung schwach singulärer Randpunkte zu beschreiben. Eine Ausnahme bildet der Fall $\mu_1 - \mu_2 \in \mathbb{N}$, bei dem nicht von vornherein zu sehen ist, ob der Logarithmusterm auftritt oder nicht.

Bestimmung der Koeffizienten im Fall $m := \mu_1 - \mu_2 \in \mathbb{N}_0$.

Wir machen den Ansatz

$$v_2(x) = w(x) + \gamma\, v_1(x) \log x \quad \text{mit} \quad w(x) = x^{\mu_2} \sum_{n=0}^{\infty} d_n x^n .$$

(Die Begründung dieses Ansatzes wird im Beweis gegeben.)

Ein kurze Rechnung zeigt [ÜA]: Genau dann ist v_2 ein Lösung von $(\mathcal{N})$, wenn

(1) $$x^2 w''(x) + x\, A(x) w'(x) + B(x) w(x) = \gamma \left((1 - A(x)) v_1(x) - 2x\, v_1'(x) \right) .$$

Wir entwickeln die rechte Seite für $|x| < r$ in eine Reihe $\gamma\, x^{\mu_1} \sum_{k=0}^{\infty} \lambda_k x^k$.

Wegen $v_1'(x) = x^{\mu_1 - 1} \sum_{n=0}^{\infty} (n + \mu_1) c_n x^n$ (vgl. 4.3) und $c_0 = 1$ wird dabei $\lambda_0 = (1 - \alpha_0) - 2\mu_1$. Aus $(*)$ folgt $1 - \alpha_0 = \mu_1 + \mu_2$ nach dem Vietaschen Satz, also

(2) $$\lambda_0 = \mu_2 - \mu_1 = -m .$$

Setzen wir die Reihe für w in (1) ein, so erhalten wir wie in 4.3

$$x^{\mu_2} \sum_{n=0}^{\infty} \Big[D(n + \mu_2) d_n + \sum_{k=0}^{n-1} \big((k + \mu_2) \alpha_{n-k} + \beta_{n-k} \big) d_k \Big] x^n = \gamma\, x^{\mu_1} \sum_{k=0}^{\infty} \lambda_k x^k .$$

Daraus folgt nach Division durch x^{μ_2} mittels Koeffizientenvergleich

(3) $$D(n + \mu_2) d_n + \sum_{k=0}^{n-1} \big((k + \mu_2) \alpha_{n-k} + \beta_{n-k} \big) d_k = \begin{cases} 0 & \text{für } n < m \\ \gamma\, \lambda_{n-m} & \text{für } n \geq m \end{cases} .$$

(4) Im Fall $\mu_1 = \mu_2$ setzen wir $\gamma = 1,\ d_0 = 0$.

Nach (2) ist $\lambda_0 = 0$. Wegen $d_0 = 0$ ist daher (3) für $n = 0$ erfüllt. Da die Auflösebedingungen $D(n + \mu_2) = D(n + \mu_1) \neq 0$ für alle $n \in \mathbb{N}$ gelten, ergeben sich $d_1, d_2, \ldots$ eindeutig durch Rekursion.

Im Fall $m = \mu_1 - \mu_2 \in \mathbb{N}$ beachten wir, daß

$$D(\mu_2) = D(m + \mu_2) = 0 \quad \text{und} \quad D(k + \mu_2) \neq 0 \quad \text{für } k = 1, \ldots, m - 1 .$$

Daher bestimmen die Rekursionsformeln (3), beginnend mit $d_0 = 1$, die Koeffizienten $d_1, \ldots, d_{m-1}$ eindeutig. Für $n = m$ erhalten wir

(5) $$\sum_{k=0}^{m-1} \big((k + \mu_2) \alpha_{n-k} + \beta_{n-k} \big) d_k = \gamma\, \lambda_0 = -m\, \gamma \qquad \text{wegen (2).}$$

Dadurch ist γ festgelegt. Setzen wir $d_m := 0$, so ergeben sich $d_{m+1}, d_{m+2}, \ldots$ wieder in eindeutiger Weise.

Zu zeigen bleibt: Die mit den so bestimmten Koeffizienten gebildete Reihe $v_2(x) = x^{\mu_2} \sum\limits_{n=0}^{\infty} d_n x^n + \gamma\, v_1(x) \log x$ konvergiert für $0 < x < r$ und liefert eine von v_1 linear unabhängige Lösung v_2.

Beweis des Satzes 4.4.

(a) Im Fall $\mu_1 - \mu_2 \notin \mathbb{N}$ setzen wir $w_1(x) := \sum\limits_{n=0}^{\infty} c_n x^n$, $w_2(x) := \sum\limits_{n=0}^{\infty} d_n x^n$. Nach 4.3 konvergieren diese Reihen für $|x| < r$, und $v_1(x) = x^{\mu_1} w_1(x)$, $v_2(x) = x^{\mu_2} w_2(x)$ liefern Lösungen von $(\mathcal{N})$ mit

$$\begin{vmatrix} v_1 & v_2 \\ v_1' & v_2' \end{vmatrix} = x^{\mu_1+\mu_2-1} \left[(\mu_2 - \mu_1) w_1 w_2 + x \begin{vmatrix} w_1 & w_2 \\ w_1' & w_2' \end{vmatrix} \right].$$

Dabei ist $\lim\limits_{x\to 0} [\ldots] = \mu_2 - \mu_1 \neq 0$, also verschwindet die Wronski–Determinante von v_1 und v_2 für kleine positive x nicht und damit nirgendwo in $]0, r[$. Machen wir die Substitution 4.3 (a) rückgängig, so ergibt sich $u_1(x)u_2'(x) - u_1'(x)u_2(x) \neq 0$ in $]\alpha, \beta[$ ÜA.

(b) Sei $\mu_1 - \mu_2 = m \in \mathbb{N}_0$. Nach 4.3 (c) hat die Reihe $\sum\limits_{n=0}^{\infty} c_n z^n$ den Konvergenzradius r, definiert also eine für $z \in \mathbb{C}$, $|z| < r$ holomorphe Funktion w_1. Wegen $c_0 = w(0) = 1$ gibt es ein $\varrho > 0$ mit $w_1(z) \neq 0$ für $|z| < \varrho$, also auch $v_1(x) = x^{\mu_1} w_1(x) > 0$ für $0 < x < \varrho \leq r$. Daher können wir in $]0, \varrho[$ das Verfahren von d'Alembert 2.3 anwenden: Setzen wir $x_0 := \frac{1}{2}\varrho$ und für $|x - x_0| < \frac{1}{2}\varrho$

$$\varphi(x) := \int\limits_{x_0}^{x} \frac{dt}{p(t)\, v_1(t)^2} \quad \text{mit} \quad p(x) := \exp\Big(\int\limits_{x_0}^{x} \frac{A(t)}{t}\, dt \Big)$$

nach 2.1, so liefert $v_2(x) = c\,(\varphi(x) + d) v_1(x)$ für alle Konstanten $c, d \in \mathbb{R}$ mit $c \neq 0$ eine von v_1 linear unabhängige Lösung v_2. Wir geben eine Reihenentwicklung für v_2 an. Wegen $\mu_1 + \mu_2 = 1 - \alpha_0$ ist

$$\begin{aligned} p(x) &= \exp\Big(\int\limits_{x_0}^{x} \Big(\frac{\alpha_0}{t} + \sum_{k=0}^{\infty} \alpha_{k+1} t^k \Big)\, dt \Big) = \exp\big(\alpha_0 \log x + f(x)\big) \\ &= x^{\alpha_0} \mathrm{e}^{f(x)} = x^{1-\mu_1-\mu_2} \mathrm{e}^{f(x)}, \end{aligned}$$

wobei die Reihe

$$f(x) = -\alpha_0 \log x_0 - \sum_{k=1}^{\infty} \frac{\alpha_k}{k} x_0^k + \sum_{k=1}^{\infty} \frac{\alpha_k}{k} x^k$$

den Konvergenzradius r hat. Damit läßt sich f zu einer für $|z| < r$ holomorphen Funktion $z \mapsto f(z)$ fortsetzen, und $g(z) = w_1(z)^2 \mathrm{e}^{f(z)}$ ist eine für $|z| < \varrho$ holomorphe Funktion ohne Nullstellen. Es gibt also eine für $|z| < \varrho$ konvergente Potenzreihenentwicklung

$$\frac{1}{g(z)} = \sum_{k=0}^{\infty} \omega_k z^k \quad \text{mit} \quad \omega_0 \neq 0 .$$

Für $|x - x_0| < \frac{1}{2}\varrho$ gilt $p(x)v_1(x)^2 = x^{1-\mu_1-\mu_2}\mathrm{e}^{f(x)}x^{2\mu_1}w_1(x)^2 = x^{m+1}g(x)$, also

$$\begin{aligned}
\varphi(x) &= \int_{x_0}^{x} \frac{dt}{t^{m+1}g(t)} = \int_{x_0}^{x} \Big(t^{-m-1}\sum_{k=0}^{\infty}\omega_k t^k\Big)\, dt = \sum_{k=0}^{\infty}\omega_k \int_{x_0}^{x} t^{k-m-1}\, dt \\
&= \sum_{\substack{k=0 \\ k\neq m}}^{\infty} \frac{\omega_k}{k-m}\left(x^{k-m} - x_0^{k-m}\right) + \omega_m \log x - \omega_m \log x_0 \\
&= h_0 + x^{-m} h(x) + \omega_m \log x
\end{aligned}$$

mit einer geeigneten Konstanten h_0 und einer Funktion h, die sich für $|x| < \varrho$ in der Form $h(x) = \sum_{k=0}^{\infty} \xi_k x^k$ mit $\xi_0 \neq 0$ darstellen läßt. Wir erhalten so

$$\begin{aligned}
v_2(x) &= c\left(h_0 + d + x^{-m}h(x)\right) x^{\mu_1}\, w_1(x) + c\,\omega_m v_1(x)\log x \\
&= c x^{\mu_2}\left(h(x)\, w_1(x) + x^m (h_0 + d) w_1(x)\right) + \gamma\, v_1(x) \log x .
\end{aligned}$$

Durch passende Wahl von c und d erhalten wir wegen $c_0 = 1$ eine Reihenentwicklung $v_2(x) = x^{\mu_2}\sum_{n=0}^{\infty} d_n x^n + \gamma\, v_1(x)\log x$ mit $d_0 = 1$, $d_m = 0$. Daß diese sogar im vollen Intervall $|x| < r$ konvergiert, wird in [112, § 7] gezeigt. □

4.5 Die allgemeine Legendresche Differentialgleichung

$$(\mathcal{L}_m^\lambda) \qquad (1-x^2)u'' - 2x\,u' + \left(\lambda - \frac{m^2}{1-x^2}\right)u = 0 \quad \text{für} \quad -1 < x < 1$$

zum Index $m \in \mathbb{N}_0$ fällt bei der Separation der dreidimensionalen Wellengleichung nach Einführung von Kugelkoordinaten an, siehe § 15 : 3. In 3.2 hatten wir den Fall $m = 0$ behandelt.

Durch Anwendung der Methode 4.4 kommen wir zu dem folgenden Satz, den wir der Übersichtlichkeit halber voranstellen.

Satz. *Für $m = 0, 1, \dots$ besitzt die Legendresche Differentialgleichung $(\mathcal{L}_m^\lambda)$ genau dann eine in $]-1,1[$ beschränkte Lösung $u \neq 0$, wenn*

$$\lambda = \ell(\ell+1) \quad \textit{mit} \quad \ell \in \{m, m+1, \dots\}\,.$$

Für $\lambda = \ell(\ell+1)$ ist jede beschränkte Lösung ein konstantes Vielfaches der **zugeordneten Legendre–Funktion**

$$P_\ell^m(x) \;=\; (1-x^2)^{m/2}\,\frac{d^m}{dx^m}\,P_\ell(x)\,,$$

wobei P_ℓ das ℓ–te Legendre–Polynom ist, vgl. 3.2.

Auf die Eigenschaften der Legendre–Polynome gehen wir in § 15 : 3 näher ein.

Für den Beweis benötigen wir folgenden

Hilfssatz. *Jede auf $]-1,1[$ beschränkte Lösung u von $(\mathcal{L}_m^\lambda)$ ist von der Form*

$$u(x) \;=\; c\,(1-x^2)^{m/2}\,f(x)$$

mit einer für $|z| < \sqrt{3}$ holomorphen Funktion f und einer Konstanten c.

Zum Beweis des Hilfssatzes gehen wir gemäß 4.4 vor.

(a) Wir betrachten die Normalisierung $xv'' + xA(x)v' + B(x)v = 0$ im linken Randpunkt $\alpha = -1$. Es ergibt sich gemäß 4.3 (a) ÜA

$$A(x) \;=\; x\,\frac{-2x(x-1)}{1-(x-1)^2} \;=\; 2\,\frac{x-1}{x-2} \;=\; 2 - \frac{1}{1-\frac{x}{2}} \;=\; 1 - \sum_{k=1}^{\infty}\left(\frac{x}{2}\right)^k,$$

$$\begin{aligned}
B(x) \;&=\; x^2\,\frac{\lambda - \frac{m^2}{(x-1)^2}}{1-(x-1)^2} \;=\; x^2\,\frac{\lambda - \frac{m^2}{2x-x^2}}{2x-x^2} \;=\; \frac{m^2 - \lambda(2x-x^2)}{(x-2)^2} \\
&=\; -\frac{\lambda x}{2}\,\frac{1}{1-\frac{x}{2}} + \frac{m^2}{4}\,\frac{1}{\left(1-\frac{x}{2}\right)^2} \;=\; -\frac{\lambda x}{2}\,\frac{1}{1-\frac{x}{2}} + \frac{m^2}{2}\,\frac{d}{dx}\frac{1}{1-\frac{x}{2}} \\
&=\; -\frac{\lambda x}{2}\sum_{k=0}^{\infty}\left(\frac{x}{2}\right)^k + \frac{m^2}{4}\sum_{k=0}^{\infty}k\left(\frac{x}{2}\right)^{k-1} \\
&=\; -\frac{m^2}{4} - \sum_{k=1}^{\infty}\left(\lambda + \frac{m^2}{4}(k+1)\right)\left(\frac{x}{2}\right)^k .
\end{aligned}$$

Die Indexgleichung lautet also

$$0 \;=\; D(\mu) = \mu(\mu-1) + \alpha_0\mu + \beta_0 \;=\; \mu(\mu-1) + \mu - \frac{m^2}{4} \;=\; \mu^2 - \frac{m^2}{4}\,;$$

diese besitzt die Wurzeln $\mu_1 = \frac{m}{2}$ und $\mu_2 = -\frac{m}{2}$. Nach 4.4 finden wir für $(\mathcal{L}_m^\lambda)$ ein Fundamentalsystem v_1, v_2 mit den Eigenschaften:

$$v_1(x) = x^{m/2} w(x), \quad \text{wobei } w(z) = \sum_{n=1}^{\infty} n c_n z^n \quad \text{für } |z| < 2$$

konvergiert und $v_2(x)$ unbeschränkt ist für $x \to 0+$.

(ÜA. Im Fall $m = 1, 2, \ldots$ ist zu beachten, daß $x^{-m/2}$ für $x \to 0+$ stärker als $|\log x|$ gegen Unendlich strebt.)

Hiernach ist jede beschränkte Lösung der normalisierten DG ein Vielfaches der Funktion v_1.

(b) Gehen wir zur Originaldifferentialgleichung $(\mathcal{L}_m^\lambda)$ zurück, so erhalten wir aus (a) die Existenz einer für $|z+1| < 2$ holomorphen Funktion w_1, so daß jede beschränkte Lösung von $(\mathcal{L}_m^\lambda)$ Vielfaches von $(x+1)^{m/2} w_1(x)$ ist; wir haben nur $w_1(z) = w(z+1)$ zu setzen.

Die analoge Betrachtung für den rechten Randpunkt $\beta = 1$ liefert die Existenz einer für $|z-1| < 2$ holomorphen Funktion w_2, so daß jede beschränkte Lösung von $(\mathcal{L}_m^\lambda)$ Vielfaches von $(1-x)^{m/2} w_2(x)$ ist. (ÜA Beachten Sie: Mit u ist auch $x \mapsto u(-x)$ eine Lösung.)

Liefert $u(x) := (x+1)^{m/2} w_1(x)$ eine beschränkte Lösung, so gibt es also ein $c \in \mathbb{R}$ mit $u(x) = c\,(1-x)^{m/2} w_2(x)$. Setzen wir

$$f_1(z) := (1-z)^{-m/2} w_1(z), \quad f_2(z) := c\,(1+z)^{-m/2} w_2(z),$$

so ist f_1 holomorph in der Kreisscheibe $K_2(-1)$, f_2 holomorph in $K_2(1)$, und es gilt für $-1 < x < 1$

$$f_1(x) = (1-x)^{-m/2}(1+x)^{-m/2} u(x) = c\,(1+x)^{-m/2} w_2(x) = f_2(x).$$

Nach dem Identitätssatz für holomorphe Funktionen stimmen f_1 und f_2 im Bereich $K_2(-1) \cap K_2(1)$ überein, welcher den Kreis $K_R(0)$ mit $R = \sqrt{3}$ enthält (Skizze!). Sie dürfen daher zu einer auf $K_2(-1) \cup K_2(1)$ holomorphen Funktion f verklebt werden. Es ist dann

$$u(x) = (1-x)^{m/2}(1+x)^{m/2} f(x) = (1-x^2)^{m/2} f(x). \qquad \square$$

Beweis des Satzes.

Nach dem Hilfssatz geht es um die Frage, wann es beschränkte nichttriviale Lösungen u der Form $u(x) = (1-x^2)^{m/2} f(x)$ gibt. Solche Lösungen u erfüllen die Gleichung $(\mathcal{L}_m^\lambda)$ genau dann ÜA, wenn

$$(\mathcal{R}_m^\lambda) \quad (1-x^2) f''(x) - 2(m+1)x f'(x) + \big(\lambda - m(m+1)\big) f(x) = 0.$$

(a) Ist v eine Lösung von $(\mathcal{R}_m^\lambda)$, so ist v' eine Lösung von $(\mathcal{R}_{m+1}^\lambda)$ [ÜA]. Nun erfüllt das Legendre–Polynom P_ℓ die Gleichung $(\mathcal{R}_0^{\ell(\ell+1)})$, somit löst P_ℓ^m die Gleichung $(\mathcal{R}_m^{\ell(\ell+1)})$.

Damit haben wir für $\lambda = \ell(\ell+1)$ die offensichtlich beschränkte Lösung

$$u(x) = (1-x^2)^{m/2}\, P_\ell^m(x)$$

von $(\mathcal{L}_m^{\ell(\ell+1)})$, wie behauptet.

(b) Sei λ nicht von der Form $\ell(\ell+1)$ mit $\ell \in \mathbb{N}_0$. Nach dem Hilfssatz ist jede beschränkte Lösung ein Vielfaches von $u(x) = (1-x^2)^{m/2} f(x)$, wobei

$$(*) \qquad f(x) = \sum_{n=0}^{\infty} a_n x^n \quad (\text{Konvergenzradius} \geq \sqrt{3} > 1)$$

die Gleichung $(\mathcal{R}_m^\lambda)$ erfüllt. Einsetzen der Reihe für f in diese DG und Koeffizientenvergleich liefert für die a_n die Rekursionsformel [ÜA]

$$(**) \qquad a_{n+2} = \frac{(m+n)(m+n+1)-\lambda}{(n+1)(n+2)}\, a_n \quad (n = 0, 1, 2, \ldots).$$

Wir zeigen, daß die Reihe $(*)$ mit den nach $(**)$ bestimmmten Koeffizienten nur dann für $|x| < \sqrt{3}$ konvergieren kann, wenn $a_0 = a_1 = 0$. Wegen $(**)$ folgt dann $a_2 = a_3 = s = 0$, d.h. jede beschränkte Lösung ist die Nullfunktion.

Ist beispielsweise $a_0 \neq 0$, so folgt aus $(**)$ wegen der Bedingung für λ, daß $a_{2n} \neq 0$ für alle $n \in \mathbb{N}_0$ und daß

$$\lim_{n\to\infty} \frac{a_{2n+2}}{a_{2n}} = 1.$$

Wir wählen ein r mit $1 < r < \sqrt{3}$. Dann gibt es ein $N \in \mathbb{N}$ mit

$$\frac{a_{2k+2}}{a_{2k}} \geq \frac{1}{r^2} \text{ für } k \geq N. \quad \text{Daraus folgt für } n > N$$

$$\left|a_{2n} r^{2n}\right| = \left|\left[a_0 \frac{a_2}{a_0} \cdots \frac{a_{2N}}{a_{2N-2}} r^{2N}\right]\right| \left|\frac{a_{2N+2}}{a_{2N}} r^2\right| \cdots \left|\frac{a_{2n}}{a_{2n-2}} r^2\right| \geq c,$$

wo $c = |[\ldots]| > 0$. Also ist $(a_{2n} r^{2n})$ keine Nullfolge; die Reihe für f divergiert für $x = r$. Entsprechend argumentieren wir im Fall $a_1 \neq 0$. □

4.6 Die allgemeine Laguerresche Differentialgleichung

$$(\mathcal{M}_m^\lambda) \quad x u'' + (m+1-x)u' + \lambda u = 0 \quad \text{für } x > 0,\ m = 0, 1, \ldots$$

tritt bei der quantenmechanischen Behandlung des Wasserstoffatoms auf, siehe [9] V.33.

Hierbei sind nur solche Lösungen $u \neq 0$ von Interesse, für die

$$(*) \quad \int_0^\infty x^m e^{-x} |u(x)|^2 \, dx < \infty \quad \text{und} \quad u \text{ beschränkt ist.}$$

Durch Anwendung der Methode 4.4 und Übertragung der Schlüsse von 4.5 erhalten wir den folgenden

Satz. (a) *Für $m = 0, 1, \dots$ besitzt die Gleichung $(\mathcal{M}_m^\lambda)$ genau dann nichttriviale Lösungen u mit $(*)$, wenn $\lambda = n$ mit $n \in \mathbb{N}_0$. Die Lösungen sind für $m = 0$ konstante Vielfache der* **Laguerre–Polynome**

$$L_n(x) := \sum_{k=0}^{n} \binom{n}{k} \frac{(-x)^k}{k!}$$

und für $m = 1, 2, \dots$ konstante Vielfache der **zugeordneten Laguerre–Polynome**

$$L_n^m(x) := (-1)^m \frac{d^m}{dx^m} L_{m+n}(x) \, .$$

Bemerkung. Die Normierung der Laguerre–Polynome ist in der Literatur nicht einheitlich.

(b) *Wie für Legendre– und Hermite–Polynome gibt es auch für die Laguerre–Polynome eine Darstellung als n–fache Ableitung* (**Rodrigues–Formel**)

$$L_n^m(x) = \frac{1}{n!} \frac{e^x}{x^m} \frac{d^n}{dx^n} \left(x^{n+m} e^{-x} \right) \quad (n, m \in \mathbb{N}_0) \, .$$

Letztere sei dem Leser als ÜA überlassen (Berechnung der linken und der rechten Seite nach der Leibniz–Regel).

Beweis.

(i) Die normalisierte Gestalt von $(\mathcal{M}_m^\lambda)$ im linken Randpunkt $\alpha = 0$ lautet mit den Bezeichnungen von 4.3

$$x^2 v'' + x A(x) v' + B(x) v = 0 \ \text{ mit } \ A(x) = m + 1 - x \, , \quad B(x) = \lambda x \, .$$

Somit ergibt sich die Indexgleichung $D(\mu) = \mu(m + \mu) = 0$ mit den Wurzeln $\mu_1 = 0$, $\mu_2 = -m$. Nach 4.4 erhalten wir ein Fundamentalsystem u_1, u_2 durch

$$u_1(x) = \sum_{k=0}^{\infty} c_k x^k \, , \quad u_2(x) = x^{-m} \sum_{k=0}^{\infty} d_k x^k + \gamma u_1(x) \log x$$

mit $c_0 = 1$, $d_0 = 1$ für $m \neq 0$ und $d_0 = 0$, $\gamma = 1$ im Fall $m = 0$. Die für $x \to 0+$ beschränkten Lösungen sind Vielfache von u_1. Denn es gilt $\lim\limits_{x \to 0+} u_1(x) = c_0 = 1$, und $u_2(x)$ ist nahe des Nullpunkts unbeschränkt. Für $m = 0$ verursacht dies der Logarithmus, für $m \in \mathbb{N}$ wegen $d_0 = 1$ der Vorfaktor x^{-m}.

(ii) Die Rekursionsformeln 4.3 (**) für die c_k lauten wegen $\mu_1 = 0$

$$(**) \quad c_k = \frac{k-1-\lambda}{k(m+k)}\, c_{k-1} \quad \text{für } k = 1, 2, \ldots .$$

Somit existieren Polynomlösungen genau dann, wenn $\lambda = n$ mit $n \in \mathbb{N}_0$. Der Grad dieser Polynome ist n. Im Fall $m = 0$ ergibt sich mit $c_0 = 1$ [ÜA]

$$c_k = \binom{n}{k}(-1)^k \frac{1}{k!} \quad (k = 0, 1, \ldots).$$

Um den Fall $m \in \mathbb{N}$ auf diesen zurückzuspielen, beachten wir:

$$u \text{ löst } (\mathcal{M}_k^{\lambda}) \implies u' \text{ löst } (\mathcal{M}_{k+1}^{\lambda-1}) \qquad \text{[ÜA]}.$$

Durch m–malige Anwendung dieses Schlusses ergibt sich

$$u \text{ löst } (\mathcal{M}_0^{\lambda}) \implies u^{(m)} \text{ löst } (\mathcal{M}_m^{\lambda-m}).$$

Da L_{n+m} eine Lösung von $(\mathcal{M}_0^{n+m})$ ist, liefert $L_{n+m}^{(m)}$ eine Lösung von $(\mathcal{M}_m^n)$ und spannt die für $x \to 0+$ beschränkten Lösungen auf.
Für Polynomlösungen ist die Bedingung (*) offenbar erfüllt.

(iii) *Ist $\lambda \notin \mathbb{N}_0$, so erfüllt keine Lösung $u \neq 0$ die Bedingung* (*). Dazu haben wir nach (i) zu zeigen: Hat $u_1 \neq 0$ die durch (**) bestimmten Koeffizienten ($c_0 = 1$), so divergiert das Integral

$$\int_0^{\infty} x^m \mathrm{e}^{-x} u_1(x)^2 \, dx .$$

Zum Nachweis zeigen wir, daß es ein Polynom p und eine Konstante $c > 0$ gibt, so daß für $x > 0$

$$|u_1(x)| \geq c\,\mathrm{e}^{\frac{1}{2}x} - p(x).$$

Dazu wählen wir ein $N \in \mathbb{N}$ mit $N \geq m + 2 + 2|\lambda|$. Für $n \geq N$ gilt dann

$$2(n-1-\lambda) \geq 2(n-1-|\lambda|) \geq m+n, \quad \text{also} \quad \frac{n-1-\lambda}{m+n} \geq \frac{1}{2}.$$

Aus der Rekursionsformel (**) mit $c_0 = 1$ folgt

$$c_k x^k = \left[\frac{-\lambda}{m+1}\frac{1-\lambda}{m+2} \cdots \frac{N-\lambda}{m+N+1}\right] \frac{N+1-\lambda}{m+N+2} \cdots \frac{k-1-\lambda}{m+k}\frac{x^k}{k!}.$$

Für $k > N$ haben diese Glieder ein festes Vorzeichen, und mit $C = |[\ldots]|$ gilt

$$|c_k x^k| \geq C\left(\frac{1}{2}\right)^{k-N-1}\frac{x^k}{k!} = 2C\,2^N\left(\frac{x}{2}\right)^k\frac{1}{k!} = \frac{c}{k!}\left(\frac{x}{2}\right)^k,$$

wobei $c = 2C\ 2^N$. Daher ist

$$|u_1(x)| = \Big|\sum_{k=0}^{N} c_k x^k + \sum_{k=N+1}^{\infty} c_k x^k\Big| \geq \Big|\sum_{k=N+1}^{\infty} c_k x^k\Big| - \sum_{k=0}^{N}|c_k|x^k$$
$$\geq c \sum_{k=N+1}^{\infty} \frac{1}{k!}\left(\frac{x}{2}\right)^k - \sum_{k=0}^{N}|c_k|x^k = c\,\mathrm{e}^{x/2} - p(x)$$

mit einem geeigneten Polynom p. □

4.7 Die Besselsche Differentialgleichung vom Index $\nu \geq 0$

$$x^2u'' + xu' + (x^2 - \nu^2)u = 0 \quad \text{für } x > 0$$

entsteht aus der allgemeinen Besselschen DG in 1 (b) mit beliebigem $\lambda > 0$ durch Umskalierung: Ist v eine Lösung der allgemeinen Gleichung, so löst $u(x) := v(x/\sqrt{\lambda})$ die Besselsche DG mit $\lambda = 1$ und umgekehrt [ÜA].

Wir bestimmen nach der Methode von Frobenius Fundamentalsysteme für den linken Randpunkt 0.

(a) *Die erste Fundamentallösung nach Frobenius.* Mit den Bezeichnungen 4.3 (a) ist

$$A(x) = 1\,, \quad B(x) = x^2 - \nu^2\,.$$

Also lautet die Indexgleichung $D(\mu) = \mu^2 - \nu^2 = 0$ mit Wurzeln ν und $-\nu$.

Die Rekursionsformeln für die Koeffizienten c_n von $u_1(x) = x^\nu \sum_{n=0}^{\infty} c_n x^n$ lauten nach 4.3 (**) wegen $D(n+\nu) = (n+\nu)^2 - \nu^2 = n(n+2\nu)$ und $\alpha_1 = \beta_1 = 0$

$$0 = (1+2\nu)c_1 + (\nu\alpha_1 + \beta_1)c_0 = (1+2\nu)c_1\,,$$
$$n(n+2\nu)c_n + c_{n-2} = 0 \quad \text{für } n = 2, 3, \ldots\,.$$

Hieraus folgt $c_1 = c_3 = c_5 = \ldots = 0$ und per Induktion

$$c_{2n} = \frac{(-1)^n c_0}{n!(\nu+1)(\nu+2)\,s(\nu+n)}\,\frac{1}{4^n}\,.$$

Die Reihe $\sum_{n=0}^{\infty} c_{2n} z^{2n}$ hat die Majorante

$$|c_0| \sum_{n=0}^{\infty} \frac{1}{n!}\left(\frac{|z|}{2}\right)^{2n} = |c_0| \exp\left(\tfrac{1}{4}|z|^2\right),$$

liefert also eine ganze Funktion. Wir erhalten so die für $x > 0$ definierte Lösung

$$v_1(x) = x^\nu \sum_{n=0}^{\infty} c_{2n} x^{2n}\,.$$

(b) SATZ. *Im Fall* $\nu \in \mathbb{R} \setminus \mathbb{N}_0$ *ist*

$$v_2(x) = x^{-\nu} \sum_{n=0}^{\infty} (-1)^n \frac{1}{n!(1-\nu)\cdots(n-\nu)} \left(\frac{x}{2}\right)^{2n}$$

eine für alle $x > 0$ *definierte zweite Fundamentallösung.*

BEWEIS.

Nach 4.4 gibt es im Fall $2\nu = \mu_1 - \mu_2 \notin \mathbb{N}_0 v$ eine zweite Fundamentallösung von der Form $v_2(x) = x^{-\nu} \sum\limits_{n=0}^{\infty} d_n x^n$. Die Koeffizienten ergeben sich wie oben durch Rekursion aus $D(n-\nu)d_n = n(n-2\nu)d_n = -d_{n-2}$ [ÜA].

Es bleibt der Fall $2\nu \in \mathbb{N}_0$, $\nu \notin \mathbb{N}_0$, also $\nu = n + \frac{1}{2}$ mit $n \in \mathbb{N}_0$. Das ist in Abschnitt 4.4 der Fall $\mu_1 - \mu_2 = 2\nu \in \mathbb{N}$, also könnten logarithmenhaltige Terme auftreten. Die Analyse nach 4.4 führt auf langwierige Rechnungen. Wir umgehen diese, indem wir zeigen, daß durch den Reihenansatz (b) eine für alle $x > 0$ definierte Lösung v_2 der Besselschen DG gegeben ist, und daß v_1, v_2 linear unabhängig sind, d.h. $v_1 v_2' - v_1' v_2 \neq 0$.

Die oben angegebene Reihe für $v_2(x)\,x^{\nu}$ mit $\nu \notin \mathbb{N}_0$ hat die Majorante $\frac{1}{\varrho} \sum\limits_{n=0}^{\infty} \frac{1}{n!} \left(\frac{x^2}{4\varrho}\right)^n$ mit $\varrho = \operatorname{dist}(\nu, \mathbb{Z}) > 0$, konvergiert also auf ganz $\mathbb{R}$. Gliedweise Differentiation und Koeffizientenvergleich unter Berücksichtigung der Rekursionsformeln zeigt, daß v_2 die Besselsche DG erfüllt [ÜA].

Setzen wir $v_1(x) = x^{\nu}\, g(x)$, $v_2(x) = x^{-\nu}\, h(x)$, so folgt [ÜA]

$$v_1(x)v_2'(x) - v_1'(x)v_2(x) = -\frac{2\nu}{x}\, g(x)\,h(x) + g(x)\,h'(x) - g'(x)\,h(x)\,.$$

Die rechte Seite hat wegen $g(0)\,h(0) = c_0\, d_0 \neq 0$ einen Pol 1. Ordnung in 0, kann also nicht identisch verschwinden. □

(c) **Die Besselfunktionen.** Durch geeignete Festlegung von c_0, d_0 erhalten wir für v_1, v_2 die in der Literatur üblichen Darstellungen

$$J_\nu(x) = \left(\frac{x}{2}\right)^{\nu} \sum_{n=0}^{\infty} (-1)^n \frac{1}{n!\,\Gamma(n+1+\nu)} \left(\frac{x}{2}\right)^{2n} \quad (\nu \geq 0)\,,$$

$$J_{-\nu}(x) = \left(\frac{x}{2}\right)^{-\nu} \sum_{n=0}^{\infty} (-1)^n \frac{1}{n!\,\Gamma(n+1-\nu)} \left(\frac{x}{2}\right)^{2n} \quad (\nu \in \mathbb{R} \setminus \mathbb{N}_0).$$

Im Fall $\nu \notin \mathbb{N}_0$ liefern also $J_\nu, J_{-\nu}$ ein Fundamentalsystem für die Besselsche DG. Die Darstellung J_ν für v_1 erhalten wir mit der Wahl $c_0 = (2^{\nu}\Gamma(\nu+1))^{-1}$.

Die Gammafunktion und ihre Funktionalgleichung $\Gamma(x+1) = x\Gamma(x)$ für $x > 0$ wurden in Bd. 1, § 12 : 5.5 behandelt. Für $\nu \geq 0$ ist danach

$$\begin{aligned}\Gamma(n+1+\nu) &= (n+\nu)\Gamma(n+\nu) = (n+\nu)(n+\nu-1)\Gamma(n+\nu-1) \\ &= \ldots = (n+\nu)(n+\nu-1)\cdots(\nu+1)\Gamma(\nu+1)\,.\end{aligned}$$

Zu der Darstellung von $J_{-\nu}$ sei ohne Beweis mitgeteilt, daß sich die Γ–Funktion unter Wahrung der Funktionalgleichung $\Gamma(z+1) = z\Gamma(z)$ zu einer auf $\mathbb{C}\setminus\{0,-1,-2,\ldots\}$ holomorphen Funktion mit Polen 1. Ordnung an den Stellen $0,-1,-2,\ldots$ fortsetzen läßt und daß dabei

$$\Gamma(z)\,\Gamma(1-z) = \frac{\pi}{\sin \pi z} \quad \text{für } z \in \mathbb{C}\setminus\mathbb{Z}$$

gilt (Ergänzungsformel). Für diese Hintergrundinformation sei auf [129] Nr. 150 verwiesen. Für unsere Zwecke genügt es, $\Gamma(x)$ für $x \in\,]-n, -n+1]$ durch

$$\Gamma(x) := \frac{\Gamma(x+n+1)}{(x+1)_n} \quad \text{mit} \quad (\lambda)_n := \lambda(\lambda+1)\cdots(\lambda+n-1)$$

zu definieren. Es ist dann $\Gamma(n+1-\nu) = (1-\nu)_n\,\Gamma(1-\nu)$. Wir haben in der Darstellung (b) für v_2 also $d_0 := 2^\nu/\Gamma(1-\nu)$ gesetzt.

Aufgaben. (i) Zeigen Sie mit Hilfe der Darstellung (b) und den oben getroffenen Festlegungen von c_0, d_0, daß

$$J_{\frac{1}{2}}(x) = \sqrt{\frac{2}{\pi x}}\,\sin x\,, \quad J_{-\frac{1}{2}}(x) = \sqrt{\frac{2}{\pi x}}\,\cos x\,.$$

(ii) Berechnen Sie $J_0(x)$ auf 3 Stellen genau. (Benützen Sie für die Fehlerabschätzung eine geeignete Majorante für die Reihe.)

(d) Für nichtganzzahliges $\nu > 0$ liefert die **Neumannfunktion (Besselfunktion 2. Art)**

$$N_\nu(x) = \frac{J_\nu(x)\cos\nu\pi - J_{-\nu}(x)}{\sin\nu\pi}$$

(auch mit $Y_\nu(x)$ bezeichnet) eine von J_ν linear unabhängige Lösung der Bessel–DG; ferner bilden die **Hankelfunktionen**

$$H_\nu^{(1)}(x) = J_\nu(x) + i\,N_\nu(x)\,, \quad H_\nu^{(2)}(x) = J_\nu(x) - i\,N_\nu(x)$$

ein komplexes Fundamentalsystem ÜA.

(e) **Eine zweite Fundamentallösung bei ganzzahligem Index.**
Für $\nu = 0$ muß die zweite Fundamentallösung nach 4.4 von der Form

$$u_2(x) = \sum_{n=1}^{\infty} d_n x^n + J_0(x)\log x$$

sein. Ist $\nu \in \mathbb{N}$ und $m = 2\nu$, so lauten die Gleichungen (3) von 4.4

$$n(n-\nu)\,d_n + d_{n-2} \;=\; 0 \quad \text{für } n = 2,\ldots,m-1 \quad \text{und}$$
$$d_{m-2} = \gamma\,\lambda_0 \quad \text{mit} \quad \lambda_0 = -\,\frac{1}{2^{\nu-1}\,(\nu-1)!} \;<\; 0\,.$$

Wegen $d_0 = 1$ folgt $d_{m-2} = d_{2(\nu-1)} \neq 0$, also $\gamma \neq 0$. Daher gibt es eine zweite logarithmenhaltige Fundamentallösung. Eine längere Rechnung ergibt für die zweite Fundamentallösung die Darstellung (vgl. [108, S. 70])

$$N_n(x) \;=\; \lim_{\nu\to n} N_\nu(x) \;=\; \frac{2}{\pi}\,J_n(x)\,\log\frac{Cx}{2}$$
$$-\,\frac{1}{\pi}\sum_{k=0}^{n-1}\frac{(n-k-1)!}{k!}\left(\frac{x}{2}\right)^{2k-n} \;-\; \frac{1}{\pi}\left(\frac{x}{2}\right)^{n}\sum_{k=0}^{\infty}(-1)^k\,\frac{s_k+s_{n+k}}{k!(n+k)!}\left(\frac{x}{2}\right)^{k}.$$

Dabei ist

$$s_n \;=\; \sum_{k=1}^{n}\frac{1}{k}\,, \qquad C \;=\; \exp\left(\lim_{n\to\infty}(s_n - \log n)\right)\,.$$

(f) *Für jedes $\nu \geq 0$ besitzt J_ν abzählbar viele Nullstellen*

$$0 \;<\; j_{\nu,1} \;<\; j_{\nu,2} \;<\; \ldots \qquad \textit{mit} \quad \lim_{k\to\infty} j_{\nu,k} \;=,\; \infty\,.$$

Beweis.
$u(x) := \sqrt{x}\,J_\nu(x)$ genügt der DG [ÜA]

$$-u''(x) + q(x)\,u(x) \;=\; 0 \quad \text{mit} \quad q(x) \;=\; \frac{\nu^2-\frac{1}{4}}{x^2} \;-\; 1\,.$$

Wir wählen $r > 0$ so, daß $q(x) < -\frac{1}{4}$ für $x > r$ gilt. Nach der Folgerung aus dem Nullstellenvergleichssatz 2.6 hat u und damit auch J_ν in $]r,\infty[$ unendlich viele Nullstellen. Da die Nullstellen nach 2.5 in $]0,\infty[$ keinen Häufungspunkt besitzen, gibt es abzählbar viele. Wegen $J_0(0) = 1$ und $J_\nu(0) = 0$, $J_\nu'(0) > 0$ für $\nu > 0$ kann 0 kein Grenzwert einer Folge von Nullstellen sein, d.h. unter den Nullstellen in $]0,\infty[$ gibt es eine kleinste. □

Bemerkung. Durch Anwendung von Vergleichsargumenten auf die im Beweis angegebene DG für $\sqrt{x}\,J_\nu(x)$ lassen sich folgende asymptotische Darstellungen herleiten

$$J_\nu(x) \;=\; \sqrt{\frac{2}{\pi\,x}}\,\cos\left(x - \frac{\pi}{2}\left(\nu + \frac{1}{2}\right) + \frac{\nu^2-\frac{1}{4}}{2x}\right) + R_\nu(x)\,,$$

$$j_{\nu,k} = \pi\left(k+\frac{\nu}{2}-\frac{1}{4}\right) - \frac{\nu^2-\frac{1}{4}}{2\pi\left(k+\frac{\nu}{2}-\frac{1}{4}\right)} + S_\nu\big(k+\tfrac{\nu}{2}-\tfrac{1}{4}\big),$$

wobei

$$|R_\nu(x)| \le c_\nu\, x^{-5/2}, \quad |S_\nu(x)| \le d_\nu\, x^{-2}$$

mit passenden Konstanten c_ν, d_ν, siehe [8] Ch. 10.11, [111] 7.21, 15.53. Asymptotisch besitzen aufeinanderfolgende Nullstellen von J_ν also den Abstand π.

(g) *Es bestehen die Beziehungen*

$$J_{\nu-1}(x) + J_{\nu+1}(x) = \frac{2\nu}{x}\, J_\nu(x), \qquad J_{\nu-1}(x) - J_{\nu+1}(x) = 2J_\nu'(x),$$
$$\frac{\nu}{x}\, J_\nu(x) + J_\nu'(x) = J_{\nu-1}(x), \qquad \frac{\nu}{x}\, J_\nu(x) - J_\nu'(x) = J_{\nu+1}(x).$$

Die beiden ersten ergeben sich unmittelbar aus der Reihendarstellung (c). Aus diesen folgen die beiden letzten durch Addition und Subtraktion ÜA.

Orthogonalitätsrelationen für die Besselfunktionen werden in § 15 : 3.1 hergeleitet.

Für weitere Eigenschaften von Besselfunktionen verweisen wir auf [2] Kap. 7, § 2, [107] Chap. 5, [111].

4.8 Aufgabe

Gegeben sei die **hypergeometrische** (**Gaußsche Differentialgleichung**)

$$x(1-x)u'' + (c-(a+b+1)x)u' + abu = 0 \text{ in }]0,1[$$

mit Konstanten $a, b, c \in \mathbb{R}$, $c \in \mathbb{R} \setminus \mathbb{Z}$.

Bestimmen Sie ein Fundamentalsystem u_1, u_2 in der Nähe des linken Randpunktes $\alpha = 0$ nach der Methode von Frobenius. Für die Darstellung der Lösung sind die folgenden Abkürzungen gebräuchlich:

$$(\lambda)_k := \lambda(\lambda+1)\cdots(\lambda+k-1), \quad F(a,b,c;x) := u_1(x)$$

für $\lambda \in \mathbb{R}$ und die gemäß 4.4 festgelegte Lösung u_1.

§ 5 Einführung in die qualitative Theorie

1 Autonome Systeme

1.1 Zielsetzung, grundlegende Sätze

Ziel der qualitativen Theorie ist, das Verhalten von Lösungen zu beschreiben, ohne diese explizit angeben zu müssen. Aussagen über Lösungen werden also direkt aus der Differentialgleichung abgeleitet und nicht über den Umweg einer Lösungsformel gewonnen.

Wir betrachten in diesem Paragraphen ausschließlich autonome Systeme

$$\dot{\mathbf{y}} = \mathbf{f}(\mathbf{y}),$$

wobei $\mathbf{f} : \Omega \to \mathbb{R}^n$ in einem Gebiet $\Omega \subset \mathbb{R}^n$ C^1–differenzierbar ist.

Beachten Sie im folgenden die gegenüber § 2 : 3.1 (c) und 6.3 geänderte Bezeichnungsweise! Insbesondere stellen wir Lösungskurven in der Form $t \mapsto \mathbf{u}(t)$ dar und interpretieren t als Zeitkoordinate.

Bei autonomen Systemen genügt es, das Anfangswertproblem in der spezielleren Form

$$(*) \qquad \dot{\mathbf{y}} = \mathbf{f}(\mathbf{y}), \quad \mathbf{y}(0) = \boldsymbol{\eta}$$

zu betrachten. Dies ist durch die Invarianz der DG unter Zeitverschiebungen begründet: Ist $\mathbf{u}$ eine Lösung von $(*)$, so löst $t \mapsto \mathbf{u}(t - t_0)$ das AWP $\dot{\mathbf{y}} = \mathbf{f}(\mathbf{y})$, $\mathbf{y}(t_0) = \boldsymbol{\eta}$ und umgekehrt.

Die grundlegende Theorie der Anfangswertprobleme von § 2 liefert für autonome Systeme:

(a) **Existenz und Eindeutigkeitssatz**. *Zu gegebenem Startpunkt $\boldsymbol{\eta} \in \Omega$ hat das AWP $(*)$ genau eine Lösung $\mathbf{u} : J(\boldsymbol{\eta}) \to \Omega$ auf einem maximalen Intervall $J(\boldsymbol{\eta})$. Das Definitionsintervall $J(\boldsymbol{\eta})$ ist offen.*

Für jede andere Lösung $\mathbf{v} : I \to \Omega$ dieses AWP gilt also

$$I \subset J(\boldsymbol{\eta}) \ \textit{und} \ \mathbf{v}(t) = \varphi(t, \boldsymbol{\eta}) \ \text{für } t \in I.$$

Wir bezeichnen diese maximal definierte Lösung mit $t \mapsto \varphi(t, \boldsymbol{\eta})$.

(b) **Differenzierbarkeitssatz**. *Der Definitionsbereich der Abbildung φ,*

$$\Omega_{\mathbf{f}} := \left\{ (t, \boldsymbol{\eta}) \;\middle|\; \boldsymbol{\eta} \in \Omega, \;\; t \in J(\boldsymbol{\eta}) \right\},$$

ist ein Gebiet des $\mathbb{R}^{n+1}$, und φ ist in Bezug auf alle Variablen C^1-differenzierbar. Für die partiellen Ableitungen $\mathbf{w}_k(t, \boldsymbol{\eta}) := \frac{\partial \varphi}{\partial \eta_k}(t, \boldsymbol{\eta})$ gilt

$$\dot{\mathbf{w}}_k(t, \boldsymbol{\eta}) = A(t)\, \mathbf{w}_k(t, \boldsymbol{\eta}), \quad \mathbf{w}_k(0) = \mathbf{e}_k \ \text{ mit } \ A(t) := D\mathbf{f}(\varphi(t, \boldsymbol{\eta})),$$

wobei $D\mathbf{f}$ *die Jacobi–Matrix von* $\mathbf{f}$ *ist. Im Fall* $\mathbf{f} \in \mathrm{C}^k(\Omega, \mathbb{R}^n)$ *mit* $k > 1$ *ist* φ *nach allen Variablen* C^k*–differenzierbar.*

(c) **Kompaktheitssatz.** *Bleibt* $\varphi(t, \boldsymbol{\eta})$ *für wachsendes* $t \geq 0$ *in einer festen kompakten Teilmenge von* Ω*, so umfaßt* $J(\boldsymbol{\eta})$ *alle* $t \geq 0$*. Bleibt* $\varphi(t, \boldsymbol{\eta})$ *für fallendes* $t \leq 0$ *in einer festen kompakten Teilmenge von* Ω*, so umfaßt* $J(\boldsymbol{\eta})$ *alle* $t \leq 0$*. Kann eine in einer kompakten Teilmenge von* Ω *startende Lösung diese nicht verlassen, so existiert diese für alle Zeiten.*

BEWEIS.

Um diese Sätze auf die grundlegende Theorie von § 2 zurückzuführen, führen wir folgende Bezeichnungen ein: Wir setzen $\Omega' := \mathbb{R} \times \Omega$ und

$$(x, \mathbf{y}) \mapsto \mathbf{g}(x, \mathbf{y}) := \mathbf{f}(\mathbf{y}), \quad \mathbf{g} : \Omega' \to \mathbb{R}^n.$$

Die maximale Lösung des AWP $\dot{\mathbf{y}} = \mathbf{g}(x, \mathbf{y}) = \mathbf{f}(\mathbf{y})$, $\mathbf{y}(\xi) = \boldsymbol{\eta}$ bezeichnen wir mit $\boldsymbol{\psi}(x, \xi, \boldsymbol{\eta})$, ihr Definitionsintervall mit $I(\xi, \boldsymbol{\eta})$, und den Definitionsbereich von $\boldsymbol{\psi}$ bezeichnen wir mit

$$\Omega_{\mathbf{g}} = \left\{ (x, \xi, \boldsymbol{\eta}) \;\middle|\; (\xi, \boldsymbol{\eta}) \in \Omega', \; x \in I(\xi, \boldsymbol{\eta}) \right\}.$$

Dann erfüllt $\mathbf{g}$ in Ω' die Standardvoraussetzung § 2 : 3.1. Also ist $I(\xi, \boldsymbol{\eta})$ offen (§ 2 : 5.3), § 2 : 7.1 ist $\Omega_{\mathbf{g}}$ ein Gebiet und $\boldsymbol{\psi}(x, \xi, \boldsymbol{\eta})$ dort nach allen Variablen C^k–differenzierbar, falls $\mathbf{f} \in \mathrm{C}^k(\Omega, \mathbb{R}^n)$ mit $k \in \mathbb{N}$.

Wegen der Invarianz autonomer Systeme unter Zeitverschiebungen gilt

(1) $\boldsymbol{\psi}(t, \xi, \boldsymbol{\eta}) = \varphi(t - \xi, \boldsymbol{\eta}), \quad I(\xi, \boldsymbol{\eta}) = \xi + J(\boldsymbol{\eta}),$

insbesondere

(2) $\varphi(t, \boldsymbol{\eta}) = \boldsymbol{\psi}(t, 0, \boldsymbol{\eta}).$

Ferner gilt

(3) $(t, \boldsymbol{\eta}) \in \Omega_{\mathbf{f}} \iff (t, 0, \boldsymbol{\eta}) \in \Omega_{\mathbf{g}}.$

Aus (1) folgt, daß $J(\boldsymbol{\eta})$ offen ist. Zu $(t_0, \boldsymbol{\eta}_0) \in \Omega_{\mathbf{f}}$, also $(t_0, 0, \boldsymbol{\eta}_0) \in \Omega_{\mathbf{g}}$ gibt es ein $\delta > 0$, so daß $(t, 0, \boldsymbol{\eta}) \in \Omega_{\mathbf{g}}$, d.h. $(t, \boldsymbol{\eta}) \in \Omega_{\mathbf{f}}$ für $|t - t_0| < \delta$ und $\|\boldsymbol{\eta} - \boldsymbol{\eta}_0\| < \delta$. Also ist $\Omega_{\mathbf{f}}$ offen und $\varphi(t, \boldsymbol{\eta})$ dort wegen (2) nach allen Variablen C^k–differenzierbar. Die Behauptung über $\mathbf{w}_k$ folgt direkt aus der Variationsgleichung (L) in § 2 : 7.1. Die Abbildung

$$\mathbf{h} : \Omega_{\mathbf{g}} \to \Omega_{\mathbf{f}}, \quad (t, \xi, \boldsymbol{\eta}) \mapsto (t, \boldsymbol{\eta})$$

ist stetig und nach (3) surjektiv, also ist $\Omega_{\mathbf{f}}$ wegzusammenhängend (Band 1, § 21:9.3). Der Kompaktheitssatz wurde in § 2 : 6.3 bewiesen. □

1.2 Integralkurven, Orbits, Phasenportraits

In der qualitativen Theorie autonomer Systeme erweist es sich als fruchtbar, die DG $\dot{\mathbf{y}} = \mathbf{f}(\mathbf{y})$ geometrisch zu interpretieren. Hierbei fassen wir die rechte Seite $\mathbf{f}$ als Vektorfeld auf Ω auf, d.h. denken uns den Vektor $\mathbf{f}(\boldsymbol{\eta})$ an jeder Stelle $\boldsymbol{\eta} \in \Omega$ angeheftet. Das Bestehen der Differentialgleichung für die Kurve $t \mapsto \mathbf{u}(t)$ bedeutet nichts anderes, als daß der Vektor $\mathbf{f}(\boldsymbol{\eta})$ in jedem Kurvenpunkt $\boldsymbol{\eta} = \mathbf{u}(t)$ mit dem Tangentenvektor $\dot{\mathbf{u}}(t)$ übereinstimmt.

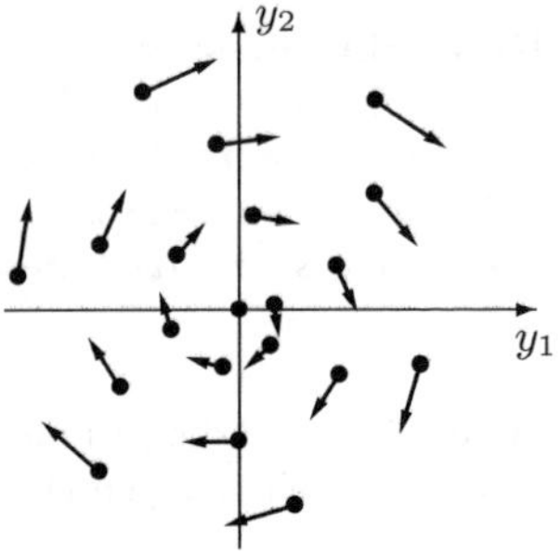

Es ist üblich, die Differentialgleichung mit dem Vektorfeld $\mathbf{f}$ zu identifizieren und die Lösungen **Integralkurven** oder **Trajektorien** des Vektorfeldes zu nennen. In der Physik sind hierfür auch die Bezeichnungen *Feldlinie*, *Flußlinie*, *Bahnkurve* und *Orbit* gebräuchlich, oft ohne deutliche Unterscheidung zwischen der Abbildung $t \mapsto \mathbf{u}(t)$ und ihrer Spur, also der Bildmenge $\{\mathbf{u}(t) \mid t \in I\}$.

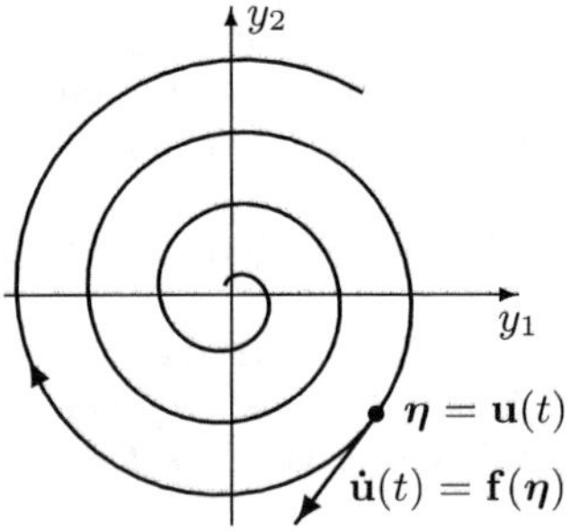

Wir verwenden den Begriff **Orbit** für die Spur der Lösungskurve, wobei wir diese mit der durch die Parametrisierung $t \mapsto \mathbf{u}(t)$ gegebenen Orientierung versehen (siehe Bd. 1, § 24 : 4.3), falls der Tangentenvektor $\dot{\mathbf{u}}(t)$ nirgends verschwindet. In 1.3 zeigen wir, daß dies stets der Fall ist, wenn der Orbit nicht zu einem Punkt entartet.

Die Punkte $\boldsymbol{\eta} \in \Omega$ mit $\mathbf{f}(\boldsymbol{\eta}) = \mathbf{0}$ heißen **kritische Punkte**, **stationäre Punkte**, **Gleichgewichtspunkte** und in der Mechanik auch **Gleichgewichtslagen**. Nach dem Eindeutigkeitssatz sind die kritischen Punkte gerade die konstanten Lösungen, bzw. die einpunktigen Orbits.

Der **Phasenraum** Ω ist die disjunkte Vereinigung sämtlicher Orbits; jeder Punkt von Ω liegt auf genau einem Orbit, insbesondere sind zwei Orbits entweder disjunkt oder gleich. Dies ist eine unmittelbare Folgerung aus dem Existenz– und Eindeutigkeitssatz. Wir weisen darauf hin, daß eine angemessene Beschreibung von Phasenräumen in vielen Fällen den Begriff der *Mannigfaltigkeit* erfordert. Hierauf gehen wir nicht weiter ein, machen aber in 3.6 das Problem am Beispiel des Pendels deutlich und verweisen die interessierten Leser auf [152].

Die Gesamtheit aller Orbits wird das **Phasenbild** genannt.
Eine grobe Übersicht über das Phasenbild ebener Systeme erhalten wir durch ein **Phasenportrait**. In dieses tragen wir die kritischen Punkte und einige weitere typische Orbits mit ihrem Durchlaufsinn ein. Die nebenstehende Figur zeigt ein Phasenportrait für das System

$$\dot{x} = 1 - x^2 , \quad \dot{y} = xy .$$

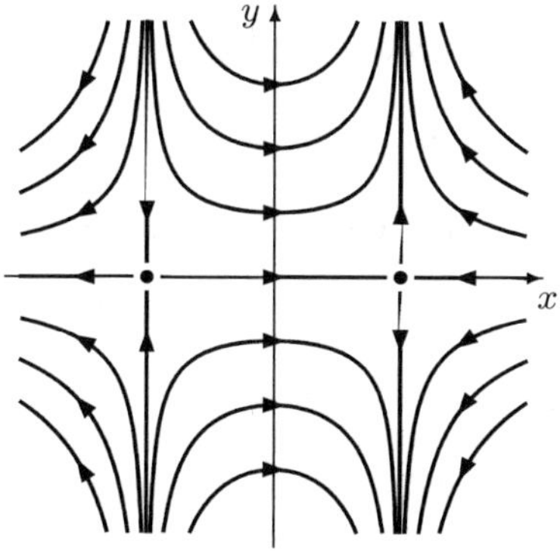

ÜA Verifizieren Sie dieses Phasenportrait!

Wie wir uns durch rein qualitative Überlegungen ein Phasenportrait verschaffen können, wird in Abschnitt 3 ausgeführt. Zahlreiche Beispiele von Phasenportraits finden Sie in ARROWSMITH–PLACE [7] und HIRSCH–SMALE–DEVANEY [10].

1.3 Die drei Orbittypen

SATZ. *Jede Lösung* $t \mapsto \mathbf{u}(t) = \boldsymbol{\varphi}(t, \boldsymbol{\eta})$ *eines autonomen Systems ist von genau einem der folgenden Typen:*

(a) $\mathbf{u}$ *ist injektiv,*

(b) $\mathbf{u}$ *ist periodisch, d.h. es existiert eine kleinste Zahl* $T > 0$ (*die* **Periode** *von* $\mathbf{u}$) *mit*

$$\mathbf{u}(t + T) = \mathbf{u}(t) \ \textit{für alle} \ t .$$

Der zugehörige Orbit ist also geschlossen.

(c) $\mathbf{u}$ *ist konstant.*

Im Fall (a) *und* (b) *ist die Kurve* $\mathbf{u}$ *regulär, d.h. das Tangentenvektorfeld* $\dot{\mathbf{u}}(t)$ *verschwindet nirgends. Im Fall* (b) *und* (c) *ist die Lösung für alle* t *definiert.*

BEWEIS.
Ist $\dot{\mathbf{u}}(t_0) = \mathbf{0}$ für ein $t_0 \in J(\boldsymbol{\eta})$, so ist $\mathbf{f}(\mathbf{u}(t_0)) = \mathbf{0}$, also $\mathbf{u}(t_0)$ ein kritischer Punkt, und nach dem Eindeutigkeitssatz folgt $\mathbf{u}(t) = \mathbf{u}(t_0)$ für alle $t \in \mathbb{R}$.

Sei jetzt also $\mathbf{u}$ nicht stationär und auch nicht injektiv, etwa $\mathbf{u}(t_0) = \mathbf{u}(t_1)$ für zwei Parameterwerte $t_0 < t_1$ aus $J(\boldsymbol{\eta})$. Setzen wir $\mathbf{v}(t) = \mathbf{u}(t_0 + t)$, so ist $\mathbf{v}$ eine auf $I := J(\boldsymbol{\eta}) - t_0$ definierte Lösung mit $\mathbf{v}(0) = \mathbf{v}(\tau)$, $\tau = t_1 - t_0 > 0$. Daher existiert

$$T := \inf \{t \in I \mid t > 0, \ \ \mathbf{v}(t) = \mathbf{v}(0)\} .$$

Es gibt dann Zahlen $t_n > 0$ mit $t_n \to T$ und $\mathbf{v}(t_n) = \mathbf{v}(0)$. Wäre $T = 0$, d.h. $t_n \to 0$, so würde folgen

$$\dot{\mathbf{v}}(0) = \lim_{n\to\infty} \frac{1}{t_n} \big(\mathbf{v}(t_n) - \mathbf{v}(0)\big) = \mathbf{0},$$

also wären $\mathbf{v}$ und damit auch $\mathbf{u}$ stationär. Somit ist $T > 0$ und

$$\mathbf{v}(T) = \lim_{n\to\infty} \mathbf{v}(t_n) = \mathbf{v}(0).$$

Da I offen ist, ist $\mathbf{y}(t) := \mathbf{v}(T + t)$ in einer Nullumgebung erklärt, und dort ist $\dot{\mathbf{y}}(t) = \mathbf{f}(\mathbf{y}(t))$, $\mathbf{y}(0) = \mathbf{v}(T) = \mathbf{v}(0)$. Nach dem Eindeutigkeitssatz folgt $\mathbf{y}(t) = \mathbf{v}(t) = \mathbf{v}(T+t)$ in einer Nullumgebung. Nunmehr können wir $\mathbf{v}$ zu einer T–periodischen, auf ganz $\mathbb{R}$ definierten Lösung fortsetzen (ÜA, z.B. $t \mapsto \mathbf{v}(t-T)$ für $T \le t \le 2T$). Dies liefert eine T–periodische Fortsetzung von $\mathbf{u}$. □

1.4 Hamiltonsche und dissipative Systeme

(a) Ein **Hamiltonsches System** hat die Gestalt

$$\dot{q}_k = \frac{\partial H}{\partial p_k}(q_1, \dots, q_N, p_1, \dots, p_N) \quad (k = 1, \dots, N),$$

$$\dot{p}_k = -\frac{\partial H}{\partial q_k}(q_1, \dots, q_N, p_1, \dots, p_N) \quad (k = 1, \dots, N),$$

hierbei ist $H : \mathbb{R}^{2N} \supset \Omega \to \mathbb{R}$ eine C^2–Funktion, die **Hamilton–Funktion**.

H ist längs jeder Lösung $t \mapsto (\mathbf{q}(t), \mathbf{p}(t)) = (q_1(t), \dots, p_N(t))$ konstant, denn nach der Kettenregel gilt

$$\frac{d}{dt} H(\mathbf{q}(t), \mathbf{p}(t)) = \sum_{k=1}^{N} \Big(\frac{\partial H}{\partial q_k}(\mathbf{q}(t), \mathbf{p}(t))\, \dot{q}_k(t) + \frac{\partial H}{\partial p_k}(\mathbf{q}(t), \mathbf{p}(t))\, \dot{p}_k(t) \Big) = 0.$$

Aus Sicht der Mechanik ist dies der **Energieerhaltungssatz**; die Konstante E heißt Gesamtenergie der betreffenden Bahn. Allgemein nennen wir Funktionen, die auf den Lösungen einer DG konstant sind, **erste Integrale** oder **Erhaltungsgrößen**. Der Fall $N = 1$ wird in Abschnitt 3 diskutiert.

Eine weitere Eigenschaft Hamiltonscher Systeme ist die Divergenzfreiheit des zugehörigen Vektorfeldes. Bezeichnen wir dieses mit $\mathbf{f}$, so gilt wegen $H \in \mathrm{C}^2(\Omega)$

$$\operatorname{div} \mathbf{f} = \sum_{k=1}^{N} \frac{\partial}{\partial q_k} \frac{\partial H}{\partial p_k} + \sum_{k=1}^{N} \frac{\partial}{\partial p_k} \left(-\frac{\partial H}{\partial q_k} \right) = 0.$$

Für divergenzfreie Systeme gilt der Satz von Liouville über die Volumentreue des Flußes, vgl. 6.3.

BEISPIEL: **Das ungedämpfte Pendel**. Die Winkelauslenkung $\varphi(t)$ aus der unteren Ruhelage genügt der DG

$$\ddot{\varphi} + \omega^2 \sin\varphi = 0 \quad \text{mit} \quad \omega = \sqrt{g/l}$$

Durch Umskalierung $t \mapsto \omega t$ erhält diese die Gestalt $\ddot{q} + \sin q = 0$; das zugehörige System 1. Ordnung lautet $\dot{q} = p$, $\dot{p} = -\sin q$. Dieses ist hamiltonisch mit der Hamilton–Funktion

$$H(q,p) = \tfrac{1}{2}p^2 - \cos q + c.$$

Die Konstante c wählen wir so, daß $\min H = H(0,0) = 0$ wird, setzen also $c = 1$. Dann lautet der Energierhaltungssatz

$$\tfrac{1}{2}p^2 + 1 - \cos q = \text{const} = E \quad \text{längs jeder Lösung} \quad t \mapsto (q(t), p(t)).$$

(b) **Das gedämpfte Pendel** wird bei einer zur Geschwindigkeit proportionalen Dämpfung durch die DG $\ddot{q} + D(q)\,\dot{q} + \sin q = 0$ bzw. das System

$$\dot{q} = p, \quad \dot{p} = -D(q)p - \sin q$$

beschrieben. Dabei ist $D(q) \geq 0$ ein von der Auslenkung q abhängiger Dämpfungsfaktor. Für das zugehörige Vektorfeld $\mathbf{f}(q,p) = (p, -D(q)p - \sin q)$ gilt

$$\operatorname{div}\mathbf{f}(q,p) = -D(q) \leq 0.$$

Allgemein heißt ein System $\dot{\mathbf{y}} = \mathbf{f}(\mathbf{y})$ mit $\operatorname{div}\mathbf{f} \leq 0$ **gedämpft** oder **dissipativ**. Gedämpfte mechanische Systeme werden häufig durch Differentialgleichungen

$$\dot{q}_k = \frac{\partial H}{\partial p_k}(\mathbf{q},\mathbf{p}), \quad \dot{p}_k = -\frac{\partial H}{\partial q_k}(\mathbf{q},\mathbf{p}) - \sum_{i=1}^{N} D_{ik}(\mathbf{q})p_i$$

beschrieben. Für das zugehörige Vektorfeld $\mathbf{f}$ ergibt sich

$$\operatorname{div}\mathbf{f}(\mathbf{q},\mathbf{p}) = -\sum_{k=1}^{N} D_{kk}(\mathbf{q}) \leq 0,$$

falls $\operatorname{Spur}(D) \geq 0$. Weiteres zu gedämpften Systemen in 5.5, 5.6.

1.5 Linearisierung in Gleichgewichtspunkten

Sei $\mathbf{x}_0$ ein Gleichgewichtspunkt eines autonomen Systems

$$(*) \quad \dot{\mathbf{y}} = \mathbf{f}(\mathbf{y}),$$

d.h. $\mathbf{f}(\mathbf{x}_0) = \mathbf{0}$. Da $\mathbf{f}$ in $\mathbf{x}_0$ differenzierbar ist, gilt mit $A := D\mathbf{f}(\mathbf{x}_0)$

$$\mathbf{f}(\mathbf{x}_0 + \mathbf{h}) = A\mathbf{h} + \mathbf{R}(\mathbf{h}), \quad \text{wobei} \quad \lim_{\mathbf{h}\to\mathbf{0}} \mathbf{R}(\mathbf{h})/\|\mathbf{h}\| = \mathbf{0}.$$

Verläuft die Lösungkurve $t \mapsto \mathbf{u}(t)$ nahe bei $\mathbf{x}_0$, so gilt für $\mathbf{v}(t) := \mathbf{u}(t) - \mathbf{x}_0$

$$\dot{\mathbf{v}}(t) = \dot{\mathbf{u}}(t) = \mathbf{f}(\mathbf{u}(t)) = \mathbf{f}(\mathbf{x}_0 + \mathbf{v}(t)) = A\mathbf{v}(t) + \mathbf{R}(\mathbf{v}(t)),$$

d.h. mit guter Näherung $\dot{\mathbf{v}} = A\mathbf{v}$. Dies legt es nahe, eine Verwandtschaft des Phasenbildes von $(*)$ nahe $\mathbf{x}_0$ mit dem Phasenbild des linearisierten Systems

$$(**) \quad \dot{\mathbf{y}} = A\mathbf{y}$$

nahe $\mathbf{0}$ zu vermuten. Wir werden dies in Abschnitt 3 bestätigt finden. Eine allgemeine Auskunft gibt der

Linearisierungssatz von Grobman–Hartman (1959/60). *In einem Gleichgewichtspunkt* $\mathbf{x}_0$ *habe die Matrix* $A = D\mathbf{f}(\mathbf{x}_0)$ *keine Eigenwerte mit Realteil 0.* (*Wir sprechen von einem* **hyperbolischen Gleichgewichtspunkt**) .

Dann ist das Phasenbild des Systems $(*)$ *nahe* $\mathbf{x}_0$ *dem Phasenbild der Linearisierung* $(**)$ *nahe* $\mathbf{0}$ *in folgendem Sinne ähnlich:*
Es gibt Umgebungen U *von* $\mathbf{x}_0$, V *von* $\mathbf{0}$ *und eine bijektive, stetige Abbildung* $\mathbf{h} : U \to V$ *mit stetiger Umkehrabbildung* $\mathbf{h}^{-1}$, *so daß*

$$\varphi(t, \boldsymbol{\eta}) = \mathbf{h}^{-1}(\mathrm{e}^{tA}\,\mathbf{h}(\boldsymbol{\eta}))$$

für $\boldsymbol{\eta} \in U$ *und solange die rechte Seite Sinn macht.*

Bemerkung. Ohne weitere Zusatzvoraussetzungen ist nicht gesichert, daß $\mathbf{h}$ ein Diffeomorphismus ist. Für Beispiele, eine weitere Diskussion und den Beweis verweisen wir auf [20], IX:7 und IX:12.

Der qualitative Verlauf der Lösungen von $(*)$ in der Nähe hyperbolischer Gleichgewichtspunkte läßt sich hiernach durch das Verhalten der Lösungen des linearisierten Systems $(**)$ beschreiben.
Anders steht es bei nicht hyperbolischen Gleichgewichtspunkten. Dazu ein

1.6 Beispiel. Für das System

$$\dot{x}_1 = x_2 + cx_1\big(x_1^2 + x_2^2\big), \quad \dot{x}_2 = -x_1 + cx_2\big(x_1^2 + x_2^2\big),$$

ist $(0,0)$ einziger Gleichgewichtspunkt. Das linearisierte System $\dot{\mathbf{y}} = A\mathbf{y}$ hat die Matrix $A = \begin{pmatrix} 0 & 1 \\ -1 & 0 \end{pmatrix}$ mit Eigenwerten $i, -i$. Die nichtstationären Orbits sind im Uhrzeigersinn durchlaufene Kreise mit Mittelpunkt $(0,0)$ [ÜA].

Schreiben wir die nichtkonstanten Lösungen des Originalsystems in der Form

$$x_1(t) = r(t)\cos\Theta(t), \quad x_2(t) = r(t)\sin\Theta(t),$$

so erhalten wir

$$r\dot{r} = \frac{d}{dt}\frac{1}{2}r^2 = x_1\dot{x}_1 + x_2\dot{x}_2 = cr^4, \quad \text{also } \dot{r} = cr^3.$$

Lösen wir diese separierte DG, so erkennen wir: $r(t)$ wächst für $c > 0$ monoton und wird in endlicher Zeit unbeschränkt $\boxed{\text{ÜA}}$.

Weiter gilt $r^2 = \dot{x}_1 x_2 - \dot{x}_2 x_1$, andererseits ist $\dot{x}_1 x_2 - \dot{x}_2 x_1 = -r^2 \dot{\Theta}$, also $\dot{\Theta} = -1$. Es ergeben sich für $c > 0$ somit von $(0,0)$ wegstrudelnde Spiralen. Wir sehen: Die geschlossenen Orbits des linearisierten Systems brechen selbst bei kleinen Störungen zu Spiralen auf!

2 Phasenportraits linearer Systeme in der Ebene

2.1 Transformation auf reelle Normalform

Im Hinblick auf das Prinzip 1.5 der Linearisierung studieren wir als erstes die Phasenportraits linearer 2×2–Systeme $\dot{\mathbf{y}} = A\mathbf{y}$ mit $A \neq \mathbb{0}$. Wir stellen im folgenden die wichtigsten Typen vor. Um diese systematisch erfassen zu können, nehmen wir mit einer reellen, invertierbaren Matrix S eine Koordinatentransformation

$$\mathbf{y} = S\mathbf{x}, \quad \mathbf{x} = S^{-1}\mathbf{y}.$$

vor. Das System $\dot{\mathbf{y}} = A\mathbf{y}$ ist dann äquivalent zum System

$$(*) \qquad \dot{\mathbf{x}} = B\mathbf{x} \ \text{ mit } \ B = S^{-1}AS.$$

Wir zeigen anschließend: Durch passende Wahl von S läßt sich immer erreichen, daß B eine der drei Normalformen

$$\begin{pmatrix} \lambda_1 & 0 \\ 0 & \lambda_2 \end{pmatrix}, \quad \begin{pmatrix} \lambda & 1 \\ 0 & \lambda \end{pmatrix}, \quad \begin{pmatrix} -\varrho & -\omega \\ \omega & -\varrho \end{pmatrix}$$

mit reellen Einträgen annimmt. Skizzieren wir in jedem dieser drei Fälle die möglichen Phasenportraits für $(*)$, so entstehen diejenigen für $\dot{\mathbf{y}} = A\mathbf{y}$ als Bilder unter der linearen Abbildung $\mathbf{x} \mapsto S\mathbf{x}$.

2.2 Reell–diagonalähnliche Matrizen

Sei A diagonalähnlich über $\mathbb{R}$, also $S^{-1}AS = \left(\begin{smallmatrix} \lambda_1 & 0 \\ 0 & \lambda_2 \end{smallmatrix}\right)$. Das System $(*)$

$$\dot{x}_1 = \lambda_1 x_1, \ \dot{x}_2 = \lambda_2 x_2 \ \text{ hat die Lösungen } \ x_1(t) = \xi_1 e^{\lambda_1 t}, \ x_2(t) = \xi_2 e^{\lambda_2 t}.$$

Für $\xi_1 \xi_2 \neq 0$ erfüllen die Orbits die Gleichung $x_1^{\lambda_2} \xi_2^{\lambda_1} = x_2^{\lambda_1} \xi_1^{\lambda_2}$.

(a) Für $\lambda_2 < \lambda_1 < 0$, also $k := \frac{\lambda_2}{\lambda_1} > 1$ lautet diese Gleichung

$$x_2 = c x_1^k \ \text{ mit } \ k := \tfrac{\lambda_2}{\lambda_1} > 1, \quad c = \xi_2 \xi_1^{-k}.$$

Beachten wir noch, daß $x_1(t)^2 + x_2(t)^2$ für $t \to \infty$ monoton gegen Null geht, so erhalten wir für $\dot{\mathbf{x}} = B\mathbf{x}$ das linke und für $\dot{\mathbf{y}} = A\mathbf{y}$ das rechte der folgenden Phasenportraits

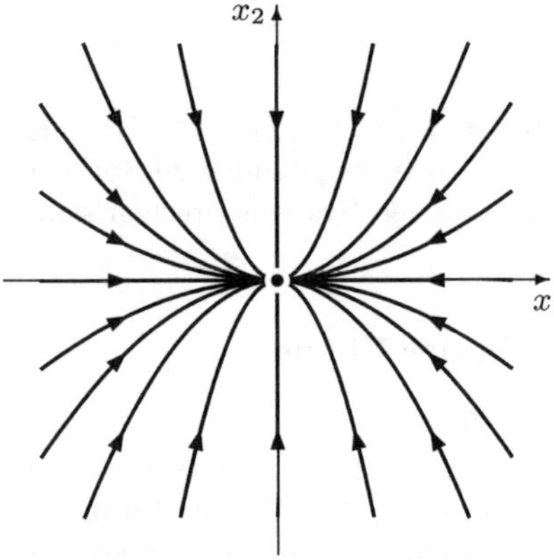

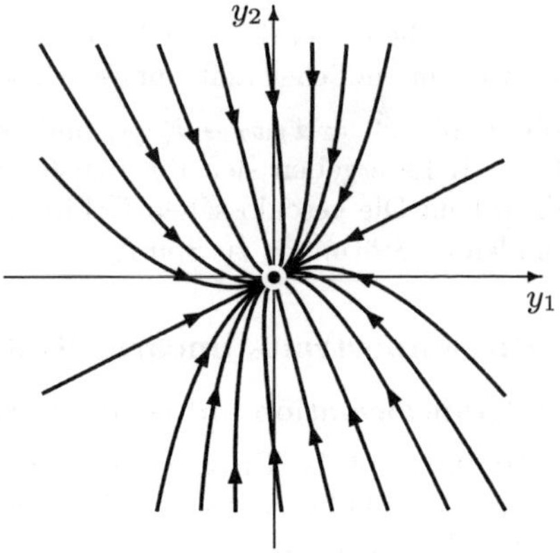

Man spricht von einem *echten* oder *zweitangentigen Knoten* im Ursprung.

(b) Im Fall $\lambda_1 = \lambda_2 < 0$ erhalten wir für $(*)$ das nebenstehende Portrait, das unter linearen Abbildungen unverändert bleibt. Man spricht von einem *Sternpunkt*.

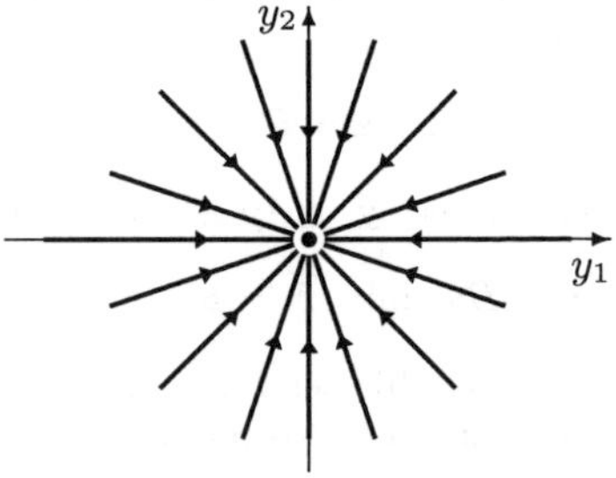

(c) Im Fall $0 < \lambda_1 \leq \lambda_2$ erhalten wir dieselben Phasenportraits, nur mit umgekehrtem Durchlaufsinn. Das ergibt sich durch Zeitumkehr [ÜA].

(d) Ist $\lambda_1 < 0$ und $\lambda_2 = 0$, so ergibt sich folgendes Phasenportrait für $(*)$ und rechts daneben ein lineares Bild hiervon.

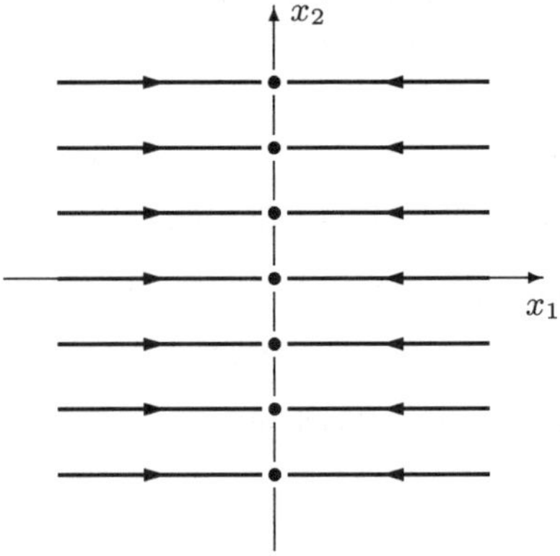

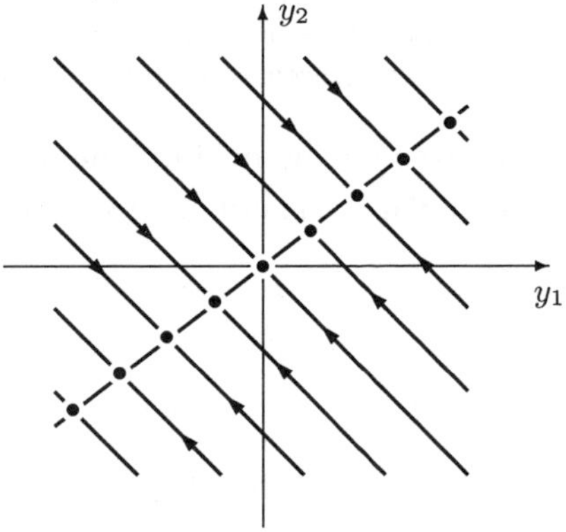

Die kritischen Punkte bilden eine Gerade (entarteter Fall). Für $0 = \lambda_2 < \lambda_1$ erhalten wir dasselbe Phasenportrait, nur mit umgekehrtem Durchlaufsinn.

(e) Im Fall $\lambda_2 < 0 < \lambda_1$ setzen wir $k := -\frac{\lambda_2}{\lambda_1}$. Ist $\xi_1 = x_1(0) \neq 0$, so gilt für die Lösungen

$$x_2 = \pm c\,|x_1|^{-k} \quad \text{mit } k > 0, \quad \text{und } c = \pm \xi_2\,|\xi_1|^k .$$

Bei den folgenden Phasenportraits wird der Ursprung ein *Sattelpunkt* genannt.

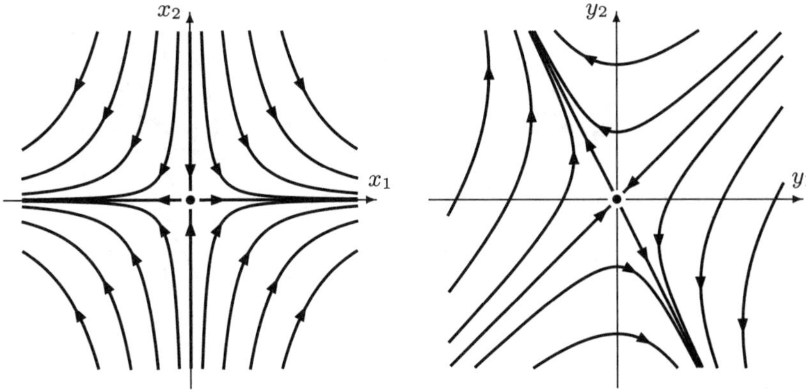

2.3 Nichtdiagonalähnliche Matrizen

Ist A nichtdiagonalähnlich über $\mathbb{C}$, so besitzt A nur einen einzigen und damit reellen Eigenwert λ. Wir betrachten den Fall $\lambda < 0$. Nach § 3 : 2.9 gilt

$$S^{-1}AS = \begin{pmatrix} \lambda & 1 \\ 0 & \lambda \end{pmatrix} \quad \text{mit einer geeigneten invertierbaren Matrix } S.$$

Die Lösungen des zu $S^{-1}AS$ gehörigen AWP

$$\begin{aligned} \dot{x}_1, &= \lambda x_1 + x_2\,, \quad x_1(0) = \xi_1 \\ \dot{x}_2, &= \lambda x_2 \qquad\quad , \quad x_2(0) = \xi_2 \end{aligned}$$

erhalten wir, indem wir erst die letzte Gleichung lösen und mit dieser Lösung in die erste Gleichung gehen. Variation der Konstanten ergibt

$$x_1(t) = (\xi_1 + \xi_2 t)\,\mathrm{e}^{\lambda t}\,, \quad x_2(t) = \xi_2\,\mathrm{e}^{\lambda t}\,.$$

(Dasselbe Ergebnis ergibt sich aus § 3 : 1.6 (a).) Im Fall $\xi_2 \neq 0$ ist

$$\frac{\dot{x}_1(t)}{\dot{x}_2(t)} = \frac{x_1(t)}{x_2(t)} + \frac{1}{\lambda} = \frac{\xi_1 + \xi_2 t}{\xi_2} + \frac{1}{\lambda}\,.$$

Für große Werte von t haben $x_1(t)$ und $x_2(t)$ dasselbe Vorzeichen, nämlich das von ξ_2. Ferner strebt $\dot{x}_2(t)/\dot{x}_1(t)$ für $t \to \infty$ von oben her gegen Null. Das ergibt folgende Phasenportraits mit dem Ursprung als *unechtem* oder *eintangentigem Knoten*.

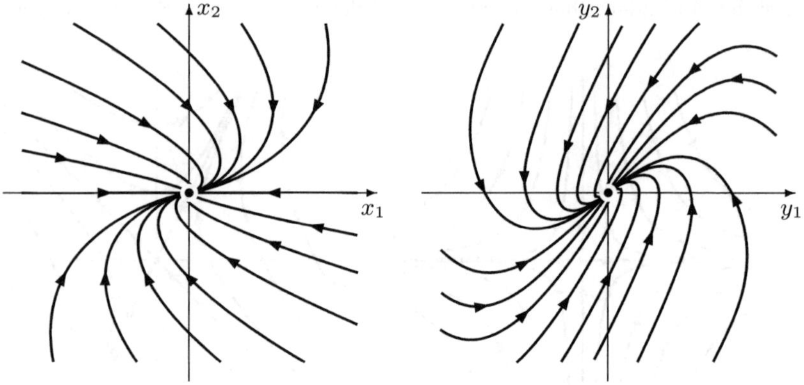

Der Fall $\lambda > 0$ ergibt sich durch Zeitumkehr.

ÜA Diskutieren Sie den Fall $\lambda = 0$.

2.4 Nichtreelle Eigenwerte

Wir nehmen an, daß $\lambda = -\varrho + i\omega$ mit $\omega > 0$ ein Eigenwert von A ist. Dann hat A zwei verschiedene komplexe Eigenwerte $\lambda, \overline{\lambda}$, ist also diagonalähnlich über $\mathbb{C}$. Ist $\mathbf{w} = \mathbf{u} + i\mathbf{v}$ mit $\mathbf{u}, \mathbf{v} \in \mathbb{R}^2$ ein Eigenvektor zum Eigenwert λ, so ist $\mathbf{u} - i\mathbf{v}$ ein davon linear unabhängiger Eigenvektor zum Eigenwert $\overline{\lambda}$, also gilt $\mathbf{v} \neq \mathbf{0}$. Dann sind $\mathbf{u}, \mathbf{v}$ linear unabhängig über $\mathbb{R}$, denn im Fall $\mathbf{u} = \alpha\mathbf{v}$ wären auch $\mathbf{u} \pm i\mathbf{v}$ Vielfache von $\mathbf{v}$. Aus $A\mathbf{w} = \lambda\mathbf{w}$ folgt durch Vergleich von Real– und Imaginärteil

$$A\mathbf{u} = -\varrho\mathbf{u} - \omega\mathbf{v}, \quad A\mathbf{v} = \omega\mathbf{u} - \varrho\mathbf{v}.$$

Bezüglich der Basis $(\mathbf{u}, \mathbf{v})$ des $\mathbb{R}^2$ hat $T : \mathbf{x} \to A\mathbf{x}$ also die Matrix

$$S^{-1}AS = \begin{pmatrix} -\varrho & \omega \\ -\omega & -\varrho \end{pmatrix} =: B,$$

wobei S die Spalten $\mathbf{u}$ und $\mathbf{v}$ hat. Die Matrix B ist also der Prototyp aller reellen 2×2–Matrizen mit nichtreellen Eigenwerten.

Die Gleichung $\dot{\mathbf{x}} = B\mathbf{x}$ für $\mathbf{x} = (x_1, x_2)$ bedeutet bei komplexer Schreibweise $z(t) = x_1(t) + ix_2(t)$ einfach $\dot{z}(t) = \lambda z(t)$, also ist $z(t) = z(0)\,\mathrm{e}^{\lambda t}$. Schreiben wir

$z(0) = r\,\mathrm{e}^{i\varphi}$, so erhalten wir als allgemeine reellwertige Lösung von $\dot{\mathbf{x}} = B\mathbf{x}$

$$x_1(t) = r\,\mathrm{e}^{-\varrho t}\cos(\omega t + \varphi)\,, \quad x_2(t) = r\,\mathrm{e}^{-\varrho t}\sin(\omega t + \varphi)\,.$$

Wir erhalten im Fall $\varrho = 0$ die Phasenportraits einer periodischen Bewegung.

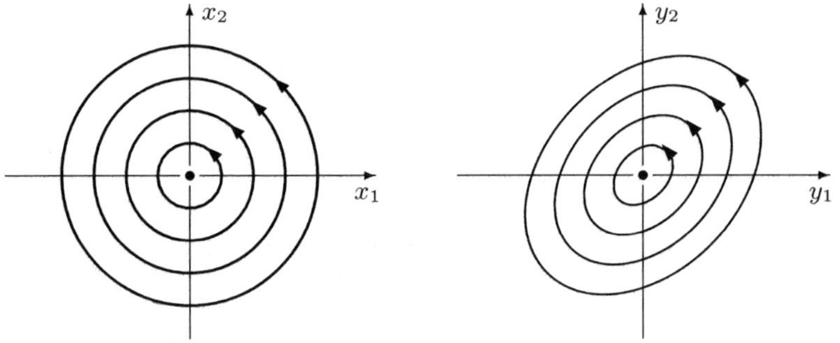

Das ist neben dem entarteten Fall 2.2 (d) der einzige, wo der Gleichgewichtspunkt $(0,0)$ (hier *Zentrum* genannt) nicht hyperbolisch ist. Im Fall $\varrho > 0$ erhalten wir einen *Spiralpunkt* (*Wirbelpunkt*):

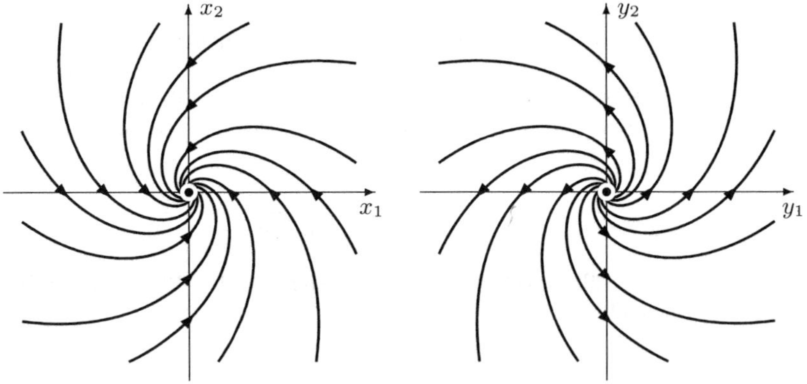

Im Fall $\varrho < 0$ drehen sich wieder die Richtungspfeile um.

3 Die Differentialgleichung $\ddot{\boldsymbol{x}} = \boldsymbol{F}(\boldsymbol{x})$

3.1 Physikalische Deutung

Wir deuten die DG $\ddot{x} = F(x)$ als Newtonsche Bewegungsgleichung eines Teilchens mit einem Freiheitsgrad unter dem Einfluß einer nur vom Lageparameter

x abhängigen Kraft F. F sei C^1–differenzierbar auf einem offenen Intervall I. Das zugehörige System 1. Ordnung

$$(\mathcal{H}) \quad \dot{x} = y\,, \quad \dot{y} = F(x) \text{ in } \Omega = I \times \mathbb{R}$$

ist hamiltonsch mit der Hamilton–Funktion

$$H(x,y) = \tfrac{1}{2}\,y^2 + U(x)\,, \quad U(x) = -\int_{x_0}^{x} F(s)\,ds\,.$$

Für U und damit für H haben wir eine additive Konstante frei, demgemäß können wir über $x_0 \in I$ noch verfügen.

3.2 Energieniveaulinien und implizite Lösungsformel

Der Energieerhaltungssatz 1.4 liefert

$$\tfrac{1}{2}\,y(t)^2 + U(x(t)) = E = \text{const.}$$

für jede Lösung $t \mapsto (x(t), y(t))$ von $(\mathcal{H})$, d.h. jeder Orbit liegt in einer Niveaumenge

$$N = \left\{(x,y) \in I \times \mathbb{R} \mid H(x,y) = \frac{1}{2}\,y^2 + U(x) = E\right\}.$$

Liegen auf N keine kritischen Punkte, $(y, F(x)) \neq (0,0)$ für alle $(x,y) \in N$, so kann N lokal durch Gleichungen $y = \varphi(x)$ bzw. $x = \psi(y)$ mit geeigneten C^2–Funktionen φ bzw. ψ beschrieben werden (Satz über implizite Funktionen, Bd. 1, § 22 : 5.5). Die Auflösung nach y ergibt $y = \sqrt{2(E - U(x))}$ in der oberen und $y = -\sqrt{2(E - U(x))}$ in der unteren Halbebene. Somit erhalten wir

$$\dot{x}(t) = \sqrt{2(E - U(x(t)))} \text{ oder } \dot{x}(t) = -\sqrt{2(E - U(x(t)))}\,.$$

Diese separierte DG führt nach bekanntem Muster (Bd. 1, § 13 : 3) auf die implizite Lösungsformel

$$t - t_0 = \pm \int_{x_0}^{x(t)} \frac{ds}{\sqrt{2(E - U(s))}}\,.$$

In den meisten physikalisch interessanten Fällen (z.B. beim ungedämpften Pendel mit $U(s) = 1 - \cos s$) läßt sich für den Integranden keine Stammfunktion in geschlossener Form angeben, geschweige denn eine explizite Auflösung nach $x(t)$. Dennoch können wir wichtige Aussagen über das qualitative Verhalten der Lösungen machen, wie im folgenden ausgeführt wird.

3.3 Periodische Bewegung in einer Potentialmulde

Das Potential besitze im Intervall $[a, b] \subset I$ eine Mulde:

$$U(a) = U(b) =: E\,,$$
$$U(x) < E \quad \text{für } a < x < b\,,$$
$$U'(a) < 0 \quad \text{und} \quad U'(b) > 0\,.$$

Gemäß 3.1 setzen wir $U(x_0) = 0$ an einer Minimumstelle x_0 von U. Wir betrachten im folgenden Lösungen $t \mapsto (x(t), y(t))$ des Systems $(\mathcal{H})$ $\dot{x} = y$, $\dot{y} = F(x)$ mit Gesamtenergie E.

SATZ. *Jede auf dem Energieniveau E startende Lösung ist periodisch, besitzt die ganze Niveaumenge*

$$N = \{(x, y) \mid H(x, y) = E,\ a \le x \le b\}$$

als Orbit und durchläuft diesen im Uhrzeigersinn. Die Periode ist

$$T = 2 \int_a^b \frac{ds}{\sqrt{2(E - U(s))}}\,.$$

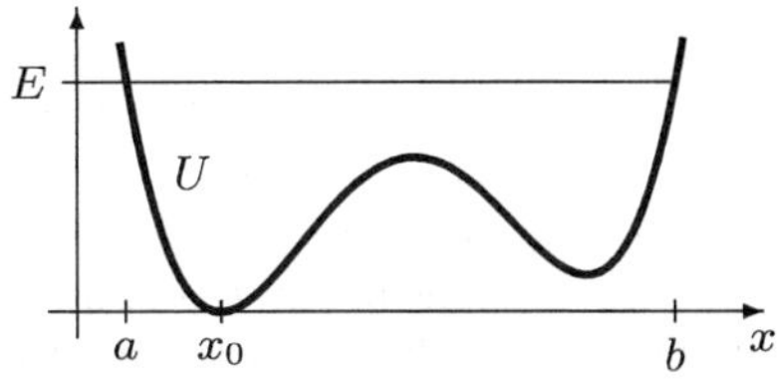

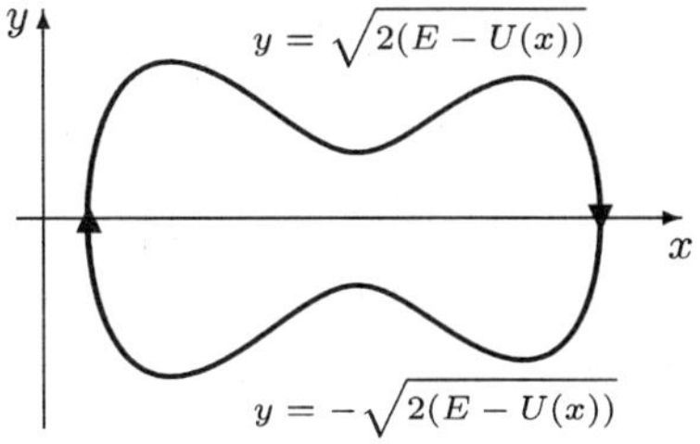

Wir können uns die Verhältnisse veranschaulichen, indem wir uns eine Kugel vorstellen, die auf der Konturlinie von U rollt und in der Höhe E losgelassen wurde. Abnahme der potentiellen bewirkt Zunahme der kinetischen Energie und umgekehrt.

BEWEIS.
Es genügt, die Lösung mit $x(0) = x_0$, $y(0) = \sqrt{2E}$ zu betrachten. Denn ist diese periodisch und durchläuft ganz N, so erreicht sie jeden auf N gelegenen Startpunkt.

(a) *Die Lösung existiert für alle Zeiten.* Denn $x(t)$ kann das Intervall $[a, b]$ nicht verlassen, andernfalls wäre $U(x(t)) > E$ wegen $U'(a) < 0$, $U'(b) > 0$, im Widerspruch zu $(x(t), y(t)) \in N$. Also bleibt $(x(t), y(t))$ in der kompakten Menge $[a, b] \times [-\sqrt{2E}, \sqrt{2E}]$, und die Behauptung folgt aus dem Kompaktheitssatz 1.1 (c).

(b) *Offensichtlich liegt N symmetrisch zur x-Achse.*

(c) *Konvergenz des Integrals* $\int_a^b \bigl(2(E - U(s))\bigr)^{-1/2}\, ds$. Nach Voraussetzung über U' können wir $\delta > 0$ so wählen, daß $U'(x) \ge \frac{1}{2} U'(b) > 0$ für $b - \delta < x < b$.

Daher ist $2(E - U(s)) = 2(U(b) - U(s)) = 2(b-s)U'(\vartheta) \geq (b-s)U'(b)$ für $s \in \,]b-\delta, b[$, und der Integrand hat in einer Umgebung von b die Majorante $\big((b-s)U'(b)\big)^{-1/2}$. Daher existiert $\int\limits_{x_0}^{b} \big(2(E-U(s))\big)^{-1/2}\, ds$. Entsprechendes gilt am linken Randpunkt a.

(d) *Der Teil von N in der oberen Halbebene $y \geq 0$ wird voll durchlaufen.* Nach 3.2 gilt mit $t_0 = 0$

$$(*) \qquad t = \int\limits_{x_0}^{x(t)} \frac{ds}{\sqrt{2(E-U(s))}},$$

solange $\dot{x}(t) = y(t) = \sqrt{2(E - U(x(t)))} > 0$ gilt, d.h. solange die Lösung in der oberen Halbebene verbleibt. Nach (c) ist die rechte Seite von $(*)$ beschränkt, solange $x(t)$ im Intervall $]a, b[$ bleibt. Daher kann $(*)$ weder für beliebig große noch für beliebig kleine t bestehen bleiben; irgendwann muß also die Lösung die obere Halbebene verlassen. Aus $y(t) = 0$ folgt $U(x(t)) = E$, also nach Voraussetzung über U entweder $x(t) = a$ oder $x(t) = b$. Wegen $\dot{x}(t) > 0$ für $y(t) > 0$ gibt es somit ein erstes $t_2 > 0$ mit $x(t_2) = b$ und ein erstes $t_1 < 0$ mit $x(t_1) = a$. Nach dem Zwischenwertsatz nimmt $x(t)$ in $[t_1, t_2]$ jeden Wert aus $[a, b]$ an und zwar genau einmal, denn nach Konstruktion von t_1, t_2 ist $\dot{x}(t) > 0$ in $]t_1, t_2[$. Da der obere Teil von N die Gleichung $y = \sqrt{2(E - U(x))}$ mit $a \leq x \leq b$ erfüllt, wird dieser von der Lösung voll durchlaufen, und zwar wegen $\dot{x}(t) > 0$ von links nach rechts.

(e) *Periodizität der Lösung.* Aus $(*)$ folgt

$$t_2 - t_1 = \frac{1}{2} T \quad \text{mit} \quad T := 2 \int\limits_a^b \big(2(E-U(s))\big)^{-1/2}\, ds,.$$

Nun liefern $u(t) := x(2t_2 - t)$, $v(t) = -y(2t_2 - t)$, wie leicht nachprüfbar ist, eine nach (a) für alle t definierte Lösung des AWP

$$\dot{u} = v, \quad \dot{v} = F(u), \quad u(t_2) = x(t_2), \quad v(t_2) = y(t_2) = 0.$$

Nach dem Eindeutigkeitssatz folgt $u(t) = x(t)$, $v(t) = y(t)$, insbesondere

$$x(t_1 + T) = u(t_1 + T) = x(t_1), \quad \text{ebenso} \quad y(t_1 + T) = -y(t_1) = y(t_1).$$

Wie im Beweis 1.3 (b) folgt, daß x und y beide T–periodisch sind. Nach Wahl von t_1 und t_2 ist T die kleinste Periode. Aus Symmetriegründen (vgl. (b)) durchläuft $(u(t), v(t))$ für $t_2 \leq t \leq t_2 + \frac{1}{2}T = t_1 + T$ den unteren Teil von N, diesmal von rechts nach links. □

3.4 Phasenportraits in der Nähe von Gleichgewichtspunkten

Sei $(x_0, 0)$ ein Gleichgewichtspunkt von $(\mathcal{H})$, also $U'(x_0) = -F(x_0) = 0$. Ferner sei $U''(x_0) \neq 0$. Wir setzen wieder das Potential an der Stelle x_0 auf Null. Unter diesen Voraussetzungen gilt folgender, am Ende von 3.4 bewiesener

HILFSSATZ. *Es gibt eine* C^1*-differenzierbare Funktion* h *in einer Nullumgebung mit* $|\,U(x + x_0)\,| = \frac{1}{2}h(x)^2$ *und* $h'(0) = \sqrt{|\,U''(x_0)\,|}$.

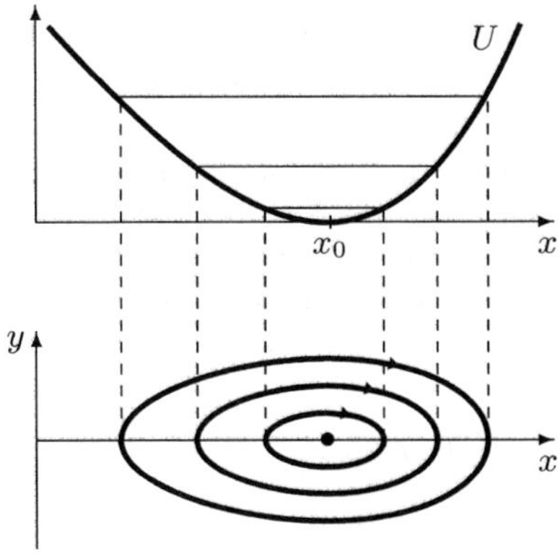

Wir betrachten die Orbits für Energiewerte $0 < |E| < 1$ ergibt sich in jedem Fall eine stationäre Lösung $(x_0, 0)$.

(a) Im Fall $U''(x_0) > 0$ kann es nur für $E \geq 0$ Lösungen geben. Für kleine $E > 0$ sind diese nach 3.3 periodisch. Die Niveaulinien erfüllen die Gleichung

$$h(x - x_0)^2 + y^2 = 2E\,,$$

sind also für kleine Energiewerte diffeomorphe Bilder von Kreisen.

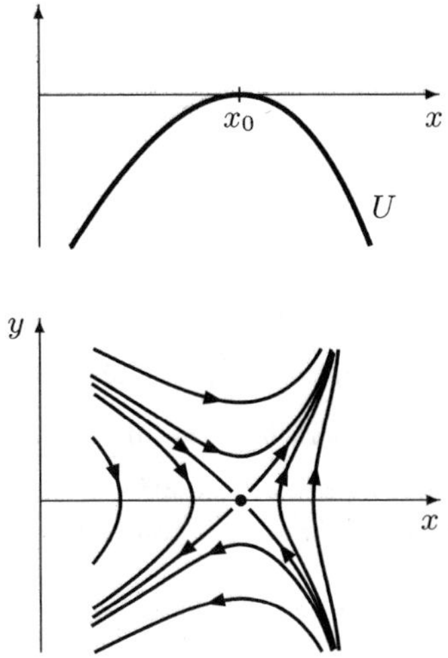

(b) Im Fall $U''(x_0) < 0$ ist der Graph von H in der Nähe von $(x_0, 0)$ sattelartig. Für Energiewerte $0 < |E| \ll 1$ erfüllen die Orbits jetzt die Gleichung

$$y^2 - h(x - x_0)^2 = 2E\,,$$

sind also diffeomorph verbogene Hyperbeln. Die vier Linien mit den Gleichungen $y = h(x - x_0)$, bzw. $y = -h(x - x_0)$ für $x > x_0$, bzw. $x < x_0$ heißen **Separatrizen**.

ÜA Verifizieren Sie den eingezeichneten Durchlaufsinn der Orbits.
Die Aussage (b) stellt eine schwache Form des Linearisierungssatzes 1.5 dar.

Das an der Stelle $(x_0, 0)$ linearisierte System lautet

$$(\mathcal{L}) \quad \dot{u} = v, \;\; \dot{v} = \omega^2 u \quad \text{mit} \quad \omega = \sqrt{-U''(x_0)}\,;$$

dessen Orbits wurden in 2.2 dargestellt.

Der Diffeomorphismus

$$\begin{pmatrix} x \\ y \end{pmatrix} \mapsto \begin{pmatrix} u \\ v \end{pmatrix} = \begin{pmatrix} h(x) \\ y \end{pmatrix}$$

bildet lediglich Orbitstücke von $(\mathcal{H})$ als Mengen auf Orbitstücke von $(\mathcal{L})$ ab.

(c) Die nebenstehende Skizze fasst das Ergebnis der bisherigen Diskussion zusammen.

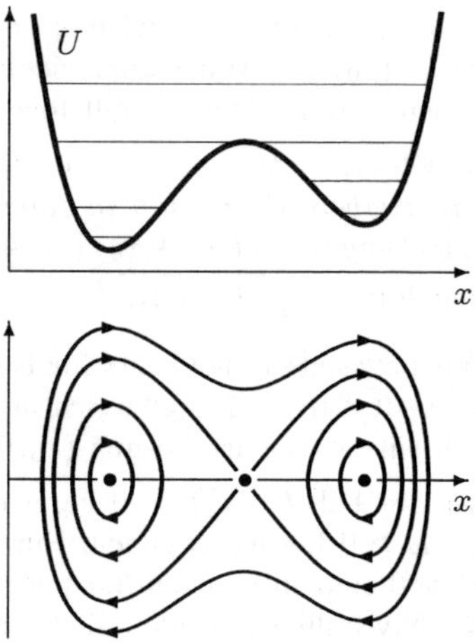

Beweis des Hilfssatzes. Es genügt, den Fall $U''(x_0) < 0$ zu behandeln; im Fall $U''(x_0) > 0$ betrachten wir $-U$ statt U. Wegen $U'(x_0) = 0$ gilt

$$\begin{aligned} U'(x_0 + x) &= \int_0^1 \tfrac{d}{dt} U'(x_0 + tx)\, dt \\ &= \int_0^1 x\, U''(x_0 + tx)\, dt = x\, f(x), \end{aligned}$$

wobei $f(x) := \int_0^1 U''(x_0 + tx)\, dt$ als Parameterintegral in einer Nullumgebung stetig ist und $f(0) = U''(x_0)$ gilt. Entsprechend erhalten wir wegen $U(x_0) = 0$

$$\begin{aligned} U(x_0 + x) &= \int_0^1 \tfrac{d}{dt} U(x_0 + tx)\, dt = \int_0^1 x\, U'(x_0 + tx)\, dt = x^2 \int_0^1 t\, f(tx)\, dt \\ &= -\tfrac{1}{2} x^2\, g(x) \quad \text{mit} \quad g(x) := -2 \int_0^1 t\, f(tx)\, dt\,. \end{aligned}$$

Es gilt

$$g(0) = -f(0) = -U''(x_0) > 0 \quad \text{und} \quad g(x) = g(0).$$

Wir wählen ein $\varepsilon > 0$ mit $g(x) > 0$ für $|x| < \varepsilon$ und setzen

$$h(x) := x\sqrt{g(x)} \quad \text{für} \quad |x| < \varepsilon\,.$$

Dann existiert $h'(0) = \lim\limits_{x \to 0} h(x)/x = \sqrt{g(0)} = \sqrt{-U''(x_0)}$. Nach Konstruktion gilt $U(x_0 + x) = -\frac{1}{2} h(x)^2 < 0$ für $0 < |x| < \varepsilon$, also ist h dort C^2–differenzierbar. Aus $h(x)\, h'(x) = -U'(x_0 + x)$ für $0 < |x| < \varepsilon$ folgt schließlich

$$\lim_{x \to 0} h'(x) = -\lim_{x \to 0} \frac{x}{h(x)} \frac{U'(x_0 + x)}{x} = -\frac{U''(x_0)}{h'(0)} = h'(0)\,. \qquad \square$$

Aufgabe. Drücken Sie für einen periodischen Orbit das Zeitmittel der kinetischen Energie $\frac{1}{T}\int_0^T \frac{1}{2} y(t)^2\, dt$ über die Periode T mit Hilfe von T und der durch den Orbit umschlossenen Fläche F aus. (Beachten Sie, daß $x(t)$ in $\left[0, \frac{1}{2}T\right]$ monoton wächst und verwenden Sie die Substitutionsregel.)

3.5 Beschränkte Potentiale

Wir betrachten auf ganz $\mathbb{R}$ definierte, nach unten beschränkte Potentiale U. Da es auf additive Konstanten nicht ankommt, dürfen wir

$$\inf\{U(x) \mid x \in \mathbb{R}\} = 0$$

voraussetzen. Es gilt:

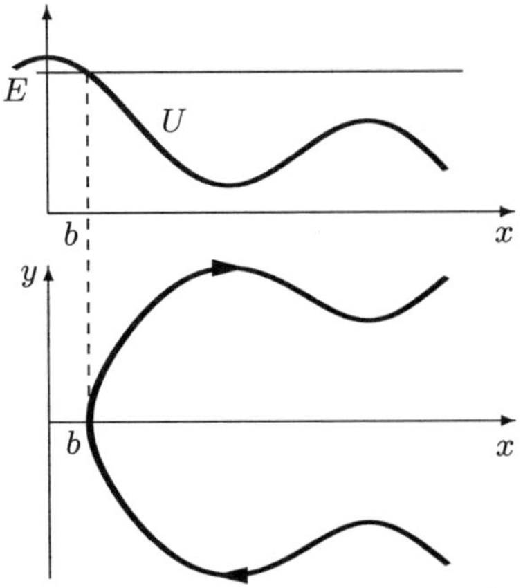

(a) *Die Lösungen mit Gesamtenergie $E > 0$ existieren für alle Zeiten.*

(b) *Ist $U(x) < U(b)$ für alle $x > b$ und $U'(b) < 0$, so durchläuft die in $(b, 0)$ startende Lösung mit Gesamtenergie $E = U(b)$ eine nach rechts offene Schlaufe (Fig.); insbesondere gilt*

$$x(-t) = x(t), \quad y(-t) = -y(t)$$

und $\lim\limits_{t\to\infty} x(t) = \infty$.

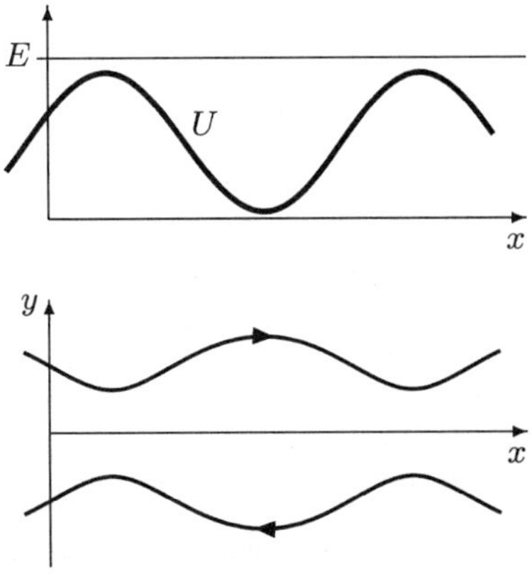

(c) *Ist U nach oben beschränkt und $E > U(x)$ für alle $x \in \mathbb{R}$, so gibt es zwei Lösungen mit Gesamtenergie E*

$$t \mapsto (x_1(t), y_1(t)),$$

$$t \mapsto (x_2(t), y_2(t)),$$

die in der skizzierten Weise verlaufen: Bei geeigneter Festlegung der Anfangswerte und der Zeitkoordinate gilt

$$x_2(t) = x_1(-t),$$

$$y_2(t) = -y_1(-t),$$

$$\lim_{t\to\infty} x_1(t) = \infty, \quad \lim_{t\to-\infty} x_1(t) = -\infty.$$

Beweis. (a) Angenommen, die maximale Lösung $t \mapsto (x(t), y(t))$ existiere nur für $t < T < \infty$. Wegen $\dot{x}(t)^2 = 2E - U(x(t)) \le 2E$ hätten wir für $0 < t < T$

$$|x(t) - x(0)| = \Big|\int_0^t \dot{x}(s)\,ds\Big| \le T\sqrt{2E}, \quad |y(t)| = |\dot{x}(t)| \le \sqrt{2E}.$$

Aus dem Kompaktheitssatz 1.1 (c) würde die Existenz für alle $t > 0$ und damit ein Widerspruch folgen. Entsprechend folgt die Existenz für $t < 0$. Nachweis von (b) und (c) als ÜA: Zeigen Sie $y(t) > 0$ für $t > 0$. Verwenden Sie den Eindeutigkeitssatz und die Formel $(*)$ von 3.3 (d) in Verbindung mit (a). □

3.6 Das ungedämpfte Pendel

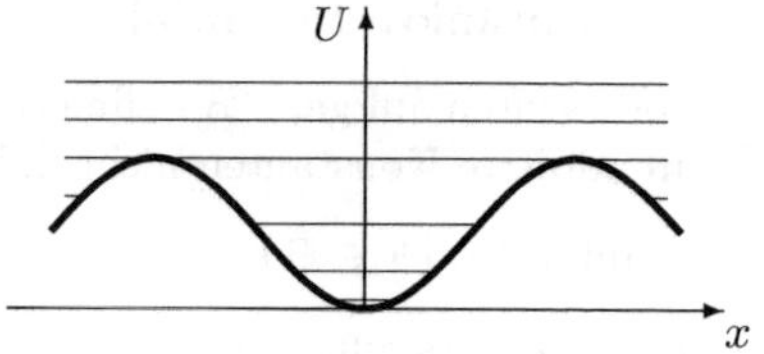

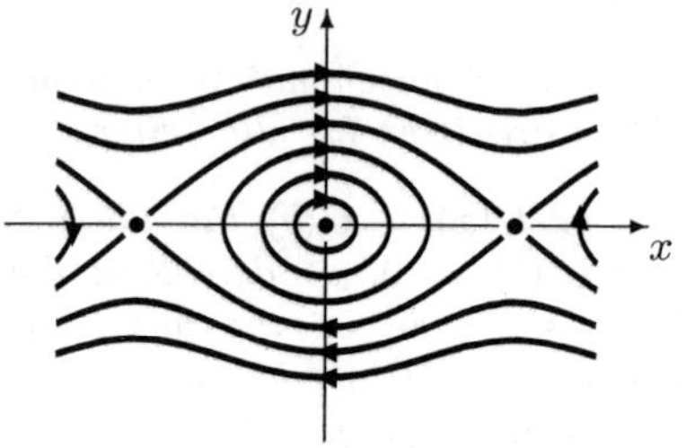

(a) Wir kommen auf die Gleichung des ungedämpften Pendels 1.4

$$\ddot{x} = -\sin x$$

zurück. Das Potential mit $U(0) = 0$ ist

$$U(x) = 1 - \cos x\,.$$

Das Phasenportrait ergibt sich unmittelbar aus den Betrachtungen 3.4 und 3.5 (c).

(b) Für $0 < E < 2$ erhalten wir periodische Lösungen mit ellipsenförmigen Orbits. Der maximale Pendelausschlag ist $a := \arccos(1 - E)$.

Für $E = 2$ besteht die Niveaumenge $N = \{(x, y) \mid H(x, y) = 2, -\pi \le x \le \pi\}$ aus den beiden Gleichgewichtspunkten $(-\pi, 0)$ und $(\pi, 0)$ und den beiden *Separatrizen*

$$C_1 = \left\{ \left(x, 2\cos\tfrac{x}{2}\right) \;\middle|\; |x| < \pi \right\}, \quad C_2 = \left\{ \left(x, -2\cos\tfrac{x}{2}\right) \;\middle|\; |x| < \pi \right\}.$$

Für die auf C_1 verlaufende Lösung gilt

$$\lim_{t\to-\infty} (x(t), y(t)) = (-\pi, 0)\,, \quad \lim_{t\to\infty} (x(t), y(t)) = (\pi, 0)\,.$$

Die zu den Energieniveaus $E > 2$ gehörenden Lösungen entsprechen den Überschlägen des Pendels. Nach der Theorie sind diese Lösungen injektiv; physikalisch gesehen handelt es sich jedoch um periodische Vorgänge! Diese scheinbare Diskrepanz kommt daher, daß wir als Phasenraum die Ebene zugrundegelegt hatten. In dieser werden Zustände, deren Winkelkoordinate sich um Vielfache von 2π unterscheiden, als verschieden angesehen.

Den der Physik angemessenen Phasenraum erhalten wir durch Aufwickeln der Ebene zu einem Zylinder mit Umfang 2π. In diesem Phasenraum schließen sich die zuletzt genannten Orbits. Dieses Beispiel zeigt, daß für eine adäquate Modellierung von Phasenräumen Gebiete des $\mathbb{R}^n$ nicht immer ausreichen. Die hierfür geeigneten mathematischen Modelle sind *Mannigfaltigkeiten*, siehe Bd. 3, §8.

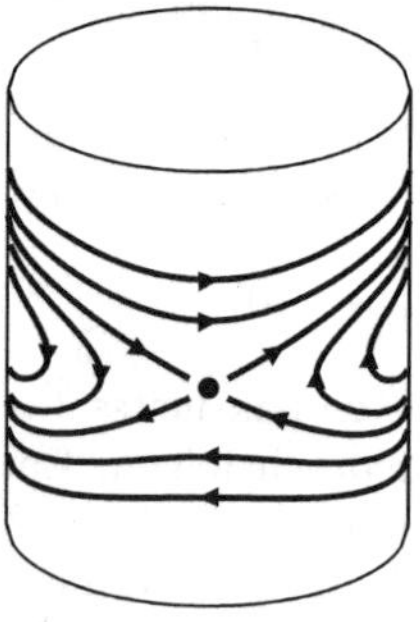

Aufgaben (a) Ein fester und ein an einer Feder befestigter beweglicher Magnet ziehen sich mit einer Kraft an, die umgekehrt proportional zum Abstandsquadrat ist, und zwar gelte für die Auslenkung x aus der Ruhelage

$$\ddot{x} + x = (x-2)^{-2} \quad (x < 2).$$

Geben Sie die Hamilton–Funktion H mit $H(0,0) = 0$ an, bestimmen Sie die Gleichgewichtslagen, und skizzieren Sie das Phasenportrait.

(b) Skizzieren Sie das Phasenportrait für die Gleichung

$$\ddot{x} + x - x^3 = 0.$$

(Der Term $x - x^3$ kann als Rückstellkraft einer Feder mit nichtlinearer Charakteristik interpretiert werden.)

4 Stabilität von Gleichgewichtspunkten

4.1 Stabile und attraktive Gleichgewichtspunkte

Wir betrachten ein autonomes System $\dot{\mathbf{y}} = \mathbf{f}(\mathbf{y})$ auf $\Omega \subset \mathbb{R}^n$ mit einem Gleichgewichtspunkt $\mathbf{x}_0 \in \Omega$, d.h $\mathbf{f}(\mathbf{x}_0) = \mathbf{0}$.

(a) Das System heißt **stabil** in $\mathbf{x}_0$ (oder $\mathbf{x}_0$ ein **stabiler Gleichgewichtspunkt**), wenn es zu jedem $\varepsilon > 0$ ein $\delta > 0$ gibt mit

$$\|\varphi(t,\mathbf{x}) - \mathbf{x}_0\| < \varepsilon \text{ für alle } t \geq 0, \text{ falls } \|\mathbf{x} - \mathbf{x}_0\| < \delta.$$

Das schließt die Existenz von $\varphi(t,\mathbf{x})$ für alle $t \geq 0$ ein.

Das System heißt **instabil** in $\mathbf{x}_0$, wenn es dort nicht stabil ist.

Stabilität in $\mathbf{x}_0$ bedeutet, daß die in Nachbarpunkten von $\mathbf{x}_0$ startenden Lösungen auf dem vollen Zeitintervall $\mathbb{R}_+$ kontrollierbar bleiben. Im Kontrast hierzu liefert die fundamentale Theorie § 2 : 7.4 nur die Kontrollierbarkeit auf beschränkten Intervallen.

(b) Der Gleichgewichtspunkt $\mathbf{x}_0$ heißt **attraktiv**, wenn es ein $\varrho > 0$ gibt mit

$$\lim_{t \to \infty} \varphi(t,\mathbf{x}) = \mathbf{x}_0, \text{ falls } \|\mathbf{x} - \mathbf{x}_0\| < \varrho.$$

(c) Ein stabiler und attraktiver Gleichgewichtspunkt wird **asymptotisch stabil** genannt.

BEISPIELE. (i) *Einteilchensysteme* $\dot{x} = y$, $\dot{y} = F(x)$. Hat das Potential in Umgebung von x_0 eine Mulde, so ist der Punkt $(x_0, 0)$ stabil, aber nicht attraktiv, vgl. 3.3 und 3.4. Der Kreuzungspunkt der Separatrizen in 3.4 ist ein instabiler Gleichgewichtspunkt. Für solche Systeme gibt es keine attraktiven Gleichgewichtspunkte. Erst bei Mitberücksichtigung der Reibung kann Attraktivität ins Spiel kommen. Beim gedämpften Pendel beispielsweise ist die Ruhelage asymptotisch stabil, vgl. 5.7 (b)

(ii) *Es gibt attraktive Gleichgewichtslagen, die nicht stabil sind.*

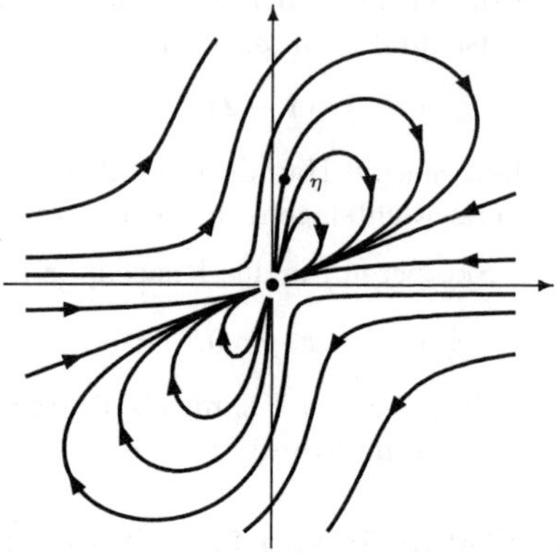

Für ein von VINOGRAD 1957 angegebenes ebenes System mit dem nebenstehenden Phasenportrait ist der Ursprung $\mathbf{x}_0 = \mathbf{0}$ attraktiv, aber nicht stabil: Im ersten Quadranten existiert ein „größter" Orbit mit

$$\lim_{t\to-\infty} \boldsymbol{\varphi}(t,\boldsymbol{\eta}) = \lim_{t\to\infty} \boldsymbol{\varphi}(t,\boldsymbol{\eta}) = \mathbf{0}.$$

Wählen wir $\boldsymbol{\eta}$ wie skizziert nahe $\mathbf{0}$ und setzen $\varepsilon = \|\boldsymbol{\eta}\|$, so gibt es in beliebiger Nähe von $\mathbf{0}$ Punkte $\mathbf{x}$ auf dem Orbit durch $\boldsymbol{\eta}$ mit $\{\,\boldsymbol{\varphi}(t,\mathbf{x}) \mid t \geq 0\,\} \not\subset K_\varepsilon(\mathbf{0})$. Näheres hierzu in HAHN [18] § 40.

(iii) ÜA Klassifizieren Sie die Gleichgewichtslagen in Abschnitt 2.

4.2 Das Stabilitätsverhalten linearer Systeme

SATZ. *Für ein lineares System* $\dot{\mathbf{y}} = A\mathbf{y}$ *ist der Nullpunkt*

(a) *asymptotisch stabil genau dann, wenn alle Eigenwerte von A, d.h. alle komplexen Nullstellen des charakteristischen Polynoms, negativen Realteil haben,*

(b) *stabil genau dann, wenn* $\operatorname{Re}\lambda \leq 0$ *für jeden Eigenwert* λ *von A gilt und im Fall* $\operatorname{Re}\lambda = 0$ *die geometrische Vielfachheit von* λ *mit der algebraischen übereinstimmt.*

(c) *Gilt* $\operatorname{Re}\lambda < \varrho$ *für alle Eigenwerte* λ *von A, so gibt es eine Konstante* $c \geq 1$ *mit*

$$\|e^{tA}\boldsymbol{\eta}\| \leq c\, e^{\varrho t}\|\boldsymbol{\eta}\| \quad \textit{für alle } \boldsymbol{\eta} \in \mathbb{R}^n,\ t \geq 0\,.$$

Diese Aussagen ergeben sich aus § 3 : 2.7, 2.8, 2.10 ÜA.

4.3 Das Prinzip der linearisierten Stabilität (Eigenwertkriterium)

SATZ (LJAPUNOW, POINCARÉ 1892). *Für einen Gleichgewichtspunkt* $\mathbf{x}_0$ *des Systems* $\dot{\mathbf{y}} = \mathbf{f}(\mathbf{y})$ *sei* $A = D\mathbf{f}(\mathbf{x}_0)$ *die Matrix der Linearisierung. Dann gilt:*

(a) $\mathbf{x}_0$ *ist asymptotisch stabil, wenn alle Eigenwerte von A negative Realteile haben.*

(b) *Gibt es einen Eigenwert mit positivem Realteil, so ist* $\mathbf{x}_0$ *instabil.*

Der Satz ist eine unmittelbare Folge des Linearisierungssatzes 1.5 und der Stabilitätsaussagen 4.2 für lineare Systeme. Da der Beweis des Linearisierungssatzes aufwendig ist, geben wir für die Aussage (a) einen elementaren Beweis, der auf PERRON 1929 zurückgeht. Einen Beweis der zweiten Behauptung 4.3 finden Sie bei HIRSCH–SMALE–DEVANEY [10] Ch. 9, § 2, WALTER [12] § 29 VIII oder CODDINGTON–LEVINSON [17] Ch. 13, Sec. 1.

BEWEIS der Aussage (a).

O.B.d.A. sei $\mathbf{x}_0 = \mathbf{0}$. Wir setzen $2\varrho := \max\{\operatorname{Re}\lambda \mid \lambda \text{ ist Eigenwert von } A\} < 0$.

(i) Nach 4.2 (c) gibt es eine Konstante $c \geq 1$ mit

$$\|\mathrm{e}^{tA}\boldsymbol{\eta}\| \leq c\,\mathrm{e}^{t\varrho}\|\boldsymbol{\eta}\| \quad \text{für alle } \boldsymbol{\eta} \in \mathbb{R}^n \quad \text{und} \quad t \geq 0\,.$$

(ii) Da $\mathbf{f}$ an der Stelle $\mathbf{0}$ differenzierbar ist, besteht die Zerlegung

$$\mathbf{f}(\mathbf{y}) = A\mathbf{y} + \mathbf{g}(\mathbf{y}) \quad \text{mit} \quad \lim_{\mathbf{y}\to\mathbf{0}} \frac{\mathbf{g}(\mathbf{y})}{\|\mathbf{y}\|} = \mathbf{0}\,.$$

Zu jedem $\varepsilon > 0$ gibt es daher ein $\delta > 0$ mit $(c+1)\,\delta < \varepsilon$ und

$$\|\mathbf{y}\| \leq \delta \implies \|\mathbf{g}(\mathbf{y})\| \leq \varepsilon\,\|\mathbf{y}\|\,.$$

(iii) Sei $0 < \varepsilon \leq -\varrho/2c$ und δ wie oben gewählt. Wir zeigen:

Für $\|\mathbf{x}\| < \delta/c$ kann $\mathbf{y}(t) := \varphi(t,\mathbf{x})$ für wachsendes $t \geq 0$ die Kugel $\overline{K_\delta(\mathbf{0})}$ nicht verlassen, existiert also für alle $t \geq 0$. Ferner gilt

$$\|\mathbf{y}(t)\| \leq c\,\|\mathbf{x}\|\,\mathrm{e}^{\frac{1}{2}\varrho t} \leq c\,\|\mathbf{x}\| < \delta < \varepsilon \quad \textit{für} \quad t \geq 0.$$

Das bedeutet wegen $\varrho < 0$ Stabilität und Attraktivität.

Zum Nachweis fixieren wir ein $\mathbf{x}$ mit $\|\mathbf{x}\| < \delta/c \leq \delta$ und betrachten ein $T \in J(\mathbf{x})$ mit $\mathbf{y}(t) = \varphi(t,\mathbf{x}) \in K_\delta(\mathbf{0})$ für $0 \leq t < T$. Die nach (ii) bestehende Gleichung

$$\dot{\mathbf{y}}(t) = A\mathbf{y}(t) + \mathbf{g}(\mathbf{y}(t))$$

fassen wir als inhomogenes lineares System auf und erhalten durch Variation der Konstanten (vgl. § 3 : 1.4)

$$\mathbf{y}(t) = \mathrm{e}^{tA}\mathbf{x} + \int_0^t \mathrm{e}^{(t-s)A}\,\mathbf{g}(\mathbf{y}(s))\,ds\,.$$

Für $0 \leq t < T$ folgt daraus mit (ii) und durch zweimalige Anwendung von (i)

$$\begin{aligned}\|\mathbf{y}(t)\| &\leq \|\mathrm{e}^{tA}\,\mathbf{x}\| + \int_0^t \|\mathrm{e}^{(t-s)A}\,\mathbf{g}(\mathbf{y}(s))\|\,ds \\ &\leq c\,\mathrm{e}^{\varrho t}\,\|\mathbf{x}\| + \varepsilon c\int_0^t \mathrm{e}^{(t-s)\,\varrho}\,\|\mathbf{y}(s)\|\,ds\,,\end{aligned}$$

also

$$\mathrm{e}^{-\varrho t}\,\|\mathbf{y}(t)\| \leq c\,\|\mathbf{x}\| + \varepsilon c\int_0^t \mathrm{e}^{-\varrho s}\,\|\mathbf{y}(s)\|\,ds\,.$$

Mit dem Gronwall-Lemma § 2 : 4.2 ergibt sich

$$\mathrm{e}^{-\varrho t}\,\|\mathbf{y}(t)\| \leq c\,\|\mathbf{x}\|\,\mathrm{e}^{\varepsilon c t}\,,$$

und wegen $\varepsilon c \leq -\varrho/2$, $\varrho > 0$, $c\,\|\mathbf{x}\| < \delta$ folgt

$$\|\mathbf{y}(t)\| \le c\,\|\mathbf{x}\|\, e^{\frac{1}{2}\varrho t} < \delta < \varepsilon \quad \text{für } 0 \le t < T.$$

Somit kann $\mathbf{y}(t)$ in keinem Intervall $[0, T[\, \subset J(\mathbf{x})$ den Rand von $K_\delta(\mathbf{0})$ erreichen. Damit sind die Behauptungen bewiesen. □

4.4 Grenzen der Linearisierungsmethode

Das Eigenwertkriterium gestattet es, unter geeigneten Voraussetzungen auf asymptotische Stabilität oder auf Instabilität zu schließen. Für Systeme, bei denen die linearisierte DG stabil, aber nicht asymptotisch stabil ist, sagt es nichts aus.

(a) Daß in solchen Fällen alles möglich ist, zeigt das Beispiel

$$\dot{y}_1 = y_2 + c\,y_1\,(y_1^2 + y_2^2), \quad \dot{y}_2 = -\,y_1 + c\,y_2\,(y_1^2 + y_2^2).$$

Die Linearisierungsmatrix im Nullpunkt ist für alle c durch

$$A = \begin{pmatrix} 0 & 1 \\ -1 & 0 \end{pmatrix}.$$

gegeben. Die Eigenwerte von A sind i und $-\,i$, also ist das linearisierte System nach 4.2 im Nullpunkt stabil, aber nicht attraktiv. Für $r := \sqrt{y_1^2 + y_2^2}$ ergibt sich wie in 1.6 die DG $\dot{r} = cr^3$ [ÜA], so daß für $c < 0$ asymptotische Stabilität, für $c > 0$ aber Instabilität voliegt.

(b) Für Hamiltonsche Systeme gibt das Eigenwertkriterium nichts her. Dies zeigt schon das Beispiel von Abschnitt 3

$$\dot{x} = y, \quad \dot{y} = F(x) = -\,U'(x).$$

Hat U an der Stelle x_0 einen Tiefpunkt mit $U(x_0) = \omega^2 > 0$, so ist der Gleichgewichtspunkt $(x_0, 0)$ nach 3.4 (a) stabil, aber nicht attraktiv. Die Linearisierungsmatrix A an der Stelle $(x_0, 0)$ ist

$$A = \begin{pmatrix} 0 & 1 \\ -\omega^2 & 0 \end{pmatrix}.$$

Diese besitzt die imaginären Eigenwerte $\pm\, i\,\omega$.

Für Gleichgewichtspunkte hamiltonscher Systeme läßt sich zeigen, daß das Eigenwertspektrum der Linearisierung immer punktsymmetrisch zum Nullpunkt liegt, so daß sich mit Hilfe von 4.3 allenfalls über Instabilität entscheiden läßt.

5 Die direkte Methode von Ljapunow

5.1 Ljapunow–Funktionen

Die Ljapunowsche Methode zur Untersuchung der Stabilitätseigenschaften eines Gleichgewichtspunkts $\mathbf{x}_0$ des Systems $\dot{\mathbf{y}} = \mathbf{f}(\mathbf{y})$ besteht darin, eine Funktion V mit folgenden Eigenschaften zu bestimmen:

V ist in einer Umgebung $\Omega_0 \subset \Omega$ von $\mathbf{x}_0$ stetig differenzierbar,

$V(\mathbf{x}_0) = 0$,

$V(\mathbf{x}) > 0$ für $\mathbf{x} \in \Omega_0$ und $\mathbf{x} \neq \mathbf{x}_0$,

$\partial_{\mathbf{f}} V(\mathbf{x}) := \langle \nabla V(\mathbf{x}), \mathbf{f}(\mathbf{x}) \rangle \leq 0$ in Ω_0.

Eine solche Funktion heißt **Ljapunow–Funktion**. Gilt zusätzlich

$$\langle \nabla V(\mathbf{x}), \mathbf{f}(\mathbf{x}) \rangle < 0 \text{ für } \mathbf{x} \in \Omega_0,\ \mathbf{x} \neq \mathbf{x}_0,$$

so wird V eine **strenge Ljapunow–Funktion** genannt.

Die für Stabilitätsuntersuchungen entscheidende Eigenschaft einer Ljapunow–Funktion besteht darin, daß diese längs jeder Lösung $\mathbf{u}$ abnimmt:

$$(*) \qquad \frac{d}{dt} V(\mathbf{u}(t)) = \langle \nabla V(\mathbf{u}(t)), \dot{\mathbf{u}}(t) \rangle = \langle \nabla V(\mathbf{u}(t)), \mathbf{f}(\mathbf{u}(t)) \rangle \leq 0,$$

solange $\mathbf{u}(t)$ in Ω_0 bleibt. Der Zusammenhang dieser Eigenschaft mit der Stabilität in $\mathbf{x}_0$ wird wie folgt plausibel: Für jedes $\varepsilon > 0$ ist $\Omega_\varepsilon = \{\mathbf{x} \in \Omega_0 \mid V(\mathbf{x}) \leq \varepsilon\}$ wegen $V(\mathbf{x}_0) = 0$ eine Umgebung von $\mathbf{x}_0$. Da $\mathbf{x}_0$ die einzige Nullstelle von V in Ω_0 ist, ziehen sich die Mengen Ω_ε für $\varepsilon \to 0$ auf $\mathbf{x}_0$ zusammen. Ist Ω_ε kompakt, so verläßt jede einmal in Ω_ε eintretende Lösung $\mathbf{u}$ für wachsendes t diese Menge nicht mehr, denn es gilt

$$V(\mathbf{u}(t)) \leq V(\mathbf{u}(0)) \leq \varepsilon \text{ für } t \geq 0.$$

Daraus folgt die Existenz von $\mathbf{u}(t)$ für alle $t \geq 0$ und die Stabilität.

Bei strengen Ljapunow–Funktionen V ist $\frac{d}{dt} V(\mathbf{u}(t)) < 0$. Wir machen plausibel, daß dann $\lim\limits_{t\to\infty} V(\mathbf{u}(t)) = 0$ und daraus wieder

$$\lim_{t\to\infty} \mathbf{u}(t) = \mathbf{x}_0$$

folgt. Letzteres beruht darauf, daß V die Rolle einer Abstandsfunktion zum Punkt $\mathbf{x}_0$ spielt. Das übrige erklären wir uns anhand der Figur:
$\nabla V(\mathbf{x})$ ist ein äusserer Normalenvektor der Niveaumenge $\{V = \varepsilon\}$. Wegen $\langle \nabla V(\mathbf{x}), \mathbf{f}(\mathbf{x}) \rangle < 0$ dringen die Punkte $\mathbf{u}(t)$ durch den Rand $\{V = \varepsilon\}$ in jede Umgebung $\Omega_\varepsilon = \{V \leq \varepsilon\}$ ein. Diese Plausibilitätsbetrachtungen werden durch die folgenden Sätze bestätigt.

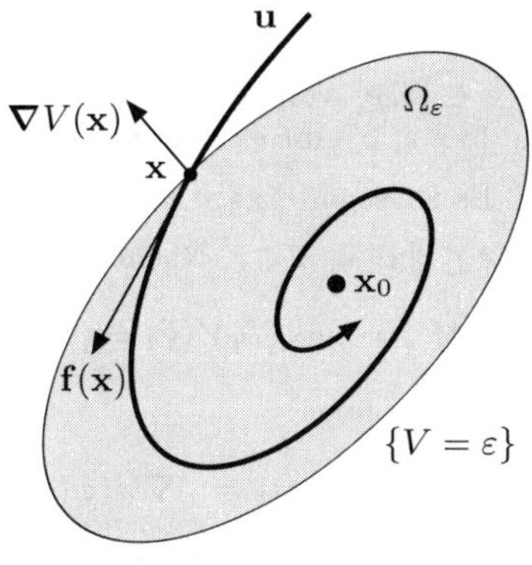

5.2 Der Stabilitätssatz von Ljapunow

(a) *Existiert für einen Gleichgewichtspunkt* $\mathbf{x}_0$ *des Systems* $\dot{\mathbf{y}} = \mathbf{f}(\mathbf{y})$ *eine Ljapunow–Funktion* V*, so ist dieser stabil.*

(b) *Ist* V *eine strenge Ljapunow–Funktion, so ist der Gleichgewichtspunkt* $\mathbf{x}_0$ *asymptotisch stabil.*

Anwendungen dieser Aussagen folgen in 5.4–5.7.

Beweis.

(a) Wir dürfen $\mathbf{x}_0 = \mathbf{0}$ annehmen. Die Ljapunow–Funktion V sei in einer Umgebung Ω_0 des Nullpunkts definiert. Wir wählen ein $r > 0$ mit $\overline{K_r(\mathbf{0})} \subset \Omega_0$. Für vorgegebenes $\varepsilon > 0$ mit $0 < \varepsilon \leq r$ ist $S_\varepsilon = \{\mathbf{x} \mid \|\mathbf{x}\| = \varepsilon\}$ eine kompakte Teilmenge von Ω_0, und V ist dort positiv. Also existiert

$$m(\varepsilon) := \min\{V(\mathbf{x}) \mid \mathbf{x} \in S_\varepsilon\} > 0\,.$$

Da V im Nullpunkt stetig ist, gibt es ein δ mit $0 < \delta < \varepsilon$ und

$$\|\mathbf{x}\| < \delta \implies V(\mathbf{x}) < m(\varepsilon)\,.$$

Für $\|\mathbf{x}\| < \delta$ fällt $t \mapsto V(\varphi(t,\mathbf{x}))$ monoton. Also bleibt $V(\varphi(t,\mathbf{x})) < m(\varepsilon)$ für wachsendes $t \geq 0$, und $\varphi(t,\mathbf{x})$ kann die Sphäre S_ε nicht erreichen, denn dort ist $V(\mathbf{x}) \geq m(\varepsilon)$.

Für $\|\mathbf{x}\| < \delta$ existiert nach dem Kompaktheitssatz also $\varphi(t,\mathbf{x})$ für alle $t \geq 0$ und erfüllt die Bedingung $\|\varphi(t,\mathbf{x})\| < \varepsilon$.

(b) Nach (a) gibt es zu $\varepsilon = r$ ein ϱ mit $0 < \varrho < r$ und

$$\|\mathbf{x}\| < \varrho \implies \|\varphi(t,\mathbf{x})\| < r \;\text{ für } t \geq 0\,.$$

Wir behaupten: Für $\|\mathbf{x}\| < \varrho$ gilt sogar $\lim\limits_{t\to\infty} \varphi(t,\mathbf{x}) = \mathbf{0}$.

Sei $\varepsilon \in\,]0,\varrho[$ vorgegeben und $\delta > 0$ wie in (a) gewählt: $0 < \delta < \varepsilon < \varrho < r$. Für $\|\mathbf{x}\| < \varrho$ gibt es zwei Fälle:

(i) Es ist sogar $\|\mathbf{x}\| < \delta$. Dann gilt $\|\varphi(t,\mathbf{x})\| < \varepsilon$ für alle $t \geq 0$.

(ii) $\delta \leq \|\mathbf{x}\| < \varrho < r$. Nach Voraussetzung ist

$$M := \max\{\partial_\mathbf{f} V(\mathbf{y}) = \langle \nabla V(\mathbf{y}), \mathbf{f}(\mathbf{y})\rangle \mid \delta \leq \|\mathbf{y}\| \leq r\}$$

negativ. Es folgt

$$\tfrac{d}{dt} V(\varphi(t,\mathbf{x})) = \langle \nabla V(\varphi(t,\mathbf{x})), \mathbf{f}(\varphi(t,\mathbf{x}))\rangle \leq M\,,$$

also $V(\varphi(t,\mathbf{x})) \leq V(\mathbf{x}) + t\,M$, solange $\|\varphi(t,\mathbf{x})\| \geq \delta$ gilt. Da $V(\varphi(t,\mathbf{x}))$ nicht negativ werden kann, muß es ein $T > 0$ geben mit $\|\varphi(T,\mathbf{x})\| < \delta$. Wegen des Eindeutigkeitssatzes gilt $\varphi(t+T,\mathbf{x}) = \varphi(t,\varphi(T,\mathbf{x}))$, also sind wir im Fall

(i) und haben $\|\boldsymbol{\varphi}(t+T,\mathbf{x})\| < \varepsilon$ für $t \geq 0$. In jedem der beiden Fälle folgt $\|\boldsymbol{\varphi}(t,\mathbf{x})\| < \varepsilon$ für genügend großes t. □

5.3 Der Instabilitätssatz von Tschetajew (Cetaev)

Unter folgenden Voraussetzungen ist $\mathbf{x}_0 \in \Omega$ *eine instabile Gleichgewichtslage des Systems* $\dot{\mathbf{y}} = \mathbf{f}(\mathbf{y})$ *auf* Ω*:*
Es gibt eine C^1*-Funktion* V *auf einer Umgebung* $\Omega_0 \subset \Omega$ *von* $\mathbf{x}_0$ *und ein Gebiet* $D \subset \Omega_0$ *mit*

$$\mathbf{x}_0 \in \partial D\,,$$
$$V > 0 \text{ und } \partial_{\mathbf{f}} V > 0 \text{ in } D\,,$$
$$V = 0 \text{ auf } \Omega_0 \cap \partial D\,.$$

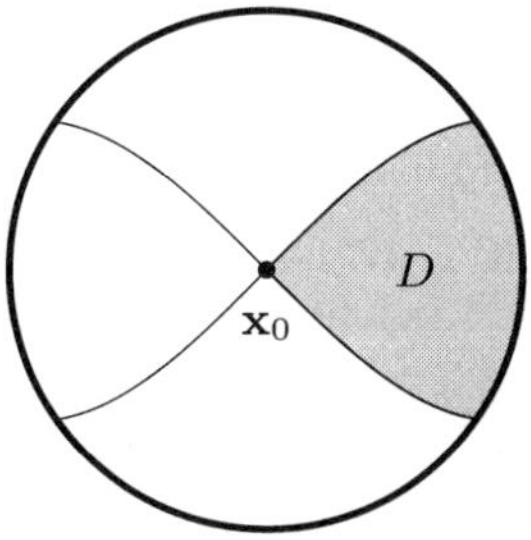

In den Anwendungen ist D ein krummer Kegel mit Spitze $\mathbf{x}_0$; denken Sie z.B. an die Separatrizen in 3.4.

Beweis.
Sei o.B.d.A. $\mathbf{x}_0 = \mathbf{0}$ und $r > 0$ mit $\overline{K_r(\mathbf{0})} \subset \Omega_0$ gewählt. Wir nehmen an, $\mathbf{x}_0 = \mathbf{0}$ sei stabil und geben ein ε mit $0 < \varepsilon < r$ vor. Dann gibt es ein δ mit $0 < \delta < \varepsilon$ und

$$(1) \qquad \|\mathbf{x}\| < \delta \implies \mathbb{R}_+ \subset J(\mathbf{x}) \text{ und } \|\boldsymbol{\varphi}(t,\mathbf{x})\| < \varepsilon \text{ für alle } t \geq 0\,.$$

Wir fixieren ein $\mathbf{x} \in D$ mit $\|\mathbf{x}\| < \delta$, was wegen $\mathbf{0} \in \partial D$ möglich ist. Nach Voraussetzung gilt $V(\mathbf{x}) > 0$, und $\mathbf{x}$ gehört zur Menge

$$K := \{\mathbf{y} \in D \mid \|\mathbf{y}\| \leq \varepsilon\,,\ V(\mathbf{y}) \geq V(\mathbf{x})\} \subset \overline{K_\varepsilon(\mathbf{0})} \subset \Omega_0\,.$$

K ist beschränkt und abgeschlossen: Aus $\mathbf{y} = \lim\limits_{n\to\infty} \mathbf{y}_n$ mit $\mathbf{y}_n \in K$ folgt $\|\mathbf{y}\| \leq \varepsilon$, also $\mathbf{y} \in \Omega_0$ und somit $V(\mathbf{y}) = \lim\limits_{n\to\infty} V(\mathbf{y}_n) \geq V(\mathbf{x})$. Wegen $V(\mathbf{x}) > 0$ kann $\mathbf{y}$ nicht auf $\partial D \cap \Omega_0$ liegen, da dort $V = 0$ gilt. Also existiert

$$m := \min\{\partial_{\mathbf{f}} V(\mathbf{y}) \mid \mathbf{y} \in K\} > 0\,,$$

letzteres wegen $K \subset D$. Solange $\boldsymbol{\varphi}(t,\mathbf{x})$ in K bleibt, gilt

$$(2) \qquad \tfrac{d}{dt} V(\boldsymbol{\varphi}(t,\mathbf{x})) = \partial_{\mathbf{f}} V(\boldsymbol{\varphi}(t,\mathbf{x})) \geq m\,, \quad \text{somit } V(\boldsymbol{\varphi}(t,\mathbf{x})) \geq V(\mathbf{x}) + t\,m\,,$$

insbesondere $V(\boldsymbol{\varphi}(t,\mathbf{x})) \geq V(\mathbf{x})$. Wegen (1) könnten die Punkte $\boldsymbol{\varphi}(t,\mathbf{x}) \in \Omega_0$ für wachsendes t die Menge K also nur über $\partial D \cap \Omega_0$ verlassen, was aber auch unmöglich ist, da dort $V = 0$ gilt. Somit gilt (2) für alle $t \geq 0$, d.h. V ist auf K unbeschränkt. Somit führt die Annahme der Stabilität auf einen Widerspruch. □

5.4 Erste Integrale als Ljapunow–Funktionen

Eine C^1–Funktion $W : \Omega_0 \to \mathbb{R}$ heisst **erstes Integral** des Systems $\dot{\mathbf{y}} = \mathbf{f}(\mathbf{y})$ im Gebiet Ω_0, wenn $W(\mathbf{u}(t))$ konstant ist für jede Lösung $\mathbf{u}$, solange $\mathbf{u}(t) \in \Omega_0$. Äquivalent dazu ist die Bedingung

$$\partial_{\mathbf{f}} W(\mathbf{x}) = \langle \nabla W(\mathbf{x}), \mathbf{f}(\mathbf{x}) \rangle = 0 \quad \text{für alle} \quad \mathbf{x} \in \Omega_0 ,$$

wie sich unmittelbar aus der Beziehung (∗) von 5.1 ergibt.

Die Funktion W hat an der Stelle $\mathbf{x}_0$ ein **striktes lokales Minimum**, wenn $W(\mathbf{x}_0) < W(\mathbf{x})$ für alle $\mathbf{x} \neq \mathbf{x}_0$ in einer Umgebung von $\mathbf{x}_0$.

Ist W ein erstes Integral des Systems $\dot{\mathbf{y}} = \mathbf{f}(\mathbf{y})$ in $\Omega_0 \subset \Omega$ und hat W im Gleichgewichtspunkt $\mathbf{x}_0 \in \Omega_0$ ein striktes lokales Minimum, so ist durch $\mathbf{x} \mapsto W(\mathbf{x}) - W(\mathbf{x}_0)$ eine Ljapunow–Funktion gegeben, also ist $\mathbf{x}_0$ nach 5.2 (a) *stabil.*

Erste Integrale lassen sich in einfachen Fällen durch geschicktes Kombinieren der Differentialgleichungen gewinnen.

Beispiel. Das System

$$\dot{x} = x - xy , \quad \dot{y} = -y + xy$$

im Quadranten $x > 0$, $y > 0$ hat den einzigen Gleichgewichtspunkt $(1,1)$. Für Lösungen $t \mapsto (x(t), y(t))$ gilt

$$\dot{x} + \dot{y} = x - y \quad \text{und} \quad x\dot{y} + \dot{x}y = x^2 y - xy^2 = xy(x-y) , \quad \text{also}$$

$$\dot{x} + \dot{y} - \frac{x\dot{y} + \dot{x}y}{xy} = (x + y - \log(xy))^{\cdot} = 0 .$$

Somit ist $W(x,y) := x + y - \log(xy)$ konstant längs jeder Lösung. Wegen $\log t \leq t - 1$ gilt ferner $W(x,y) \geq 2 = V(1,1)$ mit Gleichheit nur für $(x,y) = (1,1)$. Somit hat W in $(1,1)$ ein striktes lokales Minimum und ist ein erstes Integral.

5.5 Hamiltonsche Systeme

(a) Ist $(\mathbf{q}_0, \mathbf{p}_0)$ eine Gleichgewichtslage des Hamiltonschen Systems

$$\dot{q}_k = \frac{\partial H}{\partial p_k}(\mathbf{q}, \mathbf{p}) , \quad \dot{p}_k = -\frac{\partial H}{\partial q_k}(\mathbf{q}, \mathbf{p}) \quad (k = 1, \ldots N)$$

und hat H dort ein striktes lokales Minimum, so liegt eine stabile Gleichgewichtslage vor. Das folgt aus 5.4 aufgrund des Energieerhaltungssatzes

$$H(\mathbf{q}(t), \mathbf{p}(t)) = E .$$

Eine detailliertere Aussage erhalten wir für Hamiltonen–Funktionen der Form

$$H(\mathbf{q},\mathbf{p}) = \frac{1}{2} \sum_{i,j=1}^{N} m_{ij}(\mathbf{q}) p_i p_j + U(\mathbf{q}) = \frac{1}{2} \langle \mathbf{p}, M(\mathbf{q})\mathbf{p} \rangle + U(\mathbf{q}),$$

wobei die Matrix $M(\mathbf{q})$ an jeder Stelle $\mathbf{q}$ positiv definit ist. Die kanonischen Gleichungen lauten hier

$$\begin{aligned} \dot{\mathbf{q}} &= M(\mathbf{q})\mathbf{p}, \\ \dot{\mathbf{p}} &= -\tfrac{1}{2} \sum_{k=1}^{N} \langle \mathbf{p}, \partial_k M(\mathbf{q})\mathbf{p} \rangle \mathbf{e}_k - \nabla U(\mathbf{q}). \end{aligned}$$

Wegen $\operatorname{Rang} M(\mathbf{q}) = N$ haben die Gleichgewichtspunkte die Form $(\mathbf{q}_0, \mathbf{0})$ mit $\nabla U(\mathbf{q}_0) = \mathbf{0}$. Hier gilt also:

Hat U an der Stelle $\mathbf{q}_0$ ein striktes lokales Minimum, so liegt nach (a) Stabilität vor, vgl. 3.4.

(c) *Hängt beim zuletzt angegebenen System M nicht von $\mathbf{q}$ ab und hat U an der Stelle $\mathbf{q}_0$ ein lokales Maximum mit negativ definiter Hesse–Matrix $U''(\mathbf{q}_0)$, so ist $(\mathbf{q}_0, \mathbf{0})$ eine instabile Gleichgewichtslage.*

Wir zeigen dies mit Hilfe des Satzes von Tschetajew 5.3. Dabei dürfen wir o.B.d.A. $\mathbf{q}_0 = \mathbf{0}$ annehmen. Wir wählen $\delta > 0$ so, daß $U''(\mathbf{q})$ für $\|\mathbf{q}\| < \delta$ negativ definit ist, vgl. Bd. 1 § 22 : 4.5 (b). Dann setzen wir

$$\Omega_0 := \{(\mathbf{q},\mathbf{p}) \mid \|\mathbf{q}\| < \delta\}, \quad D := \{(\mathbf{q},\mathbf{p}) \mid \langle \mathbf{q}, \mathbf{p} \rangle > 0\},$$

$$V(\mathbf{q},\mathbf{p}) := \langle \mathbf{q}, \mathbf{p} \rangle.$$

Eine leichte Rechnung zeigt, daß für $\mathbf{f}(\mathbf{q},\mathbf{p}) = (M\,\mathbf{p}, -\nabla U(\mathbf{q}))$

$$\partial_{\mathbf{f}} V(\mathbf{q},\mathbf{p}) = \langle \mathbf{p}, M\,\mathbf{p} \rangle - \langle \mathbf{q}, \nabla U(\mathbf{q}) \rangle.$$

Nach dem Satz von Taylor gilt für $\|\mathbf{q}\| < \delta$ mit geeignetem $\vartheta \in\,]0,1[$

$$\begin{aligned} U(\mathbf{0}) &= U(\mathbf{q}) - \langle \mathbf{q}, \nabla U(\mathbf{q}) \rangle + \tfrac{1}{2} \big\langle \mathbf{q}, U''(\vartheta \mathbf{q})\mathbf{q} \big\rangle \\ &< U(\mathbf{0}) - \langle \mathbf{q}, \nabla U(\mathbf{q}) \rangle, \end{aligned}$$

also

$$\partial_{\mathbf{f}} V(\mathbf{q},\mathbf{p}) > 0 \quad \text{für} \quad (\mathbf{q},\mathbf{p}) \neq (\mathbf{0},\mathbf{0}) \quad \text{und} \quad \|\mathbf{q}\| < \delta.$$

Damit sind die Voraussetzungen für 5.3 erfüllt [ÜA].

Bemerkung. Wie die Herleitung zeigt, genügen folgende Voraussetzungen:

$$\nabla U(\mathbf{q}_0) = \mathbf{0} \quad \text{und} \quad \langle \mathbf{q} - \mathbf{q}_0, \nabla U(\mathbf{q}) \rangle < 0 \;\text{ für }\; 0 < \|\mathbf{q} - \mathbf{q}_0\| < \delta.$$

5.6 Gedämpfte Systeme mit einem Freiheitsgrad

Die Bewegungsgleichung

$$\ddot{q} + D(q)\dot{q} - F(q) = 0$$

entsteht aus der in Abschnitt 3 behandelten DG $\ddot{q} = F(q)$ durch Einführung eines zusätzlichen, der Geschwindigkeit proportionalen Dämpfungsterms. Das zugehörige System erster Ordnung ist

$$\dot{q} = p\,, \quad \dot{p} = -D(q)p + F(q)\,.$$

Jeder Gleichgewichtspunkt $(q_0, 0)$ das ungedämpften Systems ist offenbar auch ein Gleichgewichtspunkt des gedämpften und umgekehrt. Für die Hamilton–Funktion des ungedämpften Systems,

$$H(q,p) = \tfrac{1}{2}p^2 + U(q) \quad \text{mit} \quad U(q) = -\int_{q_0}^{q} F(s)\,ds$$

und das Vektorfeld $\mathbf{f} = (p, -D(q)p + F(q))$ des gedämpften gilt [ÜA]

(∗) $\quad \partial_{\mathbf{f}} H(q,p) = -D(q)p^2\,.$

(a) SATZ. *Der Gleichgewichtspunkt* $(q_0, 0)$ *ist asymptotisch stabil, wenn*

$$D(q_0) > 0 \quad \textit{und} \quad (q - q_0)F(q) < 0 \quad \textit{für}\ 0 < |q - q_0| \ll 1\,.$$

U hat dann an der Stelle q_0 *ein striktes lokales Minimum.*

BEMERKUNG. Im Fall $U''(x_0) > 0$ folgt die asymptotische Stabilität auch aus 4.3. Hier gehr es nicht so sehr um den Fall $U''(x_0) = 0$, vielmehr um eine Demonstration der Methode von Ljapunow mit Modellcharakter.

BEWEIS.

Nach Voraussetzung gibt es Zahlen $\varrho > 0$, $\delta > 0$ mit

$$D(q) \geq \varrho \ \text{ für } |q - q_0| < \delta\,,$$

$$(q - q_0)F(q) < 0 \ \text{ für } 0 < |q - q_0| < \delta\,.$$

Die zweite Eigenschaft bewirkt $U'(q) = -F(q) > 0$ rechts von q_0 und $U'(q) < 0$ links von q_0, also $U(q_0) < U(q)$ für $0 < |q - q_0| < \delta$. Deswegen und wegen (∗) ist H eine Ljapunow–Funktion und $(q_0, 0)$ damit eine stabile Gleichgewichtslage.

Es gilt $\partial_{\mathbf{f}} H(q,p) < 0$ ausser für $p = 0$. Um eine strenge Ljapunow–Funktion zu erhalten, modifizieren wir H ein wenig, indem wir

$$V(q,p) := H(q,p) + \tfrac{1}{2}\varrho\Big((q - q_0)p + \int_{q_0}^{q}(s - q_0)D(s)\,ds\Big)$$

setzen. Der Übergang von H nach V bewirkt ein leichtes Kippen der Tangenten der Niveaulinien in den Achsenpunkten $(q, 0)$ gegen den Uhrzeigersinn.

Dann ist V eine strenge Ljapunow–Funktion, denn wegen $U(q) > U(q_0) = 0$ für $0 < |q - q_0| < \delta$ gilt

$$V(q,p) \geq \tfrac{1}{2}p^2 + \tfrac{1}{2}\varrho\big((q-q_0)p + \tfrac{1}{2}\varrho(q-q_0)^2\big)$$

$$> \tfrac{1}{2}\left(p + \tfrac{1}{2}\varrho(q-q_0)\right)^2 \geq 0 \quad \text{für } (q,p) \neq (q_0,0)\,,\ |q-q_0| < \delta\,,$$

und für diese (q,p) ist (ÜA)

$$\partial_{\mathbf{f}} V(q,p) = -\big(D(q) - \tfrac{1}{2}\varrho\big)\,p^2 + \tfrac{1}{2}\varrho(q-q_0)\,F(q) < 0\,.$$ □

(b) SATZ. *Der Gleichgewichtspunkt* $(q_0, 0)$ *ist instabil unter den Voraussetzungen*

$$D(q_0) > 0 \quad \textit{und} \quad (q-q_0)\,F(q) > 0 \quad \textit{für } 0 < |q-q_0| \ll 1\,.$$

U hat dann an der Stelle q_0 *ein striktes lokales Maximum.*

BEWEIS.
Um den Satz von Tschetajew anzuwenden, nehmen wir $q_0 = 0$ an und betrachten

$$V(q,p) := qp + \int_0^q s\,D(s)\,ds\,.$$

Wir wählen $\delta > 0$ so, daß $q\,F(q) > 0$ und $D(q) > 0$ für $0 < q < \delta$. Dann zeigt eine einfache Rechnung ÜA, daß

$$\partial_{\mathbf{f}} V(q,p) = p^2 + q\,F(q) > 0 \quad \text{für } p \neq 0\,,\ 0 < q < \delta\,.$$

Mit $M := \max\{D(q) \mid |q| \leq \delta\}$ gilt ferner

$$V(q,p) \leq qp + \tfrac{1}{2}M\,q^2 = q(p + \tfrac{1}{2}M\,q)\,.$$

Also gilt $V(q,p) < 0$ für $q > 0$, $p < -\frac{1}{2}M\,q$. Ferner ist $V(q,p) > 0$ und $\partial_p V(q,p) = q > 0$ für $0 < q < \delta$ und $p > 0$. Daher besitzt die Gleichung $V(q,p) = 0$ für $0 < q < \delta$ eine eindeutige C^1–Auflösung $p = \varphi(q)$. Setzen wir

$$\Omega_0 := \big\{(q,p) \bigm| |q| < \delta\big\}, \quad D = \big\{(q,p) \bigm| q > 0 \text{ und } p > \varphi(q)\big\}\,,$$

so sind die Voraussetzungen des Satzes von Tschetajew erfüllt. □

5.7 Anmerkungen und Aufgaben

(a) *Allgemeine gedämpfte mechanische Systeme.* Wir betrachten das System

$$\dot{\mathbf{q}} = M(\mathbf{q})\,\mathbf{p}\,, \quad \dot{\mathbf{p}} = -\nabla U(\mathbf{q}) - D(\mathbf{q})\mathbf{p}\,,$$

wobei die Matrix $D(\mathbf{q})$ für alle in Betracht kommenden Lagen $\mathbf{q}$ positiv definit ist. Dann gilt: Hat U an der Stelle $\mathbf{q}_0$ ein striktes lokales Minimum, so ist $(\mathbf{q}_0, \mathbf{0})$ eine asymptotisch stabile Gleichgewichtslage. Das ergibt sich aus dem Satz von

La Salle, der eine wichtige Verallgemeinerung des Ljapunowschen Satzes ist. Wir verweisen auf Knobloch–Kappel [23] III.6.

(b) *Das gedämpfte Pendel.* Geben Sie eine strenge Ljapunow–Funktion für die Pendelgleichung

$$\ddot{q} + D\dot{q} + \sin q = 0$$

in Umgebung des Gleichgewichtspunktes $(2k\pi, 0)$ an ($D > 0$ eine Konstante). Entwerfen Sie ein Phasenportrait.

(c) Zeigen Sie für *Gradientensysteme*

$$\dot{\mathbf{y}} = -\nabla U(\mathbf{y})$$

mit $U \in \mathrm{C}^2(\Omega)$: Hat U an der Stelle $\mathbf{x}_0 \in \Omega$ ein striktes lokales Minimum und gilt $\nabla U(\mathbf{x}) \neq \mathbf{0}$ für alle $\mathbf{x} \neq \mathbf{x}_0$ einer Umgebung von $\mathbf{x}_0$, so ist $\mathbf{x}_0$ eine asymptotisch stabile Gleichgewichtslage.

6 Die Sätze von Liouville und Poincaré–Bendixson

6.1 Der lokale Fluß eines Vektorfeldes

Bisher galt unser Interesse dem Verlauf einzelner Flußlinien $t \mapsto \varphi(t, \boldsymbol{\eta})$ des Systems $\dot{\mathbf{y}} = f(\mathbf{y})$ auf Ω. Nun beziehen wir einen anderen Standpunkt. Wir halten t fest und wollen wissen, was aus einer bestimmten Menge M von Startpunkten nach der Zeit t wird, d.h. wie sich die Menge $M_t = \{\varphi(t, \mathbf{x}) \mid \mathbf{x} \in M\}$ im Lauf der Zeit verhält.

Wir betrachten also die Schar von **Flußabbildungen**

$$\mathbf{\Phi}_t : \mathbf{x} \mapsto \varphi(t, \mathbf{x}) .$$

Als Definitionsbereich von $\mathbf{\Phi}_t$ wählen wir ein Gebiet $G \subset \Omega$ mit gleichmäßiger Lebensspanne, d.h. wir verlangen von G, daß es ein $T > 0$ gibt mit $]-T, T[\subset J(\mathbf{x})$ für alle $\mathbf{x} \in G$. Jedes beschränkte Teilgebiet G mit $\overline{G} \subset \Omega$ hat diese Eigenschaft. Denn da $\Omega_{\mathbf{f}}$ nach 1.1 (b) offen ist, hat die kompakte Menge $\{0\} \times \overline{G}$ zu $\partial\Omega_{\mathbf{f}}$ einen positiven Abstand T, also gilt $]-T, T[\times G \subset \Omega_{\mathbf{f}}$.

Für das ganze Gebiet Ω muß es keine gleichmäßige Lebensspanne geben, vgl. Aufgabe 6.2 (a).

Satz. *Sei G ein Teilgebiet von Ω und I ein Intervall mit $0 \in \mathring{I}$, so daß $I \times G$ im Definitionsbereich $\Omega_{\mathbf{f}}$ von $\varphi(t, \mathbf{x})$ liegt. Dann ist für jedes $t \in I$ die Menge*

$$G_t := \{ \varphi(t, \mathbf{x}) \mid \mathbf{x} \in G \}$$

ein Gebiet in Ω und

$$\mathbf{\Phi}_t : G \to G_t , \quad \mathbf{x} \mapsto \varphi(t, \mathbf{x})$$

ein orientierungstreuer Diffeomorphismus.

BEWEIS.

(a) Nach Definition einer Lösung liegt $\varphi(t,\mathbf{x})$, soweit definiert, in Ω, also gilt $G_t \subset \Omega$.

(b) Nach Definition von G_t ist $\mathbf{\Phi}_t : G \mapsto G_t$ surjektiv. $\mathbf{\Phi}_t$ ist injektiv, denn aus $\varphi(t,\mathbf{x}) = \varphi(t,\mathbf{y})$ folgt $\mathbf{x} = \varphi(0,\mathbf{x}) = \varphi(0,\mathbf{y}) = \mathbf{y}$ nach dem Eindeutigkeitssatz.

(c) $\mathbf{\Phi}_t$ ist C^1–differenzierbar nach 1.1 (b).

(d) *Bestimmung der Umkehrabbildung* $\mathbf{\Phi}_t^{-1}$. Sei $\mathbf{y} \in G_t$, also $\mathbf{y} = \varphi(t,\mathbf{x})$ mit eindeutig bestimmtem $\mathbf{x} \in G$. Wir setzen $\mathbf{u}(s) := \varphi(s+t,\mathbf{x})$. Dann enthält das Definitionsintervall $J(\mathbf{x}) - t$ von $\mathbf{u}$ die Punkte $-t$ und 0, und $\mathbf{u}$ ist eine Lösung von $\dot{\mathbf{y}} = \mathbf{f}(\mathbf{y})$ mit $\mathbf{u}(0) = \mathbf{y}$ und $\mathbf{u}(-t) = \varphi(0,\mathbf{x}) = \mathbf{x}$. Es folgt $-t \in J(\mathbf{y})$ und

$$(*) \qquad \mathbf{\Phi}_t^{-1}(\mathbf{y}) = \mathbf{x} = \varphi(-t,\mathbf{y})\,.$$

(e) *G_t ist ein Gebiet.*
Wegen der Stetigkeit von φ auf $\Omega_\mathbf{f}$ ist $\mathbf{\Phi}_t^{-1}$ stetig, also G_t als Urbild von G unter dieser Abbildung offen.
Andererseits ist G_t als $\mathbf{\Phi}_t$–Bild der wegzusammenhängenden Menge G auch wegzusammenhängend, also ein Gebiet. Die C^1–Differenzierbarkeit von $\mathbf{\Phi}_t^{-1}$ ergibt sich aus der Darstellung $(*)$ und aus dem Differenzierbarkeitssatz 1.1 (b).

(f) *Orientierungstreue.* Da $\mathbf{\Phi}_t$ eine C^1–Umkehrfunktion besitzt, ist die Determinante $\det(D\mathbf{\Phi}_t)(\mathbf{x}) \neq 0$ für alle $\mathbf{x} \in G$. Die Funktion $t \mapsto \det(D\mathbf{\Phi}_t)(\mathbf{x})$ ist bei festem $\mathbf{x}$ stetig in t, wie sich aus dem Laplaceschen Entwicklungssatz mittels Induktion ergibt. Wegen $\mathbf{\Phi}_0 = \mathbb{1}_G$ ist $\det D\mathbf{\Phi}_0(\mathbf{x}) = \det E = 1$ für alle $\mathbf{x} \in G$, also ist $\det D\mathbf{\Phi}_t(\mathbf{x})$ positiv für alle $t \in I$. □

6.2 Beispiele und Aufgaben

(a) Zeigen Sie für die logistische DG $\dot{y} = y(1-y)$, daß $\bigcap\limits_{x\in\mathbb{R}} J(x) = \{0\}$ gilt und bestimmen Sie $\Phi_t(]1,\infty[)$.

(b) Die reelle 2×2–Matrix A habe die rein imaginären Eigenwerte $i\omega$, $-i\omega$ mit $\omega > 0$. Verschaffen Sie sich anhand der zweiten Figur 2.4 eine grobe Vorstellung davon, wie sich unter der Dynamik des Systems $\dot{\mathbf{y}} = A\mathbf{y}$ die $\mathbf{\Phi}_t$–Bilder der Strecke $\sigma = \{(x,0) \mid 0 \le x \le 1\}$ im Laufe der Zeit verhalten.

(c) Wir betrachten das System $\dot{\mathbf{y}} = A\mathbf{y}$ für $A = \left(\begin{smallmatrix} \omega & 0 \\ 0 & -\omega \end{smallmatrix}\right)$ bzw. $A = \left(\begin{smallmatrix} -\omega & 0 \\ 0 & -\omega \end{smallmatrix}\right)$ mit $\omega > 0$. Bestimmen Sie für $t > 0$ und das offene Rechteck R mit den Ecken $(0,0)$, $(a,0)$, (a,b), $(b,0)$ in beiden Fällen die Gestalt und den Flächeninhalt des Gebiets $\mathbf{\Phi}_t(R)$.

6.3 Der Satz von Liouville

Der lokale Fluß eines divergenzfreien Vektorfeldes $\mathbf{f}$ *ist volumentreu: Für jedes Gebiet* $G \subset \Omega$ *mit gleichmäßiger Lebensspanne* I *(vgl. 6.1) und endlichem Volumen gilt* $\operatorname{Vol}(\mathbf{\Phi}_t(G)) = \operatorname{Vol} G$ *für alle* $t \in I$.

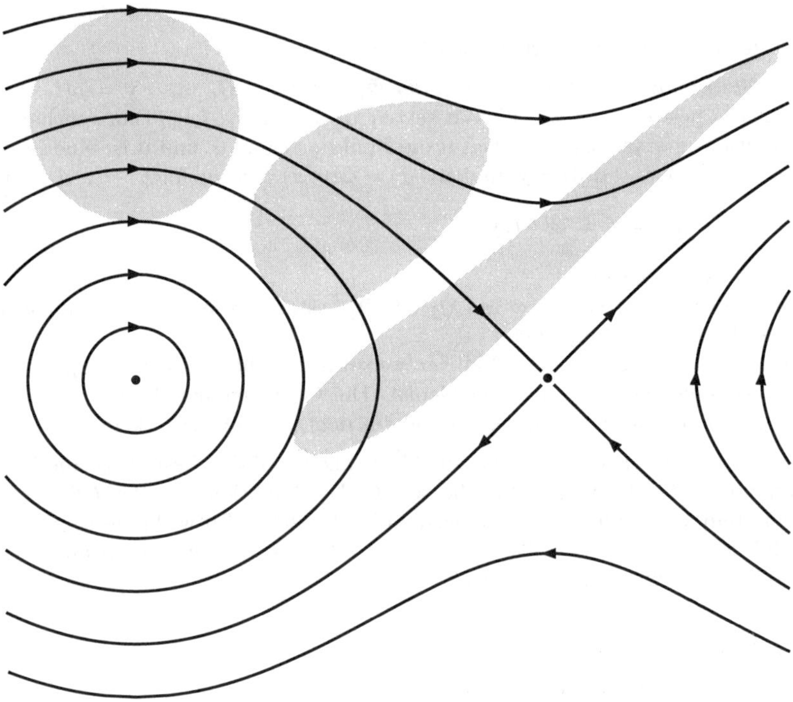

Beweis.

Für $t \in I$ und $\mathbf{x} \in G$ sei $A_t(\mathbf{x}) = (D\mathbf{\Phi}_t)(\mathbf{x})$. Nach 6.1 ist $\det A_t(\mathbf{x}) > 0$. Der Transformationssatz für Integrale (Bd. 1, § 23 : 8.1) liefert für $G_t := \mathbf{\Phi}_t(G)$

$$\operatorname{Vol}(G_t) = \int_{G_t} 1\, d^n\mathbf{y} = \int_G |\det A_t(\mathbf{x})|\, d^n\mathbf{x} = \int_G \det A_t(\mathbf{x})\, d^n\mathbf{x}\,.$$

Wir behaupten, daß $\det A_t(\mathbf{x})$ zeitlich konstant und damit gleich $\det A_0(\mathbf{x}) = 1$ ist, woraus dann $\operatorname{Vol}(G_t) = \int_G 1\, d^n\mathbf{x} = \operatorname{Vol}(G)$ folgt. In der Tat erfüllt die Matrix $A_t(\mathbf{x})$ nach 1.1 (b) die Variationsgleichung $\frac{d}{dt}A_t(\mathbf{x}) = (D\mathbf{f})(\boldsymbol{\varphi}(t,\mathbf{x}))A_t(\mathbf{x})$. Hieraus folgt bei festem $\mathbf{x}$ für die Wronski–Determinante $W(t) = \det A_t(\mathbf{x})$ nach § 3 : 1.3

$$\dot{W}(t) = \operatorname{Spur}(D\mathbf{f})(\boldsymbol{\varphi}(t,\mathbf{x}))W(t) = (\operatorname{div}\mathbf{f})(\boldsymbol{\varphi}(t,\mathbf{x}))W(t) = 0\,. \qquad \square$$

BEMERKUNG. *Für dissipative Systeme* ($\operatorname{div} \mathbf{f} \leq 0$) *folgt* $\operatorname{Vol}(G_t) \leq \operatorname{Vol}(G)$ *für* $t > 0$. Das ergibt sich durch Modifikation des Beweises oben, wobei entscheidend ist, daß $\det A_t(\mathbf{x}) \leq 1$ für alle $\mathbf{x} \in G$ ÜA.

ÜA Wie verhält sich $\operatorname{Vol}(G_t)$ unter dem Fluß eines Vektorfeldes $\mathbf{f}$ mit konstanter Divergenz: $\operatorname{div} \mathbf{f}(\mathbf{x}) = k$?

6.4 Halbflüsse und globale Flüsse

Von besonderem Interesse sind Teilgebiete von Ω, auf denen die Flußabbildung $\mathbf{\Phi}_t$ für alle t oder wenigstens für alle $t \geq 0$ definiert ist.

(a) Eine Teilmenge M von Ω heißt **invariant** (bzw. **positiv invariant**) unter dem Fluß des Vektorfeldes $\mathbf{f}$, wenn für jeden Startpunkt $\boldsymbol{\eta} \in M$ die Lösung $\varphi(t, \boldsymbol{\eta})$ für alle t (bzw. für alle $t \geq 0$) definiert ist und in M verbleibt.

BEISPIELE. (i) Jeder periodische Orbit ist invariant.

(ii) Bei ebenen Systemen ist das Innere eines periodischen Orbits invariant, falls dieses zu Ω gehört.

(iii) Für die logistische DG $\dot{y} = y(1-y)$ ist $[1, \infty[$ positiv invariant, aber nicht invariant, dagegen sind die Intervalle $]0,1[$ und $[0,1]$ invariant.

(iv) Für lineare Systeme $\dot{\mathbf{y}} = A(\mathbf{y})$ auf $\mathbb{R}^n$ ist $\Omega = \mathbb{R}^n$ invariant. In § 3 : 2.7 wurden invariante Teilräume der Form $\operatorname{Kern}(A - \lambda E)^k$ angegeben.

(v) Besitzt das System $\dot{\mathbf{y}} = \mathbf{f}(\mathbf{y})$ eine Ljapunow–Funktion V, so ist die Menge $\{\mathbf{x} \in \Omega \mid V(\mathbf{x}) \leq c\}$ für genügend kleine c positiv invariant, vgl. 5.1 und 5.2.

(b) Ist Ω_0 ein invariantes (bzw. positiv invariantes) Gebiet, so können wir das System $\dot{\mathbf{y}} = \mathbf{f}(\mathbf{y})$ auf Ω_0 einschränken. Wir bezeichnen Ω_0 wieder mit Ω, die Einschränkung von $\mathbf{f}$ auf Ω_0 wieder mit $\mathbf{f}$ und haben dann folgende Situation:

(c) Ein Vektorfeld $\mathbf{f}$ auf Ω erzeugt dort einen **globalen Fluß** $\{\mathbf{\Phi}_t \mid t \in \mathbb{R}\}$, wenn alle Lösungen auf ganz $\mathbb{R}$ definiert sind.
Es erzeugt einen (positiven) **Halbfluß**, wenn alle Lösungen für $t \geq 0$ definiert sind.

(d) SATZ. *Erzeugt das Vektorfeld* $\mathbf{f}$ *einen globalen Fluß, so ist*

$$\mathbf{\Phi}_t : \Omega \to \Omega, \quad \mathbf{x} \mapsto \varphi(t, \mathbf{x})$$

ein orientierungstreuer Diffeomorphismus mit der Gruppeneigenschaft

$$\mathbf{\Phi}_s \circ \mathbf{\Phi}_t = \mathbf{\Phi}_t \circ \mathbf{\Phi}_s = \mathbf{\Phi}_{s+t} \quad \textit{für} \quad s, t \in \mathbb{R}, \ \mathbf{\Phi}_0 = \mathbb{1}_\Omega, \ \mathbf{\Phi}_t^{-1} = \mathbf{\Phi}_{-t}.$$

Erzeugt $\mathbf{f}$ *einen Halbfluß, so gilt wenigstens die Halbgruppeneigenschaft*

$$\mathbf{\Phi}_s \circ \mathbf{\Phi}_t = \mathbf{\Phi}_t \circ \mathbf{\Phi}_s = \mathbf{\Phi}_{s+t} \quad \textit{für } s, t \geq 0 \quad \textit{und} \quad \mathbf{\Phi}_0 = \mathbb{1}_\Omega.$$

BEMERKUNG. Die Gruppeneigenschaft für globale Flüsse stellt eine **Verallgemeinerung des Exponentialgesetzes** § 3 : 1.5 dar: Für ein System $\dot{\mathbf{y}} = A\mathbf{y}$ mit konstanten Koeffizienten ist $\mathbf{\Phi}_t(\mathbf{x}) = \mathrm{e}^{tA}\mathbf{x}$ und $\mathrm{e}^{(s+t)A} = \mathrm{e}^{sA}\mathrm{e}^{tA}$ für alle $s, t \in \mathbb{R}$.

BEWEIS.

(i) Die Halbgruppeneigenschaft von Halbflüssen ergibt sich wie folgt: Für $\mathbf{x} \in \Omega$ und festes $s \geq 0$ ist $\mathbf{u}(t) := \varphi(s+t, \mathbf{x})$ für alle $t \geq 0$ definiert und liefert eine Lösung von $\dot{\mathbf{y}} = \mathbf{f}(\mathbf{y})$ mit $\mathbf{u}(0) = \varphi(s, \mathbf{x})$. Daher gilt $\mathbf{u}(t) = \varphi(t, \varphi(s, \mathbf{x}))$ für alle $t \geq 0$. Durch Vertauschen der Rollen von s und t folgt die Behauptung.

(ii) Die Beziehung $\mathbf{\Phi}_s \circ \mathbf{\Phi}_t = \mathbf{\Phi}_t \circ \mathbf{\Phi}_s = \mathbf{\Phi}_{s+t}$ für alle $s, t \in \mathbb{R}$ folgt bei globalen Flüssen ganz analog. Für diese ist $\mathbf{\Phi}_t : \Omega \to \Omega_t \subset \Omega$ für alle $t \in \mathbb{R}$ ein orientierungstreuer Diffeomorphismus.

Zu zeigen ist $\mathbf{\Phi}_s(\Omega) = \Omega$ und $\mathbf{\Phi}_s^{-1} = \mathbf{\Phi}_{-s}$ für alle $s \in \mathbb{R}$. Sei $\mathbf{y} \in \Omega$, $\mathbf{x} = \varphi(-s, \mathbf{y})$ und $\mathbf{u}(t) := \varphi(t-s, \mathbf{y})$. Dann ist $\mathbf{u}(t)$ eine für alle $t \in \mathbb{R}$ definierte Lösung mit $\mathbf{u}(0) = \mathbf{x}$ und $\mathbf{u}(s) = \mathbf{y}$. Daraus folgt $\mathbf{u}(t) = \varphi(t, \mathbf{x})$, insbesondere $\mathbf{y} = \varphi(s, \mathbf{y})$ und damit $\mathbf{x} = \varphi(-s, \mathbf{y}) = \varphi(-s, \varphi(s, \mathbf{x}))$, also $\mathbf{y} \in \mathbf{\Phi}_s(\Omega)$ und $\mathbf{\Phi}_{-s} \circ \mathbf{\Phi}_s = \mathbb{1}_\Omega$ für alle $s \in \mathbb{R}$. □

6.5 Der Satz von Poincaré–Bendixson

Für ebene autonome Systeme

$$\dot{x} = f(x, y), \quad \dot{y} = g(x, y) \quad \text{auf } \Omega \subset \mathbb{R}^2$$

gilt: Ist K eine nichtleere, kompakte, positiv invariante Teilmenge von Ω ohne Gleichgewichtspunkte, so enthält K mindestens einen periodischen Orbit.

Für den Beweis und Anwendungsbeispiele sei auf [7] 3.9, [10] Ch. 11 und [11] Ch. 7 verwiesen. Für höhere Dimensionen $n \geq 3$ ist dieser Satz nicht gültig.

AUFGABE. Zeigen Sie, daß das System

$$\dot{x} = -y + x(1 - x^2 - y^2), \quad \dot{y} = x + y(2 - x^2 - y^2)$$

im Kreisring $K = \{1 \leq x^2 + y^2 \leq 2\}$ einen periodischen Orbit besitzt.

Anleitung: Setzen Sie $r = \sqrt{x^2 + y^2}$ und zeigen Sie $\frac{d}{dt}\, r^2(t) \geq 0$ für $r \leq 1$ und $\frac{d}{dt}\, r^2(t) \leq 0$ für $r \geq \sqrt{2}$. Der Kreisring K ist daher positiv invariant.

Kapitel III

Partielle Differentialgleichungen, elementare Lösungsmethoden

In diesem einführenden Kapitel behandeln wir einfache Beispiele verschiedener Typen partieller Differentialgleichungen. Wir stellen dazu zwei Lösungsmethoden vor, die insofern elementar sind, als sie sich nur auf die Differential– und Integralrechnung und auf gewöhnliche Differentialgleichungen stützen.

In § 6 werden *Separationsansätze* vorgestellt, die auf Fourierreihen führen. An Vorkenntnissen genügen hierfür die ersten beiden Abschnitte von § 4. In § 15 : 3 werden weitere Beispiele für die Separationsmethode folgen; sie führen uns auf die speziellen Funktionen der mathematischen Physik.

In § 7 wird die *Charakteristikenmethode* für partielle Differentialgleichungen 1. Ordnung dargestellt, ferner werden Systeme von partiellen Differentialgleichungen 1. Ordnung behandelt. Dabei wird die Kenntnis der grundlegenden Theorie gewöhnlicher Differentialgleichungen aus § 2 verwendet (Existenz, Eindeutigkeit und differenzierbare Abhängigkeit von Lösungen).

§ 6 Separationsansätze und Fourierreihen

1 Die schwingende Saite I

1.1 Problemstellungen und Lösungsansatz

Für die Transversalschwingung einer an den Enden eingespannten elastischen Saite entnehmen wir aus § 1, Abschnitt 2 folgende Gleichungen für die vertikale Auslenkung $u(x,t)$ aus der Ruhelage an der Stelle x zur Zeit t:

(a) $\dfrac{\partial^2 u}{\partial t^2}(x,t) = c^2\,\dfrac{\partial^2 u}{\partial x^2}(x,t)$ für $0 < x < L,\ t \in \mathbb{R}$ (*Wellengleichung*),

(b) $u(0,t) = u(L,t) = 0$ für $t \in \mathbb{R}$ (*Randbedingung*).

Von den Lösungen u verlangen wir $u \in \mathrm{C}^2(\overline{\Omega})$; das bedeutet C^2–Differenzierbarkeit in $\Omega = \,]0,L[\, \times \mathbb{R}$ und stetige Fortsetzbarkeit von u und allen partiellen Ableitungen bis zur 2. Ordnung auf $\overline{\Omega}$. Dann macht (a) auch in den Randpunkten $x = 0$ und $x = L$ Sinn, wenn in diesen $\frac{\partial^2 u}{\partial x^2}$ als einseitige Ableitung aufgefasst wird.

Dieses mathematische Modell wird zwei Aspekte der Erfahrung erklären:

• *Jede Saitenschwingung ist eine Überlagerung harmonischer Sinusschwingungen (Grundton und Obertöne).* Wir zeigen: Jede Lösung der Gleichungen (a), (b) besitzt eine Darstellung in Form einer unendlichen Reihe von harmonischen Schwingungen, wobei wir unter einer harmonischen Schwingung eine Lösung der Form

$$u(x,t) = w(t) \sin \tfrac{\pi k}{L} x \quad (k = 1, 2, \ldots)$$

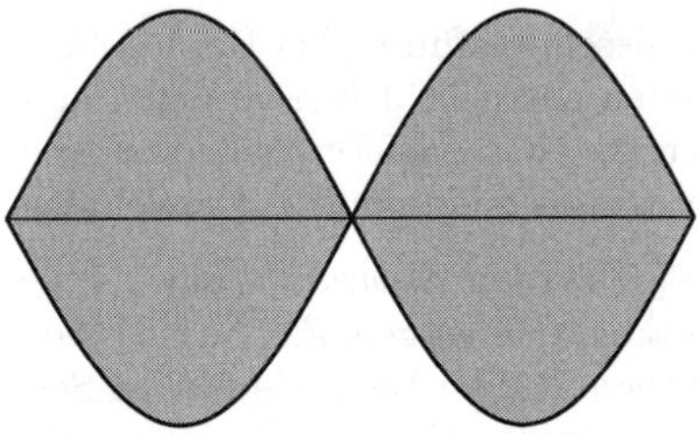

verstehen. Hierbei liefert die Theorie der Fourierreihen das Werkzeug für die Klangsynthese und die Klanganalyse, also die Bestimmung der Amplituden der Grund– und Oberschwingungen.

In der Figur ist eine Langzeitaufnahme einer solchen „stehenden Welle" in starker Überhöhung wiedergegeben.

• *Auslenkungen breiten sich längs der Saite wellenförmig aus.* Dabei wird die Einhaltung der Randbedingungen durch Superposition von ein– und auslaufenden Wellen ermöglicht.

Wir behandeln im folgenden das

Das Anfangs–Randwertproblem. Gegeben seien hinreichend glatte Funktionen $f, g : [0, L] \to \mathbb{R}$ mit $f(0) = f(L) = g(0) = g(L) = 0$. Gesucht ist eine Lösung der Wellengleichung, der Randbedingung und der Anfangsbedingung

$$\text{(c)} \quad u(x,0) = f(x)\,, \quad \frac{\partial u}{\partial t}(x,0) = g(x) \;\text{ für }\; 0 \le x \le L.$$

Nach Definition einer Lösung der Wellengleichung (a) sind als Mindestanforderungen an f und g zu stellen: f, f' und g sind C^1–differenzierbar in $]0, L[$ und stetig in $[0, L]$. Diese Voraussetzungen reichen noch nicht aus; es ist zu klären, in welcher Weise sie verschärft werden müssen.

An die Möglichkeit, beliebige Saitenschwingungen durch Superposition von harmonischen Schwingungen zu gewinnen, knüpft die **Separationsmethode** an, die von Daniel Bernoulli 1753 als eine Methode „von größtem Nutzen" intuitiv erkannt und propagiert wurde. Diese besteht im vorliegenden Fall darin, die Lösung in drei Schritten zu gewinnen:

– Bestimmung sämtlicher Produktlösungen $u(x,t) = v(x)\, w(t)$ von (a) und (b). Dies führt auf gewöhnliche Differentialgleichungen 2. Ordnung für v und w.

– Ansatz für die gesuchte, den Anfangsbedingungen (c) genügende Lösung als Superposition dieser Produktlösungen in Form einer Reihe.

– Nachweis, daß dieser Ansatz wirklich eine Lösung liefert, d.h. daß die Reihe genügend oft gliedweise differenziert werden darf.

1.2 Lösungen in Produktgestalt

Wir suchen nichtverschwindende Lösungen von (a) und (b) in Produktgestalt

$$u(x,t) = v(x)\,w(t) \quad \text{mit} \quad v \in \mathrm{C}^2[0,L]\,, \; w \in \mathrm{C}^2(\mathbb{R})$$

Diese erfüllen die Wellengleichung (a) genau dann, wenn

$$v(x)\,w''(t) = c^2 v''(x)\,w(t)$$

bzw.

$$\frac{w''(t)}{w(t)} = c^2\,\frac{v''(x)}{v(x)}$$

(bis auf Nullstellen der Nenner). Die letzte Gleichung kann nur bestehen, wenn beide Seiten konstant sind: Denn fixieren wir ein t_0 mit $w(t_0) \neq 0$, so folgt $v(x)w''(t_0) = c^2 v''(x) w(t_0)$, somit

$$\text{(I)} \qquad v''(x) + \lambda v(x) = 0 \quad \text{mit} \quad \lambda := -\,\frac{w''(t_0)}{c^2\,w(t_0)}\,.$$

Fixieren wir jetzt ein x_0 mit $v(x_0) \neq 0$ und lassen t laufen, so folgt mit derselben Konstante λ

$$\text{(II)} \qquad w''(t) + c^2\,\lambda\,w(t) = 0\,.$$

Durch den Produktansatz ist die partielle DG (a) in zwei gewöhnliche Differentialgleichungen zerlegt (separiert) worden. Aus der Einspannbedingung (b) folgt $v(0) = v(L) = 0$.

Somit führt (I) auf das Randwertproblem

$$v'' + \lambda v = 0, \quad v(0) = v(L) = 0\,.$$

Dieses kann höchstens für $\lambda > 0$ nichttriviale Lösungen haben. Das läßt sich leicht aus der allgemeinen Lösung der Schwingungsgleichung ablesen. Im Hinblick auf spätere Verallgemeinerungen leiten wir das direkt aus der Differentialgleichung $\lambda v = -v''$ ab. Hierzu multiplizieren wir diese mit v, integrieren von 0 bis L und erhalten unter Beachtung von $v(0) = v(L) = 0$

$$\lambda \int_0^L v^2 = -\int_0^L v v'' = -\,v v' \Big|_0^L + \int_0^L v'^2 = \int_0^L v'^2 > 0\,,$$

denn v kann wegen $v(0) = v(L) = 0$, $v \neq 0$ nicht konstant sein.

Für $\lambda > 0$ hat die DG $v'' + \lambda v = 0$ die allgemeine Lösung

$$v(x) = a\cos\sqrt{\lambda}\,x + b\sin\sqrt{\lambda}\,x \quad \text{mit Konstanten } a, b\,.$$

Aus $v(0) = 0$ folgt $a = 0$, aus $v(L) = 0$ und $b \neq 0$ folgt weiter $\sin\sqrt{\lambda}L = 0$, also $\lambda = (\pi k/L)^2$ mit $k \in \mathbb{N}$ und damit $v(x) = b\,\sin(\pi kx/L)$. Setzen wir λ in die DG (II) ein, so egibt sich

$$w(t) \;=\; \alpha\cos\frac{\pi kc}{L}\,t \,+\, \beta\sin\frac{\pi kc}{L}\,t\,.$$

Wir erhalten somit:

Sämtliche Lösungen des Teilproblems (a), (b) in Produktform sind von der Form

$$\left(a_k\cos\frac{\pi kc}{L}\,t \,+\, b_k\sin\frac{\pi kc}{L}\,t\right)\sin\frac{\pi k}{L}\,x \quad (k = 1, 2, \ldots)$$

mit Konstanten a_k, b_k. Die Glieder dieser Reihe entsprechen den harmonischen Schwingungen der Saite.

1.3 Superposition von Produktlösungen

Wir fragen nun nach der allgemeinen Lösung der Wellengleichung (a) mit der Randbedingung (b). Da (a) und (b) lineare homogene Gleichungen für u darstellen, erfüllt auch jede Linearkombination von Produktlösungen die Bedingungen (a) und (b). Um auch die Anfangsbedingungen (c) mit „beliebigen“ f und g zu erfüllen, werden diese Linearkombinationen nicht genügen. Wir gehen daher noch einen Schritt weiter und vermuten, daß sich die allgemeine Lösung von (a) und (b) als unendliche Reihe

$$u(x,t) \;=\; \sum_{k=1}^{\infty}\left(a_k\cos\frac{\pi kc}{L}t \,+\, b_k\sin\frac{\pi kc}{L}t\right)\sin\frac{\pi k}{L}x\,,$$

(„Superposition harmonischer Schwingungen“) darstellen läßt.

Die Anfangsbedingungen (c) führen dann auf die Gleichungen

$$f(x) \;=\; u(x,0) \;=\; \sum_{n=1}^{\infty} a_k\sin\frac{\pi k}{L}x \quad (0 \le x \le L),$$

$$g(x) \;=\; \frac{\partial u}{\partial t}(x,0) \;=\; \sum_{n=1}^{\infty}\frac{\pi kc}{L}\,b_k\sin\frac{k\pi}{L}x \quad (0 \le x \le L).$$

Beide Gleichungen stellen uns vor das Problem, eine gegebene Funktionen in eine Sinus–Reihe zu entwickeln. Die Bewältigung dieser Aufgabe ist der entscheidende Schritt zur Rechtfertigung des Superpositionsansatzes.

Wir beschäftigen uns daher zunächst mit der fundamentalen Frage nach der Entwickelbarkeit einer gegebenen Funktion in eine solche trigonometrische Reihe. Nach der Klärung dieses Problems im folgenden Abschnitt setzen wir die Behandlung der schwingenden Saite fort.

2 Fourierreihen

In diesem Abschnitt sollen folgende Fragen beantwortet werden:

(a) Welche Funktionen $u : [-\pi, \pi] \to \mathbb{C}$ lassen sich durch trigonometrische Reihen

$$(*) \qquad u(x) = \frac{1}{2} a_0 + \sum_{k=1}^{\infty} (a_k \cos kx + b_k \sin kx)$$

mit geeigneten Koeffizienten a_k, b_k darstellen? (Das in 1.3 formulierte Problem ergibt sich als Spezialfall nach geeigneter Umskalierung der Variablen x, siehe 2.1 (a)).

(b) Sind die Koeffizienten a_k, b_k durch u eindeutig bestimmt, und wie lassen sie sich gegebenenfalls berechnen?

(c) In welchem Sinn konvergiert die Reihe $(*)$?

(d) Wie spiegeln sich Differenzierbarkeitseigenschaften von u im Verhalten der Koeffizienten a_k, b_k wieder?

2.1 Varianten der Reihendarstellung

(a) Für beliebige kompakte Intervalle $[a, b]$ lautet die trigonometrische Reihe

$$f(y) = \frac{1}{2} a_0 + \sum_{k=1}^{\infty} \left(a_k \cos \left(\frac{\pi k}{L}(y - m) \right) + b_k \sin \left(\frac{\pi k}{L}(y - m) \right) \right)$$

mit $m := (a+b)/2$, $L := (b-a)/2$. Diese Reihenentwicklung ist äquivalent zu $(*)$ durch die Umskalierung $u(x) = f(m + Lx/\pi)$ bzw. $f(y) = u(\pi(y-m)/L)$. Im Fall $b = -a = L$ erhalten wir die Reihe

$$f(y) = \tfrac{1}{2} a_0 + \sum_{k=1}^{\infty} \left(a_k \cos \tfrac{\pi k}{L} y + b_k \sin \tfrac{\pi k}{L} y \right) .$$

(b) Für theoretische Zwecke ist es zweckmäßig, $(*)$ in die äquivalente „komplexe Form"

$$(**) \qquad u(x) = \lim_{n \to \infty} \sum_{k=-n}^{n} c_k \, \mathrm{e}^{ikx}$$

zu bringen; dabei ist

$$c_k := \begin{cases} \frac{1}{2} (a_k - i b_k) & \text{für } k > 0 , \\ \frac{1}{2} a_0 & \text{für } k = 0 , \\ \frac{1}{2} (a_{-k} + i b_{-k}) & \text{für } k < 0 , \end{cases}$$

bzw.

$$a_k = c_k + c_{-k}, \quad b_k = i\,(c_k - c_{-k}) \quad \text{für } k \in \mathbb{N} \quad \boxed{\text{ÜA}}.$$

Beachten Sie: Aus der Existenz des Grenzwertes (∗∗) folgt noch nicht die Konvergenz der Reihe $\sum\limits_{k=-\infty}^{\infty} c_k\,\mathrm{e}^{ikx} := \sum\limits_{k=0}^{\infty} c_k\,\mathrm{e}^{ikx} + \sum\limits_{k=1}^{\infty} c_{-k}\,\mathrm{e}^{-ikx}$.

2.2 Die Euler–Fourierschen Formeln

SATZ. *Konvergiert die Reihe*

$$(*) \qquad u(x) = \frac{1}{2}\,a_0 + \sum_{k=1}^{\infty} (a_k \cos kx + b_k \sin kx) = \sum_{k=-\infty}^{\infty} c_k\,\mathrm{e}^{ikx}$$

gleichmäßig auf $[-\pi, \pi]$, *so ist* u *stetig, es gilt* $u(\pi) = u(-\pi)$, *und die Koeffizienten* a_k, b_k, c_k *ergeben sich aus den* **Euler–Fourierschen Formeln**

$$a_k = \tfrac{1}{\pi} \int_{-\pi}^{\pi} u(t) \cos kt\,dt \qquad (k = 0, 1, \ldots),$$

$$b_k = \tfrac{1}{\pi} \int_{-\pi}^{\pi} u(t) \sin kt\,dt \qquad (k = 1, 2, \ldots),$$

$$c_k = \tfrac{1}{2\pi} \int_{-\pi}^{\pi} u(t)\,\mathrm{e}^{-ikt}\,dt \qquad (k \in \mathbb{Z}).$$

Diese Formeln fanden CLAIRAUT 1754 und EULER 1777.

BEWEIS.

Als gleichmäßiger Limes stetiger Funktionen ist u stetig, also machen die angegebenen Integrale Sinn. Wegen der gleichmäßigen Konvergenz ist gliedweise Integration erlaubt, und wir erhalten

$$\begin{aligned}\int_{-\pi}^{\pi} u(t)\,\mathrm{e}^{-int}\,dt &= \int_{-\pi}^{\pi} \Big(\mathrm{e}^{-int} \sum_{k=-\infty}^{\infty} c_k \mathrm{e}^{ikt}\Big)\,dt = \int_{-\pi}^{\pi} \sum_{k=-\infty}^{\infty} c_k\,\mathrm{e}^{i(k-n)t}\,dt \\ &= \sum_{k=-\infty}^{\infty} c_k \int_{-\pi}^{\pi} \mathrm{e}^{i(k-n)t}\,dt = \sum_{k=-\infty}^{\infty} 2\pi c_k \delta_{nk} = 2\pi c_n .\end{aligned}$$

Mit den Umrechnungformeln 2.1 (b) ergeben sich hieraus unmittelbar auch die Integraldarstellungen der a_n, b_n $\boxed{\text{ÜA}}$. □

BEMERKUNGEN. (i) Für $k = 0$ ergibt sich der Mittelwert von u:

$$\tfrac{1}{2}\,a_0 = \tfrac{1}{2\pi} \int_{-\pi}^{\pi} u(t)\,dt .$$

Der Vorfaktor $\frac{1}{2}$ bei a_0 in (∗) erlaubt die einheitliche Integraldarstellung der a_k.

(ii) Für ungerade Funktionen u verschwinden alle a_k, für gerade Funktionen verschwinden alle b_k ÜA.

Unabhängig vom Bestehen der Reihendarstellung $(*)$ definieren wir für jede über $[-\pi, \pi]$ integrierbare Funktion u die **Fourierkoeffizienten** a_k, b_k bzw. c_k durch die Euler–Fourierschen Formeln. Die mit diesen gebildeten Partialsummen

$$s_n(x) := \tfrac{1}{2}\, a_0 + \sum_{k=1}^{n} (a_k \cos kx + b_k \sin kx) = \sum_{k=-n}^{n} c_k \mathrm{e}^{ikx}$$

heißen **Fourierpolynome**, die zugehörige Reihe die **Fourierreihe** von u.

Das **Entwicklungsproblem** lautet: *Unter welchen Voraussetzungen an die gegebene Funktion u konvergiert die Fourierreihe von u gegen u?*

2.3 Stückweis stetige und abschnittsweis glatte Funktionen

(a) Eine Funktion $u : [a, b] \to \mathbb{R}$ heißt **stückweis stetig**, wenn sie höchstens endlich viele Sprungstellen hat und sonst stetig ist. Dabei heißt ein innerer Punkt x **Sprungstelle**, wenn u dort unstetig ist, aber die einseitigen Grenzwerte $u(x-)$ und $u(x+)$ existieren.

Treppenfunktionen und stetige Funktionen sind stückweis stetig.

Die stückweis stetigen Funktionen bilden einen Vektorraum, bezeichnet mit $\mathrm{PC}\,[a, b]$ (von piecewise continuous). Das Produkt zweier PC–Funktionen ist wieder eine PC–Funktion ÜA. Stückweis stetige Funktionen sind integrierbar (Bd. 1, § 11 : 4.1). Für stückweis stetige Funktionen u und injektive C^1–Funktionen φ gilt die Substitutionsregel

$$\int_a^b u(x)\, dx = \int_{\varphi^{-1}(a)}^{\varphi^{-1}(b)} u(\varphi(t))\, \varphi'(t)\, dt .$$

Denn mit u ist auch $u \circ \varphi$ stückweis stetig. Die Behauptung folgt dann durch Aufspaltung des Integrals in Integrale über Teilintervalle ohne Sprungstellen von u im Innern.

(b) Eine Funktion $u : [a, b] \to \mathbb{R}$ heißt **stückweis glatt** ($u \in \mathrm{PC}^1\,[a, b]$), wenn sie stetig ist und überall C^1–differenzierbar mit Ausnahme von höchstens endlich vielen Knickstellen. Dabei heißt $x \in\,]a, b[$ **Knickstelle**, wenn links– und rechtsseitige Ableitung existieren, aber voneinander verschieden sind. Definitionsgemäß gilt $\mathrm{C}^1\,[a, b] \subset \mathrm{PC}^1\,[a, b]$. Setzen wir $u'(x) = 0$ an den Knickstellen, so entsteht eine PC–Funktion u' mit

$$u(y) - u(x) = \int_x^y u'(t)\, dt \quad \text{für } x, y \in [a, b] \qquad \boxed{\text{ÜA}}.$$

Für PC^1–Funktionen bleibt so der Satz über partielle Integration richtig ÜA.

(c) Eine Funktion $u : [a, b] \to \mathbb{R}$ heißt **abschnittsweis glatt**, wenn sie höchstens endlich viele Sprung– oder Knickstellen hat Das soll heißen: Es gibt eine Unterteilung $a = x_0 < \ldots < x_N = b$ des Intervalls $[a, b]$, so daß die Einschränkung von u auf $]x_{k-1}, x_k[$ jeweils zu einer C^1–Funktion u_k auf $[x_{k-1}, x_k]$ fortgesetzt werden kann. Setzen wir $u'(x) = 0$ an den Sprung– oder Knickstellen, so gilt $u,\ u' \in \mathrm{PC}\,[a, b]$. Die abschnittsweis glatten Funktionen bilden einen Vektorraum, der mit u und v auch $u \cdot v$ enthält ÜA.

(d) Für eine stückweis stetige Funktion $u : [-\pi, \pi] \to \mathbb{R}$ bezeichnen wir die 2π–periodische Fortsetzung mit $u_{\mathrm{per}} : \mathbb{R} \to \mathbb{R}$. Neben den periodisch fortgesetzten Sprungstellen von u hat u_{per} zusätzlich die Sprungstellen $(2k+1)\pi$, falls $u(-\pi+) \neq u(\pi-)$.

Alsdann definieren wir die **periodische Standardfortsetzung** von u durch

$$\widetilde{u}(x) := \tfrac{1}{2}\left(u_{\mathrm{per}}(x+) + u_{\mathrm{per}}(x-)\right).$$

Wir erhalten so eine 2π–periodische Funktion $\widetilde{u} : \mathbb{R} \to \mathbb{R}$, wie nebenstehend skizziert.

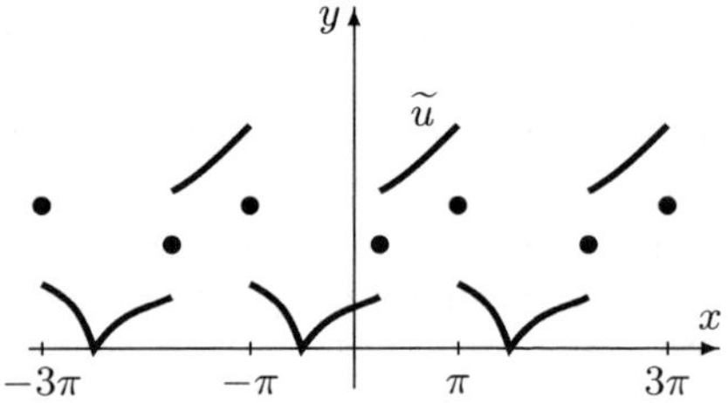

In Sprungstellen von u_{per} ist die periodische Standardfortsetzung das **Sprungmittel** von u_{per}, an allen anderen Stellen stimmt $\widetilde{u}$ mit u_{per} überein.

Die für reellwertige Funktionen eingeführten Begriffe lassen sich unmittelbar auf komplexwertige Funktionen übertragen.

2.4 Punktweise und gleichmäßige Konvergenz der Fourierreihe

SATZ VON DIRICHLET. *Für jede auf $[-\pi, \pi]$ abschnittsweis glatte Funktion u konvergieren die zugehörigen Fourierpolynome s_n für $n \to \infty$ gegen die periodische Standardfortsetzung $\widetilde{u}$, und zwar in folgendem Sinn:*

(a) *$s_n(x) \to \widetilde{u}(x)$ punktweise für jedes $x \in \mathbb{R}$,*

(b) *$s_n(x) \to \widetilde{u}(x)$ gleichmäßig auf jedem kompakten Intervall ohne Sprungstellen von $\widetilde{u}$.*

Wir notieren zunächst die für die Separationsansätze wichtigste Folgerung:

Gleichmäßige Konvergenz für periodische PC^1–Funktionen

Für jede stückweis glatte Funktion u mit $u(\pi) = u(-\pi)$ gilt

$$u(x) = \tfrac{1}{2}\,a_0 + \sum_{k=1}^{\infty} \left(a_k \cos kx + b_k \sin kx\right)$$

gleichmäßig in $[-\pi, \pi]$; dabei sind die a_k, b_k die Fourierkoeffizienten von u.

BEMERKUNGEN.

(i) DIRICHLET bewies 1837 als erster die 1811 von FOURIER ausgesprochene Vermutung über die Entwickelbarkeit „beliebiger" Funktionen in trigonometrische Reihen. Dieser Beweis war ein bedeutender Beitrag zum Prozess der zunehmenden Schärfung analytischer Grundbegriffe wie Konvergenz, Reihe, Funktion, Integral im 19. Jahrhundert.

(ii) Die an die zu entwickelnde Funktion u gestellte Bedingung der abschnittsweisen Glattheit ist leicht verifizierbar und erfaßt die meisten in der Praxis wichtigen Fälle. Diese Bedingung läßt sich abschwächen; schon DIRICHLET verwendete eine schwächere Voraussetzung. Stetigkeit von u allein reicht jedoch nicht für die punktweise Konvergenz der Fourierreihe, wie (raffinierte) Beispiele zeigen, siehe [40], [46].

(iii) **Gibbssches Phänomen**. In der Nähe einer Sprungstelle von $\widetilde{u}$ kann die Folge s_n nicht gleichmäßig konvergieren. Tatsächlich beobachten wir dort eine verstärkte Oszillation der Fourierpolynome wie in der Figur (Fourierpolynome s_5 und s_{14} der Sägezahnfunktion $u(x) = x$ für $|x| \leq \pi$).

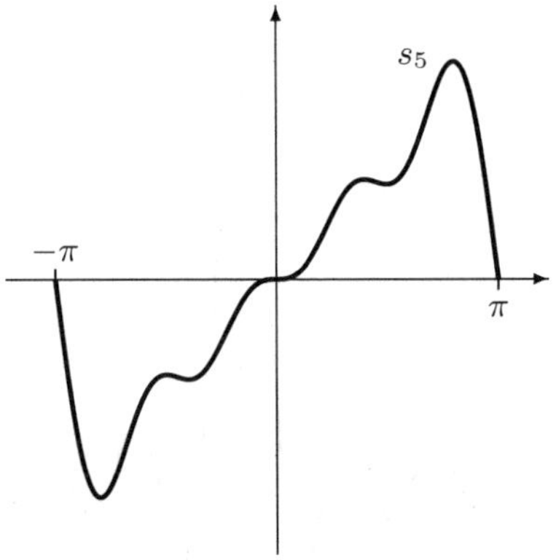

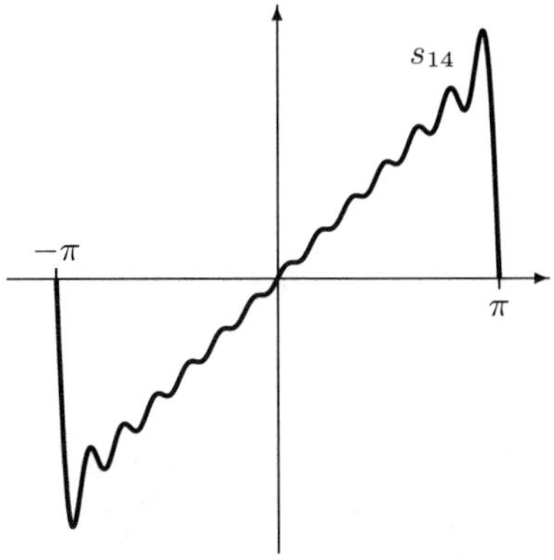

Allgemein läßt sich folgendes zeigen [2, I] II § 9: Ist x eine Sprungstelle von $\widetilde{u}$, so gilt für das nächstgelegene Maximum M_n und das nächstgelegene Minimum m_n von s_n

$$\lim_{n\to\infty} (M_n - m_n) = \delta\,|\,\widetilde{u}(x+) - \widetilde{u}(x-)\,| \quad \text{mit} \quad \delta = \frac{2}{\pi}\int_0^\pi \frac{\sin t}{t}\,dt \approx 1.18\,.$$

2.5 Beweis des Satzes von Dirichlet

(a) *Integraldarstellung der Fourierpolynome.* Nach 2.2 gilt

$$s_n(x) = \sum_{k=-n}^{n} c_k \mathrm{e}^{ikx} \quad \text{mit} \quad c_k = \tfrac{1}{2\pi} \int_{-\pi}^{\pi} \mathrm{e}^{-ikt} u(t)\, dt\,, \quad \text{also}$$

$$\begin{aligned} s_n(x) &= \tfrac{1}{2\pi} \sum_{k=-n}^{n} \int_{-\pi}^{\pi} \mathrm{e}^{ik(x-t)} u(t)\, dt = \int_{-\pi}^{\pi} \tfrac{1}{2\pi} u(t) \sum_{k=-n}^{n} \mathrm{e}^{ik(x-t)}\, dt \\ &= \int_{-\pi}^{\pi} D_n(x-t) u(t)\, dt = \int_{-\pi}^{\pi} D_n(x-t)\, \widetilde{u}(t)\, dt \end{aligned}$$

mit dem **Dirichlet–Kern**

$$D_n(s) = \frac{1}{2\pi} \sum_{k=-n}^{n} \mathrm{e}^{iks} = \begin{cases} \dfrac{1}{2\pi}\,(2n+1)\,, & \text{falls } \mathrm{e}^{is} = 1, \\[2ex] \dfrac{1}{2\pi}\, \dfrac{\sin(n+\frac{1}{2})s}{\sin \frac{1}{2}s} & \text{sonst.} \end{cases}$$

(Nachweis als ÜA: Wenden Sie auf $\sum\limits_{k=-n}^{n} \mathrm{e}^{iks} = \mathrm{e}^{-ins} \sum\limits_{k=0}^{2n} (\mathrm{e}^{is})^k$ für $\mathrm{e}^{is} \neq 1$ die geometrische Summenformel an und erweitern Sie mit $\mathrm{e}^{-is/2}$.)

(b) *Eigenschaften des Dirichlet–Kerns.* D_n ist stetig, gerade und 2π–periodisch. Weiter gilt

$$\int_{-\pi}^{\pi} D_n = \tfrac{1}{2\pi} \sum_{k=-n}^{n} \int_{-\pi}^{\pi} \mathrm{e}^{iks}\, ds = 1$$

und daher wegen $D_n(s) = D_n(-s)$

(1) $$\int_0^{\pi} D_n = \int_{-\pi}^{0} D_n = \tfrac{1}{2}\,.$$

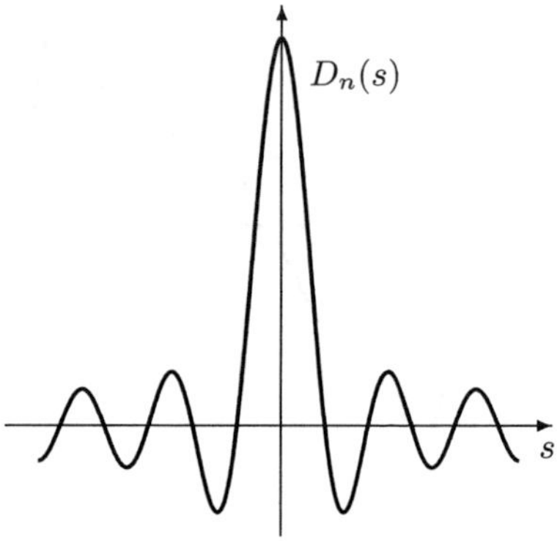

(c) *Umformung der Fourierpolynome.* Aus der Darstellung (a) erhalten wir wegen der 2π–Periodizität des Integranden

$$s_n(x) = \int_{x-\pi}^{x+\pi} D_n(x-t)\, \widetilde{u}(t)\, dt = \int_{x-\pi}^{x} D_n(x-t)\, \widetilde{u}(t)\, dt + \int_{x}^{x+\pi} D_n(x-t)\, \widetilde{u}(t)\, dt\,.$$

Substitution $s = x - t$ im ersten Integral bzw. $s = t - x$ im zweiten ergibt gemäß 2.3 (a) unter Berücksichtigung von $D_n(-s) = D_n(s)$

(2) $$s_n(x) = \int_0^{\pi} D_n(s)\, (\, \widetilde{u}(x-s) + \widetilde{u}(x+s)\,)\, ds = \int_{-\pi}^{\pi} D_n(s)\, \widetilde{u}(x+s)\, ds\,.$$

(d) *Konvergenz* $s_n(x) \to \widetilde{u}(x)$. Sei S die Menge der Sprung– oder Knickstellen von $\widetilde{u}$ und

$$M := 1 + \sup\left\{\,\left|u'(t)\right| \;\middle|\; t \in [-\pi,\pi]\setminus S\right\}.$$

Wir betrachten eine feste Stelle $x \in \mathbb{R}$ und bezeichnen mit $d(x)$ ihren Abstand zum nächstgelegenen, von x verschiedenen Punkt von S. ($d(x) := 1$, falls $S = \emptyset$.) Wegen $\widetilde{u}(x) = \frac{1}{2}(\widetilde{u}(x+) + \widetilde{u}(x-))$ folgt aus (1), (2)

$$\begin{aligned} s_n(x) - \widetilde{u}(x) &= \int_{-\pi}^{\pi} D_n(s)\,(\widetilde{u}(x+s) - \widetilde{u}(x))\,ds \\ &= \int_0^{\pi} D_n(s)\,(\widetilde{u}(x-s) - \widetilde{u}(x-))\,ds + \int_0^{\pi} D_n(s)\,(\widetilde{u}(x+s) - \widetilde{u}(x+))\,ds. \end{aligned} \tag{3}$$

Es genügt, das zweite Integral zu untersuchen. Wir definieren f durch

$$f(s) := \widetilde{u}(x+s) - \widetilde{u}(x+) \quad \text{für } s > 0\,, \quad f(0) := 0\,.$$

f ist C^1–differenzierbar in $[0, d(x)[$ und abschnittsweis glatt ausserhalb dieses Intervalls. Nach 2.3 (b) folgt $|f(s)| = \left|\int_0^s \widetilde{u}'(x+t)\,dt\right| \le M\,s$ für $0 \le s < d(x)$, also

$$|D_n(s)\,f(s)| \le \frac{M}{2\pi}\cdot\frac{s}{\sin\frac{1}{2}s} \le MC \quad \text{für } 0 \le s < d(x)$$

mit einer geeigneten Konstanten C.

Sei jetzt $\varepsilon > 0$ vorgegeben. Wir wählen $\varrho = \varrho(\varepsilon, x) := \min\left\{\frac{1}{2}\,d(x), \varepsilon/4MC\right\}$. Dann erhalten wir für das zweite Integral in (3)

$$\left|\int_0^{\pi} D_n f\right| \le \left|\int_0^{\varrho} D_n f\right| + \left|\int_{\varrho}^{\pi} D_n f\right| \le \frac{\varepsilon}{4} + \left|\int_{\varrho}^{\pi} D_n f\right|. \tag{4}$$

Zur Untersuchung von $\int_{\varrho}^{\pi} D_n f$ setzen wir

$$g(s) := \frac{f(s)}{\sin\frac{1}{2}s}\,.$$

Nach der Abschätzung oben gilt $|g(s)| \le MC$ für $0 < s < d(x)$, also ist g beschränkt: $|g(s)| \le K$ für $0 < s \le \pi$. Sind $s_1 < \cdots < s_{m-1}$ die Sprung– oder Knickstellen von $\widetilde{u}$ in $[\varrho, \pi]$ und setzen wir $s_0 := \varrho$, $s_m := \pi$, so ergibt partielle Integration

$$\begin{aligned} 2\pi \int_{\varrho}^{\pi} f(s)\,D_n(s)\,ds &= \int_{\varrho}^{\pi} g(s)\,\sin(n+\tfrac{1}{2})s\,ds = \sum_{k=1}^{m}\int_{s_{k-1}}^{s_k} g(s)\,\sin(n+\tfrac{1}{2})s\,ds \\ &= \frac{1}{n+\frac{1}{2}}\Big[-\sum_{k=1}^{m}\big(g(s)\,\cos(n+\tfrac{1}{2})s\big)\Big|_{s_{k-1}}^{s_k} + \int_{\varrho}^{\pi} g'(s)\,\cos(n+\tfrac{1}{2})s\,ds\,\Big]. \end{aligned}$$

Sei N die Gesamtzahl der Sprung– oder Knickstellen von $\widetilde{u}$ in $[-\pi,\pi]$, ferner $M_\varrho := 1 + \sup\{|g'(s)| \mid s \in [\varrho,\pi] \setminus S\}$. Damit erhalten wir

$$(5) \qquad \Big| \int_\varrho^\pi D_n f \Big| < \tfrac{1}{n}(2N \cdot K + \pi M_\varrho) =: \tfrac{1}{n} C_\varrho .$$

Für $n > 4C_\varrho/\varepsilon$ wird also $\Big| \int_0^\pi D_n f \Big| < \frac{\varepsilon}{4}$.

Die Abschätzung für das erste Integral in (3) verläuft analog.

(e) *Gleichmäßige Konvergenz.* Die Zahl ϱ hängt definitionsgemäß von ε und x ab. Ist aber $[a,b]$ ein kompaktes Intervall ohne Sprungstellen von $\widetilde{u}$, also mit positivem Abstand δ zu S, so gilt $d(x) \geq \delta$ für alle $x \in [a,b]$. Wählen wir zu gegebenem $\varepsilon > 0$ jetzt $\varrho = \varrho(\varepsilon) := \min\left\{\frac{1}{2}\delta, \varepsilon/4MC\right\}$, so gilt die Abschätzung (4) für alle $x \in [a,b]$, und die Konstanten M_ϱ, C_ϱ in (5) hängen nur von ε, nicht von x ab. □

2.6 Aufgaben

(a) Bestimmen Sie für folgende Funktionen u die Fourierreihe. Diskutieren Sie deren Konvergenzverhalten, und skizzieren Sie die ersten Fourierpolynome:

(i) $$u(x) = \begin{cases} 1 & \text{für } 0 \leq x \leq \pi , \\ -1 & \text{für } -\pi \leq x < 0 . \end{cases}$$

(ii) $u(x) = x$ für $|x| \leq \pi$. ($\widetilde{u}$ beschreibt eine Sägezahnfunktion, wie sie bei Kippschwingungen auftritt, vgl. die Figur in 2.4.)

(iii) $u(x) = |\sin x|$ für $|x| \leq \pi$.

(b) Für $u \in \mathrm{C}^2[-\pi,\pi]$ seien a_n, b_n die Fourierkoeffizienten von u und

$$a_n'' := \frac{1}{\pi} \int_{-\pi}^{\pi} u''(x) \cos nx \, dx , \qquad b_n'' := \frac{1}{\pi} \int_{-\pi}^{\pi} u''(x) \sin nx \, dx$$

die Fourierkoeffizienten von u''. Zeigen Sie mit partieller Integration, daß

$$a_n'' = -\frac{1}{n^2} a_n , \quad \text{falls } u'(-\pi) = u'(\pi) ,$$

$$b_n'' = -\frac{1}{n^2} b_n , \quad \text{falls } u(-\pi) = u(\pi) .$$

(c) Entwickeln Sie $\frac{1}{4}x^2$ in eine Fourierreihe und folgern Sie die Eulerschen Formeln

$$\sum_{n=1}^{\infty} \frac{1}{n^2} = \frac{\pi^2}{6} , \qquad \sum_{n=1}^{\infty} (-1)^{n-1} \frac{1}{n^2} = \frac{\pi^2}{12} .$$

2.7 Das Abklingverhalten der Fourierkoeffizienten

SATZ. (a) *Für die Fourierkoeffizienten* $c_k = \frac{1}{2\pi}\int\limits_{-\pi}^{\pi} u(t)\,\mathrm{e}^{-ikt}\,dt$ *einer stückweis stetigen Funktion* u *auf* $[-\pi,\pi]$ *gilt*

$$\sum_{k=-\infty}^{\infty} |\,c_k\,|^2 < \infty\,, \quad \lim_{|\,k\,|\to\infty} c_k = 0\,.$$

(b) *Für* $u \in \mathrm{PC}^1[-\pi,\pi]$ *mit* $u(\pi) = u(-\pi)$ *gilt*

$$\sum_{k=-\infty}^{\infty} |k\,c_k|^2 < \infty\,, \quad \sum_{k=-\infty}^{\infty} |\,c_k\,| < \infty\,, \quad \lim_{|\,k\,|\to\infty} k\,c_k = 0\,.$$

(c) *Ist* u C^r*-differenzierbar,* $u^{(r)} \in \mathrm{PC}^1[-\pi,\pi]$ *und* $u^{(m)}(\pi) = u^{(m)}(-\pi)$ *für* $m = 0,\ldots,r$*, so gilt*

$$\sum_{k=-\infty}^{\infty} \left|\,k^{r+1}c_k\,\right|^2 < \infty\,, \quad \sum_{k=-\infty}^{\infty} |\,k^r c_k\,| < \infty\,.$$

Je glatter also eine periodische Funktion ist, desto schneller fallen ihre Fourierkoeffizienten ab.

Für die reellen Fourierkoeffizienten a_k, b_k gelten gemäß 2.1 (b) ganz analoge Abklingbedingungen.

BEWEIS.

(a) Wir stellen zunächst fest, daß mit den Bezeichnungen 2.3 (e)

$$V := \{u \in \mathrm{PC}[-\pi,\pi] \;\mid\; u(x) = \widetilde{u}(x) \;\text{ für }\; x \in [-\pi,\pi]\}$$

ein $\mathbb{C}$–Vektorraum ist, auf dem $\langle u\,, v\rangle := \frac{1}{2\pi}\int\limits_{-\pi}^{\pi} \overline{u}\,v$ ein Skalarprodukt liefert, letzteres wegen der Festlegung der Funktionswerte an den Sprungstellen [ÜA]. Durch $v_k(x) = \mathrm{e}^{ikx}$ $(k \in \mathbb{Z})$ ist ein ONS in V gegeben mit $c_k = \langle v_k\,, u\rangle$. Aus der Besselschen Ungleichung § 9 : 4.3 oder Bd. 1, § 19 : 2.5 ergibt sich für beliebige $m, n \in \mathbb{N}$

$$\sum_{k=-n}^{m} |\,c_k\,|^2 \;=\; \sum_{k=-n}^{m} |\,\langle v_k\,, u\rangle\,|^2 \;\le\; \|u\|^2 \;=\; \frac{1}{2\pi}\int\limits_{-\pi}^{\pi} |\,u\,|^2 \;<\; \infty\,.$$

(b) Für PC^1–Funktionen ist nach 2.3 (b) partielle Integration erlaubt. Es folgt

$$c_k \;=\; \frac{1}{2\pi}\int\limits_{-\pi}^{\pi} u(t)\,\mathrm{e}^{-ikt}\,dt \;=\; \frac{u(t)\,\mathrm{e}^{-ikt}}{-2ik\pi}\Bigg|_{-\pi}^{\pi} \;+\; \frac{1}{2\pi ik}\int\limits_{-\pi}^{\pi} u'(t)\,\mathrm{e}^{-ikt}\,dt \;=\; \frac{c_k'}{ik},$$

wobei c_k' die Fourierkoeffizienten von $u' \in \mathrm{PC}[-\pi, \pi]$ sind. Dabei wurde ausgenützt, daß $\mathrm{e}^{-ik\pi} = \mathrm{e}^{ik\pi}$ und $u(\pi) = u(-\pi)$. Nach (a) gilt $\sum |c_k'|^2 < \infty$, also konvergiert $\sum |c_k|$ wegen

$$|c_k| = \tfrac{1}{|k|}\,|c_k'| \le \tfrac{1}{2}\left(|c_k'|^2 + \tfrac{1}{k^2}\right)$$

nach dem Majorantenkriterium.

(c) ergibt sich durch mehrfache Anwendung von (b) oder mehrfache partielle Integration ÜA.

(d) Nach 2.1 (b) gilt $a_k = c_k + c_{-k}$, $b_k = i\,(c_k - c_{-k})$, also

$$|a_k|, |b_k| \le |c_k| + |c_{-k}|, \qquad |a_k|^2, |b_k|^2 \le 2|c_k|^2 + 2|c_{-k}|^2. \qquad \square$$

2.8 Gleichmäßige Entwicklung in Sinus– und Kosinusreihen

(a) *Jede* PC^1*–Funktion* u *auf* $[0, L]$ *mit* $u(0) = u(L) = 0$ *läßt sich in eine gleichmäßig konvergente* **Sinusreihe** *entwickeln:*

$$u(x) = \sum_{k=1}^{\infty} b_k \sin\frac{\pi k x}{L} \quad \textit{mit} \quad b_k = \frac{2}{L}\int_0^L u(t)\sin\frac{\pi k t}{L}\,dt\,.$$

Dabei gilt $\sum\limits_{k=1}^{\infty} |b_k| < \infty$ *sowie*

$$\sum_{k=1}^{\infty} k\,|b_k| < \infty\,, \quad \textit{falls zusätzlich } u \in \mathrm{C}^2[0, L]\,,$$

$$\sum_{k=1}^{\infty} k^2\,|b_k| < \infty\,, \quad \textit{falls zusätzlich } u \in \mathrm{C}^3[0, L] \textit{ und } u''(0) = u''(L) = 0.$$

(b) *Jede* PC^1*–Funktion* u *auf* $[0, L]$ *besitzt eine gleichmäßig konvergente Entwicklung in eine* **Kosinusreihe**

$$u(x) = \frac{1}{2}\,a_0 + \sum_{k=1}^{\infty} a_k \cos\frac{\pi k x}{L} \quad \textit{mit} \quad a_k = \frac{2}{L}\int_0^L u(t)\cos\frac{\pi k t}{L}\,dt\,.$$

Es gilt $\sum\limits_{k=0}^{\infty} |a_k| < \infty$, *sowie*

$$\sum_{k=1}^{\infty} k\,|a_k| < \infty\,, \quad \textit{falls } u \in \mathrm{C}^2[0, L] \textit{ und } u'(0) = u'(L) = 0\,,$$

$$\sum_{k=1}^{\infty} k^2\,|a_k| < \infty\,, \quad \textit{falls } u \textit{ zusätzlich } \mathrm{C}^3\textit{–differenzierbar ist.}$$

Es genügt, den Beweis für das Intervall $[0, \pi]$ zu führen. Denn mit $v(t) := u(Lt/\pi)$ gilt

$$u(x) = \sum_{k=1}^{\infty} b_k \sin\tfrac{k\pi}{L}x \ \text{ für } x \in [0, L] \iff v(t) = \sum_{k=1}^{\infty} b_k \sin kt \ \text{ für } t \in [0, \pi]$$

und

$$b_k = \frac{2}{L}\int_0^L u(t)\sin\tfrac{k\pi}{L}t\,dt = \frac{2}{L}\int_0^L v(\tfrac{\pi}{L}t)\sin\tfrac{k\pi t}{L}\,dt = \frac{2}{\pi}\int_0^\pi v(s)\sin ks\,ds\,.$$

Zum Beweis definieren wir für $u \in \mathrm{PC}^1[0,\pi]$ die ungerade Fortsetzung f und die gerade Fortsetzung g auf $[-\pi,\pi]$ durch

$$f(x) := \begin{cases} u(x) & \text{für } x \geq 0 \\ -u(-x) & \text{für } x < 0 \end{cases}, \quad g(x) := \begin{cases} u(x) & \text{für } x \geq 0 \\ u(-x) & \text{für } x < 0 \end{cases}.$$

HILFSSATZ. *Es gilt:*

$f \in \mathrm{PC}^1[-\pi,\pi],\ f(\pi) = f(-\pi) \iff u(0) = u(\pi) = 0.$

$f \in \mathrm{C}^1[-\pi,\pi],\ f(\pi) = f(-\pi) \iff u \in \mathrm{C}^1[0,\pi],\ u(0) = u(\pi) = 0.$

$f \in \mathrm{C}^2[-\pi,\pi],\ f(\pi) = f(-\pi),\ f'(\pi) = f'(-\pi) \iff$ *zusätzlich gilt* $u \in \mathrm{C}^2[0,\pi]$, $u''(0) = 0.$

$f \in \mathrm{C}^3[-\pi,\pi],\ f^{(m)}(\pi) = f^{(m)}(-\pi)$ *für* $m = 0,1,2 \iff u \in \mathrm{C}^3[0,\pi]$, $u(0) = u''(0) = u(\pi) = u''(\pi) = 0.$

$g \in \mathrm{PC}^1[-\pi,\pi],\ g(\pi) = g(-\pi) = 0.$

$g \in \mathrm{C}^1[-\pi,\pi] \iff u'(0) = 0.$

$g \in \mathrm{C}^2[-\pi,\pi],\ g(\pi) = g(-\pi),\ g'(\pi) = g'(-\pi) \iff$ *zusätzlich gilt* $u \in \mathrm{C}^2[0,\pi]$, $u'(0) = u'(\pi) = 0.$

$g \in \mathrm{C}^2[-\pi,\pi],\ g'' \in \mathrm{PC}^1[-\pi,\pi],\ g^{(m)}(\pi) = g^{(m)}(-\pi)$ *für* $m = 0,1,2 \iff$ $u \in \mathrm{C}^3[0,\pi],\ u'(0) = u'(\pi) = 0.$

Beweis als [ÜA]. Beachten Sie, daß f', f''', g'' gerade und f'', g', g''' ungerade Funktionen sind.

BEWEIS von 2.8.
Die Fortsetzungen f, g von u erfüllen die Voraussetzungen für die gleichmäßige Entwickelbarkeit nach 2.4. Für die Fourierkoeffizienten von f gilt

$$a_k = 0, \quad b_k = \frac{1}{\pi}\int_{-\pi}^{\pi} f(t)\sin kt\,dt = \frac{2}{\pi}\int_0^\pi u(t)\sin kt\,dt\,,$$

da $f(t)\cos kt$ ungerade und $f(t)\sin kt$ gerade ist.

Entsprechend gilt für die Fourierkoeffizienten von g

$$a_k = \frac{2}{\pi}\int_0^\pi u(t)\cos kt\,dt\,, \quad b_k = 0\,.$$

Für die übrigen Behauptungen beachten wir 2.7 und das Lemma. □

2.9 Der Weierstraßsche Approximationssatz

Jede auf einem kompakten Intervall $[a,b]$ stetige Funktion f ist dort gleichmäßiger Limes einer Folge von Polynomen.

Beweis.

(a) Es genügt, das Intervall $\left[-\frac{\pi}{2},\frac{\pi}{2}\right]$ zugrundezulegen. Der allgemeine Fall läßt sich durch Umskalierung auf diesen zurückführen.

(b) Sei $\varepsilon > 0$ gegeben. Da f auf $\left[-\frac{\pi}{2},\frac{\pi}{2}\right]$ gleichmäßig stetig ist, gibt es eine Polygonfunktion g, d.h. eine Funktion, deren Graph ein Streckenzug ist, so daß $|\,f(x) - g(x)\,| < \varepsilon$ für alle $x \in \left[-\frac{\pi}{2},\frac{\pi}{2}\right]$.

(c) Diese setzen wir zu einer Polygonfunktion G auf $[-\pi,\pi]$ mit $G(\pi) = G(-\pi)$ fort. Da G stückweis glatt ist, gibt es nach 2.4 ein Fourierpolynom S mit

$$|\,S(x) - G(x)\,| < \varepsilon \quad \text{für alle } x \in [-\pi,\pi]\,.$$

(d) S ist analytisch auf $\mathbb{R}$, also durch eine auf $\left[-\frac{\pi}{2},\frac{\pi}{2}\right]$ gleichmäßig konvergente Taylorreihe um den Nullpunkt entwickelbar. Wir wählen eine Teilsumme p dieser Potenzreihe mit $|p(x) - S(x)| < \varepsilon$ für $|x| < \frac{\pi}{2}$ und haben so ein Polynom p gewonnen mit

$$|\,f(x) - p(x)\,| < 3\varepsilon \quad \text{für } -\frac{\pi}{2} \le x \le \frac{\pi}{2}\,. \qquad \square$$

3 Die schwingende Saite II

3.1 Entwicklungs- und Eindeutigkeitssatz für die schwingende Saite

Jede Saitenschwingung entsteht durch Superposition von harmonischen Schwingungen. Der zeitliche Ablauf ist durch die Auslenkung und die Transversalgeschwindigkeit zum Startzeitpunkt eindeutig bestimmt:

Satz. *Jede Lösung u der Wellengleichung*

$$\frac{\partial^2 u}{\partial t^2} = c^2\,\frac{\partial^2 u}{\partial x^2}$$

mit $u(0,t) = u(L,t) = 0$ besitzt in $[0,L] \times \mathbb{R}$ eine Reihendarstellung

$$(*) \qquad u(x,t) = \sum_{k=1}^{\infty} \left(a_k \cos\frac{\pi k c}{L}t + b_k \sin\frac{\pi k c}{L}t\right) \sin\frac{\pi k}{L}x\,,$$

vgl. 1.3. Die Koeffizienten sind durch $u(x,0)$, $\frac{\partial u}{\partial t}(x,0)$ eindeutig bestimmt:

$$a_k = \frac{2}{L}\int_0^L u(x,0)\sin\frac{\pi k}{L}x\,dx\,, \quad b_k = \frac{2}{\pi k c}\int_0^L \frac{\partial u}{\partial t}(x,0)\sin\frac{\pi k}{L}x\,dx\,.$$

Die Reihe $(*)$ *hat die konvergente Majorante* $\sum(|a_k|+|b_k|)$, *konvergiert also absolut und gleichmäßig.*

BEWEIS.

(a) *Fourierentwicklung bei festem* t. Nach der Problemstellung 1.1 ist die Funktion $u_t : x \mapsto u(x,t)$ für jedes $t \in \mathbb{R}$ C^2–differenzierbar in $[0,L]$, und es gilt $u_t(0) = u_t(L) = 0$. Aus dem Entwicklungssatz 2.8 (a) ergibt sich

$$u(x,t) = u_t(x) = \sum_{k=1}^{\infty} c_k(t) \sin \frac{\pi k}{L} x \quad \text{mit} \quad c_k(t) = \frac{2}{L} \int_0^L u(x,t) \sin \tfrac{\pi k}{L} x \, dx$$

gleichmäßig bezüglich $x \in [0,L]$ bei festem t.

(b) *Die Gestalt der Fourierkoeffizienten* $c_k(t)$. Die Wellengleichung liefert unter Verwndung des Satzes über Parameterintegrale (Bd. 1, § 23 : 2.3)

$$\ddot{c}_k(t) = \frac{2}{L} \int_0^L \frac{\partial^2 u}{\partial t^2}(x,t) \sin \frac{\pi k x}{L} \, dx = \frac{2c^2}{L} \int_0^L \frac{\partial^2 u}{\partial x^2}(x,t) \sin \frac{\pi k x}{L} \, dx \, .$$

Durch zweimalige partielle Integration folgt ÜA

$$\ddot{c}_k(t) = -\frac{2}{L} \left(\frac{\pi k c}{L}\right)^2 \int_0^L u(x,t) \sin \frac{\pi k x}{L} \, dx = -\left(\frac{\pi k c}{L}\right)^2 c_k(t) \, ,$$

d.h. c_k erfüllt die Schwingungsgleichung $\ddot{c}_k + (\pi k c/L)^2 \, c_k = 0$. Es folgt

$$c_k(t) = a_k \cos \frac{\pi k c}{L} t + b_k \sin \frac{\pi k c}{L} t$$

mit geeigneten a_k, b_k.

(c) *Bestimmung der Koeffizienten* a_k, b_k. Wir setzen

$$f(x) := u(x,0) \quad \text{und} \quad g(x) := \frac{\partial u}{\partial t}(x,0) \, .$$

Dann gilt

$$\text{(1)} \qquad a_k = c_k(0) = \frac{2}{L} \int_0^L u(x,0) \sin \frac{\pi k x}{L} \, dx = \frac{2}{L} \int_0^L f(x) \sin \frac{\pi k x}{L} \, dx \, .$$

Nach dem Satz über Parameterintegrale ergibt sich weiter

$$\text{(2)} \qquad \frac{\pi k c}{L} b_k = \dot{c}_k(0) = \frac{2}{L} \int_0^L \frac{\partial u}{\partial t}(x,0) \sin \frac{\pi k x}{L} \, dx = \frac{2}{L} \int_0^L g(x) \sin \frac{\pi k x}{L} \, dx \, .$$

(d) *Gleichmäßige Konvergenz in* $[0, L] \times \mathbb{R}$.

Nach Voraussetzung gilt $f \in \mathrm{C}^2[0, L]$, $f(0) = f(L) = 0$. Daher konvergiert die Reihe $\sum\limits_{k=1}^{\infty} |a_k|$ nach 2.8 (a).

Wegen $g \in \mathrm{C}[0, L]$ und (2) konvergiert die Reihe $\sum\limits_{k=1}^{\infty} |k b_k|^2$ nach 2.7 (d). Nun ist

$$|b_k| = |k b_k| \tfrac{1}{k} \le \tfrac{1}{2} \left(|k b_k|^2 + \tfrac{1}{k^2} \right),$$

also konvergiert die Reihe $\sum\limits_{k=1}^{\infty} |b_k|$. Nach dem Majorantenkriterium folgt die gleichmäßige Konvergenz der Reihe (∗) in $[0, L] \times \mathbb{R}$. □

3.2 Lösung des Anfangs–Randwertproblems mit der Separationsmethode

Nach dem Entwicklungssatz 3.1 hat jede Lösung der Wellengleichung mit der Einspannbedingung notwendig die Gestalt (∗). Wir zeigen jetzt die Existenz einer Lösung des Anfangs–Randwertproblems von 1.1

$$\frac{\partial^2 u}{\partial t^2} = c^2 \frac{\partial^2 u}{\partial x^2}, \quad u(0, t) = u(L, t) = 0, \quad u(x, 0) = f(x), \quad \frac{\partial u}{\partial t}(x, 0) = g(x).$$

Dazu kehren wir die Argumentation in 3.1 um und machen daraus ein konstruktives Lösungsverfahren auf der Basis der Separationsmethode.

Existenzsatz. *Gegeben seien Anfangswerte* $f \in \mathrm{C}^3[0, L]$, $g \in \mathrm{C}^2[0, L]$ *mit*

$$f(0) = f(L) = f''(0) = f''(L) = 0, \quad g(0) = g(L) = 0.$$

Setzen wir

$$a_k = \frac{2}{L} \int_0^L f(x) \sin \frac{\pi k x}{L} \, dx, \quad b_k = \frac{2}{\pi k c} \int_0^L g(x) \sin \frac{\pi k x}{L} \, dx,$$

so ist durch

$$u(x, t) = \sum_{k=1}^{\infty} \left(a_k \cos \frac{\pi k t}{L} + b_k \sin \frac{\pi k t}{L} \right) \sin \frac{\pi k x}{L}$$

eine Lösung $u \in \mathrm{C}^2([0, L] \times \mathbb{R})$ *des Anfangs–Randwertproblems gegeben.*

Bemerkung. Ein weiterer Existenzbeweis unter schwächeren Differenzierbarkeitsbedingungen an die Anfangswerte wird in 3.4 gegeben.

Beweis.

Nach 2.8 (a) konvergieren die Reihen $\sum\limits_{k=1}^{\infty} k^2|a_k|$, $\sum\limits_{k=1}^{\infty} k^2|b_k|$. Die erste ist eine Majorante für $\sum\limits_{k=1}^{\infty}|a_k|$ und $\sum\limits_{k=1}^{\infty} k\,|a_k|$, die zweite eine Majorante für $\sum\limits_{k=1}^{\infty}|b_k|$ und $\sum\limits_{k=1}^{\infty} k\,|b_k|$. Daher gilt:

(a) Die Reihe $(*)$ hat die Majorante $\sum(|a_k|+|b_k|)$, konvergiert also gleichmäßig für $(x,t)\in\mathbb{R}^2$ und stellt eine dort stetige Funktion u dar.

(b) Die gliedweise nach t differenzierte Reihe ist gleichmäßig konvergent, denn sie hat die Majorante $\text{const}\cdot\sum\limits_{k=1}^{\infty} k\,(|a_k|+|b_k|)$. Nach dem Satz über gliedweise Differentiation (Bd. 1, § 12 : 3.6) gilt somit

$$\frac{\partial u}{\partial t}(x,t) = \sum_{k=1}^{\infty}\frac{\pi kc}{L}\left(-a_k\sin\frac{\pi ct}{L} + b_k\cos\frac{\pi ct}{L}\right)\sin\frac{\pi x}{L}$$

gleichmäßig für $(x,t)\in\mathbb{R}^2$, und $\frac{\partial u}{\partial t}$ ist stetig als gleichmäßiger Limes stetiger Funktionen.

(c) Die letzte Reihe ist nochmals gliedweise differenzierbar, denn die abgeleitete Reihe hat die Majorante $\text{const}\cdot\sum\limits_{k=1}^{\infty} k^2(|a_k|+|b_k|)$. Entsprechendes gilt für die partiellen Ableitungen nach x. Schreiben wir daher $(*)$ in der Form

$$u(x,t) = \sum_{k=1}^{\infty} u_k(x,t)\,,$$

so folgt $u\in C^2(\mathbb{R}^2)$ und

$$\frac{\partial^2 u}{\partial t^2} - c^2\frac{\partial^2 u}{\partial x^2} = \sum_{k=1}^{\infty}\left(\frac{\partial^2 u_k}{\partial t^2} - c^2\frac{\partial^2 u_k}{\partial x^2}\right) = 0,$$

da die u_k nach 1.2 Lösungen der Wellengleichung sind.

(d) Aus $(*)$ folgt unmittelbar $u(0,t)=u(L,t)=0$.

Ferner gilt nach 2.8 (a)

$$u(x,0) = \sum_{k=1}^{\infty} a_k\sin\frac{\pi kx}{L} = f(x), \quad \frac{\partial u}{\partial t}(x,0) = \sum_{k=1}^{\infty}\frac{\pi kc}{L}\,b_k\sin\frac{\pi kx}{L} = g(x)$$

wegen

$$a_k = \frac{2}{L}\int_0^L f(x)\sin\frac{\pi kx}{L}\,dx\,, \quad b_k = \frac{2}{\pi kc}\int_0^L g(x)\sin\frac{\pi kx}{L}\,dx\,. \qquad \square$$

3.3 Aufgabe. Geben Sie die Lösung des oben gestellten Saitenproblems an für den Fall $L = c = 1$, $f(x) = x^4 - 2x^3 + x$, $g = 0$ an. Welche Näherung ergibt sich für $u(x,t)$, wenn die Reihe nach dem Glied abgebrochen wird, für das erstmalig $|\,a_n/a_1\,| < 0.5 \cdot 10^{-3}$ wird?

3.4 Die Lösungsdarstellung von d'Alembert

Die Reihendarstellung für die Lösung des Anfangs–Randwertproblems der schwingenden Saite läßt sich in einen geschlossenen Ausdruck überführen:

Hierzu setzen wir die gegebenen Anfangswerte f und g ungerade auf $[-L, L]$ und anschließend $2L$–periodisch auf $\mathbb{R}$ fort. Die dabei entstehenden Funktionen bezeichnen wir mit F und G (machen Sie eine Skizze).

SATZ. *Unter den Voraussetzungen des Existenzsatzes 3.2 hat die Lösung die Darstellung*

$$u(x,t) = \frac{1}{2}\big(F(x+ct) + F(x-ct)\big) + \frac{1}{2c}\int\limits_{x-ct}^{x+ct} G(s)\,ds$$

für $x \in [0, L]$, $t \in \mathbb{R}$.

BEMERKUNGEN. (a) Die Lösung hat die Form $u(x,t) = \varphi(x+ct) + \psi(x-ct)$ und ist daher Überlagerung einer ein– und einer auslaufenden Welle, ÜA.

(b) D'ALEMBERT gewann diese Formel 1747 aus der Konstanz von $\frac{\partial u}{\partial t} \pm c\,\frac{\partial u}{\partial x}$ längs jeder Geraden mit der Gleichung $x \pm ct = \text{const}$. Dieser Schluß ist auch das Grundprinzip der Charakteristikenmethode, die einfach und direkt zur d'ALEMBERTschen Lösungsdarstellung führt (§ 17 : 3.1).

BEWEIS

Nach 3.2 gilt

$$u(x,t) = \sum_{k=1}^{\infty}\left(a_k \cos\frac{\pi k t}{L} + b_k \sin\frac{\pi k t}{L}\right)\sin\frac{\pi k x}{L}$$

Wir verwenden die aus den Additionstheoremen folgenden Beziehungen

$$\cos\alpha\sin\beta = \tfrac{1}{2}\big(\sin(\beta+\alpha) + \sin(\beta-\alpha)\big)\,,$$

$$\sin\alpha\sin\beta = \tfrac{1}{2}\big(\cos(\beta-\alpha) - \cos(\beta+\alpha)\big)\,,$$

und erhalten nach dem Umordnungssatz für absolut konvergente Reihen

$$\text{(1)}\quad \begin{aligned} u(x,t) = \frac{1}{2}\sum_{k=1}^{\infty}\Big[\,& a_k\Big(\sin\frac{\pi k}{L}((x+ct) + \sin\frac{\pi k}{L}((x-ct)\Big) \\ & - b_k\Big(\cos\frac{\pi k}{L}(x+ct) - \cos\frac{\pi k}{L}(x-ct)\Big)\Big]. \end{aligned}$$

Nach 2.8 (a) und den Formeln in 3.2 für die a_k, b_k gilt auf $[0, L]$

$$(2) \qquad F(x) = \sum_{k=1}^{\infty} a_k \sin \frac{\pi k x}{L}, \quad G(x) = \sum_{k=1}^{\infty} b_k \sin \frac{\pi k x}{L},$$

wobei die Reihe $\sum\limits_{k=1}^{\infty} k\,|\,b_k\,|$ konvergiert. Da F, G nach Definition ungerade und $2L$–periodisch sind, gilt (2) auf ganz $\mathbb{R}$. Daher ergibt gliedweise Integration

$$\int\limits_{x-ct}^{x+ct} G(s)\,ds = c \sum_{k=1}^{\infty} b_k \left(\cos \frac{\pi k}{L}(x-ct) - \cos \frac{\pi k}{L}(x+ct)\right).$$

Dies liefert zusammen mit (1), (2) die Behauptung des Satzes. □

Die d'Alembertsche Formel ermöglicht einen Existenzbeweis unter schwächeren Bedingungen als den in 3.2 vorausgesetzten:

Satz. *Für* $f \in \mathrm{C}^2[0, L]$, $g \in \mathrm{C}^1[0, L]$ *mit* $f(0) = f(L) = f''(0) = f''(L) = 0$, $g(0) = g(L) = 0$ *liefert die Formel*

$$u(x,t) = \tfrac{1}{2}\left(F(x+ct) + F(x-ct)\right) + \tfrac{1}{2c} \int\limits_{x-ct}^{x+ct} G(s)\,ds$$

eine Lösung $u \in \mathrm{C}^2(0, L \times \mathbb{R})$ *des Anfangs–Randwertproblems 3.2. Nach 3.1 ist diese die einzige.*

Denn nach dem Hilfssatz in 2.8 ist die rechte Seite C^2–differenzierbar auf $\mathbb{R}^2$. Daß die Wellengleichung und die Randbedingungen erfüllt sind, ist leicht nachzurechnen [ÜA].

3.5 Energieerhaltung und Eindeutigkeit der Lösung

Unter den im letzten Satz gemachten Voraussetzungen ist die **Energie** *der schwingenden Saite*

$$E(t) = \tfrac{1}{2} \int\limits_0^L \left(\left(\frac{\partial u}{\partial t}\right)^2 + c^2 \left(\frac{\partial u}{\partial x}\right)^2\right)(x,t)\,dx,$$

zeitlich konstant.

Denn wegen $u \in \mathrm{C}^2([0, L] \times \mathbb{R})$ gilt nach dem Satz über Parameterintegrale

$$\begin{aligned} \dot{E}(t) &= \int\limits_0^L \left(\frac{\partial u}{\partial t}\frac{\partial^2 u}{\partial t^2} + c^2 \frac{\partial u}{\partial x}\frac{\partial^2 u}{\partial t \partial x}\right) dx \\ &= c^2 \int\limits_0^L \left(\frac{\partial u}{\partial t}\frac{\partial^2 u}{\partial x^2} + \frac{\partial u}{\partial x}\frac{\partial^2 u}{\partial x \partial t}\right) dx \end{aligned}$$

$$= c^2 \int_0^L \frac{\partial}{\partial x}\left(\frac{\partial u}{\partial t}\,\frac{\partial u}{\partial x}\right) dx \;=\; c^2\, \frac{\partial u}{\partial t}(x,t)\,\frac{\partial u}{\partial x}(x,t)\Big|_{x=0}^{x=L} \;=\; 0\,,$$

letzteres ergibt sich durch Differentiation von $u(L,t) = u(0,t) = 0$ nach t.

Aus der Energieerhaltung ergibt sich ebenfalls die Eindeutigkeit der Lösung für das Anfangs–Randwertproblem 3.2:

Sind nämlich u_1, u_2 Lösungen, so gilt für die Differenz $u := u_1 - u_2$

$$\frac{\partial^2 u}{\partial t^2} = c^2\,\frac{\partial^2 u}{\partial x^2}\,, \quad u(0,t) = u(L,t) = 0\,, \quad u(x,0) = \frac{\partial u}{\partial t}(x,0) = 0\,.$$

Wegen der Wellengleichung folgt $\frac{\partial u}{\partial x}(x,0) = 0$, also verschwindet die Energie von u zur Zeit $t = 0$ und somit für alle Zeiten t nach dem Erhaltungssatz. $E(t) = 0$ bedeutet

$$\frac{\partial u}{\partial x}(x,t) \;=\; \frac{\partial u}{\partial t}(x,t) \;=\; 0 \;\text{ für }\; 0 \le x \le L\,,$$

somit Konstanz von u. Aus den Randbedingungen folgt nun $u_1 - u_2 = 0$.

3.6 Aufgabe zur modellhaften Veranschaulichung der Wellenausbreitung. Wählen Sie in der d'Alembertschen Darstellung 3.4 als Anfangsdaten $g = 0$ und für f die charakteristische Funktion von $\left[\frac{1}{2}L - \varepsilon\,,\, \frac{1}{2}L + \varepsilon\right]$. (Aus dieser kann durch Abrunden der Ecken eine C^2–Funktion gemacht werden, für welche aber die d'Alembertsche Formel den gleichen Bewegungsablauf liefert.) Skizzieren Sie die Momentaufnahmen des Saitenprofils $x \mapsto u(x,t)$ für die Zeiten $t_0 = 0$, $t_1 = L/4c$, t_2 kurz vor $L/2c$, t_3 kurz nach $L/2c$, $t_4 = 3L/4c$, $t_5 = L/c$. Skizzieren Sie die Bahnen der Schwerpunkte der beiden entstehenden Wellenpakete in der (x,t)–Ebene.

3.7 Die schwingende Saite unter äusseren Kräften

Hier haben wir es mit dem AWP für die inhomogene Wellengleichung

(a) $$\frac{\partial^2 u}{\partial t^2} - c^2\,\frac{\partial^2 u}{\partial x^2} = F \quad \text{in } 0 < x < L,\; t > 0\,,$$

(b) $$u(0,t) = u(L,t) = 0$$

zu tun, wobei die Kraftdichte $F(x,t)$ in $[0,L] \times \mathbb{R}_+$ stetig differenzierbar sein soll mit $F(0,t) = F(L,t) = 0$ für $t \ge 0$. Wir dürfen uns darauf beschränken, nach Lösungen zu suchen, welche die homogenen Randbedingungen

(c) $$u(x,0) = \frac{\partial u}{\partial t}(x,0) = 0$$

erfüllen. Denn haben wir eine solche gefunden, und ist v eine Lösung der homogenen Wellengleichung mit $v(x,0) = f(x)$, $\frac{\partial v}{\partial t}(x,0) = g(x)$, so ist $u + v$ eine Lösung von (a), (b) mit diesen Anfangswerten zur Zeit 0.

Die inhomogene Wellengleichung erlaubt die Behandlung von Streichvorgängen bei Saiteninstrumenten. Z.B. erzeugt ein mit Kolophonium behafteter Bogen eine im Zeitverlauf sägezahnartige Krafteinwirkung.

Nicht unter den Aufgabentyp (a) fällt das Problem der „schweren Saite", vgl. die folgende Aufgabe (b).

Um die Separationsmethode in modifizierter Form anwenden zu können, haben wir F zunächst gemäß 2.8 in eine Sinusreihe

$$F(x,t) = \sum_{k=1}^{\infty} F_k(t) \sin \frac{\pi k x}{L} \quad \text{mit} \quad F_k(t) = \frac{2}{L} \int_0^L F(x,t) \sin \frac{\pi k x}{L}\, dx$$

zu entwickeln. Alsdann suchen wir nichtverschwindende Produktlösungen $u_k(x,t) = v_k(x)\, w_k(t)$ der inhomogenen Wellengleichungen

$$\frac{\partial^2 u}{\partial t^2}(x,t) - c^2 \frac{\partial^2 u}{\partial x^2}(x,t) = F_k(t) \sin \frac{\pi k x}{L} \quad (k = 1, 2, \ldots),$$

mit $v_k(0) = v_k(L) = 0$. Analog zu 1.2 erhalten wir [ÜA]

$$v_k(x) = c_k \sin \frac{\pi k x}{L} \quad \text{mit} \quad c_k \neq 0$$

und wegen (c)

$$\ddot{w}_k(t) - \left(\frac{\pi k c}{L}\right)^2 w_k = F_k(t), \quad w_k(0) = \dot{w}_k(0) = 0\,.$$

Variation der Konstanten ergibt für $k = 1, 2, \ldots$

$$w_k(t) = \frac{L}{\pi k c} \int_0^t F_k(s) \sin \frac{\pi k c}{L}(t-s)\, ds\,.$$

Ähnlich wie in 3.1 kann gezeigt werden, daß sich jede Lösung u als Superposition

$$(*) \qquad u_k(x,t) = \sum_{k=1}^{\infty} w_k(t) \sin \frac{\pi k x}{L}$$

darstellen läßt. Wir überlassen das den Lesern als Aufgabe. Verlangen wir von F eine Differenzierbarkeitsstufe mehr, so läßt sich wiederum zeigen, daß $(*)$ eine Lösung der oben gestellten Aufgabe liefert.

Ähnlich wie in 3.4 können wir unter geeigneten Konvergenzvoraussetzungen für die Reihe $(*)$ für u einen geschlossenen Ausdruck angeben:

$$(**)\quad u(x,t) = \frac{1}{2c}\int_0^t \Big(\int_{x-c(t-s)}^{x+c(t-s)} F(y,s)\,dy\Big)\,ds \quad \text{für } 0 \le x \le L\,,\ t \ge 0\,.$$

Dabei wurde die ungerade, $2L$–periodische Fortsetzung von $x \mapsto F(x,t)$ wieder mit F bezeichnet. Der Integrationsbereich in $(**)$ ist das „charakteristische Dreieck" mit den Ecken $(x-ct,0)$, $(x+ct,0)$ und (x,t) (machen Sie eine Skizze).

Satz. *Unter den oben genannten Voraussetzungen über F liefert die Formel $(**)$ eine Lösung des Problems* (a),(b),(c).

Beweis als Aufgabe: Verwenden Sie bei der Differentiation die Formel

$$\frac{d}{dt}\int_0^t G(t,s)\,ds \;=\; G(t,t) \;+\; \int_0^t \frac{\partial G}{\partial t}(t,s)\,ds\,,$$

die sich durch Anwendung der Kettenregel auf $\varphi(\psi_1(t),\psi_2(t))$ mit $\varphi(u,v) := \int_0^u G(v,s)\,ds$ und $\psi_1(t) = \psi_2(t) = t$ ergibt.

Aufgaben. (a) Berechnen Sie $u(\frac{1}{4},1)$ für $L=1$, $F(x,t) = t\sin^2(\pi x)$.

(b) Eine eingespannte Saite der Länge L im konstanten Schwerefeld der Erde werde so unterstützt, daß sie in der x–Achse liegt. Zur Zeit $t=0$ werde die Unterstützung entfernt $(u(x,0) = \frac{\partial u}{\partial t}(x,0) = 0)$. Welche Art von Bewegung führt die Saite aus?

Anleitung. Auf die konstante Schwerkraft pro Längeneinheit $F(x,t) = -k$ läßt sich die oben beschriebene Methode nicht anwenden. Helfen Sie sich so, daß sie zunächst die zeitunabhängige Lösung $v(x,t) = v(x)$ des Randwertproblems

$$\frac{\partial^2 v}{\partial t^2} - c^2\,\frac{\partial^2 v}{\partial x^2} = -k\,,\quad v(0) = v(L) = 0$$

bestimmen, und schreiben Sie die gesuchte Lösung in der Form $u = v + w$, wo w aus der Formel $(**)$ gewonnen wird. Welches Glattheitsverhalten zeigt die so gewonnene formale Lösung?

4 Wärmeleitung im Draht

4.1 Problemstellung

Ein wärmeleitfähiger Draht der Länge L, repräsentiert durch das Intervall $[0,L]$, habe an der Stelle x zur Zeit $t>0$ die Temperatur $u(x,t)$. Dann folgt aus der

Kontinuitätsgleichung für die Wärmemenge § 1 : 2.5, wenn wir die physikalischen Konstanten durch Umskalierung der Zeit auf 1 setzen, die DG

(a) $\frac{\partial u}{\partial t}(x,t) = \frac{\partial^2 u}{\partial x^2}(x,t) \quad \text{für} \quad 0 < x < L,\ t > 0\,.$

Durch ein Wärmebad werden die Drahtenden auf gleicher konstanter Temperatur gehalten. Wählen wir diese als Nullpunkt der Temperaturskala, so gilt

(b) $u(0,t) = u(L,t) = 0 \ \text{ für } \ t \geq 0\,.$

Gegeben ist die Anfangstemperaturverteilung

(c) $u(x,0) = f(x) \ \text{ mit } \ f \in \mathrm{PC}^1[0,L],\ f(0) = f(L) = 0.$

Gesucht ist die Zeitentwicklung für $t \geq 0$.

Von den Lösungen u verlangen wir die Existenz von $\partial u/\partial t$, $\partial u/\partial x$ und $\partial^2 u/\partial x^2$ in $]0,L[\, \times \mathbb{R}_{>0}$ sowie die Stetigkeit auf $[0,L] \times \mathbb{R}_{>0}$. Anders als bei der schwingenden Saite folgt aus diesen schwächeren Voraussetzungen bereits die C^∞–Differenzierbarkeit der Lösung für $t > 0$. Demgemäß gehen wir auch beweistechnisch etwas anders vor.

In 4.8 (f) behandeln wir den Fall $u(0,t) = \alpha$, $u(L,t) = \beta$; in 4.5 und 4.6 werden weitere Randbedingungen betrachtet.

4.2 Produktlösungen und Superpositionsansatz

Der Produktansatz $u(x,t) := v(x)\,w(t)$ mit nichtverschwindenden $v \in \mathrm{C}^2[0,L]$, $w \in \mathrm{C}^1(\mathbb{R}_+)$ führt ganz ähnlich wie in 1.2 auf die gewöhnlichen Differentialgleichungen

(I) $v'' + \lambda v = 0, \quad v(0) = v(L) = 0\,,$

(II) $w' + \lambda w = 0\,.$

Wie in 1.2 ergibt sich $\lambda = (\pi k/L)^2$ mit $k \in \mathbb{N}$, und durch Lösung der Differentialgleichungen (I),(II) erhalten wir:

Sämtliche Produktlösungen von (a) *und* (b) *sind Vielfache von*

$$u_k(x,t) := \mathrm{e}^{-(\pi k/L)^2 t} \sin\frac{\pi k x}{L}\,.$$

Für die gesuchte, die Anfangsbedingung (c) erfüllende Lösung machen wir den Ansatz $u(x,t) = \sum\limits_{k=1}^{\infty} a_k\, u_k(x,t)$. Die Koeffizienten a_k ergeben sich dann gemäß 2.8 (a) aus

$$f(x) = u(x,0) = \sum_{k=1}^{\infty} a_k \sin\frac{\pi k x}{L}\,.$$

4.3 Existenz einer Lösung

SATZ. *Für jede stückweis glatte Anfangsverteilung f der Temperatur mit $f(0) = f(L) = 0$ besitzt das Wärmeleitungsproblem 4.1 (a),(b),(c) die Lösung*

$$(*) \qquad u(x,t) = \sum_{k=1}^{\infty} a_k \, \mathrm{e}^{-(\pi k/L)^2 t} \sin \frac{\pi k x}{L} \quad \textit{mit} \quad a_k = \frac{2}{L} \int_0^L f(x) \sin \frac{\pi k x}{L} \, dx \, .$$

Daß diese die einzige ist, wird in 4.7 gezeigt.

BEMERKUNG. Im Vergleich zur Wellengleichung zeigt sich hier ein wesentlicher Unterschied: Selbst bei einer stückweis glatten Anfangsverteilung erhalten wir für $t > 0$ eine C^∞–Lösung, wie der Beweis zeigt. Dagegen kann die Lösung der Wellengleichung niemals glatter sein als die Anfangsdaten, wie sich aus der d'Alembertschen Lösungsdarstellung ergibt. Die Figur zeigt eine stückweis glatte Anfangsverteilung f und den zeitlichen Abfall einiger Temperaturprofile.

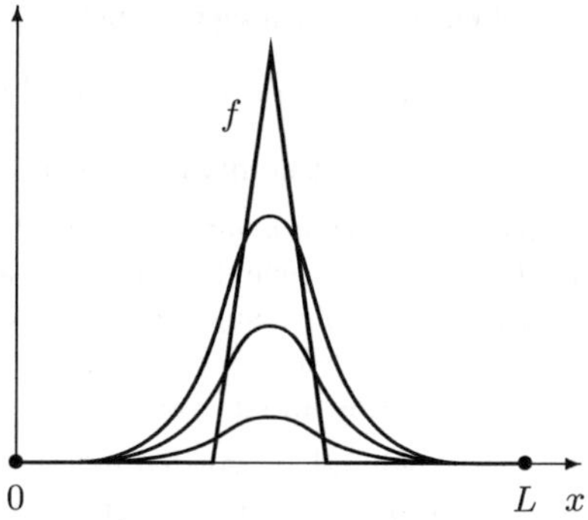

BEWEIS.
Wir setzen $\Omega := \{(x,t) \mid 0 < x < L, \; t > 0\}$. Die Funktion $f \in \mathrm{PC}^1[0,L]$ besitzt nach 2.8 (a) die Fourierreihe

$$f(x) = \sum_{k=1}^{\infty} a_k \sin \frac{\pi k x}{L} \quad \text{mit} \quad a_k = \frac{2}{L} \int_0^L f(x) \sin \frac{\pi k x}{L} \, dx \, ,$$

wobei die Reihe $\sum\limits_{k=1}^{\infty} |\, a_k \,|$ konvergiert. Daher ist durch

$$(*) \qquad u(x,t) = \sum_{k=1}^{\infty} a_k \, \mathrm{e}^{-(\pi k/L)^2 t} \sin \frac{\pi k x}{L}$$

eine auf $\overline{\Omega}$ stetige Funktion gegeben, denn auch diese Reihe hat die Majorante $\sum |\, a_k \,|$, konvergiert also gleichmäßig auf $\overline{\Omega}$.

Wir fixieren ein $\tau > 0$. Da die Folge (a_k) als Nullfolge beschränkt ist, konvergiert die Reihe

$$\sum_{k=1}^{\infty} \left(\frac{\pi k}{L}\right)^2 |\, a_k \,| \, \mathrm{e}^{-(\pi k/L)^2 \tau}$$

und liefert für $t \geq \tau,\ x \in [0, L]$ eine Majorante für die Reihen

$$\sum_{k=1}^{\infty} \frac{\pi k}{L}\, a_k\, \mathrm{e}^{-(\pi k/L)^2 t} \cos\frac{\pi k x}{L}\,, \quad -\sum_{k=1}^{\infty} \left(\frac{\pi k}{L}\right)^2 a_k\, \mathrm{e}^{-(\pi k/L)^2 t} \sin\frac{\pi k x}{L}\,.$$

Nach dem Satz über gliedweise Differentiation liefert die erste dieser beiden Reihen $\partial_x u(x,t)$, die zweite sowohl $\partial_x \partial_x u(x,t)$ also auch $\partial_t u(x,t)$. Also ist die Wärmeleitungsgleichung 4.1 (a) in jedem Bereich $\{(x,t) \in \Omega \mid t \geq \tau\}$ mit $\tau > 0$ erfüllt, d.h. überall in Ω. Da für jedes feste $n \in \mathbb{N}$ auch die Reihe

$$\sum_{k=1}^{\infty} \left(\frac{\pi k}{L}\right)^n |\, a_k\,|\, \mathrm{e}^{-(\pi k/L)^2 \tau}$$

konvergiert, ist die durch $(*)$ gegebene Funktion $u(x,t)$ nach denselben Argumenten wie oben sogar beliebig oft gliedweise differenzierbar. □

4.4 Aufgabe. Sei $L = \pi$ und $f(x) = \begin{cases} x^2 & \text{für } 0 \leq x \leq \frac{1}{2}\pi \\ (x-\pi)^2 & \text{für } \frac{1}{2}\pi \leq x \leq \pi \end{cases}$.

Bestimmen Sie für die Darstellung $(*)$ die Partialsumme mit den ersten drei nichtverschwindenden Gliedern und skizzieren Sie die so gewonnene Näherungslösung für einige Werte von t.

4.5 Wärmeleitung bei Neumannschen Randbedingungen

Das Wärmeleitungsproblem für einen Draht der Länge L bei wärmeisolierten Drahtenden lautet: Zu einer gegebenen stetigen Funktion f auf $[0, L]$ suchen wir eine Lösung u von

(a) $$\frac{\partial u}{\partial t} = \frac{\partial^2 u}{\partial x^2} \quad \text{für } 0 < x < L\,,\ t > 0\,,$$

(b) $$\frac{\partial u}{\partial x}(0,t) = \frac{\partial u}{\partial x}(L,t) = 0 \quad \text{für } t \geq 0\,,$$

(c) $$u(x,0) = f(x) \quad \text{für } 0 \leq x \leq L\,.$$

Von den Lösungen wird neben den Bedingungen 4.1 verlangt, daß $x \mapsto u(x,t)$ für festes $t \geq 0$ zu $\mathrm{C}^1[0,L]$ gehört.

Produktansatz und Superposition führen hier auf die Lösungsdarstellung

(*) $$u(x,t) = \frac{1}{2}a_0 + \sum_{k=1}^{\infty} a_k\, \mathrm{e}^{-(\pi k/L)^2 t} \cos\frac{\pi k x}{L} \quad \text{mit}$$

$$a_k = \frac{2}{L} \int_0^L f(x) \cos\frac{\pi k x}{L}\, dx \quad (k = 0, 1, 2, \ldots).$$

Für stückweis glatte Anfangstemperaturverteilungen f liefert die Reihe $(*)$ eine für $t > 0$ beliebig oft differenzierbare Lösung des Randwertproblems (a),(b),(c).

Die Übertragung der Rechnung 4.2 und des Beweises 4.3 – diesmal mit dem Satz 2.8 (b) über Entwicklung in Kosinusreihen – sei dem Leser als Übung überlassen.

4.6 Wärmeleitung bei gemischten Randbedingungen

Die Separationsmethode läßt sich ohne große Schwierigkeit auf allgemeinere Randbedingungen der Form

$$\alpha \frac{\partial u}{\partial x}(0,t) + \beta\, u(0,t) = 0\,, \quad \gamma \frac{\partial u}{\partial x}(L,t) + \delta\, u(L,t) = 0$$

mit $\alpha^2 + \beta^2 > 0$, $\gamma^2 + \delta^2 > 0$ übertragen. Als Beispiel betrachten wir die gemischten Randbedingungen

$$\text{(b)} \qquad u(0,t) = \frac{\partial u}{\partial x}(L,t) = 0 \quad \text{für } t \geq 0\,.$$

Produktansatz und Superposition von Produktlösungen lassen eine Lösungsdarstellung

$$(*) \qquad u(x,t) = \sum_{k=1}^{\infty} a_k\, \mathrm{e}^{-\left(\frac{\pi}{L}\left(k+\frac{1}{2}\right)\right)^2 t} \sin \frac{\pi}{L}\left(k + \frac{1}{2}\right)x$$

vermuten, wobei $f(x) = u(x,0)$ die Fourierreihe $\sum\limits_{k=0}^{\infty} a_k \sin\left(\frac{\pi}{L}\left(k+\frac{1}{2}\right)x\right)$ besitzt. Um diese als Fourierreihe einer geeigneten Funktion F zu deuten, beachten wir, daß die Glieder g_k der Reihe die Symmetrieeigenschaft $g_k(x) = g_k(2L - x)$ mit Symmetrieachse $x = L$ haben. Setzen wir daher f durch $F(x) := f(2L - x)$ für $L < x \leq 2L$ zu einer Funktion $F \in \mathrm{PC}^1[0, 2L]$ fort und entwickeln diese im Intervall $[0, 2L]$ in eine Sinusreihe, so gilt wegen $F(2L) = F(0) = f(0) = 0$

$$F(x) = \sum_{k=1}^{\infty} a_k \sin \frac{\pi}{L}\left(k + \frac{1}{2}\right)x$$

mit

$$a_k = \frac{1}{L}\int_0^{2L} F(x) \sin \frac{\pi}{L}\left(k+\frac{1}{2}\right)x\, dx = \frac{2}{L}\int_0^{L} F(x) \sin \frac{\pi}{L}\left(k+\frac{1}{2}\right)x\, dx\,,$$

da die restlichen Fourierkoeffizienten von F verschwinden [ÜA]. Mit diesen Modifikationen übertragen sich die Aussagen und Beweise von 4.3 sinngemäß.

Für die Behandlung allgemeiner gemischter Randbedingungen verweisen wir auf MILLER–MICHEL [11] § 4.

4.7 Maximumprinzip und Eindeutigkeitssatz für die Wärmeleitungsgleichung

Seien $\Omega = \{(x,t)\,|\,0 < x < L,\ t > 0\}$ *und* H_T *die abgeschlossene Halbebene* $\{(x,t)\,|\,t \le T\}$ *mit* $T > 0$. *Dann gilt für jede auf* $\overline{\Omega}$ *stetige Lösung* u *der Wärmeleitungsgleichung*

$$\min_{H_T\cap\partial\Omega} u \le u(x,t) \le \max_{H_T\cap\partial\Omega} u$$

für alle $(x,t) \in H_T \cap \Omega$.

Das Maximum bzw. Minimum von u *auf der kompakten Menge* $H_T\cap\overline{\Omega}$ *wird also auf dem Rand von* Ω *angenommen.*

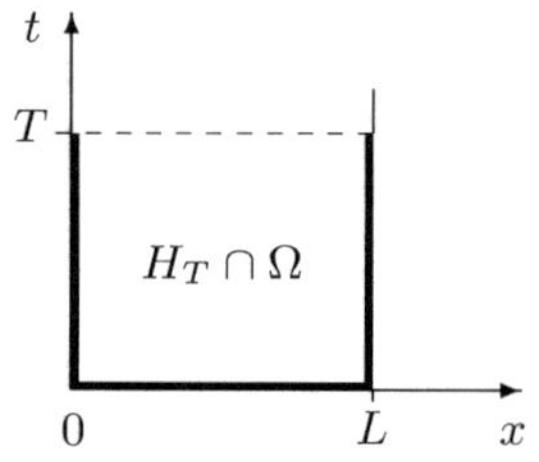

BEWEIS.

Wir zeigen zunächst für $(x,t) \in \Omega \cap H_T$, daß

$$u(x,t) \le \max\{u(x,t)\,|\,(x,t) \in \partial\Omega \cap H_T\}\,.$$

Zum Beweis setzen wir für festes $\varepsilon > 0$ $v(x,t) = u(x,t) + \varepsilon x^2$ und erhalten

$$(*) \qquad \tfrac{\partial v}{\partial t}(x,t) - \tfrac{\partial^2 v}{\partial x^2}(x,t) = -2\varepsilon < 0\,.$$

Das Maximum von v auf $\overline{\Omega} \cap H_T$ werde an der Stelle (x_0,t_0) angenommen. Wir behaupten $(x_0,t_0) \in \partial\Omega \cap H_T$. Wäre dies nicht der Fall, also $0 < t_0 \le T$ und $0 < x_0 < L$, so wäre

$$\tfrac{\partial v}{\partial x}(x_0,t_0) = 0, \quad \tfrac{\partial^2 v}{\partial x^2}(x_0,t_0) \le 0 \quad \text{sowie}$$

$$\tfrac{\partial v}{\partial t}(x_0,t_0) = 0\,, \quad \text{falls} \quad t_0 < T \quad \text{bzw.} \quad \tfrac{\partial v}{\partial t}(x_0,t_0) \ge 0\,, \quad \text{falls} \quad t_0 = T.$$

In jedem Fall wäre

$$\tfrac{\partial v}{\partial t}(x_0,t_0) - \tfrac{\partial^2 v}{\partial x^2}(x_0,t_0) \ge 0$$

im Widerspruch zu $(*)$. (Beachten Sie, daß für $\varepsilon = 0$ kein Widerspruch entstanden wäre.) Es folgt für $(x,t) \in \Omega \cap H_T$

$$u(x,t) \le v(x,t) \le v(x_0,t_0) \le u(x_0,t_0) + \varepsilon L^2, \quad \text{also}$$

$$\sup_{H_T\cap\Omega} u \le \max_{H_T\cap\partial\Omega} u + \varepsilon L^2 \quad \text{für jedes } \varepsilon > 0\,.$$

Nach Grenzübergang $\varepsilon \to 0$ folgt die Behauptung. Die Abschätzung von $u(x,t)$ nach unten folgt durch Ersetzen von u durch $-u$. □

Hieraus ergibt sich unmittelbar der

Eindeutigkeitssatz. *Es gibt höchstens eine auf* $\overline{\Omega}$ *stetige Lösung* u *der Wärmeleitungsgleichung mit vorgeschriebenen Werten auf dem Rand von* Ω, *d.h. mit den*

Anfangswerten $u(x,0) = f(x)$ $(0 \leq x \leq L)$, *und den*
Randwerten $u(0,t) = g(t),\ u(L,t) = h(t)$ $(\ t \geq 0)$.

BEWEIS.
Für zwei Lösungen u_1, u_2 mit gleichen Randdaten wenden wir das Maximumprinzip auf $u_2 - u_1$ an. □

4.8 Aufgaben

(a) Zeitlicher Abfall der Energie bei der Wärmeleitung. Zeigen Sie

$$E(t) := \frac{1}{2}\int_0^L \frac{\partial u}{\partial x}(x,t)^2\,dx \implies \dot{E}(t) = -\int_0^L \frac{\partial u}{\partial t}(x,t)^2\,dx \leq 0$$

für jede Lösung u mit geeigneten Differenzierbarkeits– und Randbedingungen. Verfahren Sie dabei wie in 3.5. Folgern Sie hieraus eine Eindeutigkeitsaussage für die Wärmeleitungsgleichung.

(b) Geben Sie nach dem Muster von 3.7 eine Lösungsdarstellung für die inhomogene Wärmeleitungsgleichung

$$\frac{\partial u}{\partial t}(x,t) - \frac{\partial^2 u}{\partial x^2}(x,t) = F(x,t)$$

unter den homogenen Randbedingungen $u(0,t) = u(L,t) = u(x,0) = 0$.

(c) Wir betrachten die homogene Wärmeleitungsgleichung mit den gemischten Randbedingungen

$$\frac{\partial u}{\partial x}(0,t) = 0\,, \quad u(L,t) - \frac{\partial u}{\partial x}(L,t) = 0 \text{ für } t \geq 0\,.$$

Welches Vorzeichen haben die beim Produktansatz auftretenden Eigenwerte λ und welcher Gleichung genügen sie? (Verfahren Sie wie in 1.2.) Verschaffen Sie sich eine Vorstellung von der Lage der Eigenwerte $\lambda_1, \lambda_2, \ldots$, indem Sie die λ_k als Abszissen der Schnittpunkte einer Tangensfunktion und einer Hyperbel darstellen. Was läßt sich über das asymptotische Verhalten der λ_k für $k \to \infty$ sagen?

(d) **Wärmeleitung ins Erdinnere.** Unter der idealisierenden Annahme, daß die Erdoberfläche eben ist und in der x, y–Ebene liegt, wollen wir annehmen, daß die Erdtemperatur nur von der Tiefe $z \geq 0$ und der Zeit t abhängt: $u = u(z,t)$.

Die Wärmeleitungsgleichung $\frac{\partial u}{\partial t} = k\Delta u$ (§ 1 : 2.5) vereinfacht sich dann zu

$$\frac{\partial u}{\partial t} = k\,\frac{\partial^2 u}{\partial z^2} \quad \text{für } z > 0\,,\ t > 0\,,$$

wobei wir die Temperaturleitfähigkeit k diesmal nicht wegskalieren. Wir gehen von periodischen Temperaturschwankungen an der Erdoberfläche aus:

$$u(0,t) = \frac{1}{2}\,a_0 + a_1 \cos\omega t \quad \text{mit der Periode } T = \frac{2\pi}{\omega}\,.$$

Ferner fordern wir, daß $u(z,t)$ für $z \to \infty$ beschränkt bleibt.

(i) Warum genügt es, den Fall $a_0 = 0,\ a_1 = 1$ zu betrachten?

(ii) In letzterem Fall führt der Separationsansatz $u(x,t) = v(x)w(t)$ scheinbar nicht zum Ziel; es müsste $v(0)w(t) = \cos\omega t$ eine gewöhnliche DG 1. Ordnung erfüllen. Schreiben wir aber

$$\cos\omega t = \frac{1}{2}\,\mathrm{e}^{i\omega t} + \frac{1}{2}\,\mathrm{e}^{-i\omega t} =: w_1(t) + w_2(t)$$

so gibt es komplexwertige Produktlösungen u_1, u_2 mit $u_k(0,t) = w_k(t)$. Abweichend vom üblichen Schema ist hier λ durch die w_k eindeutig bestimmt. Führen Sie das aus!

(iii) In welcher Tiefe z ergibt sich bei einer jährlichen Periode ($T = 1$ Jahr) bei einer Temperaturleitfähigkeit $k = 2 \cdot 10^{-7}\mathrm{m}^2/\mathrm{sec}$ eine Phasenverschiebung von einem halben Jahr?

(e) Folgern Sie aus dem Maximumprinzip 4.7 für zwei Lösungen u_1, u_2:

- Aus $u_1 \le u_2$ auf $\partial\Omega$ folgt $u_1 \le u_2$ auf Ω.
- Aus $|u_1 - u_2| \le \varepsilon$ auf $\partial\Omega$ folgt $|u_1 - u_2| \le \varepsilon$ auf Ω.

(f) *Stationäre Temperaturverteilung bei festen Randtemperaturen.* Halten wir durch Wärmezufuhr die Temperaturen der Drahtenden konstant, so ergibt sich das Problem

$$\frac{\partial u}{\partial t} = \frac{\partial^2 u}{\partial x^2} \quad \text{in } \Omega = \,]0,L[\, \times \mathbb{R}_{>0}\,,$$

$$u(0,t) = \alpha\,, \quad u(L,t) = \beta$$

$$u(x,0) = f(x)\,, \quad \text{wobei } f(0) = \alpha\,, \quad f(L) = \beta\,.$$

Stellen Sie die Lösung in der Form $u(x,t) = u_0(x) + v(x,t)$ dar, wobei v das Problem 4.1 mit einer geeigneten Anfangstemperaturverteilung löst und $u_0(x) = \lim\limits_{t\to\infty} u(x,t)$ der stationären (zeitunabhängigen) Wärmeleitungsgleichung $u_0'' = 0$ in einer Dimension genügt.

5 Das stationäre Wärmeleitungsproblem für die Kreisscheibe

5.1 Formulierung des Problems

Wir betrachten eine wärmeleitende Kreisscheibe in der x, y–Ebene, deren Temperaturverteilung auf dem Rand zeitlich konstant gehalten wird. Ähnlich wie in 4.8 (f) dürfen wir erwarten, daß der Vorgang des Wärmeausgleichs nach einer gewissen Zeit annähernd zur Ruhe gekommen ist. Die Temperatur u hängt dann nicht mehr von der Zeit ab, aus der Wärmeleitungsgleichung $\partial u/\partial t = a\,\Delta u$ wird die **Laplace–Gleichung** $\Delta u = 0$. Lösungen dieser Gleichung werden **harmonische Funktionen** genannt.

Nach Ausführung einer Translation und einer Streckung der Ebene dürfen wir das Problem auf der Einheitskreisscheibe

$$\Omega = K_1(\mathbf{0}) = \{(x, y) \mid x^2 + y^2 < 1\}$$

betrachten. Wir kommen so zum Randwertproblem für die Laplace–Gleichung (**Dirichlet–Problem**):

Gegeben ist eine stetige Funktion f auf der Kreislinie $\partial\Omega$. Gesucht ist eine Funktion $u \in \mathrm{C}^0(\overline{\Omega}) \cap \mathrm{C}^2(\Omega)$ mit

(a) $\Delta u = 0$ in Ω,

(b) $u = f$ auf $\partial\Omega$.

5.2 Transformation auf Polarkoordinaten

Es ist leicht zu sehen, daß der Produktansatz $u(x, y) = v(x)\,w(y)$ zwar eine Fülle harmonischer Funktionen liefert, aber keine Handhabe bietet, die Randbedingung (b) einzuarbeiten. Dies ändert sich, wenn wir die Kreissymmetrie des Problems ausnützen und zu Polarkoordinaten übergehen. Dabei stellt sich folgende Aufgabe:

Umrechnung des Laplace–Operators in Polarkoordinaten

Setzen wir für eine C^2–Funktion u auf der Einheitskreisscheibe

$$U(r, \varphi) := u(r\cos\varphi, r\sin\varphi) \quad (0 < r < 1,\ -\pi < \varphi < \pi),$$

so gilt

$$\Delta u = \frac{1}{r}\frac{\partial}{\partial r}\left(r\frac{\partial U}{\partial r}\right) + \frac{1}{r^2}\frac{\partial^2 U}{\partial \varphi^2} = \frac{\partial^2 U}{\partial r^2} + \frac{1}{r}\frac{\partial U}{\partial r} + \frac{1}{r^2}\frac{\partial^2 U}{\partial \varphi^2}.$$

Hierbei sind in Δu die Argumente $(r\cos\varphi, r\sin\varphi)$ und auf der rechten Seite die Argumente (r, φ) einzutragen.

Diese Identität ergibt sich aus den via Kettenregel gewonnenen Gleichungen

$$\frac{\partial U}{\partial r} = \frac{\partial u}{\partial x}\cos\varphi + \frac{\partial u}{\partial y}\sin\varphi\,, \qquad \frac{\partial U}{\partial \varphi} = -\frac{\partial u}{\partial x}r\sin\varphi + \frac{\partial u}{\partial y}r\cos\varphi\,,$$

$$\frac{\partial^2 U}{\partial r^2} = \left(\frac{\partial^2 u}{\partial x^2}\cos\varphi + \frac{\partial^2 u}{\partial x\partial y}\sin\varphi\right)\cos\varphi + \left(\frac{\partial^2 u}{\partial x\partial y}\cos\varphi + \frac{\partial^2 u}{\partial y^2}\sin\varphi\right)\sin\varphi,$$

$$\frac{\partial^2 U}{\partial \varphi^2} = \left(-\frac{\partial^2 u}{\partial x^2}r\sin\varphi + \frac{\partial^2 u}{\partial x\partial y}r\cos\varphi\right)(-r\sin\varphi)$$

$$+\left(-\frac{\partial^2 u}{\partial x\partial y}r\sin\varphi + \frac{\partial^2 u}{\partial y^2}r\cos\varphi\right)r\cos\varphi - \frac{\partial u}{\partial x}r\cos\varphi - \frac{\partial u}{\partial y}r\sin\varphi\,.$$

Damit geht das Randwertproblem (a), (b) *über in*

(a′) $\frac{1}{r}\frac{\partial}{\partial r}\left(r\frac{\partial U}{\partial r}\right) + \frac{1}{r^2}\frac{\partial^2 U}{\partial \varphi^2} = 0$ für $0 < r < 1,\ -\pi < \varphi < \pi$,

(b′) $U(1,\varphi) = F(\varphi) := f(\cos\varphi, \sin\varphi)$ für $-\pi < \varphi < \pi$.

Von den Lösungen U fordern wir C^2–Differenzierbarkeit für $0 < r < 1$ und stetige Fortsetzbarkeit in $r = 0$. Damit eine Lösung U wieder zu einer Lösung u des Originalproblems zurücktransformiert werden kann, d.h. damit es eine Funktion $u \in C^0(\overline{\Omega}) \cap C^2(\Omega)$ gibt mit $U(r,\varphi) = u(r\cos\varphi, r\sin\varphi)$, muß sich U bezüglich φ periodisch verhalten. Wir verlangen

(c′) $U(r,\pi{-}0) = U(r,-(\pi{+}0)),\quad \frac{\partial U}{\partial \varphi}(r,\pi{-}0) = \frac{\partial U}{\partial \varphi}(r,-(\pi{+}0))\quad (0 < r < 1)$,

(d′) $\lim\limits_{r\to 0+} U(r,\varphi)$ existiert für jedes φ und ist unabhängig von φ.

Daß diese Bedingungen für die Rücktransformation hinreichen, brauchen wir uns an dieser Stelle nicht zu überlegen; dies ergibt sich später von selbst.

5.3 Produktlösungen

Die Bedingungen (a′),(c′),(d′) für die Produktlösung $U(r,\varphi) = v(r)\,w(\varphi)$ mit $v \neq 0$, $w \neq 0$ führen auf die Gleichungen (ÜA, vgl. § 4 : 1)

(1) $v'' + \frac{1}{r}v' - \frac{\lambda}{r^2}v = 0,\quad \lim\limits_{r\to 0+} v(r)$ existiert,

(2) $w'' + \lambda w = 0,\quad w(-\pi) = w(\pi)\,,\ w'(-\pi) = w'(\pi)\,.$

Aus (2) folgt zunächst $\lambda \geq 0$ nach dem Muster 1.2. Die Periodizitätsbedingungen liefern dann die sämtlichen möglichen Eigenwerte $\lambda = k^2$ für $k = 0, 1, \ldots$ [ÜA].

Es ergibt sich daher $w(\varphi) = a_0/2$ für $k = 0$ und $w(\varphi) = a_k \cos k\varphi + b_k \sin k\varphi$ für $k = 1, 2, \ldots$ mit Konstanten a_k, b_k. Für $\lambda = k^2$ hat (1) nach § 4 : 1 bzw. § 4 : 2.7 die Fundamentallösungen

$$1, \ \log r \ \text{für } k = 0 \quad \text{und} \quad r^k, \ r^{-k} \ \text{für } k \in \mathbb{N}.$$

Von diesen fallen wegen der Bedingung (1) die für $r \to 0+$ unstetigen Lösungen fort. Damit haben sämtliche Produktlösungen die Form

$$U_0(r, \varphi) = \tfrac{1}{2} a_0 \ \text{bzw.} \ U_k(r, \varphi) = (a_k \cos k\varphi + b_k \sin k\varphi)\, r^k \ \text{für } k = 1, 2, \ldots .$$

5.4 Superposition von Produktlösungen, Poissonsche Integralformel

(a) *Lösungsformel in Polarkoordinaten.* Wir setzen $U(r, \varphi)$ als Superposition sämtlicher Produktlösungen in Reihenform an; dabei gehen wir der bequemen Rechnung halber zur komplexen Darstellung über. Wir nehmen an, daß die Reihe

$$(*) \quad U(r, \varphi) = \frac{1}{2} a_0 + \sum_{k=1}^{\infty} (a_k \cos k\varphi + b_k \sin k\varphi)\, r^k = \lim_{n \to \infty} \sum_{k=-n}^{n} c_k\, r^{|k|}\, \mathrm{e}^{ik\varphi}$$

für $0 \leq r \leq 1$ und $|\varphi| \leq \pi$ gleichmäßig konvergiert. Dann konvergiert auch

$$F(\varphi) = \sum_{k=-\infty}^{+\infty} c_k\, \mathrm{e}^{ik\varphi}$$

gleichmäßig für alle $\varphi \in \mathbb{R}$, also gilt nach 2.2

$$c_k = \frac{1}{2\pi} \int_{-\pi}^{\pi} F(\psi)\, \mathrm{e}^{-ik\psi}\, d\psi \quad \text{für } k \in \mathbb{Z}\,.$$

Für festes $r < 1$ gewinnen wir damit aus $(*)$ die folgende Integraldarstellung:

$$\begin{aligned} U(r, \varphi) &= \sum_{k=-\infty}^{+\infty} r^{|k|} \frac{1}{2\pi} \int_{-\pi}^{\pi} \mathrm{e}^{ik(\varphi-\psi)}\, F(\psi)\, d\psi \\ &= \int_{-\pi}^{\pi} \left(\frac{1}{2\pi} \sum_{k=-\infty}^{+\infty} r^{|k|}\, \mathrm{e}^{ik(\varphi-\psi)} \right) F(\psi)\, d\psi \\ &= \int_{-\pi}^{\pi} Q(r, \varphi - \psi)\, F(\psi)\, d\psi \end{aligned}$$

mit

$$Q(r,t) := \frac{1}{2\pi} \sum_{k=-\infty}^{+\infty} r^{|k|} \mathrm{e}^{ikt} .$$

Für $r < 1$ ergibt sich

$$\begin{aligned} Q(r,t) &= \frac{1}{2\pi} \Big(\sum_{k=0}^{\infty} (r\,\mathrm{e}^{it})^k + \sum_{k=1}^{\infty} (r\,\mathrm{e}^{-it})^k \Big) \\ &= \frac{1}{2\pi} \left(\frac{1}{1 - r\,\mathrm{e}^{it}} + \frac{r\mathrm{e}^{-it}}{1 - r\,\mathrm{e}^{-it}} \right) = \frac{1}{2\pi} \, \frac{1 - r^2}{1 - 2r \, \cos t + r^2} . \end{aligned}$$

Hiermit haben wir eine Integraldarstellung der Lösung für $r < 1$ erraten:

$$(**) \quad U(r,\varphi) = \int_{-\pi}^{\pi} Q(r, \varphi - \psi) \, F(\psi) \, d\psi .$$

Wir führen $(**)$ anschließend in kartesische Koordinaten über und zeigen in 5.5, daß wir hierdurch zu einer Lösung des Dirichlet–Problems gelangen. Daher benötigen wir die zum Erraten der Integraldarstellung oben gemachte Annahme über die gleichmäßige Entwickelbarkeit von F nicht mehr. (Diese ist nach 2.4 (ii) auch nicht immer gerechtfertigt.)

(b) *Lösungsformel in kartesischen Koordinaten.* Für $\mathbf{x} = (r\cos\varphi, r\sin\varphi)$ und $\mathbf{y} = (\cos\psi, \sin\psi)$ mit $r < 1$ ergibt sich

$$\|\mathbf{x} - \mathbf{y}\|^2 = 1 - 2r \, \cos(\varphi - \psi) + r^2 ,$$

also

$$Q(r, \varphi - \psi) = \frac{1}{2\pi} \, \frac{1 - \|\mathbf{x}\|^2}{\|\mathbf{x} - \mathbf{y}\|^2} =: P(\mathbf{x}, \mathbf{y}) .$$

Mit $U(r,\varphi) = u(r\cos\varphi, r\sin\varphi)$, $F(\psi) = f(\cos\psi, \sin\psi)$ geht die Integraldarstellung $(**)$ über in

$$(\mathrm{P}) \quad u(\mathbf{x}) = \int_{\|\mathbf{y}\|=1} P(\mathbf{x}, \mathbf{y}) \, f(\mathbf{y}) \, ds(\mathbf{y}) \quad \text{für } \|\mathbf{x}\| < 1 ,$$

wobei die rechte Seite als skalares Kurvenintegral über die positiv orientierte Einheitskreislinie zu verstehen ist. Das ergibt sich sofort mit der Parametrisierung $\psi \mapsto \mathbf{y} = (\cos\psi, \sin\psi)$ $(-\pi \le \psi \le \pi)$ ($\boxed{\text{ÜA}}$, vgl. Bd. 1, § 24 : 3.1).

Die Funktion P heißt der **Poisson–Kern** für die Einheitskreisscheibe; das Integral in (P) wird **Poisson–Integral** genannt.

5.5 Lösung des Dirichlet–Problems durch das Poisson–Integral

Ω bezeichne wieder die offene Einheitskreisscheibe $K_1(\mathbf{0})$.

SATZ (POISSON 1820). *Für jede stetige Funktion f auf der Einheitskreislinie $\partial\Omega$ ist durch*

$$u(\mathbf{x}) := \begin{cases} \dfrac{1-\|\mathbf{x}\|^2}{2\pi} \displaystyle\int\limits_{\|\mathbf{y}\|=1} \dfrac{f(\mathbf{y})}{\|\mathbf{x}-\mathbf{y}\|^2}\, ds(\mathbf{y}) & \textit{für } \|\mathbf{x}\|<1, \\ f(\mathbf{x}) & \textit{für } \|\mathbf{x}\|=1 \end{cases}$$

eine Lösung $u \in \mathrm{C}^0(\overline{\Omega}) \cap \mathrm{C}^2(\Omega)$ des Dirichlet–Problems

$$\Delta u = 0 \ \textit{in}\ \Omega, \quad u = f \ \textit{auf}\ \partial\Omega$$

gegeben.

BEMERKUNGEN. (i) Daß dies die einzige Lösung ist, zeigen wir in 5.6.

(ii) u ist sogar reell–analytisch in Ω, d.h. Realteil einer in Ω holomorphen Funktion:

$$u(x,y) = \operatorname{Re}\Big(c_0 + 2\sum_{k=1}^{\infty} c_k\,(x+iy)^k\Big) \quad \text{mit}$$

$$c_k = \tfrac{1}{2\pi}\int\limits_{-\pi}^{\pi} f(\cos\psi,\sin\psi)\,\mathrm{e}^{-ik\psi}\,d\psi \quad (k=0,1,2,\ldots)\,.$$

(iii) Das Poisson–Integral divergiert für alle $\mathbf{x} \in \partial\Omega$ mit $f(\mathbf{x}) \neq 0$; es kann daher die Lösung in Randpunkten nicht darstellen. Die Aussage $u \in \mathrm{C}^0(\overline{\Omega})$, $u = f$ auf $\partial\Omega$ bedeutet also

$$\lim_{\Omega\ni\mathbf{x}\to\mathbf{x}_0} u(\mathbf{x}) = f(\mathbf{x}_0) \ \text{ für jedes } \mathbf{x}_0 \in \partial\Omega\,.$$

BEWEIS.

(a) Für die oben definierte Funktion u zeigen wir $u \in \mathrm{C}^\infty(\Omega)$ und $\Delta u = 0$ in Ω. Für $\mathbf{x} = (r\cos\varphi, r\sin\varphi)$ mit $r<1$ gilt nach der Rechnung in 5.4, die wir jetzt rückwärts verfolgen,

$$\begin{aligned} u(\mathbf{x}) &= \int\limits_{\|\mathbf{y}\|=1} P(\mathbf{x},\mathbf{y})\,f(\mathbf{y})\,ds(\mathbf{y}) = \int\limits_{-\pi}^{\pi} Q(r,\varphi-\psi)\,F(\psi)\,d\psi \\ &= \sum_{k=-\infty}^{+\infty} c_k\,r^{|k|}\,\mathrm{e}^{ik\varphi} = c_0 + \sum_{k=1}^{\infty} c_k\,r^k\,\mathrm{e}^{ik\varphi} + \sum_{k=1}^{\infty} c_{-k}\,r^k\,\mathrm{e}^{-ik\varphi} \end{aligned}$$

mit

$$c_k = \tfrac{1}{2\pi}\int\limits_{-\pi}^{\pi} F(\psi)\,\mathrm{e}^{-ik\psi}\,d\psi = \tfrac{1}{2\pi}\int\limits_{-\pi}^{\pi} f(\cos\psi,\sin\psi)\,\mathrm{e}^{-ik\psi}\,d\psi\,.$$

Die gliedweise Integration ist erlaubt, weil die Reihe $\sum\limits_{k=-\infty}^{+\infty} c_k \, r^{|k|} \, \mathrm{e}^{ik(\varphi-\psi)}$ wegen $|c_k| \le \|f\|_\infty$ bei festem $r < 1$ gleichmäßig bezüglich ψ konvergiert. Da f reellwertig ist, gilt $c_{-k} = \overline{c}_k$ und $c_0 \in \mathbb{R}$, also ist

$$u(x,y) = \operatorname{Re} g(x+iy) \quad \text{mit} \quad g(z) := c_0 + 2 \sum_{k=1}^{\infty} c_k \, z^k \, .$$

Da die letztere Reihe für $|z| < 1$ konvergiert, ist u in Ω der Realteil der holomorphen Funktion g. Nach Bd. 1, § 27 : 3.1 und § 27 : 1.3 sind $u(x,y)$, $v(x,y) := \operatorname{Im} g(x+iy)$ beliebig oft differenzierbar in Ω und erfüllen dort die Cauchy–Riemannschen Differentialgleichungen

$$\frac{\partial u}{\partial x} = \frac{\partial v}{\partial y}, \quad \frac{\partial u}{\partial y} = - \frac{\partial v}{\partial x} \, .$$

Daraus folgt

$$\Delta u = \frac{\partial^2 u}{\partial x^2} + \frac{\partial^2 u}{\partial y^2} = \frac{\partial^2 v}{\partial x \partial y} - \frac{\partial^2 v}{\partial y \partial x} = 0 \quad \text{in } \Omega \, .$$

(b) *Eigenschaften des Poisson–Kerns.*

(1) Für $\mathbf{x} = (r\cos\varphi, r\sin\varphi)$ mit $r < 1$ und $\|\mathbf{y}\| = 1$ gilt $P(\mathbf{x},\mathbf{y}) > 0$ sowie

$$\begin{aligned}
\int\limits_{\|\mathbf{y}\|=1} P(\mathbf{x},\mathbf{y}) \, ds(\mathbf{y}) &= \int\limits_{-\pi}^{\pi} Q(r, \varphi-\psi) \, d\psi = \tfrac{1}{2\pi} \int\limits_{-\pi}^{\pi} \sum_{k=-\infty}^{+\infty} r^{|k|} \, \mathrm{e}^{ik(\varphi-\psi)} \, d\psi \\
&= \tfrac{1}{2\pi} \sum_{k=-\infty}^{+\infty} r^{|k|} \int\limits_{-\pi}^{\pi} \mathrm{e}^{ik(\varphi-\psi)} \, d\psi = 1 \, .
\end{aligned}$$

(2) Sei $\|\mathbf{x}_0\| = 1$ und $\|\mathbf{x}_0 - \mathbf{y}\| \ge 2\delta > 0$. Dann folgt für $\|\mathbf{x}\| < 1$, $\|\mathbf{x} - \mathbf{x}_0\| < \delta$ zunächst $\|\mathbf{x} - \mathbf{y}\| \ge \|\mathbf{x}_0 - \mathbf{y}\| - \|\mathbf{x}_0 - \mathbf{x}\| \ge 2\delta - \delta = \delta$, also

$$\begin{aligned}
P(\mathbf{x},\mathbf{y}) &\le \frac{1 - \|\mathbf{x}\|^2}{2\pi\delta^2} = \frac{(1+\|\mathbf{x}\|)\,(1-\|\mathbf{x}\|)}{2\pi\delta^2} \\
&< \frac{2(1-\|\mathbf{x}\|)}{2\pi\delta^2} \le \frac{1}{\pi\delta^2} \, \|\mathbf{x} - \mathbf{x}_0\| \, ,
\end{aligned}$$

letzteres wegen $1 - \|\mathbf{x}\| = \|\mathbf{x}_0\| - \|\mathbf{x}\| \le \|\mathbf{x} - \mathbf{x}_0\|$.

(c) *u ist stetig in $\overline{\Omega}$.* Dazu müssen wir nach Bemerkung (iii) zeigen, daß

$$\lim_{\Omega \ni \mathbf{x} \to \mathbf{x}_0} u(\mathbf{x}) = f(\mathbf{x}_0) \quad \text{für jeden Randpunkt } \mathbf{x}_0 \, .$$

Sei also $\|\mathbf{x}_0\| = 1$ und $\varepsilon > 0$ vorgegeben. Wir wählen $\delta > 0$ so, daß

$$|\, f(\mathbf{y}) - f(\mathbf{x}_0) \,| < \varepsilon \quad \text{für alle } \mathbf{y} \in \partial\Omega \text{ mit } \|\mathbf{y} - \mathbf{x}_0\| < 2\delta \, .$$

Dann gilt für alle $\mathbf{x} \in \Omega$ mit $\|\mathbf{x} - \mathbf{x}_0\| < \delta$ aufgrund von (b)

$$\begin{aligned}
|u(\mathbf{x}) - f(\mathbf{x}_0)| &= \Bigg| \int\limits_{\|\mathbf{y}\|=1} P(\mathbf{x},\mathbf{y}) \big(f(\mathbf{y}) - f(\mathbf{x}_0)\big)\, ds(\mathbf{y}) \Bigg| \\
&\le \int\limits_{\|\mathbf{y}\|=1} P(\mathbf{x},\mathbf{y}) \big| f(\mathbf{y}) - f(\mathbf{x}_0) \big|\, ds(\mathbf{y}) \\
&= \int\limits_{\|\mathbf{y}-\mathbf{x}_0\|<2\delta} P(\mathbf{x},\mathbf{y}) \big| f(\mathbf{y}) - f(\mathbf{x}_0) \big|\, ds(\mathbf{y}) \\
&\quad + \int\limits_{\|\mathbf{y}-\mathbf{x}_0\|\ge 2\delta} P(\mathbf{x},\mathbf{y}) \big| f(\mathbf{y}) - f(\mathbf{x}_0) \big|\, ds(\mathbf{y}) \\
&< \varepsilon \int\limits_{\|\mathbf{y}-\mathbf{x}_0\|<2\delta} P(\mathbf{x},\mathbf{y})\, ds(\mathbf{y}) + 2\|f\|_\infty \int\limits_{\|\mathbf{y}-\mathbf{x}_0\|\ge 2\delta} P(\mathbf{x},\mathbf{y}) ds(\mathbf{y}) \\
&< \varepsilon + 2\|f\|_\infty\, 2\pi\, \frac{1}{\pi\delta^2}\, \|\mathbf{x} - \mathbf{x}_0\| \\
&= \varepsilon + \frac{4\|f\|_\infty}{\delta^2}\, \|\mathbf{x} - \mathbf{x}_0\| < 2\varepsilon
\end{aligned}$$

für $\|\mathbf{x} - \mathbf{x}_0\| < \min\left\{\delta, \varepsilon\delta^2/4\|f\|_\infty\right\}$. □

5.6 Maximumprinzip für harmonische Funktionen und Eindeutigkeitssatz für das Dirichlet–Problem

(a) **Maximumprinzip**. *Für jede auf einem beschränkten Gebiet $\Omega \subset \mathbb{R}^n$ harmonische Funktion $u \in \mathrm{C}^0(\overline{\Omega}) \cap \mathrm{C}^2(\Omega)$ gilt*

$$\min_{\partial\Omega} u \le u \le \max_{\partial\Omega} u\,.$$

Gilt lediglich $\Delta u \ge 0$ in Ω, so besteht die Ungleichung $u \le \max\limits_{\partial\Omega} u$.

Beweis.

(i) Wir beweisen zunächst die zweite Behauptung. Dazu wählen wir ein $\varepsilon > 0$ und setzen

$$v(\mathbf{x}) := u(\mathbf{x}) + \varepsilon\, \|\mathbf{x}\|^2\,.$$

Die stetige Funktion v nimmt auf der kompakten Menge $\overline{\Omega}$ das Maximum an, etwa in $\mathbf{x}_0$. Dieser Punkt muß auf dem Rand liegen, denn im Fall $\mathbf{x}_0 \in \Omega$ wäre die Hesse–Matrix H von v in diesem Punkt negativ semidefinit, hätte also keinen positiven Eigenwert. Wegen Spur $H = \Delta v(\mathbf{x}_0) = \Delta u(\mathbf{x}_0) + 2n\varepsilon = 2n\varepsilon > 0$ kann dies nicht sein.

Es gilt also für alle $\mathbf{x} \in \Omega$

$$u(\mathbf{x}) \le v(\mathbf{x}) \le v(\mathbf{x}_0) = u(\mathbf{x}_0) + \varepsilon\, \|\mathbf{x}_0\|^2,$$

somit wegen $\mathbf{x}_0 \in \partial\Omega$

$$\sup\{u(\mathbf{x}) \mid \mathbf{x} \in \Omega\} \le \sup\{u(\mathbf{x}) \mid \mathbf{x} \in \partial\Omega\} + \varepsilon \max\left\{\|\mathbf{x}\|^2 \mid \mathbf{x} \in \partial\Omega\right\}$$

für jedes $\varepsilon > 0$. Nach Grenzübergang $\varepsilon \to 0$ folgt die Behauptung.

(ii) Die erste Behauptung folgt unmittelbar durch Anwendung von (i) auf u und auf $-u$. □

Eine unmittelbare Folgerung aus (a) ist der

(b) **Eindeutigkeitssatz.** *Jede harmonische Funktion $u \in \mathrm{C}^2(\Omega) \cap \mathrm{C}^0(\overline{\Omega})$ ist durch ihre Randwerte eindeutig bestimmt. Insbesondere hat das Dirichlet–Problem 5.1 höchstens eine Lösung.*

5.7 Aufgaben

(a) Lösen Sie das Dirichlet–Problem in der Einheitskreisscheibe für die folgenden Randverteilungen

$$f(x,y) = 1\,, \quad f(x,y) = x^3\,, \quad f(x,y) = \frac{4-2x}{5-4x}\,.$$

Verwenden Sie in den letzten beiden Fällen Polarkoordinaten. Im mittleren Fall ergibt sich für 5.4 $(*)$ eine endliche Summe. Bestimmen Sie im letzten Fall zunächst $\operatorname{Re} 1/(1-\frac{1}{2}\mathrm{e}^{i\varphi})$.

(b) Folgern Sie aus der Poisson–Darstellung 5.5 die **Harnacksche Ungleichung** für die Lösung u des Dirichlet–Problems im Fall $f \ge 0$

$$\frac{1-\|\mathbf{x}\|}{1+\|\mathbf{x}\|}\,u(\mathbf{0}) \le u(\mathbf{x}) \le \frac{1+\|\mathbf{x}\|}{1-\|\mathbf{x}\|}\,u(\mathbf{0}) \quad \text{für } \|\mathbf{x}\| < 1\,.$$

(c) Machen Sie sich plausibel, daß für $U(r,\varphi) = \int\limits_{-\pi}^{\pi} Q(r,\varphi-\psi)\,F(\psi)\,d\psi$ die Beziehung $\lim\limits_{r\to 1} U(r,\varphi) = F(\varphi)$ gilt, indem Sie die Funktion $t \mapsto Q(r,t)$ für einzelne Werte von $r<1$ skizzieren. Beachten Sie dabei, daß

$$\lim_{r\to 1} Q(r,0) = \lim_{r\to 1} \frac{1}{2\pi}\,\frac{1+r}{1-r} = \infty\,, \quad \lim_{r\to 1} Q(r,\varphi) = 0 \quad \text{für} \quad \varphi \ne 0\,.$$

(d) Folgern Sie aus 5.5 mit Hilfe einer Streckung der Ebene, daß die Poisson–Formel für die Kreisscheibe $\Omega = K_R(\mathbf{0})$ lautet

$$\mathbf{u}(\mathbf{x}) = \frac{R^2-\|\mathbf{x}\|^2}{2\pi R} \int\limits_{\|\mathbf{y}\|=R} \frac{f(\mathbf{y})}{\|\mathbf{x}-\mathbf{y}\|^2}\,ds(\mathbf{y}) \quad \text{für } \|\mathbf{x}\| < R\,.$$

§ 7 Die Charakteristikenmethode für DG 1. Ordnung

In diesem Paragraphen behandeln wir Anfangswertprobleme für die Differentialgleichung 1. Ordnung

$$F(\mathbf{x}, u(\mathbf{x}), \nabla u(\mathbf{x})) = 0 .$$

Gleichungen dieses Typs beschreiben Phänomene der Wellenausbreitung. Zu diesen gehört die *Eikonalgleichung* der geometrischen Optik, und deren mechanisches Analogon, die *Hamilton–Jacobi–Differentialgleichung*. Die Lösung solcher Gleichungen kann vollständig auf Systeme gewöhnlicher Differentialgleichungen zurückgeführt werden. Wir erläutern die Charakteristikenmethode zunächst an einem Spezialfall:

1 Die quasilineare Differentialgleichung

1.1 Problemstellung

Gegeben sind ein Gebiet $\Omega \subset \mathbb{R}^n$ und C^1–Funktionen $a_1, \ldots, a_n, b$ auf $\Omega \times \mathbb{R}$. Ferner sei $M \subset \Omega$ eine $(n-1)$–dimensionale orientierbare C^1–Untermannigfaltigkeit und f sei eine C^1–differenzierbare Funktion auf M. Gesucht ist eine Lösung u der **quasilinearen DG 1. Ordnung**

$$\sum_{i=1}^{n} a_i(\mathbf{x}, u(\mathbf{x})) \frac{\partial u}{\partial x_i}(\mathbf{x}) = b(\mathbf{x}, u(\mathbf{x})) , \quad \text{kurz} \quad \sum_{i=1}^{n} a_i(\mathbf{x}, u)\, \partial_i u = b(\mathbf{x}, u)$$

mit der Anfangsbedingung

$$u = f \quad \text{auf} \quad M,$$

die in einer Umgebung von M definiert ist. Wir sprechen von einem **Anfangswertproblem** oder **Cauchy–Problem**.

Für die sich auf Untermannigfaltigkeiten beziehenden Begriffe verweisen wir auf § 11 : 1. Ohne Verlust an Allgemeinheit beschränken wir uns hier auf die Behandlung des ebenen Falles $n = 2$, bei dem M eine Kurve ist, die wir mit C bezeichnen. Das bedeutet, daß sich C durch eine Gleichung $g(\mathbf{x}) = 0$ mit einer C^1–Funktion g beschreiben läßt, wobei ∇g nirgends verschwindet. Hieraus ergibt sich: Zu jedem Kurvenpunkt $\boldsymbol{\xi} \in C$ gibt es eine Umgebung $\mathcal{U} \subset \mathbb{R}^2$, so daß $C \cap \mathcal{U}$ eine reguläre C^1–Parametrisierung $\varphi : I \to C \cap \mathcal{U}$ mit stetiger Umkehrung besitzt, wobei I ein offenes Intervall ist. Der Einfachheit halber nehmen wir an, daß C durch eine einzige Parametrisierung $\varphi : I \to \mathbb{R}^2$ überdeckt wird, die wir im folgenden fixieren.
Wir nennen die Funktion f **$\mathbf{C^1}$–differenzierbar** auf C, wenn $f \circ \varphi$ im gewöhnlichen Sinn C^1–differenzierbar ist.

1.2 Der Grundgedanke der Charakteristikenmethode

Der Grundgedanke der Charakteristikenmethode läßt sich geometrisch sehr einfach formulieren:
Sei u eine in einer Umgebung $\mathcal{U}$ von C gegebene Lösung des Cauchy–Problems

$$a_1(\mathbf{x}, u)\,\partial_1 u + a_2(\mathbf{x}, u)\,\partial_2 u = b(\mathbf{x}, u)\,, \quad u = f \text{ auf } C.$$

Wir setzen

$$\widehat{M} := \big\{(\mathbf{x}, u(\mathbf{x})) \mid \mathbf{x} \in \mathcal{U}\big\}, \quad \widehat{C} := \big\{(\boldsymbol{\xi}, f(\boldsymbol{\xi})) \mid \boldsymbol{\xi} \in C\big\},$$

$$\mathbf{v} := (a_1, a_2, b) \quad \text{und} \quad \mathbf{n} := (\partial_1 u, \partial_2 u, -1)\,.$$

Hiermit erhält das Cauchy–Problem die geometrische Gestalt

$$\langle \mathbf{v}\,, \mathbf{n}\rangle = a_1\partial_1 u + a_2\partial_2 u - b = 0 \text{ auf } \widehat{M} \text{ und } \widehat{C} \subset \widehat{M}.$$

$(\mathbf{x}, y) \mapsto \mathbf{v}(x, \mathbf{y})$ ist ein Vektorfeld im $\mathbb{R}^3$, das auf der Lösungsfläche $\widehat{M}$ tangential ist, da $\mathbf{n}$ ein Normalenfeld auf $\widehat{M}$ ist. Jede durch $\widehat{C}$ laufende Integralkurve (**Charakteristik**) dieses Vektorfeldes liegt daher auf $\widehat{M}$, siehe die ÜA unten. Die Gesamtheit der Charakteristiken zerlegt $\widehat{M}$.

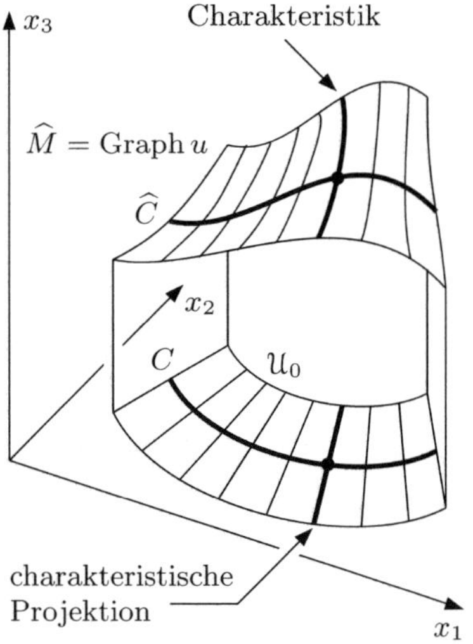

Die Charakteristikenmethode zur Lösung des Cauchy–Problems 1.1 besteht nun darin, diese Analyse in ein Konstruktionsverfahren für die gesuchte Funktion u umzumünzen:

– Bestimmung der Charakteristiken; dies bedeutet Lösung eines AWP gewöhnlicher Differentialgleichungen,

– Nachweis, daß die Schar der Charakteristiken eine Fläche aufspannt, die Graph einer Funktion u ist und das Cauchy–Problem löst.

ÜA Zeigen Sie für die Integralkurven $t \mapsto \boldsymbol{\alpha}(t) = (x_1(t), x_2(t), y(t))$ des Vektorfeldes $\mathbf{v}$: Gilt $\boldsymbol{\alpha}(t_0) \in \widehat{M}$ für ein t_0, so auch $\boldsymbol{\alpha}(t) \in \widehat{M}$ für alle t. (Differenzieren Sie $y(t) - u(x_1(t), x_2(t))$).

Die Projektionen der Charakteristiken auf die x_1,x_2–Ebene heißen **charakteristische Projektionen** (Figur).

1.3 Das charakteristische Anfangswertproblem

Nach Definition ist eine C^1–Kurve $t \mapsto (x_1(t), x_2(t), y(t))$ Charakteristik für das Cauchy–Problem 1.1, wenn für einen Kurvenpunkt $\boldsymbol{\xi} = (\xi_1, \xi_2) \in C$ gilt:

$$\begin{aligned} \dot{x}_1(t) &= a_1(x_1(t), x_2(t), y(t)), & x_1(0) &= \xi_1, \\ \dot{x}_2(t) &= a_2(x_1(t), x_2(t), y(t)), & x_2(0) &= \xi_2, \\ \dot{y}(t) &= b(x_1(t), x_2(t), y(t)), & y(0) &= f(\boldsymbol{\xi}). \end{aligned}$$

Wir beziehen die Anfangswerte auf den Kurvenparameter s und schreiben dieses Anfangswertproblem mit den Abkürzungen $\mathbf{a} = (a_1, a_2)$, $\mathbf{x} = (x_1, x_2)$ in der Form

(a) $\quad \dot{\mathbf{x}}(t) = \mathbf{a}(\mathbf{x}(t), y(t)), \quad \dot{y}(t) = b(\mathbf{x}(t), y(t)),$

(b) $\quad \mathbf{x}(0) = \boldsymbol{\varphi}(s), \quad y(0) = \psi(s) := f(\boldsymbol{\varphi}(s))$ mit $s \in I$.

Die Lösungsschar des Anfangswertproblems (a),(b) bezeichnen wir im folgenden mit

$$t \mapsto (\mathbf{X}(s,t), Y(s,t)) \quad (s \in I).$$

Die zugehörigen charakteristischen Projektionen sind dann gegeben durch

$$t \mapsto \mathbf{X}(s,t) \quad (s \in I).$$

Die gesuchte Lösung u des Cauchy–Problems soll nach den Überlegungen in 1.2 durch die Gleichung $u(\mathbf{X}(s,t)) = Y(s,t)$ eindeutig bestimmt sein, d.h. die Abbildung $(s,t) \mapsto \mathbf{X}(s,t)$ soll eine C^1–differenzierbare Inverse besitzen. Dies erfordert eine Bedingung an die Anfangsdaten:

1.4 Transversalitätsbedingung und charakteristische Umgebungen

An die Anfangsdaten stellen wir folgende **Transversalitätsbedingung:**

(c) $\quad$ Für kein $\boldsymbol{\xi} \in C$ ist $\mathbf{a}(\boldsymbol{\xi}, f(\boldsymbol{\xi}))$ Tangentenvektor an C im Punkt $\boldsymbol{\xi}$.

Dann schneidet jede charakteristische Projektion $t \mapsto \mathbf{X}(s,t)$ die Kurve C transversal, das heißt nicht tangential, denn nach 1.3 (a),(b) gilt

$$\dot{\mathbf{X}}(s,0) = \mathbf{a}(\mathbf{X}(s,0), Y(s,0)) = \mathbf{a}(\boldsymbol{\xi}, f(\boldsymbol{\xi})).$$

Im folgenden Existenz– und Eindeutigkeitssatz zeigen wir, daß unter dieser Voraussetzung die charakteristischen Projektionen eine Umgebung von C einfach, d.h. ohne Überschneidungen, überdecken. Genauer erhalten wir: Es existiert eine Umgebung $\mathcal{U} \subset \Omega$ der Startkurve C und eine Umgebung $\mathcal{V} \subset \mathbb{R}^2$ der Strecke

$\{(s,0) \mid s \in I\}$, so daß für jeden Punkt $(s,t) \in \mathcal{V}$ die Verbindungsstrecke zwischen (s,t) und $(s,0)$ ganz in $\mathcal{V}$ liegt. Das bedeutet, daß sich jeder Punkt von $\mathcal{U}$ längs einer charakteristischen Projektion mit einem Punkt in C verbinden läßt, ohne $\mathcal{U}$ zu verlassen. Wir nennen $\mathcal{U}$ eine **charakteristische Umgebung** der Startkurve C.

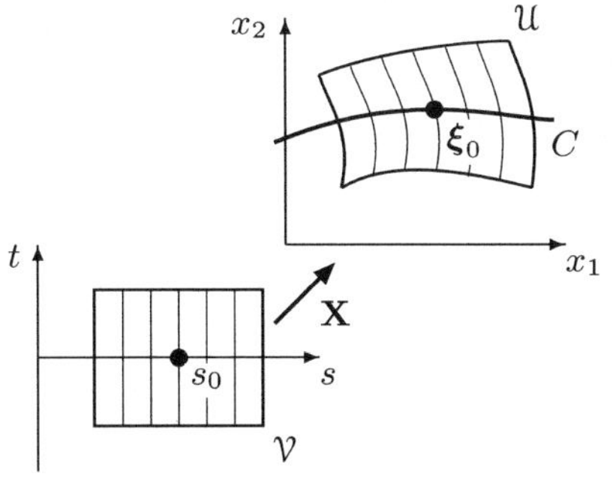

Analog sprechen wir von einer **charakteristischen Umgebung** $\mathcal{U}$ eines Punktes $\boldsymbol{\xi}_0 = \boldsymbol{\varphi}(s_0) \in C$, wenn $\mathcal{U}$ wie eben das diffeomorphe Bild unter $\mathbf{X}$ einer Umgebung $\mathcal{V}$ einer Strecke $\{(s,0) \mid s \in J\}$ ist, wobei J eine Intervallumgebung von $(s_0,0)$ ist.
In den meisten Fällen können wir $\mathcal{V}$ als Rechteckumgebung wählen (Figur). Aus dem Eindeutigkeitssatz für autonome DG folgt: Der Durchschnitt zweier charakteristischer Umgebungen von $\boldsymbol{\xi}_0$ ist wieder eine, wenn sich diese auf der Anfangswertkurve C treffen. ÜA: Machen Sie sich das klar!

1.5 Der Existenz– und Eindeutigkeitssatz für das quasilineare Cauchy–Problem

SATZ. *Das quasilineare Cauchy–Problem*

$$\langle \mathbf{a}(\mathbf{x},u), \nabla u \rangle = b(\mathbf{x},u), \quad u = f \ \ \textit{auf}\ C$$

besitzt unter der Transversalitätsbedingung (c) *in einer charakteristischen Umgebung* $\mathcal{U} \subset \Omega$ *von* C *eine eindeutig bestimmte Lösung* $u : \mathcal{U} \to \mathbb{R}$.
Der Lösungsweg ist folgender:

(1) *Wir bestimmen für jeden Parameterwert* $s \in I$ *der Startkurve* C *die Lösung* $\mathbf{X}(s,t), Y(s,t)$ *des charakteristischen AWP*

$$\dot{\mathbf{x}}(t) = \mathbf{a}(\mathbf{x}(t), y(t)), \quad \dot{y}(t) = b(\mathbf{x}(t), y(t)), \quad \mathbf{x}(0) = \boldsymbol{\varphi}(s), \quad y(0) = \psi(s).$$

(2) *Einschränkung von* $\mathbf{X}$ *auf eine Umgebung* $\mathcal{V}$ *der Strecke* $\{(s,0) \mid s \in I\}$ *in der* s,t*–Ebene, so daß* $\mathbf{X}$ *einen Diffeomorphismus von* $\mathcal{V}$ *auf eine charakteristische Umgebung* $\mathcal{U}$ *von* C *liefert.*

(3) *Die Lösung* u *auf* $\mathcal{U}$ *erhalten wir aus der Beziehung*

$$u(\mathbf{X}(s,t)) = Y(s,t), \quad \textit{also} \ \ u = Y \circ \mathbf{X}^{-1}.$$

Der BEWEIS folgt in 1.8.

BEMERKUNGEN. (a) Ist die Transversalitätsbedingung verletzt, so kann das Cauchy–Problem unlösbar sein, oder es kann unendlich viele Lösungen geben. Beispiele hierfür sind:

$$\partial_1 u + \partial_2 u = u\,, \quad u(x,x) = 1,$$

$$\partial_1 u + \partial_2 u = 0\,, \quad u(x,x) = 0.$$

Die Startkurve C ist hier die Diagonale in der Ebene, welche die Parametrisierung $s \mapsto \psi(s) = (s,s)$ besitzt. Wegen $\psi'(s) = (1,1)$ und $(a_1, a_2) = (1,1)$ ist die Transversalitätsbedingung verletzt.
Das erste Problem hat keine Lösung, denn für eine solche müßte gelten

$$0 = \frac{d}{dx}1 = \frac{d}{dx}u(x,x) = \partial_1 u(x,x) + \partial_2 u(x,x) = u(x,x) = 1\,.$$

Das zweite AWP hat die unendlich vielen Lösungen $u(x_1, x_2) = c \cdot (x_1 - x_2)$ mit $c \in \mathbb{R}$.

(b) Die eindeutige und C¹–differenzierbare Festlegung der Lösung u durch die Gleichung $u \circ \mathbf{X} = Y$ ist gewährleistet, solange die Abbildung $\mathbf{X}$ ein Diffeomorphismus ist, was auf kleinen Umgebungen $\mathcal{V}_0$ von $(s_0, 0)$ stets erreichbar ist. Auf größeren Umgebungen braucht $\mathbf{X}$ kein Diffeomorphismus zu sein, und es kann zweierlei eintreten:
(i) $\mathbf{X}$ ist nicht injektiv, d.h. zwei charakteristische Projektionen schneiden sich. In solchen Schnittpunkten kann u nicht mehr widerspruchsfrei festgelegt werden.
(ii) Die Jacobi–Matrix $D\mathbf{X}(s,t)$ hat in einem Punkt (s,t) nicht den Maximalrang 2. Dann heißt die Stelle $\mathbf{X}(s,t)$ ein **Brennpunkt** der charakteristischen Projektionen; u braucht dort nicht mehr differenzierbar zu sein. Dieses Phänomen wird in Beispiel 1.7 illustriert.
Die Fälle (i) und (ii) können auch gleichzeitig eintreten.

(c) Im Fall $b = 0$ ist jede Lösung konstant längs jeder charakteristischen Projektion [ÜA].

(d) Der Satz behält für $n > 2$ seine Gültigkeit, wenn der Träger der Anfangswerte eine $(n-1)$–dimensionale orientierbare C¹–Untermannigfaltigkeit M ist, vgl. § 11 : 1.5, z.B. eine Hyperebene. Das Lösungsverfahren (1) bis (3) und der Beweis 1.8 übertragen sich sinngemäß. Die Transversalitätsbedingung lautet analog zum zweidimensionalen Fall:

(c') Für kein $\boldsymbol{\xi} \in M$ ist $\mathbf{a}(\boldsymbol{\xi}, f(\boldsymbol{\xi}))$ Tangentenvektor an M im Punkt $\boldsymbol{\xi} \in M$.

In den folgenden Beispielen ist die Anfangswertkurve C stets die x–Achse in der (x,t)–Ebene, die Charakteristiken parametrisieren wir durch den Parameter τ.

1.6 Die Wellengleichung einfachsten Typs

Für eine gegebene C^1–Funktion $\psi : \mathbb{R} \to \mathbb{R}$ und eine Konstante $c \neq 0$ betrachten wir das Cauchy–Problem

$$c\,\frac{\partial u}{\partial x} + \frac{\partial u}{\partial t} = 0, \quad u(x,0) = \psi(x).$$

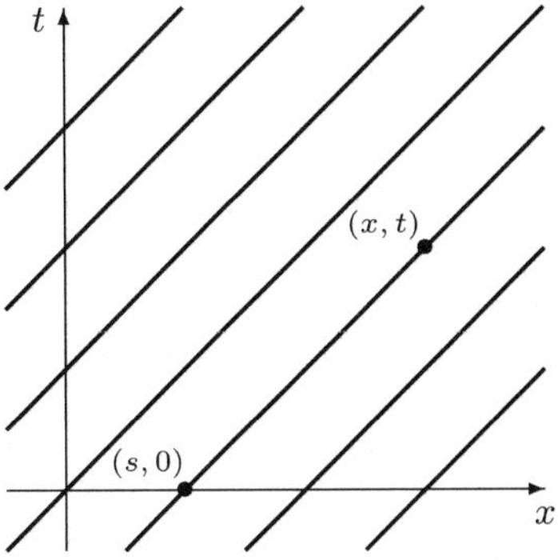

Das Anfangswertproblem für die Charakteristiken lautet hier

$$\begin{aligned} &\dot{x}(\tau) = c, \quad \dot{t}(\tau) = 1, \quad \dot{y}(\tau) = 0, \\ &x(0) = s, \quad t(0) = 0, \quad y(0) = \psi(s). \end{aligned}$$

Als Lösungsschar ergibt sich

$$\begin{aligned} \mathbf{X}(s,\tau) &= (s + c\,\tau, \tau), \\ Y(s,\tau) &= \psi(s). \end{aligned}$$

Die charakteristischen Projektionen sind parallele Geraden, welche die x–Achse C transversal schneiden und die ganze Ebene einfach überdecken.

Nach 1.5 (3) erhalten wir die Lösung u aus

$$u(s + c\tau, \tau) = u(\mathbf{X}(s,\tau)) = Y(s,\tau) = \psi(s),$$

und nach Elimination von s ergibt sich

$$u(x,t) = \psi(x - ct).$$

Dies ist eine für $c > 0$ nach rechts und für $c < 0$ nach links wandernde Welle mit festem räumlichen Profil und Geschwindigkeit $|c|$.

Aufgabe. (Lösungsdarstellung von d'Alembert für die schwingende Saite) Seien $f \in C^2(\mathbb{R})$, $g \in C^1(\mathbb{R})$. Zeigen Sie: Jede Lösung $u \in C^2(\mathbb{R}^2)$ von

$$\frac{\partial^2 u}{\partial t^2} = c^2\,\frac{\partial^2 u}{\partial x^2}, \quad u(x,0) = f(x), \quad \frac{\partial u}{\partial t}(x,0) = g(x)$$

mit $c > 0$ besitzt die Darstellung

$$u(x,t) = \frac{1}{2}(f(x+ct) + f(x-ct)) + \frac{1}{2c}\int\limits_{x-ct}^{x+ct} g(y)\,dy\,.$$

Anleitung: Die Funktion $v := -c\,\frac{\partial u}{\partial x} + \frac{\partial u}{\partial t}$ löst das Cauchy–Problem

$$c\,\frac{\partial v}{\partial x} + \frac{\partial v}{\partial t} = 0 \quad \text{mit} \quad v(x,0) = \psi(x) := -c\,f'(x) + g(x),$$

besitzt also nach Obigem die Lösung $v(x,t) = \psi(x-ct)$. Hiernach genügt u dem Cauchy–Problem

$$-c\,\frac{\partial u}{\partial x}(x,t) + \frac{\partial u}{\partial t}(x,t) = \psi(x-ct)\,, \quad u(x,0) = f(x).$$

Dessen Lösung nach der Methode 1.5 ergibt die Behauptung.

1.7 Ein Verkehrsflußproblem

Den Verkehrsfluß auf einer Spur einer unendlich langen Landstraße ohne Abzweigungen beschreiben wir in einem kontinuierlichen Modell durch die Fahrzeugdichte $\varrho(x,t)$ pro Längeneinheit und die Geschwindigkeit $v(x,t)$ an der Stelle x zur Zeit t. Dabei gehen wir vom Erhaltungssatz für die Anzahl der Fahrzeuge auf jedem Streckenabschnitt $[a,b]$ aus,

$$\begin{aligned} 0 &= \tfrac{d}{dt}\int\limits_a^b \varrho(x,t)\,dx + (\varrho v)(x,t)\,\Big|_{x=a}^{x=b} \\ &= \int\limits_a^b \tfrac{\partial}{\partial t}\varrho(x,t)\,dx + \int\limits_a^b \tfrac{\partial}{\partial x}(\varrho v)(x,t)\,dx\,, \end{aligned}$$

vgl. Bd. 1, § 26 : 6.1. In differentieller Form bedeutet dies

$$\frac{\partial \varrho}{\partial t} + \frac{\partial(\varrho v)}{\partial x} = 0.$$

Wir machen die Modellannahme, daß die Geschwindigkeit v eine Funktion der Dichte ϱ ist, $v = g(\varrho)$. Der einfachste Ansatz hierfür ist $v = A - B\varrho$ mit positiven Konstanten A, B.

Legen wir diese Beziehung mit $A = 1$, $B = \frac{1}{2}$ zugrunde (durch Umskalieren erreichbar) und schreiben jetzt u statt ϱ, so lautet das zugehörige Anfangswertproblem für die Fahrzeugdichte u

$$(1-u)\,\frac{\partial u}{\partial x} + \frac{\partial u}{\partial t} = 0, \quad u(x,0) = \psi(x) \text{ für } x \in \mathbb{R}\,,$$

wobei $\psi \in \mathrm{C}^1(\mathbb{R})$ eine gegebene Anfangsdichteverteilung mit $0 < \psi < 1$ ist.

Das Anfangswertproblem 1.3 (a),(b) für die Charakteristiken lautet hier

$$\begin{aligned} &\dot{x}(\tau) = 1 - y(\tau)\,, \quad &&\dot{t}(\tau) = 1\,, \quad &&\dot{y}(\tau) = 0\,, \\ &x(0) = s\,, &&t(0) = 0\,, &&y(0) = \psi(s)\,. \end{aligned}$$

Dessen Lösungen sind gegeben durch

$$\mathbf{X}(s,\tau) = (s + \tau(1-\psi(s)), \tau)\,, \quad Y(s,\tau) = \psi(s)\,.$$

Die charakteristischen Projektionen bilden also eine Geradenschar mit Scharparameter $s \in \mathbb{R}$. Wegen $\dot{t}(\tau) = 1$ schneiden diese die x–Achse C transversal.

Nach 1.5 (3) ist die Lösung u des Cauchy–Problems bestimmt durch

$$u(\mathbf{X}(s,\tau)) \;=\; Y(s,\tau) \;=\; \psi(s).$$

Wir haben also zu gegebenem (x,t) die Gleichung

$$(x,t) \;=\; \mathbf{X}(s,\tau) = (s + \tau(1-\psi(s)), \tau),$$

bzw.

$$(*) \qquad t = \tau, \quad x = s + t(1-\psi(s))$$

C^1–differenzierbar nach (s,τ) aufzulösen. Hierfür muß die Jacobi–Determinante von $\mathbf{X}$ die Auflösebedingung

$$\det(D\mathbf{X}(s,\tau)) \;=\; 1 - \tau\psi'(s) > 0.$$

erfüllen, was i.a. nur für kleine $|\tau|$ möglich ist.

Wir machen uns für zwei einfache, aber typische Fälle ein qualitatives Bild vom Verlauf der Lösung:

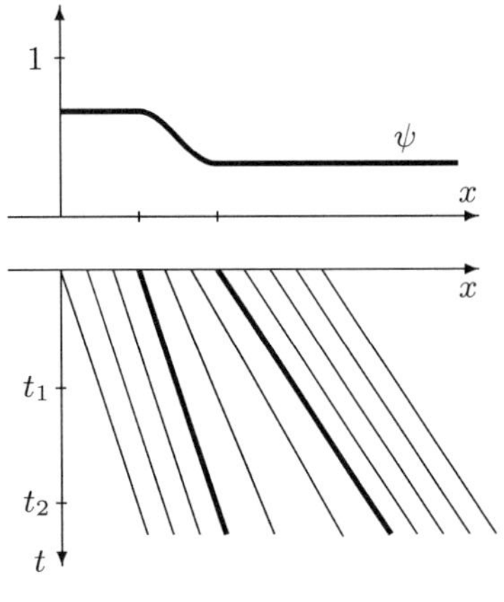

(a) ψ sei auf einem beschränkten Intervall $I = \,]a,b[$ streng monoton fallend und außerhalb I konstant. Die Steigungen der in $(s,0)$ startenden charakteristischen Projektionen haben für $s \le a$ denselben konstanten Wert; entsprechendes gilt für $s \ge b$. Damit ergeben sich die charakteristischen Projektionen in der x,t–Ebene wie in der Figur skizziert [ÜA]. Die zweite Gleichung in $(*)$ kann für alle (x,t) mit $t \ge 0$ nach s aufgelöst werden.

Die Lösung u ist nach der Bemerkung 1.5 (c) konstant längs jeder charakteristischen Projektion, beschreibt also eine nach rechts laufende, mit wachsendem t flacher werdende Welle.

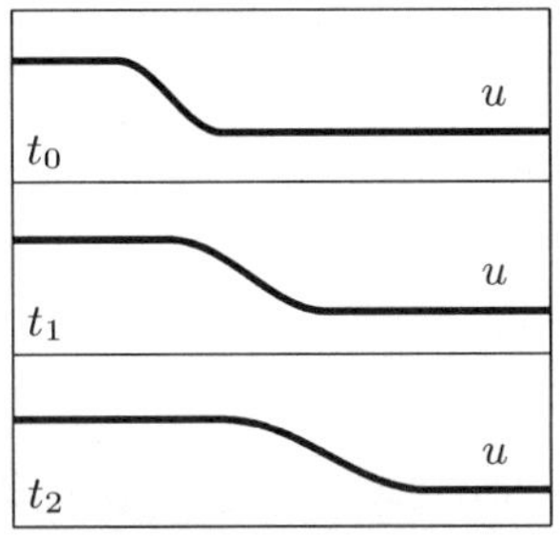

In der nebenstehenden Figur sind Wellenprofile

$$x \;\mapsto\; u(x,t)$$

für drei Zeiten $0 = t_0 < t_1 < t_2$ wiedergegeben.

(b) ψ sei auf einem beschränkten Intervall $I =]a,b[$ streng monoton steigend und außerhalb I konstant. Auch hier haben die charakteristischen Projektionen mit $s \le a$ dieselbe konstante Steigung, entsprechendes gilt für die charakteristischen Projektionen mit $s \ge b$. Jetzt gibt es für $t > 0$ Schnittpunkte zwischen ersteren und letzteren. Die Lösung $u(x,t)$ kann also nicht für alle $t > 0$ existieren.
Wie der nebenstehende „Film“ zeigt, bildet sich eine nach rechts wandernde Welle aus, deren Front mit wachsendem t immer steiler wird.

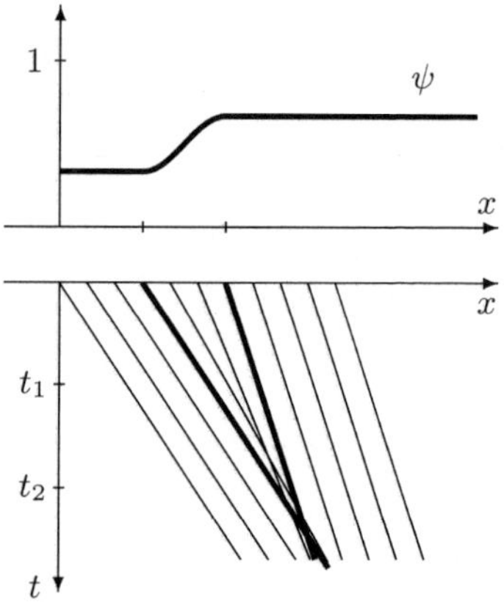

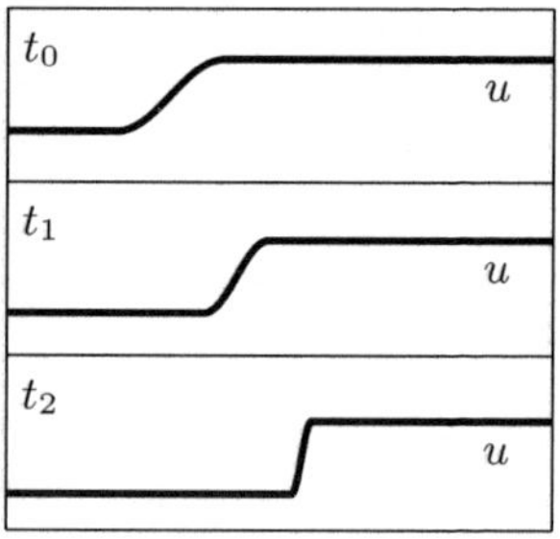

Wir bestimmen die maximale Lebensspanne $[0, t_*[$ der Lösung u. t_* ist also das Supremum der $t > 0$, für welche $x \mapsto u(x,t)$ für alle $x \in \mathbb{R}$ existiert und C^1–differenzierbar ist. Es ergibt sich:

Die maximale Lebensspanne ist gegeben durch

$$t_* = 1/\max \psi',$$

falls ψ' positive Werte annimmt, andernfalls durch $t_* = \infty$.
Im Fall $t_* < \infty$ entwickelt die Lösung Singularitäten **(blow up)**, *d.h. es gibt Stellen $x_* \in \mathbb{R}$ mit*

$$\lim_{(x,t)\to(x_*,t_*)} \frac{\partial u}{\partial x}(x,t) = \infty \quad (\textit{Grenzübergang in } \; 0 < t < t_*).$$

Zum Nachweis setzen wir $T_* := 1/\max \psi'$, falls ψ' positive Werte annimmt, sonst $T_* := \infty$ und zeigen $T_* \le t_*$. Denn für $0 \le t < T_*$ gilt $1 - t\psi'(s) > 0$ für alle $s \in \mathbb{R}$. Die Funktion $t \mapsto x + t(1 - \psi(s))$ ist daher streng monoton steigend und wegen der Beschränktheit von ψ auch bijektiv. Durch $(*)$ ist damit eine C^1–differenzierbare Lösung des AWP gegeben, d.h. wir erhalten $T_* \le t_*$. Für $0 \le t < t_*$ gilt

$$u(x,t) = \psi(s) = \psi(x - t(1 - \psi(s))) = \psi(x - t(1 - u(x,t))),$$

also

$$\frac{\partial u}{\partial x}(x,t) = \psi'(s)\Big(1 + t\,\frac{\partial u}{\partial x}(x,t)\Big) \quad \text{bzw.} \quad \frac{\partial u}{\partial x}(x,t)\,\big(1 - t\psi'(s)\big) = \psi'(s).$$

Angenommen, $T_* < t_*$. Dann wählen wir eine Maximumstelle $s_* \in \mathbb{R}$ von ψ' und setzen (x_*, T_*, s_*) in die letzte Gleichung ein. Wir erhalten $\partial u/\partial x(x_*, T_*) = \infty$, im Widerspruch zur Differenzierbarkeit von $x \mapsto u(x, T_*)$. Somit ist die erste Behauptung $T_* = t_*$ gezeigt. Die zweite ergibt sich durch nochmalige Anwendung der letzten Gleichung auf (x, t, s) nahe (x_*, t_*, s_*) mit $t < t_*$, $x_* = s_* + t_*(1 - t\psi(s_*))$, s_* eine Maximumstelle von ψ'.
Die zuletzt betrachteten Punkte (x_*, t_*) sind Brennpunkte, vgl. Bemerkung 1.5 (b). Dieser ist nicht notwendig Schnittpunkt charakteristischer Projektionen, enthält aber in beliebiger Nachbarschaft solche Schnittpunkte.

AUFGABE. Berechnen Sie für die Anfangswerte

$$\psi(s) = \begin{cases} \frac{1}{3} & 0 \le s \le 3, \\ \frac{1}{2} + \frac{1}{6}\sin(\frac{\pi}{8}(s-7)) & 3 \le s \le 11, \\ \frac{2}{3} & 11 \le s \le 18 \end{cases}$$

den Brennpunkt der charakteristischer Projektionen, und skizzieren Sie diese für $0 \le x \le 18$. Es empfiehlt sich, einen nicht zu kleinen Maßstab und in der Nähe der Maximumstelle $s_* = 7$ von ψ' eine feine Einteilung der s–Werte zu wählen.

1.8 Beweis des Existenz– und Eindeutigkeitssatzes

(a) *Eindeutigkeit der Lösung.*Sei u eine Lösung des Cauchy–Problems auf einer charakteristischen Umgebung $\mathcal{U} = \mathbf{X}(\mathcal{V})$ von C oder eines Punktes von C. Wir bezeichnen die Lösung des AWP

$$\dot{\mathbf{p}}(t) = \mathbf{a}(\mathbf{p}(t), u(\mathbf{p}(t))), \quad \mathbf{p}(0) = \boldsymbol{\varphi}(s)$$

mit $t \mapsto \mathbf{P}(s,t)$ und setzen $Q(s,t) := u(\mathbf{P}(s,t))$. Dann gilt auf $\mathcal{V}$

$$\begin{aligned} \tfrac{\partial Q}{\partial t}(s,t) &= \Big\langle \boldsymbol{\nabla} u(\mathbf{P}(s,t)), \tfrac{\partial \mathbf{P}}{\partial t}(s,t) \Big\rangle \\ &= \langle \boldsymbol{\nabla} u(\mathbf{P}(s,t)), \mathbf{a}(\mathbf{P}(s,t), Q(s,t)) \rangle = b(\mathbf{P}(s,t), Q(s,t)). \end{aligned}$$

Also löst $(\mathbf{P}, Q)$ das charakteristische AWP ebenso wie $(\mathbf{X}, Y)$. Da nach Voraussetzung mit jedem Punkt $(s,t) \in \mathcal{V}$ die ganze Strecke zwischen (s,t) und $(s,0)$ in $\mathcal{V}$ liegt, können wir den Eindeutigkeitssatz für autonome Systeme anwenden und erhalten

$$\mathbf{P} = \mathbf{X} \quad \text{und} \quad Q = Y.$$

Somit gilt $u \circ \mathbf{X} = u \circ \mathbf{P} = Q = Y$, d.h. $u = Y \circ \mathbf{X}^{-1}$ in $\mathcal{U}$.

(b) *Existenz einer lokalen Lösung.* Wir fixieren $\boldsymbol{\xi} = \boldsymbol{\varphi}(s_0) \in C$ (o.B.d.A. $s_0 = 0$). Sei $t \mapsto (\mathbf{X}(s,t), Y(s,t))$ die Lösung des charakteristischen AWP

$$\begin{aligned} \dot{\mathbf{x}}(t) &= \mathbf{a}(\mathbf{x}(t), y(t)), \quad \dot{y}(t) = b(\mathbf{x}(t), y(t)), \\ \mathbf{x}(0) &= \boldsymbol{\varphi}(s) \qquad , \quad y(0) = \psi(s). \end{aligned}$$

Nach Voraussetzung sind $\mathbf{a}, b$ in $\Omega \times \mathbb{R}$ und φ, ψ in I jeweils C^1–differenzierbar. Nach der grundlegenden Theorie autonomer Systeme (§ 5 : 1.1) sind $\mathbf{X}(s,t)$, $Y(s,t)$ in einer Umgebung $\mathcal{V}_0 \subset \mathbb{R}^2$ von $(0,0)$ definiert, eindeutig bestimmt und C^1–differenzierbar bezüglich beider Variablen (s,t). Es gilt

$$\frac{\partial \mathbf{X}}{\partial s}(0,0) = \varphi'(0), \quad \frac{\partial \mathbf{X}}{\partial t}(0,0) = \mathbf{a}(\mathbf{X}(0,0), Y(0,0)) = \mathbf{a}(\boldsymbol{\xi}, f(\boldsymbol{\xi})).$$

Wegen der Transversalitätsbedingung 1.4(c) hat die Jacobi–Matrix $D\mathbf{X}(0,0)$ den vollen Rang 2. Nach dem Umkehrsatz Bd. 1, § 22 : 5.2 gibt es also Umgebungen $\mathcal{V}_{\boldsymbol{\xi}} \subset \mathcal{V}_0$ von $(0,0)$ und $\mathcal{U}_{\boldsymbol{\xi}} \subset \Omega$ von $\boldsymbol{\xi}$, die durch $\mathbf{X}$ C^1–diffeomorph aufeinander abgebildet werden. Dabei dürfen wir $\mathcal{V}_{\boldsymbol{\xi}}$ als Rechteckumgebung wählen.

Die Funktion

$$u := Y \circ \mathbf{X}^{-1} : \mathcal{U}_{\boldsymbol{\xi}} \to \mathbb{R}$$

ist C^1–differenzierbar als Hintereinanderausführung eines C^1–Diffeomorphismus und einer C^1–Funktion. Aus $u \circ \mathbf{X} = Y$ auf $\mathcal{V}_{\boldsymbol{\xi}}$ folgt

$$\begin{aligned} 0 &= \frac{\partial}{\partial t}(Y - u \circ \mathbf{X})(s,t) \\ &= \frac{\partial Y}{\partial t}(s,t) - \left\langle \nabla u(\mathbf{X}(s,t)), \frac{\partial \mathbf{X}}{\partial t}(s,t) \right\rangle \\ &= b(\mathbf{X}(s,t), Y(s,t)) - \langle \nabla u(\mathbf{X}(s,t)), \mathbf{a}(\mathbf{X}(s,t), Y(s,t)) \rangle \\ &= b(\mathbf{x}, u(\mathbf{x})) - \sum_{i=1}^{2} a_i(\mathbf{x}, u(\mathbf{x})) \partial_i u(\mathbf{x}) \end{aligned}$$

für $\mathbf{x} = \mathbf{X}(s,t) \in \mathcal{U}_{\boldsymbol{\xi}}$. Damit erfüllt u die DG

$$\sum_{i=1}^{2} a_i(\mathbf{x}, u)\, \partial_i u = b(\mathbf{x}, u) \quad \text{auf } \mathcal{U}_{\boldsymbol{\xi}} = \mathbf{X}(\mathcal{V}_{\boldsymbol{\xi}}),$$

und für $\boldsymbol{\xi} = \varphi(s) \in C \cap \mathcal{U}_{\boldsymbol{\xi}}$ gilt

$$u(\boldsymbol{\xi}) = u(\varphi(s)) = u(\mathbf{X}(s,0)) = Y(s,0) = f(\varphi(s)) = f(\boldsymbol{\xi}).$$

(c) *Verkleben der lokalen Lösungen.* Nach (b) gibt es zu jedem Kurvenpunkt $\boldsymbol{\xi} = \varphi(s_0) \in C$ eine lokale Lösung $u_{\boldsymbol{\xi}} : \mathcal{U}_{\boldsymbol{\xi}} \to \mathbb{R}$ des Cauchy–Problems auf einer charakteristischen Umgebung $\mathcal{U}_{\boldsymbol{\xi}} \subset \Omega$, dabei ist $\mathbf{X} : \mathcal{V}_{\boldsymbol{\xi}} \to: \mathcal{U}_{\boldsymbol{\xi}}$ ein C^1–Diffeomorphismus und $\mathcal{V}_{\boldsymbol{\xi}} \subset \mathbb{R}^2$ eine Rechteckumgebung von $(s_0, 0)$. Für zwei überlappende Umgebungen $\mathcal{U}_{\boldsymbol{\xi}}, \mathcal{U}_{\boldsymbol{\eta}}$ ist $\mathcal{U}_{\boldsymbol{\xi}} \cap \mathcal{U}_{\boldsymbol{\eta}}$ im Fall $\mathcal{U}_{\boldsymbol{\xi}} \cap \mathcal{U}_{\boldsymbol{\eta}} \cap C \neq \emptyset$ wieder eine charakteristische Umgebung, woraus nach (a) $u_{\boldsymbol{\xi}} = u_{\boldsymbol{\eta}}$ auf $\mathcal{U}_{\boldsymbol{\xi}} \cap \mathcal{U}_{\boldsymbol{\eta}}$ folgt. Im Fall $\mathcal{U}_{\boldsymbol{\xi}} \cap \mathcal{U}_{\boldsymbol{\eta}} \cap C = \emptyset$ können sich die lokalen Lösungen $u_{\boldsymbol{\xi}}, u_{\boldsymbol{\eta}}$ auf $\mathcal{U}_{\boldsymbol{\xi}} \cap \mathcal{U}_{\boldsymbol{\eta}}$ widersprechen.

(Die Figur zeigt beide Möglichkeiten.) Es läßt sich zeigen, daß die Umgebungen $\mathcal{U}_{\boldsymbol{\xi}}$ und $\mathcal{V}_{\boldsymbol{\xi}}$ so verkleinert werden können, daß der zweite Fall nicht eintritt. Setzen wir

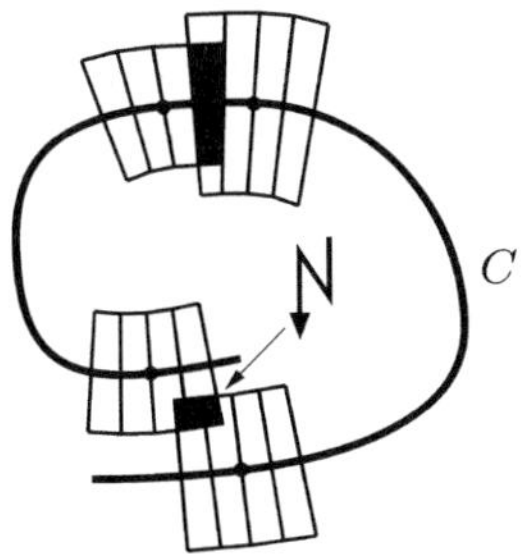

$$\mathcal{U} = \bigcup_{\boldsymbol{\xi} \in C} \mathcal{U}_{\boldsymbol{\xi}}, \quad \mathcal{V} = \bigcup_{\boldsymbol{\xi} \in C} \mathcal{V}_{\boldsymbol{\xi}},$$

so ist $\mathcal{U}$ eine charakteristische Umgebung von C und $\mathbf{X} : \mathcal{V} \to \mathcal{U}$ ein C^1–Diffeomorphismus. Auf $\mathcal{U}$ ist durch

$$u(\mathbf{x}) := u_{\boldsymbol{\xi}}(\mathbf{x}), \quad \text{falls} \quad \mathbf{x} \in \mathcal{U}_{\boldsymbol{\xi}}$$

widerspruchsfrei eine Lösung $u \in C^1(\mathcal{U})$ des Cauchy–Problems gegeben. Die Konstruktion einer Überdeckung von C mit verkleinerten Umgebungen erfordert Argumente aus der Topologie. Für Schlüsse dieser Art siehe [144]. □

Aufgaben. Skizzieren Sie bei den folgenden Anfangswertproblemen die charakteristischen Projektionen, bestimmen Sie ggf. die Brennpunkte und geben Sie die Lösung an.

(a) $-x_2\partial_1 u + x_1\partial_2 u = 0, \quad u(x,1) = \psi(x)$ mit $\psi \in \mathrm{C}^1(\mathbb{R})$,

(b) $x_1\partial_1 u + x_2\partial_2 u = pu, \quad u(x,1) = \psi(x)$
mit $\psi \in \mathrm{C}^1(\mathbb{R})$ und einer Konstanten $p \neq 0$ (Eulersche Homogenitätsrelation).

(c) $\partial_1 u + \partial_2 u = u^2, \quad u(x,0) = \psi(x)$ mit $\psi \in \mathrm{C}^1(\mathbb{R})$.

2 Die allgemeine Differentialgleichung $F(\mathbf{x}, u, \nabla u) = 0$

2.1 Problemstellung

Wir betrachten die allgemeine implizite Differentiallgleichung 1. Ordnung für $u : \mathbb{R}^n \supset \mathcal{U} \to \mathbb{R}$

$$F(\mathbf{x}, u(\mathbf{x}), \nabla u(\mathbf{x})) = 0, \quad \text{kurz} \quad F(\mathbf{x}, u, \nabla u) = 0.$$

In dieser darf der Gradient von u nichtlinear auftreten wie z.B. bei der Eikonalgleichung der geometrischen Optik, die wir im Abschnitt 3 behandeln. Wie hier die Anfangsbedingungen zu wählen sind, um Existenz und Eindeutigkeit der Lösung zu gewährleisten, liegt nicht unmittelbar auf der Hand. Es zeigt sich, daß die Lösung im allgemeinen durch Vorgabe ihrer Anfangswerte auf einer $(n-1)$–dimensionalen Untermannigfaltigkeit M noch nicht eindeutig bestimmt ist. Wir schreiben deshalb auch für den Gradienten Anfangswerte vor:

$$u = f, \quad \nabla u = \mathbf{g} \quad \text{auf } M.$$

Dieses Anfangswertproblem läßt sich trotz der allgemeineren Problemstellung ebenfalls auf die Lösung charakteristischer gewöhnlicher Differentialgleichungen zurückführen; allerdings muß der Charakteristikenbegriff gegenüber dem quasilinearen Fall modifiziert werden. Im folgenden beschränken wir uns auf die Betrachtung des 3–dimensionalen Falls.

Wir setzen voraus: Ω ist ein Gebiet im $\mathbb{R}^3$, F ist eine C^3–differenzierbare Funktion auf $\Omega \times \mathbb{R} \times \mathbb{R}^3 \subset \mathbb{R}^7$ und $M \subset \Omega$ eine orientierbare C^2–Fläche (vgl. § 11). Der Einfachheit halber nehmen wir an, daß M durch eine einzige Parametrisierung $\boldsymbol{\varphi} : \mathbb{R}^2 \supset \mathcal{W} \to \mathbb{R}^3, \quad \mathbf{s} \mapsto \boldsymbol{\xi} = \boldsymbol{\varphi}(\mathbf{s})$ dargestellt werden kann. Die Anfangswerte f und $\mathbf{g}$ auf M setzen wir C^2–differenzierbar voraus, d.h. die Abbildungen

$$\psi := f \circ \boldsymbol{\varphi}, \quad \boldsymbol{\chi} := \mathbf{g} \circ \boldsymbol{\varphi}$$

auf dem Parametergebiet $\mathcal{W} \subset \mathbb{R}^2$ sind im üblichen Sinn C^2–differenzierbar. Die Variablen von F fassen wir in der Form

$$(\mathbf{x}, y, \mathbf{z}) = (x_1, x_2, x_3, y, z_1, z_2, z_3)$$

zusammen und setzen

$$\boldsymbol{\nabla}_x F := \left(\frac{\partial F}{\partial x_1}, \frac{\partial F}{\partial x_2}, \frac{\partial F}{\partial x_3}\right),$$

$$\boldsymbol{\nabla}_z F := \left(\frac{\partial F}{\partial z_1}, \frac{\partial F}{\partial z_2}, \frac{\partial F}{\partial z_3}\right).$$

2.2 Die charakteristischen Gleichungen

Wie im quasilinearen Fall bauen wir auch hier die Lösungsfläche aus Kurvenscharen auf. Zu deren Bestimmung muß jetzt ein DG–System für Kurven

$$t \mapsto \big(\mathbf{x}(t), y(t), \mathbf{z}(t)\big) \in \Omega \times \mathbb{R} \times \mathbb{R}^3 \subset \mathbb{R}^7$$

herangezogen werden, die den „erweiterten Graphen" der Lösung u,

$$\big\{ (\mathbf{x}, u(\mathbf{x}), \boldsymbol{\nabla} u(\mathbf{x})) \bigm| \mathbf{x} \in \mathcal{U} \big\},$$

auf einer Umgebung $\mathcal{U} \subset \Omega$ von M aufspannen. Das bedeutet die Erfüllung der folgenden Gleichungen:

(1) $\quad y(t) = u(\mathbf{x}(t)),$

(2) $\quad \mathbf{z}(t) = \boldsymbol{\nabla} u(\mathbf{x}(t)),$

(3) $\quad F(\mathbf{x}(t), y(t), \mathbf{z}(t)) = 0.$

Wir stellen nun Differentialgleichungen für $\mathbf{x}(t), y(t), \mathbf{z}(t)$ auf, die diese Bedingungen sichern sollen. Wir verlangen

(i) $\dot{\mathbf{x}}(t) = \boldsymbol{\nabla}_z F(\mathbf{x}(t), y(t), \mathbf{z}(t))$,

in Übereinstimmung mit dem quasilinearen Fall, bei welchem gilt

$$F(\mathbf{x}, y, \mathbf{z}) = \langle \mathbf{a}(\mathbf{x}, y), \mathbf{z} \rangle - b(\mathbf{x}, y), \quad \boldsymbol{\nabla}_z F(\mathbf{x}, y, \mathbf{z}) = \mathbf{a}(\mathbf{x}, y).$$

Die weiteren charakteristischen Gleichungen ergeben sich nun ziemlich zwangsläufig aus den Forderungen (1), (2), (3): Aus (1) folgt durch Differentiation nach t die Gleichung $\dot{y}(t) = \langle \boldsymbol{\nabla} u(\mathbf{x}(t)), \dot{\mathbf{x}}(t) \rangle$ und wegen (2) und (i)

(ii) $\dot{y}(t) = \langle \boldsymbol{\nabla}_z F(\mathbf{x}(t), y(t), \mathbf{z}(t)), \mathbf{z}(t) \rangle$.

Durch Differentiation von (3) nach t und Einsetzen von (i) und (ii) ergibt sich

$$\begin{aligned} 0 &= \tfrac{d}{dt} F(\mathbf{x}(t), y(t), \mathbf{z}(t)) = \langle \boldsymbol{\nabla}_x F(\ldots), \dot{\mathbf{x}}(t) \rangle + \tfrac{\partial F}{\partial y}(\ldots)\dot{y}(t) + \langle \boldsymbol{\nabla}_z F(\ldots), \dot{\mathbf{z}}(t) \rangle \\ &= \langle \boldsymbol{\nabla}_x F(\ldots), \boldsymbol{\nabla}_z F(\ldots) \rangle + \tfrac{\partial F}{\partial y}(\ldots)\langle \boldsymbol{\nabla}_z F(\ldots), \mathbf{z}(t) \rangle + \langle \boldsymbol{\nabla}_z F(\ldots), \dot{\mathbf{z}}(t) \rangle \\ &= \Big\langle \boldsymbol{\nabla}_x F(\ldots) + \tfrac{\partial F}{\partial y}(\ldots)\,\mathbf{z}(t) + \dot{\mathbf{z}}(t), \boldsymbol{\nabla}_z F(\ldots) \Big\rangle . \end{aligned}$$

Diese Gleichung ist sicher dann erfüllt, wenn

(iii) $\dot{\mathbf{z}}(t) = -\boldsymbol{\nabla}_x F(\mathbf{x}(t), y(t), \mathbf{z}(t)) - \frac{\partial F}{\partial y}(\mathbf{x}(t), y(t), \mathbf{z}(t))\,\mathbf{z}(t)$.

Wir fassen die Gleichungen (i), (ii), (iii) zusammen:

$$(*) \quad \begin{cases} \dot{\mathbf{x}} = \boldsymbol{\nabla}_z F(\mathbf{x}, y, \mathbf{z}), \\ \dot{y} = \langle \boldsymbol{\nabla}_z F(\mathbf{x}, y, \mathbf{z}), \mathbf{z} \rangle, \\ \dot{\mathbf{z}} = -\boldsymbol{\nabla}_x F(\mathbf{x}, y, \mathbf{z}) - \frac{\partial F}{\partial y}(\mathbf{x}, y, \mathbf{z})\,\mathbf{z}. \end{cases}$$

Dieses sind die **charakteristischen Differentialgleichungen** für das Cauchy–Problem 2.1. Die Lösungen $t \mapsto (\mathbf{x}(t), y(t), \mathbf{z}(t))$, welche den Anfangswerten

$$(**) \quad \mathbf{x}(0) = \boldsymbol{\varphi}(\mathbf{s}), \quad y(0) = \psi(\mathbf{s}), \quad \mathbf{z}(0) = \boldsymbol{\chi}(\mathbf{s})$$

mit einem Startpunkt $\boldsymbol{\xi} = \boldsymbol{\varphi}(\mathbf{s}) \in M$ für $\mathbf{s} = (s_1, s_2) \in \mathcal{W} \subset \mathbb{R}^2$ genügen, nennen wir **Charakteristiken** und bezeichnen diese mit

$$t \mapsto (\mathbf{X}(\mathbf{s}, t), Y(\mathbf{s}, t), \mathbf{Z}(\mathbf{s}, t)).$$

Die Kurven $t \mapsto \mathbf{X}(\mathbf{s}, t)$ in $\Omega \subset \mathbb{R}^3$ heißen **charakteristische Projektionen**.

Die Charakteristikenmethode zur Lösung des Cauchy–Problems 2.1 besteht

– in der Aufstellung der Lösungen $\mathbf{X}(\mathbf{s},t), Y(\mathbf{s},t), \mathbf{Z}(\mathbf{s},t)$ des charakteristischen Anfangswertproblems.

– und der Bestimmung der Lösung u aus der Gleichung $u(\mathbf{X}(\mathbf{s},t)) = Y(\mathbf{s},t)$.

Auch wenn in der letzten Gleichung der Anteil $\mathbf{Z}(\mathbf{s},t)$ der Charakteristiken nicht explizit auftritt, so wirkt er doch über die charakteristischen Differentialgleichungen an der Festlegung von $\mathbf{X}(\mathbf{s},t), Y(\mathbf{s},t)$ und damit von u mit.
Nur im quasilinearen Fall kommt $\mathbf{Z}(\mathbf{s},t)$ in den ersten beiden charakteristischen DG nicht vor ÜA.

Wir können die Gleichungen für die Charakteristiken folgendermaßen geometrisch interpretieren: Sei $\boldsymbol{\alpha}(t)$ die Raumkurve $(x_1(t), x_2(t), y(t))$ und längs dieser das Vektorfeld

$$\mathbf{n}(t) = (z_1(t), z_2(t), -1) = (\partial_1 u(\mathbf{x}(t)), \partial_2 u(\mathbf{x}(t)), -1)\,,$$

wobei wir (2) benützen. Die Kurve $\boldsymbol{\alpha}$ mit dem angehefteten Vektorfeld $\mathbf{n}$ wird ein **charakteristischer Streifen** genannt. Nach $(*)$ gilt

$$\langle\, \mathbf{n}(t)\,,\, \dot{\boldsymbol{\alpha}}(t)\,\rangle = z_1(t)\dot{x}_1(t) + z_2(t)\dot{x}_2(t) - \dot{y}(t) = 0\,,$$

also steht $\mathbf{n}(t)$ im Punkt $\boldsymbol{\alpha}(t)$ sowohl senkrecht auf der Kurve als auch auf dem Graphen von u. Durch den charakteristischen Streifen ist also ein schmales Stück des Graphen längs der Kurve $\boldsymbol{\alpha}$ festgelegt. Machen Sie eine Skizze!
Für die Interpretation der charakteristischen Gleichungen mit Hilfe von Monge–Kegeln verweisen wir auf [3] Vol.2, Ch.II,3.1, [47] 2.2, [153] Ch.10,1.3.

2.3 Bedingungen für die Anfangswerte

Die Anfangswerte für die Lösung des Cauchy–Problems 2.1 können nicht unabhängig voneinander gewählt werden. Denn ist u eine Lösung, so gilt die DG $F(\mathbf{x}, u, \boldsymbol{\nabla} u) = 0$ insbesondere auf M, was die Verträglichkeitsbedingung

$$\text{(a)}\qquad F(\boldsymbol{\xi}, f(\boldsymbol{\xi}), \mathbf{g}(\boldsymbol{\xi})) = 0 \quad \text{für alle } \boldsymbol{\xi} \in M$$

liefert. Eine zweite Verträglichkeitsbedingung lautet

$$\text{(b)}\qquad \frac{\partial \psi}{\partial s_i}(\mathbf{s}) = \left\langle \boldsymbol{\chi}(\mathbf{s}), \frac{\partial \boldsymbol{\varphi}}{\partial s_i}(\mathbf{s}) \right\rangle \quad \text{für } \mathbf{s} \in \mathcal{W},\ i = 1, 2.$$

Diese ergibt sich aus

$$\begin{aligned} \tfrac{\partial \psi}{\partial s_i}(\mathbf{s}) &= \tfrac{\partial}{\partial s_i} f(\boldsymbol{\varphi}(\mathbf{s})) = \tfrac{\partial}{\partial s_i} u(\boldsymbol{\varphi}(\mathbf{s})) = \left\langle \nabla u(\boldsymbol{\varphi}(\mathbf{s}))\,,\, \tfrac{\partial \boldsymbol{\varphi}}{\partial s_i}(\mathbf{s}) \right\rangle \\ &= \left\langle \mathbf{g}(\boldsymbol{\varphi}(\mathbf{s}))\,,\, \tfrac{\partial \boldsymbol{\varphi}}{\partial s_i}(\mathbf{s}) \right\rangle = \left\langle \boldsymbol{\chi}(\mathbf{s})\,,\, \tfrac{\partial \boldsymbol{\varphi}}{\partial s_i}(\mathbf{s}) \right\rangle. \end{aligned}$$

Analog zum quasilinearen Fall 1.4 verlangen wir, daß die charakteristischen Projektionen die Fläche M nicht tangential schneiden. Dies bedeutet, daß folgende **Transversalitätsbedingung** gelten soll:

(c) In keinem Punkt $\boldsymbol{\xi} \in M$ ist $\boldsymbol{\nabla}_z F(\boldsymbol{\xi}, f(\boldsymbol{\xi}), \mathbf{g}(\boldsymbol{\xi}))$ Tangentenvektor an M.

2.4 Existenz– und Eindeutigkeitssatz für das allgemeine Cauchy–Problem

SATZ. *Gegeben ist das Cauchy–Problem*

$$F(\mathbf{x}, u, \boldsymbol{\nabla} u) = 0, \quad u = f \text{ und } \boldsymbol{\nabla} u = \mathbf{g} \text{ auf } M,$$

dessen Daten die Bedingungen 2.3(a),(b),(c) *erfüllen. Dann gibt es eine Umgebung* $\mathcal{U}$ *von* M, *auf der das Cauchy–Problem eine eindeutig bestimmte* C^2*–differenzierbare Lösung* u *besitzt. Diese ergibt sich aus der Gleichung*

$$u(\mathbf{X}(\mathbf{s}, t)) = Y(\mathbf{s}, t),$$

wobei $(\mathbf{X}(\mathbf{s}, t), Y(\mathbf{s}, t), \mathbf{Z}(\mathbf{s}, t))$ *die durch* 2.2 (∗),(∗∗) *bestimmte Charakteristikenschar ist.*

BEMERKUNG. Die Aussage des Satzes und die Gestalt der charakteristischen Gleichungen bleiben für $n > 3$ richtig, wenn M durch eine orientierbare $(n-1)$–dimensionale C^2–Untermannigfaltigkeit $M \subset \Omega$ ersetzt wird.

BEWEIS.

(a) *Eindeutigkeit der Lösung.* Sei u eine C^2–Lösung des Cauchy–Problems auf einer charakteristischen Umgebung $\mathcal{U}$ von M oder von einem Punkt auf M, vgl. 1.4. Wir behaupten

$$u(\mathbf{X}(\mathbf{s}, t)) = Y(\mathbf{s}, t) \quad \text{für} \quad (\mathbf{s}, t) \in \mathcal{V}.$$

Zum Nachweis betrachten wir die Lösung $t \mapsto \mathbf{P}(\mathbf{s}, t)$ des AWP

$$\dot{\mathbf{p}} = \boldsymbol{\nabla}_z F(\mathbf{p}, u(\mathbf{p}), \boldsymbol{\nabla} u(\mathbf{p})), \quad \mathbf{p}(0) = \varphi(\mathbf{s}),$$

und setzen $Q(\mathbf{s}, t) := u(\mathbf{P}(\mathbf{s}, t))$, $\mathbf{R}(\mathbf{s}, t) := \boldsymbol{\nabla} u(\mathbf{P}(\mathbf{s}, t))$. Dann gilt auf $\mathcal{V}$

(1) $$\dot{\mathbf{P}} = \boldsymbol{\nabla}_z F(\mathbf{P}, Q, \mathbf{R}),$$

(2) $$\dot{Q} = \left\langle \boldsymbol{\nabla} u(\mathbf{P}), \dot{\mathbf{P}} \right\rangle = \langle \mathbf{R}, \boldsymbol{\nabla}_z F(\mathbf{P}, Q, \mathbf{R}) \rangle.$$

Für die Komponenten R_i von $\mathbf{R}$ erhalten wir

$$\dot{R}_i = \sum_{k=1}^{3} \frac{\partial^2 u}{\partial x_k \partial x_i}(\mathbf{P}) \, \dot{P}_k = \sum_{k=1}^{3} \frac{\partial^2 u}{\partial x_i \partial x_k}(\mathbf{P}) \, \frac{\partial F}{\partial z_k}(\mathbf{P}, Q, \mathbf{R}).$$

Aus $F(\mathbf{x}, u(\mathbf{x}), \nabla u(\mathbf{x})) = 0$ für $\mathbf{x} = \mathbf{P}(\mathbf{s}, t)$ ergibt sich

$$\frac{\partial F}{\partial x_i}(\mathbf{P}, Q, \mathbf{R}) + \frac{\partial F}{\partial y}(\mathbf{P}, Q, \mathbf{R}) \frac{\partial u}{\partial x_i}(\mathbf{P}) + \sum_{k=1}^{3} \frac{\partial F}{\partial z_k}(\mathbf{P}, Q, \mathbf{R}) \frac{\partial^2 u}{\partial x_i \partial x_k}(\mathbf{P}) = 0$$

also folgt

$$(3) \quad \dot{R}_i = -\frac{\partial F}{\partial x_i}(\mathbf{P}, Q, \mathbf{R}) - \frac{\partial F}{\partial y}(\mathbf{P}, Q, \mathbf{R}) R_i .$$

Somit erfüllen $\mathbf{P}, Q, \mathbf{R}$ die charakteristischen Differentialgleichungen mit den Anfangswerten

$$\mathbf{P}(\mathbf{s}, 0) = \boldsymbol{\varphi}(\mathbf{s}) = \mathbf{X}(\mathbf{s}, 0), \quad Q(\mathbf{s}, 0) = u(\boldsymbol{\varphi}(\mathbf{s})) = f(\boldsymbol{\varphi}(\mathbf{s})) = Y(\mathbf{s}, 0),$$

$$\mathbf{R}(\mathbf{s}, 0) = \nabla u(\boldsymbol{\varphi}(\mathbf{s})) = \mathbf{g}(\boldsymbol{\varphi}(\mathbf{s})) = \mathbf{Z}(\mathbf{s}, 0).$$

Aus dem Eindeutigkeitssatz für autonome Systeme ergibt sich

$$\mathbf{P}(\mathbf{s}, t) = \mathbf{X}(\mathbf{s}, t), \quad Q(\mathbf{s}, t) = Y(\mathbf{s}, t), \quad \mathbf{R}(\mathbf{s}, t) = \mathbf{Z}(\mathbf{s}, t) \quad \text{für} \quad (\mathbf{s}, t) \in \mathcal{V},$$

somit

$$u(\mathbf{X}(\mathbf{s}, t)) = u(\mathbf{P}(\mathbf{s}, t)) = Q(\mathbf{s}, t) = Y(\mathbf{s}, t) \quad \text{für} \quad (\mathbf{s}, t) \in \mathcal{V}.$$

(b) *Existenz von lokalen Lösungen.* Wir fixieren $\boldsymbol{\xi}_0 = \boldsymbol{\varphi}(\mathbf{s}_0) \in M$ mit $\mathbf{s}_0 \in \mathcal{W}$. Wegen der C^3–Differenzierbarkeit von F sind die rechten Seiten der charakteristischen Gleichungen 2.2 $(*)$ C^2–differenzierbar. Die rechten Seiten der Anfangsbedingungen 2.2 $(**)$

$$\mathbf{X}(\mathbf{s}, 0) = \boldsymbol{\varphi}(\mathbf{s}), \quad Y(\mathbf{s}, 0) = \psi(\mathbf{s}), \quad \mathbf{Z}(\mathbf{s}, 0) = \boldsymbol{\chi}(\mathbf{s})$$

sind ebenfalls C^2–differenzierbar. Nach der grundlegenden Theorie autonomer Systeme sind die Lösungen $\mathbf{X}, Y, \mathbf{Z}$ des charakteristischen AWP C^2–differenzierbar auf $\mathcal{V}$.

Aus der Transversalitätsbedingung 2.3 (c) ergibt sich nun wie im Beweisteil (b) von 1.8, daß $(\mathbf{s}, t) \mapsto \mathbf{X}(\mathbf{s}, t)$ nach Einschränkung auf eine geeignete Zylinderumgebung $\mathcal{V} \subset \mathcal{W} \times \mathbb{R}$ von $(\mathbf{s}_0, 0)$ ein C^2–Diffeomorphismus von $\mathcal{V}$ auf eine charakteristische Umgebung $\mathcal{U} = \mathbf{X}(\mathcal{V})$ von $\boldsymbol{\xi}_0$ ist (mit Zylinderumgebung meinen wir: jeder Punkt $(\mathbf{s}, t) \in \mathcal{V}$ kann mit $(\mathbf{s}, 0)$ durch eine ganz in $\mathcal{V}$ verlaufende Strecke verbunden werden). Dann ist die Funktion

$$u := Y \circ \mathbf{X}^{-1} : \mathcal{U} \to \mathbb{R}$$

C^2–differenzierbar als Hintereinanderausführung einer C^2–Funktion und eines C^2–Diffeomorphismus.

Wir zeigen nun für $(\mathbf{s}, t) \in \mathcal{V}$

(*i*) $F(\mathbf{X}(\mathbf{s},t), Y(\mathbf{s},t), \mathbf{Z}(\mathbf{s},t)) = 0\,,$

(*ii*) $\mathbf{Z}(\mathbf{s},t) = \boldsymbol{\nabla} u(\mathbf{X}(\mathbf{s},t)).$

Ist dies nachgewiesen, so ist u eine Lösung des Cauchy–Problems auf $\mathcal{U}$. Denn für $\mathbf{x} = \mathbf{X}(\mathbf{s},t) \in \mathcal{U}$ gilt $u(\mathbf{x}) = Y(\mathbf{s},t)$, also

$$F(\mathbf{x}, u(\mathbf{x}), \boldsymbol{\nabla} u(\mathbf{x})) = F(\mathbf{X}(\mathbf{s},t), Y(\mathbf{s},t), \mathbf{Z}(\mathbf{s},t)) = 0,$$

und für $\boldsymbol{\xi} = \varphi(\mathbf{s}) = \mathbf{X}(\mathbf{s},0)$ ergibt sich

$$u(\boldsymbol{\xi}) = u(\mathbf{X}(\mathbf{s},0)) = Y(\mathbf{s},0) = f(\varphi(\mathbf{s})) = f(\boldsymbol{\xi}),$$

$$\boldsymbol{\nabla} u(\boldsymbol{\xi}) = \mathbf{Z}(\mathbf{s},0) = \mathbf{g}(\varphi(\mathbf{s})) = \mathbf{g}(\boldsymbol{\xi}).$$

Nachweis von (*i*). Die charakteristischen Gleichungen sind gerade so gewählt worden, daß $t \mapsto F(\mathbf{X}(\mathbf{s},t), Y(\mathbf{s},t), \mathbf{Z}(\mathbf{s},t))$ konstant ist, vgl. 2.2. Die Konstante ist nach 2.3 (a)

$$F(\mathbf{X}(\mathbf{s},0), Y(\mathbf{s},0), \mathbf{Z}(\mathbf{s},0)) = F(\varphi(\mathbf{s}), f(\varphi(\mathbf{s})), \mathbf{g}(\varphi(\mathbf{s}))) = 0.$$

Nachweis von (*ii*). Die Jacobi–Matrix $D\mathbf{X}(\mathbf{s},t)$ hat Rang 3, da $\mathbf{X} : \mathcal{V} \to \mathcal{U}$ ein Diffeomorphismus ist. Also sind die Vektoren $\partial_{s_1}\mathbf{X}(\mathbf{s},t)$, $\partial_{s_2}\mathbf{X}(\mathbf{s},t)$, $\partial_t\mathbf{X}(\mathbf{s},t)$ an jeder Stelle $(\mathbf{s},t) \in \mathcal{V}$ linear unabhängig. Für (*ii*) reicht es deshalb zu zeigen, daß

$$A_i := \langle\, \boldsymbol{\nabla} u(\mathbf{X}) - \mathbf{Z}\,,\, \partial_{s_i}\mathbf{X} \,\rangle = 0 \quad (i = 1,2), \quad B := \langle\, \boldsymbol{\nabla} u(\mathbf{X}) - \mathbf{Z}\,,\, \partial_t\mathbf{X} \,\rangle = 0.$$

Aus den charakteristischen Gleichungen folgt unter Beachtung der C^2–Differenzierbarkeit von $\mathbf{X}, Y, \mathbf{Z}$

$$A_i = \partial_{s_i}(u \circ \mathbf{X}) - \langle\, \mathbf{Z}\,,\, \partial_{s_i}\mathbf{X} \,\rangle \;=\; \partial_{s_i}Y - \langle\, \mathbf{Z}\,,\, \partial_{s_i}\mathbf{X} \,\rangle,$$

also

$$\begin{aligned}
\partial_t A_i \;&=\; \partial_t\partial_{s_i}Y \;-\; \langle\, \partial_t\mathbf{Z}\,,\, \partial_{s_i}\mathbf{X} \,\rangle \;-\; \langle\, \mathbf{Z}\,,\, \partial_t\partial_{s_i}\mathbf{X} \,\rangle \\
&=\; \partial_{s_i}\partial_t Y \;-\; \langle\, \partial_t\mathbf{Z}\,,\, \partial_{s_i}\mathbf{X} \,\rangle \;-\; \langle\, \mathbf{Z}\,,\, \partial_{s_i}\partial_t\mathbf{X} \,\rangle \\
&=\; \partial_{s_i}\langle\, \boldsymbol{\nabla}_z F(\ldots)\,,\, \mathbf{Z} \,\rangle \;+\; \langle\, \boldsymbol{\nabla}_x F(\ldots) + \partial_y F(\ldots)\,\mathbf{Z}\,,\, \partial_{s_i}\mathbf{X} \,\rangle \\
&\qquad - \langle\, \mathbf{Z}\,,\, \partial_{s_i}\partial_t\mathbf{X} \,\rangle \\
&=\; \langle\, \partial_{s_i}\boldsymbol{\nabla}_z F(\ldots)\,,\, \mathbf{Z} \,\rangle \;+\; \langle\, \boldsymbol{\nabla}_z F(\ldots)\,,\, \partial_{s_i}\mathbf{Z} \,\rangle \\
&\qquad + \langle\, \boldsymbol{\nabla}_x F(\ldots) + \partial_y F(\ldots)\,\mathbf{Z}\,,\, \partial_{s_i}\mathbf{X} \,\rangle \;-\; \langle\, \mathbf{Z}\,,\, \partial_{s_i}\boldsymbol{\nabla}_z F(\ldots) \,\rangle \\
&=\; \partial_{s_i}[F(\ldots)] \;-\; \partial_y F(\ldots)\,A_i \;=\; 0 \;-\; \partial_y F(\ldots)\,A_i\,,
\end{aligned}$$

wobei in der letzten Gleichung die Identität (i) verwendet wurde. Weiter gilt wegen der Verträglichkeitsbedingung 2.3 (b)

$$\begin{aligned} A_i(\mathbf{s},0) &= \partial_{s_i} Y(\mathbf{s},0) - \langle \mathbf{Z}(\mathbf{s},0), \partial_{s_i}\mathbf{X}(\mathbf{s},0) \rangle \\ &= \partial_{s_i}(f\circ\varphi)(\mathbf{s}) - \langle \mathbf{g}(\varphi(\mathbf{s})), \partial_{s_i}\varphi(\mathbf{s}) \rangle = 0. \end{aligned}$$

Dieses AWP besitzt also die Lösung

$$A_i(\mathbf{s},t) = A_i(\mathbf{s},0)\exp\Big(-\int_0^t \partial_y F(\ldots)\,d\tau\Big) = 0 \quad \text{für} \quad (\mathbf{s},t) \in \mathcal{V}.$$

Das Verschwinden von B ergibt sich aus der Beziehung

$$\langle \mathbf{Z}, \partial_t \mathbf{X} \rangle = \langle \mathbf{Z}, \nabla_z F(\mathbf{X},Y,\mathbf{Z}) \rangle = \partial_t Y = \partial_t(u\circ\mathbf{X}) = \langle \nabla u(\mathbf{X}), \partial_t\mathbf{X} \rangle.$$

(c) *Das Verkleben der lokalen Lösungen* erfolgt wie im Beweisteil (c) von 1.8. □

BEMERKUNG. Bei gegebener Startfläche M und gegebenen Anfangswerten f auf M lassen die Verträglichkeitsbedingungen 2.3 (a),2.3 (b) wenig Wahlmöglichkeiten für $\mathbf{g}$. Bei festem $\boldsymbol{\xi} = \varphi(\mathbf{s}) \in M$ ist 2.3 (b) eine lineare Gleichung mit eindimensionalem Lösungsraum, d.h. einer Geraden. Durch die Bedingung 2.3 (a) bleiben auf dieser Geraden nur einzelne Punkte übrig. Tritt z.B. in der DG $F(\mathbf{x},u,\nabla u) = 0$ der Gradient von u nur in der Form $\|\nabla u\|$ auf, sind dies zwei; dies ist z.B. bei der Eikonalgleichung für isotrope Medien der Fall.

Im quasilinearen Fall ist $\mathbf{g}(\boldsymbol{\xi})$ erwartungsgemäß eindeutig festgelegt, weil hier ∇u linear in die Differentialgleichung eingeht und die Gleichungen 2.3 (a),2.3 (b) wegen 2.3 (c) zusammen Rang 3 haben ÜA.

2.5 Aufgabe

Lösen Sie das Cauchy–Problem

$$(\partial_1 u)^2 - (\partial_2 u)^2 = 1$$

mit den Anfangswerten $f(\boldsymbol{\xi}) = a\xi_1$ auf der Ebene $M = \{\boldsymbol{\xi} \in \mathbb{R}^3 \mid \xi_2 = 0\}$, wobei $a > 1$ eine gegebene Konstante ist.

Hinweis: Verwenden Sie die Funktion $F(\mathbf{x},y,\mathbf{z}) = z_1 z_1 - z_2 z_2 - 1$. Zeigen Sie, daß die Bedingungen 2.3 (a),2.3 (b) nur die beiden Werte $\nabla \mathbf{g}(\boldsymbol{\xi}) = (a,b,0)$ auf M mit $a^2 - b^2 = 1$ erlauben.

Als Lösung ergibt sich $u(\mathbf{x}) = ax_1 + bx_2$.

3 Wellenfronten, Lichtstrahlen und Eikonalgleichung

3.1 Grundprinzipien der geometrischen Optik

Die Ausbreitung des Lichts kann unter zwei Gesichtspunkten beschrieben werden: Licht als Welle, wobei das Huygenssche Prinzip zugrundegelegt ist und Bewegung von Lichtpartikeln längs Strahlen, die dem Fermatschen Prinzip genügen. Den Formalismus, der beide Standpunkte verbindet, und seine Übertragung auf die Mechanik verdanken wir Sir William Rowan HAMILTON. Wir beschreiben diesen in einer Notation, welche die Analogie zur Mechanik erkennen läßt. Für die mathematische Begründung der im folgenden geschilderten Zusammenhänge verweisen wir auf Bd. 3, § 5, Abschnitte 2 und 3. Uns kommt es hier darauf an, die Beziehungen zur Charakteristikentheorie herzustellen.

Wir betrachten in einem Gebiet $\Omega \subset \mathbb{R}^3$ ein optisches Medium mit orts– und richtungsabhängigem Brechungsindex $n(\mathbf{q},\mathbf{v})$, d.h. die Geschwindigkeit auf einem Lichtstrahl durch den Punkt $\mathbf{q}$ in Richtung $\mathbf{v}$ $(\|\mathbf{v}\| = 1)$ ist $1/n(\mathbf{q},\mathbf{v})$ (Lichtgeschwindigkeit c im Vakuum $= 1$ gesetzt).

Wir nehmen an, daß $n(\mathbf{q},\mathbf{v})$ bezüglich der Geschwindigkeitsvariablen $\mathbf{v}$ punktsymmetrisch ist, $n(\mathbf{q},-\mathbf{v}) = n(\mathbf{q},\mathbf{v})$. Die in der Geschwindigkeitsvariablen 1–homogene Fortsetzung L von n ist gegeben durch

$$L(\mathbf{q},\mathbf{v}) := n(\mathbf{q},\mathbf{v}/\|\mathbf{v}\|)\,\|\mathbf{v}\| \quad \text{für } \mathbf{v} \neq \mathbf{0} \quad \text{und} \quad L(\mathbf{q},\mathbf{0}) := 0.$$

Von dieser **Lagrange–Funktion** fordern wir, daß das Quadrat L^2 auf $\Omega \times \mathbb{R}^3$ C^3–differenzierbar und die Hesse–Matrix $L_{\mathbf{vv}}(\mathbf{q},\mathbf{v})$ für $\mathbf{v} \neq \mathbf{0}$ positiv definit ist. Dann ist die Menge $\{\mathbf{v} \in \mathbb{R}^3 \mid \mathbf{v} \in \mathbb{R}^3 \text{ mit } L(\mathbf{q},\mathbf{v}) < 1\}$ beschränkt und strikt konvex, und das Quadrat der **Hamilton–Funktion**

$$H(\mathbf{q},\mathbf{p}) := \max\left\{\langle \mathbf{p}\,,\mathbf{v}\rangle \mid \mathbf{v} \in \mathbb{R}^3 \text{ mit } L(\mathbf{q},\mathbf{v}) = 1\right\}$$

ist ebenfalls auf $\Omega \times \mathbb{R}^3$ C^3–differenzierbar. Es besteht die Eulersche Homogenitätsrelation

$$H(\mathbf{q},\mathbf{p}) = \langle \boldsymbol{\nabla}_p H(\mathbf{q},\mathbf{p})\,,\mathbf{p}\rangle,$$

weil wegen der 1–Homogeneität von L bezüglich der $\mathbf{v}$–Variablen auch die Hamilton–Funktion H 1–homogen bezüglich der $\mathbf{p}$–Variablen ist.
Die Punktsymmetrie von n überträgt sich auf L und H:

$$L(\mathbf{q},-\mathbf{v}) = L(\mathbf{q},\mathbf{v}) \quad \text{und} \quad H(\mathbf{q},-\mathbf{p}) = H(\mathbf{q},\mathbf{p}).$$

ÜA Veranschaulichen Sie sich die Konstruktion der Hamilton–Funktion, indem Sie eine Tangentialebene senkrecht zu $\mathbf{p}$ an die geschlossene (= kompakte) und strikt konvexe Fläche $\{\mathbf{v} \in \mathbb{R}^3 \mid \mathbf{v} \in \mathbb{R}^3 \text{ mit } L(\mathbf{q},\mathbf{v}) = 1\}$ legen und den Abstand dieser *Stützebene* zum Ursprung bestimmen.

ÜA Für ein **isotropes** Medium mit richtungsunabhängigem Brechungsindex $n(\mathbf{q})$ ergibt sich $L(\mathbf{q},\mathbf{v}) = n(\mathbf{q})\|\mathbf{v}\|$, $H(\mathbf{q},\mathbf{p}) = \|\mathbf{p}\|/n(\mathbf{q})$.

Die Ausbreitung des Lichts außerhalb von Brennpunkten erfolgt längs Wellenfronten und Lichtstrahlen gemäß den folgenden Prinzipien der geometrischen Optik (t sei im folgenden die Zeitkoordinate):

(1) Die **Wellenfronten** sind die Niveauflächen

$$\{S = t\} = \{\mathbf{q} \in \Omega \mid S(\mathbf{q}) = t\}$$

einer C^1–Funktion $S : \Omega \to \mathbb{R}$, die der **Eikonalgleichung**

$$H(\mathbf{q}, \nabla S(\mathbf{q})) = 1 \text{ für } \mathbf{q} \in \Omega$$

genügt. Diese Funktion wird ein **Eikonal** der betrachteten Lichtausbreitung genannt.

(2) Die **Lichtstrahlen** $t \mapsto \mathbf{q}(t)$ gehorchen zusammen mit ihrem **Wellenvektorfeld** $t \mapsto \mathbf{p}(t) := \nabla_v L(\mathbf{q}(t), \dot{\mathbf{q}}(t))$ den **kanonischen (Hamiltonschen) Gleichungen**

$$\dot{\mathbf{q}}(t) = \nabla_p H(\mathbf{q}(t), \mathbf{p}(t)), \quad \dot{\mathbf{p}}(t) = -\nabla_q H(\mathbf{q}(t), \mathbf{p}(t)).$$

(3) Wellenfronten und Lichtstrahlen sind korreliert durch die **optische Transversalitätsbedingung**

$$\mathbf{p}(t) = \nabla S(\mathbf{q}(t)).$$

Als Folgerung aus (1),(2),(3) ergibt sich

$$\begin{aligned} \tfrac{d}{dt} S(\mathbf{q}(t)) &= \langle \nabla S(\mathbf{q}(t)), \dot{\mathbf{q}}(t) \rangle = \langle \mathbf{p}(t), \nabla_p H(\mathbf{q}(t), \mathbf{p}(t)) \rangle \\ &= H(\mathbf{q}(t), \mathbf{p}(t)) = H(\mathbf{q}(t), \nabla S(\mathbf{q}(t))) = 1. \end{aligned}$$

Dies bedeutet die *optische Äquidistanz* der Wellenfronten: Für je zwei Zeitpunkte $t_0 < t_1$ benötigt ein Lichtstrahl $t \mapsto \mathbf{q}(t)$ die gleiche Zeit $t_1 - t_0$, um von der Front $\{S = t_0\}$ zur Front $\{S = t_1\}$ zu gelangen:

$$S(\mathbf{q}(t_1)) - S(\mathbf{q}(t_0)) = \int_{t_0}^{t_1} \tfrac{d}{dt} S(\mathbf{q}(t))\, dt = \int_{t_0}^{t_1} 1\, dt = t_1 - t_0 .$$

Wegen dieser Eigenschaft wird das Eikonal S auch *optische Distanzfunktion* genannt.

BEMERKUNGEN. (i) Die Eikonalgleichung ist nichts anderes als die differentielle Fassung des Huygensschen Prinzips. Dies machen wir in 3.2 plausibel. Im Fall eines isotropen Mediums lautet diese

$$\|\nabla S(\mathbf{q})\| = n(\mathbf{q}).$$

Hieran sehen wir, wie der ortsabhängige Brechungsindex das Fortschreiten der Wellenfronten steuert: An einer Stelle $\mathbf{q}$ mit kleiner (großer) Ausbreitungsgeschwindigkeit des Lichts $1/n(\mathbf{q})$ ist $n(\mathbf{q}) = \|\nabla S(\mathbf{q})\|$ groß (klein), die Wellenfronten rücken nahe $\mathbf{q}$ zusammen (auseinander).

(ii) Die kanonischen Gleichungen folgen aus dem Fermatschen Prinzip, nach welchem sich jeder Lichtstrahl zwischen zwei eng benachbarten Punkten $\mathbf{q}_0, \mathbf{q}_1$ auf einer Bahn kürzester Laufzeit bewegt. Näheres hierzu in 3.3.

(iii) Die *optische Transversalitätsbedingung* besagt, daß der Wellenvektor $\mathbf{p}(t)$ eines Lichtstrahls im Punkt $\mathbf{q}(t)$ senkrecht auf der Wellenfront $\{S = t\}$ steht; für den Geschwindigkeitsvektor $\dot{\mathbf{q}}(t)$ trifft das i.a. nicht zu. Im Fall eines isotropen Mediums sind allerdings $\dot{\mathbf{q}}(t)$ und $\mathbf{p}(t)$ gleichgerichtet; hier schneiden sich Lichtstrahlen und Wellenfronten senkrecht ÜA.

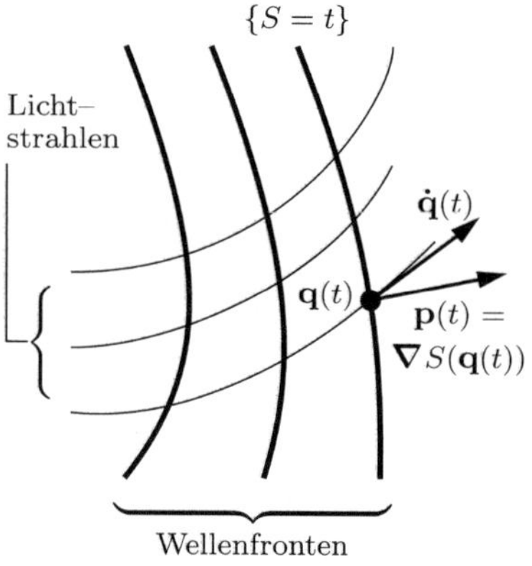

3.2 Huygenssches Prinzip und Eikonalgleichung

Nach der Wellentheorie von Huygens breitet sich Licht längs Wellenfronten aus, die wir in Abhängigkeit von der Zeit t durch Niveauflächen

$$\{S = t\} = \{\mathbf{q} \in \Omega \mid S(\mathbf{q}) = t\}$$

einer C^1–Funktion S auf $\Omega \subset \mathbb{R}^3$ beschreiben. Dabei ist der Ausbreitungsprozeß durch folgende Vorschrift festgelegt: Die Punkte $\mathbf{q}$ einer gegebenen Wellenfront $\{S = t\}$ sind Ausgangspunkte von **Elementarwellenfronten** $E_\tau(\mathbf{q})$, welche von den benachbarten Wellenfronten $\{S = t + \tau\}$ und $\{S = t - \tau\}$ für $0 < \tau \ll 1$ eingehüllt werden (Fig.). In erster Näherung besteht die Elementarwellenfront $E_\tau(\mathbf{q})$ für $0 < \tau \ll 1$ aus denjenigen Punkten $\mathbf{q} + \mathbf{v}$, die von $\mathbf{q}$ die Lichtzeitdistanz $\tau = L(\mathbf{q}, \mathbf{v})$ besitzen:

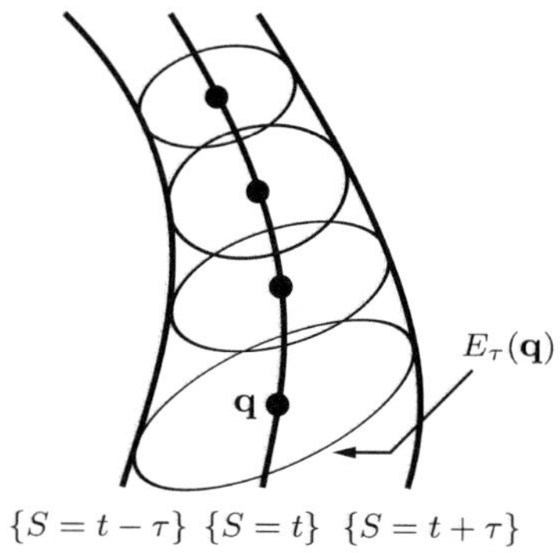

$$\begin{aligned} E_\tau(\mathbf{q}) &\approx \{\mathbf{q} + \mathbf{v} \mid \mathbf{v} \in \mathbb{R}^3 \text{ mit } L(\mathbf{q}, \mathbf{v}) = \tau\} \\ &= \{\mathbf{q} + \tau\mathbf{w} \mid \mathbf{w} \in \mathbb{R}^3 \text{ mit } L(\mathbf{q}, \mathbf{w}) = 1\}. \end{aligned}$$

Da nach 3.1 die Elementarwellenfront $E_\tau(\mathbf{q})$ kompakt und konvex gekrümmt ist, trifft diese die beiden Wellenfronten jeweils in genau einem Punkt. Wir machen plausibel, daß als Folge dieses *Huygensschen Prinzips* die Funktion S der Eikonalgleichung genügt.

Zum Nachweis fixieren wir einen Punkt $\mathbf{q}_0$ und setzen $t = S(\mathbf{q}_0)$. Nach dem Huygensschen Prinzip berührt die Elementarwellenfront für $0 < \tau \ll 1$

$$E_\tau(\mathbf{q}_0) = \{\mathbf{q}_0 + \mathbf{v} \mid L(\mathbf{q}_0, \mathbf{v}) = \tau\}$$

die Wellenfront $\{\, \mathbf{q} \mid S(\mathbf{q}) = t + \tau \,\}$ an genau einer Stelle $\mathbf{q}_\tau = \mathbf{q}_0 + \mathbf{v}_\tau$:

$$L(\mathbf{q}_0, \mathbf{v}_\tau) = \tau\,,$$

$$S(\mathbf{q}_\tau) = t + \tau\,,$$

$$\boldsymbol{\nabla} S(\mathbf{q}_\tau) \parallel \boldsymbol{\nabla}_v L(\mathbf{q}_0, \mathbf{v}_\tau)\,.$$

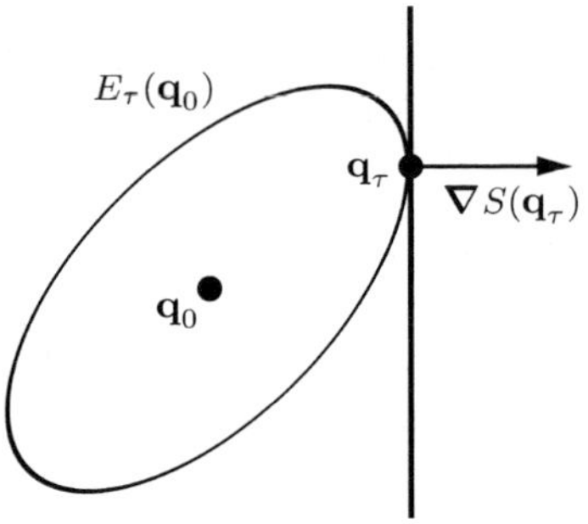

Wegen $\tau = S(\mathbf{q}_\tau) - S(\mathbf{q}_0) = S(\mathbf{q}_0 + \mathbf{v}_\tau) - S(\mathbf{q}_0) \approx \langle \boldsymbol{\nabla} S(\mathbf{q}_\tau), \mathbf{v}_\tau \rangle$ ist die gemeinsame Tangentialebene in erster Näherung gegeben durch

$$\Big\{\, \mathbf{q}_0 + \mathbf{v} \;\Big|\; \mathbf{v} \in \mathbb{R}^3 \text{ mit } \langle \boldsymbol{\nabla} S(\mathbf{q}_\tau), \mathbf{v} \rangle = \tau \,\Big\}\,.$$

Daß dabei $E_\tau(\mathbf{q}_0)$ ganz auf einer Seite dieser Ebene liegt, bedeutet

$$\begin{aligned} \tau &= \langle \boldsymbol{\nabla} S(\mathbf{q}_\tau), \mathbf{v}_\tau \rangle \\ &= \max\Big\{\, \langle \boldsymbol{\nabla} S(\mathbf{q}_\tau), \mathbf{v} \rangle \;\Big|\; \mathbf{v} \in \mathbb{R}^3 \text{ mit } L(\mathbf{q}_0, \mathbf{v}) = \tau \Big\} \\ &= \max\Big\{\, \langle \boldsymbol{\nabla} S(\mathbf{q}_\tau), \tau\mathbf{w} \rangle \;\Big|\; \mathbf{w} \in \mathbb{R}^3 \text{ mit } L(\mathbf{q}_0, \mathbf{w}) = 1 \Big\} \end{aligned}$$

bzw.

$$1 = \max\Big\{\, \langle \boldsymbol{\nabla} S(\mathbf{q}_\tau), \mathbf{w} \rangle \;\Big|\; \mathbf{w} \in \mathbb{R}^3 \text{ mit } L(\mathbf{q}_0, \mathbf{w}) = 1 \Big\}\,.$$

Für $\tau \to 0$ strebt $\mathbf{q}_\tau$ gegen $\mathbf{q}_0$, also ergibt sich nach der Definition der Hamilton–Funktion H in 3.1 die Eikonalgleichung an der Stelle $\mathbf{q}_0$

$$H(\mathbf{q}_0, \boldsymbol{\nabla} S(\mathbf{q}_0)) = 1.$$

3.3 Fermatsches Prinzip und kanonische Gleichungen

Für jede Kurve $C = \{\mathbf{q}(s) \mid s_0 \le s \le s_1\}$ im optischen Medium mit Brechungsindex n beträgt die Laufzeit zwischen den Punkten $\mathbf{q}_0 = \mathbf{q}(s_0)$ und $\mathbf{q}_1 = \mathbf{q}(s_1)$

$$T_{s_0}^{s_1}(\mathbf{q}) = \int_C dt = \int_C \tfrac{ds}{v} = \int_C n\,ds = \int_{s_0}^{s_1} L(\mathbf{q}(s), \dot{\mathbf{q}}(s))\,ds\,.$$

Das *Fermatsche Prinzip* besagt, daß sich Lichtteilchen auf Bahnen $t \mapsto \mathbf{q}(t)$ bewegen, für die die Laufzeit zwischen je zwei hinreichend banachbarten Punkten

$\mathbf{q}_0, \mathbf{q}_1$ minimal ist (verglichen mit der Laufzeit von Vergleichskurven zwischen diesen Punkten). Äquivalent zu dieser Minimumeigenschaft sind die **normalen Euler–Lagrange–Gleichungen**

$$\frac{d}{dt}\,\boldsymbol{\nabla}_v L(\mathbf{q}(t),\dot{\mathbf{q}}(t)) = \boldsymbol{\nabla}_q L(\mathbf{q}(t),\dot{\mathbf{q}}(t)), \quad L(\mathbf{q}(t),\dot{\mathbf{q}}(t)) = 1,$$

und die **normalen kanonischen (Hamiltonschen) Gleichungen** für $\mathbf{q}(t)$ und $\mathbf{p}(t) = \boldsymbol{\nabla}_v L(\mathbf{q}(t),\dot{\mathbf{q}}(t))$,

$$\dot{\mathbf{q}}(t) = \boldsymbol{\nabla}_p H(\mathbf{q}(t),\mathbf{p}(t)), \quad \dot{\mathbf{p}}(t) = -\,\boldsymbol{\nabla}_q H(\mathbf{q}(t),\mathbf{p}(t)), \quad H(\mathbf{q}(t),\mathbf{p}(t)) = 1,$$

vgl. Bd. 3, § 5, Abschnitte 1.3(c), 2.5, 2.7.

3.4 Das Cauchy–Problem für die Eikonalgleichung

(a) Zunächst stellen wir den engen Zusammenhang zwischen Lichtstrahlen (außerhalb von Brennpunkten) und den Charakteristiken der Eikonalgleichung dar.

Im Raumgebiet $\Omega \subset \mathbb{R}^3$ eines optischen Mediums mit Hamilton–Funktion $H(\mathbf{q},\mathbf{p})$ geben wir als Lichtquelle eine Fläche M vor. Wir fassen M als eine Wellenfront in einer Schar von Wellenfronten $\{S = t\}$ auf, o.B.d.A. $M = \{S = 0\}$.

Wir betrachten das Cauchy–Problem für die Eikonalgleichung

$$H(\mathbf{q}, \boldsymbol{\nabla} S(\mathbf{q})) = 1, \quad S = 0 \text{ auf } M.$$

Wie in 2.1 nehmen wir die Fläche M als C^2–differenzierbar und orientierbar an. Wir verwenden jetzt die Notation $(\mathbf{q}, y, \mathbf{p}) \in \Omega \times \mathbb{R} \times \mathbb{R}^3$ anstelle von $(\mathbf{x}, y, \mathbf{z})$ und setzen

$$F(\mathbf{q}, y, \mathbf{p}) := \tfrac{1}{2}(H(\mathbf{q},\mathbf{p})^2 - 1).$$

Es gilt dann

$$\boldsymbol{\nabla}_q F = H \boldsymbol{\nabla}_q H, \quad \partial_y F = 0, \quad \boldsymbol{\nabla}_p F = H \boldsymbol{\nabla}_p H.$$

Hieraus ergibt sich: Erfüllt S die Eikonalgleichung

$$H(\mathbf{q}, \boldsymbol{\nabla} S(\mathbf{q})) = 1$$

mit $S = 0$ auf M, und ist $t \mapsto \mathbf{q}(t)$ ein zugehöriger Lichtstrahl mit Wellenvektorfeld $t \mapsto \mathbf{p}(t)$, d.h. gilt

$$\dot{\mathbf{q}}(t) = \boldsymbol{\nabla}_p H(\mathbf{q}(t),\mathbf{p}(t)), \quad \dot{\mathbf{p}}(t) = -\,\boldsymbol{\nabla}_q H(\mathbf{q}(t),\mathbf{p}(t)), \quad H(\mathbf{q}(t),\mathbf{p}(t)) = 1$$

und $\mathbf{q}(0) \in M$, so folgt mit $y(t) := S(\mathbf{q}(t))$

$$\begin{aligned}
\dot{\mathbf{q}}(t) &= \nabla_p F(\mathbf{q}(t), y(t), \mathbf{p}(t)), \\
\dot{y}(t) &= \langle \nabla S(\mathbf{q}(t)), \dot{\mathbf{q}}(\mathbf{t}) \rangle = \langle \mathbf{p}(t), \dot{\mathbf{q}}(t) \rangle = \langle \mathbf{p}(t), \nabla_p F(\mathbf{q}(t), y(t), \mathbf{p}(t)) \rangle, \\
\dot{\mathbf{p}}(t) &= -\nabla_q F(\mathbf{q}(t), y(t), \mathbf{p}(t)),
\end{aligned}$$

und

$$\mathbf{q}(0) \in M, \quad y(0) = S(\mathbf{q}(0)) = 0,$$

d.h. $t \mapsto (\mathbf{q}(t), y(t), \mathbf{p}(t))$ ist eine Charakteristik von F. Umgekehrt sei $t \mapsto (\mathbf{q}(t), y(t), \mathbf{p}(t))$ eine Charakteristik von F mit $H(\mathbf{q}(0), \mathbf{p}(0)) = 1$. Dann gilt nach Beweisteil (b) in 2.4 $F(\mathbf{q}(t), y(t), \mathbf{p}(t)) = 0$ und damit $H(\mathbf{q}(t), \mathbf{p}(t)) = 1$ für alle t. Hieraus ergeben sich unmittelbar die Gleichungen der Lichtstrahlen.

Als Anwendung des Hauptsatzes 2.4 zeigen wir den

(b) SATZ. *Für jede orientierbare* C^2*–Fläche* $M \subset \Omega$ *hat das Cauchy–Problem für die Eikonalgleichung,*

$$H(\mathbf{q}, \nabla S(\mathbf{q})) = 1, \quad S = 0 \ \text{auf} \ M,$$

in einer Umgebung von M *genau zwei, sich nur durch das Vorzeichen unterscheidende Lösungen* $\pm S$.

Jede beliebige orientierbare Fläche erzeugt also eine (bis auf die Zeitorientierung) eindeutig bestimmte Lichtausbreitung längs Wellenfronten und Lichtstrahlen. Daß ein Vorzeichenwechsel des Eikonals ein Wechsel der Zeitorientierung bedeutet, ergibt sich aus der Beziehung $S(\mathbf{q}(t)) = t$, welche unmittelbar aus der in 3.1 abgeleiteten Relation $\frac{d}{dt} S(\mathbf{q}(t)) = 1$ zusammen mit $S(\mathbf{q}(0)) = 0$ folgt.

Zum Beweis haben wir die Voraussetzungen des Hauptsatzes der gegebenen Situation anzupassen, d.h. wir müssen den Anfangswerten $f = 0$ für das Eikonal S auf M noch Anfangswerte $\mathbf{g}$ für den Gradienten ∇S auf M hinzufügen. Die Verträglichkeitsbedingungen 2.3(a),(b) legen das Vektorfeld $\mathbf{g}$ und damit die Lösung S des Cauchy–Problems bis auf das Vorzeichen fest:
Die Verträglichkeitsbedingungen 2.3(b) liefern

$$0 = \frac{\partial}{\partial s_i} f(\varphi(\mathbf{s})) = \left\langle \mathbf{g}(\varphi(\mathbf{s})), \frac{\partial \varphi}{\partial s_i}(\mathbf{s}) \right\rangle \ \text{für} \ \mathbf{s} \in \mathcal{W}, \ i = 1, 2,$$

d.h. $\mathbf{g}$ muß ein Normalenfeld auf der Fläche M sein. Die Bedingung 2.3(a),

$$H(\boldsymbol{\xi}, \mathbf{g}(\boldsymbol{\xi})) = 1 \ \text{für} \ \boldsymbol{\xi} \in M,$$

wird für jeden Punkt $\boldsymbol{\xi} \in M$ durch genau zwei entgegengesetzt gleiche Vektoren $\pm \mathbf{g}(\boldsymbol{\xi})$ erfüllt, was sich aus der Punktsymmetrie von H in 3.1 ergibt. Damit bleiben wegen der Orientierbarkeit von M genau zwei Möglichkeiten für die Wahl von $\mathbf{g}$. Die Transversalitätsbedingung 2.3(c) ist erfüllt, denn wegen

$$\langle \nabla_p F(\boldsymbol{\xi}, 0, \mathbf{g}(\boldsymbol{\xi})), \mathbf{g}(\boldsymbol{\xi}) \rangle = \langle \nabla_p H(\boldsymbol{\xi}, \mathbf{g}(\boldsymbol{\xi})), \mathbf{g}(\boldsymbol{\xi}) \rangle = H(\boldsymbol{\xi}, \mathbf{g}(\boldsymbol{\xi})) = 1$$

ist $\nabla_p F(\boldsymbol{\xi}, 0, \mathbf{g}(\boldsymbol{\xi}))$ kein Tangentenvektor von M an der Stelle $\boldsymbol{\xi} \in M$. Der Existenz– und Eindeutigkeitssatz 2.4 sichert für jedes der beiden Normalenfelder die eindeutige Lösbarkeit des Cauchy–Problems.

Beispiel. Wir betrachten das Cauchy–Problem für ein optisches Medium mit konstantem Brechungsindex n ($L(\mathbf{q}, \mathbf{v}) = n\,\|\mathbf{v}\|$, $H(\mathbf{q}, \mathbf{p}) = n^{-1}\|\mathbf{p}\|$ nach 3.1)

$$\|\nabla S\| = n\,, \quad S = 0 \text{ auf } M.$$

Wir vervollständigen die Anfangsdaten durch Wahl eines Normalenfeldes $\mathbf{g}$ mit $\|\mathbf{g}\| = n$ auf der gegebenen Fläche M und setzen

$$F(\mathbf{q}, y, \mathbf{p}) := \tfrac{1}{2}\left(\|\mathbf{p}\|^2 - n^2\right).$$

Es gilt dann

$$\nabla_q F = \mathbb{0}\,, \quad \partial_y F = 0\,, \quad \nabla_p F = \mathbf{p}\,,$$

und das charakteristische AWP lautet mit den Bezeichnungen von 2.1, 2.4

$$\begin{aligned} &\dot{\mathbf{q}}(t) = \mathbf{p}(t)\,, \quad && \dot{y}(t) = \|\mathbf{p}(t)\|^2 = n^2\,, \quad && \dot{\mathbf{p}}(t) = \mathbf{0}\,,\\ &\mathbf{q}(0) = \boldsymbol{\varphi}(\mathbf{s})\,, && y(0) = 0\,, && \mathbf{p}(0) = \boldsymbol{\chi}(\mathbf{s}) := \mathbf{g}(\boldsymbol{\varphi}(\mathbf{s}))\,. \end{aligned}$$

Dieses hat die Lösung

$$\mathbf{Q}(\mathbf{s}, t) = \boldsymbol{\varphi}(\mathbf{s}) + t\boldsymbol{\chi}(\mathbf{s})\,, \quad Y(\mathbf{s}, t) = n^2 t, \quad \mathbf{P}(\mathbf{s}, t) = \boldsymbol{\chi}(\mathbf{s})\,.$$

Die charakteristischen Projektionen (also die Lichtstrahlen) $t \mapsto \mathbf{Q}(\mathbf{s}, t)$ sind Geraden. Die Abbildung $\mathbf{Q}$ liefert nach Einschränkung auf eine hinreichend kleine Umgebung $\mathcal{V} \subset \mathbb{R}^3$ von $\mathcal{W} \times \{0\}$ einen C^2–Diffeomorphismus zwischen $\mathcal{V}$ und einer charakteristischen Umgebung $\mathcal{U} \subset \Omega$ von M. Das Eikonal S ist auf $\mathcal{U}$ definiert durch $S = Y \circ \mathbf{Q}^{-1}$; die explizite Bestimmung von S als Funktion von $\mathbf{q}$ ist ohne Interesse. Für je zwei Wellenfronten

$$\begin{aligned} \{S = t_0\} &= \{\mathbf{Q}(\mathbf{s}, t_0) = \boldsymbol{\varphi}(\mathbf{s}) + t_0\boldsymbol{\chi}(\mathbf{s}) \mid \mathbf{s} \in \mathcal{W}\},\\ \{S = t_1\} &= \{\mathbf{Q}(\mathbf{s}, t_1) = \boldsymbol{\varphi}(\mathbf{s}) + t_1\boldsymbol{\chi}(\mathbf{s}) \mid \mathbf{s} \in \mathcal{W}\}, \end{aligned}$$

und kleine $\tau = |t_1 - t_0|/n > 0$ wird der Abstand τ von zwei Punkten $\mathbf{Q}(\mathbf{s}, t_0)$ und $\mathbf{Q}(\mathbf{s}, t_1)$ durch das Lichtstrahlsegment $\{\mathbf{Q}(\mathbf{s}, t) \mid t_0 \le t \le t_1\}$ realisiert. Das bedeutet die Gültigkeit des Huygensschen Prinzips: Jede Elementarwellenfront $E_\tau(\mathbf{q}) = \{\mathbf{q} + \mathbf{v} \mid L(\mathbf{q}, \mathbf{v}) = n\tau\} = \{\mathbf{q} + \mathbf{v} \mid \|\mathbf{v}\| = \tau\}$ mit Ausgangspunkt $\mathbf{q} = \mathbf{Q}(\mathbf{s}, t_0)$ auf der Wellenfront $\{S = t_0\}$ berührt die Wellenfront $\{S = t_1\}$ genau im Punkt $\mathbf{Q}(\mathbf{s}, t_1)$.

Literatur: [152] 46, [153] Ch.8, Ch.10.

3.5 Zur Geschichte

(a) Die Charakteristikenmethode geht auf LAGRANGE zurück. Nachdem er 1772 die nichtlineare DG $\frac{\partial u}{\partial y} = f(x, y, u, \frac{\partial u}{\partial x})$ auf eine quasilineare DG zurückgeführt und 1774 eine Theorie für die allgemeine Lösung aufgestellt hatte, gab er 1779 Differentialgleichungen für die Charakteristiken quasilinearer Probleme an. Eine geometrische Begründung der Charakteristikenmethode fand 1784 Gaspard MONGE. PFAFF 1815 und CAUCHY 1819 erweiterten diese für $n > 2$.
(b) Nach der Erfindung des Fernrohrs 1609 setzte neues Interesse an der geometrischen Optik ein. DESCARTES führte das Brechungsgesetz auf einfache, allerdings unzutreffende Prinzipien zurück (*Discours de la Méthode* 1637). Über diese kam es zu einer langen Auseinandersetzung zwischen FERMAT und den Cartesianern, in deren Verlauf FERMAT 1661 das Prinzip der kürzesten Laufzeit aufstellte. (Das Prinzip des kürzesten Lichtwegs benützte schon HERON von Alexandria um 66 n. Chr. zur Erklärung der Reflexion.) In seiner *Traité de la Lumière* stellte HUYGENS 1678 das nach ihm benannte Prinzip auf und erklärte damit Reflexion, Brechung, Ablenkung in inhomogenen Medien und die Doppelbrechung beim (anisotropen) Islandspat. Bedeutende Beiträge zur Optik leistete NEWTON (*Opticks* 1704: Farbenlehre, Dispersion, Theorie der Newtonringe). Er vertrat die Korpuskeltheorie und glaubte wie DESCARTES, daß die Geschwindigkeit im optisch dichteren Medium größer sei. In den *Principia* 1687 versuchte er eine mechanische Herleitung des Brechungsgesetzes.
Mit der Entwicklung der Differential– und Integralrechnung wurde es möglich, Variationsprobleme wie das der kürzesten Laufzeit anzugehen. Den Anstoß gab Johann BERNOULLI 1696 mit dem Brachistochronenproblem: Gesucht ist die Verbindungskurve zwischen zwei festen Punkten, auf der ein Massenpunkt in kürzester Zeit reibungsfrei hinabgleitet. Er löste es durch Zurückführung auf ein optisches Problem (Brechungsindex proportional zu $(\text{Höhe})^{-1/2}$) und stellte dabei den Zusammenhang zwischen Huygensschen Wellenfronten und den durch das Fermat–Prinzip gegebenen Lichtstrahlen heraus.
HAMILTONs Theorien der Optik (*On Systems of Rays ...*) und der Mechanik entstanden in den zwanziger Jahren des 19. Jahrhunderts; 1833/34 erschienen die Abhandlungen *On a General Method of Expressing the Paths of Light, and the Planets, by the Coefficients of a Characteristic Function* und *On a General Method on Dynamics ...*. In diesen Arbeiten finden wir die oben geschilderten Konzepte vorgezeichnet und angewandt. Die erste Arbeit blieb auf dem Kontinent bis zur Jahrhundertwende unbekannt, so daß ähnliche Ergebnisse von anderen Autoren publiziert wurden (z.B. BRUNS 1895). Die zweite der genannten Arbeiten von HAMILTON wurde 1866 von JACOBI in neu gefaßter und gestraffter Form der Öffentlichkeit zugänglich gemacht.
Für Erwin SCHRÖDINGER waren 1926 die klassische Wellentheorie und die Hamilton–Jacobi–Gleichung als mechanisches Analogon zur Eikonalgleichung Anknüpfungspunkte für die Aufstellung der stationären Schrödinger–Gleichung der neuen Wellenmechanik.

4 Systeme von Differentialgleichungen erster Ordnung

Gesucht sind C^2–differenzierbare Lösungen $\mathbf{u} = (u_1, \dots, u_n) : \mathbb{R}^m \supset \mathcal{U} \to \mathbb{R}^n$ des Systems

$$\frac{\partial u_\alpha}{\partial x_i} = f_i^\alpha(\mathbf{x}, \mathbf{u}) \quad (i = 1, \dots, m, \ \alpha = 1, \dots, n).$$

Dabei sind die f_i^α gegebene C^r–Funktionen auf $\Omega \times \mathbb{R}^n$, wobei $\Omega \subset \mathbb{R}^m$ ein Gebiet und $r \geq 2$ ist.

Notwendig für die Existenz einer Lösung sind die **Integrabilitätsbedingungen**

$$\frac{\partial f_k^\alpha}{\partial x_i} - \frac{\partial f_i^\alpha}{\partial x_k} + \sum_{\beta=1}^{m} \left(f_i^\beta \frac{\partial f_k^\alpha}{\partial u_\beta} - f_k^\beta \frac{\partial f_i^\alpha}{\partial u_\beta} \right) = 0$$

für alle α, i, k mit $i \neq k$. Diese ergeben sich unmittelbar aus der Relation $\partial_i \partial_k u = \partial_k \partial_i u$ [ÜA].

SATZ (FROBENIUS 1877). *Sind die Integrabilitätsbedingungen erfüllt, so hat für jeden Punkt* $(\mathbf{a}, \mathbf{b}) \in \Omega \times \mathbb{R}^n$ *das Anfangswertproblem*

$$(*) \quad \frac{\partial u_\alpha}{\partial x_i} = f_i^\alpha(\mathbf{x}, \mathbf{u}), \quad \mathbf{u}(\mathbf{a}) = \mathbf{b}$$

in einer Umgebung von $\mathbf{a}$ *eine eindeutig bestimmte* C^{r+1}*–differenzierbare Lösung.*

Dieser Satz hat eine wichtige Anwendung in der Differentialgeometrie.

BEWEIS und LÖSUNGSVERFAHREN

O.B.d.A. sei $\mathbf{a} = \mathbf{0}$.

(a) Ist $\mathbf{u}$ eine Lösung von $(*)$ auf einer sternförmigen Nullpunktsumgebung $\mathcal{U}$ (d.h. $\mathbf{x} \in \mathcal{U} \implies t\mathbf{x} \in \mathcal{U}$ für $0 \leq t \leq 1$), so löst $\mathbf{y}(t) := \mathbf{u}(t\mathbf{x})$ das AWP

$$(**) \quad \dot{y}^\alpha(t) = \sum_{k=1}^{m} f_k^\alpha(t\mathbf{x}, \mathbf{y}(t))\, x_k \ \ (\alpha = 1, \dots, n), \quad \mathbf{y}(0) = \mathbf{b}.$$

[ÜA]. Wegen des Eindeutigkeitssatzes für $(**)$ ist daher $\mathbf{u}$ eindeutig bestimmt.

(b) Sei umgekehrt $t \mapsto \mathbf{y}(t, \mathbf{x})$ die Lösung des vom Parameter $\mathbf{x}$ abhängigen AWP $(**)$. Dann existiert $\mathbf{y}(t, \mathbf{0})$ für alle t, und es gilt $\mathbf{y}(t, \mathbf{0}) = \mathbf{b}$. Nach der allgemeinen Theorie (§ 2 : 7.2 in Verbindung mit § 2 : 7.4 (c)) gibt es eine – gleich sternförmig gewählte – Nullpunktsumgebung $\mathcal{U}$, so daß für alle $\mathbf{x} \in \mathcal{U}$ das Existenzintervall von $\mathbf{y}(t, \mathbf{x})$ das Intervall $[0, 1]$ umfaßt; ferner ist $\mathbf{y}(t, \mathbf{x})$ bezüglich der Variablen $t, \mathbf{x}$ C^2–differenzierbar wegen $r \geq 2$.

Wir zeigen, daß

$$\mathbf{u}(\mathbf{x}) := \mathbf{y}(1, \mathbf{x})$$

eine C^r–differenzierbare Lösung von (∗) liefert. Dazu betrachten wir

$$z_i^\alpha(t, \mathbf{x}) = \frac{\partial y^\alpha}{\partial x_i}(t, \mathbf{x}) - t\, f_i^\alpha(t\mathbf{x}, \mathbf{y}(t, \mathbf{x}))\,.$$

Da $y^\alpha(0, \mathbf{x})$ konstant ist, gilt $z_i^\alpha(0, \mathbf{x}) = 0$ für alle $\mathbf{x} \in \mathcal{U}$. Wegen $\dfrac{\partial^2 y^\alpha}{\partial t \partial x_i} = \dfrac{\partial^2 y^\alpha}{\partial x_i \partial t}$ erhalten wir ferner

$$\begin{aligned}
\frac{\partial z_i^\alpha}{\partial t}(t, \mathbf{x}) &= \frac{\partial^2 y^\alpha}{\partial x_i \partial t} - \frac{\partial}{\partial t}\left[t f_i^\alpha(t\mathbf{x}, \mathbf{y}(t, \mathbf{x}))\right] \\
&= \frac{\partial}{\partial x_i}\Big[\sum_{k=1}^m f_k^\alpha(\ldots) x_k\Big] - f_i^\alpha(\ldots) - t\,\frac{\partial}{\partial t}\, f_i^\alpha(\ldots) \\
&= \sum_{k=1}^m \Big(t \frac{\partial f_k^\alpha}{\partial x_i}(\ldots) + \sum_{\beta=1}^n \frac{\partial f_k^\alpha}{\partial u_\beta}(\ldots)\, \frac{\partial y^\beta}{\partial x_i}(t, \mathbf{x})\Big)\, x_k \\
&\quad - t \sum_{k=1}^m \Big(\frac{\partial f_i^\alpha}{\partial x_k}(\ldots)\, x_k + \sum_{\beta=1}^n \frac{\partial f_i^\alpha}{\partial u_\beta}(\ldots)\, \frac{\partial y^\beta}{\partial t}(t, \mathbf{x})\Big) \\
&= t \sum_{k=1}^m \Big(\frac{\partial f_k^\alpha}{\partial x_i}(\ldots) - \frac{\partial f_i^\alpha}{\partial x_k}(\ldots)\Big)\, x_k + \sum_{\beta=1}^n \frac{\partial f_i^\alpha}{\partial u_\beta}(\ldots) \sum_{k=1}^m f_k^\beta(\ldots)\, x_k \\
&\quad + \sum_{\beta=1}^n \sum_{k=1}^m \frac{\partial f_k^\alpha}{\partial u_\beta}(\ldots)\left[z_i^\beta(t, \mathbf{x}) + t\, f_i^\beta(\ldots)\right] x_k\,.
\end{aligned}$$

Berücksichtigen wir jetzt die Integrabilitätsbedingungen, so bleibt

$$\frac{\partial z_i^\alpha}{\partial t}(t, \mathbf{x}) = \sum_{\beta=1}^n \sum_{k=1}^m \frac{\partial f_k^\alpha}{\partial u_\beta}(t\mathbf{x}, \mathbf{y}(t, \mathbf{x}))\, z_i^\beta(t, \mathbf{x}).$$

Dies ist ein homogenes lineares System gewöhnlicher DG für $\mathbf{z}_i = (z_i^1, \ldots, z_i^n)$. Wegen $z_i^\alpha(0, \mathbf{x}) = 0$ folgt nach dem Eindeutigkeitssatz § 3 : 1.2 $z_i^\alpha(t, \mathbf{x}) = 0$ für $\alpha = 1, \ldots, n,\ i = 1, \ldots, m$. Damit erhalten wir

$$\frac{\partial u^\alpha}{\partial x_i}(\mathbf{x}) - f_i^\alpha(\mathbf{x}, u(\mathbf{x})) = z_i^\alpha(1, \mathbf{x}) = 0 \quad \text{für } \mathbf{x} \in \mathcal{U}$$

und $\mathbf{u}(\mathbf{0}) = \mathbf{y}(1, 0) = \mathbf{b}$.

Ferner folgt aus dem Bestehen dieser DG, daß $\frac{\partial u_\alpha}{\partial x_i} \in \mathrm{C}^r(\mathcal{U})$, also $u \in \mathrm{C}^{r+1}(\mathcal{U})$. □

Kapitel IV
Hilfsmittel aus der Analysis

Für die Behandlung partieller Differentialgleichungen wie auch für die mathematischen Grundlagen der Quantenmechanik bedarf es einer Erweiterung unseres mathematischen Rüstzeugs. Problemorientiertes Vorgehen, also Bereitstellung der mathematischen Hilfsmittel jeweils nach Bedarf, würde die Geschlossenheit der Argumentation bei den im folgenden behandelten Themenbereichen stören; auch werden einige dieser Hilfsmittel an mehreren Stellen benötigt.

Zu Beginn jedes der folgenden Paragraphen werden die benötigten Vorkenntnisse angegeben, so daß ein Studium dieses Kapitels als Ganzes nicht erforderlich ist.

Mit dem Lebesgue–Integral und seinen Eigenschaften sollten Sie sich allerdings schon an dieser Stelle vertraut machen. Um Ihnen den Zugang zu erleichtern und um rasch zur Sache zu kommen, stellen wir im folgenden Paragraphen die Grundzüge der Lebesgueschen Theorie zusammen. Für die meisten Beweise wird auf Kap. VI verwiesen, in welchem im Hinblick auf die Quantenmechanik eine allgemeine Maß– und Integrationstheorie entwickelt wird.

§ 8 Lebesgue–Theorie und L^p–Räume

1 Eigenschaften des Lebesgue–Integrals

1.1 Zur Notwendigkeit eines erweiterten Integralbegriffs

Existenzbeweise für die Lösung von Differentialgleichungsproblemen und anderer Aufgaben der Analysis stützen sich fast immer auf die **Vollständigkeit** eines Funktionenraums. Das typische Vorgehen besteht dabei in den folgenden Schritten:

– Umformulierung der gestellten Aufgabe in ein Gleichungsproblem in einem geeignet gewählten Funktionenraum.

– Auswahl oder Konstruktion einer Folge $u_1, u_2, \ldots$ von approximativen Lösungen, die eine Cauchy–Folge in diesem Raum ist.

– Nachweis, daß der wegen der Vollständigkeit existierende Grenzwert u dieser Folge das Gleichungsproblem löst.

– Nachweis, daß u eine Lösung des Originalproblems ist.

Eine besondere Rolle spielen hierbei **Hilbertraummethoden**. In vielen Fällen führt ein Reihenansatz $u = \sum\limits_{i=1}^{\infty} \langle v_i , u \rangle v_i$ mit einem Orthonormalsystem

$v_1, v_2, \ldots$ zum Ziel; in diesem Fall sind die u_k die Partialsummen.

Eine andere wichtige Methode sei an einem Beispiel erläutert:

Das Dirichlet–Problem auf einem beschränkten Gebiet $\Omega \subset \mathbb{R}^n$,

$$-\Delta u = f \text{ in } \Omega, \quad u = 0 \text{ auf } \partial\Omega$$

wird durch partielle Integration umgeformt in das Gleichungsproblem

$$\langle u, \varphi \rangle_V = \langle f, \varphi \rangle_H$$

für alle in einer Umgebung des Randes $\partial\Omega$ verschwindenden C^∞–Funktionen φ; dabei ist

$$\langle u, v \rangle_H = \int_\Omega u \cdot v$$

zunächst definiert auf $H_0 = \{ u \in C^0(\Omega) \mid \int_\Omega |u|^2 < \infty \}$ und

$$\langle u, v \rangle_V := \int_\Omega \langle \nabla u, \nabla v \rangle = \sum_{k=1}^n \langle \partial_k u, \partial_k v \rangle_H$$

auf

$$V_0 = \{ u \in C^0(\overline{\Omega}) \cap C^1(\Omega) \mid \partial_1 u, \ldots, \partial_n u \in H_0, \quad u = 0 \text{ auf } \partial\Omega \}.$$

Beide Räume H_0 und V_0 sind bezüglich der durch das jeweilige Skalarprodukt gegebenen Norm nicht vollständig, lassen sich aber zu Hilberträumen erweitern. Der hierfür entscheidende Schritt ist die Erweiterung des Raums H_0.

Grundlage hierfür ist der 1902 von Henri LEBESGUE entwickelte Integralbegriff. Ein Hauptergebnis der Lebesgueschen Theorie ist die Vertauschbarkeit von Limes und Integral unter wesentlich schwächeren Bedingungen als denen der gleichmäßigen Konvergenz. Damit läßt sich zeigen, daß die gesuchte Vervollständigung von H_0 durch

$$L^2(\Omega) = \left\{ u : \Omega \to \mathbb{R} \mid u^2 \text{ ist im Lebesgueschen Sinn integrierbar} \right\}$$

gegeben ist (Genaueres in 2.1).

Der Ansatz von LEBESGUE gestattet es, unser bisheriges Integral auf eine größere Klasse von Funktionen auszudehnen, die dann auch hochgradig unstetige umfasst. Die Konstruktion und die Beweise sind allerdings um einiges komplizierter.

Wir stellen im folgenden das Grundkonzept und die Hauptergebnisse der Lebesgueschen Theorie vor. Für die Beweise wird auf § 19, § 20 verwiesen.

1.2 Das Lebesgue–Maß

Eine Erweiterung des Integralbegriffs für Funktionen setzt eine Erweiterung des Volumenbegriffs für Mengen voraus. In Bd. 1, § 23 wurde das n–dimensionale Volumen $V^n(\Omega)$ für offene Mengen Ω eingeführt. Wir setzen dieses folgendermaßen auf eine größere Klasse von Mengen fort:

Eine Menge $M \subset \mathbb{R}^n$ heißt **meßbar** (genauer: **Lebesgue–meßbar**), wenn es zu jedem $\varepsilon > 0$ eine offene Menge Ω und eine abgeschlossene Menge A gibt mit

$$A \subset M \subset \Omega \quad \text{und} \quad V^n(\Omega \setminus A) < \varepsilon\,.$$

($V^n(\Omega \setminus A)$ ist für die offene Menge $\Omega \setminus A$ bereits definiert.) Für meßbare Mengen M definieren wir das Volumen, jetzt **Lebesgue–Maß** genannt, durch

$$V^n(M) := \inf \{\, V^n(\Omega) \mid \Omega \text{ offen},\ M \subset \Omega,\ V^n(\Omega) < \infty \,\}\,,$$

falls es eine offene Obermenge endlichen Maßes gibt; andernfalls sagen wir „M hat kein endliches Maß“ und schreiben $V^n(M) = \infty$.

Das System der meßbaren Mengen bezeichnen wir mit $\mathcal{A}$. Dieses erweist sich als sehr umfangreich, enthält aber nicht sämtliche Teilmengen von $\mathbb{R}^n$, vgl. § 19: 8.1. Quader und offene Mengen sind Lebesgue–meßbar, und für diese stimmen Lebesgue–Maß und das bisher definierte Volumen überein, vgl. Bd. 1, § 23 : 4.1 und 7.1. Weiter gilt

(i) $\emptyset,\ \mathbb{R}^n \in \mathcal{A}$,

(ii) $M, N \in \mathcal{A} \implies M \setminus N \in \mathcal{A}$,

(iii) $M, N \in \mathcal{A} \implies M \cap N \in \mathcal{A}$,

(iv) $\mathcal{A}$ enthält mit je endlich vielen oder abzählbar vielen Mengen auch deren Vereinigung.

Ein solches Mengensystem heißt eine **σ–Algebra** auf $\mathbb{R}^n$. Die entscheidende, für Vollständigkeitseigenschaften verantwortliche Eigenschaft des Lebesgue–Maßes ist die **σ–Additivität** (**abzählbare Additivität**)

$$V^n\Big(\bigcup_{k=1}^{\infty} A_k\Big) = \sum_{k=1}^{\infty} V^n(A_k) \quad \text{für paarweis disjunkte } A_k \in \mathcal{A}.$$

Dies ist so zu lesen: Genau dann hat $A := \bigcup\limits_{k=1}^{\infty} A_k$ endliches Maß, wenn alle A_k endliches Maß haben und wenn die Reihe $\sum\limits_{k=1}^{\infty} V^n(A_k)$ konvergiert. Dann ist $V^n(A)$ durch diese Reihe gegeben. Andernfalls schreiben wir $V^n(A) = \infty$.

Für $A_{N+1} = A_{N+2} = \cdots = \emptyset$ folgt die endliche Additivität:

$$V^n\Big(\bigcup_{k=1}^{N} A_k\Big) = \sum_{k=1}^{N} V^n(A_k) \quad \text{für paarweis disjunkte } A_k \in \mathcal{A}.$$

Einpunktige Mengen haben offenbar das Maß Null. Wegen (iv) und der σ–Additivität sind daher alle abzählbaren Mengen Lebesgue–meßbar mit Maß 0, z.B. die Menge $\mathbb{Q}^n$ aller Vektoren mit rationalen Komponenten. (ÜA : Zeigen Sie per Induktion, daß $\mathbb{Q}^n$ abzählbar ist). Nach (ii) enthält $\mathcal{A}$ alle abgeschlossenen Mengen. Kompakte Mengen haben endliches Maß.

1.3 Nullmengen und der Begriff „fast überall“

(a) Eine Lebesgue–meßbare Menge A mit $V^n(A) = 0$ heißt **Nullmenge** (genauer: **Lebesgue–Nullmenge**). Äquivalent dazu ist folgende Bedingung: Zu jedem $\varepsilon > 0$ gibt es endlich viele oder abzählbar viele Quader I_k mit

$$A \subset \bigcup_k I_k \quad \text{und} \quad \sum_k V^n(I_k) < \varepsilon\,.$$

Durch eventuelle Hinzunahme entarteter Quader dürfen wir immer von abzählbaren Überdeckungen ausgehen. Dieser Nullmengenbegriff ist umfassender als der in Bd. 1, § 23 : 7.4, da wir jetzt abzählbare Quaderüberdeckungen zulassen und nicht mehr nur endliche. Die Menge der rationalen Zahlen $\mathbb{Q}$ ist als abzählbare Menge eine Lebesgue–Nullmenge des $\mathbb{R}$, jedoch keine Nullmenge im alten Sinn.

SATZ. (i) *Jede Teilmenge einer Nullmenge ist eine Nullmenge.*

(ii) *Sind $A_1, A_2, \ldots$ Nullmengen, so auch* $\bigcup\limits_{k=1}^{\infty} A_k$.

BEWEIS.

(i) folgt direkt aus der Definition.

(ii) Zu gegebenem $\varepsilon > 0$ gibt es nach der oben gemachten Anmerkung Quader $I_{k\ell}$ mit

$$A_k \subset \bigcup_{\ell=1}^{\infty} I_{k\ell} \quad \text{und} \quad \sum_{\ell=1}^{\infty} V^n(I_{k\ell}) < \varepsilon\, 2^{-k}\,.$$

Dann gilt

$$\bigcup_{k=1}^{\infty} A_k \subset \bigcup_{k=1}^{\infty} \bigcup_{\ell=1}^{\infty} I_{k\ell} \quad \text{mit} \quad \sum_{k=1}^{\infty} \sum_{\ell=1}^{\infty} V^n(I_{k\ell}) < \sum_{k=1}^{\infty} \varepsilon\, 2^{-k} = \varepsilon$$

nach dem Umordnungssatz Bd. 1, § 7 : 6.6. □

BEISPIELE von Nullmengen:

(i) Achsenparallele Hyperebenen [ÜA].

(ii) Graphen stetiger Funktionen $f : \Omega \to \mathbb{R}$ auf offenen Mengen $\Omega \subset \mathbb{R}^{n-1}$. [ÜA]: Betrachten Sie zunächst stetige Funktionen auf kompakten Quadern und stellen Sie dann Ω als abzählbare Vereinigung kompakter Quader dar, vgl. Bd. 1, § 23 : 4.1.

(iii) Nullmengen können sehr umfangreich sein. Ein Beispiel ist das *Cantorsche Diskontinuum* in $\mathbb{R}$, welches sich bijektiv auf $\mathbb{R}$ abbilden läßt ([143] § 15).

(b) Funktionen u, v auf einer meßbaren Menge Ω heißen **fast überall gleich**,

$$u(\mathbf{x}) = v(\mathbf{x}) \quad \text{für fast alle } \mathbf{x} \in \Omega, \quad \text{kurz} \quad u = v \ \text{ f.ü.}\,,$$

wenn $\{\mathbf{x} \in \Omega \mid u(\mathbf{x}) \neq v(\mathbf{x})\}$ eine Nullmenge ist.

Allgemein heißt eine Eigenschaft $E(\mathbf{x})$ **fast überall auf Ω erfüllt**, wenn sie höchstens auf einer Nullmenge verletzt ist. **Konvergenz fast überall** von Funktionen u_k auf Ω bedeutet, daß

$$N := \{\mathbf{x} \in \Omega \mid (u_k(\mathbf{x})) \text{ konvergiert nicht}\}$$

eine Nullmenge ist. In diesem Fall definieren wir $u = \lim\limits_{k\to\infty} u_k$ durch

$$u(\mathbf{x}) := \begin{cases} \lim\limits_{k\to\infty} u_k(\mathbf{x}) & \text{für } \mathbf{x} \in \Omega \setminus N, \\ 0 & \text{für } \mathbf{x} \in N. \end{cases}$$

Entsprechend vereinbaren wir: Bilden die Definitionslücken einer Funktion eine Nullmenge, so schließen wir diese für Zwecke der Integration durch Zuweisung des Funktionswertes Null.

In diesem Sinne sind $1/u$, bzw. $\partial_k u$ zu verstehen, falls $u(\mathbf{x}) \neq 0$ f.ü. bzw. falls u fast überall partiell differenzierbar ist.

1.4 Das Lebesgue–Integral

(a) Die Definition des Integrals erfolgt zunächst für integrierbare **Elementarfunktionen**, das sind Funktionen $\varphi : \mathbb{R}^n \to \mathbb{R}$, die sich in der Form

$$\varphi = \sum_{k=1}^{N} c_k \, \chi_{A_k}$$

mit reellem c_k darstellen lassen, wobei die A_k paarweis disjunkte meßbare Mengen endlichen Maßes sind. Zu diesen gehören die Treppenfunktionen. Für solche Elementarfunktionen ist das Lebesgue–Integral

$$\int \varphi = \int_{\mathbb{R}^n} \varphi(\mathbf{x}) \, d^n\mathbf{x} := \sum_{k=1}^{N} c_k \, V^n(A_k)$$

unabhängig von der Darstellung und genügt den üblichen Rechenregeln. Die charakteristische Funktion χ_A einer meßbaren Menge $A \subset \mathbb{R}^n$ ist genau dann eine integrierbare Elementarfunktion, wenn $V^n(A) < \infty$. Es gilt dann

$$\int \chi_A = V^n(A) \, .$$

Schon unter den Elementarfunktionen gibt es solche, die nicht im herkömmlichen Sinn integrierbar sind, z.B. für $n = 1$ die *Dirichlet–Funktion* $\chi_{\mathbb{Q}}$. Da $\mathbb{Q}$ eine Nullmenge ist, folgt $\int\limits_{\mathbb{R}} \chi_{\mathbb{Q}} = 0$. Die Dirichlet–Funktion ist überall unstetig und auf keinem kompakten Intervall gleichmäßiger Limes von Treppenfunktionen.

(b) **Meßbare Funktionen**. Eine auf einer meßbaren Menge Ω definierte Funktion $f : \Omega \to \mathbb{R}$ heißt **meßbar** (genauer: **Lebesgue–meßbar**), wenn für jedes Intervall I das Urbild $f^{-1}(I)$ eine meßbare Menge ist.

Wir notieren folgende Eigenschaften meßbarer Funktionen;

Elementarfunktionen sind meßbar [ÜA]. Stetige Funktionen $u : \Omega \to \mathbb{R}$ auf meßbaren Mengen Ω sind meßbar. Letzteres wie auch die folgenden Eigenschaften meßbarer Funktionen entnehmen wir ohne Beweis aus § 20: 3.

Eine Funktion ist genau dann meßbar, wenn das Urbild jeder meßbaren Menge meßbar ist.

Die Hintereinanderausführung meßbarer Funktionen ist meßbar.

Die meßbaren Funktionen bilden einen Vektorraum, der mit u, v auch $u \cdot v$ enthält. Unter Beachtung der Konvention 1.3 (b) gelten folgende Aussagen:

Mit u ist auch $|u|$ meßbar; im Fall $u \neq 0$ f.ü. ist auch $1/u$ meßbar. Der Limes einer fast überall konvergenten Folge meßbarer Funktionen ist meßbar.

Ist u auf dem Gebiet Ω fast überall partiell differenzierbar, so sind die partiellen Ableitungen $\partial_k u$ meßbar, vgl. 1.3 (b).

Die Einschränkung einer meßbaren Funktion $f : \Omega \to \mathbb{R}$ auf eine meßbare Teilmenge von Ω ist meßbar; setzen wir umgekehrt f durch Nullsetzen außerhalb von Ω auf den $\mathbb{R}^n$ fort, so entsteht eine meßbare Funktion.

Alles in allem: *Die Klasse der meßbaren Funktionen ist abgeschlossen unter algebraischen Operationen, Hintereinanderausführungen und Grenzprozessen. Sie umfaßt alle Funktionen, die aus Elemenetarfunktionen mit Hilfe solcher Prozesse hervorgehen; andere wurden bisher nicht betrachtet. Dennoch dürfen wir von der Voraussetzung der Meßbarkeit nicht einfach absehen, denn es existieren nichtmeßbare Funktionen. Deren Definition stützt sich in starkem Maß auf das Auswahlaxiom und ist daher nichtkonstruktiv.*

(c) **Integrierbarkeit positiver Funktionen**. Ausgangspunkt für die Integraldefinition ist der folgende, in § 20 : 3.5 bewiesene

SATZ. *Jede positive meßbare Funktion u auf Ω ist punktweiser Limes einer aufsteigenden Folge positiver integrierbarer Elementarfunktionen auf Ω, d.h. es gibt außerhalb von Ω verschwindende integrierbare Elementarfunktionen $\varphi_k \geq 0$ mit*

$$\varphi_k(\mathbf{x}) \leq \varphi_{k+1}(\mathbf{x}) \quad \textit{für} \quad k = 1, 2, \ldots$$

und

$$u(\mathbf{x}) = \lim_{k \to \infty} \varphi_k(\mathbf{x}) \; \text{für alle} \; \mathbf{x} \in \Omega .$$

Für die monoton wachsende Folge $(\int \varphi_k)$ der Integrale gibt es zwei Fälle:

(i) $(\int \varphi_k)$ ist beschränkt. Dann heißt u über Ω (**Lebesgue**–)**integrierbar**, und das **Lebesgue–Integral**

$$\int_\Omega u = \int_\Omega u(\mathbf{x})\, d^n\mathbf{x} := \lim_{k \to \infty} \int \varphi_k$$

ist unabhängig von der approximierenden monotonen Folge (φ_k).

Wir schreiben in diesem Fall „$\int\limits_\Omega u < \infty$“.

(ii) Die Folge $(\int \varphi_k)$ ist unbeschränkt. Dann gilt dies auch für jede andere gegen u aufsteigende Folge positiver integrierbarer Elementarfunktionen. In diesem Fall heißt u nicht über Ω integrierbar. Wir sagen auch „$\int\limits_\Omega u$ existiert nicht“ und schreiben „$\int\limits_\Omega u = \infty$“.

(d) **Integrierbarkeit und Integral beliebiger meßbarer Funktionen**. Eine meßbare Funktion $u : \Omega \to \mathbb{R}$ heißt (**Lebesgue–**)**integrierbar**, wenn die positiven, meßbaren Funktionen

$$u_+ := \tfrac{1}{2}(|u| + u), \quad u_- := \tfrac{1}{2}(|u| - u)$$

im Sinne von (c) integrierbar sind. Wir setzen dann

$$\int\limits_\Omega u := \int\limits_\Omega u_+ - \int\limits_\Omega u_- .$$

Für meßbare Funktionen $u : \Omega \to \mathbb{R}$ *ist die Integrierbarkeit daher äquivalent zur Integrierbarkeit von* $|u|$.

Eine **komplexwertige Funktion** $f = u + iv : \Omega \to \mathbb{C}$ heißt **meßbar** bzw. **integrierbar**, wenn u und v die entsprechende Eigenschaft haben. Wir setzen im Fall der Integrierbarkeit

$$\int\limits_\Omega f := \int\limits_\Omega u + i \int\limits_\Omega v .$$

(e) **Integrierbarkeit über Teilmengen**. Ist u über Ω integrierbar, M eine meßbare Teilmenge von Ω und v die Einschränkung von u auf M, so sind v über M und $u \cdot \chi_M$ über Ω integrierbar, und die Integrale sind jeweils gleich. Wir setzen

$$\int\limits_M u := \int\limits_M v = \int\limits_\Omega u \cdot \chi_M .$$

1.5 Eigenschaften des Lebesgue–Integrals

(a) *Die integrierbaren Funktionen* $u : \Omega \to \mathbb{K}$ ($\mathbb{K} = \mathbb{C}$ *oder* $\mathbb{K} = \mathbb{R}$) *bilden einen* $\mathbb{K}$*–Vektorraum, bezeichnet mit* $\mathcal{L}^1(\Omega)$.

(a) *Das Integral ist linear.*

(b) *Das Integral ist monoton, d.h. für integrierbare Funktionen* u, v *auf* Ω *gilt*

$$u \le v \text{ f.ü.} \implies \int\limits_\Omega u \le \int\limits_\Omega v .$$

(c) $u \in \mathcal{L}^1(\Omega) \implies |u| \in \mathcal{L}^1(\Omega)$ *und* $\left|\int\limits_\Omega u\right| \le \int\limits_\Omega |u| .$

(d) *Alle im herkömmlichen Sinn integrierbaren Funktionen sind auch Lebesgue–integrierbar mit gleichem Integral* (*vgl.* 1.6 (d)).

(e) **Majorantensatz**. *Eine meßbare Funktion* $u : \Omega \to \mathbb{K}$ *ist genau dann über* Ω *integrierbar, wenn sie eine integrierbare Majorante hat:*

$$|u(\mathbf{x})| \le f(\mathbf{x}) \text{ f.ü. } \textit{mit } f \in \mathcal{L}^1(\Omega).$$

(f) *Sind die reellwertigen Funktionen* u, v *über* Ω *integrierbar, so auch*

$$\begin{aligned} \sup\{u,v\} &: \mathbf{x} \mapsto \max\{u(\mathbf{x}), v(\mathbf{x})\}, \\ \inf\{u,v\} &: \mathbf{x} \mapsto \min\{u(\mathbf{x}), v(\mathbf{x})\}. \end{aligned}$$

(g) *Aus* $u \in \mathcal{L}^1(\Omega)$ *und* $v = u$ *f.ü. folgt* $v \in \mathcal{L}^1(\Omega)$ *sowie* $\int\limits_\Omega u = \int\limits_\Omega v$.

(h) *Ist* u *über* Ω *integrierbar und* $\int\limits_\Omega |u| = 0$, *so gilt* $u = 0$ *f.ü.*

1.6 Konvergenzsätze

Die Konvergenzsätze sind als Hauptresultat der Lebesgueschen Integrationstheorie anzusehen. In dieser Theorie ist für Folgen integrierbarer Funktionen $u_1, u_2, \ldots \in \mathcal{L}^1(\Omega)$ die Vertauschung von Limes und Integral bereits unter der schwachen Voraussetzung der punktweisen Konvergenz f.ü. gesichert, wenn die Folge durch eine geeignete Zusatzbedingung kontrollierbar bleibt. Für das Integral aus Bd. 1 und das Riemann–Integral besitzen die Konvergenzsätze kein Analogon. Konvergiert eine Folge (u_k) punktweise f.ü., so definieren wir $u = \lim\limits_{k\to\infty} u_k$ wie in 1.3 (b) und erhalten nach 1.4 (b) eine meßbare Funktion u.

(a) **Satz von Lebesgue von der majorisierten Konvergenz** (1902). *Konvergieren die* $u_k \in \mathcal{L}^1(\Omega)$ *fast überall in* Ω *und besitzen sie eine gemeinsame integrierbare Majorante* $f \in \mathcal{L}^1(\Omega)$,

$$|u_k(\mathbf{x})| \le f(\mathbf{x}) \text{ f.ü. } \quad (k = 1, 2, \ldots),$$

so ist $u := \lim\limits_{k\to\infty} u_k$ *über* Ω *integrierbar, und es gilt*

$$\int\limits_\Omega u = \lim_{k\to\infty} \int\limits_\Omega u_k.$$

Daß auf die Majorantenbedingung nicht verzichtet werden kann, zeigt das Beispiel in Bd. 1, § 12 : 1.2 (b).

(b) **Satz von Beppo Levi über monotone Konvergenz** (1906). *Bilden die* $u_k \in \mathcal{L}^1(\Omega)$ *eine monoton aufsteigende Folge, und ist die Folge der Integrale* $\int\limits_\Omega u_k$ *nach oben beschränkt, so gibt es eine Funktion* $u \in \mathcal{L}^1(\Omega)$ *mit* $u(\mathbf{x}) = \lim\limits_{k\to\infty} u_k(\mathbf{x})$ *f.ü. und es gilt*

$$\int\limits_\Omega u = \lim_{k\to\infty} \int\limits_\Omega u_k.$$

Die Voraussetzung $u_k \le u_{k+1}$ für $k = 1, 2, \ldots$ kann durch die Voraussetzung $u_k \le u_{k+1}$ f.ü. für $k = 1, 2, \ldots$ ersetzt werden.

(c) **Der „kleine Satz von Lebesgue".** *Ist $V^n(\Omega) < \infty$ und konvergiert eine Folge (u_k) von beschränkten, meßbaren Funktionen auf Ω gleichmäßig gegen u, so sind die Voraussetzungen des Satzes von Lebesgue erfüllt.*

Denn dann gibt es eine Konstante C mit $|u_k(\mathbf{x})| \le C$ für alle $\mathbf{x} \in \Omega$, und als gemeinsame Majorante dient die Elementarfunktion $C\chi_\Omega$.

Die Voraussetzung $V^n(\Omega) < \infty$ ist wesentlich. Dies zeigt das Beispiel $\Omega = \mathbb{R}$, $u_k = \frac{1}{k}\chi_{[0,k]}$ mit $u_k \to 0$ gleichmäßig auf $\mathbb{R}$ und $\int\limits_{-\infty}^{+\infty} u_k = 1$.

FOLGERUNG. *Jede im herkömmlichen Sinn integrierbare Funktion ist auch Lebesgue–integrierbar, und beide Integrale stimmen überein.*

BEWEIS der Folgerung.

Bezeichnen wir für kompakte Quader I bzw. für offene Mengen Ω das herkömmliche Integral mit $\int\limits_I u(\mathbf{x})\, d^n\mathbf{x}$ bzw. $\int\limits_\Omega u(\mathbf{x})\, d^n\mathbf{x}$ und das Lebesgue–Integral mit $\int\limits_I u$ bzw. $\int\limits_\Omega u$, so gilt definitionsgemäß $\int\limits_I \varphi(\mathbf{x})\, d^n\mathbf{x} = \int\limits_I \varphi$ für Treppenfunktionen φ. Ist I ein kompakter Quader und u stetig auf I, so ist u gleichmäßiger Limes von Treppenfunktionen φ_k auf I. Nach Definition des herkömmlichen Integrals und nach (c) folgt

$$\int\limits_I u(\mathbf{x})\, d^n\mathbf{x} = \lim_{k\to\infty} \int\limits_I \varphi_k(\mathbf{x})\, d^n\mathbf{x} = \lim_{k\to\infty} \int\limits_I \varphi_k = \int\limits_I u. \qquad \square$$

SATZ. *Ist $\Omega \subset \mathbb{R}^n$ offen und $u \in \mathrm{C}^0(\Omega)$ im herkömmlichen Sinn integrierbar, so gilt $u \in \mathcal{L}^1(\Omega)$ und $\int\limits_\Omega u = \int\limits_\Omega u(\mathbf{x})\, d^n\mathbf{x}$.*

BEWEIS.

Es genügt, dies für positive, stetige Funktionen zu zeigen. Nach Bd. 1, § 23 : 4.1 gibt es kompakte Quader I_k mit $\mathring{I}_k \cap \mathring{I}_\ell = \emptyset$ für $k \ne \ell$ und $\Omega = \bigcup\limits_{k=1}^{\infty} I_k$. Nach Bd. 1, § 23 : 4.2 gilt

$$\int\limits_\Omega u(\mathbf{x})\, d^n\mathbf{x} = \lim_{N\to\infty} \sum_{k=1}^{N} \int\limits_{I_k} u(\mathbf{x})\, d^n\mathbf{x}.$$

Für $u_N := \sum\limits_{k=1}^{N} u\chi_{I_k}$ gilt $u_1 \le u_2 \le \ldots$ und $u(\mathbf{x}) = \lim\limits_{N\to\infty} u_N(\mathbf{x})$ für jedes feste $\mathbf{x}$, denn zu jedem $\mathbf{x} \in \Omega$ gibt es ein $m \in \mathbb{N}$ mit $u_k(\mathbf{x}) = u(\mathbf{x})$ für $k \ge m$. Wegen 1.4 (f), der Linearität des Integrals und nach dem oben Bewiesenen gilt

$$\int\limits_\Omega u_N = \sum_{k=1}^{N} \int\limits_\Omega u\chi_{I_k} = \sum_{k=1}^{N} \int\limits_{I_k} u = \sum_{k=1}^{N} \int\limits_{I_k} u(\mathbf{x})\, d^n\mathbf{x} \le \int\limits_\Omega u(\mathbf{x})\, d^n\mathbf{x}.$$

Nach dem Satz von Beppo Levi folgt $u \in \mathcal{L}^1(\Omega)$ und

$$\int_\Omega u = \lim_{N\to\infty} \int_\Omega u_N = \lim_{N\to\infty} \sum_{k=1}^{N} \int_{I_k} u(\mathbf{x})\, d^n\mathbf{x} = \int_\Omega u(\mathbf{x})\, d^n\mathbf{x}. \qquad \square$$

1.7 Parameterintegrale

Sei $\Omega \subset \mathbb{R}^n$ eine meßbare Menge, $\Lambda \subset \mathbb{R}^m$ ein Gebiet und das Parameterintegral

$$U(\mathbf{x}) = \int_\Omega u(\mathbf{x},\mathbf{y})\, d^n\mathbf{y}$$

existiere für alle $\mathbf{x} \in \Lambda$. Dann ergibt sich als Anwendung des Satzes von Lebesgue der folgende

SATZ. (a) *Ist* $\mathbf{x} \mapsto u(\mathbf{x},\mathbf{y})$ *für fast alle* $\mathbf{y} \in \Omega$ *stetig und existiert eine Majorante* $f \in \mathcal{L}^1(\Omega)$ *mit* $|u(\mathbf{x},\mathbf{y})| \le f(\mathbf{y})$ *für* $\mathbf{x} \in \Lambda$, $\mathbf{y} \in \Omega$, *so ist* U *stetig in jedem Punkt von* Λ.

(b) *Ist* $\mathbf{x} \mapsto u(\mathbf{x},\mathbf{y})$ *für fast alle* $\mathbf{y} \in \Omega$ C^1*–differenzierbar und existieren Majoranten* $f_i \in \mathcal{L}^1(\Omega)$ *mit*

$$\left|\frac{\partial u}{\partial x_i}(\mathbf{x},\mathbf{y})\right| \le f_i(\mathbf{y}) \quad \textit{für } \mathbf{x} \in \Lambda,\ \mathbf{y} \in \Omega \ \ (i = 1,\ldots,m),$$

so ist U C^1*–differenzierbar in* Λ *und es gilt*

$$\frac{\partial U}{\partial x_i}(\mathbf{x}) = \int_\Omega \frac{\partial u}{\partial x_i}(\mathbf{x},\mathbf{y})\, d^n\mathbf{y} \quad (i = 1,\ldots,m).$$

Dabei ist der Integrand wie üblich an den Nichtdifferenzierbarkeitsstellen von u gleich Null gesetzt.

BEWEIS.

(a) Für $\mathbf{x} \in \Lambda$ sei $(\mathbf{x}_k)$ eine beliebige Folge in Λ mit $\mathbf{x}_k \to \mathbf{x}$. Wir setzen $v_k(\mathbf{y}) := u(\mathbf{x}_k,\mathbf{y})$ und $v(\mathbf{y}) := u(\mathbf{x},\mathbf{y})$. Dann folgt

$$U(\mathbf{x}_k) = \int_\Omega v_k \to \int_\Omega v = U(\mathbf{x})$$

nach dem Satz von Lebesgue.

(b) Sei $\mathbf{x} \in \Lambda$ fest und (t_k) eine Nullfolge mit nichtverschwindenden Gliedern. Wir setzen

$$w_k(\mathbf{y}) := \frac{u(\mathbf{x} + t_k\mathbf{e}_i,\mathbf{y}) - u(\mathbf{x},\mathbf{y})}{t_k},$$

falls $\mathbf{x} \mapsto u(\mathbf{x},\mathbf{y}) \in C^1(\Lambda)$ und $w_k(\mathbf{y}) := 0$ sonst. Nach dem Mittelwertsatz gilt $|w_k(\mathbf{y})| \le f_i(\mathbf{y})$, ferner gilt $w_k(\mathbf{y}) \to \frac{\partial u}{\partial x_i}(\mathbf{x},\mathbf{y})$ für alle $\mathbf{y} \in \Omega$. Nach dem

Satz von Lebesgue folgt

$$\frac{U(\mathbf{x}+t_k\mathbf{e}_i)-U(\mathbf{x})}{t_k} = \int\limits_\Omega w_k \to \int\limits_\Omega w = \int\limits_\Omega \frac{\partial u}{\partial x_i}(\mathbf{x},\mathbf{y})\,d^n\mathbf{y}\,,$$

also existiert $\frac{\partial U}{\partial x_i}(\mathbf{x})$ für alle $\mathbf{x} \in \Lambda$. Die Stetigkeit von $\frac{\partial U}{\partial x_i}(\mathbf{x})$ folgt aus (a). □

Beispiel. Für $f \in \mathcal{L}^1(\mathbb{R})$ gilt $\frac{d}{dx}\int\limits_{-\infty}^{+\infty} f(t)\sin(xt)\,dt = \int\limits_{-\infty}^{+\infty} t\,f(t)\cos(xt)\,dt.$

1.8 Vertauschung der Integrationsreihenfolge

Im folgenden wird $\mathbb{R}^n$ als kartesisches Produkt aufgefasst:

$$\mathbb{R}^n = \mathbb{R}^p \times \mathbb{R}^q = \{(\mathbf{x},\mathbf{y}) \mid \mathbf{x} \in \mathbb{R}^p,\ \mathbf{y} \in \mathbb{R}^q\} \quad \text{mit } n = p+q.$$

Für eine meßbare Menge $\Omega \subset \mathbb{R}^n$ betrachten wir die Mengen

$$\begin{aligned}
\Omega_\mathbf{x} &:= \{\mathbf{y} \in \mathbb{R}^q \mid (\mathbf{x},\mathbf{y}) \in \Omega\}\,,\\
\Omega_\mathbf{y} &:= \{\mathbf{x} \in \mathbb{R}^p \mid (\mathbf{x},\mathbf{y}) \in \Omega\}\,,\\
\Omega_1 &:= \{\mathbf{x} \in \mathbb{R}^p \mid \Omega_\mathbf{x} \neq \emptyset\}\,,\\
\Omega_2 &:= \{\mathbf{y} \in \mathbb{R}^p \mid \Omega_\mathbf{y} \neq \emptyset\}
\end{aligned}$$

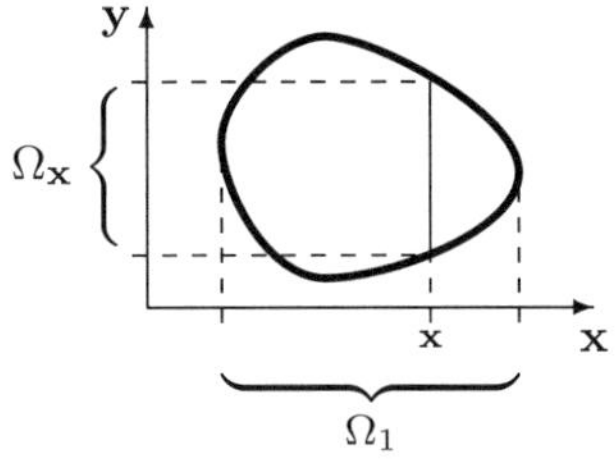

(Figur). Diese Mengen sind meßbare Teilmengen von $\mathbb{R}^p$ bzw. $\mathbb{R}^q$.

Satz von Fubini. *Sei $\Omega \subset \mathbb{R}^n$ eine meßbare Menge und $u \in \mathcal{L}^1(\Omega)$. Dann existiert $U(\mathbf{x}) := \int\limits_{\Omega_\mathbf{x}} u(\mathbf{x},\mathbf{y})\,d^q\mathbf{y}$ für alle $\mathbf{x} \in \Omega_1$ mit eventueller Ausnahme einer Nullmenge N. Setzen wir $U(\mathbf{x}) = 0$ für $\mathbf{x} \in N$, so ist U über Ω_1 integrierbar, und es gilt*

$$\int\limits_\Omega u = \int\limits_{\Omega_1}\Big(\int\limits_{\Omega_\mathbf{x}} u(\mathbf{x},\mathbf{y})\,d^q\mathbf{y}\Big)\,d^p\mathbf{x}\,.$$

Ganz entsprechend erhalten wir

$$\int\limits_\Omega u = \int\limits_{\Omega_2}\Big(\int\limits_{\Omega_\mathbf{y}} u(\mathbf{x},\mathbf{y})\,d^p\mathbf{x}\Big)\,d^q\mathbf{y}\,.$$

und damit die Vertauschbarkeit der Integrationsreihenfolge.

Wiederholte Anwendung dieses Satzes ermöglicht die Berechnung von Integralen durch sukzessive eindimensionale Integration.

Für den Beweis siehe [150] Bd.2, 6.1, [116] 22.6.

Satz von Tonelli. *Sei $u : \Omega \to \mathbb{R}$ eine meßbare Funktion, für welche die Integrale*

$$\int\limits_{\Omega_{\mathbf{x}}} |u(\mathbf{x},\mathbf{y})|\, d^q\mathbf{y} \quad \textit{für fast alle } \mathbf{x} \textit{ und } \int\limits_{\Omega_1} \Big(\int\limits_{\Omega_{\mathbf{x}}} |u(\mathbf{x},\mathbf{y})|\, d^q\mathbf{y} \Big)\, d^p\mathbf{x}$$

existieren. Dann ist u über Ω integrierbar, und die Integrationsreihenfolge ist nach dem Satz von Fubini vertauschbar. Entsprechendes ergibt sich, wenn wir in den Voraussetzungen die Rollen von $\mathbf{x}$ und $\mathbf{y}$ vertauschen.

Demnach ist $u(x,y) = \exp(-|y|\,(1+x^2))$ über den $\mathbb{R}^2$ integrierbar. Das innere Integral $\int\limits_{-\infty}^{+\infty} u(x,y)\,dx$ existiert nur für $y \neq 0$, vgl. Bd. 1, § 23 : 6.2.

Beweis siehe [150] Bd.2, 6.2.

1.9 Der Transformationssatz für Integrale

Sei $\varphi : \Omega \to \Omega'$ ein C^1-Diffeomorphismus zwischen den Gebieten Ω und Ω' des $\mathbb{R}^n$; ferner sei $A \subset \Omega$ meßbar und u über $\varphi(A)$ integrierbar. Dann gilt

$$\int\limits_{\varphi(A)} u(\mathbf{x})\, d^n\mathbf{x} = \int\limits_A u(\varphi(\mathbf{y}))\,|\det \varphi'(\mathbf{y})|\, d^n\mathbf{y}\,.$$

Konvergiert umgekehrt das rechte Integral, so ist u über $\varphi(A)$ integrierbar.

Beweis siehe [150] Bd.2, 7.1, 7.2.

2 Die Räume $L^p(\Omega)$

2.1 Der Raum $L^2(\Omega)$

(a) Für die Anwendungen ist neben dem $\mathcal{L}^1(\Omega)$ vor allem der Raum

$$\mathcal{L}^2(\Omega) = \left\{ u : \Omega \to \mathbb{K} \mid u \text{ meßbar und } \int\limits_\Omega |u|^2 < \infty \right\}$$

von Interesse. Dabei ist $\Omega \subset \mathbb{R}^n$ meßbar und $\mathbb{K} = \mathbb{R}$ oder $\mathbb{C}$.

$\mathcal{L}^2(\Omega)$ ist ein Vektorraum über $\mathbb{K}$, und für $u, v \in \mathcal{L}^2(\Omega)$ gilt $u \cdot v \in \mathcal{L}^1(\Omega)$, denn für $\alpha, \beta \in \mathbb{K}$ gilt

$$|\alpha u + \beta v|^2 \le \big(|\alpha|\cdot|u| + |\beta|\cdot|v|\big)^2 \le 2\,\big(|\alpha|^2|u|^2 + |\beta|^2|v|^2\big)\,,$$
$$|\overline{u}\cdot v| = |u|\cdot|v| \le \tfrac{1}{2}\,\big(|u|^2 + |v|^2\big)\,,$$

also sind $|\alpha u + \beta v|^2$ und $u \cdot v$ integrierbar nach dem Majorantenkriterium.

Wir wollen für den Raum $\mathcal{L}^2(\Omega)$ durch

$$\langle u, v \rangle := \int\limits_\Omega \overline{u}\cdot v$$

ein Skalarprodukt definieren, stoßen dabei aber auf die Schwierigkeit der fehlenden positiven Definitheit. Aus $\langle u, u \rangle = \int\limits_\Omega |u|^2 = 0$ folgt nicht $u = 0$, sondern lediglich $u = 0$ f.ü.

(b) Wir erzwingen die positive Definitheit, indem wir alle fast überall gleichen $\mathcal{L}^2$–Funktionen identifizieren, d.h. als gleich betrachten. Den so vergröberten Raum $\mathcal{L}^2(\Omega)$ bezeichnen wir mit $L^2(\Omega)$.

Dies bedeutet, daß wir fast überall gleiche Funktionen zu Klassen

$$[u] := \{ v \in \mathcal{L}^2(\Omega) \mid v = u \text{ f.ü.} \}$$

zusammenfassen und $L^2(\Omega) := \{ [u] \mid u \in \mathcal{L}^2(\Omega) \}$ setzen. Wir wollen nur kurz skizzieren, welche Überlegungen dabei angestellt werden müssen, um dann zu einer pragmatischen Handhabung überzugehen.

Da die Vereinigung zweier Nullmengen wieder eine Nullmenge ist, gilt

$$u = v \text{ f.ü.}, \; v = w \text{ f.ü.} \implies u = w \text{ f.ü.}.$$

Hiernach bedeutet die Gleichheit zweier Klassen $[u] = [v]$ einfach $u = v$ f.ü..

Aus $u_1 = u_2$ f.ü. und $v_1 = v_2$ f.ü. folgt ÜA

$$\alpha u_1 + \beta v_1 = \alpha u_2 + \beta v_2 \text{ f.ü. für } \alpha, \beta \in \mathbb{K},$$

$$\int\limits_\Omega \overline{u}_1 v_1 = \int\limits_\Omega \overline{u}_2 v_2 .$$

Daher sind die Definitionen

$$\alpha[u] + \beta[v] := [\alpha u + \beta v] \quad \text{und} \quad \langle [u], [v] \rangle := \int\limits_\Omega \overline{u} v$$

sinnvoll.

Auf diese Weise wird $L^2(\Omega)$ ein Vektorraum über $\mathbb{K}$ mit Nullvektor $[0]$, auf dem $\langle [u], [v] \rangle$ ein Skalarprodukt liefert.

Im Hinblick auf Vektorraumoperationen, Skalarprodukte und Normen ist es nach dem oben Gesagten unerheblich, mit welchen Vertretern einer Klasse wir arbeiten; in dieser Hinsicht sind alle Vertreter einer Klasse gleichwertig. Wir dürfen also künftig von **$\mathbf{L^2}$–Funktionen** statt von Klassen sprechen und uns pragmatisch auf den Standpunkt stellen:

$L^2(\Omega)$ *ist die Menge aller* $u \in \mathcal{L}^2(\Omega)$ *mit dem Gleichheitsbegriff* $u = v$ f.ü.

Dies ist, wie gesagt, solange unproblematisch, solange wir $L^2(\Omega)$ als Skalarproduktraum auffassen. Dagegen macht es keinen Sinn, von einzelnen Funktionswerten einer L^2–Funktion zu sprechen!

Eine wichtige Ausnahme von dieser Einschränkung bilden die stetigen Funktionen auf einem Gebiet Ω. Für $u, v \in C^0(\Omega)$ hat $u = v$ f.ü. zur Folge, daß $u(\mathbf{x}) = v(\mathbf{x})$ für alle $\mathbf{x} \in \Omega$. Denn wäre $u(\mathbf{a}) - v(\mathbf{a}) \neq 0$ für ein $\mathbf{a} \in \Omega$, so gäbe es ein $r > 0$ mit $K_r(\mathbf{a}) \subset \Omega$ und $u(\mathbf{x}) - v(\mathbf{x}) \neq 0$ in $K_r(\mathbf{a})$. Die Kugel $K_r(\mathbf{a})$ hat aber positives Maß.

Enthält also eine Klasse in $L^2(\Omega)$ eine stetige Funktion, so ist dies die einzige stetige in dieser Klasse, und wir wählen immer diese als Vertreterin.

(c) Die zum **$\mathbf{L^2}$–Skalarprodukt** $\langle u, v \rangle := \int\limits_\Omega \overline{u} \cdot v$ auf $L^2(\Omega)$ gehörige Norm heißt **$\mathbf{L^2}$–Norm** und wird wahlweise mit

$$\|u\| = \|u\|_{L^2} = \|u\|_2 := \sqrt{\langle u, u \rangle}$$

bezeichnet. Die Konvergenz bezüglich dieser Norm

$$\|u - u_n\| \to 0 \iff \int\limits_\Omega |u - u_n|^2 \to 0$$

heißt **$\mathbf{L^2}$–Konvergenz** oder **Konvergenz im Quadratmittel**. Näheres dazu in (d). In § 20 : 7.2 beweisen wir den

Satz von Fischer–Riesz (1907). $L^2(\Omega)$ *ist vollständig, d.h. ein Hilbertraum bezüglich des* L^2*–Skalarprodukts:*

Ist (u_k) *eine* L^2*–Cauchyfolge, so gibt es eine* L^2*–Funktion* u *mit*

$$\|u - u_k\| \to 0 \quad \textit{für } k \to \infty .$$

Darüberhinaus existiert eine Teilfolge (u_{n_k}) *mit* $u_{n_k} \to u$ f.ü..

(d) *Das Verhältnis der* L^2*–Konvergenz zur punktweisen Konvergenz.*

(i) Aus $\|u - u_k\| \to 0$ folgt die punktweise Konvergenz f.ü. einer geeigneten Teilfolge, nicht aber die punktweise Konvergenz f.ü. der Originalfolge (u_k). Ein Beispiel bilden die „wandernden Zaunlatten“ auf $\Omega = [0, 1]$: Für jede Zahl $k \in \mathbb{N}$ gibt es eine eindeutige Darstellung $k = 2^n + m$ mit $m, n \in \mathbb{N}_0$ und $0 \leq m < 2^n$. Wir setzen $I_k = \left[m\, 2^{-n}, (m+1)\, 2^{-n}\right]$ und $u_k = \chi_{I_k}$.

ÜA Zeigen Sie $u_k \to 0$ im Quadratmittel. Skizzieren Sie $u_1, \ldots, u_8$ (es lohnt sich). Machen Sie sich klar, daß die Folge $(u_k(x))$ für kein $x \in \Omega$ konvergiert. Geben Sie ein punktweise konvergente Teilfolge an.

(ii) Das Beispiel $u_k = k\, \chi_{J_k}$, $J_k =]0, 1/k[$ auf $\Omega = [0, 1]$ zeigt: Aus punktweiser Konvergenz folgt nicht die Konvergenz im Quadratmittel ÜA. Es gilt aber der

SATZ. *Besitzt eine Folge meßbarer Funktionen* $u_k : \Omega \to \mathbb{K}$ *eine gemeinsame Majorante* $f \in L^2(\Omega)$ *und existiert* $\lim\limits_{k \to \infty} u_k(\mathbf{x})$ f.ü., *so gilt*

$$u := \lim_{k \to \infty} u_k \in L^2(\Omega) \quad \textit{und} \quad \lim_{k \to \infty} \|u - u_k\| = 0 .$$

BEWEIS.
Es gilt $|u_k(\mathbf{x})|^2 \le |f(\mathbf{x})|^2$ f.ü., also auch $|u(\mathbf{x})|^2 = \lim\limits_{k\to\infty} |u_k(\mathbf{x})|^2 \le |f(\mathbf{x})|^2$ f.ü.. Da $u := \lim\limits_{k\to\infty} u_k$ nach 1.4 (b) meßbar ist, folgt die Integrierbarkeit von $|u|^2$ und $|u_k|^2$ nach dem Majorantenkriterium 1.5 (d). Ferner gilt

$$|\,u(\mathbf{x}) - u_k(\mathbf{x})\,|^2 \to 0 \ \text{ f.ü.} \quad \text{und} \quad |\,u(\mathbf{x}) - u_k(\mathbf{x})\,|^2 \le 4\,|f(\mathbf{x})|^2 \ \text{ f.ü..}$$

Also ergibt sich die Behauptung aus dem Satz von Lebesgue 1.6 (a). □

(iii) Aus der gleichmäßigen Konvergenz $u_k \to u$ beschränkter meßbarer Funktionen u_k auf Ω folgt im Fall $V^n(\Omega) < \infty$ die Konvergenz im Quadratmittel. Im Fall $V^n(\Omega) = \infty$ ist dieser Schluss nicht zulässig. Beides folgt aus 1.6 (c).

2.2 Die Banachräume $\mathrm{L}^p(\Omega)$

Für reelle Zahlen $p \ge 1$ definieren wir

$$\mathrm{L}^p(\Omega) := = \{\, u : \Omega \to \mathbb{K} \mid u \text{ meßbar und } \int_\Omega |u|^p < \infty \,\},$$
$$\|u\|_p = \|u\|_{\mathrm{L}^p} := \Big(\int_\Omega |u|^p\Big)^{1/p}.$$

wobei wir wie oben fast überall gleiche Funktionen identifizieren.

SATZ. $\mathrm{L}^p(\Omega)$, *versehen mit der Norm* $\|u\|_p$ *ist vollständig, also ein Banachraum. Weiter folgt aus* $\|u - u_k\|_p \to 0$ *in* $\mathrm{L}^p(\Omega)$ *die Existenz einer Teilfolge* (u_{n_k}) *mit*

$$u_{n_k} \to u \ \text{ f.ü.}$$

Zum BEWEIS ist zu zeigen: $\mathrm{L}^p(\Omega)$ ist ein Vektorraum über $\mathbb{K}$, $\|\cdot\|_p$ liefert eine Norm, und $\mathrm{L}^p(\Omega)$ ist in dieser Norm vollständig.
Zunächst gilt: $u \in \mathrm{L}^p(\Omega)$, $\alpha \in \mathbb{K} \implies \alpha u \in \mathrm{L}^p(\Omega)$ und $\|\alpha u\|_p = |\alpha| \cdot \|u\|_p$.
Daraus folgt die Vektorraumeigenschaft: Für $u, v \in \mathrm{L}^p(\Omega)$ gilt

$$|\,u + v\,|^p \le \big(|u| + |v|\big)^p \le \big(2 \sup\{|u|\,, |v|\}\big)^p = 2^p \sup\{|u|^p\,, |v|^p\}\,,$$

also ist $|u + v|^p$ integrierbar nach 1.5 (e),(f). Die Dreiecksungleichung ist für $p = 1$ trivial; für $p > 1$ wird sie in 2.3 bewiesen. Die Vollständigkeit wird in § 20: 7.2 gezeigt.

2.3 Die Ungleichungen von Hölder und Minkowski

(a) LEMMA. *Seien* $p, q > 1$ *reelle Zahlen mit* $1/p + 1/q = 1$. *Dann gilt für alle* $x, y \ge 0$

$$x\,y \le \frac{x^p}{p} + \frac{y^q}{q}\,.$$

BEWEIS als [ÜA]: Bestimmen Sie für festes $y > 0$ das Minimum von $f(x) = x^p/p + y^q/q - x\,y$.

(b) **Die Höldersche Ungleichung**. *Sei* $p, q, > 1$ *und* $1/p + 1/q = 1$. *Dann ist für* $u \in \mathrm{L}^p(\Omega)$, $v \in \mathrm{L}^q(\Omega)$ *die Funktion* $u \cdot v$ *integrierbar, und es gilt*

$$\|u \cdot v\|_1 \le \|u\|_p \cdot \|v\|_q .$$

BEWEIS.
Aus $\|u\|_p = 0$ folgt $u = 0$, also $u \cdot v = 0$ und damit die Behauptung. Entsprechend ist die Behauptung im Fall $\|v\|_q = 0$ richtig. Sei also $\|u\|_p,\ \|v\|_q > 0$ und $f := u/\|u\|_p,\ \ g := v/\|v\|_q$. Aus (a) folgt

$$|\,f(\mathbf{x}) \cdot g(\mathbf{x})\,| \le \frac{1}{p}\,\frac{|\,u(\mathbf{x})\,|^p}{\|u\|_p^p} + \frac{1}{q}\,\frac{|\,v(\mathbf{x})\,|^q}{\|v\|_q^q} .$$

Die rechte Seite ist integrierbar, also nach dem Majorantenkriterium auch die linke. Integration ergibt $\|f \cdot g\|_1 \le \frac{1}{p} + \frac{1}{q} = 1$, also $\|u \cdot v\|_1 \le \|u\|_p \cdot \|v\|_q$. □

(c) *In* $\mathrm{L}^p(\Omega)$ *gilt die* **Minkowskische Ungleichung**

$$\|u + v\|_p \le \|u\|_p + \|v\|_p .$$

BEWEIS.
Für $p = 1$ ist dies klar. Für $p > 1$ und $u, v \in \mathrm{L}^p(\Omega)$ gilt $u + v \in \mathrm{L}^p(\Omega)$ und

$$|\,u + v\,|^p = |\,u + v\,|^{p-1} \cdot |u + v| \le |u + v|^{p-1} \cdot |u| + |u + v|^{p-1} \cdot |v| .$$

Sei wieder $1/p + 1/q = 1$ also $q := p/(p-1)$. Nach Voraussetzung ist dann

$$(|u + v|^{p-1})^q = |u + v|^p ,$$

also $|u + v|^{p-1} \in \mathrm{L}^q(\Omega)$.

Die Höldersche Ungleichung liefert

$$\begin{aligned}\int_\Omega |u + v|^p &\le \Big(\int_\Omega |u + v|^p\Big)^{1/q} \cdot \Big(\int_\Omega |u|^p\Big)^{1/p} + \Big(\int_\Omega |u + v|^p\Big)^{1/q} \cdot \Big(\int_\Omega |v|^p\Big)^{1/p} \\ &= \Big(\int_\Omega |u + v|^p\Big)^{1/q} \cdot \big(\|u\|_p + \|v\|_p\big) .\end{aligned}$$

Im Fall $|u + v| = 0$ ist nichts zu beweisen, andernfalls folgt die Behauptung durch Division durch $\Big(\int_\Omega |u + v|^p\Big)^{1/q}$. □

2.4 Der Raum $L^\infty(\Omega)$

Eine meßbare Funktion $u : \Omega \to \mathbb{K}$ heißt **wesentlich beschränkt** (in Zeichen $u \in \mathcal{L}^\infty(\Omega)$), wenn es eine Konstante C gibt mit

$$|u(\mathbf{x})| \le C \quad \text{für fast alle } \mathbf{x} \in \Omega.$$

Für wesentlich beschränkte Funktionen u existiert

$$\|u\|_\infty := \min\{\, C \ge 0 \mid |u(\mathbf{x})| \le C \ \text{ f.ü.}\}.$$

Zum Nachweis setzen wir $M = \{\, C \ge 0 \mid |u(\mathbf{x})| \le C \ \text{f.ü.}\}$ und $s = \inf M$. Dann gibt es Zahlen $s_k \in M$, die monoton gegen s fallen. Zu diesen gibt es Nullmengen N_k mit $|u(\mathbf{x})| \le s_k$ für alle $\mathbf{x} \in \Omega \setminus N_k$. Dann ist $N = \bigcup_{k=1}^{\infty} N_k$ wieder eine Nullmenge, und es gilt

$$\mathbf{x} \in \Omega \setminus N = \bigcap_{k \in \mathbb{N}} (\Omega \setminus N_k) \implies |u(\mathbf{x})| \le s_k \ \text{ für } k \in \mathbb{N} \implies |u(\mathbf{x})| \le s.$$

Identifizieren wir alle f.ü. gleichen Funktionen, so erhalten wir den Raum $L^\infty(\Omega)$. Auf diesem liefert $\|\cdot\|_\infty$ eine Norm [ÜA].

SATZ. $L^\infty(\Omega)$ *mit der Norm* $\|\cdot\|_\infty$ *ist ein Banachraum.*

2.5 Beziehungen zwischen den L^p–Räumen, der Raum $L^1_{\text{loc}}(\Omega)$

(a) *Hat* Ω *endliches Volumen, so gilt* $L^\infty(\Omega) \subset L^p(\Omega) \subset L^1(\Omega)$ *für alle* $p > 1$. *Für* $r < s$ *gilt ferner* $L^s(\Omega) \subset L^r(\Omega)$, *und für* $u \in L^s(\Omega)$

$$\|u\|_r \le c \cdot \|u\|_s \quad \textit{mit} \quad c = (V^n(\Omega))^{(s-r)/(s\,r)}.$$

Zum BEWEIS von $L^\infty(\Omega) \subset L^p(\Omega)$ beachten wir $|u| \le \|u\|_\infty \cdot \chi_\Omega$. Der Rest folgt aus 2.3 (b) für $\int_\Omega |u|^r = \||u|^r \cdot 1\|_1$ mit $p = s/r$ [ÜA].

(b) Im Fall $V^n(\Omega) = \infty$ lassen sich keine Inklusionsaussagen treffen.

[ÜA] Zeigen Sie mit Hilfe geeigneter, auf $\Omega := \mathbb{R}_{>0}$ stetiger Funktionen, daß keiner der Räume $L^\infty(\Omega)$, $L^1(\Omega)$, $L^2(\Omega)$ in einem der anderen enthalten ist.

(c) Eine Funktion $u : \Omega \to \mathbb{K}$ auf einem Gebiet $\Omega \subset \mathbb{R}^n$ heißt **lokalintegrierbar**, wenn sie meßbar ist und über jede kompakte Teilmenge $K \subset \Omega$ integrierbar, d.h. wenn $u \cdot \chi_K$ über Ω integrierbar ist. Identifizieren wir fast überall gleiche Funktionen, so erhalten wir den Vektorraum $L^1_{\text{loc}}(\Omega)$. Nach (a) gilt

$$L^p(\Omega) \subset L^1_{\text{loc}}(\Omega) \quad \text{für } p \ge 1.$$

Denn es gilt $u \in L^p(\Omega) \implies u \in L^p(K)$ für jede kompakte Teilmenge K von $\Omega \implies u \in L^1(K)$ nach (a). Beschränkte meßbare Funktionen sind lokalintegrierbar, ebenso stetige Funktionen.

AUFGABE. Zeigen Sie für $1 \le p < r < q$: Aus $u \in L^p(\Omega) \cap L^q(\Omega)$ folgt

$$u \in L^r(\Omega) \quad \text{und} \quad \|u\|_r \le \|u\|_p^\alpha \cdot \|u\|_q^\beta$$

für Konstanten $\alpha, \beta > 0$ mit $\alpha + \beta = 1$ und $1/r = \alpha/p + \beta/q$.

2.6 Die Separabilität der L^p–Räume

SATZ. *Für $1 \le p < \infty$ und jedes Gebiet $\Omega \subset \mathbb{R}^n$ liegen die Treppenfunktionen dicht in $L^p(\Omega)$, d.h. zu jedem $u \in L^p(\Omega)$ gibt es Treppenfunktionen φ_k auf Ω mit $\|u - \varphi_k\|_p \to 0$.*

Für den BEWEIS wird auf § 20: 8.4 verwiesen. Es ergibt sich als

FOLGERUNG. *Für jedes Gebiet Ω enthält $L^p(\Omega)$ eine abzählbare dichte Menge von Treppenfunktionen.*

Denn sei $u \in L^p(\Omega)$, $\varepsilon > 0$ vorgegeben und φ eine Treppenfunktion auf Ω mit $\|u - \varphi\|_p < \varepsilon$. Durch geringfügige Abänderung von φ erhalten wir eine „rationale" Treppenfunktion

$$\psi = \sum_{k=1}^{N} q_k \, \chi_{I_k} ,$$

(d.h. $\mathrm{Re}\, q_k$, $\mathrm{Im}\, q_k \in \mathbb{Q}$ und die Eckpunkte der Quader I_k haben rationale Koordinaten) so daß $\|\varphi - \psi\|_p < \varepsilon$. Es folgt $\|u - \psi\|_p < 2\varepsilon$. Diese rationalen Treppenfunktionen ψ bilden eine abzählbare Menge (ÜA, benützen Sie die Abzählbarkeit von $\mathbb{Q}^{2n+2}$, vgl. 1.2).

Eine Teilmenge M eines normierten Raumes V heißt **separabel**, wenn es eine abzählbare Teilmenge A gibt mit $M \subset \overline{A}$, d.h. wenn jedes $v \in M$ Grenzwert einer Folge aus A ist.

$\mathbb{K}^n$ ist separabel, da die Vektoren $\mathbf{x} = (x_1, \dots, x_n)$ mit rationalen Koordinaten x_k (d.h. $\mathrm{Re}\, x_k$, $\mathrm{Im}\, x_k \in \mathbb{Q}$) dicht liegen.

SATZ. *Für meßbare Mengen $\Omega \subset \mathbb{R}^n$ und $1 \le p < \infty$ ist jede Teilmenge des $L^p(\Omega)$ separabel.*

BEWEIS.
(a) Nach dem eingangs zitierten Satz existiert eine in $L^p(\mathbb{R}^n)$ dichte Folge (ψ_k) von Treppenfunktionen. Dann liegt die Folge $(\psi_k \cdot \chi_\Omega)$ dicht in $L^p(\Omega)$ ÜA.

(b) Sei (u_k) eine in $L^p(\Omega)$ dichte Folge und $M \subset L^p(\Omega)$. Nach Voraussetzung gibt es zu jedem $v \in M$ und jedem $n \in \mathbb{N}$ ein u_m mit $\|v - u_m\|_p < \frac{1}{n}$, d.h. $v \in K_{1/n}(u_m)$. Diejenigen Kugeln $K_{1/n}(u_m)$, deren Durchschnitt mit M nicht leer ist, lassen sich durchnumerieren: $\mathcal{U}_1$ mit Radius ϱ_1, $\mathcal{U}_2$ mit Radius ϱ_2, etc. Wir wählen aus jedem $\mathcal{U}_k$ ein $v_k \in M$ aus und erhalten so eine in M dichte Folge (v_k). Denn zu jedem $v \in M$ gibt es eine Teilfolge (n_k) von $\mathbb{N}$ mit $v \in \mathcal{U}_{n_k}$, $\varrho_{n_k} \to 0$ (s.o.). Es gilt dann $\|v - v_{n_k}\|_p < \varrho_{n_k} \to 0$. □

3* Der Hauptsatz der Differential– und Integralrechnung

Die folgende Verallgemeinerung des Hauptsatzes der Differential– und Integralrechnung kommt erst in den Paragraphen § 14, § 16, § 17 und im Schlusskapitel dieses Bandes zum Tragen und kann bei der ersten Lektüre übergangen werden.

3.1 Absolutstetige Funktionen

Eine Funktion $u : I \to \mathbb{C}$ auf einem Intervall $I \subset \mathbb{R}$ heißt **absolutstetig**, wenn es zu jedem $\varepsilon > 0$ ein $\delta > 0$ gibt, so daß

$$\sum_{k=1}^{N} |\,u(b_k) - u(a_k)\,| \,<\, \varepsilon$$

für je endlich viele Intervalle $[a_k, b_k] \subset I$ mit paarweis disjunktem Innern und

$$\sum_{k=1}^{N} (b_k - a_k) \,<\, \delta\,.$$

Absolutstetige Funktionen sind gleichmäßig stetig ($N = 1$). Eine Funktion ist genau dann absolutstetig, wenn Real– und Imaginärteil absolutstetig sind [ÜA].

Erfüllt u eine Lipschitzbedingung $|u(y) - u(x)| \le L\,|y - x|$ für alle $x, y \in I$, so ist u absolutstetig [ÜA].

SATZ. (a) *Die absolutstetigen Funktionen* $u : I \to \mathbb{C}$ *bilden einen Vektorraum über* $\mathbb{C}$.

(b) *Mit* u *sind auch* $|u|$ *und* $\overline{u}$ *absolutstetig.*

(c) *Sind* u *und* v *absolutstetig und beschränkt, so ist* $u \cdot v$ *absolutstetig.*

(d) *Ist* u *absolutstetig auf dem Intervall* J *und* $\varphi : I \to J$ *absolutstetig und monoton, so ist* $u \circ \varphi$ *absolutstetig.*

BEWEIS als [ÜA].

SATZ. *Für* $u \in \mathrm{L}^1(I)$ *und einen festen Punkt* $a \in I$ *ist durch das unbestimmte Integral*

$$U(x) \,:=\, \int_a^x u \,=\, \int_a^x u(t)\,dt$$

eine absolutstetige Funktion U *gegeben.*

BEWEIS.

Es genügt, den Beweis für positive Funktionen zu führen. Sei $\varepsilon > 0$ gegeben. Nach 1.4 (c) gibt es eine Elementarfunktion φ mit $0 \le \varphi \le u$ und $\int_I (u - \varphi) < \frac{\varepsilon}{2}$.

Wir setzen $C := \|\varphi\|_\infty + 1$ und $\delta := \varepsilon/2C$. Haben die $[a_k, b_k] \subset I$ paarweis disjunktes Inneres und gilt $\sum\limits_{k=1}^{N} (b_k - a_k) < \delta$, so folgt

$$\sum_{k=1}^{N} |F(b_k) - F(a_k)| \le \sum_{k=1}^{N} \int_{a_k}^{b_k} |f| \le \sum_{k=1}^{N} \int_{a_k}^{b_k} (|\varphi| + |f - \varphi|)$$
$$\le C \sum_{k=1}^{N} (b_k - a_k) + \int_I |f - \varphi| < \varepsilon .$$

□

3.2 Der Hauptsatz

SATZ (LEBESGUE 1904). (a) *Jede absolutstetige Funktion $u : I \to \mathbb{R}$ ist fast überall differenzierbar. Die gemäß 1.3 (b) definierte Ableitung $u' : I \to \mathbb{R}$ ist lokalintegrierbar, und es gilt*

$$u(x) = u(a) + \int_a^x u'(t)\,dt \quad \textit{für alle} \quad a, x \in I .$$

(b) *Für jede Funktion $u \in L^1(I)$ ist durch*

$$U(x) := \int_a^x u(t)\,dt$$

eine beschränkte absolutstetige Funktion U gegeben mit $U' = u$ f.ü..

Für den BEWEIS verweisen wir auf RIESZ/NAGY [133] 5.

3.3 Partielle Integration

Für absolutstetige Funktionen $u, v : [a, b] \to \mathbb{C}$ gilt

$$\int_a^b \overline{u} \cdot v'\,dt = \left[\, \overline{u} \cdot v \,\right]_a^b - \int_a^b \overline{u}' \cdot v\,dt .$$

Denn u, v sind als stetige Funktionen auf $[a, b]$ beschränkt. Also ist $u \cdot v$ nach 3.1 (c) absolutstetig. Nach dem Hauptsatz 3.1 (a) sind $\overline{u}'$, v' integrierbar; also auch $\overline{u} \cdot v'$, $\overline{u}' \cdot v$; Majoranten sind $\|u\|_\infty \cdot |v'|$ und $|u'| \cdot \|v\|_\infty$. Ebenfalls nach 3.1 (a) folgt

$$\left[\, \overline{u} \cdot v \,\right]_a^b = \int_a^b (\overline{u} \cdot v)' = \int_a^b (\overline{u}' \cdot v + \overline{u} \cdot v') .$$

§ 9 Hilberträume

1 Beispiele für Hilberträume

1.1 Zum Hilbertraumkonzept

Ein Skalarproduktraum $\mathscr{H}$ über $\mathbb{K} = \mathbb{R}$ bzw. $\mathbb{K} = \mathbb{C}$ heißt **Hilbertraum**, wenn er als normierter Raum mit der Norm $\|u\| = \sqrt{\langle u, u \rangle}$ vollständig ist, d.h. wenn jede Cauchy–Folge (u_n) in $\mathscr{H}$ einen Grenzwert $u \in \mathscr{H}$ besitzt.

Wie schon in § 8: 1.1 gesagt wurde, spielen Hilberträume eine wichtige Rolle für den Nachweis der Existenz von Lösungen von Differential– und Integralgleichungen. Häufig wird dabei der Hilbertraum $\mathrm{L}^2(\Omega)$ der im Lebesgueschen Sinn quadratisch integrierbaren Funktionen oder ein passender Teilraum zugrundegelegt, vgl. § 14: 6.

Der mathematische Formalismus der Quantenmechanik basiert auf der Theorie linearer Operatoren in komplexen Hilberträumen, Näheres dazu in Kap. VI. Von besonderer Bedeutung sind hierbei die orthogonalen Projektoren, die wir in Abschnitt 2 behandeln

Hauptgegenstand dieses Paragraphen sind Reihenentwicklungen nach Orthonormalsystemen in Analogie zu klassischen Fourierreihen..

Die für Hilberträume typische geometrische Betrachtungsweise erlaubt es, analytische Sachverhalte in eine übersichtliche Form zu bringen.

1.2 Endlichdimenionale Hilberträume

Jeder n–dimensionale Skalarproduktraum V über $\mathbb{K}$ ist unitär isomorph zum $\mathbb{K}^n$ und daher ein Hilbertraum:
Für jede ONB $v_1, \dots, v_n$ von V ist die **Koordinatenabbildung**

$$U : V \to \mathbb{K}^n, \quad u \mapsto (\langle v_1, u \rangle, \dots, \langle v_n, u \rangle)$$

unitär, *d.h. linear, bijektiv und isometrisch.*

Beweis.
Nach Bd. 1, § 19 : 2.2 ist die Koordinatenabbildung U bijektiv, da jeder Vektor $u \in V$ eine eindeutige Basisdarstellung $u = \sum\limits_{k=1}^{n} \langle v_k, u \rangle v_k$ besitzt. Die Isometrie folgt aus der Parsevalschen Gleichung

$$\|u\|_V^2 = \sum_{k=1}^{n} |\langle v_k, u \rangle|^2 = \|Uu\|_{\mathbb{K}^n}^2 .$$

Die Vollständigkeit von V ist wiederum eine Folge der Isometrie. Wir wollen diesen Schluß wegen der grundsätzlichen Bedeutung des Isomorphiebegriffs anschließend in einen allgemeineren Rahmen stellen. □

1.3 Isomorphe Skalarprodukträume

Zwei Skalarprodukträume $(V_1, \langle \cdot\,, \cdot \rangle_1)$ und $(V_2, \langle \cdot\,, \cdot \rangle_2)$ heißen **isomorph** oder **unitär isomorph**, wenn es eine unitäre Abbildung $U : V_1 \to V_2$ gibt. U wird dann **unitärer Isomorphismus** genannt.

Unitäre Isomorphismen übertragen die lineare Struktur sowie alle topologischen und geometrischen Eigenschaften.

Für die *lineare Struktur* bedeutet dies: Linear unabhängige Vektoren gehen in linear unabhängige über, Dimensionen bleiben erhalten, und es gilt

$$U(\operatorname{Span}\{v_1, v_2, \ldots\}) = \operatorname{Span}\{Uv_1, Uv_2, \ldots\}.$$

Für einen linearen Operator $T : V_1 \to V_1$ setzen wir

$$S := UTU^{-1}.$$

Dann ist $S : V_2 \to V_2$ linear, und es gilt

$$\operatorname{Bild} S = U(\operatorname{Bild} T), \quad \operatorname{Kern} S = U(\operatorname{Kern} T).$$

Die lineare Gleichung $Tu = v$ ist äquivalent zur linearen Gleichung $S(Uu) = Uv$. Die linearen Operatoren S, T heißen **unitär äquivalent**.

Da U unitär ist, gilt $\|u - v\|_1 < r$ genau dann, wenn $\|Uu - Uv\|_2 < r$. Daraus folgt unmittelbar: (u_n) ist Cauchy–Folge in V_1 genau dann, wenn (Uu_n) Cauchy–Folge in V_2 ist, und $u_n \to u$ in V_1 ist äquivalent zu $Uu_n \to Uu$ in V_2. Daher sind V_1 und V_2 entweder beide vollständig oder beide unvollständig. Im ersten Fall heißt U ein **Hilbertraumisomorphismus**. Eine Teilmenge M von V_1 ist genau dann offen (abgeschlossen, beschränkt, kompakt, dicht), wenn $U(M)$ die betreffenden Eigensschaften hat; ferner ist $f : V_1 \supset M \to V_1$ genau dann stetig, wenn $g := U \circ f \circ U^{-1} : U(M) \to V_2$ stetig ist.

Für die Übertragung geometrischer Betrachtungen aus dem $\mathbb{R}^n$ auf unendlichdimensionale Skalarprodukträume spielt die Orthogonalität eine wesentliche Rolle; dies betrifft vor allem die orthogonalen Projektionen. Da aus der Isometrie die Erhaltung des Skalarprodukts folgt,

$$\langle u, v \rangle_1 = \langle Uu, Uv \rangle_2$$

(Polarisierungsgleichung), gehen zueinander orthogonale Vektoren in zueinander orthogonale über und Orthonormalsysteme in Orthonormalsysteme.

Ziel der Hilbertraumtheorie ist es, unter Ausnützung der Vollständigkeit die Lösbarkeit von Gleichungen, insbesondere Differential– und Integralgleichungen zu untersuchen. Zu diesem Zweck sind einzig und allein die oben genannten Strukturmerkmale von Interesse. In dieser Hinsicht haben wir unitär isomorphe Hilberträume als gleich zu betrachten; sie sind nur verschiedene Ausprägungen der gleichen mathematischen Struktur.

Eines der Hauptergebnisse dieses Paragraphen besteht darin, daß alle separablen Hilberträume unendlicher Dimension isomorph sind und durch den im folgenden beschriebenen Raum ℓ^2 repräsentiert werden können.

1.4 Der Hilbertsche Folgenraum

(a) SATZ. *Der Folgenraum*

$$\ell^2 = \ell^2(\mathbb{K}) := \left\{ x = (x_1, x_2, \dots) \mid x_k \in \mathbb{K}, \sum_{k=1}^{\infty} |x_k|^2 < \infty \right\}$$

mit dem Skalarprodukt

$$\langle x , y \rangle = \sum_{k=1}^{\infty} \overline{x}_k \, y_k$$

ist ein Hilbertraum.

BEWEIS.

ℓ^2 ist zunächst eine Teilmenge des $\mathbb{K}$–Vektorraums aller Folgen, in dem Gleichheit und die Vektorraumoperationen auf naheliegende Weise erklärt sind. Die Vektorraumeigenschaft von ℓ^2 und die Konvergenz der Reihe $\sum_{k=1}^{\infty} \overline{x}_k \, y_k$ ergeben sich aus dem Majorantenkriterium für Reihen und aus

$$|\alpha x_k + \beta y_k|^2 \le 2(|\alpha|^2 |x_k|^2 + |\beta|^2 |y_k|^2), \quad |\overline{x}_k \, y_k| \le \frac{1}{2}(|x_k|^2 + |y_k|^2).$$

Die Vektoren $x^{(n)} = (x_1^{(n)}, x_2^{(n)}, \dots)$ mögen eine Cauchy–Folge in ℓ^2 bilden, d.h. zu vorgegebenem $\varepsilon > 0$ gebe es ein n_ε mit

$$(*) \qquad \left\| x^{(m)} - x^{(n)} \right\|^2 = \sum_{k=1}^{\infty} |x_k^{(m)} - x_k^{(n)}|^2 < \varepsilon^2 \quad \text{für } m > n > n_\varepsilon .$$

Dann folgt $|x_k^{(m)} - x_k^{(n)}| < \varepsilon$ für $m > n > n_\varepsilon$ und jedes feste $k \in \mathbb{N}$, d.h. jede der Komponentenfolgen $(x_k^{(n)})_{n \in \mathbb{N}}$ ist eine Cauchy–Folge in $\mathbb{K}$. Somit existieren die Grenzwerte $x_k := \lim_{n \to \infty} x_k^{(n)}$ $(k = 1, 2, \dots)$. Für die Folge

$$x = (x_1, x_2, \dots)$$

ist zu zeigen;

(i) $x \in \ell^2$,

(ii) $\|x - x^{(n)}\| \to 0$.

Aus $(*)$ folgt zunächst

$$\sum_{k=1}^{N} |x_k^{(m)} - x_k^{(n)}|^2 < \varepsilon^2 \quad \text{für } m > n > n_\varepsilon \text{ und jede natürliche Zahl } N$$

und daraus für $m \to \infty$

$$\sum_{k=1}^{N} |x_k - x_k^{(n)}|^2 \le \varepsilon^2 \text{ für } n > n_\varepsilon \text{ und jede natürliche Zahl } N.$$

Daraus folgt

$$\sum_{k=1}^{\infty} |x_k - x_k^{(n)}|^2 \le \varepsilon^2 \text{ für } n > n_\varepsilon ,$$

also $x - x^{(n)} \in \ell^2$ für $n > n_\varepsilon$ und $\|x - x^{(n)}\| \to 0$. Da ℓ^2 ein Vektorraum ist, folgt $x = x - x^{(n)} + x^{(n)} \in \ell^2$. □

(b) **Die Einheitsvektoren**

$$e_1 := (1,0,0,0,\ldots), \quad e_2 := (0,1,0,0,\ldots), \quad e_3 := (0,0,1,0,\ldots), \ \ldots$$

bilden ein Orthonormalsystem in ℓ^2*, aber keine Basis:*

$$\ell_0^2 := \operatorname{Span}\{e_1, e_2, \ldots\} = \{(x_1, \ldots, x_N, 0, 0, \ldots) \mid N \in \mathbb{N}\}$$

ist ein echter Teilraum von ℓ^2*, der in* ℓ^2 *dicht liegt.*

Denn wegen des Gleichheitsbegriffs in ℓ^2 gilt $h := (1, \frac{1}{2}, \frac{1}{3}, \ldots) \in \ell^2$, aber $h \notin \ell_0^2$. Für $x = (x_1, x_2, \ldots) \in \ell^2$ und $x^{(n)} := (x_1, x_2, \ldots, x_n, 0, 0, \ldots) \in \ell_0^2$ gilt

$$\left\|x - x^{(n)}\right\|^2 = \sum_{k=n+1}^{\infty} |x_k|^2 = \sum_{k=1}^{\infty} |x_k|^2 - \sum_{k=1}^{n} |x_k|^2 \to 0 \text{ für } n \to \infty .$$

BEMERKUNG.
Hier zeigen sich einige Unterschiede zum endlichdimensionalen Fall:

(i) Das ONS $e_1, e_2, \ldots$ ist keine ONB und lässt sich auch nicht zu einer ONB ergänzen, denn jeder zu $e_1, e_2, \ldots$ senkrechte Vektor x ist wegen $\langle e_k , x \rangle = x_k$ der Nullvektor.

(ii) Nicht jeder Teilraum ist abgeschlossen, wie das Beispiel ℓ_0^2 zeigt.

(iii) Nicht jede beschränkte, abgeschlossene Menge ist kompakt. Beispielsweise enthält die abgeschlossene Einheitskugel $\{x \in \ell^2 \mid \|x\| \le 1\}$ die Folge (e_n), von der wegen $\|e_n - e_m\| = \sqrt{2}$ für $n \ne m$ keine Teilfolge konvergieren kann.

(c) *Der Hilbertsche Folgenraum ist separabel*, vgl. § 8: 2.6. Denn die abzählbare Menge

$$A = \{q = (q_1, \ldots, q_N, 0, 0, \ldots) \mid N \in \mathbb{N}, \ \operatorname{Re} q_k, \operatorname{Im} q_k \in \mathbb{Q}\}$$

liegt dicht in ℓ^2: Zu $x = (x_1, x_2, \ldots) \in \ell^2$, $\varepsilon > 0$ können wir nach (b) ein $N \in \mathbb{N}$ finden mit $x^{(N)} = (x_1, \ldots, x_N, 0, 0, \ldots) \in K_\varepsilon(x)$, und durch geringfügige Abänderung der x_k erhalten wir einen Vektor $q = (q_1, \ldots, q_N, 0, 0, \ldots) \in A$ mit $\|x^{(N)} - q\| < \varepsilon$, also insgesamt $\|x - q\| < 2\varepsilon$.

1.5 Kartesische Produkte von Hilberträumen

Für zwei Hilberträumen $(\mathscr{H}_1, \langle\,\cdot\,,\,\cdot\,\rangle_1)$ und $(\mathscr{H}_2, \langle\,\cdot\,,\,\cdot\,\rangle_2)$ ist das kartesische Produkt

$$\mathscr{H}_1 \times \mathscr{H}_2 = \{(u,v) \mid u \in \mathscr{H}_1, \quad v \in \mathscr{H}_2\}$$

mit dem Skalarprodukt

$$\langle\!\langle (u_1,v_1)\,,\,(u_2,v_2) \rangle\!\rangle := \langle u_1\,,\,u_2 \rangle_1 + \langle v_1\,,\,v_2 \rangle_2$$

ein Hilbertraum.

Sind $\mathscr{H}_1, \mathscr{H}_2$ separabel, so auch $\mathscr{H}_1 \times \mathscr{H}_2$ [ÜA].

2 Abgeschlossene Teilräume und orthogonale Projektionen

2.1 Abgeschlossenheit und Vollständigkeit

Sei $(E, \|\cdot\|)$ ein vollständiger normierter Raum (Banachraum) und V ein Teilraum. Wir können V, ausgestattet mit der in E gegegebenen Norm, als eigenständigen normierten Raum $(V, \|\cdot\|)$ ansehen. Dann gilt der

SATZ. $(V, \|\cdot\|)$ *ist genau dann vollständig, wenn* V *als Teilmenge von* E *abgeschlossen ist.*

BEWEIS.

(a) Sei V ein abgeschlossener Teilraum von E und (u_n) eine Cauchy–Folge in V. Da (u_n) dann auch eine Cauchy–Folge in E ist, existiert $u = \lim\limits_{n\to\infty} u_n$ in E. Aus $u_n \in V$, $u_n \to u$ folgt $u \in V$, da V abgeschlossen ist.

(b) Sei V nicht abgeschlossen in E. Dann gibt es ein $u \in E \setminus V$ und eine Folge (v_n) in V mit $v_n \to u$. Die Folge (v_n) ist als konvergente Folge eine Cauchy–Folge in V ohne Grenzwert in V. □

2.2 Beispiele abgeschlossener Teilräume

(a) *Jeder endlichdimensionale Teilraum eines Hilbertraums ist abgeschlossen.*

Das folgt aus 2.1 und 1.2.

(b) Für jeden festen Vektor v eines Skalarproduktraums V über $\mathbb{K}$ ist die Funktion $L_v : V \to \mathbb{K}, \quad u \mapsto \langle v\,,\,u \rangle$ linear und stetig, denn aus $u_n \to u$ folgt $|\langle v\,,\,u_n \rangle - \langle v\,,\,u \rangle| = |\langle v\,,\,u_n - u \rangle| \le \|v\| \cdot \|u_n - u\| \to 0$. Daher ist $\operatorname{Kern} L_v = \{u \in V \mid \langle v\,,\,u \rangle = 0\}$ ein Teilraum von V und als Nullstellenmenge einer stetigen Funktion auf einer abgeschlossenen Menge abgeschlossen.

(c) **Orthogonalräume**. *Für jede nichtleere Teilmenge* M *eines Skalarproduktraums* V *ist*

$$M^\perp := \{u \in V \mid \langle u\,,\,v \rangle = 0 \ \ \textit{für alle}\ v \in M\}$$

ein abgeschlossener Teilraum von V. Denn aus (b) folgt wegen

$$M^\perp = \bigcap_{v \in M} \operatorname{Kern} L_v\,,$$

daß $M^\perp$ als Durchschnitt abgeschlossener Teilräume ein abgeschlossener Teilraum ist. Für spätere Zwecke notieren wir:

(i) $M \subset M^{\perp\perp} := (M^\perp)^\perp$,

(ii) $M \subset N \implies N^\perp \subset M^\perp$ $\boxed{\text{ÜA}}$.

(d) In unendlichdimensionalen Skalarprodukträumen ist nicht jeder Teilraum abgeschlossen. Ein Beispiel liefert der Teilraum ℓ_0^2 von ℓ^2; der Beweis dieser Aussage folgt später.

2.3 Die orthogonale Projektion auf einen abgeschlossenen Teilraum

SATZ. *Sei V ein abgeschlossener Teilraum eines Hilbertraums* $\mathscr{H}$. *Dann gibt es zu jedem Vektor* $u \in \mathscr{H}$ *einen eindeutig bestimmten Vektor* $Pu \in V$ *mit* $\|u - Pu\| = \operatorname{dist}(u, V)$, *d.h.*

$$\|u - Pu\| \le \|u - v\| \quad \textit{für alle} \quad v \in V\,.$$

Weiter gilt

$$u - Pu \perp V \quad \textit{für alle} \quad u \in \mathscr{H}\,,$$

$$u = Pu \iff u \in V.$$

Pu heißt die **orthogonale Projektion** von u auf V.

BEMERKUNG. Auf die Abgeschlossenheit von V kommt es wesentlich an. Ist ein Teilraum U nicht abgeschlossen und $u \in \overline{U} \setminus U$, so gibt braucht es kein $v \in U$ mit $\|u - v\| = \operatorname{dist}(u, U) = 0$ zu geben.

In unvollständigen Skalarprodukträumen gilt kein entsprechender Satz.

BEWEIS.

(a) *Existenz eines Punktes kleinsten Abstandes.* Sei $u \in \mathscr{H}$ und

$$d := \operatorname{dist}(u, V) = \inf\big\{\|u - v\| \mid v \in V\big\}\,.$$

Dann gibt es eine *Minimalfolge* (v_n) aus V mit

$$d^2 \le \|u - v_n\|^2 < d^2 + \frac{1}{n} \quad (n = 1, 2, \ldots)\,.$$

Wir zeigen, daß (v_n) eine Cauchy–Folge ist. Dazu verwenden wir die Parallelogrammgleichung $\|a + b\|^2 + \|a - b\|^2 = 2\|a\|^2 + 2\|b\|^2$ und setzen $a := \frac{1}{2}(u - v_n)$,

$b := \frac{1}{2}(u - v_m)$. Beachten wir, daß $a - b = \frac{1}{2}(v_m - v_n)$, $a + b = u - \frac{1}{2}(v_n + v_m)$ und daß $\frac{1}{2}(v_n + v_m)$ zu V gehört, so erhalten wir für $m > n$

$$\begin{aligned} d^2 + \tfrac{1}{4}\,\|v_m - v_n\|^2 &\le \left\|u - \tfrac{1}{2}\,(v_n + v_m)\right\|^2 + \tfrac{1}{4}\,\|v_m - v_n\|^2 \\ &= \tfrac{1}{2}\,\|u - v_n\|^2 + \tfrac{1}{2}\,\|u - v_m\|^2 < d^2 + \tfrac{1}{2n} + \tfrac{1}{2m} < d^2 + \tfrac{1}{n}\,, \end{aligned}$$

also $\|v_m - v_n\|^2 < \frac{4}{n}$ für $m > n$. Da V nach 2.1 vollständig ist, gibt es ein $v_0 \in V$ mit $v_n \to v_0$. Wegen der Stetigkeit der Norm folgt

$$\|u - v_0\| = \lim_{n\to\infty} \|u - v_n\| = d\,.$$

(b) *Eindeutigkeit.* Hat auch $v_* \in V$ von u den Abstand d, so ergibt die Parallelogrammgleichung mit $a = \frac{1}{2}(u - v_0)$, $b = \frac{1}{2}(u - v_*)$ wie oben

$$\begin{aligned} d^2 + \tfrac{1}{4}\,\|v_* - v_0\|^2 &\le \left\|u - \tfrac{1}{2}(v_* + v_0)\right\|^2 + \tfrac{1}{4}\,\|v_* - v_0\|^2 \\ &= \tfrac{1}{2}\,\|u - v_0\|^2 + \tfrac{1}{2}\|u - v_*\|^2 = d^2\,, \end{aligned}$$

also $\|v_* - v_0\| = 0$.

(c) Es genügt zu zeigen, daß $u - Pu \perp v$ für alle $v \in V$ mit $\|v\| = 1$. Sei also $v_0 := Pu$, $v \in V$ mit $\|v\| = 1$ und $\alpha := \langle v\,, u - v_0\rangle$. Dann erhalten wir

$$\begin{aligned} d^2 &\le \|u - (v_0 + \alpha v)\|^2 = \langle u - v_0 - \alpha v\,, u - v_0 - \alpha v\rangle \\ &= \|u - v_0\|^2 - \overline{\alpha}\langle v\,, u - v_0\rangle - \alpha\langle u - v_0\,, v\rangle + |\alpha|^2 = d^2 - |\alpha|^2\,, \end{aligned}$$

also $\alpha = 0$.

(d) Aus $Pu = u$ folgt $u \in V$ wegen $Pu \in V$. Für $u \in V$ folgt umgekehrt $\|u - Pu\| = \operatorname{dist}(u, V) = 0$, also $Pu = u$. □

2.4 Der Zerlegungssatz

Für jeden abgeschlossenen Teilraum V des Hilbertraums $\mathscr{H}$ gilt

$$\mathscr{H} = V \oplus V^\perp$$

in folgendem Sinn: Jeder Vektor $u \in \mathscr{H}$ besitzt eine eindeutige Zerlegung

$$u = v + w \quad \textit{mit} \quad v = Pu \in V \quad \textit{und} \quad w \in V^\perp\,.$$

Dabei ist Pu die orthogonale Projektion von u auf V. Weiter gilt

$$\|u\|^2 = \|v\|^2 + \|w\|^2\,.$$

Beweis.
Nach 2.3 gilt $u = Pu + (u - Pu)$ mit $Pu \in V$ und $u - Pu \in V^\perp$. Also gibt es eine Zerlegung der behaupteten Art. Diese ist eindeutig: Aus

$$u = v_1 + w_1 = v_2 + w_2 \quad \text{mit} \quad v_1, v_2 \in V\,, \quad w_1, w_2 \in V^\perp$$

folgt $v_1 - v_2 = w_2 - w_1 \in V^\perp$, andererseits gilt natürlich $v_1 - v_2 \in V$. Daher ist $v_1 - v_2$ zu sich selbst orthogonal: $0 = \langle v_1 - v_2\,, v_1 - v_2 \rangle = \|v_1 - v_2\|^2$. Es folgt $v_1 = v_2$, also auch $w_1 = w_2$. Die letzte Behauptung ergibt sich aus $\|u\|^2 = \langle v + w\,, v + w \rangle$ durch Ausmultiplizieren. □

2.5 Biorthogonalräume

(a) *Für abgeschlossene Teilräume V eines Hilbertraums $\mathscr{H}$ gilt* $V^{\perp\perp} = V$.

(b) *Für beliebige Teilräume U gilt* $U^{\perp\perp} = \overline{U}$ *und* $U^\perp = \overline{U}^\perp$.

Beweis.
(a) Für $u \in V$ gilt $\langle u, v \rangle = 0$ für alle $v \in V^\perp$, also $u \in V^{\perp\perp} := (V^\perp)^\perp$. Umgekehrt folgt für $u \in V^{\perp\perp}$ nach dem Zerlegungssatz

$$u = v + w \quad \text{mit} \quad v \in V \subset V^{\perp\perp} \quad \text{und} \quad w \in V^\perp\,.$$

Wegen $w = u - v \in V^{\perp\perp} \cap V^\perp$ erhalten wir $\langle w, w \rangle = 0$, also $w = 0$, somit $u = v \in V$.

(b) Wie oben ergibt sich $U \subset U^{\perp\perp}$. Da Orthogonalräume nach 2.2 (c) abgeschlossen sind, folgt $\overline{U} \subset U^{\perp\perp}$. Durch zweimalige Anwendung des Schlusses „$M \subset N \implies N^\perp \subset M^\perp$" folgt aus $U \subset \overline{U}$ die Inklusion $U^{\perp\perp} \subset \overline{U}^{\perp\perp} = \overline{U}$, letzteres nach (a). Somit ist $\overline{U} = U^{\perp\perp}$.

(c) Wegen $U \subset \overline{U}$ ist $\overline{U}^\perp \subset U^\perp$. Für $v \in U^\perp$ und $w = \lim\limits_{n\to\infty} u_n$ mit $u_n \in U$ folgt $\langle v, w \rangle = \lim\limits_{n\to\infty} \langle v, u_n \rangle = 0$. Also gilt auch $U^\perp \subset \overline{U}^\perp$. □

2.6 Orthogonale Projektoren

Satz. *Die orthogonale Projektion auf einen abgeschlossenen Teilraum V des Hilbertraums $\mathscr{H}$ liefert einen linearen Operator $P : \mathscr{H} \to \mathscr{H}$ mit den Eigenschaften*

(a) $\quad P^2 = P\,,$

(b) $\quad \langle u, Pv \rangle = \langle Pu, v \rangle$ *für alle* $u, v \in \mathscr{H}$.

Umgekehrt vermittelt jeder **orthogonale Projektor**, *d.h. jeder lineare Operator $P : \mathscr{H} \to \mathscr{H}$ mit (a),(b), die orthogonale Projektion auf den abgeschlossenen Teilraum* $V :=$ Bild P.

Demnach besteht eine 1–1–Korrespondenz zwischen den abgeschlossenen Teilräumen V von $\mathscr{H}$ und den orthogonalen Projektoren. Letztere haben die weiteren Eigenschaften

(c) $\langle u, Pu \rangle = \|Pu\|^2$.

(d) *P ist stetig:* $\|Pu\| \leq \|u\|$,
und Gleichheit gilt genau dann, wenn $Pu = u$, *d.h.* $u \in V$.

(e) $\mathbb{1} - P$ *ist der orthogonale Projektor auf* $V^\perp$.

Beweis.
(1) Sei Pu die orthogonale Projektion von u auf V. Aus 2.3 entnehmen wir $Pu = u \iff u \in V$. Wegen $Pu \in V$ folgt $P^2 u = Pu$ für alle $u \in \mathscr{H}$.

(2) *Linearität.* Seien $u_1 = v_1 + w_1$, $u_2 = v_2 + w_2$ mit $v_1, v_2 \in V$, $w_1, w_2 \in V^\perp$. Dann gilt für $\alpha_1, \alpha_2 \in \mathbb{K}$

$$\alpha_1 u_1 + \alpha_2 u_2 = \alpha_1 v_1 + \alpha_2 v_2 + \alpha_1 w_1 + \alpha_2 w_2 \,;$$

dabei gilt $\alpha_1 v_1 + \alpha_2 v_2 \in V$, $\alpha_1 w_1 + \alpha_2 w_2 \in V^\perp$. Wegen der Eindeutigkeit der Zerlegung folgt

$$P(\alpha_1 u_1 + \alpha_2 u_2) = \alpha_1 v_1 + \alpha_2 v_2 = \alpha_1 P u_1 + \alpha_2 P u_2 \,.$$

(3) *Symmetrie.* Wegen $u - Pu \perp V$ folgt $u - Pu \perp Pv$, ebenso $v - Pv \perp Pu$, also

$$0 = \langle u - Pu, Pv \rangle = \langle u, Pv \rangle - \langle Pu, Pv \rangle \,,$$
$$0 = \langle Pu, v - Pv \rangle = \langle Pu, v \rangle - \langle Pu, Pv \rangle \,.$$

Subtraktion dieser beiden Gleichungen ergibt die Behauptung.

(4) *Der lineare Operator* $P : \mathscr{H} \to \mathscr{H}$ *habe die Eigenschaften* (a), (b).
P ist linear, also ist $V = \text{Bild}\, P$ ein linearer Teilraum. Es gilt $v \in V \iff Pv = v$, denn $v = Pu \in V \implies Pv = P^2 u = Pu = v$.
Umgekehrt gilt $Pv = v \implies v \in \text{Bild}\, P = V$. Bevor wir zeigen, daß V abgeschlossen ist und Pu die orthogonale Projektion von u auf V, notieren wir, daß wegen (b) und (a) die Behauptung

(c) $\|Pu\|^2 = \langle Pu, Pu \rangle = \left\langle u, P^2 u \right\rangle = \langle u, Pu \rangle$

folgt. Daraus ergibt sich nach der Cauchy–Schwarzschen Ungleichung

(d) $\|Pu\|^2 \leq \|Pu\| \cdot \|u\|$

mit Gleichheit genau dann, wenn u und Pu linear abhängig sind, d.h. wenn $Pu = 0$ oder wenn u ein Vielfaches von Pu ist und damit $u \in V$ gilt. Das ergibt $\|Pu\| \leq \|u\|$ mit Gleichheit genau dann, wenn $u \in V$.

(5) *Die Stetigkeit von P* folgt aus $\|Pu - Pu_n\| = \|P(u - u_n)\| \leq \|u - u_n\|$.

(6) *V ist abgeschlossen.* Für die Vektoren $v_n \in V$ gelte $v_n \to v$. Nach (4) und (5) folgt $v = \lim\limits_{n\to\infty} v_n = \lim\limits_{n\to\infty} Pv_n = Pv$, also $v \in V$.

(7) *Pu ist die orthogonale Projektion von u auf V.* Wegen

$$u = Pu + u - Pu \quad \text{mit} \quad Pu \in V$$

ist nur zu zeigen, daß $u - Pu \in V^\perp$. Dann folgt die Behauptung aus dem Zerlegungssatz 2.4. Sei also $v \in V$, d.h. $v = Pv$ nach (4). Dann gilt

$$\langle u - Pu, v \rangle = \langle u - Pu, Pv \rangle = \left\langle Pu - P^2 u, v \right\rangle = 0$$

wegen (b) und (a).

(8) *$\mathbb{1} - P$ ist die orthogonale Projektion auf $V^\perp$.* Offenbar ist $\mathbb{1} - P$ ein orthogonaler Projektor, also $u \in \text{Bild}\,(\mathbb{1} - P) \iff u = (\mathbb{1} - P)u \iff Pu = 0 \iff u \in V^\perp$ nach dem Zerlegungssatz. □

2.7 Aufgaben

(a) Zeigen Sie für orthogonale Projektoren P_1, P_2:

$$\text{Bild}\, P_1 \subset \text{Bild}\, P_2 \iff P_1 P_2 = P_2 P_1 = P_1 \iff P_1 \leq P_2 \,.$$

Dabei bedeutet $P_1 \leq P_2$ wie üblich $\langle u, P_1 u \rangle \leq \langle u, P_2 u \rangle$ für alle $u \in \mathscr{H}$ und ist nach 2.6 (c) gleichbedeutend mit $\|P_1 u\| \leq \|P_2 u\|$ für alle $u \in \mathscr{H}$.
Anleitung: $\text{Bild}\, P_1 \subset \text{Bild}\, P_2 \iff P_2 P_1 = P_1$ ergibt sich leicht. $P_1 P_2 = P_1$ folgt dann mit dem Zerlegungssatz für P_2. Der Rest ergibt sich aus 2.6 (c), (d).

(b) Im Fall $P_1 P_2 = P_2 P_1$ ist $P_1 P_2$ die orthogonale Projektion auf den Raum $\text{Bild}\, P_1 \cap \text{Bild}\, P_2$.

(c) *Jeder abgeschlossene Teilraum eines separablen Hilbertraums ist separabel.*

2.8 Der Darstellungssatz von Riesz–Fréchet

Ein **lineares, stetiges Funktional** auf einem normierten Raum $(V, \|\cdot\|)$ über $\mathbb{K}$ ist eine lineare, stetige Funktion $L : V \to \mathbb{K}$. Der Vektorraum aller linearen, stetigen Funktionale auf V heißt **Dualraum** V^* von V. Für $L \in V^*$ existiert

$$\|L\| := \sup \left\{ |Lu| \mid \|u\| \leq 1 \right\},$$

denn andernfalls gäbe es Vektoren u_n mit $\|u_n\| \leq 1$ und $|Lu_n| \geq n$ für $n = 1, 2, \ldots$. Für die Vektoren $v_n := u_n / Lu_n$ wäre dann $\lim\limits_{n\to\infty} v_n = 0$, aber $Lv_n = 1$ für $n \in \mathbb{N}$.

Es ist leicht zu sehen, daß hierdurch eine Norm auf V^* gegeben ist [ÜA].

Für jeden Vektor v eines Skalarproduktraums liefert $L_v : u \mapsto \langle v, u \rangle$ ein lineares stetiges Funktional, vgl. 2.2 (b). In Hilberträumen gilt auch die Umkehrung:

Satz. *Zu jedem linearen, stetigen Funktional L auf einem Hilbertraum $\mathscr{H}$ gibt es einen eindeutig bestimmten Vektor $v \in \mathscr{H}$ mit*

$$Lu = \langle v, u \rangle \quad \text{für alle } u \in \mathscr{H},$$

und es gilt

$$\|L\| = \|v\| .$$

Also sind $\mathscr{H}^*$ und $\mathscr{H}$ normisomorph. In der Physikliteratur werden die Hilbertraumvektoren meist als *ket–Vektoren* $|\, u \,\rangle$, die linearen Funktionale als *bra–Vektoren* $\langle\, v \,|$ dargestellt. Das in der bracket–Form $\langle\, v \,|\, u \,\rangle$ geschriebene Skalarprodukt entsteht dann durch Zusammenfügen bra–ket. Bei abweichender Notation des Skalarprodukts, d.h. wenn Linearität von $u \mapsto \langle\, u \,|\, v \,\rangle$ vereinbart ist, sind die Rollen von bra– und ket–Vektoren zu vertauschen.

Beweis.

(a) Ist $L = 0$, also $Lu = 0 = \langle 0, u \rangle$ für $u \in \mathscr{H}$, so folgt für jeden Vektor v mit $0 = Lu = \langle v, u \rangle$ für alle $u \in \mathscr{H}$ insbesondere $0 = Lv = \langle v, v \rangle$, also $v = 0$.

(b) Im Fall $L \neq 0$ ist $V := \operatorname{Kern} L$ ein echter Teilraum und abgeschlossen als Nullstellenmenge einer stetigen Funktion. Daher gilt nach dem Zerlegungssatz

$$\mathscr{H} = V \oplus V^\perp \quad \text{mit} \quad V^\perp \neq \{0\} .$$

Wenn die Behauptung des Satzes stimmt, so gibt es einen Vektor $v \neq 0$ mit

$$V = \operatorname{Kern} L = \big\{ u \in \mathscr{H} \mid \langle v, u \rangle = 0 \big\} = \operatorname{Span}\{v\}^\perp ,$$

also $V^\perp = \operatorname{Span}\{v\}$. Insbesondere muß $V^\perp$ eindimensional sein, also muß nach dem Zerlegungssatz jeder Vektor $u \in \mathscr{H}$ eine eindeutige Zerlegung $u = u_0 + \alpha w$ besitzen mit $u_0 \in V$, $\alpha \in \mathbb{K}$ und einem festen Vektor $0 \neq w \in V^\perp$. Ausgehend von dieser Zielvorstellung konstruieren wir jetzt den gesuchten Vektor v. Wegen $V \cap V^\perp = \{0\}$ gilt $Lw \neq 0$ für $0 \neq w \in V^\perp$. Es gibt daher einen Vektor $w \in V^\perp$ mit $Lw = 1$.

Für einen gegebenen Vektor $u \in \mathscr{H}$ suchen wir eine Darstellung $u = u_0 + \alpha w$ mit $u_0 \in V$ und $\alpha \in \mathbb{K}$. Notwendig dafür ist $Lu = 0 + \alpha Lw = \alpha$, also $u_0 = u - Lu \cdot w$. Umgekehrt: Für $u_0 := u - Lu \cdot w$ gilt $Lu_0 = Lu - Lu = 0$. Wir erhalten also

$$u = u_0 + Lu \cdot w \quad \text{mit} \quad u_0 \in V, \; w \in V^\perp$$

und daraus

$$\langle w, u \rangle = Lu \cdot \|w\|^2 .$$

Es folgt $Lu = \langle v, u \rangle$ mit $v = w / \|w\|^2$.

(c) v ist dadurch eindeutig bestimmt. Aus $\langle v, u \rangle = \langle v^*, u \rangle$ für alle $u \in \mathscr{H}$ folgt $v - v^* \perp \mathscr{H}$, insbesondere $\langle v - v^*, v - v^* \rangle = 0$, also $v = v^*$.

(d) Wir zeigen $\|L\| = \|v\|$: Für $\|u\| \le 1$ folgt nach Cauchy–Schwarz

$$|Lu| = |\langle v, u \rangle| \le \|v\| \cdot \|u\| \le \|v\|.$$

Dabei gilt Gleichheit für $u = v/\|v\|$. □

Bemerkung. In dem (nicht vollständigen) Skalarproduktraum $C[-1,1]$ mit $\langle u, v \rangle = \int_{-1}^{1} \overline{u}(x)\, v(x)\, dx$ sei L das durch $Lu := \int_0^1 u(x)\, dx$ gegebene lineare stetige Funktional. Dieses läßt sich nicht in der Form $Lu = \langle v, u \rangle$ darstellen; v müsste die Heavyside–Funktion $\chi_{[0,1]}$ sein. Diese gehört nicht zu $C[-1,1]$.

3 Dichte Teilräume

3.1 Beispiele

(a) Die Treppenfunktionen in Ω bilden einen dichten Teilraum von $L^2(\Omega)$, vgl. § 8: 2.6.

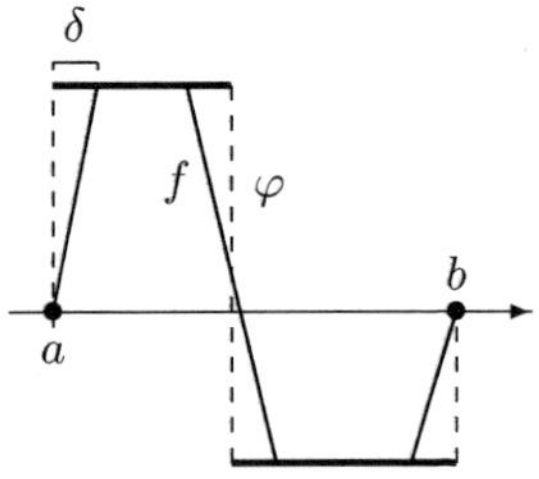

(b) *Der Raum* $C_0[a,b]$ *der stetigen Funktionen* $f : [a,b] \to \mathbb{K}$ *mit* $f(a) = f(b) = 0$ *liegt dicht in* $L^2[a,b]$.

Denn sei $u \in L^2[a,b]$ und $\varepsilon > 0$ gegeben. Dann gibt es eine Treppenfunktion φ auf $[a,b]$ mit $\|u - \varphi\| < \varepsilon$. Zu dieser gibt es nach der nebenstehenden Skizze eine PC^1–Funktion $f \in C_0[a,b]$ mit $\|f - \varphi\| < \varepsilon$, also

$$\|f - u\| \le \|f - \varphi\| + \|\varphi - u\| < 2\varepsilon.$$

ÜA Geben Sie für $\varphi = \chi_{[\alpha,\beta]}$ und für $\varepsilon > 0$ ein $f \in PC^1[\alpha,\beta] \cap C_0[\alpha,\beta]$ an mit $\|f - u\| \le \varepsilon$.

(c) *Die Polynome liegen dicht in* $L^2[a,b]$, *daher liegt auch* $C^\infty[a,b]$ *dicht.*

Denn seien $u \in L^2[a,b]$ und $f \in C[a,b]$ mit $\|f - u\| < \varepsilon$. Nach dem Weierstraßschen Approximationssatz § 6: 2.9 gibt es dann ein Polynom p mit

$$\|f - p\| \le \sqrt{b-a}\, \|f - p\|_\infty < \varepsilon, \quad \text{also} \quad \|u - p\| < 2\varepsilon.$$

(d) Für die Differentialgleichungstheorie ist es von fundamentaler Bedeutung, daß für jedes Gebiet $\Omega \subset \mathbb{R}^n$ der Raum $C_c^\infty(\Omega)$ aller C^∞–Funktionen mit kompaktem Träger in Ω dicht liegt in $L^2(\Omega)$. Näheres dazu folgt im nächsten Paragraphen.

3.2 Das Fundamentallemma

Zu einer dichten Teilmenge eines Skalarproduktraums kann nur der Nullvektor orthogonal sein.

Denn sei D dicht im Skalarproduktraum V und $u \perp D$. Da es eine Folge von Vektoren $u_n \in D$ gibt mit $u = \lim\limits_{n\to\infty} u_n$, folgt mit der Stetigkeit des Skalarprodukts

$$\|u\|^2 = \langle u\,,\, u\rangle = \lim_{n\to\infty} \langle u\,,\, u_n\rangle = 0\,, \quad \text{also} \quad u = 0\,.$$

4 Vollständige Orthonormalsysteme

4.1 Problemstellung

Orthonormalsysteme treten u.a. im Zusammenhang mit symmetrischen Operatoren auf. In endlichdimensionalen Skalarprodukträumen V gibt es beispielsweise zu jedem symmetrischen Operator T eine Orthonormalbasis $(v_1, \dots, v_n)$ aus Eigenvektoren, und jeder Vektor $u \in V$ besitzt die Darstellung

$$u = \sum_{k=1}^{n} \langle v_k\,,\, u\rangle\, v_k\,.$$

Es folgen Beispiele symmetrischer Operatoren im Unendlichdimensionalen.

(a) Wir betrachten den Raum $\mathrm{C}_0^2[0,\pi] := \left\{u \in \mathrm{C}^2[0,\pi] \mid u(0) = u(\pi) = 0\right\}$, versehen mit dem Skalarprodukt $\langle u\,,\, v\rangle := \frac{2}{\pi}\int\limits_0^\pi \overline{u(x)}\, v(x)\, dx$, und den Operator

$$A : \mathrm{C}_0^2[0,\pi] \to \mathrm{C}^0[0,\pi]\,, \quad u \mapsto -u''\,.$$

Durch zweimalige partielle Integration unter Berücksichtigung der Randbedingungen erhalten wir die Symmetriebediingung $\langle u\,,\, Av\rangle = \langle Au\,,\, v\rangle$ für $u, v \in \mathrm{C}_0^2[0,\pi]$ [ÜA]. Sämtliche Eigenwerte und Eigenfunktionen von A wurden schon in § 6: 1.2 bestimmt: Diese sind gegeben durch

$$v_k(x) = \sin kx \ \text{ zu den Eigenwerten } \lambda_k = k^2 \quad (k = 1, 2, \dots).$$

Nach Wahl des Skalarprodukts bilden die v_k ein ONS, und für $u \in \mathrm{C}_0^2[0,\pi]$ erhalten wir nach § 6 : 2.8 die gleichmäßig konvergente Reihenentwicklung

$$u(x) = \sum_{k=1}^{\infty} b_k \sin kx \quad \text{mit} \quad b_k = \frac{2}{\pi}\int_0^\pi u(t)\sin kt\, dt = \langle v_k\,,\, u\rangle\,.$$

Hier tritt an die Stelle der Basisdarstellung im endlichdimensionalen Fall die gleichmäßige und daher im Quadratmittel konvergente Reihenentwicklung

$$(*) \qquad u = \sum_{k=1}^{\infty} \langle v_k\,,\, u\rangle\, v_k\,.$$

(b) Sei $\Omega \subset \mathbb{R}^3$ ein Gaußsches Gebiet und

$$V := \left\{ u \in \mathrm{C}^2(\Omega) \cap \mathrm{C}^1(\overline{\Omega}) \mid u(\mathbf{x}) = 0 \text{ auf } \partial\Omega \right\}$$

mit dem von $\mathrm{L}^2(\Omega)$ herkommenden Skalarprodukt versehen. Aus Bd. 1, § 26 : 5.7 entnehmen wir $\langle u, \Delta v \rangle = \langle \Delta u, v \rangle$ für $u, v \in V$; also ist der Laplace–Operator $u \mapsto -\Delta u$ symmetrisch, und Eigenvektoren zu verschiedenen Eigenwerten sind zueinander orthogonal. Wir werden später zeigen, daß es eine Folge positiver Eigenwerte λ_n mit eindimensionalen Eigenräumen gibt mit $\lambda_n \to \infty$. Daher gibt es ein ONS $v_1, v_2, \ldots$ zugehöriger Eigenvektoren, und wir können wieder fragen, ob in V eine Reihenentwicklung der Form $(*)$ besteht. Ist dies der Fall, so können wir ähnlich wie in § 6: 4 das Wärmeleitungsproblem

$$\frac{\partial u}{\partial t} = \Delta u \text{ in } \Omega, \quad u = 0 \quad \text{auf } \partial\Omega, \quad u(\mathbf{x}, 0) = f(\mathbf{x}) \text{ für } \mathbf{x} \in \Omega$$

mit der Separationsmethode angehen: Der Produktansatz $u(\mathbf{x}, t) = w(t)\, v(\mathbf{x})$ für Lösungen $u \in V$ der Wärmeleitungsgleichung führt über

$$\frac{\dot{w}(t)}{w(t)} = \frac{\Delta v(\mathbf{x})}{v(\mathbf{x})}$$

auf das Eigenwertproblem $-\Delta v = \lambda v$, $v \in V$ und die Bedingung $\dot{w} = -\lambda w$. Aus $(*)$ folgt dann für die allgemeine Lösung von $\frac{\partial u}{\partial t} = \Delta u$ mit $\mathbf{x} \mapsto u(\mathbf{x}, t) \in V$

$$u(\mathbf{x}, t) = \sum_{k=1}^{\infty} b_k\, \mathrm{e}^{-\lambda_k t}\, v_k(\mathbf{x}) \quad \text{mit} \quad b_k = \int_\Omega v_k(\mathbf{x})\, u(\mathbf{x}, 0)\, d^3\mathbf{x} = \langle v_k, f \rangle,$$

also ist das oben gestellte Anfangs–Randwertproblem eindeutig lösbar. Unter geeigneten Bedingungen an $f(\mathbf{x}) = u(\mathbf{x}, 0)$ liefert die letzte Formel eine Lösung.

Bei diesem und ähnlich gelagerten Problemen erweist es sich als zweckmäßig, das Entwicklungsproblem $(*)$ in zwei Schritten zu behandeln:

(i) Es wird nachgewiesen, daß $(*)$ im Hilbertraumsinn gilt,

$$\lim_{n \to \infty} \left\| u - \sum_{k=1}^{n} \langle v_k, u \rangle v_k \right\| = 0.$$

(ii) Wenn dies aufgrund der im folgenden entwickelten allgemeinen Kriterien sichergestellt ist, sind Bedingungen aufzustellen, unter denen die Reihe $(*)$ eine gliedweis differenzierbare Lösung des vorgelegten Problems liefert.

4.2 Orthogonalreihen

Konvergenz von unendlichen Reihen in Skalarprodukträumen definieren wir durch

$$u = \sum_{k=1}^{\infty} u_k \; :\Longleftrightarrow \; \lim_{n \to \infty} \left\| u - \sum_{k=1}^{n} u_k \right\| = 0.$$

Wir sprechen von einer **Orthogonalreihe**, wenn $\langle u_i \,,\, u_k \rangle = 0$ für $i \neq k$ gilt.

Für Orthogonalreihen gilt:

(a) $u = \sum\limits_{k=1}^{\infty} u_k \implies \|u\|^2 = \sum\limits_{k=1}^{\infty} \|u_k\|^2$.

(b) *In Hilberträumen ist die Konvergenz einer Orthogonalreihe* $\sum\limits_{k=1}^{\infty} u_k$ *äquivalent zur Konvergenz der Reihe* $\sum\limits_{k=1}^{\infty} \|u_k\|^2$.

Der Beweis stützt sich auf die Formel

$$(*) \qquad \Big\| \sum_{k=m}^{n} u_k \Big\|^2 = \Big\langle \sum_{i=m}^{n} u_i \,,\, \sum_{k=m}^{n} u_k \Big\rangle = \sum_{k=m}^{n} \|u_k\|^2 .$$

Wegen der Stetigkeit der Norm schließen wir daraus

$$u = \lim_{n\to\infty} \sum_{k=1}^{n} u_k \implies \|u\|^2 = \lim_{n\to\infty} \Big\| \sum_{k=1}^{n} u_k \Big\|^2 = \lim_{n\to\infty} \sum_{k=1}^{n} \|u_k\|^2$$

und damit (a).

Für (b) beachten wir, daß die Folge der Partialsummen $s_n = \sum\limits_{k=1}^{n} u_k$ in einem vollständigen Raum genau dann konvergiert, wenn sie das Cauchy–Kriterium erfüllt. Daher folgt (b) unmittelbar aus $(*)$. □

4.3 Fourierkoeffizienten, Entwicklungsproblem und Besselsche Ungleichung

(a) Im folgenden sei V ein unendlichdimensionaler Skalarproduktraum über $\mathbb{K}$ und $v_1, v_2, \ldots$ ein abzählbares Orthonormalsystem. Wir fragen nach Bedingungen für das Bestehen einer Reihenentwicklung $u = \sum\limits_{k=1}^{\infty} \lambda_k v_k$ mit geeigneten Koeffizienten $\lambda_k \in \mathbb{K}$. Eine erste Auskunft darüber gibt der

Satz. *Eine Reihenentwicklung*

$$u = \sum_{k=1}^{\infty} \lambda_k v_k$$

kann nur bestehen, wenn

$$\lambda_k = \langle v_k \,,\, u \rangle \quad \textit{für } k = 1, 2, \ldots .$$

Die Zahlen $\langle v_k \,,\, u \rangle$ heißen (verallgemeinerte) **Fourierkoeffizienten** von u bezüglich des ONS $v_1, v_2, \ldots$.

Der Zusammenhang mit dem klassischen Fourierkoeffizienten ergibt sich aus 4.1, vgl. auch 4.5.

Beweis.
Aus $u = \sum_{k=1}^{\infty} \lambda_k v_k = \lim_{n\to\infty} \sum_{k=1}^{n} \lambda_k v_k$ folgt wegen der Stetigkeit des Skalarprodukts

$$\langle v_m , u \rangle = \lim_{n\to\infty} \Big\langle v_m , \sum_{k=1}^{n} \lambda_k v_k \Big\rangle \quad (m = 1, 2, \ldots).$$

Für $n \geq m$ gilt aber

$$\Big\langle v_m , \sum_{k=1}^{n} \lambda_k v_k \Big\rangle = \sum_{k=1}^{n} \lambda_k \langle v_m , v_k \rangle = \lambda_m . \qquad \square$$

(b) Für die Fourierkoeffizienten von u gilt die **Besselsche Ungleichung**

$$\sum_{k=1}^{\infty} |\langle v_k , u \rangle|^2 \leq \|u\|^2 .$$

Denn nach Bd. 1, § 19 : 2.5 gilt die für das Folgende fundamentale Beziehung

$$(**) \quad \Big\| u - \sum_{k=1}^{n} \langle v_k , u \rangle v_k \Big\|^2 = \|u\|^2 - \sum_{k=1}^{n} |\langle v_k , u \rangle|^2 \quad (n = 1, 2, \ldots).$$

Es folgt

$$\sum_{k=1}^{n} |\langle v_k , u \rangle|^2 \leq \|u\|^2 \quad \text{für alle} \quad n \in \mathbb{N}.$$

Ist daher $v_1, v_2, \ldots$ ein ONS in einem Hilbertraum $\mathscr{H}$, so konvergiert für jeden Vektor $u \in \mathscr{H}$ die (verallgemeinerte) **Fourierreihe** $\sum_{k=1}^{\infty} \langle v_k , u \rangle v_k$ bezüglich der Norm gegen einen Vektor $v \in \mathscr{H}$. Dies folgt aus § 9 : 4.2 (b) unter Beachtung von $\|\langle v_k , u \rangle v_k\|^2 = |\langle v_k , u \rangle|^2$.

(c) Der Grenzwert v der Fourierreihe von u ist i.a. von u verschieden, Näheres in 4.9. Von fundamentaler Bedeutung ist daher das **Entwicklungsproblem**: Unter welchen Voraussetzungen gilt

$$(*) \quad u = \sum_{k=1}^{\infty} \langle v_k , u \rangle v_k \quad \text{für alle} \quad u \in \mathscr{H} ?$$

4.4 Vollständige Orthonormalsysteme

Satz. *Für ein ONS $v_1, v_2, \ldots$ in einem unendlichdimensionalen Skalarproduktraum V sind folgende Bedingungen äquivalent:*

(a) $u = \sum_{k=1}^{\infty} \langle v_k , u \rangle v_k$ *für jeden Vektor* $u \in V$.

(b) *Für jeden Vektor $u \in V$ gilt die* **Parsevalsche Gleichung**

$$\|u\|^2 = \sum_{k=1}^{\infty} |\langle v_k , u \rangle|^2 .$$

(c) *Für alle Vektoren $u, v \in V$ gilt die Parsevalsche Gleichung in polarisierter Form*

$$\langle u, v \rangle = \sum_{k=1}^{\infty} \overline{\langle v_k, u \rangle} \langle v_k, v \rangle .$$

(d) *Die Linearkombinationen der v_k liegen dicht in V.*

Ein Orthonormalsystem mit diesen Eigenschaften nennen wir **vollständig**.

BEMERKUNGEN.

(i) Beispiele folgen in 4.5, 4.6.

(ii) Besitzt ein Skalarproduktraum V ein vollständiges ONS, so ist er separabel, d.h. er enthält eine abzählbare dichte Menge, vgl. § 8: 2.6. Denn die Vektoren der Form $\sum_{k=1}^{N} \lambda_k v_k$ liegen dicht in V, und jeder solche Vektor läßt sich durch Vektoren der Form $\sum_{k=1}^{N} \mu_k v_k$ mit $\mathrm{Re}\,\mu_k$, $\mathrm{Im}\,\mu_k \in \mathbb{Q}$ beliebig gut approximieren. Letztere bilden eine abzählbare Menge. In 4.7 zeigen wir, daß umgekehrt jeder separable Skalarproduktraum ein vollständiges ONS besitzt.

(e) Ein wichtiges Kriterium zum Nachweis der Vollständigkeit eines ONS ist das folgende:

SATZ. *Ein ONS $v_1, v_2, \ldots$ in einem Hilbertraum $\mathscr{H}$ ist genau dann vollständig, wenn gilt:*

$$\textit{Aus } u \perp v_k \textit{ für } k = 1, 2, \ldots \textit{ folgt } u = 0,$$

d.h. wenn nur der Nullvektor auf allen v_k senkrecht steht.

BEWEIS.

(a) $\iff$ (b) nach 4.3 (∗∗).

(c) $\implies$ (b) mit $u = v$.

(a) $\implies$ (c): Wegen der Stetigkeit und der Linearität von $v \mapsto \langle u, v \rangle$ gilt

$$\langle u, v \rangle = \lim_{n \to \infty} \Big\langle u, \sum_{k=1}^{n} \langle v_k, v \rangle v_k \Big\rangle = \lim_{n \to \infty} \sum_{k=1}^{n} \langle v_k, v \rangle \langle u, v_k \rangle$$

$$= \sum_{k=1}^{\infty} \overline{\langle v_k, u \rangle} \langle v_k, v \rangle .$$

Damit sind (a), (b), (c) äquivalent.

(a) $\implies$ (d) ist offensichtlich.

Daß (d) umgekehrt (a) zur Folge hat, ergibt sich aus der Beziehung

$$\Big\| u - \sum_{k=1}^{n} \lambda_k v_k \Big\|^2 = \|u\|^2 - \sum_{k=1}^{n} |\langle v_k , u \rangle|^2 + \sum_{k=1}^{n} |\lambda_k - \langle v_k , u \rangle|^2$$
$$\geq \|u\|^2 - \sum_{k=1}^{n} |\langle v_k , u \rangle|^2 = \Big\| u - \sum_{k=1}^{n} \langle v_k , u \rangle v_k \Big\|^2$$

(Bd. 1, § 19 : 2.3 und 4.3 (∗∗)): Wir fixieren ein $u \in V$. Nach (d) gibt es zu vorgegebenem $\varepsilon > 0$ eine Linearkombination $w = \sum_{k=1}^{N} \lambda_k v_k$ mit $\|u - w\| < \varepsilon$. Nach den oben angegebenen Beziehungen folgt dann für alle $n \geq N$

$$\Big\| u - \sum_{k=1}^{n} \langle v_k , u \rangle v_k \Big\|^2 = \|u\|^2 - \sum_{k=1}^{n} |\langle v_k , u \rangle|^2$$
$$\leq \|u\|^2 - \sum_{k=1}^{N} |\langle v_k , u \rangle|^2 = \Big\| u - \sum_{k=1}^{N} \langle v_k , u \rangle v_k \Big\|^2$$
$$\leq \Big\| u - \sum_{k=1}^{N} \lambda_k v_k \Big\|^2 < \varepsilon .$$

(e) Die Bedingung

$$\langle v_k , u \rangle = 0 \quad \text{für } k = 1, 2, \ldots \quad \Longrightarrow \quad u = 0$$

läßt sich auch so ausdrücken: Für $W := \operatorname{Span}\{v_1, v_2, \ldots\}$ gilt $W^\perp = \{0\}$. Da $W^\perp$ ein abgeschlossener Teilraum von $\mathscr{H}$ ist, gilt nach dem Zerlegungssatz 2.4 $\mathscr{H} = W^\perp \oplus W^{\perp\perp}$. Somit ist die Bedingung $W^\perp = \{0\}$ äquivalent zur Bedingung $W^{\perp\perp} = \mathscr{H}$. Nach 2.5 (b) ist aber $W^{\perp\perp} = \overline{W}$. Also ist $W^\perp = \{0\}$ äquivalent zu $\overline{W} = \mathscr{H}$, d.h. dazu, daß die Linearkombinationen der v_k dicht in $\mathscr{H}$ liegen. Beachten Sie, daß das Kriterium (e) die Vollständigkeit des Skalarproduktraums voraussetzt! □

4.5 Die Vollständigkeit der trigonometrischen Funktionen

(a) Wir betrachten $\mathscr{H} := \mathrm{L}^2([-\pi, \pi])$ mit dem Skalarprodukt

$$\langle u , v \rangle := \frac{1}{\pi} \int_{-\pi}^{\pi} \overline{u(x)}\, v(x)\, dx .$$

Offenbar ist $\mathscr{H}$ ein Hilbertraum, und durch

$$v_1(x) = \frac{1}{\sqrt{2}}, \quad v_2(x) = \sin x, \quad v_3(x) = \cos x,$$
$$v_4(x) = \sin 2x, \quad v_5(x) = \cos 2x, \ \ldots$$

ist ein ONS gegeben. Für die Fourierkoeffizienten

$$a_k = \frac{1}{\pi} \int_{-\pi}^{\pi} u(x) \cos kx\, dx, \qquad b_k = \frac{1}{\pi} \int_{-\pi}^{\pi} u(x) \sin kx\, dx$$

gilt dann $a_0 = \sqrt{2}\, \langle v_1 , u \rangle$ und

$$a_k = \langle v_{2k+1} , u \rangle, \qquad b_k = \langle v_{2k} , u \rangle \quad \text{für } k \in \mathbb{N} .$$

Für 2π–periodische PC^1–Funktionen u konvergiert nach dem Satz von Dirichlet (§ 6: 2.3) die Fourierreihe

$$(*) \qquad u(x) = \tfrac{1}{2}a_0 + \sum_{k=1}^{\infty}(a_k \cos kx + b_k \sin kx) = \sum_{k=1}^{\infty} \langle v_k\,, u\rangle v_k(x)$$

gleichmäßig, also auch im Quadratmittel (vgl. § 8: 2.1 (d) (iii)).

Nach 3.1 (b) liegen die PC^1–Funktionen u mit $u(-\pi) = u(\pi) = 0$ dicht in $\mathscr{H}$. Mit dem Kriterium 4.4 (d) erhalten wir somit den

SATZ. *Das ONS $v_1, v_2, \ldots$ der trigonometrischen Funktionen ist vollständig. Für jede Funktion $u \in \mathrm{L}^2([-\pi,\pi])$ konvergiert die Fourierentwicklung $(*)$ im Quadratmittel.*

FOLGERUNG. *Für alle $u \in \mathrm{L}^2([-\pi,\pi])$ gilt die Parsevalsche Gleichung*

$$\frac{1}{\pi}\int_{-\pi}^{\pi} |\,u(x)\,|^2\,dx = \tfrac{1}{2}\,|a_0|^2 + \sum_{k=1}^{\infty}\big(|a_k|^2 + |b_k|^2\big)\,.$$

AUFGABE. Gewinnen Sie die Eulerschen Formeln

$$\frac{\pi^2}{6} = \sum_{k=1}^{\infty}\frac{1}{k^2}\,, \qquad \frac{\pi^4}{90} = \sum_{k=1}^{\infty}\frac{1}{k^4}$$

durch Anwendung der Parsevalschen Gleichung auf die Funktionen $u(x) = x$ und $u(x) = x^2$.

(b) SATZ. *Durch*

$$v_k(x) = \sqrt{\tfrac{2}{\pi}}\,\sin kx \qquad (k = 1, 2, \ldots)$$

ist ein vollständiges ONS auf $\mathrm{L}^2([0,\pi])$ gegeben, vgl. 4.1.

Das ergibt sich wie oben: $V := \{u \in \mathrm{PC}^1[0,\pi] \mid u(0) = u(\pi) = 0\}$ liegt nach 3.1 (b) dicht in $\mathrm{L}^2([0,\pi])$, und für die Funktionen von V gilt der gleichmäßige Entwicklungssatz § 6: 2.7.

4.6 Die Vollständigkeit der Legendre–Polynome

Orthonormalisieren wir die Folge der Potenzen $u_k(x) = x^k$ $(k \in \mathbb{N}_0)$ bezüglich des Skalarprodukts $\langle u, v\rangle = \int_{-1}^{1} \overline{u}\,v$, so erhalten wir ein ONS $v_0, v_1, \ldots$ mit $\mathrm{Span}\,\{u_0, \ldots, u_n\} = \mathrm{Span}\,\{v_0, \ldots, v_n\}$ $(n = 0, 1, \ldots)$. Die Linearkombinationen der v_k sind also Polynome. Diese liegen dicht in $\mathrm{L}^2([-1,1])$, vgl. 3.1 (c). Nach dem Kriterium 4.4 (d) bilden also die $v_0, v_1, \ldots$ ein vollständiges ONS für $\mathrm{L}^2([-1,1])$. Die $P_n(x) = \sqrt{\frac{2}{2n+1}}\;v_n(x)$ sind die Legendre–Polynome, vgl. § 4: 4.5 und § 15: 3.4.

4.7 Die Existenz vollständiger Orthonormalsysteme

SATZ. *In jedem unendlichdimensionalen, separablen Skalarproduktraum V gibt es vollständige Orthonormalsysteme* $v_1, v_2, \ldots$.

BEWEIS.

Sei $A = \{a_n \mid n \in \mathbb{N}\}$ eine abzählbare, in V dichte Menge. Wir zeigen durch Induktion: Es gibt eine Teilfolge (a_{n_k}), so daß $u_1 = a_{n_1}, \ldots, u_m = a_{n_m}$ jeweils linear unabhängig sind und daß

$$\{a_1, a_2, \ldots, a_{n_m}\} \subset \operatorname{Span}\{u_1, \ldots, u_m\}.$$

Ist dies gezeigt, so folgt $A \subset \operatorname{Span}\{u_1, u_2, \ldots\}$, also ist $\operatorname{Span}\{u_1, u_2, \ldots\}$ dicht in V. Konstruieren wir dann mit dem Orthonormalisierungsverfahren von Gram–Schmidt ein ONS $v_1, v_2, \ldots$ mit

$$\operatorname{Span}\{v_1, \ldots, v_n\} = \operatorname{Span}\{u_1, \ldots, u_n\} \quad (n = 1, 2, \ldots),$$

so ist nach dem Kriterium 4.4 (d) das ONS $v_1, v_2, \ldots$ vollständig.

Zum Induktionsbeweis. Sei a_{n_1} das erste von Null verschiedene Folgenglied und $u_1 := a_{n_1}$. Dann gilt $\{a_1, \ldots, a_{n_1}\} \subset \operatorname{Span}\{u_1\}$. Sind $u_1 = a_{n_1}, \ldots u_k = a_{n_k}$ linear unabhängig und $\{a_1, \ldots, a_{n_k}\} \subset S_k := \operatorname{Span}\{u_1, \ldots, u_k\}$, so setzen wir

$$M = \{n > n_k \mid a_n \notin S_k\}, \quad n_{k+1} := \min M \quad \text{und} \quad u_{k+1} := a_{n_{k+1}}.$$

(M ist nichtleer, sonst wäre $A \subset S_k$, also $V = \overline{A} \subset \overline{S}_k = S_k$, da S_k als endlichdimensionaler Teilraum nach 3.1 (b) abgeschlossen ist.)
Nach Konstruktion sind $u_1, \ldots, u_{k+1}$ linear unabhängig, und es gilt

$$\{a_1, \ldots, a_{n_{k+1}}\} \subset \operatorname{Span}\{u_1, \ldots, u_{k+1}\}. \qquad \square$$

4.8 Der Isomorphiesatz

Jeder unendlichdimensionale separable Hilbertraum $\mathscr{H}$ über $\mathbb{K}$ ist unitär isomorph zu $\ell^2 = \ell^2(\mathbb{K})$.

Einen Hilbertraumisomorphismus $U : \mathscr{H} \to \ell^2$ erhalten wir wie folgt: Wir wählen ein vollständiges ONS $v_1, v_2, \ldots$ *für $\mathscr{H}$ und setzen*

$$Uu := (\langle v_1, u\rangle, \langle v_2, u\rangle, \ldots).$$

U entspricht der Koordinatenabbildung 1.2 im endlichdimensionalen Fall. Wegen dieser Analogie heißt ein vollständiges ONS auch **Hilbertraumbasis**, obwohl es im unendlichdimensionalen Fall sicher keine Basis ist. Zur Bedeutung des Isomorphiebegriffs wird auf die Bemerkungen 1.2 verwiesen.
Es gibt also im wesentlichen nur die separablen Hilberträume

$$\mathbb{K}^n \ (n \in \mathbb{N}) \quad \text{und} \quad \ell^2(\mathbb{K}).$$

Beweis.

Nach 4.7 gibt es ein vollständiges ONS $v_1, v_2, \ldots$. Die oben eingeführte Abbildung U ist linear und isometrisch, denn nach der Parsevalschen Gleichung 4.4 (b), (c) gilt

$$\|u\|_{\mathscr{H}}^2 = \sum_{k=1}^{\infty} |\langle v_k , u \rangle|^2 = \|Uu\|_{\ell^2}^2 ,$$

$$\langle u , v \rangle_{\mathscr{H}} = \sum_{k=1}^{\infty} \overline{\langle v_k , u \rangle} \langle v_k , v \rangle = \langle Uu , Uv \rangle_{\ell^2} .$$

Es bleibt nur noch zu zeigen, daß U surjektiv ist. Sei also $a = (a_1, a_2, \ldots) \in \ell^2$, d.h. $\sum\limits_{k=1}^{\infty} \|a_k v_k\|^2 = \sum\limits_{k=1}^{\infty} |a_k|^2 < \infty$. Nach 4.2 (b) konvergiert die Reihe

$$u := \sum_{k=1}^{\infty} a_k v_k$$

im Normsinn, und aus 4.3 ergibt sich $a_k = \langle v_k , u \rangle \quad (k = 1, 2, \ldots)$, somit ist $a = Uu$. □

Daß die $v_1, v_2, \ldots$ keine Basis für $\mathscr{H}$ liefern, ergibt sich jetzt aus der Tatsache, daß die Einheitsvektoren $e_1, e_2, \ldots$ nach 1.4 keine Basis des ℓ^2 darstellen.

4.9 Entwicklung nach unvollständigen ONS

Sei $v_1, v_2, \ldots$ ein beliebiges ONS in einem Hilbertraum $\mathscr{H}$ und $u \in \mathscr{H}$. Dann konvergiert die Fourierreihe von u gegen die orthogonale Projektion Pu von u auf $V := \overline{\operatorname{Span}\{v_1, v_2, \ldots\}}$:

$$\sum_{k=1}^{\infty} \langle v_k , u \rangle v_k = Pu .$$

Beweis.

Wegen der Besselschen Ungleichung und 4.2 konvergiert die Reihe

$$v := \sum_{k=1}^{\infty} \langle v_k , u \rangle v_k .$$

Dann gilt $v \in V$, und aus 4.3 folgt $\langle v_k , v \rangle = \langle v_k , u \rangle \quad (k = 1, 2, \ldots)$.

Also ist $u - v$ orthogonal zu allen v_k und somit $u - v \in V^{\perp}$ nach 2.5 (b). Aus $u = v + (u - v)$ mit $v \in V$, $u - v \in V^{\perp}$ folgt $v = Pu$ nach dem Zerlegungssatz 2.4. □

§ 10 Glättung von Funktionen, Fortsetzung stetiger Funktionen

Vorkenntnisse: Die Kenntnis des Lebesgue–Integrals ist nur an wenigen Stellen nötig, die im Text entsprechend ausgewiesen sind. Die Hauptergebnisse und deren Beweise bleiben für das herkömmliche Integral gültig, wenn wir vereinbaren: $u \in \mathrm{L}^p(\Omega)$ bedeutet, daß $|u|^p$ über Ω integrierbar ist, $u \in \mathrm{L}^\infty(\Omega)$ bedeutet Beschränktheit von u auf Ω; „lokalintegrierbare ($\mathrm{L}^1_{\mathrm{loc}}$–)Funktion" ist zu ersetzen durch „stetige Funktion oder Treppenfunktion".

1 Testfunktionen

1.1 C^k–Funktionen mit kompakten Träger

(a) Der **Träger (support)** einer Funktion $u : \mathbb{R}^n \to \mathbb{K}$ ($\mathbb{K} = \mathbb{R}$ oder $\mathbb{K} = \mathbb{C}$) ist definiert als

$$\operatorname{supp} u := \overline{\{\mathbf{x} \in \mathbb{R}^n \mid u(\mathbf{x}) \neq 0\}}.$$

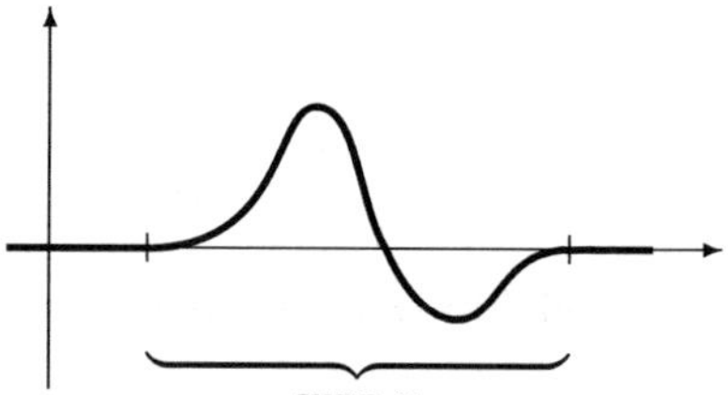

(b) Für eine nichtleere offene Menge $\Omega \subset \mathbb{R}^n$ und $k = 0, 1, 2, \ldots, \infty$ bezeichnen wir den Raum der C^k–Funktionen $\mathbb{R}^n \to \mathbb{K}$ mit kompaktem Träger in Ω mit

$$\mathrm{C}_c^k(\Omega) := \left\{ u \in \mathrm{C}^k(\mathbb{R}^n) \;\middle|\; \operatorname{supp} u \text{ ist eine kompakte Teilmenge von } \Omega \right\}.$$

Die Funktionen aus dem Raum $\mathrm{C}_c^\infty(\Omega)$ heißen **Testfunktionen** auf Ω; der Name erklärt sich in 4.1. Anstelle von $\mathrm{C}_c^\infty(\Omega)$ sind auch die Bezeichnungen $\mathrm{C}_0^\infty(\Omega)$ und $\mathcal{D}(\Omega)$ gebräuchlich.

$\mathrm{C}_c^0(\Omega)$ besteht aus den stetigen Funktionen mit kompaktem Träger.

(c) *Für $u \in \mathrm{C}_c^0(\Omega)$ und $v \in \mathrm{C}^0(\Omega)$ ist $u \cdot v$ über Ω integrierbar.*

(Das Lebesgue–Integral $\int\limits_\Omega u\,v$ macht genau dann für alle $u \in \mathrm{C}_c^0(\Omega)$ einen Sinn, wenn $v \in \mathcal{L}^1_{\mathrm{loc}}$, d.h. über jede kompakte Teilmenge von Ω integrierbar ist, vgl. § 8 : 2.5. Die eine Richtung ist klar: Ist $u \in \mathrm{C}_c^0(\Omega)$ und $A = \operatorname{supp} u$ kompakt, so existiert $\|u\|_\infty = \max\{|u(\mathbf{x})| \mid \mathbf{x} \in A\}$, und für $v \in \mathcal{L}^1_{\mathrm{loc}}(\Omega)$ gilt die Abschätzung $|u \cdot v| \leq \|u\|_\infty \cdot |v| \cdot \chi_A$, woraus die Integrierbarkeit von $u \cdot v$ nach dem Majorantensatz folgt. Die andere Richtung ergibt sich in 3.5.)

1.2 Die Standardbuckel j_ε und weitere Testfunktionen

SATZ. *Zu jedem $\varepsilon > 0$ gibt es eine Testfunktion $j_\varepsilon \in \mathrm{C}_c^\infty(\mathbb{R}^n)$ mit*

$$j_\varepsilon \geq 0, \quad \operatorname{supp} j_\varepsilon = \overline{K_\varepsilon(\mathbf{0})}, \quad \int j_\varepsilon = 1.$$

BEWEIS.

Wir gehen aus von $f(t) := \begin{cases} \mathrm{e}^{-1/t} & \text{für } t > 0\,, \\ 0 & \text{für } t \leq 0\,. \end{cases}$

Durch Induktion erhalten wir für $t > 0$

$$f^{(k)}(t) = p_k(t)\, t^{-2k} f(t)$$

mit einem geeigneten Polynom p_k ÜA. Wegen $\lim\limits_{t \to 0+} t^{-2k}\, \mathrm{e}^{-1/t} = 0$ für $k \in \mathbb{N}_0$ folgt $f \in \mathrm{C}^\infty(\mathbb{R})$, $0 \leq f \leq 1$ sowie $\operatorname{supp} f = \mathbb{R}_+$. Für

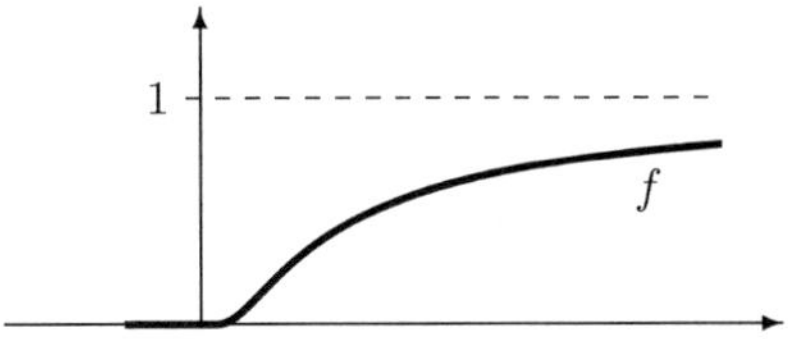

$$\psi_\varepsilon(\mathbf{x}) := f(1 - \|\mathbf{x}\|^2/\varepsilon^2)$$

gilt also $\psi_\varepsilon \in \mathrm{C}^\infty(\mathbb{R}^n)$, $\psi_\varepsilon(\mathbf{x}) > 0$ für $\|\mathbf{x}\| < \varepsilon$ und $\psi_\varepsilon(\mathbf{x}) = 0$ sonst.

Die Funktion $j_\varepsilon := c_\varepsilon\, \psi_\varepsilon$ mit $c_\varepsilon := 1 / \int \psi_\varepsilon$ besitzt dann die gewünschten Eigenschaften. □

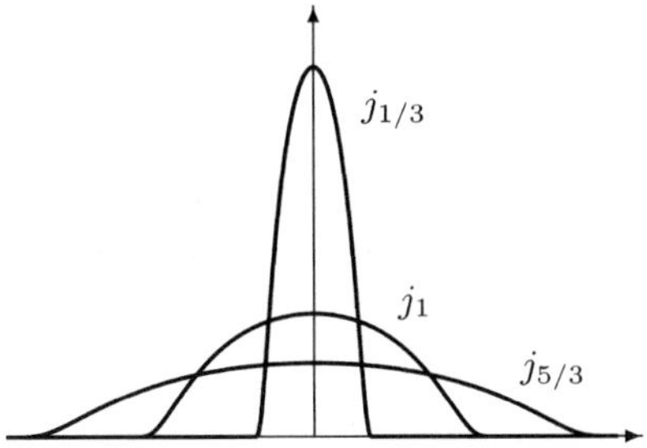

Aus der Konstruktion ergibt sich unmittelbar

$$\lim_{\varepsilon \to 0+} j_\varepsilon(\mathbf{x}) = \begin{cases} \infty & \text{für } \mathbf{x} = \mathbf{0}\,, \\ 0 & \text{für } \mathbf{x} \neq \mathbf{0}\,. \end{cases}$$

Aus den Standardbuckeln lassen sich weitere Testfunktionen konstruieren:

(a) Sei Ω offen, $r > 0$ und $\overline{K_r(\mathbf{x}_0)} \subset \Omega$. Dann ist

$$\varphi(\mathbf{x}) = j_r(\mathbf{x} - \mathbf{x}_0)$$

eine Testfunktion $\varphi \in \mathrm{C}_c^\infty(\Omega)$ mit $\operatorname{supp} \varphi = \overline{K_r(\mathbf{x}_0)}$.

(b) Für $f \in \mathrm{C}^\infty(\mathbb{R}^n)$ und $\varphi \in \mathrm{C}_c^\infty(\mathbb{R}^n)$ ist $f \cdot \varphi$ eine Testfunktion.

(c) Für $\varphi \in \mathrm{C}_c^\infty(\Omega)$ ist jede partielle Ableitung beliebiger Ordnung wieder eine Testfunktion.

(d) Weitere Beispiele von Testfunktionen ergeben sich in 2.3 durch Faltung von Testfunktionen mit Funktionen mit kompaktem Träger.

2 Faltung mit Testfunktionen

2.1 Definition der Faltung

Unter jeder der nachfolgenden Bedingungen konvergiert das Faltungsintegral

$$(u * v)(\mathbf{x}) := \int\limits_{\mathbb{R}^n} u(\mathbf{x}-\mathbf{y})\, v(\mathbf{y})\, d^n\mathbf{y}$$

für alle $\mathbf{x} \in \mathbb{R}^n$ *und hat die Eigenschaft*

$$u * v = v * u \quad \text{f.ü.}:$$

(a) $u \in \mathcal{L}^p(\mathbb{R}^n),\ v \in \mathcal{L}^q(\mathbb{R}^n)$ *mit* $p > 1,\ \frac{1}{p} + \frac{1}{q} = 1$,

(b) $u \in \mathcal{L}^1(\mathbb{R}^n),\ v \in \mathcal{L}^\infty(\mathbb{R}^n)$ *oder umgekehrt,*

(c) $u \in \mathrm{C}_c^0(\mathbb{R}^n),\ v \in \mathcal{L}^1_{\mathrm{loc}}(\mathbb{R}^n)$ *oder umgekehrt.*

Denn für $\mathbf{y} \mapsto w(\mathbf{y}) := u(\mathbf{x}-\mathbf{y})$ bei festem $\mathbf{x}$ erhalten wir:

$$u \in \mathcal{L}^p(\mathbb{R}^n) \iff w \in \mathcal{L}^p(\mathbb{R}^n) \quad \text{und} \quad \int\limits_{\mathbb{R}^n} |u|^p = \int\limits_{\mathbb{R}^n} |w|^p$$

(Substitution $\mathbf{z} = \mathbf{x} - \mathbf{y}$, Transformationssatz für Integrale), ferner

$$u \in \mathrm{C}_c^0(\mathbb{R}^n) \iff w \in \mathrm{C}_c^0(\mathbb{R}^n)\,.$$

Somit existiert das Faltungsintegral im Fall (a) nach der Hölderschen Ungleichung § 8 : 2.3 (b) und im Fall (b) nach dem Majorantenkriterium. Für den Fall (c) verweisen wir auf 1.1 (c). Die Kommutativität des Faltungsprodukts ergibt sich durch Substitution $\mathbf{z} = \mathbf{x} - \mathbf{y}$ bei festem $\mathbf{x}$ (siehe oben).

(d) *Für Lebesgue–integrierbare Funktionen* u, v *existiert das Faltungsintegral* $(u * v)(\mathbf{x})$ *f.ü., und* $u * v = v * u$ *ist Lebesgue–integrierbar.*

Denn für alle $\mathbf{y} \in \mathbb{R}^n$ existiert das Integral

$$f(\mathbf{y}) := \int |u(\mathbf{x}-\mathbf{y}) \cdot v(\mathbf{y})|\, d^n\mathbf{x} = |v(\mathbf{y})| \int |u(\mathbf{x}-\mathbf{y})|\, d^n\mathbf{x} = \|u\|_1 \cdot |v(\mathbf{y})|\,,$$

letzteres durch Substitution $\mathbf{z} = \mathbf{x} - \mathbf{y}$. Damit ist f integrierbar, und die Behauptung folgt aus dem Satz von Tonelli § 8 : 1.8.

2.2 Differentialoperatoren und Multiindizes

(a) Ein (n–dimensionaler) **Multiindex** ist ein n–tupel

$$\alpha = (\alpha_1, \ldots, \alpha_n) \quad \text{mit} \quad \alpha_1, \ldots, \alpha_n \in \mathbb{N}_0\,.$$

Wir setzen

$$|\alpha| := \alpha_1 + \ldots + \alpha_n \quad \text{und} \quad \alpha! := \alpha_1 \cdots \alpha_n!\,.$$

(b) Für $\mathbf{x} = (x_1, \dots, x_n) \in \mathbb{R}^n$ und $\alpha = (\alpha_1, \dots, \alpha_n)$ definieren wir

$$\mathbf{x}^\alpha := x_1^{\alpha_1} \cdots x_n^{\alpha_n}.$$

Ein **Polynom** p vom Grad $m \in \mathbb{N}_0$ in den Variablen $x_1, \dots, x_n$ hat die Form

$$p(\mathbf{x}) = \sum_{|\alpha| \le m} c_\alpha \mathbf{x}^\alpha,$$

wobei mindestens ein c_α mit $|\alpha| = m$ von Null verschieden ist. Wir beachten dabei, daß es nur endlich viele $\alpha = (\alpha_1, \dots, \alpha_n)$ gibt mit $|\alpha| \le m$.

(c) Ferner setzen wir

$$\partial^\alpha := \left(\frac{\partial}{\partial x_1}\right)^{\alpha_1} \cdots \left(\frac{\partial}{\partial x_n}\right)^{\alpha_n} = \partial_1^{\alpha_1} \cdots \partial_n^{\alpha_n}.$$

Es ist also beispielsweise

$$\partial^{(1,2)} u = \frac{\partial}{\partial x_1} \frac{\partial}{\partial x_2} \frac{\partial}{\partial x_2} u = \frac{\partial^3 u}{\partial x_1 \partial x_2^2} = \partial_1 \partial_2 \partial_2 u.$$

Die Leibnizregel für $u, v \in \mathrm{C}^r(\Omega)$ und $|\gamma| \le r$ lautet ÜA

$$\partial^\gamma (u \cdot v) = \sum_{\alpha + \beta = \gamma} \frac{\gamma!}{\alpha! \beta!} \partial^\alpha u \cdot \partial^\beta v.$$

(d) Ein **linearer Differentialoperator m–ter Ordnung** auf einem Gebiet $\Omega \subset \mathbb{R}^n$ hat die Form

$$L : u \mapsto Lu = \sum_{|\alpha| \le m} a_\alpha \partial^\alpha u,$$

wobei die a_α Funktionen auf Ω sind und wenigstens ein a_α mit $|\alpha| = m$ keine Nullstellen besitzt.

Sind die Koeffizienten a_α C^∞–Funktionen, so kann L als linearer Operator $L : \mathrm{C}_c^\infty(\Omega) \to \mathrm{C}_c^\infty(\Omega)$ aufgefasst werden.

2.3 Faltung mit Testfunktionen

SATZ. *Für $u \in \mathrm{C}_c^k(\mathbb{R}^n)$ und $v \in L_{loc}^1(\mathbb{R}^n)$ gilt:*

(a) $u * v \in \mathrm{C}^k(\mathbb{R}^n)$,

(b) $\partial^\alpha (u * v) = (\partial^\alpha u) * v$ *für* $|\alpha| \le k$,

(c) $\operatorname{supp}(u * v) \subset \operatorname{supp} u + \operatorname{supp} v := \{\mathbf{x} + \mathbf{y} \mid \mathbf{x} \in \operatorname{supp} u, \ \mathbf{y} \in \operatorname{supp} v\}$.

(d) Mit $A := \operatorname{supp} v$ gilt insbesondere $j_\varepsilon * v \in \mathrm{C}^\infty(\mathbb{R}^n)$ und

$$\operatorname{supp}(j_\varepsilon * v) \subset A_\varepsilon := \{\mathbf{x} \in \mathbb{R}^n \mid \operatorname{dist}(\mathbf{x}, A) \le \varepsilon\} = \bigcup_{\mathbf{a} \in A} \overline{K_\varepsilon(\mathbf{a})}.$$

Beweis.

(a) und (b) $K := \operatorname{supp} u$ ist kompakt, also existiert für jeden Multiindex α mit $|\alpha| \le k$

$$M^\alpha := \max\{|\partial^\alpha u(\mathbf{x})| \mid \mathbf{x} \in K\} = \max\{|\partial^\alpha u(\mathbf{x})| \mid \mathbf{x} \in \mathbb{R}^n\},$$

und es gilt

$$|\partial^\alpha u(\mathbf{x}-\mathbf{y})\, v(\mathbf{y})| \le M^\alpha\, |v(\mathbf{y})| \quad \text{für alle } \mathbf{y} \in \mathbb{R}^n.$$

Nach dem Satz über Parameterintegrale existiert daher

$$(\partial^\alpha(u * v))(\mathbf{x}) = \partial^\alpha \int u(\mathbf{x}-\mathbf{y})v(\mathbf{y})\, d^n\mathbf{y} = \int \partial^\alpha u(\mathbf{x}-\mathbf{y})v(\mathbf{y})\, d^n\mathbf{y}$$

und ist stetig.

(c) Seien $K := \operatorname{supp} u$, $A := \operatorname{supp} v$. Für $\mathbf{x} \notin K + A$ verschwindet

$$(u * v)(\mathbf{x}) = \int u(\mathbf{x}-\mathbf{y})v(\mathbf{y})\, d^n\mathbf{y},$$

denn dann ist $\mathbf{x}-\mathbf{y} \notin K$ für alle $\mathbf{y} \in A$ und $v(\mathbf{y}) = 0$ für $\mathbf{y} \notin A$.

(d) Aus (c) folgt

$$\begin{aligned} \operatorname{supp}(j_\varepsilon * v) &\subset \{\, \mathbf{a} + \mathbf{y} \mid \mathbf{a} \in A \text{ und } \|\mathbf{y}\| \le \varepsilon\} \\ &= \bigcup_{\mathbf{a}\in A} \overline{K_\varepsilon(\mathbf{a})} =: B_\varepsilon . \end{aligned}$$

Zu zeigen bleibt

$$B_\varepsilon = A_\varepsilon := \{\mathbf{x} \mid \operatorname{dist}(\mathbf{x}, A) \le \varepsilon\}.$$

Für $\mathbf{x} \in B_\varepsilon$ gibt es ein $\mathbf{a} \in A$ mit $\|\mathbf{x}-\mathbf{a}\| \le \varepsilon$, also gilt $\operatorname{dist}(\mathbf{x}, A) \le \varepsilon$. Sei umgekehrt $d := \operatorname{dist}(\mathbf{x}, A) \le \varepsilon$. Dann gibt es Punkte $\mathbf{a}_n \in A$ mit $\|\mathbf{x}-\mathbf{a}_n\| < d + \frac{1}{n}$. Es folgt $\|\mathbf{a}_n\| < \|\mathbf{x}\| + d + \frac{1}{n} < \|\mathbf{x}\| + d + 1$. Daher besitzt die Folge, $(\mathbf{a}_n)$ eine konvergente Teilfolge. Für deren Grenzwert $\mathbf{a}$ gilt $\|\mathbf{x}-\mathbf{a}\| \le d \le \varepsilon$. □

3 Glättung von Funktionen

3.1 Definition und Beispiele

Sei $\Omega \subset \mathbb{R}^n$ offen und $u \in \mathcal{L}^1_{\text{loc}}(\Omega)$. Wir setzen $u(\mathbf{x}) := 0$ für $\mathbf{x} \in \mathbb{R}^n \setminus \Omega$. Sind $j_e\, p$ die in 1.2 eingeführten Standardbuckel, so heißt die Schar der Funktionen

$$u_\varepsilon = j_\varepsilon * u, \quad u_\varepsilon(\mathbf{x}) = \int_{\mathbb{R}^n} j_\varepsilon(\mathbf{x}-\mathbf{y})\, u(\mathbf{y})\, d^n\mathbf{y} \quad (\varepsilon > 0),$$

eine **Glättung** oder **Regularisierung** von u. Nach 2.3 gilt $u_\varepsilon \in \mathrm{C}^\infty(\mathbb{R}^n)$.

BEISPIELE. (a) Für die Heaviside–Funktion $u = \chi_{\mathbb{R}_+}$ ist $u_\varepsilon(x) = 0$ für $x \leq -\varepsilon$, $u_\varepsilon(x) = 1$ für $x \geq \varepsilon$, ferner wächst u_ε streng monoton in $[-\varepsilon, \varepsilon]$. Das folgt unmittelbar aus der Darstellung

$$u_\varepsilon(x) = (u * j_\varepsilon)(x) = \int\limits_{-\varepsilon}^{x} j_\varepsilon(t)\, dt\,.$$

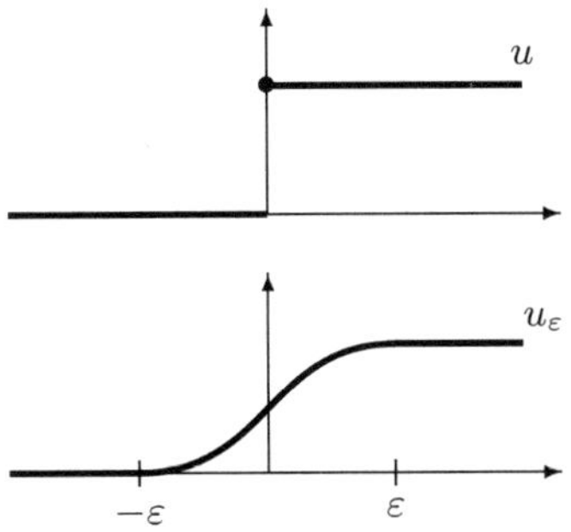

Offenbar gilt

$$\int\limits_{-\infty}^{+\infty} |u_\varepsilon - u|^p < 2\varepsilon \ \text{ für } p \geq 1\,.$$

(b) Ist $I \subset \mathbb{R}^n$ ein kompakter Quader und $u = \chi_I$ seine charakteristische Funktion, so wird u_ε nach 2.3 (d) eine C^∞–Funktion mit kompaktem Träger in $I_\varepsilon = \{\mathbf{x} \mid \mathrm{dist}\,(\mathbf{x}, I) \leq \varepsilon\}$. Aus

$$u_\varepsilon(\mathbf{x}) = \int\limits_{\mathbb{R}^n} j_\varepsilon(\mathbf{x} - \mathbf{y}) u(\mathbf{y})\, d^n\mathbf{y} = \int\limits_{I} j_\varepsilon(\mathbf{x} - \mathbf{y})\, d^n\mathbf{y}$$

entnehmen wir, daß $u_\varepsilon(\mathbf{x}) = u(\mathbf{x}) = 1$ für alle $\mathbf{x} \in I$ mit $\mathrm{dist}\,(\mathbf{x}, \partial I) \geq \varepsilon$ und daß $u_\varepsilon(\mathbf{x}) = u(\mathbf{x}) = 0$ für alle $\mathbf{x}$ mit $\mathrm{dist}\,(\mathbf{x}, I) \geq \varepsilon$. Ferner gilt $|u_\varepsilon(\mathbf{x}) - u(\mathbf{x})| \leq 1$ in $S_\varepsilon = \{\mathbf{x} \mid \mathrm{dist}\,(\mathbf{x}, \partial I) \leq \varepsilon\}$ und Volumen $V^n(S_\varepsilon) \leq \mathrm{const} \cdot \varepsilon$. Es folgt

$$\int |u_\varepsilon - u|^p \ \leq \ V^n(S_\varepsilon) \to 0 \ \text{ für } \varepsilon \ \to \ 0+\ .$$

BEMERKUNGEN (i) Aus $u_\varepsilon(\mathbf{x}) = u(\mathbf{x})$ für alle $\mathbf{x}$ mit $\mathrm{dist}\,(\mathbf{x}, \partial I) \geq \varepsilon$ folgt $\lim\limits_{\varepsilon \to 0+} u_\varepsilon(\mathbf{x}) = u(\mathbf{x})$ für alle $\mathbf{x} \notin \partial I$, d.h. fast überall.

(ii) Liegt I in einem Gebiet Ω, so gibt es ein $\varrho > 0$ mit $I_\varrho \subset \Omega$, vgl. Bd. 1, § 21: 8.3. Dann gilt $u_\varepsilon \in \mathrm{C}_c^\infty(\Omega)$ für $\varepsilon \leq \varrho$.

3.2 Glättung stetiger Funktionen

(a) SATZ. *Für jede stetige Funktion u mit kompaktem Träger in der offenen Menge Ω gilt $u_r := j_r * u \in \mathrm{C}_c^\infty(\Omega)$ für $r \ll 1$,*

$$u_r \ \to u \quad \textit{gleichmäßig auf } \Omega \textit{ und}$$

$$\int\limits_\Omega |u - u_r|^p \ \to \ 0 \ \textit{ für } 1 \leq p < \infty\,.$$

BEWEIS.
Im Fall $\mathrm{supp}\, u = \emptyset$, d.h. $u = 0$ ist $u_\varepsilon = 0$. Sei also $A := \mathrm{supp}\, u \neq \emptyset$. Wir setzen $\varrho := \frac{1}{4}\,\mathrm{dist}\,(A, \partial\Omega)$ (bzw. $\varrho := 1$, falls $\Omega = \mathbb{R}^n$). Nach Bd. 1, § 21 : 8.3 ist $\varrho > 0$. Ferner ist

$$A_r := \{\mathbf{x} \in \mathbb{R}^n \mid \mathrm{dist}\,(\mathbf{x}, A) \leq r\} \quad \text{für } r \leq 2\varrho$$

eine kompakte Teilmenge von Ω. Aus 2.3 (a),(d) folgt $u_r \in \mathrm{C}^\infty(\mathbb{R}^n)$ und $\operatorname{supp} u_r \subset A_r \subset \Omega$, also $u_r \in \mathrm{C}_c^\infty(\Omega)$ für $r \le 2\varrho$.

Sei $\varepsilon > 0$ gegeben. Wegen der gleichmäßigen Stetigkeit von u auf $A_{2\varrho}$ gibt es ein δ mit $0 < \delta < \varrho$ und

$$|u(\mathbf{x}) - u(\mathbf{y})| < \varepsilon \text{ für alle } \mathbf{x}, \mathbf{y} \in A_{2\varrho} \text{ mit } \|\mathbf{x} - \mathbf{y}\| < \delta .$$

Wegen $\int j_r(\mathbf{x} - \mathbf{y})\, d^n\mathbf{y} = 1$ folgt für $0 < r < \delta$

$$\begin{aligned} |u(\mathbf{x}) - u_r(\mathbf{x})| &= \Big| \int j_r(\mathbf{x} - \mathbf{y})(u(\mathbf{x}) - u(\mathbf{y}))\, d^n\mathbf{y} \Big| \\ &= \Big| \int\limits_{K_r(\mathbf{x})} j_r(\mathbf{x} - \mathbf{y})(u(\mathbf{x}) - u(\mathbf{y}))\, d^n\mathbf{y} \Big| \\ &< \varepsilon \int\limits_{K_r(\mathbf{x})} j_r(\mathbf{x} - \mathbf{y})\, d^n\mathbf{y} = \varepsilon . \end{aligned}$$

Zum Nachweis der zweiten Behauptung beachten wir, daß $\operatorname{supp} u, \operatorname{supp} u_r \subset A_{2\varrho}$ für $0 < r < \varrho$. Nach Bd. 1, § 23 : 4.6 gibt es kompakte Quader $I_1, \ldots, I_N$ in Ω mit $A_{2\varrho} \subset I_1 \cup \cdots \cup I_N =: K$. Wegen der gleichmäßigen Konvergenz $u_r \to u$ folgt

$$\int\limits_\Omega |u - u_r|^p = \int\limits_K |u - u_r|^p \to 0 \text{ für } r \to 0 .$$

□

(b) Folgerung. *Ist $K \subset \Omega$ kompakt und $u : K \to \mathbb{K}$ stetig, so gibt es eine Folge von Testfunktionen $\varphi_n \in \mathrm{C}_c^\infty(\Omega)$ mit $\varphi_n \to u$ gleichmäßig auf K.*

Beweis.

Nach dem in 5.3 zitierten Satz von Tietze–Uryson läßt sich u zu einer stetigen Funktion $\widetilde{u} \in \mathrm{C}_c^0(\Omega)$ fortsetzen, auf welche wir (a) anwenden. □

3.3 Die Testfunktionen liegen dicht in $\mathbf{L}^p(\Omega)$

(a) Satz. *Für $1 \le p < \infty$ ist $\mathrm{C}_c^\infty(\Omega)$ ein dichter Teilraum von $\mathrm{L}^p(\Omega)$.*

Wegen $\mathrm{C}_c^\infty(\Omega) \subset \mathrm{C}_c^0(\Omega) \subset \mathrm{L}^p(\Omega)$ ist daher auch $\mathrm{C}_c^0(\Omega)$ dicht in $\mathrm{L}^p(\Omega)$.

Beweis.

Wir zeigen zunächst: Die Treppenfunktionen u mit $\operatorname{supp} u \subset \Omega$ liegen dicht in $\mathrm{L}^p(\Omega)$ bezüglich der Norm

$$\|u\|_p = \Big(\int\limits_\Omega |u|^p \Big)^{1/p} .$$

Denn existiert $\int\limits_\Omega |f|^p$ im herkömmlichen Sinn, so gibt es zu jedem $\varepsilon > 0$ eine Vereinigung $K = I_1 \cup \ldots \cup I_N$ kompakter Quader $I_k \subset \Omega$ mit

$$\int\limits_\Omega |f|^p - \int\limits_K |f|^p < \varepsilon .$$

Ferner existiert eine Treppenfunktion u auf K mit $|u(\mathbf{x}) - f(\mathbf{x})| < \varepsilon$ für $\mathbf{x} \in K$. Es folgt

$$\int\limits_\Omega |f-u|^p = \int\limits_{\Omega\setminus K} |f|^p + \int\limits_K |f-u|^p < \varepsilon + \varepsilon^p V^n(K) .$$

Bei Zugrundelegung des Lebesgue–Integrals ergibt sich die Dichtigkeit der Treppenfunktionen in $\mathrm{L}^p(\Omega)$ nicht so leicht, wir verweisen auf § 20 : 8.4:

Sei u eine solche Treppenfunktion, $u = \sum\limits_{k=1}^N c_k \chi_{I_k}$ mit kompakten Quadern $I_k \subset \Omega$. Nach 3.1 (b) (ii) gibt es Testfunktionen $\varphi_{k,n} \in \mathrm{C}_c^\infty(\Omega)$ mit

$$\|\chi_{I_k} - \varphi_{k,n}\|_p < \frac{1}{n} .$$

Aus der Dreiecksungleichung folgt für $\varphi_n := \sum\limits_{k=1}^N c_k \varphi_{k,n} \in \mathrm{C}_c^\infty(\Omega)$:

$$\|u - \varphi_n\|_p \le \sum_{k=1}^N |c_k| \cdot \|\chi_{I_k} - \varphi_{k,n}\|_p \le \frac{1}{n} \sum_{k=1}^N |c_k| \to 0 \text{ für } n \to \infty. \quad \square$$

(b) Zusatz. *Die Funktion* $u \in \mathcal{L}^p(\Omega)$ *sei Null außerhalb von* Ω. *Dann gilt für* $u_r := j_r * u \in \mathrm{C}_c^\infty(\mathbb{R}^n)$

$$\int\limits_\Omega |u_r|^p \le \int\limits_\Omega |u|^p \quad \textit{und} \quad \lim_{r\to 0+} \int\limits_\Omega |u - u_r|^p = 0 .$$

Beweis.
Wir zeigen zunächst, daß für $\mathbf{x} \in \mathbb{R}^n$

$$|u_r(\mathbf{x})| \le \Big(\int\limits_{\mathbb{R}^n} j_r(\mathbf{x}-\mathbf{y})\, |u(\mathbf{y})|^p \, d^n\mathbf{y} \Big)^{1/p} .$$

Für $p = 1$ folgt dies aus der Definition von u_r. Für $1 < p < \infty$ gibt es ein $q > 1$ mit $1/p + 1/q = 1$. Aus der Hölderschen Ungleichung § 8: 2.3 (b) ergibt sich

$$\begin{aligned} |u_r(\mathbf{x})| &\le \int\limits_{\mathbb{R}^n} j_r(\mathbf{x}-\mathbf{y})^{1/q}, j_r(\mathbf{x}-\mathbf{y})^{1/p}\, |u(\mathbf{y})| \, d^n\mathbf{y} \\ &\le \Big(\int\limits_{\mathbb{R}^n} j_r(\mathbf{x}-\mathbf{y}) d^n\mathbf{y} \Big)^{1/q} \Big(\int\limits_{\mathbb{R}^n} j_r(\mathbf{x}-\mathbf{y})\, |u(\mathbf{y})|^p \, d^n\mathbf{y} \Big)^{1/p} \end{aligned}$$

$$= \int_{\mathbb{R}^n} j_r(\mathbf{x}-\mathbf{y}) \cdot |u(\mathbf{y})|^p \, d^n\mathbf{y} \,.$$

Mittels sukzessiver Integration und Vertauschung der Integrationsreihenfolge (vgl. § 8: 1.8) ergibt sich die Konvergenz des Integrals

$$(*) \quad \int_\Omega |u_r|^p \;\le\; \int_{\mathbb{R}^n} \Big(|u(\mathbf{y})|^p \int_{\mathbb{R}^n} j_r(\mathbf{x}-\mathbf{y})\, d^n\mathbf{x} \Big)\, d^n\mathbf{y} \;=\; \int_\Omega |u(\mathbf{y})|^p \, d^n\mathbf{y} \,.$$

Zu gegebenem $\varepsilon > 0$ gibt es nach (a) ein $\varphi \in \mathrm{C}_c^0(\Omega)$ mit $\|u-\varphi\|_p < \varepsilon$, und nach 3.2 gilt für $\varphi_r := j_r * \varphi$ und genügend kleines $r > 0$

$$\operatorname{supp} \varphi_r \subset \Omega \,, \qquad \|\varphi - \varphi_r\|_p < \varepsilon \,.$$

Aus $(*)$, angewandt auf $u-\varphi$, erhalten wir $\|u_r - \varphi_r\|_p \le \|u-\varphi\|_p$. Es folgt $\|u - u_r\|_p \le \|u-\varphi\|_p + \|\varphi-\varphi_r\|_p + \|\varphi_r - u_r\|_p < 3\varepsilon$ für $r \ll 1$. □

BEMERKUNGEN

(i) Für $u \in \mathrm{L}^p(\mathbb{R}^n)$ folgt $\|u-u_r\|_p \to 0$ für $r \to 0$.

(ii) Der Zusatz wird für die Theorie der Sobolew–Räume benötigt.

(iii) Verschwindet u nicht ausserhalb von Ω, wird die Sache komplizierter, wie der Beweis des folgenden Satzes zeigt.

3.4 Glättung lokalintegrierbarer Funktionen

Sei $u : \Omega \to \mathbb{K}$ auf Ω im Lebesgueschen Sinn lokalintegrierbar und $u_r = j_r * u$. Dann gilt für jede kompakte Teilmenge A von Ω

$$\lim_{r\to 0} \int_A |u - u_r| \;=\; 0 \,.$$

BEWEIS.

(a) Sei $r > 0$ so klein gewählt, daß $A_r = \{\mathbf{x} \in \Omega \mid \operatorname{dist}(\mathbf{x}, A) \le r\} \subset \Omega$. Für beliebiges $f \in \mathrm{L}^1_{\mathrm{loc}}(\Omega)$ gilt nach 2.3 $f_r = j_r * f \subset \mathrm{C}^\infty(\Omega) \subset \mathrm{L}^1_{\mathrm{loc}}(\Omega)$, und mit Hilfe von § 8: 1.8 erhalten wir

$$\int_A |f_r| \;=\; \int_A \Big| \int_{A_r} j_r(\mathbf{x}-\mathbf{y}) f(\mathbf{y})\, d^n\mathbf{y} \,\Big|\, d^n\mathbf{x} \;\le\; \int_A \Big(\int_{A_r} j_r(\mathbf{x}-\mathbf{y}) |f(\mathbf{y})|\, d^n\mathbf{y} \Big)\, d^n\mathbf{x}$$

$$= \int_{A_r} \Big(|f(\mathbf{y})| \int_A j_r(\mathbf{x}-\mathbf{y})\, d^n\mathbf{x} \Big)\, d^n\mathbf{y} \;\le\; \int_{A_r} |f(\mathbf{y})|\, d^n\mathbf{y} \,.$$

Wir schreiben dafür kurz $\|f_r\|_{1,A} \le \|f\|_{1,A_r}$.

(b) Wir fixieren ein $\varrho > 0$ mit $A_\varrho \subset \Omega$. Da $\mathrm{C}_c^0(\Omega)$ nach 3.3 dicht in $\mathrm{L}^1(\Omega)$ ist, finden wir zu gegebenem $\varepsilon > 0$ für $u \cdot \chi_{A_\varrho} \in \mathrm{L}^1(\Omega)$ ein $v \in \mathrm{C}_c^0(\Omega)$ mit $\int_\Omega \big| u \cdot \chi_{A_\varrho} - v \big| < \varepsilon$. Daher gilt

$$\|u - v\|_{1,A} \;\le\; \|u-v\|_{1,A_r} \;<\; \varepsilon \quad \text{für} \quad r \le \varrho \,.$$

Nach (a) mit $f := u - v$ erhalten wir für $r < \varrho$

$$\|u_r - v_r\|_{1,A} \le \|u - v\|_{1,A_r} < \varepsilon .$$

Es folgt

$$\begin{aligned}\|u - u_r\|_{1,A} &\le \|u - v\|_{1,A} + \|v - v_r\|_{1,A} + \|v_r - u_r\|_{1,A} \\ &< 2\varepsilon + \|v - v_r\|_{1,A} .\end{aligned}$$

Für genügend kleines r wird $\|v - v_r\|_{1,A} < \varepsilon$ nach 3.3, also $\int\limits_A |u - u_r| < 3\varepsilon$. □

3.5 Zerlegungen der Eins

(auch Partitionen der Eins genannt) dienen als technisches Hilfsmittel zur Einführung des Integrals auf Untermannigfaltigkeiten. Dazu benötigen wir das

LEMMA. *Zu jeder kompakten Teilmenge A einer offenen Menge $\Omega \subset \mathbb{R}^n$ gibt es eine Funktion $\varphi \in \mathrm{C}_c^\infty(\Omega)$ mit $\varphi(\mathbf{x}) = 1$ auf A und $0 \le \varphi(\mathbf{x}) \le 1$ sonst.*

FOLGERUNG. *Ist v meßbar und gilt $u \cdot v \in \mathcal{L}^1(\Omega)$ für alle $u \in \mathrm{C}_c^0(\Omega)$, so folgt $v \in \mathcal{L}^1_{\mathrm{loc}}(\Omega)$.*

BEWEIS.
Wir wählen ein $r > 0$ mit $A_{2r} = \{\mathbf{x} \in \mathbb{R}^n \mid \operatorname{dist}(\mathbf{x}, A) \le 2r\} \subset \Omega$. Für $u = \chi_{A_r}$ betrachten wir $u_r := j_r * u \in \mathrm{C}_c^\infty(\mathbb{R}^n)$. Aus 2.3 (d) folgt mit Hilfe der Dreiecksungleichung $\operatorname{supp} u_r \subset (A_r)_r = \bigcup\limits_{\mathbf{a} \in A_r} K_r(\mathbf{a}) \subset A_{2r} \subset \Omega$; weiter ist

$$0 \le \int\limits_{A_r} j_r(\mathbf{x} - \mathbf{y})\, d^n\mathbf{y} = u_r(\mathbf{x}) \le \int\limits_\Omega j_r(\mathbf{x} - \mathbf{y})\, d^n\mathbf{y} = 1 .$$

Für $\mathbf{x} \in A$ ist $j_r(\mathbf{x} - \mathbf{y}) = 0$ für $\mathbf{y} \notin A_r$, also $u_r(\mathbf{x}) = \int\limits_\Omega j_r(\mathbf{x} - \mathbf{y})\, d^n\mathbf{y} = 1$.

Die Folgerung ergibt sich aus der Tatsache, daß $u_r \cdot v$ eine nach Voraussetzung integrierbare Majorante für $v \cdot \chi_A$ ist. □

SATZ. *Sei $K \subset \mathbb{R}^n$ nichtleer und kompakt, und $V_1, \cdots, V_N$ seien nichtleere offene Mengen mit $K \subset V_1 \cup \cdots \cup V_N$. Dann gibt es Funktionen $\psi_k \in \mathrm{C}_c^\infty(V_k)$ mit $0 \le \psi_k \le 1$ und*

$$\sum_{k=1}^N \psi_k(\mathbf{x}) = 1 \quad \textit{auf } K .$$

BEWEIS.
(a) Wir konstruieren kompakte Mengen $A_k \subset V_k$ mit $K \subset A_1 \cup \cdots \cup A_N$: Zu jedem $\mathbf{x} \in K$ gibt es ein V_k mit $\mathbf{x} \in V_k$ und ein $r > 0$ mit $\overline{K_r(\mathbf{x})} \subset V_k$. Die zugehörigen $\Omega(\mathbf{x}) = K_r(\mathbf{x})$ bilden eine Überdeckung von K durch offene Mengen.

Nach dem Überdeckungssatz von Heine–Borel (Bd. 1, § 21 : 6.3) genügen endlich viele davon, um K zu überdecken: $K \subset \Omega(\mathbf{x}_1) \cup \dots \cup \Omega(\mathbf{x}_m)$. Wir definieren A_k als die Vereinigung aller $\overline{\Omega(\mathbf{x}_j)}$ mit $\overline{\Omega(\mathbf{x}_j)} \subset V_k$.

(b) Nach dem vorangehenden Lemma gibt es Funktionen $\varphi_k \in \mathrm{C}_c^\infty(V_k)$ mit $0 \le \varphi_k \le 1$ und $\varphi_k(\mathbf{x}) = 1$ auf A_k $(k = 1, \dots, N)$. Wir setzen

$$\psi_1 := \varphi_1\,,\ \psi_2 := \varphi_2(1-\varphi_1)\,,\ \dots\,,\ \psi_N := \varphi_N(1-\varphi_1)\cdots(1-\varphi_{N-1}).$$

Dann gilt $0 \le \psi_k \le 1$ für $k = 1, \dots, N$ und $\psi_k \in \mathrm{C}_c^\infty(V_k)$ wegen $\varphi_k \in \mathrm{C}_c^\infty(V_k)$. Sei $\mathbf{x} \in K$, also $\mathbf{x} \in A_m$ für ein geeignetes m. Wir erhalten

$$\varphi_m(\mathbf{x}) = 1\,, \quad \psi_{m+1}(\mathbf{x}) = \dots = \psi_N(\mathbf{x}) = 0$$

und damit

$$\begin{aligned}\sum_{k=1}^n \psi_k(\mathbf{x}) = \sum_{k=1}^m \psi_k(\mathbf{x}) \ &= \ \varphi_1(\mathbf{x}) + \varphi_2(\mathbf{x})\,(1-\varphi_1(\mathbf{x})) \\ &+ \varphi_3(\mathbf{x})\,(1-\varphi_1(x))\,(1-\varphi_2(x)) + \dots \\ &+ 1 \cdot (1-\varphi_1(\mathbf{x})) \cdots (1-\varphi_{m-1}(\mathbf{x}))\,.\end{aligned}$$

Der Rest ergibt sich aus der Formel

$$a_1 + a_2(1-a_1) + a_3(1-a_2)(1-a_1) + \dots + (1-a_1)\cdots(1-a_{m-1}) = 1$$

(ÜA , Induktion). □

4 Das Fundamentallemma der Variationsrechnung

4.1 Die klassische Version

Lemma von du Bois–Reymond. *Eine stetige Funktion $u : \Omega \to \mathbb{R}$ auf einer offenen Menge $\Omega \subset \mathbb{R}^n$ verschwindet, wenn*

$$\int_\Omega u(\mathbf{x})\,\varphi(\mathbf{x})\,d^n\mathbf{x} = 0 \quad \text{für alle} \quad \varphi \in \mathrm{C}_c^\infty(\Omega).$$

Aus dem Lemma erklärt sich die Bezeichnung „Testfunktionen“. Einen Schluss dieser Art verwendete LAGRANGE 1755 ohne Begründung bei der Aufstellung der Euler–Lagrange–Gleichungen der Variationsrechnung.

BEWEIS.

Angenommen $u \ne 0$, o.B.d.A. $u(\mathbf{a}) > 0$ für ein $\mathbf{a} \in \Omega$. Dann gibt es ein $r > 0$ mit $\overline{K_r(\mathbf{a})} \subset \Omega$ und

$$u(\mathbf{x}) \ge \varrho := \tfrac{1}{2}\,u(\mathbf{a}) > 0 \quad \text{für } \|\mathbf{x}-\mathbf{a}\| \le r\,.$$

Dann ergibt sich mit $\varphi(\mathbf{x}) = j_r(\mathbf{x} - \mathbf{a})$ der Widerspruch

$$0 = \int_\Omega u\varphi = \int_{K_r(\mathbf{a})} u\varphi \geq \varrho \int_{K_r(\mathbf{a})} \varphi = \varrho > 0 .$$ □

4.2 Die allgemeine Version des Fundamentallemmas

SATZ. *Gilt* $u \in \mathcal{L}^1_{\text{loc}}(\Omega)$ *und* $\int_\Omega u\varphi = 0$ *für alle* $\varphi \in \mathrm{C}_c^\infty(\Omega)$, *so ist* $u = 0$ *f.ü..*

Dieser Satz ist grundlegend für die Theorie der Distributionen.

BEWEIS.

(a) Nach Bd. 1, § 23 : 4.6 gilt $\Omega = \bigcup_{k=1}^\infty \Omega_k$ mit offenen Mengen $\Omega_1 \subset \Omega_2 \cdots$, wobei die $\overline{\Omega}_k$ kompakte Teilmengen von Ω sind. Wir zeigen anschließend, daß $u(\mathbf{x}) = 0$ f.ü. in jedem Ω_k. Daraus folgt die Behauptung, da eine abzählbare Vereinigung von Nullmengen eine Nullmenge ist.

(b) Sei Ω_k offen und $\overline{\Omega}_k$ eine kompakte Teilmenge von Ω. Für $\varphi \in \mathrm{C}_c^\infty(\Omega_k)$ und $r \ll 1$ gilt $\varphi_r = j_r * \varphi \in \mathrm{C}_c^\infty(\Omega)$ und somit $\int_\Omega u\,\varphi_r = 0$ nach Voraussetzung. Setzen wir $G(\mathbf{x}) := \int_{\Omega_k} j_r(\mathbf{x} - \mathbf{y})|\varphi(\mathbf{y})|\, d^n\mathbf{y}$, so ist G stetig und hat für $r \ll 1$ einen kompakten Träger in Ω, also existiert $\int_\Omega |u| \cdot G$. Aus dem Satz von Fubini folgt unter Beachtung von $j_r(\mathbf{x} - \mathbf{y}) = j_r(\mathbf{y} - \mathbf{x})$ und mit $u_r = j_r * u$

$$\begin{aligned} 0 &= \int_\Omega u\,\varphi_r = \int_\Omega \Big(u(\mathbf{x}) \int_{\Omega_k} j_r(\mathbf{x} - \mathbf{y})\varphi(\mathbf{y})\, d^n\mathbf{y} \Big)\, d^n\mathbf{x} \\ &= \int_{\Omega_k} \Big(\varphi(\mathbf{y}) \int_\Omega j_r(\mathbf{y} - \mathbf{x})u(\mathbf{x})\, d^n\mathbf{x} \Big)\, d^n\mathbf{y} = \int_{\Omega_k} \varphi\, u_r . \end{aligned}$$

Da u_r stetig ist, folgt $u_r(\mathbf{x}) = 0$ in Ω_k nach 4.1.

(c) Nach 3.4 gilt $\lim\limits_{r\to 0} \int_{\overline{\Omega}_k} |u - u_r| = 0$. Wegen $u_r = 0$ für $r \ll 1$ folgt $\int_{\Omega_k} |u| = 0$, also $u(\mathbf{x}) = 0$ f.ü. in Ω_k (§ 8: 1.5 (h)). □

Es bereitet keinerlei Schwierigkeiten, das Fundamentallemma auf vektorwertige und komplexwertige Funktionen zu übertragen.

Weiter läßt sich durch geringfügige Modifikation der Beweise 4.1,4.2 zeigen:

SATZ. *Gilt* $u \in \mathcal{L}^1_{\text{loc}}(\Omega)$ *und* $\int_\Omega u\,\varphi \geq 0$ *für alle* $\varphi \in \mathrm{C}_c^\infty(\Omega)$ *mit* $\varphi \geq 0$, *so ist* $u \geq 0$ *f.ü.*

4.3 Das Hilbertsche Lemma

Satz. *Gilt für eine Funktion* $u \in \mathcal{L}^1_{\text{loc}}(I)$ *auf einem offenen Intervall* I

$$\int_I u\varphi' \;=\; 0 \quad \textit{für alle} \quad \varphi \in \mathrm{C}_c^\infty(I),$$

so gibt es eine Konstante c *mit* $u = c$ *f.ü.*.

Beweis.
Wir fixieren ein $\varphi_0 \in \mathrm{C}_c^\infty(I)$ mit $\int_I \varphi_0 \;=\; 1$. Zu gegebener Testfunktion $\varphi \in \mathrm{C}_c^\infty(I)$ wählen wir ein die Träger von φ und φ_0 enthaltendes Intervall $[a,b] \subset I$ und setzen

$$\psi(x) \;:=\; \int_a^x \big(\,\varphi(t) \;-\; (\,\int_I \varphi\,)\cdot\varphi_0(t)\,\big)\,dt\,.$$

Die Funktion ψ ist C^∞-differenzierbar auf $\mathbb{R}$, ferner ist $\psi(x) = 0$ für $x \le a$, und für $x \ge b$ gilt

$$\psi(x) \;=\; \int_a^x \big(\varphi(t) \;-\; (\,\int_I \varphi\,)\cdot\varphi_0(t)\,\big)\,dt \;=\; \int_I \varphi \;-\; (\,\int_I \varphi\,)\cdot(\,\int_I \varphi_0\,) \;=\; 0\,.$$

Somit hat ψ kompakten Träger in I, und nach Voraussetzung gilt mit der Konstanten $c := \int_I \varphi_0 \cdot u$

$$0 = \int_I u\cdot\psi' \;=\; \int_I u\cdot\big(\varphi \;-\; (\int_I \varphi)\cdot\varphi_0\big) \;=\; \int_I (u \;-\; c)\cdot\varphi\,.$$

Da $\varphi \in \mathrm{C}_c^\infty(I)$ beliebig gewählt werden kann, folgt nach dem Fundamentallemma die Behauptung $u - c = 0$ f.ü.. □

5 Fortsetzung stetiger Funktionen, die Räume $\mathbf{C}^k(\overline{\Omega})$

5.1 Fortsetzung gleichmäßig stetiger Funktionen

(a) Satz. *Sei* $f : V_1 \supset D \to V_2$ *eine gleichmäßig stetige Abbildung von einer Teilmenge* D *eines normierten Raums* V_1 *in einen Banachraum* V_2. *Dann gibt es genau eine stetige Fortetzung* $F : \overline{D} \to V_2$ *von* f. *Diese ist gegeben durch*

$$F(u) \;:=\; \lim_{n\to\infty} f(u_n)\,, \quad \textit{falls } u = \lim_{n\to\infty} u_n \;\; \textit{mit } u_n \in D.$$

Die Fortsetzung F *ist gleichmäßig stetig auf* $\overline{D}$.

BEWEIS.
Besitzt f eine Fortsetzung $F \in \mathrm{C}^0(\overline{D})$, so gilt notwendig $F(u) = \lim\limits_{n\to\infty} f(u_n)$ für $u \in \overline{D}$ und jede Folge (u_n) in D mit $u_n \to u$. Also gibt es höchstens eine solche Fortsetzung.

Konstruktion einer Fortsetzung. Wir fixieren ein $u \in \overline{D}$ und betrachten eine Folge (u_n) in D mit $u_n \to u$. Sei $\varepsilon > 0$ gegeben. Nach Voraussetzung gibt es ein $\delta > 0$ mit

$$\|f(v) - f(w)\|_2 < \varepsilon \quad \text{für alle} \quad v, w \in D \quad \text{mit} \quad \|v - w\|_1 < \delta\,.$$

Wählen wir n_ε so, daß $\|u_m - u_n\|_1 < \delta$ für $m > n > n_\varepsilon$, so folgt daraus $\|f(u_m) - f(u_n)\|_2 < \varepsilon$. Also hat $(f(u_n))$ als Cauchyfolge einen Limes $z \in V_2$.

Für jede andere Folge (v_n) in D mit $v_n \to u$ gilt $\|f(v_n) - f(u_n)\|_2 < \varepsilon$, sobald $\|u_n - v_n\|_1 < \delta$. Es folgt $\lim\limits_{n\to\infty} f(v_n) = \lim\limits_{n\to\infty} f(u_n)$. Wir definieren $F(u)$ durch diesen, von der approximierenden Folge unabhängigen Limes.

Für $u \in D$ wählen wir die konstante Folge (u) und erhalten $F(u) = f(u)$.

Gleichmäßige Stetigkeit von F. Sei $\varepsilon > 0$ vorgegeben und $\delta > 0$ wie oben gewählt. Zu $u, v \in \overline{D}$ mit $\|u - v\|_1 < \delta$ seien (u_n), (v_n) Folgen in D mit $u_n \to u$, $v_n \to v$. Für genügend großes n gilt $\|u_n - v_n\|_1 < \delta$, also $\|f(u_n) - f(v_n)\|_1 < \varepsilon$. Es folgt

$$\|F(u) - F(v)\|_2 = \lim_{n\to\infty} \|f(u_n) - f(v_n)\|_1 \le \varepsilon \ \text{ für } \|u - v\|_1 < \delta\,. \qquad \square$$

(b) FOLGERUNG. *Ist $T : D \to V_2$ ein linearer Operator auf einem dichten Teilraum D von V_1 mit*

$$\|Tu\|_2 \le c\,\|u\|_1 \quad \textit{für alle} \quad u \in D,$$

so läßt sich T in eindeutiger Weise zu einem linearen Operator $\overline{T} : V_1 \to V_2$ fortsetzen. Für diesen gilt $\|\overline{T}u\|_2 \le c\,\|u\|_1$ für alle $u \in V_1$.

BEWEIS.
T ist gleichmäßig stetig auf D wegen $\|Tu - Tv\|_2 = \|T(u - v)\|_2 \le c\,\|u - v\|_1$ auf D. Nach (a) gibt es also eine eindeutig bestimmte stetige Fortsetzung $\overline{T} : V_1 = \overline{D} \to V_2$. Nach Definition von $\overline{T}$, nach den Rechenregeln für Grenzwerte und wegen der Stetigkeit der Norm folgt [ÜA]

$$\overline{T} \text{ ist linear und } \quad \|\overline{T}u\|_2 \le c\,\|u\|_1 \quad \text{für alle} \quad u \in V_1\,. \qquad \square$$

5.2 Die Räume $\mathrm{C}^k(\overline{\Omega})$

Eine Funktion $u : \Omega \to \mathbb{R}$ auf einem Gebiet Ω des $\mathbb{R}^n$ heißt **C^k–differenzierbar auf $\overline{\Omega}$** ($u \in \mathrm{C}^k(\overline{\Omega})$), wenn $u \in \mathrm{C}^k(\Omega)$ gilt und wenn sich die Funktionen

$\partial^\alpha u$ für alle Multiindizes α mit $|\alpha| \le k$ zu stetigen Funktionen auf $\overline{\Omega}$ fortsetzen lassen, die wir wieder mit $\partial^\alpha u$ bezeichnen.

Hinreichend dafür, daß eine Funktion $u \in \mathrm{C}^k(\Omega)$ auch zu $\mathrm{C}^k(\overline{\Omega})$ gehört, ist nach 5.1 die gleichmäßige Stetigkeit aller $\partial_\alpha u$ mit $|\alpha| \le k$ auf Ω.

Ist Ω beschränkt, so ist diese Bedingung auch notwendig. Denn $\overline{\Omega}$ ist kompakt, und jede auf $\overline{\Omega}$ stetige Funktion ist dort und damit erst recht auf Ω gleichmäßig stetig (Bd. 1, § 21 : 8.4).

BEMERKUNGEN, BEISPIELE

(a) Für offene Intervalle $\Omega = \,]a,b[$ stimmt $\mathrm{C}^k(\overline{\Omega})$, wie oben definiert, mit $\mathrm{C}^k\,[a,b]$ mit der bisher gebräuchlichen überein. Dies ergibt sich aus dem Mittelwertsatz [ÜA].

(b) Sei $\Omega = \,]a,b[$, $f \in \mathrm{C}^2(\Omega)$ und $\int\limits_\alpha^\beta |f''(x)|^2 \le C$ für alle $[\alpha,\beta] \subset \,]a,b[$. Dann gilt $f \in \mathrm{C}^2(\overline{\Omega})$ ([ÜA]. Zeigen Sie zunächst, daß f' gleichmäßig stetig ist.)

(c) Für ein sternförmiges Gebiet $\Omega \subset \mathbb{R}^n$ und $u \in \mathrm{C}^2(\Omega)$ seien alle zweiten Ableitungen $\partial_i\partial_k u$ beschränkt in Ω. Dann gilt $u \in \mathrm{C}^1(\overline{\Omega})$ [ÜA].

5.3 Der Satz von Tietze–Uryson

Jede auf einer kompakten Menge K des Gebiets $\Omega \subset \mathbb{R}^n$ stetige Funktion f läßt sich zu einer Funktion $F \in \mathrm{C}^0_c(\Omega)$ fortsetzen mit

$$\|F\|_\Omega \le \|f\|_K .$$

Für den Beweis verweisen wir auf [145] 4.8, 3.2, [151] I.8.5, Satz 4.

§ 11 Gaußscher Integralsatz und Greensche Formeln

Der Integralsatz von Gauß und die aus diesem folgenden Greenschen Integralformeln sind ein unverzichtbares Hilfsmittel für die Behandlung partieller Differentialgleichungen.

Eine Formulierung des Gaußschen Integralsatzes für Gaußsche Gebiete des $\mathbb{R}^3$ wurde in Bd. 1, § 26 gegeben. Für eine Verallgemeinerung auf höhere Dimensionen und für die wünschenswerte Einbeziehung allgemeinerer Ränder $\partial\Omega$ müssen wir vom Integral über Flächenstücke des $\mathbb{R}^3$ zur Integration auf Untermannigfaltigkeiten des $\mathbb{R}^n$ übergehen. Dies erfordert zwar einige begriffliche Vorbereitungen, doch tritt der Begriff der Untermannigfaltigkeit ohnehin in vielen physikalischen Kontexten auf und wurde auch im vorangehenden mehrfach angesprochen. An Vorkenntnissen werden das (Lebesgue) Integral stetiger Funktionen über kompakte Mengen (§ 8 : 1) und die Zerlegung der Eins (§ 10 : 3) benötigt.

1 Untermannigfaltigkeiten des $\mathbb{R}^n$

1.1 Definitionen und Beispiele

In Bd. 1, § 25 wurden ein Kurvenstück im $\mathbb{R}^n$, bzw. ein Flächenstück im $\mathbb{R}^3$ als Bildmenge einer einzigen regulären und stetig invertierbaren C^1–Parametrisierung definiert. Dies hat den Nachteil, daß „geschlossene“ Flächen wie z.B. die Einheitssphäre des $\mathbb{R}^3$ nicht erfasst wurden. Die Einheitssphäre wird durch eine Gleichung $\|\mathbf{x}\|^2 = 1$ beschrieben und ist eine Lösungsmannigfaltigkeit im Sinne von Bd. 1, § 22 : 5. Wir erinnern daran, daß eine Lösungsmannigfaltigkeit nach dem Satz über implizite Funktionen lokale Parametrisierungen besitzt, daß aber in den meisten Fällen eine einzige Parametrisierung nicht ausreicht.

Wir definieren jetzt m–dimensionale Untermannigfaltigkeiten des $\mathbb{R}^n$ zunächst lokal als Nullstellenmengen von C^r–Funktionen, rechtfertigen dann die Bezeichnung „m–dimensional“ und zeigen schließlich mit Hilfe des Satzes über implizite Funktionen, daß Untermannigfaltigkeiten lokale C^r–Parametrisierungen besitzen, die durch Parametertransformationen miteinander verbunden sind.

Definition. Eine nichtleere Menge $M \subset \mathbb{R}^n$ heißt **m–dimensionale $\mathbf{C}^r$–Untermannigfaltigkeit** ($1 \le m < n$, $1 \le r \le \infty$), wenn es zu jedem Punkt $\mathbf{a} \in M$ eine Umgebung V und eine C^r–Abbildung $\mathbf{f} : V \to \mathbb{R}^{n-m}$ gibt, so daß

(a) $M \cap V = \{\, \mathbf{x} \in V \mid \mathbf{f}(\mathbf{x}) = \mathbf{0} \,\}$ und

(b) $\operatorname{Rang} \mathbf{f}'(\mathbf{x}) = n - m$ für alle $\mathbf{x} \in V$.

Meist spezifizieren wir die Differenzierbarkeitsstufe $r \ge 1$ nicht und sprechen von *m–dimensionalen Untermannigfaltigkeiten.*

$(n-1)$–dimensionale Untermannigfaltigkeiten werden auch **Hyperflächen** genannt.

BEISPIELE. (i) In 1.2 (c) zeigen wir, daß Flächenstücke im $\mathbb{R}^3$ zweidimensionale Untermannigfaltigkeiten sind.

(ii) $S_r(\mathbf{a}) := \{\mathbf{x} \in \mathbb{R}^3 \mid \|\mathbf{x}\| = r\}$ ist eine zweidimensionale Untermannigfaltigkeit des $\mathbb{R}^3$, aber kein Flächenstück, wie wir in 1.4 (b) zeigen werden.

(iii) Eindimensionale Untermannigfaltigkeiten stellen eine Erweiterung des Begriffs „Spur einer C^r–Kurve“ dar; sie lassen sich lokal durch Parametrisierungen $t \mapsto \mathbf{x}(t)$ darstellen. Definitionsgemäß sind auch folgende Gebilde eindimensionale Untermannigfaltigkeiten des $\mathbb{R}^2$: Die Vereinigung endlich vieler sich nicht schneidender Kreislinien, ein Rechtecksrand ohne die Eckpunkte, die Hyperbel $x^2 - y^2 = 1$ mitsamt der Asymptoten $y = x$ sowie jede Schar äquidistanter paralleler Geraden.

(iv) Die Oberfläche eines Würfels ohne die Kanten ist eine zweidimensionale Untermannigfaltigkeit des $\mathbb{R}^3$.

1.2 Charakterisierungen m–dimensionaler Untermannigfaltigkeiten

(a) Eine m–dimensionale C^r–Untermannigfaltigkeit M läßt sich lokal auf C^r–differenzierbare Weise zu einem m–dimensionalen Ebenenstück E verbiegen:

Zu jedem Punkt $\mathbf{a} \in M$ *gibt es Umgebungen* $\mathcal{V}$ *von* $\mathbf{a}$, $\mathcal{W}$ *von* $\mathbf{0}$, *sowie einen* C^r*–Diffeomorphismus* $\mathbf{F} : \mathcal{V} \to \mathcal{W}$ *mit* $\mathbf{F}(\mathbf{a}) = \mathbf{0}$ *und*

$$\mathbf{F}(\mathcal{V} \cap M) = \{\mathbf{y} = (y_1, \ldots, y_n) \in \mathcal{W} \mid y_{m+1} = \cdots = y_n = 0\} =: E\,.$$

BEWEIS.

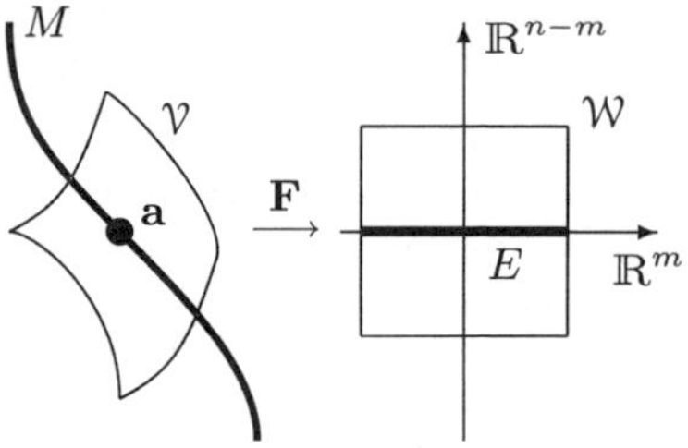

Nach der Definition 1.1 gibt es eine Umgebung V von $\mathbf{a}$ und eine C^r–Abbildung

$$\mathbf{f} = (f_{m+1}, \ldots, f_n) : V \to \mathbb{R}^{n-m}$$

mit $\operatorname{Rang} \mathbf{f}'(\mathbf{x}) = n - m$ in V und

$$M \cap V = \{\mathbf{x} \in V \mid \mathbf{f}(\mathbf{x}) = \mathbf{0}\}\,.$$

Wir schreiben $\mathbf{x} = (\mathbf{y}, \mathbf{z})$ mit $\mathbf{y} \in \mathbb{R}^m$, $\mathbf{z} \in \mathbb{R}^{n-m}$ und entsprechend $\mathbf{a} = (\mathbf{b}, \mathbf{c})$. Nach geeigneter Umnumerierung der Koordinaten dürfen wir annehmen, daß

$$d(\mathbf{y}, \mathbf{z}) := \det \left(\frac{\partial f_i}{\partial z_k}(\mathbf{y}, \mathbf{z}) \right) \neq 0$$

für $(\mathbf{y}, \mathbf{z}) \in V$, wobei $m + 1 \leq i,\ k \leq n$. Weiter setzen wir

$$\mathbf{F}(\mathbf{y}, \mathbf{z}) := (\mathbf{y} - \mathbf{b}, \mathbf{f}(\mathbf{y}, \mathbf{z}))\,.$$

$\mathbf{F}$ ist C^r–differenzierbar auf V, und es gilt

$$\mathbf{F}(\mathbf{y},\mathbf{z}) = (\mathbf{y}-\mathbf{b},\mathbf{0}) \in E \quad \text{für} \quad (\mathbf{y},\mathbf{z}) \in V \cap M,$$

insbesondere

$$\mathbf{F}(\mathbf{b},\mathbf{c}) = \mathbf{0}\,,$$

ferner $\det \mathbf{F}'(\mathbf{y},\mathbf{z}) = d(\mathbf{y},\mathbf{z}) \neq 0$ (ÜA , vgl. Bd. 1, § 22 : 5.7 (c)).

Nach dem lokalen Umkehrsatz Bd. 1, § 22 : 5.2 ist $\mathbf{F}$ nach passender Einschränkung ein Diffeomorphismus zwischen einer Umgebung $\mathcal{V}$ von $\mathbf{a}$ und einer Umgebung $\mathcal{W}$ von $\mathbf{0}$. □

(b) **Parametrisierungen einer Untermannigfaltigkeit.** *Zu jedem Punkt* $\mathbf{a}$ *einer* m*–dimensionalen* C^r*–Untermannigfaltigkeit* M *gibt es eine Umgebung* $\mathcal{V} \subset \mathbb{R}^n$, *ein Gebiet* $\mathcal{U} \subset \mathbb{R}^m$ *und eine* C^r*–Abbildung* $\boldsymbol{\Phi} : \mathcal{U} \to M$ *mit*

(i) $\boldsymbol{\Phi}(\mathcal{U}) = \mathcal{V} \cap M$,

(ii) $\boldsymbol{\Phi}'(\mathbf{u})$ *hat für jedes* $\mathbf{u} \in \mathcal{U}$ *den Maximalrang* m,

(iii) *Die Umkehrabbildung* $\boldsymbol{\Phi}^{-1} : \mathcal{V} \cap M \to \mathcal{U}$ *existiert und ist stetig.*

Jede solche Abbildung $\boldsymbol{\Phi}$ heißt eine **Parametrisierung** von M und die Bildmenge $\mathcal{V} \cap M$ eine **Parameterumgebung** von $\mathbf{a}$.

Die Umkehrabbildung $\boldsymbol{\Phi}^{-1} : \mathcal{V} \cap M \to \mathcal{U}$ nennen wir (in Anlehnung an die Geographie) eine **Karte** für M.

BEWEIS.

Es gibt nach (a) einen Diffeomorphismus $\mathbf{F} : \mathcal{V} \to \mathcal{W}$ einer Umgebung $\mathcal{V}$ von $\mathbf{a}$ auf eine Umgebung $\mathcal{W}$ von $\mathbf{0}$ mit $\mathbf{F}(\mathbf{a}) = \mathbf{0}$ und

$$\mathbf{F}(\mathcal{V} \cap M) = \{\mathbf{y} \in \mathcal{W} \mid y_{m+1} = \ldots = y_n = 0\}\,.$$

Wir setzen $\mathcal{U} := \{\mathbf{u} \in \mathbb{R}^m \mid (\mathbf{u},\mathbf{0}) \in \mathcal{W}\}$. Daß $\mathcal{U}$ eine offene Teilmenge des $\mathbb{R}^m$ ist, folgt aus der Offenheit von $\mathcal{W}$. Wegen der Stetigkeit der Projektion $\mathbf{P} : \mathcal{W} \to \mathcal{U}$, $(y_1,\ldots,y_n) \mapsto (y_1,\ldots,y_m)$ ist $\mathcal{U} = \mathbf{P}(\mathcal{W})$ zusammenhängend.

Wir definieren

$$\boldsymbol{\Phi} : \mathcal{U} \to \mathbb{R}^n\,, \quad \mathbf{u} \mapsto \mathbf{F}^{-1}(\mathbf{u},\mathbf{0})\,.$$

Dann gilt $\boldsymbol{\Phi} = \mathbf{F}^{-1} \circ \mathbf{E}$ mit der „Einbettung“ $\mathbf{E} : \mathcal{U} \to \mathcal{W}$, $\mathbf{u} \mapsto (\mathbf{u},\mathbf{0})$. Aus der C^∞–Differenzierbarkeit von $\mathbf{E}$ und der C^r–Differenzierbarkeit von $\mathbf{F}^{-1}$ folgt die C^r–Differenzierbarkeit von $\boldsymbol{\Phi}$, und es gilt nach der Kettenregel

$$\boldsymbol{\Phi}'(\mathbf{u}) = (\mathbf{F}^{-1})'(\mathbf{u},\mathbf{0}) \cdot \mathbf{E}'(\mathbf{u})\,.$$

Aus Rang $\mathbf{E}'(\mathbf{u}) = m$ folgt Rang $\mathbf{\Phi}'(\mathbf{u}) = m$, da die Jacobi–Matrix $(\mathbf{F}^{-1})'(\mathbf{u}, \mathbf{0})$ invertierbar ist.

Schließlich ist $\mathbf{\Phi} : \mathcal{U} \to \mathcal{V} \cap M$ bijektiv, und die Umkehrabbildung $\mathbf{\Phi}^{-1} = \mathbf{P} \circ \mathbf{F}$ ($\mathbf{P}$ wie oben) ist stetig. □

(c) SATZ. *Für eine nichtleere Teilmenge M des $\mathbb{R}^n$ sind folgende Eigenschaften äquivalent:*

(i) *M ist eine m–dimensionale C^r–Untermannigfaltigkeit.*

(ii) *M läßt sich im Sinne von* (a) *lokal zu m–dimensionalen Ebenenstücken geradebiegen.*

(iii) *Zu jedem Punkt von M gibt es eine Umgebung $\mathcal{V}$, so daß $M \cap \mathcal{V}$ Bildmenge einer C^r–Parametrisierung $\mathbf{\Phi} : \mathbb{R}^m \supset \mathcal{U} \to M$ ist.*

BEWEIS.

Es wurde bereits (i) $\Longrightarrow$ (ii) $\Longrightarrow$ (iii) gezeigt. Wir zeigen (iii) $\Longrightarrow$ (i):

Sei $\mathcal{V}$ eine Umgebung von $\mathbf{a} \in M$, $\mathcal{U}$ ein Gebiet des $\mathbb{R}^m$ und $\mathbf{\Phi} : \mathcal{U} \to \mathcal{V} \cap M$ eine C^r–Parametrisierung mit stetiger Umkehrung $\mathbf{\Phi}^{-1} : \mathcal{V} \cap M \to \mathcal{U}$. Schließlich sei $\mathbf{\Phi}(\mathbf{u}_0) = \mathbf{a}$ und Rang $\mathbf{\Phi}'(\mathbf{u}) = m$ für alle $\mathbf{u} \in \mathcal{U}$. O.B.d.A. dürfen wir annehmen, daß die ersten m Zeilen von $\mathbf{\Phi}'$ linear unabhängig sind. Die Aufspaltung $\mathbf{x} = (\mathbf{y}, \mathbf{z})$ mit $\mathbf{y} \in \mathbb{R}^m$, $\mathbf{z} \in \mathbb{R}^{n-m}$ führt zu Aufspaltungen $\mathbf{a} = (\mathbf{b}, \mathbf{c})$ und $\mathbf{\Phi}(\mathbf{u}) = (\varphi(\mathbf{u}), \psi(\mathbf{u}))$ mit $\det \varphi'(\mathbf{u}) \neq 0$ in $\mathcal{U}$ und $\varphi(\mathbf{u}_0) = \mathbf{b}$. Nach dem lokalen Umkehrsatz ist φ ein C^r–Diffeomorphismus zwischen geeigneten Umgebungen $\mathcal{U}_0 \subset \mathcal{U}$ von $\mathbf{u}_0$ und $V_1 := \varphi(\mathcal{U}_0)$ von $\mathbf{b}$. Wegen der Stetigkeit von $\mathbf{\Phi}$ auf $\mathcal{U}$ und von $\mathbf{\Phi}^{-1}$ auf $\mathcal{V} \cap M$ gibt es eine Umgebung V von $\mathbf{a}$ mit

$$\begin{aligned} \mathbf{x} = (\mathbf{y}, \mathbf{z}) \in V \cap M \quad &\Longleftrightarrow \quad \mathbf{\Phi}^{-1}(\mathbf{x}) \in \mathcal{U}_0 \\ &\Longleftrightarrow \quad \mathbf{x} = \mathbf{\Phi}(\mathbf{u}) \quad \text{mit} \quad \mathbf{u} \in \mathcal{U}_0 \,. \end{aligned}$$

Es folgt

$$\begin{aligned} (\mathbf{y}, \mathbf{z}) \in V \cap M \quad &\Longleftrightarrow \quad \mathbf{y} = \varphi(\mathbf{u}), \quad \mathbf{z} = \psi(\mathbf{u}) \quad \text{mit} \quad \mathbf{u} \in \mathcal{U}_0 \\ &\Longleftrightarrow \quad \mathbf{z} = \psi(\varphi^{-1}(\mathbf{y})) \quad \text{mit} \quad \mathbf{y} \in V_1 \,. \end{aligned}$$

Setzen wir

$$\mathbf{f}(\mathbf{y}, \mathbf{z}) := \mathbf{z} - \psi(\varphi^{-1}(\mathbf{y}))\,,$$

so gilt

$$d_{\mathbf{z}}\mathbf{f}(\mathbf{y}, \mathbf{z}) = E_{n-m}\,, \quad \text{also} \quad \operatorname{Rang} \mathbf{f}'(\mathbf{x}) = n - m$$

für $\mathbf{x} = (\mathbf{y}, \mathbf{z}) \in V_1 \times \mathbb{R}^{n-m}$.

Ferner ist $M \cap V = \{\mathbf{x} \in V \mid \mathbf{f}(\mathbf{x}) = \mathbf{0}\}$. □

1.3 Parametertransformationen

Zu je zwei Parametrisierungen

$$\mathbf{\Phi}_1 : \mathcal{U}_1 \to M\,, \quad \mathbf{\Phi}_2 : \mathcal{U}_2 \to M$$

einer m–dimensionalen C^r–Untermannigfaltigkeit M des $\mathbb{R}^n$, deren Bildmengen nichtleeren Durchschnitt D haben, ist

$$\mathbf{h} := \mathbf{\Phi}_2^{-1} \circ \mathbf{\Phi}_1$$

ein C^r–Diffeomorphismus zwischen den offenen Mengen $W_1 = \mathbf{\Phi}_1^{-1}(D)$, $W_2 = \mathbf{\Phi}_2^{-1}(D)$.

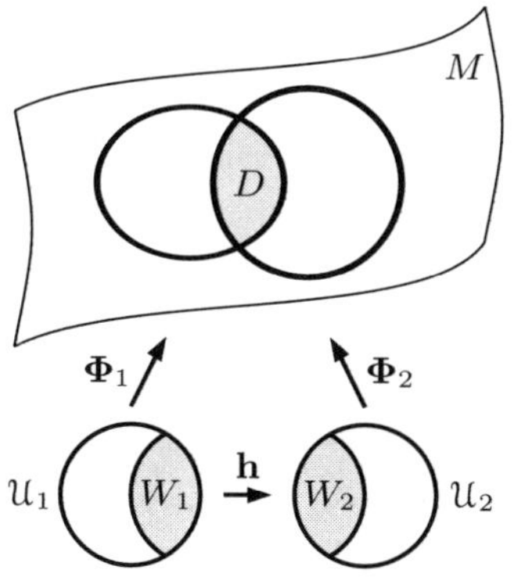

$\mathbf{h}$ heißt **Parameter**– oder **Koordinatentransformation**.

Beweis.

Nach Definition einer Parametrisierung gibt es Gebiete $\mathcal{V}_1, \mathcal{V}_2 \subset \mathbb{R}^n$ mit der Eigenschaft $\mathbf{\Phi}(\mathcal{U}_k) = \mathcal{V}_k \cap M$ $(k = 1, 2)$, also $D = \mathcal{V}_1 \cap \mathcal{V}_2 \cap M$.

(a) Die W_k sind offen als Urbilder der offenen Menge $\mathcal{V}_1 \cap \mathcal{V}_2$ unter den stetigen, auf den offenen Mengen $\mathcal{U}_k$ definierten Abbildungen $\mathbf{\Phi}_k$ $(k = 1, 2)$. Nach 1.2 (b) ist $\mathbf{h} := \mathbf{\Phi}_2^{-1} \circ \mathbf{\Phi}_1 : W_1 \to W_2$ bijektiv und mitsamt $\mathbf{h}^{-1}$ stetig. Zu zeigen bleibt die C^r–Differenzierbarkeit von $\mathbf{h}$ sowie $\det \mathbf{h}'(\mathbf{u}) \neq 0$ für $\mathbf{u} \in W_1$.

(b) Wir fixieren einen Punkt $\mathbf{u} \in W_1$ und setzen $\mathbf{a} := \mathbf{\Phi}_1(\mathbf{u})$. Nach 1.2 (a) gibt es Umgebungen, $\mathcal{V}$ von $\mathbf{a}$, $\mathcal{W}$ von $\mathbf{0}$ und einen C^r–Diffeomorphismus $\mathbf{F} : \mathcal{V} \to \mathcal{W}$ mit $\mathbf{F}(\mathbf{a}) = \mathbf{0}$ und

$$\mathbf{F}(\mathcal{V} \cap M) \;\subset\; \mathrm{Span}\,\{\mathbf{e}_1, \ldots, \mathbf{e}_m\} \;=:\; E\,.$$

Dabei dürfen wir $\mathcal{V} \subset \mathcal{V}_1 \cap \mathcal{V}_2$ annehmen. Wie oben ergibt sich, daß $W_k' := \mathbf{\Phi}_k^{-1}(\mathcal{V} \cap M)$ jeweils eine offene Teilmenge von W_k ist. Nach Wahl von $\mathbf{F}$ gilt

$$\mathbf{F} \circ \mathbf{\Phi}_1 \;=\; (\varphi_1, \ldots, \varphi_m, 0, \ldots, 0) \;=\; (\boldsymbol{\varphi}, \mathbf{0}) \quad \text{auf} \quad W_1\,,$$

$$\mathbf{F} \circ \mathbf{\Phi}_2 \;=\; (\psi_1, \ldots, \psi_m, 0, \ldots, 0) \;=\; (\boldsymbol{\psi}, \mathbf{0}) \quad \text{auf} \quad W_2$$

mit $\varphi_k \in \mathrm{C}^r(W_1')$, $\psi_k \in \mathrm{C}^r(W_2')$ sowie

$$\boldsymbol{\varphi}(W_1') = \boldsymbol{\psi}(W_2') = \{\mathbf{y} \in \mathbb{R}^m \mid (\mathbf{y}, \mathbf{0}) \in \mathcal{W}\} =: E_m\,.$$

Wegen der Stetigkeit von $\mathbf{\Phi}_k^{-1}$ ist E_m eine offene Teilmenge des $\mathbb{R}^m$ [ÜA]. Aus Rang $\mathbf{\Phi}_k' = m$ und der Invertierbarkeit von $\mathbf{F}'$ folgt nach der Kettenregel Rang $\boldsymbol{\varphi}' =$ Rang $\boldsymbol{\psi}' = m$. Wegen der Bijektivität der Abbildungen

$$\boldsymbol{\varphi} : W_1' \to E_m\,, \quad \boldsymbol{\psi} : W_2' \to E_m$$

sind diese Diffeomorphismen. Die Einschränkung von $\mathbf{h}$ auf die Umgebung W_1' von $\mathbf{u}$ ist

$$\mathbf{\Phi}_2^{-1} \circ \mathbf{\Phi}_1 = \mathbf{\Phi}_2^{-1} \circ \mathbf{F}^{-1} \circ \mathbf{F} \circ \Phi_1 = (\mathbf{F} \circ \mathbf{\Phi}_2)^{-1} \circ (\mathbf{F} \circ \mathbf{\Phi}_1) = \boldsymbol{\psi}^{-1} \circ \boldsymbol{\varphi}\,,$$

also C^r–differenzierbar mit $\det \mathbf{h}' = \det \boldsymbol{\varphi}'/(\det \boldsymbol{\psi}') \circ \boldsymbol{\varphi} \neq 0$. □

1.4 Atlanten

(a) *Für jede Untermannigfaltigkeit M gibt es eine Überdeckung durch höchstens abzählbar viele Parameterumgebungen $M \cap \mathcal{V}_i = \mathbf{\Phi}_i(\mathcal{U}_i)$.*

Die Kollektion der zugehörigen Karten heißt ein **Atlas** für M.

Im Fall $\mathcal{V}_i \cap \mathcal{V}_k \cap M \neq \emptyset$ sind $\mathbf{\Phi}_i$ und $\mathbf{\Phi}_k$ im Sinn von 1.3 durch Parametertransformationen verbunden.

(b) *Ist M kompakt, wie z.B. eine r–Sphäre im $\mathbb{R}^n$ oder ein Torus im $\mathbb{R}^3$, so besitzt M einen Atlas mit endlich vielen Karten, aber keinen Atlas mit nur einer Karte.*

(c) *Ist M nicht kompakt, so kann die Überdeckung in* (a) *so gewählt werden, daß $\overline{\mathcal{V}}_i \cap M$ jeweils kompakte Teilmengen von M sind und jede kompakte Teilmenge von M durch endlich viele von ihnen überdeckt wird.*

Beweis.
(a) Nach 1.2 (a) gibt es zu jedem $\mathbf{a} \in M$ eine Umgebung $\mathcal{V}$ und einen Diffeomorphismus $\mathbf{F} : \mathcal{V} \to \mathcal{W}$ auf eine Nullumgebung $\mathcal{W}$ mit

$$\mathbf{F}(\mathcal{V} \cap M) = \operatorname{Span}\{\mathbf{e}_1, \dots, \mathbf{e}_m\} \cap \mathcal{W} =: E_m\,.$$

Setzen wir

$$\mathcal{U} := \{\mathbf{u} \in \mathbb{R}^m \mid (\mathbf{u}, \mathbf{0}) \in E_m\} \quad \text{und} \quad \mathbf{\Phi}(\mathbf{u}) := \mathbf{F}^{-1}(\mathbf{u}, \mathbf{0})\,,$$

so erhalten wir nach 1.2 (b) eine Parametrisierung $\mathbf{\Phi} : \mathcal{U} \to \mathcal{V} \cap M$.

Im Hinblick auf (c) wählen wir eine Umgebung $\mathcal{V}_\mathbf{a}$ von $\mathbf{a}$ so, daß $\overline{\mathcal{V}}_\mathbf{a}$ eine kompakte Teilmenge von $\mathcal{V}$ ist. Dann ist $\mathbf{F}(\overline{\mathcal{V}}_\mathbf{a} \cap M) = \operatorname{Span}\{\mathbf{e}_1, \dots, \mathbf{e}_m\} \cap \mathbf{F}(\overline{\mathcal{V}}_\mathbf{a})$ kompakt, also ist auch die Bildmenge $\overline{\mathcal{V}}_\mathbf{a} \cap M$ unter $\mathbf{F}^{-1}$ kompakt. Nach Einschränkung von $\mathbf{\Phi}$ auf $\mathcal{U}_\mathbf{a} := \mathbf{F}(\mathcal{V}_\mathbf{a} \cap M)$ erhalten wir eine Parametrisierung $\mathbf{\Phi}_\mathbf{a} : \mathcal{U}_\mathbf{a} \to \mathcal{V}_\mathbf{a} \cap M$.

Für $\Omega := \bigcup\limits_{\mathbf{a} \in M} \mathcal{V}_\mathbf{a}$ gibt es nach Bd. 1, § 23 : 4.6 eine ausschöpfende Folge offener Mengen $\Omega_1 \subset \Omega_2 \subset \dots$ mit $\Omega = \bigcup\limits_{k=1}^{\infty} \Omega_k$, so daß die $\overline{\Omega}_k$ kompakte Teilmengen von Ω sind und jede kompakte Teilmenge von Ω in einer der Mengen Ω_k liegt. Nach dem Überdeckungssatz von Heine–Borel (Bd. 1, § 21 : 6.3) genügen jeweils endlich viele $\mathcal{V}_{\mathbf{a}}$, um ein einzelnes $\overline{\Omega}_k$ zu überdecken. Deren Zusammenfassung liefert eine abzählbare Kollektion M überdeckender Parameterumgebungen.

(b) Der erste Teil folgt wie oben aus dem Überdeckungssatz von Heine–Borel. Wäre die kompakte Mannigfaltigkeit M durch eine einzige Parametrisierung $\mathbf{\Phi} : \mathcal{U} \to M$ beschrieben, so wäre $\mathcal{U} = \mathbf{\Phi}^{-1}(M)$ als stetiges Bild einer kompakten Menge kompakt, andererseits aber offen. Das kann nicht sein. □

FOLGERUNG. *Jede Untermannigfaltigkeit des $\mathbb{R}^n$ ist eine V^n–Nullmenge.*

Da jede abzählbare Vereinigung von Nullmengen wieder eine Nullmenge ist, muss nach dem Beweis (a) nur folgendes gezeigt werden: Ist $\mathcal{V}$ Umgebung eines Flächenpunktes, und gibt es einen Diffeomorphismus

$$\mathbf{F} : \mathcal{V} \to \mathcal{W} \quad \text{mit} \quad \mathbf{F}(\mathcal{V} \cap M) =: E_m \subset \operatorname{Span}\{\mathbf{e}_1, \ldots, \mathbf{e}_m\},$$

so ist $\mathcal{V} \cap M$ eine V^n–Nullmenge. Da E_m eine V^n–Nullmenge ist, ergibt sich dies aus dem folgenden

SATZ. *Ist $\varphi : \Omega \to \Omega'$ ein Diffeomorphismus und $N \subset \Omega'$ eine Nullmenge, so ist auch $\varphi(N)$ eine Nullmenge.*

Denn aus dem Transformationssatz § 8: 1.9 ergibt sich

$$V^n(\varphi(N)) = \int_{\Omega'} \chi_{\varphi(N)} = \int_{\Omega} (\chi_{\varphi(N)} \circ \varphi)\,|\det \varphi'| = \int_{\Omega} \chi_N\,|\det \varphi'| = 0\,.$$

1.5 Orientierbarkeit und Orientierung

(a) Zwei Parametrisierungen $\mathbf{\Phi}_1 : \mathcal{U}_1 \to M \cap \mathcal{V}_1$, $\mathbf{\Phi}_2 : \mathcal{U}_2 \to M \cap \mathcal{V}_2$ einer Untermannigfaltigkeit M mit $D := M \cap \mathcal{V}_1 \cap \mathcal{V}_2 \neq \emptyset$ heißen **gleich orientiert**, wenn sie durch eine Parametertransformation $\mathbf{h}$ mit $\det \mathbf{h}' > 0$ verbunden sind, d.h. wenn $\mathbf{h} := \mathbf{\Phi}_2^{-1} \circ \mathbf{\Phi}_1 : \mathbf{\Phi}_1^{-1}(\mathcal{V}_1 \cap \mathcal{V}_2) \to \mathbf{\Phi}_2^{-1}(\mathcal{V}_1 \cap \mathcal{V}_2)$ ein orientierungstreuer Diffeomorphismus ist, d.h. $\det \mathbf{h}' > 0$. Im Fall $\det \mathbf{h}' < 0$ heißen sie **entgegengesetzt orientiert**.

(b) Eine Untermannigfaltigkeit heißt **orientierbar**, wenn es einen Atlas gibt, bei dem je zwei überlappende Parametrisierungen gleich orientiert sind. Überlappende Parametrisierungen $\mathbf{\Phi}$ eines Atlasses und $\mathbf{\Psi}$ eines anderen Atlasses einer orientierbaren Mannigfaltigkeit M sind entweder immer gleich oder immer entgegengesetzt orientiert [ÜA]. Die orientierenden Atlanten zerfallen somit in zwei Klassen. Eine **Orientierung** von M besteht in der Auszeichnung einer dieser Klassen.

(c) Wird eine m–dimensionale Untermannigfaltigkeit durch eine einzige Karte beschrieben, wie dies bei Flächenstücken im $\mathbb{R}^3$ der Fall ist, so ist sie offenbar orientierbar, vgl. Bd. 1, § 25 : 3.3. Andererseits gibt es zweidimensionale Untermannigfaltigkeiten des $\mathbb{R}^3$, die nicht orientierbar sind, etwa das Möbiusband ([143, II] 17.5).

1.6 Tangentialräume

Sei M eine m–dimensionale Untermannigfaltigkeit des $\mathbb{R}^n$. Ein Vektor $\mathbf{v} \in \mathbb{R}^n$ heißt **Tangentenvektor** von M im Punkt $\mathbf{a} \in M$, wenn es eine C^1–Kurve $\boldsymbol{\alpha} :]-\varepsilon, \varepsilon[\to M$ gibt mit

$$\boldsymbol{\alpha}(0) = \mathbf{a}\,, \quad \dot{\boldsymbol{\alpha}}(0) = \mathbf{v}\,.$$

Für eine Parametrisierung $\boldsymbol{\Phi} : \mathcal{U} \to \mathcal{V} \cap M$ mit $\boldsymbol{\Phi}(\mathbf{u}) = \mathbf{a} \in \mathcal{V} \cap M$ ist $\partial_k \boldsymbol{\Phi}(\mathbf{u}) = \frac{d}{dt}\boldsymbol{\Phi}(\mathbf{u} + t\mathbf{e}_k)\big|_{t=0}$ ein Tangentenvektor. Wegen $\operatorname{Rang} \boldsymbol{\Phi}'(\mathbf{u}) = m$ sind $\mathbf{v}_1 = \partial_1 \boldsymbol{\Phi}(\mathbf{u}), \ldots, \mathbf{v}_m = \partial_m \boldsymbol{\Phi}(\mathbf{u})$ linear unabhängige Tangentenvektoren.

SATZ. (a) *Die Menge aller Tangentenvektoren von M im Punkt $\mathbf{a} \in M$ bildet einen m–dimensionalen Vektorraum, den* **Tangentialraum** $T_{\mathbf{a}}M$. *Es gilt*

(a) $\quad T_{\mathbf{a}}M = \operatorname{Span}\{\partial_1 \boldsymbol{\Phi}(\mathbf{u}), \ldots, \partial_m \boldsymbol{\Phi}(\mathbf{u})\} = \operatorname{Bild} \boldsymbol{\Phi}'(\mathbf{u})$

für jede Parametrisierung $\boldsymbol{\Phi}$ *mit* $\boldsymbol{\Phi}(\mathbf{u}) = \mathbf{a}$ *und*

(b) $\quad T_{\mathbf{a}}M = \operatorname{Kern} \mathbf{f}'(\mathbf{a})$ *bzw.* $T_{\mathbf{a}}M^{\perp} = \operatorname{Span}\{\nabla f_{m+1}(\mathbf{a}), \ldots, \nabla f_n(\mathbf{a})\}$

für jede C^1*–Abbildung* $\mathbf{f} = (f_{m+1}, \ldots, f_n)$, *die* M *in einer Umgebung von* $\mathbf{a}$ *als Nullstellenmenge beschreibt, vgl.* 1.1.

BEWEIS.
Wir zeigen zunächst $\operatorname{Bild} \boldsymbol{\Phi}'(\mathbf{u}) \subset T_{\mathbf{a}}M \subset \operatorname{Kern} \mathbf{f}'(\mathbf{a})$ und anschließend die Gleichheit der drei Mengen.

(i) Für $\mathbf{v} = \boldsymbol{\Phi}'(\mathbf{u})\mathbf{w} \in \operatorname{Bild} \boldsymbol{\Phi}'(\mathbf{u})$ ist $t \mapsto \boldsymbol{\alpha}(t) := \boldsymbol{\Phi}(\mathbf{u} + t\mathbf{w})$ eine Kurve in M mit $\dot{\boldsymbol{\alpha}}(0) = \boldsymbol{\Phi}'(\mathbf{u})\mathbf{w} = \mathbf{v}$, somit gilt $\mathbf{v} \in T_{\mathbf{a}}M$.

(ii) Sei $\mathbf{v} \in T_{\mathbf{a}}M$, also $\mathbf{v} = \dot{\boldsymbol{\alpha}}(0)$ für eine Kurve $\boldsymbol{\alpha}$ auf M mit $\boldsymbol{\alpha}(0) = \mathbf{a}$. Dann gilt $\mathbf{f}(\boldsymbol{\alpha}(t)) = \mathbf{0}$ für $|t| \ll 1$. Daraus folgt $\mathbf{f}'(\mathbf{a})\mathbf{v} = \frac{d}{dt}\mathbf{f}(\boldsymbol{\alpha}(t))\big|_{t=0} = \mathbf{0}$, also $\mathbf{v} \in \operatorname{Kern} \mathbf{f}'(\mathbf{a})$.

(iii) Aus $\mathbf{f} \circ \boldsymbol{\Phi} = \mathbf{0}$ folgt nach der Kettenregel $\mathbf{f}'(\mathbf{a}) \cdot \boldsymbol{\Phi}'(\mathbf{u}) = \mathbb{0}$. Also ist $\operatorname{Bild} \boldsymbol{\Phi}'(\mathbf{u}) = \operatorname{Span}\{\partial_1 \boldsymbol{\Phi}(\mathbf{u}), \ldots, \partial_m \boldsymbol{\Phi}(\mathbf{u})\}$ ein m–dimensionaler Teilraum von $\operatorname{Kern} \mathbf{f}'(\mathbf{a})$. Wegen $\operatorname{Rang} \mathbf{f}'(\mathbf{a}) = n - m$ hat $\operatorname{Kern} \mathbf{f}'(\mathbf{a})$ die Dimension m, hieraus ergibt sich die Gleichheit der Teilräume $\operatorname{Bild} \boldsymbol{\Phi}'(\mathbf{u})$ und $\operatorname{Kern} \mathbf{f}'(\mathbf{a})$. □

1.7 Differenzierbare Funktionen auf Untermannigfaltigkeiten

Nach 1.2 (b) ist eine Funktion $f : M \to \mathbb{R}$ genau dann stetig ($f \in \mathrm{C}^0(M)$), wenn $f \circ \boldsymbol{\Phi}$ für jede Parametrisierung $\boldsymbol{\Phi}$ von M stetig ist. Eine Funktion $f : M \to \mathbb{R}$ auf einer C^r–Untermannigfaltigkeit $M \subset \mathbb{R}^n$ heißt entsprechend $\mathbf{C^k}$**–differenzierbar** ($f \in \mathrm{C}^k(M)$, $0 \le k \le r$) wenn $f \circ \boldsymbol{\Phi}$ für jede C^r–Parametrisierung $\boldsymbol{\Phi}$ von M C^k–differenzierbar ist. Hierfür genügt es nach 1.2 (c) und 1.3 bereits, daß es zu jedem Punkt $\mathbf{a} \in M$ wenigstens eine

C^k–Parametrisierung einer Flächenumgebung $\mathcal{V} \cap M$ von $\mathbf{a}$ gibt, so daß $f \circ \mathbf{\Phi}$ C^k–differenzierbar ist.

Ein Vektorfeld $\mathbf{v} : M \to \mathbb{R}^n$ heißt C^k–differenzierbar oder ein C^k–Vektorfeld auf M, wenn die einzelnen Komponenten $v_1, \dots, v_n$ C^k–differenzierbar sind.

1.8 Die Gramsche Matrix

Für eine Parametrisierung $\mathbf{\Phi}$ einer m–dimensionalen Untermannigfaltigkeit $M \subset \mathbb{R}^n$ hat die **Gramsche Matrix**

$$G(\mathbf{u}) := \mathbf{\Phi}'(\mathbf{u})^T \, \mathbf{\Phi}'(\mathbf{u})$$

die Koeffizienten

$$g_{ik}(\mathbf{u}) = \langle \partial_i \mathbf{\Phi}(\mathbf{u}) \, , \, \partial_k \mathbf{\Phi}(\mathbf{u}) \rangle \, .$$

Bei einer Umparametrisierung $\mathbf{\Phi} = \mathbf{\Psi} \circ \mathbf{h}$ ergibt die Kettenregel

$$\mathbf{\Phi}'(\mathbf{u}) = \mathbf{\Psi}'(\mathbf{h}(\mathbf{u})) \, \mathbf{h}'(\mathbf{u}) \, .$$

Bezeichnen wir die $n \times m$–Matrix $\mathbf{\Psi}'(\mathbf{h}(\mathbf{u}))$ mit A, so gilt $\partial_i \mathbf{\Phi}(\mathbf{u}) = A \, \partial_i \mathbf{h}(\mathbf{u})$, also

$$G(\mathbf{u}) = (A\mathbf{h}'(\mathbf{u}))^T (A\mathbf{h}'(\mathbf{u})) = \mathbf{h}'(\mathbf{u})^T A^T A \mathbf{h}'(\mathbf{u}) \, .$$

Dabei ist $A^T A = H(\mathbf{h}(\mathbf{u}))$ mit der Gramschen Matrix $H(\mathbf{v}) := \mathbf{\Psi}'(\mathbf{v})^T \mathbf{\Psi}'(\mathbf{v})$ von $\mathbf{\Psi}$.

Für die **Gramsche Determinante** $g(\mathbf{u}) := \det(g_{ik}(\mathbf{u})) = \det G(\mathbf{u})$ gilt daher

$$g(\mathbf{u}) \;=\; \det H(\mathbf{h}(\mathbf{u})) \, (\det \mathbf{h}'(\mathbf{u}))^2 \, .$$

Die Gramsche Matrix wird bei der Darstellung der Kurvenlänge benötigt: Ist $\boldsymbol{\alpha} : [a, b] \to M$ eine Kurve auf M, die bezüglich einer Parametrisierung Φ der Untermannigfaltigkeit M die Koordinatendarstellung $\boldsymbol{\alpha} = \Phi \circ \boldsymbol{\gamma}$ mit einer C^1–Kurve $\boldsymbol{\gamma} : [a, b] \to \mathcal{U}$ im Parametergebiet $\mathcal{U}$ besitzt, so gilt nach Bd. 1, § 24 : 2.1 ÜA

$$L_a^b(\boldsymbol{\alpha}) \;=\; \int_a^b \sqrt{\sum_{i,k=1}^{n} g_{ik}(\gamma(t)) \dot{\gamma}_i(t) \dot{\gamma}_k(t)} \; dt \, .$$

Beispiel. Für die Parametrisierung $\mathbf{\Phi}(\mathbf{u}) = (\mathbf{u}, \varphi(\mathbf{u}))$ einer Fläche M als Graph einer C^1–Funktion $\varphi : \mathbb{R}^m \supset \Omega \to \mathbb{R}$ ergibt sich als Gramsche Determinante

$$g(\mathbf{u}) \;=\; 1 + \|\boldsymbol{\nabla} \varphi(\mathbf{u})\|^2 \, .$$

Zum Nachweis setzen wir $\mathbf{a} = (a_1, \dots, a_m) := \boldsymbol{\nabla} \varphi(\mathbf{u})$, $A := \mathbf{a} \cdot \mathbf{a}^T = (a_i a_k)$.

Die Gramsche Matrix schreibt sich dann

$$G(\mathbf{u}) = (g_{ik}(\mathbf{u})) = (\delta_{ik} + a_i a_k) = E + A.$$

Im Fall $\mathbf{a} = \mathbf{0}$ gibt es nichts zu beweisen; sei also $\mathbf{a} \neq \mathbf{0}$. Nach Bd. 1, § 18 : 3.4 ist $g(\mathbf{u}) = \det G(\mathbf{u})$ das Produkt der Eigenwerte (mit Vielfachheit) von $G(\mathbf{u})$. Diese sind von der Form $1 + \lambda$, wobei λ ein Eigenwert von A ist. Aus der Gleichung $A\mathbf{y} = \mathbf{a} \cdot \mathbf{a}^T\mathbf{y} = \langle \mathbf{a}, \mathbf{y} \rangle \mathbf{a}$ lesen wir ab, daß alle zu $\mathbf{a}$ orthogonalen Vektoren zu Kern A gehören und daß $A\mathbf{a} = \|\mathbf{a}\|^2 \mathbf{a}$ gilt. Die Matrix A hat also den $(m-1)$–fachen Eigenwert 0 und den einfachen Eigenwert $\lambda = \|\mathbf{a}\|^2$. Das liefert die Behauptung $g(\mathbf{u}) = (1+0)^{m-1}(1+\|\mathbf{a}\|^2) = 1+\|\mathbf{a}\|^2 = 1+\|\nabla\varphi(\mathbf{u})\|^2$.

2 Integration auf Untermannigfaltigkeiten

2.1 Konstruktion des Integrals

Für eine stetige Funktion $f : M \to \mathbb{R}$ auf einer m–dimensionalen Untermannigfaltigkeit M des $\mathbb{R}^n$ definieren wir **das Integral** $\int_K f\, do$ **über kompakte Teilmengen** K **von** M in zwei Schritten:

(a) Liegt K in einer Parameterumgebung, d.h. in der Bildmenge einer Parametrisierung $\mathbf{\Phi} : \mathbb{R}^m \supset \mathcal{U} \to M \cap \mathcal{V}$, so setzen wir

$$\int_K f\, do := \int_{\mathbf{\Phi}^{-1}(K)} f(\mathbf{\Phi}(\mathbf{u}))\sqrt{g(\mathbf{u})}\, d^m\mathbf{u}, \quad \text{kurz} \quad \int_{\mathbf{\Phi}^{-1}(K)} (f \circ \mathbf{\Phi})\sqrt{g}\, d^m\mathbf{u}$$

mit der in 1.6 eingeführten Gramschen Matrix $g(\mathbf{u})$. Die Unabhängigkeit der rechten Seite von der Parametrisierung ergibt sich aus 1.8 mit Hilfe des Transformationssatzes für Integrale [ÜA].

(b) Für eine beliebige kompakte Teilmenge K von M gibt es nach 1.4 (b) endlich viele Parameterumgebungen $\mathcal{V}_k \cap M$ und zugehörige Parametrisierungen $\mathbf{\Phi}_k : \mathbb{R}^m \supset \mathcal{U}_k \to \mathcal{V}_k \cap M$, so daß $K \subset \bigcup_{k=1}^{p} \mathcal{V}_k$. Nach § 10: 3.5 gibt es eine zugehörige Zerlegung der Eins durch Testfunktionen $\varphi_k \in \mathrm{C}_c^\infty(\mathcal{V}_k)$ mit $0 \leq \varphi_k \leq 1$ und $\sum_{k=1}^{p} \varphi_k = 1$ auf K. Wir setzen $A_k := K \cap \operatorname{supp} \varphi_k$ und definieren

$$\int_K f\, do := \sum_{k=1}^{p} \int_{A_k} f\,\varphi_k\, do,$$

wobei die rechts auftretenden Integrale im Sinne von (a) zu verstehen sind.

Daß sich für jede Überdeckung von K und jede Zerlegung der Eins derselbe Wert ergibt, sehen wir wie folgt ein:
Sei $K \subset \mathcal{W}_1 \cup \cdots \cup \mathcal{W}_q$, wobei $\mathcal{W}_l \cap M$ jeweils die Bildmenge einer geeigneten Parametrisierung $\mathbf{\Psi}_l$ von M ist. Ferner seien $\psi_l \in \mathrm{C}_c^\infty(\mathcal{W}_l)$ Testfunktionen mit

$0 \le \psi_l \le 1$ und $\sum\limits_{l=1}^{q} \psi_l = 1$ auf K. Mit $B_l := K \cap \operatorname{supp} \psi_l$ ergibt sich

$$\begin{aligned}\sum_{k=1}^{p} \int_{A_k} f\,\varphi_k\,do &= \sum_{k=1}^{p} \Big(\int_{A_k} \sum_{l=1}^{q} f\,\varphi_k\,\psi_l \Big)\,do = \sum_{k=1}^{p} \sum_{l=1}^{q} \int_{B_l} f\,\varphi_k\,\psi_l\,do \\ &= \sum_{l=1}^{q} \int_{B_l} \Big(\sum_{k=1}^{p} f\,\psi_l\,\varphi_k \Big)\,do = \sum_{l=1}^{q} \int_{B_l} f\,\psi_l\,do\,.\end{aligned}$$

(c) *Das Integral* $\int\limits_M f\,do$ *über eine Untermannigfaltigkeit* M. Ist M kompakt oder wird M durch endlich viele Parameterumgebungen überdeckt, so definieren wir $\int\limits_M f\,do$ gemäß (b). Andernfalls können wir nach 1.4 (c) abzählbar viele kompakte Mengen $K_i \subset M$ derart wählen, daß $M = \bigcup\limits_{i=1}^{\infty} K_i$ und daß jede kompakte Teilmenge von M durch endlich viele von ihnen überdeckt wird. Die kompakten Mengen $C_k := \bigcup\limits_{i=1}^{k} K_i$ haben dieselbe Eigenschaft, zusätzlich gilt $C_1 \subset C_2 \subset \ldots$.

Eine stetige Funktion $f : M \to \mathbb{R}$ heißt **über M integrierbar**, falls die Folge der Integrale $\int\limits_{C_k} |f|\,do$ beschränkt ist. In diesem Fall definieren wir

$$\int_M f\,do := \lim_{k\to\infty} \int_{C_k} f\,do\,.$$

Die Unabhängigkeit dieser Integrale von der Wahl der ausschöpfenden Folge (C_k) ergibt sich wie im Beweis des Ausschöpfungssatzes Bd. 1, § 23 : 4.6, 4.7.

(d) Der **m–dimensionale Inhalt** einer kompakten Teilmenge K von M ist definiert durch

$$A^m(K) := \int_K 1\,do\,.$$

Ferner setzen wir

$$A^m(M) := \int_M 1\,do = \sup\{A^m(K) \mid K \text{ ist kompakte Teilmenge von } M\}\,,$$

falls $\int\limits_M 1\,do$ existiert; andernfalls sei $A^m(M) := \infty$.

Bemerkungen. (i) Da in (a) beliebige kompakte Teilmengen $\boldsymbol{\Phi}^{-1}(K)$ als Integrationsgebiete zugelassen sind, ist der Lebesguesche Integralbegriff zugrunde zu legen.

(ii) Läßt sich M durch eine einzige Parametrisierung beschreiben, so ergibt sich im Fall $m = 1$ wieder das skalare Kurvenintegral, im Fall $m = 2$, $n = 3$ das skalare Oberflächenintegral, vgl. Bd. 1, § 24 : 3.1 und § 25 : 3.1.

2.2 Eigenschaften des Integrals über Untermannigfaltigkeiten

(a) Die *Linearität und die Monotonie des Integrals* ergeben sich direkt aus der Definition. Die Integrierbarkeit von $f \in \mathrm{C}^0(M)$ über M ist äquivalent zur Existenz einer integrierbaren Majorante g. Es gilt dann

$$\Big| \int\limits_M f\, do \Big| \le \int\limits_M g\, do\,.$$

(b) Für kompakte Mengen $K \subset M$ und $f \in \mathrm{C}^0(M)$ gilt die *Integralabschätzung*

$$\Big| \int\limits_K f\, do \Big| \le \max\{|f(\mathbf{x})| \mid \mathbf{x} \in K\} \cdot A^m(K)\,.$$

(c) Unter den folgenden Voraussetzungen ist die Bestimmung des Integrals über eine kompakte Menge K ohne Heranziehung von Zerlegungen der Eins möglich: Sei K darstellbar als Vereinigung $K = K_1 \cup \dots \cup K_N$, wobei jede der kompakten Mengen K_i in einer Parameterumgebung $\mathbf{\Phi}_i(\mathcal{U}_i) = \mathcal{V}_i \cap M$ liegt, und für $i \neq j$ seien die Mengen $\mathbf{\Phi}_i^{-1}(K_i \cap K_j)$, $\mathbf{\Phi}_j^{-1}(K_i \cap K_j)$ Nullmengen im $\mathbb{R}^m$. Dann gilt

$$\int\limits_K f\, do = \sum_{i=1}^N \int\limits_{K_i} f\, do\,,$$

wobei sich jedes der Integrale auf der rechten Seite nach (a) ergibt.

Beweis.
Das Majorantenkriterium und die Integralabschätzung ergeben sich aus der Definition des Integrals [ÜA].

(c) Einfachheitshalber betrechten wir nur den Fall $N = 2$. Nach 2.1 (b) gibt es Funktionen $\varphi_1 \in \mathrm{C}_c^\infty(\mathcal{V}_1)$, $\varphi_2 \in \mathrm{C}_c^\infty(\mathcal{V}_2)$ mit $0 \le \varphi_1, \varphi_2 \le 1$ und $\varphi_1 + \varphi_2 = 1$ auf K. Für $A_i := \operatorname{supp} \varphi_i \subset \mathcal{V}_i$ gilt $\mathbf{\Phi}_i^{-1}(A_i \cap K_1) \cup \mathbf{\Phi}_i^{-1}(A_i \cap K_2) = \mathbf{\Phi}_i^{-1}(A_i \cap K)$ und $A_i \cap K_1 \cap K_2 \subset K_1 \cap K_2$. Also sind $\mathbf{\Phi}_i^{-1}(A_i \cap K_1 \cap K_2)$ für $i = 1, 2$ Nullmengen im $\mathbb{R}^m$, und nach Definition des Integrals in 2.1 gilt

$$\begin{aligned}
\int\limits_K f\, do &= \int\limits_{A_1} f\varphi_1\, do + \int\limits_{A_2} f\varphi_2\, do \\
&= \int\limits_{A_1 \cap K_1} f\varphi_1\, do + \int\limits_{A_1 \cap K_2} f\varphi_1\, do \\
&+ \int\limits_{A_2 \cap K_1} f\varphi_2\, do + \int\limits_{A_2 \cap K_2} f\varphi_2\, do\,.
\end{aligned}$$

Wegen $\varphi_1 + \varphi_2 = 1$ auf jeder der Mengen K_i gilt dabei nach 2.1 (b)

$$\int\limits_{A_1 \cap K_i} f\varphi_1\, do + \int\limits_{A_2 \cap K_i} f\varphi_2\, do = \int\limits_{K_i} f\, do \quad (i = 1, 2)\,.$$

□

2.3 Der Beitrag niederdimensionaler Mengen zum Integral

Sei M eine m–dimensionale Untermannigfaltigkeit des $\mathbb{R}^n$ und $N \subset M$ eine kompakte k–dimensionale Untermannigfaltigkeit mit $k < m$. Dann ist $M \setminus N$ eine m–dimensionale Untermannigfaltigkeit, und es gilt

$$\int\limits_M f\,do = \int\limits_{M\setminus N} f\,do \quad \textit{sowie} \quad \int\limits_N f\,do = 0$$

für jede über M integrierbare Funktion $f \in \mathrm{C}^0(M)$.

Beweisskizze.

Bemerkung. Das erste Integral ist im Sinne der Integration über M zu verstehen, das zweite im Sinne der Integration über $M \setminus N$ und das dritte im Sinne der Integration über N. Wir schreiben im folgenden deutlichkeitshalber

$$\int\limits_M f\,do_1\,, \quad \int\limits_{M\setminus N} f\,do_2\,, \quad \int\limits_N f\,do_3\,.$$

(a) *$M \setminus N$ ist eine m–dimensionale Untermannigfaltigkeit*, denn zu jedem Punkt $\mathbf{a} \in M \setminus N$ gibt es eine Parameterumgebung $\mathcal{V} \cap M$ für M mit $\mathcal{V} \cap N = \emptyset$. Die zugehörige Parametrisierung von M ist auch eine von für $M \setminus N$.

(b) Für kompakte Teilmengen K von $M \setminus N$ gilt $\int\limits_K f\,do_1 = \int\limits_K f\,do_2$. Das ergibt sich aus der Definition 2.1 (a), 2.1 (b) des Integrals, da jede Parametrisierung von $M \setminus N$ auch eine Parametrisierung von M ist. Nach Konstruktion des Integrals 2.1 (c) folgt daher aus der Integrierbarkeit von $f \in \mathrm{C}^0(M)$ über M die Integrierbarkeit über $M \setminus N$.

(c) Sind $C_1 \subset C_2 \subset \ldots$ kompakte Mengen mit $M \setminus N = \bigcup\limits_{k=1}^{\infty} C_k$, so gilt $M = \bigcup\limits_{k=1}^{\infty} (C_k \cup N)$. Wegen (b) und der Definition 2.1 ist daher nur zu zeigen, daß

$$\int\limits_{K\cup N} f\,do_1 \;=\; \int\limits_K f\,do_1$$

für kompakte Teilmengen K von $M \setminus N$ und daß $A^m(N) = 0$. Nach 2.2 (c) ist dabei $\int\limits_{K\cup N} f\,do_1 = \int\limits_K f\,do_1 + \int\limits_N f\,do_1$, denn $K \cap N = \emptyset$. Somit reduziert sich der Beweis auf den Nachweis von $A^m(N) = 0$.

(d) N wird durch endlich viele Parameterumgebungen $\mathcal{V} \cap M$ der folgenden Art überdeckt: $\mathcal{V} \cap M$ enthält einen Punkt $\mathbf{a} \in N$, und es gibt einen Diffeomorphismus $\mathbf{F} : \mathcal{V} \to \mathcal{W}$ auf eine Umgebung $\mathcal{W}$ von $\mathbf{0}$ mit $\mathbf{F}(\mathcal{V} \cap M) = E_m \subset \operatorname{Span}\{\mathbf{e}_1, \ldots, \mathbf{e}_m\}$. Ferner ist $\mathcal{V} \cap N$ eine Parameterumgebung von $\mathbf{a}$ bezüglich N, d.h. es gibt eine bijektive C^1–Abbildung $\mathbf{\Psi} : \mathbb{R}^k \supset \Omega \to \mathcal{V} \cap N$ mit stetiger Inverser. Dann gilt

(i) $\mathbf{F} \circ \boldsymbol{\Psi} : \mathbb{R}^k \supset \Omega \to \mathbf{F}(\mathcal{V} \cap N)$ ist eine Parametrisierung von $\mathbf{F}(\mathcal{V} \cap N)$, aufgefaßt als k–dimensionale Untermannigfaltigkeit von $E_m = \mathbf{F}(\mathcal{V} \cap M)$.

(ii) Nach 1.2 (b) erhalten wir eine Parametrisierung von M durch

$$\boldsymbol{\Phi} : U := \{\mathbf{u} \in \mathbb{R}^m \mid (\mathbf{u}, \mathbf{0}) \in E_m\} \;\to\; \mathcal{V} \cap M\,, \quad \mathbf{u} \mapsto \mathbf{F}^{-1}(\mathbf{u}, \mathbf{0})\,,$$

wobei $\boldsymbol{\Phi}^{-1}(\mathbf{u}) = \mathbf{F}(\mathbf{u})$ für $\mathbf{u} \in \mathcal{V} \cap M$. Die Punkte $\mathbf{u}$ mit $(\mathbf{u}, \mathbf{0}) \in \mathbf{F}(\mathcal{V} \cap M)$ bilden nach (i) eine k–dimensionale Untermannigfaltigkeit von U. Also gilt für beliebige kompakte Teilmengen K von $\mathcal{V} \cap N$ nach Definition des Integrals, wegen der Folgerung 1.4 und aufgrund des schon Bewiesenen $\int\limits_K 1\, do_1 = \int\limits_K 1\, do_3 = 0$. □

2.4 Integration über Sphären und zwiebelweise Integration

(a) Sei $S_r(\mathbf{c}) \subset \mathbb{R}^{m+1}$ die Sphäre mit Mittelpunkt $\mathbf{c} = (\mathbf{a}, b)$ und Radius $r > 0$. Wir parametrisieren die obere Halbsphäre $S_r^+(\mathbf{c})$ und die untere Halbsphäre $S_r^-(\mathbf{c})$ als Graphen:

$$S_r^{\pm}(\mathbf{c}) = \left\{ \left(\mathbf{x}, b \pm \sqrt{r^2 - \|\mathbf{x} - \mathbf{a}\|^2}\,\right) \;\middle|\; \mathbf{x} \in \mathbb{R}^m\,,\ \|\mathbf{x} - \mathbf{a}\| < r \right\}.$$

Der Äquator $\{(\mathbf{x}, b) \mid \|\mathbf{x} - \mathbf{a}\| = r\}$ ist eine kompakte $(m-1)$–dimensionale Untermannigfaltigkeit; das folgt unmittelbar aus der Definition 1.1 [ÜA]. Da $S_r(\mathbf{c})$ kompakt ist, gilt für $f \in \mathrm{C}^0(S_r(\mathbf{c}))$ nach dem vorangehenden Satz

$$\int\limits_{S_r(\mathbf{c})} f\, do = \int\limits_{S_r^+(\mathbf{c})} f\, do + \int\limits_{S_r^-(\mathbf{c})} f\, do\,.$$

Aus der Definition von 2.1 (a) ergibt sich mit Hilfe von 1.8 [ÜA]

$$\begin{aligned}\int\limits_{S_r^+(\mathbf{c})} f\, do &= r \int\limits_{K_r(\mathbf{a})} f(\mathbf{x}, b + \sqrt{r^2 - \|\mathbf{x} - \mathbf{a}\|^2}\,)\, \frac{d^m\mathbf{x}}{\sqrt{r^2 - \|\mathbf{x} - \mathbf{a}\|^2}} \\ &= r^m \int\limits_{\|\boldsymbol{\xi}\| < 1} f(\mathbf{a} + r\boldsymbol{\xi}, b + r\sqrt{1 - \|\boldsymbol{\xi}\|^2}\,)\, \frac{d^m\boldsymbol{\xi}}{\sqrt{1 - \|\boldsymbol{\xi}\|^2}}\,,\end{aligned}$$

letzteres nach dem Transformationssatz für Integrale [ÜA]. Im Integral über $S_r^-(\mathbf{c})$ ist jeweils nur $b + r\sqrt{}$ durch $b - r\sqrt{}$ zu ersetzen.

(b) **Zwiebelweise Integration**. *Sei $n \geq 3$ und f stetig auf der Kugelschale*

$$K := \left\{\mathbf{x} \in \mathbb{R}^n \;\middle|\; r_1 < \|\mathbf{x}\| < r_2\right\} \quad \textit{mit} \quad 0 \leq r_1 < r_2\,.$$

Dann ist $r \mapsto \int\limits_{S_r(\mathbf{0})} f\, do$ *stetig in* $]r_1, r_2[$, *und es gilt*

$$\int\limits_K f(\mathbf{x})\, d^n(\mathbf{x}) = \int\limits_{r_1}^{r_2} \Big(\int\limits_{S_r(\mathbf{0})} f\, do \Big)\, dr\,,$$

falls eines dieser Integrale existiert.

BEWEIS.
Die Stetigkeit von $r \mapsto \int\limits_{S_r(\mathbf{0})} f\,do = \int\limits_{S_r^+(\mathbf{0})} f\,do + \int\limits_{S_r^-(\mathbf{0})} f\,do$ folgt aus der zweiten Darstellung der rechtsstehenden Integrale in (a); dabei ist $m = n-1$.

Wir stellen $\mathbf{x} \in K$ in der Form $(\mathbf{y}, t)$ dar mit $\mathbf{y} \in \mathbb{R}^m$ und $r_1^2 < \|\mathbf{y}\|^2 + t^2 < r_2^2$. Für $r_1 < \varrho_1 < \varrho_2 < r_2$ sei

$$\Omega := \left\{(\boldsymbol{\xi}, r) \mid \boldsymbol{\xi} \in \mathbb{R}^m,\ \varrho_1 < r < \varrho_2,\ \|\boldsymbol{\xi}\| < 1\right\} \quad \text{und}$$

$$\Omega' := \left\{(\mathbf{y}, t) \mid \mathbf{y} \in \mathbb{R}^m,\ t > 0,\ \varrho_1^2 < \|\mathbf{y}\|^2 + t^2 < \varrho_2^2\right\}.$$

Dann liefert

$$\boldsymbol{\varphi}(\boldsymbol{\xi}, r) := \left(r\boldsymbol{\xi}, r\sqrt{1 - \|\boldsymbol{\xi}\|^2}\,\right)$$

eine bijektive Abbildung des Zylinders Ω auf die obere Kugelschale Ω' mit

$$\det \boldsymbol{\varphi}'(\boldsymbol{\xi}, r) = \frac{r^m}{\sqrt{1 - \|\boldsymbol{\xi}\|^2}} > 0 \quad \boxed{\text{ÜA}}.$$

Daher ist $\boldsymbol{\varphi}$ ein Diffeomorphismus, und der Transformationssatz für Integrale liefert

$$\int\limits_{\Omega'} f(\mathbf{y}, t)\, d^m\mathbf{y}\, dt = \int\limits_{\Omega} f(r\boldsymbol{\xi}, r\sqrt{1 - \|\boldsymbol{\xi}\|^2}\,) \frac{r^m}{\sqrt{1 - \|\boldsymbol{\xi}\|^2}}\, d^m\boldsymbol{\xi}\, dr$$

$$= \int\limits_{\varrho_1}^{\varrho_2} \Big(\int\limits_{S_r^+(\mathbf{0})} f\,do\Big)\, dr,$$

letzteres durch sukzessive Integration und nach (a). Entsprechendes ergibt sich für den unteren Teil der Kugelschale. Der Ausschöpfungssatz Bd. 1, § 23 : 4.7 liefert die Behauptung. □

(c) BEISPIEL. Nach (a) ist der Oberflächeninhalt der r–Sphäre $S_r(\mathbf{0})$ im $\mathbb{R}^n$

$$A^{n-1}(S_r(\mathbf{0})) = 2r^{n-1} \int\limits_{\|\boldsymbol{\xi}\|<1} \frac{d^{n-1}\boldsymbol{\xi}}{\sqrt{1 - \|\boldsymbol{\xi}\|^2}} =: \omega_n\, r^{n-1}.$$

Dabei ist ω_n der Oberflächeninhalt der Einheitssphäre. Aus [148], 14.9 entnehmen wir

$$\omega_n = \frac{2\pi^{n/2}}{\Gamma(n/2)} = \begin{cases} \dfrac{\pi^k}{k!} & \text{für} \quad n = 2k \\[2ex] \dfrac{2^{k+1} \cdot \pi^k}{1 \cdot 3 \cdot \ldots \cdot (2k+1)!} & \text{für} \quad n = 2k+1. \end{cases}$$

FOLGERUNGEN. (i) $\mathbf{x} \mapsto \|\mathbf{x}\|^{-p}$ ist genau dann über jede Kugel $K_r(\mathbf{0})$ des $\mathbb{R}^n$ integrierbar, wenn $p < n$ und genau dann über $\mathbb{R}^n \setminus K_r(\mathbf{0})$ integrierbar, wenn $p > n$. Insbesondere ist $1/(1 + \|\mathbf{x}\|^p)$ für $p > n$ über den $\mathbb{R}^n$ integrierbar.

(ii) $\log \|\mathbf{x}\|$ ist über jede Kreisscheibe in der Ebene integrierbar.

(iii) Mit Hilfe von (b) folgt $V^n(K_r(\mathbf{0})) = \dfrac{\omega_n}{n} r^n$.

2.5 Parameterintegrale

SATZ. *Sei $M \subset \mathbb{R}^n$ eine kompakte C^{r+1}–Untermannigfaltigkeit ($r = 1, 2, \dots$), $\Omega \subset \mathbb{R}^m$ ein Gebiet und $f : \Omega \times M \to \mathbb{R}$ eine C^r–Funktion. Dann ist*

$$F(\mathbf{x}) = \int_M f(\mathbf{x}, \mathbf{y})\, do(\mathbf{y}) \quad \textit{für} \quad \mathbf{x} \in \Omega .$$

in Ω C^r–differenzierbar und es darf unter dem Integral differenziert werden.

Der BEWEIS ergibt sich aus der Definition des Integrals über Untermannigfaltigkeiten und dem Satz § 8 : 1.7 über Parameterintegrale [ÜA].

3 Der Gaußsche Integralsatz

3.1 Normalgebiete

Bei der folgenden Version des Gaußschen Integralsatzes folgen wir der Darstellung in [150] Bd.2, § 10.

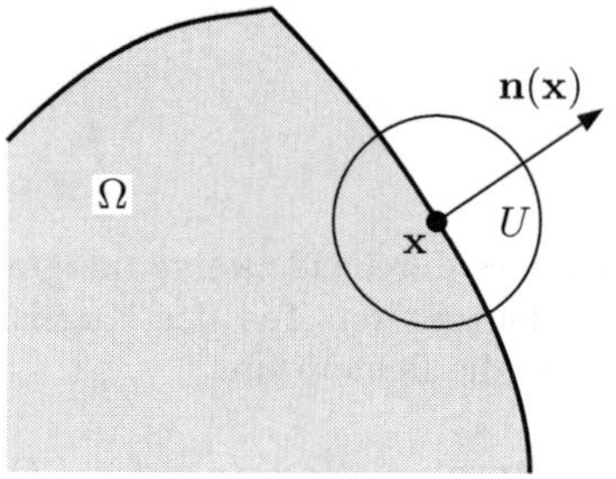

Ein Randpunkt $\mathbf{a} \in \partial\Omega$ eines Gebietes $\Omega \subset \mathbb{R}^n$ ($n \geq 2$) heißt **regulär**, wenn es eine Umgebung U von $\mathbf{a}$ und eine C^1–Funktion $\psi : U \to \mathbb{R}$ gibt mit

$$(*) \quad \begin{cases} U \cap \Omega = \{\mathbf{x} \in U \mid \psi(\mathbf{x}) < 0\}, \\ U \setminus \Omega = \{\mathbf{x} \in U \mid \psi(\mathbf{x}) \geq 0\}, \\ \nabla\psi(\mathbf{x}) \neq \mathbf{0} \ \text{ für } \mathbf{x} \in U. \end{cases}$$

Gibt es also reguläre Randpunkte, so bilden diese nach 1.1 eine $(n-1)$–dimensionale C^1–Untermannigfaltigkeit $M = \partial_{\mathrm{reg}}\Omega$.

Auf $M = \partial_{\mathrm{reg}}\Omega$ existiert genau ein stetiges Vektorfeld $\mathbf{n}$ mit

$$\mathbf{n}(\mathbf{x}) \perp T_{\mathbf{x}}M, \quad \|\mathbf{n}(\mathbf{x})\| = 1,$$

$$\mathbf{x} + t\,\mathbf{n}(\mathbf{x}) \in \mathbb{R}^n \setminus \overline{\Omega}, \quad \mathbf{x} - t\,\mathbf{n}(\mathbf{x}) \in \Omega \quad \textit{für} \quad 0 < t \ll 1$$

für jedes $\mathbf{x} \in \partial_{\mathrm{reg}}\Omega$. Ist $\psi : U \to \mathbb{R}$ eine Ω lokal beschreibende Funktion wie in $(*)$, so gilt $\mathbf{n} = \nabla\psi / \|\nabla\psi\|$ auf $U \cap \partial\Omega$.

Beweis.

Es gibt höchstens ein Vektorfeld $\mathbf{n}$ mit diesen Eigenschaften. Zum Nachweis der Existenz wählen wir $\psi : U \to \mathbb{R}$ wie in $(*)$ und setzen

$$\mathbf{n} := \frac{\nabla\psi}{\|\nabla\psi\|} \quad \text{auf} \quad U \cap \partial_{reg}\Omega\,.$$

Dann sind die beiden ersten Eigenschaften erfüllt. Für $f(t) := \psi(\mathbf{x} + t\,\mathbf{n}(\mathbf{x}))$ gilt $f(0) = 0$ und $f'(0) = \langle \nabla\psi(\mathbf{x}), \mathbf{n}(\mathbf{x})\rangle = \|\nabla\psi(\mathbf{x})\| > 0$. Für $0 < t \ll 1$ folgt also $\psi(\mathbf{x} + t\,\mathbf{n}(\mathbf{x})) = f(t) > 0$ und $\psi(\mathbf{x} - t\,\mathbf{n}(\mathbf{x})) = f(-t) < 0$, somit $\mathbf{x} + t\,\mathbf{n}(\mathbf{x}) \notin \overline{\Omega}$ und $\mathbf{x} - t\,\mathbf{n}(\mathbf{x}) \in \Omega$. □

Eine Menge $S \subset \mathbb{R}^n$ heißt eine **$(n-1)$–Nullmenge**, wenn es zu jedem $\varepsilon > 0$ eine Folge von Würfeln $W_1, W_2, \ldots \subset \mathbb{R}^n$ mit Seitenlängen $d(W_i)$ gibt, so daß

$$S \subset \bigcup_{i=1}^{\infty} W_i\,, \quad \sum_{i=1}^{\infty} d(W_i)^{n-1} < \varepsilon\,.$$

S ist z.B. eine $(n-1)$–Nullmenge, wenn S in der endlichen oder abzählbaren Vereinigung von Untermannigfaltigkeiten der Dimension $< n-1$ enthalten ist. (Punkte werden dabei als 0–dimensionale Untermannigfaltigkeiten gezählt.)

Unter einem **Normalgebiet** verstehen wir ein beschränktes Gebiet $\Omega \subset \mathbb{R}^n$ mit den Eigenschaften

(a) $A^{n-1}(\partial_{\text{reg}}\Omega) < \infty$,

(b) $\partial\Omega \setminus \partial_{\text{reg}}\Omega$ ist eine $(n-1)$–Nullmenge.

Der Rand eines Normalgebiets besteht also aus einer $(n-1)$–dimensionalen C^1–Untermannigfaltigkeit endlichen Oberflächeninhalts und einem Rest von singulären Punkten (vorzustellen als Ecken und Kanten von $\partial\Omega$), der klein im Sinne der $(n-1)$–dimensionalen Inhaltsmessung ist.

Ein Gebiet $\Omega \subset \mathbb{R}^n$ nennen wir **C^r–berandet** $(r \geq 1)$, wenn $\partial\Omega$ eine $(n-1)$–dimensionale C^r–Untermannigfaltigkeit des $\mathbb{R}^n$ ist, d.h. wenn Ω nahe $\partial\Omega$ lokal durch C^r–Funktionen ψ wie in $(*)$ beschreibbar ist.

Offensichtlich ist jedes beschränkte, C^r–berandete Gebiet ein Normalgebiet.

3.2 Der Gaußsche Integralsatz

Ist $\Omega \subset \mathbb{R}^n$ ein Normalgebiet mit äußerem Einheitsnormalenfeld $\mathbf{n}$ und $\mathbf{v}$ ein Vektorfeld in $\mathrm{C}^0(\overline{\Omega}) \cap \mathrm{C}^1(\Omega)$, so gilt

$$\int_{\Omega} \operatorname{div} \mathbf{v}\, d^n\mathbf{x} \;=\; \int_{\partial\Omega} \langle \mathbf{v}, \mathbf{n}\rangle\, do\,,$$

falls das Integral auf der linken Seite existiert.

BEMERKUNGEN. (i) Das Integral auf der rechten Seite ist dabei definiert durch das Integral $\int\limits_{\partial_{\text{reg}}\Omega} \langle \mathbf{v}, \mathbf{n} \rangle \, do$; dieses existiert wegen $A^{n-1}(\partial_{\text{reg}}\Omega) < \infty$ und der Stetigkeit von $\mathbf{v}$ auf $\partial\Omega$.

(ii) Hinreichend für die Existenz des linksstehenden Integrals ist $\mathbf{v} \in \mathrm{C}^1(\overline{\Omega})$.

(iii) Weitere Versionen des Gaußschen Integralsatzes finden sich in [87] Ch. 3, § 1 und [137] 5.8. Für C^1–berandete Gebiete wird ein kurzer Beweis in [148, 3] § 21 gegeben.

FOLGERUNG (Randlose Version des Gaußschen Satzes). *Für jedes Gebiet Ω des $\mathbb{R}^n$ und jedes C^1–Vektorfeld $\mathbf{v}$ auf $\mathbb{R}^n$ mit kompaktem Träger in Ω gilt*

$$\int\limits_{\Omega} \operatorname{div} \mathbf{v} \, d^n\mathbf{x} = 0 .$$

BEWEIS.
Wir wählen ein $R > 0$ mit $\operatorname{supp} \mathbf{v} \subset K_R(\mathbf{0}) =: \Omega'$. Wegen $\mathbf{v} = \mathbf{0}$ auf $\partial\Omega'$ und $\operatorname{supp} \mathbf{v} \subset \Omega$ gilt dann

$$0 = \int\limits_{\partial\Omega'} \langle \mathbf{v}, \mathbf{n} \rangle \, do = \int\limits_{\Omega'} \operatorname{div} \mathbf{v} \, d^n\mathbf{x} = \int\limits_{\operatorname{supp} \mathbf{v}} \operatorname{div} \mathbf{v} \, d^n\mathbf{x} = \int\limits_{\Omega} \operatorname{div} \mathbf{v} \, d^n\mathbf{x} . \quad \square$$

3.3 Mehrfache partielle Integration

Ist $\Omega \subset \mathbb{R}^m$ ein Gebiet, $u \in \mathrm{C}^m(\Omega)$, $v \in \mathrm{C}_c^m(\Omega)$ und α ein Multiindex mit $|\alpha| \le m$, so gilt

$$\int\limits_{\Omega} \partial^\alpha u \cdot v \, d^n\mathbf{x} = (-1)^{|\alpha|} \int\limits_{\Omega} u \cdot \partial^\alpha v \, d^n\mathbf{x} .$$

Zur Definition von Multiindizes α und von $|\alpha|$ verweisen wir auf § 10: 2.2.

Der BEWEIS ergibt sich durch Induktion nach $|\alpha|$. Für $|\alpha| = 1$, also $\alpha = \mathbf{e}_i$ folgt die Behauptung durch Anwendung der Folgerung 3.2 auf das Vektorfeld $\mathbf{w} := u \cdot v \cdot \mathbf{e}_i$ mit kompaktem Träger in Ω:

$$0 = \int\limits_{\Omega} \operatorname{div} \mathbf{w} = \int\limits_{\Omega} \partial_i(u\,v) = \int\limits_{\Omega} v\,\partial_i u + \int\limits_{\Omega} u\,\partial_i v .$$

Für $|\alpha| = 2$, also $\alpha = \mathbf{e}_i + \mathbf{e}_j$ ergibt die zweimalige Ausnützung dieser Identität

$$\int\limits_{\Omega} \partial^\alpha u\, v = \int\limits_{\Omega} \partial_i\partial_j u\, v = -\int\limits_{\Omega} \partial_j u\, \partial_i v = \int\limits_{\Omega} u\, \partial_j\partial_i v = \int\limits_{\Omega} u\, \partial^\alpha v .$$

Die Ausführung der Induktion überlassen wir den Lesern als ÜA. □

4 Die Greenschen Identitäten

4.1 Die Greenschen Identitäten für den Laplace–Operator

Ist $\Omega \subset \mathbb{R}^n$ ein Normalgebiet, so gilt

(1) $$\int_{\Omega} (\langle \nabla u, \nabla v \rangle + u\,\Delta v)\, d^n\mathbf{x} = \int_{\partial\Omega} u\,\partial_{\mathbf{n}} v\, do$$

für $u \in C^0(\overline{\Omega}) \cap C^1(\Omega)$, $v \in C^1(\overline{\Omega}) \cap C^2(\Omega)$ *mit* $\nabla u,\ \Delta v \in L^2(\Omega)$,

(2) $$\int_{\Omega} (u\,\Delta v - v\,\Delta u)\, d^n\mathbf{x} = \int_{\partial\Omega} (u\,\partial_{\mathbf{n}} v - v\,\partial_{\mathbf{n}} u)\, do$$

für $u, v \in C^1(\overline{\Omega}) \cap C^2(\Omega)$ *mit* $\Delta u,\ \Delta v \in L^2(\Omega)$.

Bemerkung. Wie im Gaußschen Integralsatz schreiben wir in den rechts stehenden Integralen $\partial\Omega$ anstelle von $\partial_{\text{reg}}\Omega$, vgl. die Bemerkung (i) in 3.2.

Der Beweis ergibt sich unmittelbar durch Anwendung des Gaußschen Integralsatzes 3.2 auf die Vektorfelder $u\,\nabla v$ bzw. $u\,\nabla v - v\,\nabla u$.

4.2 Die Greensche Identität für Differentialoperatoren 2. Ordnung

Gegeben sei ein linearer Differentialoperator zweiter Ordnung auf $\Omega \subset \mathbb{R}^n$,

$$u \mapsto Lu = \sum_{i,k=1}^{n} a_{ik}\partial_i\partial_k u + \sum_{i=1}^{n} a_i\partial_i u + au, \quad C^2(\Omega) \to C^0(\Omega),$$

mit Koeffizienten

$$a_{ik} = a_{ki} \in C^2(\Omega), \quad a_i \in C^1(\Omega), \quad a \in C^0(\Omega).$$

Der zu L **formal adjungierte Differentialoperator**

$$v \mapsto L^*v := \sum_{i,k=1}^{n} \partial_i\partial_k(a_{ik}v) - \sum_{i=1}^{n} \partial_i(a_i v) + av, \quad C^2(\Omega) \to C^0(\Omega),$$

ist so definiert, daß der Ausdruck

$$v\,Lu - u\,L^*v$$

die Divergenz eines Vektorfeldes auf Ω ist:

Denn es gilt

$$
\begin{aligned}
v\,Lu \;&=\; \sum_{i,k=1}^{n} a_{ik}\, v\,\partial_i\partial_k u \;+\; \sum_{i=1}^{n} a_i\, v\,\partial_i u \;+\; a u v \\
&=\; \sum_{i,k=1}^{n} \Big(\partial_i(a_{ik}\, v\,\partial_k u) \;-\; \partial_i(a_{ik}\, v)\,\partial_k u\Big) \\
&\quad +\; \sum_{i=1}^{n} \Big(\partial_i(a_i\, u\, v) - \partial_i(a_i\, v)\, u\Big) \;+\; a u v \\
&=\; \sum_{i,k=1}^{n} \Big(\partial_i(a_{ik}\, v\,\partial_k u) - \partial_k(u\,\partial_i(a_{ik}\, v)) \;+\; u\,\partial_k\partial_i(a_{ik}\, v)\Big) \\
&\quad +\; \sum_{i=1}^{n} \Big(\partial_i(a_i\, u\, v) - u\,\partial_i(a_i\, v)\Big) \;+\; a u v \\
&=\; u\,L^* v \;+\; \sum_{i=1}^{n} \partial_i w_i \;=\; u\,L^* v \;+\; \operatorname{div} \mathbf{w}\,.
\end{aligned}
$$

mit

$$
w_i \;:=\; \sum_{k=1}^{n} \Big(a_{ik}\, v\,\partial_k u - u\,\partial_k(a_{ik} v)\Big) \;+\; a_i\, u\, v\,.
$$

Zusammen mit dem Gaußschen Integralsatz ergibt sich hieraus unmittelbar die **Greensche Identität** für den Differentialoperator L in zwei Versionen:

(a) *Ist Ω ein Normalgebiet mit äußerem Einheitsnormalenfeld $\mathbf{n}$, so gilt*

$$
\int_{\Omega} v\, Lu\; d^n\mathbf{x} \;=\; \int_{\Omega} u\, L^* v\; d^n\mathbf{x} \;+\; \int_{\partial\Omega} \langle \mathbf{w}\,,\mathbf{n}\rangle\, do
$$

für $u, v \in \mathrm{C}^1(\overline{\Omega}) \cap \mathrm{C}^2(\Omega)$ *mit* $Lu\,,\; L^* v \in \mathrm{L}^2(\Omega)$, *wobei*

$$
w_i \;=\; \sum_{k=1}^{n} (a_{ik}\, v\,\partial_k u - u\,\partial_k(a_{ik}\, v)) \;+\; a_i\, u v \quad (i = 1, \ldots, n).
$$

(b) $\displaystyle\int_{\Omega} \varphi\, Lu\; d^n\mathbf{x} \;=\; \int_{\Omega} u\, L^* \varphi\; d^n\mathbf{x}$

gilt für $u \in \mathrm{C}^2(\Omega)$, $\varphi \in \mathrm{C}^2_c(\Omega)$ *und beliebige Gebiete* Ω.

ÜA Hat L **Divergenzgestalt**, d.h. ist L von der Form

$$
Lu \;=\; \sum_{i,k=1}^{n} \partial_i\big(a_{ik}\,\partial_k u\big) \;+\; a\, u\,,
$$

so gilt

$$
L^* \;=\; L \quad \text{und} \quad w_i = \sum_{k=1}^{n} a_{ik}\,\big(v\,\partial_k u \;-\; u\,\partial_k v\big).
$$

(c) Bemerkung. Für einen linearen Differentialoperator m–ter Ordnung auf $\Omega \subset \mathbb{R}^n$,

$$
u \;\mapsto\; Lu \;=\; \sum_{|\alpha| \le m} a_\alpha\, \partial^\alpha u \;\;\text{mit}\;\; a_\alpha \in \mathrm{C}^{|\alpha|}(\Omega)\,,
$$

ist der **formal adjungierte Differentialoperator**

$$v \mapsto L^*v := \sum_{|\alpha|\le m} (-1)^{|\alpha|}\,\partial^\alpha(a_\alpha\, v)$$

in analoger Weise so festgelegt, daß $v\,Lu \;-\; u\,L^*v$ Divergenzform hat und daß daher

$$\int_\Omega \varphi\, Lu\, d^n\mathbf{x} \;=\; \int_\Omega u\, L^*\varphi\, d^n\mathbf{x} \quad \text{für} \quad u \in \mathrm{C}^m(\Omega)\,,\;\; \varphi \in \mathrm{C}_c^m(\Omega)\,.$$

4.3* Verallgemeinerte Greensche Formeln

Diese werden für die Behandlung des Neumann–Problems in § 14 benötigt.

Sei $\Omega \subset \mathbb{R}^n$ ein beschränktes Gebiet mit C^2–differenzierbarem Rand. Wir sagen, daß $u \in \mathrm{C}^1(\Omega)$ eine **einseitige Normalableitung** $\partial_{\mathbf{n}}u$ auf $\partial\Omega$ besitzt, kurz $u \in \mathrm{C}^1_{\mathbf{n}}(\overline{\Omega})$, wenn

$$\partial_{\mathbf{n}}u(\mathbf{x}) := \lim_{t\to 0+} \langle \boldsymbol{\nabla} u(\mathbf{x} - t\,\mathbf{n}(\mathbf{x}))\,,\, \mathbf{n}(\mathbf{x})\,\rangle$$

gleichmäßig für alle $\mathbf{x} \in \partial\Omega$ konvergiert. Dabei ist $\mathbf{n}$ das äußere Normalenfeld auf $\partial\Omega$ im Sinne von 3.1.

Satz. (a) *Es gilt* $\mathrm{C}^1(\overline{\Omega}) \subset \mathrm{C}^1_{\mathbf{n}}(\overline{\Omega}) \subset \mathrm{C}^0(\overline{\Omega})$ *und für* $u \in \mathrm{C}^1_{\mathbf{n}}(\overline{\Omega})$ *ist* $\partial_{\mathbf{n}}u$ *stetig auf* $\partial\Omega$.

(b) $\int_\Omega (u\,\Delta v \;+\; \langle \boldsymbol{\nabla} u\,,\, \boldsymbol{\nabla} v\rangle)\, d^n\mathbf{x} \;=\; \int_{\partial\Omega} u\,\partial_{\mathbf{n}}\mathbf{v}\, do$ *gilt für* $u \in \mathrm{C}^0(\overline{\Omega}) \cap \mathrm{C}^1(\Omega)$, $v \in \mathrm{C}^1_{\mathbf{n}}(\overline{\Omega}) \cap \mathrm{C}^2(\Omega)$ *mit* $u\Delta v\,,\; \langle \boldsymbol{\nabla} u\,,\, \boldsymbol{\nabla} v\rangle \in \mathrm{L}^1(\Omega)$.

(c) $\int_\Omega (u\,\Delta v - v\,\Delta u)\, d^n\mathbf{x} \;=\; \int_{\overline{\Omega}} (u\,\partial_{\mathbf{n}} v - v\,\partial_{\mathbf{n}} u)\, do$ *gilt für* $u, v \in \mathrm{C}^1_{\mathbf{n}}(\overline{\Omega}) \cap \mathrm{C}^2(\Omega)$ *mit* $u\,\Delta v$, $v\,\Delta u \in \mathrm{L}^1(\Omega)$.

(d) *Für jede harmonische Funktion* $u \in \mathrm{C}^1_{\mathbf{n}}(\overline{\Omega}) \cap \mathrm{C}^2(\Omega)$ *gilt*

$$\int_\Omega \|\boldsymbol{\nabla} u\|^2\, d^n\mathbf{x} \;=\; \int_{\partial\Omega} u\,\partial_{\mathbf{n}} u\, do\,.$$

Beweisskizze.

(a) $\partial_{\mathbf{n}}u$ ist als gleichmäßiger Limes stetiger Funktionen stetig auf $\partial\Omega$. Für $u \in \mathrm{C}^1(\overline{\Omega})$ existiert $\lim\limits_{t\to 0+} \boldsymbol{\nabla} u(\mathbf{x} + t\,\mathbf{n}(\mathbf{x})) =: \mathbf{g}(\mathbf{x})$, also auch

$$\partial_{\mathbf{n}}u(\mathbf{x}) \;=\; \langle\, \mathbf{g}(\mathbf{x})\,,\, \mathbf{n}(\mathbf{x})\,\rangle\,.$$

Damit haben wir $\mathrm{C}^1(\overline{\Omega}) \subset \mathrm{C}^1_{\mathbf{n}}(\overline{\Omega})$.

Für $\mathbf{y} \in \partial\Omega, t > 0$ gilt $\mathbf{y} - t\mathbf{n}(\mathbf{y}) \in \Omega$. Umgekehrt bestimmt jeder hinreichend nahe bei $\partial\Omega$ liegende Punkt $\mathbf{x} \in \Omega$ eindeutig ein $\mathbf{y} \in \partial\Omega$ und ein $t > 0$ mit $\mathbf{x} = \mathbf{y} - t\,\mathbf{n}(\mathbf{y})$, genauer:
Es gibt eine Umgebung $U_r := \{\mathbf{x} \in \mathbb{R}^n \mid \text{dist}(\mathbf{x}, \partial\Omega) < r\}$ von $\partial\Omega$, eine C^1–Abbildung $\mathbf{p} : U_r \to \partial\Omega$ und eine C^1–Funktion $d : U_r \to \,]-r, r[$ mit

$$\mathbf{x} \in U_r \iff \mathbf{x} = \mathbf{p}(\mathbf{x}) - d(\mathbf{x})\,\mathbf{n}(\mathbf{p}(\mathbf{x})) \quad \text{und}$$

$$d(\mathbf{x}) = \|\mathbf{x} - \mathbf{p}(\mathbf{x})\| = \text{dist}(\mathbf{x}, \partial\Omega) \;\text{ für }\; \mathbf{x} \in U_r \cap \Omega\,.$$

Die Projektion $\mathbf{p}(\mathbf{x})$ von $\mathbf{x}$ auf $\partial\Omega$ ist eindeutig betimmt: $\mathbf{x} = \mathbf{y} - t\,\mathbf{n}(\mathbf{x}) \iff \mathbf{y} = \mathbf{p}(\mathbf{x}),\ t = d(\mathbf{x})$.

Dies und das Folgende ergibt sich aus dem lokalen Umkehrsatz, angewandt auf $\mathbf{h}(\mathbf{u}, t) = \mathbf{\Phi}(\mathbf{u}) - t\,\mathbf{n}(\mathbf{\Phi}(\mathbf{u}))$, wobei $\mathbf{\Phi}$ eine C^2–Parametrisierung von $\partial\Omega$ ist. Für festes t mit $|t| < r$ sind die Parallelflächen $\Sigma_t = \{\mathbf{x} \in U_r \mid d(\mathbf{x}) = t\}$ zu $\Sigma_0 = \partial\Omega$ jeweils C^1–Untermannigfaltigkeiten mit dem Einheitsnormalenfeld $\mathbf{N} = -\nabla d$, und für $\mathbf{x} \in U_r$ gilt

$$\mathbf{N}(\mathbf{x}) = \mathbf{n}(\mathbf{p}(\mathbf{x}))\,.$$

Hieraus folgt für $u \in \mathrm{C}^1_{\mathbf{n}}(\overline{\Omega})$ und $\mathbf{x} \in U_r \cap \Omega$

$$(*) \qquad \partial_{\mathbf{N}}\,u(\mathbf{x}) = \langle \nabla u(\mathbf{x}), \mathbf{N}(\mathbf{x}) \rangle = \langle \nabla u(\mathbf{y} - t\,\mathbf{n}(\mathbf{y})), \mathbf{n}(\mathbf{y}) \rangle$$

mit $\mathbf{y} = \mathbf{p}(\mathbf{x}),\ t = d(\mathbf{x}) > 0$.

(a) Für $u \in \mathrm{C}^1_{\mathbf{n}}(\overline{\Omega})$ und $\mathbf{y} \in \partial\Omega$ sei $h(t) = u(\mathbf{y} - t\,\mathbf{n}(\mathbf{y}))$. Dann gilt

$$h'(t) = -\langle \nabla u(\mathbf{y} - t\,\mathbf{n}(\mathbf{y})), \mathbf{n}(\mathbf{y}) \rangle \quad \text{und} \quad \lim_{t \to 0+} h'(t) = -\partial_{\mathbf{n}} u(\mathbf{y})\,.$$

Daher existiert

$$u(\mathbf{y}) := u(\mathbf{y} - t\,\mathbf{n}(\mathbf{y})) + \int_0^t \langle \nabla u(\mathbf{y} - s\,\mathbf{n}(\mathbf{y})), \mathbf{n}(\mathbf{y}) \rangle\, ds\,.$$

Zu gegebenem $\varepsilon > 0$ gibt es ein $t > 0$ mit

$$\left| \partial_{\mathbf{n}} u(\mathbf{y}) - \langle \nabla u(\mathbf{y} - s\,\mathbf{n}(\mathbf{y})), \mathbf{n}(\mathbf{y}) \rangle \right| < \varepsilon \;\text{ für alle }\; \mathbf{y} \in \partial\Omega,\ s \in [0, t].$$

Da $\partial_{\mathbf{n}} u(\mathbf{y})$ auf $\partial\Omega$ und u auf Σ_t gleichmäßig stetig sind, folgt die gleichmäßige Stetigkeit von u auf $\partial\Omega$ sowie $|u(\mathbf{x}) - u(\mathbf{p}(\mathbf{x}))| < \varepsilon\, d(\mathbf{x})$ für $d(\mathbf{x}) < \delta$. Mit der Dreiecksungleichung folgt $\lim\limits_{\Omega \ni \mathbf{x} \to \mathbf{y}} u(\mathbf{x}) = u(\mathbf{y})$ für $\mathbf{y} \in \partial\Omega$.

(b) Für $\Omega_t := \{\mathbf{x} \in \Omega \mid \text{dist}(\mathbf{x}, \partial\Omega) > t\}$ gilt $\partial\Omega_t = \Sigma_t$ und

$$\int_{\Omega_t} (u\,\Delta v + \langle \nabla u, \nabla v \rangle)\, d^n\mathbf{x} = \int_{\Sigma_t} u\,\partial_{\mathbf{N}} v\, do\,.$$

Die Behauptung (b) folgt für $t \to 0$ mit dem Ausschöpfungssatz für die linke Seite und wegen der gleichmäßigen Konvergenz des Integranden der rechten Seite von $(*)$ auf einer kompakten Menge. Entsprechend ergibt sich (c).

(d) folgt unter den genannten Voraussetzungen aus

$$\lim_{t\to 0+} \int_{\Omega_t} \|\nabla u\|^2 \, d^n\mathbf{x} = \lim_{t\to 0+} \int_{\Sigma_t} u\,\partial_{\mathbf{N}} u \, do = \int_{\partial\Omega} u\,\partial_{\mathbf{n}} u\, do$$

mit Hilfe des Satzes von Beppo Levi. □

5 Der Laplace–Operator in krummlinigen Koordinaten

5.1 Koordinatentransformationen und Gramsche Matrix

(a) Für eine Koordinatentransformation (d.h. einen C^2–Diffeomorphismus)

$$\mathbf{h} : \Omega' \to \Omega\,, \quad \boldsymbol{\xi} \mapsto \mathbf{x} = \mathbf{h}(\boldsymbol{\xi})$$

definieren wir

$$g_{ik} = \langle \partial_i \mathbf{h}, \partial_k \mathbf{h} \rangle\,.$$

Die **Gramsche Matrix** $G = (g_{ik})$ ist symmetrisch und positiv definit, denn für $A := \mathbf{h}'$ gilt

$$G = A^T A\,.$$

Somit existiert die inverse Matrix

$$G^{-1} = (g^{ik}) = A^{-1}(A^T)^{-1} = A^{-1}(A^{-1})^T = B^T B \text{ mit } B := (A^{-1})^T$$

und diese ist ebenfalls positiv definit. Wie in 1.8 definieren wir die **Gramsche Determinante** durch

$$g := \det(g_{ik}) = (\det A)^2 > 0\,.$$

(b) Die meisten in der Mathematischen Physik verwendeten Koordinatentransformationen sind **orthogonal**, d.h. besitzen die Eigenschaft

$$g_{ik} = 0 \text{ für } i \neq k\,.$$

Für solche Transformationen gilt

$$g = g_{11} \cdots g_{nn} \quad \text{und} \quad g^{ik} = \delta_{ik}/g_{kk}\,,$$

was die Berechnung des Laplace–Operators in krummlinigen Koordinaten nach der folgenden Jacobischen Formel einfach gestaltet.

(c) Als Beispiel betrachten wir die Transformation $\mathbf{h}$ auf Kugelkoordinaten $\boldsymbol{\xi} = (r, \vartheta, \varphi)$ mit

$$\mathbf{h}(r, \vartheta, \varphi) = \begin{pmatrix} r \sin\vartheta \cos\varphi \\ r \sin\vartheta \sin\varphi \\ r \cos\vartheta \end{pmatrix} \quad \text{für } r > 0,\ 0 < \vartheta < \pi,\ 0 < \varphi < 2\pi \,.$$

Für diese ergibt sich ÜA

$$g_{11}(r, \vartheta, \varphi) = 1 \,, \quad g_{22}(r, \vartheta, \varphi) = r^2 \,, \quad g_{33}(r, \vartheta, \varphi) = r^2 \sin^2\vartheta \,,$$

$$g_{ik} = 0 \ \text{ für } \ i \neq k \ \text{ und } \ g = r^4 \sin^2\vartheta.$$

Zahlreiche in der Mathematischen Physik verwendete Koordinatentransformationen sind in [1] Ch. 2 angegeben.

5.2 Die Jacobische Formel

SATZ (JACOBI 1848). *Ist* $\mathbf{h} : \Omega' \to \Omega$ *eine Koordinatentransformation,* u *eine* C^2*-Funktion auf* Ω *und* $U := u \circ \mathbf{h}$, *so gilt*

$$\Delta u = \frac{1}{\sqrt{g}} \sum_{i,k=1}^{n} \frac{\partial}{\partial \xi_i} \left(\sqrt{g}\, g^{ik} \frac{\partial U}{\partial \xi_i} \right),$$

wobei auf der linken Seite das Argument $\mathbf{x} = \mathbf{h}(\boldsymbol{\xi})$ *und auf der rechten das Argument* $\boldsymbol{\xi} = (\xi_1, \ldots, \xi_n)$ *einzutragen ist.*

BEISPIELE. (a) Für Polarkoordinaten in der Ebene ergibt sich hieraus die Formel § 6: 5.2 ohne die dort angestellte längliche Rechnung ÜA.

(b) Bei der Transformation 5.1 (c) auf Kugelkoordinaten erhalten wir ÜA

$$\Delta u = \frac{1}{r^2} \frac{\partial}{\partial r} \left(r^2 \frac{\partial U}{\partial r} \right) + \frac{1}{r^2 \sin\vartheta} \frac{\partial}{\partial \vartheta} \left(\sin\vartheta \frac{\partial U}{\partial \vartheta} \right) + \frac{1}{r^2 \sin^2\vartheta} \frac{\partial^2 U}{\partial \varphi^2} \,.$$

BEWEIS.

Der direkte Weg, nämlich Berechnung von $\Delta(U \circ \mathbf{h}^{-1})$ und anschließendes Einsetzen von $\mathbf{h}$ ist sehr rechenaufwendig. Günstiger ist es, partielle Integration mit dem Transformationssatz für Integrale und dem Lemma von du Bois–Reymond zu kombinieren.

Wir verwenden die Bezeichnungen von 5.1. Bezeichnen wir die Koeffizienten von $B = (A^{-1})^T$ mit B^i_j, so gilt wegen $G^{-1} = B^T B$

$$(1) \qquad g^{ik} = \sum_{j=1}^{n} B^i_j \, B^k_j \,;$$

ferner folgt aus 5.1

(2) $\sqrt{g} = |\det \mathbf{h}'|$.

Wir wählen $\varphi \in \mathrm{C}_c^\infty(\Omega)$ und setzen $\Phi := \varphi \circ \mathbf{h} \in \mathrm{C}_c^2(\Omega')$. Mit der Kettenregel folgt aus $\varphi = \Phi \circ \mathbf{h}^{-1}$, $u = U \circ \mathbf{h}^{-1}$

(3) $$\frac{\partial \varphi}{\partial x_j} = \Big(\sum_i \frac{\partial \Phi}{\partial \xi_i} B_j^i \Big) \circ \mathbf{h}^{-1}, \quad \frac{\partial u}{\partial x_j} = \Big(\sum_k B_j^k \frac{\partial U}{\partial \xi_k} \Big) \circ \mathbf{h}^{-1}.$$

Partielle Integration 4.2 (b) liefert

$$\begin{aligned} -\int_\Omega \varphi\, \Delta u \, d^n\mathbf{x} &= \int_\Omega \sum_j \frac{\partial \varphi}{\partial x_j} \frac{\partial u}{\partial x_j} \, d^n\mathbf{x} \\ &\overset{(3)}{=} \int_\Omega \Big(\sum_{i,j,k} \frac{\partial \Phi}{\partial \xi_i} B_j^i B_j^k \frac{\partial U}{\partial \xi_k} \Big) \circ \mathbf{h}^{-1} \, d^n\mathbf{x} \\ &\overset{(1)}{=} \int_\Omega \Big(\sum_{i,k} g^{ik} \frac{\partial \Phi}{\partial \xi_i} \frac{\partial U}{\partial \xi_k} \Big) \circ \mathbf{h}^{-1} \, d^n\mathbf{x}. \end{aligned}$$

Der Transformationssatz und anschließende partielle Integration ergeben

$$\begin{aligned} -\int_\Omega \varphi\, \Delta u \, d^n\mathbf{x} &= \int_{\Omega'} \sqrt{g} \Big(\sum_{i,k} g^{ik} \frac{\partial \Phi}{\partial \xi_i} \frac{\partial U}{\partial \xi_k} \Big) \, d^n\boldsymbol{\xi} \\ &= -\int_{\Omega'} \Phi \sum_{i,k} \frac{\partial}{\partial \xi_i} \Big(\sqrt{g}\, g^{ik} \frac{\partial U}{\partial \xi_k} \Big) \, d^n\boldsymbol{\xi}. \end{aligned}$$

Durch nochmalige Anwendung des Transformationssatzes erhalten wir daraus

$$\int_\Omega \varphi\, \Delta u \, d^n\mathbf{x} = \int_\Omega \varphi \Big(\frac{1}{\sqrt{g}} \sum_{i,k} \frac{\partial}{\partial \xi_i} \Big(\sqrt{g}\, g^{ik} \frac{\partial U}{\partial \xi_k} \Big) \Big) \circ \mathbf{h}^{-1} \, d^n\mathbf{x}.$$

Mit dem Lemma von du Bois–Reymond § 10: 4.1 ergibt sich schließlich

$$(\Delta u) \circ \mathbf{h} = \frac{1}{\sqrt{g}} \sum_{i,k=1}^{n} \frac{\partial}{\partial \xi_i} \left(\sqrt{g}\, g^{ik} \frac{\partial U}{\partial \xi_i} \right). \qquad \square$$

5.3 Die Invarianz des Laplace–Operators unter Bewegungen

SATZ. *Ist* $\mathbf{h}$ *eine Bewegung des* $\mathbb{R}^n$ *und* u *eine* C^2*–Funktion auf einem Gebiet* $\Omega \subset \mathbb{R}^n$*, so gilt*

$$\Delta(u \circ \mathbf{h}) = (\Delta u) \circ \mathbf{h}.$$

FOLGERUNG. *Für jede harmonische Funktion* u *und jede Bewegung* $\mathbf{h}$ *ist auch* $u \circ \mathbf{h}$ *harmonisch.*

BEWEIS.
Jede Bewegung $\mathbf{h}$ hat die Gestalt $\mathbf{h}(\boldsymbol{\xi}) = \mathbf{a}+A\boldsymbol{\xi} = \mathbf{a}+\sum\limits_{i=1}^{n} \xi_i\,\mathbf{a}_i$ mit einem Vektor $\mathbf{a}$, einer orthogonalen Matrix A mit den Spaltenvektoren $\mathbf{a}_1, \ldots, \mathbf{a}_n$. Damit gilt

$$g_{ik} = \langle \partial_i \mathbf{h}, \partial_k \mathbf{h} \rangle = \langle \mathbf{a}_i, \mathbf{a}_k \rangle = \delta_{ik}, \quad g^{ik} = \delta_{ik}, \quad g = 1.$$

Für $u \in \mathrm{C}^2(\Omega)$ und $U := u \circ \mathbf{h} \in \mathrm{C}^2(\Omega')$ mit $\Omega' := \mathbf{h}^{-1}(\Omega)$ ergibt sich aus der Jacobischen Formel

$$(\Delta u) \circ \mathbf{h} = \Delta U = \Delta(u \circ \mathbf{h}). \qquad \square$$

5.4 Aufgaben

(a) Berechnen Sie mit der Jacobischen Formel den Laplace–Operator für *elliptische Zylinderkoordinaten*

$$\mathbf{h} : \begin{pmatrix} \xi \\ \eta \\ \zeta \end{pmatrix} \longmapsto \begin{pmatrix} x \\ y \\ z \end{pmatrix} = \begin{pmatrix} a \cosh\xi \, \cos\eta \\ a \sinh\xi \, \sin\eta \\ \zeta \end{pmatrix} \quad (a > 0).$$

(b) Dasselbe für *parabolische Zylinderkoordinaten*

$$\mathbf{h} : \begin{pmatrix} \xi \\ \eta \\ \zeta \end{pmatrix} \longmapsto \begin{pmatrix} x \\ y \\ z \end{pmatrix} = \begin{pmatrix} \xi\eta \\ \frac{1}{2}(\xi^2 - \eta^2) \\ \zeta \end{pmatrix}.$$

(c) Zeigen Sie für die *Spiegelung an der R–Sphäre*

$$\boldsymbol{\xi} \longmapsto \frac{R^2}{\|\boldsymbol{\xi}\|^2}\,\boldsymbol{\xi}, \quad \mathbb{R}^n \setminus \{\mathbf{0}\} \to \mathbb{R}^n \setminus \{\mathbf{0}\},$$

daß mit der Abkürzung $\varrho = R^2/\|\boldsymbol{\xi}\|^2$ und der Notation von 5.2 gilt:

$$g_{ik} = \varrho^2 \, \delta_{ik}, \quad \text{also} \quad \Delta u = \varrho^{-n} \sum_{i=1}^{n} \frac{\partial}{\partial \xi_i} \left(\varrho^{n-2} \, \frac{\partial U}{\partial \xi_i} \right).$$

§ 12 Die Fouriertransformation

Die Fouriertransformation ist ein wichtiges Hilfsmittel für die Theorie der Differentialgleichungen; auch in der Quantenmechanik, in der Optik und in der Systemtheorie spielt sie eine tragende Rolle.

Vorkenntnisse: Testfunktionen, Faltungsintegral (§ 10). Die Kenntnis des Lebesgue–Integrals ist nur an wenigen, eigens ausgewiesenen Stellen nötig.

Literatur: [35], [56], [67], [63].

1 Zielsetzung

1.1 Fouriertransformation von Differetialgleichungen

(a) Wir definieren Operatoren P und Q für komplexwertige differenzierbare Funktionen u auf $\mathbb{R}$ durch

$$P : u \mapsto \tfrac{1}{i}\, u', \quad \text{und} \quad Q : u \mapsto x \cdot u\,,$$

wobei $x \cdot u$ für die Funktion $x \mapsto x\,u(x)$ steht.

Gesucht ist eine lineare Transformation $u \mapsto \widehat{u}$ mit der Eigenschaft

$$(*) \qquad \widehat{Pu} \,=\, Q\widehat{u}\,.$$

Durch zweimalige Anwendung von $(*)$ folgt

$$(**) \qquad -\widehat{u''} \,=\, P(\widehat{Pu}) \,=\, Q\widehat{Pu} \,=\, Q^2\widehat{u}\,.$$

Somit kann diese Transformation dazu dienen, die Differentialgleichung

$$u'' + a\,u' + b\,u \,=\, f \quad (a, b \text{ Konstanten, } f \text{ eine gegebene Funktion})$$

in eine algebraische Gleichung für $\widehat{u}$ zu überführen, und zwar in

$$\widehat{u}(y)\,(-y^2 + i\,a\,y + b) \,=\, \widehat{f}(y)\,.$$

(b) Setzen wir die gesuchte Transformation als Integraltransformation

$$\widehat{u}(y) \,=\, \int\limits_{-\infty}^{+\infty} K(x,y)\,u(x)\,dx$$

mit einer C^1–Funktion K an, so ergibt sich, falls zusätzlich u und u' integrierbar sind und $\lim\limits_{|x|\to\infty} u(x) = 0$ gilt,

$$(\widehat{Pu})(y) \,=\, -i\int\limits_{-\infty}^{+\infty} K(x,y)\,u'(x)\,dx \,=\, i\int\limits_{-\infty}^{+\infty} \frac{\partial K}{\partial x}(x,y)\,u(x)\,dx\,,$$

$$(Q\widehat{u})(y) \,=\, y\,\widehat{u}(y) \,=\, \int\limits_{-\infty}^{+\infty} y\,K(x,y)\,u(x)\,dx\,.$$

Die Beziehung $(*)$ ist also gewährleistet, falls $(\partial K/\partial x)(x,y) = -i\,y\,K(x,y)$. Das bedeutet $K(x,y) = c\mathrm{e}^{-ixy}$ mit einer Integrationskonstanten c. Aus Gründen, die in 1.2 deutlich werden, setzen wir $c := (2\pi)^{-1/2}$ und erhalten also für integrierbare Funktionen $u : \mathbb{R} \to \mathbb{C}$

$$\widehat{u}(y) := \frac{1}{\sqrt{2\pi}} \int\limits_{-\infty}^{+\infty} \mathrm{e}^{-ixy}\, u(x)\, dx\,.$$

(c) Den Nutzen der so eingeführten **Fouriertransformation** $u \mapsto \widehat{u}$ skizzieren wir am Beispiel des Wärmeleitungsproblems in einem unendlich langen Draht. Sei u eine Lösung des Anfangswertproblems für die Wärmeleitungsgleichung

$$\frac{\partial u}{\partial t}(x,t) \;=\; \frac{\partial^2 u}{\partial x^2}(x,t) \quad \text{für } x \in \mathbb{R},\ t > 0 \quad \text{und} \quad u(x,0) = f(x)\,.$$

Wir betrachten die Fouriertransformierte bezüglich der Ortsvariablen, d.h.

$$\widehat{u}(y,t) := \frac{1}{\sqrt{2\pi}} \int\limits_{-\infty}^{+\infty} \mathrm{e}^{-ixy}\, u(x,t)\, dx\,.$$

Unter geeigneten Voraussetzungen über u und f (Näheres dazu in 2.2) ergibt sich mit Hilfe der Umformung $(**)$

$$\begin{aligned}\frac{\partial \widehat{u}}{\partial t}(y,t) \;&=\; \frac{1}{\sqrt{2\pi}} \int\limits_{-\infty}^{+\infty} \mathrm{e}^{-ixy}\, \frac{\partial u}{\partial t}(x,t)\, dx \;=\; \frac{1}{\sqrt{2\pi}} \int\limits_{-\infty}^{+\infty} \mathrm{e}^{-ixy}\, \frac{\partial^2 u}{\partial x^2}(x,t)\, dx \\ &\overset{(**)}{=}\; -y^2\, \widehat{u}(y,t)\,,\end{aligned}$$

also

$$\widehat{u}(y,t) \;=\; \widehat{u}(y,0)\,\mathrm{e}^{-y^2 t} \;=\; \widehat{f}(y)\,\mathrm{e}^{-y^2 t}\,.$$

Wir werden zeigen, daß die Fouriertransformation injektiv ist, d.h. daß u durch $\widehat{u}$ eindeutig bestimmt ist. Für die Lösung des Wärmeleitungsproblems bleibt somit die Aufgabe, die Fouriertransformation umzukehren. Einen Hinweis darauf, wie dies zu bewerkstelligen ist und zugleich einen anderen Zugang zur Fouriertransformation geben die folgenden Betrachtungen.

1.2 Von der Fourierreihe zum Fourierintegral

Gegeben ist eine Testfunktion $u : \mathbb{R} \to \mathbb{C}$. Wir wählen $n \in \mathbb{N}$ so groß, daß $\operatorname{supp} u \subset [-n\pi, n\pi]$ und bezeichnen mit u_n diejenige $2\pi n$–periodische Funktion, welche auf $[-n\pi, n\pi]$ mit u übereinstimmt. Für jedes feste $x \in \mathbb{R}$ gibt es also ein $n \in \mathbb{N}$ mit $u_n(x) = u(x)$. Somit gilt $u_n \to u$ punktweise auf $\mathbb{R}$. (Machen Sie sich für einen Standardbuckel u anhand einer Skizze klar, wie die

Kopien von u für wachsendes n nach links bzw. rechts wandern.) Wir zeigen, daß die Fourierreihe von u_n für $n \to \infty$ in eine Darstellung von u als „Fourierintegral" übergeht. Um die Fourierentwicklung der u_n zu gewinnen, beachten wir, daß durch $f_n(t) := u_n(nt)$ eine 2π–periodische C^∞–Funktion gegeben ist. Somit gilt nach dem Satz von Dirichlet § 6: 2.3 in der komplexen Version § 6 : 2.1

$$(1) \qquad f_n(t) = \sum_{k=-\infty}^{+\infty} c_k^{(n)} \mathrm{e}^{ikt} \quad \text{mit} \quad c_k^{(n)} = \frac{1}{2\pi} \int_{-\pi}^{\pi} \mathrm{e}^{-ikt} f_n(t)\, dt\,.$$

Wegen $u_n(x) = u(x)$ für $|x| \le n\pi$ und $u(x) = 0$ für $|x| \ge n\pi$ folgt

$$\begin{aligned}(2) \qquad c_k^{(n)} &= \frac{1}{2\pi} \int_{-\pi}^{\pi} \mathrm{e}^{-ikt} u_n(nt)\, dt = \frac{1}{2\pi n} \int_{-n\pi}^{n\pi} \mathrm{e}^{-i\frac{k}{n}x} u_n(x)\, dx \\ &= \frac{1}{2\pi n} \int_{-n\pi}^{n\pi} \mathrm{e}^{-i\frac{k}{n}x} u(x)\, dx = \frac{1}{2\pi n} \int_{-\infty}^{+\infty} \mathrm{e}^{-i\frac{k}{n}x} u(x)\, dx \\ &= \frac{1}{\sqrt{2\pi}\, n}\, \widehat{u}\left(\frac{k}{n}\right)\end{aligned}$$

mit der in 1.1 eingeführten Fouriertransformierten $\widehat{u}$. Somit folgt aus (1)

$$(3) \qquad u_n(x) = \frac{1}{\sqrt{2\pi}} \sum_{k=-\infty}^{+\infty} \mathrm{e}^{i\frac{k}{n}x}\, \widehat{u}\left(\frac{k}{n}\right) \frac{1}{n}\,.$$

Die rechte Seite deuten wir als Approximation des Integrals $\frac{1}{\sqrt{2\pi}} \int\limits_{-\infty}^{+\infty} \mathrm{e}^{ixy}\, \widehat{u}(y)\, dy$ durch eine Reihe; $\widehat{u}(y)$ wird hierbei auf den Intervallen $\left[\frac{k}{n}, \frac{k+1}{n}\right]$ durch $\widehat{u}(\frac{k}{n})$ angenähert, vgl. Bd. 1, § 11 : 4.3 (c). Wegen der punktweisen Konvergenz $u_n \to u$ erwarten wir daher, daß Gleichung (3) für $n \to \infty$ übergeht in

$$(4) \qquad u(x) = \frac{1}{\sqrt{2\pi}} \int_{-\infty}^{+\infty} \mathrm{e}^{ixy}\, \widehat{u}(y)\, dy\,.$$

Damit haben wir die Umkehrformel für die Fouriertransformation erraten: Aus $\widehat{u} = v$ folgt $u(x) = \widehat{v}(-x)$. (Den rein technischen Beweis für die Berechtigung des Übergangs von (3) nach (4) unterdrücken wir.) Die Wahl des Vorfaktors $1/\sqrt{2\pi}$ erklärt sich einerseits durch die Symmetrie der Umkehrformel, andererseits durch die Formel $\int\limits_{-\infty}^{+\infty} |\widehat{u}(y)|^2\, dy = \int\limits_{-\infty}^{+\infty} |u(x)|^2\, dx$, die in Abschnitt 4 bewiesen wird.

2 Die Fouriertransformation auf $\mathrm{L}^1(\mathbb{R}^n)$

2.1 Definition und Beispiele

Für jede integrierbare Funktion $u : \mathbb{R}^n \to \mathbb{C}$ *existiert das Integral*

$$\widehat{u}(\mathbf{y}) := (2\pi)^{-\frac{n}{2}} \int_{\mathbb{R}^n} \mathrm{e}^{-i\langle \mathbf{x},\mathbf{y}\rangle}\, u(\mathbf{x})\, d^n\mathbf{x} \quad \textit{für alle } \mathbf{y} \in \mathbb{R}^n$$

und liefert eine stetige, beschränkte Funktion $\widehat{u} : \mathbb{R}^n \to \mathbb{C}$, *die* **Fouriertransformierte** *von* u.

Der lineare Operator

$$F : \mathrm{L}^1(\mathbb{R}^n) \to \mathrm{C}^0(\mathbb{R}^n), \quad u \mapsto \widehat{u}$$

heißt **Fouriertransformation auf $\mathrm{L}^1(\mathbb{R}^n)$**.

Die Existenz des Integrals und die Stetigkeit von $\widehat{u}$ folgen aus dem Majorantenkriterium und dem Satz über Parameterintegrale, denn der Integrand hat die von $\mathbf{y}$ unabhängige Majorante $\left|\mathrm{e}^{-i\langle \mathbf{x},\mathbf{y}\rangle} u(\mathbf{x})\right| = \left|u(\mathbf{x})\right|$.

BEMERKUNGEN.

(a) Vertrautheit mit dem Lebesgue–Integral ist für die Hauptthemen dieses Paragraphen (Fouriertransformation für schnellfallende Funktionen, Anwendungen auf DG) nicht erforderlich. Die Voraussetzung $u \in \mathrm{L}^1(\mathbb{R}^n)$ kann gelesen werden als „u ist über den $\mathbb{R}^n$ integrierbar". Sie ist immer erfüllt, wenn $u : \mathbb{R}^n \to \mathbb{C}$ stetig und im herkömmlichen Sinn integrierbar ist (Bd. 1, § 23 : 4). Der Raum $\mathrm{L}^1(\mathbb{R})$ umfasst auch stückweis stetige, über $\mathbb{R}$ integrierbare Funktionen (Bd. 1, § 12 : 4). Für $n \geq 2$, $u \in \mathrm{L}^1(\mathbb{R}^n)$ läßt sich $\widehat{u}$ durch sukzessive Integration berechnen, Genaueres in § 8 : 1.8. Die Beweise werden größtenteils ohne Rückgriff auf das Lebesgue–Integral geführt; Ausnahmen bilden 2.6 (c), und 5.2.
(b) Unter diesen Voraussetzungen gilt beispielsweise für $u \in \mathrm{L}^1(\mathbb{R}^2)$

$$\widehat{u}(y_1, y_2) = \tfrac{1}{\sqrt{2\pi}} \int_{-\infty}^{+\infty} \Big(\tfrac{1}{\sqrt{2\pi}} \int_{-\infty}^{+\infty} u(x_1, x_2)\, \mathrm{e}^{-ix_2y_2}\, dx_2 \Big)\, \mathrm{e}^{-ix_1y_1}\, dx_1 \,,$$

entsprechend ist die Fouriertransformation auf $\mathrm{L}^1(\mathbb{R}^n)$ Hintereinanderausführung von n eindimensionalen Fouriertransformationen. Daraus und aus 1.2 erklärt sich der Vorfaktor $(2\pi)^{-n/2}$. (In der Literatur wird als Vorfaktor auch 1 statt $(2\pi)^{-n/2}$ verwendet.)
(c) Im folgenden lassen wir beim Integral die Angabe des Integrationsgebiets $\mathbb{R}^n$ meistens fort.
(d) Die für die Fouriertransformation zugelassenen Funktionen müssen zunächst über den ganzen $\mathbb{R}^n$ integrierbar sein und damit im Unendlichen ein gewisses Abfallverhalten besitzen. Für nicht integrierbare Funktionen, z.B. Polynome, kann den Fouriertransformierten noch ein distributioneller Sinn gegeben werden, siehe § 13 : 6.

BEISPIELE. (i) Für $u = \chi_{[-a,a]}$ mit $a > 0$ erhalten wir

$$\widehat{u}(y) = \tfrac{1}{\sqrt{2\pi}} \int\limits_{-\infty}^{+\infty} e^{-ixy}\, u(x)\, dx = \tfrac{1}{\sqrt{2\pi}} \int\limits_{-a}^{a} e^{-ixy}\, dx = \sqrt{\tfrac{2}{\pi}}\, \tfrac{\sin ay}{y} \quad \text{für} \quad y \neq 0\,,$$

$$\widehat{u}(0) = \frac{2a}{\sqrt{2\pi}} = \lim_{y\to 0} \widehat{u}(y) \quad \text{(Fig.)}.$$

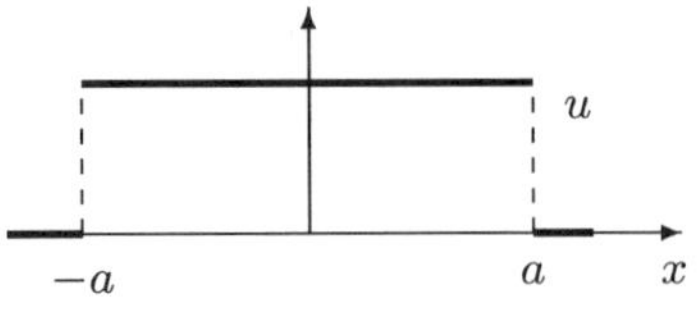

Dies entspricht der Formel für die Amplitude bei der Beugung an einem Spalt der Breite $2a$ (untere Figur).
Beachten Sie: $\widehat{u}$ ist nicht integrierbar:

$$\int\limits_0^{N\pi} \tfrac{\sin y}{y}\, dy \;\geq\; \sum_{k=1}^{N} \tfrac{1}{\pi k} \int\limits_{\pi(k-1)}^{\pi k} |\sin y|\, dy = \tfrac{2}{\pi} \sum_{k=1}^{N} \tfrac{1}{k}\,.$$

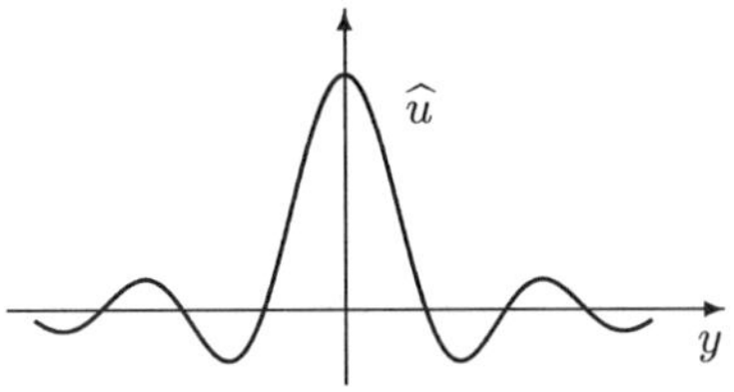

(ii) Für $u(x) = e^{-a|x|}$ mit $a > 0$ gilt

$$\widehat{u}(y) \;=\; \sqrt{\frac{2}{\pi}}\, \frac{a}{a^2 + y^2} \qquad \boxed{\text{ÜA}}.$$

In manchen Fällen kann der Residuensatz zur Berechnung von $\widehat{u}$ dienen, vgl. Bd. 1, § 28 : 7.4.

2.2 Das P, Q–Gesetz

(a) Wir definieren die **Ableitungsoperatoren** P_k und die **Multiplikationsoperatoren** Q_k durch

$$P_k u \;:=\; \frac{1}{i}\, \frac{\partial u}{\partial x_k}\,, \qquad Q_k u \,:\, \mathbf{x} \mapsto x_k u(\mathbf{x}) \quad (k = 1, \dots, n)\,.$$

Für diese gelten die **Vertauschungsrelationen**

$$(P_k Q_l \;-\; Q_l P_k)\, u \;=\; \frac{1}{i}\, \delta_{kl}\, u \quad \text{für} \quad u \in C^1(\mathbb{R}^n) \quad \boxed{\text{ÜA}}.$$

In der Quantenmechanik heißen die $\hbar P_k$ *Impulsoperatoren* und die Q_k *Ortsoperatoren*.

Für Multiindizes $\alpha = (\alpha_1, \dots, \alpha_n)$ setzen wir gemäß § 10 : 2.2

$$P^\alpha \;:=\; \Big(\frac{1}{i}\, \frac{\partial}{\partial x_1}\Big)^{\alpha_1} \cdots \Big(\frac{1}{i}\, \frac{\partial}{\partial x_n}\Big)^{\alpha_n} \;=\; (-i)^{|\alpha|}\partial^\alpha\,,$$

$$(Q^\alpha u)(\mathbf{x}) \;:=\; \mathbf{x}^\alpha\, u(\mathbf{x}) \;=\; x_1^{\alpha_1} \cdots x_n^{\alpha_n}\, u(\mathbf{x})\,.$$

(b) SATZ. (i) *Genügt* $u \in \mathrm{C}^m(\mathbb{R}^n)$ *der Bedingung* $P^\alpha u \in \mathrm{L}^1 := \mathrm{L}^1(\mathbb{R}^n)$ *für* $|\alpha| \le m$, *so gilt*

$$\widehat{P^\alpha u} = Q^\alpha \widehat{u} \ \text{für } |\alpha| \le m \quad \text{und} \quad |\widehat{u}(\mathbf{y})| \le \frac{c}{1 + \|\mathbf{y}\|^m}$$

mit einer Konstanten c.

(ii) *Unter der Voraussetzung* $Q^\alpha u \in \mathrm{L}^1(\mathbb{R}^n)$ *für* $|\alpha| \le m$ *gilt* $\widehat{u} \in \mathrm{C}^m(\mathbb{R}^n)$ *und*

$$\widehat{Q^\alpha u} = (-1)^{|\alpha|} P^\alpha \widehat{u} \quad \text{für} \quad |\alpha| \le m\,.$$

Das bedeutet: Je glatter u ist, desto schneller fällt $\widehat{u}$ im Unendlichen ab; je schneller u im Unendlichen abfällt, desto glatter ist $\widehat{u}$. Letzteres wird durch folgenden Sachverhalt noch unterstrichen:

(c) ZUSATZ. *Für* $u \in \mathrm{C}^0_c(\mathbb{R}^n)$ *ist* $\widehat{u}$ *analytisch, d.h.* $\widehat{u}$ *kann um jeden Punkt* $\mathbf{y}_0 \in \mathbb{R}^n$ *in eine überall konvergente Reihe* $\sum a_\alpha (\mathbf{y} - \mathbf{y}_0)^\alpha$ *entwickelt werden.*

Das folgt aus dem Satz von PALEY und WIENER, vgl. [34], 3.3. Aus dem auch im $\mathbb{R}^n$ gültigen Identitätssatz für Potenzreihen folgt für $0 \neq u \in \mathrm{C}^0_c(\mathbb{R}^n)$, daß $\widehat{u}$ keinen kompakten Träger haben kann.

(d) BEISPIELE. Es gilt

$$\begin{aligned}
\widehat{P_k u} &= Q_k \widehat{u} \ \ (k = 1, \ldots, n) \ \text{ für } \ u \in \mathrm{C}^1 \cap \mathrm{L}^1 \ \text{ mit } \ \partial_1 u, \ldots, \partial_n u \in \mathrm{L}^1\,, \\
P_k \widehat{u} &= -\widehat{Q_k u} \ \ (k = 1, \ldots, n) \ \text{ und } \ \widehat{u} \in \mathrm{C}^1 \ \text{ für } \ Q_1 u, \ldots, Q_n u \in \mathrm{L}^1\,, \\
\widehat{\Delta u}(\mathbf{y}) &= -\|\mathbf{y}\|^2\, \widehat{u}(\mathbf{y}) \ \text{ für } \ u \in \mathrm{C}^2 \ \text{ mit } u,\ \partial_i u,\ \partial_i \partial_k u \in \mathrm{L}^1\,.
\end{aligned}$$

BEWEIS.

(i) Zunächst sei $m = 1$. Für $u \in \mathrm{C}^1$ mit $u, P_1 u, \ldots, P_n u \in \mathrm{L}^1$ sind $\widehat{P_k u} = Q_k u$ und die Beschränktheit von $(1 + \|\mathbf{y}\|)\, \widehat{u}(\mathbf{y})$ zu zeigen. Es genügt, den Fall $k = n$ zu betrachten. Nach der Bemerkung 2.1 (b) können wir $\widehat{P_n u}$ durch sukzessive Integration berechnen: Setzen wir $\mathbf{x} = (\boldsymbol{\xi}, s)$, $\mathbf{y} = (\boldsymbol{\eta}, t)$ mit $\boldsymbol{\xi}, \boldsymbol{\eta} \in \mathbb{R}^{n-1}$ und $s, t \in \mathbb{R}$, so erhalten wir

$$(1) \qquad (2\pi)^{-n/2}\, i\, \widehat{P_n u}(\mathbf{y}) = \int\limits_{\mathbb{R}^{n-1}} \Big(\mathrm{e}^{-i\langle \boldsymbol{\xi}, \boldsymbol{\eta} \rangle} \int\limits_{-\infty}^{+\infty} \mathrm{e}^{-ist}\, \partial_n u(\boldsymbol{\xi}, s)\, ds \Big)\, d^{n-1}\boldsymbol{\xi}\,.$$

Da $\partial_n u$ stetig ist, gilt

$$u(\boldsymbol{\xi}, s) = u(\boldsymbol{\xi}, 0) + \int\limits_0^s \partial_n u(\boldsymbol{\xi}, \sigma)\, d\sigma\,.$$

Wegen der Integrierbarkeit von $\sigma \mapsto \partial_n u(\boldsymbol{\xi}, \sigma)$ existieren daher die Grenzwerte $\lim\limits_{s \to \pm\infty} u(\boldsymbol{\xi}, s)$, und da $s \mapsto |u(\boldsymbol{\xi}, s)|$ integrierbar ist, müssen diese Grenzwerte verschwinden, vgl. Bd. 1, § 12 : 5.2, 5.3. Somit ergibt partielle Integration

$$\int_{-\infty}^{+\infty} \mathrm{e}^{-ist}\,\partial_n u(\boldsymbol{\xi}, s)\,ds = it \int_{-\infty}^{+\infty} \mathrm{e}^{-ist}\,u(\boldsymbol{\xi}, s)\,ds\,.$$

Aus (1) folgt durch sukzessive Integration

$$\text{(2)}\qquad \begin{aligned}\widehat{P_n u}(\mathbf{y}) &= (2\pi)^{-n/2}\,y_n \int_{\mathbb{R}^{n-1}} \Big(\mathrm{e}^{-i\langle\boldsymbol{\xi},\boldsymbol{\eta}\rangle} \int_{-\infty}^{+\infty} \mathrm{e}^{-ist}\,u(\boldsymbol{\xi}, s)\,ds\Big)\,d\boldsymbol{\xi}\\ &= t\,\widehat{u}(\mathbf{y}) = y_n\,\widehat{u}(\mathbf{y}) = (Q_n\widehat{u})(\mathbf{y})\,.\end{aligned}$$

Entsprechend ergibt sich $\widehat{P_k u} = Q_k\widehat{u}$ für $k = 1, \dots, n-1$, und nach 2.1 sind $\widehat{u}, \widehat{P_1 u}, \dots, \widehat{P_n u}$ beschränkte Funktionen. Nach (2) gibt es also ein $c_1 \geq 0$ mit

$$(1 + \|\mathbf{y}\|)\,|\,\widehat{u}(\mathbf{y})| \leq (1 + (|y_1| + \ldots + |y_n|))\,|\widehat{u}(\mathbf{y})| \leq c_1 \quad \text{für alle } \mathbf{y} \in \mathbb{R}^n\,.$$

Unter den Voraussetzungen $u \in \mathrm{C}^2 \cap \mathrm{L}^1$, $P_k u \in \mathrm{L}^1$, $P_k P_l u \in \mathrm{L}^1$ für $1 \leq k, l \leq n$ folgt nach dem Vorangehenden (mit $F : u \mapsto \widehat{u}$)

$$F(P_k P_l u) = F(P_k(P_l u)) = Q_k F(P_l u) = Q_k Q_l \widehat{u}\,,$$

außerdem die Beschränktheit von $(1 + \|\mathbf{y}\|)|\widehat{P_k u}(\mathbf{y})| = (1 + \|\mathbf{y}\|)\,|y_k|\,|\widehat{u}(\mathbf{y})|$. Wie oben folgt daraus die Beschränktheit von $(1 + \|\mathbf{y}\|)^2\,|\widehat{u}(\mathbf{y})|$, also

$$(1 + \|\mathbf{y}\|^2)|\widehat{u}(\mathbf{y})| \leq (1 + \|\mathbf{y}\|)^2|\widehat{u}(\mathbf{y})| \leq c_2$$

mit einer geeigneten Konstanten c_2. Es ist nun gut zu erkennen, wie sich die Behauptung (i) des Satzes durch Induktion nach m ergibt.

(ii) Sei $m = 1$. Nach Voraussetzung ist $\mathbf{x} \mapsto x_k\,u(\mathbf{x})$ integrierbar, und es gilt

$$\Big|\mathrm{e}^{-i\langle\mathbf{x},\mathbf{y}\rangle}\,x_k\,u(\mathbf{x})\Big| = |x_k| \cdot |u(\mathbf{x})|\,.$$

Nach dem Satz über Parameterintegrale folgt

$$(iP_k\widehat{u})(\mathbf{y}) = \partial_k\widehat{u}(\mathbf{y}) = (2\pi)^{-n/2}\int -ix_k\,\mathrm{e}^{-i\langle\mathbf{x},\mathbf{y}\rangle}\,u(\mathbf{x})\,d^n\mathbf{x} = -i\,\widehat{Q_k u}(\mathbf{y}),$$

somit $P_k\widehat{u} = -\widehat{Q_k u}$.

Der Beweis des Satzteils (ii) durch Induktion nach m folgt diesem Muster [ÜA].

□

(e) **Riemann–Lebesgue–Lemma**. *Für* $u \in \mathrm{L}^1$ *gilt* $\lim\limits_{\|\mathbf{y}\| \to \infty} \widehat{u}(\mathbf{y}) = 0$.

BEWEIS.
Sei $\varepsilon > 0$ vorgegeben. Nach § 10: 3.3 gibt es eine Testfunktion $v \in \mathrm{C}_c^\infty(\mathbb{R}^n)$ mit $\int |u(\mathbf{x}) - v(\mathbf{x})|\, d^n\mathbf{x} < \varepsilon$, also $|\widehat{u}(\mathbf{y}) - \widehat{v}(\mathbf{y})| < \varepsilon\,(2\pi)^{-n/2} < \varepsilon$ für alle $\mathbf{y} \in \mathbb{R}^n$. Nach (b) gibt es eine Konstante $c \geq 0$ mit $|\widehat{v}(\mathbf{y})| \leq c\,(1 + \|\mathbf{y}\|)^{-1}$. Für $\|\mathbf{y}\| \geq c/\varepsilon$ folgt

$$|\widehat{u}(\mathbf{y})| \leq |\widehat{u}(\mathbf{y}) - \widehat{v}(\mathbf{y})| + |\widehat{v}(\mathbf{y})| < \varepsilon + \varepsilon = 2\varepsilon\,. \qquad \square$$

2.3 Rechenregeln für die Fouriertransformation auf $\mathbf{L}^1(\mathbb{R}^n)$

(a) **Wälzformel**. *Für* $u, v \in \mathrm{L}^1$ *gilt* $\widehat{u} \cdot v,\ u \cdot \widehat{v} \in \mathrm{L}^1$ *und*

$$\int \widehat{u} \cdot v = \int u \cdot \widehat{v}\,.$$

(b) **Produktformel**. *Für* $u \in \mathrm{L}^1(\mathbb{R}^p)$, $v \in \mathrm{L}^1(\mathbb{R}^q)$ *und* $n = p + q$ *ist durch*

$$w(x_1, \ldots, x_n) := u(x_1, \ldots, x_p) \cdot v(x_{p+1}, \ldots, x_n)$$

eine Funktion $w \in \mathrm{L}^1(\mathbb{R}^n)$ *gegeben mit*

$$\widehat{w}(y_1, \ldots, y_n) = \widehat{u}(y_1, \ldots, y_p) \cdot \widehat{v}(y_{p+1}, \ldots, y_n)\,.$$

Skalierungsregeln *für* L^1*–Funktionen* u:

(c) *Für* $u_{\mathbf{a}}(\mathbf{x}) := u(\mathbf{x} - \mathbf{a})$ *gilt* $\widehat{u_{\mathbf{a}}}(\mathbf{y}) = e^{-i\langle \mathbf{a}, \mathbf{y} \rangle}\, \widehat{u}(\mathbf{y})$.

(d) *Für* $v(\mathbf{x}) := e^{i\langle \mathbf{a}, \mathbf{x} \rangle} u(\mathbf{x})$ *gilt* $\widehat{v}(\mathbf{y}) = \widehat{u}(\mathbf{y} - \mathbf{a})$.

(e) *Für* $w(\mathbf{x}) := u(\frac{1}{r}\,\mathbf{x})$ *mit* $r > 0$ *gilt* $\widehat{w}(\mathbf{y}) = r^n\, \widehat{u}(r\,\mathbf{y})$.

Dem Beweis schicken wir ein im folgenden mehrfach verwendetes Lemma voraus.

2.4 Lemma. (a) *Sei* $f(\mathbf{x}, \mathbf{y})$ *stetig auf* $\mathbb{R}^p \times \mathbb{R}^q$, *und es gelte*

$$|f(\mathbf{x}, \mathbf{y})| \leq |u(\mathbf{x})| \cdot |v(\mathbf{y})|$$

mit stetigen Funktionen $u \in \mathrm{L}^1(\mathbb{R}^p)$, $v \in \mathrm{L}^1(\mathbb{R}^q)$. *Dann ist* f *über den* $\mathbb{R}^{p+q}$ *integrierbar, und es gilt*

$$\begin{aligned}\int\limits_{\mathbb{R}^{p+q}} f(\mathbf{x}, \mathbf{y})\, d^p\mathbf{x}\, d^q\mathbf{y} &= \int\limits_{\mathbb{R}^p} \Big(\int\limits_{\mathbb{R}^q} f(\mathbf{x}, \mathbf{y})\, d^q\mathbf{y} \Big)\, d^p\mathbf{x} \\ &= \int\limits_{\mathbb{R}^q} \Big(\int\limits_{\mathbb{R}^p} f(\mathbf{x}, \mathbf{y})\, d^p\mathbf{x} \Big)\, d^q\mathbf{y}\,.\end{aligned}$$

(b) *Entsprechendes gilt, wenn wir „stetig“ durch „meßbar“ ersetzen und die Integrale im Lebesgueschen Sinn verstehen.*

(a) ergibt sich nach den Kriterien in Bd. 1, § 23 : 6.1, 6.2, 6.3. (b) ist eine unmittelbare Folge des Satzes von Tonelli § 8 : 1.8.

BEWEIS von 2.3

(a) Da $\widehat{u}$, $\widehat{v}$ nach 2.1 beschränkt und stetig sind, gilt $\widehat{u} \cdot v$, $u \cdot \widehat{v} \in L^1$ nach dem Majorantensatz. Wegen $\left| v(\mathbf{x}) u(\mathbf{y})\, e^{-i\langle \mathbf{x}, \mathbf{y} \rangle} \right| \le |v(\mathbf{x})| \cdot |u(\mathbf{y})|$ folgt nach 2.4

$$(2\pi)^{n/2} \int \widehat{u} \cdot v = \int v(\mathbf{x}) \left(\int u(\mathbf{y})\, e^{-i\langle \mathbf{x}, \mathbf{y} \rangle} d^n\mathbf{y} \right) d^n\mathbf{x}$$

$$= \int u(\mathbf{y}) \left(\int v(\mathbf{x})\, e^{-i\langle \mathbf{y}, \mathbf{x} \rangle} d^n\mathbf{x} \right) d^n\mathbf{y} = (2\pi)^{n/2} \int u \cdot \widehat{v}\,.$$

(b) folgt unmittelbar aus 2.4 ÜA.

(c), (d), (e) ergeben sich aus dem Transformationssatz für Integrale ÜA. □

2.5 Die Fouriertransformation der Gauß–Dichte

SATZ. (a) *Für* $u(\mathbf{x}) := e^{-\frac{1}{2}\|\mathbf{x}\|^2}$ *gilt* $\widehat{u} = u$.

(b) *Für* $u(\mathbf{x}) := e^{-t\|\mathbf{x}\|^2}$ *mit* $t > 0$ *gilt* $\widehat{u}(\mathbf{y}) = (2t)^{-n/2} \cdot e^{-\|\mathbf{y}\|^2/4t}$.

BEWEIS.

(a) Wegen der Produktformel 2.3 (b) muß (a) nur für $n = 1$ gezeigt werden. Die Gauß–Dichte $u(x) = e^{-\frac{1}{2}x^2}$ genügt dem AWP

(∗) $u'(x) = -x u(x), \quad u(0) = 1.$

Mit Hilfe des P,Q–Gesetzes folgt hieraus

$$\widehat{u}\,' = iP\widehat{u} = -i\widehat{Qu} = -\widehat{Pu} = -Q\widehat{u}, \quad \widehat{u}(0) = \frac{1}{\sqrt{2\pi}} \int_{-\infty}^{+\infty} e^{-\frac{1}{2}y^2}\, dy = 1,$$

letzteres nach (Bd. 1, § 23 : 8.4). Somit genügt auch $\widehat{u}$ dem AWP (∗) und ist deshalb nach dem Eindeutigkeitssatz mit u identisch.

(b) ergibt sich aus (a) mittels der Skalierungsregel 2.3 (e) mit $r = (2t)^{-\frac{1}{2}}$. □

AUFGABEN (i) (Verallgemeinerung von (b)). Sei $u(\mathbf{x}) := \exp\left(-\frac{1}{2}\langle \mathbf{x}, A\mathbf{x} \rangle\right)$ mit einer reellen, symmetrischen, positiv definiten $n \times n$–Matrix A. Zeigen Sie mit Hilfe der Hauptachsentransformation, daß

$$\widehat{u}(\mathbf{y}) = (\det A)^{-\frac{1}{2}} \exp\left(-\tfrac{1}{2}\left\langle \mathbf{y}, A^{-1}\mathbf{y} \right\rangle\right).$$

(ii) Zeigen Sie für invertierbare lineare Abbildungen $A : \mathbf{x} \mapsto A\mathbf{x}$ und für $u \in L^1$, daß

$$(u \circ A^{-1})^{\wedge} = |\det A|^{-1}\, \widehat{u} \circ (A^T)^{-1}.$$

2.6 Umkehrsatz, Faltungssätze für die Fouriertransformation auf L^1

(a) **Umkehrsatz**. *Aus* $u \in \mathrm{L}^1 = \mathrm{L}^1(\mathbb{R}^n)$ *und* $\widehat{u} \in \mathrm{L}^1$ *folgen die Stetigkeit von* u *und*

$$u(\mathbf{x}) = (2\pi)^{-n/2} \int e^{i\langle \mathbf{x},\mathbf{y}\rangle}\, \widehat{u}(\mathbf{y})\, d^n\mathbf{y} = \widehat{\widehat{u}}(-\mathbf{x}) \quad \text{für alle } \mathbf{x} \in \mathbb{R}^n .$$

Daher ist die Fouriertransformation auf L^1 *injektiv:*

$$u \in \mathrm{L}^1,\ \widehat{u} = 0 \implies u = 0 .$$

Beachten Sie: Aus $u \in \mathrm{L}^1$ folgt nicht $\widehat{u} \in \mathrm{L}^1$, vgl. 2.1 (c) (i).

(b) **Faltungssatz 1**. *Unter den Voraussetzungen* $u, v, \widehat{u}, \widehat{v} \in \mathrm{L}^1$ *gilt* $u \cdot v \in \mathrm{L}^1$ *und*

$$\widehat{u} * \widehat{v} = (2\pi)^{n/2}\, \widehat{u \cdot v} .$$

(c) **Faltungssatz 2**. *Für* $u, v \in \mathrm{L}^1$ *gilt* $u * v \in \mathrm{L}^1$ *und*

$$\widehat{u * v} = (2\pi)^{n/2}\, \widehat{u} \cdot \widehat{v} .$$

Die Beweise folgen in 3.4 und 3.5. Der Beweis für den zweiten Faltungssatz stützt sich auf die Lebesguesche Integrationstheorie.

3 Die Fouriertransformation auf $\mathscr{S}(\mathbb{R}^n)$

3.1 Schnellfallende Funktionen

Die Fouriertransformation bildet keinen der Räume $\mathrm{L}^1(\mathbb{R}^n)$, $\mathrm{C}_c^\infty(\mathbb{R}^n)$ in sich ab, wie das Beispiel 2.1 (i) und der Zusatz in 2.2 zeigen. Wir suchen einen Teilraum von $\mathrm{L}^1(\mathbb{R}^n)$, der durch die Fouriertransformation und die Operatoren P_k, Q_k in sich überführt wird. In einem solchen Raum ist dann das P,Q–Gesetz 2.2 beliebig oft anwendbar; die zugehörigen Funktionen müssen deshalb beliebig oft differenzierbar sein und im Unendlichen rasch abfallen.

Diese Eigenschaft besitzt der von Laurent SCHWARTZ 1948 eingeführte Funktionenraum

$$\begin{aligned}\mathscr{S} = \mathscr{S}(\mathbb{R}^n) &:= \left\{u \in \mathrm{C}^\infty(\mathbb{R}^n) \mid \mathbf{x}^\alpha \partial^\beta u(\mathbf{x}) \text{ ist beschränkt für jedes Paar } \alpha, \beta\right\} \\ &= \left\{u \in \mathrm{C}^\infty(\mathbb{R}^n) \mid (1 + \|\mathbf{x}\|^m)\, \partial^\beta u(\mathbf{x}) \text{ ist beschränkt für jedes } m \in \mathbb{N} \text{ und jeden Multiindex } \beta\right\}.\end{aligned}$$

ÜA : Weisen Sie die Gleichheit der beiden Räume nach.

$\mathscr{S}$ heißt **Schwartz–Raum** oder **Raum der schnellfallenden Funktionen**.

Offenbar gilt

$$\mathrm{C}_c^\infty(\mathbb{R}^n) \subset \mathscr{S}(\mathbb{R}^n) .$$

Beispiele schnellfallender Funktionen sind für $n = 1$

$$e^{-x^2}, \quad e^{-x^2} \sin x, \quad e^{-x^2} p(x) \text{ mit einem Polynom } p.$$

Weitere schnellfallende Funktionen ergeben sich mit den folgenden Rechenregeln.

3.2 Eigenschaften von $\mathscr{S}(\mathbb{R}^n)$

(a) $\mathscr{S} := \mathscr{S}(\mathbb{R}^n)$ *ist ein Teilraum von* $\mathrm{L}^p(\mathbb{R}^n)$ *für* $1 \leq p \leq \infty$.

(b) $u \in \mathscr{S} \implies P^\alpha u,\, Q^\alpha u \in \mathscr{S}$ *für jeden Multiindex* α.

(c) $u, v \in \mathscr{S} \implies u * v \in \mathscr{S}$.

(d) *Ist* u *schnellfallend und* v *eine* C^∞*–Funktion, deren sämtliche Ableitungen* $\partial^\alpha v$ *polynomial beschränkt sind, so gilt* $u \cdot v \in \mathscr{S}$. *Insbesondere gilt* $u \cdot v \in \mathscr{S}$ *für* $u,\, v \in \mathscr{S}$.

Dabei heißt eine Funktion $v : \mathbb{R}^n \to \mathbb{C}$ **polynomial beschränkt**, wenn

$$v(\mathbf{x}) \leq c\,(1 + \|\mathbf{x}\|^m) \text{ für ein } m = 1, 2, \ldots \text{ und eine Konstante } c \geq 0.$$

BEWEIS.

(a) Die Vektorraumeigenschaft folgt unmittelbar aus der Definition.
Sei $u \in \mathscr{S}$. Nach 3.1 gilt $(1 + \|\mathbf{x}\|^{2n})\,|u(\mathbf{x})| \leq c$ mit einer Konstanten c. Es folgt $|u(\mathbf{x})|^p \leq c^p/((1+x_1^2) \cdots (1+x_n^2))$ für alle $\mathbf{x} \in \mathbb{R}^n$ und beliebiges $p \geq 1$. Daraus ergibt sich die Integrierbarkeit von $|u|^p$ durch wiederholte Anwendung des Lemmas 2.4.

(b) Es genügt zu zeigen: $u \in \mathscr{S} \implies P_k u,\, Q_k u \in \mathscr{S}$.
Für $u \in \mathscr{S}$ gilt $P_k u \in \mathrm{C}^\infty(\mathbb{R}^n)$ und (mit den Bezeichnungen 2.2) $Q^\alpha \partial^\beta P_k u = Q^\alpha \partial^\gamma u$ mit $\gamma = \beta + \mathbf{e}_k$. Damit ist $Q^\alpha \partial^\beta P_k u$ beschränkt für alle Paare von Multiindizes (α, β). Ferner gilt $Q_k u \in \mathrm{C}^\infty(\mathbb{R}^n)$ nach der allgemeinen Produktregel § 10: 2.2 (c). Durch mehrfache Anwendung der Vertauschungsrelationen 2.2 (a),

$$P_l Q_k - Q_k P_l \;=\; -i\,\delta_{kl}\,\mathbb{1}_{\mathscr{S}},$$

läßt sich $Q^\alpha \partial^\beta Q_k u = (-i)^{|\beta|} Q^\alpha P^\beta Q_k u$ mittels Durchtauschen von Q_k auf eine Linearkombination von Funktionen des Typs $Q^\gamma P^\delta u$ zurückführen und ist also beschränkt.

(c) Wegen $\partial^\beta v \in \mathscr{S}$ gibt es zu jedem Multiindex β eine Konstante c_β mit

$$\left| u(\mathbf{y})\, \partial^\beta v(\mathbf{x} - \mathbf{y}) \right| \;\leq\; c_\beta\, |u(\mathbf{y})|.$$

Daraus folgt mit dem Satz über Parameterintegrale $u*v \in \mathrm{C}^\infty(\mathbb{R}^n)$, $\partial^\beta(u*v) = u * \partial^\beta v$ und $|\partial^\beta(u * v)| \leq c_\beta \|u\|_1$ für alle Multiindizes β. Weiter gilt ÜA

$$Q_k \partial^\beta (u * v) = Q_k(u * \partial^\beta v) \;=\; (Q_k u) * \partial^\beta v + u * (Q_k \partial^\beta v).$$

Jeder der Summanden auf der rechten Seite ist als Faltungsintegral zweier schnellfallender Funktionen beschränkt. Durch wiederholte Anwendung dieses Arguments folgt die Beschränktheit von $Q^\alpha \partial^\beta (u * v)$ für beliebige Multiindizes α, β.

(d) ergibt sich aus der allgemeinen Produktregel § 10 : 2.2 (c) ÜA. □

3.3 Die Fouriertransformation auf $\mathscr{S}$

(a) SATZ. (a) *Für* $u \in \mathscr{S}$ *gilt* $\widehat{u} \in \mathscr{S}$.

(b) *Für* $u \in \mathscr{S}$ *gilt das* P,Q*–Gesetz uneingeschränkt:*

$$\widehat{P^\alpha u} = Q^\alpha \widehat{u}\,, \quad \widehat{Q^\alpha u} = (-1)^{|\alpha|} P^\alpha \widehat{u} \quad \textit{für alle Multiindizes } \alpha.$$

(c) *Insbesondere gilt* $\widehat{P_k u} = Q_k \widehat{u}$, $\widehat{Q_k u} = -P_k \widehat{u}$ *und* $\widehat{\Delta u}(\mathbf{y}) = -\|\mathbf{y}\|^2 \widehat{u}(\mathbf{y})$, *vgl.* 2.2 .

BEWEIS.

Sei $u \in \mathscr{S}$ und β ein beliebiger Multiindex. Nach 3.2 (b) gilt $Q^\beta u \in \mathscr{S}$, und aus dem P,Q–Gesetz 2.2 (b) folgt daher

$$(*) \qquad \widehat{u} \in \mathrm{C}^{|\beta|}(\mathbb{R}^n) \quad \text{sowie} \quad P^\beta \widehat{u} = (-1)^{|\beta|} \widehat{Q^\beta u}\,.$$

Da nach 3.2 (b) auch $P^\alpha Q^\beta u$ schnellfallend ist, folgt $P^\alpha Q^\beta u \in \mathrm{L}^1$ für beliebige Multiindizes α, und wir erhalten aus $(*)$ und dem P,Q–Gesetz 2.2 (b):

$$Q^\alpha P^\beta \widehat{u} \text{ ist die Fouriertransformierte von } (-1)^{|\beta|} P^\alpha Q^\beta u$$

und ist daher beschränkt.

(b) folgt unmittelbar aus (a). □

3.4 Der Umkehrsatz für die Fouriertransformation auf $\mathscr{S}$ und $\mathbf{L}^1$

(a) **Der Umkehrsatz für die Fouriertransformation auf** $\mathscr{S}$.

Die Fouriertransformation bildet $\mathscr{S}$ *bijektiv auf* $\mathscr{S}$ *ab. Die Umkehrabbildung ordnet jeder Funktion* $v \in \mathscr{S}$ *die durch*

$$u(\mathbf{x}) = \widehat{v}(-\mathbf{x})$$

gegebene Funktion $u \in \mathscr{S}$ *zu. Insbesondere gilt die Umkehrformel* $u(\mathbf{x}) = \widehat{\widehat{u}}(-\mathbf{x})$, *d.h.*

$$u(\mathbf{x}) = (2\pi)^{-n/2} \int e^{i\langle \mathbf{x}, \mathbf{y} \rangle} \widehat{u}(\mathbf{y})\, d^n\mathbf{y} \quad \text{für alle } \mathbf{x} \in \mathbb{R}^n\,.$$

BEMERKUNGEN. (i) Der Umkehrsatz wird oft so formuliert: Jede schnellfallende (nach 2.6 (a) sogar jede integrierbare) Funktion läßt sich durch ein **Fourierintegral** darstellen.

In der Sprache der Wellenmechanik heißt das: Jedes *Wellenpaket* $u \in \mathscr{S}$ kann als Überlagerung *ebener Wellen* $\mathbf{x} \mapsto e^{i\langle \mathbf{x},\mathbf{y}\rangle}$ aufgefaßt werden, wobei $(2\pi)^{-n/2}\,\widehat{u}(\mathbf{y})$ die Amplitude der Welle mit dem *Wellenzahlvektor* $\mathbf{y} \in \mathbb{R}^n$ ist.

(ii) Wir bezeichnen die auf $\mathscr{S}$ eingeschränkte Fouriertransformation wieder mit F und beschreiben die Punktspiegelung im Argument durch den Operator

$$S : \mathscr{S} \to \mathscr{S}, \quad (Su)(\mathbf{x}) := u(-\mathbf{x}).$$

Mittels Substitution $\mathbf{y} \mapsto -\mathbf{y}$ erhalten wir $SF = FS$ ÜA, und der Umkehrsatz erhält die Form

$$F^{-1} = FS = SF \quad \text{bzw.} \quad F^2S = SF^2 = FSF = \mathbb{1}_{\mathscr{S}}.$$

BEWEIS.
Wir setzen $v(\mathbf{x}) = e^{-\frac{1}{2}\|\mathbf{x}\|^2}$ und $v_r(\mathbf{x}) = v(\mathbf{x}/r) = e^{-\frac{1}{2}r^{-2}\|\mathbf{x}\|^2}$ mit $r > 0$. Für $r \to \infty$ strebt v_r monoton aufsteigend gegen 1. Der Grundgedanke des Beweises besteht darin, das rechts in der Umkehrformel stehende Integral durch die Integrale

$$(2\pi)^{-n/2} \int e^{i\langle \mathbf{x},\mathbf{y}\rangle}\,\widehat{u}(\mathbf{y})\,v_r(\mathbf{y})\,d^n\mathbf{y} \quad \text{für } r \gg 1$$

zu approximieren. Hierbei beachten wir, daß für $u \in \mathscr{S}$ nach 3.3 (a) $\widehat{u} \in \mathscr{S}$ gilt und somit $\widehat{u} \in \mathrm{L}^1$, $u \in \mathrm{L}^\infty$ nach 3.2 (a).

Aus den Skalierungsregeln 2.3 (c),(d), der Wälzformel 2.3 (a) ergibt sich unter Verwendung der Substitution $\boldsymbol{\eta} = r\,\mathbf{y}$ mit $u_{\mathbf{x}}(\mathbf{y}) := u(\mathbf{y} - \mathbf{x})$

$$\begin{aligned}\int e^{i\langle \mathbf{x},\mathbf{y}\rangle}\,\widehat{u}(\mathbf{y})\,v_r(\mathbf{y})\,d^n\mathbf{y} &= \int \widehat{u_{-\mathbf{x}}}(\mathbf{y})\,v_r(\mathbf{y})\,d^n\mathbf{y} = \int u_{-\mathbf{x}}(\mathbf{y})\,\widehat{v_r}(\mathbf{y})\,d^n\mathbf{y} \\ &= \int u_{-\mathbf{x}}(\mathbf{y})\,r^n\,\widehat{v}(r\,\mathbf{y})\,d^n\mathbf{y} = \int u_{-\mathbf{x}}(\boldsymbol{\eta}/r)\,\widehat{v}(\boldsymbol{\eta})\,d^n\boldsymbol{\eta} \\ &= \int u_{-\mathbf{x}}(\boldsymbol{\eta}/r)\,v(\boldsymbol{\eta})\,d^n\boldsymbol{\eta},\end{aligned}$$

letzteres nach 2.5 (a). Setzen wir $r = 1/s^2$, so erhalten wir mit dem ersten und dem letzten Integral jeweils auch für $s = 0$ definierte Parameterintegrale. Nach Bd. 1, § 23 : 5.1 hängen beide stetig von s ab, denn der Integrand im ersten Integral besitzt die von s unabhängige Majorante $|\widehat{u}| \in \mathrm{L}^1$, der im letzten Integral besitzt die Majorante $\|u\|_\infty \cdot |v| \in \mathrm{L}^1$. Somit erhalten wir für $s \to 0$

$$\int e^{i\langle \mathbf{x},\mathbf{y}\rangle}\,\widehat{u}(\mathbf{y})\,d^n\mathbf{y} = \int u_{-\mathbf{x}}(\mathbf{0})\,v(\boldsymbol{\eta})\,d^n\boldsymbol{\eta} = u(\mathbf{x}) \int v(\boldsymbol{\eta})\,d^n\boldsymbol{\eta} = (2\pi)^{n/2}\,u(\mathbf{x})$$

für jedes $\mathbf{x} \in \mathbb{R}^n$, was die Umkehrformel für $u \in \mathscr{S}$ darstellt. □

(b) **Beweis des Umkehrsatzes auf L^1.**

Seien $u, \widehat{u} \in \mathrm{L}^1$ und $u_0(\mathbf{x}) := (2\pi)^{-n/2} \int e^{i\langle \mathbf{x},\mathbf{y}\rangle} \widehat{u}(\mathbf{y})\, d^n\mathbf{y}$. Für jede Testfunktion $\varphi \in \mathrm{C}_c^\infty(\mathbb{R}^n) \subset \mathscr{S}$ gibt es nach (a) ein $v \in \mathscr{S}$ mit $\widehat{v} = \varphi$, für welches dann die Umkehrformel gilt. Mit der Wälzformel 2.3 (a), der Umkehrformel in (a) und dem Satz von Tonelli § 8: 1.8 folgt

$$\begin{aligned}(2\pi)^{n/2} \int u(\mathbf{y})\, \widehat{v}(\mathbf{y})\, d^n\mathbf{y} &= ((2\pi)^{n/2} \int \widehat{u}(\mathbf{y})\, v(\mathbf{y})\, d^n\mathbf{y} \\ &= \int \widehat{u}(\mathbf{y})\, (\int e^{i\langle \mathbf{x},\mathbf{y}\rangle}\, \widehat{v}(\mathbf{x})\, d^n\mathbf{x}\,)\, d^n\mathbf{y} \\ &= \int \widehat{v}(\mathbf{x})\, (\int e^{i\langle \mathbf{x},\mathbf{y}\rangle}\, \widehat{u}(\mathbf{y})\, d^n\mathbf{y}\,)\, d^n\mathbf{x} \\ &= (2\pi)^{n/2} \int \widehat{v}(\mathbf{x})\, u_0(\mathbf{x})\, d^n\mathbf{x}\,.\end{aligned}$$

Damit haben wir

$$\int (u - u_0)\, \varphi\, d^n\mathbf{x} = \int (u - u_0)\, \widehat{v}\, d^n\mathbf{x} = \int u\, \widehat{v}\, d^n\mathbf{x} - \int u_0\, \widehat{v}\, d^n\mathbf{x} = 0\,.$$

Nach dem Fundamentallemma § 10 : 4.2 folgt hieraus $u - u_0 = 0$ f.ü., also können wir u mit der nach 2.1 stetigen Funktion u_0 gleichsetzen. □

3.5 Die Faltungssätze für $\mathscr{S}(\mathbb{R}^n)$ und $\mathrm{L}^1(\mathbb{R}^n)$

(a) **Die Faltungssätze für schnellfallende Funktionen.**

Für $u, v \in \mathscr{S}$ gilt $u * v \in \mathscr{S}$ und

$$\widehat{u} * \widehat{v} = (2\pi)^{n/2}\, \widehat{u \cdot v}\,, \quad \widehat{u * v} = (2\pi)^{n/2}\, \widehat{u} \cdot \widehat{v}\,.$$

Beweis.

(1) Für $u, v \in \mathscr{S}$ gilt $u * v \in \mathscr{S}$ nach 3.2 (c). Durch Anwendung des Umkehrsatzes 3.4 (a)ergibt sich

$$\begin{aligned}(\widehat{u} * \widehat{v})(\mathbf{x}) &= \int \widehat{u}(\mathbf{y})\, \widehat{v}(\mathbf{x} - \mathbf{y})\, d^n\mathbf{y} \\ &= (2\pi)^{-n/2} \int \Big(\widehat{u}(\mathbf{y}) \int v(\mathbf{z})\, e^{-i\langle \mathbf{x}-\mathbf{y},\mathbf{z}\rangle} d^n\mathbf{z} \Big)\, d^n\mathbf{y} \\ &= (2\pi)^{-n/2} \int \Big(\int v(\mathbf{z})\, e^{-i\langle \mathbf{x},\mathbf{z}\rangle}\, \widehat{u}(\mathbf{y})\, e^{i\langle \mathbf{y},\mathbf{z}\rangle}\, d^n\mathbf{y} \Big)\, d^n\mathbf{z} \\ &= (2\pi)^{-n/2} \int \Big(v(\mathbf{z})\, e^{-i\langle \mathbf{x},\mathbf{z}\rangle} \int \widehat{u}(\mathbf{y})\, e^{i\langle \mathbf{y},\mathbf{z}\rangle} d^n\mathbf{y} \Big)\, d^n\mathbf{z} \\ &= \int u(\mathbf{z})\, v(\mathbf{z})\, e^{-i\langle \mathbf{x},\mathbf{z}\rangle}\, d^n\mathbf{z} \\ &= (2\pi)^{n/2}\, \widehat{u \cdot v}(\mathbf{x})\,.\end{aligned}$$

Die Vertauschung der Integrationsreihenfolge ist nach 2.4 erlaubt, da der Integrand die Majorante $|\widehat{u}(\mathbf{y})| \cdot |v(\mathbf{z})|$ besitzt.

(2) Für $u, v \in \mathscr{S}$ gibt es, wieder nach dem Umkehrsatz, Funktionen $f, g \in \mathscr{S}$ mit $u = \widehat{f}$, $v = \widehat{g}$, also $f = S\widehat{u}$, $g = S\widehat{v}$. Nach (a) folgt unter Beachtung von $F^2 = S$ und $S^2 = \mathbb{1}_{\mathscr{S}}$

$$
\begin{aligned}
(2\pi)^{-n/2}\,\widehat{u*v} &= (2\pi)^{-n/2}\,F(\widehat{f}*\widehat{g}) = F^2(f\cdot g) = S(f\cdot g) \\
&= Sf\cdot Sg = \widehat{u}\cdot\widehat{v}\,.
\end{aligned}
$$

□

(b) **Beweis des Faltungssatzes 2.6 (b).**

Sind u, v und $\widehat{u}$ integrierbar, so existiert das Faltungsintegral $\widehat{u}*\widehat{v}$, da $\widehat{v}$ beschränkt ist, vgl. 2.1 und § 10: 2.1 (b). Da im Falle $u, \widehat{u} \in \mathrm{L}^1$ der Umkehrsatz 2.6 (a) für u gilt, läßt sich der Beweisteil (a) ohne weiteres übertragen, und wir erhalten: $u, v, \widehat{u} \in \mathrm{L}^1 \implies \widehat{u}*\widehat{v} = (2\pi)^{n/2}\widehat{u\cdot v}$.

(c) **Beweis des Faltungssatzes 2.6 (c).**

Zum Beweis der Formel $\widehat{u*v} = (2\pi)^{n/2}\widehat{u}\cdot\widehat{v}$ für L^1–Funktionen u, v müssen wir die Lebesguesche Integrationstheorie heranziehen. Die Konvergenz der nachfolgenden Integrale und die Vertauschbarkeit der Integrationsreihenfolge stützen sich auf den Satz von Tonelli § 8 : 1.8: Seien u, v Lebesgue–integrierbar und für festes $\mathbf{x} \in \mathbb{R}^n$ sei

$$
f(\mathbf{y},\mathbf{z}) := c(\mathbf{x},\mathbf{y},\mathbf{z})\,u(\mathbf{y})\,v(\mathbf{z}-\mathbf{y})
$$

mit einer stetigen Funktion c vom Betrag 1. Dann existiert das Integral

$$
\int |c(\mathbf{x},\mathbf{y},\mathbf{z})\,f(\mathbf{y},\mathbf{z})|\,d^n\mathbf{z} = |u(\mathbf{y})|\cdot\int |v(\mathbf{z}-\mathbf{y})|\,d^n\mathbf{z} = |u(\mathbf{y})|\cdot\|v\|_1
$$

und ist als Funktion von $\mathbf{y}$ über den $\mathbb{R}^n$ integrierbar. Damit ist f über $\mathbb{R}^{2n}$ integrierbar, und es gilt

$$
\int\Big(\int f(\mathbf{y},\mathbf{z})\,d^n\mathbf{y}\Big)\,d^n\mathbf{z} = \int\Big(\int f(\mathbf{y},\mathbf{z})\,d^n\mathbf{z}\Big)\,d^n\mathbf{y}\,.
$$

Mit $c(\mathbf{x},\mathbf{y},\mathbf{z}) = 1$ folgt die Existenz von $(u*v)(\mathbf{x})$ f.ü. und $u*v \in \mathrm{L}^1$. Setzen wir $c(\mathbf{x},\mathbf{y},\mathbf{z}) = \exp(-i\langle\mathbf{x},\mathbf{y}\rangle)\,\exp(-i\langle\mathbf{x},\mathbf{y}-\mathbf{z}\rangle)$, so ergibt sich

$$
\begin{aligned}
(2\pi)^{n/2}\,\widehat{u*v}(\mathbf{x}) &= \int\Big(\int u(\mathbf{y})\,v(\mathbf{z}-\mathbf{y})\,d^n\mathbf{y}\Big)\,\mathrm{e}^{-i\langle\mathbf{x},\mathbf{z}\rangle}\,d^n\mathbf{z} \\
&= \int\Big(\int u(\mathbf{y})\,\mathrm{e}^{-i\langle\mathbf{x},\mathbf{y}\rangle}\,v(\mathbf{z}-\mathbf{y})\,\mathrm{e}^{-i\langle\mathbf{x},\mathbf{z}-\mathbf{y}\rangle}\,d^n\mathbf{y}\Big)\,d^n\mathbf{z} \\
&= \int u(\mathbf{y})\,\mathrm{e}^{-i\langle\mathbf{x},\mathbf{y}\rangle}\Big(\int v(\mathbf{z}-\mathbf{y})\,\mathrm{e}^{-i\langle\mathbf{x},\mathbf{z}-\mathbf{y}\rangle}\,d^n\mathbf{z}\Big)\,d^n\mathbf{y}\,.
\end{aligned}
$$

Durch Substitution $\mathbf{z}-\mathbf{y} \mapsto \mathbf{z}$ im zweiten Integral erhalten wir

$$
\begin{aligned}
(2\pi)^{n/2}\,\widehat{u*v}(\mathbf{x}) &= \int\Big(u(\mathbf{y})\,\mathrm{e}^{-i\langle\mathbf{x},\mathbf{y}\rangle}\int v(\mathbf{z})\,\mathrm{e}^{-i\langle\mathbf{x},\mathbf{z}\rangle}\,d^n\mathbf{z}\Big)\,d^n\mathbf{y} \\
&= (2\pi)^n\,\widehat{u}(\mathbf{x})\,\widehat{v}(\mathbf{x})\,.
\end{aligned}
$$

□

4 Die Fouriertransformation auf $\mathrm{L}^2(\mathbb{R}^n)$

4.1 Die Fouriertransformation als unitärer Operator auf $\mathscr{S}(\mathbb{R}^n)$

Die Fouriertransformation vermittelt eine unitäre Abbildung des mit dem L^2*–Skalarprodukt* $\langle u, v\rangle = \int \overline{u}\, v$ *versehenen Schwartzraums* $\mathscr{S} := \mathscr{S}(\mathbb{R}^n)$ *auf sich.*

Für $u, v \in \mathscr{S}$ *gilt die* **Formel von Parseval–Plancherel**

$$\langle u, v\rangle = \langle \widehat{u}, \widehat{v}\rangle ,$$

insbesondere gilt

$$\int |u(\mathbf{y})|^2\, d^n\mathbf{y} = \int |\widehat{u}(\mathbf{x})|^2\, d^n\mathbf{x} .$$

Beweis.
Für $u, v \in \mathscr{S}$ sei $g := \widehat{\overline{\widehat{u}}}$. Nach 3.4 (b) gilt $g = S\overline{\widehat{u}}$, also $\widehat{g} = \overline{u}$ [ÜA]. Mit Hilfe der Wälzformel 2.3 (a) folgt hieraus

$$\langle u, v\rangle = \int \overline{u}\, v = \int \widehat{g}\, v = \int g\, \widehat{v} = \int \overline{\widehat{u}}\, \widehat{v} = \langle \widehat{u}, \widehat{v}\rangle . \qquad \square$$

4.2 Die Fouriertransformation auf $\mathrm{L}^2(\mathbb{R}^n)$

Satz. *Die Fouriertransformation* $F : \mathscr{S} \to \mathscr{S}$ *läßt sich auf eindeutig bestimmte Weise zu einer unitären Abbildung*

$$\mathcal{F} : \mathrm{L}^2(\mathbb{R}^n) \to \mathrm{L}^2(\mathbb{R}^n)$$

fortsetzen. Für die Umkehrabbildung von $\mathcal{F}$ *gilt*

$$\mathcal{F}^{-1} = S\mathcal{F} = \mathcal{F}S ,$$

wobei $S : \mathrm{L}^2(\mathbb{R}^n) \to \mathrm{L}^2(\mathbb{R}^n)$ *die Spiegelung* $(Su)(\mathbf{x}) := u(-\mathbf{x})$ bedeutet.

Beweis.
$\mathscr{S}$ ist ein dichter Teilraum von L^2, denn es gilt $\mathrm{C}_c^\infty \subset \mathscr{S} \subset \mathrm{L}^2$, und C_c^∞ liegt dicht in L^2 (§ 10 : 3.3). Die Fouriertransformation $F : \mathscr{S} \to \mathscr{S}$ und ihre Inverse F^{-1} sind bezüglich des L^2–Skalarproduktes Isometrien auf $\mathscr{S}$. Nach § 10 : 5.1 (b) besitzen F und F^{-1} eindeutig bestimmte Fortsetzungen $\mathcal{F}$ und $\mathcal{G}$ auf L^2. Beide sind stetige lineare Operatoren auf L^2 und es gilt

$$\mathcal{F}u = \lim_{k\to\infty} Fu_k, \quad \mathcal{G}u = \lim_{k\to\infty} F^{-1}u_k, \quad \text{falls } u = \lim_{k\to\infty} u_k \text{ mit } u_k \in \mathscr{S}.$$

Da auch S eine unitäre Abbildung auf L^2 ist, ergibt sich für jedes $u \in \mathrm{L}^2$ durch Grenzübergang

$$\mathcal{G}\mathcal{F}u = \mathcal{F}\mathcal{G}u = u , \quad S\mathcal{F}u = \mathcal{F}Su = \mathcal{G}u , \quad S\mathcal{F}^2 u = u ,$$

$$\|\mathcal{F}u\| = \|u\| = \|\mathcal{G}u\| .$$

Dies zeigt, daß $\mathcal{F}$ invertierbar und isometrisch ist und daß $\mathcal{G} = \mathcal{F}^{-1} = S^2\mathcal{F}$. $\square$

Bemerkung. Es gibt L^2–Funktionen u, die nicht integrierbar sind, z.B. $u(\mathbf{x}) = (1+\|\mathbf{x}\|^n)^{-1}$, vgl. § 11 : 2.4, Folgerung (i). Für solche läßt sich $(\mathcal{F}u)(\mathbf{y})$ nicht durch das Integral $(2\pi)^{-n/2}\int \mathrm{e}^{-i\langle \mathbf{x},\mathbf{y}\rangle}u(\mathbf{x})\,d^n\mathbf{x}$ darstellen.

Setzen wir aber

$$v_r(\mathbf{y}) := (2\pi)^{-n/2} \int\limits_{\|\mathbf{x}\|\le r} \mathrm{e}^{-i\langle \mathbf{x},\mathbf{y}\rangle}u(\mathbf{x})\,d^n\mathbf{x}\,,$$

so gilt

$$\mathcal{F}u = \mathrm{L}^2\text{–}\lim_{k\to\infty} v_{r_k} \quad \text{und} \quad (\mathcal{F}u)(\mathbf{y}) = \lim_{k\to\infty} v_{r_k}(\mathbf{y}) \ \text{f.ü.}$$

für eine geeignete Radienfolge (r_k) mit $r_k \to \infty$.

Denn es gilt $v_r = \widehat{u_r}$ mit $u_r := u\,\chi_{K_r(\mathbf{0})}$. Da u als L^2–Funktion lokalintegrierbar ist (§ 8 : 2.5 (c)) und da $|u|^2$ eine integrierbare Majorante für $|u_r|^2$ ist, gilt $u_r \in \mathrm{L}^1 \cap \mathrm{L}^2$ und

$$\|\, u - u_{r_k}\,\|^2 = \int |\, u - u_{r_k}\,|^2 \to 0$$

nach dem Satz über majorisierte Konvergenz § 8 : 2.1 (d) (ii). Nach dem Satz von Fischer–Riesz § 8 : 2.1 gibt es dann eine Teilfolge von (v_{r_k}), die punktweise f.ü. gegen $\mathcal{F}u$ konvergiert.

5 Anwendungen

5.1 Die Differentialgleichung $-(\Delta+\lambda)u = f$ in $\mathscr{S}$

Satz. *Die Differentialgleichung*

$(*)\qquad -(\Delta+\lambda)u = f \quad \textit{mit} \quad f \in \mathscr{S}$

besitzt für $\lambda \in \mathbb{C}\setminus\mathbb{R}_+$ genau eine Lösung $u \in \mathscr{S}$. Für $\lambda \ge 0$ ist $(*)$ nicht universell lösbar, d.h. hat nicht für jedes $f \in \mathscr{S}$ eine Lösung $u \in \mathscr{S}$.

Beweis.
Für $u, f \in \mathscr{S}$ ist die Gleichung $(*)$ nach dem P,Q–Gesetz 3.3 (c) und nach dem Umkehrsatz 3.4 (a)äquivalent zu

$(**)\qquad \left(\|\mathbf{y}\|^2 - \lambda\right)\widehat{u}(\mathbf{y}) = \widehat{f}(\mathbf{y})$ für alle $\mathbf{y} \in \mathbb{R}^n$.

Im Fall $\lambda \in \mathbb{C}\setminus\mathbb{R}_+$ ist $g(\mathbf{y}) := (\|\mathbf{y}\|^2 - \lambda)^{-1}$ eine polynomial beschränkte C^∞–Funktion, somit gehört für gegebenes $f \in \mathscr{S}$ die Funktion $h := g\,\widehat{f}$ zu $\mathscr{S}$, vgl. 3.2 (e). Die durch

$$u(\mathbf{y}) := \widehat{h}(-\mathbf{y})$$

definierte Funktion u ist schnellfallend (3.2 (c)) und erfüllt wegen $\widehat{u} = h$ die Gleichung $(**)$, also auch $(*)$.

Im Fall $\lambda \in \mathbb{R}_+$ wählen wir $f(\mathbf{x}) = \mathrm{e}^{-\frac{1}{2}\|\mathbf{x}\|^2}$. Nach 2.5 ist $\widehat{f} = f$, also hat $\widehat{f}$ keine Nullstellen. Somit kann $(**)$ nicht gelten, denn die linke Seite besitzt Nullstellen. □

BEMERKUNGEN. (a) Im Falle $\lambda \in \mathbb{C} \setminus \mathbb{R}_+$, also $\varrho = \operatorname{dist}(\lambda, \mathbb{R}_+) > 0$ gilt für die oben definierte Funktion h mit der L^2–Norm $\|h\| \le \varrho\,\|\widehat{f}\| = \varrho\,\|f\|$. Wegen der L^2– Isometrie der Fouriertransformation folgt $\|u\| = \|\widehat{Sh}\| = \|h\| \le \varrho\,\|f\|$, also hängt die Lösung von $(*)$ im L^2–Sinn stetig von der rechten Seite ab.

(b) Für $n = 1$ und $\lambda = -a^2$ mit $a > 0$ gilt für die Lösung u von $(*)$

$$(**)\quad \widehat{u}(y) = \frac{1}{a^2 + y^2}\,\widehat{f}(y) = \sqrt{2\pi}\,\widehat{f}(y)\,\widehat{v}(y) \quad \text{mit} \quad v(x) = \frac{1}{2a}\,\mathrm{e}^{-a|x|},$$

vgl. das Beispiel 2.1 (ii). Nach dem Faltungssatz 2.6 (c) für L^1–Funktionen gilt $\sqrt{2\pi}\,\widehat{f}\,\widehat{v} = \widehat{f * v}$, und wegen der Injektivität der Fouriertransformation folgt

$$u(x) = (f * v)(x) = \frac{1}{2a}\int\limits_{-\infty}^{+\infty} \mathrm{e}^{-a|x-y|}\, f(y)\,dy\,.$$

5.2 Die Vollständigkeit der Hermite–Funktionen

(a) In § 4 : 3.3 wurde gezeigt, daß durch das Hermite–Polynom

$$H_n(x) = (-1)^n\,\mathrm{e}^{x^2}\,\frac{d^n}{dx^n}\,\mathrm{e}^{-x^2} \quad (n = 0, 1, \dots)$$

ein Polynom n–ter Ordnung mit höchstem Koeffizienten 2^n gegeben ist, welches die DG $H_n''(x) = 2xH_n'(x) - 2nH_n(x)$ erfüllt. Ferner gilt die Rekursionsformel $H_{n+1}(x) = 2xH_n(x) - 2nH_{n-1}(x)$ $(n = 1, 2, \dots)$.

(b) Die **Hermite–Funktionen** $h_0, h_1, h_2, \dots$ sind definiert durch

$$h_n(x) := c_n\,\mathrm{e}^{-\frac{1}{2}x^2} H_n(x) \quad \text{mit} \quad c_n = \left(\sqrt{\pi}\,n!\,2^n\right)^{-1/2}.$$

Die h_n sind nach 3.2 (d) schnellfallende Funktionen. Diese erfüllen die Hermitesche Differentialgleichung [ÜA]

$$-h_n''(x) + x^2\,h_n(x)v = (2n+1)\,h_n(x)\,,$$

welche beim Separationsansatz für die Schrödingergleichung des quantenmechanischen harmonischen Oszillators anfällt (§ 24 : 3.4).

Aus der Definition der H_n folgt unmittelbar [ÜA] $H_n'(x) = 2x\,H_n(x) - H_{n+1}(x)$; daraus erhalten wir die Rekursionsformel [ÜA]

$$\sqrt{2(n+1)}\;h_{n+1} = x \cdot h_n - h_n' = Qh_n - iPh_n\,.$$

Definitionsgemäß ist $h_0(x) = \pi^{-\frac{1}{4}}\,\mathrm{e}^{-\frac{1}{2}x^2}$, also $\widehat{h_0} = h_0$ nach 2.5 (a). Aus der Rekursionsformel und dem P,Q–Gesetz 3.3 (c) erhalten wir durch Induktion ÜA:

Die Hermite–Funktionen sind Eigenfunktionen der Fouriertransformation:

$$\widehat{h_n} = (-i)^n\, h_n\,.$$

(c) SATZ. *Die Hermite–Funktionen bilden ein vollständiges ONS für* $\mathrm{L}^2(\mathbb{R})$.

BEWEIS.

(i) *Die Orthogonalitätsrelation für die* H_n. Mit $\varrho(x) := \mathrm{e}^{-x^2}$ gilt $H_n = (-1)^n\,\varrho^{-1}\,\varrho^{(n)}$, also ergibt m–malige partielle Integration für $n \geq m$

$$\int\limits_{-\infty}^{+\infty} \varrho\, H_m\, H_n = (-1)^n \int\limits_{-\infty}^{+\infty} \varrho^{(n)}\, H_m = \ldots = (-1)^{n-m} \int\limits_{-\infty}^{+\infty} \varrho^{(n-m)}\, H_m^{(m)}\,.$$

Für $n > m$ ergibt eine weitere partielle Integration

$$\int\limits_{-\infty}^{+\infty} \varrho\, H_m\, H_n = (-1)^{n-m-1} \int\limits_{-\infty}^{+\infty} \varrho^{(n-m-1)}\, H_m^{(m+1)} = 0$$

wegen $\operatorname{Grad} H_m = m$. Da H_n den höchsten Koeffizienten 2^n besitzt, folgt für $m = n$

$$\begin{aligned} \int\limits_{-\infty}^{+\infty} \varrho\, H_n^2 &= \int\limits_{-\infty}^{+\infty} \varrho\, H_n^{(n)} = n!\,2^n \int\limits_{-\infty}^{+\infty} \mathrm{e}^{-x^2}\,dx \\ &= n!\,2^n\,\tfrac{1}{\sqrt{2}} \int\limits_{-\infty}^{+\infty} \mathrm{e}^{-\frac{1}{2}y^2}\,dy = \sqrt{\pi}\,n!\,2^n \end{aligned}$$

(ii) *Die* h_n *bilden ein ONS*, denn aus (i) folgt

$$\int\limits_{-\infty}^{+\infty} h_m\, h_n = c_m\, c_n \int\limits_{-\infty}^{+\infty} \varrho\, H_m\, H_n = c_n^2\, \delta_{mn} \int\limits_{-\infty}^{+\infty} \varrho\, H_n^2 = \delta_{mn}\,.$$

(iii) *Die Vollständigkeit der Hermite–Funktionen.* Wir verwenden das Kriterium § 9 : 4.4 (e). Sei $f \in \mathrm{L}^2(\mathbb{R})$ orthogonal zu allen h_n. Zu zeigen ist $f = 0$. Dazu setzen wir $g := \sqrt{\varrho}\,f$. Wegen $f, \sqrt{\varrho} \in \mathrm{L}^2$ gilt $g \in \mathrm{L}^1$. Wenn $\widehat{g} = 0$ gezeigt ist, folgt $g = 0$ wegen der Injektivität der Fouriertransformation auf L^1 2.6 (a), also auch $f = 0$.

Zum Nachweis von $\widehat{g} = 0$ beachten wir, daß nach Voraussetzung

$$\int\limits_{-\infty}^{+\infty} g\, H_n = \frac{1}{c_n} \int\limits_{-\infty}^{+\infty} f\, h_n = 0 \quad \text{für } n = 0, 1, 2, \ldots\,.$$

Wegen $\mathrm{Grad}(H_n) = n$ ist jedes Polynom eine Linearkombination geeigneter H_n, daher folgt

$$\int\limits_{-\infty}^{+\infty} g(y)\, p(y)\, dy = 0 \quad \text{für jedes Polynom } p.$$

Insbesondere ergibt sich für festes $x \in \mathbb{R}$

$$\int\limits_{-\infty}^{+\infty} g(y)\, s_n(x,y)\, dy = 0 \quad \text{mit} \quad s_n(x,y) := \sum_{k=0}^{n} \frac{(-ixy)^k}{k!}.$$

Die Funktion $h(x) := \exp(-\frac{1}{4}x^2)\,|\,f(x)\,|$ gehört zu L^1 und es gilt

$$|g(y)\, s_n(x,y)| \le \sum_{k=0}^{n} \frac{|xy|^k}{k!}\,|\,g(y)\,| \le \exp\left(|xy| - \tfrac{1}{4}y^2\right) h(y) \le c(x)\, h(y)$$

mit einer nur von x abhängigen Konstanten $c(x)$. Mit Hilfe des Satzes von Lebesgue (§ 8 : 1.6 (a)) erhalten wir schließlich

$$\sqrt{2\pi}\,\widehat{g}(x) = \int\limits_{-\infty}^{+\infty} \lim_{n\to\infty} g(y)\, s_n(x,y)\, dy = \lim_{n\to\infty} \int\limits_{-\infty}^{+\infty} g(y)\, s_n(x,y)\, dy = 0.$$

□

(d) FOLGERUNG. *Der Vektorraum*

$$\mathscr{H} = \left\{ u : \mathbb{R} \to \mathbb{C} \mid u \text{ ist meßbar und } \int\limits_{-\infty}^{+\infty} \mathrm{e}^{-x^2}\, |u(x)|^2\, dx < \infty \right\},$$

versehen mit dem gewichteten Skalarprodukt

$$\langle u, v \rangle_\varrho = \int\limits_{-\infty}^{+\infty} \mathrm{e}^{-x^2}\, \overline{u(x)}\, v(x)\, dx$$

ist ein Hilbertraum, und die normierten Hermite–Polynome $c_n H_n$ $(n = 0, 1, 2, \ldots)$ *bilden ein vollständiges ONS für* $\mathscr{H}$.

BEWEIS.
Sei wieder $\varrho(x) := \mathrm{e}^{-x^2}$. Dann gilt $u \in \mathscr{H} \iff \sqrt{\varrho}\, u \in \mathrm{L}^2(\mathbb{R})$. Ferner ist (u_n) genau dann eine Cauchy–Folge in $\mathscr{H}$, wenn die $f_n := \sqrt{\varrho}\, u_n$ eine Cauchy–Folge in L^2 bilden. Für deren L^2–Limes f und $u := (\varrho)^{-\frac{1}{2}} f$ gilt

$$\int\limits_{-\infty}^{+\infty} \varrho\, |\, u - u_n\,|^2 = \int\limits_{-\infty}^{+\infty} |\, f - f_n\,|^2 \to 0.$$

Also ist $\mathscr{H}$ vollständig. Ist $u \in \mathscr{H}$ orthogonal zu allen H_n, so ist $f := \sqrt{\varrho}\, g \in \mathrm{L}^2$ orthogonal zu allen h_n, also $f = 0$ und somit auch $g = 0$. □

§ 13 Schwache Lösungen und Distributionen

Vorkenntnisse: § 10 : 1–4, Greensche–Identitäten § 11 : 4, Lebesgue–Theorie § 8 (für Abschnitt 5), Fouriertransformation auf $\mathscr{S}$ § 12 : 3 für Abschnitt 6.

1 Schwache Lösungen von Differentialgleichungen

1.1 Gründe für eine Erweiterung des Lösungsbegriffs

Ziel dieses Abschnitts ist, einen erweiterten Lösungsbegriffs für Differentialgleichungen festzulegen, durch welchen auch Funktionen Lösungen genannt werden können, die nicht die volle, von der Differentialgleichung geforderte Differenzierbarkeitsstufe besitzen, z.B. Funktionen, deren Ableitungen Unstetigkeitstellen aufweisen. Daß eine solche Erweiterung wünschenswert ist, wurde schon in Kap. III an mehreren Stellen deutlich:

– Die Wellengleichung $\partial^2 u/\partial t^2 = c^2\, \partial^2 u/\partial x^2$ in $]0, L[\times \mathbb{R}$ besitzt bei gegebener Anfangsauslenkung $f(x) = u(x, 0)$ nur dann eine C^2–differenzierbare Lösung u, wenn f die Bedingungen $f(0) = f(L) = f''(0) = f''(L) = 0$ erfüllt. Diese Feststellung machte schon d'ALEMBERT, der daher seiner Formel (§ 6 : 3.4) die Anwendbarkeit auf allgemeinere Situationen, wie etwa bei einer Anfangsgestalt der Saite mit einem Knick absprach. EULER hielt dem entgegen, daß auch in einem solchen Fall das Verhalten der Saite beschrieben werden müsse und daß eben die d'Alembertsche Formel dies leiste. Um dem Rechnung zu tragen und die durch die d'Alembertsche Formel gegebene Funktion u eine *Lösung* des Schwingungsproblems zu nennen, muß der Begriff der *Lösung der Wellengleichung* weiter gefaßt werden.

– Die Lösungsformel § 6 : 3.7 (∗∗) für die inhomogene Wellengleichung liefert nur unter restriktiven Bedingungen an die äußere Kraft eine C^2–Lösung des Saitenproblems. Schon für das dort gestellte Problem der schweren Saite (Aufgabe (b)) ist die genannte Formel nicht anwendbar.

– Beim Verkehrsflussproblem § 7 : 1.7 zeigte sich, daß differenzierbare Lösungen in den meisten Fällen nur für ein beschränktes maximales Zeitintervall $[0, t^*[$ existieren und daß diese für $t \to t^*$ in Funktionen mit Singularitäten übergehen. Unstetigkeitsphänomene treten auch bei den nichtlinearen Gleichungen der Strömungsmechanik auf (Turbulenz, Schockwellen).

1.2 Der Begriff der schwachen Lösung

Gegeben sei ein linearer Differentialoperator m–ter Ordnung auf dem $\mathbb{R}^n$,

$$L = \sum_{|\alpha| \le m} a_\alpha\, \partial^\alpha$$

mit Koeffizienten $a_\alpha \in \mathbb{R}$ und n–dimensionalen Multiindizes α. Eine Funktion $u \in \mathrm{L}^1_{\mathrm{loc}}(\Omega)$ ($\Omega \subset \mathbb{R}^n$ ein Gebiet) heißt eine **schwache Lösung** von $Lu = f$, wenn $f \in L^1_{\mathrm{loc}}(\Omega)$ gilt und

$$\int\limits_\Omega u\, L^* \varphi\, d^n\mathbf{x} = \int\limits_\Omega f\, \varphi\, d^n\mathbf{x} \quad \text{für alle Testfunktionen } \varphi \in C_c^\infty(\Omega)\,.$$

Dabei ist

$$L^* = \sum_{|\alpha| \le m} (-1)^{|\alpha|} a_\alpha\, \partial^\alpha$$

der zu L formal adjungierte Differentialoperator, vgl. § 11 : 4.2.

Eine Lösung $u \in C^m(\Omega)$ von $Lu = f$ mit $f \in C^0(\Omega)$ nennen wir im Unterschied hierzu eine **klassische Lösung**.

SATZ. *Für $f \in C^0(\Omega)$ ist $u \in C^m(\Omega)$ eine schwache Lösung von $Lu = f$ genau dann, wenn u eine klassische Lösung ist.*

Denn für $u \in C^m(\Omega)$, $f \in C^0(\Omega)$ ergibt sich mit den Greenschen Identitäten § 11 : 4.2 (b) und (c)

$$\int\limits_\Omega (Lu - f)\, \varphi = \int\limits_\Omega u\, L^* \varphi - \int\limits_\Omega f\, \varphi \quad \text{für alle } \varphi \in C_c^\infty(\Omega)\,.$$

Die Behauptung folgt hieraus mit Hilfe des Lemmas von Du Bois–Reymond § 10 : 4.2.

BEMERKUNGEN. Schwache Lösungen sind in zweierlei Hinsicht von Interesse:

(i) Zum einen können sie zur Beschreibung physikalischer Vorgänge in Fällen wie den oben erwähnten dienen, in denen keine klassische Lösung existiert. Dies tritt z.B. dann ein, wenn der Problemstellung ein Variationsprinzip zugrundeliegt, das schon in der Formulierung nicht die volle Differenzierbarkeit verlangt.

(ii) Zum anderen ist das Aufsuchen einer schwachen Lösung häufig ein Zwischenschritt zur Gewinnung einer klassischen Lösung: Es wird zunächst eine schwache Lösung konstruiert, entweder mit Hilfe von Potentialen (vgl. 5.3) oder durch Anwendung von Variationsmethoden, vgl. 6.3. In einem zweiten Schritt wird dann gezeigt, daß diese die gewünschten Differenzierbarkeitseigenschaften hat.

1.3 Schwache Lösungen der eindimensionalen Wellengleichung

SATZ. *Sei $f \in C^0(\mathbb{R})$. Dann ist $u(x,t) = \frac{1}{2}(f(x+ct) + f(x-ct))$ eine schwache Lösung der Wellengleichung*

$$\frac{\partial^2 u}{\partial t^2} = c^2\, \frac{\partial^2 u}{\partial x^2} \quad \textit{in } \mathbb{R}^2$$

mit $u(x,0) = f(x)$ und $\dfrac{\partial u}{\partial t}(x,0) = 0$ in allen Differenzierbarkeitsstellen von f.

Beweis.

O.B.d.A. setzen wir $c = 1$. Sei $\varphi \in \mathrm{C}_c^\infty(\mathbb{R})$ gegeben und $r > 0$ so gewählt, daß $\operatorname{supp} \varphi \subset Q :=]-r, r[^2$. Wir führen *charakteristische Koordinaten* ein durch die Transformation $\mathbf{h} : \mathbb{R}^2 \to \mathbb{R}^2$ mit

$$\mathbf{h}(\xi, \eta) = \frac{1}{2}\begin{pmatrix} \xi + \eta \\ \xi - \eta \end{pmatrix}, \quad \mathbf{h}^{-1}(x, t) = \begin{pmatrix} x + t \\ x - t \end{pmatrix}.$$

Es gilt $|\det d\mathbf{h}(\xi, \eta)| = \frac{1}{2}$, und $\mathbf{h}^{-1}(Q) \subset 2Q :=]-2r, 2r[^2$ ist ein auf der Spitze stehendes Quadrat. Für $\psi := \varphi \circ \mathbf{h}$ gilt $\psi \in \mathrm{C}_c^\infty(\mathbb{R}^2)$ und $\operatorname{supp} \psi \subset 2Q$, denn aus $\psi(\xi, \eta) \neq 0$ folgt $\mathbf{h}(\xi, \eta) \in Q$, also $(\xi, \eta) \in 2Q$. Ferner gilt ÜA

$$\partial_\xi \partial_\eta \psi = \frac{1}{4}(L\varphi) \circ \mathbf{h} \quad \text{mit} \quad L\varphi = \frac{\partial^2 \varphi}{\partial x^2} - \frac{\partial^2 \varphi}{\partial t^2}.$$

Nach dem Transformationssatz für Integrale folgt

$$\begin{aligned}
\int_{\mathbb{R}^2} u\, L^*\varphi\, dx\, dt &= \int_{\mathbb{R}^2} u\, L\varphi\, dx\, dt = \int_{2Q} (f(\xi) + f(\eta))\, \partial_\xi \partial_\eta \psi(\xi, \eta)\, d\xi\, d\eta \\
&= \int_{-2r}^{2r} \Big(f(\xi) \int_{-2r}^{2r} \partial_\eta(\partial_\xi \psi(\xi, \eta))\, d\eta \Big)\, d\xi \\
&\quad + \int_{-2r}^{2r} \Big(f(\eta) \int_{-2r}^{2r} \partial_\xi(\partial_\eta \psi(\xi, \eta))\, d\xi \Big)\, d\eta = 0
\end{aligned}$$

wegen $\operatorname{supp} \psi \subset 2Q$. Die Anfangsbedingungen sind leicht zu verifizieren. □

1.4 Aufgabe

Zeigen Sie: Das Einschaltproblem für den RL–Schwingkreis (Fig.) mit der DG

$$\dot{I}(t) + \frac{R}{L} I(t) = \frac{1}{L} U(t)$$

und

$$U(t) := \begin{cases} U_0 & \text{für } t \geq 0 \\ 0 & \text{für } t < 0 \end{cases},$$

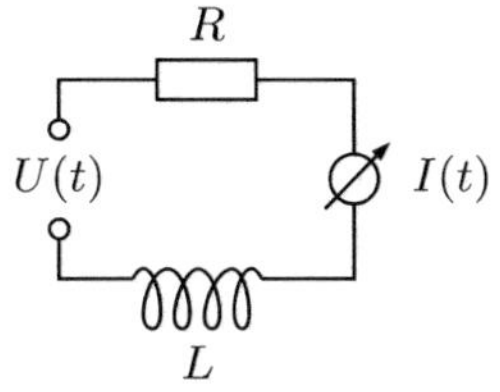

hat die schwache Lösung

$$I(t) = \left\{ \begin{array}{cl} I_0 \left(1 - \mathrm{e}^{-\frac{R}{L}t}\right) & \text{für } t \geq 0 \\ 0 & \text{für } t < 0 \end{array} \right\} \quad \text{mit} \quad I_0 = \frac{U_0}{R}.$$

2 Distributionen

2.1 Einführung

Wir beschränken uns hier auf die Grundkonzepte der Distributionentheorie. Als weiterführende Werke nennen wir WLADIMIROW [56], SCHWARTZ [42], GELFAND–SCHILOW [38] und HÖRMANDER [63]. Distributionen verwenden wir in erster Linie dazu, den Begriff der Grundlösung einer Differentialgleichung durchsichtig zu machen, schwache Ableitungen zu definieren und damit den Begriff der schwachen Lösung einfacher formulieren zu können. Ferner soll mit ihrer Hilfe die Fouriertransformation für Funktionen definiert werden, die nicht zu L^1 oder L^2 gehören, z.B. für Polynome.

Anlaß für die Schaffung der Distributionentheorie gab eine Entwicklung in der Analysis, die von LEIBNIZ, EULER und LAGRANGE ausging und die zu den symbolischen Methoden u.a. von BOOLE, HEAVISIDE und DIRAC führte, nämlich die Auffassung der Analysis und ihrer Operationen Differentiation, Integration, Reihenbildung usw. als Kalkül nach dem Vorbild der Algebra. Dies war zwar äußerst suggestiv, führte aber mangels begrifflicher Grundlagen bald zum Meinungsstreit über die Berechtigung des Kalküls und auf Widersprüche.

EULER hatte keine Bedenken, „physikalische Funktionen“, z.B. solche mit Knikken, zu differenzieren oder mit divergenten Funktionenreihen zu rechnen. DIRAC führte 1926 für die Zwecke der Quantenmechanik eine „uneigentliche“ Funktion δ ein mit

$$\int\limits_{-\infty}^{+\infty} \varphi(x)\,\delta(x-a)\,dx \;=\; \varphi(a)$$

für alle Wellenfunktionen $\varphi \in \mathscr{S}$ und alle $a \in \mathbb{R}$. Eine Funktion δ mit dieser Eigenschaft kann es nicht geben, denn für eine solche wäre

$$\int\limits_{-\infty}^{+\infty} \delta(x)\,dx \;=\; 1$$

(wie sich mit Hilfe der Testfunktionen $\varphi = j_\varepsilon * \chi_{[-n,n]}$ ergibt), andererseits ergäbe sich $\delta(x) = 0$ f.ü. durch Testen mit passenden Standardbuckeln.

Die um 1945 von Laurent SCHWARTZ entwickelte Theorie der Distributionen gab diesen Ansätzen eine solide mathematische Grundlage. Ihr Ausgangspunkt ist die Beobachtung, daß eine lokalintegrable Funktion $f : \mathbb{R}^n \to \mathbb{C}$ ohne Verlust an Information durch die Linearform

$$\varphi \;\mapsto\; \int f \cdot \varphi\,, \quad \mathrm{C}_c^\infty(\mathbb{R}^n) \to \mathbb{C}$$

ersetzt werden kann (vgl.2.3). Es ist zum Beispiel unnötig, von der “δ–Funktion“ zu sprechen; es kommt nur auf die Linearform $\delta_a : \varphi \mapsto \varphi(a)$ an. Entsprechend kann für einen linearen Differentialoperator L die Linearform $\varphi \mapsto \int\limits_\Omega u \cdot L^*\varphi$ stellvertretend für $\varphi \mapsto \int\limits_\Omega Lu{\cdot}\varphi$ herangezogen werden, wenn Lu nicht existiert.

2.2 Definition

Auf dem Raum $\mathscr{D} := \mathrm{C}_c^\infty(\mathbb{R}^n)$ der komplexwertigen Testfunktionen definieren wir den folgenden Konvergenzbegriff.

$$\varphi_k \xrightarrow{\mathscr{D}} \varphi \quad \text{für} \quad k \to \infty \ \text{ soll heißen:}$$

Es gibt eine kompakte Menge $K \subset \mathbb{R}^n$ mit $\operatorname{supp} \varphi_k \subset K$ für $k = 1, 2, \ldots$, und für jeden Multiindex α gilt

$$\partial^\alpha \varphi_k \to \partial^\alpha \varphi \quad \text{gleichmäßig für} \quad k \to \infty\,.$$

Aufgrund dieser Definition ist $\varphi \mapsto \partial^\beta \varphi$ ein stetiger Operator auf $\mathscr{D}$:

$$\varphi_k \xrightarrow{\mathscr{D}} \varphi \quad \Longrightarrow \quad \partial^\beta \varphi_k \xrightarrow{\mathscr{D}} \partial^\beta \varphi \quad \text{für jeden Multiindex } \beta.$$

Eine **Distribution** oder **verallgemeinerte Funktion** auf $\mathbb{R}^n$ ist eine stetige Linearform $U : \mathscr{D} \to \mathbb{C}$, d.h. es gilt

(a) $U(a\,\varphi + b\,\psi) = a\,U\varphi + b\,U\psi \quad \text{für } a, b \in \mathbb{C}, \quad \varphi, \psi \in \mathscr{D}$,

(b) $\varphi_k \xrightarrow{\mathscr{D}} \varphi \quad \Longrightarrow \quad U\varphi_k \to U\varphi \quad \text{für } k \to \infty$.

Der Vektorraum der Distributionen wird mit $\mathscr{D}'$ bezeichnet.

BEISPIELE. (i) Die **Dirac–Distribution** $\delta_{\mathbf{a}}$ mit Pol $\mathbf{a}$ ist definiert durch

$$\delta_{\mathbf{a}}\varphi := \varphi(\mathbf{a}) \quad \text{für alle } \ \varphi \in \mathscr{D}\,.$$

Die Linearität und die Stetigkeit von $\delta_{\mathbf{a}} : \mathscr{D} \to \mathbb{C}$ sind offensichtlich. Statt $\delta_{\mathbf{0}}$ schreiben wir einfach δ.

(ii) Für $\mathbf{a} \in \mathbb{R}^n$ und jeden Multiindizes α ist

$$\varphi \longmapsto \partial^\alpha \varphi(\mathbf{a})$$

aufgrund des Konvergenzbegriffs auf $\mathscr{D}$ ebenfalls eine Distribution.

2.3 Reguläre Distributionen

SATZ. (a) *Jeder lokalintegrierbaren Funktion* $u : \mathbb{R}^n \to \mathbb{C}$ *wird durch*

$$\{u\}\,\varphi \ := \ \int u\,\varphi \quad \textit{für alle } \ \varphi \in \mathscr{D}$$

eine Distribution $\{u\}$ *zugeordnet. Distributionen dieser Form heißen* **regulär**.

(b) *Aus* $\{u\} = \{v\}$ *folgt* $u = v$ f.ü..

BEMERKUNG. Die Aussage (b) besagt, daß bei der Uminterpretation von Funktionen zu Distributionen keine Information verloren geht. Dies ergibt sich direkt aus dem Fundamentallemma § 10 : 4.2, welches somit auch grundlegend für die Distributionentheorie ist.

BEWEIS von (a)

Sei $\varphi_k \xrightarrow{\mathscr{D}} \varphi$ für $k \to \infty$. Nach 2.2 gibt es eine kompakte Kugel $K \subset \mathbb{R}^n$ mit $\operatorname{supp} \varphi_k \subset K$ für $k = 1, 2, \ldots$; ferner gilt $\varphi_k \to \varphi$ gleichmäßig auf K für $k \to \infty$. Es folgt

$$\left| \{u\}\varphi - \{u\}\varphi_k \right| = \left| \int\limits_K u\,(\varphi - \varphi_k) \right| \le \|\varphi - \varphi_k\|_\infty \int\limits_K |u| \to 0$$

für $k \to \infty$. Dies bedeutet, daß die Linearform $\{u\} : \mathscr{D} \to \mathbb{C}$ stetig ist. □

BEISPIELE. (i) Für die charakteristische Funktion von $\mathbb{R}_+$, $\Theta := \chi_{\mathbb{R}_+}$ ist durch

$$\{\Theta\}\varphi = \int\limits_{-\infty}^{+\infty} \Theta(x)\,\varphi(x)\,dx = \int\limits_0^\infty \varphi(x)\,dx$$

eine reguläre Distribution auf $\mathbb{R}$ gegeben, genannt **Heaviside–Distribution**.

(ii) Für einen linearen Differentialoperator L mit konstanten Koeffizienten liefert $\varphi \mapsto \int\limits_\Omega u\,L^*\varphi$ für jede lokalintegrierbare Funktion u eine Distribution (L^* ist der zu L formal adjungierte Operator). Denn aus $\varphi_k \xrightarrow{\mathscr{D}} \varphi$ folgt $L^*\varphi_k \xrightarrow{\mathscr{D}} L^*\varphi$. Wie im Beweis (a) folgt $\int u\,L^*\varphi_k \to \int u\,L^*\varphi$. Diese Distribution ist regulär und hat die Form $\{f\}$, wenn u eine schwache Lösung von $Lu = f$ ist, vgl. 1.2.

2.4 Singuläre Distributionen

Jede nicht reguläre Distribution wird **singulär** genannt.

Die Dirac–Distribution $\delta_{\mathbf{a}}$ ist singulär.

Denn angenommen, es gilt $\delta_{\mathbf{a}} = \{u\}$ mit einer lokalintegrierbaren Funktion $u : \mathbb{R}^n \to \mathbb{C}$. Für jede Testfunktion φ ist dann auch $\psi(\mathbf{x}) = \|\mathbf{x} - \mathbf{a}\|^2\,\varphi(\mathbf{x})$ eine Testfunktion, also gilt

$$0 = \psi(\mathbf{a}) = \delta_{\mathbf{a}}\psi = \{u\}\psi = \int u(\mathbf{x})\,\|\mathbf{x} - \mathbf{a}\|^2 \varphi(\mathbf{x})\,d^n\mathbf{x}\,.$$

Nach dem Fundamentallemma § 10 : 4.2 folgt $\|\mathbf{x} - \mathbf{a}\|^2\,u(\mathbf{x}) = 0$ f.ü., also auch $u(\mathbf{x}) = 0$ f.ü. und damit $\delta_{\mathbf{a}} = \{u\} = 0$, was ein Widerspruch ist.

Dennoch ziehen viele Autoren die griffige Symbolik $\int \varphi(\mathbf{x})\,\delta(\mathbf{x}-\mathbf{a})\,d^n\mathbf{x}$ der etwas blassen Notation $\delta_{\mathbf{a}}\varphi$ vor. Dagegen ist auch nichts einzuwenden, solange das Symbol $\delta(\mathbf{x}-\mathbf{a})$ unter dem Integral bleibt und sich nicht als „Dirac–Funktion" verselbständigt. Es sei angemerkt, daß sich $\delta_{\mathbf{a}}\varphi$ durchaus als Integral $\int \varphi(\mathbf{x})\,d\mu(\mathbf{x})$ auffassen läßt. Dies setzt aber den Begriff der Integration bezüglich allgemeinerer Maße voraus, siehe § 20.

ÜA Zeigen Sie, daß $\varphi \mapsto \partial^\alpha\varphi(\mathbf{a})$ eine singuläre Distribution ist.

3 Konvergenz von Distributionenfolgen

3.1 Definition und Beispiele

Die Konvergenz einer Folge (U_k) von Distributionen gegen die Distribution U definieren wir durch

$$U_k \xrightarrow{\mathscr{D}'} U \;:\Longleftrightarrow\; \lim_{k\to\infty} U_k\varphi = U\varphi \quad \text{für jede Testfunktion } \varphi\in\mathscr{D}.$$

Für lokalintegrierbare Funktionen u_k, u sprechen wir von **Konvergenz im Distributionensinn**, wenn

$$\{u_k\} \xrightarrow{\mathscr{D}'} \{u\} \quad \text{für} \quad k\to\infty, \quad \text{d.h. wenn}$$

$$\lim_{k\to\infty} \int u_k\,\varphi = \int u\,\varphi \quad \text{für jede Testfunktion } \varphi\in\mathscr{D} \text{ gilt.}$$

Beispiel. Die Funktionenfolgen $(\sin kx)$ bzw. $(\sin^2 kx)$ besitzen keinen punktweisen Grenzwert. Sie konvergieren aber im Distributionensinn gegen die konstanten Funktionen 0 bzw. 1/2. Das ergibt sich mit Hilfe partieller Integration ÜA.

3.2 Die Dirac–Distribution als Limes von Dirac–Folgen

Eine Familie $(u_r)_{r>0}$ von stetigen Funktionen u_r auf $\mathbb{R}^n$ heißt eine **im Punkt a konzentrierte Dirac–Folge**, wenn

$$u_r \geq 0\,, \quad \operatorname{supp} u_r \subset \overline{K_r(\mathbf{a})}\,, \quad \int u_r(\mathbf{x})\,d^n\mathbf{x} = 1\,.$$

Beispiel. $u_r(\mathbf{x}) = j_r(\mathbf{x}-\mathbf{a}) = j_r(\mathbf{a}-\mathbf{x})$, vgl. § 10 : 1.2.

Satz. *Für jede im Punkt* **a** *konzentrierte Dirac–Folge* (u_r) *gilt*

$$\{u_r\} \xrightarrow{\mathscr{D}'} \delta_{\mathbf{a}} \quad \textit{für } r\to 0\,.$$

Beweis.

Sei $\varepsilon > 0$ gegeben und φ eine Testfunktion. Da φ stetig ist, gibt es ein $\delta > 0$ mit $|\varphi(\mathbf{x}) - \varphi(\mathbf{a})| < \varepsilon$, falls $\|\mathbf{x} - \mathbf{a}\| < \delta$. Wegen $\int u_r(\mathbf{x})\, d^n\mathbf{x} = 1$ und $u_r \geq 0$ gilt für $r < \delta$

$$\Big|\{u_r\}\varphi - \delta_{\mathbf{a}}\varphi\Big| = \Big|\{u_r\}\varphi - \varphi(\mathbf{a})\Big| = \Big|\int u_r(\mathbf{x})\,(\varphi(\mathbf{x}) - \varphi(\mathbf{a}))\,d^n\mathbf{x}\Big|$$
$$\leq \int u_r(\mathbf{x})\,|\varphi(\mathbf{x}) - \varphi(\mathbf{a})|\,d^n\mathbf{x} < \varepsilon \int u_r(\mathbf{x})\,d^n\mathbf{x} = \varepsilon\,. \quad \square$$

Bemerkungen. (a) Für jede im Punkt $\mathbf{a}$ konzentrierte Dirac–Folge (u_r) gilt $\lim\limits_{r\to 0} u_r(\mathbf{x}) = 0$ für $\mathbf{x} \neq \mathbf{a}$, $\lim\limits_{r\to 0} u_r(\mathbf{a}) = \infty$. Der Satz gibt die korrekte Fassung der häufig anzutreffenden Schreibweise $\lim\limits_{r\to 0} u_r(\mathbf{x}) = \delta(\mathbf{x} - \mathbf{a})$.

(b) Das folgende Kriterium entnehmen wir aus [42] II.4, Satz 13:

Satz. *Es gilt* $\lim\limits_{k\to\infty} \{u_k\} = \delta$ *für jede Folge* (u_k) *stetiger Funktionen mit folgenden Eigenschaften*:

(i) *Es gibt ein* $R > 0$ *mit* $u_k(\mathbf{x}) \geq 0$ *für* $\|x\| < R$ *und* $k = 1, 2, \ldots$,

(ii) $u_k(\mathbf{x}) \to 0$ *gleichmäßig auf jeder Kugelschale* $\{\mathbf{x} \in \mathbb{R}^n \mid \frac{1}{\varepsilon} \leq \|\mathbf{x}\| \leq \varepsilon\}$,

(iii) $\lim\limits_{k\to\infty} \int\limits_{K_r(\mathbf{0})} u_k(\mathbf{x})\,d^n\mathbf{x} = 1$ *für jedes* $r > 0$.

Die genannten Voraussetzungen sind beispielsweise erfüllt für

$$u_k(x) = \frac{1}{\pi x}\sin kx \quad (n = 1) \quad \text{und} \quad u_k(\mathbf{x}) = \left(\frac{k}{4\pi}\right)^{\frac{n}{2}} \mathrm{e}^{-\frac{1}{4}k\|\mathbf{x}\|^2} \quad \boxed{\text{ÜA}}.$$

3.3 Punktladungen und Punktmassen

(a) Ist (u_r) eine im Punkt $\mathbf{a}$ konzentrierte Dirac–Folge, so bietet sich die Vorstellung von Ladungsdichten u_r der Gesamtladung 1 an, die für $r \to 0$ immer schärfer lokalisiert sind. Daher dient $\delta_{\mathbf{a}}$ als mathematisches Modell für den idealisierten Fall der Ladungsdichte einer Punktladung 1 an der Stelle $\mathbf{a}$. Die Distribution

$$q_1\,\delta_{\mathbf{a}_1} + \ldots + q_N\,\delta_{\mathbf{a}_N}$$

wird als Verteilung von N Punktladungen $q_1, \ldots, q_N$ an den Stellen $\mathbf{a}_1, \ldots, \mathbf{a}_N$ interpretiert, entsprechend $m_1\,\delta_{\mathbf{a}_1} + \ldots + m_N\,\delta_{\mathbf{a}_N}$ als Massendichte eines Systems von N Massenpunkten mit den Massen $m_k > 0$.

(b) Flächenladungen werden ebenfalls durch Distributionen beschrieben, und zwar mittels gewichteter Oberflächenintegrale über Testfunktionen, vgl. [56] § 6.5 und [42] II.1. Diese Betrachtungsweisen mag formale Vorzüge haben; der begriffliche Aufwand für eine mathematisch strenge Handhabung ist aber derart, daß der Distributionenkalkül letztlich als schwerfällig anzusehen ist. Wesentlich einfacher ist die einheitliche Auffassung diskreter und kontinuierlicher Ladungs– oder Massenverteilungen als Maße, vgl. § 20.

3.4 Distributionen als Limites von Testfunktionen

SATZ. *Zu jeder Distribution U gibt es eine Folge (u_k) von Testfunktionen mit*

$$\{u_k\} \xrightarrow{\mathscr{D}'} U \quad \text{für } k \to \infty .$$

Dieser Satz, dessen Beweis in [56] § 7.7 gegeben wird, dient hier nur als Hintergrundinformation. Zum einen stellt er die Verbindung zu dem folgenden allgemeineren Distributionenbegriff her (MIKUSINSKI 1948): Sei (u_k) eine Folge von Testfunktionen mit der Eigenschaft, daß die Folge $(\int u_k\varphi)$ für jede Testfunktion φ konvergiert. Dann ist durch $M\varphi := \lim\limits_{k\to\infty} \int u_k\varphi$ eine Distribution im Sinne von Mikusinski gegeben. Jede durch 2.1 definierte Distribution U ist demnach auch eine Distribution im erweiterten Sinn. Eine Übersicht über andere Varianten des Mikusinskischen Ansatzes finden Sie bei TEMPLE [44]. Zum anderen gibt der Satz einen Hinweis darauf, wie die Differentiation von Distributionen zu definieren ist:

4 Differentiation von Distributionen

4.1 Der Ableitungsbegriff für Distributionen

Der Ableitungsbegriff für Distributionen soll folgenden Forderungen genügen:

(a) Für jede Distribution U und jeden Multiindex α ist $\partial^\alpha U$ wieder eine Distribution.

(b) Für Testfunktionen u gilt $\partial^\alpha\{u\} = \{\partial^\alpha u\}$.

(c) Differentiation und Grenzübergang sind vertauschbar, d.h. aus $U_k \xrightarrow{\mathscr{D}'} U$ für $k \to \infty$ folgt $\partial^\alpha U_k \xrightarrow{\mathscr{D}'} \partial^\alpha U$ für $k \to \infty$ und jeden Multiindex α.

Aus der Forderung (b) folgt nach dem Satz § 11 : 3.3 über partielle Integration

$$\partial^\alpha\{u\}\varphi = \{\partial^\alpha u\}\varphi = \int \partial^\alpha u\,\varphi = (-1)^{|\alpha|} \int u\,\partial^\alpha\varphi = (-1)^{|\alpha|}\{u\}\partial^\alpha\varphi$$

für alle $\varphi \in \mathscr{D}$.

Nach 3.3 gibt es zu $U \in \mathscr{D}'$ Testfunktionen $\{u_k\}$ mit $\{u_k\}\varphi \to U\varphi$ für alle Testfunktionen φ. Die Forderung (c) verlangt daher

$$(\partial^\alpha U)\varphi = \lim_{k\to\infty} (\partial^\alpha\{u_k\})\varphi = \lim_{k\to\infty} (-1)^{|\alpha|}\{u_k\}\partial^\alpha\varphi = (-1)^{|\alpha|}U(\partial^\alpha\varphi) .$$

Satz. *Zu jeder Distribution U und zu jedem Multiindex α ist durch*

$$(\partial^\alpha U)\varphi \;:=\; (-1)^{|\alpha|}U(\partial^\alpha\varphi) \qquad \text{für alle} \quad \varphi \in \mathscr{D}$$

eine Distribution $\partial^\alpha U$ gegeben.

Aus $U_k \xrightarrow{\mathscr{D}'} U$ *für* $k \to \infty$ *folgt* $\partial^\alpha U_k \xrightarrow{\mathscr{D}'} \partial^\alpha U$ *für* $k \to \infty$.

Beweis.

(i) $\partial^\alpha U : \mathscr{D} \to \mathbb{C}$ ist linear. Aus $\varphi_k \xrightarrow{\mathscr{D}} \varphi$ folgt $\partial^\alpha\varphi_k \xrightarrow{\mathscr{D}} \partial^\alpha\varphi$ nach 2.2. Da U eine Distribution ist, folgt daraus für $k \to \infty$

$$(\partial^\alpha U)\varphi_k \;=\; (-1)^{|\alpha|}U(\partial^\alpha\varphi_k) \;\to\; (-1)^{|\alpha|}U(\partial^\alpha\varphi) \;=\; (\partial^\alpha U)\varphi\,.$$

(ii) Sei $U_k \xrightarrow{\mathscr{D}'} U$, d.h. $U_k\varphi \to U\varphi$ für alle Testfunktionen φ. Dann folgt

$$(\partial^\alpha U_k)\varphi \;=\; (-1)^{|\alpha|}U_k(\partial^\alpha\varphi) \;\to\; (-1)^{|\alpha|}U(\partial^\alpha\varphi) \;=\; (\partial^\alpha U)\varphi$$

für alle $\varphi \in \mathscr{D}$, somit $\partial^\alpha U_k \to \partial^\alpha U$ für $k \to \infty$. □

4.2 Beispiele

(a) Für die Heaviside–Funktion $\Theta = \chi_{\mathbb{R}_+}$ gilt $\{\Theta\}' = \delta$. Denn ist φ eine Testfunktion mit $\operatorname{supp}\varphi \subset\,]-R,R[$, so gilt definitionsgemäß

$$\{\Theta\}'\varphi \;=\; -\{\Theta\}\varphi' \;=\; -\int\limits_0^\infty \varphi' \;=\; -\int\limits_0^R \varphi' \;=\; \varphi(0)-\varphi(R) \;=\; \varphi(0)\,.$$

(b) Die Ableitungen der Dirac–Distribution $\delta_{\mathbf{a}}$ ergeben sich nach Definition aus

$$(\partial^\alpha\delta_{\mathbf{a}})\varphi \;=\; (-1)^{|\alpha|}(\partial^\alpha\varphi)(\mathbf{a})\,.$$

(c) Sei $L \;=\; \sum\limits_{i,k=1}^{n} a_{ik}\partial_i\partial_k \;+\sum\limits_{k=1}^{n} a_k\partial_k \;+a$ ein linearer Differentialoperator mit konstanten Koeffizienten und L^* der zu L formal adjungierte Operator, vgl. 1.2. Dann gilt für jede lokalintegrierbare Funktion u und für $\varphi \in \mathscr{D}$ nach (b)

$$(L\{u\})\varphi \;=\; \int u\,L^*\varphi\,.$$

(d) Ist $u : \mathbb{R} \to \mathbb{C}$ abschnittsweise glatt (vgl. § 6 : 2.2 (b)) und besitzt in jedem kompakten Intervall höchstens endlich viele Sprungstellen, so gilt

$$\{u\}' = \{u'\} + \sum_{x\in\mathbb{R}} (u(x+)-u(x-))\,\delta_x\,.$$

ÜA Wie ist diese Formel zu verstehen? Beachten Sie 3.1.

(e) Für jede stetige Funktion u auf $\mathbb{R}$ gilt ÜA

$$\{u_h\} \to \{u\}' \quad \text{für } h \to 0 \quad \text{mit } u_h(x) := (u(x+h) - u(x))/h\,.$$

(f) Ein **Dipol** der Stärke 1 an der Stelle $\mathbf{a}$ mit Richtungsvektor $\mathbf{v}$ ($\|\mathbf{v}\| = 1$) entsteht als Grenzwert beim Aneinanderrücken der Punktladungen

$$\frac{1}{t} \quad \text{im Punkt} \quad \mathbf{a} + t\mathbf{v} \quad \text{und} \quad -\frac{1}{t} \quad \text{im Punkt} \quad \mathbf{a}\,.$$

Nach der Bemerkung 3.3 (a) beschreiben wir ihn durch die Distribution

$$\lim_{t\to\infty} \frac{\delta_{\mathbf{a}+t\mathbf{v}} - \delta_{\mathbf{a}}}{t}\,.$$

Dies ergibt sich nach (b) aus

$$\lim_{t\to 0} \left(\frac{\delta_{\mathbf{a}+t\mathbf{v}} - \delta_{\mathbf{a}}}{t}\right)\varphi = \lim_{t\to 0} \frac{\varphi(\mathbf{a}+t\mathbf{v}) - \varphi(\mathbf{a})}{t} = \partial_{\mathbf{v}}\varphi(\mathbf{a})$$
$$= \sum_{k=1}^{3} v_k\,\partial_k\varphi(\mathbf{a}) = -\Big(\sum_{k=1}^{3} v_k\,\partial_k\delta_{\mathbf{a}}\Big)\varphi \quad \text{für } \varphi \in \mathscr{D}\,.$$

Für den oben definierten Grenzwert erhalten wir somit $\partial_{\mathbf{v}}\delta_{\mathbf{a}} := -\sum\limits_{k=1}^{3} v_k\partial_k\delta_{\mathbf{a}}$.

4.3 Das Produkt von Distributionen mit C^∞–Funktionen

(a) *Für jede* C^∞*–Funktion* a *auf* $\mathbb{R}^n$ *und jede Distribution* U *auf* $\mathbb{R}^n$ *ist durch*

$$(aU)\varphi := U(a\varphi) \quad (\varphi \in \mathscr{D})$$

eine Distribution aU *definiert.*

(b) *Für das so definierte Produkt gilt die Leibniz–Regel*

$$\partial^\gamma(aU) = \sum_{\alpha+\beta=\gamma} \frac{\gamma!}{\alpha!\,\beta!}\,\partial^\alpha a\,\partial^\beta U\,.$$

BEWEIS.

(a) Mit φ ist auch $a\varphi$ eine Testfunktion, und nach § 10 : 2.2 (c) gilt die Leibniz–Regel

$$(*) \qquad \partial^\gamma(a\,\varphi) = \sum_{\alpha+\beta=\gamma} \frac{\gamma!}{\alpha!\cdot\beta!}\,\partial^\alpha a\,\partial^\beta\varphi\,.$$

Sei $\varphi_k \xrightarrow{\mathscr{D}} \varphi$ für $k \to \infty$, also supp φ_k in einer kompakten Menge K für alle $k \in \mathbb{N}$ und $\partial^\beta\varphi_k \to \partial^\beta\varphi$ gleichmäßig für alle Multiindizes β. Wegen der

Beschränktheit der Funktionen $\partial^\alpha a$ ($|\alpha| \le |\gamma|$) folgt aus (∗) $a\,\varphi_k \xrightarrow{\mathscr{D}} a\,\varphi$. Also ist $a\,U$ eine Distribution.

(b) Nach Definition der k–ten partiellen Ableitung einer Distribution und aufgrund der Definition (a) erhalten wir für $\varphi \in \mathscr{D}$

$$\begin{aligned}\partial_k(a\,U)\varphi = -(a\,U)\partial_k\varphi \;&=\; -U(a\,\partial_k\varphi) \;=\; -U(\partial_k(a\,\varphi) - \partial_k a\,\varphi)\\ = \partial_k U(a\,\varphi) + U(\partial_k a\,\varphi) \;&=\; (a\,\partial_k U)\varphi + (\partial_k a\,U)\varphi\,, \quad \text{also}\end{aligned}$$

$$\partial_k(a\,U) = a\,\partial_k U + \partial_k a\,U\,.$$

Durch nochmalige Anwendung der eben erhaltenen Regel erhalten wir weiter

$$\begin{aligned}\partial_i\partial_k(a\,U) &= \partial_i(a\,\partial_k U + \partial_k a\,U)\\ &= a\,\partial_i\partial_k U + \partial_i a\,\partial_k U + \partial_k a\,\partial_i U + \partial_i\partial_k a\,U\,.\end{aligned}$$

Die allgemeine Formel ergibt sich entsprechend durch Induktion nach $|\gamma|$ [ÜA].

Beispiele. Für $a \in \mathrm{C}^\infty(\mathbb{R}^n)$ gilt [ÜA]

(i) $a\delta = a(\mathbf{0})\delta$, (ii) $\partial_k(a\delta) = (\partial_k a)(\mathbf{0})\delta + a(\mathbf{0})\partial_k\delta$.

4.4 Affine Transformationen von Distributionen

Gegeben sei eine affine Transformation

$$F : \mathbb{R}^n \to \mathbb{R}^n, \quad \mathbf{x} \mapsto \mathbf{c} + A\mathbf{x}$$

mit $\mathbf{c} \in \mathbb{R}^n$ und einer invertierbaren Matrix A.

(a) Für $u \in \mathrm{L}^1_{\mathrm{loc}}(\mathbb{R}^n)$ definieren wir $F\{u\}$ durch

$$F\{u\} := \{u \circ F\}\,.$$

(b) Die Definition von FU für beliebige Distributionen U fassen wir so, daß sie mit (a) verträglich ist, vgl. 3.4. Dazu beachten wir, daß aufgrund des Transformationssatzes für Integrale

$$\begin{aligned}F\{u\}\varphi \;&=\; \{u \circ F\}\varphi \;=\; \int u(F(\mathbf{x}))\,\varphi(\mathbf{x})\,d^n\mathbf{x}\\ &=\; \int u(\mathbf{y})\,\varphi(F^{-1}(\mathbf{y}))\,|\det A|^{-1}\,d^n\mathbf{y} \;=\; |\det A|^{-1}\,\{u\}(\varphi \circ F^{-1})\,.\end{aligned}$$

Definieren wir für beliebige Distributionen U die Linearform FU durch

$$(FU)\varphi := |detA|^{-1}\,U(\varphi \circ F^{-1}) \quad \text{für alle} \quad \varphi \in \mathscr{D}\,,$$

so ist FU eine Distribution [ÜA].

5 Grundlösungen

5.1 Differentialgleichungen für Distributionen

Es sei L ein linearer Differentialoperator auf dem $\mathbb{R}^n$ mit konstanten reellen Koeffizienten und L^* der zu L formal adjungierte Operator:

$$L = \sum_{|\alpha|\le m} a_\alpha \, \partial^\alpha , \quad L^* = \sum_{|\alpha|\le m} (-1)^{|\alpha|} a_\alpha \, \partial^\alpha .$$

Für eine Distribution U auf $\mathbb{R}^n$ ist nach 4.1

$$L\,U := \sum_{|\alpha|\le m} a_\alpha \, \partial^\alpha U$$

wieder eine Distribution. Die Differentialgleichung $L\,U = F$ mit einer gegebenen Distribution F hat also Sinn.

Für $u, f \in \mathrm{L}^1_{\mathrm{loc}}(\mathbb{R}^n)$ bedeutet die Differentialgleichung $L\{u\} = \{f\}$ nach 4.2 (c)

$$\int u\, L^* \varphi = \int f \varphi \quad \text{für alle } \varphi \in \mathscr{D} ,$$

d.h. daß u eine schwache Lösung von $Lu = f$ ist, vgl. 1.2.

5.2 Grundlösungen

Eine Distribution U heißt **Grundlösung für L an der Stelle $\mathbf{a} \in \mathbb{R}^n$** (oder mit **Pol $\mathbf{a}$**), wenn

$$LU = \delta_{\mathbf{a}} .$$

Ist U eine Grundlösung an der Stelle (mit Pol) $\mathbf{a}$, so ist $U_{\mathbf{a}} = \tau_{\mathbf{a}} U$ mit $\tau_{\mathbf{a}}(\mathbf{x}) = \mathbf{x} - \mathbf{a}$ eine Grundlösung mit Pol $\mathbf{0}$ und umgekehrt [ÜA]. Es reicht also, eine Grundlösung mit Pol $\mathbf{0}$ zu kennen; diese bezeichnen wir meistens schlechthin als **Grundlösung**.

Eine Funktion $\Gamma \in \mathrm{L}^1_{\mathrm{loc}}(\mathbb{R}^n)$ mit

$$L\{\Gamma\} = \delta_{\mathbf{a}}$$

nennen wir ebenfalls eine (reguläre) Grundlösung für L mit Pol $\mathbf{a}$. Diese Differentialgleichung bedeutet

$$\int \Gamma\, L^* \varphi = \varphi(\mathbf{a}) \quad \text{für jede Testfunktion } \varphi \in \mathscr{D} .$$

Grundlösungen sind nicht eindeutig bestimmt. Ist $\Gamma \in \mathrm{L}^1_{\mathrm{loc}}(\mathbb{R}^n)$ eine Grundlösung von L und u eine klassische oder schwache Lösung der homogenen Differentialgleichung $Lu = 0$, so ist auch $\Gamma + u$ eine Grundlösung. Sind umgekehrt $\Gamma_1, \Gamma_2 \in \mathrm{L}^1_{\mathrm{loc}}(\mathbb{R}^n)$ Grundlösungen für L, so ist $u = \Gamma_2 - \Gamma_1$ eine schwache Lösung der homogenen Gleichung, d.h. es gilt $L\{u\} = 0$.

Beispiel. Das Newton–Potential $U(\mathbf{x}) = Gm / \|\mathbf{x}-\mathbf{a}\|$ (G=Gravitationskonstante) einer Punktmasse m im Punkt $\mathbf{a} \in \mathbb{R}^3$ ist Lösung der Distributionsgleichung

$$-\Delta\{U\} = 4\pi G m \delta_{\mathbf{a}} .$$

Der Nachweis folgt in § 14 : 2.2.

5.3 Konstruktion schwacher Lösungen aus Grundlösungen

Satz. *Sei* $\Gamma \in \mathrm{L}^1_{\mathrm{loc}}(\mathbb{R}^n)$ *eine Grundlösung für* L *und* $f \in \mathrm{C}^0_c(\mathbb{R}^n)$. *Dann ist durch das Faltungsintegral*

$$u(\mathbf{x}) := (\Gamma * f)(\mathbf{x}) = \int \Gamma(\mathbf{x}-\mathbf{y})\, f(\mathbf{y})\, d^n\mathbf{y} \quad \textit{für } \mathbf{x} \in \mathbb{R}^n$$

eine schwache Lösung u *der inhomogenen Differentialgleichung* $Lu = f$ *gegeben.*

Bemerkung. Dieser Satz ergibt sich im wesentlichen durch Anwendung des Superpositionsprinzips auf den linearen Operator L; der nachfolgende Beweis zeigt das nicht so deutlich. Wir machen das am Beispiel der Newtonschen Gravitationsgleichung $-\Delta u = 4\pi f$ plausibel (f ist die Massendichte, die Gravitationskonstante $G = 1$ gesetzt). Für die "Massendichte" $f = m\delta_{\mathbf{y}}$ eines Massenpunktes der Masse m an der Stelle $\mathbf{y}$ ist $u = 4\pi m\, \Gamma_{\mathbf{y}}$ nach dem letzten Beispiel eine Lösung. Für die "Massendichte"

$$f = m_1\delta_{\mathbf{y}_1} + \ldots + m_N\delta_{\mathbf{y}_N}$$

von Massenpunkten mit den Massen $m_1, \ldots, m_N$ an den Stellen $\mathbf{y}_1, \ldots, \mathbf{y}_N$ ist dann durch Superposition

$$u(\mathbf{x}) = 4\pi \sum_{k=1}^{N} m_k \Gamma_{\mathbf{y}_k}(\mathbf{x}) = 4\pi \sum_{k=1}^{N} m_k \Gamma(\mathbf{x}-\mathbf{y}_k)$$

eine Lösung von $-\Delta\{u\} = 4\pi f$. Für eine stetige Massendichte $f \in \mathrm{C}^0_c(\mathbb{R}^3)$ ist dann plausibel (und läßt sich auch beweisen), daß hieraus durch Grenzübergang im Distributionssinn folgt

$$u(\mathbf{x}) = 4\pi \int f(\mathbf{y})\, \Gamma(\mathbf{x}-\mathbf{y})\, d^3\mathbf{y} .$$

Beweis des Satzes.

Nach 5.2 gilt $L\{\Gamma_{\mathbf{y}}\} = \delta_{\mathbf{y}}$, d.h.

$$\int \Gamma(\mathbf{x}-\mathbf{y})\, (L^*\varphi)(\mathbf{x})\, d^n\mathbf{x} = \varphi(\mathbf{y})$$

für alle Testfunktionen $\varphi \in \mathscr{D}$ und alle $\mathbf{y} \in \mathbb{R}^n$. Mit dem Satz von Fubini § 8 : 1.8 folgt

$$
\begin{aligned}
\{f\}\varphi &= \int \varphi(\mathbf{y})\, f(\mathbf{y})\, d^n\mathbf{y} \;=\; \int \Big(\int \Gamma(\mathbf{x}-\mathbf{y})\, (L^*\varphi)(\mathbf{x})\, d^n\mathbf{x} \Big)\, f(\mathbf{y})\, d^n\mathbf{y} \\
&= \int \Big(\int \Gamma(\mathbf{x}-\mathbf{y})\, f(\mathbf{y})\, d^n\mathbf{y} \Big)\; (L^*\varphi)(\mathbf{x})\, d^n\mathbf{x} \\
&= \int u(\mathbf{x})\, (L^*\varphi)(\mathbf{x})\, d^n\mathbf{x}) \;=\; L\{u\}\,\varphi\,. \qquad \square
\end{aligned}
$$

5.4 Grundlösungen gewöhnlicher Differentialgleichungen

Für $m \geq 1$ sei

$$
L \;=\; \sum_{k=0}^{m} a_k \, \frac{d^k}{dx^k}
$$

ein linearer Differentialoperator auf $\mathbb{R}$ mit konstanten Koeffizienten $a_k \in \mathbb{R}$ und $a_m = 1$.

SATZ. *Wir erhalten eine Grundlösung* Γ *für* L*, indem wir das AWP*

$$
Lu = 0\,, \quad u(0) = \ldots = u^{(m-2)}(0) = 0\,, \quad u^{(m-1)}(0) = 1
$$

lösen und

$$
\Gamma(x) \;:=\; \begin{cases} u(x) & \text{für } x \geq 0, \\ 0 & \text{für } x < 0 \end{cases}
$$

setzen.

BEMERKUNGEN. (i) Bei Kenntnis der Nullstellen des charakteristischen Polynoms $\sum\limits_{k=0}^{m} a_k\, \lambda^k$ von L können wir nach § 3 : 3.3 u und damit Γ explizit angeben.

(ii) $\Gamma^{(m-1)}$ ist stetig bis auf eine Sprungstelle im Nullpunkt mit Sprunghöhe 1. Für $m \geq 2$ ist Γ C^{m-2}–differenzierbar. Es läßt sich zeigen, daß jede Grundlösung von L diese Differenzierbarkeitseigenschaften hat.

BEWEIS.

Die Lösung u des AWP ist nach § 3 : 3.3 C^∞–differenzierbar. Γ läßt sich mit Hilfe der Heaviside–Funktion Θ (2.2 (i)) als Produkt $\Gamma = u\Theta$ schreiben. Nach 4.2 (d) folgt

$$
\begin{aligned}
\{\Gamma\}' &= \{u\Theta\}' \;=\; \{(u\Theta)'\} \,+\, (u(0) - 0)\delta_0 \;=\; \{u'\,\Theta\} \,+\, u(0)\,\delta, \\
\{\Gamma\}'' &= \{u''\,\Theta\} \,+\, u'(0)\,\delta \,+\, u(0)\,\delta',
\end{aligned}
$$

und durch Induktion

$$
\{\Gamma\}^{(k)} \;=\; \{u^{(k)}\Theta\} \,+\, u^{(k-1)}(0)\,\delta \,+\, u^{(k-2)}(0)\,\delta' \,+\, \ldots \,+\, u(0)\,\delta^{(k-1)}\,.
$$

Aus $u(0) = \ldots = u^{(m-2)}(0) = 0$, $u^{(m-1)}(0) = 1$, $a_m = 1$, $Lu = 0$ ergibt sich dann

$$\begin{aligned} L\{\Gamma\} &= \sum_{k=0}^{m} a_k \{\Gamma\}^{(k)} = \left\{ \sum_{k=0}^{m} a_k u^{(k)} \Theta \right\} + a_m u^{(m-1)}(0)\,\delta \\ &= \{(Lu)\Theta\} + \delta = \delta\,. \end{aligned}$$ □

AUFGABEN. (a) Bestimmen Sie eine Grundlösung für den Operator

$$\tfrac{d^2}{dx^2} + a$$

für die Fälle $a > 0$, $a < 0$, $a = 0$.

(b) Zeigen Sie direkt mit Hilfe der Definition 5.2, daß $x \mapsto \frac{1}{2}|x|$ eine Grundlösung für $\frac{d^2}{dx^2}$ ist.

(c) Bestimmen Sie den Stromverlauf $I_T(t)$ im R–L–Schwingkreis 1.4 bei Anregung durch einen kurzen Spannungsstoß $U = (U_0/T)\,\chi_{[0,T]}$ $(T > 0)$, indem Sie für die DG

$$\dot{I}(t) + \tfrac{R}{L}\,I(t) = \tfrac{1}{L}\,U(t)$$

zwei Anfangswertprobleme lösen: Zuerst auf $[0,T]$ mit dem Anfangswert $I(0) = 0$ und dann auf $[T,\infty[$ durch stetigen Anschluß der Lösungen an der Stelle $t = T$.

Zeigen Sie: $\Gamma(t) := \lim\limits_{T\to 0} L\,I_T(t)$ ist die oben konstruierte Grundlösung für

$$\tfrac{d}{dt} + \tfrac{R}{L}\,.$$

6 Die Fouriertransformation für temperierte Distributionen

6.1 Temperierte Distributionen

(a) *Zielsetzung*. Die in § 12 eingeführte Fouriertransformation auf $\mathrm{L}^1(\mathbb{R}^n)$ soll auf einen Teilraum $\mathscr{S}'$ von $\mathscr{D}'$ so fortgesetzt werden, daß folgendes gilt:

– Für jede Distribution $T \in \mathscr{S}'$ ist $\widehat{T} \in \mathscr{S}'$.

– Für $u \in \mathrm{L}^1(\mathbb{R}^n)$ gilt $\{u\} \in \mathscr{S}'$ und $\widehat{\{u\}} = \{\widehat{u}\}$.

Die zweite Forderung führt aufgrund der Wälzformel § 12 : 2.3 (a) auf die Bedingung

$$\widehat{\{u\}}\varphi = \{\widehat{u}\}\varphi = \int \widehat{u}\,\varphi = \int u\,\widehat{\varphi} = \{u\}\widehat{\varphi} \quad \text{für alle } \varphi \in \mathscr{D}\,.$$

Daher ist es naheliegend, $\widehat{T}$ durch $\widehat{T}\varphi := T\widehat{\varphi}$ zu definieren. Dem steht aber entgegen, daß $\widehat{\varphi}$ für $0 \neq \varphi \in \mathscr{D}$ keine Testfunktion ist, vgl. § 12 : 2.2 (c). Für schnellfallende Funktionen $\varphi \in \mathscr{S} = \mathscr{S}(\mathbb{R}^n)$ ist dagegen auch $\widehat{\varphi}$ schnellfallend (§ 12 : 3.3).

Um der Definition $\widehat{T}\varphi := T\widehat{\varphi}$ Sinn zu geben, betrachten wir daher eine neue Art von Distributionen mit Definitionsbereich $\mathscr{S}$ statt $\mathscr{D}$:

(b) Auf $\mathscr{S}$ legen wir einen Konvergenzbegriff fest durch

$$\varphi_k \xrightarrow{\mathscr{S}} \varphi \iff \mathbf{x}^\alpha \partial^\beta \varphi_k(\mathbf{x}) \to \mathbf{x}^\alpha \partial^\beta \varphi(\mathbf{x}) \quad \text{gleichmäßig auf } \mathbb{R}^n$$
$$\text{für } k \to \infty \text{ und jedes Paar von Multiindizes } \alpha, \beta.$$

Eine **temperierte Distribution** T auf $\mathbb{R}^n$ ist eine Linearform $T : \mathscr{S} \to \mathbb{C}$, welche bezüglich dieses Konvergenzbegriffs stetig ist,

$$\varphi_k \xrightarrow{\mathscr{S}} \varphi \implies dT\varphi_k \to T\varphi\,.$$

Die Gesamtheit $\mathscr{S}' = \mathscr{S}'(\mathbb{R}^n)$ der temperierten Distributionen auf $\mathbb{R}^n$ ist auf natürliche Weise ein Vektorraum über $\mathbb{C}$. Aufgrund des folgenden Satzes kann $\mathscr{S}'$ als Teilraum von $\mathscr{D}'$ aufgefasst werden:

(c) SATZ. *Für jede temperierte Distribution T ist die Einschränkung $U = T|_{\mathscr{D}}$ von T auf $\mathscr{D}$ eine Distribution $U \in \mathscr{D}'$. Die Restriktionsabbildung*

$$T \to T|_{\mathscr{D}} : \mathscr{S}' \to \mathscr{D}'$$

ist injektiv.

BEWEIS.
(i) $T|_{\mathscr{D}} \in \mathscr{D}'$: Aus der Konvergenz $\varphi_k \xrightarrow{\mathscr{D}} \varphi$ folgt $\varphi_k \xrightarrow{\mathscr{S}} \varphi$ [ÜA]. (Beachten Sie, daß die Vereinigung aller $\operatorname{supp} \varphi_k$ in einer kompakten Menge liegt, auf der $\mathbf{x}^\alpha$ beschränkt ist.) Nach Definition einer temperierten Distribution folgt $T\varphi_k \to T\varphi$.

(ii) Sei $T \in \mathscr{S}'$ und $T|_{\mathscr{D}} = 0$. Wir zeigen in Lemma (d), daß es zu jedem $\varphi \in \mathscr{S}$ eine Folge (φ_k) in $\mathscr{D}$ gibt mit $\varphi_k \xrightarrow{\mathscr{S}} \varphi$. Daraus folgt dann $T\varphi = \lim\limits_{k\to\infty} T\varphi_k = 0$. Somit besteht der Kern der Restriktionsabbildung nur aus dem Nullfunktional. □

(d) LEMMA. *Zu jeder schnellfallenden Funktion φ gibt es eine Folge (φ_k) von Testfunktionen mit $\varphi_k \xrightarrow{\mathscr{S}} \varphi$.*

BEWEIS.
Nach § 10 : 3.5 gibt es ein $\eta \in \mathscr{D}$ mit $\eta(\mathbf{x}) = 1$ für $\|\mathbf{x}\| \leq 1$ und $0 \leq \eta(\mathbf{x}) \leq 1$ sonst. Zu gegebenem $\varphi \in \mathscr{S}$ sind durch $\varphi_k(\mathbf{x}) := \eta(\frac{1}{k}\mathbf{x})\,\varphi(\mathbf{x})$ für $k \in \mathbb{N}$ Testfunktionen definiert mit $\varphi_k(\mathbf{x}) = \varphi(\mathbf{x})$ für $\|\mathbf{x}\| \leq k$. Für feste Multiindizes α, β sind durch

$$(1) \qquad \psi_k(\mathbf{x}) := \mathbf{x}^\alpha \partial^\beta \varphi_k(\mathbf{x}) = \mathbf{x}^\alpha \sum_{\mu+\nu=\beta} \frac{\beta!}{\mu!\,\nu!}\,\frac{1}{k^{|\mu|}}\,\partial^\mu \eta(\tfrac{1}{k}\mathbf{x})\,\partial^\nu \varphi(\mathbf{x})$$

ebenfalls Testfunktionen ψ_k gegeben, und nach Wahl von η gilt

$$(2) \qquad \psi_k(\mathbf{x}) = \mathbf{x}^\alpha \partial^\beta \varphi(\mathbf{x}) \quad \text{für} \quad \|\mathbf{x}\| < k\,.$$

Es gibt eine Konstante C mit $|\partial^\mu \eta(\mathbf{x})| \le C$ für $\|\mathbf{x}\| \le 1$ und $|\mu| \le |\beta|$ und eine Konstante D mit $|\mathbf{x}^\alpha \partial^\nu \varphi(\mathbf{x})| \le D$ für $\mathbf{x} \in \mathbb{R}^n$ und $|\nu| \le |\beta|$. Es folgt

$$\psi_k(\mathbf{x}) - \mathbf{x}^\alpha \partial^\beta \varphi(\mathbf{x}) \;=\; \mathbf{x}^\alpha \partial^\beta \varphi(\mathbf{x})(\eta(\tfrac{1}{k}\mathbf{x}) - 1) + s_k(\mathbf{x}),$$

wobei s_k die in (1) stehende Summe ohne das Glied mit $\beta = 0$ ist. Es gilt also $|s_k(\mathbf{x}) \le A/k$ mit einer geeigneten Konstanten A. Zu gegebenem $\varepsilon > 0$ wählen wir $R > 0$ so, daß

$$|\mathbf{x}^\alpha\, \varphi(\mathbf{x})\, C| \le \varepsilon \quad \text{für} \quad \|\mathbf{x}\| \ge R.$$

Dann folgt für $k > R$ aus (1) und (2)

$$\left|\psi_k(\mathbf{x}) - \mathbf{x}^\alpha \partial^\beta \varphi(\mathbf{x})\right| \le \varepsilon + \frac{1}{k} A \quad \text{für} \quad \|\mathbf{x}\| \ge k. \qquad \square$$

(e) BEISPIEL. Das Dirac–Funktional $\varphi \mapsto \varphi(\mathbf{a})$ auf $\mathscr{S}$ und dessen Ableitungen sind temperierte Distributionen.

6.2 Reguläre temperierte Distributionen

Wir wollen nun die Fourier–Transformation auf nicht integrierbare Funktionen ausdehnen. Hierzu geben wir eine Klasse von Funktionen an, welche reguläre temperierte Distributionen liefert und definieren für diese Funktionen dann die Fourier–Transformierten als temperierte Distributionen.

SATZ. *Unter jeder der folgenden Bedingungen ist durch*

$$\{u\} : \mathscr{S} \to \mathbb{C}, \quad \varphi \mapsto \int u\varphi$$

eine temperierte Distribution gegeben:

(a) $u \in \mathrm{L}^1_{\mathrm{loc}}(\mathbb{R}^n)$, *und es gibt ein* $N = 1, 2, \ldots$ *mit*

$$\int \frac{|u(\mathbf{x})|}{1 + \|\mathbf{x}\|^N}\, d^n\mathbf{x} < \infty,$$

(b) $u \in \mathrm{L}^p(\mathbb{R}^n)$ *für ein* $p \ge 1$,

(c) u *ist ein Polynom.*

BEWEIS.
(a) Es genügt zu zeigen: $\varphi_k \xrightarrow{\mathscr{S}} 0 \implies \{u\}\varphi_k \to 0$. Für eine Nullfolge (φ_k) in $\mathscr{S}$ gilt $c_k := \sup\left\{ (1 + \|\mathbf{x}\|^N)\, |\varphi_k(\mathbf{x})| \;\middle|\; \mathbf{x} \in \mathbb{R}^n \right\} \to 0$ für $k \to \infty$. Es folgt

$$\begin{aligned}\left| \int u(\mathbf{x})\, \varphi_k(\mathbf{x})\, d^n\mathbf{x} \right| &= \int (1 + \|\mathbf{x}\|^N)\, |\varphi_k(\mathbf{x})|\, \frac{|u(\mathbf{x})|}{1 + \|\mathbf{x}\|^N}\, d^n\mathbf{x} \\ &\le c_k \int \frac{|u(\mathbf{x})|}{1 + \|\mathbf{x}\|^N}\, d^n\mathbf{x} \;\to\; 0.\end{aligned}$$

(b) Im Fall $u \in \mathrm{L}^1(\mathbb{R}^n)$ ist die Voraussetzung (a) mit $N = 0$ erfüllt.

Im Fall $p > 1$ sei $q > 1$ mit $\frac{1}{p} + \frac{1}{q} = 1$ gewählt. Für $u \in \mathrm{L}^p(\mathbb{R}^n)$ und $v(\mathbf{x}) := (1 + \|\mathbf{x}\|^n)^{-1}$ gilt $|v(\mathbf{x})|^q \le (1 + \|\mathbf{x}\|^{nq})^{-1}$. Wegen $nq > n$ ist $|v|^q$ über $\mathbb{R}^N$ integrierbar (§ 11 : 2.4 FOLGERUNG (i)). Mit der Hölderschen Ungleichung § 8 : 2.3 (b) folgt die Integrierbarkeit von $|uv|$, d.h. die Bedingung (a) ist mit $N = n$ erfüllt.

(c) Sei $u(\mathbf{x}) = \sum\limits_{|\alpha| \le m} a_\alpha \mathbf{x}^\alpha$ mit $m \in \mathbb{N}$. Dann gilt außerhalb des Einheitswürfels $|u(\mathbf{x})| \le \sum\limits_{|\alpha| \le m} |a_\alpha| \, \|\mathbf{x}\|_\infty^m$, also gibt es wegen $\|\mathbf{x}\|_\infty \le \|\mathbf{x}\|$ eine Konstante c mit $|u(\mathbf{x})| \le c \, \|\mathbf{x}\|^m \le c\,(1 + \|\mathbf{x}\|^m)$. Mit $N := m + n + 1$ folgt

$$\frac{|u(\mathbf{x})|}{1 + \|\mathbf{x}\|^N} \le \frac{c}{1 + \|\mathbf{x}\|^{n+1}} \quad \text{für alle} \quad \mathbf{x} \in \mathbb{R}^n.$$

Da die rechte Seite über $\mathbb{R}^n$ integrierbar ist (§ 11 : 2.4 (i)), erfüllt u die Bedingung (a) des Satzes. □

6.3 Operationen mit temperierten Distributionen

Sei T eine temperierte Distribution auf $\mathbb{R}^n$. Dann gilt

(a) *Für jeden Multiindex α ist durch*

$$(\partial^\alpha T)\varphi := (-1)^{|\alpha|} T(\partial^\alpha \varphi) \quad \textit{für alle} \;\; \varphi \in \mathscr{S}$$

eine temperierte Distribution $\partial^\alpha T$ definiert.

(b) *Sind sämtliche Ableitungen $\partial^\alpha a$ von $a \in \mathrm{C}^\infty(\mathbb{R}^n)$ polynomial beschränkt (vgl. § 12 : 3.2 (d)), so ist durch*

$$(aT)\varphi := T(a\varphi) \quad \textit{für alle} \;\; \varphi \in \mathscr{S}$$

eine temperierte Distribution aT definiert.

(c) *Für jede affine Abbildung*

$$F : \mathbb{R}^n \to \mathbb{R}^n, \;\; \mathbf{x} \mapsto \mathbf{c} + A\mathbf{x} \;\; \textit{mit} \;\; \mathbf{c} \in \mathbb{R}^n, \;\; \det A \ne 0$$

ist durch

$$(FT)\varphi := |\det A|^{-1}\, T(\varphi \circ F^{-1}) \quad \textit{für alle} \;\; \varphi \in \mathscr{S}$$

eine temperierte Distribution T definiert. Erfüllt u eine der Bedingungen 6.2(a), (b), (c), *so gilt*

$$F\{u\} = \{u \circ F\}.$$

Damit sind die temperierten Distributionen

$$P^\alpha T := (-i)^{|\alpha|}\partial^\alpha T\,, \quad Q^\alpha T = \mathbf{x}^\alpha T\,, \quad e_{\mathbf{a}} T \quad \text{für} \quad e_{\mathbf{a}}(\mathbf{x}) := \mathrm{e}^{i\langle \mathbf{x}, \mathbf{a}\rangle}$$

definiert.

Desweiteren erhalten wir für die Abbildungen

$$\tau_{\mathbf{a}}(\mathbf{x}) = \mathbf{x} - \mathbf{a}\,, \quad \mu_r(\mathbf{x}) = \tfrac{1}{r}\,\mathbf{x}\,, \quad \sigma(\mathbf{x}) = -\mathbf{x}$$

die temperierten Distributionen

$$\tau_{\mathbf{a}} T\,, \quad \mu_r T\,, \quad \sigma T\,.$$

BEWEIS.
(a) Aus $\varphi_k \xrightarrow{\mathscr{S}} \varphi$ folgt $\partial^\alpha \varphi_k \xrightarrow{\mathscr{S}} \partial^\alpha \varphi$, denn für beliebige Multiindizes γ, β gilt mit $(Q^\gamma u)(\mathbf{x}) = \mathbf{x}^\gamma u(\mathbf{x})$

$$Q^\gamma \partial^\beta(\partial^\alpha \varphi_k) = Q^\gamma \partial^{\beta+\alpha}\varphi_k \to Q^\gamma \partial^{\beta+\alpha}\varphi = Q^\gamma \partial^\beta(\partial^\alpha \varphi)\,.$$

(b) Nach § 10 : 3.2 (d) gilt: $\varphi \in \mathscr{S} \implies a\,\varphi \in \mathscr{S}$. Zu zeigen bleibt

$$\varphi_k \xrightarrow{\mathscr{S}} \varphi \quad \implies \quad a\,\varphi_k \xrightarrow{\mathscr{S}} a\,\varphi\,.$$

Dies ergibt sich aus der Leibniz–Regel (§ 10 : 2.2 (c)): $Q^\alpha \partial^\beta(a\,\varphi_k)$ ist Linearkombination von Funktionen $Q^\alpha \partial^\mu a\,\partial^\nu \varphi_k = \partial^\mu a\, Q^\alpha \partial^\nu \varphi_k$ mit $|\mu|, |\nu| \le |\beta|$. Da alle $\partial^\mu a$ polynomial beschränkt sind, gibt es ein N mit

$$\left|\, \partial^\mu a\, Q^\alpha(\partial^\nu \varphi - \partial^\nu \varphi_k)\,(\mathbf{x}) \right| \le \left| \left(1 + \|\mathbf{x}\|^{2N}\right)\, (\partial^\nu \varphi - \partial^\nu \varphi_k)\,(\mathbf{x}) \right|.$$

Nach Voraussetzung $\varphi_k \xrightarrow{\mathscr{S}} \varphi$ geht in die rechte Seite gegen 0 für $k \to \infty$.

(c) Mit φ, φ_k gehören auch $\psi = |\det A|^{-1}\varphi \circ F^{-1}$ und $\psi_k = |\det A|^{-1}\varphi_k \circ F^{-1}$ zu $\mathscr{S}$, und aus $\varphi_k \xrightarrow{\mathscr{S}} \varphi$ folgt $\psi_k \xrightarrow{\mathscr{S}} \psi$. Die Formel $F\{u\} = \{u \circ F\}$ folgt wie im Beweis 4.4 (b) durch Rückwärtslesen der Transformationsformel. □

6.4 Die Fouriertransformation für temperierte Distributionen

Gemäß den Überlegungen in 6.1 definieren wir für temperierte Distributionen T die Fouriertransformierte $\widehat{T}$ durch

$$\widehat{T}\varphi := T\widehat{\varphi} \quad \text{für} \quad \varphi \in \mathscr{S}\,.$$

SATZ. (a) *$\widehat{T}$ ist eine temperierte Distribution.*

(b) *Die Fouriertransformation $\Phi : \mathscr{S}' \to \mathscr{S}'$, $T \mapsto \widehat{T}$ ist linear und bijektiv. Die Umkehrabbildung ist gegeben durch*

$$\Phi^{-1} : \mathscr{S}' \to \mathscr{S}'\,, \quad T \mapsto \widehat{T}S = \sigma\widehat{T}\,,$$

wobei $\sigma(\mathbf{x}) = -\mathbf{x}$ und $S\varphi = \varphi \circ \sigma = \varphi \circ \sigma^{-1}$.

Insbesondere gilt

$$\widehat{\widehat{T}} = \sigma T = TS\,.$$

Mit den Bezeichnungen von 6.3 gilt

(c) $\widehat{P^\alpha T} = Q^\alpha \widehat{T}\,, \quad \widehat{Q^\alpha T} = (-1)^{|\alpha|} P^\alpha \widehat{T}$ *für jeden Multiindex* α,

(d) $\widehat{\tau_{\mathbf{a}} T} = e_{\mathbf{a}} \widehat{T}\,, \quad \widehat{e_{\mathbf{a}} T} = \tau_{\mathbf{a}} \widehat{T}\,, \quad \widehat{\mu_r T} = r^n \mu_{1/r} \widehat{T}\,.$

BEWEIS.

(a) Es genügt zu zeigen $\varphi_k \xrightarrow{\mathscr{S}} 0 \implies \widehat{\varphi}_k \xrightarrow{\mathscr{S}} 0.$

Es gelte also $\varphi_k \xrightarrow{\mathscr{S}} 0$. Für beliebige Multiindizes α, β gilt nach dem P,Q–Gesetz auf $\mathscr{S}$ (§ 12 : 3.3 (b))

$$\begin{aligned}\left|\mathbf{x}^\alpha \partial^\beta \widehat{\varphi}_k(\mathbf{x})\right| &= \left|(Q^\alpha P^\beta \widehat{\varphi}_k)(\mathbf{x})\right| = \left|Q^\alpha \widehat{Q^\beta \varphi_k}(\mathbf{x})\right| = \left|(P^\alpha Q^\beta \varphi_k)\widehat{\ }(\mathbf{x})\right| \\ &\le (2\pi)^{-\frac{n}{2}} \int \left|(P^\alpha Q^\beta \varphi_k)(\mathbf{y})\right| d^n\mathbf{y} \\ &\le c \sup\left\{ \left|(1+\|\mathbf{y}\|^{2n})\, P^\alpha Q^\beta \varphi_k(\mathbf{y})\right| \;\middle|\; \mathbf{y} \in \mathbb{R}^n \right\}\end{aligned}$$

mit

$$c := (2\pi)^{-\frac{n}{2}} \int \frac{d^n\mathbf{y}}{1+\|\mathbf{y}\|^{2n}} < \infty$$

nach § 11 : 2.4, Folgerung (i).

Da sich $P^\alpha Q^\beta \varphi_k$ mittels der kanonischen Vertauschungsrelationen § 12 : 2.2 (a) in eine Linearkombination von Funktionen des Typs $Q^\mu P^\nu \varphi_k$ verwandeln läßt, folgt die gleichmäßige Konvergenz $Q^\alpha P^\beta \widehat{\varphi}_k \to 0$ auf $\mathbb{R}^n$.

(b) Zunächst bemerken wir: Ist T eine beliebige temperierte Distribution, so gilt nach 6.3 (c)

$$\sigma T\varphi = T(\varphi \circ \sigma^{-1}) = T(\varphi \circ \sigma) = TS\varphi \quad \text{für alle} \quad \varphi \in \mathscr{S}\,,$$

wo $TS : \varphi \mapsto TS\varphi$ eine temperierte Distribution ist. Es folgt $\sigma T = TS$ und $\sigma\widehat{T} = \widehat{T}S$, da auch $\widehat{T}$ eine temperierte Distribution ist.

Φ ist injektiv: Aus $\widehat{T} = 0$ folgt $T\widehat{\varphi} = \widehat{T}\varphi = 0$ für alle $\varphi \in \mathscr{S}$. Da die Fouriertransformation auf $\mathscr{S}$ surjektiv ist, folgt $T = 0$. Für $\varphi \in \mathscr{S}$ gilt

$$\widehat{\widehat{T}S}\varphi = \widehat{T}S\widehat{\varphi} = \widehat{T}S\widehat{\varphi} = TS\widehat{\widehat{\varphi}} = T\varphi$$

nach der Umkehrformel § 12 : 3.4. Dies bedeutet $\Phi(\widehat{T}S) = T$ und damit die Surjektivität von $\Phi : \mathscr{S}' \to \mathscr{S}'$ sowie $\Phi^{-1}(T) = \widehat{T}S$.

(c) Nach dem P,Q–Gesetz § 12 : 3.3 und nach 6.3 gilt für alle $\varphi \in \mathscr{S}$

$$\widehat{P^\alpha T}\varphi = (P^\alpha T)\widehat{\varphi} = (-1)^{|\alpha|} T(P^\alpha \widehat{\varphi}) = T(\widehat{Q^\alpha \varphi}) = \widehat{T}(Q^\alpha \varphi) = Q^\alpha \widehat{T}\varphi\,,$$

$$\widehat{Q^\alpha T}\varphi = (Q^\alpha T)\widehat{\varphi} = T(Q^\alpha \widehat{\varphi}) = T(\widehat{P^\alpha \varphi}) = \widehat{T}(P^\alpha \varphi)$$
$$= (-1)^{|\alpha|}(P^\alpha \widehat{T})\varphi\,.$$

(d) ergibt sich aus der Definition der betreffenden Operationen auf $\mathscr{S}'$ mit Hilfe der Skalierungsregeln § 12 : 2.3 (c),(d),(e) ÜA. □

Nunmehr sind wir in der Lage, Polynomen Fouriertransformierte zuzuordnen; diese sind jetzt allerdings temperierte Distributionen.

BEISPIELE.

(1) $\widehat{\{1\}} = (2\pi)^{\frac{n}{2}}\delta\,,$

(2) $\widehat{\{e_{\mathbf{a}}\}} = (2\pi)^{\frac{n}{2}}\delta_{\mathbf{a}}\,,$

(3) $\widehat{\delta_{\mathbf{a}}} = (2\pi)^{-\frac{n}{2}}\{e_{-\mathbf{a}}\}\,,$

(4) $\widehat{\{\mathbf{x}^\alpha\}} = (2\pi)^{\frac{n}{2}}\,(-1)^{|\alpha|}\,\partial^\alpha\delta\,.$

Nachweis mit Hilfe der vorangehenden Rechenregeln als ÜA

BEMERKUNG. Wir benötigen beide Typen von Distributionen. $\mathscr{D}'$ erweist sich nach 6.1 für die Anwendung der Fouriertransformation als zu groß und $\mathscr{S}'$ reicht nicht zur Beschreibung aller Grundlösungen aus, wie das folgende Beispiel zeigt: Für den Differentialoperator $\frac{d}{dx} - a$ liefert $\Gamma(x) = \frac{1}{a}\,\mathrm{e}^{ax}\chi_{\mathbb{R}_+}(x)$ eine Grundlösung $\Gamma \in \mathscr{D}'$ nach 5.4. Im Fall $a > 0$ gehört aber Γ nicht zu $\mathscr{S}'$, denn durch $\varphi(x) = \mathrm{e}^{-\frac{1}{2}ax}\int\limits_{-\infty}^{x} j_1(t)\,dt$ ist eine Funktion $\varphi \in \mathscr{S}$ gegeben, für welche das Integral $\{u\}\varphi = \int u\,\varphi$ divergiert, wie sich der Leser leicht klar macht (die Mollifier j_ε wurden in § 10 : 3.1 eingeführt).

Kapitel V Die drei Grundtypen linearer Differentialgleichungen 2. Ordnung

Hierunter verstehen wir die Gleichungen

$$-\Delta u = f\,, \qquad \frac{\partial u}{\partial t} - \Delta u = f\,, \qquad \frac{\partial^2 u}{\partial t^2} - \Delta u = f$$

mit gegebener rechter Seite f. Wie in § 1 dargelegt wurde, fallen diese Gleichungen in verschiedenen physikalischen Kontexten an. Jeder dieser drei Typen trägt ganz charakteristische Wesenszüge und ist in dieser Hinsicht stellvertretend für den allgemeinen Fall, bei dem der Laplace–Operator durch einen gleichmäßig elliptischen ersetzt wird, vgl. § 14 : 1 (b).

Explizite Lösungsdarstellungen erhalten wir nur in solchen Fällen, in denen das Raumgebiet Symmetrien aufweist. Beispiele hierfür haben wir bei den Separationsansätzen in § 6 kennengelernt; weitere Anwendungen der Separationsmethode folgen in § 15 : 3, § 16, § 17. Bei Problemstellungen ohne solche Symmetrieeigenschaften wird eine Theorie benötigt, welche die Existenz von Lösungen sicherstellt, Eindeutigkeitsaussagen macht und das qualitative Verhalten der Lösungen beschreibt. Theoretische Kenntnis des Lösungsverhaltens ist auch für die Entwicklung effizienter numerischer Verfahren unerläßlich.

In den folgenden vier Paragraphen stellen wir für die drei Grundtypen die wichtigsten Aspekte der Theorie in aller Kürze dar. Vieles kann nur skizziert werden; den an Einzelheiten interessierten Lesern wird durch ausführliche Literaturangaben weitergeholfen.

§ 14 Randwertprobleme für den Laplace–Operator

Vorkenntnisse für die ersten fünf Abschnitte: Lebesgue–Integral (§ 8), Testfunktionen (Anfang von § 10), Integralsätze von Gauß und Green (§ 11, für den $\mathbb{R}^3$: Bd. 1, § 26 : 4); für Abschnitt 6: Hilberträume (§ 9), schwache Lösungen und Distributionen (§ 12).

1 Übersicht

(a) Wir behandeln in diesem Paragraphen das **Dirichlet–Problem (1. Randwertproblem)**

$$-\Delta u = f \quad \text{in } \Omega\,, \qquad u = g \quad \text{auf } \partial\Omega$$

und das **Neumann–Problem (2. Randwertproblem)**

$$-\Delta u = f \quad \text{in } \Omega\,, \qquad \partial_{\mathbf{n}} u = g \quad \text{auf } \partial\Omega$$

(**n** das äußere Einheitsnormalenfeld von Ω) mit gegebenen Funktionen f auf Ω und g auf $\partial\Omega$. Hierbei ist Ω entweder ein beschränktes Gebiet (**Innenraum**) oder $\mathbb{R}^n \setminus \overline{\Omega}$ ist beschränkt und nicht leer (**Außenraum**).

Die Gleichung $-\Delta u = f$ heißt **Poisson–Gleichung**; die zugehörige homogene Gleichung $\Delta u = 0$ wird **Laplace–Gleichung** genannt.

In § 15 werden Eigenwertprobleme für den Laplace–Operator auf beschränkten Gebieten betrachtet:

$$-\Delta u = \lambda u \ \text{ in } \Omega , \quad u = 0 \ \text{ auf } \partial\Omega ,$$

und

$$-\Delta u = \lambda u \ \text{ in } \Omega , \quad \partial_{\mathbf{n}} u = 0 \ \text{ auf } \partial\Omega ,$$

Auf diese werden wir geführt, wenn in der Wärmeleitungsgleichung oder in der Wellengleichung die Zeitkoordinate von den Ortskoordinaten durch einen Produktansatz absepariert wird.

(b) **Gleichmäßig elliptische Differentialoperatoren.** Die meisten der folgenden Ergebnisse bleiben mit geringfügigen Modifikationen gültig, wenn wir den Laplace–Operator $-\Delta$ durch einen Operator $-L$ der Form

$$Lu = \sum_{i,k=1}^{n} a_{ik}\partial_i\partial_k u + \sum_{i=1}^{n} b_i\partial_i u + cu$$

ersetzen, wobei die a_{ik}, b_i, c beschränkte Funktionen auf Ω mit $a_{ik} = a_{ki}$ sind und

$$\lambda \, \|\boldsymbol{\xi}\|^2 \le \sum_{i,k=1}^{n} a_{ik}(\mathbf{x}) \, \xi_i\xi_k \le \mu \, \|\boldsymbol{\xi}\|^2 \quad \text{für } \mathbf{x} \in \Omega , \ \boldsymbol{\xi} \in \mathbb{R}^n$$

mit Konstanten $\mu \ge \lambda > 0$ gilt. Nicht übertragbar auf allgemeine elliptische Gleichungen sind die Poissonsche Integralformel in 2.6 und die Kelvin–Transformation in 2.8.

Als Literatur über elliptische Differentialgleichungen empfehlen wir GILBARG–TRUDINGER [79].

2 Eigenschaften des Laplace–Operators

Hier und im folgenden bezeichnen wir den Operator $-\Delta$ als **Laplace–Operator**. Die Vorzeichenwahl ist Konventionssache, für das negative Vorzeichen sprechen jedoch zwei Gründe:

- Grundlösungen und Greensche Funktionen des Operators $-\Delta$ sind nahe der Singularität positiv (siehe 2.4, 2.5),
- Die Eigenwerte von $-\Delta$ sind positiv (siehe § 15 : 1.2).

2.1 Harmonische Funktionen

Eine C^2–Funktion u auf einem Gebiet $\Omega \subset \mathbb{R}^n$ wird **harmonisch** genannt, wenn sie der Laplace–Gleichung $\Delta u = 0$ genügt.

Für $n = 1$ sind die harmonischen Funktionen von der Gestalt $u(x) = ax + b$, die Theorie ist also erst für $n \geq 2$ von Interesse. Für $n = 2$ stehen die harmonischen Funktionen in folgender Korrespondenz zu den holomorphen Funktionen: Für jede holomorphe Funktion $f(x + iy) = u(x, y) + iv(x, y)$ ist der Realteil u (ebenso wie der Imaginärteil v) eine harmonische Funktion, was unmittelbar aus den Cauchy–Riemannschen Differentialgleichungen folgt. Auf einfachen Gebieten $\Omega \subset \mathbb{R}^2$ ist umgekehrt jede harmonische Funktion u Realteil einer holomorphen Funktion $f = u + iv$, denn das Vektorfeld $(-\partial_y u, \partial_x u)$ erfüllt die Integrabilitätsbedingungen und besitzt also ein Potential v in Ω. Für u und v sind dann die Cauchy–Riemannschen DG erfüllt.

2.2 Die Invarianz des Laplace–Operators unter Bewegungen

Für jede C^2–Funktion u auf einem Gebiet $\Omega \subset \mathbb{R}^n$ und jede Bewegung des $\mathbb{R}^n$, $\mathbf{h} : \mathbf{x} \mapsto \mathbf{a} + A\mathbf{x}$ mit $A \in \mathrm{O}_n$, gilt nach § 11 : 5.3 auf $\Omega' = \mathbf{h}^{-1}(\Omega)$

$$(\Delta u) \circ \mathbf{h} = \Delta(u \circ \mathbf{h}).$$

Hiernach ist u genau dann harmonisch, wenn $u \circ \mathbf{h}$ auf Ω' harmonisch ist.

2.3 Das Maximumprinzip

ist das grundlegende Hilfsmittel für die Theorie der Laplace– und der Poisson–Gleichung.

(a) SATZ. *Für jede Funktion* $u \in C^0(\overline{\Omega}) \cap C^2(\Omega)$ *mit* $\Delta u \geq 0$ *auf einem beschränkten Gebiet* Ω *gilt*

$$u \leq \max_{\partial\Omega} u\,.$$

Insbesondere gilt für jede harmonische Funktion $u \in C^0(\overline{\Omega}) \cap C^2(\Omega)$

$$\min_{\partial\Omega} u \leq u \leq \max_{\partial\Omega} u\,.$$

Der BEWEIS wurde in § 6 : 5.6 geführt.

(b) **Strenges Maximumprinzip**. *Nimmt eine auf einem Gebiet* $\Omega \subset \mathbb{R}^n$ *harmonische Funktion ein Maximum oder Minimum in* Ω *an, so ist sie konstant.*

Der Beweis wird in 2.7 (b) nachgetragen.

(c) **Randpunktlemma** (ZAREMBA 1910). Sei $u \in C^0(\overline{\Omega}) \cap C^2(\Omega)$ eine Funktion mit $\Delta u \geq 0$, die in einem Randpunkt $\mathbf{a} \in \partial\Omega$ ein striktes Maximum annimmt,

$$u(\mathbf{x}) < u(\mathbf{a}) \quad \textit{für alle} \quad \mathbf{x} \in \Omega\,.$$

(i) *Gibt es eine Kugel* $K = K_R(\mathbf{x}_0) \subset \Omega$ *mit* $\mathbf{a} \in \partial K$, *so besitzt* u *bei normaler Annäherung an den Randpunkt* $\mathbf{a}$ *positive Steigung, d.h. es gilt*

$$\inf_{0<t<\delta} \frac{1}{t}\big(u(\mathbf{a}) - u(\mathbf{a}+t\mathbf{n})\big) > 0$$

für hinreichend kleine $\delta > 0$, *wobei* $\mathbf{n} = (\mathbf{x}_0 - \mathbf{a})/R$ *der innere Normalenvektor der Kugel* K *im Punkt* $\mathbf{a}$ *ist. Insbesondere gilt*

$$-\,\partial_{\mathbf{n}} u(\mathbf{a}) := \lim_{t\to 0+} \frac{1}{t}\big(u(\mathbf{a}) - u(\mathbf{a}+t\mathbf{n})\big) > 0\,,$$

falls dieser Grenzwert existiert.

(ii) *Dieselbe Folgerung ergibt sich, wenn* $\partial\Omega$ *in einer Umgebung von* $\mathbf{a}$ *ein* C^2*–Flächenstück mit innerem Einheitsnormalenvektor* $\mathbf{n}$ *im Punkt* $\mathbf{a}$ *ist.*

BEMERKUNGEN. Die Voraussetzung in (i) kann nicht wesentlich abgeschwächt werden, vgl. [49] 13 § 2. Einspringende Ecken und Kanten von Ω sind zugelassen, während nach außen weisende Ecken und Kanten ausgeschlossen sind. Ein illustrierendes Beispiel wird in 2.9 gegeben.

BEWEIS.

(i) Wegen der Translationsinvarianz des Laplace–Operators 2.2 dürfen wir $\mathbf{x}_0 = \mathbf{0}$ annehmen. Auf der Kugelschale $\Omega_0 := \{\mathbf{x} \in \mathbb{R}^n \mid R/2 < \|\mathbf{x}\| < R\} \subset \Omega$ betrachten wir

$$w(\mathbf{x}) := u(\mathbf{x}) - u(\mathbf{a}) + v(\mathbf{x}) \quad \text{mit} \quad v(\mathbf{x}) := \mathrm{e}^{-\alpha\|\mathbf{x}\|^2} - \mathrm{e}^{-\alpha R^2}\,.$$

Nach Voraussetzung gilt $w(\mathbf{x}) = u(\mathbf{x}) - u(\mathbf{a}) \le 0$ für $\|\mathbf{x}\| = R$. Für $\alpha \gg 1$ erhalten wir

$$\Delta w(\mathbf{x}) \ge \Delta v(\mathbf{x}) = 2\alpha\big(2\alpha\|\mathbf{x}\|^2 - n\big)\,\mathrm{e}^{-\alpha\|\mathbf{x}\|^2} \ge 0 \ \text{ in } \Omega_0 \ \text{ und}$$

$$w(\mathbf{x}) \le u(\mathbf{x}) - u(\mathbf{a}) + \mathrm{e}^{-\alpha R^2/4} < 0 \ \text{ für } \|\mathbf{x}\| = R/2\,,\ \alpha \gg 1\,,$$

da nach Voraussetzung $\max\{u(\mathbf{x}) - u(\mathbf{a}) \mid \|\mathbf{x}\| = R/2\} < 0$.

Somit gilt $w \le 0$ auf $\partial\Omega_0$, $\Delta w \ge 0$ in Ω_0, und aus dem Maximumprinzip folgt $w \le 0$ in Ω_0.

Für $0 < t < R/2$ gilt $\mathbf{x} := \mathbf{a} + t\mathbf{n} \in \Omega_0$ und $\|\mathbf{x}\| = R - t$, also folgt

$$\frac{u(\mathbf{a}) - u(\mathbf{a}+t\mathbf{n})}{t} = \frac{v(\mathbf{x}) - w(\mathbf{x})}{t} \ge \frac{v(\mathbf{x})}{t} \ge \alpha R\,\mathrm{e}^{-\alpha R^2} > 0$$

nach dem Mittelwertsatz für $f(t) := \mathrm{e}^{-\alpha(R-t)^2}$ $\boxed{\text{ÜA}}$.

(ii) Wir zeigen, daß es unter der Voraussetzung (ii) eine Kugel K der in (i) genannten Art gibt. Wegen der Bewegungsinvarianz 2.2 dürfen wir $\mathbf{a} = \mathbf{0}$ und $\mathbf{n} = \mathbf{e}_1$ annehmen. Nach Voraussetzung gibt es eine Umgebung $\mathcal{U}$ von $\mathbf{0}$ und eine C^2–Funktion $\psi : \mathcal{U} \to \mathbb{R}$ mit $\nabla\psi \neq \mathbf{0}$ in $\mathcal{U}$ und $\psi(\mathbf{x}) < 0 \iff \mathbf{x} \in \Omega$ für alle $\mathbf{x} \in \mathcal{U}$, vgl. § 11 : 3.1. Dabei gilt $\psi(\mathbf{0}) = \mathbf{0}$ und $\nabla\psi(\mathbf{0}) = \beta\mathbf{e}_1$ mit $\beta = \|\nabla\psi(\mathbf{0})\| > 0$.

Aus dem Satz von Taylor folgt für $\|\mathbf{x}\| \leq \delta$, $\overline{K_\delta(\mathbf{0})} \subset \mathcal{U}$

$$\psi(\mathbf{x}) \;=\; \beta x_1 + \frac{1}{2}\big\langle \psi''(\vartheta\mathbf{x})\mathbf{x}, \mathbf{x}\big\rangle \;\leq\; \beta x_1 + \lambda\|\mathbf{x}\|^2$$

mit $\lambda = \max\big\{\|\psi''(\mathbf{x})\|_2 \mid \|\mathbf{x}\| \leq \delta\big\}$.

Wir wählen $R > 0$ so klein, daß $2R < \delta$ und $\lambda - \frac{\beta}{2R} < 0$. Dann erfüllt die Kugel $K = K_r(-R\mathbf{e}_1)$ die Voraussetzungen (i): Es ist $\mathbf{0} \in \partial K$, weiter gilt für $\mathbf{x} \in K$ sowohl $\|\mathbf{x}\| < \delta$ als auch

$$2Rx_1 + \|\mathbf{x}\|^2 \;=\; \|\mathbf{x} + R\mathbf{e}_1\|^2 - R^2 \;<\; 0\,.$$

Damit ergibt sich

$$\psi(\mathbf{x}) \;\leq\; \beta x_1 + \lambda\,\|\mathbf{x}\|^2 \;=\; \frac{\beta}{2R}\left(2Rx_1 + \|\mathbf{x}\|^2\right) \;+\; \left(\lambda - \frac{\beta}{2R}\right)\|\mathbf{x}\|^2 \;<\; 0\,,$$

d.h. $\mathbf{x} \in \Omega$. □

2.4 Die Standardgrundlösung für den Laplace–Operator

Eine auf $\mathbb{R}^n$ lokalintegrierbare Funktion Γ heißt nach § 13 : 5.2 Grundlösung für $-\Delta$, wenn $-\Delta\{\Gamma\} = \delta$, d.h. wenn

$$-\int\limits_{\mathbb{R}^n} \Gamma(\mathbf{x})\,\Delta\varphi(\mathbf{x})\,d^n\mathbf{x} \;=\; \varphi(\mathbf{0}) \quad \text{für alle Testfunktionen } \varphi \in C_c^\infty(\mathbb{R}^n).$$

Eine Standardmethode zur Bestimmung von Grundlösungen liefert die Fouriertransformation, siehe [63] Ch.2, [56] § 10.

Für den Laplace–Operator kommen wir jedoch am schnellsten zum Ziel, wenn wir einen kugelsymmetrischen Ansatz

$$\Gamma(\mathbf{x}) \;=\; \gamma(\|\mathbf{x}\|)$$

machen. Dieser wird durch die Invarianz 2.2 des Laplace–Operators unter Drehungen des $\mathbb{R}^n$ nahegelegt. Setzen wir $r = \|\mathbf{x}\|$ und beachten

$$(*) \qquad \frac{\partial r}{\partial x_i} \;=\; \frac{x_i}{r}\,, \qquad \frac{\partial^2 r}{\partial x_i \partial x_k} \;=\; \frac{1}{r}\left(\delta_{ik} - \frac{x_i x_k}{r^2}\right),$$

so erhalten wir für $r \neq 0$

$$\Delta\Gamma(\mathbf{x}) = \gamma''(r) + \frac{n-1}{r}\gamma'(r) = r^{1-n}\frac{d}{dr}(r^{n-1}\gamma'(r)) \qquad \boxed{\text{ÜA}}.$$

Verlangen wir $\Delta\Gamma(\mathbf{x}) = 0$ für $\mathbf{x} \neq \mathbf{0}$, so folgt

$$\gamma(r) = \begin{cases} c_n\, r^{2-n} & \text{für} \quad n \neq 2\,, \\ c_2 \log r & \text{für} \quad n = 2 \end{cases}$$

bis auf additive Konstanten. Das Auftreten von Singularitäten im Nullpunkt ist für Grundlösungen charakteristisch. Wie die multiplikative Konstante c_n zu wählen ist, damit eine Grundlösung entsteht, ergibt sich aus dem folgenden Beweis.

SATZ. (a) *Durch*

$$\Gamma(\mathbf{x}) := \begin{cases} \dfrac{1}{(n-2)\,\omega_n\, \|\mathbf{x}\|^{n-2}} & \textit{für } n > 2\,, \\ -\dfrac{1}{2\pi}\log\|\mathbf{x}\| & \textit{für } n = 2 \end{cases}$$

ist eine Grundlösung für den Laplace–Operator $-\Delta$ *gegeben; dabei ist* ω_n *der Oberflächeninhalt der* $(n-1)$*–dimensionalen Einheitssphäre, vgl. § 11 : 2.4. Weiter gilt*

(b) Γ *ist in* $\mathbb{R}^n \setminus \{\mathbf{0}\}$ *harmonisch.*

(c) *Für jedes Normalgebiet* $\Omega \subset \mathbb{R}^n$ *und jede Funktion* $u \in \mathrm{C}^2(\overline{\Omega})$ *gilt die Darstellungsformel*

$$u(\mathbf{x}) = -\int_{\Omega} \Gamma_{\mathbf{x}}(\mathbf{y})\,\Delta u(\mathbf{y})\,d^n\mathbf{y} + \int_{\partial\Omega} (\Gamma_{\mathbf{x}}\,\partial_{\mathbf{n}} u - u\,\partial_{\mathbf{n}}\Gamma_{\mathbf{x}})\,do \quad \textit{für} \;\; \mathbf{x} \in \Omega,$$

wobei wir $\Gamma_{\mathbf{x}}(\mathbf{y}) := \Gamma(\mathbf{y} - \mathbf{x})$ *setzen.*

BEMERKUNGEN. (i) Wie aus dem Beweis hervorgeht, gilt die Formel auch unter der schwächeren Voraussetzung $u \in \mathrm{C}^1_{\mathbf{n}}(\overline{\Omega}) \cap \mathrm{C}^2(\Omega)$, vgl. § 11 : 4.3*.

(ii) Durch Einsetzen von $u = 1$ in die Darstellungsformel ergibt sich

$$\int_{\partial\Omega} \partial_{\mathbf{n}}\Gamma_{\mathbf{x}}\,do = -1 \quad \text{für jedes } \mathbf{x} \in \Omega\,.$$

(iii) Für $n = 3$ ist das Newton–Potential

$$U(\mathbf{x}) = \frac{Gm}{\|\mathbf{x}\|} \quad (G = \text{Gravitationskonstante})$$

das Gravitationspotential eines Massenpunktes der Masse m im Ursprung, d.h. genügt der Gravitationsgleichung

$$-\Delta\{u\} = 4\pi G\delta .$$

Beweis.

(a) Γ ist in $\mathbb{R}^n \setminus \{\mathbf{0}\}$ stetig und über jede Kugel $K_r(\mathbf{0})$ integrierbar (§ 11 : 2.4, Folgerung (i)), also gilt $\Gamma,\ \Gamma_{\mathbf{x}} \in \mathrm{L}^1_{\mathrm{loc}}(\mathbb{R}^n)$. Daß Γ eine Grundlösung ist, ergibt sich aus (c) wie folgt: Für $\varphi \in \mathrm{C}_c^\infty(\mathbb{R}^n)$ wählen wir Ω als eine Kugel mit der Eigenschaft $\operatorname{supp}\varphi \subset \Omega$ und erhalten

$$-\varphi(\mathbf{0}) = \int_\Omega \Gamma(\mathbf{y})\,\Delta\varphi(\mathbf{y})\,d^n\mathbf{y} = \int_{\mathbb{R}^n} \Gamma(\mathbf{y})\,\Delta\varphi(\mathbf{y})\,d^n\mathbf{y} .$$

(b) Nach Konstruktion ist Γ in $\mathbb{R}^n \setminus \{\mathbf{0}\}$ eine harmonische C^∞–Funktion.

(c) Wir fixieren $\mathbf{x} \in \Omega$ und setzen $\Omega_r := \Omega \setminus K_r(\mathbf{x})$ für $r \ll 1$. Dann ergibt die 2. Greensche Identität § 11 : 4.2 wegen $\Delta\Gamma_{\mathbf{x}}(\mathbf{y}) = 0$ für $\mathbf{y} \in \Omega_r$

$$\begin{aligned}
\int_{\Omega_r} \Gamma_{\mathbf{x}}\,\Delta u\,d^n\mathbf{y} &= \int_{\partial\Omega_r} (\Gamma_{\mathbf{x}}\,\partial_{\mathbf{n}}u - u\,\partial_{\mathbf{n}}\Gamma_{\mathbf{x}})\,do \\
&= \int_{\partial\Omega} (\Gamma_{\mathbf{x}}\,\partial_{\mathbf{n}}u - u\,\partial_{\mathbf{n}}\Gamma_{\mathbf{x}})\,do \qquad (**)\\
&\quad + \int_{\partial K_r(\mathbf{x})} (\Gamma_{\mathbf{x}}\,\partial_{\mathbf{n}}u - u\,\partial_{\mathbf{n}}\Gamma_{\mathbf{x}})\,do .
\end{aligned}$$

Für $\mathbf{y} \in \partial K_r(\mathbf{x})$ erhalten wir im Fall $n > 2$

$$\mathbf{n}(\mathbf{y}) = -\,\frac{\mathbf{y}-\mathbf{x}}{r} = \text{äußerer Einheitsnormalenvektor von } \Omega_r ,$$

$$\Gamma_{\mathbf{x}}(\mathbf{y}) = c_n\,r^{2-n} \quad \text{mit } c_n = 1/(n-2)\omega_n ,$$

$$\nabla\Gamma_{\mathbf{x}}(\mathbf{y}) = \frac{c_n\,(2-n)}{r^n}\,(\mathbf{y}-\mathbf{x}) = \frac{c_n\,(n-2)}{r^{n-1}}\,n(\mathbf{y}) \quad \text{nach } (*),$$

$$\partial_{\mathbf{n}}\Gamma_{\mathbf{x}}(\mathbf{y}) = \langle \mathbf{n}(\mathbf{y}),\, \nabla\Gamma_{\mathbf{x}}(\mathbf{y}) \rangle = c_n\,(n-2)\,r^{1-n} .$$

Mit der Transformationsformel § 11 : 2.4 ergibt sich

$$\begin{aligned}
\int_{\partial K_r(\mathbf{x})} \Gamma_{\mathbf{x}}\,\partial_{\mathbf{n}}u\,do &= r^{n-1} \int_{\partial K_1(\mathbf{0})} (\Gamma_{\mathbf{x}}\,\partial_{\mathbf{n}}u)(\mathbf{x}+r\boldsymbol{\xi})\,do(\boldsymbol{\xi}) \\
&= c_n\,r \int_{\partial K_1(\mathbf{0})} \partial_{\mathbf{n}}u(\mathbf{x}+r\boldsymbol{\xi})\,do(\boldsymbol{\xi}) \;\to\; 0 \quad \text{für } r \to 0 .
\end{aligned}$$

Weiter folgt

$$\begin{aligned}
\int\limits_{\partial K_r(\mathbf{x})} u\,\partial_{\mathbf{n}}\Gamma_{\mathbf{x}}\,do &= r^{n-1} \int\limits_{\partial K_1(\mathbf{0})} (u\,\partial_{\mathbf{n}}\Gamma_{\mathbf{x}})(\mathbf{x}+r\boldsymbol{\xi})\,do(\boldsymbol{\xi}) \\
&= \int\limits_{\partial K_r(\mathbf{x})} u\,\partial_{\mathbf{n}}\Gamma_{\mathbf{x}}\,do \\
&= r^{n-1} \int\limits_{\partial K_1(\mathbf{0})} (u\,\partial_{\mathbf{n}}\Gamma_{\mathbf{x}})(\mathbf{x}+r\boldsymbol{\xi})\,do(\boldsymbol{\xi}) \\
&= c_n\,(n-2) \int\limits_{\partial K_1(\mathbf{0})} u(\mathbf{x}+r\boldsymbol{\xi})\,do(\boldsymbol{\xi}) \\
&\to c_n\,(n-2)\,\omega_n\,u(\mathbf{x}) \quad \text{für } r\to 0.
\end{aligned}$$

Unter Beachtung von $\lim\limits_{r\to 0} \int\limits_{\Omega_r} \Gamma_{\mathbf{x}}\,\Delta u\,d^n\mathbf{y} = \int\limits_{\Omega} \Gamma_{\mathbf{x}}\,\Delta u\,d^n\mathbf{y}$ ergibt sich wegen der Festlegung $c_n = 1/(n-2)\omega_n$ die Behauptung aus (∗∗). Im Fall $n=2$ erhalten wir mit $c_2 = -1/2\pi$ das gleiche Ergebnis. □

Aufgabe. Zeigen Sie, daß das Gravitationspotential U der Kugel $K_R(\mathbf{0}) \subset \mathbb{R}^3$ mit der konstanten Massendichte μ gegeben ist durch

$$U(\mathbf{x}) = \frac{GM}{2R}\left(3 - \frac{\|\mathbf{x}\|^2}{R^2}\right) \text{ für } \|\mathbf{x}\| \le R, \quad U(\mathbf{x}) = \frac{GM}{\|\mathbf{x}\|} \text{ für } \|\mathbf{x}\| \ge R,$$

wobei $M = \frac{4}{3}\pi R^3 \mu$ die Gesamtmasse der Kugel ist.

Hinweis: Bestimmen Sie U als radiale Lösung $U(\mathbf{x}) = u(\|\mathbf{x}\|)$ der Newtonschen Gravitationsgleichung

$$-\Delta U = 4\pi G\mu \text{ in } K_R(\mathbf{0}), \quad \Delta U = 0 \text{ außerhalb } \overline{K_R(\mathbf{0})},$$

wobei $\lim\limits_{\|\mathbf{x}\|\to\infty} U(\mathbf{x}) = 0$ und C^1–differenzierbarer Anschluss auf $\partial K_R(\mathbf{0})$ verlangt werden. Daß dies die einzige Lösung ist, wird in 3.3 gezeigt.

2.5 Greensche Funktionen

Unser Ziel ist, für das 1. und 2. Randwertproblem Lösungsdarstellungen zu gewinnen, indem wir Grundlösungen für $-\Delta$ mit passenden Randbedingungen konstruieren. Für jedes $\mathbf{x} \in \Omega$ sei $\Gamma_{\mathbf{x}}(\mathbf{y}) = \Gamma(\mathbf{y}-\mathbf{x})$ die Standardgrundlösung von $-\Delta$ an der Stelle $\mathbf{x}$ und $H_{\mathbf{x}} \in \mathrm{C}^1_{\mathbf{n}}(\overline{\Omega}) \cap \mathrm{C}^2(\Omega)$ eine harmonische Funktion, vgl. § 11 : 4.3*. Dann ist auch $G_{\mathbf{x}} := \Gamma_{\mathbf{x}} + H_{\mathbf{x}}$ eine Grundlösung von $-\Delta$ in Ω, vgl. § 13 : 5.2. (Für C^2–berandete Gebiete läßt sich zeigen, daß jede Grundlösung von $-\Delta$ so geschrieben werden kann.) Für jede solche Grundlösung gilt die **Greensche Darstellungsformel**

$$u(\mathbf{x}) = -\int\limits_{\Omega} G_{\mathbf{x}}\,\Delta u\,d^n\mathbf{y} + \int\limits_{\partial\Omega} (G_{\mathbf{x}}\,\partial_{\mathbf{n}} u - u\,\partial_{\mathbf{n}} G_{\mathbf{x}})\,do \quad \text{für} \quad \mathbf{x} \in \Omega$$

und $u \in \mathrm{C}^1_{\mathbf{n}}(\overline{\Omega}) \cap \mathrm{C}^2(\Omega)$ (GREEN 1828). Diese folgt aus 2.4 (c) unter Berücksichtigung der Greenschen Identität § 11 : 4.3*:

$$\int_\Omega H_{\mathbf{x}}\,\Delta u\,d^n\mathbf{y} \;=\; \int_\Omega (H_{\mathbf{x}}\,\Delta u \;-\; u\,\Delta H_{\mathbf{x}})\,d^n\mathbf{y}$$
$$=\; \int_{\partial\Omega} (H_{\mathbf{x}}\,\partial_{\mathbf{n}} u \;-\; u\,\partial_{\mathbf{n}} H_{\mathbf{x}})\,do\,.$$

Um eine Lösungsformel für das erste Randwertproblem

$$-\Delta u = f \;\text{ in }\; \Omega\,, \qquad u = g \;\text{ auf }\; \partial\Omega$$

zu erhalten, wählen wir die Randbedingungen für $G_{\mathbf{x}}$ so, daß auf der rechten Seite der Greenschen Darstellungsformel nur die Daten f, g auftreten, nicht aber die gesuchte Lösung u und deren Ableitungen.

Für das erste Randwertproblem stellen wir demgemäß die Randbedingung

$$G_{\mathbf{x}}(\mathbf{y}) = 0 \quad \text{für } \mathbf{y} \in \partial\Omega\,, \;\; \mathbf{x} \in \Omega\,.$$

Ist diese erfüllt, so heißt $G(\mathbf{x},\mathbf{y}) = G_{\mathbf{x}}(\mathbf{y})$ eine **Greensche Funktion 1. Art** für Ω. Für eine solche und jede Lösung $u \in \mathrm{C}^1_{\mathbf{n}}(\overline{\Omega}) \cap \mathrm{C}^2(\Omega)$ des 1. RWP liefert die Greensche Darstellungsformel dann

(1) $$u(\mathbf{x}) = \int_\Omega G_{\mathbf{x}}\,f\,d^n\mathbf{y} \;-\; \int_{\partial\Omega} \partial_{\mathbf{n}} G_{\mathbf{x}}\,g\,do \quad \text{für jedes } \mathbf{x} \in \Omega\,.$$

Umgekehrt erwarten wir, daß diese Formel tatsächlich eine Lösung liefert.

Um eine Green–Funktion für das 2. Randwertproblem aufzustellen, scheint auf den ersten Blick die Forderung $\partial_{\mathbf{n}} G_{\mathbf{x}} = 0$ auf $\partial\Omega$ zweckmäßig; man erhielte so eine Lösungsdarstellung nur mittels der Daten f, g. Dem entgegen steht jedoch die Beziehung

$$\int_{\partial\Omega} \partial_{\mathbf{n}} G_{\mathbf{x}}\,do \;=\; -1 \quad \text{für } \mathbf{x} \in \Omega\,,$$

die sich aus der Greenschen Darstellungsformel durch Einsetzen der konstanten Funktion $u = 1$ ergibt. Wir fordern daher lediglich $\partial_{\mathbf{n}} G_{\mathbf{x}} = c = \text{const.}$ auf $\partial\Omega$, was auf $-1/c = \int_{\partial\Omega} do = A^{n-1}(\partial\Omega)$ führt. Dementsprechend heißt eine Grundlösung G eine **Greensche Funktion 2. Art** für Ω, wenn

$$\partial_{\mathbf{n}} G_{\mathbf{x}}(\mathbf{y}) \;=\; -\,\frac{1}{A^{n-1}(\partial\Omega)}$$

für $\mathbf{x} \in \Omega$ und jeden regulären Randpunkt $\mathbf{y} \in \partial\Omega$ gilt.

Mit einer solchen liefert die Greensche Darstellungsformel für jede Lösung $u \in \mathrm{C}^1_{\mathbf{n}}(\overline{\Omega}) \cap \mathrm{C}^2(\Omega)$ des 2. Randwertproblems

(2) $$u(\mathbf{x}) = \int_\Omega G_{\mathbf{x}}\,f\,d^n\mathbf{y} + \int_{\partial\Omega} G_{\mathbf{x}}\,g\,do \quad \text{für } \mathbf{x} \in \Omega, \quad \text{falls} \quad \int_{\partial\Omega} u\,do = 0\,.$$

SATZ. *Sei* $G(\mathbf{x},\mathbf{y}) = G_{\mathbf{x}}(\mathbf{y})$ *eine Greensche Funktion erster Art für das beschränkte Gebiet* $\Omega \subset \mathbb{R}^n$ $(n \geq 2)$. *Dann gilt*

(a) *G ist durch* Ω *eindeutig bestimmt,*

(b) $G(\mathbf{x},\mathbf{y}) = G(\mathbf{y},\mathbf{x})$ *für* $\mathbf{x},\mathbf{y} \in \Omega$ *mit* $\mathbf{x} \neq \mathbf{y}$ *(Symmetrie),*

(c) $G_{\mathbf{x}}$ *ist harmonisch in* $\Omega \setminus \{\mathbf{x}\}$ *für* $\mathbf{x} \in \Omega$,

(d) *für* $\mathbf{x},\mathbf{y} \in \Omega$ *mit* $\mathbf{x} \neq \mathbf{y}$ gilt

$$0 \;\leq\; G(\mathbf{x},\mathbf{y}) \;\leq\; \begin{cases} \Gamma(\mathbf{y}-\mathbf{x}) & \textit{für} \quad n \geq 3\,, \\[1ex] \dfrac{1}{2\pi}\log\dfrac{\operatorname{diam}\Omega}{\|\mathbf{y}-\mathbf{x}\|} & \textit{für} \quad n = 2\,; \end{cases}$$

dabei ist $\operatorname{diam}\Omega = \sup\{\|\mathbf{x}-\mathbf{y}\| \mid \mathbf{x},\mathbf{y} \in \Omega\}$.

BEWEIS.

(a) Für zwei Greenfunktionen F, G auf Ω ist $H_{\mathbf{x}} := F_{\mathbf{x}} - G_{\mathbf{x}}$ harmonisch in Ω und stetig auf $\overline{\Omega}$, ferner gilt $H_{\mathbf{x}} = 0$ auf $\partial\Omega$. Aus dem Maximumprinzip 2.3 (a) folgt $H_{\mathbf{x}} = 0$, d.h. $F_{\mathbf{x}} = G_{\mathbf{x}}$ für jedes $\mathbf{x} \in \Omega$ und somit $F = G$.

(b) Wir fixieren zwei beliebige Punkte $\mathbf{x},\mathbf{y} \in \Omega$ mit $\mathbf{x} \neq \mathbf{y}$, setzen $\Omega_r := \Omega \setminus (\overline{K_r(\mathbf{x})} \cup \overline{K_r(\mathbf{y})})$ mit $0 < r \ll 1$ und verfahren wie beim Beweis für 2.4 (c):

$$\begin{aligned} 0 \;&=\; \int\limits_{\Omega_r} (G_{\mathbf{x}}\,\Delta G_{\mathbf{y}} \;-\; G_{\mathbf{y}}\,\Delta G_{\mathbf{x}})\,d^n\mathbf{z} \\ &=\; \int\limits_{\partial K_r(\mathbf{x})} (G_{\mathbf{x}}\,\partial_{\mathbf{n}} G_{\mathbf{y}} \;-\; G_{\mathbf{y}}\,\partial_{\mathbf{n}} G_{\mathbf{x}})\,do \\ &\quad+\; \int\limits_{\partial K_r(\mathbf{y})} (G_{\mathbf{x}}\,\partial_{\mathbf{n}} G_{\mathbf{y}} \;-\; G_{\mathbf{y}}\,\partial_{\mathbf{n}} G_{\mathbf{x}})\,do \\ &\quad\to\; -\,G_{\mathbf{y}}(\mathbf{x}) \;+\; G_{\mathbf{x}}(\mathbf{y}) \quad \text{für} \;\; r \to 0\,. \end{aligned}$$

(c) $G_{\mathbf{x}} = \Gamma_{\mathbf{x}} + H_{\mathbf{x}}$ ist nach 2.4 (b) harmonisch in $\Omega \setminus \{\mathbf{x}\}$.

(d) Wir fixieren $\mathbf{x}$, $\mathbf{y} \in \Omega$ mit $\mathbf{y} \neq \mathbf{x}$. Wegen $G_{\mathbf{x}}(\mathbf{z}) = \Gamma_{\mathbf{x}}(\mathbf{z}) + H_{\mathbf{x}}(\mathbf{z}) \to \infty$ für $\mathbf{z} \to \mathbf{x}$ gibt es ein r mit $0 < r < \|\mathbf{x}-\mathbf{y}\|$ und $G_{\mathbf{x}}(\mathbf{z}) > 0$ auf $\partial K_r(\mathbf{x})$. Da $G_{\mathbf{x}}$ auf $\partial\Omega$ verschwindet, folgt $G_{\mathbf{x}}(\mathbf{y}) \geq 0$ nach dem Maximumprinzip 2.3 (a), angewandt auf $\Omega_r = \Omega \setminus \overline{K_r(\mathbf{x})}$.

Im Fall $n \geq 3$ gilt $\Gamma_{\mathbf{x}} - G_{\mathbf{x}} \geq 0$ auf $\partial\Omega$. Nach dem Maximumprinzip für die harmonische Funktion $-H_{\mathbf{x}} = \Gamma_{\mathbf{x}} - G_{\mathbf{x}}$ gilt diese Ungleichung dann auch in Ω. Im Fall $n = 2$ wenden wir das Maximumprinzip auf die harmonische Funktion

$$-H_{\mathbf{x}} \;+\; \tfrac{1}{2\pi}\,\log(\operatorname{diam}\Omega) \;=\; \Gamma_{\mathbf{x}} \;-\; G_{\mathbf{x}} \;+\; \tfrac{1}{2\pi}\,\log(\operatorname{diam}\Omega)$$

an. □

BEMERKUNGEN. Greensche Funktionen erster und zweiter Art existieren für jedes beschränkte Gebiet Ω mit hinreichend glattem Rand, vgl. 5.1.

Können wir eine Green–Funktion explizit angeben (dies gelingt i.a. nur für Gebiete mit Symmetrien), so liefern die Formeln (1), (2) Lösungen der beiden Randwertprobleme, falls f und der Rand $\partial\Omega$ hinreichend glatt sind, vgl. Abschnitt 5. Dies wird für die Laplace–Gleichung auf Kugeln im nächsten Abschnitt durchgeführt. Im Fall $n = 2$ kann die Methode der konformen Abbildung zur Konstruktion von Greenfunktionen dienen, vgl. [2, I] V, 15.3.

2.6 Die Poissonsche Integralformel

(a) *Für* $\Omega = K_R(\mathbf{0}) \subset \mathbb{R}^n$, $n \geq 2$ *ist die Greensche Funktion erster Art gegeben durch*

$$G(\mathbf{x},\mathbf{y}) = \begin{cases} \Gamma(\mathbf{y}-\mathbf{x}) - \Gamma(\frac{\|\mathbf{x}\|}{R}(\mathbf{y}-\mathbf{x}_*)) & \textit{für} \quad \mathbf{x} \neq \mathbf{0}, \\ \Gamma(\mathbf{y}) - \Gamma(R\,\mathbf{e}) & \textit{für} \quad \mathbf{x} = \mathbf{0}. \end{cases}$$

Dabei ist Γ *die Standardgrundlösung für den Laplace-Operator* $-\Delta$,

$$\mathbf{x}_* := \frac{R^2}{\|\mathbf{x}\|^2}\,\mathbf{x}$$

der Bildpunkt bei der Spiegelung von $\mathbf{x} \neq \mathbf{0}$ *an der Sphäre* $\partial K_R(\mathbf{0})$ *und* $\mathbf{e}$ *ein beliebiger Vektor der Länge 1.*

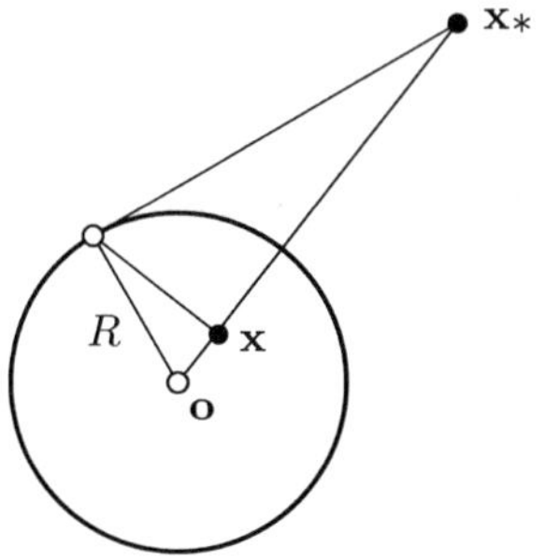

Die nach 2.5 (b) bestehende Symmetrie $G(\mathbf{x},\mathbf{y}) = G(\mathbf{y},\mathbf{x})$ ist nicht auf den ersten Blick erkennbar. Durch die Translation $\mathbf{x} \mapsto \mathbf{x}-\mathbf{a}$ des $\mathbb{R}^n$ ergibt sich $G(\mathbf{x}-\mathbf{a},\mathbf{y}-\mathbf{a})$ als Greensche Funktion für die Kugel $K_R(\mathbf{a})$.

BEWEIS.
Sei $\Omega := K_R(\mathbf{0})$. Für $\mathbf{x} \neq \mathbf{0}$ ist

$$-H_{\mathbf{x}}(\mathbf{y}) = \begin{cases} R^{n-2}\,\|\mathbf{x}\|^{2-n}\,\Gamma_{\mathbf{x}_*}(\mathbf{y}) & \text{für } n \geq 3 \\ \Gamma_{\mathbf{x}_*}(\mathbf{y}) + \dfrac{1}{2\pi}\log\dfrac{\|\mathbf{x}\|}{R} & \text{für } n = 2 \end{cases}$$

wegen $\mathbf{x}_* \notin \overline{\Omega}$ harmonisch in einer Umgebung von $\overline{\Omega}$. Ferner ist $\Gamma_{\mathbf{0}} - G_{\mathbf{0}}$ konstant, also ist $H_{\mathbf{x}} = G_{\mathbf{x}} - \Gamma_{\mathbf{x}}$ für jeden festen Punkt $\mathbf{x} \in \Omega$ harmonisch in einer Umgebung von $\overline{\Omega}$. Offenbar ist $G_{\mathbf{0}}(\mathbf{y}) = 0$ für $\|\mathbf{y}\| = R$.

Für $0 \neq \mathbf{x} \in \Omega$ und $\|\mathbf{y}\| = R$ gilt

$$(*) \qquad \left\| \frac{\|\mathbf{x}\|}{R}(\mathbf{y} - \mathbf{x}_*) \right\|^2 = \|\mathbf{x}\|^2 + R^2 - 2\langle \mathbf{x}, \mathbf{y} \rangle = \|\mathbf{x} - \mathbf{y}\|^2 ,$$

also $G_\mathbf{x}(\mathbf{y}) = 0$ wegen der Kugelsymmetrie von Γ. □

Bemerkung. Lord Kelvin gewann 1845 die Greensche Funktion $G_\mathbf{x}$ für $n = 3$, indem er sich $G_\mathbf{x}$ als Potential zweier Punktladungen vorstellte, nämlich der Ladung $q = 1$ im Punkt $\mathbf{x} \neq \mathbf{0}$ und der Gegenladung $q_* = -R/\|\mathbf{x}\|$ im Spiegelpunkt $\mathbf{x}_*$:

$$G_\mathbf{x} = q\,\Gamma_\mathbf{x} + q_*\,\Gamma_{\mathbf{x}_*} .$$

(b) Für den **Poisson–Kern** $P(\mathbf{x},\mathbf{y}) := -\,\partial_\mathbf{n} G_\mathbf{x}(\mathbf{y})$ $(\mathbf{n} = \mathbf{y}/R)$ der Kugel $K_R(\mathbf{0})$ ergibt sich [ÜA]

$$P(\mathbf{x},\mathbf{y}) = \frac{R^2 - \|\mathbf{x}\|^2}{\omega_n\, R\, \|\mathbf{y} - \mathbf{x}\|^n} \quad \text{für} \quad \|\mathbf{x}\| < R,\; \|\mathbf{y}\| = R .$$

Aus der Greenschen Darstellungsformel 2.4 (1) folgt damit

Ist u harmonisch im Gebiet $\Omega \subset \mathbb{R}^n$ $(n \geq 2)$ und $\overline{K_r(\mathbf{0})} \subset \Omega$, so gilt die **Poissonsche Integralformel**

$$u(\mathbf{x}) = \int_{S_r(\mathbf{0})} P(\mathbf{x},\mathbf{y})\, u(\mathbf{y})\, do \quad \text{für} \quad \mathbf{x} \in K_r(\mathbf{0}) .$$

Diese stellt das n–dimensionale Analogon zur Cauchyschen Integralformel der Funktionentheorie dar und hat ähnlich weitreichende Konsequenzen; auf einige gehen wir im folgenden Abschnitt ein.

(c) Wir verwenden die Poissonsche Integraldarstellung (wie schon in § 6 : 5.5 für $n = 2$) als Lösungsformel für das erste Randwertproblem:

Satz. *Für jede stetige Funktion g auf $\partial K_R(\mathbf{0})$ besitzt das Randwertproblem*

$$\Delta u = 0 \;\text{ in }\; \Omega = K_R(\mathbf{0}), \qquad u = g \;\text{ auf }\; \partial\Omega$$

eine eindeutig bestimmte Lösung $u \in \mathrm{C}^0(\overline{\Omega}) \cap \mathrm{C}^2(\Omega)$. Diese ist gegeben durch die Poissonsche Integralformel

$$u(\mathbf{x}) = \begin{cases} \dfrac{R^2 - \|\mathbf{x}\|^2}{\omega_n\, R} \displaystyle\int_{S_R(\mathbf{0})} \frac{g(\mathbf{y})}{\|\mathbf{y} - \mathbf{x}\|^n}\, do(\mathbf{y}) & \textit{für } \|\mathbf{x}\| < R, \\ g(\mathbf{x}) & \textit{für } \|\mathbf{x}\| = R . \end{cases}$$

Beweis.

(i) Sind u_1, u_2 Lösungen, so ist $v = u_1 - u_2$ harmonisch mit Randwerten Null. Aus dem Maximumprinzip 2.2 (a) folgt $v = 0$, also $u_1 = u_2$.

(ii) Der Poisson-Kern

$$\mathbf{x} \longmapsto P(\mathbf{x},\mathbf{y}) = \frac{R^2 - \|\mathbf{x}\|^2}{\omega_n R \|\mathbf{y}-\mathbf{x}\|^n}$$

ist C^∞–differenzierbar und harmonisch in $K_R(\mathbf{0})$ für jedes $\mathbf{y} \in K_R(\mathbf{0})$. Letzteres ergibt sich mit Hilfe der Rechenregeln (∗) von 2.4 [ÜA].

Weil unter dem Integral differenziert werden darf, gilt dies auch für die durch das Integral dargestellte Funktion u.

(iii) Es gilt $\int\limits_{S_R(\mathbf{x})} P(\mathbf{x},\mathbf{y})\, do(\mathbf{y}) = 1$ für $\mathbf{x} \in K_R(\mathbf{0})$. Dies ergibt sich aus der Greenschen Darstellungsformel mit der Funktion $u = 1$.

(iv) Für $\mathbf{x},\mathbf{y} \in K_R(\mathbf{0})$, $\mathbf{x}_0 \in S_R(\mathbf{0})$ mit $\|\mathbf{x}_0 - \mathbf{y}\| \geq 2\delta$ und $\|\mathbf{x}-\mathbf{x}_0\| < \delta$ folgt $\|\mathbf{y}-\mathbf{x}\| \geq \delta$ und

$$R^2 - \|\mathbf{x}\|^2 = (R + \|\mathbf{x}\|)(R - \|\mathbf{x}\|) < 2R(\|\mathbf{x}_0\| - \|\mathbf{x}\|) \leq 2R\|\mathbf{x}-\mathbf{x}_0\|.$$

Damit ergibt sich die Abschätzung

$$0 \leq P(\mathbf{x},\mathbf{y}) \leq \frac{2\|\mathbf{x}-\mathbf{x}_0\|}{\omega_n \delta^n}.$$

(v) Wir zeigen $\lim\limits_{\mathbf{x}\to\mathbf{x}_0} u(\mathbf{x}) = g(\mathbf{x}_0)$ für $\mathbf{x}_0 \in \partial\Omega = S_R(\mathbf{0})$. Zu gegebenem $\varepsilon > 0$ wählen wir $\delta > 0$ so, daß

$$\left| g(\mathbf{y}) - g(\mathbf{x}_0) \right| < \varepsilon \quad \text{für } \mathbf{y} \in S_R(\mathbf{0}) \text{ und } \|\mathbf{y}-\mathbf{x}_0\| < 2\delta\,.$$

Wir setzen $S_1 := S_R(\mathbf{0}) \cap K_{2\delta}(\mathbf{x}_0)$, $S_2 := S_R(\mathbf{0}) \setminus K_{2\delta}(\mathbf{x}_0)$ und erhalten nach (iii),(iv) für $\mathbf{x} \in K_R(\mathbf{0})$ mit $\|\mathbf{x}-\mathbf{x}_0\| < \delta$

$$\begin{aligned}
|u(\mathbf{x}) - u(\mathbf{x}_0)| &= |u(\mathbf{x}) - g(\mathbf{x}_0)| = \int\limits_{S_r(\mathbf{0})} P(\mathbf{x},\mathbf{y})\, (g(\mathbf{y}) - g(\mathbf{x}_0))\, do(\mathbf{y}) \\
&= \int\limits_{S_1} P(\mathbf{x},\mathbf{y})\, (g(\mathbf{y}) - g(\mathbf{x}_0))\, do(\mathbf{y}) + \int\limits_{S_2} P(\mathbf{x},\mathbf{y})\, (g(\mathbf{y}) - g(\mathbf{x}_0))\, do(\mathbf{y}) \\
&\leq \varepsilon \int\limits_{S_1} P(\mathbf{x},\mathbf{y})\, do(\mathbf{y}) + \frac{4\|g\|_\infty}{\omega_n \delta^n} \|\mathbf{x}-\mathbf{x}_0\|\, \omega_n R^{n-1} \\
&\leq \varepsilon + 4R^{n-1}\delta^{-n} \|g\|_\infty \|\mathbf{x}-\mathbf{x}_0\| \leq 2\varepsilon,
\end{aligned}$$

wenn wir noch $\|\mathbf{x}-\mathbf{x}_0\|$ hinreichend klein wählen. □

(d) AUFGABE. Zeigen Sie: Ist u harmonisch in Ω und $\overline{K_R(\mathbf{a})} \subset \Omega$, so gilt

$$u(\mathbf{x}) = \int\limits_{S_R(\mathbf{a})} P(\mathbf{x}-\mathbf{a},\mathbf{y}-\mathbf{a})\, u(\mathbf{y})\, do(\mathbf{y})$$

mit dem in (b) definierten Poisson–Kern P. Machen Sie sich hierzu klar, daß

$$\int\limits_{S_R(\mathbf{a})} v(\mathbf{y})\, do(\mathbf{y}) = \int\limits_{S_R(\mathbf{0})} v(\mathbf{a}+\mathbf{y})\, do(\mathbf{y}),$$

und verwenden Sie die Translationsinvarianz des Laplace–Operators.

(e) AUFGABE. Bestimmen Sie die Green–Funktion 1. Art für

(i) das Quadrat $\Omega =]0,1[^2 \subset \mathbb{R}^2$,

(ii) die Kugelschale $\Omega = \{\mathbf{x} \in \mathbb{R}^3 \mid 1 < \|\mathbf{x}\| < 2\}$

durch (mehrfache) Anwendung der in (a) beschriebenen Kelvinschen Spiegelungsmethode.

2.7 Folgerungen aus der Poissonschen Integralformel

Wir leiten aus der Poissonschen Integralformel und der zugehörigen Lösungsformel 2.5 (b), (c) einige wichtige Eigenschaften harmonischer Funktionen her, welche in Analogie zu denen holomorpher Funktionen stehen: Mittelwerteigenschaft, starkes Maximumprinzip, Entwickelbarkeit in Potenzreihen, Hebbarkeit von Singularitäten und Satz von Liouville. Weiterführende Untersuchungen finden sich in [4, I] Chapt. II.

(a) **Die Mittelwerteigenschaft harmonischer Funktionen**. *Jede auf einem Gebiet $\Omega \subset \mathbb{R}^n$ harmonische Funktion u hat die Mittelwerteigenschaft für Sphären und Vollkugeln,*

$$u(\mathbf{a}) = \frac{1}{\omega_n R^{n-1}} \int\limits_{S_R(\mathbf{a})} u\, do \quad \text{für } \mathbf{a} \in \Omega \quad \text{und} \quad R \ll 1,$$

$$u(\mathbf{a}) = \frac{n}{\omega_n R^n} \int\limits_{K_R(\mathbf{a})} u\, d^n\mathbf{x} \quad \text{für } \mathbf{a} \in \Omega \quad \text{und} \quad R \ll 1,$$

Da nach § 11 : 2.4 (c) die Sphäre $S_R(\mathbf{a})$ den Oberflächeninhalt $\omega_n R^{n-1}$ hat und die Kugel $K_R(\mathbf{a})$ das Volumen $\omega_n R^n/n$, bedeutet dies: Der Wert von u im Mittelpunkt jeder Kugel $\overline{K_R(\mathbf{a})} \subset \Omega$ ist sowohl das Mittel der Werte von u auf der Randsphäre als auch der Werte auf der Vollkugel.

BEWEIS.

Wegen der Translationsinvarianz des Laplace–Operators sowie des Oberflächen– und Volumenintegrals dürfen wir o.B.d.A. $\mathbf{a} = \mathbf{0}$ annehmen, vgl. 2.6 (d). Die erste Formel ergibt sich dann unmittelbar aus der Poissonschen Integralformel.

Mit zwiebelweiser Integration (§ 11 : 2.4 (b)) folgt hieraus

$$\frac{\omega_n}{n} R^n\, u(\mathbf{0}) = \int_0^R \omega_n r^{n-1}\, u(\mathbf{0})\, dr = \int_0^R \Big(\int_{S_r(\mathbf{0})} u\, do\Big)\, dr = \int_{K_R(\mathbf{0})} u\, d^n\mathbf{x}\,. \qquad \square$$

(b) **Das strenge Maximumprinzip für subharmonische Funktionen.** Wir nennen $u \in \mathrm{C}^0(\Omega)$ **subharmonisch**, wenn

$$u(\mathbf{a}) \le \frac{1}{\omega_n R^{n-1}} \int_{S_R(\mathbf{a})} u\, do \quad \text{für } \mathbf{a} \in \Omega \quad \text{und} \quad R \ll 1\,.$$

Hieraus folgt mit zwiebelweiser Integration analog zu (a)

$$u(\mathbf{a}) \le \frac{n}{\omega_n R^n} \int_{K_R(\mathbf{a})} u\, d^n\mathbf{x} \quad \text{für } \mathbf{a} \in \Omega \quad \text{und} \quad R \ll 1\,.$$

Jede Funktion $u \in \mathrm{C}^2(\Omega)$ mit $\Delta u \ge 0$ ist subharmonisch.

BEWEIS.
Sei $\mathbf{a} \in \Omega$, o.B.d.A. $\mathbf{a} = \mathbf{0}$ und $\overline{K_R(\mathbf{0})} \subset \Omega$. Nach 2.6 (c) gibt es eine harmonische Funktion v auf $K_R(\mathbf{0})$ mit den gleichen Randwerten wie u, und es gilt

$$v(\mathbf{0}) = \frac{1}{\omega_n R^{n-1}} \int_{S_R(\mathbf{0})} u\, do\,.$$

Das auf die subharmonische Funktion $u - v$ angewandte Maximumprinzip 2.3 (a) liefert $u(\mathbf{0}) - v(\mathbf{0}) \le \max\limits_{S_R(\mathbf{0})} (u - v) = 0$, also ist

$$u(\mathbf{0}) \le \frac{1}{\omega_n R^{n-1}} \int_{S_R(\mathbf{0})} u\, do\,. \qquad \square$$

Strenges Maximumprinzip. *Nimmt eine auf einem Gebiet $\Omega \subset \mathbb{R}^n$ subharmonische Funktion u ein Maximum in Ω an, so ist sie konstant.*

Hieraus ergibt sich der noch ausstehende Beweis von 2.3 (b), denn ist u auf Ω harmonisch, so sind nach dem vorangehenden u und $-u$ subharmonisch.

BEWEIS.

Es existiere $M = \max\{u(\mathbf{x}) \mid \mathbf{x} \in \Omega\}$, und u sei nicht konstant. Dann gibt es Punkte $\mathbf{x}_0, \mathbf{x}_1 \in \Omega$ mit $u(\mathbf{x}_0) = M$, $u(\mathbf{x}_1) < M$. Wir verbinden diese durch einen Weg $\varphi : [0,1] \to \Omega$ und setzen $s := \sup\{\, t \in [0,1] \mid u(\varphi(t)) = M\}$. Für $\mathbf{a} := \varphi(s)$ gilt dann $u(\mathbf{a}) = M$, und in jeder Kugel $K_R(\mathbf{a})$, deren Abschluss in

Ω liegt, gibt es Punkte $\mathbf{x}$ mit $u(\mathbf{x}) < M$. Diese bilden eine offene Menge, also gilt

$$\frac{n}{\omega_n R^n} \int\limits_{K_R(\mathbf{a})} u\, d^n\mathbf{x} < M = u(\mathbf{a})$$

im Widerspruch zur oben bewiesenen Mittelwertgleichung für Vollkugeln. □

Eine unmittelbare Folgerung hieraus sind die beiden folgenden Aussagen.

Das schwache Maximumprinzip. *Für jede auf einem beschränkten Gebiet $\Omega \subset \mathbb{R}^n$ subharmonische Funktion $u \in \mathrm{C}^0(\overline{\Omega})$ gilt*

$$u \le \max_{\partial\Omega} u\,.$$

Maximumprinzip für holomorphe Funktionen. *Ist f auf dem Gebiet $\Omega \subset \mathbb{C}$ holomorph und nicht konstant, so nimmt $|f|$ dort kein Maximum an.*
Denn $|f|^2$ ist reellwertig und subharmonisch [ÜA].

(c) **Charakterisierung harmonischer Funktionen durch die Mittelwerteigenschaft.** *Jede auf $\Omega \subset \mathbb{R}^n$ stetige Funktion mit der sphärischen Mittelwerteigenschaft ist harmonisch.*

BEWEIS.

Es reicht, die Harmonizität von u in einer Umgebung jedes Punktes $\mathbf{a} \in \Omega$ nachzuweisen. Sei also $\mathbf{a} \in \Omega$, $\overline{K_R(\mathbf{a})} \subset \Omega$ und v die nach 2.6 (c) existierende harmonische Funktion auf $K_R(\mathbf{a})$ mit den gleichen Randwerten wie u. Nach (a) hat auch $w := v - u$ die sphärische Mittelwerteigenschaft. Angenommen, es gilt $w \ne 0$. Wegen $w = 0$ auf $\partial K_R(\mathbf{a})$ nimmt w ein Maximum oder Minimum in $K_R(\mathbf{a})$ an, ist also nach (b) konstant, Widerspruch! Somit ist $u = v$ auf $K_R(\mathbf{a})$ harmonisch. □

(d) **Analytizität harmonischer Funktionen.** *Jede auf einem Gebiet $\Omega \subset \mathbb{R}^n$ harmonische Funktion u ist dort reell–analytisch, d.h. zu jedem Punkt $\mathbf{x}_0 \in \Omega$ gibt es ein $r > 0$, so daß u in $K_r(\mathbf{x}_0) \subset \Omega$ in eine Potenzreihe entwickelbar ist (α durchläuft alle Multiindizes, vgl. § 10 : 2.2):*

$$u(\mathbf{x}) = \sum_{\alpha} a_\alpha (\mathbf{x} - \mathbf{x}_0)^\alpha \quad \textit{mit} \;\; a_\alpha = \frac{1}{\alpha!}\, \partial^\alpha u(\mathbf{x}_0)\,.$$

BEWEISSKIZZE.

u ist C^∞–differenzierbar, denn nach 2.6 (b) und (d) ist jede durch das Poisson–Integral darstellbare Funktion auf Kugeln C^∞–differenzierbar. Aufgrund der Translationsinvarianz des Laplace–Operators dürfen wir $\mathbf{x}_0 = \mathbf{0} \in \Omega$ annehmen.

Wir wählen $R > 0$ mit $K_{2R}(\mathbf{0}) \subset \Omega$. Die Taylorentwicklung von u in $K_R(\mathbf{0})$ im Ursprung lautet

$$u(\mathbf{x}) = \sum_{|\alpha|<m} \frac{1}{\alpha!}\,\partial^\alpha u(\mathbf{0})\,\mathbf{x}^\alpha + R_m(\mathbf{x}) \quad \text{mit} \quad R_m(\mathbf{x}) = \sum_{|\alpha|=m} \frac{1}{\alpha!}\,\partial^\alpha u(\vartheta\mathbf{x})\,\mathbf{x}^\alpha$$

mit geeignetem $\vartheta \in\,]0,1[$. Zu zeigen ist $\lim\limits_{m\to\infty} R_m(\mathbf{x}) = 0$.

Wegen $u \in \mathrm{C}^\infty(\Omega)$ sind alle Ableitungen $\partial^\alpha u$ harmonisch. Aus der Mittelwerteigenschaft für $\partial_i u$ und dem Gaußschen Satz folgt

$$\partial_i u(\mathbf{x}) \;=\; \frac{n}{\omega_n R^n} \int\limits_{K_R(\mathbf{x})} \partial_i u(\mathbf{y})\,d^n\mathbf{y} \;=\; \frac{n}{\omega_n R^n} \int\limits_{S_R(\mathbf{x})} u(\mathbf{y})\langle \mathbf{n}, \mathbf{e}_i \rangle\, do(\mathbf{y})\,,$$

$$|\,\partial_i u(\mathbf{x})\,| \;\le\; \frac{n}{R}\,M \quad \text{mit} \quad M \;=\; \max\,\{|u(\mathbf{y})| \mid \|\mathbf{y}\| \le R\}\,.$$

Nach diesem Prinzip ergibt sich durch trickreiche Abschätzungen und Induktion nach m (s.[59] II.5)

$$|\,\partial^\alpha u(\mathbf{x})\,| \le \frac{M}{\mathrm{e}}\,\frac{(n\,\mathrm{e})^m}{R^m}\,m! \quad \text{für } |\alpha| = m \quad \text{und} \quad \|\mathbf{x}\| \le R\,.$$

Wählen wir nun $r = R/(2n^2\mathrm{e})$, so gilt für $\|\mathbf{x}\| \le r$ wegen $|\,\mathbf{x}^\alpha\,| \le \|\mathbf{x}\|^m$

$$|\,R_m(\mathbf{x})\,| \;\le\; \sum_{|\alpha|=m} \frac{M}{\mathrm{e}}\left(\frac{n\mathrm{e}}{R}\right)^m r^m \;=\; \frac{M}{\mathrm{e}}\left(\frac{n^2\mathrm{e}}{R}\right)^m r^m \;\le\; \frac{M}{\mathrm{e}}\left(\frac{1}{2}\right)^m. \quad \square$$

(e) **Hebbarkeit von Singularitäten** (H. A. Schwarz 1872). *Sei $\Omega \subset \mathbb{R}^n$ ($n \ge 2$) ein Gebiet, $\mathbf{a} \in \Omega$ und u eine in $\Omega\setminus\{\mathbf{a}\}$ harmonische Funktion. Wächst $u(\mathbf{x})$ für $\mathbf{x} \to \mathbf{a}$ schwächer als die Standardgrundlösung $\Gamma_\mathbf{a}(\mathbf{x}) = \Gamma(\mathbf{x} - \mathbf{a})$,*

$$\lim_{\mathbf{x}\to\mathbf{a}} \frac{u(\mathbf{x})}{\Gamma_\mathbf{a}(\mathbf{x})} \;=\; 0\,,$$

so kann u zu einer harmonischen Funktion auf ganz Ω fortgesetzt werden.

Dies ist insbesondere der Fall, wenn u in einer Umgebung von $\mathbf{a}$ beschränkt ist. Daß die Wachstumsbedingung nicht abgeschwächt werden kann, zeigt das Beispiel $u(\mathbf{x}) = \Gamma_\mathbf{a}(\mathbf{x})$.

Beweis.
Sei o.B.d.A. $\mathbf{a} = \mathbf{0}$. Wir wählen ein $R > 0$ mit $\overline{K_R(\mathbf{0})} \subset \Omega$ und weisen nach, daß u in $K_R(\mathbf{0}) \setminus \{\mathbf{0}\}$ mit der nach 2.6 (c) existierenden Lösung v von

$$\Delta v = 0 \quad \text{in } K_R(\mathbf{0})\,, \qquad v = u \quad \text{auf } \partial K_R(\mathbf{0})$$

übereinstimmt. Wir zeigen dies zuerst für $n \ge 3$.

Hierzu fixieren wir $\mathbf{x}_0 \in K_R(\mathbf{0}) \setminus \{\mathbf{0}\}$ und setzen zu gegebenem $\varepsilon > 0$

$$h(\mathbf{x}) := \frac{\varepsilon}{a} \left(\|\mathbf{x}\|^{2-n} - R^{2-n}\right) \quad \text{mit} \quad a := \|\mathbf{x}_0\|^{2-n} - R^{2-n}.$$

v ist auf $\overline{K_R(\mathbf{0})}$ beschränkt. Weiter ist h nach Satz 2.4 harmonisch in $\mathbb{R}^n \setminus \{\mathbf{0}\}$, und es gilt $\lim\limits_{\mathbf{x}\to\mathbf{0}} \|\mathbf{x}\|^{n-2} u(\mathbf{x}) = 0$. Daher gibt es ein $r > 0$ mit

$$\begin{aligned}
&r^{n-2}|u(\mathbf{x})| \le \frac{\varepsilon}{4a} \quad \text{auf } K_R(\mathbf{0}), \\
&|v(\mathbf{x})| \le \frac{\varepsilon}{4a} r^{2-n} \quad \text{auf } K_R(\mathbf{0}), \\
&r < \|\mathbf{x}_0\| < R \quad \text{und} \quad \left(\frac{r}{R}\right)^{n-2} \le \frac{1}{2}.
\end{aligned}$$

Hieraus folgt

$$\begin{aligned}
|u - v| &= 0 = h \quad \text{auf } \partial K_R(\mathbf{0}), \\
|u - v| &\le |u| + |v| \le \frac{\varepsilon}{2a}\, r^{2-n} \le \frac{\varepsilon}{a}\, r^{2-n} \left(1 - \left(\frac{r}{R}\right)^{n-2}\right) \\
&= \frac{\varepsilon}{a} \left(r^{2-n} - R^{2-n}\right) = h \quad \text{auf } \partial K_R(\mathbf{0}),
\end{aligned}$$

d.h. auf dem Rand der Kugelschale $K_R(\mathbf{0}) \setminus \overline{K_r(\mathbf{0})}$ gilt

$$-h \le u - v \le h.$$

Nach dem Maximumprinzip besteht diese Ungleichung auch im Innern dieser Kugelschale, insbesondere gilt für jedes $\varepsilon > 0$

$$|u(\mathbf{x}_0) - v(\mathbf{x}_0)| \le h(\mathbf{x}_0) = \varepsilon.$$

Im Fall $n = 2$ verwenden wir als harmonische Majorante

$$h(\mathbf{x}) := \varepsilon\, \frac{\log(R/\|\mathbf{x}\|)}{\log(R/\|\mathbf{x}_0\|)}$$

und argumentieren ganz entsprechend. □

(f) **Verallgemeinerter Satz von Liouville**. *Jede auf dem $\mathbb{R}^n$ harmonische Funktion u, welche für ein $m \in \mathbb{N}_0$ der Wachstumsbedingung*

$$|u(\mathbf{x})| \le c\,(1 + \|\mathbf{x}\|^m) \quad \textit{für alle } \mathbf{x} \in \mathbb{R}^n$$

mit $c \ge 0$ genügt, ist ein Polynom höchstens m–ten Grades.

BEWEISSKIZZE.

Wir wählen $0 < r < R$ und wenden die Poissonsche Darstellungsformel 2.6 (b) auf u und die R–Sphäre $S_R(\mathbf{0})$ an. Durch mehrfache Differentiation ergibt sich nach etwas mühseliger Rechnung die Abschätzung

$$|\,\partial^\alpha u(\mathbf{x})\,| \le K\,R^n \,\frac{1+R^m}{(R-r)^{n+|\,\alpha\,|}} \quad \text{für } \|\mathbf{x}\| < r$$

mit einer Konstanten $K = K(n,\alpha) > 0$. Für jeden Multiindex α mit $|\alpha| = m+1$ folgt nach Grenzübergang $R \to \infty$, daß $\partial^\alpha u = 0$ auf jeder Kugel $K_r(\mathbf{0})$ und damit auf dem ganzen $\mathbb{R}^n$ gilt, was die Behauptung liefert. □

2.8 Die Kelvin–Transformation

Die Kelvin–Transformation ermöglicht, Außenraumaufgaben in Innenraumaufgaben zu überführen.

(a) Die Spiegelung an der R–Sphäre,

$$\mathbf{h} : \mathbb{R}^n \setminus \{\mathbf{0}\} \to \mathbb{R}^n \setminus \{\mathbf{0}\}\,, \quad \mathbf{x} \mapsto \mathbf{x}_* := \frac{R^2}{\|\mathbf{x}\|^2}\,\mathbf{x}\,,$$

ist ein Diffeomorphismus mit $\mathbf{h} \circ \mathbf{h} = \mathbb{1}$ [ÜA]. Für jedes Gebiet $\Omega \subset \mathbb{R}^n$ ist daher die Bildmenge $\Omega_* := \mathbf{h}(\Omega \setminus \{\mathbf{0}\})$ ein Gebiet, und es gilt $\Omega_{**} = \Omega \setminus \{\mathbf{0}\}$. Für jede Funktion $u : \Omega \to \mathbb{R}$ definieren wir die **Kelvin–Transformierte** $u_* : \Omega_* \to \mathbb{R}$ durch

$$u_*(\mathbf{x}) := \left(\frac{R}{\|\mathbf{x}\|}\right)^{n-2} u(\mathbf{x}_*) \quad \text{für } \mathbf{x} \in \Omega_*\,.$$

SATZ. *Es gilt* $u_{**} = u$ *auf* $\Omega \setminus \{\mathbf{0}\}$.

Ist u *harmonisch in* Ω, *so ist* u_* *harmonisch in* Ω_*.

BEWEIS.

Die erste Behauptung folgt nach einfacher Rechnung aus den Definitionen von $\mathbf{x}_*$ und u_*.

Die zweite Behauptung beruht auf der Beziehung

$$\Delta u_*(\mathbf{x}) = \left(\frac{R}{\|\mathbf{x}\|}\right)^{n+2} \Delta u(\mathbf{x}_*) \quad \text{für } u \in \mathrm{C}^2(\Omega),\ \mathbf{x} \in \Omega \setminus \{\mathbf{0}\}\,,$$

die sich nach den Rechenregeln (∗) in 2.4 ergibt, [ÜA]. □

(b) BEISPIEL. Das Außenraumproblem in $\Omega \setminus \overline{K_R(\mathbf{0})}$ besitzt die Lösungsdarstellung

$$u(\mathbf{x}) = \frac{\|\mathbf{x}\|^2 - R^2}{\omega_n\, R} \int\limits_{S_R(\mathbf{0})} \frac{g(\mathbf{y})}{\|\mathbf{y}-\mathbf{x}\|^n}\, do(\mathbf{y}) \qquad \text{für } \|\mathbf{x}\| > R\,.$$

Nachweis als [ÜA] unter Verwendung der Beziehung (∗) in 2.6.

(c) Für die eindeutige Lösbarkeit des Dirichletschen Außenraumproblems muss eine zusätzliche Bedingung gestellt werden:

BEISPIEL. Das Außenraumproblem

$$\Delta u = 0 \text{ für } \|\mathbf{x}\| > 1\,, \quad u(\mathbf{x}) = 0 \text{ für } \|\mathbf{x}\| = 1$$

hat zwei verschiedene Lösungen: $u_1 = 0$ und

$$u_2(\mathbf{x}) \;=\; \begin{cases} 1 - \|\mathbf{x}\|^{2-n} & \text{für } n > 2\,, \\ \log \|\mathbf{x}\| & \text{für } n = 2\,. \end{cases}$$

Wir nennen eine harmonische Funktion u in einem Außenraum $\Omega \subset \mathbb{R}^n$ $(n \geq 2)$ **regulär im Unendlichen**, wenn

$$\lim_{\|\mathbf{x}\| \to \infty} u(\mathbf{x}) = 0 \qquad \text{im Fall } n > 2\,,$$

$$u(\mathbf{x}) \text{ beschränkt ist für } \|\mathbf{x}\| \gg 1 \qquad \text{im Fall } n = 2\,.$$

SATZ. *Ist u in einem Außenraum $\Omega \subset \mathbb{R}^n$ $(n \geq 2)$ harmonisch und regulär im Unendlichen, so gilt:*

(i) *Die Kelvin–Transformierte u_* bezüglich einer Sphäre kann zu einer harmonischen Funktion auf $\Omega_* \cup \{\mathbf{0}\}$ fortgesetzt werden.*

(ii) *Es gibt Konstanten $c_0, c_1 \geq 0$ mit*

$$|\,u(\mathbf{x})\,| \;\leq\; \frac{c_0}{\|\mathbf{x}\|^{n-2}}\,, \quad \|\nabla u(\mathbf{x})\| \;\leq\; \frac{c_1}{\|\mathbf{x}\|^{n-1}} \quad \textit{für } \|\mathbf{x}\| \gg 1 \quad (n > 2)\,,$$

$$\|\nabla u(\mathbf{x})\| \;\leq\; \frac{c_1}{\|\mathbf{x}\|^{2}} \quad \textit{für } \|\mathbf{x}\| \gg 1 \quad (n = 2)\,.$$

BEWEIS.

(i) Wir spiegeln an der Einheitssphäre $(R = 1)$. Nach Voraussetzung gilt

$$\|\mathbf{x}\|^{n-2}\, u_*(\mathbf{x}) \;=\; u(\mathbf{x}_*) \to 0 \qquad \text{für } \mathbf{x} \to \mathbf{0} \quad \text{im Fall} \quad n > 2\,,$$

$$\left| \frac{u_*(\mathbf{x})}{\log \|\mathbf{x}\|} \right| \;=\; \left| \frac{u(\mathbf{x}_*)}{\log \|\mathbf{x}\|} \right| \;\leq\; \frac{M}{|\log \|\mathbf{x}\|\,|} \;\to\; 0 \quad \text{für } \mathbf{x} \to \mathbf{0} \quad \text{im Fall } n = 2\,,$$

d.h. die harmonische Funktion u_* wächst für $\mathbf{x} \to \mathbf{0}$ schwächer als die Grundlösung. Nach dem Hebbarkeitssatz 2.7 (e) gibt es daher eine auf $\Omega_* \cup \{\mathbf{0}\}$ harmonische Funktion v mit $u_* = v$ auf Ω_*.

(ii) Wählen wir $\varrho > 0$ mit $\overline{K_\varrho(\mathbf{0})} \subset \Omega_* \cup \{\mathbf{0}\}$, so gibt es für die C^2–differenzierbare Funktion v Zahlen $a, b \geq 0$ mit

$$|v(\mathbf{y})| \leq a\,, \quad \|\nabla v(\mathbf{y})\| \leq b \ \text{ für } \|\mathbf{y}\| \leq \varrho\,.$$

Mit $\mathbf{x}_* = \mathbf{x}/\|\mathbf{x}\|^2 = \mathbf{h}(\mathbf{x})$ ergibt sich

$$u(\mathbf{x}) \;=\; u(\mathbf{x}_{**}) \;=\; \|\mathbf{x}_*\|^{n-2}\, u_*(\mathbf{x}_*) \;=\; \|\mathbf{x}\|^{2-n}(v \circ \mathbf{h})(\mathbf{x})\,.$$

Hieraus folgt für $r = \|\mathbf{x}\| \geq 1/\varrho$

$$|u(\mathbf{x})| \;=\; |v(\mathbf{x}_*)|\, r^{2-n} \;\leq\; a\, r^{2-n}\,.$$

Weiter ergibt sich aus $u = r^{2-n}(v \circ \mathbf{h})$ mit den Rechenregeln $(*)$ in 2.4

$$\nabla u \;=\; (2-n)\, r^{-n}\,(v \circ \mathbf{h})\,\mathbf{x} \,+\, r^{2-n}\,((\nabla v) \circ \mathbf{h})\, d\mathbf{h} \;=:\; (n-2)\,\mathbf{a} \,+\, \mathbf{b}$$

und damit die Abschätzungen

$$\|\mathbf{a}\| \;\leq\; a\, r^{1-n}\,, \qquad \|\mathbf{b}\| \;\leq\; b\,\sqrt{n}\, r^{-n}\,.$$

Die letzte Ungleichung folgt dabei aus

$$\partial_i h_k(\mathbf{x}) \;=\; \frac{1}{r^2}\Big(\delta_{ik} - \frac{2x_i x_k}{r^2}\Big)\,, \qquad \|d\mathbf{h}(\mathbf{x})\|_2^2 \;=\; \sum_{i,k=1}^{n} (\partial_i h_k(\mathbf{x}))^2 \;=\; \frac{n}{r^4}\,. \qquad \square$$

2.9 Ein Beispiel für das Verhalten in Ecken

Das folgende Beispiel ist typisch für das Randverhalten harmonischer Funktionen in Gebieten mit Ecken. Es illustriert gleichzeitig die zum Randpunktlemma 2.3 (c) gemachten Bemerkungen.

Für $0 < \Theta < 2\pi$ betrachten wir auf dem Kreissektor

$$\Omega \;=\; \Big\{ (r\cos\varphi, r\sin\varphi) \;\Big|\; 0 < r < 1\,,\ \ 0 < \varphi < \Theta \Big\}$$

das Randwertproblem

$$\begin{cases} \Delta u \;=\; 0 \quad \text{in } \Omega\,, \\ u \;=\; 0 \ \text{ auf den beiden radialen Randstücken}, \\ u(\cos\varphi, \sin\varphi) \;=\; -\sin(\pi\varphi/\Theta) \quad \text{für } 0 < \varphi < \Theta\,. \end{cases}$$

Für die Lösung u machen wir einen Produktansatz bezüglich Polarkoordinaten:

$$u(r\cos\varphi, r\sin\varphi) \;=\; v(r)\, w(\varphi)\,.$$

Analog zu § 6 : 5.2, 5.3 ergeben sich die Bedingungen

$$\text{(a)} \quad \begin{cases} v''(r) + \dfrac{1}{r}\, v'(r) - \dfrac{\lambda}{r^2}\, v(r) = 0 & \text{für } r > 0\,, \\ \lim\limits_{r \to 0} v(r) = 0\,, \quad v(1) = 1, \end{cases}$$

$$\text{(b)} \quad \begin{cases} w''(\varphi) + \lambda w(\varphi) = 0 & \text{für } 0 < \varphi < \Theta\,, \\ w(\varphi) = -\sin(\pi\,\varphi/\Theta) & \text{für } 0 < \varphi < \Theta\,, \\ w(0) = w(\Theta) = 0\,. \end{cases}$$

Es ergibt sich $\lambda = (\pi/\Theta)^2$ und für die Lösung der Eulerschen DG (a) (vgl. § 4 : 4.2) $v(r) = r^p$ mit $p = \sqrt{\lambda} = \pi/\Theta$. Somit lautet die Lösung des Randwertproblems

$$u(\mathbf{x}) \;=\; -\,r^p \sin(p\,\varphi)\,.$$

Wegen $u < 0$ in Ω wird das Maximum von u genau im Nullpunkt angenommen. Für $\Theta \geq \pi$ ist die Voraussetzung (i) des Randpunktlemmas 2.3 (c) erfüllt. Tatsächlich gilt dann für $\mathbf{v} := -(\cos\psi, \sin\psi)$ mit $0 < \psi < \Theta$

$$\lim_{t \to 0+} \frac{u(t\mathbf{v}) - u(\mathbf{0})}{t} \;=\; \lim_{t \to 0+} t^{p-1} \sin(p\,\psi) \;=\; \begin{cases} \infty & \text{für } \Theta > \pi\,, \\ \sin(p\,\psi) > 0 & \text{für } \Theta = \pi\,. \end{cases}$$

Im Fall $\Theta > \pi$ folgt $u \notin C^1(\overline{\Omega})$, weil $\lim\limits_{t \to 0+} \langle u(t\mathbf{v}), \mathbf{v} \rangle$ nicht existiert. Im Fall $\Theta = \pi$ ist dagegen $u(x,y) = -y$ eine C^∞–differenzierbare Funktion. Für $\Theta < \pi$ besitzt der Kreissektorrand im Ursprung eine nach außen weisende Ecke. Hier gilt

$$\lim_{t \to 0+} \frac{1}{t}\bigl(u(t\mathbf{v}) - u(\mathbf{0})\bigr) \;=\; 0\,.$$

Es ist nicht schwer zu sehen, daß $\lim\limits_{\Omega \ni \mathbf{x} \to \mathbf{0}} \nabla u(\mathbf{x}) \;=\; \mathbf{0}$ und $u \in C^1(\overline{\Omega})$.

3 Eindeutigkeit von Lösungen

3.1 Dirichlet–Problem (Erstes Randwertproblem)

SATZ. *Das Dirichlet–Problem für ein beschränktes Gebiet* $\Omega \subset \mathbb{R}^n$

$$-\,\Delta u \;=\; f \;\; in \;\; \Omega\,, \qquad u \;=\; g \;\; auf \;\; \partial\Omega$$

mit gegebenen Funktionen $f \in C^0(\Omega)$, $g \in C^0(\partial\Omega)$ *besitzt höchstens eine Lösung* $u \in C^0(\overline{\Omega}) \cap C^2(\Omega)$.

Der BEWEIS ergibt sich unmittelbar durch Anwendung des Maximumprinzips 2.1 (a) auf die Differenz zweier Lösungen.

Satz. *Das Dirichlet–Problem für einen Außenraum* $\Omega \subset \mathbb{R}^n \ (n \geq 2)$,

$$-\Delta u = f \ \textit{in} \ \Omega\,, \quad u = g \ \textit{auf} \ \partial\Omega\,, \quad u \ \textit{regulär im Unendlichen},$$

mit gegebenen Funktionen $f \in \mathrm{C}^0(\Omega)$, $g \in \mathrm{C}^0(\partial\Omega)$ *besitzt höchstens eine Lösung* $u \in \mathrm{C}^0(\overline{\Omega}) \cap \mathrm{C}^2(\Omega)$.

Die Zusatzbedingung der Regularität im Unendlichen ist unentbehrlich für die Eindeutigkeit der Lösung. Dies wurde für den Fall $\Omega = \mathbb{R}^n \setminus \overline{K_r(\mathbf{0})}$ in 2.8 (b) gezeigt. Auch im Beispiel 2.9 ist keine Eindeutigkeit gegeben.

Beweis.
O.B.d.A. dürfen wir $\mathbf{0} \in \mathbb{R}^n \setminus \overline{\Omega}$ annehmen. Für zwei Lösungen u_1, u_2 sei u_* die Kelvin–Transformierte von $u = u_1 - u_2$. Nach 2.8 (c) läßt sich u_* zu einer auf dem Innenraum $\Omega_* \cup \{\mathbf{0}\}$ harmonischen Funktion v fortsetzen, und es gilt $v(\mathbf{x}) = u_*(\mathbf{x}) = 0$ auf dem Rand dieses Gebiets. Der vorangehende Satz liefert $v = 0$, insbesondere $u_* = 0$ auf Ω_* und somit $u = u_{**} = 0$ auf Ω. □

3.2 Neumann–Problem (Zweites Randwertproblem)

$\Omega \subset \mathbb{R}^n \ (n \geq 2)$ sei ein C^2–berandeter Innen– oder Außenraum mit äußerem Normalenfeld $\mathbf{n}$. Die auf den Ergebnissen 5.2 der Potentialtheorie beruhenden Existenzbeweise zeigen, daß wir für das Neumann–Problem die Randableitung $\partial_{\mathbf{n}} u$ in folgendem Sinn zu definieren haben:

$$\partial_{\mathbf{n}} u(\mathbf{x}) := \lim_{t \to 0+} \langle \nabla u(\mathbf{x} - t\mathbf{n}(\mathbf{x})), \mathbf{n}(\mathbf{x}) \rangle \ \text{gleichmäßig für} \ \mathbf{x} \in \partial\Omega\,.$$

In § 11 : 4.3* wurde die Greensche Integralformel für den Raum $\mathrm{C}^1_{\mathbf{n}}(\overline{\Omega})$ dieser Funktionen bewiesen.

Satz. *Das Neumann–Problem auf einem Innenraum* Ω,

$$-\Delta u = f \ \textit{in} \ \Omega\,, \quad \partial_{\mathbf{n}} u = g \ \textit{auf} \ \partial\Omega$$

mit gegebenen stetigen Funktionen f, g, *besitzt bis auf additive Konstanten höchstens eine Lösung* $u \in \mathrm{C}^1_{\mathbf{n}}(\overline{\Omega}) \cap \mathrm{C}^2(\Omega)$.

Bemerkungen. (i) Als notwendige Bedingung für die Lösbarkeit ergibt sich nach 5.1 (c)

$$\int_{\Omega} f \, d^n\mathbf{x} + \int_{\partial\Omega} g \, do = 0\,.$$

(ii) Die eindeutige Lösbarkeit erhalten wir durch zusätzliche Vorgabe des Mittelwerts von u auf Ω oder auf $\partial\Omega$.

Beweis.

Für die Differenz u zweier Lösungen gilt nach § 11 : 4.3*

$$\int_\Omega \|\nabla u\|^2 \, d^n\mathbf{x} \;=\; \int_{\partial\Omega} u\,\partial_{\mathbf{n}} u\, do \;=\; 0\,,$$

also $u = \text{const.}$ □

Satz. *Das Neumann–Problem für einen Außenraum $\Omega \subset \mathbb{R}^n$ $(n \geq 2)$,*

$$-\Delta u = f \;\text{ in }\; \Omega\,, \quad \partial_{\mathbf{n}} u = g \;\text{ auf }\; \partial\Omega\,, \quad u \text{ regulär im Unendlichen,}$$

mit gegebenen stetigen Funktionen f, g besitzt für $n > 2$ höchstens eine Lösung $u \in \mathrm{C}^1_{\mathbf{n}}(\overline{\Omega}) \cap \mathrm{C}^2(\Omega)$; im Fall $n = 2$ ist die Lösung bis auf additive Konstanten eindeutig bestimmt.

Beweis.

Für die Differenz u zweier Lösungen gilt $u \in \mathrm{C}^1_{\mathbf{n}}(\overline{\Omega}) \cap \mathrm{C}^2(\Omega)$,

$\Delta u = 0$ in Ω, $\partial_{\mathbf{n}} u = 0$ auf Ω,
u regulär im Unendlichen.

Wir wählen $R \gg 1$ mit $\partial\Omega \subset K_r(\mathbf{0})$. Dann gilt nach § 11 : 4.3* für das beschränkte Gebiet $\Omega_R = \Omega \cap K_R(\mathbf{0})$

$$\begin{aligned}\int_{\Omega_R} \|\nabla u\|^2 \, d^n\mathbf{x} &= \int_{\partial\Omega_R} u\,\partial_{\mathbf{n}} u\, do = \int_{\partial\Omega} u\,\partial_{\mathbf{n}} u\, do + \int_{S_R(\mathbf{0})} u\,\partial_{\mathbf{n}} u\, do \\ &= \int_{S_R(\mathbf{0})} u\,\partial_{\mathbf{n}} u\, do\,.\end{aligned}$$

Dabei gelten nach 2.8 mit $R = \|\mathbf{x}\|$ die Abschätzungen

$$\begin{aligned} |u(\mathbf{x})| &\leq \frac{c_0}{R^{n-2}}\,, & \|\nabla u(\mathbf{x})\| &\leq \frac{c_1}{R^{n-1}} & &\text{für } n > 2\,, \\ |u(\mathbf{x})| &\leq c_0\,, & \|\nabla u(\mathbf{x})\| &\leq \frac{c_1}{R^2} & &\text{für } n = 2\,. \end{aligned}$$

Es folgt

$$\int_{\Omega_R} \|\nabla u\|^2 \, d^n\mathbf{x} \;\leq\; \begin{cases} \dfrac{\omega_n\, c_0\, c_1}{R^{n-2}} & \text{für } n > 2\,, \\[2ex] \dfrac{\omega_2\, c_0\, c_1}{R} & \text{für } n = 2\,. \end{cases}$$

Nach dem Ausschöpfungssatz ergibt sich

$$\int_\Omega \|\nabla u\|^2 \, d^n\mathbf{x} \;=\; \lim_{R\to\infty} \int_{\Omega_R} \|\nabla u\|^2 \, d^n\mathbf{x} \;=\; 0\,,$$

somit $\nabla u = \mathbf{0}$ in Ω. Damit ist u konstant, und wegen $\lim\limits_{\|\mathbf{x}\|\to\infty} u(\mathbf{x}) = 0$ für $n > 2$ folgt die Behauptung. □

3.3 Das Ganzraumproblem

Sei $\Omega \subset \mathbb{R}^n$ $(n \geq 2)$ ein beschränktes Gebiet und $f \in \mathrm{C}^0(\overline{\Omega})$. Wir setzen f auf den $\mathbb{R}^n$ durch $f = 0$ außerhalb $\overline{\Omega}$ fort.

SATZ. *Das Ganzraumproblem*

$$-\Delta u \;=\; f \quad \textit{in} \quad \mathbb{R}^n \setminus \partial\Omega\,, \qquad \lim_{\|\mathbf{x}\| \to \infty} u(\mathbf{x}) \;=\; 0$$

besitzt höchstens eine Lösung $u \in \mathrm{C}^1(\mathbb{R}^n) \cap \mathrm{C}^2(\mathbb{R}^n \setminus \partial\Omega)$.

BEWEIS.
Für die Differenz u zweier Lösungen gilt $u \in \mathrm{C}^1(\mathbb{R}^n) \cap \mathrm{C}^2(\mathbb{R}^n \setminus \partial\Omega)$,

$$\Delta u = 0 \;\text{ in }\; \mathbb{R}^n \setminus \partial\Omega \quad \text{und} \quad \lim_{\|\mathbf{x}\| \to \infty} u(\mathbf{x}) \;=\; 0\,.$$

Wir wählen $R > 0$ mit $\overline{\Omega} \subset K_R(\mathbf{0})$ und erhalten aus § 11 : 4.3* (d), angewandt auf die Gebiete $K_R(\mathbf{0})$, $K_R(\mathbf{0}) \setminus \overline{\Omega}$

$$\int\limits_{K_R(\mathbf{0})} \|\nabla u\|^2 \, d^n\mathbf{x} = \int\limits_{\Omega} \|\nabla u\|^2 \, d^n\mathbf{x} + \int\limits_{K_R(\mathbf{0}) \setminus \overline{\Omega}} \|\nabla u\|^2 \, d^n\mathbf{x} = \int\limits_{S_R(\mathbf{0})} u \cdot \partial_{\mathbf{n}} u \, do\,,$$

weil sich die beiden Randintegrale über $\partial\Omega$ wegheben. Dabei ist zu beachten, daß $\mathrm{C}^1(\overline{\Omega}) \subset \mathrm{C}^1_{\mathbf{n}}(\overline{\Omega})$, entsprechendes für $K_R(\mathbf{0}) \setminus \overline{\Omega}$. Der Rest des Beweises erfolgt wie in 3.2 mit dem Ergebnis $u = \text{const.} = c$, $c = \lim\limits_{\|\mathbf{x}\| \to \infty} u(\mathbf{x}) = 0$. □

4 Existenz von Lösungen: Perron–Methode

4.1 Vorbemerkungen zur Existenztheorie

Im folgenden stellen wir drei Beweismethoden für die Existenz von Lösungen vor: Die Perron–Methode, die Integralgleichungsmethode und die Variationsmethode. Jede hat ihre eigene Berechtigung und ihre Besonderheiten in Bezug auf Voraussetzungen an die Daten, beweistechnischen Aufwand und Tragweite.

Bei allen Methoden müssen Bedingungen an den Rand $\partial\Omega$ gestellt werden, um die stetige Annahme der vorgegebenen Randwerte durch die Lösung zu gewährleisten. Die Notwendigkeit solcher Bedingungen zeigt ein Beispiel von LEBESGUE (1913), in dem ein Gebiet im $\mathbb{R}^3$ mit einer scharfen, nach innen weisenden Spitze („Lebesgue–Stachel“) und Randwerte angegeben werden, für welche das Dirichlet–Problem keine Lösung besitzt, siehe [2, II] IV, § 4.4.

Die Perron–Methode benötigt den geringsten technischen Aufwand, sie ist jedoch auf das 1. Randwertproblem für die Laplace–Gleichung $\Delta u = 0$ beschränkt (und allgemeiner auf eine homogene elliptische Gleichung $Lu = 0$). An den Gebietsrand werden hierbei nur schwache Bedingungen gestellt.

Die Integralgleichungsmethode beruht auf der Darstellung der Lösung durch Volumenpotentiale auf Ω und Oberflächenpotentiale auf $\partial\Omega$. Die Oberflächenpotentiale müssen hierbei Integralgleichungen im Funktionenraum $\mathrm{C}^0(\partial\Omega)$ erfüllen. Diese Methode ist auf Innen– und Außenraumgebiete sowohl für das erste als auch das zweite Randwertproblem anwendbar. Wesentliche Voraussetzung für die Anwendbarkeit der Integralgleichungsmethode ist allerdings die Glattheit des Randes $\partial\Omega$.

Die Variationsmethode geht von der Tatsache aus, daß jede Lösung eines Randwertproblems die Minimumstelle eines Integralausdrucks, des *Dirichlet–Integrals* ist. Beim Existenzbeweis wird zunächst der Definitionsbereich des Dirichlet–Integrals zu einem Hilbertraum so vervollständigt, daß die Existenz einer Minimumstelle des Dirichlet–Integrals leicht nachweisbar ist. Von der hiermit gefundenen *schwachen* Lösung ist in einem zweiten Schritt zu zeigen, daß sie auch eine klassische Lösung des gegebenen Randwertproblems ist (Regularitätsbeweis).

Die Variationsmethode erweist sich als sehr ausbaufähig, sie ist insbesondere auch auf nichtlineare und vektorwertige Probleme anwendbar, siehe Bd. 3, § 6. Läßt die Problemstellung keine klassischen Lösungen zu (z.B. wenn die Differentialgleichung unstetige Koeffizienten besitzt), so liefert die Variationsmethode den Hinweis auf einen adäquaten Lösungsbegriff.

4.2 Der Existenzsatz von Perron

(a) Der Rand eines Gebiets Ω erfüllt die **äußere Kegelbedingung**, wenn jeder Randpunkt die Spitze eines außerhalb von Ω liegenden Kegelstücks ist: Zu jedem $\mathbf{a} \in \partial\Omega$ gibt es einen Vektor $\mathbf{e}$ der Länge 1, einen Winkel Θ mit $0 < \Theta < \pi/2$ und ein $r > 0$, so daß das Kegelstück

$$K = \left\{ \mathbf{a} + t\mathbf{v} \;\middle|\; \|\mathbf{v}\| \cos\Theta \le \langle \mathbf{v}, \mathbf{e} \rangle ,\ \|\mathbf{v}\| \le r \right\}$$

mit $\overline{\Omega}$ nur den Punkt $\mathbf{a}$ gemeinsam hat.

Durch diese Bedingung werden einspringenden Spitzen mit Winkel 0 (Lebesgue–Stachel s.o.) ausgeschlossen. C^2–berandete und konvexe Gebiete erfüllen die äußere Kegelbedingung.

Wir sprechen von einer **gleichmäßigen äußeren Kegelbedingung**, wenn Θ und r unabhängig vom Randpunkt $\mathbf{a}$ gewählt werden können.

(b) **Existenz– und Eindeutigkeitssatz.** *Das Dirichlet–Problem*

$$\Delta u = 0 \;\; in \;\; \Omega , \quad u = g \;\; auf \;\; \partial\Omega$$

mit gegebener Funktion $g \in \mathrm{C}^0(\partial\Omega)$ *besitzt für ein beschränktes Gebiet* Ω *mit äußerer Kegelbedingung genau eine Lösung* $u \in \mathrm{C}^0(\overline{\Omega}) \cap \mathrm{C}^2(\Omega)$.

(c) Den auf PERRON (1923) zurückgehenden BEWEIS finden Sie u.a. in [79] 2.8, [59] II.6. Wir begnügen uns hier damit, die Grundidee wiederzugeben.

Ausgangspunkt ist folgender Sachverhalt: *Ist* u *eine Lösung und* $v \in \mathrm{C}^0(\overline{\Omega})$ *eine subharmonische Funktion mit* $v \le g$ *auf* $\partial\Omega$*, so gilt* $v \le u$ *auf ganz* Ω.

Dies folgt aus dem schwachen Maximumprinzip 2.7 (b) für die nach 2.7 (a), 2.7 (b) subharmonische Funktion $v - u$. Bezeichnet $\mathrm{SL}_g(\Omega)$ die Gesamtheit aller subharmonischen Funktionen $v \in \mathrm{C}^0(\overline{\Omega})$ mit $v \le g$ auf $\partial\Omega$ (SL steht für Sublösung), so gilt also

$$(*) \qquad u(\mathbf{x}) = \sup\{\, v(\mathbf{x}) \mid v \in \mathrm{SL}_g(\Omega)\} \qquad \text{für } \mathbf{x} \in \Omega\,.$$

Beim Existenzbeweis wird umgekehrt durch (∗) eine Funktion u definiert, von der sich zeigen läßt, daß sie harmonisch ist. Dies wird mit der Vorstellung plausibel, daß aus der Mittelwertungleichung 2.7 (b) für subharmonische Funktionen durch die Supremumsbildung die Mittelwertgleichung für u folgt, durch welche nach 2.7 (c) harmonische Funktionen charakterisiert sind.

Die stetige Annahme der Randwerte durch die Funktion u läßt sich bei Gültigkeit der äußeren Kegelbedingung beweisen; dabei werden für jeden Randpunkt sogenannte Barriere–Funktionen konstruiert ([4, 1] Ch. 2, § 4.1, Example 9).

Folgerung. *Für jeden* C^2*–berandeten Außenraum* $\Omega \subset \mathbb{R}^n$ *hat das Dirichlet–Problem*

$$\Delta u = 0 \;\; in \;\; \Omega\,, \quad u = g \;\; auf \;\; \partial\Omega\,,$$
$$u \text{ regulär im Unendlichen.}$$

mit gegebener Funktion $g \in \mathrm{C}^0(\partial\Omega)$ *genau eine Lösung* $u \in \mathrm{C}^0(\overline{\Omega}) \cap \mathrm{C}^2(\Omega)$.

Beweis.
als [ÜA]: Nehmen Sie o.B.d.A. $\mathbf{0} \in \mathbb{R}^n \setminus \Omega$ an. Verwenden Sie die Kelvin–Transformation und zeigen Sie, daß der Rand des gespiegelten Gebiets Ω_* ebenfalls C^2–differenzierbar ist. □

4.3 Beispiel für ein unlösbares Dirichlet–Problem

Die gelochte Kugel $\Omega = K_1(\mathbf{0}) \setminus \{\mathbf{0}\} \subset \mathbb{R}^n$ $(n \ge 2)$ erfüllt die äußere Kegelbedingung im isolierten Randpunkt $\mathbf{0}$ nicht.

Das Dirichlet–Problem

$$\Delta u = 0 \text{ in } \Omega\,, \quad u = 0 \text{ auf } S_1(\mathbf{0})\,, \quad u(\mathbf{0}) = 1$$

besitzt auch keine Lösung $u \in \mathrm{C}^0(\overline{\Omega}) \cap \mathrm{C}^2(\Omega)$.

Denn eine solche wäre beschränkt und könnte daher nach 2.7 (e) zu einer auf $K_1(\mathbf{0})$ harmonischen Funktion $v \in \mathrm{C}^0(\overline{K_1(\mathbf{0})})$ fortgesetzt werden. Für diese wäre aber das Maximumprinzip 2.3 (a) verletzt.

5 Existenz von Lösungen: Integralgleichungsmethode

5.1 Überblick: Existenz und Konstruktion von Lösungen

In diesem Abschnitt beschreiben wir das klassische Verfahren, Lösungen des Dirichlet– und des Neumann–Problems für den Laplace–Operator in Form von Potentialen zu gewinnen. Dieses orientiert sich an der physikalischen Vorstellung, daß Gravitationsfelder und elektrische Felder durch Massen-, bzw. Ladungsverteilungen erzeugt werden. Es gestattet eine einheitliche Behandlung des Dirichlet– und des Neumann–Problems sowohl für Innenräume als auch für Außenräume. Als Nebenresultat ergibt sich die Existenz der Green–Funktion erster und zweiter Art. Die Methode macht wesentlichen Gebrauch von den Ergebnissen der Potentialtheorie und der Integralgleichungstheorie auf dem Funktionenraum $\mathrm{C}^0(\partial\Omega)$.

In diesem Abschnitt wird vorausgesetzt, daß Ω ein beschränktes Gebiet des $\mathbb{R}^n$ $(n \geq 2)$ mit C^2–differenzierbarem, wegzusammenhängendem Rand $\partial\Omega$ ist. Wir geben zunächst eine Übersicht über die Ergebnisse und Beweisschritte und gehen anschliessend ins Detail.

(a) **Das Dirichlet–Problem für einen Innenraum Ω,**

$$-\Delta u = f \quad in \;\; \Omega, \qquad u = g \quad auf \;\; \partial\Omega \quad \text{mit} \;\; f \in \mathrm{C}^1(\overline{\Omega}), \; g \in \mathrm{C}^0(\partial\Omega)$$

besitzt eine eindeutig bestimmte Lösung $u \in \mathrm{C}^0(\overline{\Omega}) \cap \mathrm{C}^2(\Omega)$. *Im Fall* $g \in \mathrm{C}^1(\partial\Omega)$ *gilt zusätzlich* $u \in \mathrm{C}^1(\overline{\Omega})$. *Die Lösung setzt sich in der unten beschriebenen Weise aus einem Volumenpotential und dem Potential einer Dipolbelegung auf* $\partial\Omega$ *zusammen.*

FOLGERUNG. *Es existiert eine Greensche Funktion erster Art.*

BEMERKUNG. Die Voraussetzung $f \in \mathrm{C}^1(\overline{\Omega})$ kann zur Forderung der *Hölder–Stetigkeit* auf $\overline{\Omega}$ abgeschwächt werden, vgl. [79] 6.3. Für nur stetige Funktionen f braucht das Randwertproblem keine klassische Lösung zu besitzen.

Der BEWEIS verläuft in folgenden Schritten

(i) *Abkopplung der Inhomogenität.* Für das **Volumenpotential**

$$U(\mathbf{x}) := \int_\Omega \Gamma_{\mathbf{x}}(\mathbf{y})\, f(\mathbf{y})\, d^n\mathbf{y}$$

mit der Grundlösung Γ ergibt sich $U \in \mathrm{C}^2(\overline{\Omega})$, $-\Delta U = f$ in Ω, $\Delta U = 0$ in $\mathbb{R}^n \setminus \overline{\Omega}$; Näheres hierzu in 5.2. Löst $v \in \mathrm{C}^0(\overline{\Omega}) \cap \mathrm{C}^2(\Omega)$ das Problem

$$\Delta v = 0 \;\; \text{in} \;\; \Omega, \qquad v = g - U \;\; \text{auf} \;\; \partial\Omega,$$

so löst $u = v + U$ das Ausgangsproblem. Es genügt also, den oben genannten Satz für das Randwertproblem

(H) $\Delta u = 0$ in Ω, $u = g$ auf $\partial\Omega$

zu zeigen. Ist dies geleistet, so ergibt sich die Green–Funktion $G_{\mathbf{x}} = \Gamma_{\mathbf{x}} + H_{\mathbf{x}}$ aus der Lösung $H_{\mathbf{x}}$ des Problems $\Delta u = 0$ in Ω, $u = -\Gamma_{\mathbf{x}}$ auf $\partial\Omega$. Wegen $\Gamma_{\mathbf{x}} \in \mathrm{C}^1(\partial\Omega)$ ist dann $H_{\mathbf{x}} \in \mathrm{C}^1(\overline{\Omega}) \cap \mathrm{C}^2(\Omega)$.

(ii) Für die Lösung u von (H) wird der Ansatz

$$u(\mathbf{x}) = \int_{\partial\Omega} \partial_{\mathbf{n}}\Gamma_{\mathbf{x}} \cdot \nu \, do \quad \text{mit} \quad \nu \in \mathrm{C}^0(\partial\Omega)$$

gemacht. Physikalisch entspricht dies dem Potential einer Dipolbelegung ν auf $\partial\Omega$. Die Eigenschaften von Flächenpotentialen werden in 5.2 beschrieben, insbesondere ergibt sich aus der Sprungeigenschaft der Doppelschichtpotentiale

$$2 \int_{\partial\Omega} \partial_{\mathbf{n}}\Gamma_{\mathbf{x}} \cdot \nu \, do - \nu(\mathbf{x}) = 2g(\mathbf{x}) \quad \text{für } \mathbf{x} \in \partial\Omega \,.$$

Dies ist eine **Integralgleichung** für ν; wir schreiben diese in der Form

$$S\nu - \nu = 2g \quad \text{mit} \quad S\nu(\mathbf{x}) := 2 \int_{\partial\Omega} \partial_{\mathbf{n}}\Gamma_{\mathbf{x}} \cdot \nu \, do \quad \text{für } \mathbf{x} \in \Omega \,.$$

Auf die Lösbarkeit dieser Integralgleichung wird in 5.3 eingegangen.

(b) Die Lösung des **Dirichletschen Außenraumproblems**

$$\Delta u = 0 \;\; in \;\; \Omega \,, \quad u = g \;\; auf \;\; \partial\Omega \,,$$

u regulär im Unendlichen

ergibt sich ebenfalls in der Form $u = \frac{1}{2} S\nu$, *wobei* $\nu \in \mathrm{C}^0(\Omega)$ *diesmal der Integralgleichung* $S\nu + \nu = 2\,g$ *genügt, siehe 5.3.*

(c) Das **Neumannsche Innenraumproblem**lautet

$$-\Delta u = f \;\; in \;\; \Omega \,, \quad \partial_{\mathbf{n}} u, = g \;\; auf \;\; \partial\Omega \,,$$

wobei $f \in \mathrm{C}^1(\overline{\Omega})$ und $g \in \mathrm{C}^0(\partial\Omega)$ der Verträglichkeitsbedingung

$$(*) \quad \int_{\Omega} f \, d^n\mathbf{x} + \int_{\partial\Omega} g \, do = 0$$

genügen und die Randbedingung im Sinne von

$$\lim_{t\to 0+} \langle \nabla u(\mathbf{x} - t\mathbf{n}(\mathbf{x})), \mathbf{n}(\mathbf{x}) \rangle = g(\mathbf{x}) \quad \textit{für} \;\; \mathbf{x} \in \partial\Omega$$

zu verstehen ist, vgl. § 11 : 4.3*.

Diese Aufgabe besitzt eine bis auf eine additive Konstante eindeutig bestimmte Lösung $u \in \mathrm{C}^1_{\mathbf{n}}(\overline{\Omega}) \cap \mathrm{C}^2(\Omega)$, *die sich in der unten beschriebenen Weise aus einem Volumenpotential und dem Potential einer einfachen Belegung von* $\partial\Omega$ *zusammensetzt. Im Fall* $g \in \mathrm{C}^1(\partial\Omega)$ *gilt zusätzlich* $u \in \mathrm{C}^1(\overline{\Omega})$.

BEMERKUNGEN.

(i) Aus dem letzten Sachverhalt folgt die Existenz einer Green–Funktion zweiter Art, vgl. 2.5.

(ii) Hinsichtlich der Abschwächbarkeit der Voraussetzung über f gilt das in (a) Gesagte.

(iii) Die Notwendigkeit der Bedingung (c) ergibt sich aus der verallgemeinerten Greenschen Formel § 11 : 4.3* (c): Für eine Lösung $u \in \mathrm{C}^1_{\mathbf{n}}(\overline{\Omega}) \cap \mathrm{C}^2(\Omega)$ folgt mit $v = 1$

$$\int_\Omega f \, d^n\mathbf{x} = -\int_\Omega \Delta u \, d^n\mathbf{x} = -\int_{\partial\Omega} \partial_{\mathbf{n}} u \, do = -\int_{\partial\Omega} g \, do .$$

Das Beweisverfahren ist ähnlich wie für (a):

(i) Es genügt, den Fall $f = 0$ zu betrachten: Ist $U(\mathbf{x}) = \int_\Omega \Gamma_{\mathbf{x}} f \, d^n\mathbf{y}$ und $v \in \mathrm{C}^1_{\mathbf{n}}(\overline{\Omega}) \cap \mathrm{C}^2(\Omega)$ eine Lösung des Neumann–Problems

$$-\Delta v = 0 \text{ in } \Omega , \quad \partial_{\mathbf{n}} v = g - \partial_{\mathbf{n}} U \text{ auf } \partial\Omega ,$$

so löst $u = v + U$ das Ausgangsproblem.

(ii) Die Lösung u des Neumann–Problems $\Delta u = 0$ in Ω, $\partial_{\mathbf{n}} u = g$ auf $\partial\Omega$ wird angesetzt als Potential der einfachen Randbelegung μ,

$$u(\mathbf{x}) := \int_{\partial\Omega} \Gamma_{\mathbf{x}} \, \mu \, do .$$

Die Eigenschaften solcher Flächenpotentiale werden in 5.2 beschrieben. Als Bedingung für μ ergibt sich die Integralgleichung

$$\mu(\mathbf{x}) - 2 \int_{\partial\Omega} \Gamma_{\mathbf{x}} \, \mu \, do = -2g(\mathbf{x}) , \quad \text{kurz} \quad \mu - T\mu = -2g .$$

Näheres hierzu in 5.3.

(iii) Die Green–Funktion zweiter Art $G_{\mathbf{x}} = \Gamma_{\mathbf{x}} + H_{\mathbf{x}}$ ergibt sich aus der Lösung $H_{\mathbf{x}} \in \mathrm{C}^1(\overline{\Omega}) \cap \mathrm{C}^2(\Omega)$ des Problems $\Delta u = 0$ in Ω , $\partial_{\mathbf{n}} u = -1/A^{n-1}(\partial\Omega)$ auf $\partial\Omega$ unter Berücksichtigung der letzten Behauptung des Satzes.

(d) Die **Neumannsche Außenraumaufgabe**

$$\Delta u = 0 \; \textit{in} \; \Omega ,$$
$$\partial_{\mathbf{n}} u = g \text{ auf } \partial\Omega , \quad \int_{\partial\Omega} g \, do = 0 \; \textit{mit} \; g \in \mathrm{C}^0(\partial\Omega) ,$$
$$u \textit{ regulär im Unendlichen}$$

besitzt eine Lösung $u \in \mathrm{C}^1_{\mathbf{n}}(\overline{\Omega}) \cap \mathrm{C}^2(\Omega)$. *Diese ist für* $n \geq 3$ *eindeutig bestimmt; für* $n = 2$ *besteht Eindeutigkeit bis auf additive Konstanten. Wie in (c) gibt es eine Lösung der Form* $u = \frac{1}{2} T\mu$*, wobei die Randbelegung* μ *der einfachen Schicht der Integralgleichung*

$$\mu + T\mu = -2g$$

genügt.

(e) **Das Ganzraumproblem.** Ω *sei ein beschränktes,* C^2*–berandetes Gebiet und* $f \in \mathrm{C}^1(\overline{\Omega})$ *eine Funktion, die wir durch Nullsetzen außerhalb von* $\overline{\Omega}$ *auf den* $\mathbb{R}^n$ *fortsetzen. Dann hat das Ganzraumproblem*

$$-\Delta u = f \;\; in \;\; \mathbb{R}^n \setminus \partial\Omega\,, \qquad \lim_{\|\mathbf{x}\| \to \infty} u(\mathbf{x}) = 0$$

genau eine Lösung $u \in \mathrm{C}^1(\mathbb{R}^n) \cap \mathrm{C}^2(\mathbb{R}^n \setminus \partial\Omega)$*, und diese ist gegeben durch das Volumenpotential*

$$u(\mathbf{x}) = \int_\Omega \Gamma_\mathbf{x}(\mathbf{y})\, f(\mathbf{y})\, d^n\mathbf{y}\,.$$

Das ergibt sich aus Satz 1 des folgenden Abschnitts.

5.2 Ergebnisse der Potentialtheorie

Im folgenden sei $\Omega \subset \mathbb{R}^n$ ($n \geq 2$) ein beschränktes Gebiet mit C^2–differenzierbarem Rand $\Sigma := \partial\Omega$, und $\mathbb{R}^n \setminus \overline{\Omega}$ sei ebenfalls ein Gebiet. Ferner sei $\mathbf{n}$ das äußere Normalenfeld von Ω und Γ die Grundlösung von $-\Delta$. Zu gegebenen Funktionen $f \in \mathrm{C}^0(\overline{\Omega})$, $\mu, \nu \in \mathrm{C}^0(\Sigma)$ definieren wir Potentiale U, V, W auf dem $\mathbb{R}^n$ durch

$$U(\mathbf{x}) := \int_\Omega \Gamma_\mathbf{x}(\mathbf{y}) f(\mathbf{y})\, d^n\mathbf{y}$$

(**Volumenpotential** mit der Dichte f),

$$V(\mathbf{x}) = (V\mu)(\mathbf{x}) := \int_\Sigma \Gamma_\mathbf{x}(\mathbf{y})\, \mu(\mathbf{y})\, do(\mathbf{y})$$

(**Potential der einfachen Schicht** mit der Belegung μ),

$$W(\mathbf{x}) = (W\nu)(\mathbf{x}) := \int_\Sigma \partial_\mathbf{n}\Gamma_\mathbf{x}(\mathbf{y}) \cdot \nu(\mathbf{y})\, do(\mathbf{y})$$

(**Potential der doppelten Schicht** mit der Dipolbelegung ν).

Wegen $\Gamma_\mathbf{x}(\mathbf{y}) = c_n \|\mathbf{y} - \mathbf{x}\|^{2-n}$ für $n \geq 3$ und $|\Gamma_\mathbf{x}(\mathbf{y})| = (2\pi)^{-1} \log \|\mathbf{y} - \mathbf{x}\|$ für $n = 2$ konvergieren die Integrale $U(\mathbf{x})$, $V(\mathbf{x})$ nach § 11 : 2.4 (c) für alle $\mathbf{x} \in \mathbb{R}^n$; für $V(\mathbf{x})$ folgt das aus der Definition des Integrals auf der $(n-1)$–dimensionalen Untermannigfaltigkeit Σ [ÜA]. Die Konvergenz des Integrals $W(\mathbf{x})$ ist im Fall $\mathbf{x} \in \mathbb{R}^n \setminus \Sigma$ unproblematisch. Daß $W(\mathbf{x})$ auch für $\mathbf{x} \in \Sigma$

existiert, folgt aus der Ungleichung $|\partial_{\mathbf{n}}\Gamma_{\mathbf{x}}(\mathbf{y})| \leq c\,\|\mathbf{x}-\mathbf{y}\|^{2-n}$ für benachbarte Punkte $\mathbf{x},\mathbf{y} \in \Sigma$ mit $\mathbf{x} \neq \mathbf{y}$. Zum Nachweis verwenden wir aus dem Beweis in 2.4 die Beziehung

$$|\partial_{\mathbf{n}}\Gamma_{\mathbf{x}}(\mathbf{y})| = |\langle \nabla\Gamma_{\mathbf{x}}(\mathbf{y}), \mathbf{n}(\mathbf{y})\rangle| = \frac{|\langle \mathbf{y}-\mathbf{x}, \mathbf{n}(\mathbf{y})\rangle|}{\omega_n\,\|\mathbf{y}-\mathbf{x}\|^n}.$$

Nach Wahl einer C^2–Parametrisierung $\mathbf{\Phi}$ von Σ ergibt sich mit $\mathbf{x} = \mathbf{\Phi}(\mathbf{u})$, $\mathbf{y} = \mathbf{\Phi}(\mathbf{v})$

$$\mathbf{\Phi}(\mathbf{u}) - \mathbf{\Phi}(\mathbf{v}) = d\mathbf{\Phi}(\mathbf{u})(\mathbf{u}-\mathbf{v}) + \mathbf{R}(\mathbf{u}-\mathbf{v}),$$

$$\|\mathbf{R}(\mathbf{u}-\mathbf{v})\| \leq \text{const}\,\|\mathbf{u}-\mathbf{v}\|^2 \leq \text{const}\,\|\mathbf{x}-\mathbf{y}\|^2,$$

$$d\mathbf{\Phi}(\mathbf{u})(\mathbf{u}-\mathbf{v}) \perp \mathbf{n}(\mathbf{\Phi}(\mathbf{u})).$$

Wir zitieren die wichtigsten Ergebnisse der Potentialtheorie; Literaturangaben für die Beweise werden anschliessend gegeben.

Satz 1. *Für $f \in \mathrm{C}^0(\overline{\Omega})$ und das zugehörige Volumenpotential U gilt*

(a) $U \in \mathrm{C}^1(\mathbb{R}^n)$,

(b) *U ist harmonisch in $\mathbb{R}^n \setminus \overline{\Omega}$,*

(c) $|U(\mathbf{x})| \leq c\,\|\mathbf{x}\|^{2-n}$ *für* $\|\mathbf{x}\| \gg 1$ *mit einer Konstanten* $c \geq 0$.

(d) *Gilt zusätzlich $f \in \mathrm{C}^1(\overline{\Omega})$, so ist $U \in \mathrm{C}^2(\overline{\Omega})$ und $-\Delta u = f$ in Ω.*

Für das Folgende setzen wir $\Omega_- := \Omega$, $\Omega_+ := \mathbb{R}^n \setminus \overline{\Omega}$ und definieren die einseitigen Normalableitungen von V im Punkt $\mathbf{x} \in \Sigma$, soweit existent, durch

$$\partial_{\mathbf{n}} V_\pm(\mathbf{x}) := \lim_{t\to 0\pm} \langle \nabla V(\mathbf{x} + t\mathbf{n}(\mathbf{x})), \mathbf{n}(\mathbf{x})\rangle,$$

entsprechend für W.

Satz 2. *Für $\mu \in \mathrm{C}^0(\Sigma)$ und $V := V\mu$ gilt:*

(a) $V \in \mathrm{C}^0(\mathbb{R}^n)$,

(b) *V ist harmonisch in $\mathbb{R}^n \setminus \Sigma = \Omega_+ \cup \Omega_-$.*

(c) *Die einseitigen Normalableitungen $\partial_{\mathbf{n}} V_\pm(\mathbf{x})$ existieren für jedes $\mathbf{x} \in \Sigma$ und erfüllen die* **Sprungrelationen**

$$\partial_{\mathbf{n}} V_\pm(\mathbf{x}) = N(\mathbf{x}) \mp \frac{1}{2}\,\mu(\mathbf{x}) \quad \text{für } \mathbf{x} \in \Sigma$$

mit

$$N(\mathbf{x}) := \int_\Sigma \partial_{\mathbf{n}}\Gamma_{\mathbf{y}}(\mathbf{x}) \cdot \mu(\mathbf{y})\,do(\mathbf{y}).$$

(Die Konvergenz dieses Integrals ergibt sich wie in 5.2.)

(d) *N ist stetig auf Σ.*

(e) $|V(\mathbf{x})| \leq c\,\|\mathbf{x}\|^{2-n}$ *für* $\|\mathbf{x}\| \gg 1$ *mit einer Konstanten* $c \geq 0$.

(f) *Für $\mu \in \mathrm{C}^1(\Sigma)$ gilt $V \in \mathrm{C}^1(\overline{\Omega}_\pm)$, d.h. die Einschränkung von $\boldsymbol{\nabla} V$ auf $\Omega_\pm$ läßt sich stetig auf $\overline{\Omega}_\pm = \Omega_\pm \cup \Sigma$ fortsetzen.*

Die Aussagen (b), (c), (d) implizieren also die für das Neumann–Problem geforderten Eigenschaften $V \in \mathrm{C}^1_{\mathbf{n}}(\overline{\Omega}_-) \cap \mathrm{C}^2(\Omega_-)$.

SATZ 3. *Für $\nu \in \mathrm{C}^0(\Sigma)$ und $W := W\nu$ gilt:*

(a) *W ist harmonisch in $\mathbb{R}^n \setminus \Sigma = \Omega_+ \cup \Omega_-$,*

(b) *W ist stetig auf Σ,*

(c) *Die Einschränkung von W auf $\Omega_\pm$ besitzt eine stetige Fortsetzung $W_\pm$ auf $\Omega_\pm \cup \Sigma$ und es bestehen die* **Sprungrelationen**

$$W_\pm(\mathbf{x}) = W(\mathbf{x}) \pm \frac{1}{2}\,\nu(\mathbf{x}) \quad \text{für} \quad \mathbf{x} \in \Sigma\,,$$

(d) $|W(\mathbf{x})| \leq c\,\|\mathbf{x}\|^{1-n}$ *für* $\|\mathbf{x}\| \gg 1$ *mit einer Konstanten* $c \geq 0$.

Der BEWEIS von Satz 1 ist zu finden in [59] ch. II, [79] 4.2, 4.3, [50] II, [56] § 22. Die Sätze 2, 3 werden bewiesen in [59] Ch. III, [89] 2, [51] Kap. 12, 16, [6, IV] Nr. 192–199, [56] § 22.

Die Potentialtheorie hat eine lange Geschichte. LAPLACE fand 1785/89, daß das Volumenpotential außerhalb $\overline{\Omega}$ der nach ihm benannten Gleichung $\Delta u = 0$ genügt. POISSON zeigte 1813, daß dieses in Ω die Gleichung $-\Delta u = f$ erfüllt; seine Herleitung war jedoch nicht korrekt. Der Nachweis der Stetigkeits– und Differenzierbarkeitseigenschaften von U, V, W erfordert wegen der Singularität der Grundlösung diffizile Abschätzungen. Grundlegende Beiträge zur Potentialtheorie leisteten GAUSS 1840, Otto HÖLDER 1882, LJAPUNOW 1892, KORN 1909, LICHTENSTEIN 1912, vgl. [195], [84].

5.3 Die Integralgleichungen der Flächenbelegungen

(a) Wir legen die Voraussetzungen und Bezeichnungen 5.2 zugrunde und definieren die Integraloperatoren $S, T : \mathrm{C}^0(\Sigma) \to \mathrm{C}^0(\Sigma)$ durch

$$(S\nu)(\mathbf{x}) := 2\int_\Sigma \partial_{\mathbf{n}}\Gamma_{\mathbf{x}}(\mathbf{y}) \cdot \nu(\mathbf{y})\,do(\mathbf{y})\,,$$

$$(T\mu)(\mathbf{x}) := 2\int_\Sigma \partial_{\mathbf{n}}\Gamma_{\mathbf{y}}(\mathbf{x})\,\mu(\mathbf{y})\,do(\mathbf{y})\,.$$

SATZ. (i) *$u := \pm W\nu$ in $\Omega_\pm$, $u := g$ auf $\Sigma = \partial\Omega_\pm$ löst das erste Randwertproblem für die Laplace–Gleichung im Außen–/Innenraum $\Omega_\pm$ genau dann, wenn $\nu \in \mathrm{C}^0(\Sigma)$ die Integralgleichung*

$$S\nu \pm \nu = 2g$$

erfüllt.

(ii) *$u := V\mu$ in $\overline{\Omega}_\pm$ löst das zweite Randwertproblem für die Laplace–Gleichung im Außen–/Innenraum $\Omega_\pm$ genau dann, wenn $\mu \in \mathrm{C}^0(\Sigma)$ der Integralgleichung*

$$\pm T\mu - \mu = -2g$$

genügt.

Teil (i) folgt unmittelbar aus 5.2, SATZ 3 wegen $W\nu = \frac{1}{2}S\nu$.

Teil (ii) folgt aus 5.2, Satz 2 mit $(T\mu)(\mathbf{x}) = 2N(\mathbf{x})$, wobei für die Außenraumaufgabe zu beachten ist, daß $-\mathbf{n}$ das äußere Normalenfeld von Ω_+ ist.

(b) Damit ist die Frage nach der Existenz von Lösungen der obengenannten vier Randwertprobleme auf die Integralgleichungstheorie zurückgeführt. Wir referieren das Vorgehen in Kürze und verweisen für Einzelheiten auf [89] 3.4, [4, 1] II, § 45, [50] II, III, IV, [51] Kap. 17, [56] §§16, 23.

Die wesentliche Eigenschaft der Operatoren $S, T : \mathrm{C}^0(\Sigma) \to \mathrm{C}^0(\Sigma)$ ist die die **Kompaktheit (Vollstetigkeit)**: Für jede in der Supremumsnorm $\|\cdot\|_\infty$ beschränkte Folge (f_n) enthalten die Bildfolgen (Sf_n), (Tf_n) jeweils bezüglich der Norm $\|\cdot\|_\infty$ (also gleichmäßig) konvergente Teilfolgen. Für kompakte Operatoren S auf einem unendlichdimensionalen Banachraum gilt wie im Endlichdimensionalen: Ist $\lambda \neq 0$ kein Eigenwert von S, so ist $S - \lambda\mathbb{1}$ bijektiv. Es zeigt sich, daß 1 kein Eigenwert von S ist, woraus sich die eindeutige Lösbarkeit der ersten Randwertaufgabe ergibt. Ferner gilt aufgrund des Satzes von Fubini bezüglich des L^2–Skalarproduktes auf $\mathrm{C}^0(\Sigma)$

$$\langle u, Sv \rangle = \langle Tu, v \rangle .$$

Daraus und aus der Kompaktheit von S, T ergibt sich: Ist $\lambda \neq 0$ ein Eigenwert von T, so haben $\mathrm{Kern}\,(S - \lambda\mathbb{1})$ und $\mathrm{Kern}\,(T - \lambda\mathbb{1})$ dieselbe endliche Dimension. Die Gleichung $T\mu - \lambda\mu = 2g$ ist genau dann lösbar, wenn $g \perp \mathrm{Kern}\,(S - \lambda\mathbb{1})$. Es zeigt sich, daß -1 ein Eigenwert von S ist und daß der zugehörige Eigenraum aus den konstanten Funktionen besteht. Daher ist die Gleichung $T\mu + \mu = 2g$ für die Neumannsche Innenraumaufgabe genau dann lösbar, wenn

$$\int_\Sigma g \, do = 0 .$$

Die Lösung ist bis auf additive Konstanten eindeutig bestimmt.

6 Existenz von Lösungen: Variationsmethode

6.1 Der Grundgedanke der Variationsmethode

(a) Wir betrachten für ein beschränktes Normalgebiet $\Omega \subset \mathbb{R}^n$ das Dirichlet–Problem

$$\text{(D)} \qquad -\Delta u = f \;\text{ in }\; \Omega\,, \qquad u = g \;\text{ auf }\; \partial\Omega$$

mit gegebenen Funktionen $g \in \mathrm{C}^0(\partial\Omega)$ und $f \in \mathrm{C}^0(\overline{\Omega})$.

Wir setzen

$$\mathrm{C}^1_g(\overline{\Omega}) := \left\{ v \in \mathrm{C}^1(\overline{\Omega}) \;\middle|\; v = g \;\text{ auf } \partial\Omega \right\}$$

und definieren auf $\mathrm{C}^1_g(\overline{\Omega})$ das **Dirichlet–Integral** durch

$$J(v) := \int\limits_\Omega \left(\tfrac{1}{2} \|\nabla v\|^2 - f\,v \right) d^n\mathbf{x}\,.$$

Satz. *Eine Funktion* $u \in \mathrm{C}^1_g(\overline{\Omega}) \cap \mathrm{C}^2(\Omega)$ *ist genau dann eine Lösung von* (D), *wenn* u *eine Minimumstelle von* J *auf* $\mathrm{C}^1_g(\overline{\Omega})$ *ist.*

Dieser Zusammenhang wurde für den Fall $f = 0$ von Gauss (1840) und Lord Kelvin (1847) gefunden.

Beweis.

(i) Sei $u \in \mathrm{C}^1_g(\overline{\Omega}) \cap \mathrm{C}^2(\Omega)$ und $-\Delta u = f$ in Ω. Für $v \in \mathrm{C}^1_g(\overline{\Omega})$ setzen wir $\varphi := v - u \in \mathrm{C}^1_0(\overline{\Omega})$ und erhalten mit der 1. Greenschen Identität

$$\begin{aligned} J(v) - J(u) &= \int\limits_\Omega \left(\tfrac{1}{2}\|\nabla(u+\varphi)\|^2 - \tfrac{1}{2}\|\nabla u\|^2 - f\,\varphi \right) d^n\mathbf{x} \\ &= \int\limits_\Omega \left(\langle \nabla u, \nabla\varphi \rangle + \tfrac{1}{2}\|\nabla\varphi\|^2 - f\,\varphi \right) d^n\mathbf{x} \\ &= \int\limits_{\partial\Omega} \varphi\,\partial_{\mathbf{n}} u\, do \;-\; \int\limits_\Omega (\Delta u + f)\,\varphi\, d^n\mathbf{x} \;+\; \tfrac{1}{2}\int\limits_\Omega \|\nabla\varphi\|^2\, d^n\mathbf{x} \\ &= \tfrac{1}{2}\int\limits_\Omega \|\nabla\varphi\|^2\, d^n\mathbf{x} \;\ge\; 0\,, \end{aligned}$$

also ist u eine Minimumstelle von J.

(ii) Sei $u \in \mathrm{C}^1_g(\overline{\Omega}) \cap \mathrm{C}^2(\Omega)$ eine Minimumstelle von $J : \mathrm{C}^1_g(\overline{\Omega}) \to \mathbb{R}$. Dann gilt $u + s\varphi \in \mathrm{C}^1_g(\overline{\Omega})$ für $s \in \mathbb{R}$ und jede Testfunktion $\varphi \in \mathrm{C}^\infty_c(\Omega)$.

Die Funktion

$$s \mapsto j(s) = J(u+s\varphi) = \int_\Omega \left(\tfrac{1}{2}\,\|\nabla u\|^2 - f\,u\right) d^n\mathbf{x}$$
$$+\; s\int_\Omega (\langle \nabla u,\, \nabla\varphi\rangle - f\,\varphi)\, d^n\mathbf{x} + \tfrac{1}{2}\,s^2\int_\Omega \|\nabla\varphi\|^2\, d^n\mathbf{x}$$

hat dann an der Stelle $s = 0$ ein Minimum. Aus $j'(0) = 0$ ergibt sich die *Variationsgleichung*

(V) $$0 = \int_\Omega (\langle \nabla u,\, \nabla\varphi\rangle - f\,\varphi)\, d^n\mathbf{x} = -\int_\Omega (\Delta u + f)\,\varphi\, d^n\mathbf{x}\,,$$

letzteres nach dem Gaußschen Integralsatz in der randlosen Version § 11 : 3.2. Da (V) für jede Testfunktion $\varphi \in \mathrm{C}_c^\infty(\Omega)$ erfüllt ist, ergibt sich aus dem Fundamentallemma der Variationsrechnung § 10 : 4.1 die Poisson–Gleichung

$$\Delta u + f = 0 \quad \text{in } \Omega\,.$$ □

(b) *Umformung des Dirichlet–Problems.* Unter geeigneten Voraussetzungen (Näheres in 6.6) lassen sich die Randwerte g zu einer wieder mit g bezeichneten Funktion $g \in \mathrm{C}^1(\overline{\Omega}) \cap \mathrm{C}^2(\Omega)$ fortsetzen. In diesem Fall ist u genau dann eine Lösung von (D), wenn $u_0 := u - g$ das Randwertproblem

(D_0) $$-\Delta u = f + \Delta g \ \text{ in } \Omega\,, \quad u = 0 \ \text{ auf } \partial\Omega$$

löst. Das zu (D_0) gehörige Dirchlet–Integral $J_0 : \mathrm{C}_0^1(\overline{\Omega}) \to \mathbb{R}$ ist

$$J_0(v) = \int_\Omega \left(\tfrac{1}{2}\,\|\nabla v\|^2 - (f+\Delta g)\,v\right) d^n\mathbf{x}$$
$$= \int_\Omega \left(\tfrac{1}{2}\,\|\nabla v\|^2 - f\,v + \langle \nabla g,\, \nabla v\rangle\right) d^n\mathbf{x}\,.$$

Wir behandeln im folgenden das reduzierte Dirichlet-Problem (D_0). Haben wir für dieses eine Lösung u_0 gefunden, so ist $u = u_0 + g$ Lösung des Originalproblems (D).

(b) Die Variationsmethode besteht darin, für das Dirichlet–Integral J_0 die Existenz einer Minimumstelle nachzuweisen und damit das Randwertproblem (D_0) zu lösen. Das Vorgehen erfolgt in zwei Schritten:

(i) *Existenz einer schwachen Lösung.* Auf $\mathrm{C}_0^1(\overline{\Omega})$ wird durch

$$\langle u,\, v\rangle_1 := \int_\Omega (u\,v + \langle \nabla u,\, \nabla v\rangle)\, d^n\mathbf{x}$$

ein Skalarprodukt definiert. Der so entstandene Skalarproduktraum muss zu einem *Hilbertraum* erweitert werden; Vollständigkeit ist, wie immer in der Analysis, eine Grundvoraussetzung für das Führen von Existenzbeweisen.

Die Erweiterung besteht darin, Funktionen $v \in \mathrm{L}^2(\Omega)$ zuzulassen, welche Ableitungen $\partial_1 v, \ldots, \partial_n v \in \mathrm{L}^2(\Omega)$ im Distributionssinn besitzen. Auf dem *Sobolew–Raum* dieser Funktionen ist $J_0(v)$ definiert und stetig in der Norm $\|\cdot\|_1$.

Der Existenzbeweis für Minimumstellen von J_0 im Sobolew–Raum verläuft mit ganz analogen Schlüssen, wie sie beim Beweis des Projektionssatzes im Hilbertraum § 9 : 2.3 verwendet werden. Jede solche Minimumstelle heißt eine *schwache Lösung* des Minimumproblems, bzw. des zugehörigen Randwertproblems (D_0).

(ii) *Regularität der schwachen Lösung.* Die Hauptarbeit der Variationsmethode besteht im Nachweis, daß schwache Lösungen auch Lösungen im Sinne der ursprünglichen Problemstellung sind, d.h. C^2–differenzierbar in Ω und stetig auf $\overline{\Omega}$. Dies gelingt unter geeigneten Glattheitsvoraussetzungen an die Daten.

(c) Bei der hiermit skizzierten **direkten Methode der Variationsrechnung** wird der Existenzbeweis für die Lösung also abgetrennt vom Nachweis der Regularitätseigenschaften. Die lange Auseinandersetzung mit diesem Gegenstand in der ersten Hälfte des 20. Jahrhunderts hat die Mathematiker zu der Einsicht geführt, daß dieses Vorgehen natürlich und angemessen ist; vgl. [82] Preface. Dies wird auch dadurch gestützt, daß zahlreiche Minimumprobleme der Mathematischen Physik (z.B. in der Elastizitätstheorie) keine differenzierbaren Lösungen besitzen; für solche ist der schwache Lösungsbegriff der natürliche. Die Bedeutung der direkten Methode der Variationsrechnung liegt darüberhinaus darin, daß sie auch auf nichtlineare Probleme und Systeme von Differentialgleichungen anwendbar ist.

Wir führen im folgenden die wichtigsten Argumente der Variationsmethode vor; den an Einzelheiten interessierten Leser verweisen wir auf [75]. Historische Notizen zur Entwicklung der direkten Methode finden Sie in [2, II] Kap. 7 und [50] IV, 7.

6.2 Die Sobolew–Räume $\mathbf{W}^1(\Omega)$ und $\mathbf{W}_0^1(\Omega)$

Literatur: Adams [134], Gilbarg/Trudinger [79] Ch. 7.

Sei Ω ein Gebiet des $\mathbb{R}^n$. Norm und Skalarprodukt von $\mathrm{L}^2(\Omega)$ bezeichnen wir mit $\|u\|$ bzw. $\langle u, v\rangle$.

(a) Für $u \in \mathrm{L}^2(\Omega)$ heissen $v_1, \ldots, v_n \in \mathrm{L}^2(\Omega)$ **schwache** oder **distributionelle Ableitungen** von u, wenn für alle $\varphi \in \mathrm{C}_c^\infty(\Omega)$

$$\langle u, \partial_i \varphi\rangle = -\langle v_i, \varphi\rangle \quad (i = 1, \ldots, n)$$

gilt. Da L^2–Funktionen lokalintegrierbar sind und somit reguläre Distributionen liefern (§ 13 : 2.3), bedeutet dies nach § 13 : 4.1

$$\partial_i\{u\} = \{v_i\} \quad (i = 1, \ldots, n).$$

Nach § 13 : 2.3 sind die schwachen Ableitungen, sofern sie existieren, eindeutig bestimmt. Für $u \in \mathrm{C}^1(\Omega)$ und $\varphi \in \mathrm{C}_c^\infty(\Omega)$ gilt $\langle u, \partial_i\varphi\rangle = -\langle \partial_i u, \varphi\rangle$ nach § 11 : 3.3. Also sind $\partial_1 u, \ldots \partial_n u$ die schwachen Ableitungen von u, falls diese und u selbst zu $\mathrm{L}^2(\Omega)$ gehören. Für $u \in \mathrm{C}^1(\overline{\Omega})$ ist daher die partielle Ableitung $\partial_i u$ eine schwache Ableitung. Es ist üblich, auch im allgemeinen Fall $u \in \mathrm{L}^2(\Omega)$ die schwachen Ableitungen v_i mit $\partial_i u$ zu bezeichnen.

Der **Sobolew–Raum** $\mathrm{W}^1(\Omega)$ ist definiert als der Vektorraum aller Funktionen $u \in \mathrm{L}^2(\Omega)$, die schwache Ableitungen $\partial_1 u, \ldots, \partial_n u \in \mathrm{L}^2(\Omega)$ besitzen, versehen mit dem Skalarprodukt

$$\langle u, v\rangle_1 = \langle u, v\rangle + \sum_{i=1}^{n} \langle \partial_i u, \partial_i v\rangle = \int_\Omega (uv + \langle \nabla u, \nabla v\rangle)\, d^n\mathbf{x}$$

und der zugehörigen Norm

$$\|u\|_1^2 = \int_\Omega \left(|u|^2 + \|\nabla u\|^2 \right) d^n\mathbf{x}.$$

Für $u \in \mathrm{W}^1(\Omega)$ gilt also $\|u\|_1 \geq \|u\|$ und $\|u\|_1^2 \geq \int_\Omega \|\nabla u\|^2\, d^n\mathbf{x}$.

In der Literatur wird der Sobolew–Raum $\mathrm{W}^1(\Omega)$ meistens mit $\mathrm{W}^{1,2}(\Omega)$ bezeichnet.

SATZ. $\mathrm{W}^1(\Omega)$ *ist ein separabler Hilbertraum.*

BEWEIS.
(i) *Vollständigkeit.* Ist (u_k) eine Cauchy–Folge in $\mathrm{W}^1(\Omega)$, so sind die Folgen (u_k), $(\partial_1 u_k)$, $\ldots$, $(\partial_n u_k)$ Cauchy–Folgen in $\mathrm{L}^2(\Omega)$, besitzen also L^2–Limites $u, v_1, \ldots, v_n \in \mathrm{L}^2(\Omega)$. Für Testfunktionen $\varphi \in \mathrm{C}_c^\infty(\Omega)$ gilt

$$\langle \partial_i u_k, \varphi\rangle + \langle u_k, \partial_i\varphi\rangle = \int_\Omega (\partial_i u_k\, \varphi + u_k\, \partial_i\varphi)\, d^n\mathbf{x} = 0.$$

Wegen der Stetigkeit des Skalarprodukts folgt daraus

$$\langle v_i, \varphi\rangle + \langle u, \partial_i\varphi\rangle = 0,$$

also $u \in \mathrm{W}^1(\Omega)$ und $\partial_i u = v_i$ $(i = 1, \ldots, n)$.
(ii) *Separabilität.* Nach § 9 : 1.5 ist $\mathrm{L}^2(\Omega, \mathbb{R}^{n+1}) = \{(u_0, \ldots, u_n) \mid u_k \in \mathrm{L}^2(\Omega)\}$ mit der Norm $\|(u_0, \ldots, u_n)\|^2 = \sum_{k=0}^{n} \int_\Omega |u_k|^2 d^n\mathbf{x}$ separabel. Durch

$$\mathrm{W}^1(\Omega) \to \mathrm{L}^2(\Omega, \mathbb{R}^{n+1}), \quad u \mapsto (u, \partial_1 u, \ldots, \partial_n u)$$

ist eine Isometrie zwischen $\mathrm{W}^1(\Omega)$ und einem nach (i) abgeschlossenen Teilraum von $\mathrm{L}^2(\Omega, \mathbb{R}^{n+1})$ gegeben. Dieser ist nach § 9 : 2.7 separabel. □

(b) **Der Raum $\mathbf{W}_0^1(\boldsymbol{\Omega})$**. Für eine Funktion $u \in \mathrm{W}^1(\Omega)$ auf einem beschränkten Gebiet Ω sind die Werte auf $\partial\Omega$ nicht notwendig definiert; wir können aber das Verschwinden auf dem Rand in einem schwachen Sinn erklären. Hierzu betrachten wir den Abschluss $\mathrm{W}_0^1(\Omega)$ von $\mathrm{C}_c^\infty(\Omega) \subset \mathrm{W}^1(\Omega)$ in der Sobolew–Norm $\|\cdot\|_1$; dabei lassen wir beliebige Gebiete $\Omega \subset \mathbb{R}^n$ zu. Anstelle von $\mathrm{C}_c^\infty(\Omega)$ kann ebensogut $\mathrm{C}_c^1(\Omega)$ oder $\mathrm{C}_0^1(\overline{\Omega})$ genommen werden, vgl. 6.4. Für beschränkte, C^1–berandetete Gebiete Ω nehmen Funktionen $u \in \mathrm{C}^0(\overline{\Omega}) \cap \mathrm{W}_0^1(\Omega)$ in allen Randpunkten den Wert Null an; vgl. [135] Th. IX.17. Ohne Glattheitsbedingungen an den Rand läßt sich das nicht behaupten.

(c) SATZ. *Sei Ω ein beschränktes Gebiet. Dann ist $V := \mathrm{W}_0^1(\Omega)$ ist ein echter Teilraum von $\mathrm{W}^1(\Omega)$. Auf $\mathrm{W}_0^1(\Omega)$ ist durch*

$$\|u\|_V := \Big(\int\limits_\Omega \|\nabla u\|^2\, d^n\mathbf{x}\Big)^{1/2}$$

eine zur Sobolew–Norm äquivalente Norm gegeben; d.h. es gilt

$$\|u\|_V \le \|u\|_1 \le k\,\|u\|_V \quad \textit{mit einer Konstanten } k > 1\,.$$

$\mathrm{W}_0^1(\Omega)$, versehen mit dem zu $\|\cdot\|_V$ gehörigen Skalarprodukt $\langle\,\cdot\,,\,\cdot\,\rangle_V$ ist also ein separabler Hilbertraum.

Der Beweis beruht auf der

(d) **Poincaré–Ungleichung**. *Liegt Ω zwischen zwei parallelen Hyperebenen mit Abstand d, so gilt mit $c = d/\sqrt{2}$*

$$\|u\| \le c\,\|u\|_V \qquad \textit{für alle } u \in \mathrm{W}_0^1(\Omega)\,.$$

Die demnach endliche **Poincaré–Konstante**

$$c(\Omega) := \sup\left\{ \frac{\|u\|}{\|u\|_V} \;\middle|\; u \in \mathrm{W}_0^1(\Omega)\,,\ u \ne 0\right\}$$

spielt als geometrische Kennzahl des Gebiets Ω bei vielen Differentialgleichungsproblemen eine wichtige Rolle. Unter den Voraussetzungen der Poincaré–Ungleichung ist also $c(\Omega) \le d/\sqrt{2}$. In § 15 : 1.3 (c) zeigen wir für beschränkte Gebiete Ω, daß $\lambda_1 = c(\Omega)^{-2}$ der kleinste Eigenwert des Laplace–Operators ist.

BEWEIS der Poincaré–Ungleichung.

Aufgrund des Transformationssatzes für Integrale gilt für $u \in \mathrm{W}_0^1(\Omega)$ und jede Bewegung $\mathbf{h}$: $u \in \mathrm{W}_0^1(\Omega) \iff v = u \circ \mathbf{h} \in \mathrm{W}_0^1(\Omega')$ mit $\Omega' = \mathbf{h}^{-1}(\Omega)$; ferner ist $\|u\| = \|v\|$, $\|u\|_V = \|v\|_V$, jeweils auf Ω bzw. Ω' bezogen [ÜA]. Wir dürfen daher annehmen, daß

$$\Omega \subset \mathbb{R}^{n-1} \times \,]0,d[\; = \big\{(\mathbf{y},t) \;\big|\; \mathbf{y} \in \mathbb{R}^{n-1},\ 0 < t < d\big\}\,.$$

Wir betrachten zunächst eine Funktion $\varphi \in \mathrm{C}_c^\infty(\Omega)$. Für $\mathbf{x} = (\mathbf{y}, t) \in \Omega$ und $\mathbf{x}_0 = (\mathbf{y}, 0) \notin \Omega$ ergibt die Cauchy–Schwarzsche Ungleichung

$$
\begin{aligned}
|\varphi(\mathbf{x})| &= |\varphi(\mathbf{x}) - \varphi(\mathbf{x}_0)| \;\le\; \int_0^t |\partial_n\varphi(\mathbf{y}, s)|\, ds \\
&\le \int_0^t 1\, \|\boldsymbol{\nabla}\varphi(\mathbf{y}, s)\|\, ds \;\le\; \Big(\int_0^t 1^2\, ds\Big)^{1/2} \Big(\int_0^t \|\boldsymbol{\nabla}\varphi(\mathbf{y}, s)\|^2\, ds\,\Big)^{1/2}.
\end{aligned}
$$

Daraus folgt mit sukzessiver Integration

$$
\begin{aligned}
\|\varphi\|^2 &\le \int_{\mathbb{R}^{n-1}} \Big(\int_0^d \Big(t \int_0^d \|\boldsymbol{\nabla}\varphi(\mathbf{y}, s)\|^2\, ds\Big)\, dt\Big)\, d^{n-1}\mathbf{y} \\
&= \tfrac{1}{2} d^2 \int_{\mathbb{R}^{n-1}} \Big(\int_0^d \|\boldsymbol{\nabla}\varphi(\mathbf{y}, s)\|^2\, ds\Big)\, d^{n-1}\mathbf{y} \;=\; c^2\, \|\varphi\|_V{}^2
\end{aligned}
$$

mit $c = d/\sqrt{2}$. Aus $\|u - \varphi_n\|_1 \to 0$ mit $\varphi_n \in \mathrm{C}_c^\infty(\Omega)$ folgt $\|u - \varphi_n\| \to 0$ und $\|u - \varphi_n\|_V \to 0$, somit $\|u\|^2 \le c^2 , \|u\|_V{}^2$. □

Der Beweis von (c) folgt aus der Poincaré–Ungleichung mit $k^2 = 1 + c(\Omega)^2$. $\mathrm{W}_0^1(\Omega)$ ist ein echter Teilraum von $\mathrm{W}^1(\Omega)$, weil die konstante Funktion 1 zu $\mathrm{W}^1(\Omega)$, aber wegen $\|1\|_V = 0$ und der Poincaré–Ungleichung nicht zu $\mathrm{W}_0^1(\Omega)$ gehört.

(e) **Auswahlsatz von Rellich** (F. Rellich (1930)) *Jede in* $\mathrm{W}_0^1(\Omega)$ *beschränkte Folge besitzt eine in* $\mathrm{L}^2(\Omega)$ *konvergente Teilfolge.*

Für den Beweis siehe [65] I, Thm.6.1, [50] VI.5.

6.3 Die Existenz einer schwachen Lösung

Sei Ω ein beschränktes Gebiet des $\mathbb{R}^n$. Wir zeigen für das auf verschwindende Randwerte reduzierte Randwertproblem

$$(\mathrm{D}_0) \quad -\Delta u =, \; f + \Delta g \;\text{ in } \Omega, \quad u = 0 \text{ auf } \partial\Omega$$

die Existenz einer schwachen Lösung. Hierbei genügt es, $f \in \mathrm{L}^2(\Omega)$, $g \in \mathrm{W}^1(\Omega)$ vorauszusetzen. Wir verwenden die Bezeichnungen

$$
\begin{aligned}
H &= \mathrm{L}^2(\Omega), & \langle u, v\rangle_H &= \int_\Omega u\, v\, d^n\mathbf{x}, & \|u\|_H^2 &= \int_\Omega u^2\, d^n\mathbf{x}, \\
V &= \mathrm{W}_0^1(\Omega), & \langle u, v\rangle_V &= \int_\Omega \langle \boldsymbol{\nabla} u, \boldsymbol{\nabla} v\rangle\, d^n\mathbf{x}, & \|u\|_V^2 &= \int_\Omega \|\boldsymbol{\nabla} u\|^2\, d^n\mathbf{x}.
\end{aligned}
$$

Dem Programm 6.1 (b) folgend, fassen wir das Dirichlet–Integral

$$\begin{aligned} J_0(v) &= \int_\Omega \left(\tfrac{1}{2}\,\|\nabla v\|^2 - f\,v + \langle \nabla g\,,\nabla v\rangle\right)\,d^n\mathbf{x} \\ &= \tfrac{1}{2}\,\langle v\,,v\rangle_V - \langle f\,,v\rangle_H + \langle g\,,v\rangle_V \end{aligned}$$

als Funktion auf dem Hilbertraum $V = \mathrm{W}_0^1(\Omega)$ auf, wobei die Gradienten jetzt aus schwachen Ableitungen bestehen.

SATZ. *Das Dirichlet–Integral* $J_0 : \mathrm{W}_0^1(\Omega) \to \mathbb{R}$ *besitzt genau eine Minimumstelle* $u \in \mathrm{W}_0^1(\Omega)$. *Diese ist charakterisiert durch die Beziehung*

$$(*) \qquad \langle u\,,\varphi\rangle_V = \langle f\,,\varphi\rangle_H - \langle g\,,\varphi\rangle_V \quad \text{für alle} \quad \varphi \in \mathrm{W}_0^1(\Omega)\,.$$

Die Gleichung $(*)$ lautet ausgeschrieben

$$\int_\Omega \langle \nabla u\,,\nabla\varphi\rangle\,d^n\mathbf{x} = \int_\Omega (f\,\varphi - \langle \nabla g\,,\nabla\varphi\rangle)\,d^n\mathbf{x} \quad \text{für alle} \quad \varphi \in \mathrm{W}_0^1(\Omega).$$

Eine der Gleichung $(*)$ genügende Funktion $u \in \mathrm{W}_0^1(\Omega)$ wird eine **schwache Lösung** des Dirichlet–Problems (D_0) genannt.

BEMERKUNG. Die Variationsmethode zum Nachweis der Existenz von schwachen Lösungen stammt von FRIEDRICHS (1934); sie wird in der Literatur jedoch meistens nach LAX UND MILGRAM (1954) benannt.

BEWEIS.

(1) Die Existenz einer Minimumstelle kann direkt bewiesen werden, indem wir eine Minimalfolge für $J_0 : V \to \mathbb{R}$ wählen (d.h. eine Folge (u_k) in V mit $\lim\limits_{k\to\infty} J_0(u_k) = \inf\{J_0(v) \mid v \in V\}$) und mit Hilfe der Parallelogrammgleichung zeigen, daß diese eine Cauchy–Folge in V ist. Das Grenzelement $u \in V$ ist dann die Minimumstelle von $J_0 : V \to \mathbb{R}$; vgl. [49] 4.5 Probl. 1.

(2) Schneller zum Ziel kommen wir durch Anwendung der Hilbertraumtheorie. Hierzu zeigen wir zunächst:

(i) *Die Gleichung* $(*)$ *hat genau eine Lösung* $u \in V$. Denn nach der Poincaré–Ungleichung 6.2 gilt

$$\begin{aligned} \left|\langle f\,,\varphi\rangle_H - \langle g\,,\varphi\rangle_V\right| &\le \|f\|_H\,\|\varphi\|_H + \|g\|_V\,\|\varphi\|_V \\ &\le (c(\Omega)\,\|f\|_H + \|g\|_V)\,\|\varphi\|_V \quad \text{für jedes} \quad \varphi \in V, \end{aligned}$$

also ist $F : V \to \mathbb{R}, \quad \varphi \mapsto \langle f\,,\varphi\rangle_H - \langle g\,,\varphi\rangle_V$ eine stetige Linearform auf dem Hilbertraum V. Nach dem Darstellungssatz von Riesz–Fréchet § 9 : 2.8 existiert genau ein $u \in V$ mit $\langle u\,,\varphi\rangle_V = F\varphi$ für jedes $\varphi \in V$; u erfüllt also $(*)$.

(ii) *$u \in V$ löst $(*)$ genau dann, wenn u eine Minimumstelle von $J_0 : V \to \mathbb{R}$ ist.* Denn erfüllt u die Gleichung $(*)$, so gilt für jedes $v \in V$ und für $\varphi = u - v$

$$\begin{aligned} J_0(v) - J_0(u) &= J_0(u+\varphi) - J_0(u) \\ &= \langle u, \varphi \rangle_V - \langle f, \varphi \rangle_H + \langle g, \varphi \rangle_V + \tfrac{1}{2} \|\varphi\|_H^2 \\ &= \tfrac{1}{2} \|\varphi\|_H^2 \geq 0, \end{aligned}$$

also ist $u \in V$ Minimumstelle von J_0.

Ist umgekehrt u eine Minimumstelle von J_0, so hat für jedes $\varphi \in V$ die reellwertige Funktion

$$\begin{aligned} s \mapsto j(s) &:= J_0(u + s\varphi) \\ &= J(u) + s\big(\langle u, \varphi \rangle_V - \langle f, \varphi \rangle_H + \langle g, \varphi \rangle_V\big) + \tfrac{1}{2}s^2 \|\varphi\|_V^2 \end{aligned}$$

in $s = 0$ eine Minimumstelle, folglich gilt

$$0 = j'(0) = \langle u, \varphi \rangle_V - \langle f, \varphi \rangle_H + \langle g, \varphi \rangle_V,$$

d.h. u genügt der Gleichung $(*)$. □

6.4 Weiteres über Sobolew–Räume

(a) Approximation von W^1–Funktionen durch C^∞–Funktionen.

DEFINITION. Eine Funktion $u \in \mathrm{L}^2(\Omega)$ gehört zur Klasse $\mathrm{H}^1(\Omega)$, wenn es Funktionen $u_k \in \mathrm{C}^1(\Omega) \cap \mathrm{L}^2(\Omega)$ gibt, die im L^2–Sinn gegen u konvergieren und für die $(\partial_1 u_k), \ldots, (\partial_n u_k)$ Cauchy–Folgen in $\mathrm{L}^2(\Omega)$ sind.

Für $v_i = \lim\limits_{k\to\infty} \partial_i u_k$ $(i = 1, \ldots, n)$ und Testfunktionen $\varphi \in \mathrm{C}_c^\infty(\Omega)$ folgt dann aus der Stetigkeit des Skalarprodukts

$$\begin{aligned} \langle u, \partial_i \varphi \rangle + \langle v_i, \varphi \rangle &= \lim_{k\to\infty} \big(\langle u_k, \partial_i \varphi \rangle + \langle \partial_i u_k, \varphi \rangle\big) \\ &= 0 \quad (i = 1, \ldots, n), \end{aligned}$$

da die u_k nach 6.2 (a) zu $\mathrm{W}^1(\Omega)$ gehören. Somit gilt $\mathrm{H}^1(\Omega) \subset \mathrm{W}^1(\Omega)$, und $\mathrm{H}^1(\Omega)$ ist der Abschluss von $\mathrm{W}^1(\Omega) \cap \mathrm{C}^1(\Omega)$ in der Sobolew–Norm $\|\cdot\|_1$. Den Abschluss von $\mathrm{C}_c^\infty(\Omega)$ in dieser Norm bezeichnen wir mit $\mathrm{H}_0^1(\Omega)$.

SATZ (KASUGA 1957). *Es gilt*

$$\mathrm{H}^1(\Omega) = \mathrm{W}^1(\Omega), \quad \mathrm{H}_0^1(\Omega) = \mathrm{W}_0^1(\Omega), \quad \mathrm{W}^1(\mathbb{R}^n) = \mathrm{W}_0^1(\mathbb{R}^n).$$

Für jedes $u \in \mathrm{W}^1(\Omega)$ gibt es also Funktionen $\varphi_k \in \mathrm{C}^\infty(\Omega)$ mit $\varphi_k \to u$ für $k \to \infty$ in der W^1–Norm; im Fall $u \in \mathrm{W}^1(\mathbb{R}^n)$ können diese mit kompaktem Träger gewählt werden.

Beweis.
Wir führen den Beweis nur für $\Omega = \mathbb{R}^n$. Nach § 10 : 3.4 (b) gilt für $u \in \mathrm{L}^2(\mathbb{R}^n)$

$$\lim_{r\to 0} \|u - j_r * u\| = 0 .$$

Dabei sind die $j_r * u$ Testfunktionen. Für $u \in \mathrm{W}^1(\mathbb{R}^n)$ gilt daher auch

$$\lim_{r\to 0} \|\partial_i u - j_r * \partial_i u\| = 0 \qquad (i = 1, \ldots, n) .$$

Für $u \in \mathrm{W}^1(\mathbb{R}^n)$ gilt nach dem Satz über Parameterintegrale

$$\begin{aligned}(j_r * \partial_i u)(\mathbf{x}) &= \int_{\mathbb{R}^n} \partial_i u(\mathbf{y})\, j_r(\mathbf{x}-\mathbf{y})\, d^n\mathbf{y} = -\int_{\mathbb{R}^n} u(\mathbf{y})\, \tfrac{\partial}{\partial y_i} j_r(\mathbf{x}-\mathbf{y})\, d^n\mathbf{y} \\ &= \int_{\mathbb{R}^n} u(\mathbf{y})\, \tfrac{\partial}{\partial x_i} j_r(\mathbf{x}-\mathbf{y})\, d^n\mathbf{y} = \tfrac{\partial}{\partial x_i} \int_{\mathbb{R}^n} u(\mathbf{y})\, j_r(\mathbf{x}-\mathbf{y})\, d^n\mathbf{y} ,\end{aligned}$$

also $j_r * \partial_i u = \partial_i (j_r * u)$ und somit für $u_r := j_r * u \in \mathrm{C}_c^\infty(\mathbb{R}^n)$

$$\|u - u_r\|_1^2 = \|u - u_r\|^2 + \sum_{i=1}^n \|\partial_i u - \partial_i u_r\|^2 \to 0 \qquad \text{für} \quad r \to 0 .$$

Im Fall $\Omega \neq \mathbb{R}^n$ setzen wir $u \in \mathrm{W}^1(\Omega)$ durch Nullsetzen außerhalb von Ω zu einer Funktion auf $\mathbb{R}^n$ fort, die wir wieder mit u bezeichnen. Da $j_r * u$ i.a. nicht zu $\mathrm{C}_c^\infty(\Omega)$ gehört, kann nicht wir oben auf $j_r * \partial_i u = \partial_i(j_r * u)$ geschlossen werden; dies wäre nur im Fall $u \in \mathrm{W}^1(\mathbb{R}^n)$ möglich. Der Beweis beruht hier darauf, Funktionen $\psi_k \in \mathrm{C}_c^\infty(\Omega)$ mit $u(\mathbf{x}) = \sum_{k=1}^\infty u(\mathbf{x})\psi_k(\mathbf{x})$ in Ω zu konstruieren, wobei für jedes $\mathbf{x}$ nur endlich viele Glieder der Reihe von Null verschieden sind (Teilung der Eins). Auf $u \cdot \psi_k$ läßt sich die Schlussweise von oben wieder anwenden. Für Einzelheiten siehe [134] III, 3.16, [79] 7.6. □

(b) **Die Sobolew-Räume $\mathbf{W}^k(\boldsymbol{\Omega})$.** Für einen Multiindex $\alpha = (\alpha_1, \ldots, \alpha_n)$ heißt $v_\alpha \in \mathrm{L}^1_{\mathrm{loc}}(\Omega)$ schwache α–te Ableitung von $u \in \mathrm{L}^1_{\mathrm{loc}}(\Omega)$, wenn

$$\partial^\alpha\{u\} = \{v_\alpha\}, \ \text{d.h.} \int_\Omega u\, \partial^\alpha \varphi = (-1)^{|\alpha|} \int_\Omega v_\alpha\, \varphi \quad \text{für alle} \ \varphi \in \mathrm{C}_c^\infty(\Omega).$$

Gibt es eine Funktion v_α mit dieser Eigenschaft, so bezeichnen wir sie mit $\partial^\alpha u$. Für $k = 0, 1, \ldots$ setzen wir

$$\mathrm{W}^k(\Omega) := \left\{ u \in \mathrm{L}^2(\Omega) \;\middle|\; \partial^\alpha u \in \mathrm{L}^2(\Omega) \ \text{existieren für} \ |\alpha| \leq k \right\} ,$$

versehen mit der Norm

$$\|u\|_k := \Big(\sum_{|\alpha| \leq k} \int_\Omega |\partial^\alpha u|^2\, d^n\mathbf{x} \Big)^{1/2}$$

und dem zugehörigen Skalarprodukt. Für $k = 0$ ist also $\mathrm{W}^0(\Omega) = \mathrm{L}^2(\Omega)$ und $\|u\|_0$ die L^2–Norm. Ähnlich wie in 6.2 ergibt sich:

SATZ. $\mathrm{W}^k(\Omega)$ *ist ein separabler Hilbertraum, und es gilt*

$$\mathrm{H}^k(\Omega) = \mathrm{W}^k(\Omega)$$

für den Abschluss $\mathrm{H}^k(\Omega)$ *von* $\{u \in \mathrm{C}^k(\Omega) \mid \partial^\alpha u \in \mathrm{L}^2(\Omega)$ *für* $|\alpha| \leq k\}$ *in der Norm* $\|\cdot\|_k$.

(c) **Sobolew–Funktionen auf Intervallen**. Sobolew–Funktionen $u \in \mathrm{W}^1(I)$ auf offenen Intervallen I lassen sich auf einfache Weise charakterisieren:

SATZ. *Für* $u, v \in \mathrm{L}^2(I)$ *sind folgende Aussagen äquivalent:*

(i) $u \in \mathrm{W}^1(I)$, *und* v *ist schwache Ableitung von* u.

(ii) u *ist stetig, und es gilt*

$$u(x) = u(x_0) + \int_{x_0}^{x} v(t)dt \qquad \text{für } x,\ x_0 \in I\,.$$

Unter diesen Bedingungen ist die Funktion u *fast überall differenzierbar und es gilt* $u' = v$ *f.ü.*.

BEMERKUNG. Es gibt nichtkonstante, stetige Funktionen u mit $u' = 0$ f.ü., d.h. aus der Existenz der Ableitung u' f.ü. läßt sich nicht auf die schwache Differenzierbarkeit von u schließen; vgl. [133] Nr. 24.

BEWEIS.

(ii) $\Longrightarrow$ (i): Nach dem Hauptsatz der Differential- und Integralrechnung in der erweiterten Fassung von Lebesgue (§ 8 : 3.2) folgt aus (ii) die Absolutstetigkeit von u und $u' = v$ f.ü.. Da jede Testfunktion absolutstetig ist, ergibt partielle Integration gemäß § 8 : 3.3 für $\varphi \in \mathrm{C}_c^\infty(I)$ mit $\operatorname{supp}\varphi \subset [\alpha, \beta] \subset I$

$$\int_I u\,\varphi' = \int_\alpha^\beta u\,\varphi' = -\int_\alpha^\beta v\,\varphi = -\int_I v\cdot\varphi\,.$$

(i) $\Longrightarrow$ (ii): Ist v schwache Ableitung von u, so ist $u_0(x) := \int_{x_0}^{x} v(t)dt$ $(x_0 \in I)$ absolutstetig. Partielle Integration ergibt

$$0 = \int_I u\,\varphi' + \int_I v\,\varphi = \int_I (u - u_0)\,\varphi'$$

für alle $\varphi \in \mathrm{C}_c^\infty(I)$. Mit dem Hilbertschen Lemma § 10 : 4.3 folgt $u - u_0 = c$ mit einer Konstanten c. Wegen $u_0(x_0) = 0$ folgt $c = u(x_0)$ und damit (ii). □

(d) Glattheitseigenschaften von W^k–Funktionen.

Bereits für $n = 2$ enthält $\mathrm{W}^1(\Omega)$ unstetige und unbeschränkte Funktionen, wie z.B. $\log\log(4/\|\mathbf{x}\|)$ auf der Einheitskreisscheibe Ω, vgl. [134] p.118 ff.

Im folgenden Satz werden Bedingungen für die Stetigkeit und die Differenzierbarkeit von Sobolew–Funktionen angegeben. Mit der üblichen, etwas ungenauen Schreibweise $\mathrm{W}^r(\Omega) \subset \mathrm{C}^s(\overline{\Omega})$ ist gemeint, daß jede Funktion $u \in \mathrm{W}^r(\Omega)$ nach Abänderung auf einer Nullmenge in $\mathrm{C}^s(\overline{\Omega})$ liegt; u bezeichnet in diesem Fall die eindeutig bestimmte Funktion in $\mathrm{C}^s(\overline{\Omega})$.

Den Raum $\mathrm{C}^s(\overline{\Omega})$ versehen wir mit der Supremumsnorm

$$\|u\|_{\mathrm{C}^s(\overline{\Omega})} := \sum_{|\alpha|\le s} \sup\left\{|\partial^\alpha u(\mathbf{x})| \mid \mathbf{x} \in \overline{\Omega}\right\}.$$

Einbettungssatz (C.B. Morrey 1940). *Ist Ω ein beschränktes, C^1– oder Lipschitz–berandetes Gebiet, so gilt für $r > s + n/2$*

$$\mathrm{W}^r(\Omega) \subset \mathrm{C}^s(\overline{\Omega}),$$

und es gibt eine Konstante $c = c(\Omega, r, s) > 0$ mit

$$\|u\|_{\mathrm{C}^s(\overline{\Omega})} \le c\,\|u\|_r \quad \textit{für} \quad u \in \mathrm{W}^r(\Omega).$$

Dieser Satz wird meistens als Teil des **Sobolewschen Einbettungssatzes** zitiert. Für den Beweis siehe [134] 5.4 Thm., [67] § 5.9, § 2.6.

Für Intervalle $\Omega = I$ ergibt sich die schon in (c) festgestellte Stetigkeit von Funktionen $u \in W^1(I)$. Für $\Omega \subset \mathbb{R}^n$ mit $n \le 3$ ist jede Funktion $u \in \mathrm{W}^2(\Omega)$ stetig und aus der Konvergenz $u_k \to u$ im Sobolew–Raum $\mathrm{W}^2(\Omega)$ folgt gleichmäßige Konvergenz $u_k \to u$.

Seien $\mathcal{X}$, $\mathcal{Y}$ normierte Räume mit Normen $\|\,\|_{\mathcal{X}}$, $\|\,\|_{\mathcal{Y}}$. Gilt $\mathcal{X} \subset \mathcal{Y}$ und

$$\|u\|_{\mathcal{Y}} \le \text{const}\,\|u\|_{\mathcal{X}} \quad \text{für alle } u \in \mathcal{X},$$

so schreiben wir $\mathcal{X} \hookrightarrow \mathcal{Y}$ und nennen $\boldsymbol{\mathcal{X}}$ **stetig eingebettet in** $\boldsymbol{\mathcal{Y}}$. Mit dieser Notation lautet der Einbettungssatz $\mathrm{W}^r(\Omega) \hookrightarrow \mathrm{C}^s(\overline{\Omega})$ für $r > s + n/2$.

6.5 Regularität schwacher Lösungen

Nach 6.3 hat das reduzierte Randwertproblem

$$(\mathrm{D}_0) \quad -\Delta u = f + \Delta g \text{ in } \Omega, \quad u = 0 \text{ auf } \partial\Omega$$

für alle $f \in \mathrm{L}^2(\Omega)$, $g \in \mathrm{W}^1(\Omega)$ eine schwache Lösung $u_0 \in W_0^1(\Omega)$, d.h. es gilt

$$\int_\Omega \left(\langle \nabla u_0, \nabla\varphi\rangle - f\varphi + \langle \nabla g, \nabla\varphi\rangle\right) d^n\mathbf{x} = 0 \quad \text{für jedes } \varphi \in \mathrm{W}_0^1(\Omega).$$

Für $u := u_0 + g \in \mathrm{W}^1(\Omega)$ gilt dann $u - g \in \mathrm{W}_0^1(\Omega)$ und

$$(**) \quad \int_\Omega (\langle \nabla u, \nabla \varphi \rangle - f\,\varphi)\, d^n\mathbf{x} = 0 \quad \text{für jedes } \varphi \in \mathrm{W}_0^1(\Omega)\,.$$

Wir nennen u eine **schwache Lösung** des Dirichlet–Problems

$$\text{(D)} \quad -\Delta u = f \text{ in } \Omega\,, \quad u = g \text{ auf } \partial\Omega\,.$$

Ohne allzu großen Aufwand läßt sich zeigen ([49] 4.5):

SATZ. (a) *Sei $\Omega \subset \mathbb{R}^2$ beschränkt, $f \in \mathrm{C}^1(\overline{\Omega})$ und $g = 0$. Dann ist u nach Abänderung auf einer Nullmenge C^2–differenzierbar in Ω.*

(b) *Für C^2–berandete Gebiete $\Omega \subset \mathbb{R}^2$ ist unter den gleichen Voraussetzungen wie in* (a) *die schwache Lösung u auf $\overline{\Omega}$ stetig und verschwindet auf $\partial\Omega$.*

Für $n \geq 3$ ist der Nachweis der stetigen Annahme der vorgeschriebenen Randwerte erheblich aufwendiger. Es gilt der fundamentale

Regularitätssatz. *Sei $k \in \mathbb{N}_0$, Ω ein beschränktes C^{k+2}–berandetes Gebiet, $f \in \mathrm{W}^k(\Omega)$ und $g \in \mathrm{W}^{k+2}(\Omega)$. Dann gehört die schwache Lösung u von* (D) *zu $\mathrm{W}^{k+2}(\Omega)$ und es gilt*

$$\|u\|_{k+2} \leq c(\|f\|_k + \|g\|_{k+2})$$

mit einer von u unabhängigen Konstanten $c = c(\Omega, k) > 0$.

Zusammen mit dem Einbettungssatz 6.4 (d) ergibt sich für $k + 2 - n/2 > s$ die Differenzierbarkeitsaussage $u \in \mathrm{C}^s(\overline{\Omega})$, insbesondere Stetigkeit auf $\overline{\Omega}$ im Fall $k + 2 - n/2 > 0$.

Der Regularitätssatz wurde von FRIEDRICHS, LADYZHENSKAYA, NIRENBERG, BROWDER, LAX und anderen um 1953 bewiesen. Der Beweis beruht auf trickreicher Wahl von Testfunktionen φ in der Gleichung $(**)$ und lokalem Geradebiegen des Randes $\partial\Omega$ durch C^{k+2}–Diffeomorphismen. Unter diesen Diffeomorphismen geht die Poisson–Gleichung in eine gleichmäßig elliptische Gleichung (vgl.6.1 (b)) über.

Zum Beweis verweisen wir auf [79] 8.3, 8.4, [58] Part II Ch. 2, § 1 und [67] § 5.9.

BEMERKUNGEN.

(i) Der Regularitätssatz liefert die Kontrollierbarkeit der vollen W^{k+2}–Norm einer Funktion $u \in \mathrm{W}_0^1(\Omega)$ mit $\Delta u \in \mathrm{W}^k(\Omega)$ durch die W^k–Norm von Δu,

$$\|u\|_{k+2} \leq c\,\|\Delta u\|_k\,.$$

Diese wichtige Tatsache erlaubt bei der Entwicklung nach Eigenfunktionen des Laplace–Operators 1.2 die Charakterisierung des Abfallverhaltens der Fourierkoeffizienten von Funktionen im Sobolew–Raum durch ihre Differenzierbarkeitsstufe.

(ii) Die Voraussetzungen des Regularitätssatzes sind nicht optimal. Dies zeigt der Vergleich mit dem auf der Potentialtheorie beruhenden Existenzsatz 5.1 (a).

(iii) Bei nicht glatt berandeten Gebieten Ω sind der maximal erreichbaren Regularitätsstufe der Lösung Grenzen gesetzt. Dies läßt sich am Beispiel von harmonischen Funktionen auf Kreissektoren (vgl. 2.9) leicht plausibel machen; siehe auch [80] Ch. 4, [86] Ch. 2.

6.6 Fortsetzung von Randwerten ins Innere

Ist $\Omega \subset \mathbb{R}^n$ beschränkt und C^{k+1}-berandet, so läßt sich jede C^k-Funktion g auf $\partial\Omega$ zu einer C^k-Funktion G auf $\overline{\Omega}$ fortsetzen und es gilt

$$\|G\|_{C^k(\overline{\Omega})} \le c\,\|g\|_{C^k(\partial\Omega)}\,.$$

mit einer von g unabhängigen Konstanten $c = c(\Omega, k) > 0$.

Beweisskizze. Wir führen wie in § 11 : 4.3* Normalkoordinaten in einer Umgebung des Randes $\partial\Omega$ ein: Das äußere Einheitsnormalenfeld $\mathbf{n} : \partial\Omega \to \mathbb{R}^n$ von Ω ist C^k– differenzierbar und

$$\mathbf{\Phi} : \partial\Omega \times]-\varepsilon, \varepsilon[\to \mathbb{R}^n, \quad (\mathbf{y}, r) \mapsto \mathbf{y} - r\,\mathbf{n}(\mathbf{y})$$

ist für $\varepsilon \ll 1$ ein C^k–Diffeomorphismus auf eine Umgebung $\mathcal{U} \subset \mathbb{R}^n$ von $\partial\Omega$. Die Umkehrabbildung von $\mathbf{\Phi}$ hat die Gestalt

$$\mathbf{\Phi}^{-1}(\mathbf{x}) = (p(\mathbf{x}), d(\mathbf{x})) \in \partial\Omega \times]-\varepsilon, \varepsilon[$$

mit C^k–differenzierbaren Funktionen p und d auf $\mathcal{U}$.

Wir wählen $\eta \in \mathrm{C}_c^\infty(]-\varepsilon, \varepsilon[)$ mit $\eta(0) = 1$ und definieren $G : \mathbb{R}^n \to \mathbb{R}$ durch

$$G(\mathbf{x}) := \begin{cases} \eta(d(\mathbf{x}))\,g(p(\mathbf{x})) & \text{für } \mathbf{x} \in \mathcal{U}\,, \\ 0 & \text{für } \mathbf{x} \in \mathbb{R}^n \setminus \mathcal{U}\,. \end{cases}$$

Dann ist G eine C^k–Funktion mit $G = g$ auf $\partial\Omega$. Die Abschätzung von G in der C^k–Norm ergibt sich aus der Tatsache, daß alle Ableitungen von p, d, η durch Konstanten beschränkt sind, die nur von Ω und $\varepsilon = \varepsilon(\Omega)$ abhängen. □

§ 15 Eigenwertprobleme für den Laplace–Operator

1 Entwicklung nach Eigenfunktionen des Laplace–Operators

1.1 Problemstellung

Auf das **Dirichletsche Eigenwertproblem** für den Laplace–Operator auf einem beschränkten Gebiet $\Omega \subset \mathbb{R}^n$,

$$\text{(D)} \quad -\Delta v = \lambda v \text{ in } \Omega, \quad v = 0 \text{ auf } \partial\Omega$$

werden wir u.a. durch den Produktansatz $u(\mathbf{x}, t) = a(t)v(\mathbf{x})$ für das Anfangswertproblem der Wellengleichung

$$\begin{cases} \dfrac{\partial^2 u}{\partial t^2} - c^2 \Delta u = 0 \text{ in } \Omega \times \mathbb{R}, \quad u = 0 \text{ auf } \partial\Omega \times \mathbb{R}, \\ u = u_0, \quad \dfrac{\partial u}{\partial t} = u_1 \text{ auf } \Omega \times \{0\} \end{cases}$$

geführt. Wie bei den Separationsansätzen für den Fall $n = 1$ spaltet sich dieses Problem auf in das Eigenwertproblem (D) und die gewöhnliche Differentialgleichung

$$\ddot{a}(t) + c^2 \lambda a(t) = 0.$$

Haben wir für das Dirichletsche Eigenwertproblem (D) ein vollständiges Orthonormalsystem von Eigenfunktionen $v_1, v_2, \ldots$ in $\mathrm{L}^2(\Omega)$ und zugehörige positive Eigenwerte $\lambda_1, \lambda_2, \ldots$ gefunden, so ist der zu v_k, λ_k gehörende zeitabhängige Faktor $a(t) = a_k(t)$ von der Gestalt

$$a_k(t) = \alpha_k \cos(\mu_k t) + \beta_k \sin(\mu_k t)$$

mit $\mu_k := c\sqrt{\lambda_k}$ und Konstanten $\alpha_k, \beta_k \in \mathbb{R}$. Zu erwarten ist, daß die aus den Produktlösungen bestehende Reihe

$$u(\mathbf{x}, t) = \sum_{k=1}^{\infty} a_k(t) v_k(\mathbf{x})$$

eine Lösung des obigen Anfangswertproblems in einem geeigneten Sinn liefert, falls die Anfangsbedingungen

$$u_0(\mathbf{x}) = u(\mathbf{x}, 0) = \sum_{k=1}^{\infty} \alpha_k v_k(\mathbf{x}), \quad u_1(\mathbf{x}) = \frac{\partial u}{\partial t}(\mathbf{x}, 0) = \sum_{k=1}^{\infty} \beta_k \mu_k v_k(\mathbf{x})$$

erfüllt sind.

Wie bei den Fourierreihen in § 6 : 2 stellt sich somit auch hier als zentrales Problem die Entwickelbarkeit „beliebiger" Funktionen in Reihen nach Eigenfunktionen des Laplace–Operators. Diese Reihen nennen wir wie dort **Fourierreihen**.

Werden beim Anfangs–Randwertproblem homogene Neumannsche Randbedingungen gestellt, so führt der Produktansatz auf das **Neumannsche Eigenwertproblem**

$$\text{(N)} \quad -\Delta v = \lambda v \;\text{ in }\; \Omega\,, \quad \partial_{\mathbf{n}} v = 0 \;\text{ auf }\; \partial\Omega\,.$$

Wir zeigen im folgenden für das Dirichletsche Eigenwertproblem auf beschränkten Gebieten $\Omega \subset \mathbb{R}^n$ die Existenz eines vollständigen ONS von Eigenfunktionen in den Räumen $\mathrm{L}^2(\Omega)$, $\mathrm{W}^r(\Omega)$ und $\mathrm{C}^s(\overline{\Omega})$. Die Beweise lassen sich mit geringen Modifikationen auf das Neumannsche Eigenwertproblem übertragen.

1.2 Der Entwicklungssatz in $\mathbf{L}^2(\Omega)$

Es werden die Bezeichnungen von § 14 : 6.3 verwendet:

$$H = \mathrm{L}^2(\Omega)\,, \quad \langle u, v\rangle_H = \int_\Omega uv\, d^n\mathbf{x}\,, \qquad \|u\|_H^2 = \int_\Omega u^2\, d^n\mathbf{x}\,,$$

$$V = \mathrm{W}_0^1(\Omega)\,, \quad \langle u, v\rangle_V = \int_\Omega \langle \nabla u, \nabla v\rangle\, d^n\mathbf{x}\,, \quad \|u\|_V^2 = \int_\Omega \|\nabla u\|^2\, d^n\mathbf{x}\,.$$

Entwicklungssatz I. (a) *Für jedes beschränkte Gebiet $\Omega \subset \mathbb{R}^n$ gibt es Funktionen $v_i \in \mathrm{W}_0^1(\Omega)$ und Zahlen $\lambda_i > 0$ $(i = 1, 2, \ldots)$ mit folgenden Eigenschaften:*

(i) *Die v_i sind schwache Lösungen des Dirichletschen Eigenwertproblems,*

$$\langle v_i\,, \varphi\rangle_V = \lambda_i \langle v_i\,, \varphi\rangle_H \;\text{ für alle }\; \varphi \in \mathrm{W}_0^1(\Omega) \quad (i = 1, 2, \ldots)\,,$$

(ii) $0 < \lambda_1 \le \lambda_2 \le \ldots, \quad \lim\limits_{k\to\infty} \lambda_k = \infty\,.$

(iii) *$v_1, v_2, \ldots$ ist ein vollständiges ONS in $\mathrm{L}^2(\Omega)$, das heißt für jede Funktion $u \in \mathrm{L}^2(\Omega)$ konvergieren die Partialsummen $s_k := \sum\limits_{i=1}^{k} \langle v_i\,, u\rangle_H\, v_i$ der zugehörigen Fourierreihe in der L^2-Norm gegen u,*

$$\lim_{k\to\infty} \|u - s_k\|_H = 0 \quad \text{und} \quad \|u\|_H^2 = \sum_{i=1}^{\infty} \langle v_i\,, u\rangle_H^2\,.$$

(b) *Ist Ω zusätzlich C^r-berandet mit $r > 2 + n/2$, so liegt jede Eigenfunktion v_i in $\mathrm{C}^2(\overline{\Omega})$ und löst das Eigenwertproblem im klassischen Sinn,*

$$-\Delta v_i = \lambda_i v_i \;\text{ in }\; \Omega\,, \quad v_i = 0 \;\text{ auf }\; \partial\Omega \;\text{ für } i = 1, 2, \ldots\,.$$

Bemerkungen. (i) Jeder Eigenwert λ kommt unter den $\lambda_1, \lambda_2, \ldots$ vor. Denn andernfalls wäre jede zu λ gehörende Eigenfunktion v zu den $v_1, v_2, \ldots$ orthogonal, und es folgte nach (iii) $v = \sum\limits_{i=1}^{\infty} \langle v_i\,, v\rangle_H\, v_i = 0\,.$

(ii) Jeder Eigenwert hat endliche geometrische Vielfachheit. Das ergibt sich unmittelbar aus $\lim_{k\to\infty} \lambda_k = \infty$.

(iii) Für das Neumannsche Eigenwertproblem bleiben die Aussagen des Entwicklungssatzes mit zwei Modifikationen gültig: Es ist $\lambda_1 = 0$ (die zugehörigen Eigenfunktionen sind die Konstanten), und $\mathrm{W}_0^1(\Omega)$ ist durch $\mathrm{W}^1(\Omega)$ zu ersetzen; siehe [3] VIII.§ 6, [65] II.5.

Der Beweis von Teil (a) des Entwicklungssatzes beruht darauf, die Inverse des Laplace–Operators zu einem Operator G auf $\mathrm{L}^2(\Omega)$ fortzusetzen und auf diesen Operator den Spektralsatz für kompakte symmetrische Operatoren aus § 22 anzuwenden. Hierzu benötigen wir einige Vorbereitungen.

(c) Nach § 14 : 6.3 gibt es zu jeder Funktion $f \in H = \mathrm{L}^2(\Omega)$ genau eine schwache Lösung $u \in V = \mathrm{W}_0^1(\Omega)$ der Gleichung $-\Delta u = f$, bestimmt durch die Beziehung

$$\langle u, \varphi \rangle_V = \langle f, \varphi \rangle_H \quad \text{für alle } \varphi \in \mathrm{C}_c^\infty(\Omega).$$

Diese ist äquivalent zur Beziehung

$$(1) \qquad \langle u, v \rangle_V = \langle f, \varphi \rangle_H \quad \text{für alle } \varphi \in \mathrm{W}_0^1(\Omega),$$

denn $\mathrm{C}_c^\infty(\Omega)$ ist dicht in $V = \mathrm{W}_0^1(\Omega)$, und wegen der Poincaré–Ungleichung § 14 : 6.2 (d) impliziert die Konvergenz in V die Konvergenz in $H = \mathrm{L}^2(\Omega)$.

Die durch die Beziehung (1) definierte Abbildung

$$G : H \to V \subset H, \quad f \mapsto u$$

wird der **Green–Operator** für das Dirichletsche Randwertproblem auf Ω genannt.

Eigenschaften des Green–Operators. *Der Green–Operator*

$$G : \mathrm{L}^2(\Omega) \to \mathrm{L}^2(\Omega)$$

ist symmetrisch, positiv definit und kompakt.

Die Kompaktheit von G bedeutet, daß für jede in $H = \mathrm{L}^2(\Omega)$ beschränkte Folge (f_k) die Bildfolge (Gf_k) eine in H konvergente Teilfolge enthält.

BEWEIS.
Mit $Gf = u \in \mathrm{W}_0^1(\Omega)$ folgt aus (1) und der Poincaré–Ungleichung

$$(2) \qquad \|Gf\|_H^2 = \|u\|_H^2 = \langle u, u \rangle_H \le c^2 \langle u, u \rangle_V = c^2 \langle f, Gf \rangle_H ,$$

woraus mit der Cauchy–Schwarzschen Ungleichung die Stetigkeit von G folgt:

$$(3) \qquad \|Gf\|_H \le c^2 \|f\|_H \quad \text{für alle } f \in H.$$

G ist injektiv, was sich unmittelbar aus der Definition (1) und dem Fundamentallemma § 10 : 4.2 ergibt. Zusammen mit (2) folgt hieraus die positive Definitheit von G,

$$\langle f, Gf \rangle_H \geq c^{-2} \|Gf\|_H^2 > 0 \quad \text{für } f \neq 0 .$$

Die Symmetrie von G ergibt sich nach Bd. 1, § 20 : 2.1 (c).

Der Green–Operator G ist kompakt. Denn aus $\|f_n\|_H \leq M$ folgt nach (3)

$$\|Gf_n\|_H \leq c^2 M \quad \text{für } n = 1, 2, \ldots ,$$

und mit (2) ergibt sich

$$\|Gf_n\|_V^2 = \langle f_n, Gf_n \rangle_H \leq \|f_n\|_H \|Gf_n\|_H \leq c^2 M^2 .$$

Nach dem Rellichschen Auswahlsatz § 14 : 6.2 (e) enthält somit (Gf_n) eine in H konvergente Teilfolge. □

(d) BEWEIS des Entwicklungssatzes.

Zum Nachweis von (a) wenden wir den Spektralsatz für kompakte, symmetrische und positiv definite Operatoren § 22 : 4.5 auf den Green–Operator G an. Nach diesem existiert in H ein vollständiges ONS $v_1, v_2, \ldots$ von Eigenvektoren von G, wobei die zugehörigen Eigenwerte $\mu_i = \langle v_i, Gv_i \rangle_H > 0$ eine monoton fallende Nullfolge bilden. Die Eigenwertgleichung $Gv_i = \mu_i v_i$ bedeutet

$$\langle v_i, \varphi \rangle_H = \mu_i \langle v_i, \varphi \rangle_V \quad \text{für alle } \varphi \in \mathrm{W}_0^1(\Omega) ,$$

d.h. die v_i lösen das Dirichletsche Eigenwertproblem für den Laplace–Operator im schwachen Sinn, und für die zugehörigen Eigenwerte $\lambda_i := \mu_i^{-1}$ gilt

$$\lambda_i > 0 , \quad \lim_{k \to \infty} \lambda_k = \infty .$$

Teil (b) des Entwicklungssatzes ergibt sich durch mehrfache Anwendung des Reguläritätssatzes in § 14 : 6.5 ÜA. □

Die Bezeichnungen v_i, λ_i behalten wir in den folgenden Unterabschnitten bei.

1.3 Der Entwicklungssatz in $\mathbf{W}_0^1(\Omega)$

(a) SATZ. *Es gilt*

$$\mathrm{W}_0^1(\Omega) = \left\{ u \in \mathrm{L}^2(\Omega) \;\middle|\; \sum_{i=1}^{\infty} \lambda_i \langle v_i, u \rangle_H^2 < \infty \right\} ,$$

$$\|u\|_V^2 = \sum_{i=1}^{\infty} \lambda_i \langle v_i, u \rangle_H^2 \quad \text{für } u \in \mathrm{W}_0^1(\Omega) .$$

Durch $w_i = \lambda_i^{-1/2} v_i$ $(i = 1, 2, \ldots)$ *ist ein vollständiges ONS für den Hilbertraum* $V = \mathrm{W}_0^1(\Omega)$ *gegeben, d.h. für* $u \in V$ *gilt*

$$u = \sum_{i=1}^{\infty} \langle w_i , u \rangle_V \, w_i \quad \text{in } V \quad \text{und} \quad \|u\|_V^2 = \sum_{i=1}^{\infty} \langle w_i , u \rangle_V^2 .$$

Beweis.

(i) Wir erinnern daran, daß nach § 9 : 4.8 jeder Hilbertraum $\mathscr{H}$ über $\mathbb{R}$ mit Skalarprodukt $\langle \cdot , \cdot \rangle$, der ein abzählbares vollständiges ONS $u_1, u_2, \ldots$ besitzt, isomorph zum Hilbertschen Folgenraum ℓ^2 ist: Für $h \in \mathscr{H}$ gilt die Parsevalsche Gleichung $\|h\|^2 = \sum_{i=1}^{\infty} \langle u_i , h \rangle^2$, und für jede Folge $(c_1, c_2, \ldots) \in \ell^2$ konvergiert die Reihe $\sum_{i=1}^{\infty} c_i u_i$ in $\mathscr{H}$.

(ii) Aus der Eigenwertgleichung

$$\text{(4)} \qquad \langle v_i , v \rangle_V = \lambda_i \langle v_i , v \rangle_H \quad \text{für alle } v \in \mathrm{W}_0^1(\Omega)$$

folgt $\langle v_i , v_k \rangle_V = \lambda_i \langle v_i , v_k \rangle_H = \lambda_i \, \delta_{ik}$, also bilden die $w_i = \lambda_i^{-1/2} v_i$ bezüglich des Skalarprodukts $\langle \cdot , \cdot \rangle_V$ ein ONS, und es gilt

$$\text{(5)} \qquad \langle w_i , u \rangle_V = \sqrt{\lambda_i} \, \langle v_i , u \rangle_H \quad \text{für } i = 1, 2, \ldots .$$

Zum Nachweis der Vollständigkeit dieses ONS ist nach dem Kriterium § 9 : 4.4 (e) zu zeigen:

$$\langle w_i , u \rangle_V = 0 \ \text{ für alle } i = 1, 2, \ldots \implies u = 0 .$$

In der Tat folgt aus $\langle w_i , u \rangle_V = 0$ nach (5) auch $\langle v_i , u \rangle_H = 0$ für $i \in \mathbb{N}$ und wegen der Vollständigkeit des ONS v_i in H dann $u = 0$ in H.

(iii) Daher gilt für $u \in V = \mathrm{W}_0^1(\Omega)$ die Parsevalsche Gleichung

$$\|u\|_V^2 = \sum_{i=1}^{\infty} \langle w_i , u \rangle_V^2 \overset{(5)}{=} \sum_{i=1}^{\infty} \lambda_i \langle v_i , u \rangle_H^2 .$$

Zu zeigen bleibt: Aus $u \in \mathrm{L}^2(\Omega)$ und $\sum_{i=1}^{\infty} \lambda_i \langle v_i , u \rangle_H^2 < \infty$ folgt $u \in \mathrm{W}_0^1(\Omega)$.

Denn nach (5) ist $\sum_{i=1}^{\infty} \langle w_i , u \rangle_V^2 < \infty$, also gibt es nach (i) ein $v \in V = \mathrm{W}_0^1(\Omega)$ mit $\langle w_i , v \rangle_V = \langle w_i , u \rangle_V$ für $i = 1, 2, \ldots$, und nach 1.2 (a) ergibt sich

$$u = \sum_{i=1}^{\infty} \langle v_i , u \rangle_H \, v_i \overset{(5)}{=} \sum_{i=1}^{\infty} \langle w_i , u \rangle_V \, w_i = \sum_{i=1}^{\infty} \langle w_i , v \rangle_V \, w_i = v$$

in der Norm $\| \cdot \|_H$, also $u = v \in \mathrm{W}_0^1(\Omega)$. □

(b) **Rayleigh–Prinzip und Poincaré–Konstante.** *Eigenwerte und Eigenfunktionen lassen sich durch folgende Minimumeigenschaft charakterisieren:*

$$\lambda_1 = \min\left\{ \frac{\|u\|_V^2}{\|u\|_H^2} \;\middle|\; u \in V\,,\;\; u \neq 0 \right\};$$

das Minimum wird genau für die Eigenfunktionen u zum Eigenwert λ_1 angenommen.

Weiter gilt für $k > 1$

$$\lambda_k = \min\left\{ \frac{\|u\|_V^2}{\|u\|_H^2} \;\middle|\; u \in V\,,\;\; u \neq 0,\;\; \langle v_i\,, u\rangle_H = 0 \;\text{ für }\; i < k \right\},$$

wobei das Minimum genau für die Eigenfunktionen zum Eigenwert λ_k angenommen wird.

Für die Poincaré–Konstante (§ 14 : 6.2 (d)) *ergibt sich damit* $c(\Omega) = 1/\sqrt{\lambda_1}$.

Denn nach (a) und der Parsevalschen Gleichung gilt für $u \in V, \;\; u \neq 0$

$$\|u\|_V^2 = \sum_{i=1}^{\infty} \lambda_i \langle v_i\,, u\rangle_H^2 \geq \lambda_1 \sum_{i=1}^{\infty} \langle v_i\,, u\rangle_H^2 = \lambda_1 \|u\|_H^2$$

mit Gleichheit genau dann, wenn $(\lambda_i - \lambda_1)\langle v_i\,, u\rangle_H^2 = 0$ für $i = 1, 2, \ldots$ gilt, was nach 1.2 (a) bedeutet, daß u ein Eigenvektor zum Eigenwert λ_1 ist.

Der Fall $k > 1$ ergibt sich analog ÜA.

1.4 Der Entwicklungssatz in $\mathbf{W}^r(\Omega)$ und $\mathbf{C}^s(\overline{\Omega})$

(a) Sei $\Omega \subset \mathbb{R}^n$ ein beschränktes Gebiet. Nach 1.1 (c) ordnet der Green–Operator G jedem $f \in H = \mathrm{L}^2(\Omega)$ die schwache Lösung $u \in V = \mathrm{W}_0^1(\Omega)$ der Gleichung $-\Delta u = f$ zu, definiert durch

$$(*) \qquad \langle u\,, \varphi\rangle_V = \langle f\,, \varphi\rangle_H \quad \text{für alle } \varphi \in \mathrm{W}_0^1(\Omega)\,.$$

Wir betrachten die Umkehrung A von G mit dem Definitionsbereich $\mathcal{D}(A) := G(H)$. Es gilt also $u \in \mathcal{D}(A)$ genau dann, wenn es ein $f \in H$ gibt mit $(*)$; in diesem Fall ist $Au = f$ (und $u = Gf$). Es folgt $\langle u\,, Au\rangle_H = \langle Gf\,, f\rangle_H > 0$ für $0 \neq u \in \mathcal{D}(A)$ und damit die Symmetrie von A, $\langle u\,, Av\rangle_H = \langle Au\,, v\rangle_H$ für $u, v \in \mathcal{D}(A)$.

Der Operator A ist eine Fortsetzung des auf $\mathrm{C}_0^2(\Omega) := \{u \in \mathrm{C}^2(\Omega) \cap \mathrm{C}^0(\overline{\Omega}) \mid u = 0 \text{ auf } \partial\Omega\}$ definierten Laplace–Operators $u \mapsto -\Delta u$, auch *Abschluß* des Laplace–Operators auf $\mathrm{C}_0^2(\Omega)$ genannt. Die Eigenwertgleichung $\langle v_i\,, \varphi\rangle_V = \lambda\langle v_i\,, \varphi\rangle_H$ für $\varphi \in V$ lautet dann $Av_i = \lambda_i v_i$.

Aus dem Regularitätssatz in § 14 : 6.5 (für $g = 0$, $k = 0$) ergibt sich ÜA der

SATZ. *Für beschränkte, C^2–berandete Gebiete $\Omega \subset \mathbb{R}^n$ gilt*

$$\mathcal{D}(A) = \mathrm{W}_0^1(\Omega) \cap \mathrm{W}^2(\Omega)\,.$$

Die Norm $u \mapsto \|Au\|_H$ *ist äquivalent zur Sobolew–Norm*

$$\|u\|_2 = \Big(\sum_{|\alpha| \le 2} \int_\Omega |\partial^\alpha u|^2 \, d^n\mathbf{x} \Big)^{1/2} ,$$

d.h. es gilt mit einer Konstanten $c \ge 1$

$$\|Au\|_H \le \|u\|_2 \le c\,\|Au\|_H \quad \textit{für alle } u \in \mathcal{D}(A).$$

(b) SATZ. *Es gilt*

$$\mathcal{D}(A) = \Big\{ u \in \mathrm{L}^2(\Omega) \;\Big|\; \sum_{i=1}^\infty \lambda_i^2 \langle v_i , u \rangle_H^2 < \infty \Big\},$$

$$Au = \sum_{i=1}^\infty \lambda_i \langle v_i , u \rangle_H \, v_i\,, \quad \|Au\|_H^2 = \sum_{i=1}^\infty \lambda_i^2 \langle v_i , u \rangle_H^2 \quad \textit{für } u \in \mathcal{D}(A)\,.$$

BEWEIS.
Für $u \in \mathcal{D}(A)$ gilt $v := Au \in H$ und $\langle v_i , v \rangle_H = \langle v_i , Au \rangle_H = \langle Av_i , u \rangle_H = \lambda_i \langle v_i , u \rangle_H$. Gemäß 1.2 (a) folgt damit

$$\|Au\|_H^2 = \|v\|_H^2 = \sum_{i=1}^\infty \langle v_i , v \rangle_H^2 = \sum_{i=1}^\infty \lambda_i^2 \langle v_i , u \rangle_H^2 < \infty\,.$$

Umgekehrt folgt aus $\sum_{i=1}^\infty \lambda_i^2 \langle v_i , u \rangle_H^2 < \infty$ nach Beweisteil (i) von 1.3 (a) die Existenz eines $v \in H$ mit $v = \sum_{i=1}^\infty \lambda_i \langle v_i , u \rangle_H v_i$. Wegen der Stetigkeit des Green–Operators G, vgl. 1.2 (c), folgt mit $Gv_i = \lambda_i^{-1} v_i$

$$u = \sum_{i=1}^\infty \langle v_i , u \rangle_H v_i = \sum_{i=1}^\infty \lambda_i \langle v_i , u \rangle_H \, Gv_i = Gv \in \mathcal{D}(A). \qquad \square$$

(c) Für $p \ge 0$ definieren wir die ***p*–te Potenz** von A als den Operator A^p mit dem Definitionsbereich

$$\mathcal{D}(A^p) := \Big\{ u \in \mathrm{L}^2(\Omega) \;\Big|\; \sum_{i=1}^\infty \lambda_i^{2p} \langle v_i , u \rangle_H^2 < \infty \Big\}$$

und der Vorschrift

$$A^p u := \sum_{i=1}^\infty \lambda_i^p \langle v_i , u \rangle_H \, v_i \quad \text{für } u \in \mathcal{D}(A^p)\,.$$

Nach 1.3 (a) und 1.4 (b) gilt also

$$\mathcal{D}(A^0) = H, \ \ \mathcal{D}(A^{1/2}) = \mathrm{W}_0^1(\Omega), \ \ \mathcal{D}(A^1) = \mathcal{D}(A), \quad A^1 = A .$$

Auf $\mathcal{D}(A^p)$ definieren wir ein Skalarprodukt und die zugehörige Norm durch

$$\langle u, v \rangle_{A^p} := \langle A^p u, A^p v \rangle_H = \sum_{i=1}^{\infty} \lambda_i^{2p} \langle v_i, u \rangle_H \langle v_i, v \rangle_H ,$$

$$\|u\|_{A^p}^2 := \|A^p u\|_H^2 = \sum_{i=1}^{\infty} \lambda_i^{2p} \langle v_i, u \rangle_H^2 .$$

SATZ. $\big(\mathcal{D}(A^p), \langle \cdot , \cdot \rangle_{A^p}\big)$ *ist ein Hilbertraum, und die* $(\lambda_k^{-p} v_k)$ *bilden ein vollständiges ONS für* $\mathcal{D}(A^p)$.

BEWEIS.
Wegen

$$\langle v_i, v_k \rangle_{A^p} = \langle A^p v_i, A^p v_k \rangle_H = \langle \lambda_i^p v_i, \lambda_k^p v_k \rangle_H = \lambda_i^{2p} \delta_{ik}$$

bilden die $w_k := \lambda_k^{-p} v_k$ ein ONS in $\mathcal{D}(A^p)$. Zum Nachweis der Hilbertraumeigenschaft von $\mathcal{D}(A^p)$ betrachten wir die Abbildung

$$\Phi : \mathcal{D}(A^p) \to \ell^2, \quad u \mapsto \Phi(u) := \big(\lambda_i^p \langle v_i, u \rangle_H \big)_{i \in \mathbb{N}} .$$

Φ *ist eine Isometrie* wegen

$$\langle \Phi u, \Phi v \rangle_{\ell^2} = \sum_{i=1}^{\infty} \lambda_i^{2p} \langle v_i, u \rangle_H \langle v_i, v \rangle_H = \langle u, v \rangle_{A^p} .$$

Φ *ist surjektiv:* Zu gegebenem $a = (a_1, a_2, \dots) \in \ell^2$ setzen wir $b_i := \lambda_i^{-p} a_i$ und erhalten $\lambda_1^{2p} \sum_{i=1}^{\infty} b_i^2 \le \sum_{i=1}^{\infty} \lambda_i^{2p} b_i^2 = \sum_{i=1}^{\infty} a_i^2 < \infty$. Nach 1.3 (a), Beweisteil (i) existiert dann eine Funktion $u \in \mathrm{L}^2(\Omega)$ mit $\langle v_i, u \rangle_H = b_i \ \ (i = 1, 2, \dots)$. Für diese gilt $\sum_{i=1}^{\infty} \lambda_i^{2p} \langle v_i, u \rangle_H^2 = \sum_{i=1}^{\infty} a_i^2 < \infty$, also $u \in \mathcal{D}(A^p)$ und $\Phi u = a$.

$\Phi : \mathcal{D}(A^p) \to \ell^2$ ist somit unitär, $\mathcal{D}(A^p)$ also ein Hilbertraum. Die w_k bilden ein vollständiges ONS in $\mathcal{D}(A)$, weil diese unter Φ auf die Einheitsvektoren des ℓ^2 abgebildet werden. □

(d) **Äquivalenzsatz.** *Sei* $r \in \mathbb{N}$ *und* $\Omega \subset \mathbb{R}^n$ *ein beschränktes,* C^r*–berandetes Gebiet. Dann gilt mit* $q := \big[\tfrac{1}{2}(r-1)\big] = \mathrm{Int}\big(\tfrac{1}{2}(r-1)\big)$

$$\mathcal{D}(A^{r/2}) = \big\{ u \in \mathrm{W}^r(\Omega) \mid u, Au, \dots, A^q u \in \mathrm{W}_0^1(\Omega) \big\} ,$$

und die Norm $\|\cdot\|_{A^{r/2}}$ *ist äquivalent zur Sobolew–Norm* $\|\cdot\|_r$ (vgl. § 14 : 6.4 (b)).

Beweis.

(i) Der Regularitätssatz § 14 : 6.5 (mit $g = 0$) liefert für $u \in \mathrm{W}_0^1(\Omega)$, $\ell \leq r-2$

$$Au \in \mathrm{W}^\ell(\Omega) \iff u \in \mathrm{W}^{\ell+2}(\Omega),$$

$$\|Au\|_\ell \leq \|u\|_{\ell+2} \leq c(\Omega,\ell)\,\|Au\|_\ell \quad \text{für } u \in \mathrm{W}^{\ell+2}(\Omega).$$

(ii) Für $p \geq 0$ gilt nach 1.3 (a) $\mathcal{D}(A^{p+1}) = \{u \in \mathrm{W}_0^1(\Omega) \mid Au \in \mathcal{D}(A^p)\}$ [ÜA].

(iii) Wir zeigen die Behauptung zunächst für gerades $r = 2k$ durch Induktion nach $k = 1, 2, \ldots$. Wegen $q = [\frac{r-1}{2}] = [k - \frac{1}{2}] = k-1$ lautet die Behauptung

$$\mathcal{D}(A^k) = \{u \in \mathrm{W}^{2k}(\Omega) \mid u, Au, \ldots, A^{k-1}u \in \mathrm{W}_0^1(\Omega)\},$$

$$\|u\|_{A^k} \leq \|u\|_{2k} \leq c_k\,\|u\|_{A^k}$$

mit Konstanten $c_k = c_k(\Omega)$. Für $k = 1$ ist die Behauptung nach dem Satz in (a) richtig. Ist diese richtig für $k \geq 1$, so folgt

$$\begin{aligned}
\mathcal{D}(A^{k+1}) &\overset{\text{(ii)}}{=} \{u \in \mathrm{W}_0^1(\Omega) \mid Au \in \mathcal{D}(A^k)\} \\
&\overset{\text{(iii)}}{=} \{u \in \mathrm{W}_0^1(\Omega) \mid Au \in \mathrm{W}^{2k}(\Omega),\ Au, A^2u, \ldots, A^{k-1}Au \in \mathrm{W}_0^1(\Omega)\} \\
&\overset{\text{(i)}}{=} \{u \in \mathrm{W}^{2(k+1)}(\Omega) \mid u, Au, \ldots, A^k u \in \mathrm{W}_0^1(\Omega)\},
\end{aligned}$$

und für $u \in \mathcal{D}(A^{k+1})$ gilt

$$\begin{aligned}
\|u\|_{A^{k+1}} &= \|Au\|_{A^k} \overset{\text{(iii)}}{\leq} \|Au\|_{2k} \overset{\text{(i)}}{\leq} \|u\|_{2(k+1)} \overset{\text{(i)}}{\leq} c(\Omega, 2k)\,\|Au\|_{2k} \\
&\overset{\text{(iii)}}{\leq} c_k\, c(\Omega, 2k)\,\|Au\|_{A^k} = c_k\, c(\Omega,2k)\,\|u\|_{A^{k+1}}.
\end{aligned}$$

(iv) Für ungerades $r = 2k-1$ folgt die Behauptung analog durch Induktion nach $k = 1, 2, \ldots$. Der Induktionsanfang, d.h. die Behauptung $\mathcal{D}(A^{1/2}) = \mathrm{W}_0^1(\Omega)$ und die Äquivalenz der Normen $\|\cdot\|_{A^{1/2}}$ und $\|\cdot\|_1$ ergibt sich wie folgt: Die erste Behauptung folgt nach (c). Nach der Poincaré–Ungleichung § 14 : 6.2 (d) sind die Normen $\|\cdot\|_1$ und $\|\cdot\|_V$ äquivalent, und nach 1.3 (a) und der Definition von $\|\cdot\|_{A^{1/2}}$ gilt

$$\|u\|_{A^{1/2}}^2 = \sum_{i=1}^\infty \lambda_i\,\langle v_i\,,u\rangle_H^2 = \|u\|_V^2\,. \qquad \square$$

(e) **Entwicklungssatz II.** *Sei $r \in \mathbb{N}$ und $\Omega \subset \mathbb{R}^n$ ein C^r-berandetes Gebiet. Dann konvergiert für jede Funktion $u \in \mathrm{W}^r(\Omega)$, die den Randbedingungen*

$$u, Au, \ldots, A^q u \in \mathrm{W}_0^1(\Omega) \quad \textit{mit} \quad q := [\tfrac{r-1}{2}]$$

genügt, die Fourierreihe $u = \sum\limits_{i=1}^\infty \langle v_i\,,u\rangle_H\, v_i$ in $\mathrm{W}^r(\Omega)$.

Gilt $r > s + \frac{n}{2}$ *für ein* $s = 0, 1, \ldots$, *so konvergiert die Fourierreihe von* u *in* $\mathrm{C}^s(\overline{\Omega})$, *d.h. es gilt*

$$\partial^\alpha u = \sum_{i=1}^{\infty} \langle v_i , u \rangle_H \, \partial^\alpha v_i \quad \textit{gleichmäßig auf } \overline{\Omega} \textit{ für } |\alpha| \le s.$$

Dies ist insbesondere dann gegeben, wenn

$$u \in \mathrm{C}^r(\overline{\Omega}) \quad \text{und} \quad u = \Delta u = \ldots = \Delta^q u = 0 \;\; \textit{auf} \;\; \partial\Omega\,.$$

Beweis.
Nach dem Äquivalenzsatz liegt u in $D(A^{r/2})$ und hat daher nach 1.4 (c) bezüglich des ONS $w_k := \lambda_k^{-r/2} v_k$ die Fourierentwicklung in $\mathcal{D}(A^{r/2})$

$$u = \sum_{i=1}^{\infty} \langle w_i , u \rangle_{A^{r/2}} w_i = \sum_{i=1}^{\infty} \langle v_i , u \rangle_H v_i \,.$$

Nach dem Äquivalenzsatz konvergiert die Reihe dann auch in $\mathrm{W}^r(\Omega)$.

Die zweite Aussage ergibt sich mit Hilfe des Einbettungssatzes von Morrey § 14 : 6.4 (d). □

Beispiel. Ist $\Omega \subset \mathbb{R}^3$ ein C^2–berandetes Gebiet, so konvergiert für jede Funktion $u \in C^2(\overline{\Omega})$ mit $u = \Delta u = 0$ auf $\partial\Omega$ die Fourierreihe gleichmäßig auf $\overline{\Omega}$.

1.5 Aufgaben

(a) Zeigen Sie, daß

$$A - \lambda \mathbb{1} : \mathcal{D}(A) \to \mathrm{L}^2(\Omega) \quad \text{für} \quad \lambda < 0$$

bijektiv ist.Weisen Sie hierzu zuerst die Lösbarkeit der Gleichung $Au - \lambda u = g$ für $g \in \mathcal{D}(A)$ durch Fourierdarstellung nach und approximieren Sie dann eine gegebene rechte Seite $f \in \mathrm{L}^2(\Omega)$ unter Verwendung der Eigenschaften des Green–Operators G (1.2 (c)) durch eine Folge $g_k \in \mathcal{D}(A)$.

(b) Zeigen Sie $\mathcal{D}(A^r) \hookrightarrow \mathcal{D}(A^s)$ für $r > s$, vgl. 6.4 (d).

2 Geometrische Eigenschaften von Eigenwerten und -funktionen

Wir berichten im folgenden über einige Eigenschaften der Eigenwerte und Eigenfunktionen des Laplace–Operators auf beschränkten Gebieten Ω, ohne auf die Beweise einzugehen (Bezeichnungen wie in 1.2).

2.1 Einfachheit des kleinsten Eigenwerts

(a) λ_1 *ist einfach, d.h. der zugehörige Eigenraum ist eindimensional.*

(b) *Die zugehörigen Eigenfunktionen haben keine Nullstelle in* Ω.

Für den Beweis von (b) verweisen wir auf [60] 6.5.1, Thm. 2 (iii), [53] 11.6, Übg. 9. Aus (b) folgt (a), da zwei Eigenfunktionen ohne Nullstellen in Ω nicht orthogonal in $\mathrm{L}^2(\Omega)$ sein können.

2.2 Gebietsmonotonie der Eigenwerte (Courant 1920)

Für beschränkte C^2–berandete Gebiete $\Omega_1, \Omega_2 \subset \mathbb{R}^n$ mit $\Omega_1 \subset \Omega_2$ gilt für die korrespondierenden Eigenwerte des Laplace–Operators

$$\lambda_k(\Omega_1) \geq \lambda_k(\Omega_2) \quad (k = 1, 2, \ldots)$$

und im Fall $\overline{\Omega}_1 \subset \Omega_2$,

$$\lambda_k(\Omega_1) > \lambda_k(\Omega_2) \quad (k = 1, 2, \ldots).$$

Da die $\mu_k = c\sqrt{\lambda_k}$ nach 1.1 als Frequenzen eines am Rand eingespannten schwingenden Gebildes (Saite, Membran, Körper) aufgefaßt werden können, deckt sich diese Aussage mit der Erfahrung, daß sich bei Verkleinerung des Gebildes die Frequenzen erhöhen.

Der Beweis beruht auf dem Minimum–Maximum–Prinzip von Courant, siehe [2] VI, § 2, [74] I.5.

2.3 Der Knotensatz (Courant 1923)

Für eine Eigenfunktion v heißt jede Zusammenhangskomponente, d.h. jedes maximale Teilgebiet der Menge $\{\mathbf{x} \in \Omega \mid v(\mathbf{x}) \neq 0\}$ ein *Knotengebiet* von v. Die Figur zeigt acht Knotengebiete einer Eigenfunktion für die Kreisscheibe; weitere Knotengebiete lassen sich den Figuren in 3.2 entnehmen.

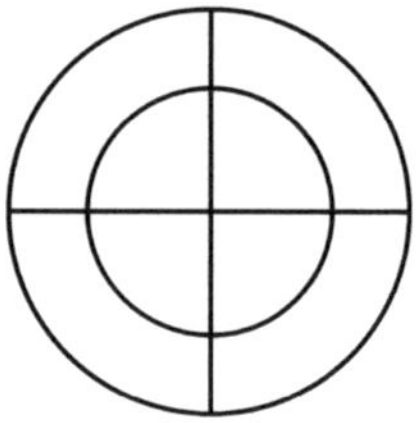

Satz. *Die Anzahl der Knotengebiete einer zu* λ_k *gehörigen Eigenfunktion beträgt nicht mehr als* k $(k = 1, 2, \ldots)$.

Für $k = 1$ ergibt sich hieraus wieder die Aussage 2.1 (b).

Für den Beweis siehe [2] VI, § 6, [74] 5.1, [4, 3] Ch. 8, § 2.9.4.

2.4 Asymptotische Verteilung der Eigenwerte

Für beschränkte, C^2*–berandete Gebiete* $\Omega \subset \mathbb{R}^n$ *gilt*

$$V^n(\Omega) = c_n \lim_{k\to\infty} \frac{k}{\lambda_k^{n/2}} \quad \textit{mit} \quad c_n = \frac{(2\pi)^n}{V^n(K_1(\mathbf{0}))}\,,$$

d.h. aus dem Spektrum $\{\lambda_1, \lambda_2, \dots\}$ *des Laplace–Operators läßt sich das Volumen von* Ω *berechnen.* (Weyl 1912, Courant 1920).

Für den Beweis siehe [2, I] VI. § 4, [74] VII.3, [69, II] 8.3, und für scharfe Fehlerschranken R. Seeley: A sharp asymptotic remainder estimate..., *Adv. Math.* **29** (1978) 244–269.

Zu diesem berühmten Resultat wurde Weyl durch eine von dem Physiker H. A. Lorentz 1910 aufgestellte Vermutung zur Hohlraumstrahlung schwarzer Körper angeregt. Courant fand später einen einfachen Beweis, in welchem er das Gebiet Ω von innen und außen durch Quadervereinigungen approximierte und die Gebietsmonotonie der Eigenwerte ausnutzte. Der Weylsche Satz gab in den sechziger Jahren Anstoß zu Untersuchungen über die Frage, welche weiteren Informationen über die Geometrie von Gebieten oder von geschlossenen Flächen im Spektrum des Laplace–Operators enthalten sind; siehe hierzu M. Kac: Can one hear the shape of a drum? *Amer. Math. Monthly* **73(4)** (1966) 1–23.

2.5 Eine isoperimetrische Ungleichung (Faber 1923, Krahn 1925)

Unter allen Gebieten $\Omega \subset \mathbb{R}^n$ *gleichen Volumens besitzt die Kugel* $K_R = K_R(\mathbf{0})$ *den kleinsten ersten Eigenwert:*

$$\lambda_1(\Omega) \ge \lambda_1(K_R) \quad \textit{für} \quad V^n(\Omega) = V^n(K_R)\,.$$

Für den Beweis siehe [74] IV.2.

Der kleinste Eigenwert der n–dimensionalen R–Kugel ist nach 3.6 gegeben durch $\lambda_1(K_R) = (j_{h,1}/R)^2$, wobei $j_{h,1}$ die erste positive Nullstelle der Besselfunktion J_h mit $h = (n-2)/2$ ist.

3 Eigenwerte und Eigenfunktionen für Kreisscheibe und Kugel

Im Folgenden bestimmen wir vollständige Orthonormalsysteme von Eigenfunktionen für das Dirichletsche Eigenwertproblem

$$(*) \qquad -\Delta u = \lambda u \quad \text{in } \Omega\,, \quad u = 0 \quad \text{auf } \partial\Omega$$

auf Kreisscheiben und dreidimensionalen Kugeln $\Omega = K_R = K_R(\mathbf{0}) \subset \mathbb{R}^n$ ($n = 2, 3$) durch Separationsansätze bezüglich Polar– bzw. Kugelkoordinaten. Wir wollen plausibel machen, warum Separationsansätze zum Ziel führen. Bei den folgenden Rechnungen wird das nicht deutlich.

Der Produktansatz für Eigenfunktionen von (∗) auf der n–dimensionalen Kugel $K_R \subset \mathbb{R}^n$,

$$u(\mathbf{x}) = X(r)\,Y(\boldsymbol{\xi}) \quad \text{mit } r = \|\mathbf{x}\|\,, \;\; \boldsymbol{\xi} = \mathbf{x}/r\,,$$

führt auf eine gewöhnliche DG zweiter Ordnung für $X(r)$ und ein Eigenwertproblem für $Y(\boldsymbol{\xi})$ auf der Einheitssphäre $S^{n-1} \subset \mathbb{R}^n$. Die Lösungen des Eigenwertproblems auf der Sphäre S^{n-1} werden **Kugelfunktionen** (**spherical harmonics**) genannt.

Entscheidend ist nun, daß jede Kugelfunktion aus harmonischen, homogenen Polynomen auf dem $\mathbb{R}^n$ durch Einschränkung auf die Einheitssphäre S^{n-1} entsteht, und daß sich „beliebige" Funktionen auf der Sphäre S^{n-1} in Reihen nach solchen Polynomen entwickeln lassen (Weierstraßscher Approximationssatz). Das hat zur Folge, daß mit den harmonischen Polynomen schon alle Kugelfunktionen gefunden sind.

Auf dem $\mathbb{R}^2$ sind z.B. homogene harmonische Polynome

$$1,\;\; x_1,\;\; x_2,\;\; x_1x_1 - x_2x_2,\;\; 2x_1x_2,$$

$$x_1x_1x_1 - 3x_1x_2x_2,\quad 3x_1x_1x_2 - x_2x_2x_2,\;\ldots\,,$$

ÜA. Nach Einschränkung auf den Einheitskreis S^1 ergibt sich aus diesen in Polarkoordinaten

$$1,\;\; \cos\varphi,\;\; \sin\varphi,\;\; \cos 2\varphi\,,\;\; \sin 2\varphi,\;\; \cos 3\varphi\,,\;\; \sin 3\varphi,\;\ldots\,.$$

Auf dem $\mathbb{R}^3$ sind homogene harmonische Polynome

$$1,\;\; x_1,\;\; x_2,\;\; x_3,\;\; x_1x_1 - x_3x_3,\;\; x_2x_2 - x_3x_3,\;\; x_1x_2,\;\; x_1x_3,\;\; x_2\,x_3,\;\ldots\,.$$

Die zugehörigen Kugelfunktionen auf der S^2 lassen sich durch Produkte von trigonometrischen Funktionen und Legendre–Polynomen darstellen.

Auf diesen systematischen Zugang können wir aus Platzgründen nicht eingehen und verweisen auf [61] p.126–139, [51] Kap.14.

Im Folgenden bestimmen wir Orthonormalsysteme für das Dirichletsche Eigenwertproblem (∗) direkt durch Separationsansatz, machen also keinen Gebrauch von harmonischen Polynomen. Der Radialanteil $X(r)$ der Eigenfunktionen auf Kreisscheiben und Kugeln wird bis auf einen Faktor durch Besselfunktionen dargestellt, und die Eigenwerte λ können aus den Nullstellen von Besselfunktionen bestimmt werden.

3.1 Die Orthogonalität der Besselfunktionen

Jede Lösung v der Besselschen Differentialgleichung vom Index $\nu \geq 0$ zum Eigenwert $\lambda > 0$,

$$v''(r) + \frac{1}{r}\,v'(r) + \Big(\lambda - \frac{\nu^2}{r^2}\Big)\,v(r) = 0 \quad \text{für} \quad r > 0\,,$$

geht durch die Umskalierung $V(t) := v(t/\sqrt{\lambda})$ über in eine Lösung der Besselschen Differentialgleichung vom Index ν zum Eigenwert $\lambda = 1$,

$$V''(t) + \frac{1}{t} V'(t) + \Big(1 - \frac{\nu^2}{r^2}\Big) V(t) = 0 \text{ für } t > 0 .$$

Nach § 4 : 4.7 ist jede Lösung dieser Gleichung, für die $t^{-\nu} V(t)$ beschränkt ist, bis auf einen konstanten Faktor die Besselfunktion J_ν. Deren Reihendarstellung lautet

$$J_\nu(t) = \sum_{k=0}^{\infty} \frac{(-1)^k}{k!\,\Gamma(\nu+k+1)} \Big(\frac{t}{2}\Big)^{\nu+2k}$$

$$= \frac{1}{\Gamma(\nu+1)} \Big(\frac{t}{2}\Big)^{\nu} \Big(1 - \frac{1}{1!\,(\nu+1)} \Big(\frac{t}{2}\Big)^2 + \frac{1}{2!\,(\nu+1)(\nu+2)} \Big(\frac{t}{2}\Big)^4 - \ldots\Big).$$

Weiter wurde in § 4 : 4.7 (e) gezeigt, daß die positiven Nullstellen von J_ν eine Folge $0 < j_{\nu,1} < j_{\nu,2} < \ldots$ mit $\lim\limits_{k\to\infty} j_{\nu,k} = \infty$ bilden.

Aus diesen Feststellungen ergibt sich:

(a) *Für jede Lösung $\lambda > 0$, $v \neq 0$ des Eigenwertproblems*

$$v''(r) + \frac{1}{r} v'(r) + \Big(\lambda - \frac{\nu^2}{r^2}\Big) v(r) = 0 \;\; \textit{in} \;\;]0, R[\, ,$$

$$r^{-\nu} v(r) \textit{ beschränkt}, \quad v(R) = 0$$

gibt es (genau) ein $k \in \mathbb{N}$ und eine Konstante c mit

$$\lambda = (j_{\nu,k}/R)^2 , \quad v(r) = c\, J_\nu(j_{\nu,k}\, r/R) \;\; \textit{für} \;\; r \in [0, R] .$$

Wie sich zeigen wird, liefern die Nullstellen $j_{\nu,k}$ der Besselfunktionen für halbzahlige ν die Eigenwerte des Dirichletschen Eigenwertproblems $(*)$. Diese Nullstellen können mit Computerprogrammen (z.B. MAPLE, MATHEMATICA) berechnet oder Tabellenwerken entnommen werden.

(b) SATZ. *Für $R > 0$, $\nu \geq 0$ ist $\{ v_{k\nu} \mid k \in \mathbb{N} \}$ mit*

$$v_{k\nu}(r) := c_{k\nu}\, J_\nu(j_{\nu,k} \tfrac{r}{R}) , \quad c_{k\nu} := \frac{\sqrt{2}}{R\, |J_\nu'(j_{\nu,k})|} = \frac{\sqrt{2}}{R\, |J_{\nu+1}(j_{\nu,k})|}$$

ein Orthonormalsystem bezüglich des gewichteten Skalarprodukts

$$\langle u, v \rangle_r := \int_0^R u(r)\, v(r)\, r\, dr .$$

Beweis.

Für $k \neq \ell$ setzen wir $u(r) := J_\nu(j_{\nu,k}\frac{r}{R})$, $v(r) := J_\nu(j_{\nu,\ell}\frac{r}{R})$, $\lambda := (j_{\nu,k}/R)^2$, $\mu = (j_{\nu,\ell}/R)^2$ und schreiben die Besselsche DG in der Form $Lu = \lambda u$, $Lv = \mu v$.

Wegen $u(R) = v(R) = 0$ gilt dann

$$
\begin{aligned}
(\lambda-\mu)\langle u, v\rangle_r &= \langle Lu, v\rangle_r - \langle u, Lv\rangle_r \\
&= \int\limits_0^R \Big(\Big(-\frac{1}{r}(ru')' + \frac{\nu^2}{r^2}u\Big)v - u\Big(-\frac{1}{r}(rv')' + \frac{\nu^2}{r^2}v\Big)\Big)\, r\,dr \\
&= \int\limits_0^R \big(-(ru')'v + u(rv')'\big)\,dr = -r\,(u'v - uv')\Big|_0^R = 0,
\end{aligned}
$$

also $\langle v_{k\nu}, v_{\ell\nu}\rangle_r = c_{k\nu}\,c_{\ell\nu}\,\langle u, v\rangle_r = 0$ wegen $\lambda - \mu \neq 0$.

Aus der Besselschen DG für u ergibt sich

$$
\begin{aligned}
0 &= \Big(\frac{1}{r}(ru')' + \Big(\lambda - \frac{\nu^2}{r^2}\Big)u\Big)2r^2u' \\
&= \big((ru')^2\big)' + \big(\lambda r^2 - \nu^2\big)(u^2)' \\
&= \big((ru')^2 + \big(\lambda r^2 - \nu^2\big)u^2\big)' - 2\lambda r u^2,
\end{aligned}
$$

woraus durch Integration von 0 bis R unter Beachtung von $\nu u(0) = 0$ folgt

$$
\begin{aligned}
0 &= \big((ru')^2 + (\lambda r^2 - \nu^2)u^2\big)\Big|_0^R - 2\lambda\int\limits_0^R u(r)^2\,r\,dr \\
&= (Ru'(R))^2 - 2\lambda\,\|u\|_r^2,
\end{aligned}
$$

$$
\begin{aligned}
c_{k\nu}^{-2}\,\|v_{k\nu}\|_r^2 = \|u\|_r^2 &= \Big(\frac{R}{\sqrt{2\lambda}}\,u'(R)\Big)^2 = \Big(\frac{R}{\sqrt{2}}\,J_\nu'(j_{\nu,k})\Big)^2 \\
&= \Big(\frac{R}{\sqrt{2}}\,J_{\nu+1}(j_{\nu,k})\Big)^2 = c_{k\nu}^{-2}.
\end{aligned}
$$

Die vorletzte Gleichheit ergibt sich dabei aus der Identität in § 4 : 4.7 (f)

$$
J_{\nu+1}(j_{\nu,k}) = \frac{\nu}{j_{\nu,k}}\,J_\nu(j_{\nu,k}) - J_\nu'(j_{\nu,k}) = -J_\nu'(j_{\nu,k}). \qquad \square
$$

(c) *Ersetzen wir in* (a) *die Randbedingung* $v(R) = 0$ *durch* $v'(R) = 0$, *so bleibt Aussage* (b) *richtig, wenn die* $j_{\nu,k}$ *ersetzt werden durch die Nullstellen* $j_{\nu,k}^*$ *von*

J'_ν und die Normierungskonstanten $c_{k\nu}$ durch

$$c^*_{k\nu} \;:=\; \sqrt{\frac{2}{1-(\nu/j^*_{\nu,k})^2}}\;\frac{1}{R\,|J_\nu(j^*_{\nu,k})|}\,.$$

Das ergibt sich unmittelbar aus dem vorhergehenden Beweis [ÜA].

3.2 Eigenwerte und Eigenfunktionen auf der Kreisscheibe

(a) Nach § 6 : 5.2 geht das Eigenwertproblem (∗) durch Transformation in Polarkoordinaten (r,φ) über in

$$(**)\quad \begin{cases} -\dfrac{1}{r}\dfrac{\partial}{\partial r}\left(r\dfrac{\partial U}{\partial r}\right) - \dfrac{1}{r^2}\dfrac{\partial^2 U}{\partial \varphi^2} = \lambda U \;\text{ in }\; 0<r<R,\; -\pi<\varphi<\pi\,, \\[2mm] U(r,\pi) = U(r,-\pi)\,,\quad \dfrac{\partial U}{\partial \varphi}(r,\pi) = \dfrac{\partial U}{\partial \varphi}(r,-\pi) \quad \text{für } 0<r<R\,, \\[2mm] U \text{ beschränkt,} \\[2mm] U(R,\varphi) = 0 \quad \text{für } -\pi<\varphi<\pi\,. \end{cases}$$

Der Separationsansatz $U(r,\varphi) = v(r)\,w(\varphi)$ führt nach bekanntem Muster auf die Gleichungen

$$(1)\quad \begin{cases} \dfrac{1}{r}\,(rv'(r))' + \left(\lambda - \dfrac{\ell^2}{r^2}\right)v(r) = 0 \;\text{ in }\;]0,R[\,, \\[2mm] v \text{ beschränkt, } \; v(R) = 0\,, \end{cases}$$

$$(2)\quad \begin{cases} w''(\varphi) + \ell^2 w(\varphi) = 0 \quad \text{für } -\pi<\varphi<\pi\,, \\[2mm] w(\pi) = w(-\pi)\,,\; w'(\pi) = w'(-\pi)\,, \end{cases}$$

wobei ℓ eine Konstante ist. Die sämtlichen Lösungen von (2) sind

$$w(\varphi) = a_0 \qquad \text{für } \ell = 0\,,$$

$$w(\varphi) = a_\ell \cos(\ell\varphi) + b_\ell \sin(\ell\varphi) \qquad \text{für } \ell = 1,2,\ldots$$

mit Konstanten $a_\ell, b_\ell \in \mathbb{R}$. Nach 3.1 (a) erhalten wir sämtliche Eigenwerte und zugehörige Eigenfunktionen durch

$$\lambda_{k0} = (j_{0,k}/R)^2\,,\quad J_0(j_{0,k}\tfrac{r}{R})\,,$$

$$\lambda_{k\ell} = (j_{\ell,k}/R)^2\,,\quad J_\ell(j_{\ell,k}\tfrac{r}{R})\cos(\ell\varphi) \quad\text{und}\quad J_\ell(j_{\ell,k}\tfrac{r}{R})\sin(\ell\varphi)$$

für $k,\ell = 1,2,\ldots$, wobei J_ℓ die Besselfunktion vom Index ℓ ist und $j_{\ell,k}$ deren positive Nullstellen sind.

Diese Eigenfunktionen numerieren wir folgendermaßen:

$$u_{k\ell}(r\cos\varphi, r\sin\varphi) := \begin{cases} J_\ell(j_{\ell,k}\frac{r}{R})\cos(\ell\varphi) & \text{für } \ell \geq 0\,, \\ J_{-\ell}(j_{-\ell,k}\frac{r}{R})\sin(\ell\varphi) & \text{für } \ell < 0 \end{cases}$$

$(0 < r < R,\ -\pi < \varphi \leq \pi,\ k \in \mathbb{N},\ \ell \in \mathbb{Z})$.

SATZ. *Für das Dirichletsche Eigenwertproblem* $(*)$ *auf der Kreisscheibe* $\Omega = K_R(\mathbf{0}) \subset \mathbb{R}^2$ *sind ein vollständiges Orthonormalsystem von Eigenfunktionen in* $\mathrm{L}^2(\Omega)$ *und die zugehörigen Eigenwerte gegeben durch*

$$\frac{c_{k\ell}}{\sqrt{\pi\,(1+\delta_{\ell 0})}}\,u_{k\ell}\,, \quad \lambda_{k\ell} = (j_{|\ell|,k}/R)^2 \quad (k \in \mathbb{N},\ \ell \in \mathbb{Z})$$

mit dem Kronecker–Symbol $\delta_{\ell 0}$ *und*

$$c_{k\ell} = \frac{\sqrt{2}}{R\,|J'_\ell(j_{\ell,k})|} = \frac{\sqrt{2}}{R\,|J_{\ell+1}(j_{|\ell|,k})|}\,.$$

EULER fand diese Eigenfunktionen 1759 bei der Untersuchung der Schwingungen der kreisförmigen Membran.

Nach 1.1 liefern die $u_{k\ell}$ die Eigenschwingungen der kreisförmigen Membran mit den Frequenzen $c\sqrt{\lambda_{k\ell}} = c\,j_{\ell,k}/R$. Der Grundton hat die Frequenz $c\sqrt{\lambda_{10}} = c\,j_{0,1}/R \approx 2.4048\,c/R$.
Der kleinste Eigenwert λ_{10} ist einfach, während die höheren Eigenwerte $\lambda_{k\ell}$ mit $k + |\ell| > 1$ mindestens die Vielfachheit 2 besitzen.

Die folgenden Abbildungen zeigen einige Eigenschwingungen der kreisförmigen Membran.

u_{10}

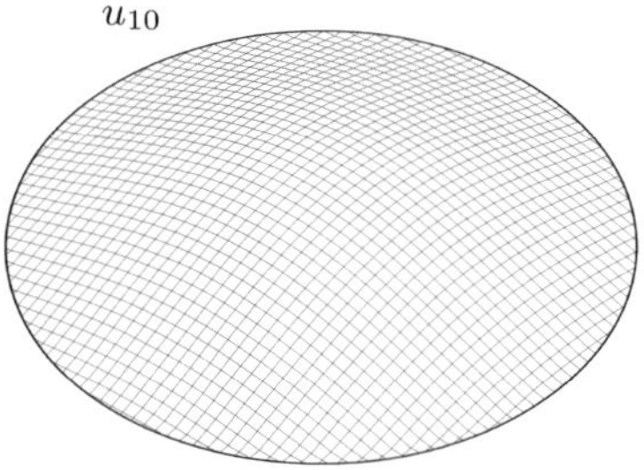

u_{31}

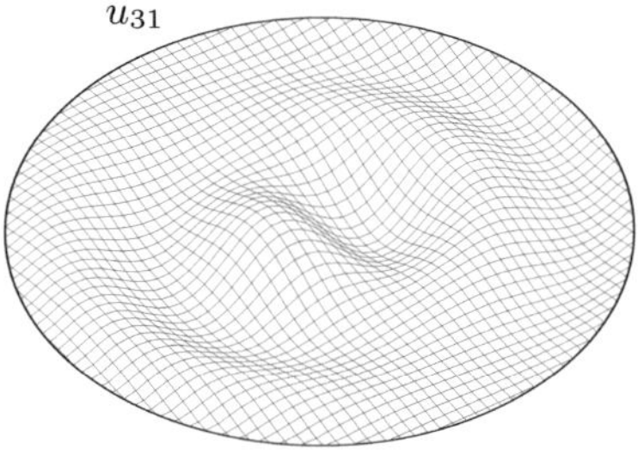

u_{25}

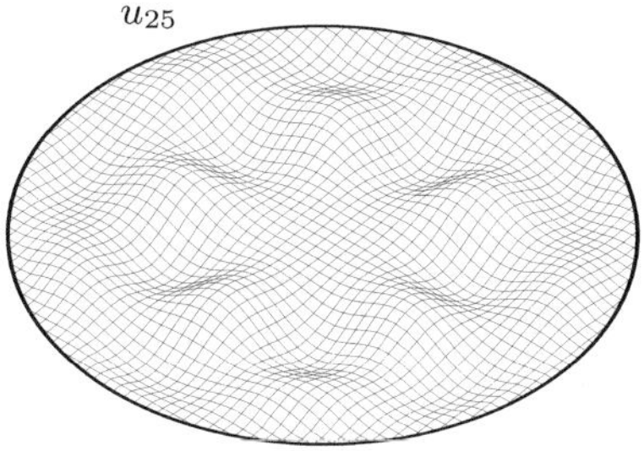

u_{17}

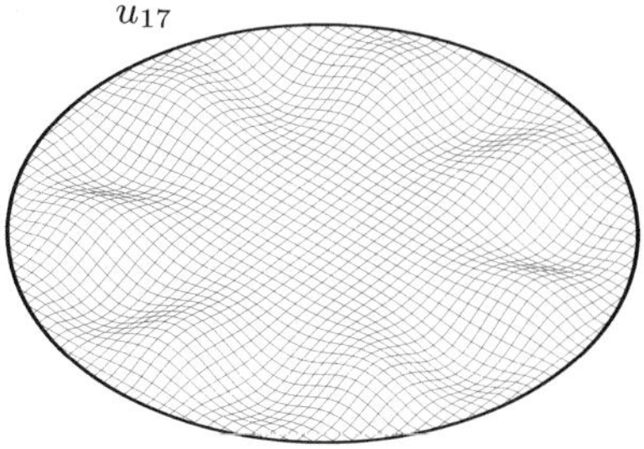

Für das Neumannsche Eigenwertproblem ergibt sich ein ähnlich gebautes Orthonormalsystem.

ÜA Bestimmen Sie dieses unter Verwendung von 3.1 (c).

BEWEIS.

(i) Nach dem Transformationssatz für Integrale hat das L^2–Skalarprodukt auf der Kreisscheibe für Funktionen in Produktform

$$(v_i \otimes w_i)(r\cos\varphi, r\sin\varphi) := v_i(r)\, w_i(\varphi)$$

die Gestalt

$$\langle v_1 \otimes v_2\,,\, w_1 \otimes w_2 \rangle = \int\limits_0^R v_1(r)\, v_2(r)\, r\, dr \int\limits_{-\pi}^{\pi} w_1(\varphi)\, w_2(\varphi)\, d\varphi\,.$$

Hieraus ergibt sich die Orthonormalität des Systems

$$\mathcal{A} := \left\{ \frac{c_{k\ell}}{\sqrt{\pi\,(1+\delta_{\ell 0})}}\, u_{k\ell} \;\middle|\; k \in \mathbb{N}\,,\ \ell \in \mathbb{Z} \right\}$$

aus den Orthonormalitätseigenschaften der trigonometrischen Funktionen und der Besselfunktionen 3.1 (b) ÜA.

(ii) Nach dem Entwicklungssatz in 1.2 existiert ein vollständiges ONS $\mathcal{B}$ für $\mathrm{L}^2(\Omega)$ aus Eigenfunktionen des Dirichletschen Eigenwertproblems $(*)$. Die Vollständigkeit des ONS $\mathcal{A}$ ist bewiesen, wenn wir gezeigt haben, daß jede Eigenfunktion eine Linearkombination von Funktionen aus $\mathcal{A}$ ist, was insbesondere $\mathcal{B} \subset \mathrm{Span}\,\mathcal{A}$ bedeutet.

Es sei also $\lambda > 0$, $u \in \mathrm{C}^2(\overline{\Omega})$ eine beliebige Lösung des Eigenwertproblems $(*)$ und $U(r,\varphi) := u(r\cos\varphi, r\sin\varphi)$. Für jedes $r \in [0, R]$ besitzt die 2π–periodische Funktion $\varphi \mapsto U(r,\varphi)$ nach § 6 : 2.3 die gleichmäßig konvergente Fourierentwicklung

$$U(r,\varphi) = \sum_{\ell=-\infty}^{\infty} a_\ell(r)\, \mathrm{e}^{i\ell\varphi} \quad \text{mit} \quad a_\ell(r) = \frac{1}{2\pi} \int\limits_{-\pi}^{\pi} U(r,\varphi)\, \mathrm{e}^{-i\ell\varphi}\, d\varphi\,.$$

Die Fourierkoeffizienten $r \mapsto a_\ell(r)$ sind C^2–Funktionen auf $[0,R]$, genügen nach (∗∗) der Randbedingung $a_\ell(R) = 0$ und erfüllen die Besselsche DG

$$\frac{1}{r}\left(rv'(r)\right)' + \left(\lambda - \frac{\ell^2}{r^2}\right)v(r) = 0 \text{ in }]0,R];$$

letzteres ergibt sich durch zweimalige partielle Integration [ÜA].

Für jedes $\ell \in \mathbb{Z}$ mit $a_\ell \neq 0$ gibt es daher nach 3.1 (a) (genau) ein $k \in \mathbb{N}$ und eine Konstante α_ℓ mit

$$\lambda = \left(j_{|\ell|,k}/R\right)^2 = \lambda_{k|\ell|}, \quad a_\ell(r) = \alpha_\ell\, J_{|\ell|}(j_{|\ell|,k}\tfrac{r}{R}) = \alpha_\ell\, J_{|\ell|}(\sqrt{\lambda}\, r).$$

Die Menge I dieser $\ell \in \mathbb{Z}$ ist wegen $u \neq 0$ nicht leer. I ist endlich, weil der Eigenwert λ nach 1.2 endliche Vielfachheit besitzt. Damit erhalten wir

$$u(\mathbf{x}) = U(r,\varphi) = \sum_{\ell\in I} a_\ell(r)\,\mathrm{e}^{i\ell\varphi} = \sum_{\ell\in I} \alpha_\ell\, J_{|\ell|}(\sqrt{\lambda}\,r)\,\mathrm{e}^{i\ell\varphi}$$

und nach Umformung der letzten Summe in eine Summe von reellen Ausdrücken schließlich $u \in \operatorname{Span}\mathcal{A}$. □

Aufgaben. Bestimmen Sie Lösungen des Dirichletschen Eigenwertproblems:

(a) für den Kreissektor durch Produktansatz in Polarkoordinaten,

(b) für den Zylinder mit Radius R und Höhe H durch Produktansatz in Zylinderkoordinaten.

3.3 Separationsansatz für das Eigenwertproblem auf Kugeln im $\mathbb{R}^3$

(a) Der Laplace–Operator auf der Kugel $\Omega = K_R(\mathbf{0}) \subset \mathbb{R}^3$ läßt sich in Kugelkoordinaten nach der Jacobischen Formel § 11 : 5.2 (b) in der Form

$$\Delta u = \frac{1}{r^2}\frac{\partial}{\partial r}\left(r^2\frac{\partial U}{\partial r}\right) + \frac{1}{r^2}\,\Delta_{S^2}U$$

schreiben, wobei der **Laplace–Beltrami–Operator** Δ_{S^2} auf der Einheitssphäre $S^2 \subset \mathbb{R}^3$ definiert ist durch

$$\Delta_{S^2}U := \frac{1}{\sin\vartheta}\frac{\partial}{\partial\vartheta}\left(\sin\vartheta\,\frac{\partial U}{\partial\vartheta}\right) + \frac{1}{\sin^2\vartheta}\,\frac{\partial^2 U}{\partial\varphi^2}$$

(zur Koordinatenunabhängigkeit dieses Ausdrucks siehe Teil (b) dieses Abschnitts).

Die Eigenwertgleichung $(*)$ für die dreidimensionale Kugel erhält damit in Kugelkoordinaten die Gestalt

$$(***)\quad \begin{cases} -\dfrac{1}{r^2}\dfrac{\partial}{\partial r}\left(r^2\dfrac{\partial U}{\partial r}\right) - \dfrac{1}{r^2}\Delta_{S^2}U = \lambda U \\ \text{in } 0<r<R,\ 0<\vartheta<\pi,\ -\pi<\varphi<\pi, \\ U(r,\vartheta,\pi) = U(r,\vartheta,-\pi),\quad \dfrac{\partial U}{\partial\varphi}(r,\vartheta,\pi) = \dfrac{\partial U}{\partial\varphi}(r,\vartheta,-\pi) \\ \text{für } 0<r<R,\ 0<\vartheta<\pi, \\ U \text{ beschränkt}, \\ U(R,\vartheta,\varphi) = 0 \quad \text{für } 0<\vartheta<\pi,\ -\pi<\varphi<\pi. \end{cases}$$

Der Separationsansatz $U(r,\vartheta,\varphi) = X(r)Y(\vartheta,\varphi)$ zerlegt das Problem $(***)$ mit den aus § 6 bekannten Argumenten in die Gleichungen

$$(1)\quad \begin{cases} \dfrac{1}{r^2}\left(r^2X'(r)\right)' + \left(\lambda - \dfrac{\mu}{r^2}\right)X(r) = 0 \quad \text{in } 0<r<R, \\ X \text{ beschränkt},\quad X(R) = 0, \end{cases}$$

und

$$(\mathrm{KF})\quad \begin{cases} -\Delta_{S^2}Y = \mu Y \quad \text{in } 0<\vartheta<\pi,\ -\pi<\varphi<\pi, \\ Y(\vartheta,\pi) = Y(\vartheta,-\pi),\quad \dfrac{\partial Y}{\partial\varphi}(\vartheta,\pi) = \dfrac{\partial Y}{\partial\varphi}(\vartheta,-\pi) \quad \text{für } 0<\vartheta<\pi, \\ Y \text{ beschränkt} \end{cases}$$

mit einer Konstanten μ. Die Lösungen $Y \neq 0$ von (KF) sind die Kugelfunktionen, dargestellt in Kugelkoordinaten.

Die weitere Separation $Y(\vartheta,\varphi) = V(\vartheta)W(\varphi)$ spaltet die Gleichungen (KF) auf in

$$(2)\quad \begin{cases} \dfrac{1}{\sin\vartheta}\left(\sin\vartheta\, V'(\vartheta)\right)' + \left(\mu - \dfrac{m^2}{\sin^2\vartheta}\right)V(\vartheta) = 0 \quad \text{in } 0<\vartheta<\pi, \\ V \text{ beschränkt}, \end{cases}$$

und

$$(3)\quad \begin{cases} W''(\varphi) + m^2W(\varphi) = 0 \quad \text{in } -\pi<\varphi<\pi, \\ W(\pi) = W(-\pi),\quad W'(\pi) = W'(-\pi), \end{cases}$$

mit einer Konstanten m, für die nach (3) nur $m = 0, 1, \ldots$ in Frage kommt.

Durch die Transformation $v(s) := V(\arccos s)$, bzw. $V(\vartheta) = v(\cos\vartheta)$ geht (2) über in das Eigenwertproblem

$$(2')\quad \begin{cases} \left((1-s^2)\,v'(s)\right)' + \left(\mu - \dfrac{m^2}{1-s^2}\right)v(s) = 0 \ \text{ in } \ -1 < s < 1\,, \\ v \ \text{ beschränkt.} \end{cases}$$

Die hierin auftretende Legendresche Differentialgleichung hat nach § 4 : 4.5 nur für die Werte $\mu = \ell\,(\ell+1)$ mit $\ell = m, m+1, \ldots$ beschränkte Lösungen und diese sind bis auf multiplikative Konstanten die Legendre–Funktionen P_ℓ^m.

Die Gleichung (1) geht für die Werte $\mu = \ell\,(\ell+1)$ durch die Transformation $x(r) := \sqrt{r}\,X(r)$ über in das Eigenwertproblem für die Besselsche Differentialgleichung vom Index $\ell + \frac{1}{2}$ ÜA

$$(1')\quad \begin{cases} x''(r) + \dfrac{1}{r}\,x'(r) + \left(\lambda - \dfrac{(\ell+\frac{1}{2})^2}{r^2}\right)x(r) = 0 \ \text{ in } \ ]0,R[\,, \\ x \ \text{ beschränkt}, \ x(R) = 0\,. \end{cases}$$

Die Lösungen λ, $x \neq 0$ dieses Eigenwertproblems haben nach 3.1 (a) die Gestalt

$$\lambda = (j_{\nu,k}/R)^2\,, \quad x(r) = J_\nu(r_{\nu,k}\,\tfrac{r}{R}) \quad \text{mit} \quad \nu := \ell + \tfrac{1}{2}$$

und $k \in \mathbb{N}$ (die multiplikative Konstante vor $J_\nu(\ldots)$ gleich 1 gesetzt).

Wir erhalten somit Eigenfunktionen in Produktgestalt bezüglich Kugelkoordinaten r, ϑ, φ des Eigenwertproblems $(*)$ auf der Kugel $\Omega = K_R$ (d.h. Lösungen von $(***)$)

$$\frac{1}{\sqrt{r}}\,J_\nu(j_{\nu,k}\,\tfrac{r}{R})\,P_\ell^m(\cos\vartheta)\cos(m\varphi) \quad \text{und} \quad \frac{1}{\sqrt{r}}\,J_\nu(j_{\nu,k}\,\tfrac{r}{R})\,P_\ell^m(\cos\vartheta)\sin(m\varphi)$$

für $\nu := \ell + \frac{1}{2}$, $k \in \mathbb{N}$, $\ell \in \mathbb{N}_0$, $m \in \{0, 1, \ldots, \ell\}$.

In 3.6 zeigen wir, daß diese nach geeigneter Normierung ein vollständiges Orthonormalsystem in $\mathrm{L}^2(\Omega)$ liefern.

(b) Für C^2–Funktionen u auf einer m–dimensionalen C^2–Untermannigfaltigkeit $M \subset \mathbb{R}^n$ setzen wir

$$(\Delta_M u)(\mathbf{x}) := \frac{1}{\sqrt{g}} \sum_{i,k=1}^{m} \partial_i(\sqrt{g}\,g^{ik}\,\partial_k U)(\boldsymbol{\xi}) \ \text{ für } \ \mathbf{x} = \boldsymbol{\Phi}(\boldsymbol{\xi}) \in M.$$

Dabei sind $\boldsymbol{\xi} = (\xi_1, \ldots, \xi_m) \mapsto \boldsymbol{\Phi}(\boldsymbol{\xi})$ eine lokale Parametrisierung von M,

$U := u \circ \boldsymbol{\Phi}$,
$g_{ik} := \langle \partial_i \boldsymbol{\Phi}, \partial_k \boldsymbol{\Phi} \rangle$ die Koeffizienten der Gramschen Matrix,
(g^{ik}) die zu (g_{ik}) inverse Matrix,
$g := \det(g_{ik})$ die Gramsche Determinante.

Satz. *Der Ausdruck* $\Delta_M u$ *ist koordinateninvariant, d.h. hängt nicht von der Wahl der Parametrisierung* $\mathbf{\Phi}$ *ab.*

$\Delta_M u$ wird der **Laplace–Beltrami–Operator** auf M genannt.

Der Beweis erfolgt mit analogen Argumenten wie beim Beweis der Jacobischen Formel § 11 : 5.2, siehe Bd. 3, § 9 : 3.3 (c).

ÜA Überzeugen Sie sich davon, daß Δ_M für die zweidimensionale Sphäre $M = S^2$ bei Verwendung von Kugelkoordinaten $\mathbf{\Phi}$ mit dem in (a) definierten Ausdruck übereinstimmt.

3.4 Die Vollständigkeit der Legendre–Funktionen

(a) Die (allgemeine) Legendresche Differentialgleichung vom Index $m \in \mathbb{N}_0$,

$$\big((1-s^2)v'(s)\big)' + \Big(\mu - \frac{m^2}{1-s^2}\Big)v(s) = 0 \quad \text{in} \quad -1 < s < 1\,,$$

besitzt nach § 4 : 4.5 nur für die Werte $\mu = \ell(\ell+1)$ mit $\ell = m, m+1, \ldots$ beschränkte Lösungen, und diese sind konstante Vielfache der (zugeordneten) Legendre–Funktionen

$$P_\ell^m(s) = \frac{(1-s^2)^{m/2}}{2^\ell\,\ell!}\left(\frac{d}{ds}\right)^{\ell+m}(s^2-1)^\ell\,.$$

Für die Legendre–Polynome $P_\ell := P_\ell^0$ gilt nach § 4 : 3.2

$$P_\ell(s) = \frac{1}{2^\ell\,\ell!}\,\frac{d^\ell}{ds^\ell}\,(s^2-1)^\ell = \frac{1}{2^\ell}\sum_{0\le 2k\le \ell}(-1)^k\binom{\ell}{k}\binom{2\ell-2k}{\ell}\,s^{\ell-2k}\,,$$

$$P_\ell^m(s) = (1-s^2)^{m/2}\,P_\ell^{(m)}(s)\,.$$

Legendre verwendete die nach ihm benannten Funktionen bei der Untersuchung der Anziehungskräfte von Rotationskörpern (1785/87).

(b) Satz. $\left\{\sqrt{\ell+\tfrac12}\,P_\ell \;\middle|\; \ell = 0,1,\ldots\right\}$ *ist ein vollständiges Orthonormalsystem in* $\mathrm{L}^2(]-1,1[)$. *Dieses Orthonormalsystem stellt die Gram–Schmidt–Orthonormalisierung der Potenzen* $1, s, s^2, \ldots$ *dar.*

Beweis.

(i) Für $g(s) := (s^2-1)^\ell = (s+1)^\ell(s-1)^\ell$ folgt mit Hilfe der Leibniz–Regel $g^{(k)}(1) = g^{(k)}(-1) = 0$ für $k < \ell$. Definitionsgemäß ist $g^{(\ell)} = 2^\ell\,\ell!\,P_\ell$. Für jede Funktion $f \in \mathrm{C}^\infty[-1,1]$ folgt durch ℓ–fache partielle Integration ÜA

$$\langle f, P_\ell\rangle = \frac{1}{2^\ell\,\ell!}\int_{-1}^{1} f(s)\,g^{(\ell)}(s)\,ds = \frac{1}{2^\ell\,\ell!}\int_{-1}^{1} f^{(\ell)}(s)\,(1-s^2)^\ell\,ds\,.$$

(ii) Für $k < \ell$ gilt $\langle P_k , P_\ell \rangle = 0$, da P_k ein Polynom k–ten Grades ist.

Aus der Reihendarstellung von $f := P_\ell$ folgt $f^{(\ell)}(s) = (2\ell)!/(2^\ell\,\ell!)$, also

$$\langle P_\ell , P_\ell \rangle = \frac{(2\ell)!}{(2^\ell\,\ell!)^2} \int_{-1}^{1} (1-s^2)^\ell \, ds = \frac{(2\ell)!}{(2^\ell\,\ell!)^2} \int_{-1}^{1} (1+s)^\ell (1-s)^\ell \, ds \,.$$

Durch weitere ℓ–malige partielle Integration ergibt sich hieraus ÜA

$$\langle P_\ell , P_\ell \rangle = \frac{1}{2^{2\ell}} \int_{-1}^{1} (1+s)^{2\ell}(1-s)^0 \, ds = \frac{2}{2\ell+1} \,.$$

(iii) Der höchste Koeffizient von P_ℓ ist positiv. Dasselbe ergibt sich für die höchsten Koeffizienten der Polynome v_n, die aus den Potenzen $u_k(s) = s^k$ durch Orthonormalisierung entstehen:
Nach Bd. 1, § 19 : 3.1 gilt $v_n = (u_n - P_{n-1}u_n)/\|u_n - P_{n-1}u_n\|$, wobei $P_{n-1}u_n$ vom Grad $\le n-1$ ist. Da Orthonormalsysteme bis auf das Vorzeichen festgelegt sind, folgt $v_n = P_n$ für $n \in \mathbb{N}_0$.

(iv) Die Vollständigkeit wird in (c) mitbewiesen. □

(c) SATZ. *Für jedes* $m \in \mathbb{N}_0$ *ist* $\left\{ \sqrt{\frac{(\ell-m)!}{(\ell+m)!}\,(\ell+\frac{1}{2})}\; P_\ell^m \;\middle|\; \ell = m, m+1, \ldots \right\}$ *ein vollständiges Orthonormalsystem in* $\mathrm{L}^2(]-1,1[)$.

BEWEIS.

(i) Für $k, \ell \ge m$ und $k \ne \ell$ setzen wir zur Abkürzung $u := P_k^m$, $v := P_\ell^m$ und schreiben die Legendresche DG in der Form

$$Lu = k(k+1)u\,, \quad Lv = \ell(\ell+1)v\,.$$

Damit erhalten wir

$$\begin{aligned}
&\big(k(k+1) - \ell(\ell+1)\big)\,\langle u, v\rangle = \langle Lu, v\rangle - \langle u, Lv\rangle \\
&= \int_{-1}^{1} \left[\left(-((1-s^2)u')' + \tfrac{m^2}{1-s^2}u \right) v - u \left(-((1-s^2)v')' + \tfrac{m^2}{1-s^2}v \right) \right] ds \\
&= \int_{-1}^{1} \left[-\left((1-s^2)u'\right)' v + u\left((1-s^2)v'\right)' \right] ds \\
&= \left[-(1-s^2)\,(u'v - uv') \right] \Big|_{-1}^{1} = 0\,,
\end{aligned}$$

also $\langle P_k^m , P_\ell^m \rangle = \langle u, v \rangle = 0$ wegen $k \ne \ell$.

(ii) Für festes ℓ gilt mit der Abkürzung $u_m := P_\ell^m$ $(m = 0, 1, \dots, \ell)$

$$\begin{aligned} u_m &= (1-s^2)^{1/2}\,(1-s)^{(m-1)/2}\,P_\ell^{(m)} \\ &= (1-s)^{1/2}\Big(\big((1-s^2)^{(m-1)/2}\,P_\ell^{(m-1)}\big)' \\ &\qquad + (m-1)\,s\,(1-s^2)^{(m-3)/2}\,P_\ell^{(m-1)}\Big) \\ &= (1-s^2)^{1/2}\,u'_{m-1} + (m-1)\,s\,(1-s^2)^{-1/2}\,u_{m-1}\,, \end{aligned}$$

$$\begin{aligned} u_m^2 &= (1-s^2)\,u'^2_{m-1} + 2(m-1)\,s\,u'_{m-1}\,u_{m-1} + \tfrac{(m-1)^2\,s^2}{1-s^2}\,u_{m-1}^2 \\ &= \big[(1-s^2)\,u'_{m-1}\,u_{m-1} + (m-1)\,s\,u_{m-1}^2\big]' \\ &\quad - \big((1-s^2)u'_{m-1}\big)'\,u_{m-1} - (m-1)\,u_{m-1}^2 + \tfrac{(m-1)^2\,s^2}{1-s^2}\,u_{m-1}^2 \\ &= [\dots]' + \Big(\ell\,(\ell+1) - \tfrac{(m-1)^2}{1-s^2} - (m-1) + \tfrac{(m-1)^2\,s^2}{1-s^2}\Big)\,u_{m-1}^2 \\ &= [\dots]' + \big(\ell\,(\ell+1) - m\,(m-1)\big)\,u_{m-1}^2 \\ &= [\dots]' + (\ell+m)\,(\ell-m+1)\,u_{m-1}^2\,. \end{aligned}$$

Hieraus folgt

$$\int_{-1}^{1} u_m^2\,ds = (\ell+m)\,(\ell-m+1)\int_{-1}^{1} u_{m-1}^2\,ds\,,$$

und durch m–fache Iteration dieser Beziehung ergibt sich zusammen mit (b)

$$\begin{aligned} \int_{-1}^{1}(P_\ell^m)^2\,ds &= \int_{-1}^{1} u_m^2\,ds = \frac{(\ell+m)!}{(\ell-m)!}\int_{-1}^{1} u_0^2\,ds \\ &= \frac{(\ell+m)!}{(\ell-m)!}\int_{-1}^{1}(P_\ell)^2\,ds = \frac{(\ell+m)!}{(\ell-m)!}\,\frac{2}{2\ell+1}\,. \end{aligned}$$

(iii) Da $\mathrm{C}_c^0(]-1,1[)$ in $\mathrm{L}^2(]-1,1[)$ dicht liegt (§ 10 : 3.2), reicht es für die Vollständigkeit des Orthonormalsystems nachzuweisen, daß es zu $f \in \mathrm{C}_c^0(]-1,1[)$ und jedem $\varepsilon > 0$ ein $g \in \mathrm{Span}\,\{P_\ell^m \mid \ell = m, m+1, \dots\}$ mit $\|f-g\| \le \varepsilon$ gibt. Da $F(s) := (1-s^2)^{-m/2}\,f(s)$ auf $[-1,1]$ stetig ist, existiert nach dem Weierstraßschen Approximationssatz (§ 6 : 2.9) ein Polynom G mit

$$|F(s) - G(s)| \le \varepsilon/\sqrt{2} \quad \text{für} \quad s \in [-1,1]\,.$$

Da die $P_\ell^{(m)}$ Polynome $(\ell-m)$–ten Grades sind, folgt

$$G \in \mathrm{Span}\,\{P_\ell^{(m)} \mid \ell \ge m\},$$

und für $g(s) := (1-s^2)^{m/2}\, G(s)$ dann

$$g \in \operatorname{Span}\{P_\ell^m \mid \ell \geq m\}.$$

Weiter ist

$$\bigl|f(s)-g(s)\bigr| = \bigl|(1-s^2)^{m/2}\,\bigl(F(s)-G(s)\bigr)\bigr| \leq \varepsilon/\sqrt{2} \quad \text{für } s \in [-1,1],$$

also $\|f-g\| \leq \sqrt{2}\,\|f-g\|_\infty \leq \varepsilon$. □

3.5 Die Vollständigkeit der Kugelfunktionen

(a) Der Vektorraum aller meßbaren Funktionen $Y :]0,\pi[\, \times\,]-\pi,\pi[$ mit der Norm

$$\|Y\|_{S^2}^2 := \int_0^\pi \int_{-\pi}^\pi Y(\vartheta,\varphi)^2 \sin\vartheta \, d\vartheta \, d\varphi \; < \; \infty$$

und dem zugehörigen Skalarprodukt

$$\langle Y_1\,,\, Y_2\rangle_{S^2} := \int_0^\pi \int_{-\pi}^\pi Y_1(\vartheta,\varphi)\, Y_2(\vartheta,\varphi)\, \sin\vartheta \, d\vartheta \, d\varphi$$

(mit der üblichen Identifizierung fast überall gleicher Funktionen) ist ein Hilbertraum, bezeichnet mit $\mathrm{L}^2(S^2)$.

Um dies einzusehen, betrachten wir $\Omega =]0,\pi[\, \times\,]-\pi,\pi[$ und $\varrho(\vartheta,\varphi) = \sqrt{\sin\vartheta}$. Wegen $\varrho > 0$ auf Ω ist $Y : \Omega \to \mathbb{R}$ genau dann meßbar, wenn $y := Y/\varrho$ meßbar ist, und es gilt $Y \in \mathrm{L}^2(S^2) \iff y = Y/\varrho \in \mathrm{L}^2(\Omega)$. Die Abbildung $U : \mathrm{L}^2(\Omega) \to \mathrm{L}^2(S^2)$, $y \mapsto \varrho\, y$ ist also ein Isomorphismus, vgl. § 9 : 1.2.

Da $do = \sin\vartheta\, d\vartheta\, d\varphi$ das Oberflächenelement der Sphäre S^2 ist, können wir $\langle Y_1\,,\, Y_2\rangle_{S^2}$ als Oberflächenintegral $\int_{S^2} u_1\, u_2\, do$ auffassen; dabei ist $Y_k = u_k \circ \mathbf{\Phi}$ $(k = 1,2)$ und $\mathbf{\Phi}$ die Parametrisierung von S^2 durch Kugelkoordinaten.

(b) Die in 3.3 gefundenen Produktlösungen des Eigenwertproblems (KF) und die zugehörigen Eigenwerte μ numerieren wir wie folgt: Für $\ell \in \mathbb{N}_0$, $m \in \mathbb{Z}$ mit $|m| \leq \ell$ setzen wir

$$Y_\ell^m(\vartheta,\varphi) := \begin{cases} P_\ell^m(\cos\vartheta)\, \cos(m\varphi) & \text{für} \quad 0 \leq m \leq \ell, \\ P_\ell^{-m}(\cos\vartheta)\, \sin(m\varphi) & \text{für} \quad -\ell \leq m < 0, \end{cases}$$

$$\mu_\ell^m := \ell\,(\ell+1).$$

SATZ. *Die Kugelfunktionen* $c_\ell^m Y_\ell^m$ $(\ell \in \mathbb{N}_0,\ m \in \mathbb{Z},\ |m| \le \ell)$ *mit*

$$c_\ell^m := \begin{cases} \dfrac{1}{\sqrt{2\pi}}\sqrt{\ell+\frac{1}{2}} & \textit{für} \quad m = 0 \\[2ex] \dfrac{1}{\sqrt{\pi}}\sqrt{\dfrac{(\ell-|m|)!}{(\ell+|m|)!}\Big(\ell+\dfrac{1}{2}\Big)} & \textit{für} \quad m \neq 0 \end{cases}$$

bilden ein vollständiges Orthonormalsystem für $\mathrm{L}^2(S^2)$.

Der Eigenraum des Eigenwertproblems (KF) *zum Eigenwert* $\ell(\ell{+}1)$ *ist* $(2\ell{+}1)$*-dimensional und wird aufgespannt von* $Y_\ell^{-m}, \dots, Y_\ell^0, \dots, Y_\ell^m$.

BEMERKUNGEN. (i) Die Y_ℓ^m $(|m| \le \ell)$ fallen als Real– und Imaginärteile der $Z_\ell^m(\vartheta,\varphi) = P_\ell^m(\cos\vartheta)\,\mathrm{e}^{im\varphi}$ an. Die Z_ℓ^m bilden bei passender Normierung ein vollständiges ONS für den komplexen Hilbertraum $\mathrm{L}^2(S^2)$ mit dem entsprechenden Skalarprodukt und werden ebenfalls Kugelfunktionen genannt.

(ii) LAPLACE fand 1785 die Kugelfunktionen bei Untersuchungen über die Anziehungskräfte von Rotationskörpern.

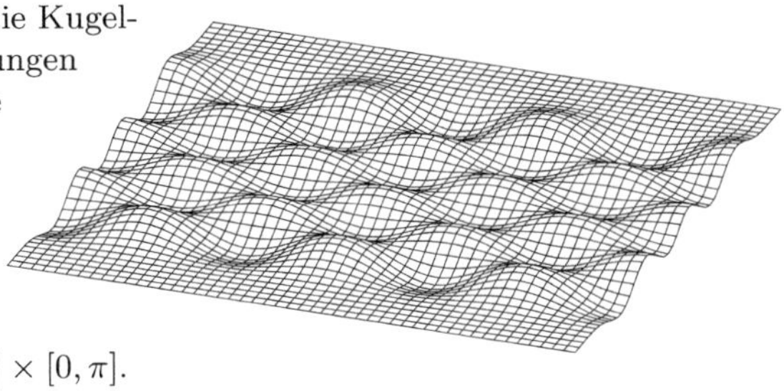

Die nebenstehende Figur zeigt den Graphen von Y_{11}^6 über dem halben Koordinatenrechteck $[0,\pi] \times [0,\pi]$.

BEWEIS.

Wir verwenden das Vollständigkeitskriterium § 9 : 4.4 (e), nach welchem ein ONS genau dann vollständig ist, wenn nur der Nullvektor zu diesem orthogonal ist. Sei also

$$f \in \mathrm{L}^2(S^2) \quad \text{und} \quad \langle\, Y_\ell^m\,,\, f\,\rangle_{S^2} = 0 \quad \text{für} \quad \ell \in \mathbb{N}_0,\ |m| \le \ell\,.$$

Wir gehen der Übersichtlichkeit halber ins Komplexe. Für die oben definierten Z_ℓ^m und für $F(s,\varphi) := f(\arccos s, \varphi)$ gilt dann aufgrund des Satzes von Fubini § 8 : 1.8 und des Transformationssatzes § 8 : 1.9

$$\begin{aligned} 0 \,=\, \langle\, Z_\ell^m\,,\, f\,\rangle_{S^2} &:= \int_0^\pi \int_{-\pi}^\pi \mathrm{e}^{-im\varphi} P_\ell^{(m)}(\cos\vartheta)\, f(\vartheta,\varphi)\, \sin\vartheta\, d\vartheta\, d\varphi \\ &= \int_{-1}^1 \Big(\int_{-\pi}^\pi \mathrm{e}^{-im\varphi}\, F(s,\varphi)\, d\varphi \Big)\, P_\ell^{(m)}(s)\, ds \end{aligned}$$

für festes $m \in \mathbb{Z}$ und alle $\ell \ge |m|$. Wegen der in 3.4 (c) festgestellten Vollstän–

digkeit der Legendre–Funktionen folgt daraus

$$0 = \int_{-\pi}^{\pi} \mathrm{e}^{-im\varphi} F(s,\varphi)\,d\varphi = \int_{-\pi}^{\pi} F(s,\varphi)\,\cos(m\varphi)\,d\varphi - i \int_{-\pi}^{\pi} F(s,\varphi)\,\sin(m\varphi)\,d\varphi$$

für fast alle $s \in [-1,1]$ und alle $m \in \mathbb{Z}$. Wegen der Vollständigkeit der trigonometrischen Funktionen in $\mathrm{L}^2\,[-\pi,\pi]$ (§ 9 : 4.5) ergibt sich daraus mit der Parsevalschen Gleichung $\int_{-\pi}^{\pi} F(s,\varphi)^2\,d\varphi = 0$ für fast alle $s \in [-1,1]$.

Der Satz von Tonelli § 8 : 1.8 und der Transformationssatz § 8 : 1.9 liefern

$$\int_0^{\pi}\int_{-\pi}^{\pi} f(\vartheta,\varphi)^2 \sin\vartheta\,d\vartheta\,d\varphi = \int_{-1}^{1}\Big(\int_{-\pi}^{\pi} F(s,\varphi)^2\,d\varphi\Big)\,ds = 0$$

und damit $f = 0$. □

(c) Aufgabe. Für $\mathbf{x} = (r\,\sin\vartheta\cos\varphi,\; r\,\sin\vartheta\sin\varphi,\; r\,\cos\vartheta)$ sei

$$H_\ell^m(\mathbf{x}) \;:=\; r^\ell\, Y_\ell^m(\vartheta,\varphi) \quad \text{für} \quad |m| \le \ell \le 2\,.$$

Zeigen Sie, daß H_ℓ^m ein harmonisches und vom Grad ℓ homogenes Polynom ist, siehe die Einleitung zu diesem Abschnitt.

Zeigen Sie weiter, daß sich jedes homogene Polynom zweiten Grades (d.h. jede quadratische Form in $\mathbb{R}^3$) auf eindeutige Weise in der Gestalt

$$\sum_{i,k=1}^{3} a_{ik}x_ix_k \;=\; \sum_{m=-2}^{2} \alpha_2^m\, H_2^m(\mathbf{x}) \;+\; \alpha_0^0\,\|\mathbf{x}\|^2\, H_0^0(\mathbf{x})$$

darstellen läßt.

3.6 Eigenwerte und Eigenfunktionen auf dreidimensionalen Kugeln

Satz. *Für das Dirichletsche Eigenwertproblem* (∗) *auf der Kugel* $\Omega = K_R(\mathbf{0})$ *im* $\mathbb{R}^3$ *sind ein vollständiges Orthonormalsystem von Eigenfunktionen in* $\mathrm{L}^2(\Omega)$ *und die zugehörigen Eigenwerte gegeben durch*

$$\big\{u_{k\ell m} \mid k \in \mathbb{N},\; \ell \in \mathbb{N}_0,\; m \in \mathbb{Z} \quad \textit{mit}\ |m| \le \ell\big\}, \qquad \lambda_{k\ell m} = (j_{\ell+1/2,k}/R)^2$$

mit

$$u_{k\ell m}(\mathbf{x}) \;=\; \frac{c_{k\ell m}}{\sqrt{r}}\, J_{\ell+1/2}\big(j_{\ell+1/2,k}\,\tfrac{r}{R}\big)\, Y_\ell^m(\vartheta,\varphi)$$

für $\mathbf{x} = (r\sin\vartheta\cos\varphi, r\sin\vartheta\sin\vartheta, r\cos\vartheta)$ $(0 < r \le R,\, 0 \le \vartheta \le \pi,\, -\pi < \varphi \le \pi)$ *und*

$$c_{k\ell m} \;=\; \frac{\sqrt{2}}{R\,|J'_{\ell+1/2}(j_{\ell+1/2})|}\,\sqrt{\frac{(\ell-|m|)!}{(\ell+|m|)!}\,\Big(\ell+\frac{1}{2}\Big)}\;\frac{1}{\sqrt{\pi\,(1+\delta_{m0})}}\,.$$

Dabei ist $J_{\ell+1/2}$ *die Besselfunktion vom Index* $\ell+\frac{1}{2}$, $j_{\ell+1/2,k}$ *sind die positiven Nullstellen von* $J_{\ell+1/2}$ ($k \in \mathbb{N}$, $\ell \in \mathbb{N}_0$, vgl. 3.1), $\{Y_\ell^m\}$ *ist das in* 3.5 *definierte System von Kugelfunktionen und* δ_{m0} *das Kronecker–Symbol.*

Für das Neumannsche Eigenwertproblem ergibt sich ein ganz entsprechendes Orthonormalsystem, indem die $j_{\ell+1/2,k}$ durch die Nullstellen der abgeleiteten Besselfunktionen $J'_{\ell+1/2}$ ersetzt werden, vgl. 3.2 (b), 3.1 (c).

BEWEIS.

(i) Nach dem Transformationssatz für Integrale hat das L^2–Skalarprodukt auf der Kugel $\Omega = K_R(\mathbf{0})$ für Funktionen in Produktform $(X_i \otimes Y_i)(r,\vartheta,\varphi) := X_i(r)\,Y_i(\vartheta,\varphi)$ die Gestalt

$$\langle X_1 \otimes Y_1\,,\, X_2 \otimes Y_2 \rangle = \int_0^R X_1(r)\,X_2(r)\,r^2\,dr \int_{-\pi}^{\pi}\int_0^{\pi} Y_1(\vartheta,\varphi)\,Y_2(\vartheta,\varphi)\,\sin\vartheta\,d\vartheta\,d\varphi\,.$$

Hieraus ergibt sich die Orthonormalität des Systems $\mathcal{A} := \{u_{k\ell m}\}$ aus den Orthonormalitätseigenschaften der Besselfunktionen 3.1 (b) und denen der Kugelfunktionen 3.4 [ÜA].

(ii) Nach dem Entwicklungssatz 1.2 existiert ein vollständiges ONS $\mathcal{B}$ für $L^2(\Omega)$, bestehend aus Eigenfunktionen $v_i \in C^2(\overline{\Omega})$ des Dirichletschen Eigenwertproblems $(*)$. Die Vollständigkeit des ONS $\mathcal{A}$ ist bewiesen, wenn wir gezeigt haben, daß jede Eigenfunktion u eine Linearkombination von Funktionen aus $\mathcal{A}$ ist, was $\mathcal{B} \subset \operatorname{Span}\mathcal{A}$ bedeutet.

Sei also $u \in C^2(\overline{\Omega})$ eine beliebige Eigenfunktion des Problems $(*)$ zum Eigenwert $\lambda > 0$ und $U(r,\vartheta,\varphi) := u(r\sin\vartheta\cos\varphi, r\sin\vartheta\sin\varphi, r\cos\vartheta)$. Für jedes $r \in [0,R]$ besitzt die Funktion $(\vartheta,\varphi) \mapsto U(r,\vartheta,\varphi)$ nach 3.5 die Fourierentwicklung

$$U(r,\vartheta,\varphi) \;=\; \sum_{|m|\le\ell} A_\ell^m(r)\,Y_\ell^m(\vartheta,\varphi)$$

in $L^2(S^2)$ mit den Fourierkoeffizienten

$$A_\ell^m(r) \;=\; \frac{(\ell-|m|)!}{(\ell+|m|)!}\,\frac{\ell+\frac{1}{2}}{\pi\,(1+\delta_{m0})} \int_0^{\pi}\int_{-\pi}^{\pi} U(r,\vartheta,\varphi)\,Y_\ell^m(\vartheta,\varphi)\,\sin\vartheta\,d\vartheta\,d\varphi\,.$$

Die Funktionen $r \mapsto A_\ell^m(r)$ sind C^2–differenzierbar auf $[0,R]$, genügen nach $(***)$ in 3.3 der Randbedingung $A_\ell^m(R) = 0$ und erfüllen die DG

$$\frac{1}{r^2}\,\big(r^2\,X'(r)\big)' + \left(\lambda - \frac{\ell(\ell+1)}{r^2}\right) X(r) \;=\; 0 \;\text{ in }\;]0,R]\,,$$

was sich aus der Eigenwertgleichung in $(***)$ durch zweimalige partielle Integration ergibt [ÜA].

Für jedes Paar ℓ, m mit $A_\ell^m \neq 0$ ist $a_\ell^m(r) := \sqrt{r}\, A_\ell^m(r)$ nach 3.3 eine Lösung der Besselschen DG vom Index $\ell + \frac{1}{2}$ zum Eigenwert λ mit der Eigenschaft, daß $r^{-1/2}\, a_\ell^m(r)$ beschränkt ist. Nach 3.1 (a) gibt es (genau) ein $k \in \mathbb{N}$ und eine Konstante $\alpha_\ell^m \in \mathbb{R}$ mit

$$\begin{aligned} \lambda &= \left(j_{\ell+1/2,k}/R\right)^2 = \lambda_{|k|m}\,, \\ A_\ell^m(r) &= r^{-1/2}\, a_\ell^m(r) = r^{-1/2}\, \alpha_\ell^m\, J_{\ell+1/2}(j_{\ell+1/2,k}\tfrac{r}{R}) \\ &= \alpha_\ell^m\, r^{-1/2}\, J_{\ell+1/2}(\sqrt{\lambda}\, r)\,. \end{aligned}$$

Wegen $u \neq 0$ ist die Menge I dieser (m, ℓ) nicht leer. Weiter ist I endlich, weil der Eigenwert λ nach 1.2 endliche Vielfachheit besitzt. Damit ist

$$\begin{aligned} u(\mathbf{x}) &= U(r, \vartheta, \varphi) = \sum_{(m,\ell)\in I} A_\ell^m(r)\, Y_\ell^m(\vartheta, \varphi) \\ &= \sum_{(m,\ell)\in I} \frac{\alpha_\ell^m}{\sqrt{r}}\, J_{\ell+1/2}(\sqrt{\lambda}\, r)\, Y_\ell^m(\vartheta, \varphi)\,, \end{aligned}$$

was $u \in \operatorname{Span} \mathcal{A}$ bedeutet. □

Für die R–Kugel im $\mathbb{R}^n$ ergeben sich die Eigenwerte

$$\lambda_{k\ell} = \left(j_{\ell+h,k}/R\right)^2 \quad \text{mit} \quad h := \tfrac{n-2}{2} \quad (k \in \mathbb{N},\ \ell \in \mathbb{N}_0)\,,$$

und die Radialanteile der zugehörigen Eigenfunktionen sind

$$r^{-h}\, J_{\ell+h}\left(j_{\ell+h,k}\, \tfrac{r}{R}\right),$$

siehe [61] p. 126–139.

Aufgabe. Denken Sie sich ein Ei als eine homogene Kugel vom Radius π cm. Es wird mit einer Anfangstemperatur von 20°C in einem Topf mit siedendem Wasser (100°C) gelegt. Wie lange dauert es, bis der Mittelpunkt eine Temperatur von 50°C erreicht?
Setzen Sie in der Wärmeleitungsgleichung $\partial u/\partial t = k\, \Delta u$ eine Wärmeleitfähigkeit von $k = 6 \cdot 10^{-3}\, \mathrm{cm}^2/\mathrm{s}$ voraus.
Hinweis. Verwenden Sie den ersten Term in der Reihendarstellung von $u(\mathbf{0}, t)$.
(Diese Aufgabe des Namens „Eier Fourier" ist [53] p. 283 entnommen.)

§ 16 Die Wärmeleitungsgleichung

Vorkenntnisse. Die ersten drei Abschnitte verlangen keine besonderen Vorkenntnisse, abgesehen von der Fouriertransformation auf dem Schwartz–Raum, die im Rahmen einer Plausibilitätsbetrachtung auftritt. Abschnitt 4 stützt sich wesentlich auf § 14 : 6 und § 15 : 1.

1 Bezeichnungen, Problemstellungen

(a) Wir definieren den **Wärmeleitungsoperator** $\mathcal{H}$ durch

$$\mathcal{H} := \frac{\partial}{\partial t} - \Delta .$$

Für ein Gebiet $\Omega \subset \mathbb{R}^n$ und eine Zeitspanne T mit $0 < T \leq \infty$ setzen wir

$$\Omega_T := \Omega \times]0, T[\,, \quad \partial'\Omega_T := (\overline{\Omega} \times \{0\}) \cup (\partial\Omega \times [0, T[) \,.$$

Im Fall $\Omega \neq \mathbb{R}^n$ besteht $\partial'\Omega_T$ aus Boden und Mantelfläche des Zylinders Ω_T. Von klassischen Lösungen verlangen wir natürlicherweise Zugehörigkeit zu

$$\mathrm{C}^{2,1}(\Omega_T) := \left\{ u \in \mathrm{C}^0(\Omega_T) \;\middle|\; \frac{\partial u}{\partial t}, \frac{\partial u}{\partial x_i}, \frac{\partial^2 u}{\partial x_i \partial x_k} \in \mathrm{C}^0(\Omega_T) \right\} .$$

(b) Wir betrachten folgende Problemstellungen:

(i) Das **Anfangswertproblem** (**AWP**) oder **Cauchy–Problem** auf $\Omega = \mathbb{R}^n$:

Zu gegebenem $T > 0$ ist eine Funktion $u \in \mathrm{C}^0(\mathbb{R}^n \times [0, T[) \cap \mathrm{C}^{2,1}(\mathbb{R}^n \times]0, T[)$ gesucht mit

$$\begin{aligned} \mathcal{H}u &= f \quad \text{auf } \mathbb{R}^n \times]0, T[\,, \\ u(\mathbf{x}, 0) &= u_0(\mathbf{x}) \quad \text{für } \mathbf{x} \in \mathbb{R}^n . \end{aligned}$$

Dabei sind $f : \mathbb{R}^n \times]0, T[\to \mathbb{R}$ und $u_0 : \mathbb{R}^n \to \mathbb{R}$ gegebene Funktionen, deren Differenzierbarkeitsstufe noch festzulegen ist.

Von besonderem Interesse sind Lösungen unbegrenzter Lebensspanne $T = \infty$.

(ii) Das **Anfangs–Randwertproblem** (**ARWP**) auf einem beschränkten Gebiet $\Omega \subset \mathbb{R}^n$:

Gegeben sind $T > 0$ und Funktionen f auf Ω_T, g auf $\partial\Omega \times]0, T[$ und u_0 auf Ω. Gesucht ist eine Funktion $u \in \mathrm{C}^0(\Omega_T \cup \partial'\Omega_T) \cap \mathrm{C}^{2,1}(\Omega_T)$ mit

$$\begin{aligned} \mathcal{H}u &= f \quad \text{in } \Omega_T \,, \\ u &= g \quad \text{auf } \partial\Omega \times]0, T[\,, \\ u(\mathbf{x}, 0) &= u_0(\mathbf{x}) \quad \text{für } \mathbf{x} \in \Omega . \end{aligned}$$

Auch im Fall, daß Lösungen unbegrenzter Lebensspanne gesucht sind, wird dieses Problem zunächst für endliches T untersucht.

Beide Probleme sind so gestellt, daß sie eindeutig lösbar sind und unter geeigneten Differenzierbarkeitsvoraussetzungen an die Daten eine Lösung besitzen.

Zur Herleitung und physikalischen Deutung der Wärmeleitungsgleichung verweisen wir auf § 1 : 2.5. Im Fall der Raumdimension $n = 1$ wurde das ARWP in § 6 : 4 behandelt.

(c) **Gleichmässig parabolische Differentialoperatoren.**
Die Ergebnisse dieses Paragraphen bleiben mit geringen Modifikationen gültig, wenn wir im Wärmeleitungsoperator $\frac{\partial}{\partial t} - \Delta$ anstelle von Δ einen gleichmäßig elliptischen Operator L setzen, vgl. § 14 : 1 (b). Hierzu verweisen wir auf [4, 5], [78], [65], [83], [72].

2 Eigenschaften des Wärmeleitungsoperators

2.1 Der Wärmeleitungskern

(a) Wir betrachten das Cauchy–Problem für die homogene Wärmeleitungsgleichung

$$(*) \qquad \frac{\partial u}{\partial t} - \Delta u = 0 \quad \text{in } \mathbb{R}^n \times \mathbb{R}_{>0}, \quad u(\mathbf{x},0) = u_0(\mathbf{x}) \quad \text{für } \mathbf{x} \in \mathbb{R}^n$$

mit einer gegebenen schnellfallenden Funktion $u_0 \in \mathscr{S}(\mathbb{R}^n)$, vgl. § 12 : 3.1. Um eine Lösungsformel zu erraten, nehmen wir an, daß u eine Lösung von $(*)$ ist mit $\mathbf{x} \mapsto u(\mathbf{x},t) \in \mathscr{S}(\mathbb{R}^n)$ für alle $t \geq 0$ und daß

$$\widehat{u}(\mathbf{y},t) := (2\pi)^{-n/2} \int_{\mathbb{R}^n} \mathrm{e}^{-i\langle \mathbf{x},\mathbf{y}\rangle}\, u(\mathbf{y},t)\, d^n\mathbf{y}$$

als Parameterintegral nach t differenziert werden kann,

$$\frac{\partial}{\partial t}\widehat{u}(\mathbf{y},t) = (2\pi)^{-n/2} \int_{\mathbb{R}^n} \mathrm{e}^{-i\langle \mathbf{x},\mathbf{y}\rangle}\, \frac{\partial}{\partial t} u(\mathbf{y},t)\, d^n\mathbf{y} \quad \text{für } t > 0\,.$$

Dann folgt aus der Differentialgleichung und dem P,Q–Gesetz § 12 : 3.3 (c)

$$\frac{\partial}{\partial t}\widehat{u}(\mathbf{y},t) = (2\pi)^{-n/2} \int_{\mathbb{R}^n} \mathrm{e}^{-i\langle \mathbf{x},\mathbf{y}\rangle}\, \Delta u(\mathbf{y},t)\, d^n\mathbf{y} = -\|\mathbf{y}\|^2\, \widehat{u}(\mathbf{y},t)\,,$$

also

$$\widehat{u}(\mathbf{y},t) = \widehat{u}(\mathbf{y},0)\, \mathrm{e}^{-\|\mathbf{y}\|^2 t} = \widehat{u}_0(\mathbf{y})\, \mathrm{e}^{-\|\mathbf{y}\|^2 t}\,.$$

Der Term $\mathrm{e}^{-\|\mathbf{y}\|^2 t}$ läßt sich als Fouriertransformierte darstellen: Nach § 12 : 2.5 (b) gilt für $t > 0$

$$\mathrm{e}^{-\|\mathbf{y}\|^2 t} = \widehat{G}_t(\mathbf{y}) \quad \text{mit } G_t(\mathbf{x}) = (2t)^{-n/2}\, \mathrm{e}^{-\|\mathbf{x}\|^2/4t}\,.$$

Mit dem Faltungssatz § 12 : 2.6 (c) ergibt sich wegen $G_t \in \mathscr{S}(\mathbb{R}^n)$ für $t > 0$

$$\widehat{u}(\mathbf{y}, t) = \widehat{G}_t(\mathbf{y})\,\widehat{u}_0(\mathbf{y}) = (2\pi)^{-n/2}\,\widehat{G_t * u_0}(\mathbf{y}),$$

und daher $u(\mathbf{x}, t) = (2\pi)^{-n/2}(G_t * u_0)(\mathbf{x})$ wegen der Injektivität der Fouriertransformation. Damit erhalten wir die Lösungsdarstellung

$$(**) \quad u(\mathbf{x}, t) = \int_{\mathbb{R}^n} \Gamma(\mathbf{x} - \mathbf{y}, t)\, u_0(\mathbf{y})\, d^n\mathbf{y} \quad \text{für } \mathbf{x} \in \mathbb{R}^n,\ t > 0$$

mit dem **Wärmeleitungskern**

$$\Gamma(\mathbf{x}, t) := (4\pi t)^{-n/2}\, \mathrm{e}^{-\|\mathbf{x}\|^2/4t} \quad \text{für } \mathbf{x} \in \mathbb{R}^n,\ t > 0\,.$$

In Abschnitt 3 zeigen wir, daß durch das Faltungsintegral $(**)$ unter geeigneten Voraussetzungen über u_0 auch eine Lösung u des Cauchy–Problems $(*)$ gegeben wird. Ohne Beweis sei angemerkt, daß diese für $u_0 \in \mathscr{S}(\mathbb{R}^n)$ den oben gemachten Annahmen genügt. Die Eindeutigkeit der Lösung wird in 2.2 behandelt.

(b) **Der Wärmeleitungskern als Grundlösung für $\mathcal{H}$.** *Durch*

$$\Gamma(\mathbf{x}, t) := \begin{cases} (4\pi t)^{-n/2}\, \mathrm{e}^{-\|\mathbf{x}\|^2/4t} & \textit{für } t > 0\,, \\ 0 & \textit{für } t \le 0 \end{cases}$$

ist eine auf $\mathbb{R}^{n+1}_* := \mathbb{R}^{n+1} \setminus \{\mathbf{0}\}$ *stetige Grundlösung für den Wärmeleitungsoperator* $\mathcal{H}$ *gegeben, d.h. es gilt*

$$\varphi(\mathbf{0}, 0) = -\int_{\mathbb{R}^n} \Gamma(\mathbf{y}, s)\left(\tfrac{\partial}{\partial t}\varphi + \Delta\varphi\right)(\mathbf{y}, s)\, d^n\mathbf{y}\, ds$$

für jede Testfunktion φ *auf* $\mathbb{R}^{n+1}$, *vgl.* § 13 : 5.2.

Für den ziemlich technischen Beweis verweisen wir auf [148] § 17, Satz 4.

Ist $f(\mathbf{x}, t)$ stetig auf $\mathbb{R}^n \times \mathbb{R}_+$, so ist hiernach durch

$$u(\mathbf{x}, t) = \int_{\mathbb{R}} \Big(\int_{\mathbb{R}^n} \Gamma(\mathbf{x} - \mathbf{y}, t - s)\, f(\mathbf{y}, s)\, d^n\mathbf{y} \Big)\, ds$$

eine schwache Lösung der DG $\mathcal{H}u = f$ gegeben. Das folgt aus § 13 : 5.3 unter Beachtung von $\Gamma(\mathbf{x}, t) = 0 = f(\mathbf{x}, t)$ für $t \le 0$. Unter geeigneten Differenzierbarkeitsbedingungen an f liefert diese Formel eine klassische Lösung von $\mathcal{H}u = f$ auf $\mathbb{R}^n \times]0, T[$, $u = 0$ auf $\mathbb{R}^n \times \{0\}$. Dies zeigen wir in 3.3, ohne auf die oben angegebenene Grundlösung zurückzugreifen.

(c) **Eigenschaften des Wärmeleitungskerns.**

Es gilt

(i) $\Gamma \in \mathrm{C}^\infty(\mathbb{R}^{n+1}_*)$,

(ii) $\mathcal{H}\Gamma = 0$ *in* $\mathbb{R}^{n+1}_*$,

(iii) $\int\limits_{\mathbb{R}^n} \Gamma(\mathbf{x},t)\,d^n\mathbf{x} = 1$ *für* $t > 0$.

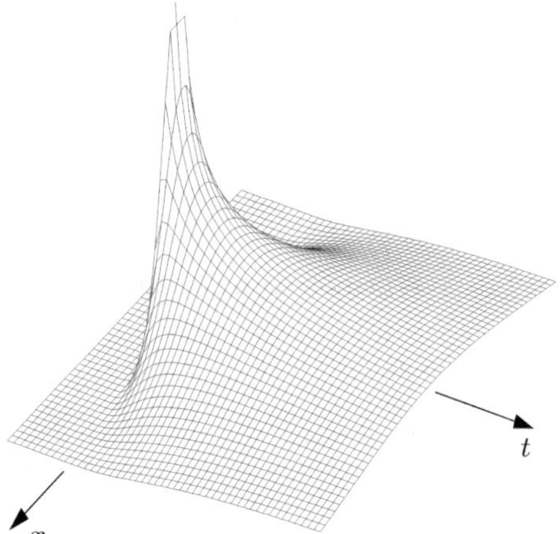

Die ersten beiden Eigenschaften ergeben sich durch direktes Nachrechnen [ÜA].
Die Formel (iii) folgt durch Anwendung des Transformationssatzes für Integrale mit der Substitution $\mathbf{y} = \sqrt{2t}\,\mathbf{x}$ und sukzessiver Integration [ÜA].

(d) AUFGABEN.

(i) Veranschaulichen Sie sich den Wärmeleitungskern für $n = 1$, indem Sie die Schnitte $t \mapsto \Gamma(x,t)$ für $x = 0$, für $x \neq 0$, und die Schnitte $x \mapsto \Gamma(x,t)$ für $t > 0$ skizzieren.

(ii) Rechnen Sie nach, daß durch

$$u(\mathbf{x},t) := (T-t)^{-n/2}\,\mathrm{e}^{-\|\mathbf{x}\|^2/(T-t)} \quad \text{in } \mathbb{R}^n \times]0,T[$$

eine Lösung der homogenen Wärmeleitungsgleichung $\partial_t u = \Delta u$ gegeben ist. Wegen der Translationsinvarianz des Laplace–Operators erfüllt deswegen auch $v(\mathbf{x},t) = u(\mathbf{x}-\mathbf{x}_0,t)$ die homogene Wärmeleitungsgleichung in $\mathbb{R}^n \times]0,T[$.

2.2 Maximumprinzipien, Eindeutigkeit von Lösungen

(a) **Maximumprinzip für das Anfangs–Randwertproblem.** *Sei* $\Omega \subset \mathbb{R}^n$ *ein beschränktes Gebiet und* $T > 0$. *Genügt* $u \in \mathrm{C}^0(\Omega_T \cup \partial'\Omega_T) \cap \mathrm{C}^{2,1}(\Omega_T)$ *der Ungleichung*

$$\mathcal{H}u \le 0 \quad \text{in } \Omega_T\,,$$

so gilt

$$u \le \sup_{\partial'\Omega_T} u \quad \text{auf} \quad \Omega_T\,.$$

Insbesondere ergeben sich für jede Lösung u *von* $\mathcal{H}u = 0$ *die Schranken*

$$\inf_{\partial'\Omega_T} u \le u \le \sup_{\partial'\Omega_T} u \quad \text{auf } \Omega_T\,.$$

FOLGERUNG. *Das Anfangs–Randwertproblem*

$$\mathcal{H}u = f \ \textit{ in } \Omega_T\,,$$
$$u = g \ \textit{ auf } \partial'\Omega_T$$

besitzt höchstens eine Lösung $u \in \mathrm{C}^0(\Omega_T \cup \partial'\Omega_T) \cap \mathrm{C}^{2,1}(\Omega_T)$.

BEWEIS des Maximumprinzips.

Wir fixieren $(\mathbf{x}_0, t_0) \in \Omega_T$, wählen $\varepsilon, \delta > 0$ mit $t_0 < T - \varepsilon$ und setzen $u_\delta(\mathbf{x}, t) := u(\mathbf{x}, t) - \delta t$. Dann gilt

$$(*) \qquad \mathcal{H}u_\delta \le -\delta < 0 \ \text{ in } \Omega_T\,,$$

und u_δ nimmt auf dem kompakten Zylinder $\overline{\Omega_{T-\varepsilon}} = \overline{\Omega} \times [0, T-\varepsilon]$ das Maximum an einer Stelle $(\boldsymbol{\xi}, \tau)$ an.

Fall 1: $(\boldsymbol{\xi}, \tau) \notin \partial'\Omega_T$, also $(\boldsymbol{\xi}, \tau) \in \Omega \times]0, T - \varepsilon]$. Die notwendigen Bedingungen für lokale Maxima liefern

$$\frac{\partial u_\delta}{\partial t}(\boldsymbol{\xi}, \tau) \begin{cases} = 0 & \text{für } \tau < T - \varepsilon\,, \\ \ge 0 & \text{für } \tau = T - \varepsilon\,, \end{cases} \qquad \left(\frac{\partial^2 u_\delta}{\partial x_i\, \partial x_k}(\boldsymbol{\xi}, \tau) \right) \le 0\,,$$

woraus $\Delta u_\delta(\boldsymbol{\xi}, \tau) \le 0$ und $\mathcal{H}u_\delta(\boldsymbol{\xi}, \tau) \ge 0$ folgt, ein Widerspruch zu $(*)$.

Fall 2: $(\boldsymbol{\xi}, \tau) \in \partial'\Omega_T$. Dann gilt

$$\begin{aligned} u(\mathbf{x}_0, t_0) &= u_\delta(\mathbf{x}_0, t_0) + \delta t_0 \le u_\delta(\boldsymbol{\xi}, \tau) + \delta T \le \sup_{\partial'\Omega_T} u_\delta + \delta T \\ &\le \sup_{\partial'\Omega_T} u + \delta T \end{aligned}$$

Da diese Ungleichung für alle $\delta > 0$ richtig ist, gilt sie auch für $\delta = 0$. □

(b) **Maximumprinzip für das Anfangswertproblem** (TYCHONOW 1935). *Ist* $u \in \mathrm{C}^0(\mathbb{R}^n \times [0, T[) \cap \mathrm{C}^{2,1}(\mathbb{R}^n \times]0, T[)$ *auf* $\mathbb{R}^n \times \{0\}$ *beschränkt, und erfüllt* u *die Wachstumbedingung*

$$|\,u(\mathbf{x}, t)\,| \le M\, \mathrm{e}^{a\|\mathbf{x}\|^2} \ \textit{ für } \ (\mathbf{x}, t) \in \mathbb{R}^n \times [0, T[$$

mit Konstanten $M, a \ge 0$, *sowie die Ungleichung*

$$\mathcal{H}u \le 0 \ \textit{ in } \ \mathbb{R}^n \times]0, T[\,,$$

so gilt

$$u \le \sup_{\mathbb{R}^n \times \{0\}} u \ \ \textit{ auf } \ \mathbb{R}^n \times]0, T[\,.$$

Bemerkung. Tychonow zeigte an einem Beispiel, daß ohne die Wachstumbedingung eine Kontrolle der Lösung durch die Anfangswerte nicht möglich ist; siehe [78] I.9, [49] Ch. 7.1 (a).

Beweis.

Wir fixieren $(\mathbf{x}_0, t_0) \in \mathbb{R}^n \times [0, T[$.

(i) Im Fall $16aT < 1$ setzen wir für $\delta > 0$

$$u_\delta := u - \delta v \quad \text{mit} \quad v(\mathbf{x}, t) := (2T - t)^{-n/2} \mathrm{e}^{\|\mathbf{x}-\mathbf{x}_0\|^2/4(2T-t)} .$$

Nach Aufgabe 2.1 (d) gilt $\mathcal{H}v = 0$, also $\mathcal{H}u_\delta \le 0$ in $\mathbb{R}^n \times]0, T[$. Das Maximumprinzip (a), angewandt auf u_δ und den Zylinder $\Omega'_T := K_r(\mathbf{x}_0) \times]0, T[$ liefert

$$(*) \qquad u_\delta(\mathbf{x}_0, t_0) \le \sup_{\partial'\Omega'_T} u_\delta .$$

Wir schätzen u_δ auf $\partial'\Omega'_T$ ab: Für $\mathbf{x} \in K_r(\mathbf{x}_0)$ gilt

$$u_\delta(\mathbf{x}, 0) \le u(\mathbf{x}, 0) \le \sup_{\mathbb{R}^n \times \{0\}} u$$

und für $(\mathbf{x}, t) \in \partial K_r(\mathbf{x}_0) \times [0, T[$ ergibt sich mit der Wachstumbedingung an u

$$\begin{aligned} u(\mathbf{x}, t) &\le M \mathrm{e}^{a\|\mathbf{x}\|^2} \le M \mathrm{e}^{a(r+\|\mathbf{x}_0\|)^2} \\ &\le M \mathrm{e}^{2ar^2 + 2a\|\mathbf{x}_0\|^2} =: M_1 \mathrm{e}^{2ar^2} , \end{aligned}$$

$$v(\mathbf{x}, t) \ge (2T)^{-n/2} \mathrm{e}^{r^2/8T} =: M_2 \mathrm{e}^{r^2/8T} ,$$

somit

$$u_\delta(\mathbf{x}, t) = u(\mathbf{x}, t) - \delta v(\mathbf{x}, t) \le M_1 \mathrm{e}^{2ar^2} - M_2 \delta \mathrm{e}^{r^2/8T} .$$

Wegen $1/(8T) - 2a = (1 - 16aT)/8T > 0$ überwiegt in dieser Differenz der erste Term für $r \gg 1$. Somit folgt aus $(*)$

$$u_\delta(\mathbf{x}_0, t_0) \le \sup_{\mathbb{R}^n \times \{0\}} u ,$$

und damit

$$u(\mathbf{x}_0, t_0) = u_\delta(x_0, t_0) + \delta v(\mathbf{x}_0, t_0) \le \sup_{\mathbb{R}^n \times \{0\}} u + \delta (2T)^{-n/2} .$$

Da diese Ungleichung für jedes $\delta > 0$ gilt, besteht sie auch für $\delta = 0$.

(ii) Im Fall $16aT \ge 1$ unterteilen wir das Intervall $[0, T[$ in Teilintervalle der Länge $T' < 1/16a$ und wenden (i) mehrfach an. □

FOLGERUNG. *Lösungen des Anfangswertproblems 1 (b) (i) mit höchstens quadratisch exponentiellem Wachstum sind durch die Anfangswerte eindeutig bestimmt.*

Dies ergibt sich durch Anwendung des Maximumprinzips (b) auf die Differenz zweier Lösungen.

(c) **Strenges Maximumprinzip** (NIRENBERG 1953). *Genügt* $u \in \mathrm{C}^{2,1}(\Omega_T)$ ($\Omega \subset \mathbb{R}^n$ *ein beschränktes oder unbeschränktes Gebiet) der Ungleichung*

$$\mathcal{H}u \leq 0 \quad in \quad \Omega_T,$$

und nimmt u *das Maximum an einer Stelle* $(\mathbf{x}_0, t_0) \in \Omega_T$ *an, so ist* u *konstant in* $\Omega \times]0, t_0]$.

Für den Beweis siehe [52] 3.3, Thm. 4, [78] 2.2.

3 Das Anfangswertproblem

3.1 Das AWP für die homogene Wärmeleitungsgleichung

Γ bezeichne im folgenden den Wärmeleitungskern, vgl. 2.1.

SATZ. *Sei* u_0 *eine stetige Funktion auf* $\mathbb{R}^n$, *die der Wachstumsbedingung*

$$|\,u_0(\mathbf{x})\,| \leq M \mathrm{e}^{a\|\mathbf{x}\|^2} \quad \text{für} \quad \mathbf{x} \in \mathbb{R}^n$$

mit Konstanten $M, a \geq 0$ *genügt. Dann ist für* $T < 1/4a$ *durch*

$$u(\mathbf{x}, t) := \begin{cases} \int\limits_{\mathbb{R}^n} \Gamma(\mathbf{x} - \mathbf{y}, t)\, u_0(\mathbf{y})\, d^n\mathbf{y} & \text{für } t > 0 \\ u_0(\mathbf{x}) & \text{für } t = 0 \end{cases}$$

die eindeutig bestimmte Lösung $u \in \mathrm{C}^0(\mathbb{R}^n \times [0, T[) \cap \mathrm{C}^2(\mathbb{R}^n \times]0, T[)$ *des Anfangswertproblems*

$$\mathcal{H}u = 0 \quad in \quad \mathbb{R}^n \times]0, T[\,, \quad u(\mathbf{x}, 0) = u_0(\mathbf{x}) \quad \text{für } \mathbf{x} \in \mathbb{R}^n$$

gegeben. Für diese gilt $u \in \mathrm{C}^\infty(\mathbb{R}^n \times]0, T[)$.

Diese Integraldarstellung der Lösung wurde für $n = 1$ von FOURIER 1811 formuliert und 1815 von POISSON bewiesen.

BEMERKUNGEN. (i) Ist u_0 beschränkt, so kann $a = 0$ und damit $T = \infty$ gewählt werden.

(ii) Das Lösungsprofill $\mathbf{x} \mapsto u(\mathbf{x}, t)$ ist für jedes $t \in]0, T[$ sogar analytisch. Das ergibt sich durch Fortsetzung des Integrals ins Komplexe, siehe [49] Ch. 7.1.

(iii) Das Anfangswertproblem besitzt selbst dann noch eine C^∞–Lösung u für $t > 0$, wenn die Anfangswerte u_0 nur lokal integrierbar sind, also unstetig sein können. Die stetige Annahme der Anfangswerte durch die Lösung erfolgt in diesem Fall im Sinne der $\mathrm{L}^1_{\mathrm{loc}}$–Konvergenz,

$$\lim_{t\to 0+} \int_K |\, u(\mathbf{x},t) - u_0(\mathbf{x}) \,|\, d^n\mathbf{x} \;=\; 0 \quad \text{für jedes kompakte } K \subset \mathbb{R}^n\,,$$

siehe [59] V.6.

Beweis.

(1) Die *eindeutige Bestimmtheit* der Lösung folgt aus dem Eindeutigkeitssatz 2.2 (a).

(2) *Die durch das Integral dargestellte Funktion ist in* $\mathbb{R}^n \times\,]0,T[$ *stetig.* Hierzu reicht es nach dem Satz über die Stetigkeit von Parameterintegralen (Bd. 1, § 23 : 5.1 bzw. § 8 : 1.4), zu jedem kompakten Quader $K \subset \mathbb{R}^n \times\,]0,T[$ eine integrierbare Majorante für den Integranden anzugeben.

Für $(\mathbf{x},t) \in K$ und $\mathbf{y} \in \mathbb{R}^n$ gilt nach Voraussetzung

$$\begin{aligned} \big|\,\Gamma(\mathbf{x}-\mathbf{y},t)\,u_0(\mathbf{y})\,\big| \;&=\; (4\pi t)^{-n/2}\mathrm{e}^{-\|\mathbf{x}-\mathbf{y}\|^2/4t}\,|u_0(\mathbf{y})| \\ &\le\; M\,(4\pi t)^{-n/2}\mathrm{e}^{-\|\mathbf{x}-\mathbf{y}\|^2/4t}\,\mathrm{e}^{a\|\mathbf{y}\|^2}\,. \end{aligned}$$

Quadratische Ergänzung des Exponenten ergibt [ÜA]

$$\begin{aligned} -\,\frac{\|\mathbf{x}-\mathbf{y}\|^2}{4t} + a\|\mathbf{y}\|^2 \;&=\; -\,\frac{\alpha}{4t}\left\|\,\mathbf{y} - \frac{\mathbf{x}}{\alpha}\,\right\|^2 + \frac{a}{\alpha}\|\mathbf{x}\|^2 \\ &=\; -\,\|\boldsymbol{\eta}\|^2 + \frac{a}{\alpha}\|\mathbf{x}\|^2 \end{aligned}$$

mit

$$\alpha := 1 - 4at > 1 - 4aT > 0\,, \qquad \boldsymbol{\eta} := \sqrt{\frac{\alpha}{4t}}\left(\mathbf{y} - \frac{\mathbf{x}}{\alpha}\right).$$

Somit folgt durch Substitution $\mathbf{y} \mapsto \boldsymbol{\eta}$ unter Beachtung von

$$\int_{\mathbb{R}^n} \mathrm{e}^{-\|\boldsymbol{\eta}\|^2}\, d^n\mathbf{y} \;=\; \Big(\int_{-\infty}^{+\infty} \mathrm{e}^{-s^2}\, ds\Big)^n \;=\; \pi^{n/2}$$

(Bd. 1, § 23 : 8.4) die Majoranteneigenschaft [ÜA]:

$$\big|\,\Gamma(\mathbf{x}-\mathbf{y},t)\,u_0(\mathbf{y})\,\big| \;\le\; g_K(\mathbf{x},\mathbf{y},t) \;:=\; M\,(4\pi t)^{-n/2}\mathrm{e}^{-\|\boldsymbol{\eta}\|^2}\,\mathrm{e}^{a\,\|\mathbf{x}\|^2/\alpha}\,,$$

wobei

$$\int_{\mathbb{R}^n} g_K(\mathbf{x},\mathbf{y},t)\, d^n\mathbf{y} \;=\; M\,(1-4at)^{-n/2}\mathrm{e}^{a\,\|\mathbf{x}\|^2/\alpha} \;\le\; c(K)\,.$$

(3) *Die Funktion* u *ist in* $\mathbb{R}^n \times\,]0,T[$ C^∞*-differenzierbar und löst dort die Wärmeleitungsgleichung* $\mathcal{H}u = 0$.

Zum Nachweis reicht es nach dem Satz über die Differenzierbarkeit von Parameterintegralen (Bd. 1, § 23 : 5.2), für jeden kompakten Quader $K \subset \mathbb{R}^n \times]0,T[$ und jede partielle Ableitung des Integranden nach $x_1, \ldots, x_n, t$ eine integrierbare Majorante anzugeben. Dies ist möglich, weil bei jeder Ableitung der Integrand ein Polynom in $1/t$ als Faktor erhält. Dieses Polynom ist beschränkt für $(\mathbf{x}, t) \in K$, weil der Quader K zu $\mathbb{R}^n \times \{0\} = \{t = 0\}$ einen positiven Abstand hat.
Da $(\mathbf{x}, t) \mapsto \Gamma(\mathbf{x}-\mathbf{y}, t)$ nach 2.1 (c) für jedes $\mathbf{y} \in \mathbb{R}^n$ und für $t > 0$ die homogene Wärmeleitungsgleichung löst, gilt dies auch für u.

(4) *u ist auch auf $\mathbb{R}^n \times [0,T[$ stetig.* Hierzu ist nach (2) noch zu zeigen, daß

$$\lim_{(\mathbf{x},t)\to(\mathbf{x}_0,0)} u(\mathbf{x}, t) = u_0(\mathbf{x}_0) \quad \text{für jedes } \mathbf{x}_0 \in \mathbb{R}^n .$$

Aufgrund des nachfolgenden Hilfssatzes gibt es zu gegebenem $\mathbf{x}_0 \in \mathbb{R}^n$ für jedes $\varepsilon > 0$ ein $b > 0$ mit

$$\big| u_0(\mathbf{y}) - u_0(\mathbf{x}_0) \big| \le \varepsilon \mathrm{e}^{b\|\mathbf{y}-\mathbf{x}_0\|^2} \quad \text{für alle } \mathbf{y} \in \mathbb{R}^n .$$

Wählen wir $\delta > 0$ mit $\mathrm{e}^{2b\delta^2} = 2$, so folgt für $\|\mathbf{x} - \mathbf{x}_0\| < \delta$

$$\begin{aligned} \|\mathbf{y} - \mathbf{x}_0\|^2 &= \big\|(\mathbf{y} - \mathbf{x}) + (\mathbf{x} - \mathbf{x}_0)\big\|^2 \le 2\|\mathbf{y} - \mathbf{x}\|^2 + 2\|\mathbf{x} - \mathbf{x}_0\|^2 \\ &\le 2\|\mathbf{y} - \mathbf{x}\|^2 + 2\delta^2 , \end{aligned}$$

$$\big| u_0(\mathbf{y}) - u_0(\mathbf{x}_0) \big| \le \varepsilon \mathrm{e}^{2b\|\mathbf{y}-\mathbf{x}\|^2+2b\delta^2} = 2\varepsilon \mathrm{e}^{2b\|\mathbf{y}-\mathbf{x}\|^2} .$$

Nach 2.1 ist $\Gamma(\boldsymbol{\xi}, t)$ für $t > 0$ positiv, und es gilt

$$\int_{\mathbb{R}^n} \Gamma(\mathbf{x} - \mathbf{y}, t)\, d^n\mathbf{y} = \int_{\mathbb{R}^n} \Gamma(\boldsymbol{\xi}, t)\, d^n\boldsymbol{\xi} = 1 .$$

Für $\|\mathbf{x} - \mathbf{x}_0\| < \delta$ und $0 < t < 1/16b$ folgt somit

$$\begin{aligned} \big| u(\mathbf{x}, t) - u_0(\mathbf{x}_0) \big| &= \Big| \int_{\mathbb{R}^n} \Gamma(\mathbf{x} - \mathbf{y}, t) \big(u_0(\mathbf{y}) - u_0(\mathbf{x}_0)\big)\, d^n\mathbf{y} \Big| \\ &\le \int_{\mathbb{R}^n} \Gamma(\mathbf{x} - \mathbf{y}, t)\, |u_0(\mathbf{y}) - u_0(\mathbf{x}_0)|\, d^n\mathbf{y} \\ &\le 2\varepsilon\, (4\pi t)^{-n/2} \int_{\mathbb{R}^n} \mathrm{e}^{-\|\mathbf{y}-\mathbf{x}\|^2/4t}\, \mathrm{e}^{2b\|\mathbf{y}-\mathbf{x}\|^2}\, d^n\mathbf{y} \end{aligned}$$

und nach Ausführung der Substitution $\mathbf{y} \mapsto \boldsymbol{\eta} = \sqrt{\frac{1-8bt}{4t}}\,(\mathbf{y} - \mathbf{x})$ analog wie in (2) unter Beachtung von $1 - 8bt > 1/2$

$$|u(\mathbf{x}, t) - u_0(\mathbf{x}_0)| \le 2\varepsilon (1 - 8bt)^{-n/2} < 2\, 2^{n/2} \varepsilon ,$$

was die Behauptung darstellt. □

Hilfssatz. *Zu* $\mathbf{x}_0 \in \mathbb{R}^n$ *und* $\varepsilon > 0$ *gibt es ein* $b > 0$ *mit*

$$\left| u_0(\mathbf{y}) - u_0(\mathbf{x}_0) \right| \le \varepsilon \mathrm{e}^{b\,\|\mathbf{y}-\mathbf{x}_0\|^2} \quad \textit{für alle} \quad \mathbf{y} \in \mathbb{R}^n .$$

Beweis.
Zu $\varepsilon > 0$, $\mathbf{x}_0 \in \mathbb{R}^n$ wählen wir ein $\delta > 0$ mit

$$\left| u_0(\mathbf{y}) - u_0(\mathbf{x}_0) \right| < \varepsilon \quad \text{für} \quad \|\mathbf{y} - \mathbf{x}_0\| < \delta .$$

Aufgrund der Wachstumsbedingung gilt für alle $\mathbf{y} \in \mathbb{R}^n$ mit $\|\mathbf{y} - \mathbf{x}_0\| \ge \delta$ unter Verwendung der Abkürzung $N := M + |u_0(\mathbf{x}_0)|$

$$\begin{aligned} \left| u_0(\mathbf{y}) - u_0(\mathbf{x}_0) \right| &\le |u_0(\mathbf{y})| + |u_0(\mathbf{x}_0)| \le M\mathrm{e}^{a\|\mathbf{y}\|^2} + |u_0(\mathbf{x}_0)| \\ &\le N\mathrm{e}^{a\|\mathbf{y}\|^2} \le N\mathrm{e}^{a(\|\mathbf{y}-\mathbf{x}_0\|+\|\mathbf{x}_0\|)^2} \\ &\le N\mathrm{e}^{2a\|\mathbf{y}-\mathbf{x}_0\|^2+2a\|\mathbf{x}_0\|^2} . \end{aligned}$$

Wählen wir $b > 2a$ so groß, daß $\log(N/\varepsilon) + 2a\|\mathbf{x}_0\|^2 \le (b-2a)\delta^2$ und $b\delta \ge 1$ gilt, so folgt

$$\log\frac{N}{\varepsilon} + 2a\|\mathbf{x}_0\|^2 \le (b-2a)\|\mathbf{y}-\mathbf{x}_0\|^2 ,$$

$$N\mathrm{e}^{2a\,\|\mathbf{y}-\mathbf{x}_0\|^2+2a\,\|\mathbf{x}_0\|^2} \le \varepsilon\mathrm{e}^{b\,\|\mathbf{y}-\mathbf{x}_0\|^2} ,$$

woraus sich die Behauptung für $\|\mathbf{y} - \mathbf{x}_0\| \ge \delta$ ergibt. Im Fall $\|\mathbf{y} - \mathbf{x}_0\| < \delta$ ist sie ohnehin richtig. □

Das glättende Verhalten des Lösungsoperators

$$u_0 \in \mathrm{C}^0 \implies u_t \in \mathrm{C}^\infty \quad (t > 0)$$

$(u_t(\mathbf{x}) := u(\mathbf{x},t))$, bzw. nach Bemerkung (iii)

$$u_0 \in \mathrm{L}^1_{\mathrm{loc}} \implies u_t \in \mathrm{C}^\infty \quad (t > 0)$$

kann als Ausdruck der Tatsache angesehen werden, daß die Wärmeleitungsgleichung einen Ausgleichsvorgang beschreibt. Dieses Verhalten hat auch zur Folge, daß das Rückwärtsproblem

$$\mathcal{H}u = 0 \quad \text{in} \ \mathbb{R}^n \times]T,0[\ , \quad u(\mathbf{x},0) = u_0(\mathbf{x}) \quad \text{für} \ \mathbf{x} \in \mathbb{R}^n, \ (T < 0)$$

für nicht C^∞–differenzierbare Anfangswerte u_0 keine Lösung besitzt (ÜA unter Verwendung des Eindeutigkeitssatzes 2.2 (b)).

Aus der Lösungsformel ergibt sich folgende Paradoxie: Ist für $t = 0$ nur ein kleines Raumgebiet erwärmt (z.B. u_0 ein Standardbuckel mit kleinem Träger), so ist für jedes noch so kleine $t > 0$ die Temperatur u_t im ganzen Raum positiv.

Dies bedeutet unendliche Ausbreitungsgeschwindigkeit der Wärme und zeigt, daß die Wärmeleitungsgleichung die reale Situation nur näherungsweise beschreibt.

3.2 Schranken für die Lösung nahe $t = 0$

Die folgenden Abschätzungen benötigen wir bei der Lösung der inhomogenen Wärmeleitungsgleichung in 3.3.

SATZ. *Genügt die Anfangsverteilung $u_0 \in \mathrm{C}^1(\mathbb{R}^n)$ der Wachstumsbedingung*

$$|\,u_0(\mathbf{x})\,| \,\le\, M\mathrm{e}^{a\,\|\mathbf{x}\|^2} \quad \textit{für} \;\; \mathbf{x} \in \mathbb{R}^n$$

mit Konstanten $M, a \ge 0$, so bestehen für die Lösung des AWP die Abschätzungen

$$|\,u(\mathbf{x},t)\,| \,\le\, c_0(r)\,, \qquad \left|\,\frac{\partial u}{\partial t}(\mathbf{x},t)\,\right|\,,\; \left|\,\frac{\partial^2 u}{\partial x_i \partial x_k}(\mathbf{x},t)\,\right| \,\le\, \frac{c_1(r)}{\sqrt{t}}$$

für $(\mathbf{x},t) \in K_r(\mathbf{0}) \times \,]0,T[\,,\; r > 0$ und $T \le 1/16a$.

Das sich in der Abschätzung von $t \mapsto \partial u/\partial t(\mathbf{x},t)$ zeigende Verhalten der Lösung ist ein Indiz dafür, daß diese an der Stelle $t = 0$ bezüglich t nicht differenzierbar zu sein braucht.

BEWEIS.
(1) Aus der letzten Zeile des Beweisteils (2) von 3.1 entnehmen wir für $\|\mathbf{x}\| \le r$, $t \le 1/16a$ wegen $1 - 4at \ge 3/4$ die Abschätzung

$$|\,u(\mathbf{x},t)\,| \,\le\, M\left(\frac{4}{3}\right)^{n/2} \mathrm{e}^{ar^2/\alpha}\,.$$

(2) Nach Beweisteil (3) von 3.1 ist das Parameterintegral $\int\limits_{\mathbb{R}^n} \Gamma(\mathbf{x}-\mathbf{y},t)\,d^n\mathbf{y}$ für $t > 0$ differenzierbar, also folgt aus $\int\limits_{\mathbb{R}^n} \Gamma(\mathbf{x}-\mathbf{y},t)\,d^n\mathbf{y} = 1$ die Identität

$$\int\limits_{\mathbb{R}^n} \frac{\partial}{\partial t}\,\Gamma(\mathbf{x}-\mathbf{y},t)\,d^n\mathbf{y} \,=\, \frac{\partial}{\partial t}\int\limits_{\mathbb{R}^n} \Gamma(\mathbf{x}-\mathbf{y},t)\,d^n\mathbf{y} \,=\, 0\,.$$

Die Ableitung des Wärmeleitungskerns ist für $t > 0$

$$\frac{\partial \Gamma}{\partial t}\,(\mathbf{x}-\mathbf{y},t) \,=\, \left(-\,\frac{n}{2t} + \frac{\|\mathbf{x}-\mathbf{y}\|^2}{4t^2}\right)\Gamma(\mathbf{x}-\mathbf{y},t)\,.$$

Mit der Lösungsdarstellung 3.1 folgt für $\mathbf{x} \in K_r(\mathbf{0})$, $0 < t < T < 1/16a$

$$\begin{aligned} \left| \tfrac{\partial}{\partial t} u(\mathbf{x},t) \right| &= \Big| \int\limits_{\mathbb{R}^n} \tfrac{\partial}{\partial t}\Gamma(\mathbf{x}-\mathbf{y},t)\,\big(u_0(\mathbf{y})-u_0(\mathbf{x})\big)\,d^n\mathbf{y} \Big| \\ &\le \int\limits_{\mathbb{R}^n} \left(\tfrac{n}{2t} + \tfrac{\|\mathbf{x}-\mathbf{y}\|^2}{4t^2} \right) \big| u_0(\mathbf{y}) - u_0(\mathbf{x}) \big|\, d^n\mathbf{y} \\ &= \int\limits_{K_r(\mathbf{x})} \ldots \;+ \int\limits_{\mathbb{R}^n \setminus K_r(\mathbf{x})} \ldots \;=: I_1 + I_2 . \end{aligned}$$

Wegen $u_0 \in \mathrm{C}^1(\mathbb{R}^n)$ gilt mit einer auf $\overline{K_{2r}(\mathbf{0})}$ bezogenen Lipschitzkonstanten $a(r)$

$$\big| u_0(\mathbf{y}) - u_0(\mathbf{x}) \big| \le a(r)\,\|\mathbf{y}-\mathbf{x}\| \quad \text{für } \mathbf{y} \in K_r(\mathbf{x}) \subset \overline{K_{2r}(\mathbf{0})} .$$

Durch die Substitution $\mathbf{y} \mapsto \boldsymbol{\eta} := (\mathbf{y}-\mathbf{x})/\sqrt{4t}$ ergibt sich daraus mit $R := r/\sqrt{4t}$ (vgl. Beweisteil (2) in 3.1)

$$\begin{aligned} I_1 &\le (4\pi t)^{-n/2} (4t)^{n/2} a(r) \int\limits_{\|\boldsymbol{\eta}\|<R} \left(\frac{n}{2t} + \frac{\|\boldsymbol{\eta}\|^2}{t} \right) \sqrt{4t}\,\|\boldsymbol{\eta}\|\,\mathrm{e}^{-\|\boldsymbol{\eta}\|^2}\, d^n\boldsymbol{\eta} \\ &\le \frac{2\pi^{-n/2} a(r)}{\sqrt{t}} \int\limits_{\mathbb{R}^n} \left(\frac{n}{2} + \|\boldsymbol{\eta}\|^2 \right) \|\boldsymbol{\eta}\|\,\mathrm{e}^{-\|\boldsymbol{\eta}\|^2}\, d^n\boldsymbol{\eta} =: \frac{c_{11}(r)}{\sqrt{t}} . \end{aligned}$$

Für $\mathbf{y} \in \mathbb{R}^n \setminus K_r(\mathbf{x})$ ergibt sich analog zum Beweis des Hilfssatzes in 3.1

$$\big| u_0(\mathbf{y}) - u_0(\mathbf{x}) \big| \le b(r)\,\mathrm{e}^{2a\,\|\mathbf{y}-\mathbf{x}\|^2}$$

und durch die gleiche Substitution $\mathbf{y} \mapsto \boldsymbol{\eta}$ wie oben mit $R = r/\sqrt{4t}$

$$I_2 \le \pi^{-n/2} b(r) \int\limits_{\|\boldsymbol{\eta}\|\ge R} \left(\tfrac{n}{2t} + \tfrac{\|\boldsymbol{\eta}\|^2}{t} \right) \mathrm{e}^{8at\,\|\boldsymbol{\eta}\|^2}\, \mathrm{e}^{-\|\boldsymbol{\eta}\|^2}\, d^n\boldsymbol{\eta} .$$

Für $\|\boldsymbol{\eta}\| \ge R = r/\sqrt{4t}$ gilt die Abschätzung

$$\frac{1}{t} = \frac{1}{\sqrt{t}}\,\frac{1}{\sqrt{t}} \le \frac{2\|\boldsymbol{\eta}\|}{r\sqrt{t}} .$$

Wir erhalten unter Beachtung von $1 - 8at > 1 - 8aT > 1/2$

$$\begin{aligned} I_2 &\le \tfrac{2\pi^{-n/2} b(r)}{r\sqrt{t}} \int\limits_{\|\boldsymbol{\eta}\|\ge R} \|\boldsymbol{\eta}\| \left(\tfrac{n}{2} + \|\boldsymbol{\eta}\|^2 \right) \mathrm{e}^{-(1-8at)\|\boldsymbol{\eta}\|^2}\, d^n\boldsymbol{\eta} \\ &\le \tfrac{2\pi^{-n/2} b(r)}{r\sqrt{t}} \int\limits_{\mathbb{R}^n} \|\boldsymbol{\eta}\| \left(\tfrac{n}{2} + \|\boldsymbol{\eta}\|^2 \right) \mathrm{e}^{-\frac{1}{2}\|\boldsymbol{\eta}\|^2}\, d^n\boldsymbol{\eta} =: \tfrac{c_{12}(r)}{\sqrt{t}} . \end{aligned}$$

(3) Die Abschätzung für $\partial^2 u/\partial x_i \partial x_k$ verläuft ganz analog zu (2). □

3.3 Das AWP für die inhomogene Wärmeleitungsgleichung

Wir behandeln das Anfangswertproblem

$$(*) \qquad \mathcal{H}u = f \ \text{ in } \ \mathbb{R}^n \times \,]0,T[\,, \qquad u = 0 \ \text{ auf } \ \mathbb{R}^n \times \{0\}$$

mit gegebener rechter Seite f. Durch Addition einer Lösung von $(*)$ und der durch 3.1 gelieferten Lösung des Problems $\mathcal{H}u = 0$, $u(\mathbf{x},0) = u_0(\mathbf{x})$ erhalten wir die Lösung des allgemeinen Anfangswertproblem 1 (b) (i).

SATZ. *Genügt* $f \in \mathrm{C}^0(\mathbb{R}^n \times [0,T[) \cap \mathrm{C}^1(\mathbb{R}^n \times]0,T[)$ *der Wachstumsbedingung*

$$|\,f(\mathbf{x},t)\,| \le M\,\mathrm{e}^{a\,\|\mathbf{x}\|^2}$$

für alle $(\mathbf{x},t) \in \mathbb{R}^n \times [0,T[$ *mit* $M, a \ge 0$, *so ist für* $T < 1/4a$ *durch*

$$u(\mathbf{x},t) = \int_0^t \int_{\mathbb{R}^n} \Gamma(\mathbf{x}-\mathbf{y}, t-s)\, f(\mathbf{y},s)\, d^n\mathbf{y}\, ds$$

die eindeutig bestimmte Lösung des AWP $(*)$ *gegeben.*

Dabei ist Γ der in 2.1 (b) definierte Wärmeleitungskern.

BEWEIS.

Die Eindeutigkeit der Lösung ergibt sich nach 2.2 (b).

Wir betrachten die Schar von AWP mit Scharparameter $s \in \,]0,T[$:

$$\mathcal{H}u_s = 0 \ \text{ in } \ \mathbb{R}^n \times \,]s,T[\,, \qquad u_s(\mathbf{x},s) = f(\mathbf{x},s) \ \text{ für } \ \mathbf{x} \in \mathbb{R}^n\,.$$

Die Anfangswerte werden hier also auf der Hyperebene $\{t = s\}$ und nicht wie bisher auf $\{t = 0\}$ vorgegeben.

Nach Ausführung der Zeittranslationen $t \mapsto t - s$ erhalten wir mit der Lösungsdarstellung aus 3.1

$$u_s(\mathbf{x},t) = \int_{\mathbb{R}^n} \Gamma(\mathbf{x}-\mathbf{y}, t-s)\, f(\mathbf{y},s)\, d^n\mathbf{y}\,.$$

Wir zeigen, daß $u : \mathbb{R}^n \times [0,T[\,\to \mathbb{R}$ mit

$$u(\mathbf{x},t) := \int_0^t u_s(\mathbf{x},t)\, ds = \int_0^t \int_{\mathbb{R}^n} \Gamma(\mathbf{x}-\mathbf{y}, t-s)\, f(\mathbf{y},s)\, d^n\mathbf{y}\, ds$$

eine Lösung des AWP $(*)$ ist.

Nach den Abschätzungen in 3.2 sind die Integrale

$$\int_0^t u_s(\mathbf{x},t)\, ds\,, \quad \int_0^t \tfrac{\partial}{\partial t} u_s(\mathbf{x},t)\, ds\,, \quad \int_0^t \Delta u_s(\mathbf{x},t)\, ds$$

stetig in $\mathbf{x}$ und t (Satz über Parameterintegrale § 8 : 1.7).

Es gilt $u(\mathbf{x},0) = 0$, und für $(\mathbf{x},t) \in \mathbb{R}^n \times]0,T[$ ergibt sich nach der Differentiationsregel in § 6 : 3.7

$$\frac{\partial}{\partial t} u(\mathbf{x},t) = u_s(\mathbf{x},t)\,\Big|_{s=t} + \int_0^t \frac{\partial}{\partial t} u_s(\mathbf{x},t)\,ds = f(\mathbf{x},t) + \int_0^t \Delta u_s(\mathbf{x},t)\,ds.$$

Aufgrund der Abschätzungen in 3.2 können wir den Satz über Parameterintegrale anwenden und erhalten

$$\frac{\partial}{\partial t} u(\mathbf{x},t) = f(\mathbf{x},t) + \Delta \int_0^t u_s(\mathbf{x},t)\,ds = f(\mathbf{x},t) + \Delta u(\mathbf{x},t). \qquad \square$$

Die hier verwendete Methode, Lösungen von inhomogenen Differentialgleichungen aus Lösungen von homogenen zu gewinnen, wird das **Duhamelsche Prinzip** genannt (DUHAMEL 1843).

4 Das Anfangs–Randwertproblem

4.1 Lösungsansatz durch Raum– und Zeitseparation

Wir betrachten das ARWP auf einem beschränkten Gebiet $\Omega \subset \mathbb{R}^n$ für $T > 0$:

$$(*) \quad \begin{cases} \mathcal{H}u = f & \text{in } \Omega_T = \Omega \times]0,T[\,, \\ u = 0 & \text{auf } \partial\Omega \times [0,T[\,, \\ u(\mathbf{x},0) = u_0(\mathbf{x}) & \text{für } \mathbf{x} \in \Omega \end{cases}$$

mit gegebenen Funktionen f und u_0.

Für den Fall nicht verschwindender Randwerte und für das Neumannsche Randwertproblem verweisen wir auf [4] Ch. 18, § 4.2, [83] Ch. III, [72] § 26.

Im folgenden verwenden wir wieder die Bezeichnungen von § 14 : 6.3:

$$H = \mathrm{L}^2(\Omega)\,, \quad \langle u,v\rangle_H = \int_\Omega uv\,d^n\mathbf{x}\,, \qquad \|u\|_H^2 = \int_\Omega u^2\,d^n\mathbf{x}\,,$$

$$V = \mathrm{W}_0^1(\Omega)\,, \quad \langle u,v\rangle_V = \int_\Omega \langle \nabla u, \nabla v\rangle\,d^n\mathbf{x}\,, \quad \|u\|_V^2 = \int_\Omega \|\nabla u\|^2\,d^n\mathbf{x}\,.$$

Zur Konstruktion einer Lösung mit der Fourierschen Methode nach dem Vorbild § 6 : 4 verwenden wir den Entwicklungssatz in § 15 : 1.2, nach welchem das Eigenwertproblem

$$-\Delta u = \lambda v \text{ in } \Omega\,, \quad v = 0 \text{ auf } \partial\Omega$$

eine Folge von (ggf. schwachen) Lösungen λ_i, v_i besitzt mit

$$0 < \lambda_1 \le \lambda_2 \le \ldots\,, \quad \lim_{k\to\infty} \lambda_k = \infty\,, \quad \langle v_i\,, v_k\rangle_H = \delta_{ik}$$

und jede Funktion $u \in \mathrm{L}^2(\Omega)$ durch ihre Fourierreihe $\sum_{i=1}^{\infty} \langle v_i\,,\, u\rangle_H\, v_i$ dargestellt werden kann.

Die Eigenwertgleichung $-\Delta v_i = \lambda_i v_i$ lautet in schwacher Form

$$\text{(a)} \qquad \langle v_i\,,\, v\rangle_V \;=\; \lambda_i \langle v_i\,,\, v\rangle_H \quad \text{für alle} \quad v \in V\,,$$

insbesondere gilt

$$\text{(b)} \qquad \langle v_i\,,\, v_k\rangle_V \;=\; \lambda_i \delta_{ik}\,.$$

Für das AWP $(*)$ machen wir den Lösungsansatz

$$\text{(c)} \qquad u(\mathbf{x},t) \;=\; \sum_{i=1}^{\infty} a_i(t)\, v_i(\mathbf{x})$$

und erhalten mit formaler Rechnung (Konvergenz aller auftretenden Reihen und $-\Delta v_i = \lambda_i v_i$ angenommen)

$$\frac{\partial u}{\partial t}(\mathbf{x},t) \;=\; \sum_{i=1}^{\infty} \dot{a}_i(t)\, v_i(\mathbf{x})\,,$$

$$\Delta u(\mathbf{x},t) \;=\; \sum_{i=1}^{\infty} a_i(t)\, \Delta v_i(\mathbf{x}) \;=\; -\sum_{i=1}^{\infty} \lambda_i a_i(t)\, v_i(\mathbf{x})\,.$$

Weiter verwenden wir die Fourierentwicklungen von u_0 und der mit $f(t)$ bezeichneten Funktion $\mathbf{x} \mapsto f(\mathbf{x},t)$

$$u_0(\mathbf{x}) \;=\; \sum_{i=1}^{\infty} \langle v_i\,,\, u_0\rangle_H\, v_i(\mathbf{x})\,, \qquad f(\mathbf{x},t) \;=\; \sum_{i=1}^{\infty} \langle v_i\,,\, f(t)\rangle_H\, v_i(\mathbf{x})\,.$$

Dann liefern die Wärmeleitungsgleichung und die Anfangsbedingung

$$\begin{aligned}\sum_{i=1}^{\infty} \big(\dot{a}(t) + \lambda_i a_i(t)\big)\, v_i(\mathbf{x}) \;&=\; \Big(\tfrac{\partial}{\partial t}\, u \;-\; \Delta u\Big)\, (\mathbf{x},t) = f(\mathbf{x},t)\\ &=\; \sum_{i=1}^{\infty} \langle v_i\,,\, f(t)\rangle_H\, v_i(\mathbf{x})\,,\end{aligned}$$

$$\sum_{i=1}^{\infty} a_i(0) v_i(\mathbf{x}) \;=\; u(\mathbf{x},0) \;=\; u_0(\mathbf{x}) \;=\; \sum_{i=1}^{\infty} \langle v_i\,,\, u_0\rangle_H\, v_i(\mathbf{x})\,,$$

woraus sich durch Koeffizientenvergleich

$$\dot{a}_i(t) + \lambda_i a_i(t) \;=\; \langle v_i\,,\, f(t)\rangle_H\,, \quad a_i(0) \;=\; \langle v_i\,,\, u_0\rangle_H \quad \text{für} \quad i = 1, 2, \ldots$$

ergibt. Diese gewöhnlichen Anfangswertprobleme besitzen die Lösungen ÜA

(d) $$a_i(t) = \langle v_i , u_0 \rangle_H \, e^{-\lambda_i t} + \int_0^t \langle v_i , f(s) \rangle_H \, e^{-\lambda_i (t-s)} \, ds \quad (i = 1, 2, \ldots) .$$

Die Frage ist nun, in welchem Sinne die Reihe $u(\mathbf{x}, t) = \sum_{i=1}^{\infty} a_i(t) \, v_i(\mathbf{x})$ mit den durch (d) bestimmten Koeffizienten $a_i(t)$ konvergiert, und in welchem Sinne die so definierte Funktion u das ARWP löst.

Eine erste Antwort liefert der Existenzsatz 4.5, nach welchem u unter den Voraussetzungen $u_0 \in L^2(\Omega)$, $f \in L^2(\Omega_T)$ eine schwache Lösung in einem noch zu präzisierenden Sinn ist. In 4.6 wird gezeigt, daß u eine klassische Lösung ist, falls die Daten u_0, f genügend glatt sind und ihre Ableitungen geeignete Randbedingungen erfüllen. Hierzu sind für die Reihe $u(\mathbf{x}, t) = \sum a_i(t) \, v_i(\mathbf{x})$ und ihre gliedweisen Ableitungen geeignete Majoranten aufzustellen. Diese ergeben sich aus den Abklingbedingungen § 15 : 1.4 für die Fourierkoeffizienten $\langle v_i , u_0 \rangle_H$ und $\langle v_i , f(t) \rangle_H$.

4.2 Funktionenräume für Evolutionsgleichungen

Literatur: EVANS [60] § 5.9, WLOKA [72] §§ 24, 25.

(a) Bei den im folgenden eingeführten Funktionenräumen interpretieren wir Funktionen $u(\mathbf{x}, t)$ des Ortes $\mathbf{x} \in \Omega$ und der Zeit $t \in I$ um in Zeitentwicklungen

$$t \mapsto u(t) , \quad I \to \mathscr{H} \quad \text{mit} \quad u(t)(\mathbf{x}) := u(\mathbf{x}, t) ,$$

wobei $\mathscr{H}$ typischerweise einer der Hilberträume $L^2(\Omega)$, $W_0^1(\Omega)$, $W_0^1(\Omega) \cap W^2(\Omega)$ ist. Der Übersichtlichkeit halber abstrahieren wir zunächst von diesen Beispielen und betrachten $\mathscr{H}$ als separablen Hilbertraum mit Skalarprodukt $\langle \; , \; \rangle_{\mathscr{H}}$. Die Zeitentwicklungen $u : I \to \mathscr{H}$ fassen wir als Kurven in $\mathscr{H}$ auf.

(b) **Stetigkeit** einer Kurve $u : I \to \mathscr{H}$ bedeutet $\lim\limits_{s \to t} \|u(s) - u(t)\|_{\mathscr{H}} = 0$; diese ist äquivalent zur Stetigkeit aller Funktionen $t \mapsto \langle v, u(t) \rangle_{\mathscr{H}}$ mit $v \in \mathscr{H}$. Das folgt aus der Cauchy–Schwarzschen Ungleichung und der Polarisierungsgleichung ÜA.

SATZ 1. *Für jedes kompakte Intervall I ist der Raum $C^0(I, \mathscr{H})$ aller stetigen Kurven $u : I \to \mathscr{H}$ ein Banachraum mit der Norm*

$$\|u\|_{C^0(I,\mathscr{H})} := \max \left\{ \|u(t)\|_{\mathscr{H}} \;\middle|\; t \in I \right\} .$$

Dies ergibt sich wie im Vollständigkeitsbeweis Bd. 1, § 21 : 5.4 für $C^0(I, \mathbb{R})$.

(c) Eine Kurve $u : I \to \mathscr{H}$ auf einem offenen Intervall J heißt **schwach meßbar**, wenn alle Funktionen $t \mapsto \langle v, u(t) \rangle_{\mathscr{H}}$ mit $v \in \mathscr{H}$ meßbar sind, vgl.

§ 8 : 1.4 (b). Daraus folgt mit der Parsevalschen Gleichung § 9 : 4.4 die Meßbarkeit von $t \mapsto \|u(t)\|_{\mathscr{H}}^2$ und von $t \mapsto \langle u(t), v(t) \rangle_{\mathscr{H}}$ für je zwei schwach meßbare Kurven $u, v : J \to \mathscr{H}$.

Der Raum $\mathrm{L}^2(J, \mathscr{H})$ ist definiert als die Gesamtheit aller schwach meßbaren Funktionen $u : J \to \mathbb{R}$ mit

$$\|u\|_{\mathrm{L}^2(J,\mathscr{H})} := \int_J \|u(t)\|_{\mathscr{H}}^2 \, dt < \infty ,$$

wobei alle Kurven u, v mit $\int_J \|u(t) - v(t)\|_{\mathscr{H}}^2 \, dt = 0$ zu identifizieren sind, vgl. § 8 : 2.1.

Satz 2. (i) $\mathrm{L}^2(J, \mathscr{H})$ *ist ein Hilbertraum mit dem Skalarprodukt*

$$\langle u , v \rangle_{\mathrm{L}^2(J,\mathscr{H})} := \int_J \langle u(t) , v(t) \rangle_{\mathscr{H}} \, dt .$$

(ii) *Für* $J = [0, T]$ *ist* $\mathrm{L}^2(J, \mathrm{L}^2(\Omega))$ *isomorph zu* $\mathrm{L}^2(\Omega_T)$.

Den Beweis finden Sie in [72] § 24.1. Die Aussage (ii) basiert auf den Sätzen von Fubini/Tonelli und der Gleichung

$$\int_{\Omega_T} u(\mathbf{x}, t)^2 \, d^n\mathbf{x} \, dt = \int_0^T \Big(\int_\Omega u(\mathbf{x}, t)^2 \, d^n\mathbf{x} \Big) \, dt = \|u\|_{\mathrm{L}^2(J,\mathrm{L}^2(\Omega))}^2 .$$

(d) Eine Kurve $u \in \mathrm{L}^2(J, \mathscr{H})$ auf einem offenen Intervall J heißt **schwach differenzierbar** mit schwacher Ableitung $w = \dot{u} \in \mathrm{L}^2(J, \mathscr{H})$, wenn für jedes $v \in \mathscr{H}$ die Funktion $t \mapsto \langle v , u(t) \rangle_{\mathscr{H}}$ schwach differenzierbar ist, d.h.

$$\int_J \langle v , w(t) \rangle_{\mathscr{H}} \, \varphi(t) \, dt = - \int_J \langle v , u(t) \rangle_{\mathscr{H}} \, \dot{\varphi}(t) \, dt$$

für alle $\varphi \in \mathrm{C}_c^\infty(J)$. Nach dem verallgemeinerten Hauptsatz § 14 : 6.4 bedeutet dies für alle $v \in \mathscr{H}$ die Absolutstetigkeit von $t \mapsto \langle v , u(t) \rangle_{\mathscr{H}}$ und

$$\langle v , u(t) \rangle_{\mathscr{H}} - \langle v , u(t_0) \rangle_{\mathscr{H}} = \int_{t_0}^t \langle v , w(s) \rangle_{\mathscr{H}} \, ds \quad \text{für } t_0, t \in J .$$

Eine Kurve $u_j \in \mathrm{L}^2(J, \mathscr{H})$ heißt ***j*–te schwache Ableitung** von $u \in \mathrm{L}^2(J, \mathscr{H})$, wenn

$$\int_J \langle v , u_j(t) \rangle_{\mathscr{H}} \varphi(t) \, dt = (-1)^j \int_J \langle v , u(t) \rangle_{\mathscr{H}} \, \varphi^{(j)}(t) \, dt$$

für alle $v \in \mathscr{H}$ und alle $\varphi \in \mathrm{C}_c^\infty(J)$. Wir bezeichnen u_j mit $d^j u/dt^j$. Existiert die zweite schwache Ableitung $\ddot{u} = d^2u/dt^2 \in \mathrm{L}^2(J, \mathscr{H})$, so gehört nach § 14 : 6.4 die Funktion $t \mapsto \langle v , u(t) \rangle_{\mathscr{H}}$ für jedes $v \in \mathscr{H}$ zu $\mathrm{C}^1(J)$.

(e) Für $k = 1, 2, \ldots$ ist der Sobolew–Raum $\mathrm{W}^k(J, \mathscr{H})$ definiert als die Menge aller $u \in \mathrm{L}^2(J, \mathscr{H})$, die schwachen Ableitungen $d^j u/dt^j \in \mathrm{L}^2(J, \mathscr{H})$ für $j \leq k$ besitzen. Auf diesem definieren wir eine Norm durch

$$\|u\|^2_{\mathrm{W}^k(J,\mathscr{H})} := \sum_{j=0}^{k} \left\| \frac{d^j u}{dt^j} \right\|^2_{\mathrm{L}^2(J,\mathscr{H})} .$$

SATZ 3. (i) *$\mathrm{W}^k(J, \mathscr{H})$ ist ein Hilbertraum.*

(ii) *Für $J =]0, T[$ und für C^1-berandete Gebiete $\Omega \subset \mathbb{R}^n$ gilt*

$$\mathrm{W}^k(J, \mathrm{W}^k(\Omega)) \hookrightarrow \mathrm{W}^k(\Omega_T) .$$

BEWEIS siehe [72] Satz 27.8.

4.3 Eigenschaften von $\mathbf{W}^1_0(\Omega_T)$

Für das mit $\langle \ , \ \rangle_T$ bezeichnete Skalarprodukt in $\mathrm{W}^1_0(\Omega_T)$ gilt

$$\text{(1)} \quad \begin{aligned} \langle u, v \rangle_T &= \int_{\Omega_T} \Big(\sum_{i=1}^{n} \partial_i u \, \partial_i v + \tfrac{\partial u}{\partial t} \tfrac{\partial v}{\partial t} \Big) \, d^n\mathbf{x} \, dt \\ &= \int_0^T \Big(\langle u(t), v(t) \rangle_V + \langle \dot u(t), \dot v(t) \rangle_H \Big) \, dt , \end{aligned}$$

wobei die Integrale $\int_0^T \|u(t)\|^2_V \, dt$ und $\int_0^T \|\dot u(t)\|^2_H \, dt$ wegen der Isomorphie $\mathrm{L}^2(\Omega_T) \cong \mathrm{L}^2(]0, T[\,, H)$ konvergieren. (Bezeichnungen wie in 4.1.)

Sei $v_1, v_2, \ldots$ ein vollständiges ONS von Eigenfunktionen des Dirichletschen Eigenwertproblems für $H = \mathrm{L}^2(\Omega)$ (§ 15 : 1.2), und $\lambda_1, \lambda_2, \ldots$ seien die zugehörigen Eigenwerte.

Für Funktionen $\varphi : \Omega \to \mathbb{R}$, $\psi : J \to \mathbb{R}$ setzen wir

$$(\varphi \otimes \psi)(\mathbf{x}, t) := \varphi(\mathbf{x}) \, \psi(t) \quad \text{für } \mathbf{x} \in \Omega, \ t \in J.$$

SATZ. (a) *Für $u \in \mathrm{W}^1_0(\Omega_T)$ sind die Fourierkoeffizienten $a_k(t) := \langle u(t), v_k \rangle_H$ absolutstetig auf $J =]0, T[$. Ferner besitzen diese die schwachen Ableitungen $\dot a_k(t) = \langle \dot u(t), v_k \rangle_H$ und lassen sich stetig auf $I = [0, T]$ fortsetzen. Es gilt*

$$a_k(t) = a_k(0) + \int_0^t \langle \dot u(s), v_k \rangle_H \, ds \quad \textit{für } t \in I \quad \textit{und} \quad k \in \mathbb{N} ,$$

$$\|u(t)\|^2_V = \sum_{k=1}^{\infty} \lambda_k \, a_k(t)^2 , \quad \|u\|^2_T = \sum_{k=1}^{\infty} \int_0^T \big(\lambda_k a_k(t)^2 + \dot a_k(t)^2 \big) \, dt .$$

(b) *Der von den Produkten* $\varphi \otimes \psi$ *mit* $\varphi \in \mathrm{C}_c^\infty(\Omega)$, $\psi \in \mathrm{C}_c^\infty(J)$ *aufgespannte Teilraum* U *liegt dicht in* $\mathrm{W}_0^1(\Omega_T)$.

BEWEIS.
(a) Für $u \in \mathrm{W}_0^1(\Omega_T)$ gilt $u,\ \partial u/\partial t \in \mathrm{L}^2(\Omega_T) \cong \mathrm{L}^2(I,H)$ und

$$\int\limits_{\Omega_T} u\,\frac{\partial \Phi}{\partial t}\,d^n\mathbf{x}\,dt \;=\; -\int\limits_{\Omega_T} \frac{\partial u}{\partial t}\,\Phi\,d^n\mathbf{x}\,dt$$

für alle $\Phi \in \mathrm{C}_c^\infty(\Omega_T)$, insbesondere für $\Phi = \varphi\otimes\psi$ mit $\varphi \in \mathrm{C}_c^\infty(\Omega)$, $\psi \in \mathrm{C}_c^\infty(J)$

$$\int\limits_0^T \langle u(t)\,,\,\varphi\rangle_H\,\dot\psi(t)\,dt \;=\; -\int\limits_0^T \langle \dot u(t)\,,\,\varphi\rangle_H\,\psi(t)\,dt$$

wegen $\mathrm{L}^2(I,H) \cong \mathrm{L}^2(\Omega_T)$. Da $\mathrm{C}_c^\infty(\Omega)$ dicht in H liegt, folgt

$$(2)\qquad \int\limits_0^T \langle u(t)\,,\,v\rangle_H\,\dot\psi(t)\,dt \;=\; -\int\limits_0^T \langle \dot u(t)\,,\,v\rangle_H\,\psi(t)\,dt$$

für $v \in V$ und alle $\psi \in \mathrm{C}_c^\infty(J)$. Nach § 14 : 6.4 (c) bedeutet das insbesondere, daß $a_k(t) = \langle u(t)\,,\,v_k\rangle_H$ absolutstetig ist und die schwache Ableitung $\dot a_k(t) = \langle \dot u(t)\,,\,v_k\rangle_H$ besitzt, d.h. es gilt

$$a_k(t) \;-\; a_k(t_0) \;=\; \int\limits_{t_0}^t \dot a_k(s)\,ds$$

für $t_0, t \in J$. Wegen $\dot a_k \in \mathrm{L}^2(I) \subset \mathrm{L}^1(I)$ existieren die Grenzwerte von $a_k(t)$ für $t \to 0$ und $t \to T$, also gilt sogar

$$(3)\qquad a_k(t) \;-\; a_k(0) \;=\; \int\limits_0^t \dot a_k(s)\,ds \quad \text{für } 0 \le t \le T\,.$$

Nach § 15 : 1.3 bilden die $w_k := v_k/\sqrt{\lambda_k}$ ein vollständiges ONS für V. Unter Berücksichtigung von $\langle u(t)\,,\,v_k\rangle_V = \lambda_k\langle u(t)\,,\,v_k\rangle_H$ ergibt die Parsevalsche Gleichung daher

$$\|u(t)\|_V^2 \;=\; \sum_{k=1}^\infty \langle u(t)\,,\,w_k\rangle_V^2 \;=\; \sum_{k=1}^\infty \lambda_k\langle u(t)\,,\,v_k\rangle_H^2 \;=\; \sum_{k=1}^\infty \lambda_k a_k(t)^2\,.$$

Wegen $\dot u(t) \in H$ gilt ferner

$$\|\dot u(t)\|_H^2 \;=\; \sum_{k=1}^\infty \langle \dot u(t)\,,\,v_k\rangle_H^2 \;=\; \sum_{k=1}^\infty \dot a_k(t)^2\,,$$

somit folgt die letzte Behauptung in (a) nach Definition von $\|u\|_T$ mit Hilfe des Satzes von Beppo Levi.

(b) Zum Nachweis beachten wir, daß nach § 9 : 2.5 (b) ein Teilraum und sein Abschluss dasselbe orthogonale Komplement besitzen.
Zu zeigen ist also:

$$\langle u, \varphi \otimes \psi \rangle_T = 0 \text{ für alle } \varphi \otimes \psi \in U \implies u = 0.$$

Aus $\langle u, \varphi \otimes \psi \rangle_T = 0$ für alle $\varphi \otimes \psi \in U$ folgt nach (1)

$$(4) \quad \int_0^T \big(\langle u(t), \varphi \rangle_V \, \psi(t) + \langle \dot{u}(t), \varphi \rangle_H \, \dot{\psi} \big) \, dt = 0$$

für alle $\varphi \otimes \psi \in U$. Da aber $C_c^\infty(\Omega)$ und $C_c^\infty(J)$ bezüglich der jeweiligen Sobolew–Normen dicht in V bzw. $W_0^1(J)$ liegen, folgt (4) für alle $\varphi \in V$, $\psi \in W_0^1(J)$ ÜA.

Wir wählen $\varphi := v_k$ und $\psi(t) := \psi_\ell(t) := \sqrt{\frac{2}{T}} \sin \frac{\pi \ell}{T} t$. Wegen $a_k, \psi_\ell \in W_0^1(J)$ folgt aus (4) durch partielle Integration (vgl. § 8 : 3.3)

$$0 = \int_0^T \big(\lambda_k a_k(t) \psi_\ell(t) - a_k(t) \ddot{\psi}_\ell(t) \big) \, dt = \Big(\lambda_k + \big(\tfrac{\pi \ell}{T}\big)^2 \Big) \int_0^T a_k(t) \psi_\ell(t) \, dt$$

für $\ell \in \mathbb{N}$. Wegen der Vollständigkeit des ONS $\psi_1, \psi_2, \ldots$ in $L^2(J)$ (§ 9 : 4.5 oder § 15 : 1.2) ergibt sich daraus $a_k = 0$ f.ü., also sogar $a_k(t) = 0$ für alle $t \in I$, da die a_k nach (a) stetig sind. Nach (a) folgt $\|u\|_T = 0$. □

4.4 Schwache Formulierung des Anfangs–Randwertproblems

Im folgenden sei Ω ein beschränktes Gebiet,

$$H = L^2(\Omega), \; V = W_0^1(\Omega), \; I = [0, T], \; J =]0, T[.$$

Gegeben seien $u_0 \in L^2(\Omega)$ und $f \in L^2(\Omega_T)$. Eine Funktion u heißt **schwache Lösung des ARWP** 4.1 (∗), wenn gilt:

$$u \in L^2(I, V) \cap C^0(I, H),$$
$$\mathcal{H}u = f \text{ schwach in } \Omega_T,$$
$$u(0) = u_0.$$

Dieser Lösungsbegriff bietet sich auf natürliche Weise an. Die Bedingung $u \in L^2(I, W_0^1(\Omega))$ sichert das Verschwinden der Randwerte von u für fast alle $t \in I$, und die Bedingung $u \in C^0(I, L^2(\Omega))$ sorgt für die stetige Annahme des Anfangswerts in der L^2–Norm: $\lim\limits_{t \to 0} \|u(t) - u_0\|_H = 0$.

Daß diese Bedingungen dem Problem angepasst sind, wird anschließend und in den Beweisteilen (2),(3) des Existenz– und Eindeutigkeitssatzes 4.5 deutlich.

Für den Beweis des Existenz– und Eindeutigkeitssatzes benötigen wir äquivalente Varianten der schwach formulierten Wärmeleitungsgleichung:

Nach Definition in § 13 : 1.2 lautet diese in der schwachen Form

$$\text{(I)} \qquad \int\limits_{\Omega_T} u\,\mathcal{H}^*\Phi\, d^n\mathbf{x}\, dt \;=\; \int\limits_{\Omega_T} f\,\Phi\, d^n\mathbf{x}\, dt \quad \text{für alle } \Phi \in \mathrm{C}_c^\infty(\Omega_T)\,;$$

dabei ist $\mathcal{H}^*\Phi = -\frac{\partial\Phi}{\partial t} - \Delta\Phi$. Weil mit $\Phi \in \mathrm{C}_c^\infty(\Omega_T)$ auch $\partial_1\Phi,\dots,\partial_n\Phi$ Testfunktionen sind, darf nach Definition der schwachen Ableitungen von $u(t) \in \mathrm{W}_0^1(\Omega)$ partiell integriert werden. Unter Verwendung des Satzes von Fubini ergibt sich

$$\text{(1)} \qquad \begin{aligned} -\int\limits_{\Omega_T} u\,\Delta\Phi\, d^n\mathbf{x}\, dt &= -\int\limits_0^T \Big(\int\limits_\Omega u\,\Delta\Phi\; d^n\mathbf{x}\Big)\, dt \\ &= \int\limits_0^T \Big(\int\limits_\Omega \langle \nabla u\,,\, \nabla\Phi\rangle\, d^n\mathbf{x}\Big)\, dt = \int\limits_0^T \langle u(t)\,,\,\Phi(t)\rangle_V\; dt\,. \end{aligned}$$

Wählen wir Testfunktionen Φ in Produktgestalt $\varphi\otimes\psi$ mit $\varphi \in \mathrm{C}_c^\infty(\Omega)$ und $\psi \in \mathrm{C}_c^\infty(J)$, so geht (I) über in

$$\text{(2)} \qquad \int\limits_0^T \Big(-\langle u(t)\,,\varphi\rangle_H\dot\psi(t) + \langle u(t)\,,\varphi\rangle_V\psi(t) - \langle f(t)\,,\varphi\rangle_H\psi(t)\Big)\, dt = 0\,.$$

Das bedeutet, daß für alle $\varphi \in \mathrm{C}_c^\infty(\Omega)$ die gewöhnliche Differentialgleichung

$$\text{(II)} \qquad \frac{d}{dt}\langle u(t)\,,\varphi\rangle_H + \langle u(t)\,,\varphi\rangle_V = \langle f(t)\,,\varphi\rangle_H$$

in schwacher Form auf J erfüllt ist. Da $\mathrm{C}_c^\infty(\Omega)$ bezüglich der Sobolew–Norm dicht in $V = \mathrm{W}_0^1(\Omega)$ liegt, gilt (II) für alle $\varphi \in V$. Wegen der Isomorphie $\mathrm{L}_2(\Omega_T) \cong \mathrm{L}^2(J,\mathrm{L}^2(\Omega))$ nach Satz 2 (ii) in 4.2 ist $\langle f(s)\,,\varphi\rangle_H$ über $]0,T[$ quadratintegrierbar; ferner ist $\langle u(t)\,,\varphi\rangle_H$ absolutstetig mit schwacher Ableitung $\frac{d}{dt}\langle u(t)\,,\varphi\rangle_H = \langle f(t)\,,\varphi\rangle_H - \langle u(t)\,,\varphi\rangle_V$, wie sich aus dem Beweis 4.3 (a) ergibt. Ebenso wie dort folgt

$$\text{(III)} \qquad \langle u(t)\,,\varphi\rangle_H - \langle u_0\,,\varphi\rangle_H + \int\limits_0^t \langle u(s)\,,\varphi\rangle_V\, ds = \int\limits_0^t \langle f(s)\,,\varphi\rangle_H\, ds$$

für alle $\varphi \in V$ und $t \in I := [0,T]$.

Aus (III) folgt mit Hilfe des Hauptsatzes die zu (II) äquivalente Gleichung (2) und damit die Gleichung (1) für alle Testfunktionen $\Phi = \varphi\otimes\psi$ in Produktform. Da deren Aufspann nach 4.2, Satz 4 in $\mathrm{W}_0^1(\Omega_T)$ dicht liegt, folgt (1) für alle $\Phi \in \mathrm{C}_c^\infty(\Omega_T)$ und damit (I) durch partielle und sukzessive Integration.

4.5 Existenz und Eindeutigkeit schwacher Lösungen

Wir verwenden wie in 4.4 die Abkürzungen $I = [0,T]$, $J =]0,T[$, $H = \mathrm{L}^2(\Omega)$, $V = \mathrm{W}_0^1(\Omega)$.

SATZ. *Das Anfangs–Randwertproblem* $(*)$ *besitzt für* $u_0 \in \mathrm{L}^2(\Omega)$, $f \in \mathrm{L}^2(\Omega_T)$ *genau eine schwache Lösung* $u \in \mathrm{L}^2(]0,T[\,, W_0^1(\Omega)) \cap \mathrm{C}^0([0,T], \mathrm{L}^2(\Omega))$. *Diese ist gegeben durch die in beiden Normen* $\|\ \|_{\mathrm{L}^2(J,V)}$, $\|\ \|_{\mathrm{C}^0(I,H)}$ *konvergente Reihe*

$$u(\mathbf{x},t) = \sum_{i=1}^{\infty} a_i(t) v_i(\mathbf{x})$$

mit

$$a_i(t) := \langle v_i\,, u_0 \rangle_H \,\mathrm{e}^{-\lambda_i t} + \int_0^t \langle v_i\,, f(s) \rangle_H \,\mathrm{e}^{-\lambda_i (t-s)}\, ds\,.$$

Dabei sind $\lambda_1, \lambda_2, \ldots$ *die Eigenwerte, und* $v_1, v_2, \ldots$ *ist ein ONS von Eigenfunktionen des Laplace–Operators auf* Ω *mit verschwindenden Randwerten.*

Weiter gilt die **Energiegleichung**

$$\tfrac{1}{2}\,\|u(t)\|_H^2 + \int_0^t \|u(s)\|_V^2\, ds = \tfrac{1}{2}\,\|u_0\|_H^2 + \int_0^t \langle f(s)\,, u(s) \rangle_H\, ds$$

für alle $t \in [0,T]$.

Daß die auftretenden Integrale Sinn machen, wurde in 4.4 erörtert.

BEWEIS.
(1) *Eindeutigkeit der Lösung.* Sind u_1, u_2 schwache Lösungen des ARWP, so ist $u := u_1 - u_2$ eine schwache Lösung mit Daten $f = 0$ und $u_0 = 0$:

$$\langle u(t)\,, \varphi \rangle_H + \int_0^t \langle u(s)\,, \varphi \rangle_V\, ds = 0 \quad \text{für } t \in I\,,\ \varphi \in V$$

und $u(0) = 0$ (Version (III) der Wärmeleitungsgleichung in 4.4). Wir wählen $\varphi = v_i$ und erhalten mit $\langle u(s)\,, v_i \rangle_V = \lambda_i \langle u(s)\,, v_i \rangle_H$ (nach 4.1 (a))

$$\langle u(t)\,, v_i \rangle_H + \lambda_i \int_0^t \langle u(s)\,, v_i \rangle_H\, ds = 0 \quad \text{für } t \in I\,,\quad i = 1, 2, \ldots\,.$$

Da die Integranden $A_i(t) := \langle u(t)\,, v_i \rangle_H$ wegen $u \in \mathrm{C}^0(I,H)$ stetig sind, folgt $A_i \in \mathrm{C}^1(I)$ und

$$\dot{A}_i(t) + \lambda_i A_i(t) = 0\,, \qquad A_i(0) = \langle u(0)\,, v_i \rangle_H = 0\,,$$

also $A_i = 0$ für $i = 1, 2, \ldots$. Aus der in § 15 : 1.2 festgestellten Vollständigkeit des ONS $v_1, v_2, \ldots$ in H ergibt sich die in H konvergente Fourierentwicklung

$$u(t) = \sum_{i=1}^{\infty} \langle v_i\,, u(t) \rangle_H\, v_i = \sum_{i=1}^{\infty} A_i(t) v_i = 0$$

für alle $t \in I$, somit $u_1 = u_2$.

(2) *Abschätzung der Koeffizienten* $a_i(t)$.
Mit den Abkürzungen $\alpha_i := \langle v_i\,,\, u_0 \rangle_H$, $\beta_i(t) := \langle v_i\,,\, f(t) \rangle_H$ gilt

$$a_i(t) \;=\; \alpha_i\, \mathrm{e}^{-\lambda_i t} \;+\; \int_0^t \beta_i(s)\, \mathrm{e}^{-\lambda_i (t-s)}\, ds \quad (i = 1, 2, \ldots)$$

und aufgrund der Parsevalschen Gleichung

$$\|u_0\|_H^2 \;=\; \sum_{i=1}^{\infty} \alpha_i^2\,,$$

$$\|f(t)\|_H^2 \;=\; \sum_{i=1}^{\infty} \beta_i(t)^2\,,$$

$$\|f\|_{\mathrm{L}^2(I,H)}^2 \;=\; \int_0^T \|f(t)\|_H^2\, dt \;=\; \int_0^T \sum_{i=1}^{\infty} \beta_i(t)^2\, dt \;=\; \sum_{i=1}^{\infty} \int_0^T \beta_i(t)^2\, dt\,,$$

letzteres nach dem Satz von Beppo Levi.

Mit der Cauchy–Schwarzschen Ungleichung ergibt sich die Abschätzung

$$\begin{aligned} a_i(t)^2 \;&\le\; 2\left(\alpha_i \mathrm{e}^{-\lambda_i t}\right)^2 \;+\; 2\Big(\int_0^t \beta_i(s)\, \mathrm{e}^{-\lambda_i (t-s)}\, ds\Big)^2 \\ &\le\; 2\alpha_i^2\, \mathrm{e}^{-2\lambda_i t} \;+\; 2\int_0^t \beta_i(s)^2\, ds \cdot \int_0^t \mathrm{e}^{-2\lambda_i (t-\sigma)}\, d\sigma \\ &\le\; 2\alpha_i^2 \mathrm{e}^{-2\lambda_i t} \;+\; 2\int_0^T \beta_i(s)^2\, ds\; \frac{1 - \mathrm{e}^{-2\lambda_i t}}{2\lambda_i}\,. \end{aligned}$$

Durch Integration folgt

$$\begin{aligned} \int_0^T \alpha_i(t)^2\, dt \;&\le\; 2\alpha_i^2\; \frac{1 - \mathrm{e}^{-2\lambda_i T}}{2\lambda_i} \;+\; \frac{T}{\lambda_i} \int_0^T \beta_i(s)^2\, ds \\ &\le\; \frac{1}{\lambda_i}\Big(\alpha_i^2 \;+\; T \int_0^T \beta_i(s)^2\, ds\Big)\,. \end{aligned}$$

Hiermit erhalten wir für $t \in I$ die Konvergenz der Reihen

(a) $$\sum_{i=1}^{\infty} a_i(t)^2 \;\le\; 2\sum_{i=1}^{\infty} \alpha_i^2 \;+\; \frac{1}{\lambda_1} \sum_{i=1}^{\infty} \int_0^T \beta_i(s)^2\, ds \;=\; 2\|u_0\|_H^2 \;+\; \frac{1}{\lambda_1}\, \|f\|_{\mathrm{L}^2(I,H)}^2\,,$$

(b) $$\sum_{i=1}^{\infty} \lambda_i \int_0^T a_i(t)^2\, dt \;\le\; \sum_{i=1}^{\infty} \alpha_i^2 \;+\; T \sum_{i=1}^{\infty} \int_0^T \beta_i(s)^2\, ds \;=\; \|u_0\|_H^2 \;+\; T\, \|f\|_{\mathrm{L}^2(I,H)}^2\,.$$

(3) *Konvergenz der Reihe* $\sum\limits_{i=1}^{\infty} a_i v_i$ *in* $\mathrm{C}^0(I,H)$ *und* $\mathrm{L}^2(J,V)$.

(i) Die Partialsummen $u_k := \sum\limits_{i=1}^{k} a_i v_i$ bilden eine Cauchy–Folge in $\mathrm{C}^0(I,H)$, denn nach der Abschätzung (2) (a) und dem Konvergenzkriterium von Cauchy gibt es zu gegebenem $\varepsilon > 0$ ein n_ε, so daß für $\ell > k \geq n_\varepsilon$

$$\|u_\ell(t) - u_k(t)\|_H^2 = \Big\| \sum_{i=k+1}^{\ell} a_i(t) v_i \Big\|_H^2 = \sum_{i=k+1}^{\ell} a_i(t)^2 \leq \varepsilon^2$$

für alle $t \in I$ gilt und somit

$$\|u_\ell - u_k\|_{\mathrm{C}^0(I,H)} = \sup\big\{ \|u_\ell(t) - u_k(t)\|_H \;\big|\; t \in I \big\} \leq \varepsilon\,.$$

Die Cauchy–Folge (u_k) besitzt im Banachraum $\mathrm{C}^0(I,H)$ (4.2, Satz 1) einen Grenzwert u.

(ii) Ebenso ergibt sich, daß die u_k eine Cauchy–Folge in $\mathrm{L}^2(J,V)$ bilden: Wegen der Orthogonalitätsrelation 4.1 (b) und der Konvergenz der Reihe (2) (b) gibt es zu jedem $\varepsilon > 0$ ein n_ε, so daß für $\ell > k > n_\varepsilon$

$$\begin{aligned}\|u_\ell - u_k\|_{\mathrm{L}^2(J,V)}^2 &= \int_0^T \|u_\ell(t) - u_k(t)\|_V^2\, dt = \int_0^T \Big\| \sum_{i=k+1}^{\ell} a_i(t) v_i \Big\|_V^2\, dt \\ &= \sum_{i=k+1}^{\ell} \lambda_i \int_0^T a_i(t)^2\, dt \leq \varepsilon^2\,.\end{aligned}$$

Die Cauchy–Folge (u_k) besitzt im Hilbertraum $\mathrm{L}^2(J,V)$ (4.2, Satz 2) einen Grenzwert v.

(iii) Die beiden Grenzwerte stimmen überein, denn wegen der Poincaré–Ungleichung $\|w\|_H \leq c(\Omega)\|w\|_V$ für $w \in V = \mathrm{W}_0^1(\Omega)$ (§ 14 : 6.2) gilt [ÜA]

$$\begin{aligned}\|u - v\|_{\mathrm{L}^2(J,H)} &\leq \|u - u_k\|_{\mathrm{L}^2(J,H)} + \|v - u_k\|_{\mathrm{L}^2(J,H)} \\ &\leq \sqrt{T}\,\|u - u_k\|_{\mathrm{C}^0(I,H)} + c(\Omega)\|v - u_k\|_{\mathrm{L}^2(J,V)} \to 0\end{aligned}$$

für $k \to \infty$, somit ist $u = v$ in den nach 4.2, Satz 2 isomorphen Hilberträumen $\mathrm{L}^2(J,H)$, $\mathrm{L}^2(\Omega_T)$ und damit $u = v$ f.ü. in Ω_T.

(4) $u := \sum\limits_{i=1}^{\infty} a_i v_i$ *ist eine schwache Lösung des ARWP* $(*)$. Für

$$a_i(t) = \mathrm{e}^{-\lambda_i t}\Big(\langle v_i\,, u_0 \rangle_H + \int_0^t \langle v_i\,, f(s) \rangle_H\, \mathrm{e}^{\lambda_i s}\, ds \Big)$$

gilt nach § 8 : 3.2 bzw. § 14 : 6.4 (c) die DG

$$\dot{a}(t) + \lambda_i a_i(t) = \langle v_i\,, f(t) \rangle_H$$

in schwacher Form (und fast überall). Äquivalent hierzu ist nach den in 4.4 gemachten Schlüssen

$$a_i(t) - a_i(0) + \lambda_i \int_0^t a_i(s)\,ds = \int_0^t \langle v_i, f(s)\rangle_H\, ds .$$

Für die Partialsummen der Fourierreihen

$$u_k(t) := \sum_{j=1}^k a_j(t) v_j , \quad f_k(t) := \sum_{j=1}^k \langle v_j, f(t)\rangle_H\, v_j$$

und für $i \le k$ folgt wegen $\langle v_i, u_k(t)\rangle_H = a_i(t)$, $\langle v_i, f_k(t)\rangle_H = \langle v_i, f(t)\rangle_H$ und wegen $\langle v_i, v_j\rangle_V = \lambda_i \delta_{ij}$

$$\langle v_i, \dot{u}_k(t)\rangle_H + \langle v_i, u_k(t)\rangle_V = \langle v_i, f_k(t)\rangle_H$$

im Sinne von

$$\langle v_i, u_k(t)\rangle_H - \langle v_i, u_k(0)\rangle_H + \int_0^t \langle v_i, u_k(s)\rangle_V\, ds = \int_0^t \langle v_i, f_k(s)\rangle_H\, ds .$$

Der Grenzübergang $k \to \infty$ ergibt

$$\text{(III}'\text{)} \quad \langle v_i, u(t)\rangle_H - \langle v_i, u(0)\rangle_H + \int_0^t \langle v_i, u(s)\rangle_V\, ds = \int_0^t \langle v_i, f(s)\rangle_H\, ds$$

für $i = 1, 2, \ldots$, denn es gilt $f_k \to f$ in $\mathrm{L}^2(J, H)$, $u_k(t) \to u(t)$ in H und $u_k \to u$ in $\mathrm{L}^2(]0,t[\,, V)$.

Aus (III′) folgt die Wärmeleitungsgleichung in der schwachen Version 4.4 (III), denn $\mathrm{Span}\,\{v_1, v_2, \ldots\}$ liegt nach § 15 : 1.3 auch in V dicht.

(5) *Energiegleichung.* Aus der in (4) aufgestellten schwachen DG

$$\langle v_i, \dot{u}_k(s)\rangle_H + \langle v_i, u_k(s)\rangle_V = \langle v_i, f_k(s)\rangle_H$$

folgt

$$\langle u_k(s), \dot{u}_k(s)\rangle_H + \langle u_k(s), u_k(s)\rangle_V = \langle u_k(s), f_k(s)\rangle_H ;$$

dabei ist $\langle u_k(s), u_k(s)\rangle_H = \sum_{i=1}^k a_i(s)^2$ absolutstetig und damit Integral seiner Ableitung $\sum_{i=1}^k 2a_i(s)\dot{a}_i(s) = 2\langle u_k(s), \dot{u}_k(s)\rangle_H$. Somit gilt

$$\frac{1}{2}\|u_k(t)\|_H^2 - \frac{1}{2}\|u_k(0)\|_H^2 + \int_0^t \|u_k(s)\|_V^2\, ds = \int_0^t \langle u_k(s), f_k(s)\rangle_H .$$

Die Energiegleichung ergibt sich durch Grenzübergang $k \to \infty$ mit denselben Schlüssen wie oben. □

4.6 Regularität schwacher Lösungen

Wir beschränken uns auf die homogene Wärmeleitungsgleichung. Für die inhomogene lassen sich mit Hilfe des Duhamelschen Prinzips entsprechende Aussagen formulieren, siehe [72] § 27, § 28.

SATZ. *Sei* $\Omega \subset \mathbb{R}^n$ *ein beschränktes,* C^∞*–berandetes Gebiet. Weiter sei* u *die schwache Lösung des homogenen ARWP* $(*)$ *und* $u_k := \sum_{i=1}^{k} a_i v_i$ *seien die zugehörigen Partialsummen. Dann gilt:*

(a) *Für* $u_0 \in L^2(\Omega)$ *ist* $u \in C^\infty(\overline{\Omega} \times]0, \infty[)$ *und es gilt*

$$u_k \to u \quad in \quad C^s(\overline{\Omega} \times [\tau, T]) \quad für \quad k \to \infty$$

und alle s, τ, T *mit* $s = 1, 2, \ldots$ *und* $0 < \tau < T$.

Insbesondere ist u *eine klassische Lösung der Wärmeleitungsgleichung* $\mathcal{H}u = 0$ *in* $\Omega \times]0, \infty[$.

(b) *Für* $u_0 \in C^p(\overline{\Omega})$ *mit* $u_0 = \Delta u_0 = \ldots = \Delta^q u_0 = 0$ *auf* $\partial\Omega$, $q := [(p-1)/2]$, $p > n/2$ *ist* u *stetig auf* $\overline{\Omega} \times \mathbb{R}_+$, *und es gilt*

$$u_k \to u \quad in \quad C^0(\overline{\Omega} \times [0, T]) \quad für \quad k \to \infty$$

und jedes $T > 0$.

BEWEIS.

Nach 4.5 gilt $a_i(t) = \alpha_i e^{-\lambda_i t}$ mit $\alpha_i = \langle v_i, u_0 \rangle_H$.

(a) Es sei $0 < \tau < T$, $j, r = 0, 1, \ldots$ und $j \le r$. Für die j–te Ableitung $\alpha_i^{(j)}(t) = \alpha_i (-\lambda_i)^j e^{-\lambda_i t}$ von $a_i(t)$ gilt

$$\begin{aligned}\sum_{i=1}^{\infty} \lambda_i^r \int_\tau^T \alpha_i^{(j)}(t)^2 \, dt &= \sum_{i=1}^{\infty} \lambda_i^{r+2j} \alpha_i^2 \, \frac{e^{-2\lambda_i \tau} - e^{-2\lambda_i T}}{2\lambda_i} \\ &\le \frac{1}{2} \sum_{i=1}^{\infty} \lambda_i^{r+2j-1} \alpha_i^2 \, e^{-2\lambda_i \tau} .\end{aligned}$$

Aufgrund des asymptotischen Verteilungsgesetzes § 15 : 2.4 $\lambda_k^{n/2}/k \to$ const für $k \to \infty$ ist $(\lambda_k^s e^{-2\lambda_k \tau})_{k \in \mathbb{N}}$ für jedes $s \in \mathbb{R}$ eine Nullfolge und ist deshalb durch eine Schranke $c = c(s, \tau) > 0$ beschränkt. Hiermit folgt weiter

$$\sum_{i=1}^{\infty} \lambda_i^r \int_\tau^T (\alpha_i^{(j)})^2(t) \, dt \le \frac{c}{2} \sum_{i=1}^{\infty} \alpha_i^2 = \frac{c}{2} \, \|u_0\|_H^2 .$$

Wie in 4.5, Beweisteil (3) ergibt sich mit dieser Majorante die Konvergenz der Partialsummen $d^j u_k / dt^j$ für $k \to \infty$ im Hilbertraum $L^2(]\tau, T[, \mathcal{D}(A^{r/2}))$ gegen ein Element w_j. Diese Konvergenz besteht auch in $L^2(]\tau, T[, W^r(\Omega))$, weil nach dem Äquivalenzsatz in § 15 : 1.4 (d) die Norm $\| \ \|_{A^{r/2}}$ äquivalent zu der W^r–Norm $\| \ \|_r$ ist. Weiter ist w_j die schwache Ableitung $d^j u/dt^j$ ÜA für $j = 0, 1, \ldots, r$. Damit gilt

$$u_k \to u \quad \text{in } W^r(]\tau, T[\, , W^r(\Omega)) \quad \text{für } k \to \infty .$$

Nach Satz 3 (i) in 4.2 (e) und dem Einbettungssatz von Morrey § 14 : 6.4 (d) existieren für $r > s + (n+1)/2$ die stetigen Einbettungen

$$W^r(]\tau, T[\, , W^r(\Omega)) \hookrightarrow W^r(\Omega \times]\tau, T[), \hookrightarrow C^s(\overline{\Omega} \times [\tau, T]) .$$

Somit ergibt sich

$$u_k \to u \quad \text{in } C^s(\overline{\Omega} \times [\tau, T]) \quad \text{für } k \to \infty$$

und alle s, τ, T mit $s = 1, 2, \ldots$ und $0 < \tau < T$.

(b) Aufgrund des Entwicklungssatzes II § 15 : 1.4 (e) gehört $u_0 \in C^p(\overline{\Omega})$ mit den vorausgesetzten Randbedingungen zum Hilbertraum $\mathcal{D}(A^{p/2})$, also gilt

$$\sum_{i=1}^{\infty} \lambda_i^p \, a_i(t)^2 \ \leq \ \sum_{i=1}^{\infty} \lambda_i^p \, \alpha_i^2 \ = \ \sum_{i=1}^{\infty} \lambda_i^p \, \langle v_i \, , u_0 \rangle_H^2 \ = \ \|u_0\|_{A^{p/2}}^2$$

für jedes $t \geq 0$. Wie in 4.5, Beweisteil (3) ergibt sich mit dieser Majorante die Konvergenz der Partialsummen $u_k \to u$ für $k \to \infty$ im Banachraum $C^0([0, T], \mathcal{D}(A^{p/2}))$ für jedes $T > 0$.
Diese Konvergenz besteht auch in $C^0([0, T], W^p(\Omega))$ wegen der Äquivalenz der Normen $\| \cdot \|_{A^{p/2}}$ und $\| \cdot \|_p$. Für $p > n/2$ existieren nach dem Morreyschen Einbettungssatz § 14 : 6.4 (d) und nach 4.2 (a) die stetigen Einbettungen

$$C^0([0, T], W^p(\Omega)) \hookrightarrow C^0([0, T], C^0(\overline{\Omega})) \hookrightarrow C^0(\overline{\Omega} \times [0, T]) ,$$

somit folgt

$$u_k \to u \quad \text{in } C^0(\overline{\Omega} \times [0, T]) \quad \text{für } k \to \infty$$

und jedes $T > 0$. □

Um differenzierbare Annäherung $u(t) \to u_0$ für $t \to 0$ der schwachen Lösung an die Anfangswerte zu erzielen, müssen wir an u_0 stärkere Bedingungen stellen:

SATZ. *Sei $\Omega \subset \mathbb{R}^n$ ein beschränktes C^p–berandetes Gebiet, und $u_0 \in C^p(\overline{\Omega})$ erfülle $u_0 = \Delta u_0 = \ldots = \Delta^q u_0 = 0$ auf $\partial\Omega$ mit $q := [(p-1)/2]$. Unter der Bedingung $(p-1)/3 > s + (n+1)/2$ gilt dann $u \in C^s(\overline{\Omega} \times \mathbb{R}_+)$ und*

$$u_k \to u \quad \text{in } C^s(\overline{\Omega} \times [0, T]) \quad \text{für } k \to \infty \ \textit{und jedes } \ T > 0 .$$

Der Beweis des Satzes ergibt sich mit ähnlichen Argumenten wie im vorangehenden Beweis.

4.7 Wärmeleitungsproblem bei vorgegebener Randtemperatur

(a) Wir betrachten für ein beschränktes Gebiet $\Omega \subset \mathbb{R}^n$ das Problem

$$(1) \quad \begin{cases} \mathcal{H}u = 0 & \text{in } \Omega \times \mathbb{R}_{>0}, \\ u(\mathbf{x},t) = g(\mathbf{x}) & \text{für } \mathbf{x} \in \partial\Omega \text{ und } t > 0, \\ u(\mathbf{x},0) = u_0(\mathbf{x}) & \text{für } \mathbf{x} \in \Omega. \end{cases}$$

Hierfür machen wir den Lösungsansatz

$$u = v + w,$$

wobei $v \in \mathrm{C}^0(\Omega \times \mathbb{R}_+) \cap \mathrm{C}^{2,1}(\Omega \times \mathbb{R}_{>0})$ eine Lösung des homogenen ARWP

$$(2) \quad \begin{cases} \mathcal{H}v = 0 & \text{in } \Omega \times \mathbb{R}_{>0}, \\ v(\mathbf{x},0) = u_0(\mathbf{x}) & \text{für } \mathbf{x} \in \Omega \end{cases}$$

ist und $w \in \mathrm{C}^0(\overline{\Omega}) \cap \mathrm{C}^2(\Omega)$ eine Lösung des Dirichlet–Problems

$$(3) \quad \Delta w = 0 \text{ in } \Omega, \quad w = g \text{ auf } \partial\Omega.$$

Sind beide Probleme lösbar, so liefert $u = v + w$ eine und nach 2.2 die einzige Lösung von $(*)$.

(b) Es gilt dann $\lim\limits_{t \to \infty} \|u(t) - w\|_H = 0$, d.h. für $t \to \infty$ geht die Lösung von (1) über in die Lösung des stationären Wärmeleitungsproblems (3), vgl. § 6 : 5.1.

Denn für die Fourierkoeffizienten $a_i(t) = \langle v_i , v(t) \rangle_H$ gilt nach den Abschätzungen im Beweisteil (2) zu 4.5

$$a_i(t)^2 \le 2\alpha_i^2 \mathrm{e}^{-2\lambda_i t} \quad \text{mit} \quad \alpha_i = \langle v_i , u_0 \rangle_H \quad (i = 1, 2, \ldots),$$

somit für $v = \sum\limits_{i=1}^{\infty} a_i v_i$

$$\begin{aligned} \|u(t) - w\|_H^2 &= \|v(t)\|_H^2 \le 2 \sum_{i=1}^{\infty} \alpha_i^2 \mathrm{e}^{-2\lambda_i t} \\ &\le 2\,\mathrm{e}^{-2\lambda_1 t} \sum_{i=1}^{\infty} \alpha_i^2 = 2\,\mathrm{e}^{-2\lambda_1 t} \|u_0\|_H^2 . \end{aligned}$$

§ 17 Die Wellengleichung

Vorkenntnisse: Die ersten drei Abschnitte verlangen keine besonderen Vorkenntnisse. Abschnitt 4 stützt sich im wesentlichen auf § 14 : 6 (Sobolew–Räume), § 15 : 1 und § 16 : 4 (Funktionenräume für Evolutionsgleichungen).

1 Bezeichnungen, Problemstellungen

(a) Der Operator der Wellenausbreitung

$$\square := \frac{\partial^2}{\partial t^2} - c^2 \Delta \quad (c > 0 \text{ eine Konstante}).$$

wird **d'Alembert–Operator** genannt.

Für $(\mathbf{x}_0, t_0) \in \mathbb{R}^n \times \mathbb{R} = \mathbb{R}^{n+1}$ definieren wir die Kegel bzw. Kegelränder mit Spitze $(\mathbf{x}_0, t_0) \in \mathbb{R}^n \times \mathbb{R} = \mathbb{R}^{n+1}$

$$\begin{aligned} \mathcal{K}_\pm(\mathbf{x}_0, t_0) &= \mathcal{K}_\pm^{n+1}(\mathbf{x}_0, t_0) \\ &:= \left\{ (\mathbf{x}, t) \in \mathbb{R}^{n+1} \mid \|\mathbf{x} - \mathbf{x}_0\| < c\,|t - t_0|,\ t \gtrless t_0 \right\}, \\ \mathcal{C}_\pm(\mathbf{x}_0, t_0) &= \mathcal{C}_\pm^{n+1}(\mathbf{x}_0, t_0) \\ &:= \left\{ (\mathbf{x}, t) \in \mathbb{R}^{n+1} \mid \|\mathbf{x} - \mathbf{x}_0\| = c\,|t - t_0|,\ t \gtrless t_0 \right\}. \end{aligned}$$

Für die Punkte des Raum–Zeit–Kontinuums $\mathbb{R}^{n+1} = \mathbb{R}^n \times \mathbb{R}$ schreiben wir mitunter auch $\overline{x} = (x_1, \ldots, x_{n+1})$ mit $x_{n+1} = t$ und bezeichnen den Raum–Zeit–Gradienten und die Raum–Zeit–Divergenz entsprechend mit

$$\begin{aligned} \overline{\nabla} u &:= (\partial_1 u, \ldots, \partial_{n+1} u), \\ \overline{\operatorname{div}}\ \overline{v} &:= \sum_{i=1}^{n+1} \partial_i v_i. \end{aligned}$$

Des weiteren verwenden wir wie in § 16 : 1 für ein Gebiet $\Omega \subset \mathbb{R}^n$ und für $T > 0$ die Bezeichnungen

$$\Omega_T := \Omega \times]0, T[\,, \quad \partial' \Omega_T := \left(\overline{\Omega} \times \{0\} \right) \cup \left(\partial\Omega \times [0, T[\right).$$

(b) Wir betrachten die folgenden Problemstellungen:

(i) Das **Anfangswertproblem** (**Cauchy–Problem**, **AWP**):

$$\begin{aligned} &\square u = f \text{ in } \mathbb{R}^n \times]0, T[\,, \\ &u(\mathbf{x}, 0) = u_0(\mathbf{x}), \quad \tfrac{\partial u}{\partial t}(\mathbf{x}, 0) = u_1(\mathbf{x}) \text{ für } \mathbf{x} \in \mathbb{R}^n \end{aligned}$$

mit gegebenen Funktionen f, u_0, u_1,

(ii) das **Anfangs–Randwertproblem** (**ARWP**) auf einem beschränkten Gebiet $\Omega \subset \mathbb{R}^n$:

$$\Box u = f \text{ in } \Omega_T,$$

$$u = g \text{ auf } \partial\Omega \times]0, T[,$$

$$u(\mathbf{x}, 0) = u_0(\mathbf{x}), \quad \tfrac{\partial u}{\partial t}(\mathbf{x}, 0) = u_1(\mathbf{x}) \text{ für } \mathbf{x} \in \Omega$$

mit gegebenen Funktionen f, g, u_0, u_1.

(c) **Gleichmäßig hyperbolische Operatoren** haben die Gestalt

$$\frac{\partial^2}{\partial t^2} - L,$$

wobei L ein gleichmäßig elliptischer Operator ist, vgl. § 14 : 1 (b).

Für Operatoren dieses Typs lassen sich die für die Wellengleichung gewonnenen Resultate mit geringfügigen Modifikationen übertragen. Eine Ausnahme macht die Methode der sphärischen Mittel in Abschnitt 3, welche wesentlich auf der Invarianz des Laplace–Operators unter räumlichen Drehungen beruht. Eine Abänderung des Laplace–Operators $\Delta = \sum\limits_{i,k=1}^{n} \delta_{ik}\, \partial_i \partial_k$ in einen elliptischen Operator $\sum\limits_{i,k=1}^{n} a_{ik}\, \partial_i \partial_k$ zerstört diese Symmetrie.

Als Literatur empfehlen wir: Courant–Hilbert [3] VI., Dautray–Lions [4, 5], Ladyzhenskaya [65] Ch. IV, Sogge [101], Wloka [72] § 29–34.

2 Eigenschaften des d'Alembert–Operators

2.1 Invarianz unter Zeitspiegelungen

Der d'Alembert–Operator ist unter Zeitspiegelungen $t \mapsto t_* - t$ $(t_* \in \mathbb{R})$ invariant: Ist u eine Lösung der Wellengleichung $\Box u = f$, so ist u_* eine Lösung von $\Box u_* = f_*$; dabei haben wir

$$u_*(\mathbf{x}, t) := u(\mathbf{x}, t_* - t), \quad f_*(\mathbf{x}, t) := f(\mathbf{x}, t_* - t)$$

gesetzt.

2.2 Energiegleichung und Eindeutigkeit von Lösungen

(a) Wir nennen ein Gebiet $\mathcal{U}$ im Raum–Zeit–Kontinuum $\mathbb{R}^n \times \mathbb{R}$ **raumartig**, wenn für je zwei Zeitpunkte $\sigma < \tau$ die Teilmenge $\mathcal{U} \cap \{\sigma < t < \tau\}$ ein Gaußsches Gebiet (allgemeiner ein Normalgebiet) ist und wenn für das äußere Einheitsnormalenfeld $\overline{\nu} = (\nu_1, \dots, \nu_{n+1})$ von $\mathcal{U}$

$$\nu_{n+1}^2 - c^2 \sum_{i=1}^{n} \nu_i^2 \leq 0$$

gilt, siehe die Figur auf der nächsten Seite. Beispiele für raumartige Gebiete sind:

(i) Raum–Zeit–Zylinder $\Omega \times \mathbb{R}$ mit einem Normalgebiet $\Omega \subset \mathbb{R}^n$,

(ii) die Kegel $\mathcal{K}_+(\mathbf{x}_0, t_0)$, $\mathcal{K}_-(\mathbf{x}_0, t_0)$ für $(\mathbf{x}_0, t_0) \in \mathbb{R}^{n+1}$ $\boxed{\text{ÜA}}$.

(b) Für raumartige Gebiete $\mathcal{U} \subset \mathbb{R}^{n+1}$ und Lösungen $u \in \mathrm{C}^1(\overline{\mathcal{U}}) \cap \mathrm{C}^2(\mathcal{U})$ der Wellengleichung $\square u = f$ in $\mathcal{U}$ definieren wir die **Energie** von u in $\mathcal{U}$ zur Zeit t durch

$$E(t) = E_{\mathcal{U}}(t) := \frac{1}{2} \int\limits_{\mathcal{U}(t)} \left(\left(\frac{\partial u}{\partial t} \right)^2 + c^2 \, \|\nabla u\|^2 \right)(\mathbf{x}, t) \, d^n\mathbf{x} \,,$$

wobei $\mathcal{U}(t) := \{\mathbf{x} \in \mathbb{R}^n \mid (\mathbf{x}, t) \in \mathcal{U}\}$. Im Fall $\mathcal{U} = \Omega \times \mathbb{R}$ schreiben wir $E_\Omega(t)$ statt $E_{\mathcal{U}}(t)$.

Energiegleichung. *Sei $\sigma < \tau$ und $\mathcal{U}(t) \neq \emptyset$ für alle $t \in \,]\sigma, \tau[$. Dann gilt*

$$E(\tau) = E(\sigma) - \int\limits_{\partial_\sigma^\tau \mathcal{U}} \langle \overline{v}, \overline{\nu} \rangle \, do + \int\limits_{\mathcal{U}_\sigma^\tau} f \, \frac{\partial u}{\partial t} \, d^n\mathbf{x} \, dt \,;$$

dabei ist $\overline{v} = (v_1, \ldots, v_{n+1})$,

$$v_i := -c^2 \frac{\partial u}{\partial t} \frac{\partial u}{\partial x_i} \quad (i = 1, \ldots, n), \quad v_{n+1} := \frac{1}{2} \left(\left(\frac{\partial u}{\partial t} \right)^2 + c^2 \, \|\boldsymbol{\nabla} u\|^2 \right),$$

$$\mathcal{U}_\sigma^\tau := \mathcal{U} \cap \,]\sigma, \tau[\, = \bigcup_{\sigma < t < \tau} \mathcal{U}(t) \,, \quad \partial_\sigma^\tau \mathcal{U} := \partial \mathcal{U} \cap \,]\sigma, \tau[\,,$$

$\overline{\nu} = (\nu_1, \ldots, \nu_{n+1})$ das äußere Einheitsnormalenfeld von $\mathcal{U}$.

Beweis.
Es besteht die Identität

$$\begin{aligned}
f \, \frac{\partial u}{\partial t} &= \left(\frac{\partial^2 u}{\partial t^2} - c^2 \, \Delta u \right) \frac{\partial u}{\partial t} \\
&= \frac{1}{2} \frac{\partial}{\partial t} \left(\frac{\partial u}{\partial t} \right)^2 - c^2 \operatorname{div} \left(\frac{\partial u}{\partial t} \boldsymbol{\nabla} u \right) + c^2 \left\langle \boldsymbol{\nabla} \frac{\partial u}{\partial t}, \boldsymbol{\nabla} u \right\rangle \\
&= \frac{1}{2} \frac{\partial}{\partial t} \left(\frac{\partial u}{\partial t} \right)^2 - c^2 \operatorname{div} \left(\frac{\partial u}{\partial t} \boldsymbol{\nabla} u \right) + \frac{1}{2} c^2 \frac{\partial}{\partial t} \|\boldsymbol{\nabla} u\|^2 \\
&= \sum_{i=1}^{n+1} \partial_i v_i = \overline{\operatorname{div}} \; \overline{v} \,.
\end{aligned}$$

Das Normalgebiet $\mathcal{U}_\sigma^\tau \subset \mathbb{R}^{n+1}$ besitzt den Rand $\partial\mathcal{U}_\sigma^\tau = \mathcal{U}(\sigma) \cup \mathcal{U}(\tau) \cup \partial_\sigma^\tau\mathcal{U}$, und für das äußere Einheitsnormalenfeld $\overline{\nu}$ von $\mathcal{U}_\sigma^\tau$ gilt

$$\overline{\nu} = -\mathbf{e}_{n+1} \quad \text{auf } \mathcal{U}(\sigma)\,,$$

$$\overline{\nu} = \mathbf{e}_{n+1} \quad \text{auf } \mathcal{U}(\tau)\,.$$

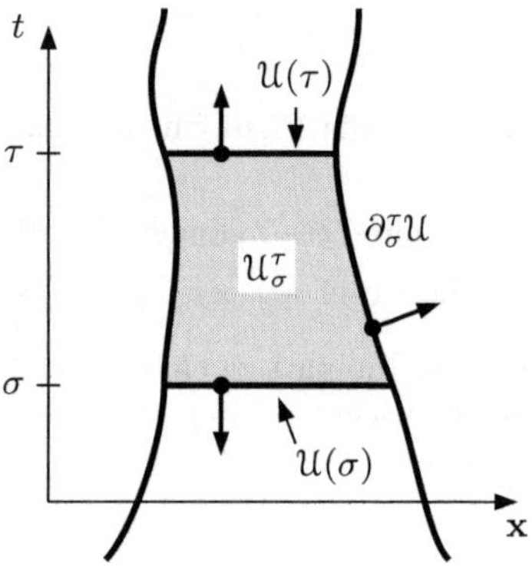

Mit dem Gaußschen Integralsatz ergibt sich damit

$$\begin{aligned}
\int\limits_{\mathcal{U}_\sigma^\tau} f \tfrac{\partial u}{\partial t}\, d^{n+1}\overline{x} &= \int\limits_{\mathcal{U}_\sigma^\tau} \overline{\operatorname{div}}\ \overline{v}\, d^{n+1}\overline{x} \\
&= \int\limits_{\partial\mathcal{U}_\sigma^\tau} \langle \overline{v}, \overline{\nu}\rangle\, do \\
&= \int\limits_{\mathcal{U}(\sigma)} \langle \overline{v}, \overline{\nu}\rangle\, do + \int\limits_{\mathcal{U}(\tau)} \langle \overline{v}, \overline{\nu}\rangle\, do + \int\limits_{\partial_\sigma^\tau\mathcal{U}} \langle \overline{v}, \overline{\nu}\rangle\, do \\
&= -\int\limits_{\mathcal{U}(\sigma)} v_{n+1}\, do + \int\limits_{\mathcal{U}(\tau)} v_{n+1}\, do + \int\limits_{\partial_\sigma^\tau\mathcal{U}} \langle \overline{v}, \overline{\nu}\rangle\, do \\
&= -E(\sigma) + E(\tau) + \int\limits_{\partial_\sigma^\tau\mathcal{U}} \langle \overline{v}, \overline{\nu}\rangle\, do\,.
\end{aligned}$$ □

Die Energiegleichung hat wichtige Konsequenzen:

(c) **Energieerhaltungssatz**. *Sei $\Omega \subset \mathbb{R}^n$ ein Normalgebiet, $T > 0$, $\overline{\nu}$ das äußere Einheitsnormalenfeld von Ω_T und $u \in \mathrm{C}^1(\Omega_T \cup \partial'\Omega_T) \cap \mathrm{C}^2(\Omega_T)$ eine Lösung der homogenen Wellengleichung $\Box u = 0$ in Ω_T mit*

$$u = 0 \ \text{ oder } \ \partial_{\overline{\nu}} u = 0 \ \text{ auf } \partial\Omega \times]0, T[\,.$$

Dann ist die Energie $E_\Omega(t)$ von u konstant für $t \in [0, T[$.

Beweis.

Für das äußere Einheitsnormalenfeld $\overline{\nu} = (\nu_1, \ldots, \nu_{n+1})$ von $\Omega \times]0, T[$ gilt $\nu_{n+1} = 0$ auf $\partial\Omega \times]0, T[$, also folgt mit den eben verwendeten Bezeichnungen

$$\langle \overline{v}, \overline{\nu}\rangle = -c^2 \frac{\partial u}{\partial t} \sum_{i=1}^{n} \frac{\partial u}{\partial x_i}\, \nu_i = -c^2 \frac{\partial u}{\partial t}\, \partial_{\overline{\nu}} u = 0 \quad \text{auf } \partial\Omega \times]0, T[$$

für beide Randbedingungen. Mit $f = 0$ liefert die Energiegleichung die Behauptung $E_\Omega(t) = E_\Omega(0)$ für $t \in]0, T[$. □

Als unmittelbare Folgerung ergibt sich der

(d) **Eindeutigkeitssatz für das ARWP**. *Seien Ω, T, $\overline{\nu}$ wie im vorigen Satz. Dann besitzt das Anfangs–Randwertproblem*

$$\begin{aligned}
&\Box u = f \quad \textit{in } \Omega_T\,, \\
&u = g \quad \textit{oder } \partial_{\overline{\nu}} u = g \quad \textit{auf } \partial\Omega \times \,]0,T[\,, \\
&u(\mathbf{x},0) = u_0(\mathbf{x})\,, \quad \tfrac{\partial}{\partial t} u(\mathbf{x},0) = u_1(\mathbf{x}) \quad \textit{für } \mathbf{x} \in \Omega
\end{aligned}$$

höchstens eine Lösung $u \in \mathrm{C}^1(\Omega_T \cup \partial'\Omega_T) \cap \mathrm{C}^2(\Omega_T)$.

(e) Eine Hyperfläche $M \subset \mathbb{R}^{n+1}$ heißt **charakteristisch**, wenn

$$\nu_{n+1}^2 - c^2 \sum_{i=1}^n \nu_i^2 = 0$$

für ein (und damit jedes) Normalenfeld $\overline{\nu} = (\nu_1, \dots, \nu_{n+1})$ von M gilt.

Ist M als Nullstellenmenge einer C^∞–Funktion Φ mit $\overline{\nabla}\Phi \neq \overline{0}$ gegeben, so heißt $(\partial_{n+1}\Phi)^2 - c^2 \sum_{i=1}^n (\partial_i \Phi)^2 = 0$ die **charakteristische Differentialgleichung**.

Die Kegelflächen $\mathcal{C}_+(\mathbf{x}_0, t_0)$, $\mathcal{C}_-(\mathbf{x}_0, t_0)$ (vgl. 1 (a)) sind charakteristisch [ÜA].

Wie sich charakteristische Flächen allgemein erzeugen lassen, zeigt die [ÜA] am Ende dieses Abschnitts für den Spezialfall $n = 2$.

Eine weitere wichtige Folgerung aus der Energiegleichung ist die

Monotonie der Energie. $\Omega \subset \mathbb{R}^n$ *sei ein Gebiet,* $u \in \mathrm{C}^1(\Omega \times [0,T[) \cap \mathrm{C}^2(\Omega_T)$ *eine Lösung der homogenen Wellengleichung in* Ω_T, $\mathfrak{U} \subset \mathbb{R}^{n+1}$ *ein raumartiges Gebiet mit charakteristischer Randfläche* $\partial\mathfrak{U}$ *und äußerem Einheitsnormalenfeld* $\overline{\nu} = (\nu_1, \dots, \nu_{n+1})$. *Dann gilt für alle* $\sigma < \tau$ *mit* $\overline{\mathfrak{U}_\sigma^\tau} \subset \Omega \times [0,T[$

$$E_{\mathfrak{U}}(\sigma) \gtreqless E_{\mathfrak{U}}(\tau)\,, \quad \textit{falls } \nu_{n+1} \gtreqless 0\,.$$

Über die Werte von u auf $\partial\mathfrak{U}$ wird hierbei nichts vorausgesetzt!

Beweis. Auf der charakteristischen Hyperfläche $\partial_\sigma^\tau \mathfrak{U}$ gilt $|\nu_{n+1}| = c\,\|\boldsymbol{\nu}\|$ mit $\boldsymbol{\nu} := (\nu_1, \dots, \nu_n)$. Im Fall $\nu_{n+1} > 0$ folgt mit der Cauchy–Schwarzschen Ungleichung

$$\begin{aligned}
\langle \overline{v}, \overline{\nu} \rangle &= \sum_{i=1}^n v_i\,\nu_i + v_{n+1}\nu_{n+1} \\
&= -c^2 \tfrac{\partial u}{\partial t} \sum_{i=1}^n \tfrac{\partial u}{\partial x_i}\,\nu_i + \tfrac{1}{2}\left(\left(\tfrac{\partial}{\partial t} u\right)^2 + c^2 \|\boldsymbol{\nabla} u\|^2 \right) \nu_{n+1} \\
&= -c^2 \tfrac{\partial u}{\partial t} \langle \boldsymbol{\nabla} u, \boldsymbol{\nu} \rangle + \tfrac{1}{2}\left(\left(\tfrac{\partial u}{\partial t}\right)^2 + c^2 \|\boldsymbol{\nabla} u\|^2 \right) \nu_{n+1} \\
&\geq -c^2 \left|\tfrac{\partial u}{\partial t}\right| \|\boldsymbol{\nabla} u\|\,\|\boldsymbol{\nu}\| + \tfrac{1}{2}\left(\left(\tfrac{\partial u}{\partial t}\right)^2 + c^2 \|\boldsymbol{\nabla} u\|^2 \right) \nu_{n+1} \\
&= -c \left|\tfrac{\partial u}{\partial t}\right| \|\boldsymbol{\nabla} u\|\,\nu_{n+1} + \tfrac{1}{2}\left(\left(\tfrac{\partial u}{\partial t}\right)^2 + c^2 \|\boldsymbol{\nabla} u\|^2 \right) \nu_{n+1} \;\geq 0\,,
\end{aligned}$$

also nach der Energiegleichung

$$E(\sigma) - E(\tau) = \int_{\partial_\sigma^\tau u} \langle \overline{v}, \overline{\nu} \rangle \, do \geq 0 .$$

Im Fall $\nu_{n+1} \leq 0$ schließen wir analog oder wenden auf die eben abgeleitete Ungleichung die Zeitspiegelung $t \mapsto -t$ an ÜA. □

ÜA Ist $s \mapsto \varphi(s) = (\varphi_1(s), \varphi_2(s))$ eine ebene, durch die Bogenlänge parametrisierte C^2–Kurve mit dem Normalenfeld $\mathbf{N}(s) = (\dot{\varphi}_2(s), -\dot{\varphi}_1(s))$, so sind die Flächen $M_\pm \subset \mathbb{R}^3$, parametrisiert durch

$$(s,t) \mapsto \mathbf{\Phi}_\pm(s,t) = \begin{pmatrix} \varphi_1(s) \\ \varphi_2(s) \\ t \end{pmatrix} \pm ct \begin{pmatrix} N_1(s) \\ N_2(s) \\ 0 \end{pmatrix},$$

charakteristisch (vgl. die Figur in 2.5).

Hinweis: Verwenden Sie $\dot{\varphi}_1^2 + \dot{\varphi}_2^2 = 1 \implies \dot{\varphi}_1\ddot{\varphi}_1 + \dot{\varphi}_2\ddot{\varphi}_2 = 0 \implies \ddot{\varphi}_1^2 + \ddot{\varphi}_2^2 = (\dot{\varphi}_1^2 + \dot{\varphi}_2^2)(\ddot{\varphi}_1^2 + \ddot{\varphi}_2^2) = (\dot{\varphi}_1\ddot{\varphi}_2 - \dot{\varphi}_2\ddot{\varphi}_1)^2$.

2.3 Das schwache Huygenssche Prinzip

(a) Das Maximumprinzip ist für die Wellengleichung nicht gültig.

BEISPIEL. $u(x,t) = \sin x \cdot \sin(ct)$ löst $\Box u = 0$ im Rechteck $\Omega_T =]0,\pi[\times]0,T[$ mit $T = \pi/c$. Es gilt $u = 0$ auf $\partial\Omega_T$, aber $u(\pi/2, T/2) = 1$.

Die folgende Aussage kann als Ersatz für das fehlende Maximumprinzip angesehen werden:

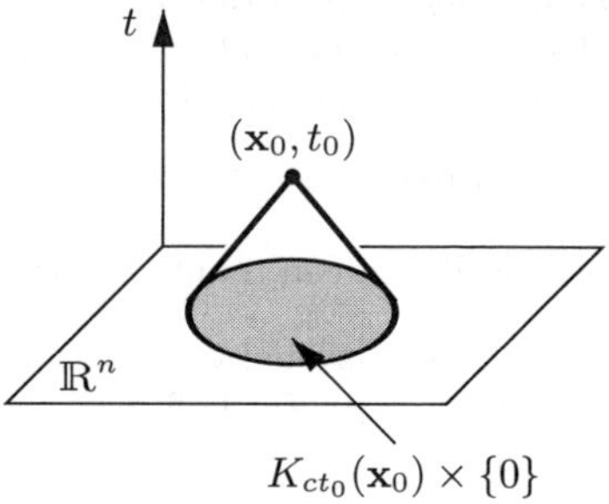

SATZ (ZAREMBA 1915). *$\Omega \subset \mathbb{R}^n$ sei ein Gebiet, $u \in C^1(\Omega \times [0,T[) \cap C^2(\Omega_T)$ eine Lösung der homogenen Wellengleichung in Ω_T und $(\mathbf{x}_0, t_0) \in \Omega_T$ eine Stelle mit $K_{ct_0}(\mathbf{x}_0) \subset \Omega$.*
Gilt

$$u = 0 \quad \textit{und} \quad \frac{\partial u}{\partial t} = 0 \quad \textit{auf} \quad K_{ct_0}(\mathbf{x}_0) \times \{0\},$$

so verschwindet u auf dem Kegelstück $\mathcal{K}_-(\mathbf{x}_0, t_0) \cap \{t \geq 0\}$ und insbesondere in der Kegelspitze $(\mathbf{x}_0, t_0)$.

BEMERKUNG. Durch Zeitspiegelung $t \mapsto -t$ ergibt sich eine entprechende Aussage für negative Zeiten.

Beweis.

Wir setzen $\mathcal{U} = \mathcal{K}_-(\mathbf{x}_0, t_0)$ (vgl. 1 (a)) und verwenden die Bezeichnung $\mathcal{U}(t) := \{\mathbf{x} \in \mathbb{R}^n \mid (\mathbf{x}, t) \in \mathcal{U}\}$ von 2.2. Der Kegel $\mathcal{U}$ hat – von der Kegelspitze $(\mathbf{x}_0, t_0)$ abgesehen – als Rand die charakteristische Hyperfläche $\mathcal{C}_-(\mathbf{x}_0, t_0)$; und für das äußere Einheitsnormalenfeld $\overline{\nu}$ gilt $\nu_{n+1} = (1 + c^{-2})^{-1/2} > 0$. Daher ist $E_{\mathcal{U}}(\tau) \le E_{\mathcal{U}}(0)$ für jedes $\tau \in \,]0, t_0[$ nach dem Monotoniesatz in 2.2.

Nach Voraussetzung gilt $u = \partial u/\partial t = 0$ auf $\mathcal{U}(0) = K_{ct_0}(\mathbf{x}_0) \times \{0\}$, woraus $\nabla u = 0$ und damit $E_{\mathcal{U}}(0) = 0$ folgt.

Aus $E_{\mathcal{U}}(\tau) = 0$ schließen wir $\partial u/\partial t = 0$ auf $\mathcal{U}(\tau)$ für jedes $\tau \in \,]0, t_0[$ und erhalten $\partial u/\partial t = 0$ im ganzen Kegelstück $\mathcal{U} \cap \{t > 0\} = \bigcup\limits_{0<\tau<t_0} \mathcal{U}(\tau)$. Zusammen mit $u = 0$ auf $\mathcal{U}(0)$ folgt hieraus durch Integration längs zur t–Achse parallelen Segmenten in $\mathcal{U} \cap \{t \ge 0\}$ dann

$$u = 0 \ \text{ in } \ \mathcal{U} \cap \{t \ge 0\} = \mathcal{K}_-(\mathbf{x}_0, t_0) \cap \{t \ge 0\}. \qquad \square$$

Folgerung (**Schwaches Huygenssches Prinzip**). *Ω, T, $\mathbf{x}_0$, t_0 seien wie im vorhergehenden Satz. Dann hängt die Lösung der homogenen Wellengleichung im Punkt $\mathbf{x}_0$ zur Zeit t_0 nur von den Anfangswerten auf der Kugel $K_{ct_0}(\mathbf{x}_0)$ ab, d.h. gilt für Anfangswerte u_0, u_1 und v_0, v_1 zum Zeitpunkt 0*

$$u_0 = v_0 \ \textit{ und } \ u_1 = v_1 \ \textit{ auf } \ K_{ct_0}(\mathbf{x}_0)\,,$$

so gilt für die zugehörigen Lösungen u und v

$$u(\mathbf{x}_0, t_0) = v(\mathbf{x}_0, t_0)\,.$$

(b) Aus dem Satz von Zaremba können wir folgern, daß sich Signale mit endlicher Geschwindigkeit ausbreiten. Unter einem zur Zeit $t = 0$ an der Stelle $\mathbf{y}_0 \in \Omega$ ausgesandten Signal verstehen wir dabei Anfangswerte u_0, u_1 mit nahe um $\mathbf{y}_0$ konzentrierten Trägern,

$$\operatorname{supp} u_0,\, \operatorname{supp} u_1 \subset K_r(\mathbf{y}_0) \ \text{ mit } \ r \ll 1\,.$$

Sei u_r die zugehörige Lösung der homogenen Wellengleichung,

$$T_r(\mathbf{x}_0) := \inf\{t > 0 \mid u_r(\mathbf{x}_0, t) \ne 0\}$$

die Ankunftszeit des Signals an der Stelle $\mathbf{x}_0 \in \Omega$ und

$$T_0 := \sup\{T_r(\mathbf{x}_0) \mid r \ll 1\}\,.$$

Wir machen plausibel, daß die Ausbreitungsgeschwindigkeit $v := \|\mathbf{x}_0 - \mathbf{y}_0\|/T_0$ die Konstante c in der Wellengleichung nicht übertrifft, falls $\mathbf{y}_0$ hinreichend nahe bei $\mathbf{x}_0$ liegt.

Zum Nachweis setzen wir $t_r := (\|\mathbf{x}_0 - \mathbf{y}_0\| - r)/c$. Wegen $\|\mathbf{x}_0 - \mathbf{y}_0\| = r + ct_r$ gilt supp u_0, supp $u_1 \subset K_r(\mathbf{y}_0) \subset \mathbb{R}^n \setminus K_{ct_r}(\mathbf{x}_0)$, also $u_r(\mathbf{x}_0, t) = 0$ für $t \in [0, t_r]$ nach dem Satz von Zaremba. Das bedeutet $t_r \leq T_r(\mathbf{x}_0)$,

$$\frac{\|\mathbf{x}_0 - \mathbf{y}_0\|}{v} = T_0 \geq T_r(\mathbf{x}_0) \geq t_r = \frac{\|\mathbf{x}_0 - \mathbf{y}_0\| - r}{c} \quad \text{für alle } r \ll 1$$

und damit $v \leq c$.

Für die Präzisierung der Argumentation verweisen wir auf [4, 2] Ch. 5.§ 3 und [71] Ch. II. § 14. Zur weiteren Diskussion des Huygensschen Prinzips siehe 3.3.

Die Bedingung $\overline{K_{ct_0}(\mathbf{x}_0)} \subset \Omega$ im Satz von Zaremba begrenzt die Anwendbarkeit auf kleine Zeiten t_0. Für große t_0 gilt folgende Erweiterung:

Satz. *Seien $\Omega \subset \mathbb{R}^n$ ein beschränktes Gebiet, $u \in \mathrm{C}^1(\Omega_T \cup \partial'\Omega_T) \cap \mathrm{C}^2(\Omega_T)$ eine Lösung der homogenen Wellengleichung in Ω_T und $(\mathbf{x}_0, t_0) \in \Omega_T$. Ist $\mathcal{U} := \Omega_T \cap \mathcal{K}_-(\mathbf{x}_0, t_0)$ ein Normalgebiet und gilt*

$$u = 0 \quad \textit{und} \quad \frac{\partial u}{\partial t} = 0 \quad \textit{auf} \quad (\Omega \cap K_{ct_0}(\mathbf{x}_0)) \times \{0\},$$

$$u = 0 \quad \textit{oder} \quad \partial_{\overline{\nu}} u = 0 \quad \textit{auf} \quad \big(\partial\Omega \times]0, T[\big) \cap \mathcal{K}_-(\mathbf{x}_0, t_0),$$

so verschwindet u in $\mathcal{U}$ und insbesondere in der Kegelspitze $(\mathbf{x}_0, t_0)$.

Beweis als Aufgabe unter Verwendung von Argumenten der Beweise des Energieerhaltungssatzes, der Monotonieeigenschaft in 2.2 und des Satzes von Zaremba.

2.4 Ausbreitung von Singularitäten

Unter einer **schwachen Stoßwelle** verstehen wir eine schwache Lösung u der homogenen Wellengleichung auf einem Gebiet $\mathcal{U} \subset \mathbb{R}^{n+1}$, für welche $u \in \mathrm{C}^1(\mathcal{U})$ gilt und eine C^∞–Hyperfläche $M \subset \mathcal{U}$ mit folgenden Eigenschaften existiert:

(i) $\mathcal{U} \setminus M$ besteht aus zwei Gebieten $\mathcal{U}_+$ und $\mathcal{U}_-$,

(ii) es gibt Lösungen $u_\pm \in \mathrm{C}^\infty(\mathcal{U})$ der homogenen Wellengleichung mit

$$u = u_+ \ \text{auf} \ \mathcal{U}_+ \cup M, \quad u = u_- \ \text{auf} \ \mathcal{U}_- \cup M.$$

Wir nennen M die **Singularitätenfläche** von u.

Die Bedingung der C^∞–Differenzierbarkeit von M und $u_\pm$ wurde der Einfachheit halber gestellt; sie kann abgeschwächt werden.

Ist u eine schwache Stoßwelle mit Singularitätenfläche M, so gilt für $[u] := u_+ - u_-$ wegen $u \in \mathrm{C}^1(\mathcal{U})$ und (ii)

$$[u] = 0, \quad \partial_i [u] = 0 \quad (i = 1, \ldots, n+1) \ \text{auf} \ M.$$

Die zweiten Ableitungen von u (definiert als die einseitigen Grenzwerte der zweiten Ableitungen von u_+ und u_-) können auf M Sprungstellen besitzen, d.h. es kann $\partial_i \partial_j [u] \neq 0$ auf M eintreten. In diesem Fall sagen wir, u hat **schwache Singularitäten** (**Singularitäten zweiter Ordnung**). Grundlage einer genaueren Beschreibung dieser Singularitäten ist folgender

HILFSSATZ. *Beschreibt* $\Phi \in \mathrm{C}^\infty(\mathcal{U})$ *die Singularitätenfläche einer schwachen Stoßwelle* u *als Nullstellenmenge,*

$$M = \{\Phi = 0\} \quad \textit{und} \quad \overline{\nabla}\Phi(\mathbf{x}) \neq \overline{0} \quad \textit{für jedes} \ \overline{x} \in M\,,$$

so existiert eine C^∞*-Funktion* σ *auf* $\mathcal{U}$ *mit*

$$[u] = \frac{1}{2}\sigma\Phi^2\,.$$

Eine Beweisskizze folgt am Ende des Abschnitts.

Aus der Darstellung von $[u]$ durch Φ und σ folgt unmittelbar

$$(*) \qquad \partial_i \partial_j [u] = \sigma\, \partial_i \Phi\, \partial_j \Phi \quad \text{auf } M = \{\Phi = 0\}\,.$$

Wir nennen die auf die Hyperfläche M eingeschränkte Funktion $\sigma : M \to \mathbb{R}$ deshalb die **Sprungintensität** der zweiten Ableitungen von u.

Für das Folgende vereinbaren wir die Abkürzung

$$\eta_{ij} := \begin{cases} -c^2 & \text{für } i = j = 1, \ldots, n\,, \\ 1 & \text{für } i = j = n+1\,, \\ 0 & \text{sonst.} \end{cases}$$

Hiermit schreiben sich der d'Alembert–Operator und die Gleichung von charakteristischen Hyperflächen (siehe 2.2 (e))

$$\Box u = \sum_{i,j=1}^{n+1} \eta_{ij}\, \partial_i \partial_j u\,, \qquad \sum_{i,j=1}^{n+1} \eta_{ij}\, \nu_i \nu_j = 0\,.$$

SATZ. *Sei* u *eine schwache Stoßwelle mit der durch* $\Phi = 0$ *beschriebenen Singularitätenfläche* M *(*Φ *wie im Hilfssatz). Dann gilt*

(1) *Ist* u *eine echte schwache Stoßwelle, d.h. verschwindet die Sprungintensität* σ *nirgends auf* M*, so ist* M *eine charakteristische Hyperfläche.*

(2) *Ist* M *eine charakteristische Hyperfläche, so genügt die Sprungintensität* $\sigma : M \to \mathbb{R}$ *der homogenen linearen Differentialgleichung erster Ordnung*

$$\sum_{i=1}^{n+1} a_i\, \partial_i \sigma + b\sigma = 0 \quad \textit{auf } M,$$

wobei $\overline{a} = (a_1, \ldots, a_{n+1})$ *das tangentiale Vektorfeld auf* M *mit* $a_i = \sum\limits_{j=1}^{n+1} \eta_{ij} \nu_j$ *und* b *eine* C^∞*-Funktion auf* M *ist.*

Der BEWEIS folgt am Ende dieses Unterabschnitts.

Dieser Satz geht auf Untersuchungen von CHRISTOFFEL (1877), HUGONIOT (1887) und HADAMARD (1903) zurück. Nach der ersten Aussage können sich die Singularitäten einer schwachen Stoßwelle nur in einer bestimmten Weise ausbreiten; auf die Interpretation gehen wir in 2.5 näher ein. Um die Bedeutung der zweiten Aussage zu verstehen, betrachten wir das Verhalten der Sprungintensität σ längs Integralkurven $I \to M$, $s \mapsto \overline{x}(s)$ des Vektorfeldes $\overline{a}$ (**Bicharakteristiken** der charakteristischen Hyperfläche M). Die DG für σ führt unter Beachtung von $\dot{x}_i(s) = a_i(\overline{x}(s))$ auf die gewöhnliche DG

$$\frac{d}{ds}\sigma(\overline{x}(s)) = \sum_{i=1}^{n+1} \partial_i \sigma(\overline{x}(s))\, \dot{x}_i(s) = \sum_{i=1}^{n+1} (a_i \partial_i \sigma)(\overline{x}(s)) = -(b\sigma)(\overline{x}(s))$$

mit der Lösung

$$\sigma(\overline{x}(s)) = \sigma(\overline{x}(s_0)) \exp\Big(-\int_{s_0}^{s} b(\overline{x}(t))\, dt\Big) \quad \text{für ein } s_0 \in I.$$

Hiernach verschwindet die Sprungintensität σ längs einer Bicharakteristik der Singularitätenfläche M entweder überall oder nirgends. Hat also eine schwache Stoßwelle zu einem Zeitpunkt schwache Singularitäten (etwa vorgegeben durch Anfangswerte), so bestehen diese für alle Zeiten. Hiermit zeigt sich ein deutlicher Kontrast zum glättenden Verhalten der Wärmeleitungsgleichung, vgl. § 15 : 3.1. Eine anschaulichere Beschreibung der Ausbreitung von schwachen Singularitäten mittels Wellenfronten und Strahlen folgt in 2.5.

BEWEISSKIZZE für den Hilfssatz.

Es sei $(s, \overline{\xi}) \mapsto \overline{\Psi}(s, \overline{\xi})$ der C^∞–Fluß des Vektorfeldes $\|\overline{\nabla}\Phi\|^{-2}\, \overline{\nabla}\Phi$, vgl. § 5 : 6.1. Für jedes $\overline{\xi} \in M$ gilt $\Phi(\overline{\Psi}(0, \overline{\xi})) = \Phi(\overline{\xi}) = 0$ und

$$\frac{d}{ds}\Phi(\overline{\Psi}(s, \overline{\xi})) = \sum_{i=1}^{n+1} \partial_i \Phi(\overline{\Psi}(s, \overline{\xi}))\, \frac{\partial \Psi_i}{\partial s}(s, \overline{\xi}) = 1\,,$$

somit erhalten wir

$$\Phi(\overline{\Psi}(s, \overline{\xi})) = s \quad \text{für } \overline{\xi} \in M\,, \quad |s| \ll 1\,.$$

Für die Funktion $v := [u] \circ \overline{\Psi}$ und jedes $\overline{\xi} \in M$ gilt nach Voraussetzung

$$v(0, \overline{\xi}) = [u](\overline{\xi}) = 0\,, \quad \frac{\partial v}{\partial s}(0, \overline{\xi}) = \sum_{i=1}^{n+1} \partial_i [u](\overline{\xi})\, \frac{\partial \Psi_i}{\partial s}(0, \overline{\xi}) = 0\,.$$

Mit partieller Integration ergibt sich hieraus [ÜA]

$$v(s,\overline{\xi}) \;=\; s^2 \int_0^1 (1-\tau)\,\frac{\partial^2 v}{\partial s^2}(\tau\, s,\overline{\xi})\; d\tau\,.$$

Definieren wir $\frac{1}{2}\,\sigma(\overline{x})$ für $\overline{x} = \overline{\Psi}(s,\overline{\xi})$ durch das rechtsstehende Integral, so erhalten wir eine C^∞–Funktion $\sigma : \mathfrak{U} \to \mathbb{R}$ mit $[u] = \frac{1}{2}\,\sigma\Phi^2$. □

Beweis des Satzes.

Nach Voraussetzung erfüllen u_+ und u_- in $\mathfrak{U}$ die homogene Wellengleichung, also gilt

$$(**)\quad 0 = \Box u_+ - \Box u_- \;=\; \Box[u] \;=\; \sum_{i,j=1}^{n+1} \eta_{ij}\,\partial_i\partial_j[u] \quad \text{in } \mathfrak{U}\,.$$

Wir setzen im folgenden $\nu_i := \partial_i\Phi$.

(1) Aus $(*)$ und $(**)$ folgt

$$0 = \sum_{i,j=1}^{n+1} \eta_{ij}\,\partial_i\partial_j[u] \;=\; \sigma \sum_{i,j=1}^{n+1} \eta_{ij}\,\nu_i\nu_j \quad \text{auf } M\,,$$

woraus wir mit $\sigma \neq 0$ auf M die Aussage (1) erhalten.

(2) Aus $[u] = \frac{1}{2}\sigma\Phi^2$ ergibt sich durch dreimaliges Ableiten und Einschränkung auf $M = \{\Phi = 0\}$

$$\begin{aligned}\partial_k\partial_j\partial_i[u] \;&=\; \partial_k\partial_j\partial_i\big(\tfrac{1}{2}\sigma\Phi^2\big)\\ &=\; \partial_i\sigma\,\nu_j\,\nu_k \,+\, \partial_j\sigma\,\nu_i\,\nu_k \,+\, \partial_k\sigma\,\nu_i\,\nu_j\\ &\quad+\, \sigma\big(\nu_i\,\partial_j\partial_k\Phi \,+\, \nu_j\,\partial_i\partial_k\Phi \,+\, \nu_k\,\partial_i\partial_j\Phi\big)\,.\end{aligned}$$

Wir erhalten durch Ableiten der Gleichung $(**)$ in Richtung des Normalenvektors $\overline{\nu} = (\nu_1,\ldots,\nu_{n+1}) = \overline{\nabla}\Phi$ auf M

$$\begin{aligned}0 \;&=\; \sum_{k=1}^{n+1} \nu_k\,\partial_k\Box[u] \;=\; \sum_{i,j,k=1}^{n+1} \eta_{ij}\,\nu_k\,\partial_k\partial_j\partial_i[u]\\ &=\; \sum_{i,j,k=1}^{n+1} \eta_{ij}\,\nu_k\big(\partial_i\sigma\,\nu_j\,\nu_k \,+\, \partial_j\sigma\,\nu_i\,\nu_k \,+\, \partial_k\sigma\,\nu_i\,\nu_j\big)\\ &\quad+\sigma \sum_{i,j,k=1}^{n+1} \eta_{ij}\,\nu_k\big(\nu_i\,\partial_j\partial_k\Phi \,+\, \nu_j\,\partial_i\partial_k\Phi \,+\, \nu_k\,\partial_i\partial_j\Phi\big)\,.\end{aligned}$$

Fassen wir im letzten Ausdruck die beiden ersten Terme zusammen, so ergibt sich $2\|\overline{\nu}\|^2 \sum_{i=1}^{n+1} a_i\,\partial_i\sigma$ mit $a_i = \sum_{j=1}^{n+1} \eta_{ij}\,\nu_j$; der dritte Term verschwindet auf der nach Voraussetzung charakteristischen Fläche M, der vierte und fünfte Term lassen sich zu $\sum\limits_{k=1}^{n+1} \nu_k\, \partial_k N$ mit $N := \sum\limits_{i,j=1}^{n+1} \eta_{ij}\, \partial_i \Phi\, \partial_j \Phi$ zusammenfassen, und der letzte Term liefert $\sigma\, \|\overline{\nu}\|^2\, \Box\Phi$. Setzen wir

$$2b := \Box\Phi + \|\overline{\nu}\|^{-2} \sum_{k=1}^{n+1} \nu_k\, \partial_k N\,,$$

so ergibt sich die Differentialgleichung

$$\sum_{i=1}^{n+1} a_i\, \partial_i \sigma + b\sigma = 0 \quad \text{auf } M\,.$$

Das Vektorfeld $\overline{a} = (a_1, \ldots, a_{n+1})$ ist tangential zur Hyperfläche M wegen

$$\langle \overline{a}, \overline{\nu} \rangle = \sum_{i=1}^{n+1} a_i\, \nu_i = \sum_{i,j=1}^{n+1} \eta_{ij}\, \nu_i\, \nu_j = 0 \quad \text{auf } M\,. \qquad \Box$$

2.5 Wellenfronten und Strahlen

Wir zeigen jetzt, daß die Ausbreitung schwacher Singularitäten den Gesetzen der geometrischen Optik folgt.

Nach der ersten Aussage des Satzes in 2.4 ist die Singularitätenfläche M einer echten schwachen Stoßwelle u eine charakteristische Hyperfläche. M kann wegen $|\nu_{n+1}| = c\, \|\boldsymbol{\nu}\| \neq 0$ als Graph einer C^∞–Funktion φ auf einem Gebiet $\Omega \subset \mathbb{R}^n$ dargestellt werden. M ist damit Nullstellenmenge der Funktion $\Phi(x_1, \ldots, x_{n+1}) = x_{n+1} - \varphi(x_1, \ldots, x_n)$ und es folgt mit den Bezeichnungen von 2.4

$$\overline{\nu} = \big(-\partial_1\varphi, \ldots, -\partial_n\varphi, 1\big)\,, \quad \overline{a} = \big(c^2\, \partial_1\varphi, \ldots, c^2\, \partial_n\varphi, 1\big)\,.$$

Die charakteristische Differentialgleichung (siehe 2.2 (e)) erhält somit die Gestalt

$$c\, \|\boldsymbol{\nabla}\varphi\| = 1\,,$$

und die Differentialgleichung der Bicharakteristiken $s \mapsto (x_1(s), \ldots, x_{n+1}(s))$ lautet mit der Abkürzung $\mathbf{x}(s) := (x_1(s), \ldots, x_n(s))$

$$\dot{\mathbf{x}}(s) = c^2\, \boldsymbol{\nabla}\varphi(\mathbf{x}(s))\,, \quad \dot{x}_{n+1}(s) = 1\,.$$

Die Bicharakteristiken lassen sich also durch die Zeitkoordinate $s = x_{n+1} = t$ parametrisieren.

Wir nennen die Hyperflächen im $\mathbb{R}^n$

$$M_t := \{\mathbf{x} \in \Omega \mid (\mathbf{x}, t) \in M\} = \{\mathbf{x} \in \Omega \mid \varphi(\mathbf{x}) = t\} \quad (t \in \mathbb{R})$$

die **Wellenfronten** und die Projektionen der Bicharakteristiken auf den $\mathbb{R}^n$,

$$t \mapsto \mathbf{x}(t) = (x_1(t), \ldots, x_n(t))$$

die **Strahlen** von M.

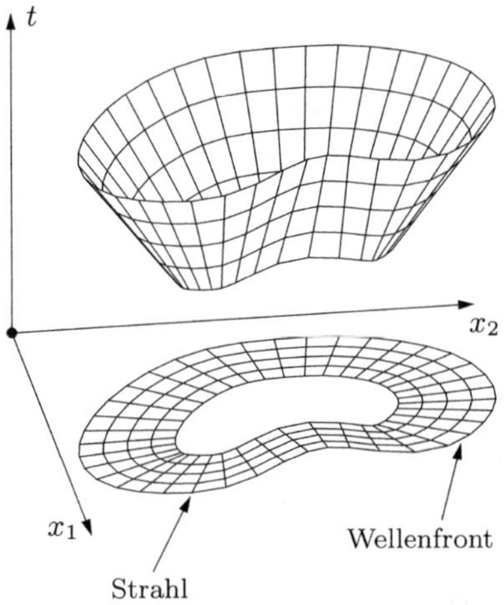

SATZ. *Die Punkte $\mathbf{x}(t)$ bewegen sich mit der Geschwindigkeit c auf Geraden und schneiden die Wellenfronten senkrecht, d.h. die Wellenfronten breiten sich mit der Geschwindigkeit c in Richtung ihrer Normalen aus.*

Bei der Ausbreitung von Singularitäten gelten somit die Gesetze der geometrischen Optik für ein Medium mit Brechungsindex $n = 1$, vgl. § 7 : 3.1.

BEWEIS.
$\dot{\mathbf{x}}(t) = c^2\, \boldsymbol{\nabla}\varphi(\mathbf{x}(t))$ ist ein Normalenvektor der Wellenfront M_t im Punkt $\mathbf{x}(t)$, es gilt $\|\dot{\mathbf{x}}(t)\| = c^2\, \|\boldsymbol{\nabla}\varphi(\mathbf{x}(t))\| = c$ und für $i = 1, \ldots, n$

$$\begin{aligned} \ddot{x}_i(t) &= c^2 \frac{d}{dt}\left(\partial_i\varphi(\mathbf{x}(t))\right) = c^2 \sum_{j=1}^{n} \partial_j\partial_i\varphi(\mathbf{x}(t))\,\dot{x}_j(t) \\ &= c^4 \sum_{j=1}^{n} \partial_j\partial_i\varphi(\mathbf{x}(t))\,\partial_j\varphi(\mathbf{x}(t)) \\ &= \frac{1}{2}c^4 \Big(\partial_i \sum_{j=1}^{n} (\partial_j\varphi)^2\Big)(\mathbf{x}(t)) = 0\,. \end{aligned}$$ □

Für die Sprungintensität σ der schwachen Stoßwelle gilt längs jeder Bicharakteristik (wir schreiben jetzt $\sigma(t)$ anstelle von $\sigma(\overline{x}(t))$

$$\dot{\sigma} + \tfrac{1}{2}\,\Theta\sigma = 0 \;\text{ mit }\; \Theta := c^2\,\Delta\varphi\,.$$

Das ergibt sich aus dem Beweisteil (2) des Satzes in 2.4 mit

$$N = \sum_{i,j=1}^{n+1} \eta_{ij}\,\partial_i\Phi\,\partial_j\Phi = 1 - c^2\,\|\boldsymbol{\nabla}\varphi\|^2 =, \; 0\,,$$

$$2b = \Box\Phi = -c^2\,\Delta\varphi \quad \text{auf } M\,.$$

Es läßt sich zeigen, daß Θ die Änderungsrate des Oberflächenelements $\sqrt{g}$ der Wellenfronten unter dem Normalenfluß $c^2\,\boldsymbol{\nabla}\varphi$ ist, d.h. daß gilt

$$\Theta = \dot{\sqrt{g}}/\sqrt{g} = \dot{g}/2g\,.$$

Zusammen mit der DG

$$\dot{\sigma}/\sigma = -\tfrac{1}{2}\Theta$$

folgt hieraus durch Integration

$$\sigma^2 = \text{const}/\sqrt{g}\,.$$

Die Sprungintensität ist hiernach im wesentlichen eine geometrische Größe der Wellenfronten.

Beispiel. Für die charakteristischen Kegel $\mathcal{C}_\pm(\mathbf{x}_0, t_0)$ ergibt sich

$$\sigma^2(\mathbf{x}(t), t) = \text{const}\,/\,\|\mathbf{x}(t) - \mathbf{x}_0\|^{\pm(n-1)}\,.$$

auf jedem Strahl $\mathbf{x}(t)$ ÜA.

Literatur zu schwachen Singularitäten: [2, II] Ch. VI. § 1, § 2, [91] 69–123.

3 Das Anfangswertproblem

Wir betrachten in diesem Abschnitt für $n = 1, 2, 3$ das Anfangswertproblem

$$(*) \quad \begin{cases} \Box u = f \;\text{ in }\; \mathbb{R}^n \times \mathbb{R}, \\ u(\mathbf{x}, 0) = u_0(\mathbf{x}), \; \frac{\partial u}{\partial t}(\mathbf{x}, 0) = u_1(\mathbf{x}) \;\text{ für }\; \mathbf{x} \in \mathbb{R}^n. \end{cases}$$

3.1 Die homogene Wellengleichung im $\mathbb{R}^1$

Satz (d'Alembert (1747)). (a) *Jede Lösung u der eindimensionalen Wellengleichung*

$$\Box u = \frac{\partial^2 u}{\partial t^2} - c^2 \frac{\partial^2 u}{\partial x^2} = 0$$

hat die Gestalt

$$u(x, t) = F(x + ct) + G(x - ct)$$

mit geeigneten Funktionen $F, G \in \mathrm{C}^2(\mathbb{R})$.

Die Lösung ist also die Überlagerung einer nach links und einer nach rechts wandernden Welle, beide mit festem Profil und der Geschwindigkeit c.

(b) *Zu gegebenen Anfangswerten* $u_0 \in \mathrm{C}^2(\mathbb{R})$, $u_1 \in \mathrm{C}^1(\mathbb{R})$ *liefert die* **Lösungsformel von d'Alembert**

$$u(x, t) = \frac{1}{2}\big(u_0(x + ct) + u_0(x - ct)\big) + \frac{1}{2c}\int_{x-ct}^{x+ct} u_1(s)\,ds$$

die eindeutig bestimmte Lösung des Anfangswertproblems.

Beweis.

(a) Wir führen in der Ebene *charakteristische Koordinaten* ξ, η ein durch

$$\xi = x + ct\,, \quad \eta = x - ct\,, \quad \text{bzw.} \quad x = \tfrac{1}{2}(\xi + \eta)\,, \quad t = \tfrac{1}{2c}(\xi - \eta)\,.$$

Dabei geht $\{(x,t) \mid x \in \mathbb{R},\ t > 0\}$ über in das Gebiet $\{(\xi,\eta) \mid \xi > \eta\}$.

Ist u eine Lösung der homogenen Wellengleichung, so erfüllt

$$U(\xi,\eta) := u\big(\tfrac{1}{2}(\xi + \eta), \tfrac{1}{2c}(\xi - \eta)\big)$$

die Gleichung

$$-\frac{1}{4c^2}\frac{\partial^2 U}{\partial \xi\, \partial \eta}(\xi,\eta) = \Big(\frac{\partial^2 u}{\partial t^2} - c^2\frac{\partial^2 u}{\partial x^2}\Big)(x,t) = 0\,.$$

Aus dieser folgt

$$\frac{\partial U}{\partial \eta}(\xi,\eta) = g(\eta)$$

mit einer Funktion $g \in \mathrm{C}^1(\mathbb{R})$. Mit $G(\eta) := \int\limits_0^\eta g(s)\,ds$ ergibt sich

$$\frac{\partial}{\partial \eta}\big(U(\xi,\eta) - G(\eta)\big) = 0 \ \text{ für } \xi \in \mathbb{R},\ \ \xi > \eta\,,$$

somit

$$U(\xi,\eta) - G(\eta) = F(\xi) \quad \text{für } \xi \in \mathbb{R},\ \ \xi > \eta\,,$$

wobei $F : \mathbb{R} \to \mathbb{R}$ eine C^2–Funktion ist. Damit erhalten wir für $x \in \mathbb{R}$, $t > 0$

$$u(x,t) = U(\xi,\eta) = F(\xi) + G(\eta) = F(x + ct) + G(x - ct)\,.$$

Die rechte Seite stellt eine für alle $(x,t) \in \mathbb{R}^2$ definierte Lösung der Wellengleichung dar.

(b) Ist u eine Lösung des Anfangswertproblems, so besteht nach (a) die Darstellung $u(x,t) = F(x + ct) + G(x - ct)$ mit $F, G \in \mathrm{C}^2(\mathbb{R})$. Bezeichnet U_1 die Stammfunktion von u_1 mit $U_1(0) = c\,(F(0) - G(0))$, so gilt

$$u_0(x) = u(x,0) = F(x) + G(x)\,,$$

$$U_1'(x) = u_1(x) = \tfrac{\partial}{\partial t}u(x,0) = c\,(F'(x) - G'(x))\,.$$

Durch Integration der zweiten Identität ergibt sich

$$F = \frac{1}{2}u_0 + \frac{1}{2c}U_1\,, \quad G = \frac{1}{2}u_0 - \frac{1}{2c}U_1\,,$$

woraus die d'Alembertsche Formel folgt. Daß u eine Lösung des AWP darstellt, ist leicht nachzurechnen. □

Aufgabe. Zeigen Sie für jede Lösung u der eindimensionalen homogenen Wellengleichung die Beziehung

$$u(P_0) + u(P_3) = u(P_1) + u(P_2),$$

falls die vier Punkte P_0, P_2, P_3, P_1 ein charakteristisches Parallelogramm bilden, d.h. falls folgendes gilt (Fig.):

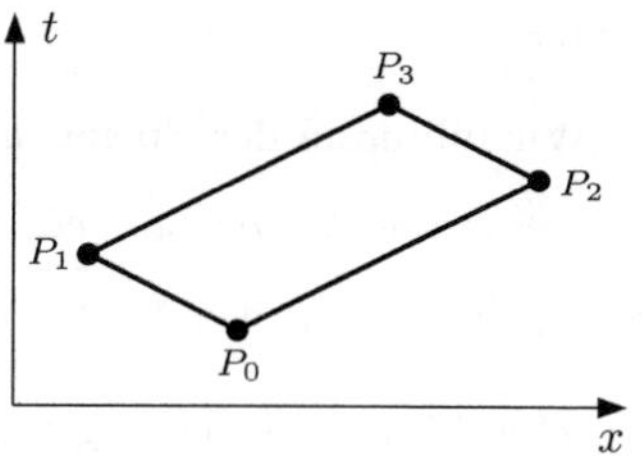

P_0, P_2 und P_1, P_3 liegen jeweils auf Geraden $x - ct = \text{const}$,

P_0, P_1 und P_2, P_3 liegen jeweils auf Geraden $x + ct = \text{const}$.

3.2 Sphärische Mittel

Die Lösungen der 3–dimensionalen Wellengleichung lassen sich durch Integrale über Sphären darstellen (Euler 1766, Poisson 1808). Zum Nachweis benötigen wir einige Eigenschaften sphärischer Integrale.

$S_r(\mathbf{x}) := \partial K_r(\mathbf{x}) = \{\mathbf{y} \in \mathbb{R}^3 \mid \|\mathbf{y} - \mathbf{x}\| = r\}$ bezeichne die r–Sphäre mit Mittelpunkt $\mathbf{x} \in \mathbb{R}^3$ und Radius $r > 0$. Das **sphärische Mittel** einer im $\mathbb{R}^3$ stetigen Funktion u ist für $\mathbf{x} \in \mathbb{R}^3$, $r > 0$ definiert durch

$$m(\mathbf{x}, r) = \fint_{S_r(\mathbf{x})} u \, do := \frac{1}{4\pi r^2} \int_{S_r(\mathbf{x})} u(\mathbf{y}) \, do(\mathbf{y}).$$

Durch Anwendung des Transformationssatzes für Integrale mit der Substitution $S_1(\mathbf{0}) \to S_r(\mathbf{x})$, $\xi \mapsto \mathbf{x} + r\boldsymbol{\xi}$ ergibt sich

$$m(\mathbf{x}, r) = \frac{1}{4\pi} \int_{S_1(\mathbf{0})} u(\mathbf{x} + r\boldsymbol{\xi}) \, do(\boldsymbol{\xi}).$$

Diese Darstellung zeigt, daß $r \mapsto m(\mathbf{x}, r)$ für jedes $\mathbf{x}$ zu einer stetigen, in r geraden Funktion auf $\mathbb{R}$ fortsetzbar ist.

Eigenschaften des sphärischen Mittels:

(a) $m(\mathbf{x}, 0) = u(\mathbf{x})$.

(b) *Ist u C^s–differenzierbar, so auch $(\mathbf{x}, r) \mapsto m(\mathbf{x}, r)$, und $\partial m/\partial x_i$ ist das sphärische Mittel von $\partial u/\partial x_i$.*

(c) *Hängt u C^s–differenzierbar von einem Parameter t ab, so auch das sphärische Mittel, und $\partial m/\partial t$ ist das sphärische Mittel von $\partial u/\partial t$.*

(d) $\dfrac{\partial m}{\partial r}(\mathbf{x}, r) = \dfrac{1}{4\pi r^2} \displaystyle\int_{K_r(\mathbf{x})} \Delta u(\mathbf{y}) \, d^3\mathbf{y}$ *gilt für* $u \in \mathrm{C}^2(\mathbb{R}^n)$ und $r > 0$.

(e) $\dfrac{\partial^2 m}{\partial r^2}(\mathbf{x},r) + \dfrac{2}{r}\dfrac{\partial m}{\partial r}(\mathbf{x},r) = \Delta_{\mathbf{x}} m(\mathbf{x},r)$ *gilt für* $u \in \mathrm{C}^2(\mathbb{R}^n)$ *und* $r \neq 0$.

(Darboux–Gleichung).

Beweis.

Wir verwenden die zweite Darstellung des sphärischen Mittels.

(a) ist unmittelbar klar.

(b) und (c) ergeben sich aus dem Satz über die differenzierbare Abhängigkeit von Parameterintegralen , vgl. Bd. 1, § 23 : 5.1.

(d) Für $\mathbf{y} = \mathbf{x} + r\boldsymbol{\xi} \in S_r(\mathbf{x})$ mit $\boldsymbol{\xi} \in S_1(\mathbf{0})$ ist $\mathbf{n}(\mathbf{y}) = \boldsymbol{\xi}$ der äussere Einheitsnormalenvektor von $K_r(\mathbf{x})$ in $\mathbf{y}$. Hieraus folgt zusammen mit dem Gaußschen Integralsatz

$$\begin{aligned}
\frac{\partial m}{\partial r}(\mathbf{x},r) &= \frac{1}{4\pi}\frac{\partial}{\partial r}\int\limits_{S_1(\mathbf{0})} u(\mathbf{x}+r\boldsymbol{\xi})\,do(\boldsymbol{\xi}) = \frac{1}{4\pi}\int\limits_{S_1(\mathbf{0})} \tfrac{\partial}{\partial r}u(\mathbf{x}+r\boldsymbol{\xi})\,do(\boldsymbol{\xi}) \\
&= \frac{1}{4\pi}\int\limits_{S_1(\mathbf{0})} \langle \boldsymbol{\nabla} u(\mathbf{x}+r\boldsymbol{\xi}), \boldsymbol{\xi}\rangle\,do(\boldsymbol{\xi}) \\
&= \frac{1}{4\pi r^2}\int\limits_{S_r(\mathbf{x})} \langle \boldsymbol{\nabla} u(\mathbf{y}), \mathbf{n}(\mathbf{y})\rangle\,do(\mathbf{y}) \\
&= \frac{1}{4\pi r^2}\int\limits_{S_r(\mathbf{x})} \partial_{\mathbf{n}} u\,do = \frac{1}{4\pi r^2}\int\limits_{K_r(\mathbf{x})} \Delta u(\mathbf{y})\,d^3\mathbf{y}\,.
\end{aligned}$$

(e) Aus (d) folgt durch zwiebelweise Integration (Bd. 1, § 25 : 3.2)

$$\begin{aligned}
\left(\frac{\partial^2 m}{\partial r^2} + \frac{2}{r}\frac{\partial m}{\partial r}\right)(\mathbf{x},r) &= \frac{1}{r^2}\frac{\partial}{\partial r}\left(r^2\frac{\partial m}{\partial r}(\mathbf{x},r)\right) \\
&= \frac{1}{4\pi r^2}\frac{\partial}{\partial r}\int\limits_{K_r(\mathbf{x})} \Delta u(\mathbf{y})\,d^3\mathbf{y} \\
&= \frac{1}{4\pi r^2}\frac{\partial}{\partial r}\int\limits_0^r\Big(\int\limits_{S_\varrho(\mathbf{x})} \Delta u\,do\Big)\,d\varrho \\
&= \frac{1}{4\pi r^2}\int\limits_{S_r(\mathbf{x})} \Delta u\,do = \Delta_{\mathbf{x}} m(\mathbf{x},r)\,.
\end{aligned}$$

□

3.3 Die homogene Wellengleichung im $\mathbb{R}^3$

Sei u eine Lösung des Anfangswerproblems für die dreidimensionale homogene Wellengleichung. Nach den Rechenregeln 3.2 (b),(c),(e) erfüllt das sphärische Mittel $m(\mathbf{x},r,t)$ von $\mathbf{x} \mapsto u(\mathbf{x},t)$ (t als Parameter aufgefaßt) die **Differentialgleichung von Euler–Poisson–Darboux**

$$\begin{aligned}\frac{1}{c^2}\frac{\partial^2 m}{\partial t^2}(\mathbf{x},r,t) &= \frac{1}{c^2}\fint_{S_r(\mathbf{x})}\frac{\partial^2 u}{\partial t^2}(\mathbf{y},t)\,do(\mathbf{y}) = \fint_{S_r(\mathbf{x})}\Delta u(\mathbf{y},t)\,do(\mathbf{y}) \\ &= \left(\frac{\partial^2 m}{\partial r^2}+\frac{2}{r}\frac{\partial m}{\partial r}\right)(\mathbf{x},r,t) = \frac{1}{r}\frac{\partial^2}{\partial r^2}(rm)(\mathbf{x},r,t)\end{aligned}$$

für $\mathbf{x}\in\mathbb{R}^3,\ r>0,\ t>0$. Setzen wir $M(\mathbf{x},r,t) := r\cdot m(\mathbf{x},r,t)$, so erfüllt $(r,t)\mapsto M(\mathbf{x},r,t)$ für jedes $\mathbf{x}\in\mathbb{R}^3$ die 1–dimensionale Wellengleichung

$$\frac{\partial^2 M}{\partial t^2}(\mathbf{x},r,t) = c^2\,\frac{\partial^2 M}{\partial r^2}(\mathbf{x},r,t)$$

und genügt den Anfangsbedingungen

$$\begin{aligned}M(\mathbf{x},r,0) &= r\fint_{S_r(\mathbf{x})} u_0(\mathbf{y})\,do(\mathbf{y}) =: M_0(\mathbf{x},r)\,,\\ \frac{\partial M}{\partial t}(\mathbf{x},r,0) &= r\fint_{S_r(\mathbf{x})} u_1(\mathbf{y})\,do(\mathbf{y}) =: M_1(\mathbf{x},r)\,.\end{aligned}$$

Die Anwendung der d'Alembertschen Darstellungsformel 3.1 (b) auf die Funktion $(r,t)\mapsto M(\mathbf{x},r,t)$ ($\mathbf{x}$ festgehalten) ergibt daher

$$(+)\qquad M(\mathbf{x},r,t) = \frac{1}{2}\left(M_0(\mathbf{x},r+ct)+M_0(\mathbf{x},r-ct)\right) + \frac{1}{2c}\int\limits_{r-ct}^{r+ct} M_1(\mathbf{x},s)\,ds$$

für $\mathbf{x}\in\mathbb{R}^3,\ r\in\mathbb{R},\ t\geq 0$.

Hieraus läßt sich eine Darstellung der Lösung u durch die Mittel der Anfangswerte ableiten:

Zunächst ist nach 3.2 (a)

$$u(\mathbf{x},t) = m(\mathbf{x},0,t) = \lim_{r\to 0} m(\mathbf{x},r,t) = \lim_{r\to 0}\frac{1}{r}M(\mathbf{x},r,t)\,.$$

Weil $M_0(\mathbf{x},r)$ und $M_1(\mathbf{x},r)$ ungerade in r sind, gilt

$$M_0(\mathbf{x},r-ct) = -\,M_0(\mathbf{x},ct-r)\,,\qquad \int\limits_{ct-r}^{r-ct} M_1(\mathbf{x},s)\,ds = 0\,,$$

woraus folgt

$$\begin{aligned}&\frac{1}{2r}\big(M_0(\mathbf{x},r+ct)+M_0(\mathbf{x},r-ct)\big) = \frac{1}{2r}\big(M_0(\mathbf{x},r+ct)-M_0(\mathbf{x},ct-r)\big)\\ &= \frac{1}{2r}\big(M_0(\mathbf{x},r+ct)-M_0(\mathbf{x},ct)\big) - \frac{1}{2r}\big(M_0(\mathbf{x},ct-r)-M_0(\mathbf{x},ct)\big)\\ &\to \frac{\partial M_0}{\partial r}(\mathbf{x},ct) = \frac{1}{c}\frac{\partial M_0}{\partial t}(\mathbf{x},ct)\quad \text{für } r\to 0\end{aligned}$$

und

$$\begin{aligned}
\frac{1}{2cr}\int_{r-ct}^{r+ct} M_1(\mathbf{x},s)\,ds &= \frac{1}{2cr}\int_{r-ct}^{r+ct} M_1(\mathbf{x},s)\,ds + \frac{1}{2cr}\int_{ct-r}^{r-ct} M_1(\mathbf{x},s)\,ds \\
&= \frac{1}{2cr}\int_{ct-r}^{r+ct} M_1(\mathbf{x},s)\,ds = \frac{1}{2cr}\int_{ct}^{r+ct} M_1(\mathbf{x},s)\,ds + \frac{1}{2cr}\int_{ct-r}^{ct} M_1(\mathbf{x},s)\,ds \\
&= \frac{1}{2cr}\int_{ct}^{r+ct} M_1(\mathbf{x},s)ds - \frac{1}{2cr}\int_{ct}^{ct-r} M_1(\mathbf{x},s)\,ds \\
&\to \frac{1}{c} M_1(\mathbf{x},ct) \quad \text{für } r\to 0\,.
\end{aligned}$$

Aus (+) ergibt sich somit nach Ausführung des Grenzübergangs $r \to 0$

$$u(\mathbf{x},t) = \frac{1}{c}\frac{\partial M_0}{\partial t}(\mathbf{x},ct) + \frac{1}{c}M_1(\mathbf{x},ct)\,.$$

Hiermit haben wir die **Poissonsche Darstellungsformel** erhalten:

SATZ (Poisson (1818)). *Jede Lösung u des Anfangswertproblems für die homogene dreidimensionale Wellengleichung besitzt die Darstellung*

$$\begin{aligned}
u(\mathbf{x},t) &= \frac{\partial}{\partial t}\Big(\frac{1}{4\pi c^2 t}\int_{S_{ct}(\mathbf{x})} u_0\,do\Big) + \frac{1}{4\pi c^2 t}\int_{S_{ct}(\mathbf{x})} u_1\,do \\
&= \frac{1}{4\pi c^2 t^2}\int_{S_{ct}(\mathbf{x})} \Big(u_0(\mathbf{y}) + t\,u_1(\mathbf{y}) + \langle \boldsymbol{\nabla} u_0(\mathbf{y}),\, \mathbf{y}-\mathbf{x}\rangle\Big)\,do(\mathbf{y})
\end{aligned}$$

für $\mathbf{x}\in\mathbb{R}^3$, $t>0$. *Diese läßt sich zu einer Lösung für alle $t\in\mathbb{R}$ fortsetzen.*

Die zweite Lösungsdarstellung ergibt sich aus der ersten mit Hilfe des Beweises 2.2 (d). Der zweiten Darstellung entnehmen wir, daß die Lösung u an der Stelle $(\mathbf{x},t)$ nur von den Anfangswerten u_0, u_1, $\boldsymbol{\nabla} u_0$ auf der Sphäre $S_{ct}(\mathbf{x})$ abhängt; wir nennen deshalb die Sphäre $S_{ct}(\mathbf{x})$ das **Abhängigkeitsgebiet** der Lösung an der Stelle $(\mathbf{x},t)$.

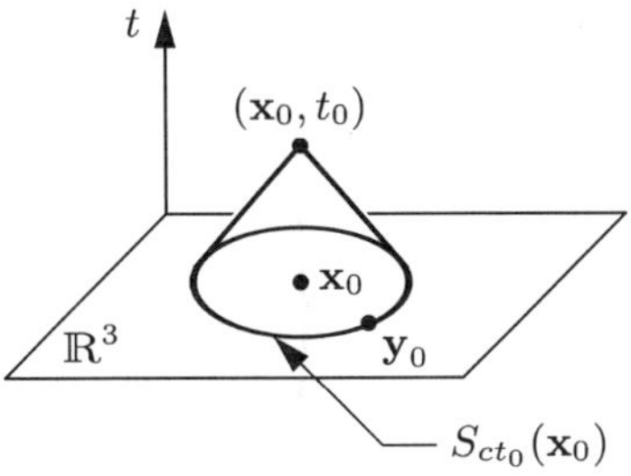

Aufgrund dieser Tatsache ist die Übermittlung scharfer Signale mittels der dreidimensionalen Wellengleichung in folgendem Sinne möglich: Eine lokale Anregung des Feldes zur Zeit $t=0$ an der Stelle $\mathbf{y}_0$ (d.h. Anfangswerte u_0, u_1, deren Träger in einer Kugel $K_r(\mathbf{y}_0)$ für $r \ll 1$ liegen) pflanzt sich so fort, daß an einer Stelle $\mathbf{x}_0 \neq \mathbf{y}_0$ zur Zeit $t_0 := \|\mathbf{x}_0 - \mathbf{y}_0\|/c$ ein kurzes Signal empfangen wird (d.h. für die zugehörige Lösung gilt $u(\mathbf{x}_0, t) \neq 0$ nur für $|t - t_0| \leq r/c$) (Fig.) ÜA. Dieses **Huygenssche Prinzip für die Wellengleichung** verschärft die allgemeine Aussage von 2.3, nach welcher das Abhängigkeitsgebiet in der Kugel $\overline{K_{ct_0}(\mathbf{x}_0)}$ liegt.

Die Bezeichnung „Huygenssches Prinzip" wurde von J. HADAMARD 1923 im Zusammenhang mit der Vermutung verwendet, daß unter allen „normal hyperbolischen" Gleichungen im wesentlichen nur die Wellengleichung in ungeraden Raumdimensionen eine scharfe Signalübertragung erlaubt. Diese Vermutung erwies sich im Fall $n = 3$ als falsch, wie P. GÜNTHER 1965 zeigte (*Arch. Rat. Mech. Anal.* **18** (1965) 103–106).

Die Poissonsche Darstellungsformel kann als Lösungsformel verwendet werden:

SATZ. *Für* $u_0 \in \mathrm{C}^3(\mathbb{R}^3)$, $u_1 \in \mathrm{C}^2(\mathbb{R}^3)$, $\mathbf{x} \in \mathbb{R}^3$ *und* $t > 0$ *setzen wir*

$$u(\mathbf{x}, t) := \frac{\partial}{\partial t}\Big(\frac{1}{4\pi c^2 t} \int\limits_{S_{ct}(\mathbf{x})} u_0 \, do \Big) + \frac{1}{4\pi c^2 t} \int\limits_{S_{ct}(\mathbf{x})} u_1 \, do .$$

Dann kann u zu einer Lösung des Anfangswertproblems für die homogene Wellengleichung auf $\mathbb{R}^3 \times \mathbb{R}$ *fortgesetzt werden und stellt die eindeutig bestimmte Lösung dar. Im Fall* $u_0 \in \mathrm{C}^{m+1}(\mathbb{R}^3)$, $u_1 \in \mathrm{C}^m(\mathbb{R}^3)$ *mit* $m \geq 2$ *ist die Lösung* C^m*–differenzierbar.*

Der BEWEIS ergibt sich durch direktes Nachrechnen unter Verwendung der Rechenregeln 3.2 für das sphärischen Mittel. Die Eindeutigkeit der Lösung folgt aus der Poissonschen Darstellungsformel.

Die Differenzierbarkeitsbedingungen an die Anfangswerte können nicht abgeschwächt werden. Dies zeigt Teil (c) der folgenden

AUFGABE. (a) Zeigen Sie, daß jede kugelsymmetrische Lösung der 3–dimensionalen Wellengleichung $u(\mathbf{x}, t) = U(r, t)$ $(r = \|\mathbf{x}\|)$ mit den Anfangsdaten $u_0 = 0$, $u_1(\mathbf{x}) = U_1(r)$ mit einer geraden C^2–Funktion $U_1 \in \mathrm{C}^2(\mathbb{R})$ die Darstellung

$$U(r, t) := \begin{cases} \dfrac{1}{2cr} \displaystyle\int_{r-ct}^{r+ct} s\, U_1(s) ds & \text{für} \quad r > 0, \\[2ex] t\, U_1(t) & \text{für} \quad r = 0 \end{cases}$$

besitzt.

(b) Die hierdurch definierte Funktion U liefert umgekehrt auch eine Lösung des AWP.

(c) Für die C^1–differenzierbare, aber nicht C^2–differenzierbare Anfangsgeschwindigkeit

$$U_1(r) := \begin{cases} (c^2 - r^2)^{3/2} & \text{für } r \leq c, \\ 0 & \text{für } r \geq c \end{cases}$$

ist die in (a) definierte Funktion $u(\mathbf{x}, t) = U(r, t)$ im Kegel mit der Spitze $(\mathbf{x}_0, t_0) = (0, 0, 0, 1)$,

$$\mathcal{K}^4_-(\mathbf{x}_0, t_0) = \{(\mathbf{x}, t) \in \mathbb{R}^4 \mid \|\mathbf{x}\| < c\,(1 - t)\,,\ t < 1\}\,,$$

eine Lösung des AWP. In der Kegelspitze $(\mathbf{x}_0, t_0)$ ist $\partial^2 u / \partial t^2$ unstetig. Die auf der Sphäre $S_c(\mathbf{x}_0) \subset \mathbb{R}^3$ liegenden Unstetigkeiten der zweiten Ableitungen der Anfangswerte $u_1(\mathbf{x}) = U_1(r)$ erreichen die Stelle $\mathbf{x}_0 = 0$ also erst zur Zeit $t_0 = 1$.

3.4 Die homogene Wellengleichung im $\mathbb{R}^2$

Jeder Lösung $u(\mathbf{x}, t) = u(x_1, x_2, t)$ der zweidimensionalen Wellengleichung ist durch $U(x_1, x_2, x_3, t) := u(x_1, x_2, t)$ eine Lösung U der dreidimensionalen Wellengleichung zugeordnet. Aus der Poissonschen Integraldarstellung 3.3 für U gewinnen wir damit eine Integraldarstellung für u. Dieser Kunstgriff wird *Hadamardsche Abstiegsmethode* genannt. Hiermit ergibt sich der

SATZ. *Jede Lösung u des Anfangswertproblems für die zweidimensionalen Wellengleichung besitzt für $t > 0$ die Darstellung*

$$u(\mathbf{x}, t) = \frac{\partial}{\partial t} \Big(\frac{1}{2\pi c} \int\limits_{K_{ct}(\mathbf{x})} \frac{u_0(\mathbf{y})}{\sqrt{c^2 t^2 - \|\mathbf{y} - \mathbf{x}\|^2}}\, d^2\mathbf{y} \Big) + \frac{1}{2\pi c} \int\limits_{K_{ct}(\mathbf{x})} \frac{u_1(\mathbf{y})}{\sqrt{c^2 t^2 - \|\mathbf{y} - \mathbf{x}\|^2}}\, d^2\mathbf{y}\,.$$

BEMERKUNG. Anders als im Fall $n = 3$ hängt hier die Lösung an der Stelle $(\mathbf{x}, t)$ von den Anfangswerten auf der ganzen Kreisscheibe $K_{ct}(\mathbf{x})$ ab. Ein zur Zeit $t = 0$ im Punkt $\mathbf{y}_0$ ausgesandtes Signal wird an der Stelle $\mathbf{x}_0 \neq \mathbf{y}_0$ als zur Zeit $t_0 = \|\mathbf{x}_0 - \mathbf{y}_0\| / c$ einsetzendes und allmählich abklingendes Signal empfangen; vgl. 3.3, 2.3. (Ähnliches beobachten wir bei Wasserwellen, wobei dahingestellt sei, ob diese der zweidimensionalen Wellengleichung genügen.)

BEWEIS.
Wir setzen $U(x_1, x_2, x_3, t) := u(x_1, x_2, t)$ und $U_k(x_1, x_2, x_3) = u_k(x_1, x_2)$ für $k = 0, 1$. Da U der dreidimensionalen Wellengleichung genügt und deshalb nach 3.3 durch sphärische Mittel von U_0 und U_1 dargestellt werden kann, geht es nur darum, die beiden Integrale über Sphären in Integrale über Kreisscheiben umzuformen.

Für $\mathbf{x} = (x_1, x_2) \in \mathbb{R}^2$, $r > 0$ setzen wir $\widehat{\mathbf{x}} := (x_1, x_2, 0)$,

$$S_r^+(\widehat{\mathbf{x}}) := \{\boldsymbol{\xi} \in S_r(\widehat{\mathbf{x}}) \mid \xi_3 > 0\}\,, \quad S_r^-(\widehat{\mathbf{x}}) := \{\boldsymbol{\xi} \in S_r(\widehat{\mathbf{x}}) \mid \xi_3 < 0\}$$

und parametrisieren die beiden Halbsphären als Graphen über der Kreisscheibe $K_r(\mathbf{x}) \subset \mathbb{R}^2$, z.B. die obere durch

$$\boldsymbol{\Phi} : K_r(\mathbf{x}) \to S_r^+(\widehat{\mathbf{x}})\,, \quad \mathbf{y} = (y_1, y_2) \mapsto (y_1, y_2, \varphi(\mathbf{y}))$$

mit $\varphi(\mathbf{y}) := \sqrt{r^2 - \|\mathbf{y} - \mathbf{x}\|^2}$. Für das Oberflächenelement ergibt sich nach § 11 : 2.4 oder Bd. 1, § 25 : 2.5 (a)

$$do = \sqrt{1 + \|\boldsymbol{\nabla}\varphi(\mathbf{y})\|^2}\, d^2\mathbf{y} = \frac{r}{\sqrt{r^2 - \|\mathbf{y} - \mathbf{x}\|^2}}\, d^2\mathbf{y}\,;$$

derselbe Ausdruck ergibt sich für das Oberflächenelement der unteren Halbsphäre $S_r^-(\widehat{\mathbf{x}})$. Weiter gilt für beide Halbsphären $(U_k \circ \boldsymbol{\Phi})(\mathbf{y}) = u_k(\mathbf{y})$, und daher

$$\begin{aligned}\int\limits_{S_r(\widehat{\mathbf{x}})} U_k\, do &= \int\limits_{S_r^+(\widehat{\mathbf{x}})} U_k\, do + \int\limits_{S_r^-(\widehat{\mathbf{x}})} U_k\, do = 2 \int\limits_{S_r^+(\widehat{\mathbf{x}})} U_k\, do \\ &= 2r \int\limits_{K_{ct}(\mathbf{x})} \frac{u_k(\mathbf{y})}{\sqrt{r^2 - \|\mathbf{y} - \mathbf{x}\|^2}}\, d^2\mathbf{y}\,.\end{aligned}$$

Damit erhalten wir für die Integrale in der Poissonschen Darstellungformel

$$\frac{1}{4\pi c^2 t} \int\limits_{S_{ct}(\widehat{\mathbf{x}})} U_k\, do = \frac{1}{2\pi c} \int\limits_{K_{ct}(\mathbf{x})} \frac{u_k(\mathbf{y})}{\sqrt{r^2 - \|\mathbf{y} - \mathbf{x}\|^2}}\, d^2\mathbf{y}\,. \qquad \square$$

Aus der Lösungsdarstellung in 3.3 ergibt sich mit diesen Umformungen:

SATZ. *Für* $u_0 \in \mathrm{C}^3(\mathbb{R}^2)$, $u_1 \in \mathrm{C}^2(\mathbb{R}^2)$, $\mathbf{x} \in \mathbb{R}^2$, $t > 0$ *setzen wir*

$$\begin{aligned}u(\mathbf{x}, t) &:= \frac{\partial}{\partial t}\Big(\frac{1}{2\pi c} \int\limits_{K_{ct}(\mathbf{x})} \frac{u_0(\mathbf{y})}{\sqrt{c^2t^2 - \|\mathbf{y} - \mathbf{x}\|^2}}\, d^2\mathbf{y} \Big) \\ &\quad + \frac{1}{2\pi c} \int\limits_{K_{ct}(\mathbf{x})} \frac{u_1(\mathbf{y})}{\sqrt{c^2t^2 - \|\mathbf{y} - \mathbf{x}\|^2}}\, d^2\mathbf{y}\,.\end{aligned}$$

Dann kann u zu einer Lösung des Anfangswertproblems für die homogene Wellengleichung auf $\mathbb{R}^2 \times \mathbb{R}$ *fortgesetzt werden und diese stellt die eindeutig bestimmte Lösung dar. Im Fall* $u_0 \in \mathrm{C}^{m+1}(\mathbb{R}^2)$, $u_1 \in \mathrm{C}^m(\mathbb{R}^2)$ *mit* $m \geq 2$ *ist die Lösung* C^m*–differenzierbar.*

3.5 Die inhomogene Wellengleichung

Wir betrachten für $n = 1, 2, 3$ das Anfangswertproblem

$$(**) \quad \begin{cases} \Box u = f \quad \text{in } \mathbb{R}^n \times \mathbb{R}_{>0}, \\ u(\mathbf{x}, 0) = \dfrac{\partial u}{\partial t}(\mathbf{x}, 0) = 0 \quad \text{für } \mathbf{x} \in \mathbb{R}^n. \end{cases}$$

mit gegebener Funktion f auf $\mathbb{R}^n \times \mathbb{R}_+$.

Ist dieses gelöst, so folgt durch Superposition der Lösung mit der Lösung der homogenen Wellengleichung in 3.1, 3.3, 3.4 die allgemeine Lösung des Anfangswertproblems $(*)$. Zur Lösung des Problems $(**)$ dient der folgende

SATZ (**Duhamelsches Prinzip**). *Gegeben sei* $f \in \mathrm{C}^2(\mathbb{R}^n \times \mathbb{R}_+)$. *Für jedes* $s \geq 0$ *bezeichne* u_s *die Lösung des Anfangswertproblems*

$$\Box u = 0 \quad \textit{in } \mathbb{R}^n \times]s, \infty[,$$

$$u(\mathbf{x}, s) = 0 \quad \textit{für } \mathbf{x} \in \mathbb{R}^n,$$

$$\frac{\partial u}{\partial t}(\mathbf{x}, s) = f(\mathbf{x}, s) \quad \textit{für } \mathbf{x} \in \mathbb{R}^n.$$

Dann ist durch

$$u(\mathbf{x}, t) := \int_0^t u_s(\mathbf{x}, t)\, ds$$

die eindeutig bestimmte Lösung $u \in \mathrm{C}^1(\mathbb{R}^n \times \mathbb{R}_+) \cap \mathrm{C}^2(\mathbb{R}^n \times \mathbb{R}_{>0})$ *des Anfangswertproblems* $(**)$ *gegeben.*

Das Duhamelsche Prinzip wird auch für die Lösung der inhomogenen Wärmeleitungsgleichung verwendet, vgl. § 16 : 3.3.

BEWEIS.

Hängen in den Lösungsformeln in 3.1, 3.3, 3.4 die Anfangswerte u_0 und u_1 C^2–differenzierbar von einem Parameter s ab, so gilt das nach 3.2 (b) auch für die Lösungen der homogenen Wellengleichung. Hiernach ist $(\mathbf{x}, t, s) \mapsto u_s(\mathbf{x}, t)$ C^2–differenzierbar und für das Integral $u(\mathbf{x}, t)$ ergibt sich unter Verwendung der in § 6 : 3.7 verwendeten Ableitungsregel

$$\frac{\partial u}{\partial t}(\mathbf{x}, t) = u_s(\mathbf{x}, t)\,\Big|_{s=t} + \int_0^t \frac{\partial u_s}{\partial t}(\mathbf{x}, t)\, ds = \int_0^t \frac{\partial u_s}{\partial t}(\mathbf{x}, t)\, ds,$$

$$\begin{aligned}\frac{\partial^2 u}{\partial t^2}(\mathbf{x},t) &= \frac{\partial u_s}{\partial t}(\mathbf{x},t)\Big|_{s=t} + \int_0^t \frac{\partial^2 u_s}{\partial t^2}(\mathbf{x},t)\,ds \\ &= f(\mathbf{x},t) + c^2 \int_0^t \Delta u_s(\mathbf{x},t)\,ds \\ &= f(\mathbf{x},t) + c^2\,\Delta \int_0^t u_s(\mathbf{x},t)\,ds \\ &= f(\mathbf{x},t) + c^2\,\Delta u(\mathbf{x},t)\end{aligned}$$

und

$$u(\mathbf{x},0) = 0, \quad \frac{\partial u}{\partial t}(\mathbf{x},0) = 0\,. \qquad \square$$

Das Duhamelsche Prinzip liefert zusammen mit den Lösungsdarstellungen in 3.1, 3.3, 3.4 die Lösung des Anfangswertproblems $(**)$.

$\mathcal{K}_\pm^{n+1}(\mathbf{x},t)$ bezeichnen im Folgenden die in 1 (a) eingeführten Kegel.

SATZ *Zu gegebener Funktion* $f \in \mathrm{C}_c^2(\mathbb{R}^n \times \mathbb{R})$ *liefern die folgenden Integrale für* $t > 0$ *die eindeutig bestimmten Lösungen des Anfangswertproblems* $(**)$

$$u(x,t) = \frac{1}{2c} \int\limits_{\mathcal{K}_-^2(x,t)} f(y,s)\,dy\,ds \qquad (n=1)\,,$$

$$u(\mathbf{x},t) = \frac{1}{2\pi c} \int\limits_{\mathcal{K}_-^3(\mathbf{x},t)} \frac{f(\mathbf{y},s)}{\sqrt{c^2\,(t-s)^2 - \|\mathbf{y}-\mathbf{x}\|^2}}\,d^2\mathbf{y}\,ds \qquad (n=2)\,,$$

$$u(\mathbf{x},t) = \frac{1}{4\pi c^2} \int\limits_{K_{ct}(\mathbf{x})} \frac{f(\mathbf{y}, t - \|\mathbf{y}-\mathbf{x}\|/c)}{\|\mathbf{y}-\mathbf{x}\|}\,d^3\mathbf{y} \qquad (n=3)\,.$$

Der BEWEIS ergibt sich unmittelbar aus dem Duhamelschen Prinzip und den Lösungsdarstellungen 3.1, 3.3, 3.4 nach Ausführung der Zeittranslationen $t \mapsto t - s$.

Durch Zeitspiegelung $t \mapsto t_* - t$ ergeben sich aus diesen **retardierten Potentialen** weitere Lösungen der inhomogenen Wellengleichung, die **avancierten**

Potentiale einer Anregung $f \in \mathrm{C}_c^2(\mathbb{R}^n \times \mathbb{R})$ ÜA :

$$u(x,t) = \frac{1}{2c} \int\limits_{\mathcal{K}_+^2(x,t)} f(y,s)\,dy\,ds \qquad (n=1),$$

$$u(\mathbf{x},t) = \frac{1}{2\pi c} \int\limits_{\mathcal{K}_+^3(\mathbf{x},t)} \frac{f(\mathbf{y},s)}{\sqrt{c^2\,(s-t)^2 - \|\mathbf{y}-\mathbf{x}\|^2}}\,d^2\mathbf{y}\,ds \qquad (n=2),$$

$$u(\mathbf{x},t) = \frac{1}{4\pi c^2} \int\limits_{K_{ct}(\mathbf{x})} \frac{f(\mathbf{y}, t + \|\mathbf{y}-\mathbf{x}\|/c)}{\|\mathbf{y}-\mathbf{x}\|}\,d^3\mathbf{y} \qquad (n=3).$$

4 Das Anfangs–Randwertproblem

4.1 Problemstellung und Lösungsansatz

(a) Für ein beschränktes Gebiet $\Omega \subset \mathbb{R}^n$ lautet das ARWP

$$(*) \quad \begin{cases} \Box u = f \;\text{ in }\; \Omega_T = \Omega \times \,]0,T[\,, \\ u(\mathbf{x},0) = u_0(\mathbf{x})\,, \;\; \dfrac{\partial u}{\partial t}(\mathbf{x},0) = u_1(\mathbf{x}) \;\text{ für }\; \mathbf{x} \in \Omega\,, \\ u = g \;\text{ auf }\; \partial\Omega \times \,]0,T[\,; \end{cases}$$

dabei sind $T > 0$ und f, g, u_0, u_1 gegeben.

Wir betrachten nur den Fall $g = 0$. Im Fall $g \in \mathrm{C}^0(\overline{\Omega}_T) \cap \mathrm{C}^2(\Omega_T)$ läßt $(*)$ auf diesen unschwer zurückführen.

Für den allgemeinen Fall und für Neumannsche Randbedingungen verweisen wir auf [4, 5] Ch. 18, § 5, [65] Ch. IV, [72] § 29.

Wir gehen ganz analog vor wie beim Wärmeleitungsproblem § 16 : 4 und kombinieren die Fouriersche Methode nach dem Vorbild der schwingenden Saite § 6 : 3 mit dem Entwicklungssatz in § 15 : 1:

- Aufstellung der formalen Lösung als Reihe $u(\mathbf{x},t) = \sum\limits_{i=1}^{\infty} a_i(t) v_i(\mathbf{x})$ durch Raum– und Zeitseparation nach der Fourierschen Methode.
- Konvergenzbeweis für die Reihe durch Aufstellung von Majoranten und Nachweis, daß u eine schwache Lösung liefert.
- Regularitätsbeweis für die schwache Lösung bei hinreichend glatten Daten.

Auch für die Wellengleichung erweist sich dieses Vorgehen von der physikalischen Problemstellung her als ganz natürlich.

(b) **Lösungsansatz durch Raum– und Zeitseparation.**

Wir stützen uns auf den Entwicklungssatz § 15 : 1.2, wobei wir wie dort die Bezeichnungen $H = \mathrm{L}^2(\Omega)$, $V = \mathrm{W}_0^1(\Omega)$ und

$$\langle u, v \rangle_H = \int_\Omega uv \, d^n\mathbf{x}, \quad \langle u, v \rangle_V = \int_\Omega \langle \nabla u, \nabla v \rangle \, d^n\mathbf{x}$$

verwenden. Demnach gibt es ein vollständiges ONS $v_1, v_2, \ldots$ für H aus Eigenvektoren des Dirichletschen Eigenwertproblems

$$-\Delta v = \lambda v \quad \text{in } \Omega, \quad v = 0 \text{ auf } \partial\Omega$$

zu Eigenwerten $0 < \lambda_1 \leq \lambda_2 \leq \ldots$ mit $\lim\limits_{k \to \infty} \lambda_k = \infty$; ferner gilt $v_i \in V$ und

(a) $\langle v_i, v \rangle_V = \lambda_i \langle v_i, v \rangle_H$ für $v \in V$,

(b) $\langle v_i, v_k \rangle_H = \delta_{ik}, \quad \langle v_i, v_k \rangle_V = \lambda_i \delta_{ik}$.

Für das ARWP $(*)$ mit $g = 0$ machen wir den Lösungsansatz

(c) $$u(\mathbf{x}, t) = \sum_{i=1}^{\infty} a_i(t) v_i(\mathbf{x})$$

und erhalten mit formaler Rechnung

$$\frac{\partial^2 u}{\partial t^2}(\mathbf{x}, t) = \sum_{i=1}^{\infty} \ddot{a}_i(t) v_i(\mathbf{x}),$$

$$\Delta u(\mathbf{x}, t) = \sum_{i=1}^{\infty} a_i(t) \Delta v_i(\mathbf{x}) = -\sum_{i=1}^{\infty} \lambda_i a_i(t) v_i(\mathbf{x}).$$

Die Wellengleichung und die Anfangsbedingungen liefern zusammen mit den Fourierentwicklungen der Daten u_0, u_1, f unter Verwendung der Abkürzungen $f(t)(\mathbf{x}) := f(\mathbf{x}, t)$ und $\mu_i := c\sqrt{\lambda_i}$

$$\begin{aligned} \sum_{i=1}^{\infty} \left(\ddot{a}_i(t) + \mu_i^2 a_i(t)\right) v_i(\mathbf{x}) &= \left(\frac{\partial^2 u}{\partial t^2} - c^2 \Delta u\right)(\mathbf{x}, t) \\ &= f(\mathbf{x}, t) = \sum_{i=1}^{\infty} \langle v_i, f(t) \rangle_H v_i(\mathbf{x}), \end{aligned}$$

$$\sum_{i=1}^{\infty} a_i(0) v_i(\mathbf{x}) = u(\mathbf{x}, 0) = u_0(\mathbf{x}) = \sum_{i=1}^{\infty} \langle v_i, u_0 \rangle_H v_i(\mathbf{x}),$$

$$\sum_{i=1}^{\infty} \dot{a}_i(0) v_i(\mathbf{x}) = \frac{\partial u}{\partial t}(\mathbf{x}, 0) = u_1(\mathbf{x}) = \sum_{i=1}^{\infty} \langle v_i, u_1 \rangle_H v_i(\mathbf{x}).$$

Durch Koeffizientenvergleich ergeben sich die Anfangswertprobleme

$$\ddot{a}_i(t) + \mu_i^2 a_i(t) = \langle v_i, f(t) \rangle_H,$$

$$a_i(0) = \langle v_i, u_0 \rangle_H, \quad \dot{a}_i(0) = \langle v_i, u_1 \rangle_H$$

mit den Lösungen

$$\text{(d)} \quad \begin{aligned} a_i(t) &= \langle v_i, u_0 \rangle_H \cos(\mu_i t) + \frac{\langle v_i, u_1 \rangle_H}{\mu_i} \sin(\mu_i t) \\ &\quad + \frac{1}{\mu_i} \int_0^t \langle v_i, f(s) \rangle_H \sin(\mu_i (t-s))\, ds \end{aligned}$$

für $t \in I := [0,T]$, $i = 1,2,\ldots$ [ÜA].

Die Konvergenz der Reihe (c) mit den Koeffizienten (d) wird mit der gleichen Methode gezeigt, die für die Wärmeleitungsgleichung verwendet wurde, siehe § 16 : 4.5. Insbesondere benötigen wir zur Beschreibung der Glattheitseigenschaften von u die Funktionenräume aus § 16 : 4.2.

4.2 Der schwache Lösungsbegriff für das Anfangs–Randwertproblem

(a) Von einer schwachen Lösung u des ARWP (∗) mit Randwerten $g = 0$ und $f \in \mathrm{L}^2(\Omega_T)$ verlangen wir, daß die Gleichung $\Box u = f$ schwach erfüllt ist, ferner daß wie üblich $u(t) : \mathbf{x} \mapsto u(\mathbf{x},t)$ zu $\mathrm{W}_0^1(\Omega)$ gehört, diesmal für alle $t \in [0,T]$. Hinsichtlich der Zeitabhängigkeit wird die Differenzierbarkeit von $\dot{u}(t)$ in recht schwacher Form gefordert. Das leistet, wie wir in (b) zeigen, die folgende

Definition. Wir nennen u eine **schwache Lösung des ARWP** (∗) mit verschwindenden Randwerten $g = 0$, wenn die Gleichung $\Box u = f$ im Distributionssinn erfüllt ist und wenn $u \in \mathrm{C}^0([0,T], \mathrm{W}_0^1(\Omega))$ eine schwache Zeitableitung $\dot{u} \in \mathrm{C}^0([0,T], \mathrm{L}^2(\Omega))$ besitzt.

Aufgrund der Definition § 13 : 1.2 einer schwachen Lösung, wegen $\Box^* = \Box$ und nach den Definitionen § 16 : 4.2 bedeutet dies im einzelnen: $u \in \mathrm{L}^1_{\mathrm{loc}}(\Omega_T)$ und

$$\text{(1)} \quad \int_{\Omega_T} u \,\Box\Phi \, d^n\mathbf{x}\, dt = \int_{\Omega_T} f\,\Phi \, d^n\mathbf{x}\, dt$$

für alle $\Phi \in \mathrm{C}_c^\infty(\Omega_T)$,

$$\text{(2)} \quad u(t) \in \mathrm{W}_0^1(\Omega), \quad \lim_{s \to t} \big\| u(s) - u(t) \big\|_V = 0 \quad \text{für jedes } t \in I = [0,T],$$

$$\text{(3)} \quad \int_0^T \langle u(t), v \rangle_H \, \dot{\psi}(t)\, dt = -\int_0^T \langle \dot{u}(t), v \rangle_H \, \psi(t)\, dt$$

für alle $v \in H$ und alle $\psi \in \mathrm{C}_c^\infty(]0,T[)$.

Die Wahl von $\mathrm{C}^0([0,T],\mathrm{W}_0^1(\Omega)) \times \mathrm{C}^0([0,T],\mathrm{L}^2(\Omega))$ als Funktionenraum für die Lösung $t \mapsto (u(t),\dot{u}(t))$ stellt insbesondere die Existenz und Stetigkeit der Energie sicher.

(b) Wir geben für die distributionelle Wellengleichung (1) äquivalente Formulierungen:

Unter der Voraussetzung $u(t) \in \mathrm{W}_0^1(\Omega)$ für alle $t \in I$ ist (1) äquivalent zu

$$(1.1)\quad \int\limits_{\Omega_T} u\,\frac{\partial^2\Phi}{\partial t^2}\,d^n\mathbf{x}\,dt + c^2\int\limits_{\Omega_T}\langle \nabla u,\,\nabla\Phi\rangle\,d^n\mathbf{x}\,dt = \int\limits_{\Omega_T} f\,\Phi\,d^n\mathbf{x}\,dt\,.$$

Durch Spezialisierung $\Phi = \varphi\otimes\psi$, d.h. $\Phi(\mathbf{x},t) = \varphi(\mathbf{x})\psi(t)$ mit $\varphi \in \mathrm{C}_c^\infty(\Omega)$, $\psi \in \mathrm{C}_c^\infty(]0,T[)$ folgt daraus

$$(1.2)\quad \int\limits_{\Omega_T} u\varphi\ddot{\psi}\,d^n\mathbf{x}\,dt + c^2\int\limits_{\Omega_T}\langle\nabla u,\,\nabla\varphi\rangle\,\psi\,d^n\mathbf{x}\,dt = \int\limits_{\Omega_T} f\quad\varphi\psi\,d^n\mathbf{x}\,dt\,.$$

Nach § 16 : 4.3 (b) kommen wir von (1.2) wieder zu (1.1) und zu (1) zurück.

Wegen der Isomorphie von $\mathrm{L}^2(\Omega_T) \cong \mathrm{L}^2(I,H)$ ist (1.2) äquivalent zu

$$(1.3)\quad \int\limits_0^T \langle u(t),\varphi\rangle_H\,\ddot{\psi}(t)\,dt + c^2\int\limits_0^T\langle u(t),\varphi\rangle_V\,\psi(t)\,dt = \int\limits_0^T\langle f(t),\varphi\rangle_H\,\psi(t)\,dt.$$

für alle $\varphi \in V$, $\psi \in \mathrm{C}_c^\infty(]0,T[)$, denn $\mathrm{C}_c^\infty(\Omega)$ liegt bezüglich $\|\,.\,\|_V$ und daher auch bezüglich $\|\,.\,\|_H$ dicht in V. Aus (3) mit $\dot{\psi}$ statt ψ und aus (1.3) ergibt sich

$$(1.4)\quad -\int\limits_0^T\langle\dot{u}(t),\varphi\rangle_H\,\dot{\psi}(t)\,dt + c^2\int\limits_0^T\langle u(t),\varphi\rangle_V\psi(t)\,dt = \int\limits_0^T\langle f(t),\varphi\rangle_H\,\psi(t)\,dt.$$

Das bedeutet nach § 14 : 6.4 (c), daß $\langle\dot{u}(t),\varphi\rangle_H$ absolutstetig ist mit schwacher (und fast überall existierender) Ableitung $\langle f(t),\varphi\rangle_H - c^2\langle u(t),\varphi\rangle_V$. Wegen der vorausgesetzten Stetigkeit von $\langle u(t),\varphi\rangle_V$ ergibt sich wie in § 16 : 4.3, 4.4

$$(1.5)\quad \langle\dot{u}(t),\varphi\rangle_H - \langle\dot{u}(0),\varphi\rangle_H + c^2\int\limits_0^t\langle u(s),\varphi\rangle_V\,ds = \int\limits_0^t\langle f(s),\varphi\rangle_H\,ds$$

für alle $\varphi \in V$ und alle $t \in [0,T]$. Aus (3) und § 14 : 6.4 (c) ergibt sich wie in § 16 : 4.3 (a), daß $\langle\dot{u}(t),\varphi\rangle_H$ die schwache Ableitung der auf $[0,T]$ absolutstetigen Funktion $t \mapsto \langle u(t),\varphi\rangle_H$ ist.

Erfüllt umgekehrt $u \in \mathrm{L}^2([0,T],V)$ die Bedingung (1.5), wobei $\langle u(t),\varphi\rangle_H$ jeweils absolutstetig ist, so folgt (1.4) und durch partielle Integration auch (1.3).

4.3 Existenz und Eindeutigkeit schwacher Lösungen

SATZ. *Zu gegebenen Daten* $u_0 \in \mathrm{W}_0^1(\Omega)$, $u_1 \in \mathrm{L}^2(\Omega)$, $f \in \mathrm{L}^2(\Omega_T)$, $g = 0$ *besitzt das ARWP* $(*)$ *genau eine schwache Lösung* u *im Sinne von* 4.2. *Diese ist durch die Fourierreihe* 4.1 (c) *mit den Koeffizienten* 4.1 (d) *gegeben, und für die Partialsummen* u_k *dieser Reihe gilt*

$$u_k \to u \ \ in \ \ \mathrm{C}^0([0,T], \mathrm{W}_0^1(\Omega)), \qquad \dot{u}_k \to \dot{u} \ \ in \ \ \mathrm{C}^0([0,T], \mathrm{L}^2(\Omega))$$

für $k \to \infty$.

Weiter besteht die **Energiegleichung**

$$E_\Omega(t) \;=\; E_\Omega(0) \;+\; \int\limits_0^t \langle\, f(s)\,,\, \dot{u}(s)\,\rangle_H \, ds \quad f\ddot{u}r \ \ t \in [0,T]$$

mit

$$E_\Omega(t) \;:=\; \frac{1}{2} \int\limits_\Omega \left(\left(\frac{\partial u}{\partial t} \right)^2 \;+\; c^2 \, \|\nabla u\|^2 \right)(\mathbf{x}, t)\, d^n\mathbf{x}$$

$$= \; \frac{1}{2} \left(\|\dot{u}(t)\|_H^2 \;+\; c^2 \|u(t)\|_V^2 \right).$$

Der Funktionenraum $\mathrm{C}^0([0,T], \mathrm{W}_0^1(\Omega)) \times \mathrm{C}^0([0,T], \mathrm{L}^2(\Omega))$ wird auch **Energieklasse** genannt. In diesem ist die Stetigkeit der Energie sowie die stetige Annahme der Anfangswerte gesichert,

$$\lim_{t \to 0} \|u(t) - u_0\|_V \;=\; 0\,, \qquad \lim_{t \to 0} \|\dot{u}(t) - u_1\|_H \;=\; 0\,.$$

FOLGERUNG. *Sei* $u_0 \in \mathrm{W}_0^1(\Omega)$, $u_1 \in \mathrm{L}^2(\Omega)$ *und* $f : \Omega \times \mathbb{R}_+ \to \mathbb{R}$ *für jedes* $T > 0$ *über* Ω_T *quadratintegrierbar. Dann gibt es eine eindeutig bestimmte globale Lösung* $u : \Omega \times \mathbb{R}_+ \to \mathbb{R}$, *d.h.* u *liefert für jedes* $T > 0$ *eine Lösung des ARWP* $(*)$ *mit verschwindenden Randwerten* $g = 0$.

BEWEIS.

(1) *Eindeutigkeit der Lösung.*

Für die Differenz u zweier Lösungen bestehen wegen $u(t) \in V$, $\dot{u}(t) \in H$ für jedes $t \in I = [0,T]$ nach § 15 : 1.2, 1.3 die Fourierentwicklungen

$$u(t) \;=\; \sum_{i=1}^\infty A_i(t)\, v_i \ \ \text{in} \ \ V\,, \qquad \dot{u}(t) \;=\; \sum_{i=1}^\infty B_i(t)\, v_i \ \ \text{in} \ \ H\,,$$

wobei wegen $\langle\, v_i\,,\, v_k\,\rangle_V = \lambda_i \langle\, v_i\,,\, v_k\,\rangle_H$ für $v_i, v_k \in H$ die A_i, B_i gegeben sind durch

$$A_i(t) \;=\; \frac{1}{\lambda_i} \langle\, u(t)\,,\, v_i\,\rangle_V \;=\; \langle\, u(t)\,,\, v_i\,\rangle_H\,, \quad B_i(t) \;=,\; \langle\, \dot{u}(t)\,,\, v_i\,\rangle_H\,.$$

Nach den Überlegungen 4.2 sind die A_i, B_i absolutstetig, und aus 4.2 (b) folgt mit $f = 0,\ \mu_i := c^2 \lambda_i$

$$B_i(t) - B_i(0) = -\mu_i \int_0^t A_i(s)\, ds \quad (i = 1, 2, \ldots).$$

Da die A_i (absolut)stetig sind, folgt $B_i \in \mathrm{C}^1(I)$ und

$$\dot{B}_i(t) + \mu_i A_i(t) = 0 \ \text{ für } \ t \in I,\ i \in \mathbb{N}.$$

Da nach den Ausführungen 4.2 die A_i unbestimmte Integrale ihrer schwachen Ableitungen B_i sind, erfüllen sie im klassischen Sinn die Schwingungsgleichung

$$\ddot{A}_i + \mu_i A_i = 0$$

mit $A_i(0) = \langle u(0), v_i \rangle_H = 0$ und $\dot{A}_i(0) = B_i(0) = \langle \dot{u}(0), v_i \rangle_H = 0$, was nur für $A_i = 0$ möglich ist $(i = 1, 2, \ldots)$. Aus der Reihendarstellung von u folgt $u = 0$.

(2) *Abschätzung der Koeffizienten $a_i(t)$.*

Nach 4.1 (d) gilt

$$a_i(t) = \alpha_i \cos(\mu_i t) + \beta_i \sin(\mu_i t) + \int_0^t \gamma_i(s) \sin(\mu_i(t-s))\, ds$$

mit den Abkürzungen

$$\alpha_i = \langle v_i, u_0 \rangle_H, \quad \beta_i = \frac{1}{\mu_i} \langle v_i, u_1 \rangle_H, \quad \gamma_i(t) = \frac{1}{\mu_i} \langle v_i, f(t) \rangle_H.$$

Nach den Entwicklungssätzen § 15 : 1.2, 1.3 konvergieren für $u_0 \in V,\ u_1 \in H$ und $f \in \mathrm{L}^2(\Omega_T) \cong \mathrm{L}^2(I, H)$ die Reihen

$$\|u_0\|_V^2 = \sum_{i=1}^\infty \lambda_i \langle v_i, u_0 \rangle_H^2 = \sum_{i=1}^\infty \lambda_i \alpha_i^2,$$

$$\|u_1\|_H^2 = \sum_{i=1}^\infty \langle v_i, u_1 \rangle_H^2 = \sum_{i=1}^\infty \mu_i^2 \beta_i^2 = \frac{1}{c^2} \sum_{i=1}^\infty \lambda_i \beta_i^2,$$

$$\|f(t)\|_H^2 = \sum_{i=1}^\infty \langle v_i, f(t) \rangle_H^2 = \sum_{i=1}^\infty \mu_i^2 \gamma_i(t)^2,$$

$$\begin{aligned} \|f(t)\|_{\mathrm{L}^2(I,H)}^2 &= \int_0^T \|f(t)\|_H^2\, dt = \int_0^T \sum_{i=1}^\infty \mu_i^2 \gamma_i(t)^2\, dt \\ &= \frac{1}{c^2} \sum_{i=1}^\infty \lambda_i \int_0^T \gamma_i(t)^2\, dt. \end{aligned}$$

Mit der Ungleichung $(a+b+c)^2 \le 3a^2+3b^2+3c^2$ und der Cauchy–Schwarzschen Ungleichung ergibt sich hieraus

$$\begin{aligned} a_i(t)^2 \;&\le\; 3(\alpha_i \cos(\mu_i t))^2 + 3(\beta_i \sin(\mu_i t))^2 \\ &\quad + 3\Big(\int_0^T \gamma_i(s)\sin(\mu_i(t-s))\,ds\Big)^2 \\ &\le\; 3\alpha_i^2 + 3\beta_i^2 + 3\int_0^T \gamma_i(s)^2\,ds \int_0^T \sin^2(\mu_i(t-r))\,dr \\ &\le\; 3\alpha_i^2 + 3\beta_i^2 + 3T\int_0^T \gamma_i(s)^2\,ds\,, \end{aligned}$$

(a)
$$\begin{aligned} \sum_{i=1}^{\infty} \lambda_i\, a_i(t)^2 \;&\le\; 3\sum_{i=1}^{\infty}\lambda_i\alpha_i^2 + 3\sum_{i=1}^{\infty}\lambda_i\beta_i^2 + 3T\sum_{i=1}^{\infty}\lambda_i\int_0^T\gamma_i(s)^2\,ds \\ &=\; \frac{3}{c^2}\big(c^2\,\|u_0\|_V^2 + \|u_1\|_H^2 + T\,\|f\|^2_{\mathrm{L}^2(I,H)}\big)\,. \end{aligned}$$

Ganz entsprechend erhalten wir ÜA

(b) $$\sum_{i=1}^{\infty} \dot a_i(t)^2 \le 3\big(c^2\,\|u_0\|_V^2 + \|u_1\|_H^2 + T\,\|f\|^2_{\mathrm{L}^2(I,H)}\big) \quad \text{für alle } t\in I\,.$$

(3) *Konvergenz der Reihe* $\sum a_i v_i$ *in* $\mathrm{C}^0(I,V)$.

Die Partialsummen $u_k := \sum\limits_{i=1}^{k} a_i v_i$ bilden eine Cauchy–Folge in $\mathrm{C}^0(I,V)$, denn wegen der gleichmäßigen Konvergenz der Reihe in (2) (a) gibt es zu $\varepsilon>0$ ein n_ε, so daß für $\ell > k > n_\varepsilon$

$$\|u_\ell(t)-u_k(t)\|_V^2 \;=\; \Big\|\sum_{i=k+1}^{\ell} a_i(t)\,v_i\Big\|_V^2 \;=\; \sum_{i=k+1}^{\ell}\lambda_i\,a_i(t)^2 \;<\; \varepsilon^2$$

für alle $t\in I$, also

$$\|u_\ell - u_k\|_{\mathrm{C}^0(I,V)} \;=\; \sup\big\{\, \|u_\ell(t)-v_k(t)\|_V \;\big|\; t\in I\big\} \;\le\; \varepsilon\,.$$

Die Folge u_k hat somit im Banachraum $\mathrm{C}^0(I,V)$ (§ 16 : 4.2 (b)) einen Grenzwert $u = \sum\limits_{i=1}^{\infty} a_i v_i$.

(4) *Konvergenz der Reihe* $\sum \dot a_i v_i$ *in* $\mathrm{C}^0(I,H)$.

Ganz analog folgt aus der gleichmäßigen Konvergenz der Reihe in (2) (b) die Konvergenz der Folge $\dot u_k$ im Banachraum $\mathrm{C}^0(I,H)$ mit einem Grenzwert v.

(5) $v = \partial u / \partial t$ *gilt im schwachen Sinn.*

Für $j \le k$ und $\psi \in \mathrm{C}_c^\infty(]0,T[)$ gilt

$$\int_0^T \big(\langle u_k(t), v_j \rangle_H \, \dot\psi(t) + \langle \dot u_k(t), v_j \rangle_H \, \psi(t) \big) \, dt$$
$$= \int_0^T \big(a_j(t) \, \dot\psi(t) + \dot a_j(t) \, \psi(t) \big) \, dt = \int_0^T (a_j \, \psi)^{\cdot}(t) \, dt = 0 .$$

Aus der gleichmäßigen Konvergenz $u_k \to u$ in $\mathrm{C}^0(I,V)$ folgt mit der Poincaré–Ungleichung $\|u(t) - u_k(t)\|_V \le c(\Omega) \, \|u(t) - u_k(t)\|_H$ (§ 14 : 6.2) auch $u_k \to u$ in $\mathrm{C}^0(I,H)$. Zusammen mit $\dot u_k \to v$ in $\mathrm{C}^0(I,H)$ folgt für $\Phi = v_j \otimes \psi$

$$\int_{\Omega_T} \big(u \tfrac{\partial \Phi}{\partial t} + v \Phi \big) \, d^n\mathbf{x} \, dt = \int_0^T \big(\langle u(t), v_j \rangle_H \, \dot\psi(t) + \langle u(t), v_j \rangle_H \, \psi(t) \big) \, dt = 0 .$$

Nach § 16 : 4.2, Satz 4 ergibt sich hieraus $v = \partial u / \partial t$ im schwachen Sinn.

(6) $u = \sum a_i v_i$ *ist schwache Lösung des ARWP.*

Mit $f_k(t) := \sum_{i=1}^k \langle v_i , f(t) \rangle_H \, v_i$ gilt für $j \le k$

$$(**) \quad \begin{aligned} \langle \ddot u_k(t), v_j \rangle_H + c^2 \langle u_k(t), v_j \rangle_V &= \ddot a_j(t) + \mu_j^2 a_j(t) = \langle v_j , f_j(t) \rangle_H \\ &= \langle f_k(t), v_j \rangle_H \end{aligned}$$

und durch Integration

$$\langle \dot u_k(t), v_j \rangle_H - \langle \dot u_k(0), v_j \rangle_H + c^2 \int_0^t \langle u_k(s), v_j \rangle_V \, ds = \int_0^t \langle f_k(s), v_j \rangle_H \, ds .$$

Grenzübergang $k \to \infty$ liefert (wieder unter Verwendung der Poincaré–Ungleichung wie in (5))

$$\langle \dot u(t), v_j \rangle_H - \langle \dot u(0), v_j \rangle_H + c^2 \int_0^t \langle u(s), v_j \rangle_V \, ds = \int_0^t \langle f(s), v_j \rangle_H \, ds$$

für $j = 1, 2, \ldots$ und $t \in I$. Nach Gleichung(1.5) in 4.1 (b) ist u daher eine schwache Lösung des ARWP. Weiter gilt nach den Konvergenzbedingungen in (2) und den Entwicklungssätzen § 15 : 1.2,1.3

$$u(0) = \sum_{i=1}^\infty a_i(0) \, v_i = \sum_{i=1}^\infty \langle v_i , u_0 \rangle_H \, v_i = u_0 \quad \text{in } V,$$

$$\dot u(0) = \sum_{i=1}^\infty \dot a_i(0) \, v_i = \sum_{i=1}^\infty \langle v_i , u_1 \rangle_H \, v_i = u_1 \quad \text{in } H.$$

(7) *Energiegleichung.* Aus (∗∗) folgt durch Multiplikation mit $\dot{a}_j(t)$ und Summation über j von 1 bis k

$$\begin{aligned}\langle f_k(s), \dot{u}_k(s)\rangle_H &= \langle \ddot{u}_k(s), \dot{u}_k(s)\rangle_H + c^2 \langle u_k(s), \dot{u}_k(s)\rangle_V \\ &= \frac{1}{2}\frac{d}{dt}\left(\|\dot{u}_k(s)\|_H^2 + c^2 \|u_k(s)\|_V^2\right).\end{aligned}$$

Integration von 0 bis t und Grenzübergang $k \to \infty$ liefert die Energiegleichung

$$\int_0^t \langle f(s), \dot{u}(s)\rangle_H \, ds = \tfrac{1}{2}\left(\|\dot{u}(s)\|_H^2 + c^2 \|u(s)\|_V^2\right)\Big|_0^t = E_\Omega(t) - E_\Omega(0)$$

für $t \in I$. □

4.4 Regularität der schwachen Lösung

Der Einfachheit halber beschränken wir uns auf den Fall der homogenen Wellengleichung mit verschwindenden Randwerten ($f = 0,\ g = 0$). Die inhomogene Wellengleichung kann mit Hilfe des Duhamelschen Prinzips behandelt werden, siehe [72] § 30.

Regularitätssatz. *Sei $\Omega \subset \mathbb{R}^n$ ein beschränktes, C^{2r}–berandetes Gebiet, $r = 1, 2, \ldots$, und für die Anfangswerte u_0, u_1 gelte*

$$\begin{aligned}&u_0 \in \mathrm{C}^{2r}(\overline{\Omega}), \quad u_0 = \Delta u_0 = \ldots = \Delta^r u_0 = 0 \quad \text{auf } \partial\Omega, \\ &u_1 \in \mathrm{C}^{2r-1}(\overline{\Omega}), \quad u_1 = \Delta u_1 = \ldots = \Delta^{r-1} u_1 = 0 \quad \text{auf } \partial\Omega.\end{aligned}$$

Dann gilt für die schwache Lösung u des ARWP (∗) und die zugehörigen Partialsummen $u_k = \sum_{i=1}^{k} a_i v_i$ im Fall $r > s + \frac{1}{2}(n+1)$

$$u \in \mathrm{C}^s(\overline{\Omega} \times \mathbb{R}_+),$$

$$u_k \to u \quad \text{in} \quad \mathrm{C}^s(\overline{\Omega} \times [0, T]) \quad \text{für} \quad k \to \infty \quad \text{und jedes} \quad T > 0.$$

Insbesondere ist u für $s \geq 2$ eine klassische Lösung des ARWP.

Bemerkung. Daß für die Anfangswerte u_0, u_1 bestimmte Krümmungsbedingungen auf dem Rand $\partial\Omega$ für die Existenz einer klassischen Lösung u notwendig sind, zeigt das Beispiel der schwingenden Saite in § 6 : 3. Schon d'Alembert hatte erkannt, daß seine Lösungsformel nur dann eine klassische Lösung liefert, wenn

$$u_0(x) = u_0''(x) = 0 \quad \text{in den Randpunkten } x = 0 \text{ und } x = L$$

gilt. Der Regularitätssatz verlangt im Fall $n = 1$, $s = 2$ die Bedingung $r > 3$, während wir aus § 6 : 3.4 wissen, daß für die Existenz einer klassischen Lösung die Voraussetzungen $u_0 \in \mathrm{C}^2[0,L]$, $u_1 \in \mathrm{C}^1[0,L]$, $u_0 = u_0'' = u_1 = 0$ auf $\partial\Omega$ ausreichen. Die Voraussetzungen des Regularitätssatzes sind also nicht optimal.

Beweis.
Wir setzen der Übersichtlichkeit halber $c = 1$ und schreiben wie in 4.2

$$a_i(t) = \alpha_i \cos(\mu_i t) + \beta_i \sin(\mu_i t),$$
$$\alpha_i = \langle v_i, u_0 \rangle_H, \quad \beta_i = \mu_i^{-1} \langle v_i, u_1 \rangle_H, \quad \mu_i = \sqrt{\lambda_i}.$$

Für die j–te Ableitung $a_i^{(j)}(t)$ der Koeffizienten gilt

$$a_i^{(j)}(t)^2 \le 2\,\mu_i^{2j}\big(\alpha_i^2 + \beta_i^2\big) \le 2\,\lambda_i^j\,\big(\alpha_i^2 + \beta_i^2\big),$$

und aus den über u_0 und u_1 gemachten Voraussetzungen ergibt sich nach dem Äquivalenzsatz § 15 : 1.4 (d)

$$\|u_0\|_{A^r}^2 = \sum_{i=1}^{\infty} \lambda_i^{2r} \langle v_i, u_0 \rangle_H^2 = \sum_{i=1}^{\infty} \lambda_i^{2r} \alpha_i^2,$$
$$\|u_1\|_{A^{r-1/2}}^2 = \sum_{i=1}^{\infty} \lambda_i^{2r-1} \langle v_i, u_1 \rangle_H^2 = \sum_{i=1}^{\infty} \lambda_i^{2r} \beta_i^2.$$

Für $j = 0, 1, \ldots, r$ und $T > 0$ erhalten wir damit

$$\begin{aligned}\sum_{i=1}^{\infty} \lambda_i^r \int_0^T a_i^{(j)}(t)^2\,dt &\le \sum_{i=1}^{\infty} \lambda_i^r \int_0^T 2\,\lambda_i^j\,\big(\alpha_i^2 + \beta_i^2\big)\,dt \\ &\le 2T \sum_{i=1}^{\infty} \lambda_i^{2r}\big(\alpha_i^2 + \beta_i^2\big) \\ &= 2T\,\Big(\|u_0\|_{A^r}^2 + \|u_1\|_{A^{r-1/2}}^2\Big).\end{aligned}$$

Wie im Beweisteil (3) von § 16 : 4.5 ergibt sich, daß die Partialsummen $d^j u_k/dt^j$ für $k \to \infty$ im Hilbertraum $\mathrm{L}^2([0,T], \mathcal{D}(A^{r/2}))$ gegen ein Element w_j konvergieren. Dies ist nach dem Äquivalenzsatz § 15 : 1.4 (d) dann auch in $\mathrm{W}^r(\Omega))$ der Fall. Weiter gilt $w_j = d^j u/dt^j$ im schwachen Sinn [ÜA], woraus wir erhalten

$$u_k \to u \quad \text{in} \quad \mathrm{W}^r(]0,T[\,, \mathrm{W}^r(\Omega)) \quad \text{für} \quad k \to \infty.$$

Nach § 16 : 4.2 (c) und dem Morreyschen Einbettungssatz § 14 : 6.4 (d) bestehen für $r > s + \frac{1}{2}(n+1)$ die stetigen Einbettungen

$$\mathrm{W}^r(]0,T[\,, \mathrm{W}^r(\Omega)) \hookrightarrow \mathrm{W}^r(\Omega \times]0,T[) \hookrightarrow \mathrm{C}^s(\overline{\Omega} \times [0,T]).$$

Hieraus folgt

$$u_k \to u \quad \text{in} \quad \mathrm{C}^s(\overline{\Omega} \times [0,T]) \quad \text{für} \quad k \to \infty$$

und alle $T > 0$. □

Kapitel VI Mathematische Grundlagen der Quantenmechanik

§ 18 Mathematische Probleme der Quantenmechanik

1 Ausgangspunkt, Zielsetzung, Wegweiser

Dieses Kapitel besteht aus zwei Teilen: Einer Einführung in die Integrations– und Wahrscheinlichkeitstheorie und einer Einführung in die Theorie linearer Operatoren im Hilbertraum. Jeder Teil ist von eigenem Interesse; gleichwohl gibt es sowohl historisch als auch im Hinblick auf die Zielsetzung dieses Kapitels Verbindungen, auf die wir kurz eingehen.

Beide Theorien wurden in ihren Grundzügen im ersten Drittel des 20. Jahrhunderts entwickelt. Den Anfang markieren die Einführung des Lebesgue–Integrals 1902 und die Arbeiten von HILBERT und SCHMIDT über Gleichungen mit unendlich vielen Variablen 1904–1909; am Ende stehen die „Grundbegriffe der Wahrscheinlichkeitstheorie" (KOLMOGOROW 1933) und die „Mathematischen Grundlagen der Quantenmechanik" (1932) von NEUMANNS.

Die Quantenmechanik wurde 1925/26 durch zwei scheinbar verschiedene Ansätze auf den Weg gebracht, die diskrete Matrizenmechanik von HEISENBERG, BORN, JORDAN und die Wellenmechanik von SCHRÖDINGER. Deren Vereinheitlichung gelang nach verschiedenen Versuchen schließlich DIRAC und von NEUMANN. Letzterer stützte sich auf die Isomorphie des Hilbertschen Folgenraumes ℓ^2 als Konfigurationsraum der Matrizenmechanik und von $\mathrm{L}^2(\mathbb{R}^n)$ als Konfigurationsraum der Wellenmechanik. Von NEUMANN entwickelte die Spektraltheorie selbstadjungierter Operatoren im Hilbertraum und stellte grundsätzliche Überlegungen zu deren physikalischer Interpretation an. Die auf dieser Basis von ihm und seinen Zeitgenossen erarbeiteten Sichtweisen fassen wir mit PRIMAS [141] unter dem Stichwort *Pionier–Quantenmechanik* zusammen.

Die Theorie linearer Operatoren im Hilbertraum bildet nicht nur die mathematische Grundlage der Pionier–Quantenmechanik; sie ist auch als Basis für die heute übliche operatoralgebraische Betrachtungsweise unerläßlich. Inzwischen ist sie weit über ihre ursprüngliche Zweckbestimmung hinaus zu einem wichtigen Hilfsmittel der Analysis geworden, insbesondere der Theorie von Differential– und Integralgleichungen. Sie gestattet, eine Reihe von Einzelproblemen unter einheitlichen strukturellen Gesichtspunkten zu behandeln und liefert übergreifende Standardschlußweisen.

Im klassischen Hilbertraumformalismus werden quantenmechanische Observable und Zustände durch Operatoren bzw. Vektoren eines Hilbertraums beschrieben. Eine wichtige Rolle spielt das Spektrum als möglicher Wertebereich einer Observablen. Welcher Spektralwert bei einer Einzelmessung anfällt, hängt i.a.

vom Zufall ab; Gesetze müssen sich daher auf Wahrscheinlichkeiten, Verteilungen von Beobachtungswerten sowie deren Erwartungswert und Varianz beziehen. Eine wichtige Aufgabe dieses Kapitels besteht darin, die Verbindung zwischen Operatorenkalkül und Wahrscheinlichkeitstheorie herzustellen, beispielsweise $E = \langle \varphi, A\varphi \rangle$ als einen Erwartungswert und $\|A\varphi - E\varphi\|^2$ als zugehörige Varianz zu identifizieren. Hierzu ist es notwendig, Erwartungswert und Varianz einer beliebigen Verteilung als Integrale darzustellen. Dies leistet die Integrationstheorie in § 20, die gleich so weit gefaßt ist, daß auch das Lebesgue–Integral mit einbezogen werden kann, welches für die Konstruktion quantenmechanischer Systemhilberträume unerläßlich ist. Die Wahrscheinlichkeitstheorie wird hier nur so weit verfolgt, wie es für die Quantenmechanik nötig ist.

Der mathematische Formalismus der Pionier–Quantenmechanik hat sich in der Praxis bewährt oder, frei nach FEYNMAN, „*the mystery works*“. Grundsätzliche Fragen zur Interpretation und Systematik sind aber offen geblieben. So ist beispielsweise die Diskussion über eine Theorie des Meßprozesses und über Quantisierung noch in vollem Gang. Im wesentlichen ist noch heute gültig, was Max BORN, einer der Pioniere der Quantenmechanik, 1955 in seiner Nobelpreisrede rückblickend sagte: „*Was aber dieser Formalismus bedeutete, war keineswegs klar. Die Mathematik war, wie es öfters vorkommt, klüger als das sinngebende Denken.*“ Unter diesen Umständen müssen wir uns bei physikalischen Interpretationen weitgehend auf das beschränken, was die Mathematik hergibt und auf wenige, allgemein akzeptierte Grundanschauungen.

Wer mehr über Entwicklung und Stand der Grundlagendiskussion und über neuere Ansätze „beyond pioneer quantum mechanics“ erfahren möchte, sei auf die vorzüglichen Darstellungen von JAUCH [138] und PRIMAS [141] verwiesen.

Wegweiser. In diesem Paragraphen wird anhand idealisierter Modellsituationen der Quantenmechanik ein Fragenkatalog erstellt, der die mathematischen Themen dieses Kapitels motivieren soll, ohne dabei auf mathematische Feinheiten einzugehen. Vorausgesetzt werden hierzu nur elementare Kenntnisse über Hilberträume (§ 8 : 2.1 und § 9) und die eindimensionale Fouriertransformation auf dem Raum $\mathscr{S}$ der schnellfallenden Funktionen (§ 12 : 2 und 3).

Die beiden folgenden Paragraphen über *Wahrscheinlichkeit, Maß und Integral* erfordern keine besonderen Vorkenntnisse. Den an der Quantenmechanik interessierten Lesern wird ein Schnelldurchgang empfohlen: Gründliches Studium der Abschnitte 1–4 und 9 von § 19; für den Rest genügt es vorab, die Grundbegriffe und Sätze zur Kenntnis zu nehmen, ohne auf Beweise einzugehen. (Wir haben die meisten Beweise ausgeführt, um den Lesern das Zusammensuchen in der Literatur zu ersparen.)

Die *Theorie der linearen Operatoren im Hilbertraum* stützt sich wesentlich auf § 9, § 19 und § 20. Nähere Angaben zu den Vorkenntnissen finden Sie wie immer am Beginn eines Paragraphen. Um einen Quereinstieg in dieses Schlußkapitel zu ermöglichen, werden als Beispiele für Differentialoperatoren vorwiegend gewöhnliche diskutiert und nur am Rand auf den Bezug zu partiellen hingewiesen.

Am Ende dieses Kapitels fassen wir zusammen, welche Konsequenzen sich aus der bis dahin entwickelten mathematischen Theorie für die physikalische Interpretation ergeben.

Wir gehen dann abschließend kurz auf die Grenzen des von uns angenommenen naiven Standpunkts ein.

2 Beugung und Interferenz von Elektronen

(a) Eine Elektronenkanone schieße in größeren zeitlichen Abständen einzelne Elektronen mit gleichem Impuls $\mathbf{p}$ senkrecht auf eine mit einem kleinen Loch versehene Platte ab.

Auf einer hinter dieser Lochblende angebrachten Fotoplatte hinterläßt dann jedes einzelne Elektron einen kleinen schwarzen Fleck. Die Einschlagsorte sind zunächst scheinbar regellos verteilt; nach langer Dauer des Experiments stellen sich jedoch Ringe wechselnd starker Schwärzung ein, die an das Beugungsbild einer senkrecht auf die Lochplatte auftreffenden ebenen Welle erinnern.

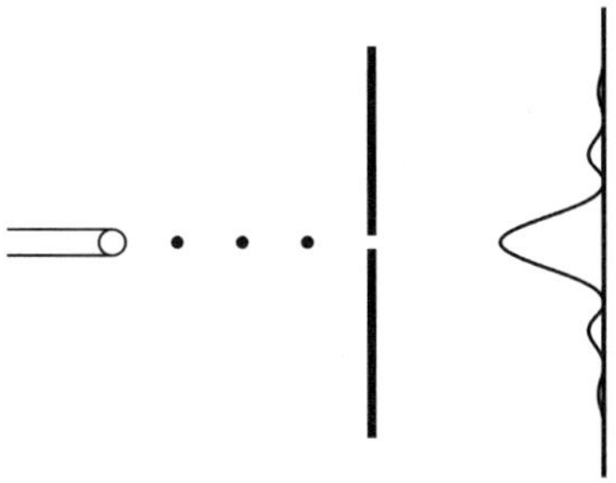

Tatsächlich handelt es sich nicht bloß um eine Ähnlichkeit: Ist r der Abstand eines Punktes auf der Fotoplatte von der Symmetrieachse, $S(r)$ der sich schließlich einstellende Schwärzungsgrad beim Elektronenexperiment und $I(r)$ die Intensität der Schwärzung im Beugungsbild einer ebenen Welle, so gilt

$$\frac{S(r)}{S(0)} = \frac{I(r)}{I(0)}\,.$$

Die einzelnen Elektronen treten also beim Einschlag in die Fotoplatte als Korpuskeln in Erscheinung, bringen aber in ihrer Gesamtheit dasselbe Phänomen wie eine ebene Welle hervor. Der Zusammenhang zwischen deren Wellenzahl k, Frequenz ν, Kreisfrequenz $\omega = 2\pi\nu$ sowie dem Impuls $\|\mathbf{p}\|$ und der Energie E des Elektrons ist nach de Broglie und Einstein gegeben durch

$$\|\mathbf{p}\| = \hbar k\,, \qquad E = \mathrm{h}\nu = \hbar\omega\,.$$

(b) Über den Einschlagsort eines einzelnen Elektrons sind prinzipiell keine Voraussagen möglich. Anders verhält es sich mit dem Beugungsbild als Ergebnis sehr vieler Einschläge. Wir beschreiben es durch eine Schwärzungsdichte ϱ auf der Fotoplatte derart, daß

$$p(\Omega) = \int_{\Omega} \varrho(x,y)\, dx\, dy$$

der auf den Bereich Ω der Fotoplatte entfallende Schwärzungsanteil ist. Für den Kreisring

$$\Omega = \{\, (x,y) \mid r_1^2 < x^2 + y^2 < r_2^2 \,\}$$

ist demnach mit den Bezeichnungen von (a)

$$p(\Omega) = \int_{r_1}^{r_2} r\, I(r)\, dr \Big/ \int_{0}^{\infty} r\, I(r)\, dr\,,$$

wobei sich $I(r)$ nach den Gesetzen der Optik ergibt. Im Teilchenbild gibt $p(\Omega)$ die *Wahrscheinlichkeit* dafür an, einen Einschlag im Bereich Ω zu finden. Eine solche Wahrscheinlichkeitsaussage läßt sich *statistisch* überprüfen: Schlagen von n abgeschossenen Elektronen $n(\Omega)$ im Bereich Ω ein, so wird sich die relative Häufigkeit $\frac{n(\Omega)}{n}$ für wachsendes n auf $p(\Omega)$ einspielen (*Gesetz der großen Zahl*, Präzisierung in § 19 : 3.4).

Dies setzt voraus, daß sich der Versuch unter identischen Bedingungen im Prinzip beliebig oft wiederholen läßt. Wir sprechen dann von einer *Gesamtheit* gleich präparierter oder im gleichen **Zustand** befindlicher Elektronen.

Der Zustand der Gesamtheit hängt von der Bauart der Kanone, der Vorspannung und Geometrie des Spalts ab. Wir beschreiben diesen Zustand durch eine *Wellenfunktion* $\psi : \mathbb{R}^2 \to \mathbb{C}$ mit $|\psi|^2 = \varrho$. Die Komplexwertigkeit von ψ gestattet es, Beugung und Interferenz nach dem Vorbild der Optik zu beschreiben.

(c) Schießen wir mit der Elektronenkanone auf einen Doppelspalt, so erhalten wir das Interferenzmuster einer senkrecht auf den Doppelspalt auftreffenden ebenen Welle. Dies scheint im Teilchenbild paradox: Nehmen wir an, daß ein Elektron mit gleicher Wahrscheinlichkeit *entweder* durch Spalt 1 *oder* durch Spalt 2 geflogen ist und sind $\psi_1,\ \varrho_1 = |\psi_1|^2$ Wellenfunktionen und Schwärzungsdichte bei geschlossenem zweiten Spalt und $\psi_2,\ \varrho_2 = |\psi_2|^2$ die entsprechenden Größen bei geschlossenem ersten Spalt, so würden wir eigentlich bei Öffnung beider Spalte erwarten, daß die Schwärzungsdichte $\frac{1}{2}(\varrho_1 + \varrho_2)$ ist. Tatsächlich ist diese aber

$$|\psi_1 + \psi_2|^2 \Big/ \int_{\mathbb{R}^2} |\psi_1 + \psi_2|^2 .$$

Die Erklärung liegt darin, daß die Frage, welcher der beiden Spalte von einem Elektron durchflogen wurde, unzulässig ist. Zu ihrer experimentellen Überprüfung – etwa durch „Beleuchten" des Elektrons mittels eines Photons – würden wir den Zustand und damit das Beugungsbild ändern.

3 Dynamik eines Teilchens unter dem Einfluß eines Potentials

3.1 Die Schrödinger–Gleichung

(a) Wir betrachten der Einfachheit halber ein spinloses Teilchen der Masse m im Raum, das sich unter dem Einfluß eines Potentials V bewegt. Den Zustand einer Gesamtheit solcher Teilchen zum Zeitpunkt t beschreiben wir durch eine **Wellenfunktion**

$$\psi_t : \mathbb{R}^3 \to \mathbb{C}, \quad \mathbf{x} \mapsto \psi(\mathbf{x}, t).$$

Wie oben deuten wir

$$p(\Omega) := \int_\Omega |\psi_t|^2 = \int_\Omega |\psi(\mathbf{x}, t)|^2 \, d^3\mathbf{x}$$

im Teilchenbild als die Wahrscheinlichkeit, das Teilchen im Gebiet Ω anzutreffen. Demnach ist zu verlangen, daß

$$\int_{\mathbb{R}^3} |\psi_t|^2 = p(\mathbb{R}^3) = 1 \quad \text{für alle } t \in \mathbb{R}.$$

Unter geeigneten Voraussetzungen über das Potential V und den Anfangszustand ψ_0 gilt die zeitabhängige **Schrödinger–Gleichung**

$$i\hbar \frac{\partial}{\partial t} \psi(\mathbf{x}, t) = -\frac{\hbar^2}{2m} \Delta\psi(\mathbf{x}, t) + V(\mathbf{x}) \cdot \psi(\mathbf{x}, t)$$

(SCHRÖDINGER: *Quantisierung als Eigenwertproblem II,* 1926).

Für $\varphi_t(\mathbf{x}) = \varphi(\mathbf{x}, t) := \alpha^3 \psi(\alpha\mathbf{x}, \hbar t)$ mit $\alpha := \hbar/\sqrt{m}$ gilt ebenfalls $\int_{\mathbb{R}^3} |\varphi_t|^2 = 1$, und die Schrödinger–Gleichung geht über in

$$(*) \quad i \frac{\partial}{\partial t} \varphi(\mathbf{x}, t) = -\frac{1}{2} \Delta\varphi(\mathbf{x}, t) + v(\mathbf{x}) \cdot \varphi(\mathbf{x}, t)$$

mit $v(\mathbf{x}) = V(\alpha\mathbf{x})$ [ÜA]. Wir setzen daher im folgenden die Zahlenwerte von $\hbar$ und m gleich Eins.

Definieren wir den Hamilton–Operator H eines Teilchens im umskalierten Potential v durch

$$Hu = -\frac{1}{2} \Delta u + v \cdot u,$$

so erhält Gleichung $(*)$ die Gestalt

$$(**) \quad \dot{\varphi}_t = -iH\varphi_t.$$

Dies ist auch die Form der Schrödinger–Gleichung für allgemeinere Hamilton–Operatoren.

(b) Wir diskutieren die Schrödinger–Gleichung für den einfachsten Fall eines Freiheitsgrades der Lage und setzen über das Potential v voraus, daß für schnellfallende Funktionen $u : \mathbb{R} \to \mathbb{C}$ auch $Hu := -\frac{1}{2}u'' + vu$ zum Schwartzraum $\mathscr{S}$ der schnellfallenden Funktionen gehört (vgl. § 12 : 3). Mit dem Skalarprodukt

$$\langle u_1 , u_2 \rangle = \int\limits_{-\infty}^{+\infty} \overline{u}_1(x)\, u_2(x)\, dx$$

erhalten wir dann durch zweimalige partielle Integration die *Symmetrie* von H:

$$\langle u_1 , Hu_2 \rangle = -\tfrac{1}{2} \int\limits_{-\infty}^{+\infty} u_1'' u_2 + \int\limits_{-\infty}^{+\infty} \overline{v}\,\overline{u}_1 u_2 = \langle Hu_1 , u_2 \rangle .$$

Die Quantenmechanik postuliert, daß die Zeitentwicklung $t \mapsto \varphi_t$ der Wellenfunktionen (Zustände) eines sich selbst überlassenen Systems **determininistisch** ist: Für jeden Anfangszustand $\varphi_0 \in \mathscr{S}$ ($\|\varphi_0\| = 1$) soll die Gleichung $(**)$ eine eindeutig bestimmte, für alle Zeiten definierte Lösung φ besitzen.

Wir geben dieser Forderung eine andere Gestalt; dabei lassen wir mathematische Feinheiten außer Acht und erhalten unter der Annahme $\varphi_t \in \mathscr{S}$ für $t \in \mathbb{R}$

$$\begin{aligned}
\frac{d}{dt}\|\varphi_t\|^2 &= \frac{d}{dt}\langle \varphi_t , \varphi_t \rangle = \langle \dot{\varphi}_t , \varphi_t \rangle + \langle \varphi_t , \dot{\varphi}_t \rangle \\
&= \langle -iH\varphi_t , \varphi_t \rangle + \langle \varphi_t , -iH\varphi_t \rangle \\
&= \langle -iH\varphi_t , \varphi_t \rangle + \langle \varphi_t , -iH\varphi_t \rangle \\
&= i(\langle H\varphi_t , \varphi_t \rangle - \langle \varphi_t , H\varphi_t \rangle) = 0
\end{aligned}$$

wegen der Symmetrie von H. Daher ist $\|\varphi_t\| = 1$ für alle $t \in \mathbb{R}$, und

$$U(t) : \mathscr{S} \to \mathscr{S} , \quad \varphi_0 \mapsto \varphi_t$$

ist eine Isometrie. Für $\psi_t := \varphi_{s+t} = U(s+t)\varphi_0$ gilt dann

$$\dot{\psi}_t = \frac{d}{dt}\varphi_{s+t} = -iH\varphi_{s+t} = -iH\psi_t \quad \text{und} \quad \psi_0 = \varphi_s .$$

Aus der vorausgesetzten Eindeutigkeit der Lösung von $(**)$ folgt

$$U(s+t)\varphi_0 = \psi_t = U(t)\varphi_s = U(t)\,U(s)\varphi_0 \quad \text{für alle } \varphi_0 \in \mathscr{S},$$

also gilt

$$U(s+t) = U(s)\,U(t) \quad \text{für } s,t \in \mathbb{R} \quad \text{und} \quad U(0) = \mathbb{1}.$$

Es folgt

$$U(-t)\,U(t) = U(-t)\,U(t) = U(0) = \mathbb{1} .$$

Damit bildet die Schar $U(t) : \mathscr{S} \to \mathscr{S}$ eine **Einparametergruppe unitärer Operatoren**.

Energieoperatoren H wie $H = -\frac{1}{2}\Delta + v$, für welche die Zeitentwicklung der Zustände wie oben beschrieben deterministisch ist, heißen **Hamilton–Operatoren**. Ein wesentliches Ziel dieses Kapitels ist die Charakterisierung solcher Operatoren und allgemeiner der Operatoren, die eine Einparametergruppe unitärer Operatoren erzeugen. Die entscheidende Bedingung ist die *Selbstadjungiertheit*, wohl zu unterscheiden von der *Symmetrie*.

3.2 Stationäre Lösungen und Eigenwertproblem

(a) **Der Separationsansatz für die Schrödinger–Gleichung**. Wir bleiben beim eindimensionalen Modell 3.1 (b) und suchen für die Schrödinger–Gleichung

$$\dot{\varphi}_t = -iH\varphi_t$$

Lösungen in Produktgestalt

$$\varphi(x,t) = w(t)\,v(x) \quad \text{mit} \quad w \neq 0, \quad \|v\| = 1.$$

Solche Lösungen müssen für alle $x, t \in \mathbb{R}$ die Bedingung

$$(*) \qquad \dot{w}(t)\,v(x) = -\,i\,w(t)\,(Hv)(x)$$

erfüllen. Bis auf Nullstellen des Nenners gilt also

$$i\,\frac{\dot{w}(t)}{w(t)} = \frac{(Hv)(x)}{v(x)}\,.$$

Daher müssen beide Seiten konstant sein:

$$Hv = \lambda v, \quad \dot{w}(t) = -i\,\lambda w(t)$$

mit einer Konstanten λ.

Somit sind sämtliche Produktlösungen bis auf multiplikative Konstanten von der Form

$$\varphi(x,t) = \mathrm{e}^{-i\lambda t}\,v(x)\,,$$

wobei λ ein Eigenwert von H und v ein zugehöriger Eigenvektor mit $\|v\| = 1$ ist. Wegen der Symmetrie von H ist λ reell, also $\left|\mathrm{e}^{-i\lambda t}\right| = 1$. Wir sprechen von einem stationären Zustand (Bindungszustand), wenn die Zeitabhängigkeit nur in einem Vorfaktor vom Betrag 1 steckt, Näheres dazu in 4.2.

(b) Physikalische Deutung: Stationäre Zustände sind die einzigen, bei denen die Energiemessung an einzelnen Objekten jedesmal und unabhängig vom Zeitpunkt der Messung denselben Wert (hier λ) ergibt.

Der Beweis dieser Aussage ergibt sich aus der Wahrscheinlichkeitsinterpretation des Spektralsatzes, einem Hauptteil dieses Kapitels.

3.3 Das Energiespektrum

(a) **Der Idealfall: Hamilton–Operatoren mit nichtentartetem diskretem Spektrum.**

Für eine Reihe von Potentialen v gibt es eine Folge (λ_k) von einfachen Eigenwerten des Operators $H : u \mapsto -\frac{1}{2}u'' + v \cdot u$ mit

$$\lambda_0 < \lambda_1 < \lambda_2 < \cdots, \quad \lim_{k\to\infty} \lambda_k = \infty,$$

so daß die zugehörigen Eigenvektoren $v_0, v_1, v_2, \ldots$ der Norm 1 ein vollständiges Orthonormalsystem bilden. Das Paradebeispiel ist der harmonische Oszillator mit $v(x) = \frac{1}{2}x^2$. Gehen wir von einer Funktion

$$\varphi = \sum_{k=0}^{\infty} \langle v_k, \varphi \rangle v_k$$

mit $\|\varphi\| = 1$ aus, für die $H\varphi$ Sinn macht, so ist die Lösung des Schrödingerschen Anfangswertproblems

$$\dot{\varphi}_t = -iH\varphi_t, \quad \varphi_0 = \varphi$$

gegeben durch

$$\varphi_t = \sum_{k=0}^{\infty} \langle v_k, \varphi \rangle \, \mathrm{e}^{-i\lambda_k t} v_k .$$

Eine solche Lösungsdarstellung ist typisch für allgemeine Hamilton–Operatoren mit nichtentartetem diskretem Energiespektrum. In diesen Fällen ist φ_t also Superposition stationärer Lösungen. Bei einer Einzelmessung, etwa an einem Teilchen, kann nur einer der Werte $\lambda_0, \lambda_1, \ldots$ anfallen, und die Wahrscheinlichkeit, daß der Wert λ_k gemessen wird, ist $|\langle v_k, \varphi \rangle|^2$. Der *Erwartungswert* E_φ der Energie, d.h. der sich bei langen Versuchsreihen einstellende mittlere Wert der Energie für eine Gesamtheit mit Wellenfunktion φ zur Zeit $t = 0$, ist nach den Regeln der Wahrscheinlichkeitsrechnung

$$E_\varphi = \sum_{k=0}^{\infty} \lambda_k \, |\langle v_k, \varphi \rangle|^2 .$$

(b) **Kontinuierliches Spektrum.** Der Hamilton–Operator $H : u \mapsto -\frac{1}{2}u''$ eines (kräfte–)freien Teilchens mit einem Freiheitsgrad besitzt keine Eigenwerte: Aus $Hv = \lambda v$, d.h. $\frac{1}{2}v'' + \lambda v = 0$ mit $v \neq 0$ folgt in jedem der Fälle $\lambda > 0$, $\lambda = 0$, $\lambda < 0$, daß v nicht „normierbar" ist, d.h. daß $\int\limits_{-\infty}^{+\infty} |v|^2$ nicht konvergiert. Hier sind die möglichen Energiewerte kontinuierlich verteilt.

(c) Es wird sich später zeigen, daß das Energiespektrum $\sigma(H)$ eines Hamilton–Operators H, d.h. die Menge der möglichen Energiewerte, auch sein Spektrum im mathematischen Sinne ist; das sind grob gesagt alle Werte λ, für die $H - \lambda \mathbb{1}$

nicht invertierbar ist. Im Fall (a) besteht das Spektrum nur aus den Eigenwerten $\lambda_0, \lambda_1, \ldots$, d.h. aus den Zahlen λ, für die $H - \lambda\mathbb{1}$ nicht injektiv ist. Für den Fall (b) zeigen wir später $\sigma(H) = \mathbb{R}_+$.

(d) **Die Grobstruktur des Wasserstoffspektrums.** Wir betrachten ein Elektron mit Masse m und Ladung e unter dem Einfluß eines Coulombpotentials

$$V(\mathbf{x}) = -\frac{1}{4\pi\varepsilon_0} \cdot \frac{e^2}{\|\mathbf{x}\|} \quad \text{mit Hamilton–Operator} \quad H : u \mapsto -\frac{\hbar^2}{2m}\Delta u + V \cdot u\,,$$

(dessen Definitionsbereich noch geeignet festzulegen ist). Hier ergibt sich ein gemischtes Spektrum, und zwar ein Eigenwertspektrum

$$0 < \lambda_0 < \lambda_1 \cdots \quad \text{mit} \quad \lim_{k\to\infty} \lambda_k = \eta < \infty$$

und ein kontinuierliches Spektrum $[\eta, \infty[$ jenseits der *Ionisierungsenergie* η.

Die Feinstruktur des Wasserstoffspektrums ergibt sich durch Auffassung des Wasserstoffatoms als Zweiteilchensystem und Einbeziehung des Drehimpulses sowie des Spins. Für Einzelheiten sei auf [158] Vol. 2, Ch. XII verwiesen.

4 Das mathematische Modell der Pionier–Quantenmechanik

4.1 Systemhilberträume

Jedem quantenmechanischen System wird ein **Systemhilbertraum** $\mathscr{H}$ über $\mathbb{C}$ als Raum aller möglichen Zustände zugeordnet. Wir geben einige Beispiele.

(a) Bei einem Teilchen mit einem Freiheitsgrad der Lage ist dies der Raum $\mathscr{H} = \mathrm{L}^2(\mathbb{R})$ aller (meßbaren) Funktionen $f : \mathbb{R} \to \mathbb{C}$, für die $|f|^2$ integrierbar ist, versehen mit dem Skalarprodukt

$$\langle f, g \rangle = \int_{-\infty}^{+\infty} \overline{f(x)}\, g(x)\, dx\,.$$

Die Integrale sind dabei im Lebesgueschen Sinn zu verstehen, Näheres in § 20.

(b) Entsprechend wählen wir $\mathrm{L}^2(\mathbb{R}^3)$ als Systemhilbertraum zur Beschreibung eines im Raum frei beweglichen, spinlosen Teilchens unter dem Einfluß eines Potentials.

(c) Für ein im Raumgebiet $\Omega \subset \mathbb{R}^3$ eingesperrtes, spinloses Teilchen dient $\mathrm{L}^2(\Omega)$ als Systemhilbertraum. Für Modellrechnungen wird häufig der eindimensionale Fall $\Omega =]a, b[$ betrachtet.

(d) Ein Teilchen im Raum mit Spin $\pm\frac{1}{2}$ wird beschrieben durch zwei Wellenfunktionen φ_+ (für Spin $\frac{1}{2}$) und φ_- (für Spin $-\frac{1}{2}$). Als Systemhilbertraum dient hier das kartesische Produkt

$$\mathscr{H} = \left\{ (\varphi_+, \varphi_-) \;\middle|\; \varphi_+, \varphi_- \in \mathrm{L}^2(\mathbb{R}^3) \right\}$$

mit dem Skalarprodukt

$$\langle\!\langle (\varphi_+, \varphi_-)\,,\,(\psi_+, \psi_-)\rangle\!\rangle := \langle \varphi_+\,,\,\psi_+\rangle + \langle \varphi_-\,,\,\psi_-\rangle\,,$$

wobei $\langle u\,,\,v\rangle = \int\limits_{\mathbb{R}^3} \overline{u}\,v\,d^3\mathbf{x}$. Dieser Hilbertraum wird auch mit $\mathrm{L}^2(\mathbb{R}^3) \otimes \mathbb{C}^2$ bezeichnet. Lassen sich Spinphänomene abkoppeln, so genügt zu ihrer Beschreibung der Hilbertraum $\mathbb{C}^2$.

(e) Als Systemhilbertraum für ein System von m spinlosen Teilchen dient $\mathrm{L}^2(\mathbb{R}^{3m})$.

(f) Auf kompliziertere Situationen wie Vielteilchensysteme und die zugehörigen Systemhilberträume gehen wir hier nicht ein.

4.2 Zustände

(a) Der Zustand eines klassisch–mechanischen Systems wird beschrieben durch einen Punkt im Phasenraum. Das Verhalten des Systems in Zukunft und Vergangenheit ist durch den Zustand zu einem Zeitpunkt determiniert. Der Zustandsbegriff der Quantenmechanik soll ähnliches leisten. Dieser kann sich daher nicht auf eine Einzelmessung am System beziehen, sondern auf das statistische Verhalten einer Gesamtheit gleich präparierter Systeme derselben Art, idealisiert durch zugrundeliegende Wahrscheinlichkeiten.

In 3.1 hatten wir den Zustand eines Einteilchensystems zur Zeit t durch eine Wellenfunktion $\varphi = \psi_t$ beschrieben und $\int\limits_{\Omega} |\varphi(\mathbf{x})|^2\,d^3\mathbf{x}$ als Wahrscheinlichkeit gedeutet, das Teilchen in Ω anzutreffen. Entsprechend repräsentieren wir fürs erste den Zustand eines beliebigen Systems zu einem festen Zeitpunkt durch einen Vektor φ des Systemhilbertraumes mit $\|\varphi\| = 1$ (**Zustandsvektor**), wobei jeder Vektor $c \cdot \varphi$ mit $|c| = 1$ für denselben Zustand steht. Wollen wir dem Zustand selbst eindeutig ein mathematisches Objekt zuordnen, so können wir hierfür den von einem Zustandsvektor φ aufgespannten eindimensionalen Teilraum („Strahl") $S = \mathrm{Span}\,\{\varphi\}$ wählen.

(b) Die so beschriebenen Zustände heißen **Vektorzustände** oder im Rahmen der Pionier–Quantenmechanik *reine Zustände*. Später werden wir auch gemischte Zustände (inkohärente Überlagerungen) in Betracht ziehen. In dieser Hinsicht ist es zweckmäßig, einen Vektorzustand nicht durch einen Strahl $S = \mathrm{Span}\,\{\varphi\}$ darzustellen, sondern durch den orthogonalen Projektor auf S,

$$P_\varphi : \psi \mapsto \langle \varphi\,,\,\psi\rangle\,\varphi\,.$$

Es ist leicht nachzurechnen, daß $P_{c\varphi} = P_\varphi$ für $|c| = 1$ [ÜA]. Wird ein Zustand also durch den Vektor $\mathrm{e}^{-i\lambda t}\varphi$ mit $\lambda \in \mathbb{R}$ beschrieben, so ist er zeitunabhängig, vgl. 3.2 (a).

(c) Wir bezeichnen den Projektor $P_\varphi : \psi \mapsto \langle \varphi, \psi \rangle \varphi$ auch mit

$$P_\varphi = |\varphi\rangle\langle\varphi|,$$

dies in Anlehnung an die von DIRAC 1930 vorgeschlagene Bracket–Schreibweise, die wir darüber hinaus im Interesse einer übersichtlichen Notation selten übernehmen, vgl. die Anmerkung in § 9 : 2.8.

4.3 Observable

(a) **Quantisierung.** Klassischen Beobachtungsgrößen (Observablen) wie Ortskoordinaten q_x, q_y, q_z, Impulskoordinaten p_x, p_y, p_z, kinetischer Energie $\frac{1}{2m}(p_x^2+p_y^2+p_z^2)$, Hamiltonfunktion (Gesamtenergie), Drehimpuls usw. werden im Hilbertraumformalismus der Quantenmechanik lineare Operatoren auf dem Systemhilbertraum $\mathscr{H}$ zugeordnet:

$$\text{Klassische Observable } a \longleftrightarrow \text{ linearer Operator } A\,.$$

Die Quantisierungsvorschrift $a \longleftrightarrow A$ sollte bestimmten Verträglichkeitsbedingungen genügen, z.B. $a^2 \longleftrightarrow A^2$, falls $a \longleftrightarrow A$, mit Einschränkungen auch $a + b \longleftrightarrow A + B$, falls $a \longleftrightarrow A$ und $b \longleftrightarrow B$.

(b) BEISPIELE. Für ein Teilchen mit einem Freiheitsgrad lautet die Vorschrift

$$\begin{aligned}
&\text{Ort } q && \longleftrightarrow \text{ Ortsoperator } Q, \text{ gegeben durch } (Q\varphi)(x) = x \cdot \varphi(x),\\
&\text{Impuls } p && \longleftrightarrow \text{ Impulsoperator } P = \frac{\hbar}{i}\frac{d}{dx},\\
&\text{Potential } v && \longleftrightarrow \text{ Multiplikationsoperator } V : \varphi \mapsto V \cdot \varphi\,.
\end{aligned}$$

Nach dem unter (a) Gesagten müssen wir der kinetischen Energie $\frac{1}{2m}\,p^2$ den Operator $\frac{1}{2m}\,P^2$ und der Gesamtenergie $h = \frac{1}{2m}\,p^2 + v(q)$ den Energie–Operator (bzw. Hamilton–Operator) $H = \frac{1}{2m}\,P^2 + V$ zuordnen, also

$$\begin{aligned}
&\text{kinetische Energie} && \longleftrightarrow \quad \frac{1}{2m}\,P^2 : \varphi \mapsto -\frac{\hbar^2}{2m}\,\varphi'',\\
&\text{Gesamtenergie } h && \longleftrightarrow \quad H : \varphi \mapsto -\frac{\hbar^2}{2m}\,\varphi'' + V \cdot \varphi\,.
\end{aligned}$$

Analog für ein Teilchen im Raum:

$$\begin{aligned}
&\text{Ortskoordinate } x_k && \longleftrightarrow \text{ Ortsoperator } Q_k : \varphi \mapsto x_k \cdot \varphi\,, \quad (k = 1, 2, 3),\\
&\text{Impulskoordinate } p_k && \longleftrightarrow \text{ Impulsoperator } P_k = \frac{\hbar}{i}\frac{\partial}{\partial x_k}, \quad (k = 1, 2, 3),\\
&\text{Gesamtenergie } h && \longleftrightarrow \text{ Hamilton–Operator } H : \varphi \mapsto -\frac{\hbar^2}{2m}\,\Delta\varphi + V \cdot \varphi.
\end{aligned}$$

Für alle genannten Operatoren A müssen geeignete *Definitionsbereiche* $\mathcal{D}(A)$ festgelegt werden. Für Orts– und Impulsoperatoren kann dies der Schwartzraum $\mathscr{S}$ sein, für den Operator $\varphi \mapsto v\cdot\varphi$ die Menge $\{\varphi \in \mathrm{L}^2 \mid v\cdot\varphi \in \mathrm{L}^2\}$; dabei steht L^2 für $\mathrm{L}^2(\mathbb{R})$ bzw. für $\mathrm{L}^2(\mathbb{R}^3)$. Dabei ist wesentlich, daß die Definitionsbereiche in den jeweiligen Systemhilberträumen dicht liegen.

(c) Den hier angegebenen Quantisierungsvorschriften lagen ursprünglich keine systematischen Begründungen, sondern intuitive Einsichten der Pioniere zugrunde. Eine ad–hoc–Rechtfertigung geben wir beispielhaft in 4.5*. Das Quantisierungsproblem ist noch weitgehend offen. Eine Reihe von Quantisierungsregeln läßt sich im Zusammenhang mit dem *Satz von Stone* (§ 25) verstehen.

(d) Eine besondere Rolle spielen *orthogonale Projektoren*, das sind lineare Operatoren

$$P : \mathscr{H} \to \mathscr{H} \quad \text{mit} \quad P^2 = P \quad \text{und} \quad \langle \varphi, P\psi \rangle = \langle P\varphi, \psi \rangle \quad \text{für } \varphi, \psi \in \mathscr{H}.$$

Diese entsprechen dem Ausgang eines Ja/Nein–Experiments. Ist z.B. Ω ein Gebiet des $\mathbb{R}^3$, so ist $P : \varphi \mapsto \chi_\Omega \cdot \varphi$ mit der Frage „Teilchen in Ω ?“ verbunden.

Da bei vorgegebener Meßgenauigkeit und einer darauf abgestimmten Skala das Meßergebnis für eine Observable durch eine Folge von Ja/Nein–Fragen ermittelt werden kann, liegt die Vorstellung nahe, daß sich jede Observable aus orthogonalen Projektoren aufbauen läßt. Das ist in der Tat richtig; die Präzisierung und den Beweis dieses Sachverhalts liefert der *Spektralsatz* (§ 25).

Eine wichtige Rolle spielen orthogonale Projektoren auch für neuere Ansätze zur Grundlegung der Quantenmechanik auf der Basis des *Propositionenkalküls* (auch *Quantenlogik* genannt), zu finden in [138] und [141].

4.4 Erwartungswerte von Observablen

(a) Für eine feste Observable a gehört zu jedem Zustandsvektor φ ein Wahrscheinlichkeitsmaß μ_φ auf $\mathbb{R}$. Dieses gibt für ein beliebiges Intervall I die Wahrscheinlichkeit $\mu_\varphi(I)$ an, daß die beobachteten Werte von a für ein System im Zustand $|\,\varphi\,\rangle\langle\,\varphi\,|$ ins Intervall I fallen. Wir konstruieren es im Zusammenhang mit dem *Spektralsatz*.

Für ein Teilchen mit einem Freiheitsgrad im Zustand $|\,\varphi\,\rangle\langle\,\varphi\,|$ ist z.B.

$$\mu_\varphi(I) = \int_I |\varphi|^2$$

die Wahrscheinlichkeit, daß der Ort des Teilchens im Intervall I ist, vgl. 3.1. Hat der Hamilton–Operator H dieses Einteilchensystems ein diskretes Spektrum, so ist mit den Bezeichnungen 3.3 (a)

$$\nu_\varphi(I) = \sum_{\lambda_k \in I} |\langle v_k\,, \varphi \rangle|^2$$

die Wahrscheinlichkeit, daß die Energie Werte aus I annimmt.

(b) Im nächsten Paragraphen definieren wir den *Erwartungswert* $\widehat{\mu}$ eines Wahrscheinlichkeitmaßes μ auf $\mathbb{R}$. Dabei ergibt sich für die Beispiele (a)

$$\widehat{\mu}_\varphi = \int_{-\infty}^{+\infty} x\,|\varphi(x)|^2\,dx = \int_{-\infty}^{+\infty} \overline{\varphi(x)}\,x\,\varphi(x)\,dx = \langle \varphi, Q\varphi \rangle,$$

$$\widehat{\nu}_\varphi = \sum_{k=0}^{\infty} \lambda_k\,|\langle v_k, \varphi \rangle|^2 = \langle \varphi, H\varphi \rangle.$$

Daß die Reihe den Wert $\langle \varphi, H\varphi \rangle$ ergibt, wollen wir hier nicht nachrechnen. Ebensowenig gehen wir auf die Frage nach der Konvergenz des Integrals bzw. der Reihe ein. Wichtiger ist folgendes: Genügt die Zeitentwicklung eines Zustandes der Schrödinger–Gleichung $\dot{\varphi}_t = -iH\varphi_t$, so sind die Erwartungswerte $\widehat{\nu}_{\varphi_t}$ zeitunabhängig, denn mit den Bezeichnungen 3.3 (a) ist

$$\big|\langle v_k, \varphi_t \rangle\big| = \big|\mathrm{e}^{-i\lambda_k t}\langle v_k, \varphi_0 \rangle\big| = \big|\langle v_k, \varphi_0 \rangle\big|.$$

(c) Allgemein gilt: Entspricht der Observablen a der Operator A und liefert μ_φ die Verteilung der Beobachtungswerte von a, so ist für $\varphi \in \mathcal{D}(A)$

$$\widehat{\mu}_\varphi = \langle \varphi, A\varphi \rangle.$$

Dies wird sich aus dem Spektralsatz ergeben.

(d) *Zur Deutung von* $\widehat{\mu}_\varphi$. Machen wir N Beobachtungen der Observablen a an einem System im Zustand $|\varphi\rangle\langle\varphi|$, so erhalten wir zufällig schwankende Beobachtungswerte $a_1, \dots, a_N$, obwohl die Versuchsbedingungen (die durch φ beschriebene Präparation) immer gleich sind. Für wachsende Versuchszahlen N spielt sich der mittlere Wert $\frac{1}{N}(a_1 + \ldots + a_N)$ immer besser auf $\widehat{\mu}_\varphi$ ein. Gesetzmäßigkeiten können sich daher nur auf $\widehat{\mu}_\varphi$ beziehen, und ihre experimentelle Überprüfung erfordert die statistische Analyse von Versuchsreihen. Dafür spielt die in § 19 : 3.1, § 20 : 6.3 definierte *Streuung* eine wesentliche Rolle.

Es läßt sich zeigen, daß ein Operator A durch die Erwartungswerte $\langle \varphi, A\varphi \rangle$ für alle $\varphi \in \mathcal{D}(A)$ eindeutig bestimmt ist. Dies gibt uns im folgenden die Möglichkeit, zwei einfache Quantisierungsvorschriften plausibel zu machen.

4.5* Zum Orts– und Impulsoperator für einen Freiheitsgrad

(a) Für ein Teilchen mit einem Freiheitsgrad ist der Erwartungswert des Orts im Zustand $|\varphi\rangle\langle\varphi|$ mit $\varphi \in \mathscr{S}$ nach 4.4 (b) gegeben durch $\langle \varphi, Q\varphi \rangle$ wobei $(Q\varphi)(x) = x\,\varphi(x)$. Nach dem soeben Gesagten schließen wir darauf, daß Q der Ortsoperator ist.

(b) Für eine ebene harmonische Welle, die im Raum in Richtung der x–Achse fortschreitet, ist die x–Komponente der Wellenerregung

$$\psi(x,t) = A \cdot \mathrm{e}^{i(kx-\omega t)},$$

dabei ist ω die Kreisfrequenz und k die Wellenzahl.

Ein durch $\psi(x,t) = \mathrm{e}^{-i\omega t}\varphi(x)$ beschriebener stationärer Zustand setzt sich integrativ aus harmonischen ebenen Wellen zusammen, denn nach dem Umkehrsatz für die Fouriertransformation gilt

$$\psi(x,t) = \frac{1}{\sqrt{2\pi}} \int_{-\infty}^{+\infty} \widehat{\varphi}(k)\, \mathrm{e}^{i(kx-\omega t)}\, dk\,.$$

Dabei leisten alle Wellenzahlen einen Beitrag. Aus der Parsevalschen Gleichung folgt

$$1 = \int_{-\infty}^{+\infty} |\psi(x,t)|^2\, dx = \int_{-\infty}^{+\infty} |\varphi(x)|^2\, dx = \int_{-\infty}^{+\infty} |\widehat{\varphi}(k)|^2\, dk\,.$$

Wir deuten daher $|\widehat{\varphi}|^2$ als Wellenzahldichte: Der Anteil der ins Intervall $[a,b]$ fallenden Wellenzahlen ist

$$\int_a^b |\widehat{\varphi}(k)|^2\, dk\,,$$

interpretiert als Wahrscheinlichkeit, daß eine Wellenzahl im Intervall $[a,b]$ liegt.

Legen wir weiter mit de Broglie die Beziehung $p = k\hbar$ zugrunde, so ist die Wahrscheinlichkeit, daß der Impuls ins Intervall $[p_1,p_2]$ fällt und damit die Wellenzahl ins Intervall $[p_1/\hbar, p_2/\hbar] = [k_1,k_2]$, nach der Substitutionsregel

$$\mu_\varphi([p_1,p_2]) = \int_{k_1}^{k_2} |\widehat{\varphi}(k)|^2\, dk = \frac{1}{\hbar}\int_{p_1}^{p_2} |\widehat{\varphi}(\tfrac{y}{\hbar})|^2\, dy\,.$$

Wir deuten daher $\varrho(y) := \frac{1}{\hbar}\,|\widehat{\varphi}(\frac{y}{\hbar})|^2$ als Impulsdichte. Für den Erwartungswert $\widehat{\mu}_\varphi$ des Impulses im Zustand $|\,\varphi\,\rangle\langle\,\varphi\,|$ erhalten wir gemäß der schon in 4.4 (b) verwendeten Formel und mit Hilfe der Substitution $y = \hbar x$

$$\widehat{\mu}_\varphi = \int_{-\infty}^{+\infty} y\,\varrho(y)\, dy = \int_{-\infty}^{+\infty} x\,|\widehat{\varphi}(x)|^2\, dx = \hbar\,\langle\,\widehat{\varphi}, Q\widehat{\varphi}\,\rangle\,.$$

Nach § 12 : 2.2 gilt $Q\widehat{\varphi} = -i\widehat{\varphi'}$, und wegen der Isometrie der Fouriertransformation ergibt sich schließlich

$$\widehat{\mu}_\varphi = \hbar\,\langle\,\widehat{\varphi}, -i\widehat{\varphi'}\,\rangle = \hbar\,\langle\,\varphi, -i\varphi'\,\rangle = \langle\varphi, P\varphi\rangle \quad \text{mit} \quad P\varphi := \frac{\hbar}{i}\,\varphi'.$$

Nach der letzten Bemerkung in 4.4 schließen wir, daß P der Impulsoperator ist.

Dies war nur eine Plausibilitätsbetrachtung mit vielen ad-hoc–Annahmen. Eine überzeugendere Begründung für die Wahl von P geben wir in § 25.

§ 19 Maß und Wahrscheinlichkeit

1 Diskrete Verteilungen

1.1 Bernoulli–Experimente

Wir betrachten Ja/Nein–Experimente, bei denen nur die Frage interessiert, ob ein bestimmter Effekt eintritt oder nicht. Beispiele dafür sind der Münzwurf (Frage: „Zahl"?), Geburtenstatistik (Frage: „Knabe"?) oder bei Observablen der Physik die Fragestellung „Wert im Intervall I"? Wir denken uns das Experiment unter gleichen Bedingungen beliebig oft wiederholbar, wobei das Ergebnis einer Einzelmessung nicht vorhersehbar ist. Der interessierende Effekt trete bei N–maliger Wiederholung k_N–mal auf. Dann lehrt die Erfahrung, daß sich die

$$\textit{relative Häufigkeit } \; h_N := \frac{k_N}{N}$$

für wachsendes N auf eine Zahl $p \in [0,1]$ einpendelt (Gesetz der großen Zahl). Wir unterstellen im folgenden die Existenz einer solchen *Erfolgswahrscheinlichkeit* p; dabei stehen $p = 1$ bzw. $p = 0$ für die Extremfälle, daß der Effekt mit Sicherheit eintritt bzw. nicht eintritt.

Wie urteilen wir über p? Beim Münzwurf unterstellen wir, solange nichts Näheres bekannt ist, aus Symmetriegründen $p = \frac{1}{2}$ (ideale Münze). Entsprechend schätzen wir die Wahrscheinlichkeit für „Sechs" beim Würfelspiel auf $p = \frac{1}{6}$ und die Komplementärwahrscheinlichkeit für „nicht Sechs" auf $1 - p = \frac{5}{6}$ ein.

Karl PEARSON, ein Pionier der Wahrscheinlichkeitstheorie, erzielte zu Beginn des 20. Jahrhunderts bei 24000 Münzwürfen 12012–mal die „Zahl", was die Einschätzung $p = \frac{1}{2}$ gut bestätigte. Hätte er 12480–mal „Zahl" erzielt, würde er die Annahme $p = \frac{1}{2}$ verworfen haben, da eine relative Häufigkeit von 0.52 oder mehr unter dieser Annahme und bei so vielen Versuchen extrem unwahrscheinlich wäre, wie unwahrscheinlich, werden wir noch ausrechnen.

PEARSON hätte wohl aufgrund der Statistik die Erfolgswahrscheinlichkeit als $\frac{12480}{24000} = 0.52$ geschätzt. Dies entspricht der empirischen relativen Häufigkeit von Knabengeburten. Für das Folgende halten wir fest:

Wahrscheinlichkeitsaussagen und empirische Befunde sollen über das (noch zu präzisierende) Gesetz der großen Zahl aufeinander bezogen sein. Daher ist die Wahrscheinlichkeitsrechnung so zu konzipieren, daß sie konsistent mit der Häufigkeitsrechnung ist.

Für sich gegenseitig ausschließende Ereignisse bedeutet dies insbesondere, daß sich ihre Wahrscheinlichkeiten addieren, da dies auch für die entsprechenden relativen Häufigkeiten der Fall ist.

1.2 Der Produktsatz

Wir führen nach einem Bernoulli–Experiment mit Erfolgswahrscheinlichkeit p_1 ein zweites durch, dessen Erfolgswahrscheinlichkeit (unabhängig vom Ausgang des ersten) p_2 sei. Das Ergebnis protokollieren wir wie folgt:

$(1,1)$: beidesmal Erfolg,

$(1,0)$: beim ersten Mal Erfolg, beim zweiten Mal Mißerfolg,

$(0,1)$: beim ersten Mal Mißerfolg, beim zweiten Mal Erfolg,

$(0,0)$: beidesmal Mißerfolg.

Dann ist für die Wahrscheinlichkeiten dieser vier Versuchsausgänge des Gesamtexperiments der Reihe nach $p_1 \cdot p_2$, $p_1 \cdot (1-p_2)$, $(1-p_1) \cdot p_2$, $(1-p_1) \cdot (1-p_2)$ anzusetzen. Wir machen uns dies für das Versuchsergebnis $(1,0)$ klar, wobei wir $0 < p_1, p_2 < 1$ annehmen. Bei einer sehr großen Zahl N von Wiederholungen des Doppelexperiments sei M–mal im ersten Teilexperiment ein Erfolg eingetreten. Es ist dann auch $M \gg 1$, also nach dem Gesetz der großen Zahl $M \approx N \cdot p_1$. Innerhalb dieser M Versuche sei L–mal beim zweiten Teilexperiment ein Mißerfolg zu verzeichnen. Nach dem Gesetz der großen Zahl ist $L \approx M\,(1-p_2)$ und

$$\frac{L}{N} \approx \frac{M\,(1-p_2)}{N} \approx p_1 \cdot (1-p_2)$$

die relative Häufigkeit von $(1,0)$. Die anderen Fälle sind analog zu analysieren.

Die oben vorausgesetzte Unabhängigkeit des zweiten Versuchsausgang vom Ergebnis des ersten ist eine Modellannahme, die im konkreten Anwendungsfall zu rechtfertigen ist!

1.3 Die Binomialverteilung

Ein Bernoulli–Experiment werde n–mal hintereinander mit jeweils gleicher Erfolgswahrscheinlichkeit p ausgeführt. Das Gesamtergebnis protokollieren wir durch ein n–tupel aus Nullen und Einsen (1 steht für Erfolg). Durch mehrfache Anwendung des Produktsatzes 1.2 erhält jedes n–tupel mit k Einsen und $n-k$ Nullen die Wahrscheinlichkeit $p^k \cdot (1-p)^{n-k}$. Die Anzahl X_n der Einsen in einem n–tupel hängt vom Zufall ab. Für die Wahrscheinlichkeit $P(X_n = k)$ dafür, daß genau k Einsen auftreten gilt

$$P(X_n = k) = \binom{n}{k} p^k\,(1-p)^{n-k}\,.$$

Denn es gibt $\binom{n}{k}$ Realisierungsmöglichkeiten des Ergebnisses $X_n = k$ (Induktion, ÜA), und jede Realisierungsmöglichkeit hat dieselbe Wahrscheinlichkeit $p^k \cdot (1-p)^{n-k}$. Da sich diese Möglichkeiten ausschließen, addieren sich ihre Wahrscheinlichkeiten nach 1.1.

Allgemein heißt eine Zufallsgröße X mit möglichen Werten in

$$\Omega_n := \{0, 1, \ldots, n\}$$

binomialverteilt (genauer: $\boldsymbol{b(n,p)}$**–verteilt** mit $0 \leq p \leq 1$), wenn

$$P(X = k) = \binom{n}{k} p^k (1-p)^{n-k} \quad \text{für} \quad k = 0, \ldots, n\,.$$

Die Wahrscheinlichkeit $P(X \in A)$ dafür, daß die Werte von X in eine beliebige Teilmenge A von $\mathbb{R}$ fallen, definieren wir durch

$$P(X \in A) := \sum_{k \in A} P(X = k) = \sum_{k \in A} \binom{n}{k} p^k (1-p)^{n-k}\,.$$

Diese Formel ist so zu verstehen, daß $P(X \in A) = 0$, falls $A \cap \Omega_n = \emptyset$. Da die Werte von X mit Sicherheit in die Menge Ω_n fallen, muß $P(X \in \Omega_n) = 1$ sein. In der Tat gilt

$$\begin{aligned} P(X \in \Omega_n) &= \sum_{k=0}^{n} \binom{n}{k} p^k (1-p)^{n-k} \\ &= (p + (1-p))^n = 1^n = 1 \end{aligned}$$

nach dem binomischen Lehrsatz.

1.4 Radioaktiver Zerfall und Poisson–Verteilung

(a) Rutherford, Chadwick und Ellis beschrieben 1920 ein Experiment, bei dem in einem Zeitraum von 326 Minuten in einem Zählrohr $N = 10094$ Anschläge aufgetreten waren. Sie teilten den Zeitraum in 2608 Intervalle zu 7.5 Sekunden und bestimmten die Zahl $z(k)$ der Intervalle mit k Anschlägen ($k = 0, 1, 2, \ldots$). Für die relativen Häufigkeiten $h(k) = \frac{z(k)}{2608}$ ergab sich in guter Näherung

$$h(k) \approx \frac{\lambda^k}{k!}\,\mathrm{e}^{-\lambda} \quad \text{mit} \quad \lambda = 3.87\,.$$

(b) Die Idee, einen Ansatz $h(k) = \frac{\lambda^k}{k!}\mathrm{e}^{-\lambda}$ mit $\lambda > 0$ zu machen und λ an die Beobachtungsdaten anzupassen, stammt von Poisson (1832). Poisson zeigte für die Binomialverteilung 1.3: Bleibt $n \cdot p$ konstant gleich $\lambda > 0$, so gilt

$$\lim_{n \to \infty} \binom{n}{k} p^k (1-p)^{n-k} = \frac{\lambda^k}{k!}\mathrm{e}^{-\lambda}$$

(Beweis als ÜA). Daher kann der Poissonsche Ansatz zur Beschreibung seltener Ereignisse dienen (n groß, $p = \frac{\lambda}{n}$ klein).

1.5 Diskrete Verteilungen

(a) *Eine Zufallsgröße X heißt* **diskret verteilt**, *wenn die Menge Ω_X der möglichen Werte für X eine höchstens abzählbare Teilmenge von $\mathbb{R}$ ist und wenn jedem $x \in \Omega_X$ eine positive Zahl $P(X = x)$ zugeordnet ist mit*

$$\sum_{x \in \Omega_X} P(X = x) = 1 \,.$$

Dabei bedeutet $P(X = x)$ die Wahrscheinlichkeit dafür, daß X den Wert x annimmt.

Diese Definition schließt zwei Fälle ein:

Den endlichen Fall

$$\Omega_X = \{x_0, \ldots, x_n\}\,, \quad \sum_{x \in \Omega_X} P(X = x) := \sum_{k=0}^{n} P(X = x_k) = 1\,,$$

vgl. 1.3, und den Fall, daß Ω_X aus unendlich vielen verschiedenen Zahlen $x_0, x_1, \ldots$ besteht. Im letzteren Fall ist

$$\sum_{x \in \Omega_X} P(X = x) := \sum_{k=0}^{\infty} P(X = x_k) = 1\,.$$

Die Art der Durchnumerierung von Ω_X (für $\Omega_X = \mathbb{Z}$ bietet sich nicht nur eine Möglichkeit an) spielt keine Rolle; dies folgt aus dem Umordnungssatz Bd. 1, § 7 : 6.3. Ein BEISPIEL bieten *Poisson–verteilte Zufallsgrößen*, d.h. Zufallsgrößen X mit $\Omega_X = \mathbb{N}_0 = \{0, 1, 2, \ldots\}$,

$$P(X = k) = \frac{\lambda^k}{k!}\,\mathrm{e}^{-\lambda}\,, \quad \sum_{k=0}^{\infty} \frac{\lambda^k}{k!}\,\mathrm{e}^{-\lambda} = 1\,,$$

vgl. 1.4.

Für die gemeinsame mathematische Behandlung beider Fälle nehmen wir Ω_X als unendlich an, $\Omega_X = \{x_0, x_1, x_2, \ldots\}$, und lassen ggf. zu, daß

$$p_k := P(X = x_k)$$

den Wert Null hat.

(b) Für beliebige Mengen $A \subset \mathbb{R}$ definieren wir

$$P(X \in A) := \sum_{x_k \in A} P(X = x_k) = \sum_{k=0}^{\infty} p_k\, \chi_A(x_k)\,,$$

wobei $P(X \in \emptyset) := 0$ gesetzt wird. Dabei ist zu beachten, daß der mittlere Term eine endliche Summe oder eine unendliche Reihe sein kann. Es ist klar, daß $P(X \in A)$ als Wahrscheinlichkeit zu deuten ist, daß die X–Werte in die Menge A fallen. Nach Voraussetzung ist dann $P(X \subset \mathbb{R}) = 1$.

(c) Für $\mu(A) := P(X \subset A)$ mit $A \subset \mathbb{R}$ gilt also

(i) $\mu(A) \geq 0$ für alle $A \subset \mathbb{R}$,

(ii) $\mu(\{x\}) > 0$ für höchstens abzählbar viele x,

(iii) $\mu(A) = \sum\limits_{x \in A} \mu(\{x\})$,

(iv) $\mu(\mathbb{R}) = 1$.

Allgemein heißt eine Mengenfunktion mit den Eigenschaften (i)–(iv) **diskrete Verteilung** oder **diskretes Wahrscheinlichkeitsmaß auf $\mathbb{R}$**. Die Menge $\operatorname{supp} \mu := \{x \in \mathbb{R} \mid \mu(\{x\}) > 0\}$ heißt **Träger** von μ. Wir sagen auch: μ lebt auf $\operatorname{supp} \mu$.

1.6 Beispiele

(a) **Relative Häufigkeiten**.

Sei X eine Zufallsgröße mit $\Omega_X = \{x_0, x_1, \ldots\}$. Bei N Beobachtungen von X sei z_k–mal der Meßwert x_k angefallen ($k = 0, 1, 2, \ldots$). Dann ist $\sum\limits_{k=0}^{\infty} z_k = N$, wobei in der Reihe nur endlich viele Glieder von Null verschieden sind. Die relative Häufigkeit der in eine Menge A fallenden Beobachtungswerte,

$$h_N(A) = \frac{1}{N} \sum_{x_k \in A} z_k \,,$$

liefert eine diskrete Verteilung h_N auf $\mathbb{R}$ mit endlichem Träger.

(b) **Das Dirac–Maß $\boldsymbol{\delta_a}$** beschreibt eine scharfe Messung, d.h. einen Versuch, bei dem mit Sicherheit immer der Meßwert $a \in \mathbb{R}$ anfällt. Für die zugehörige Beobachtungsgröße X gilt also

$$\delta_a(A) = P(X \in A) = \begin{cases} 1 & \text{für } a \in A, \\ 0 & \text{sonst.} \end{cases}$$

1.7 Eigenschaften diskreter Verteilungen

(a) Für eine diskrete Verteilung μ gilt

(W_1) $\mu(A) \geq 0$ für alle $A \subset \mathbb{R}$,

(W_2) $\mu(\mathbb{R}) = 1$,

(W_3) $\mu(\bigcup\limits_{k=1}^{\infty} A_k) = \sum\limits_{k=1}^{\infty} \mu(A_k)$, falls $A_i \cap A_j = \emptyset$ für $, i \neq j$ (σ–Additivität).

BEWEIS.
$(W_1), (W_2)$ folgen unmittelbar aus der Definition 1.5 (c).

Zum Nachweis von (W_3) wählen wir, um die Fallunterscheidung zwischen endlichem/nicht endlichem Träger zu vermeiden, eine abählbar unendliche Menge $\Omega = \{x_0, x_1, \ldots\}$ mit $\operatorname{supp} \mu \subset \Omega$. Ferner setzen wir $p_k := \mu(\{x_k\})$ $(k = 0, 1, \ldots)$ und $A := \bigcup_{k=1}^{\infty} A_k$.

Dann gilt nach Definition

$$\mu(A_k) = \sum_{x_i \in A_k} p_i = \sum_{i=0}^{\infty} p_i \cdot \chi_{A_k}(x_i) .$$

Wegen $A_i \cap A_j = \emptyset$ für $i \neq j$ enthält die Reihe

$$\chi_A(x_i) = \sum_{k=1}^{\infty} \chi_{A_k}(x_i)$$

höchstens ein von Null verschiedenes Glied. Wir erhalten

$$\mu(A) = \sum_{i=0}^{\infty} p_i \chi_A(x_i) = \sum_{i=0}^{\infty} p_i \sum_{k=1}^{\infty} \chi_{A_k}(x_i) = \sum_{i=0}^{\infty} \Big(\sum_{k=1}^{\infty} p_i \chi_{A_k}(x_i) \Big) .$$

Da alle auftretenden Glieder nicht negativ sind, folgt aus dem großen Umordnungssatz Bd. 1, § 7 : 6.6

$$\mu(A) = \sum_{k=1}^{\infty} \Big(\sum_{i=0}^{\infty} p_i \chi_{A_k}(x_i) \Big) = \sum_{k=1}^{\infty} \mu(A_k) .$$ □

(b) FOLGERUNGEN aus $(W_1), (W_2), (W_3)$.

(i) $\mu(\mathbb{R} \setminus A) = 1 - \mu(A)$.

(ii) $\mu(\bigcup_{k=1}^{N} A_k) = \sum_{k=1}^{N} \mu(A_k)$ für paarweis disjunkte Mengen A_k (endliche Additivität).

(iii) $\mu(A) = \mu(A \cap B) + \mu(A \setminus B)$.

(iv) $A \subset B \implies \mu(A) \leq \mu(B)$.

(v) $\mu(A \cup B) = \mu(A) + \mu(B) - \mu(A \cap B)$ für beliebige Mengen $A, B \subset \mathbb{R}$.

BEWEIS.
Im Hinblick auf spätere Verallgemeinerungen stützen wir uns nur auf (W_1), (W_2), (W_3). Aus (W_3) folgt zunächst $\mu(\emptyset) = \mu(\bigcup_{k=1}^{\infty} \emptyset) = \sum_{k=1}^{\infty} \mu(\emptyset)$, also $\mu(\emptyset) = 0$.
Für (ii) setzen wir $A_{N+1} = A_{N+2} = \cdots := \emptyset$ und erhalten aus (W_3)

$$\mu(\bigcup_{k=1}^{N} A_k) = \mu(\bigcup_{k=1}^{\infty} A_k) = \sum_{k=1}^{\infty} \mu(A_k) = \sum_{k=1}^{N} \mu(A_k) .$$

(i) folgt nun aus (ii) wegen $\mu(\mathbb{R}) = 1$ und $\mathbb{R} = A \cup (\mathbb{R} \setminus A)$, $A \cap (\mathbb{R} \setminus A) = \emptyset$.
(iii), (iv) und (v) als ÜA (Venn–Diagramm). □

2 Erwartungswert und Streuung einer diskreten Verteilung

2.1 Erwartungswerte

(a) Für eine Zufallsgröße X mit möglichen Werten $x_0, x_1, \ldots, x_n$ definieren wir den **Erwartungswert** $E(X) = \widehat{X}$ durch

$$E(X) = \widehat{X} := \sum_{k=0}^{n} x_k \, P(X = x_k) .$$

Sind unendlich viele verschiedene Werte $x_0, x_1, \ldots$ möglich, so setzen wir

$$E(X) = \widehat{X} := \sum_{k=0}^{\infty} x_k \, P(X = x_k) ,$$

falls diese Reihe absolut konvergiert. Diese Bedingung sichert die Unabhängigkeit von der Numerierung der möglichen Beobachtungswerte (Umordnungssatz Bd. 1, § 7 : 6.3). Der Erwartungswert muß nicht existieren, wie das Beispiel $P(X = k) = \frac{1}{(k+1)(k+2)}$ $(k = 0, 1, 2, \ldots)$ zeigt.

Den *Erwartungswert* $\widehat{\mu}$ *einer diskreten Verteilung* μ mit Träger in der abzählbaren Menge $\{x_0, x_1, \ldots\}$ definieren wir ganz entsprechend:

$$\widehat{\mu} := \sum_{k=0}^{\infty} x_k \, \mu(\{x_k\}), \quad \text{falls} \quad \sum_{k=0}^{\infty} |x_k| \, \mu(\{x_k\}) < \infty .$$

(b) *Wir interpretieren* $\widehat{X}$ *als den bei häufigen Beobachtungen zu erwartenden Durchschnittswert* und verstehen dies wie folgt: Für die Zufallsgröße X, von der wir einfachheitshalber $\Omega_X = \{x_0, \ldots, x_n\}$ annehmen, seien bei N Beobachtungen z_0–mal der Wert x_0, ..., z_n–mal der Wert x_n angefallen ($z_k \in \mathbb{N}_0$). Nach dem Gesetz der großen Zahl erwarten wir, daß die relativen Häufigkeiten $h_k = z_k/N$ der Beobachtungswerte x_k annähernd gleich ihren Wahrscheinlichkeiten $p_k = P(X = x_k)$ sind. Für den empirischen Mittelwert, d.h. das arithmetische Mittel $\overline{x}$ aller beobachteten Werte gilt dann

$$\overline{x} = \frac{1}{N} \sum_{k=0}^{n} z_k x_k = \sum_{k=0}^{n} h_k x_k \approx \sum_{k=0}^{n} x_k \, p_k = \widehat{X} .$$

2.2 Beispiele

(a) Für die in 1.3 definierte Binomialverteilung $\mu = b(n,p)$ erhalten wir

$$\widehat{\mu} = \sum_{k=0}^{n} k \binom{n}{k} p^k \, (1-p)^{n-k} = \sum_{k=1}^{n} k \, \frac{n!}{k! \, (n-k)!} \, p^k (1-p)^{n-k}$$

$$= n \sum_{k=1}^{n} \binom{n-1}{k-1} p^k (1-p)^{n-k} = np \sum_{m=0}^{n-1} \binom{n-1}{m} p^m (1-p)^{n-1-m}$$

$$= np(p+1-p)^{n-1} = np\,,$$

was zu erwarten war.

Insbesondere ergibt sich für ein Bernoulli–Experiment mit Erfolgswahrscheinlichkeit p (also $\Omega_X = \{0,1\}$, $P(X=0) = 1-p$, $P(X=1) = p$) der Erwartungswert p.

(b) Für die durch $\mu(A) = \sum\limits_{k \in \mathbb{N}_0 \cap A} \mathrm{e}^{-\lambda} \lambda^k / k!$ mit $\lambda > 0$ gegebene Poisson–Verteilung erhalten wir $\widehat{\mu} = \lambda$ (vgl. 1.4) ÜA.

(c) *Das Banachsche Schlüsselproblem.* Sie stehen im Dunkeln vor der Haustür und wollen aus Ihrem Schlüsselbund mit n Schlüsseln den richtigen durch Probieren finden. Im Fall $n = 2$ genügt ein Versuch. Mit wievielen Versuchen müssen Sie im Mittel rechnen, wenn Sie

(i) jeden nichtpassenden Schlüssel zurückhalten und mit den restlichen weiterprobieren,

(ii) dazu nicht mehr in der Lage sind?

2.3 Der Erwartungswert einer transformierten Zufallsgröße

(a) Sei X eine Zufallsgröße mit möglichem Wertebereich $\Omega_X = \{x_0, x_1, \ldots\}$ und f eine auf einem Ω_X umfassenden Intervall I definierte reellwertige Funktion. Ordnen wir jedem beobachteten Wert x für X den Wert $f(x)$ zu, so erhalten wir eine Zufallsgröße Y, die wir als transformierte Zufallsgröße $f(X)$ bezeichnen. Solche Meßtransformationen sind insbesondere für die Quantenmechanik von Interesse, wo mikroskopische Observable meist indirekt beobachtet werden.

Der Zufallsgröße Y ist in natürlicher Weise eine diskrete Verteilung zugeordnet: Mit Ω_X ist auch die Menge $\Omega_Y = f(\Omega_X)$ der möglichen Werte von Y höchstens abzählbar. Da die Aussagen $y = f(x)$ und $x \in f^{-1}(\{y\})$ äquivalent sind, ist

$$P(Y = y) = P(X \in f^{-1}(\{y\}))\,.$$

Beachten Sie dabei, daß f nicht injektiv sein muß. Daher kann auch im Fall, daß $\Omega_X = \{x_0, x_1, \ldots\}$ abzählbar ist, $\Omega_Y = \{y_0, y_1, \ldots\}$ endlich sein. Für $B_m := f^{-1}(\{y_m\})$ gilt

(1) $\quad \bigcup\limits_m B_m = \Omega_X$ und $B_m \cap B_n = \emptyset$ für $m \neq n$.

Aufgrund der σ–Additivität (W_3) bzw. aufgrund der endlichen Additivität 1.7 (b) folgt

$$\begin{aligned}\sum_m P(Y = y_m) &= \sum_m P(X \in B_m) \\ &= P(X \in \bigcup_m B_m) = P(X \in \Omega_X) = 1 .\end{aligned}$$

(b) SATZ. *Für den Erwartungswert von $f(X)$ gilt*

$$E(f(X)) = \sum_{x_k \in \Omega_X} f(x_k)\, P(X = x_k) ,$$

falls eine der beiden Seiten Sinn macht, d.h. falls $E(f(X))$ existiert oder falls die rechte Seite eine endliche Summe oder eine absolut konvergente Reihe ist. Existiert insbesondere $E(X)$, so folgt die Existenz von

$$E(\alpha X + \beta) = \alpha E(X) + \beta .$$

BEWEIS.
Nach der Konvention 1.5 (a) dürfen wir Ω_X als abzählbar annehmen, wobei wir zulassen, daß $p_k := P(X = x_k)$ Null ist. Wegen (1) gilt

$$(2) \qquad \sum_m \chi_{B_m}(x_k) = 1 \text{ für } k = 0, 1, \ldots ,$$

wobei in der linken Reihe/Summe jeweils nur ein Glied von Null verschieden ist. Ferner hat die folgende Reihe die Majorante $\sum_{k=0}^{\infty} p_k$, konvergiert also absolut:

$$(3) \qquad P(Y = y_m) = P(X \in B_m) = \sum_{k=0}^{\infty} P(X = x_k)\, \chi_{B_m}(x_k) = \sum_{k=0}^{\infty} p_k\, \chi_{B_m}(x_k) .$$

Für $x_k \in B_m$ ist $f(x_k) = y_m$. Existiert also

$$E(Y) = \sum_m y_m\, P(Y = y_m) ,$$

so gilt nach (3)

$$\begin{aligned}E(Y) &= \sum_m \Big(\sum_{k=0}^{\infty} y_m\, p_k\, \chi_{B_m}(x_k) \Big) \\ &= \sum_m \Big(\sum_{k=0}^{\infty} p_k\, f(x_k)\, \chi_{B_m}(x_k) \Big) ,\end{aligned}$$

wobei nach (3) die erste innere Reihe und damit die ihr gleiche zweite innere Reihe absolut konvergieren. Mit (2) folgt

$$\begin{aligned}E(Y) &= \sum_{k=0}^{\infty} \Big(\sum_m p_k\, f(x_k)\, \chi_{B_m}(x_k) \Big) \\ &= \sum_{k=0}^{\infty} f(x_k)\, p_k \sum_m \chi_{B_m}(x_k) = \sum_{k=0}^{\infty} f(x_k) p_k\end{aligned}$$

entweder nach den Rechengesetzen für Reihen, falls Ω_Y endlich ist, oder nach dem großen Umordnungssatz Bd. 1, § 7 : 6.6 sonst.

Konvergiert die Reihe $\sum_{k=0}^{\infty} |f(x_k)|\, p_k$, so lassen sich alle Schritte rückwärts verfolgen, und es ergibt sich die Existenz von $E(Y)$.

Existiert umgekehrt $E(X)$, so gilt wegen $\sum_k p_k = 1$

$$E(\alpha X+\beta) = \sum_k (\alpha x_k+\beta)p_k = \alpha \sum_k x_k p_k + \beta \sum_k p_k = \alpha E(X)+\beta\,. \qquad \square$$

3 Varianz und Streuung einer diskreten Verteilung

3.1 Definition und Beispiele

(a) *Die* **Varianz** $V(X)$ *einer Zufallsgröße* X *mit* $\Omega_X = \{x_0, x_1, \ldots\}$ *ist definiert als ihre mittlere quadratische Abweichung vom Erwartungswert* $\widehat{X}$*:*
Wir setzen

$$V(X) := E((X-\widehat{X})^2) = \sum_k (x_k - \widehat{X})^2 P(X = x_k)\,,$$

falls $\widehat{X} = E(X)$ *existiert und die rechte Seite Sinn macht, vgl.* 2.3 (b).

In diesem Fall heißt

$$\sigma(X) := \sqrt{V(X)}$$

die **Streuung** oder **Standardabweichung** von X.

Entsprechend sind Varianz $V(\mu)$ und Streuung $\sigma(\mu)$ einer diskreten Verteilung μ definiert.

(b) Satz. *Genau dann existieren* $E(X)$ *und* $V(X)$, *wenn*

$$E(X^2) = \sum_k x_k^2\, P(X = x_k)$$

konvergiert. Es gilt dann

$$V(X) = E(X^2) - E(X)^2$$

Beweis als [ÜA]; beachten Sie $|x_k| \le \frac{1}{2}(x_k^2+1)$.

(c) Beispiele. (i) *Binomialverteilung.* Für $b(n,p)$–verteilte Zufallsgrößen X gilt

$$V(X) := npq\,, \quad \sigma(X) := \sqrt{npq} \quad \textit{mit} \quad q := 1-p\,.$$

Denn nach 2.2 (a) ist $E(X) = np$, und aus 2.3 (b) folgt

$$\begin{aligned} V(X) &= E(X^2) - E(X)^2 = E(X(X-1)) + E(X) - E(X)^2 \\ &= E(X(X-1)) + np - n^2p^2\,, \end{aligned}$$

wobei (mit der Abkürzung $q := 1 - p$)

$$\begin{aligned} E(X(X-1)) &= \sum_{k=0}^{n} k\,(k-1)\binom{n}{k} p^k q^{n-k} = \sum_{k=2}^{n} \frac{n!}{(k-2)!(n-k)!}\, p^k q^{n-k} \\ &= n(n-1)\,p^2 \sum_{k=2}^{n} \binom{n-2}{k-2} p^{k-2} q^{n-2-(k-2)} \\ &= n(n-1)\,p^2 \sum_{m=0}^{n-2} \binom{n-2}{m} p^m q^{n-2-m} \\ &= n(n-1)\,p^2\,(p+q)^{n-2} = n(n-1)\,p^2 = n^2p^2 - np^2 . \end{aligned}$$

(ii) Für Poisson–verteilte Zufallsgrößen X (also $P(X = k) = \mathrm{e}^{-\lambda}\,\lambda^k/k!$ für $k \in \mathbb{N}_0$) existiert $V(X) = \lambda$ (ÜA nach dem Muster 1).

3.2 Zur Bedeutung der Streuung

(a) **Streufreie (schwankungsfreie) Zufallsgrößen.** *Die Varianz einer Zufallsgröße X ist genau dann Null, wenn ihre Verteilung ein Dirac–Maß δ_a ist. Dies bedeutet, daß bei Beobachtung von X immer ein und derselbe Meßwert a anfällt.*

Denn sei $E(X) = a$ und $V(X) = 0$. Dann gilt $(x-a)^2 P(X = x) = 0$ für alle $x \in \Omega_X$, also $P(X = x) = 0$ für $x \neq a$. Wegen $\sum\limits_{x\in\Omega_X} P(X = x) = 1$ folgt $a \in \Omega_X$ und $P(X = a) = 1$. Liefert umgekehrt jede Beobachtung von X denselben Wert a, so ist offenbar $E(X) = a$ und $V(X) = 0$.

(b) *Besitzt die Zufallsgröße X eine Varianz $V(X) = \sigma^2$ mit $\sigma = \sigma(X) > 0$, so ist die Wahrscheinlichkeit $P(|X - \widehat{X}| > 3\sigma)$ dafür, daß die X–Werte von $\widehat{X}$ um mehr als die dreifache Streuung abweichen, sehr gering. Aus der in (c) behandelten Tschebyschewschen Ungleichung ergibt sich die grobe Abschätzung*

$$P(|X - \widehat{X}| > 3\sigma) < \frac{1}{9},$$

doch in der Praxis ergeben sich meist wesentlich kleinere Werte. Für $b(n,p)$–verteilte Zufallsgrößen X mit $np(1-p) \gg 1$ gilt z.B. $P(|X - \widehat{X}| > 3\sigma) \approx 0.0027$ vgl. 4.1 (c).

In der Praxis fallen die meisten Beobachtungswerte für X in das Intervall $[\widehat{X} - 3\sigma(X),\, \widehat{X} + 3\sigma(X)]$ (3σ–Regel).

(c) **Die Tschebyschewsche Ungleichung.** *Ist X eine nicht streufreie Zufallsgröße mit endlicher Varianz $V(X) = \sigma^2$, so gilt für $k > 0$*

$$P(|X - \widehat{X}| > k\sigma) < \frac{1}{k^2}.$$

Mit $\varepsilon = k\sigma$ folgt insbesondere

$$P(|X - \widehat{X}| > \varepsilon) < \frac{V(X)}{\varepsilon^2}.$$

BEWEIS.
Für $B := \{x_i \in \Omega_X \mid |x_i - \widehat{X}| > k\sigma\}$ gilt nach 1.5 (b)

$$P(X \in B) = P(|X - \widehat{X}| > k\sigma) = \sum_{x_i \in B} P(X = x_i).$$

Im Fall $B = \emptyset$ ist $P(X \in B) = 0 < \frac{1}{k^2}$, andernfalls gilt

$$\begin{aligned} \sigma^2 = V(X) &= \sum_{x_i \in \Omega_X} |x_i - \widehat{X}|^2 P(X = x_i) \\ &\geq \sum_{x_i \in B} |x_i - \widehat{X}|^2 P(X = x_i) \\ &> k^2 \sigma^2 \sum_{x_i \in B} P(X = x_i) = k^2 V(X) P(X \in B). \end{aligned}$$

□

(d) ANWENDUNG. In 1.1 wurde gefragt, wie wahrscheinlich es ist, bei 24000 Münzwürfen 12480–mal oder öfter „Zahl" zu erhalten. Es geht also um eine Abschätzung von $P(X - \widehat{X} \geq 480)$, wobei X eine $b(24000, \frac{1}{2})$–verteilte Zufallsgröße ist und $\widehat{X} = 12000$. Nach 3.1 (c) ist $V(X) = \frac{1}{4} \cdot 24000 = 6000$. Nach der zweiten Variante der Tschebyschewschen Ungleichung erhalten wir

$$P(|X - \widehat{X}| \geq 480) = P(|X - \widehat{X}| > 479) < \frac{6000}{(479)^2} < 0.0262.$$

Wegen $\binom{n}{k} = \binom{n}{n-k}$ folgt

$$P(X - \widehat{X} \geq 480) = \frac{1}{2} P(|X - \widehat{X}| \geq 480) < 0.0131.$$

In Wirklichkeit ist diese Wahrscheinlichkeit kleiner als 10^{-9}, vgl. 4.1.

3.3 Die Varianz von $\alpha X + \beta$

(a) *Existieren $E(X)$ und $V(X)$, so gilt für $\alpha, \beta \in \mathbb{R}$* ÜA

$$E(\alpha X + \beta) = \alpha E(X) + \beta, \qquad V(\alpha X + \beta) = \alpha^2 V(X).$$

(b) Im Fall $V(X) > 0$ heißt $Y := \frac{1}{\sigma(X)} (X - \widehat{X})$ die zu X gehörige *standardisierte Zufallsgröße*. Für diese gilt

$$E(Y) = 0, \quad V(Y) = 1.$$

3.4 Das schwache Gesetz der großen Zahl

(a) SATZ (Jakob BERNOULLI um 1685, publ. 1713). *Sei X_n die zufallsabhängige Zahl der Erfolge bei n–maliger Durchführung eines Bernoulli–Experiments mit Erfolgswahrscheinlichkeit $0 < p < 1$ und $H_n = \frac{1}{n} X_n$ die zugehörige relative Erfolgshäufigkeit, aufgefaßt als Zufallsgröße. Dann gilt für jedes $\varepsilon > 0$*

$$P(|H_n - p| > \varepsilon) < \frac{p(1-p)}{n\varepsilon^2} \rightarrow 0 \quad \textit{für } n \rightarrow \infty .$$

(b) FOLGERUNG. *Sei X eine diskret verteilte Zufallsgröße und A eine Teilmenge von $\mathbb{R}$ mit $0 < p := P(X \in A) < 1$. Machen wir unter identischen Bedingungen n Beobachtungen für X, und bezeichnet Z_n die Zahl der Fälle mit Beobachtungsergebnis in A, so gilt für $H_n = \frac{1}{n} Z_n$*

$$\lim_{n\to\infty} P(|H_n - p| > \varepsilon) = 0 \quad \textit{für jedes } \varepsilon > 0 .$$

BEMERKUNGEN.

Dies ist die mathematische Präzisierung der Formulierung „die relativen Häufigkeiten h_n spielen sich für $n \to \infty$ auf p ein“, vgl. 1.1. Die manchmal anzutreffende Formulierung „$\lim\limits_{n\to\infty} h_n = p$“ ist in dieser Form unsinnig; h_n ist ja keine wohlbestimmte Größe, sondern hängt vom Zufall ab. Es hätte durchaus sein können, daß PEARSON bei den nächsten 24000 Münzwürfen 12950 mal Zahl erhalten hätte, d.h. $h_{24000} \approx 0.52$. Ein solches Ergebnis wäre zwar möglich, aber äußerst unwahrscheinlich.

Anders verhält es sich mit der Formulierung „$\lim\limits_{n\to\infty} h_n = p$ mit Wahrscheinlichkeit 1“. Die Präzisierung dieser Aussage (*starkes Gesetz der großen Zahl*) erfordert erheblichen begrifflichen Aufwand, siehe [116].

BEWEIS.

(a) X_n ist $b(n,p)$–verteilt mit Erwartungswert np und Varianz $np(1-p)$. Nach 3.3 folgt für $H_n = X_n/n$

$$E(H_n) = p, \quad V(H_n) = \frac{1}{n^2}\, np\,(1-p) = \frac{p(1-p)}{n} .$$

Die Behauptung (a) ergibt sich nun aus der zweiten Version der Tschebyschewschen Ungleichung 3.2 (c).

(b) Bezeichnen wir das Ergebnis $X \in A$ als Erfolg, so erhalten wir ein Bernoulli–Experiment mit Erfolgswahrscheinlichkeit p, sind also im Fall (a). □

4 Verteilungen mit Dichten

4.1 Der Grenzwertsatz von de Moivre–Laplace

Die Zufallsgröße X_n *sei* $b(n,p)$*–verteilt mit* $0 < p < 1$*. Dann gilt für die zugehörige standardisierte Zufallsgröße*

$$Y_n := \frac{X_n - np}{\sqrt{np(1-p)}}$$

(*vgl.* 3.3 (b)) *die Beziehung*

$$\lim_{n\to\infty} P(Y_n \le x) = \Phi(x) := \frac{1}{\sqrt{2\pi}} \int_{-\infty}^{x} \mathrm{e}^{-\frac{1}{2}t^2}\, dt$$

gleichmäßig für alle $x \in \mathbb{R}$*, und zwar gibt es eine Konstante* M *mit*

$$|\,\Phi(x) - P(Y_n \le x)\,| \le M/\sqrt{n} \quad \text{für alle } x \in \mathbb{R}.$$

Für den BEWEIS verwiesen wir auf FREUDENTHAL [120]. Die auf de MOIVRE (1733) und LAPLACE (1812) zurückgehende Beweisidee beruht auf der Stirling–Formel $n! \approx \sqrt{2\pi n}\,(n/\mathrm{e})^n$.

FOLGERUNGEN. Für $n \gg 1$ gilt

(a) $P(\alpha \le Y_n \le \beta) \approx \Phi(\beta) - \Phi(\alpha)$,

(b) $$P(a \le X_n \le b) = P\Big(\frac{a-np}{\sqrt{np(1-p)}} \le Y_n \le \frac{b-np}{\sqrt{np(1-p)}}\Big) \approx \Phi\Big(\frac{b-np}{\sqrt{np(1-p)}}\Big) - \Phi\Big(\frac{a-np}{\sqrt{np(1-p)}}\Big).$$

(c) $P(|X_n - \widehat{X}_n| \ge k\,\sigma(X_n)) \approx 2\,\Phi(-k)$.

Tabellen für Φ finden Sie in jedem Lehrbuch über Wahrscheinlichkeitsrechnung, eine kurze Tabelle auch in Bd. 1, S. 95. Hier einige Zahlenwerte zur Anwendung von (c):

$$2\Phi(-1) \approx 0.317\,, \quad 2\Phi(-2) \approx 0.0455\,, \quad 2\Phi(-3) \approx 0.0027\,, \quad 2\Phi(-6) < 2 \cdot 10^{-9}\,.$$

Wir kommen auf das Beispiel 3.2 (d) zurück: Für eine $b(24000, \frac{1}{2})$–verteilte Zufallsgröße X ist $\sigma(X) = \frac{1}{2}\sqrt{24000} \approx 77.5$. Daher ist 479 mehr als die sechsfache Streuung, also $P(X - E(X) \ge 480) < \Phi(-6) < 10^{-9}$.

4.2 Die Normalverteilung

GAUSS schlug 1809 für die Wahrscheinlichkeit, eine astronomische Beobachtungsgröße X im Intervall I zu finden, den Ansatz

$$(*) \qquad P(X \in I) = \frac{1}{\sqrt{2\pi}\,\sigma} \int_I \mathrm{e}^{-\frac{1}{2}\left(\frac{x-m}{\sigma}\right)^2} dx$$

vor. Seine Begründung hierfür und damit verbunden für die Methode der kleinsten Quadrate enthielt angreifbare Vorstellungen. Eine Rechtfertigung des Ansatzes $(*)$ aus heutiger Sicht liefert der **zentrale Grenzwertsatz**: Kommen die zufälligen Schwankungen einer Beobachtungsgröße X durch Überlagerung sehr vieler, unabhängig voneinander wirkender „Elementarstörungen" zustande, so gilt $(*)$ mit geeigneten Parametern m, σ in guter Näherung. Dieser Sachverhalt wurde erstmalig 1901 von LJAPUNOW präzisiert und bewiesen. Astronomische Beobachtungswerte sind **annähernd m–σ–verteilt**, d.h. $(*)$ ist mit großer Genauigkeit erfüllt.

Eine $b(n,p)$–verteilte Zufallsgröße X ist nach 4.1 für $0 < p < 1$ und $n \gg 1$ annähernd m–σ–normalverteilt mit

$$\sigma = \sqrt{np(1-p)}\,.$$

Die m–σ–**Normalverteilung** ist (wie die Poisson–Verteilung) eine Grenzverteilung, geeignet zur Approximation bestimmter realer Verteilungen.

4.3 Verteilungen mit Dichten

(a) Eine Zufallsgröße X heißt **stetig verteilt mit Dichte ϱ**, wenn für jedes Intervall I

$$P(X \in I) = \int_I \varrho(x)\,dx$$

gilt, wobei $\varrho : \mathbb{R} \to \mathbb{R}_+$ eine integrierbare Funktion ist mit

$$\int_{-\infty}^{+\infty} \varrho(x)\,dx = 1\,.$$

Für die Verteilung μ (der Beobachtungswerte) von X ergeben sich folgende Unterschiede zu diskreten Verteilungen:

– *Ein einzelner Beobachtungswert hat Wahrscheinlichkeit Null.*

– *Die Wahrscheinlichkeit $\mu(A) = P(X \in A)$ ist nicht für alle Teilmengen $A \subset \mathbb{R}$ definiert.*

Damit ist gemeint, daß es kein für alle Teilmengen von $\mathbb{R}$ definiertes Wahrscheinlichkeitsmaß gibt, welches die Eigenschaften $(W_1), (W_2), (W_3)$ von 1.7 erfüllt und auf den Intervallen I mit μ übereinstimmt (BANACH, KURATOWSKI 1929).

Für offene Mengen $\Omega \subset \mathbb{R}$ und stetige Funktionen $\varrho : \mathbb{R} \to \mathbb{R}_+$ läßt sich

$$\mu(\Omega) := \int_\Omega \varrho(x)\,dx$$

gemäß Bd. 1, § 23 : 4.2, 4.3 definieren. Da wir die Kenntnis des Lebesgue–Integrals an dieser Stelle nicht voraussetzen, soll dies vorläufig genügen, zumal wir auf Definitionsbereiche allgemeiner Wahrscheinlichkeitsmaße noch ausführlicher eingehen.

(b) In Analogie zu 2.1, 3.1 definieren wir den Erwartungswert $E(X)$ und die Varianz $V(X)$ durch

$$E(X) = \widehat{X} := \int_{-\infty}^{+\infty} x\,\varrho(x)\,dx\,, \quad V(X) := \int_{-\infty}^{+\infty} (x-\widehat{X})^2\varrho(x)\,dx\,,$$

falls diese Integrale existieren. Hier gilt generell $V(X) > 0$, was für stetige Dichten ϱ leicht zu sehen ist.

Die Tschebyschewsche Ungleichung und damit das schwache Gesetz der großen Zahl lassen sich leicht auf den vorliegenden Fall übertragen [ÜA]. Der Beweis der Formel

$$E(f(X)) = \int_{-\infty}^{+\infty} f(x)\,\varrho(x)\,dx$$

für transformierte Zufallsgrößen $f(X)$ muß auf später verschoben werden.

4.4 Allgemeine Verteilungen

Wir haben bisher diskrete Verteilungen und Verteilungen mit Dichten eingeführt. Bei der Behandlung des einfachen Wasserstoffmodells (§ 18 : 3.3 (c)) müssen Energieverteilungen mit diskreten und kontinuierlichen Anteilen herangezogen werden. Für die mathematische Theorie der Quantenmechanik erweist es sich darüberhinaus als notwendig, Verteilungen μ allgemeiner Art zu betrachten.

Was von solchen Verteilungen zu verlangen ist, wurde 1933 von Kolmogorow als Resümee einer über dreißigjährigen Diskussion zusammengefaßt. Es sind dies im wesentlichen die in 1.7 aufgeführten Eigenschaften $(W_1), (W_2), (W_3)$; im Hinblick auf das in 4.3 (a) Gesagte sind diese aber wie folgt zu modifizieren:

Die Verteilung μ ist auf einem System $\mathcal{B}$ von Teilmengen von $\mathbb{R}$ definiert, welches nicht notwendig alle Teilmengen von $\mathbb{R}$ enthalten muß, das aber alle Intervalle enthält.

Die Forderungen lauten:

(W_1) $\mu(A) \geq 0$ für die zu $\mathcal{B}$ gehörenden Mengen A,

(W_2) $\mu(\mathbb{R}) = 1$,

(W_3) $\mu\Big(\bigcup\limits_{k=1}^{\infty} A_k\Big) = \sum\limits_{k=1}^{\infty} \mu(A_k)$ für paarweis disjunkte Mengen $A_1, A_2, \ldots \in \mathcal{B}$.

Dabei ist zu verlangen, daß mit den A_k auch die Vereinigung zu $\mathcal{B}$ gehört. Im Hinblick auf das Rechnen mit Wahrscheinlichkeiten muß $\mathcal{B}$ mit A auch das Komplement $\mathbb{R} \setminus A$ enthalten und gegenüber Durchschnittsbildungen abgeschlossen sein. Dies führt auf den Begriff der σ–Algebra, den wir als nächstes behandeln. Bevor wir allgemeine Verteilungen genauer charakterisieren können (Abschnitt 9), müssen wir einiges über die Konstruktion von Maßen vorausschicken.

5 σ–Algebren und Borelmengen

5.1 Eigenschaften von σ–Algebren

(a) DEFINITION. *Eine Kollektion $\mathcal{A}$ von Teilmengen einer nichtleeren Menge Ω heißt **σ–Algebra auf Ω**, wenn folgendes gilt:*

(i) *Ω gehört zu $\mathcal{A}$,*

(ii) *mit A gehört auch $A^c := \Omega \setminus A$ zu $\mathcal{A}$,*

(iii) *mit $A_1, A_2, \ldots$ gehört auch $\bigcup_{k=1}^{\infty} A_k$ zu $\mathcal{A}$.*

Dann gehört auch $\emptyset$ zu $\mathcal{A}$, und mit je endlich ober abzählbar vielen Mengen enthält $\mathcal{A}$ auch deren Durchschnitt [ÜA].

Wir fassen künftig eine σ–Algebra $\mathcal{A}$ als eine Menge von Mengen auf und schreiben $A \in \mathcal{A}$ statt „A gehört zu $\mathcal{A}$“. Als Definitionsbereiche des Lebesgue–Maßes bzw. von Verteilungen (Wahrscheinlichkeitsmaßen auf $\mathbb{R}$) wählen wir grundsätzlich σ–Algebren.

(b) BEISPIELE. (i) Die Gesamtheit sämtlicher Teilmengen von Ω bildet eine σ–Algebra auf Ω, genannt die **Potenzmege** von Ω und bezeichnet mit $\mathbb{P}(\Omega)$.

(ii) Die kleinste σ–Algebra auf Ω ist $\{\emptyset, \Omega\}$.

Diskrete Verteilungen lassen sich als Wahrscheinlichkeitsmaße auf der vollen Potenzmenge von $\mathbb{R}$ definieren; für Verteilungen mit Dichten ist dies nach 4.3 nicht möglich.

(c) Zum Nachweis, daß ein Mengensystem ein σ–Algebra bildet, dient der folgende

SATZ. *Eine Kollektion $\mathcal{A}$ von Teilmengen von Ω ist genau dann eine σ–Algebra auf Ω, wenn folgendes gilt:*

(S_1) $\Omega \in \mathcal{A}$,

(S_2) $A \in \mathcal{A} \implies A^c := \Omega \setminus A \in \mathcal{A}$,

(S_3) $A, B \in \mathcal{A} \implies A \cap B \in \mathcal{A}$,

(S_4) *für paarweis disjunkte $A_1, A_2, \ldots$ aus $\mathcal{A}$ gehört $\bigcup_{k=1}^{\infty} A_k$ zu $\mathcal{A}$.*

BEMERKUNG. In der Literatur werden σ–Algebren häufig durch die Eigenschaften (S_1) bis (S_4) definiert.

BEWEIS.
Offenbar ist nur zu zeigen, daß für ein Mengensystem $\mathcal{A}$ mit (S_1) - -(S_4) die Eigenschaft (iii) einer σ–Algebra erfüllt ist. Für beliebige Mengen $B_1, B_2, \ldots$ aus $\mathcal{A}$ seien

$$A_1 := B_1\,,\quad A_2 := B_2\,, \setminus B_1 \quad \text{und allgemein}$$

$$A_{n+1} := B_{n+1} \setminus \bigcup_{k=1}^{n} B_k = B_{n+1} \cap \bigcap_{k=1}^{n} (\Omega \setminus B_k) \quad \text{für } n = 1, 2, \ldots .$$

Dann gilt $A_n \in \mathcal{A}$ für alle $n \in \mathbb{N}$, $A_n \cap A_m = \emptyset$ für $m > n$ und (ÜA)

$$\bigcup_{k=1}^{\infty} B_k = \bigcup_{n=1}^{\infty} A_n\,.$$ □

5.2 Die von einem Mengensystem erzeugte σ–Algebra

(a) SATZ. *Sei $\Omega \neq \emptyset$ und $\mathcal{K}$ eine nichtleere Kollektion von Teilmengen von Ω. Dann gibt es eine kleinste σ–Algebra $\sigma(\mathcal{K})$, die alle Mengen von $\mathcal{K}$ enthält, d.h. $\sigma(\mathcal{K})$ ist eine σ–Algebra, und jede σ–Algebra, die alle Mengen von $\mathcal{K}$ enthält, umfaßt $\sigma(\mathcal{K})$.*

Es ist üblich, $\sigma(\mathcal{K})$ **die von $\mathcal{K}$ erzeugte σ–Algebra** zu nennen.

BEWEIS.
Es gibt wenigstens eine $\mathcal{K}$ umfassende σ–Algebra, nämlich $\mathbb{P}(\Omega)$. Wir definieren $\sigma(\mathcal{K})$ als den Durchscnitt aller $\mathcal{K}$ umfassenden σ–Algebren:

$$A \in \sigma(\mathcal{K}) \iff A \in \mathcal{A} \text{ für jede } \mathcal{K} \text{ umfassende } \sigma\text{–Algebra } \mathcal{A}.$$

Der Durchschnitt beliebig vieler σ–Algebren ist eine σ–Algebra, ÜA. Daher ist $\sigma(\mathcal{K})$ eine σ–Algebra und hat nach Konstruktion die behauptete Minimaleigenschaft. □

(b) LEMMA. *Für $\mathcal{K}_1 \subset \mathcal{K}_2$ gilt $\sigma(\mathcal{K}_1) \subset \sigma(\mathcal{K}_2)$.*

Dies folgt aus (a), da $\sigma(\mathcal{K}_2)$ eine $\mathcal{K}_1$ umfassende σ–Algebra ist.

(c) ÜA Sei $\Omega \neq \emptyset$. Bestimmen Sie $\sigma(\mathcal{K})$ für $\mathcal{K} = \{\emptyset\}$ und für $\mathcal{K} = \{A\}$ mit $\emptyset \neq A \neq \Omega$.

5.3 Borelmengen

(a) Die von den offenen Teilmengen des $\mathbb{R}^n$ erzeugte σ–Algebra bezeichnen wir mit $\mathcal{B}(\mathbb{R}^n)$; deren Mitglieder heißen **Borelmengen**. Statt $\mathcal{B}(\mathbb{R})$ schreiben wir kurz $\mathcal{B}$.

(b) Für eine nichtleere Borelmenge $M \subset \mathbb{R}^n$ definieren wir

$$\mathcal{B}(M) := \{B \in \mathcal{B}(\mathbb{R}^n) \mid B \subset M\} = \{A \cap M \mid A \in \mathcal{B}(\mathbb{R}^n)\}.$$

(c) Nach 5.1 (a) enthält $\mathcal{B}(\mathbb{R}^n)$ alle offenen und abgeschlossenen Mengen, ferner alle abzählbaren Vereinigungen abgeschlossener Megen (F_σ–Mengen) und alle abzählbaren Durchschnitte offener Mengen (G_σ–Mengen). Durch wiederholte Bildung von Komplementen, abzählbaren Vereinigungen und abzählbaren Durchschnitten ergeben sich immer neue Borelmengen, doch lassen sich auf diese Weise nicht alle Borelmengen „erzeugen“. Insofern ist die in der Literatur gebräuchliche Bezeichnung „die von den offenen Mengen erzeugte σ–Algebra“ etwas irreführend; angemessener, aber sprachlich unschön wäre „die die offenen Mengen einhüllende σ–Algebra“.

5.4 Weitere Charakterisierungen der Borel–Algebra

SATZ. (a) *Alle Intervalle $I \subset \mathbb{R}$ sind Borelmengen.*

(b) *$\mathcal{B}$ wird bereits von allen Intervallen eines der Typen $[a,b]$, $]a,b[$, $]a,b]$, $]-\infty,b]$ usw. erzeugt.*

(c) *Enthält eine σ–Algebra Σ auf $\mathbb{R}$ alle Intervalle eines bestimmten Typs, so enthält sie alle Borelmengen.*

(d) Entsprechendes gilt für $\mathcal{B}(\mathbb{R}^n)$ und die Quadertypen

$$[\mathbf{a},\mathbf{b}] := \{\mathbf{x} \in \mathbb{R}^n \mid a_k \le x_k \le b_k \quad \text{für} \quad k = 1,\ldots,n\},$$
$$]\mathbf{a},\mathbf{b}] := \{\mathbf{x} \in \mathbb{R}^n \mid a_k < x_k \le b_k \quad \text{für} \quad k = 1,\ldots,n\}, \quad \text{usw.}$$

FOLGERUNG. *Zum Nachweis, daß alle Borelmengen eine Eigenschaft $\mathcal{E}$ besitzen, genügt es zu zeigen*

– *Alle Intervalle (Quader) eines bestimmten Typs haben die Eigenschaft $\mathcal{E}$.*

– *Die Mengen mit der Eigenschaft $\mathcal{E}$ bilden eine σ–Algebra $\mathcal{A}$.*

Denn ist $\mathcal{K}$ die Kollektion aller Intervalle (Quader) des betreffenden Typs, so gilt $\mathcal{K} \subset \mathcal{A}$ und damit $\mathcal{B}(\mathbb{R}^n) = \sigma(\mathcal{K}) \subset \mathcal{A}$ nach 5.2 (a).

BEWEIS.
Wir beschränken uns auf Intervalle $I \subset \mathbb{R}$; (d) ergibt sich in analoger Weise.

(a) Nach 5.3 (c) gehört die Kollektion $\mathcal{K}$ der kompakten Intervalle zu $\mathcal{B}$, also gilt $\sigma(\mathcal{K}) \subset \mathcal{B}$. Es folgt

$$]a,b[\;=\; \bigcup_{n=1}^{\infty} \left[a+\tfrac{1}{n}, b-\tfrac{1}{n}\right] \in \mathcal{B}, \quad]a,b] \;=\; \bigcup_{n=1}^{\infty} \left[a+\tfrac{1}{n}, b\right] \in \mathcal{B},$$
$$]-\infty,b] \;=\; \bigcup_{n=1}^{\infty} [-n,b] \in \mathcal{B},$$

und entsprechend ergibt sich, daß jedes Intervall zu $\sigma(\mathcal{K})$ und damit zu $\mathcal{B}$ gehört [ÜA]. Ist $\mathcal{K}_\mathcal{T}$ die Kollektion aller Intervalle eines Typs $\mathcal{T}$, so folgt nach 5.2 also

$\sigma(\mathcal{K}_\mathcal{T}) \subset \sigma(\mathcal{K}) \subset \mathcal{B}$. Andererseits gilt

$$\begin{aligned} [a,b] &= \bigcap_{n=1}^{\infty} \left]a-\tfrac{1}{n}, b+\tfrac{1}{n}\right[= \bigcap_{n=1}^{\infty} \left]a-\tfrac{1}{n}, b\right] \\ &= \left]-\infty, b\right] \setminus \left]-\infty, a\right[= \left]-\infty, b\right] \cap \Big(\mathbb{R} \setminus \bigcup_{n=1}^{\infty} \left]-\infty, a-\tfrac{1}{n}\right]\Big)\,, \end{aligned}$$

also $\mathcal{K} \subset \sigma(\mathcal{K}_\mathcal{T})$ für die Intervalltypen $]a,b[$, $]a,b]$, $]-\infty,b]$. Entsprechend folgt $\mathcal{K} \subset \sigma(\mathcal{K}_\mathcal{T})$ für die anderen Intervalltypen [ÜA]. Daher gilt $\sigma(\mathcal{K}_\mathcal{T}) = \sigma(\mathcal{K}) \subset \mathcal{B}$ für jeden Intervalltyp $\mathcal{T}$.

(b) Jede offene Menge $\Omega \subset \mathbb{R}$ ist die Vereinigung abzählbar vieler kompakter Intervalle (Bd. 1, § 23 : 4.1). Mit Lemma 5.2 (b) erhalten wir $\mathcal{B} \subset \sigma(\mathcal{K})$ und somit insgesamt $\mathcal{B} = \sigma(\mathcal{K}) = \sigma(\mathcal{K}_\mathcal{T})$ für jeden Intervalltyp $\mathcal{T}$. □

6 Eigenschaften von Maßen

Wir diskutieren zunächst den allgemeinen Maßbegriff und behandeln anschliessend zwei Spezialfälle, Wahrscheinlichkeitsmaße auf $\mathbb{R}$ in Abschnitt 9 und zuvor das Lebesgue-Maß als Erweiterung des herkömmlichen Volumenbegriffs im $\mathbb{R}^n$. Bei letzterem müssen wir zulassen, daß eine Menge A kein endliches Volumen besitzt; wir schreiben dann $V^n(A) = \infty$.

6.1 Unter einem **Maß** verstehen wir eine Vorschrift, die jeder Menge A einer σ–Algebra $\mathcal{A}$ auf einer nichtleeren Menge Ω ein Maß $\mu(A)$ zuordnet mit

(M_1) $\mu(A) \ge 0$ oder $\mu(A) = \infty$,

(M_2) $\mu(\emptyset) = 0$,

(M_3) $\mu(\bigcup_{k=1}^{\infty} A_k) = \sum_{k=1}^{\infty} \mu(A_k)$ für paarweis disjunkte Mengen $A_k \in \mathcal{A}$.

Die ***σ*–Additivität** (M_3) ist wie folgt zu verstehen:

Genau dann hat $A = \bigcup_{k=1}^{\infty} A_k$ endliches Maß, wenn alle A_k endliches Maß haben und die Reihe $\sum_{k=1}^{\infty} \mu(A_k)$ konvergiert. Diese liefert dann $\mu(A)$.

Die Mengen $A \in \mathcal{A}$ nennen wir wahlweise $\mathcal{A}$–meßbar, μ–meßbar oder **meßbar**. Das Tripel $(\Omega, \mathcal{A}, \mu)$ heißt **Maßraum**.

Das Maß μ heißt ***σ*–endlich**, wenn es Mengen Ω_k endlichen Maßes gibt mit $\Omega_1 \subset \Omega_2 \subset \ldots$ und $\Omega = \bigcup_{k=1}^{\infty} \Omega_k$. Gilt $\mu(\Omega) < \infty$, so heißt μ ein **endliches Maß**. Für endliche Maße ist die Forderung (M_2) überflüssig [ÜA].

Im Fall $\mu(\Omega) = 1$ heißt μ ein **Wahrscheinlichkeitsmaß** auf Ω. **Wahrscheinlichkeitsräume** $(\Omega, \mathcal{A}, \mu)$ sind charakterisiert durch

(W_1) $\mu(A) \geq 0$ *für alle* $A \in \mathcal{A}$,

(W_2) $\mu(\Omega) = 1$,

(W_3) $\mu(\bigcup\limits_{k=1}^{\infty} A_k) = \sum\limits_{k=1}^{\infty} \mu(A_k)$ *für paarweis disjunkte Mengen* $A_k \in \mathcal{A}$.

6.2 Rechenregeln für Maße

(a) $\mu(\bigcup\limits_{k=1}^{N} A_k) = \sum\limits_{k=1}^{N} \mu(A_k)$ *für paarweis disjunkte* $A_k \in \mathcal{A}$ *mit endlichem Maß.*

(b) $A \subset B,\ \mu(B) < \infty \implies \mu(B \setminus A) = \mu(B) - \mu(A)$.

(c) $A \subset B \implies \mu(A) \leq \mu(B)$ *für* μ*–meßbare Mengen* A, B.
Dabei gilt die Ungleichung $\mu(A) \leq \mu(B)$ *als erfüllt, wenn* $\mu(B) = \infty$.

(d) $\mu(A \cup B) = \mu(A) + \mu(B) - \mu(A \cap B)$, *falls* A *und* B μ*–meßbar sind und* $\mu(A \cup B) < \infty$.

BEWEIS als ÜA, vgl. 1.7 (b).

6.3 Stetigkeitseigenschaften von Maßen

(a) *Für* μ*–meßbare Mengen* $A_1, A_2, \ldots$ *mit* $A_1 \subset A_2 \subset \cdots$ *gilt*

$$\mu(\bigcup_{k=1}^{\infty} A_k) = \lim_{n\to\infty} \mu(A_n)\,.$$

Dies schließt den Fall $\mu(\bigcup\limits_{k=1}^{\infty} A_k) = \infty$ *ein.*

(b) *Für* μ*–meßbare Mengen* $B_1, B_2, \ldots$ *mit* $B_1 \supset B_2 \supset \cdots$ *gilt*

$$\mu(\bigcap_{k=1}^{\infty} B_k) = \lim_{n\to\infty} \mu(B_n)\,, \quad \text{falls } \mu(B_1) < \infty\,.$$

Auf die Bedingung $\mu(B_1) < \infty$ kann nicht einfach verzichtet werden. Beispielsweise haben die Streifen $B_k := \left\{(x,y) \;\middle|\; 0 < y < \frac{1}{k}\right\} \subset \mathbb{R}^2$ keinen endlichen Flächeninhalt, und ihr Durchschnitt ist leer.

BEWEIS.

(a) Wir setzen $C_1 := A_1$ und $C_k := A_k \setminus A_{k-1}$ für $k \geq 2$ (Skizze!). Wegen (S_2), (S_3) gehören die $C_k = A_k \cap (\Omega \setminus A_{k-1})$ für $k \geq 2$ zu $\mathcal{A}$.

Für $k < l$ gilt $A_k \cap C_l \subset A_{l-1} \cap C_l$, also $C_l \cap A_k = \emptyset$, da $l > 1$.

Wegen $C_k \subset A_k$ ist daher $C_k \cap C_l = \emptyset$ für $k < l$. Wir zeigen

$$A := \bigcup_{k=1}^{\infty} A_k = \bigcup_{k=1}^{\infty} C_k .$$

Wegen $C_k \subset A_k \subset A$ ist die rechte Seite in der linken enthalten.

Umgekehrt gibt es zu jedem $\omega \in A$ ein kleinstes $m \in \mathbb{N}$ mit $\omega \in A_m$. Es ist dann

$$\omega \in A_1 = C_1 \quad \text{für} \quad m = 1 \quad \text{bzw.} \quad \omega \in A_m \setminus A_{m-1} = C_m \quad \text{für} \quad m > 1 .$$

Gibt es ein $N \in \mathbb{N}$ mit $\mu(A_N) = \infty$, so folgt mit 6.2 (c) auch $\mu(A_k) = \infty$ für $k \geq N$ sowie $\mu(A) = \infty$. Andernfalls gilt nach 6.2 (b)

$$\mu(C_k) = \mu(A_k) - \mu(A_{k-1}) \quad \text{für} \quad k > 1 ,$$

also wegen der σ–Additivität von μ

$$\begin{aligned} \mu(A) &= \sum_{k=1}^{\infty} \mu(C_k) = \lim_{n \to \infty} \Big(\mu(A_1) + \sum_{k=2}^{n} (\mu(A_k) - \mu(A_{k-1})) \Big) \\ &= \lim_{n \to \infty} \mu(A_n) . \end{aligned}$$

(b) Wir setzen $A_k := B_1 \setminus B_k \in \mathcal{A}$, $B := \bigcap_{k=1}^{\infty} B_k$ und

$$A := \bigcup_{k=1}^{\infty} A_k = \bigcup_{k=1}^{\infty} (B_1 \setminus B_k) = B_1 \setminus \bigcap_{k=1}^{\infty} B_k = B_1 \setminus B .$$

Letzteres folgt wegen $B \subset B_k \subset B_1$ nach den de Morganschen Regeln Bd. 1, § 4 : 4.2. Wegen $\mu(B_1) < \infty$ und wegen $A_k \subset A \subset B_1$ haben nach 6.2 (d) auch alle A_k endliches Maß. Aus (a) und 6.2 (b) erhalten wir

$$\begin{aligned} \mu(B_1) - \mu(B) &= \mu(A) = \lim_{n \to \infty} \mu(A_n) = \lim_{n \to \infty} (\mu(B_1) - \mu(B_n)) \\ &= \mu(B_1) - \lim_{n \to \infty} \mu(B_n) . \end{aligned}$$

□

6.4 Die Subadditivität von Maßen

Für beliebige μ–meßbare Mengen $M_1, M_2, \ldots$ gilt

$$\mu\Big(\bigcup_{k=1}^{\infty} M_k\Big) \leq \sum_{k=1}^{\infty} \mu(M_k) ,$$

wobei diese Ungleichung als erfüllt gilt, wenn nicht alle M_k endliches Maß haben oder wenn die rechtsstehende Reihe divergiert.

Beweis als ÜA in zwei Schritten:

(a) Folgern Sie aus 6.2 (d) durch Induktion, daß $\mu(\bigcup_{k=1}^{n} M_k) \leq \sum_{k=1}^{n} \mu(M_k)$.

(b) Wenden Sie 6.3 (a) auf $A_n = \bigcup_{k=1}^{n} M_k$ an.

7 Konstruktion von Maßen durch Fortsetzung

7.1 Mengenringe und Prämaße

(a) Bisher kennen wir nur ein nichttriviales Beispiel für Maßräume: diskrete Wahrscheinlichkeitsräume $(\mathbb{R}, \mathbb{P}(\mathbb{R}), \mu)$. Nun soll eine zunächst für die halboffenen Quader $]\mathbf{a}, \mathbf{b}] = \{\mathbf{x} \in \mathbb{R}^n \mid a_i < x_i \leq b_i \quad (i = 1, \ldots, n)\}$ gegebene Maßvorschrift wie der elementargeometrische Inhalt $V^n(]\mathbf{a}, \mathbf{b}])$ oder im Fall $n = 1$ die Wahrscheinlichkeit

$$\mu(]a, b]) = \int_a^b \varrho(x)\, dx$$

zu einem Maß auf eine σ–Algebra $\mathcal{A}$ fortgesetzt werden. Dies geschieht nach einem allgemeinen Prinzip, welches wir im folgenden schildern.

(b) Eine nichtleere Kollektion $\mathcal{R}$ von Teilmengen von $\Omega \neq \emptyset$ heißt ein **Mengenring** auf Ω, wenn $\mathcal{R}$ mit je zwei Mengen A, B auch $A \cup B$ und $A \setminus B$ enthält. Es gilt dann

$$\emptyset = C \setminus C \in \mathcal{R},$$

da $\mathcal{R}$ wenigstens eine Menge C enthält, und

$$A, B \in \mathcal{R} \implies A \cap B = A \setminus (A \setminus B) \in \mathcal{R}.$$

Eine abzählbare Vereinigung von Mengen aus $\mathcal{R}$ muß ebensowenig zu $\mathcal{R}$ gehören wie Ω selbst.

Uns interessiert vor allem der Mengenring $\mathcal{R}_n$ auf $\mathbb{R}^n$, bestehend aus der leeren Menge und allen endlichen Vereinigungen halboffener Quader $]\mathbf{a}, \mathbf{b}]$. Zum Nachweis der Mengenringeigenschaft ist offenbar nur zu zeigen: $A, B \in \mathcal{R}_n \implies A \setminus B \in \mathcal{R}_n$. Daraus ergibt sich dann leicht, daß jede nichtleere Menge $A \in \mathcal{R}_n$ die endliche Vereinigung paarweis disjunkter Quader vom Typ $]\mathbf{a}, \mathbf{b}]$ ist.

ÜA Machen Sie sich diese Sachverhalte für $\mathcal{R}_1$ und $\mathcal{R}_2$ anhand von Skizzen klar. Daraus ergibt sich die Beweisidee für $\mathcal{R}_n$; wir verzichten auf die Ausführung.

(c) Ein **Prämaß** μ auf einem Mengenring $\mathcal{R}$ ist definiert durch die Eigenschaften

$$\mu(A) \geq 0 \text{ oder } \mu(A) = \infty \text{ für } A \in \mathcal{R}, \quad \mu(\emptyset) = 0,$$

$$\mu(\bigcup_{k=1}^{\infty} A_k) = \sum_{k=1}^{\infty} \mu(A_k)$$

für paarweis disjunkte $A_k \in \mathcal{R}$, falls $\bigcup_{k=1}^{\infty} A_k \in \mathcal{R}$.

Das Prämaß heißt ***σ*–endlich**, wenn es Mengen $A_k \in \mathcal{R}$ gibt, mit $\mu(A_k) < \infty$, $A_k \subset A_{k+1}$ $(k = 1, 2, \ldots)$ und $\Omega = \bigcup_{k=1}^{\infty} A_k$.

Beispiele für Prämaße folgen in den Abschnitten 8 und 9.

7.2 Fortsetzung eines Prämaßes zu einem Maß

SATZ. *Jedes Prämaß auf einem Mengenring $\mathcal{R}$ läßt sich zu einem Maß fortsetzen. Für ein σ–endliches Prämaß ist die Fortsetzung auf der von $\mathcal{R}$ erzeugten σ–Algebra $\sigma(\mathcal{R})$ eindeutig bestimmt.*

Wir beschreiben im folgenden das nach CARATHÉODORY benannte Fortsetzungsverfahren; ausführliche Beweise hierzu finden Sie in [116], § 5.

(a) *Einführung eines äußeren Maßes μ^*.* Für beliebige Teilmengen M des Grundraums Ω sei

$$\mu^*(M) := \inf \left\{ \sum_{k=1}^{\infty} \mu(A_k) \;\middle|\; A_1, A_2, \ldots \in \mathcal{R},\; M \subset \bigcup_{k=1}^{\infty} A_k \right\},$$

falls es wenigstens eine Überdeckung von M durch Mengen $A_k \in \mathcal{R}$ mit $\sum_{k=1}^{\infty} \mu(A_k) < \infty$ gibt und

$$\mu^*(M) := \infty \quad \text{sonst.}$$

Das äußere Maß μ^* hat folgende Eigenschaften:

(1) $\mu^*(M) = \mu(M)$ *für* $M \in \mathcal{R}$,

(2) $\mu^*(M) \geq 0$ *oder* $\mu^*(M) = \infty$, $\mu^*(\emptyset) = 0$,

(3) $M_1 \subset M_2 \implies \mu^*(M_1) \leq \mu^*(M_2)$,

(4) $\mu^*(\bigcup_{k=1}^{\infty} M_k) \leq \sum_{k=1}^{\infty} \mu^*(M_k)$ *für beliebige* $M_k \subset \Omega$

(*Subadditivität, vgl.* 6.4).

In der Regel ist μ^* nicht einmal endlich additiv: Ist der Rand einer Menge A zu ausgefranst, so kann es Mengen M geben mit

$$\mu^*(M) < \mu^*(M \cap A) + \mu^*(M \setminus A).$$

(Figur).

Durch die folgende Definition kennzeichnen wir meßbare Mengen M durch die „Gutartigkeit ihres Randes“, formuliert mit Hilfe der additiven Zerlegbarkeit von Testmengen M durch den Rand:

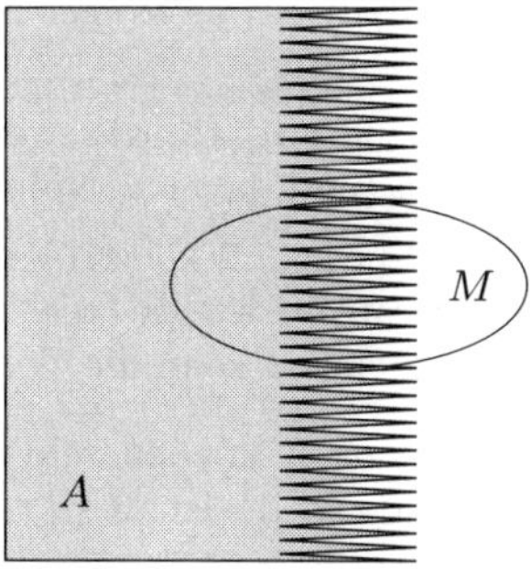

(b) DEFINITION. Eine Menge $A \subset \Omega$ heißt $\boldsymbol{\mu}$**–meßbar**, wenn

$$\mu^*(M) = \mu^*(M \cap A) + \mu^*(M \setminus A)$$

für alle $M \subset \Omega$.

(c) *Die μ–meßbaren Mengen bilden eine $\mathcal{R}$ umfassende σ–Algebra $\mathcal{A}$. Setzen wir ein σ–endliches Prämaß μ auf die σ–Algebra $\mathcal{A}$ fort durch die Vorschrift*

$$\mu(A) := \mu^*(A) \quad \textit{für} \quad A \in \mathcal{A},$$

so entsteht ein σ–endliches Maß μ.

(d) *Jede andere Fortsetzung eines σ–endlichen Prämaßes μ zu einem Maß stimmt auf $\sigma(\mathcal{R})$ mit der in* (c) *definierten Fortsetzung überein.*

BEMERKUNGEN. Wir wenden den Fortsetzungssatz nur auf Prämaße auf dem Mengenring $\mathcal{R}_n$ an. Dieser erzeugt die σ–Algebra $\mathcal{B}(\mathbb{R}^n)$ der Borelmengen (vgl. 5.4). Die oben definierte σ–Algebra $\mathcal{A}$ ist je nach Prämaß größer als $\mathcal{B}(\mathbb{R}^n)$: Beim Diracschen Prämaß auf $\mathcal{R}_1$ ergibt sich z.B. $\mathcal{A} = \mathbb{P}(\mathbb{R})$; für den elementargeometrischen Inhalt und für die Normalverteilung auf $\mathcal{R}_1$ besteht $\mathcal{A}$ aus den Lebesgue–meßbaren Mengen (Abschnitt 8). Für Wahrscheinlichkeitsmaße auf $\mathbb{R}$ wählen wir, auch im Hinblick auf die Eindeutigkeit der Fortsetzung, als gemeinsamen Definitionsbereich immer die Borelalgebra $\mathcal{B}$.

7.3 Nullmengen, vollständige Maße

(a) Für das nach 7.2 konstruierte Maß μ gilt: Hat $N \subset \Omega$ das äußere Maß Null, so ist jede Menge $A \subset N$ μ–meßbar mit $\mu(A) = 0$. Denn aus den Eigenschaften (3), (4) von μ^* folgt für beliebige Mengen $M \subset \Omega$

$$\mu^*(M \cap N) \le \mu^*(N) = 0\,, \quad \mu^*(M \setminus N) \le \mu^*(M)\,,$$

also

$$\mu^*(M) \le \mu^*(M \cap N) + \mu^*(M \setminus N) \le \mu^*(M)\,,$$

so daß überall das Gleichheitszeichen stehen muß. Dies bedeutet nach 7.2 (b), daß N μ–meßbar ist. Für $A \subset N$ gilt $\mu^*(A) \le \mu^*(N) = 0$, so daß auch A μ–meßbar ist mit $\mu(A) = 0$.

(b) Sei $(\Omega, \mathcal{A}, \mu)$ ein beliebiger Maßraum. Eine Menge $N \in \mathcal{A}$ mit $\mu(N) = 0$ heißt **μ–Nullmenge** .

Das Maß μ heißt **vollständig**, wenn für jede μ–Nullmenge auch alle Teilmengen zu $\mathcal{A}$ gehören (und daher μ–Nullmengen sind).

Nach (a) ist die in 7.2 konstruierte Fortsetzung $(\Omega, \mathcal{A}, \mu)$ eines Prämaßes vollständig. Schränken wir es (wie bei Wahrscheinlichkeitsmaßen üblich) auf die Borelmengen ein, so kann die Vollständigkeit verloren gehen.

(c) μ–Nullmengen können sehr groß sein: Für diskrete Verteilungen μ mit $\operatorname{supp} \mu = \{x_0, x_1, \ldots\}$ ist $\mathbb{R} \setminus \{x_0, x_1, \ldots\}$ eine μ–Nullmenge.

(d) SATZ. *Die Vereinigung und der Durchschnitt höchstens abzählbar vieler μ–Nullmengen sind jeweils wieder μ–Nullmengen.*

Denn nach 5.1 sind die Vereinigung V und der Durchschnitt D höchstens abzählbar vieler μ–meßbarer Mengen wieder μ–meßbar. Für V ergibt sich die Nullmengeneigenschaft aus der Subadditivität 6.4. Weiter folgt aus $D \subset N$ und $\mu(N) = 0$ auch $\mu(D) \le \mu(N) = 0$.

8 Das Lebesgue–Maß

8.1 Fortsetzung des Lebesgueschen Prämaßes

(a) Die endlichen Vereinigungen halboffener Quader $]\mathbf{a}, \mathbf{b}]$ bilden zusammen mit der leeren Menge einen Mengenring $\mathcal{R}_n$. Das Lebesgue–Maß V^n wird wie folgt eingeführt:

Wir setzen $V^n(\emptyset) := 0$ und für jede nichtleere Menge $M \in \mathcal{R}_n$

$$V^n(M) := \sum_{k=1}^{N} V^n(I_k),$$

falls

$$M = \bigcup_{k=1}^{N} I_k \quad \text{mit paarweis disjunkten Quadern} \quad I_k =]\mathbf{a}_k, \mathbf{b}_k].$$

Das macht Sinn, d.h. die rechte Seite hängt nicht von der Art der Zerlegung ab. Dies ergibt sich wie in Bd. 1, § 23 : 1.

Hiermit erhalten wir ein endliches additives Maß V^n auf $\mathcal{R}_n$. Zum Nachweis der Prämaßeigenschaft genügt es daher zu zeigen: Aus

$$I =]\mathbf{a}, \mathbf{b}] = \bigcup_{k=1}^{\infty} I_k \quad \text{mit paarweis disjunkten} \quad I_k =]\mathbf{a}_k, \mathbf{b}_k]$$

folgt

$$V^n(I) = \sum_{k=1}^{\infty} V^n(I_k).$$

Die Ungleichung

$$\sum_{k=1}^{N} V^n(I_k) = \sum_{k=1}^{N} V^n(\overline{I}_k) \leq V^n(\overline{I}) = V^n(I) \text{ für } N \in \mathbb{N}$$

erhalten wir wie in Bd. 1, § 23 : 1 aus einer Rasterung von $\overline{I}$ durch Einziehen aller an $I_1, \ldots, I_N$ beteiligten Randhyperebenen. Zu zeigen bleibt

$$V^n(I) \leq \sum_{k=1}^{\infty} V^n(I_k).$$

Hierzu wählen wir zu vorgegebenem $\varepsilon > 0$ einen kompakten Quader $K \subset I$ mit $V^n(I) \leq V^n(K) + \varepsilon$ und offene Quader J_k mit

$$I_k \subset J_k, \quad V^n(J_k) < V^n(I_k) + \frac{\varepsilon}{2^k} \quad (k = 1, 2, \ldots).$$

Da K von den J_k überdeckt wird, gibt es nach dem Überdeckungssatz von Heine–Borel ein $M \in \mathbb{N}$ mit $K \subset \bigcup_{k=1}^{M} J_k$. Wie in 6.4 (a) erhalten wir

$$V^n(I) < V^n(K) + \varepsilon \leq \sum_{k=1}^{M} V^n(J_k) + \varepsilon < \sum_{k=1}^{\infty} V^n(I_k) + 2\varepsilon$$

für jedes $\varepsilon > 0$.

Die σ–Endlichkeit von V^n ergibt sich mittels Ausschöpfung von $\mathbb{R}^n$ durch die Quader $Q_k = \{\mathbf{x} = (x_1, \ldots, x_n) \mid -k < x_i \leq k \text{ für } i = 1, \ldots, n\} \in \mathcal{R}_n$.

(b) Wir fassen zusammen: *Durch Fortsetzung des elementaren Volumens von Quadern mit Hilfe des Verfahrens von* Carathéodory *7.2 erhalten wir ein vollständiges Maß auf einer die Borelmengen enthaltenden* σ*–Algebra* $\mathcal{L}^n$.

Wir nennen dieses das **Lebesgue–Maß** und bezeichnen es wahlweise mit V^n oder λ^n, im Fall $n = 1$ auch mit λ.

(c) *Das Lebesgue–Maß ist translationsinvariant:*

$$V^n(\mathbf{a} + M) = V^n(M) \quad \textit{für } M \in \mathcal{L}^n.$$

Denn aus der Translationsinvarianz des Lebesgueschen Prämaßes folgt die des äußeren Lebesgueschen Maßes [ÜA].

(d) *Nicht alle Teilmengen des* $\mathbb{R}^n$ *sind Lebesgue–meßbar*, siehe [143] 15.2 (Stichwort „Vitali–Mengen“).

8.2 Die klassische Definition des Lebesgue–Maßes

In § 8 wurde eine elementare Definition der Lebesgue–Meßbarkeit und des Lebesgue–Maßes gegeben, wie sie in den meisten Analysis–Büchern zu finden ist. Die Äquivalenz zu der in 8.1 gegebenen maßtheoretischen Definition ergibt sich aus dem folgenden Satz, dessen Beweis in [118] Satz II.7.4 ausgeführt ist.

SATZ. (a) *Eine Menge* $M \subset \mathbb{R}^n$ *ist genau dann Lebesgue–meßbar im Sinne von 8.1, wenn es zu jedem* $\varepsilon > 0$ *eine offene Menge* Ω *und eine abgeschlossene Menge* A *gibt mit*

$$A \subset M \subset \Omega \quad \textit{und} \quad V^n(\Omega \setminus A) < \varepsilon\,.$$

Im Fall $V^n(M) < \infty$ *gilt*

$$V^n(M) = \inf\{\,V^n(\Omega) \mid \Omega \ \textit{offen},\ M \subset \Omega\,\}.$$

(b) *Zu jeder Lebesgue–meßbaren Menge* M *gibt es Borelmengen* F *und* G *mit*

$$F \subset M \subset G\,, \quad V^n(G \setminus F) = 0\,, \quad V^n(F) = V^n(M) = V^n(G)\,.$$

Aus (b) und 7.2 (d) folgt, daß das Lebesgue–Maß die einzige Fortsetzung des n–dimensionalen Volumens von Quadern auf die σ–Algebra $\mathcal{L}^n$ ist.

9 Wahrscheinlichkeitsmaße auf $\mathbb{R}$

9.1 Allgemeines

(a) Nach den Bemerkungen 7.2 verstehen wir unter einem **Wahrscheinlichkeitsmaß auf** $\boldsymbol{rg}$ (einer **Verteilung**) eine auf den Borelmengen in $\mathbb{R}$ definierte Mengenfunktion μ mit

(W_1) $\mu(A) \geq 0$ für alle $A \in \mathcal{B}$,

(W_2) $\mu(\mathbb{R}) = 1$,

(W_3) $\mu(\bigcup\limits_{k=1}^{\infty} A_k) = \sum\limits_{k=1}^{\infty} \mu(A_k)$ für paarweis disjunkte $A_k \in \mathcal{B}$.

Wie in 1.7 (b) folgt die endliche Additivität und daraus für $A, B \in \mathcal{B}$

$$\mu(\mathbb{R} \setminus A) = 1 - \mu(A)\,,$$

$$A \subset B \implies \mu(B \setminus A) = \mu(B) - \mu(A)\,, \quad \text{also } \mu(A) \leq \mu(B)\,,$$

$$\mu(A \cup B) = \mu(A) + \mu(B) - \mu(A \cap B)\,.$$

Weiter gelten die Stetigkeitsaussagen 6.3 und die Subadditivität 6.4; die Voraussetzung $\mu(B_1) < \infty$ in 6.3 (b) ist immer erfüllt.

(b) Ist μ die Verteilung einer Zufallsgröße X, so heißt $a \in \mathbb{R}$ ein **möglicher Beobachtungswert** für X, wenn

$$\mu(]a - \varepsilon, a + \varepsilon]) > 0 \quad \text{für alle } \varepsilon > 0\,.$$

Beachten Sie, daß für Verteilungen mit Dichten ein einzelner Meßwert die Wahrscheinlichkeit Null hat. Ist μ eine diskrete Verteilung mit dem Träger supp $\mu = \{x_0, x_1, \ldots\}$, so sind $x_0, x_1, \ldots$ genau die möglichen Beobachtungswerte.

(c) **Mischung von Wahrscheinlichkeitsmaßen**. *Sind* $p_k \geq 0$ *Zahlen mit* $\sum\limits_{k=1}^{\infty} p_k = 1$ *und* $\mu_1, \mu_2, \ldots$ *Wahrscheinlichkeitsmaße auf* $\mathbb{R}$, *so liefert*

$$\mu(A) := \sum_{k=1}^{\infty} p_k \, \mu_k(A) \quad \textit{für } A \in \mathcal{B}$$

ein Wahrscheinlichkeitsmaß auf $\mathbb{R}$, *bezeichnet mit* $\mu = \sum\limits_{k=1}^{\infty} p_k \, \mu_k$.

Die Eigenschaften $(W_1), (W_2)$ sind evident; (W_3) folgt aus dem großen Umordnungssatz Bd. 1, § 7 : 6.6 ÜA.

9.2 Die Verteilungsfunktion

Für eine Verteilung μ auf $\mathbb{R}$ definieren wir die **Verteilungsfunktion** F durch

$$F(x) := \mu(]-\infty, x]) .$$

BEISPIELE. (i) Für das Dirac–Maß δ_a (vgl. 1.6 (b)) ist $F = \chi_{[a,\infty[}$.

(ii) Für ein Bernoulli–Experiment mit Erfolgswahrscheinlichkeit p ist die Verteilung $\mu = (1-p)\,\delta_0 + p\,\delta_1$ (siehe 9.1 (c)). ÜA: Skizzieren Sie die zugehörige Verteilungsfunktion F.

(iii) Für die standardisierte Normalverteilung 4.1 erhalten wir

$$F(x) = \frac{1}{\sqrt{2\pi}} \int\limits_{-\infty}^{x} \mathrm{e}^{-\frac{1}{2}t^2} \, dt = \Phi(x) .$$

SATZ. *Die Verteilungsfunktion* $F : \mathbb{R} \to [0,1]$ *hat die Eigenschaften*

(a) F *ist monoton wachsend,*

(b) F *ist rechtsseitig stetig,*

(c) $\lim\limits_{x \to -\infty} F(x) = 0, \quad \lim\limits_{x \to \infty} F(x) = 1.$

Ferner existiert der linksseitige Grenzwert $F(a-)$ *an jeder Stelle* $a \in \mathbb{R}$, *und es gilt*

(d) $\mu(]a,b]) = F(b) - F(a)$ für $a < b$,

(e) $\mu(\{a\}) = F(a) - F(a-)$,

(f) $\mu([a,b]) = F(b) - F(a-)$.

BEWEIS.

(a) Für $a < b$ gilt $]-\infty, a] \subset]-\infty, b]$, also $\mu(]-\infty,a]) \leq \mu(]-\infty,b])$.

(b) Sei $a \in \mathbb{R}$ und $a_n = a + \frac{1}{n}$. Da die Folge $(F(a_n))$ monoton fällt und durch $F(a)$ nach unten beschränkt ist, existiert $s := \lim F(a_n)$. Zu gegebenem $\varepsilon > 0$ gibt es ein a_k mit $F(a_k) - s < \varepsilon$. Es folgt

$$0 \le s - F(x) < \varepsilon \quad \text{für} \quad a < x < a_k\,, \quad \text{also} \quad s = \lim_{a<x\to a} F(x) = F(a+)\,.$$

Entsprechend folgt die Existenz des linksseitigen Grenzwerts $F(a-)$ und die Existenz der Grenzwerte $\lim\limits_{x\to-\infty} F(x)$, $\lim\limits_{x\to\infty} F(x)$; für die beiden letzteren ist $0 \le F(x) \le 1$ zu beachten. Wir zeigen nun, daß $F(a) = F(a+)$:

Für $B_n =]-\infty, a_n]$ gilt $B_1 \supset B_2 \supset \cdots$, also folgt nach 6.3 (b)

$$F(a) = \mu(]-\infty,a]) = \mu(\bigcap_{n=1}^{\infty} B_n) = \lim_{n\to\infty} \mu(B_n) = \lim_{n\to\infty} F(a_n) = F(a+)\,.$$

(c) Für $C_n =]-\infty, -n]$ gilt $C_1 \supset C_2 \supset \cdots$ und $\bigcap\limits_{n=1}^{\infty} C_n = \emptyset$, somit

$$\lim_{x\to-\infty} F(x) = \lim_{n\to\infty} F(-n) = \lim_{n\to\infty} \mu(C_n) = \mu(\bigcap_{n=1}^{\infty} C_n) = 0\,;$$

entsprechend folgt $\lim\limits_{x\to\infty} F(x) = 1$ aus 6.3 (a) ÜA.

(d) $F(b) - F(a) = \mu(]-\infty,b] \setminus]-\infty,a]) = \mu(]a,b])$ für $a < b$.

(f) Für $B_n = \left]a - \frac{1}{n}, b\right]$ gilt $B_1 \supset B_2 \supset \cdots$ und $\bigcap\limits_{n=1}^{\infty} B_n = [a,b]$, also $\mu([a,b]) = \lim\limits_{n\to\infty} \mu(]a - \frac{1}{n}, b]) = F(b) - F(a-)$. (e) ist ein Spezialfall von (f). □

9.3 Die zu einer Verteilungsfunktion gehörige Verteilung

Satz. *Jede monoton wachsende, rechtsseitig stetige Funktion* $F : \mathbb{R} \to [0,1]$ *mit* $\lim\limits_{x\to-\infty} F(x) = 0$, $\lim\limits_{x\to+\infty} F(x) = 1$ *ist die Verteilungsfunktion einer durch* F *eindeutig bestimmten Verteilung* μ. *Wir erhalten diese durch Fortsetzung des durch*

$$\mu(]a,b]) := F(b) - F(a)$$

auf dem Mengenring $\mathcal{R}_1$ *definierten endlichen Prämaßes gemäß 7.2.*

Beweis.

Entscheidende Voraussetzung des Fortsetzungssatzes 7.2 ist die Prämaßeigenschaft. Dazu genügt es, zu zeigen:

Ist $I =]a,b]$ die Vereinigung abzählbar vieler, paarweis disjunkter Mengen $R_i \in \mathcal{R}_1$, so gilt

$$\mu(I) = \sum_{k=1}^{\infty} \mu(R_i)\,.$$

Wir können jedes R_i als Vereinigung endlich vieler paarweis disjunkter Intervalle des Typs $]\alpha, \beta]$ darstellen und erhalten so insgesamt abzählbar viele, paarweis disjunkte Intervalle $I_k =]a_k, b_k]$, deren Vereinigung I ist. Zu zeigen bleibt

$$\mu(I) = \sum_{k=1}^{\infty} \mu(I_k)\,.$$

(a) Von endlich vielen Intervallen $I_1, \ldots, I_N$ dürfen wir, ggf. nach Umnumerierung, voraussetzen

$$a \le a_1 < b_1 \le a_2 < b_2 \le \cdots < b_N \le b\,.$$

Aufgrund der Monotonie von F erhalten wir

$$\begin{aligned}\sum_{k=1}^{N} \mu(I_k) &= \sum_{k=1}^{N} (F(b_k) - F(a_k)) \\ &\le \sum_{k=1}^{N-1} (F(a_{k+1} - F(a_k)) \;+\; F(b_N) - F(a_N) \\ &= F(b_N) - F(a_1) \;\le\; F(b) - F(a) \;=\; \mu(I)\,.\end{aligned}$$

Es folgt die Konvergenz der Reihe

$$\sum_{k=1}^{\infty} \mu(I_k) \;\le\; \mu(I)\,.$$

(b) Zu zeigen ist $\mu(I) \le \sum\limits_{k=1}^{\infty} \mu(I_k)$. Sei $\varepsilon > 0$ vorgegeben. Aufgrund der rechtsseitigen Stetigkeit von F gibt es

- ein Intervall $J =]c, b]$ mit $a < c < b$ und $\mu(I) < \mu(J) + \varepsilon$,
- Intervalle $J_k =]a_k, c_k]$ mit $c_k > b_k$ und $\mu(J_k) - \mu(I_k) < \varepsilon\, 2^{-k}$

für $k = 1, 2, \ldots$. Es gilt dann

$$[c, b] = \overline{J} \subset \overset{\circ}{I}\,, \quad I_k \in \overset{\circ}{J_k} =: \Omega_k\,.$$

Nach dem Überdeckungssatz von Heine–Borel gibt es ein $M \in \mathbb{N}$ mit

$$J \;\subset\; [c, b] \subset \bigcup_{k=1}^{M} \Omega_k \subset \bigcup_{k=1}^{M} J_k\,.$$

Es folgt

$$\begin{aligned}\mu(I) &< \mu(J) + \varepsilon \le \sum_{k=1}^{M} \mu(J_k) + \varepsilon \le \sum_{k=1}^{M} \mu(I_k) + 2\varepsilon \\ &\le \sum_{k=1}^{\infty} \mu(I_k) + 2\varepsilon \quad \text{für jedes } \varepsilon > 0\,.\end{aligned}$$

□

§ 20 Integration bezüglich eines Maßes

1 Das Konzept des μ–Integrals

(a) In diesem Paragraphen verfolgen wir vor allem zwei Ziele,

- die Grundlagen für das Lebesgue–Integral bereitzustellen und
- für ein allgemeines Wahrscheinlichkeitsmaß μ, aufgefaßt als Verteilung einer Zufallsgröße X, das μ–Integral $\int_{\mathbb{R}} f\,d\mu$ und damit Erwartungswert, Varianz von X und den Erwartungswert der transformierten Zufallsgröße $f(X)$ zu definieren.

Beide Aufgaben lassen sich gemeinsam unter dem Dach der Integrationstheorie bezüglich eines Maßes μ behandeln. Diese legen wir gleich weit genug an, um auch für andere Themen wie Momente allgemeiner Massenverteilungen und klassische Wahrscheinlichkeitstheorie offen zu sein.

(b) Ausgangspunkt ist ein beliebiger Maßraum $(\Omega, \mathcal{A}, \mu)$ mit einem σ–endlichen Maß μ, vgl. § 19 : 6. Die Mengen $A \in \mathcal{A}$ nennen wir **μ–meßbar** oder kurz **meßbar**. Die Verbindung zwischen Maß und Integral wird über die Beziehung

$$(*) \qquad \int_{\Omega} \chi_A\,d\mu := \mu(A) \quad \text{für} \quad A \in \mathcal{A}, \quad \mu(A) < \infty$$

hergestellt. Für das Lebesgue–Maß ergibt sich schon hier eine erhebliche Erweiterung des Integralbegriffs von Bd. 1, § 23, z.B. ist $\int_{\mathbb{R}} \chi_{\mathbb{Q}}\,d\lambda = 0$.

Für eine *Elementarfunktion* φ der Form

$$\varphi = \sum_{k=1}^{N} a_k\,\chi_{A_k}\,,$$

wobei die A_k paarweis disjunkte meßbare Mengen endlichen Maßes sind, definieren wir

$$\int_{\Omega} \varphi\,d\mu := \sum_{k=1}^{N} a_k\,\mu(A_k)$$

und zeigen in Abschnitt 2, daß dieses Integral linear und monoton ist.

(c) Wir definieren nun das Integral $\int_{\Omega} f\,d\mu$ für beschränkte reellwertige Funktionen f auf Ω, von denen wir nur voraussetzen, daß das Urbild $f^{-1}(I)$ beliebiger Intervalle I zu $\mathcal{A}$ gehört. Solche Funktionen nennen wir *meßbar*, Näheres dazu in Abschnitt 3. Einfachheitshalber setzen wir an dieser Stelle $\mu(\Omega) < \infty$ voraus.

SATZ. *Zu jeder meßbaren Funktion $f : \Omega \to [-M, M]$ gibt es eine Folge von Elementarfunktionen $\varphi_1, \varphi_2, \ldots$ mit*

$$-M\chi_{\Omega} \le \varphi_1 \le \varphi_2 \le \ldots \le f\,,$$

die auf Ω gleichmäßig gegen f konvergieren. Wegen

$$\int_\Omega \varphi_1 \, d\mu \le \int_\Omega \varphi_2 \, d\mu \le \ldots \le M\,\mu(\Omega)$$

existiert

$$\int_\Omega f \, d\mu := \lim_{n\to\infty} \int_\Omega \varphi_n \, d\mu \,.$$

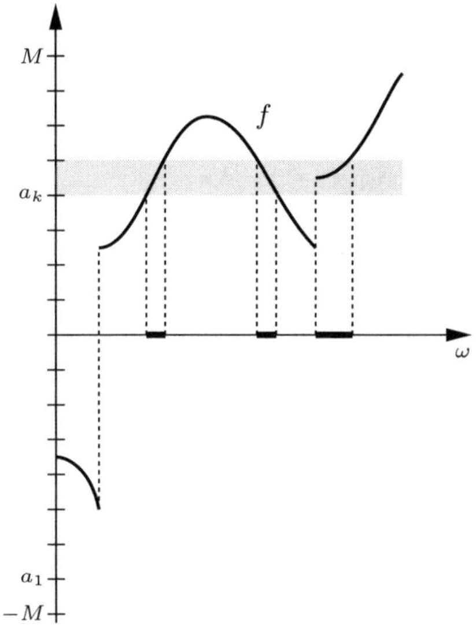

Beweis.

Für $n \in \mathbb{N}$ sei $N := 2^n$. Wir unterteilen $[-M, M]$ durch die äquidistanten Teilpunkte

$$a_k := -M + \frac{2M}{N}\,k$$

$(k = 0, \ldots, N)$ in N paarweis disjunkte Teilintervalle $I_0 = [a_0, a_1]$ und $I_k =]a_k, a_{k+1}]$ für $k = 1, \ldots, N-1$.

Da f meßbar ist, sind $A_k := f^{-1}(I_k)$ zu $\mathcal{A}$ gehörige, paarweis disjunkte Mengen, deren Vereinigung Ω ist. Nach Konstruktion ist

$$\varphi_n := \sum_{k=0}^{N-1} a_k \, \chi_{A_k}$$

eine Elementarfunktion mit $\varphi_n \le f$ und $\|f - \varphi_n\|_\infty \le 2M/N = M \cdot 2^{1-n}$. Bei Übergang von n zu $n+1$ werden die I_k durch die neu hinzukommenden Teilpunkte halbiert, und es ergibt sich $\varphi_n \le \varphi_{n+1}$. (Machen Sie eine Skizze!) □

Die Unabhängigkeit der Integraldefinition von der approximierenden Folge (φ_n) und die Ausdehnung der Integraldefinition auf unbeschränkte meßbare Funktionen f und nicht endliche Maße μ behandeln wir in Abschnitt 4.

2 Das μ–Integral für Elementarfunktionen

2.1 Elementarfunktionen

(a) Sei im folgenden $\Omega \ne \emptyset$ und $\mathcal{A}$ eine σ–Algebra auf Ω. Die Mengen aus $\mathcal{A}$ heißen **meßbar**. Eine Funktion $\varphi : \Omega \to \mathbb{R}$ heißt **Elementarfunktion**, wenn sie eine Linearkombination

$$\varphi = \sum_{i=1}^{M} a_i \, \chi_{A_i}$$

charakteristischer Funktionen meßbarer Mengen ist.

Definitionsgemäß bilden also die Elementarfunktionen einen Vektorraum über $\mathbb{R}$. Spezialfälle sind charakteristische Funktionen χ_A mit $A \in \mathcal{A}$. Dabei setzen wir $\chi_\emptyset = 0$. Beachten Sie im folgenden, daß ÜA

$$\begin{aligned}\chi_{A\cap B} &= \chi_A \cdot \chi_B = \min\{\chi_A, \chi_B\},\\ \chi_{\Omega\setminus A} &= 1 - \chi_A,\\ \chi_{A\cup B} &= \max\{\chi_A, \chi_B\} \quad \text{und}\\ \chi_{A\cup B} &= \chi_A + \chi_B \quad \text{falls} \quad A \cap B = \emptyset.\end{aligned}$$

(b) *Jede Elementarfunktion φ besitzt eine* **disjunkte Darstellung**

$$\varphi = \sum_{k=1}^{N} b_k \chi_{B_k} \quad \textit{mit paarweis disjunkten meßbaren } B_k.$$

Diese kann so gewählt werden, daß $\bigcup_{k=1}^{N} B_k = \Omega$ ÜA, vgl. Bd. 1, § 23 : 1.3.

Für Treppenfunktionen $\varphi = \sum_{k=1}^{N} c_k \cdot \chi_{I_k}$ bedeutet „disjunkte Darstellung“ hier, anders als in Bd. 1, § 23 : 1.3, daß die Quader I_k paarweis disjunkt sind. Hierdurch wird der Möglichkeit Rechnung getragen, daß Teile von Quaderrändern positives Maß haben können.

Der **Träger** supp φ einer Elementarfunktion φ ist, abweichend von § 10 : 1.1, definiert als $\{\omega \in \Omega \mid \varphi(\omega) \neq 0\}$, kurz $\operatorname{supp} \varphi := \{\varphi \neq 0\}$. Für die oben wiedergegebene disjunkte Darstellung von φ ist supp φ die Vereinigung aller B_k mit $b_k \neq 0$, also meßbar. Aus der disjunkten Darstellbarkeit ergibt sich:

Mit φ sind auch $|\varphi|$, φ_+, φ_- Elementarfunktionen, ebenso $f \circ \varphi$ für jede auf $\varphi(\Omega)$ erklärte Funktion f.

(c) *Für je zwei Elementarfunktionen φ, ψ gibt es eine* **gemeinsame disjunkte Darstellung**

$$\varphi = \sum_{k=1}^{N} b_k \chi_{B_k}, \quad \psi = \sum_{k=1}^{N} c_k \chi_{B_k}.$$

Daher sind neben $a\varphi + b\psi$ $(a, b \in \mathbb{R})$ auch

$$\varphi \cdot \psi, \quad \max\{\varphi, \psi\} \quad \textit{und} \quad \min\{\varphi, \psi\}$$

Elementarfunktionen.

Der BEWEIS ergibt sich wie in Bd. 1, § 23 : 1.3.

(d) Für zwei Elementarfunktionen φ, ψ sind die Mengen

$$\{\varphi \neq \psi\} = \operatorname{supp}(\varphi - \psi) \quad \text{und} \quad \{\varphi > \psi\} = \operatorname{supp}(\varphi - \psi)_+$$

meßbare Mengen. Wir definieren **Gleichheit μ–fast überall** durch

$$\varphi = \psi \quad \mu\text{-f.ü.} :\Longleftrightarrow \mu(\{\varphi \neq \psi\}) = 0,$$
$$\varphi \leq \psi \quad \mu\text{-f.ü.} :\Longleftrightarrow \mu(\{\varphi > \psi\}) = 0.$$

Für jede disjunkte Darstellung $\varphi = \sum\limits_{k=1}^{N} b_k \chi_{B_k}$ gilt offenbar

$$\varphi = 0 \quad \mu\text{-f.ü.} \quad \Longleftrightarrow \quad b_k = 0 \text{ für alle } B_k \text{ mit } \mu(B_k) \neq 0.$$

2.2 Das μ–Integral für Elementarfunktionen

Eine Elementarfunktion φ heißt **μ–integrierbar**, wenn $\mu(\operatorname{supp} \varphi) < \infty$. Für μ–integrierbare Funktionen φ in disjunkter Darstellung

$$\varphi = \sum_{k=1}^{N} b_k \chi_{B_k}$$

setzen wir

$$\int_\Omega \varphi \, d\mu = \int_\Omega \varphi(\omega) \, d\mu(\omega) := \sum_{k=1}^{N} b_k \, \mu(B_k).$$

Daß diese Definition Sinn macht, d.h. daß die rechte Seite für jede disjunkte Darstellung denselben endlichen Wert hat, sehen wir wie folgt ein. Wegen $B_k \subset \operatorname{supp} \varphi$ für $k = 1, \ldots, N$ ist die rechte Seite endlich. Gegeben seien zwei disjunkte Darstellungen

$$\varphi = \sum_{i=1}^{M} a_i \chi_{A_i} = \sum_{k=1}^{N} b_k \chi_{B_k} \quad \text{mit} \quad \bigcup_{i=1}^{M} A_i = \bigcup_{k=1}^{N} B_k = \Omega.$$

Dann sind A_i, B_k Vereinigungen paarweis disjunkter meßbarer Mengen,

$$A_i = \bigcup_{k=1}^{N} A_i \cap B_k, \quad B_k = \bigcup_{i=1}^{M} A_i \cap B_k, \quad \text{somit}$$
$$\chi_{A_i} = \sum_{k=1}^{N} \chi_{A_i \cap B_k}, \quad \chi_{B_k} = \sum_{i=1}^{M} \chi_{A_i \cap B_k} \quad \text{und daraus}$$

$$\sum_{i=1}^{M} \sum_{k=1}^{N} a_i \chi_{A_i \cap B_k} = \varphi = \sum_{i=1}^{M} \sum_{k=1}^{N} b_k \chi_{A_i \cap B_k}.$$

Es folgt $a_i = b_k$, falls $\mu(A_i \cap B_k) > 0$, und damit wegen der endlichen Additivität

$$\sum_{i=1}^{M} a_i \, \mu(A_i) = \sum_{i=1}^{M} \sum_{k=1}^{N} a_i \, \mu(A_i \cap B_k) = \sum_{k=1}^{N} \sum_{i=1}^{M} b_k \, \mu(A_i \cap B_k)$$
$$= \sum_{k=1}^{N} b_k \, \mu(B_k).$$

2.3 Eigenschaften des μ–Integrals für Elementarfunktionen

(a) Die μ–integrierbaren Elementarfunktionen bilden einen mit $\mathcal{E}(\mu)$ bezeichneten Vektorraum über $\mathbb{R}$. Für $\varphi, \psi \in \mathcal{E}(\mu)$ und $a, b \in \mathbb{R}$ gilt

$$\int_\Omega (a\varphi + b\psi)\, d\mu = a \int_\Omega \varphi\, d\mu + b \int_\Omega \psi\, d\mu .$$

Daher gilt auch für nicht disjunkte Darstellungen von $\varphi \in \mathcal{E}(\mu)$

$$\varphi = \sum_{i=1}^{M} a_i\, \chi_{A_i} \implies \int_\Omega \varphi\, d\mu = \sum_{i=1}^{M} a_i\, \mu(A_i) .$$

(b) Für $\varphi, \psi \in \mathcal{E}(\mu)$ gilt

$$\varphi \le \psi \;\; \mu\text{–f.ü.} \implies \int_\Omega \varphi\, d\mu \le \int_\Omega \psi\, d\mu .$$

(c) Mit φ gehört auch $|\varphi|$ zu $\mathcal{E}(\mu)$, und es gilt

$$\Big| \int_\Omega \varphi\, d\mu \Big| \le \int_\Omega |\varphi|\, d\mu .$$

(d) Aus $\varphi \in \mathcal{E}(\mu)$ und $\psi = \varphi$ μ–f.ü. folgt $\psi \in \mathcal{E}(\mu)$ und $\int_\Omega \varphi\, d\mu = \int_\Omega \psi\, d\mu$.

(e) Aus $\int_\Omega |\varphi|\, d\mu = 0$ folgt $\varphi = 0$ μ–f.ü.

Beweis als ÜA: Die Aussagen (a), (b), (d) ergeben sich aus einer gemeinsamen disjunkten Darstellung. Für (d) und (e) ist 2.1 (d) zu beachten. □

2.4 Beispiele

(a) Treppenfunktionen im $\mathbb{R}^n$ sind spezielle Elementarfunktionen, die bezüglich des Lebesgue–Maßes $\lambda^n = V^n$ integrierbar sind. Aus 2.3 (a) ergibt sich

$$\int_{\mathbb{R}^n} \varphi\, dV^n = \int_{\mathbb{R}^n} \varphi(\mathbf{x})\, d^n\mathbf{x} ,$$

wobei die rechte Seite im herkömmlichen Sinn zu verstehen ist (Bd. 1, § 23 : 1.4).

(b) Das **Dirac–Maß $\boldsymbol{\delta_a}$**. Für Borelmengen $B \subset \mathbb{R}^n$ definieren wir

$$\delta_{\mathbf{a}}(B) = \begin{cases} 1, & \text{falls } \mathbf{a} \in B \\ 0 & \text{sonst.} \end{cases}$$

Für jede Elementarfunktion φ auf $\Omega = \mathbb{R}^n$ bezüglich $\mathcal{A} = \mathcal{B}(\mathbb{R}^n)$ gilt ÜA

$$\int_{\mathbb{R}^n} \varphi\, d\delta_{\mathbf{a}} = \varphi(\mathbf{a}) .$$

Um die Punktauswertung $\varphi \mapsto \varphi(\mathbf{a})$ als Integral aufzufassen, ist es also unnötig, eine „Dirac–Funktion" δ ins Spiel zu bringen mit

$$\varphi(\mathbf{a}) = \int_{\mathbb{R}^n} \delta(\mathbf{x}-\mathbf{a})\,\varphi(\mathbf{x})\,d^n\mathbf{x}\,.$$

(c) **Diskrete Verteilungen**. Seien $x_0, x_1, \dots$ abzählbar viele verschiedene reelle Zahlen und $p_1, p_2, \dots$ nichtnegative Zahlen mit $\sum\limits_{k=0}^{\infty} p_k = 1$. Für Borelmengen $B \subset \mathbb{R}$ sei

$$\mu(B) = \sum_{x_k \in B} p_k = \sum_{k=0}^{\infty} p_k\,\chi_B(x_k)\,.$$

Nach der Definition § 19 : 9.1 (c) ist also

$$\mu = \sum_{k=0}^{\infty} p_k\,\delta_{x_k}\,.$$

Wegen der Endlichkeit von μ ist jede Elementarfunktion φ μ–integrierbar, und es gilt

$$\int_{\mathbb{R}} \varphi\,d\mu = \sum_{k=0}^{\infty} \varphi(x_k)\,p_k\,,$$

wobei die Reihe absolut konvergiert.

Es zeigt sich später, daß diese Formel für alle μ–integrierbaren Funktionen φ gilt. Insbesondere sind Erwartungswert $\widehat{\mu}$ und Varianz $V(\mu)$, falls sie existieren, als μ–Integrale darstellbar:

$$\widehat{\mu} = \int_{\mathbb{R}} x\,d\mu(x)\,, \quad V(\mu) = \int_{\mathbb{R}} (x-\widehat{\mu})^2\,d\mu(x)\,.$$

BEWEIS.

Sei $\varphi = \sum\limits_{i=1}^{N} b_i\,\chi_{B_i}$ eine disjunkte Darstellung mit $\bigcup\limits_{i=1}^{N} B_i = \Omega$. Dann gilt

$$\int_{\mathbb{R}} \varphi\,d\mu = \sum_{i=1}^{N} b_i\,\mu(B_i) = \sum_{i=1}^{N} b_i \sum_{k=0}^{\infty} p_k\,\chi_{B_i}(x_k) = \sum_{k=0}^{\infty} p_k \sum_{i=1}^{N} b_i\,\chi_{B_i}(x_k)\,.$$

Dabei ist

$$b_i\,\chi_{B_i}(x_k) = \begin{cases} \varphi(x_k) & \text{falls } x_k \in B_i\,, \\ 0 & \text{sonst.} \end{cases}$$

Da jedes x_k in genau einer der Mengen B_i liegt folgt

$$\sum_{i=1}^{N} b_i \chi_{B_i}(x_k) = \varphi(x_k) \quad \text{für} \quad k = 1, 2, \ldots$$

und damit die Behauptung. Die absolute Konvergenz der Reihe folgt wegen $|\varphi(x_k)\, p_k| \leq \|\varphi\|_\infty\, p_k$ aus dem Majorantenkriterium.

3 Meßbare Funktionen

3.1 Definitionen, Bezeichnungen

(a) Gegeben sei eine σ–Algebra $\mathcal{A}$ auf einer nichtleeren Menge Ω. *Eine Funktion* $f : \Omega \to \mathbb{R}$ *heißt* **meßbar** (genauer $\mathcal{A}$–meßbar), *wenn für jedes Intervall I das Urbild $f^{-1}(I)$ zu $\mathcal{A}$ gehört*, vgl. 1 (c).

Eine komplexwertige Funktion heißt meßbar, wenn Real– und Imaginärteil meßbar sind.

(b) Für Funktionen $f : \Omega \to \mathbb{R}$ führen wir folgende Bezeichnungen ein:

$$\begin{aligned}
\{f \in B\} &:= \{\omega \in \Omega \mid f(\omega) \in B\} = f^{-1}(B)\,, \\
\{f \leq \beta\} &:= \{\omega \in \Omega \mid f(\omega) \leq \beta\} = f^{-1}(]-\infty, \beta])\,, \\
\{\alpha < f \leq \beta\} &:= \{\omega \in \Omega \mid \alpha < f(\omega) \leq \beta\}\,,
\end{aligned}$$

entsprechend $\{f = \alpha\}$, $\{f > \alpha\}$ usw.

3.2 Charakterisierungen meßbarer Funktionen

Satz. *Für eine Funktion* $f : \Omega \to \mathbb{R}$ *sind folgende Aussagen äquivalent*:

(a) f *ist $\mathcal{A}$–meßbar,*

(b) $\{f \leq \beta\} \in \mathcal{A}$ *für jedes* $\beta \in \mathbb{R}$,

(c) $\{f \geq \alpha\} \in \mathcal{A}$ *für jedes* $\alpha \in \mathbb{R}$,

(d) $\{f \in I\} \in \mathcal{A}$ *für jedes Intervall I eines speziellen Typs,*

(e) $\{f \in B\} \in \mathcal{A}$ *für jede Borelmenge* $B \subset \mathbb{R}$,

(f) $\{f \in U\} \in \mathcal{A}$ *für jede offene Menge* $U \subset \mathbb{R}$.

Beweis.
Für eine beliebige Funktion $f : \Omega \to \mathbb{R}$ ist $\Sigma := \{M \subset \mathbb{R} \mid f^{-1}(M) \in \mathcal{A}\}$ eine σ–Algebra auf $\mathbb{R}$. Denn es gilt $f^{-1}(\mathbb{R}) = \Omega$, $f^{-1}(\mathbb{R} \setminus M) = \Omega \setminus f^{-1}(M)$, sowie

$$f^{-1}\Big(\bigcup_{i=1}^{\infty} A_i\Big) = \bigcup_{i=1}^{\infty} f^{-1}(A_i)\,, \quad f^{-1}\Big(\bigcap_{j=1}^{\infty} B_j\Big) = \bigcap_{j=1}^{\infty} f^{-1}(B_j)$$

für beliebige Teilmengen A_i, B_j von $\mathbb{R}$ ÜA.

Enthält Σ alle Intervalle eines der in (a) bis (d) genannten Typen, so enthält Σ nach § 19 : 5.4 alle Borelmengen. Auch aus (f) folgt (e): Enthält Σ alle offenen Mengen, so enthält Σ alle Intervalle vom Typ $]\alpha,\beta[$. Umgekehrt folgen aus (e) alle übrigen Aussagen. □

3.3 Beispiele, Folgerungen

(a) *Elementarfunktionen sind meßbar.*

Denn für $\varphi = \sum\limits_{k=1}^{N} b_k\,\chi_{B_k}$ mit paarweis disjunkten $B_k \in \mathcal{A}$ und $\Omega = \bigcup\limits_{k=1}^{N} B_k$ gilt $\varphi^{-1}(I) = \bigcup\limits_{b_k \in I} B_k \in \mathcal{A}$ für jedes Intervall I.

(b) *Jede auf einer Borelmenge $\Omega \subset \mathbb{R}^n$ stetige Funktion $f : \Omega \to \mathbb{R}$ ist Borel–meßbar (d.h. $\mathcal{B}(\Omega)$–meßbar) und Lebesgue–meßbar.*

Denn für $f \in \mathrm{C}(\Omega)$ gilt $\{f \le \beta\} = \Omega \cap \overline{\{f \le \beta\}}$ für alle $\beta \in \mathbb{R}$ [ÜA]. Die Behauptung folgt aus 3.2 (b), da abgeschlossene Mengen Borelmengen und somit auch Lebesgue–meßbar sind.

(c) *Mit f ist auch $-f$ meßbar*, da in 3.2 die Bedingungen (a), (b), (c) äquivalent sind.

(d) *Mit $f : \Omega \to \mathbb{R}$ ist auch $\alpha f + \beta$ für $\alpha, \beta \in \mathbb{R}$ meßbar* [ÜA].

(e) *Die Hintereinanderausführung meßbarer Funktionen ist meßbar*: Sei $\mathcal{A}$ eine σ–Algebra auf Ω, $\mathcal{B}$ eine σ–Algebra auf Ω'; $f : \Omega' \to \mathbb{R}$ sei $\mathcal{B}$–meßbar und $g^{-1}(B) \in \mathcal{A}$ für alle $B \in \mathcal{B}$. Dann folgt nach 3.2 (e) die $\mathcal{A}$–Meßbarkeit von $f \circ g$.

(f) *Mit f sind auch f_+, f_- und $|f|$ meßbar.* Denn $\{f_+ \le \beta\} = \emptyset$ für $\beta < 0$, und $\{f_+ \le \beta\} = \{f \le \beta\}$ für $\beta \ge 0$. Entsprechend für f_-. Schließlich gilt $\{|f| \le \beta\} = \emptyset$ für $\beta < 0$ und $\{|f| \le \beta\} = \{f \le \beta\} \cap \{-f \le \beta\}$ für $\beta \ge 0$.

3.4 Supremum und Limes meßbarer Funktionenfolgen

(a) Für eine Folge von Funktionen $f_n : \Omega \to \mathbb{R}$ sagen wir, daß

$$g := \sup\{f_n \mid n \in \mathbb{N}\} \;\text{ existiert,}$$

wenn für jedes $\omega \in \Omega$ die Folge $(f_n(\omega))$ nach oben beschränkt ist, also ein mit $g(\omega)$ bezeichnetes Supremum besitzt. Entsprechend soll die Aussage „ $h = \inf\{f_n \mid n \in \mathbb{N}\}$ existiert“ verstanden werden.

SATZ. *Existiert $g = \sup\{\, f_n \mid n \in \mathbb{N}\,\}$ für eine Folge meßbarer Funktionen $f_n : \Omega \to \mathbb{R}$, so ist g meßbar. Existiert $h = \inf\{f_n \mid n \in \mathbb{N}\}$, so ist h meßbar.*

BEWEIS.

(i) Es gilt $\{g \leq \beta\} = \bigcap_{n=1}^{\infty} \{f_n \leq \beta\}$ [ÜA]. Mit den Mengen $\{f_n \leq \beta\}$ gehört auch ihr Durchschnitt zu $\mathcal{A}$. Also ist g nach 3.2 (b) meßbar.

(ii) Die zweite Behauptung folgt aus $\{h \geq \alpha\} = \bigcap_{n=1}^{\infty} \{f_n \geq \alpha\}$ [ÜA] und aus 3.2 (c). □

(b) SATZ. *Konvergieren meßbare Funktionen $f_n : \Omega \to \mathbb{R}$ punktweise gegen eine Funktion f, d.h. $f_n(\omega) \to f(\omega)$ für alle $\omega \in \Omega$, so ist f meßbar.*

Der BEWEIS stützt sich auf folgendes

LEMMA. *Der Grenzwert a einer reellen Zahlenfolge (a_n) läßt sich darstellen durch*

$$a = \inf_{n \in \mathbb{N}} \sup_{m \geq n} a_m .$$

Aus diesem ergibt sich die Behauptung des Satzes mit $a_m = f_m(\omega)$, $g_n(\omega) = \sup\{f_m(\omega) \mid m \geq n\}$ und $f(\omega) = \inf\{g_n(\omega) \mid n \in \mathbb{N}\}$ mit Hilfe von (a).

Zum BEWEIS des Lemmas beachten wir, daß konvergente Folgen beschränkt sind. Also existieren die Suprema

$$b_n := \sup\{a_m \mid m \geq n\} \quad \text{für} \quad n = 1, 2, \ldots .$$

Die Folge (b_n) fällt monoton und ist durch $\inf\{a_m \mid m \in \mathbb{N}\}$ nach unten beschränkt, also existiert $b := \lim\limits_{n \to \infty} b_n = \inf\{b_n \mid n \in \mathbb{N}\}$.

Wegen $b_n \geq a_n$ gilt $b = \lim\limits_{n \to \infty} b_n \geq \lim\limits_{n \to \infty} a_n = a$.

Zu gegebenem $\varepsilon > 0$ gibt es ein n_ε mit $a_m < a + \varepsilon$ für $m \geq n_\varepsilon$. Es folgt

$$b \leq b_n = \inf\{a_m \mid m \geq n\} < a + \varepsilon \quad \text{für} \quad n \geq n_\varepsilon .$$

Für $\varepsilon \to 0$ erhalten wir $b \leq a$, also insgesamt $a = b$. □

3.5 Approximation meßbarer Funktionen durch Elementarfunktionen

Eine Funktion $f : \Omega \to \mathbb{R}$ heißt **positiv** ($f \geq 0$) wenn $f(\omega) \geq 0$ für alle $\omega \in \Omega$. Wir definieren $f \leq g$ durch $g - f \geq 0$. Eine Funktionenfolge (f_n) heißt **aufsteigend**, wenn $f_n \leq f_{n+1}$ für $n = 1, 2, \ldots$.

Ausgangspunkt für die Definition des μ–Integrals ist der folgende

SATZ. (a) *Jede beschränkte meßbare Funktion $f : \Omega \to \mathbb{R}$ ist gleichmäßiger Limes einer aufsteigenden Folge von Elementarfunktionen.*

(b) *Für einen σ–endlichen Maßraum $(\Omega, \mathcal{A}, \mu)$ ist jede positive meßbare Funktion f auf Ω punktweiser Limes einer aufsteigenden Folge μ–integrierbarer, positiver Elementarfunktionen.*

(c) FOLGERUNG. *Eine Funktion $f : \Omega \to \mathbb{R}$ ist genau dann meßbar, wenn sie punktweiser Limes einer Folge von Elementarfunktionen ist.*

BEWEIS.
(a) wurde in Abschnitt 1 gezeigt. Die dortige Voraussetzung $\mu(\Omega) < \infty$ sollte nur die μ–Integrierbarkeit der approximierenden Elementarfunktionen sichern. Diese sind nach Konstruktion positiv, wenn f positiv ist.

(b) Wegen der σ–Endlichkeit von μ gibt es Mengen $\Omega_n \in \mathcal{A}$ mit $\mu(\Omega_n) < \infty$, so daß $\Omega_1 \subset \Omega_2 \subset \ldots$ und $\Omega = \bigcup\limits_{n=1}^{\infty} \Omega_n$. Für die Mengen

$$B_n := \Omega_n \cap \{f \le n\} \in \mathcal{A}$$

gilt ebenfalls $\mu(B_n) < \infty$, $B_1 \subset B_2 \subset \ldots$ und $\Omega = \bigcup\limits_{n=1}^{\infty} B_n$. Die Funktionen

$$f_n := f \cdot \chi_{B_n}$$

sind positiv und aufgrund der Bedingung 3.2 (c) meßbar:

$$\{f_n \ge \alpha\} = \Omega \text{ für } \alpha \le 0 \text{ und}$$

$$\{f_n \ge \alpha\} = B_n \cap \{f \ge \alpha\} \text{ für } \alpha > 0,$$

denn für $\alpha > 0$ gilt $\{f_n \ge \alpha\} \subset B_n$, und auf B_n gilt $f_n(\omega) = f(\omega)$. Nach (a) gibt es Elementarfunktionen ψ_n mit

$$0 \le \psi_n \le f_n \le \psi_n + \frac{1}{n}\,\chi_\Omega\,.$$

Wegen $\operatorname{supp} \psi_n \subset \Omega_n$ sind die ψ_n und damit auch die $\varphi_n = \sup\{\psi_1, \ldots, \psi_n\}$ μ–integrierbare Elementarfunktionen, und es gilt

$$0 \le \varphi_1 \le \varphi_2 \le \ldots \le f\,.$$

Zu jedem $\omega \in \Omega$ gibt es ein $N \in \mathbb{N}$ mit $\omega \in B_N$. Dann gilt auch $\omega \in B_n$ für $n \ge N$, also

$$0 \le f(\omega) - \varphi_n(\omega) \le f(\omega) - \psi_n(\omega) \le \frac{1}{n} \to 0 \text{ für } n \to \infty\,.$$

(c) Elementarfunktionen sind meßbar, also ist nach 3.4 (b) auch jeder punktweise Limes von Elementarfunktionen meßbar. Ist umgekehrt $f : \Omega \to \mathbb{R}$ meßbar, so sind auch f_+, f_- meßbar, also nach (b) punktweise Limites (μ–integrierbarer) Elementarfunktionen. □

3.6 Weitere Eigenschaften meßbarer Funktionen

(a) *Die komplexwertigen meßbaren Funktionen bilden einen Vektorraum. Mit* f, g *ist auch* $f \cdot g$ *meßbar. Setzen wir für eine meßbare Funktion* $f : \Omega \to \mathbb{C}$

$$h(\omega) := \begin{cases} 1/f(\omega) & \textit{falls } f(\omega) \neq 0 \\ 0 & \textit{sonst}, \end{cases}$$

so ist h *meßbar.*

Beweis.

Seien $f, g : \Omega \to \mathbb{R}$ meßbar. Nach 3.5 (c) gibt es dann Elementarfunktionen φ_n, ψ_n mit $\varphi_n \to f$, $\psi_n \to g$ punktweise auf Ω. Nach 3.5 (c) sind dann auch

$$\alpha f + \beta g = \lim_{n\to\infty} (\alpha\varphi_n + \beta\psi_n) \quad \text{und} \quad f \cdot g = \lim_{n\to\infty} \varphi_n \cdot \psi_n$$

meßbar. Da die Menge $\{f \neq 0\} = \{f > 0\} \cup \{f < 0\}$ meßbar ist, ergibt sich auch die Meßbarkeit von h nach den Kriterien 3.2 (b), (c) ÜA.

Die Übertragung auf komplexwertige Funktion sei den Lesern als ÜA überlassen. □

(b) *Fast überall konvergierende Folgen meßbarer Funktionen.* Eine Folge meßbarer Funktionen $f_n : \Omega \to \mathbb{C}$ heißt **konvergent μ–f.ü.**, wenn es eine μ–Nullmenge N gibt, so daß die Folge $(f_n(\omega))$ für alle $\omega \in \Omega \setminus N$ konvergiert. In diesem Fall ist durch

$$f(\omega) := \begin{cases} \lim\limits_{n\to\infty} f_n(\omega) & \text{für } \omega \in \Omega \setminus N, \\ 0 & \text{für } \omega \in N \end{cases}$$

eine meßbare Funktion f gegeben, denn die Folge $f_n \cdot \chi_{\Omega\setminus N}$ konvergiert überall gegen f. Wir schreiben hierfür $f = \lim\limits_{n\to\infty} f_n$ μ–f.ü.

(c) *Fast überall differenzierbare Funktionen.* Sei f auf dem Intervall I meßbar und fast überall differenzierbar, d.h. es gebe eine Lebesgue–Nullmenge N, so daß $f'(x)$ für alle $x \in I \setminus N$ existiert. Definieren wir $f'(x) := 0$ für $x \in N$, so erhalten wir eine (Lebesgue–)meßbare Funktion $f' : I \to \mathbb{R}$. Wir zeigen dies für Intervalle $I = \,]a, b[$. Da $d(x) := \frac{1}{2}\,\text{dist}\,(x, \partial I)$ stetig ist, sind durch $f_n(x) = \frac{n}{d(x)} \big(f(x + \frac{d(x)}{n}) - f(x)\big)$ für $x \in I \setminus N$ bzw. $f_n(x) = 0$ für $x \in N$ meßbare Funktionen $f_n : I \to \mathbb{R}$ gegeben mit $f_n(x) \to f'(x)$ für alle $x \in I$.

Den Beweis für andere Intervalltypen überlassen wir den Lesern als ÜA.

Entsprechend definieren wir partielle Ableitungen fast überall.

(d) **Zusammenfassung**. *Durch Anwendung algebraischer Operationen, durch Hintereinanderausführung, durch Supremumsbildung und durch Grenzübergänge entstehen aus meßbaren Funktionen wieder meßbare. Nichtmeßbare Funktionen können nur auf nichtkonstruktive Weise entstehen.*

Daß es auch Funktionen auf dem $\mathbb{R}^n$ gibt, die nicht Lebesgue–meßbar sind, liegt an der Existenz nicht Lebesgue–meßbarer Mengen. (Der Beweis hierfür erfordert nichtkonstruktive Mittel, vgl. [143] 15.2.)

Ist $V \subset \mathbb{R}^n$ nicht Lebesgue–meßbar, so gilt dies auch für $V^c = \mathbb{R}^n \setminus V$. Dann ist $f := \chi_V - \chi_{V^c}$ nicht Lebesgue–meßbar wegen $\{f \geq 1\} = V$. Dagegen sind $|f|$ und damit auch $|f|^2$ meßbar.

Aus der Meßbarkeit von $|f|$ darf nicht auf die Meßbarkeit von f geschlossen werden.

4 Das μ–Integral

4.1 Das μ–Integral für positive meßbare Funktionen

Durch $(\Omega, \mathcal{A}, \mu)$ sei ein σ–endliches Maß μ gegeben. Dann gibt es nach 3.5 zu jeder $\mathcal{A}$–meßbaren Funktion $f : \Omega \to \mathbb{R}_+$ eine aufsteigende Folge positiver μ–integrierbarer Elementarfunktionen φ_n, die auf Ω punktweise gegen f konvergieren. Jede solche Folge nennen wir **integraldefinierend** für f. Ist die nach 2.3 monoton wachsende Folge der μ–Integrale $\int_\Omega \varphi_n \, d\mu$ nach oben beschränkt, so heißt f **μ–integrierbar**, und das **μ–Integral**, von f ist definiert durch

$$\int_\Omega f \, d\mu := \lim_{n\to\infty} \int_\Omega \varphi_n \, d\mu .$$

Andernfalls heißt f nicht μ–integrierbar, in Zeichen $\int_\Omega f \, d\mu = \infty$.

Die Wahl der integraldefinierenden Folge (φ_n) spielt dabei keine Rolle. Denn für jede andere integraldefinierende Folge (ψ_n) für f gilt

$$\varphi_m(\omega) \leq \lim_{n\to\infty} \psi_n(\omega) = f(\omega) , \qquad \psi_m(\omega) \leq \lim_{n\to\infty} \varphi_n(\omega) = f(\omega)$$

für alle $m \in \mathbb{N}$ und alle $\omega \in \Omega$. Mit dem nachfolgenden Lemma folgt

$$\int_\Omega \varphi_m \, d\mu \leq \lim_{n\to\infty} \int_\Omega \psi_n \, d\mu , \qquad \int_\Omega \psi_m \, d\mu \leq \lim_{n\to\infty} \int_\Omega \varphi_n \, d\mu ;$$

daraus ergibt sich für $m \to \infty$ die Gleichheit der Grenzwerte beider Integralfolgen bzw. deren simultane Divergenz.

Lemma. *Seien $\psi, \varphi_1, \varphi_2, \ldots$ positive, μ–integrierbare Elementarfunktionen mit $0 \leq \varphi_1 \leq \varphi_2 \leq \cdots$,*

$$\psi(\omega) \leq \lim_{n\to\infty} \varphi_n(\omega) \ \textit{für alle} \ \omega \in \Omega .$$

Dann gilt

$$\int_\Omega \psi \, d\mu \le \lim_{n\to\infty} \int_\Omega \varphi_n \, d\mu ,$$

wobei diese Ungleichung auch als erfüllt gilt, wenn $\lim\limits_{n\to\infty} \int\limits_\Omega \varphi_n \, d\mu = \infty$.

BEWEIS.
Für $\psi = 0$ ist nichts zu beweisen; sei also $\psi \neq 0$. Wir definieren

$$P := \{\psi > 0\} , \quad \alpha := \min\{\psi(\omega) \mid \omega \in P\} , \quad \beta := \max\{\psi(\omega) \mid \omega \in P\} .$$

Da ψ meßbar und μ–integrierbar ist, gilt $P \in \mathcal{A}$ und $\mu(P) < \infty$, ferner gilt $0 < \alpha \le \beta$. Sei $\varepsilon \in \,]0, \alpha[$ vorgegeben. Dann gehören die Mengen

$$A_n = \{\varphi_n \ge \psi - \varepsilon\} \cap P \quad \text{und} \quad B_n := P \setminus A_n$$

zu $\mathcal{A}$. Ferner gilt $A_1 \subset A_2 \subset \ldots$ und $P = \bigcup\limits_{n=1}^{\infty} A_n$ nach Voraussetzung. Aus § 19 : 6.3 folgt

$$\mu(P) = \lim_{n\to\infty} \mu(A_n) , \quad \lim_{n\to\infty} \mu(B_n) = \mu(P) - \lim_{n\to\infty} \mu(A_n) = 0 .$$

Nach Definition der A_n und wegen $\varphi_n \ge 0$ gilt

$$\varphi_n \ge (\psi - \varepsilon) \cdot \chi_{A_n} ,$$

also

$$\varphi_n + (\psi - \varepsilon) \cdot \chi_{B_n} \ge (\psi - \varepsilon) \cdot \chi_P = \psi - \varepsilon \cdot \chi_P$$

und daraus

$$\varphi_n + (\beta - \varepsilon) \cdot \chi_{B_n} + \varepsilon \chi_P \ge \varphi_n + (\psi - \varepsilon) \cdot \chi_{B_n} + \varepsilon \chi_P \ge \psi .$$

Es folgt

$$\int_\Omega \psi \, d\mu \le \int_\Omega \varphi_n \, d\mu + (\beta - \varepsilon)\, \mu(B_n) + \varepsilon\, \mu(P) \quad \text{und für } n \to \infty ,$$

$$\int_\Omega \psi \, d\mu \le \sup\Big\{ \int_\Omega \varphi_n \, d\mu \;\Big|\; n \in \mathbb{N} \Big\} + \varepsilon\, \mu(P) \quad \text{für jedes } \varepsilon > 0 . \qquad \square$$

4.2 Das μ–Integral für komplexwertige Funktionen

(a) *Eine meßbare Funktion* $f : \Omega \to \mathbb{R}$ *heißt* **μ–integrierbar**, *wenn* f_+ *und* f_- *beide* μ*–integrierbar sind. Wir definieren in diesem Fall*

$$\int_\Omega f \, d\mu := \int_\Omega f_+ \, d\mu - \int_\Omega f_- \, d\mu .$$

(b) *Eine komplexwertige meßbare Funktion f auf Ω heißt* **μ–integrierbar**, *wenn $u = \operatorname{Re} f$ und $v = \operatorname{Im} f$ beide μ–integrierbar sind. Wir setzen dann*

$$\int_\Omega f\,d\mu := \int_\Omega u\,d\mu + i\int_\Omega v\,d\mu\,.$$

(c) Statt $\int_\Omega f\,d\mu$ schreiben wir auch $\int_\Omega f(\omega)\,d\mu(\omega)$ bzw.

$$\int_\Omega f(x)\,d\mu(x)\,,\quad \text{falls}\quad \Omega\subset\mathbb{R}\quad\text{und}\quad \int_\Omega f(\mathbf{x})\,d\mu(\mathbf{x})\,,\quad\text{falls}\quad \Omega\subset\mathbb{R}^n\,.$$

4.3 Elementare Eigenschaften des μ–Integrals

(a) *Die komplexwertigen μ–integrierbaren Funktionen auf Ω bilden einen $\mathbb{C}$–Vektorraum, bezeichnet mit $\mathcal{L}^1(\Omega,\mu)$. Für $f,g\in\mathcal{L}^1(\Omega,\mu)$ und $\alpha,\beta\in\mathbb{C}$ gilt*

$$\int_\Omega(\alpha f+\beta g)\,d\mu = \alpha\int_\Omega f\,d\mu + \beta\int_\Omega g\,d\mu\,.$$

(b) *Für reellwertige $f,g\in\mathcal{L}^1(\Omega,\mu)$ gilt*

$$f\le g \implies \int_\Omega f\,d\mu \le \int_\Omega g\,d\mu\,.$$

(c) *Mit f ist auch $|f|$ μ–integrierbar, und es gilt*

$$\Big|\int_\Omega f\,d\mu\Big| \le \int_\Omega |f|\,d\mu\,.$$

Bemerkungen. (i) In den späteren Anwendungen gehört zum Maß μ immer eine kanonische σ–Algebra $\mathcal{A}$, daher erübrigt sich die genauere Kennzeichnung $\mathcal{L}^1(\Omega,\mathcal{A},\mu)$.

(ii) Statt $\mathcal{L}^1(\Omega,V^n)$ schreiben wir $\mathcal{L}^1(\Omega)$.

Beweis.

Wir verwenden die Abkürzung $\int f$ für $\int_\Omega f\,d\mu$, $\mathcal{L}^1$ für $\mathcal{L}^1(\Omega,\mu)$ und $\mathcal{L}^1_+$ für $\{f\in\mathcal{L}^1 \mid f\ge 0\}$.

(a) Unmittelbar aus der Definition 4.1 und der Linearität des μ–Integrals für Elementarfunktionen folgt

$$(1)\quad \begin{cases} f,g\in\mathcal{L}^1_+\,,\quad \alpha,\beta\in\mathbb{R}_+ \implies \alpha f+\beta g\in\mathcal{L}^1_+ \quad\text{und}\\ \int(\alpha f+\beta g) = \alpha\int f+\beta\int g\,.\end{cases}$$

Wir betrachten zunächst nur reellwertige Funktionen f,g und zeigen als erstes

$$(2)\quad f\in\mathcal{L}^1,\ \ \alpha\in\mathbb{R} \implies \alpha f\in\mathcal{L}^1 \quad\text{und}\quad \int\alpha f=\alpha\int f\,.$$

Für $f \in \mathcal{L}^1$ gilt definitionsgemäß $f_+, f_- \in \mathcal{L}^1_+$ und $\int f = \int f_+ - \int f_-$. Für $\alpha \geq 0$ folgt

$$\alpha f_+, \ \alpha f_- \in \mathcal{L}^1_+, \quad \alpha f = \alpha f_+ - \alpha f_- \in \mathcal{L}^1 \ \text{ und mit (1)}$$

$$\int \alpha f = \int \alpha f_+ - \int \alpha f_- = \alpha \int f_+ - \alpha \int f_- = \alpha \left(\int f_+ - \int f_- \right) = \alpha \int f .$$

Für $\alpha < 0$ gilt $(\alpha f)_+ = |\alpha| f_- \in \mathcal{L}^1_+$, $(\alpha f)_- = |\alpha| f_+ \in \mathcal{L}^1_+$ und somit $\alpha f = |\alpha| f_- - |\alpha| f_+ \in \mathcal{L}^1$ sowie mit (1)

$$\int \alpha f = \int |\alpha| f_- - \int |\alpha| f_+ = |\alpha| (\int f_- - \int f_+) = -|\alpha| \int f = \alpha \int f .$$

Als nächstes zeigen wir für reellwertige f, g

(3) $\quad f, g \in \mathcal{L}^1 \implies f + g \in \mathcal{L}^1 \quad \text{und} \quad \int (f+g) = \int f + \int g .$

Hierzu schreiben wir $F := f + g$ in der Form

$$F = u - v \quad \text{mit} \quad u = f_+ + g_+ , \quad v = f_- + g_- .$$

Nach (1) gilt $u, v \in \mathcal{L}^1_+$ und

(4) $\quad \int u = \int f_+ + \int g_+ , \quad \int v = \int f_- + \int g_- .$

Wir betrachten integraldefinierende Folgen

$$(\varphi_n) \text{ für } u , \quad (\psi_n) \text{ für } v , \quad (\Phi_n) \text{ für } F_+ , \quad (\Psi_n) \text{ für } F_- .$$

Durch

$$\xi_n := \min\{\varphi_n, \Phi_n\} , \quad \eta_n := \min\{\psi_n, \Psi_n\}$$

erhalten wir aufsteigende Folgen (ξ_n), (η_n) von $\mathcal{L}^1_+$–Elementarfunktionen. Wegen $F_+ \leq u$, $F_- \leq v$ gilt punktweise

$$F_+ = \lim_{n \to \infty} \xi_n = \sup, \{\xi_n \mid n \in \mathbb{N}\} , \quad F_- = \lim_{n \to \infty} \eta_n = \sup, \{\eta_n \mid n \in \mathbb{N}\} ,$$

ferner

$$\int \xi_n \leq \int \varphi_n \leq \int u , \quad \int \eta_n \leq \int \psi_n \leq \int v .$$

Aus der Definition 4.1 folgt $F_+, F_- \in \mathcal{L}^1_+$, und aus (1) erhalten wir

(5) $\quad \int F_+ + \int v = \int (F_+ + v) = \int (F_- + u) = \int F_- + \int u .$

Mit Hilfe von (4), (5) ergibt sich schließlich

$$\begin{aligned} \int (f+g) &= \int F = \int F_+ - \int F_- = \int u - \int v \\ &= \int f_+ + \int g_+ - \int f_- - \int g_- = \int f + \int g . \end{aligned}$$

Daraus und aus (2) folgt (a) für reelle Funktionen und $\alpha, \beta \in \mathbb{R}$. Die Übertragung von (a) ins Komplexe bereitet nunmehr keine Schwierigkeiten $\boxed{\text{ÜA}}$.

(b) Sind f, g reellwertige $\mathcal{L}^1$–Funktionen mit $f \le g$, so gilt $h := g - f \in \mathcal{L}^1_+$ und $\int h = \int g - \int f$ nach (a). Wegen $h \in \mathcal{L}^1_+$ gilt $\int h \ge 0$ nach 4.1.

(c) Für reellwertige $f \in \mathcal{L}^1$ gilt definitionsgemäß $f_+, f_- \in \mathcal{L}^1_+$. Nach (a) folgt $|f| = f_+ + f_- \in \mathcal{L}^1_+$ und

$$\left|\int f\right| = \left|\int f_+ - \int f_-\right| \le \int f_+ + \int f_- = \int |f|\,.$$

Für komplexwerige Funktionen $f \in \mathcal{L}^1$ ergibt sich die μ–Integrierbarkeit von $|f|$ erst später mittels des Majorantenkriteriums. Unter Vorwegnahme von $|f| \in \mathcal{L}^1_+$ setzen wir $\int f = r \cdot \mathrm{e}^{i\varphi}$ und erhalten mit (a), 4.2 (b) und dem Vorangehenden

$$\begin{aligned}\left|\int f\right| &= r = \mathrm{Re}\left(\mathrm{e}^{-i\varphi}\int f\right) = \mathrm{Re}\int \mathrm{e}^{-i\varphi} f = \int \mathrm{Re}\,(\mathrm{e}^{-i\varphi} f)\\ &\le \int |\mathrm{e}^{-i\varphi} f| = \int |f|\,.\end{aligned}$$

□

4.4 Die Rolle von μ–Nullmengen für die Integration

(a) Eine Eigenschaft $E(\omega)$ wie $f(\omega) = g(\omega)$, $f(\omega) \le g(\omega)$ $f(\omega) = \lim\limits_{n\to\infty} f_n(\omega)$ heißt **μ–fast überall** erfüllt, wenn es eine μ–Nullmenge N gibt, so daß $E(\omega)$ für alle $\omega \in \Omega \setminus N$ besteht. Wir verwenden die Schreibweisen

$$f = g \quad \mu\text{–f.ü.},\quad f \le g \quad \mu\text{–f.ü.},\quad f = \lim_{n\to\infty} f_n \quad \mu\text{–f.ü. usw.}$$

Beachten Sie: $E(\omega)$ μ–fast überall bedeutet beim Lebesgue–Maß $\mu = V^n$ (wie bei jedem vollständigen Maß), daß die Ausnahmemenge $\{\omega \mid E(\omega) \text{ gilt nicht}\}$ eine μ–Nullmenge ist. **Fast überall** (f.ü.) steht für V^n–fast überall.

(b) Satz. *Ist $f : \Omega \to \mathbb{C}$ μ–integrierbar, $g : \Omega \to \mathbb{C}$ meßbar und $f = g$ μ–f.ü., so ist auch g μ–integrierbar, und es gilt*

$$\int_\Omega g\, d\mu = \int_\Omega f\, d\mu\,.$$

Sind $f, g \in \mathcal{L}^1(\Omega, \mu)$ reellwertig, so gilt

$$f \le g \quad \mu\text{–f.ü.} \implies \int_\Omega f\, d\mu \le \int_\Omega g\, d\mu\,.$$

Beweis.

(i) Wir zeigen zunächst: Ist h meßbar und $h = 0$ μ–f.ü., so gilt

$$h \in \mathcal{L}^1(\Omega, \mu) \quad \text{und} \quad \int_\Omega h\, d\mu = 0\,.$$

Im Fall $h \geq 0$ folgt dies aus der Definition 4.1, denn für jede μ–integrierbare Elementarfunktion φ mit $0 \leq \varphi \leq h$ gilt $\varphi = 0$ μ–f.ü., also $\int_\Omega \varphi \, d\mu = 0$.

Für reellwertige meßbare h mit $h = 0$ μ–f.ü. gilt auch $h_+ = 0$ μ–f.ü. und $h_- = 0$ μ–f.ü., woraus nach dem Vorangehenden die μ–Integrierbarkeit von h_+, h_- und das Verschwinden deren μ–Integrale folgt.

Im allgemeinen Fall $h = u + iv$ folgt aus $h = 0$ μ–f.ü. auch $u = 0$ μ–f.ü. und $v = 0$ μ–f.ü. (und umgekehrt).

(ii) Sei $f \in \mathcal{L}^1(\Omega)$, g meßbar und N eine μ–Nullmenge mit $f(\omega) = g(\omega)$ für $\omega \in \Omega \setminus N$. Dann gilt $g = f + (g - f) \cdot \chi_N$; dabei ist $h := (g - f)\chi_N$ eine meßbare Funktion mit $h = 0$ μ–f.ü.. Nach (i) und 4.3 (a) folgt die μ–Integrierbarkeit von g und die Gleichheit der μ–Integrale von f und von g.

(iii) Für die reellwertigen Funktionen $f, g \in \mathcal{L}^1(\Omega, \mu)$ sei $f \leq g$ μ–f.ü.. Dann gibt es eine μ–Nullmenge N mit $f(\omega) \leq g(\omega)$ auf $\Omega \setminus N$. Wir setzen

$$M := \Omega \setminus N \,, \quad F := f \cdot \chi_M \,, \quad G := g \cdot \chi_M \,.$$

Dann gilt $F = f$ μ–f.ü., $G = g$ μ–f.ü. und $F(\omega) \leq G(\omega)$ für alle $\omega \in \Omega$. Nach (ii) folgt $F, G \in \mathcal{L}^1(\Omega, \mu)$, und aus 4.3 (b) ergibt sich

$$\int_\Omega f \, d\mu = \int_\Omega F \, d\mu \leq \int_\Omega G \, d\mu = \int_\Omega g \, d\mu \,. \qquad \square$$

4.5 Das Majorantenkriterium

Satz. *Besitzt eine meßbare Funktion $f : \Omega \to \mathbb{C}$ eine* **μ–Majorante** g, *das ist eine μ–integrierbare Funktion $g : \Omega \to \mathbb{R}_+$ mit*

$$|f(\omega)| \leq g(\omega) \quad \mu\text{–f.ü.},$$

so ist auch f μ–integrierbar, und es gilt

$$\Big| \int_\Omega f \, d\mu \Big| \leq \int_\Omega g \, d\mu \,.$$

Dies ist das **Hauptkriterium für μ–Integrierbarkeit**. Typische Anwendungssituationen sind:

(i) f ist Lebesgue–meßbar und besitzt eine stetige V^n–Majorante g. Für stetige Funktionen läßt sich die Lebesgue–Integrierbarkeit nach den Kriterien von Bd. 1, § 23 feststellen, Näheres in 5.5.

(ii) Ω hat endliches Maß und $|f| \leq C$ μ–f.ü. mit einer Konstanten C. Dann ist $g = C \cdot \chi_\Omega$ eine μ–Majorante und $\Big| \int_\Omega f \, d\mu \Big| \leq C \, \mu(\Omega)$.

BEMERKUNG. Aus dem Majorantenkriterium folgt:
Ist f meßbar und $|f|$ μ–integrierbar, so ist auch f μ–integrierbar. Allein die μ–Integrierbarkeit von $|f|$ impliziert nicht die Meßbarkeit von f, vgl. 3.6 (d).

BEWEIS.

(i) Besitzt f eine μ–Majorante $g \in \mathcal{L}^1(\Omega, \mu)$, so dürfen wir annehmen, daß $|f(\omega)| \leq g(\omega)$ für alle $\omega \in \Omega$, denn Nullsetzen von f auf einer μ–Nullmenge berührt weder die Integrierbarkeit noch das Integral.

(ii) Wir setzen zunächst voraus, daß f meßbar ist und daß $0 \leq f \leq g$ gilt mit

$$C = \int_\Omega g \, d\mu < \infty .$$

Nach 4.1 gibt es integraldefinierende Folgen (φ_n) für f, (ψ_n) für g. Wegen

$$g(\omega) = \sup \{\psi_n(\omega) \mid n \in \mathbb{N}\} \geq f(\omega) \geq \varphi_m(\omega) \quad \text{für alle} \quad \omega \in \Omega$$

sind die Voraussetzungen des Lemmas in 4.1 erfüllt, und wir erhalten

$$\int_\Omega \varphi_m \, d\mu \leq \sup \left\{ \int_\Omega \psi_n \, d\mu \;\middle|\; n \in \mathbb{N} \right\} = \int_\Omega g \, d\mu = C .$$

Aus der Definition 4.1 folgt für die μ–Integrierbarkeit von f und $\int_\Omega f \, d\mu \leq C$.

(iii) Ist f reellwertig und meßbar mit μ–Majorante g, so ist g auch eine μ–Majorante für f_+ und für f_-, also sind diese Funktionen und somit auf f und $|f|$ μ–integrierbar. Die Integralabschätzung folgt aus 4.3 (b).

(iv) Hat die komplexwertige meßbare Funktion $f = u + iv$ die μ–Majorante g, so ist g auch eine μ–Majorante für die Funktionen u, v; nach (iii) sind diese und damit auch f μ–integrierbar. Die Integralabschätzung folgt nach 4.3 (c). □

5 Vertauschbarkeit von Limes und Integral

5.1 Der Satz von der monotonen Konvergenz (Satz von Beppo Levi)

Ist (f_n) eine aufsteigende Folge μ–integrierbarer, reellwertiger Funktionen und ist die Folge der Integrale $\int_\Omega f_n \, d\mu$ nach oben beschränkt, so gibt es eine μ–integrierbare Funktion $f : \Omega \to \mathbb{R}$ mit

$$f = \lim_{n \to \infty} f_n \quad \mu\text{–f.ü.}$$

und

$$\int_\Omega f \, d\mu = \lim_{n \to \infty} \int_\Omega f_n \, d\mu .$$

Dabei ist die Ausnahmemenge $\{ \omega \in \Omega \mid f_n(\omega) \text{ divergiert} \}$ eine μ–Nullmenge.

FOLGERUNGEN.

(a) *Sind die Funktionen* $u_k : \Omega \to \mathbb{R}_+$ $(k = 0, 1, \ldots)$ *μ–integrierbar und konvergiert die Reihe* $\sum\limits_{k=0}^{\infty} \int\limits_{\Omega} u_k \, d\mu$*, so konvergiert die Reihe* $\sum\limits_{k=0}^{\infty} u_k$ *μ–f.ü. gegen eine μ–integrierbare Funktion u, und es gilt*

$$\int\limits_{\Omega} u \, d\mu = \sum_{k=0}^{\infty} \int\limits_{\Omega} u_k \, d\mu .$$

(b) *Ist f μ–integrierbar und* $\int\limits_{\Omega} |f| \, d\mu = 0$, *so ist $f = 0$ μ–f.ü., d.h. die Ausnahmemenge $\{f \neq 0\}$ ist eine μ–Nullmenge.*

BEWEIS.

(a) Wegen der Linearität und Monotonie des μ–Integrals dürfen wir o.B.d.A. voraussetzen, daß $f_n \geq 0$ und $0 \leq \int\limits_{\Omega} f_n \, d\mu \leq C$ für alle $n \in \mathbb{N}$.

(b) *Konvergenz μ–f.ü.*. Sei $N = \{\omega \in \Omega \mid (f_n(\omega)) \text{ divergiert}\}$. Da die Folge $(f_n(\omega))$ monoton wächst, gilt $\omega \in N$ genau dann, wenn es zu jedem $m \in \mathbb{N}$ ein $n \in \mathbb{N}$ gibt, mit $f_n(\omega) \geq m$. Also gilt

$$N = \bigcap_{m=1}^{\infty} \bigcup_{n=1}^{\infty} \{f_n \geq m\} \in \mathcal{A},$$

denn wegen der Meßbarkeit der f_n gilt $A_{n,m} := \{f_n \geq m\} \in \mathcal{A}$, somit auch

$$B_m = \bigcup_{n=1}^{\infty} A_{n,m} \in \mathcal{A} \qquad \text{und} \qquad N = \bigcap_{m=1}^{\infty} B_m \in \mathcal{A} .$$

Wegen $f_n \geq 0$ gilt $m \cdot \chi_{A_{n,m}} \leq f_n$, daher nach 4.3 (b)

$$m \cdot \mu(A_{n,m}) \leq \int\limits_{\Omega} f_n \, d\mu \leq C, \quad \text{d.h.} \quad \mu(A_{n,m}) \leq \frac{C}{m} .$$

Aus $A_{n,m} \subset A_{n+1,m}$ und $B_m = \bigcup\limits_{n=1}^{\infty} A_{n,m}$ folgt nach § 19 : 6.3 (a)

$$\mu(B_m) = \lim_{n \to \infty} \mu(A_{n,m}) \leq \frac{C}{m} \quad \text{für } m = 1, 2, \ldots ,$$

insbesondere $\mu(B_1) < \infty$. Wegen $B_1 \supset B_2 \supset \ldots$ und $N = \bigcap\limits_{m=1}^{\infty} B_m$ ergibt § 19 : 6.3 (b)

$$\mu(N) = \lim_{m \to \infty} \mu(B_m) = 0 .$$

(c) *Die Grenzfunktion* f. Nach 3.6 (b) ist durch

$$f(\omega) := \begin{cases} \lim\limits_{n\to\infty} f_n(\omega) & \text{für} \quad \omega \in M := \Omega \setminus N, \\ 0 & \text{für } \omega \in N \end{cases}$$

eine meßbare Funktion $f \geq 0$ gegeben, die punktweiser Limes der Funktionen $g_n := f_n \cdot \chi_M$ ist. Für letztere gilt $g_1 \leq g_2 \leq \ldots \leq f$ und nach 4.4

$$g_n \in \mathcal{L}^1(\Omega, \mu)\,, \quad \int\limits_\Omega g_n \, d\mu = \int\limits_\Omega f_n \, d\mu \quad (n \in \mathbb{N})\,.$$

(d) Seien $(\varphi_{n,m})_m$ integraldefinierende Folgen für g_n $(n = 1, 2, \ldots)$. Dann gilt $\varphi_{n,m} \geq 0$, $\varphi_{n,m}(\omega) = 0$ für $\omega \in N$. Wir betrachten die positiven, μ–integrierbaren Elementarfunktionen

$$\psi_m := \max\{\varphi_{1,m}, \ldots, \varphi_{m,m}\}\,.$$

Wegen $0 \leq \varphi_{k,m} \leq \varphi_{k,m+1} \leq g_k \leq g_m$ für $k \leq m$ erhalten wir

$$\varphi_{n,m} \leq \psi_m \quad \text{für} \quad n \leq m\,, \quad \psi_m \leq \psi_{m+1} \quad \text{und} \quad \psi_m \leq g_m\,, \quad \text{also}$$

$$g_m = \sup_m \varphi_{n,m} \leq \sup_m \psi_m \leq \sup_m g_m = f\,.$$

Da die g_n punktweise gegen f konvergieren, folgt

$$f = \sup_m \psi_m = \lim_{m\to\infty} \psi_m\,.$$

Wegen $\psi_m \leq g_m$ gilt ferner

$$\int\limits_\Omega \psi_m \leq \int\limits_\Omega g_m = \int\limits_\Omega f_m \leq C\,.$$

Nach 4.1 folgt die μ–Integrierbarkeit von f und

$$\int\limits_\Omega f \, d\mu = \lim_{n\to\infty} \int\limits_\Omega \psi_n \, d\mu \leq \lim_{n\to\infty} \int\limits_\Omega g_n \, d\mu = \lim_{n\to\infty} \int\limits_\Omega f_n \, d\mu\,,$$

wobei sich die Existenz des letzteren Grenzwerts aus $\int\limits_\Omega f_n \, d\mu \leq \int\limits_\Omega f_{n+1} \, d\mu \leq C$ ergibt. Umgekehrt gilt $g_n \leq f$, also

$$\int\limits_\Omega f_n \, d\mu = \int\limits_\Omega g_n \, d\mu \leq \int\limits_\Omega f \, d\mu\,, \quad \text{somit} \quad \lim_{n\to\infty} \int\limits_\Omega f_n \, d\mu \leq \int\limits_\Omega f \, d\mu\,.$$

Damit ist der Satz von der monotonen Konvergenz bewiesen.

Die Folgerung (a) ergibt sich unmittelbar [ÜA].

Für die Folgerung (b) beachten wir, daß $N := \{\omega \in \Omega \mid |f(\omega)| > 0\}$ wegen der Meßbarkeit von $|f|$ zu $\mathcal{A}$ gehört. Die Funktionen $f_n := n \cdot |f|$ bilden eine aufsteigende Folge mit $\int\limits_\Omega f_n \, d\mu = 0$, und es gilt

$$N = \{\omega \in \Omega \mid (f_n(\omega)) \text{ konvergiert nicht}\}.$$

Nach dem Satz von Beppo Levi folgt $\mu(N) = 0$. □

5.2 Der Satz von der majorisierten Konvergenz (Satz von Lebesgue)

Haben die meßbaren Funktionen $f_n : \Omega \to \mathbb{C}$ eine gemeinsame μ–Majorante g und konvergieren sie auf Ω punktweise gegen eine Funktion f, so ist f (wie auch die f_n) μ–integrierbar, und es gilt

$$\int\limits_\Omega f \, d\mu = \lim_{n\to\infty} \int\limits_\Omega f_n \, d\mu .$$

Bemerkungen. (a) Die μ–Integrierbarkeit der f_n folgt aus 4.5.

(b) Die Voraussetzung der punktweisen Konvergenz kann durch die schwächere Bedingung $f_n \to f$ μ–f.ü. ersetzt werden [ÜA], vgl. 3.6 (b), 4.4.

Beweis.
Nach Voraussetzung gibt es μ–Nullmengen N_n mit $|f_n(\omega)| \le g(\omega)$ für alle $\omega \in \Omega \setminus N_n$. Dann ist auch $N = \bigcup\limits_{n=1}^{\infty} N_n$ eine μ–Nullmenge, vgl. § 19 : 7.3 (d), und wir erhalten

$$|f_n(\omega)| \le g(\omega) \quad \text{und} \quad |f(\omega)| = \lim_{n\to\infty} |f_n(\omega)| \le g(\omega) \ \text{ für alle } \ \omega \in \Omega \setminus N .$$

Da f als punktweiser Limes der f_n meßbar ist (vgl. 3.4 (b)), folgt die μ–Integrierbarkeit von f aus dem Majorantenkriterium 4.5.

Wir betrachten die Funktionen $u_n := |f - f_n|$. Wegen $|u_n| \le 2g$ sind diese μ–integrierbar, und nach 3.4 (a) sind durch $g_m := \sup\{u_n \mid n \ge m\}$ meßbare Funktionen gegeben mit $0 \le g_m \le 2g$. Nach 4.5 folgt die μ–Integrierbarkeit der g_m. Ferner bilden die g_m eine absteigende und damit die $h_m := -g_m$ eine aufsteigende Folge μ–integrierbarer Funktionen mit $h_m \le 0$. Aus dem Lemma in 3.4 (b) entnehmen wir

$$0 = \lim_{n\to\infty} u_n(\omega) = \inf\{g_m(\omega) \mid m \in \mathbb{N}\} = \lim_{m\to\infty} g_m(\omega) \ \text{ für alle } \ \omega \in \Omega ,$$

also auch $\lim\limits_{m\to\infty} h_m(\omega) = 0$ für alle $\omega \in \Omega$. Aus dem Satz von Beppo Levi folgt

$$\lim_{m\to\infty} \int\limits_\Omega h_m \, d\mu = 0 , \quad \text{also auch} \quad \lim_{m\to\infty} \int\limits_\Omega g_m \, d\mu = 0 .$$

Wegen $|u_n| \le g_n$ folgt daher

$$\Big| \int\limits_\Omega f\,d\mu - \int\limits_\Omega f_n\,d\mu \Big| = \Big| \int\limits_\Omega (f - f_n)\,d\mu \Big| \le \int\limits_\Omega u_n\,d\mu$$

$$\le \int\limits_\Omega g_n\,d\mu \to 0 \quad \text{für} \quad n \to \infty\,. \qquad \square$$

5.3 Weiteres zur Vertauschbarkeit von Limes und Integral

(a) Konvergieren die μ–integrierbaren Funktionen f_n punktweise gegen f, so ist f nach 3.4 meßbar. Damit f auch μ–integrierbar ist, bedarf es nach 4.3 (c) und 4.5 einer μ–Majorante für f. Dies reicht jedoch nicht aus, um die Vertauschbarkeit von Limes und μ–Integral zu garantieren, selbst wenn die f_n gleichmäßig gegen f konvergieren. Ein Gegenbeispiel erhalten wir durch die gleichmäßig gegen $f = 0$ konvergierenden Elementarfunktionen $f_n = \frac{1}{n}\,\chi_{[0,n]}$ und das Lebesgue–Integral auf $\mathbb{R}$.

(b) Ist μ ein endliches Maß, so gilt **der kleine Satz von Lebesgue**: *Konvergieren die beschränkten meßbaren Funktionen auf Ω gleichmäßig gegen f, so folgt die μ–Integrierbarkeit von f und die Vertauschbarkeit von Limes und μ–Integral* (ÜA , beachten Sie 4.5 (ii)).

5.4 Integration über Teilbereiche

(a) Sei $f \in \mathcal{L}^1(\Omega,\mu)$, und $B \neq \emptyset$ gehöre zum Definitionsbereich $\mathcal{A}$ von μ. Dann gilt $f \cdot \chi_B \in \mathcal{L}^1(\Omega,\mu)$ nach dem Majorantenkriterium. Wir definieren

$$\int\limits_B f\,d\mu := \int\limits_\Omega f\,\chi_B\,d\mu\,.$$

(b) $\mathcal{B} = \{A \in \mathcal{A} \mid A \subset B\}$ ist eine σ–Algebra auf B, und die Einschränkung ν von μ auf $\mathcal{B}$ ist ein σ–endliches Maß ÜA . Für jede $\mathcal{A}$–meßbare Funktion $f : \Omega \to \mathbb{C}$ ist die Einschränkung $g = f\big|_B$ von f auf B $\mathcal{B}$–meßbar ÜA . Genau dann gilt $f\,\chi_B \in \mathcal{L}^1(\Omega,\mu)$, wenn $g \in \mathcal{L}^1(B,\nu)$. In diesem Fall ist

$$\int\limits_B g\,d\nu = \int\limits_\Omega f\,\chi_B\,d\mu\,.$$

ÜA : Zeigen Sie dies zunächst für Elementarfunktionen und dann mit Hilfe des Satzes von Beppo Levi für positive meßbare Funktionen. Der Rest folgt aus 4.2.

(c) Setzen wir eine $\mathcal{B}$–meßbare Funktion $u : B \to \mathbb{C}$ zu einer Funktion $\widetilde{u} : \Omega \to \mathbb{C}$ mit $\widetilde{u}(\omega) = 0$ für $\omega \in \Omega \setminus B$ fort, so gilt $u \in \mathcal{L}^1(B,\nu) \iff \widetilde{u} \in \mathcal{L}^1(\Omega,\mu)$ und im Fall der Integrierbarkeit (ÜA)

$$\int\limits_\Omega \widetilde{u}\,d\mu = \int\limits_B u\,d\nu\,.$$

5.5 Zum Lebesgue–Integral

Als ersten Spezialfall der allgemeinen Integrationstheorie besprechen wir das Lebesgue–Integral über Teilmengen des $\mathbb{R}^n$. Für $n \geq 2$ bezeichnen wir es wahlweise mit

$$\int_\Omega f\, dV^n, \quad \int_\Omega f\, d\lambda^n, \quad \int_\Omega f(\mathbf{x})\, d^n\mathbf{x}, \quad \int_\Omega f\, d^n\mathbf{x}.$$

Dabei ist Ω eine Lebesgue–meßbare Teilmenge des $\mathbb{R}^n$, und der Definitionsbereich $\mathcal{A}$ des Lebesgue–Maßes $V^n = \lambda^n$ besteht aus den Lebesgue–meßbaren Teilmengen von Ω, vgl. § 19 : 8.

Für $n = 1$ und Intervalle $I \subset \mathbb{R}$ verwenden wir die Bezeichnungen

$$\int_I f\, d\lambda \quad \text{bzw.} \quad \int_I f(x)\, dx\,.$$

Die Bezeichnungen **fast überall (f.ü.)**, **integrierbar**, $\boldsymbol{\mathcal{L}^1(\Omega)}$, **Majorante** beziehen sich stets auf das Lebesgue–Integral, stehen also für V^n–f.ü., V^n–integrierbar, $\mathcal{L}^1(\Omega, \lambda^n)$ und V^n–Majorante. In diesem Rahmen bedeutet Meßbarkeit von Mengen bzw. Funktionen die V^n– bzw. $\mathcal{L}^n$–Meßbarkeit.

Die wichtigsten Eigenschaften des Lebesgue–Integrals sind in § 8, Abschnitt 1 zusammengestellt; inzwischen wurden die meisten Beweise nachgetragen (Ausnahme: Sätze von Fubini, Tonelli und Transformationssatz).

Wir halten nochmals fest: Für die Fälle, daß Ω ein kompakter Quader, eine offene Menge oder eine gutberandete kompakte Menge ist, folgt aus der Integrierbarkeit im herkömmlichen Sinn (Bd. 1, § 23 : 2.1, 4.2, 7.5) die Integrierbarkeit im Lebesgueschen Sinn, und das Lebesgue–Integral ist gleich dem herkömmlichen. Für kompakte Quader und offene Mengen wurde dies in § 8 : 1.6 gezeigt; für gutberandete kompakte Mengen folgt dies daraus, daß jede Jordan–Nullmenge eine V^n–Nullmenge ist.

6 Das μ–Integral für Wahrscheinlichkeitsmaße auf $\mathbb{R}$

Als Definitionsbereich für Wahrscheinlichkeitsmaße (Verteilungen) μ auf $\mathbb{R}$ wählen wir den Bemerkungen § 19 : 7.2 gemäß immer die Borel–Algebra $\mathcal{B}$, vgl. § 19 : 5.3, 5.4. In diesem Rahmen steht Meßbarkeit für $\mathcal{B}$–Meßbarkeit; diese zieht die Lebesgue–Meßbarkeit nach sich.

Nach § 19 : 9.2, 9.3 sind Verteilungen μ durch ihre Verteilungsfunktion, d.h. durch $F(x) = \mu(]-\infty, x])$ festgelegt. Dies ist zunächst eine reine Existenzaussage, daher ist auch das zugehörige μ–Integral zunächst ein abstrakter Begriff. Für zwei wichtige Spezialfälle werden wir jetzt das μ–Integral konkret angeben. Für allgemeine Maße μ werden wir das μ–Integral stetiger Funktionen in 6.2 wenigstens näherungsweise bestimmen.

6.1 Beispiele

(a) **Diskrete Wahrscheinlichkeitsmaße**. Für $B \in \mathcal{B}$ sei

$$\mu(B) = \sum_{x_k \in B} p_k = \sum_{k=0}^{\infty} p_k \, \chi_B(x_k) ;$$

dabei seien $x_0, x_1, \ldots$ abzählbar viele verschiedene reelle Zahlen, $p_0, p_1, \ldots \geq 0$ und $\sum\limits_{k=0}^{\infty} p_k = 1$.

SATZ. *Für meßbare Funktionen $f : \mathbb{R} \to \mathbb{C}$ existiert das μ–Integral*

$$\int_{\mathbb{R}} f \, d\mu = \sum_{k=0}^{\infty} f(x_k) \, p_k$$

genau dann, wenn die Reihe absolut konvergiert. Beim Dirac–Maß δ_a gilt

$$\int_{\mathbb{R}} f \, d\delta_a = f(a)$$

für jede meßbare Funktionen $f : \mathbb{R} \to \mathbb{C}$.

BEWEIS.
Nach 2.4 (c) ist jede Elementarfunktion φ μ–integrierbar, wobei die Reihe

$$\int_{\mathbb{R}} \varphi \, d\mu = \sum_{k=0}^{\infty} \varphi(x_k) \, p_k$$

absolut konvergiert.

Wir betrachten zunächst eine meßbare Funktion $f \geq 0$ und eine integraldefinierende Folge (φ_n) für f. Für diese gilt

$$\sum_{k=0}^{N} \varphi_n(x_k) \, p_k \leq \sum_{k=0}^{N} f(x_k) \, p_k \quad \text{für} \quad n, N \in \mathbb{N} \, .$$

Besitzen die Partialsummen der rechten Seite ein Supremum C, so folgt

$$\int_{\mathbb{R}} \varphi_n \, d\mu = \lim_{N \to \infty} \sum_{k=0}^{N} \varphi_n(x_k) \, p_k \leq C = \sum_{k=0}^{\infty} f(x_k) \, p_k$$

und damit nach 4.1 die μ–Integrierbarkeit von f sowie

$$\int_{\mathbb{R}} f \, d\mu = \lim_{n \to \infty} \int_{\mathbb{R}} \varphi_n \, d\mu \leq \sum_{k=0}^{\infty} f(x_k) \, p_k \, .$$

Existiert umgekehrt $I = \int_{\mathbb{R}} f \, d\mu$, so gilt für jede integraldefinierende Folge (φ_n)

$$\sum_{k=0}^{N} \varphi_n(x_k)\, p_k \;\le\; \int_{\mathbb{R}} \varphi_n \, d\mu \;\le\; I$$

und somit auch

$$\sum_{k=0}^{N} f(x_k)\, p_k \;=\; \lim_{n\to\infty} \sum_{k=0}^{N} \varphi_n(x_k)\, p_k \;\le\; I\,.$$

Es folgt die Konvergenz von

$$\sum_{k=0}^{\infty} f(x_k)\, p_k \;\le\; I \;=\; \int_{\mathbb{R}} f \, d\mu\,.$$

Für beliebige meßbare Funktionen f ist nach 4.3 (c) und 4.5 die μ–Integrierbarkeit äquivalent zur μ–Integrierbarkeit von $|f|$. Die Formel für das μ–Integral ergibt sich durch Zerlegung von f gemäß 4.2. □

(b) **Wahrscheinlichkeitsmaße mit Dichte**. *Sei* $\varrho : \mathbb{R} \to \mathbb{R}_+$ *integrierbar,* $\int_{\mathbb{R}} \varrho \, d\lambda = 1$. *Dann ist durch*

$$\mu(B) := \int_{B} \varrho \, d\lambda \;=\; \int_{\mathbb{R}} \varrho \chi_B \, d\lambda \quad \text{für } B \in \mathcal{B}$$

ein Wahrscheinlichkeitsmaß μ *auf* $\mathbb{R}$ *gegeben.*

Eine meßbare Funktion $f : \mathbb{R} \to \mathbb{C}$ *ist genau dann* μ*–integrierbar, wenn* $f \cdot \varrho$ *Lebesgue–integrierbar ist. In diesem Fall gilt*

$$\int_{\mathbb{R}} f \, d\mu \;=\; \int_{\mathbb{R}} f \varrho \, d\lambda\,.$$

Bemerkung. Offenbar hat μ die Eigenschaft, daß jede (Lebesgue–)Nullmenge auch eine μ–Nullmenge ist. Umgekehrt gibt es zu jedem Wahrscheinlichkeitsmaß μ auf $\mathbb{R}$ mit dieser Eigenschaft eine integrierbare Funktion $\varrho \ge 0$ mit Integral 1, so daß

$$\mu(B) \;=\; \int_{B} \varrho \, d\lambda$$

(**Satz von Radon–Nykodym**, vgl. Bauer [116], 17.8).

Beweis.

(i) Jede Borelmenge B ist Lebesgue–meßbar. Nach dem Majorantenkriterium ist $\varrho \chi_B$ also Lebesgue–integrierbar, und aus den Eigenschaften des Integrals folgt $0 \le \mu(B) \le \mu(\mathbb{R}) = 1$. Ist A die Vereinigung der paarweis disjunkten Borelmengen $A_1, A_2, \ldots$, so gilt: Die

$$u_k := \varrho \cdot \chi_{A_k}\,, \quad u := \varrho \cdot \chi_A = \sum_{k=1}^{\infty} u_k$$

sind integrierbare Funktionen; die Reihe konvergiert punktweise, wobei für jedes $x \in \mathbb{R}$ höchstens ein Reihenglied von Null verschieden ist, und schließlich gilt

$$\sum_{k=1}^{N} \int_{\mathbb{R}} u_k \, d\lambda \le \int_{\mathbb{R}} u \, d\lambda\,.$$

Nach der Reihenversion 5.1 (a) des Satzes von der monotonen Konvergenz erhalten wir

$$\mu(A) = \int_{\mathbb{R}} u \, d\lambda = \sum_{k=1}^{\infty} \int_{\mathbb{R}} u_k \, d\lambda = \sum_{k=1}^{\infty} \mu(A_k)\,.$$

(ii) Für Mengen $B \in \mathcal{B}$ mit $\lambda(B) = 0$ gilt $\varrho \chi_B = 0$ f.ü., also $\mu(B) = 0$.

(iii) Die Formel

$$\int_{\mathbb{R}} f \, d\mu = \int_{\mathbb{R}} f \varrho \, d\lambda$$

gilt nach Definition von μ für charakteristische Funktionen $f = \chi_B$ mit $B \in \mathcal{B}$. Wegen der Linearität von μ–Integral und Lebesgue–Integral gilt sie daher auch für Elementarfunktionen bezüglich $\mathcal{B}$.

Die Behauptung über die Integrierbarkeit und die Formel für das Integral ergibt sich für positive meßbare Funktionen f nach 4.1, da eine Folge (φ_n) genau dann μ–integraldefinierend für f ist, wenn $(\varrho\varphi_n)$ (Lebesgue–)integraldefinierend für ϱf ist ÜA. Die Übertragung auf beliebige meßbare Funktionen f geschieht wie im Beweis (a). □

6.2 Riemann–Stieltjes–Summen und μ–Integral

Der folgende Satz gestattet es, μ–Integrale approximativ zu berechnen. Darüberhinaus spielt er eine Schlüsselrolle für die wahrscheinlichkeitstheoretische Interpretation des Hilbertraumformalismus der Quantenmechanik.

Riemann–Stieltjes–Summen. Sei $f : \mathbb{R} \to \mathbb{C}$, stetig und μ eine beliebige Verteilung mit Verteilungsfunktion F. Ein System $\mathcal{Z} = \{x_0, \ldots, x_N\}$ heißt *Einteilung zu* $[a, b]$, wenn

$$x_0 < a \le x_1 < \ldots < x_N = b\,.$$

Für solche Einteilungen $\mathcal{Z}$ definieren wir

$$\delta(\mathcal{Z}) := \max\{x_k - x_{k-1} \mid k = 1, \ldots, N\}$$

und die zugehörige *Riemann–Stieltjes–Summe* durch

$$R(f,\mathcal{Z}) := \sum_{k=1}^{N} f(x_k)\,(F(x_k)-F(x_{k-1}))\,.$$

SATZ. *Für jede Folge von Einteilungen* $\mathcal{Z}_n$ *zu* $[a,b]$ *mit* $\delta(\mathcal{Z}_n)\to 0$ *gilt*

$$\int_a^b f\,d\mu = \lim_{n\to\infty} R(f,\mathcal{Z}_n)\,.$$

BEWEIS.
(i) $R(f,\mathcal{Z})$ ist das μ–Integral der Elementarfunktion φ in disjunkter Darstellung

$$\varphi(f,\mathcal{Z}) = \sum_{k=1}^{N} f(x_k)\,\chi_{I_k} \quad \text{mit} \quad I_k =]x_{k-1},x_k]\,.$$

(ii) Seien $\mathcal{Z}_n$ Einteilungen mit $\delta(Z_n)\to 0$, $\varrho := \sup\{\delta(\mathcal{Z}_n) \mid n\in\mathbb{N}\}$ und $\varphi_n := \varphi(f,\mathcal{Z}_n)$. Wir setzen $f_0(x) := f(x)$ für $x\in[a,b]$, $f_0(x) := 0$ sonst und zeigen die punktweise Konvergenz $\varphi_n\to f_0$ auf $[a-\varrho,b]$:
Wegen der gleichmäßigen Stetigkeit von f auf $[a,b]$ folgt $\varphi_n\to f$ gleichmäßig auf $[a,b]$. Für $a-\varrho\le x<a$ gilt $\varphi_n(x)=0=f_0(x)$, sobald $\delta(\mathcal{Z}_n)<a-x$.

(iii) Es gilt $|\varphi_n(x)|\le C := \max\{|f(x)| \mid a\le x\le b\}$. Somit besitzen die φ_n die gemeinsame μ–Majorante $C\cdot\chi_{[a-\varrho,b]}$, und der Satz von der majorisierten Konvergenz ergibt für $n\to\infty$

$$R(f,\mathcal{Z}_n) = \int_{\mathbb{R}} \varphi_n\,d\mu = \int_{a-\varrho}^{b} \varphi_n\,d\mu \;\to\; \int_{a-\varrho}^{b} f_0\,d\mu = \int_a^b f\,d\mu \qquad \square$$

BEMERKUNGEN. (a) Die Aussage des Satzes verliert ihre Allgemeingültigkeit, wenn wir nur Zerlegungen

$$\mathcal{Z} : a = x_0 < x_1 < \ldots < x_N = b$$

zugrundelegen. [ÜA]: Welche Verteilungen werden hierdurch ausgeschlossen?

(b) Durch den Satz erklärt sich die häufig anzutreffende Bezeichnungsweise

$$\int_a^b f(x)\,dF(x) \quad \text{für} \quad \int_a^b f\,d\mu\,.$$

Für Wahrscheinlichkeitsmaße mit Dichte ϱ ist die Verteilungsfunktion F nach dem Hauptsatz § 8 : 3.2 absolutstetig mit $F'=\varrho$ f.ü.. Hier ist also

$$\int_a^b f(x)\,dF(x) = \int_a^b f(x)\,F'(x)\,dx\,.$$

6.3 Erwartungswert und Streuung reeller Verteilungen

Für eine Verteilung μ definieren wir **Erwartungswert** $E(\mu)$ und **Varianz** $V(\mu)$ durch

$$E(\mu) = \widehat{\mu} := \int_{-\infty}^{+\infty} x\, d\mu(x)\,, \quad V(\mu) := \int_{-\infty}^{+\infty} (x-\widehat{\mu})^2\, d\mu(x)\,,$$

falls diese Integrale existieren. Hinreichend für die Existenz beider Integrale ist die μ–Integrierbarkeit von x^2 [ÜA]. Nach 6.1 (a), (b) entspricht dies für diskrete Verteilungen und Verteilungen mit Dichten den Definitionen in § 19.

Die **Streuung** (Standardabweichung) $\sigma(\mu)$ definieren wir durch

$$\sigma(\mu) := \sqrt{V(\mu)}\,.$$

6.4 Der Erwartungswert einer transformierten Zufallsgröße

(a) Wir interpretieren ein Wahrscheinlichkeitsmaß μ auf $\mathbb{R}$ als Verteilung der möglichen Werte einer Zufallsgröße X. Für eine meßbare Funktion $f : \mathbb{R} \to \mathbb{R}$ ist die transformierte Zufallsgröße $f(X)$ dadurch definiert, daß jedem zufälligen Beobachtungswert x für X der Wert $f(x)$ zugeordnet wird. Die Verteilung μ_f der Beobachtungswerte für $f(X)$ ist gegeben durch

$$\mu_f(B) = \mu(f^{-1}(B)) = \mu(\{f \in B\})\,.$$

Daß $\nu := \mu_f$ ein Wahrscheinlichkeitsmaß ist, läßt sich leicht nachprüfen [ÜA].

SATZ. *Der Erwartungswert $E(f(X))$ existiert genau dann, wenn f μ–integrierbar ist. In diesem Fall gilt*

$$E(f(X)) = \int_{\mathbb{R}} f\, d\mu\,.$$

Insbesondere ist $V(X) = E((X-\widehat{\mu})^2)$, falls $\int_{\mathbb{R}} x^2\, d\mu(x)$ konvergiert.

Der BEWEIS ergibt sich aus dem folgenden

(b) **Transformationssatz für Bildmaße**. *Sei $(\Omega, \mathcal{A}, \mu)$ ein σ–endlicher Maßraum und $\mathcal{B}$ eine σ–Algebra auf Ω'. Ferner sei $f : \Omega \to \Omega'$ eine $\mathcal{A}$–$\mathcal{B}$–meßbare Funktion, d.h. $f^{-1}(B) \in \mathcal{A}$ für alle $B \in \mathcal{B}$. Dann ist durch*

$$\mu_f(B) := \mu(f^{-1}(B)) \quad \text{für} \quad B \in \mathcal{B}$$

ein σ–endliches Maß μ_f auf $\mathcal{B}$ gegeben, das **Bildmaß von μ unter f**.

Für eine $\mathcal{B}$–meßbare Funktion $u : \Omega' \to \mathbb{C}$ gilt

$$\int_{\Omega'} u\, d\mu_f = \int_{\Omega} u \circ f\, d\mu\,, \quad \textit{falls eines dieser Integrale existiert.}$$

BEMERKUNGEN. (i) Ist μ ein Wahrscheinlichkeitsmaß, so auch μ_f.

(ii) Die Behauptung des Satzes (a) folgt mit $u(x) = x$, $\Omega = \Omega' = \mathbb{R}$, $\mathcal{A} = \mathcal{B}$.

(iii) Ist f ein Diffeomorphismus zwischen zwei Gebieten $\Omega, \Omega' \subset \mathbb{R}^n$ und ist $\mu(B) = \int\limits_\Omega |\det f'|\, \chi_B\, dV^n$, so ist V^n das Bildmaß von μ unter f. Auf diesem Sachverhalt beruht der Transformationssatz für das Lebesgue–Integral § 8 : 1.9.

BEWEIS des Transformationssatzes.

(1) Wir überlassen den Nachweis, daß μ_f ein σ–endliches Maß ist, den Lesern als ÜA.

(2) Sei $B \in \mathcal{B}$, $A = f^{-1}(B)$ und $\varphi = \chi_B$. Dann gilt $\mu_f(B) = \mu(A)$ und $\varphi \circ f = \chi_A$. Im Fall $\mu(A) < \infty$ ist

$$(*) \qquad \int\limits_{\Omega'} \varphi\, d\mu_f = \mu_f(B) = \mu(A) = \int\limits_\Omega \varphi \circ f\, d\mu\,,$$

andernfalls existiert keines der beiden Integrale.

(3) Für eine Elementarfunktion $\varphi = \sum\limits_{k=1}^N b_k \chi_{B_k}$ mit paarweis disjunkten $B_k \in \mathcal{B}$ ist $\varphi \circ f = \sum\limits_{k=1}^N b_k \chi_{A_k}$ mit $A_k = f^{-1}(B_k)$ eine Elementarfunktion bezüglich $(\Omega, \mathcal{A})$. Sie ist nach (2) genau dann μ–integrierbar, wenn φ μ_f–integrierbar ist. In diesem Fall gilt $(*)$ wegen der Linearität der Integrale.

(4) Für eine $\mathcal{B}$–meßbare Funktion $u : \Omega' \to \mathbb{R}_+$ sei (φ_n) eine μ_f–integraldefinierende Folge. Dann bilden die $(\varphi_n \circ f)$ nach (3) eine μ–integraldefinierende Folge für $u \circ f$. Ferner ist die Beschränktheit der Folge $\Big(\int\limits_{\Omega'} \varphi_n\, d\mu_f\Big)$ äquivalent zur Beschränktheit der Folge $\Big(\int\limits_\Omega \varphi_n \circ f\, d\mu\Big)$. Somit folgt die Behauptung für u nach der Integraldefinition 4.1.

(5) Für beliebige $\mathcal{B}$–meßbare Funktionen u ergibt sich die Behauptung wie im Beweis 6.1 (a). □

6.5* Der Begriff Zufallsvariable

Wir wollen kurz erläutern, warum wir hier von Zufallsgrößen und nicht, wie in der klassischen Wahrscheinlichkeitstheorie üblich, von Zufallsvariablen sprechen. Eine Funktion $X : \Omega \to \mathbb{R}$ auf einem Wahrscheinlichkeitsraum $(\Omega, \mathcal{A}, p)$ heißt **Zufallsvariable**, wenn sie $\mathcal{A}$–$\mathcal{B}$–meßbar ist: $X^{-1}(B) \in \mathcal{A}$ für jede Borelmenge B. Die Verteilung μ von X ist definiert als das Bildmaß von p unter X:

$$\mu(B) := p(X^{-1}(B)) = p(\{X \in B\})\,.$$

Ausgangspunkt für die klassische Wahrscheinlichkeitstheorie ist, daß alle in einem Problemzusammenhang auftretenden Zufallsgrößen eine gemeiname Quelle des Zufalls haben, d.h. daß sie sich durch Zufallsvariable auf einem und demselben Wahrscheinlichkeitsraum $(\Omega, \mathcal{A}, p)$ beschreiben lassen.

Für zwei Zufallsvariable X, Y hat dies folgende Konsequenzen:

(i) *Existenz einer gemeinsamen Verteilung.* Die Wahrscheinlichkeit

$$\nu(A \times B) := p(X^{-1}(A) \cap Y^{-1}(B)) = P(\{X \in A \,\text{und}\, Y \in B\})$$

läßt sich zu einem Wahrscheinlichkeitsmaß ν auf $\mathcal{B}(\mathbb{R}^2)$ fortsetzen, zu deuten als Verteilung der Wertepaare (x, y) für X, Y.

(ii) *Die Linearität des Erwartungswerts.* Mit $X, Y : \Omega \to \mathbb{R}$ ist auch $\alpha X + \beta Y$ eine Zufallsvariable, und es gilt

$$E(\alpha X + \beta Y) = \alpha E(X) + \beta E(Y),$$

falls $E(X)$ und $E(Y)$ existieren. Dies ergibt sich aus der Darstellung des Erwartungswerts als p–Integral: Existiert $E(X)$, so gilt

$$E(X) = \int_{\mathbb{R}} x \, d\mu(x) = \int_{\Omega} X \, dp$$

nach dem Transformationssatz für das Bildmaß μ von p unter X.

Die Annahme einer gemeinsamen Verteilung zweier Zufallsgrößen X, Y bedeutet, daß es von der Sache her und hinsichtlich der empirischen Überprüfbarkeit Sinn macht, von der Wahrscheinlichkeit

$$P(X \in A \text{ und } Y \in B)$$

zu sprechen.

Eine solche Annahme ist in der Quantenmechanik nur in Ausnahmefällen gerechtfertigt. Gemeinsame Messung zweier Observabler X, Y wie Ort und Impuls setzt voraus, daß die Meßwerte x für X und y für Y paarweise anfallen. Geschieht dies in kurzen zeitlichen Abständen, so hängen die Meßergebnisse in der Regel von der Reihenfolge ab: Eine Messung für X kann den Zustand des Systems und damit die Bedingungen für die nachfolgende Messung von Y empfindlich beeinflussen. Die Ergebnisse x, y können ganz anders verteilt sein als die Ergebnisse y, x einer Messung erst Y, dann X. Auch bei „gleichzeitiger (simultaner) Messung“, sofern überhaupt realisierbar, bleibt das Problem der Nichtkommutativität bestehen.

Für den Aufbau der klassischen Wahrscheinlichkeitstheorie und ihre Anwendungen in der Statistik ist der Begriff der Zufallsvariablen dagegen zentral. Hierzu verweisen wir u.a. auf Bauer [116], Krengel [122] und Renyi [124].

7 L^p–Räume und ihre Eigenschaften

7.1 Die Räume $\mathrm{L}^p(\Omega,\mu)$ für $1 \le p < \infty$

(a) Sei Ω eine nichtleere Menge und μ ein Maß auf Ω mit Definitionsbereich $\mathcal{A}$ ($\mathcal{A} = \mathcal{B}$ für reelle Verteilungen, $\mathcal{A} = \mathcal{L}^n$ für das Lebesgue–Maß λ^n, vgl. § 19 : 8.1 (b)). Für $1 \le p < \infty$ definieren wir

$$\mathcal{L}^p(\Omega,\mu) := \left\{ f : \Omega \to \mathbb{C} \;\middle|\; f \text{ meßbar und } |f|^p \ \mu\text{–integrierbar} \right\}.$$

Beachten Sie: Aus der μ–Integrierbarkeit von $|f|^p$ folgt nicht die Meßbarkeit (genauer: $\mathcal{A}$–Meßbarkeit) von f, vgl. 3.6 (d).

SATZ. *$\mathcal{L}^p(\Omega,\mu)$ ist ein Vektorraum. Für $f,g \in \mathcal{L}^p(\Omega,\mu)$ gilt*

$$\Big(\int\limits_\Omega |f+g|^p\,d\mu\Big)^{1/p} \le \Big(\int\limits_\Omega |f|^p\,d\mu\Big)^{1/p} + \Big(\int\limits_\Omega |g|^p\,d\mu\Big)^{1/p}.$$

Für $f \in \mathcal{L}^p(\Omega,\mu)$ und $g \in \mathcal{L}^q(\Omega,\mu)$ mit $\frac{1}{p}+\frac{1}{q}=1$ gilt $fg \in \mathcal{L}^1(\Omega,\mu)$ und

$$\int\limits_\Omega |fg|\,d\mu \le \Big(\int\limits_\Omega |f|^p\,d\mu\Big)^{1/p} \cdot \Big(\int\limits_\Omega |g|^q\,d\mu\Big)^{1/q}.$$

Der BEWEIS ergibt sich wörtlich wie in § 8, Abschnitt 2 mit Hilfe der Ungleichungen von Hölder und Minkowski sowie dem Majorantenkriterium.

(b) Durch $\|f\|_p := \Big(\int\limits_\Omega |f|^p\,d\mu\Big)^{1/p}$ ist eine Halbnorm auf $\mathcal{L}^p(\Omega,\mu)$ gegeben: $\|\alpha f\|_p = |\alpha|\cdot\|f\|_p$ und $\|f+g\|_p \le \|f\|_p + \|g\|_p$. Aus $\|f\|_p = 0$ folgt dagegen nur $f=0$ μ–f.ü., vgl. 5.1 (b). Um eine Norm zu erhalten, erzwingen wir die positive Definitheit, indem wir alle μ–f.ü. gleichen $\mathcal{L}^p$–Funktionen identifizieren. Den so vergröberten Raum $\mathcal{L}^p(\Omega,\mu)$ bezeichnen wir mit $\mathrm{L}^p(\Omega,\mu)$. Lesen Sie hierzu die unter § 8 : 2.1 gemachten Bemerkungen! Als Resümee ergibt sich: $\mathrm{L}^p(\Omega,\mu)$ besteht genau genommen aus Klassen

$$u = [f] := \{g \mid g = f \quad \mu\text{–f.ü.}\}$$

μ–fast überall gleicher $\mathcal{L}^p$–Funktionen. Für alle geometrischen und topologischen Betrachtungen in $\mathrm{L}^p(\Omega,\mu)$ als normiertem Raum ist es gleichgültig, mit welchem Vertreter einer Klasse gerechnet wird; insoweit dürfen wir von L^p–Funktionen statt von Klassen sprechen.

Die Bemerkungen § 8 : 2.1 ergänzen wir wie folgt: Vom Funktionswert $u(\omega)$ einer L^p–Funktion u zu sprechen macht auch dann Sinn, wenn $\mu(\{\omega\}) > 0$.

Für ein Wahrscheinlichkeitsmaß μ mit endlichem Träger $\{x_0,\dots,x_{n-1}\}$, d.h. $p_k = \mu(\{x_k\}) > 0$ für $k = 0,\dots,n-1$, $\sum\limits_{k=0}^{n-1} p_k = 1$ ist $\mathrm{L}^p(\mathbb{R},\mu)$ isomorph zu $\mathbb{C}^n$, versehen mit einer passenden Norm [ÜA].

7.2 Die Vollständigkeit der $\mathbf{L}^p$–Räume

SATZ. *Zu jeder Cauchy–Folge* (u_n) *in* $\mathrm{L}^p(\Omega,\mu)$ *gibt es ein* $u \in \mathrm{L}^p(\Omega,\mu)$ *mit*

$$\|u - u_n\|_p \to 0 \quad \textit{für} \quad n \to \infty\,.$$

Darüberhinaus gibt es eine Teilfolge $(u_{n_k})_k$ *mit* $u = \lim\limits_{k\to\infty} u_{n_k}$ μ–f.ü..

BEWEIS.

(a) Da (u_n) eine Cauchy–Folge ist, gibt es eine Teilfolge $(u_{n_k})_k$ mit

$$\left\|u_{n_{k+1}} - u_{n_k}\right\|_p < 2^{-k} \quad (k = 1, 2, \ldots)\,.$$

(b) Weil $\mathrm{L}^p(\Omega,\mu)$ ein Vektorraum ist, der mit u auch $|u|$ enthält, sind mit

$$v_k := u_{n_{k+1}} - u_{n_k} \quad \text{auch} \quad s_n := \sum_{k=1}^{n} |v_k|$$

L^p–Funktionen. Aus der Dreiecksungleichung folgt

$$\|s_n\|_p \le \sum_{k=1}^{n} \|v_k\|_p < \sum_{k=1}^{n} 2^{-k} < 1\,.$$

Nach dem Satz von der monotonen Konvergenz gibt es daher eine μ–integrierbare Funktion $h \ge 0$ und eine μ–Nullmenge N mit

$$\text{(1)} \qquad h(\omega) = \lim_{n\to\infty} s_n^p(\omega) \quad \text{für alle} \quad \omega \in \Omega \setminus N\,.$$

Durch Nullsetzen der beteiligten Funktionen auf N können wir erreichen, daß (1) für alle $\omega \in \Omega$ gilt.

Für $s := h^{1/p}$ gilt dann $s \in \mathrm{L}^p(\Omega,\mu)$ und

$$\text{(2)} \qquad s(\omega) = \lim_{n\to\infty} s_n(\omega) = \sum_{k=1}^{\infty} |v_k(\omega)| \quad \text{für alle} \quad \omega \in \Omega\,.$$

(c) Als Folgerung ergibt sich für $k \ge \nu$

$$\text{(3)} \qquad \left|u_{n_{k+1}} - u_{n_\nu}\right| = \Big|\sum_{n=\nu}^{k} v_n\Big| \le \sum_{n=1}^{\infty} |v_n| = s\,,$$

und nach dem Majorantenkriterium für Reihen folgt aus (2) die Existenz des punktweisen Limes

$$\text{(4)} \qquad u := u_{n_1} + \sum_{n=1}^{\infty} v_n = \lim_{k\to\infty} \Big(u_{n_1} + \sum_{n=1}^{k} v_n\Big) = \lim_{k\to\infty} u_{n_{k+1}}\,.$$

Aus (4) und (3) folgt $|u| \le |u_{n_1}| + |s|$, also $u \in \mathrm{L}^p(\Omega,\mu)$.

(d) Nach (3) gilt

$$|u - u_{n_\nu}|^p = \lim_{k\to\infty} \left|u_{n_{k+1}} - u_{n_\nu}\right|^p \leq s,$$

und aus (4) folgt

$$\lim_{\nu\to\infty} |u - u_{n_\nu}|^p = 0.$$

Der Satz von der majorisierten Konvergenz ergibt daher

$$\int\limits_\Omega |u - u_{n_\nu}|^p \, d\mu \to 0 \quad \text{für} \quad \nu \to \infty.$$

Konvergiert eine Teilfolge einer Cauchy–Folge (u_n) gegen u, so auch die Folge (u_n) selbst (Bd. 1, § 21 : 5.1). □

7.3 Der Banachraum $\mathrm{L}^\infty(\Omega, \mu)$

(a) Eine meßbare Funktion $f : \Omega \to \mathbb{C}$ heißt ***μ*–wesentlich beschränkt**, in Zeichen $f \in \mathcal{L}^\infty(\Omega, \mu)$, wenn es eine Konstante C gibt mit

$$|f(\omega)| \leq C \quad \mu\text{–f.ü.}$$

Wörtlich wie in § 8 : 2.4 erhalten wir: Für $f \in \mathcal{L}^\infty(\Omega, \mu)$ existiert

$$\|f\|_\infty := \min\left\{ C \in \mathbb{R}_+ \;\middle|\; |f(\omega)| \leq C \;\; \mu\text{–f.ü.} \right\}.$$

(b) Den Raum $\mathrm{L}^\infty(\Omega, \mu)$ erhalten wir aus $\mathcal{L}^\infty(\Omega, \mu)$, indem wir wie in 7.1 alle μ–f.ü. gleichen Funktionen identifizieren.

Satz. *$(\mathrm{L}^\infty(\Omega, \mu), \|\cdot\|_\infty)$ ist ein Banachraum.*

Beweis.
(i) Die positive Definitheit der Norm haben wir durch die Klassenbildung (b) erzwungen. Offenbar gilt $\|\alpha f\|_\infty = |\alpha| \cdot \|f\|_\infty$ für $f \in \mathcal{L}^\infty(\Omega, \mu)$, $\alpha \in \mathbb{C}$.

Zu $f, g \in \mathcal{L}^\infty(\Omega, \mu)$ gibt es μ–Nullmengen N_1, N_2 mit

$$|f(\omega)| \leq \|f\|_\infty \text{ für } \omega \in \Omega \setminus N_1, \quad |g(\omega)| \leq \|g\|_\infty \text{ für } \omega \in \Omega \setminus N_2.$$

Für die μ–Nullmenge $N = N_1 \cup N_2$ folgt

$$|f(\omega) + g(\omega)| \leq |f(\omega)| + |g(\omega)| \leq \|f\|_\infty +, \|g\|_\infty$$

für $\omega \in \Omega \setminus N$, d.h. μ–fast überall. Nach (a) folgt $f + g \in \mathcal{L}^\infty(\Omega, \mu)$ und $\|f + g\|_\infty \leq \|f\|_\infty + \|g\|_\infty$. Mit der Dreiecksungleichung nach unten folgt aus $f = g$ μ–f.ü., daß $\|f\|_\infty = \|g\|_\infty$.

(ii) Gegeben sei eine Cauchy–Folge in $L^\infty(\Omega,\mu)$, repräsentiert durch $\mathcal{L}^\infty$–Funktionen u_n. Dann gibt es zu jedem $k \in \mathbb{N}$ ein $n_k \in \mathbb{N}$ und μ–Nullmengen $N(k,m,n)$ mit

$$(*) \qquad |u_m(\omega) - u_n(\omega)| < \frac{1}{k} \quad \text{für} \quad m > n > n_k$$

und $\omega \notin N(k,m,n)$. Die Vereinigung N aller $N(k,m,n)$ ist ebenfalls eine μ–Nullmenge, und $(*)$ gilt für alle $\omega \in \Omega \setminus N$. Dies bedeutet, daß $(u_n(\omega))$ eine Cauchy–Folge in $\mathbb{C}$ ist für alle $\omega \in \Omega \setminus N$. Durch

$$u(\omega) := \begin{cases} \lim\limits_{n\to\infty} u_n(\omega) & \text{für} \quad \omega \notin N\,, \\ 0 & \text{für} \quad \omega \in N \end{cases}$$

ist eine meßbare Funktion gegeben mit

$$|u(\omega) - u_n(\omega)| = \lim_{m\to\infty} |u_m(\omega) - u_n(\omega)| \le \frac{1}{k} \quad \text{für} \quad n > n_k$$

und $\omega \in \Omega \setminus N$. Es folgt $u - u_n \in \mathcal{L}^\infty(\Omega,\mu)$, also auch

$$u = u - u_n + u_n \in \mathcal{L}^\infty(\Omega,\mu) \quad \text{und} \quad \|u - u_n\|_\infty \le \frac{1}{k} \quad \text{für } n > n_k. \qquad \square$$

7.4 Beziehungen zwischen L^1, L^2 und L^∞

(a) Es gilt $L^1(\Omega,\mu) \cap L^\infty(\Omega,\mu) \subset L^2(\Omega,\mu)$.

(b) Für endliche Maße, z.B. Wahrscheinlichkeitsmaße oder das Lebesgue–Maß auf Mengen Ω endlichen Volumens, gilt

$$L^\infty(\Omega,\mu) \subset L^2(\Omega,\mu) \subset L^1(\Omega,\mu)\,.$$

(c) Für offene Mengen $\Omega \subset \mathbb{R}^n$ mit $V^n(\Omega) = \infty$ ist keiner der Räume $L^1(\Omega)$, $L^2(\Omega)$, $L^\infty(\Omega)$ in einem der anderen enthalten.

Beweis.

(a) Für $u \in L^1(\Omega,\mu) \cap L^\infty(\Omega,\mu)$ ist $\|u\|_\infty \cdot u$ eine μ–Majorante für $|u|^2$.

(b) Sei $\mu(\Omega) < \infty$. Dann gilt $\chi_\Omega \in L^1(\Omega,\mu) \cap L^2(\Omega,\mu)$. Für $u \in L^\infty(\Omega,\mu)$ ist $\|u\|_\infty^2 \cdot \chi_\Omega$ eine μ–Majorante für $|u|^2$. Für $u \in L^2(\Omega,\mu)$ ist $u = u \cdot \chi_\Omega \in L^1(\Omega,\mu)$ nach 7.1 (a).

(c) soll hier nicht bewiesen werden. Hierzu als

ÜA Zeigen Sie mit Hilfe geeigneter stetiger Funktionen, daß (c) für $\Omega = \mathbb{R}_{>0}$ richtig ist und daß die Inklusionen (b) für das Lebesgue–Maß auf $]0,1[$ echt sind. $\square$

8 Dichte Teilräume und Separabilität

8.1 Übersicht

Vorkenntnisse für den letzten Teil dieses Paragraphen: Testfunktionen § 10 : 1, § 10 : 2, § 10 : 3.

Für die Theorie von Differentialoperatoren ist es wesentlich, daß der Raum $\mathrm{C}_c^\infty(\Omega)$ der Testfunktionen auf Ω für $1 \le p < \infty$ ein dichter Teilraum von $\mathrm{L}^p(\Omega)$ ist. Vor allem für die Hilbertraumtheorie benötigen wir die Separabilität von $\mathrm{L}^p(\Omega)$ und von $\mathrm{L}^p(\mathbb{R}, \mu)$ für Wahrscheinlichkeitsmaße μ. Grundlegend für beides ist, daß die Treppenfunktionen in diesen Räumen dicht liegen.

Bekanntlich heißt eine Teilmenge M eines normierten Raumes $(V, \|\cdot\|)$ **dicht** in V, wenn $\overline{M} = V$. Die Relation $B \subset \overline{A}$ bedeutet, daß jedes $u \in B$ Limes einer geeigneten Folge aus A ist. Die folgenden Sätze stützen sich auf das

LEMMA. (a) *Aus $B \subset \overline{A}$ und $\overline{B} = V$ für Teilmengen A, B von V folgt $\overline{A} = V$.*
Mehrmalige Anwendung von (a) ergibt folgende Schlußkette:
Aus $\overline{A}_1 = V$, $A_k \subset \overline{A}_{k+1}$ für $k = 1, \ldots, N$ folgt $\overline{A}_k = V$ für $k = 1, \ldots, N$.
(b) *Ist M ein Erzeugendensystem für den Teilraum W von V, und ist U ein Teilraum von V mit $M \subset U$, so gilt $W \subset \overline{U}$.*

BEWEIS. (a) Aus $B \subset \overline{A}$ folgt $V = \overline{B} \subset \overline{A} \subset V$ und damit überall das Gleichheitszeichen.
(b) Seien $m_1, \ldots, m_N \in M$ und $w = \sum\limits_{k=1}^{N} \alpha_k m_k$. Wegen $m_k \in \overline{U}$ gibt es zu gegebenem $\varepsilon > 0$ Vektoren $u_k \in U$ mit $|\alpha_k| \cdot \|u_k - m_k\| < \varepsilon/2^k$ $(1 \le k \le N)$. Es folgt $\left\| \, w - \sum\limits_{k=1}^{N} \alpha_k u_k \, \right\| < \varepsilon$. □

8.2 Approximation von L^p-Funktionen durch Elementarfunktionen

(a) Sei $\Omega \subset \mathbb{R}^N$ offen und μ entweder ein Wahrscheinlichkeitsmaß auf Ω oder das Lebesgue–Maß auf Ω. Die folgenden Ergebnisse gelten auch für Maße μ mit stetiger Dichte: $\mu(B) = \int\limits_B f \, dV^n$ für Lebesgue–meßbare Mengen $B \subset \Omega$. In jedem Fall gilt $\mu(K) < \infty$ für kompakte Mengen $K \subset \Omega$.

(b) LEMMA. *Unter der Voraussetzung (a) gilt für $u \in \mathrm{L}^p(\Omega, \mu)$:*

Zu jedem $\varepsilon > 0$ gibt es eine kompakte Menge $K \subset \Omega$ mit

$$\int\limits_\Omega |u|^p \, d\mu - \int\limits_K |u|^p \, d\mu = \int\limits_\Omega |u - u\chi_K|^p \, d\mu < \varepsilon ;$$

ferner gibt es eine Elementarfunktion φ mit $\operatorname{supp} \varphi \subset K$ *und*

$$\|u - \varphi\|_p < 2\varepsilon .$$

Für K kann eine endliche Vereinigung kompakter Quader gewählt werden.

Beweis.

(a) Sei $u \in \mathcal{L}^p(\Omega,\mu)$. Für eine Quaderzerlegung $\Omega = \bigcup\limits_{k=1}^{\infty} I_k$ (Bd. 1, § 23 : 4.1) seien

$$K_n := \bigcup_{k=1}^{n} I_k \quad \text{und} \quad B_n := \{\mathbf{x} \in K_n \mid |u(\mathbf{x})| \le n\}.$$

Für die meßbaren Funktionen $u_n := u\chi_{B_n}$ gilt dann

$$|u_n| \le |u|, \quad |u-u_n|^p \le |u|^p,$$

also $u_n, u-u_n \in \mathrm{L}^p(\Omega,\mu)$. Ferner gilt

$$\lim_{n\to\infty} u_n(\mathbf{x}) = u(\mathbf{x}) \quad \text{für alle } \mathbf{x} \in \Omega,$$

denn zu $\mathbf{x} \in \Omega$ gibt es ein m mit $\mathbf{x} \in B_m$; dann ist $u_n(\mathbf{x}) = u(\mathbf{x})$ für $n \ge m$. Nach dem Satz von der majorisierten Konvergenz folgt $\lim\limits_{n\to\infty} \|u-u_n\|_p = 0$. Wegen der Stetigkeit der p–Norm erhalten wir insbesondere für $n \to \infty$

$$\int_\Omega |u|^p\,d\mu - \int_{K_n} |u|^p\,d\mu \le \int_\Omega |u|^p\,d\mu - \int_\Omega |u_n|^p\,d\mu \to 0.$$

(b) Wir wählen ein u_n mit $\|u-u_n\|_p < \varepsilon$. Nach 3.5 (a) gibt es eine Folge von auf K_n lebenden Elementarfunktionen φ_k mit $|\varphi_k| \le n$ und $\varphi_k \to u_n$ gleichmäßig auf K_n. Daraus folgt

$$\|u_n - \varphi_k\|_p < \varepsilon, \quad \|u-\varphi_k\|_p < 2\varepsilon \quad \text{für genügend großes } k. \qquad \square$$

8.3 Approximation von L^p–Funktionen durch Treppenfunktionen

Unter der Voraussetzung 8.2 (a) liegen die Treppenfunktionen dicht in $\mathrm{L}^p(\Omega,\mu)$, *falls* Ω *offen oder ein kompakter Quader ist.*

Beweis.

Wegen 8.2 (b) und 8.1 (a) genügt es, für kompakte Quader $I \subset \Omega$ folgendes zu zeigen:
Ist $B \subset I$ eine μ–meßbare Menge, so ist χ_B L^p–Limes einer Folge von Treppenfunktionen. Wir müssen dies sogar nur für Borelmengen B zeigen, denn zu jeder Lebesgue–meßbaren Menge $A \subset I$ gibt es eine Borelmenge $B \subset I$ mit $\chi_A = \chi_B$ f.ü., siehe § 19 : 8.2 (b).

Sei $I \subset \Omega$ ein kompakter Quader. Wir nennen eine Menge $A \subset \mathbb{R}^N$ *gut*, wenn es Treppenfunktionen φ_n auf I gibt mit

$$(*) \qquad 0 \le \varphi_n \le 1 \quad \text{und} \quad \|\chi_{A\cap I} - \varphi_n\|_p \to 0 \quad \text{für } n \to \infty.$$

Jede solche Folge (φ_n) nennen wir *geeignet* für A.

Offenbar sind alle Quader gut. Bilden daher die guten Mengen eine σ–Algebra, so sind nach § 19 : 5.4 alle Borelmengen B gut, d.h. $\chi_{B\cap I}$ ist L^p–Limes von Treppenfunktionen auf I.

Ist A gut und (φ_n) geeignet für A, so bilden die $\psi_n = \chi_I - \varphi_n$ eine geeignete Folge für $C := \mathbb{R}^N \setminus A$, denn $\chi_{C\cap I} - \psi_n = \varphi_n - \chi_{A\cap I}$ ÜA und $0 \le \psi_n \le 1$. Sind $(\varphi_n), (\psi_n)$ geeignete Folgen für die guten Mengen A, B, so ist $(\varphi_n \cdot \psi_n)$ eine geeignete Folge für $A \cap B$ (ÜA, beachten Sie $\chi_{A\cap B\cap I} = \chi_A \cdot \chi_B \cdot \chi_I$).

Seien $A_1, A_2, \ldots$ paarweis disjunkte gute Mengen und $A := \bigcup\limits_{k=1}^{\infty} A_k$. Wir setzen

$$f := \chi_{A\cap I}, \quad f_k := \chi_{A_k\cap I} \quad \text{und} \quad s_n := \sum_{k=1}^{n} f_k \,.$$

Dann gilt

$$\begin{aligned} \int_I |f - s_n|^p \, d\mu &= \int_I (f - s_n)\, d\mu \\ &= \mu(A\cap I) - \sum_{k=1}^{n} \mu(A_k \cap I) \;\to\; 0 \;\text{ für } n \to \infty \,. \end{aligned}$$

Zu gegebenem $\varepsilon > 0$ gibt es daher ein $m \in \mathbb{N}$ mit $\|f - s_n\|_p < \varepsilon$ für $n > m$. Da die A_k gut sind, gibt es Treppenfunktionen ψ_k auf I mit

$$0 \le \psi_k \le 1, \quad \|f_k - \psi_k\| < 2^{-k} \quad (k = 1, \ldots, n)\,.$$

Dann ist

$$\varphi_n = \min\Big\{\chi_I \,,\, \sum_{k=1}^{n} \psi_k\Big\}$$

eine Treppenfunktion auf I mit $0 \le \varphi_n \le 1$ und $\|s_n - \varphi_n\|_p < \varepsilon$. Es folgt $\|f - \varphi_n\| < 2\varepsilon$ für $n > m$. Somit bilden die φ_n eine geeignete Folge für A. □

8.4 Die Separabilität von L^p–Räumen

Ein normierter Raum $(V, \|\cdot\|)$ heißt **separabel**, wenn es eine abzählbare Menge $A \subset V$ gibt mit $\overline{A} = V$.

SATZ. *Für die in* 8.2 (a) *genannten Maße* μ *und* $1 \le p < \infty$ *ist der Raum* $\mathrm{L}^p(\Omega, \mu)$ *separabel, falls* $\Omega \subset \mathbb{R}^N$ *offen oder ein kompakter Quader ist.*

BEWEIS.

Es sei A die abzählbare Menge aller Treppenfunktionen $\psi = \sum\limits_{k=1}^{n} r_k \, \chi_{R_k}$ mit $n \in \mathbb{N}$, rationalen r_k und rationalen Koordinaten der Eckpunkte jedes der Quader R_k und von Ω, falls Ω ein kompakter Quader ist).

Sei $\varphi = \sum\limits_{k=1}^{N} c_k \, \chi_{I_k}$ eine beliebige Treppenfunktion. Wir vergrößern jeden Quader I_k zu einem ähnlichen Quader $R_k \subset \Omega$ mit rationalen Eckdaten und mit

$\mu(R_k) - \mu(I_k) < \varepsilon$, was wegen der Stetigkeitseigenschaft § 19 : 6.3 (b) von μ möglich ist.

Ferner ersetzen wir jedes c_k durch ein $r_k \in \mathbb{Q}$ mit $|c_k - r_k| < \varepsilon$. Auf diese Weise erhalten wir eine Treppenfunktion $\psi = \sum_{k=1}^{N} r_k \chi_{R_k} \in A$ mit $\|\varphi - \psi\|_p < C\varepsilon$ mit einer nur von φ abhängigen Konstanten C ÜA.

Nach 8.3 folgt $\overline{A} = \mathrm{L}^p(\Omega, \mu)$. □

8.5 Weitere dichte Teilräume von L^p–Räumen

(a) $\mathrm{C}_c^\infty(\Omega)$ *liegt für* $1 \le p < \infty$ *dicht in* $\mathrm{L}^p(\Omega)$.

(b) *Ist* μ *ein Wahrscheinlichkeitsmaß auf* $\mathbb{R}$ *und* $1 \le p < \infty$, *so liegt* $\mathrm{C}_c^\infty(\mathbb{R})$ *dicht in* $\mathrm{L}^p(\mathbb{R}, \mu)$.

(c) *Gibt es zusätzlich eine kompakte Menge* $K \subset \mathbb{R}$ *mit* $\mu(K) = 1$, *so liegen die Polynome dicht in* $\mathrm{L}^p(\mathbb{R}, \mu) = \mathrm{L}^p(K, \mu)$.

Beweis.

(a) wurde in § 10 : 3.3 gezeigt.

(b) Wir zeigen zunächst, daß die stetigen Funktionen mit kompaktem Träger dicht in $\mathrm{L}^p(\mathbb{R}, \mu)$ liegen. Da die Treppenfunktionen in $\mathrm{L}^p(\mathbb{R}, \mu)$ dicht liegen, genügt es, charakteristische Funktionen beschränkter Intervalle im L^p–Sinn durch stetige Funktionen mit kompaktem Träger zu approximieren. Dabei ist in Betracht zu ziehen, daß Intervallränder positives Maß haben können. Daher sind Fallunterscheidungen nötig.

(i) Sei $f = \chi_{[a,b]}$. Für die links skizzierten Funktionen f_n gilt $|f - f_n| \le 1$, also

$$\int_{\mathbb{R}} |f - f_n|^p \, d\mu \le \mu(\{f \ne f_n\}) = \mu\left(\left]a - \tfrac{1}{n}, a\right[\right) + \mu\left(\left]b, b + \tfrac{1}{n}\right[\right) \to 0$$

für $n \to \infty$ nach § 19 : 6.3 (b).

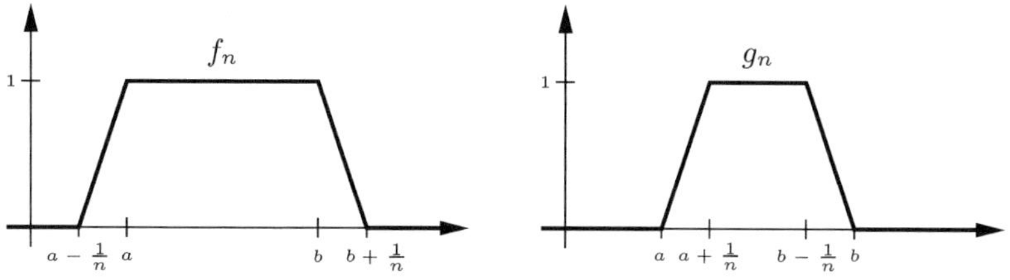

(ii) Sei $g = \chi_{]a,b[}$. Für die rechts skizzierten Funktionen g_n gilt entsprechend

$$\int_{\mathbb{R}} |g - g_n|^p \, d\mu \le \mu(\{g \ne g_n\}) = \mu\left(\left]a, a + \tfrac{1}{n}\right[\right) + \mu\left(\left]b - \tfrac{1}{n}, b\right[\right) \to 0$$

für $n \to \infty$, ebenfalls nach § 19 : 6.3 (b). Die Fälle $]a, b]$, und $[a, b[$ überlassen wir den Lesern als ÜA.

Nach § 10 : 3.2 gibt es zu jeder stetigen Funktion f mit kompaktem Träger $K \subset \mathbb{R}$ Testfunktionen φ_n, die gleichmäßig gegen f konvergieren. Da μ ein Wahrscheinlichkeitsmaß ist, folgt $\|f - \varphi_n\|_p \to 0$ nach dem kleinen Satz von Lebesgue 5.3 (b).

(c) Für $f \in C^0(\mathbb{R})$ gibt es nach dem Approximationssatz von Weierstraß Polynome p_n, die auf K gleichmäßig gegen f konvergieren. Nach dem kleinen Satz von Lebesgue 5.3 (b) folgt wegen $\mu(\mathbb{R} \setminus K) = 0$

$$\int_{\mathbb{R}} |f - p_n|^p \, d\mu = \int_K |f - p_n|^p \, d\mu \to 0 \text{ für } n \to \infty . \qquad \square$$

§ 21 Spektrum und Funktionalkalkül beschränkter symmetrischer Operatoren

Vorkenntnisse: Hilberträume (§ 9), Maß, Wahrscheinlichkeit, μ–Integral (§ 19, § 20).

1 Beschränkte Operatoren und Operatornorm

1.1 Vorbemerkungen

Unser Ziel ist die Entwicklung einer Spektraltheorie für selbstadjungierte Operatoren im Hilbertraum. Dabei soll insbesondere auf deren Bedeutung für die Quantenmechanik eingegangen werden; wir verweisen hierzu auf die in § 18 aufgeworfenen Fragen. Wir gehen in zwei Schritten vor: In § 21, § 22 analysieren wir beschränkte symmetrische Operatoren; anschließend gehen wir zu unbeschränkten selbstadjungierten Operatoren über. Die leitende Idee dabei ist, daß sich eine unbeschränkte Observable aus beschränkten aufbauen läßt (Zerlegung nach beschränkten Meßbereichen).

Das Symbol $\mathscr{H}$ steht im folgenden für einen separablen Hilbertraum über $\mathbb{C}$; dabei heißt $\mathscr{H}$ separabel, wenn es eine abzählbare Menge $M \subset \mathscr{H}$ gibt mit $\overline{M} = \mathscr{H}$, vgl. § 8 : 2.6. Nach § 9 : 4.8 ist $\mathscr{H}$ dann isomorph zum Hilbertschen Folgenraum $\ell^2 = \ell^2(\mathbb{C})$ oder zu einem $\mathbb{C}^n$.

Auch für die im folgenden auftretenden Vektorräume, insbesondere für Räume von Operatoren, legen wir immer den Körper $\mathbb{C}$ zugrunde.

1.2 Beschränktheit und Stetigkeit

Ein linearer Operator $T : V_1 \to V_2$ zwischen normierten Räumen $(V_1, \|\cdot\|_1)$ und $(V_2, \|\cdot\|_2)$ heißt **beschränkt**, wenn das Bild der Einheitskugel unter T beschränkt ist, d.h. wenn es eine Konstante $C \geq 0$ gibt mit

$$\|Tu\|_2 \leq C \quad \text{für alle} \quad u \in V_1 \quad \text{mit} \quad \|u\|_1 \leq 1\,.$$

Äquivalent hierzu ist die Bedingung [ÜA]

$$\|Tu\|_2 \leq C\, \|u\|_1 \quad \text{für alle} \quad u \in V_1\,.$$

Jede Zahl C mit dieser Eigenschaft heißt eine **Normschranke** für T.

Hat V_1 endliche Dimension, so ist jeder lineare Operator $T : V_1 \to V_2$ beschränkt, Näheres hierzu in 2.8. Ist V_1 unendlichdimensional, so gilt dies nicht. Als Beispiel betrachten wir den Ableitungsoperator

$$T : \mathrm{C}^1[0,1] \to \mathrm{C}^0[0,1]\,, \quad u \mapsto u'\,,$$

wobei beide Räume mit der Supremumsnorm $\|\cdot\|_\infty$ versehen sind. Für $u_n(x) = x^n$ gilt dann $\|u_n\|_\infty = 1$ und $\|Tu_n\|_\infty = n$.

SATZ. *Für lineare Operatoren* $T : V_1 \to V_2$ *sind folgende Aussagen äquivalent:*

(a) T *ist beschränkt,*

(b) T *ist in jedem Punkt* $u \in V_1$ *stetig,*

(c) T *ist im Nullpunkt stetig.*

BEWEIS.
Ist T im Nullpunkt stetig, so gibt es zu $\varepsilon = 1$ ein $\delta > 0$ mit

$$\|v\|_1 < \delta \implies \|Tv\|_2 < 1\,.$$

Für $\|u\|_1 \le 1$ und $v = \frac{\delta}{2}u$ folgt $\|Tu\|_2 = \frac{2}{\delta}\|Tv\|_2 < \frac{2}{\delta}$. Also hat T die Normschranke $C = 2/\delta$.

Gilt $\|Tu\|_2 \le C\,\|u\|_1$ für alle $u \in V_1$, so ist T in jedem Punkt $u \in V_1$ stetig: Aus $u = \lim\limits_{n\to\infty} u_n$ folgt

$$\|Tu - Tu_n\|_2 = \|T(u-u_n)\|_2 \le C\,\|u-u_n\|_1 \to 0 \text{ für } n \to \infty\,. \qquad \square$$

1.3 Die Operatornorm

(a) SATZ. *Auf dem Vektorraum* $\mathscr{L}(V_1, V_2)$ *der beschränkten linearen Operatoren* $T : V_1 \to V_2$ *ist durch*

$$\|T\| := \sup\{\,\|Tu\|_2 \mid \|u\|_1 \le 1\,\} = \sup\{\,\|Tu\|_2 \mid \|u\|_1 = 1\,\}$$

eine Norm gegeben. Diese ist die kleinste Normschranke, d.h. es gilt

$$\|Tu\|_2 \le \|T\| \cdot \|u\|_1 \text{ für alle } u \in V_1 \text{ und}$$

$$\|Tu\|_2 \le C\,\|u\|_1 \text{ für alle } u \in V_1 \implies \|T\| \le C\,.$$

BEWEIS.
Die beiden letzten Behauptungen folgen leicht aus der Definition von $\|T\|$ [ÜA].
Offenbar gilt $\|T\| = 0 \iff T = \mathbb{0}$ und $\|\alpha T\| = |\alpha| \cdot \|T\|$ [ÜA].

Für $S, T \in \mathscr{L}(V_1, V_2)$ gilt

$$\|(S+T)u\|_2 = \|Su + Tu\|_2 \le \|Su\|_2 + \|Tu\|_2 \le (\|S\| + \|T\|)\,\|u\|_1\,,$$

also ist $\|S\| + \|T\|$ Normschranke für $S + T$. Es folgt $\|S+T\| \le \|S\| + \|T\|$. $\square$

(b) *Für beschränkte lineare Operatoren* $T : V_1 \to V_2,\ S : V_2 \to V_3$ *gilt*

$$\|ST\| \le \|S\| \cdot \|T\|\,.$$

Denn für $u \in V_1$ gilt nach Definition von ST

$$\|STu\|_3 = \|S(Tu)\|_3 \le \|S\| \cdot \|Tu\|_2 \le \|S\| \cdot \|T\| \cdot \|u\|_1\,.$$

Da $\|ST\|$ die kleinste Normschranke für ST ist, folgt $\|ST\| \le \|S\| \cdot \|T\|$.

Beispiele für beschränkte Operatoren und Operatornormen bzw. Normschranken folgen in Abschnitt 2.

1.4 Die Vollständigkeit von $\mathscr{L}(V_1, V_2)$

SATZ. *$\mathscr{L}(V_1, V_2)$ mit der Operatornorm ist vollständig, also ein Banachraum, falls $(V_2, \|\cdot\|_2)$ ein Banachraum ist.*

BEWEIS.
Sei (T_n) eine Cauchy–Folge in $\mathscr{L}(V_1, V_2)$, d.h. zu jedem $\varepsilon > 0$ gibt es ein n_ε mit

$$\|T_m - T_n\| < \varepsilon \text{ für } m > n > n_\varepsilon .$$

Für $u \in V_1$ folgt

$$(*) \quad \|T_m u - T_n u\|_2 = \|(T_m - T_n)u\|_2 \leq \|T_m - T_n\| \cdot \|u\|_1 \leq \varepsilon \|u\|_1$$

für $m > n > n_\varepsilon$, also ist $(T_n u)$ eine Cauchy–Folge in V_2. Somit existiert

$$Tu := \lim_{n \to \infty} T_n u$$

für jedes $u \in V_1$. Nach den Rechenregeln für konvergente Folgen ist T linear. Aus $(*)$ folgt für $m \to \infty$

$$\|(T - T_n)u\|_2 = \lim_{m \to \infty} \|T_m u - T_n u\|_2 \leq \varepsilon \|u\|_1 ,$$

also

$$\|T - T_n\| \leq \varepsilon \text{ für } n > n_\varepsilon .$$

Mit $T - T_n$ ist auch $T = T - T_n + T_n$ beschränkt. □

1.5 Die Banach–Algebra $\mathscr{L}(\mathscr{H})$

Wir bezeichnen den Raum der beschränkten linearen Operatoren $T : \mathscr{H} \to \mathscr{H}$ auf einem Hilbertraum $\mathscr{H}$ mit $\mathscr{L}(\mathscr{H})$. Nach 1.4 ist $\mathscr{L}(\mathscr{H})$ ein Banachraum bezüglich der Operatornorm. $\mathscr{L}(\mathscr{H})$ ist eine **Banachalgebra**, darunter verstehen wir einen Banachraum über $\mathbb{C}$, in dem neben den Vektorraumoperationen noch eine multiplikativ geschriebene Verknüpfung definiert ist, mit den Eigenschaften

$$R(ST) = (RS)T, \quad R(S+T) = RS + RT,$$

$$(\alpha S)(\beta T) = \alpha\beta ST \text{ für } \alpha, \beta \in \mathbb{C} \text{ und } \|ST\| \leq \|S\| \cdot \|T\| .$$

Im Fall $\dim \mathscr{H} = 1$, d.h. $\mathscr{H} = \operatorname{Span}\{u\}$ mit $u \neq 0$ ist $\mathscr{L}(\mathscr{H}) = \mathbb{C}$ [ÜA].

In mehrdimensionalen Hilberträumen gibt es immer nichtkommutierende Operatoren S, T, d.h. solche mit $ST \neq TS$.

Nachweis als ÜA: Betrachten Sie Operatoren, welche einen zweidimensionalen Teilraum in sich überführen und den Orthogonalraum fest lassen.

Für $\dim \mathscr{H} \geq 2$ ist $\mathscr{L}(\mathscr{H})$ also eine nichtkommutative Banachalgebra mit Eins, d.h. einem neutralen Element $\mathbb{1}$ der Multiplikation.

Kommutative Banachalgebren mit Eins sind $\mathrm{L}^\infty(\Omega, \mu)$ und $\mathrm{C}(K)$ für eine kompakte Menge K, jeweils mit der Supremumsnorm und der üblichen Multiplikation von Funktionen. Eine kommutative Banachalgebra ohne Eins ist der Schwartzraum $\mathscr{S}$ unter der Supremumsnorm.

2 Beispiele

2.1 Die Spektralnorm auf $\mathscr{L}(\mathbb{C}^n)$

Sei A eine komplexe $n \times n$–Matrix und $T : \mathbf{x} \to A\mathbf{x}$ die zugehörige lineare Abbildung. Dann gilt

$$\|T\| = \sqrt{\lambda_{\max}}\,, \quad \text{wo } \lambda_{\max} \text{ der größte Eigenwert von } A^*A \text{ ist.}$$

Denn die Matrix A^*A ist symmetrisch und positiv, also gilt nach dem Rayleigh–Prinzip Bd. 1, § 20 : 4.1

$$\|T\|^2 = \max\left\{ \|A\mathbf{x}\|^2 \;\middle|\; \|\mathbf{x}\| = 1 \right\} = \max\left\{ \langle \mathbf{x}, A^*A\mathbf{x} \rangle \;\middle|\; \|\mathbf{x}\| = 1 \right\} = \lambda_{\max}\,.$$

2.2 Lineare Funktionale

Nach dem Darstellungssatz von Riesz–Fréchet § 9 : 2.8 besitzt jedes lineare Funktional auf einem Hilbertraum $\mathscr{H}$, d.h. jede stetige lineare Funktion $L : \mathscr{H} \to \mathbb{C}$ die Form

$$Lu = \langle v, u \rangle \quad \text{für } u \in \mathscr{H}$$

mit eindeutig bestimmtem $v \in \mathscr{H}$, und es gilt

$$\|L\| = \max\left\{ |Lu| \;\middle|\; \|u\| = 1 \right\} = \|v\|\,.$$

2.3 Rechts– und Linksshift auf ℓ^2

Auf dem Hilbertschen Folgenraum ℓ^2 (vgl. § 9 : 1.4) betrachten wir den

$$\textit{Rechtsshift}\quad R: \quad x = (x_1, x_2, x_3, \ldots) \longmapsto (0, x_1, x_2, \ldots)$$

und den

$$\textit{Linksshift}\quad L: \quad x = (x_1, x_2, x_3, \ldots) \longmapsto (x_2, x_3, \ldots)\,.$$

Wegen $\|Rx\| = \|x\|$ gilt $\|R\| = 1$. Mit $\|Lx\| \leq \|x\|$ folgt $\|L\| \leq 1$. Andererseits gilt $\|L\| = \sup\{\|Lx\| \mid \|x\| = 1\} \geq \|Le_2\| = \|e_1\| = 1$, also insgesamt $\|L\| = 1$.

2.4 Unendliche Matrizen

(a) Jedem beschränkten Operator T auf ℓ^2 ordnen wir wie folgt eine Doppelfolge (unendliche Matrix) $(a_{mn})_{n,m\in\mathbb{N}}$ zu. Für $x = (x_1, x_2, \ldots)$ sei $L_n x = \langle e_n , Tx \rangle$ die n–te Komponente von Tx. Dann ist L_n ein lineares Funktional auf ℓ^2, denn die Cauchy–Schwarzsche Ungleichung ergibt

$$|L_n x| \le \|Tx\| \le \|T\| \cdot \|x\| .$$

Nach 2.1 gibt es einen eindeutig bestimmten Vektor $y^{(n)} = (\overline{a}_{n1}, \overline{a}_{n2}, \ldots) \in \ell^2$ mit

$$L_n x = \left\langle y^{(n)} , x \right\rangle = \sum_{m=1}^{\infty} a_{nm}\, x_m ,$$

und es gilt $\|y^{(n)}\| = \|L_n\| \le \|T\|$.

(b) Wollen wir umgekehrt für eine Doppelfolge (a_{mn}) durch

$$(*) \qquad Tx := \Big(\sum_{m=1}^{\infty} a_{1m}\, x_m , \sum_{m=1}^{\infty} a_{2m}\, x_m , \ldots \Big)$$

einen beschränkten Operator T auf ℓ^2 definieren, so muß es nach (a) für $y^{(n)} = (\overline{a}_{n1}, \overline{a}_{n2}, \ldots)$ eine Konstante C geben mit $\|y^{(n)}\|^2 = \sum\limits_{m=1}^{\infty} |a_{nm}|^2 \le C$. Diese Bedingung reicht aber nicht aus, wie das Beispiel $y^{(1)} = y^{(2)} = \ldots$ zeigt. Verlangen wir zusätzlich die Konvergenz der Reihe $\sum\limits_{n=1}^{\infty} \|y^{(n)}\|^2 =: s^2$, so liefert $(*)$ einen beschränkten Operator T mir $\|T\| \le s$.

(ÜA , verwenden Sie die Cauchy–Schwarzsche Ungleichung.)

2.5 Integraloperatoren

Sei Ω ein Gebiet des $\mathbb{R}^n$ und $G : \Omega \times \Omega \to \mathbb{C}$ eine meßbare Funktion, für welche die Integrale

$$F(\mathbf{x}) := \int_\Omega |G(\mathbf{x}, \mathbf{y})|^2 \, d^n\mathbf{y} \qquad \text{und} \qquad S^2 := \int_\Omega F(\mathbf{x}) \, d^n\mathbf{x}$$

konvergieren. Dann ist durch

$$(Tu)(\mathbf{x}) := \int_\Omega G(\mathbf{x}, \mathbf{y}) \, u(\mathbf{y}) \, d^n\mathbf{y}$$

ein beschränkter Operator T auf $\mathrm{L}^2(\Omega)$ gegeben mit $\|T\| \le S$. Denn weil $G_\mathbf{x} : \mathbf{y} \mapsto G(\mathbf{x}, \mathbf{y})$ zu $\mathrm{L}^2(\Omega)$ gehört, existiert $(Tu)(\mathbf{x}) = \langle \overline{G}_\mathbf{x} , u \rangle$, und nach der Cauchy–Schwarzschen Ungleichung gilt

$$|(Tu)(\mathbf{x})|^2 \le \int_\Omega |G(\mathbf{x}, \mathbf{y})|^2 \, d^n\mathbf{y} \cdot \int_\Omega |u(\mathbf{y})|^2 \, d^n\mathbf{y} = F(\mathbf{x}) \, \|u\|^2 ,$$

also gilt $Tu \in \mathrm{L}^2(\Omega)$ und $\|Tu\| \le S \, \|u\|$.

Bemerkung. Es genügt, die Konvergenz des Integrals für $F(\mathbf{x})$ fast überall vorauszusetzen. Wie üblich wird im Fall der Divergenz des Integrals $F(\mathbf{x}) := 0$ gesetzt. Nach dem Satz von Tonelli § 8 : 1.8 folgt $G \in \mathrm{L}^2(\Omega \times \Omega)$.

2.6 Multiplikatoren auf ℓ^2

Eine ganz besondere Rolle für die Operatorentheorie auf ℓ^2 spielen die **Multiplikatoren**

$$M_a : \quad x = (x_1, x_2, \dots) \longmapsto (a_1 x_1, a_2 x_2, \dots),$$

dabei sind $a = (a_1, a_2, \dots)$ komplexe Zahlenfolgen. Diese entsprechen unendlichen Diagonalmatrizen $a_{nm} = \delta_{nm} a_n$, vgl. 2.4.

Satz. *Die Vorschrift M_a liefert genau dann eine lineare Abbildung*

$$M_a : \ell^2 \to \ell^2,$$

d.h. $M_a x \in \ell^2$ für alle $x \in \ell^2$, wenn die Folge $a = (a_1, a_2, \dots)$ beschränkt ist. In diesem Fall ist der Operator M_a beschränkt, und es gilt

$$\|M_a\| = \sup \left\{ |a_n| \;\middle|\; n \in \mathbb{N} \right\}.$$

Beweis.
(a) Sei (a_n) unbeschränkt. Zur Konstruktion eines $x \in \ell^2$ mit $M_a x \notin \ell^2$ wählen wir eine Teilfolge $(a_{n_k})_k$ mit $|a_{n_k}| > k$ für $k = 1, 2, \dots$ und setzen

$$x := \sum_{k=1}^{\infty} \frac{1}{k} \, e_{n_k}.$$

Dann gilt $x \in \ell^2$, $\|x\|^2 = \pi^2/6$, aber $M_a x \notin \ell^2$, da unendlich viele Komponenten von $M_a x$ betragsmäßig größer als 1 sind.

(b) Sei (a_n) beschränkt und $s := \sup\{|a_n| \mid n \in \mathbb{N}\}$. Für $x = (x_1, x_2, \dots) \in \ell^2$ gilt dann $|a_n x_n| \le s \cdot |x_n|$, also $M_a x \in \ell^2$ und

$$\|M_a x\|^2 \le s^2 \, \|x\|^2.$$

Somit ist s eine Normschranke für M_a. Daß s die kleinste Normschranke für M_a und damit die Operatornorm $\|M_a\|$ ist, ergibt sich wie folgt: Für $t < s$ gibt es ein $n \in \mathbb{N}$ mit $t < |a_n| \le s$. Es folgt

$$\|M_a\| = \sup \{ \|M_a x\| \mid \|x\| = 1\} \ge \|M_a e_n\| = |a_n| > t,$$

also ist t keine Normschranke. □

2.7 Multiplikatoren auf $\mathrm{L}^2(\Omega, \mu)$

Wir betrachten $\mathscr{H} = \mathrm{L}^2(\Omega, \mu)$ für einen σ–endlichen Maßraum $(\Omega, \mathcal{A}, \mu)$. Sei $v : \Omega \to \mathbb{C}$ eine $\mathcal{A}$–meßbare Funktion. Dann gilt in Analogie zu 2.6 der

SATZ. *Die Vorschrift*

$$M_v : \quad u \mapsto v \cdot u$$

liefert genau dann einen linearen Operator auf $\mathrm{L}^2(\Omega, \mu)$ *(d.h. genau dann gilt* $v \cdot u \in \mathcal{L}^2(\Omega, \mu)$ *für alle* $u \in \mathcal{L}^2(\Omega, \mu)$*), wenn* $v \in \mathcal{L}^\infty(\Omega, \mu)$.

In diesem Fall ist der **Multiplikator** M_v *beschränkt, und es gilt*

$$\|M_v\| = \|v\|_\infty .$$

BEMERKUNGEN. (i) Für μ–f.ü. gleiche $\mathcal{L}^\infty$–Funktionen v, w gilt $M_v = M_w$. Nach § 20 : 7.3 erhalten wir den Raum $\mathrm{L}^\infty(\Omega, \mu)$, indem wir alle μ–f.ü. gleichen Funktionen im Sinne von § 20 : 7.1 identifizieren. Daher liefert die Zuordnung $v \mapsto M_v$ einen isometrischen Isomorphismus zwischen $\mathrm{L}^\infty(\Omega, \mu)$ und den beschränkten Multiplikatoren auf $\mathrm{L}^2(\Omega, \mu)$. Im folgenden repräsentieren wir ein Element von $\mathrm{L}^\infty(\Omega, \mu)$ immer durch eine $\mathcal{L}^\infty$–Funktion $v : \Omega \to \mathbb{C}$ mit $|v(w)| \le \|v\|_\infty = \|M_v\|$ für *alle* $w \in \Omega$.

(ii) Beschränkte Multiplikatoren stellen das Analogon zu unendlichen Diagonalmatrizen dar, vgl. 2.6. Ihre Bedeutung liegt darin, daß sich jeder beschränkte symmetrische Operator T auf einem separablen Hilbertraum $\mathscr{H}$ in folgendem Sinn diagonalisieren läßt: Es gibt ein Wahrscheinlichkeitsmaß μ auf $\mathbb{R}$, eine reellwertige Funktion $v \in \mathcal{L}^\infty(\mathbb{R}, \mu)$ und eine unitäre Abbildung $U : \mathscr{H} \to \mathrm{L}^2(\mathbb{R}, \mu)$ mit

$$T = U^{-1} M_v U \quad (\S\, 22 : 3.6).$$

In der Quantenmechanik werden beschränkte Potentiale v durch beschränkte Multiplikatoren M_v beschrieben, vgl. § 18 : 4.3.

BEWEIS.

(a) Sei $v \notin \mathcal{L}^\infty(\Omega, \mu)$. Dann sind die $B_n := \{\omega \in \Omega \mid n \le |v(\omega)| < n+1\}$ meßbare, paarweis disjunkte Mengen mit $\mu(B_n) > 0$ für unendlich viele n, denn andernfalls gäbe es ein $N \in \mathbb{N}$ mit $|v(\omega)| \le N$ μ–f.ü.

Wir wählen eine Folge $(n_k)_k$ mit $\mu(B_{n_k}) > 0$ $(k \in \mathbb{N})$. Da μ σ–endlich ist, gibt es Mengen $A_k \in \mathcal{A}$ mit $A_k \subset B_k$ und

$$(*) \qquad 0 < c_k := \sqrt{\mu(A_k)} < \infty, \quad k \le n_k \le |v(\omega)| \text{ für } \omega \in A_k .$$

Die A_k sind ebenfalls paarweis disjunkt. Die Elementarfunktionen

$$u_k := \frac{1}{k\,c_k}\, \chi_{A_k}$$

sind paarweis orthogonal mit $\|u_k\| = \frac{1}{k}$. Ferner existiert für $s_n := \sum\limits_{k=1}^{n} u_k$

$$u(\omega) := \lim_{n\to\infty} s_n(\omega) = \sum_{k=1}^{\infty} u_k(\omega) \quad \text{für jedes } \omega \in \Omega\,,$$

denn in der Reihe ist höchstens ein Glied von Null verschieden.

Andererseits konvergiert nach § 9 : 4.2 (b) mit $\sum\limits_{k=1}^{\infty} \frac{1}{k^2}$ die Orthogonalreihe $\sum\limits_{k=1}^{\infty} u_k$ im Quadratmittel, und nach § 20 : 7.2 konvergiert eine Teilfolge von (s_n) punktweise μ–f.ü. Somit gilt $u = \sum\limits_{k=1}^{\infty} u_k$ im L^2–Sinne. Wegen $0 \le s_n(\omega) \le u(\omega)$ und $|v(\omega)| \ge k$ für $\omega \in A_k$ gilt für alle $\omega \in \Omega$

$$|v(\omega)| \cdot |u(\omega)| \,\ge\, |v(\omega)| \cdot |s_n(\omega)| \,\ge\, \sum_{k=1}^{n} \frac{1}{c_k}\, \chi_{A_k}(\omega)$$

und daher

$$\int\limits_{\Omega} |v \cdot s_n|^2 \, d\mu \,\ge\, \sum_{k=1}^{n} c_k^{-2}\, \mu(A_k) \,=\, n\,.$$

Also kann $v \cdot u$ nicht zu $\mathrm{L}^2(\Omega, \mu)$ gehören.

(b) Sei $v \in \mathcal{L}^\infty(\Omega, \mu)$ und $C := \|v\|_\infty$. Für $u \in \mathrm{L}^2(\Omega, \mu)$ gilt dann

$$|v \cdot u|^2 \,\le\, C^2\, |u|^2 \quad \mu\text{–f.ü.}$$

Nach dem Majorantenkriterium § 20 : 4.5 folgt $v \cdot u \in \mathrm{L}^2(\Omega, \mu)$ sowie $\|v \cdot u\| \le C\, \|u\|$. Damit ist C eine Normschranke für $M_v : u \mapsto v \cdot u$.

Sei $\varepsilon > 0$ gegeben. Dann hat $B = \{|v| > C - \varepsilon\}$ positives Maß. Wegen der σ–Endlichkeit von μ gibt es eine Menge $A \in \mathcal{A}$ mit $A \subset B$ und $0 < \mu(A) < \infty$. Für $u := \mu(A)^{-1/2}\, \chi_A$ gilt dann

$$u \in \mathrm{L}^2(\Omega, \mu)\,, \quad \|u\| = 1 \quad \text{und} \quad |u \cdot v| \,\ge\, (C - \varepsilon)\, |u|\,,$$

also $\|v \cdot u\| \ge C - \varepsilon$. Es folgt $\|M_v\| \ge C - \varepsilon$ für jedes $\varepsilon > 0$. □

2.8 Operatoren auf endlichdimensionalen normierten Räumen

SATZ. *Ist* $(V, \|\cdot\|)$ *ein normierter Raum über* $\mathbb{C}$ *und* $\mathcal{B} = (v_1, \dots, v_n)$ *eine Basis für* V *mit* $\|v_1\| = \ldots = \|v_n\| = 1$, *so ist die Koordinatenabbildung*

$$T : V \to \mathbb{C}^n\,, \quad u = x_1 v_1 + \ldots + u_n v_n \;\mapsto\; \mathbf{x} = (x_1, \dots, x_n)$$

bijektiv und stetig mit stetiger Umkehrabbildung T^{-1}.

Folgerungen. (a) *Jeder endlichdimensionale normierte Raum V ist vollständig, und jede beschränkte, abgeschlossene Teilmenge von V ist kompakt.*

(b) *Jeder lineare Operator $S : V \to V$ ist beschränkt.*

Beweis.
Auf $\mathbb{C}^n$ wählen wir die Norm $\|\mathbf{x}\|_1 := |x_1| + \ldots + |x_n|$.
Für $u = x_1 v_1 + \ldots + x_n v_n$ gilt dann nach der Dreiecksungleichung

$$\|u\| \le |x_1| + \ldots + |x_n| = \|Tu\|_1 .$$

Dies zeigt die Beschränktheit von T^{-1} und $\|T^{-1}\| \le 1$.

Daher ist die Menge $K := \{u \in V \mid \|Tu\|_1 = 1\}$ als Bild der kompakten Menge $S := \{\mathbf{x} \in \mathbb{C}^n \mid \|\mathbf{x}\|_1 = 1\}$ unter T^{-1} kompakt. Da die Norm stetig ist, existiert $\varrho := \min\{\|u\| \mid u \in K\}$. Aus $\varrho = 0$ würde $0 \in K$, also $\mathbf{0} = T0 \in S$ folgen. Somit gilt $\varrho > 0$, d.h.

$$\|Tu\|_1 = 1 \implies \|u\| \ge \varrho > 0 .$$

Daraus folgt leicht, daß T beschränkt ist mit Normschranke ϱ^{-1} [ÜA].

Folgerung (a): Wegen $\|u\| \le \|Tu\|_1 \le \varrho^{-1}\|u\|$ führen die Operatoren T und T^{-1} konvergente Folgen in konvergente Folgen über und beschränkte Mengen in beschränkte Mengen.

Folgerung (b): Für einen linearen Operator $S : V \to V$ ist der Operator $A = TST^{-1} : \mathbb{C}^n \to \mathbb{C}^n$ nach 2.1 stetig, also ist auch $S = T^{-1}AT$ stetig. □

2.9 Der Fortsetzungssatz

Sei U ein dichter Teilraum des Banachraums V, und der Operator $A : U \to V$ sei linear und beschränkt: $\|Au\| \le C \cdot \|u\|$ für $u \in U$. Dann läßt sich A zu einem eindeutig bestimmten beschränkten linearen Operator $\overline{A} : V \to V$ fortsetzen. Für diesen gilt

$$\|\,\overline{A}\,\| = C = \sup\left\{ \|Au\| \;\middle|\; u \in U,\ \|u\| \le 1 \right\} .$$

Beweis in § 10 : 5.1.

2.10 Die Fouriertransformation und der Paritätsoperator auf $\mathrm{L}^2(\mathbb{R}^n)$

Wir rekapitulieren die Ergebnisse von § 12, Abschnitt 3. Der Schwartzraum $\mathscr{S}(\mathbb{R}^n)$ der schnellfallenden Funktionen auf $\mathbb{R}^n$ ist dicht in $\mathrm{L}^2(\mathbb{R}^n)$. Für eine Funktion $u \in \mathscr{S}(\mathbb{R}^n)$ ist die Fouriertransformierte $\widehat{u} \in \mathscr{S}(\mathbb{R}^n)$ definiert durch

$$\widehat{u}(\mathbf{y}) := (2\pi)^{-n/2} \int\limits_{\mathbb{R}^n} \mathrm{e}^{-i\langle \mathbf{x},\mathbf{y}\rangle}\, u(\mathbf{x})\, d^n\mathbf{y} .$$

Durch die Fouriertransformation $F : u \mapsto \widehat{u}$ und durch

$$(Su)(\mathbf{x}) := u(-\mathbf{x})$$

sind unitäre Operatoren

$$F : \mathscr{S}(\mathbb{R}^n) \to \mathscr{S}(\mathbb{R}^n)\,, \quad S : \mathscr{S}(\mathbb{R}^n) \to \mathscr{S}(\mathbb{R}^n)$$

gegeben mit $S^{-1} = S$ und $F^{-1} = SF^2$.

Nach 2.9 lassen sich F, S zu beschränkten Operatoren auf $\mathrm{L}^2(\mathbb{R}^n)$ fortsetzen, die wir wieder mit F, S bezeichnen. In § 12 : 4.2 wurde dargelegt, daß auch die Fortsetzungen unitär sind und den Identitäten $F^{-1} = SF^2$, $S^{-1} = S$ genügen.

Die Integraldarstellung für $\widehat{u}$ gilt nur für $u \in \mathrm{L}^1(\mathbb{R}^n) \cap \mathrm{L}^2(\mathbb{R}^n)$, aber i.a. nicht für $u \in \mathrm{L}^2(\mathbb{R}^n)$; Näheres hierzu in § 12 : 4.2. S wird in der Quantenmechanik der der **Paritätsoperator** auf $\mathbb{R}^n$ genannt.

3 Die C*–Algebra $\mathscr{L}(\mathscr{H})$

3.1 Invertierbare Operatoren

(a) **Der Satz von der stetigen Inversen**. *Ist ein linearer Operator $T : V_1 \to V_2$ von Banachräumen V_1, V_2 stetig und bijektiv, so ist auch T^{-1} stetig.*

Den (schwierigen) BEWEIS finden Sie in [128] § 9 und in [132] III.5.

Für einen Operator $T \in \mathscr{L}(\mathscr{H})$ sind daher folgende Aussagen äquivalent:

(i) *$T : \mathscr{H} \to \mathscr{H}$ ist bijektiv (Invertierbarkeit im Sinne der linearen Algebra),*

(ii) *es gibt einen Operator $S \in \mathscr{L}(\mathscr{H})$ mit $TS = ST = \mathbb{1}$ (Invertierbarkeit in der Banachalgebra $\mathscr{L}(\mathscr{H})$).*

Wir sprechen im folgenden schlicht von **Invertierbarkeit** in $\mathscr{L}(\mathscr{H})$, kurz von Invertierbarkeit.

(b) *Mit $T_1, T_2 \in \mathscr{L}(\mathscr{H})$ ist auch T_1T_2 invertierbar, und es gilt*

$$(T_1T_2)^{-1} = T_2^{-1}T_1^{-1}\,.$$

In unendlichdimensionalen Hilberträumen folgt (anders als in endlichdimensionalen) aus der Invertierbarkeit von T_1T_2 weder die Invertierbarkeit von T_1 oder T_2 noch die Invertierbarkeit von T_2T_1.

BEISPIEL. Für den Rechtsshift R und den Linksshift L in ℓ^2 (vgl. 2.3) gilt

$$LR = \mathbb{1}\,, \quad RL : (x_1, x_2, x_3, \dots) \longmapsto (0, x_2, x_3, \dots)\,.$$

Hier ist LR invertierbar, RL ist aber weder surjektiv noch injektiv. R ist injektiv, aber nicht surjektiv; L ist surjektiv, aber nicht injektiv.

(c) *Ist für einen Operator $T \in \mathscr{L}(\mathscr{H})$ eine Potenz T^m invertierbar ($m = 2, 3, \dots$), so ist T selbst invertierbar* ÜA.

Nach (b) existiert dann $(T^n)^{-1} = (T^{-1})^n$ für alle $n \in \mathbb{N}$.

Für die Potenzen $T^0 := \mathbb{1}$, $T^{-n} := (T^n)^{-1}$ besteht die Gruppeneigenschaft

$$T^{m+n} = T^m T^n = T^n T^m \quad \text{für alle } m, n \in \mathbb{Z}.$$

3.2 Der adjungierte Operator

Satz. *Zu jedem Operator $T \in \mathscr{L}(\mathscr{H})$ gibt es einen eindeutig bestimmten Operator $T^* \in \mathscr{L}(\mathscr{H})$ mit*

$$\langle v, Tu \rangle = \langle T^* v, u \rangle \quad \textit{für alle } u, v \in \mathscr{H}.$$

T^* heißt **der zu T adjungierte Operator** *oder die* **Adjungierte** *von T.*

Beweis.

Für jeden festen Vektor $v \in \mathscr{H}$ ist durch $L_v u := \langle v, Tu \rangle$ ein lineares Funktional $L_v : \mathscr{H} \to \mathbb{C}$ gegeben: $|L_v u| \le \|v\| \cdot \|Tu\| \le (\|v\| \cdot \|T\|) \cdot \|u\|$.

Nach 2.2 gibt es einen eindeutig besimmten, mit $T^* v$ bezeichneten Vektor mit

$$\langle v, Tu \rangle = L_v u = \langle T^* v, u \rangle \quad \text{für alle } u \in \mathscr{H}.$$

$T^* : \mathscr{H} \to \mathscr{H}$ ist linear wegen

$$\begin{aligned} \langle T^*(\alpha_1 v_1 + \alpha_2 v_2), u \rangle &= \langle \alpha_1 v_2 + \alpha_2 v_2, Tu \rangle \\ &= \overline{\alpha}_1 \langle v_1, Tu \rangle + \overline{\alpha}_2 \langle v_2, Tu \rangle \\ &= \overline{\alpha}_1 \langle T^* v_1, u \rangle + \overline{\alpha}_2 \langle T^* v_2, u \rangle \\ &= \langle \alpha_1 T^* v_1, u \rangle + \langle \alpha_2 T^* v_2, u \rangle \\ &= \langle \alpha_1 T^* v_1 + \alpha_2 T^* v_2, u \rangle \end{aligned}$$

für alle $u \in \mathscr{H}$. Die Behauptung folgt mit dem üblichen Schluß

$$\langle w_1, u \rangle = \langle w_2, u \rangle \text{ für alle } u \in \mathscr{H} \implies w_1 = w_2.$$

T^* ist beschränkt, denn nach 2.2 gilt

$$\begin{aligned} \|T^* v\| = \|L_v\| &= \max \left\{ |\langle v, Tu \rangle| \;\middle|\; \|u\| = 1 \right\} \\ &\le \sup \left\{ \|v\| \cdot \|Tu\| \;\middle|\; \|u\| = 1 \right\} = \|v\| \cdot \|T\|, \end{aligned}$$

also ist $\|T\|$ eine Normschranke für T^*. □

3.3 Rechenregeln für die Adjungierte, $\mathscr{L}(\mathscr{H})$ als C*–Algebra

(a) *Für $S, T \in \mathscr{L}(\mathscr{H})$ gilt*

(1) $T^{**} = T$,

(2) $(\alpha S + \beta T)^* = \overline{\alpha} S^* + \overline{\beta} T^*$,

(3) $(ST)^* = T^*S^*$,

(4) $\|T^*\| = \|T\|$,

(5) $\|T^*T\| = \|T\|^2$.

(b) $\mathscr{L}(\mathscr{H})$ ist also eine Banachalgebra mit Eins (vgl. 1.5), auf der eine bijektive Abbildung $T \mapsto T^*$ erklärt ist, die (1) involutorisch, (2) antilinear, (4) isometrisch ist, die Bedingung (3) $(ST)^* = T^*S^*$ erfüllt und die *C*–Eigenschaft* (5) besitzt. Eine solche Struktur heißt **C*–Algebra** mit Eins.

Weitere Beispiele für C*–Algebren mit Eins sind $\mathrm{L}^\infty(\Omega, \mu)$ und $\mathrm{C}(K)$ für eine kompakte Menge K, jeweils mit der Supremumsnorm und mit $f^* := \overline{f}$.

(c) *Mit $T \in \mathscr{L}(\mathscr{H})$ ist auch T^* invertierbar, und es gilt*

$$(T^*)^{-1} = (T^{-1})^* .$$

(d) Bemerkung. *Gilt für eine Abbildung $S : \mathscr{H} \to \mathscr{H}$*

$$\langle v, Tu \rangle = \langle Sv, u \rangle \text{ für alle } u, v \in \mathscr{H} ,$$

so folgt $S = T^*$, siehe Beweis 3.2.

Beweis.

(a) Die Eigenschaften (1), (2), (3) ergeben sich nach dem Prinzip (d) durch einfaches Nachrechnen ÜA.

(4) Aus dem Beweis 3.2 entnehmen wir $\|T^*\| \le \|T\|$. Mit Hilfe von (1) ergibt sich daraus $\|T\| = \|(T^*)^*\| \le \|T^*\|$.

(5) Aus (4) und 1.2 (b) folgt $\|T^*T\| \le \|T^*\| \cdot \|T\| = \|T\|^2$. Die umgekehrte Ungleichung $\|T\|^2 \le \|T^*T\|$ folgt aus

$$\|Tu\|^2 = \langle Tu, Tu \rangle = \langle u, T^*Tu \rangle \le \|u\| \cdot \|T^*Tu\| \le \|T^*T\| \cdot \|u\|^2 .$$

(c) Offenbar gilt $\mathbb{1}^* = \mathbb{1}$. Nach Definition von $(T^{-1})^*$ für invertierbae T gilt

$$\langle v, \mathbb{1}u \rangle = \langle v, T^{-1}Tu \rangle = \langle (T^{-1})^*v, Tu \rangle = \langle T^*(T^{-1})^*v, u \rangle$$

für alle $u, v \in \mathscr{H}$, also $T^*(T^{-1})^* = \mathbb{1}^* = \mathbb{1}$. Entsprechend folgt $(T^{-1})^*T^* = \mathbb{1}$ ÜA. Also ist T^* invertierbar und $(T^*)^{-1} = (T^{-1})^*$. □

3.4 Beispiele

(a) **Symmetrische Operatoren**. Die Bedingung $T^* = T$ bedeutet

$$\langle v, Tu \rangle = \langle Tv, u \rangle \text{ für alle } u, v \in \mathscr{H} .$$

Operatoren $T \in \mathscr{L}(\mathscr{H})$ mit dieser Eigenschaft heißen **symmetrisch**, in manchen Lehrbüchern auch **hermitesch**. Zu den symmetrischen Operatoren gehören nach § 9 : 2.6 (b) die orthogonalen Projektoren.

(b) Für den Linksshift L und den Rechtsshift R auf ℓ^2 (vgl. 2.3) bestehen die Beziehungen $L^* = R$ und $R^* = L$. Denn für $(x = x_1, x_2, \ldots)$ und $y = (y_1, y_2, \ldots)$ gilt

$$\langle y, Rx \rangle = \sum_{k=2}^{\infty} \overline{y}_k \, x_{k-1} = \sum_{k=1}^{\infty} \overline{y}_{k+1} \, x_k = \langle Ly, x \rangle ,$$

$$\langle y, Lx \rangle = \sum_{k=1}^{\infty} \overline{y}_k \, x_{k+1} = \sum_{k=2}^{\infty} \overline{y}_{k-1} \, x_k = \langle Ry, x \rangle .$$

(c) Sei $a = (a_1, a_2, \ldots)$ eine beschränkte Folge und $\overline{a} = (\overline{a}_1, \overline{a}_2, \ldots)$. Für den in 2.6 definierten Multiplikator M_a gilt dann $M_a{}^* = M_{\overline{a}}$ ÜA.

(d) Sei $v \in \mathrm{L}^\infty(\Omega, \mu)$. Dann gilt $M_v{}^* = M_{\overline{v}}$, vgl. 2.7.

(e) Für den in 2.5 definierten Integraloperator T ist

$$(T^* v)(\mathbf{x}) = \int_\Omega \overline{G(\mathbf{y}, \mathbf{x})} \, v(\mathbf{y}) \, d^n \mathbf{y} .$$

Denn nach dem Satz von Fubini–Tonelli (§ 8 : 1.8) gilt für $v, u \in \mathrm{L}^2(\Omega)$

$$\begin{aligned} \langle v, Tu \rangle &= \int_\Omega \Big(\overline{v(\mathbf{y})} \int_\Omega G(\mathbf{y}, \mathbf{x}) \, u(\mathbf{x}) \, d^n \mathbf{x} \Big) \, d^n \mathbf{y} \\ &= \int_\Omega \Big(u(\mathbf{x}) \, \overline{\int_\Omega \overline{G(\mathbf{y}, \mathbf{x})} \, v(\mathbf{y}) \, d^n \mathbf{y}} \Big) \, d^n \mathbf{x} . \end{aligned}$$

(f) *Der Operator des unbestimmten Integrals.* Für $u \in \mathscr{H} := \mathrm{L}^2\,[0,1]$ setzen wir

$$(Tu)(x) := \int_0^x u(t) \, dt .$$

Aufgabe. (i) Zeigen Sie: $T \in \mathscr{L}(\mathscr{H})$ und $\|T\| \le 1/\sqrt{2}$. (Verwenden Sie die Cauchy–Schwarzsche Ungleichung.)

(ii) Bestimmen Sie T^*.

(g) Sei $\mathscr{H}$ ein Hilbertraum. Ein Operator $U : \mathscr{H} \to \mathscr{H}$ ist genau dann unitär, d.h. bijektiv und isometrisch, wenn $U^* = U^{-1}$ ÜA.

3.5 Kern und Bild von T und T^*

Satz. *Für beschränkte lineare Operatoren T auf einem Hilbertraum $\mathscr{H}$ gilt*

(a) $\mathrm{Kern}\, T^* = (\mathrm{Bild}\, T)^\perp$,

(b) $(\mathrm{Kern}\, T^*)^\perp = \overline{\mathrm{Bild}\, T}$.

(c) Bild T *muß nicht abgeschlossen sein.*

Beweis.
Wegen der Stetigkeit von T und T^* sind $\operatorname{Kern} T$ und $\operatorname{Kern} T^*$ abgeschlossen.

(a) Für $v \in \operatorname{Kern} T^*$ gilt $0 = \langle T^*v\,,u\rangle = \langle v\,,Tu\rangle$, also $v \in (\operatorname{Bild} T)^\perp$. Für $v \in (\operatorname{Bild} T)^\perp$ gilt umgekehrt $0 = \langle v\,,Tu\rangle = \langle T^*v\,,u\rangle$ für alle $u \in \mathscr{H}$. Für $u = T^*v$ ergibt sich insbesondere $T^*v = 0$, also $v \in \operatorname{Kern} T^*$.

(b) Aus (a) ergibt sich mit § 9 : 2.5 (b): $(\operatorname{Kern} T^*)^\perp = (\operatorname{Bild} T)^{\perp\perp} = \overline{\operatorname{Bild} T}$.

(c) Als Beispiel wählen wir den Multiplikator M_a in ℓ^2 mit $a = (1, \frac{1}{2}, \frac{1}{3}, \dots)$. Nach § 9 : 1.4 (b) liegt der Teilraum $\ell_0^2 = \operatorname{Span}\{e_1, e_2, \dots\}$ aller abbrechenden Folgen $(x_1, \dots, x_N, 0, 0, \dots)$ dicht in ℓ^2. Für $y = \sum\limits_{k=1}^N y_k\, e_k \in \ell_0^2$ gilt $y = M_a x$ mit $x = \sum\limits_{k=1}^N k\, y_k\, e_k$. Es folgt $\ell_0^2 \subset \operatorname{Bild} M_a$, also ist $\operatorname{Bild} M_a$ dicht in ℓ^2. Es ist aber $a \notin \operatorname{Bild} M_a$, somit gilt $\operatorname{Bild} M_a \neq \ell^2 = \overline{\operatorname{Bild} M_a}$. □

3.6 Formen und Operatoren, positive Operatoren

(a) Sei U ein Teilraum des Hilbertraums $\mathscr{H}$. Eine Funktion $Q : U \times U \to \mathbb{K}$ heißt **Sesquilinearform** (kurz **Form**) auf U, wenn folgendes gilt:

$$u \mapsto Q(v,u) \;\text{ ist linear}$$

$$v \mapsto Q(v,u) \;\text{ ist antilinear, d.h.}$$

$$Q(\alpha_1 v_1 + \alpha_2 v_2, u) \;=\; \overline{\alpha}_1 Q(v_1, u) + \overline{\alpha}_2 Q(v_2, u)\,.$$

Beispiele. (i) Für einen linearen Operator $A : U \to \mathscr{H}$ liefert $Q(v,u) := \langle v\,, Au\rangle$ eine Form auf U. (A muß nicht beschränkt sein.)

(ii) **Quadratische Formen auf U**. Eine Funktion $Q : U \times U \to \mathbb{C}$ heißt *quadratische Form* auf U, wenn $u \mapsto Q(v,u)$ linear ist und wenn $Q(u,v) = \overline{Q(v,u)}$ gilt. Dann ist Q eine Form auf U mit $Q(u,u) \in \mathbb{R}$.

Eine Form Q auf U heißt *beschränkt mit Formschranke* C, wenn

$$|Q(v,u)| \;\le\; C \cdot \|v\| \cdot \|u\| \;\text{ auf }\; U\,.$$

Für $T \in \mathscr{L}(\mathscr{H})$ liefert $Q(v,u) := \langle v\,, Tu\rangle$ eine beschränkte Form auf $\mathscr{H}$ mit Formschranke $\|T\|$.

(b) **Die Polarisierungsgleichung**. *Für eine Sesquilinearform Q auf U gilt*

$$Q(v,u) \;=\; \tfrac{1}{4}\big(Q(u+v, u+v) \;-\; Q(u-v, u-v)\big)$$
$$\qquad + \;\tfrac{i}{4}\big(Q(u+iv, u+iv) \;-\; Q(u-iv, u-iv)\big)\,.$$

Daher ist Q durch die Werte $Q(u,u)$ für $u \in U$ eindeutig bestimmt.

Beweis durch Ausnützen der Sesquilinearität als [ÜA].

Für lineare Operatoren $A : U \to \mathscr{H}$ folgt

$$\langle v, Au \rangle = \tfrac{1}{4}\left(\left\langle u+v, A(u+v)\right\rangle - \left\langle u-v, A(u-v)\right\rangle\right) + \tfrac{i}{4}\left(\left\langle u+iv, A(u+iv)\right\rangle - \left\langle u-iv, A(u-iv)\right\rangle\right).$$

Im Fall $\overline{U} = \mathscr{H}$ ist A durch die Werte $\langle u, Au \rangle$ auf U festgelegt. Dies ergibt sich aus dem Fundamentallemma § 9 : 3.2 [ÜA].

Satz. *Sei U ein Teilraum des Hilbertraums $\mathscr{H}$ und $A : U \to \mathscr{H}$ ein linearer, nicht notwendig beschränkter Operator. Genau dann erfüllt A die Symmetriebedingung*

$$\langle v, Au \rangle = \langle Av, u \rangle \quad \text{für } u, v \in U,$$

wenn $\langle u, Au \rangle$ auf U reellwertig ist.

Denn aus der Symmetriebedingung folgt $\langle u, Au \rangle = \langle Au, u \rangle = \overline{\langle u, Au \rangle}$ für $u \in U$. Ist umgekehrt $\langle u, Au \rangle$ reellwertig auf U, so folgt aus der Polarisierungsgleichung $\text{Re}\,\langle u, Av \rangle = \text{Re}\,\langle v, Au \rangle$ und $\text{Im}\,\langle u, Av \rangle = -\text{Im}\,\langle v, Au \rangle$, also

$$\langle Av, u \rangle = \overline{\langle u, Av \rangle} = \langle v, Au \rangle \quad \text{für } u, v \in V. \qquad \square$$

(c) Satz. *Für jeden Operator $T \in \mathscr{L}(\mathscr{H})$ ist durch $Q(v, u) := \langle v, Tu \rangle$ eine beschränkte Form auf $\mathscr{H}$ mit Formschranke $\|T\|$ gegeben. Umgekehrt gibt es zu jeder beschränkten Form Q auf $\mathscr{H}$ genau einen Operator $T \in \mathscr{L}(\mathscr{H})$ mit $Q(v, u) = \langle v, Tu \rangle$ für alle $u, v \in \mathscr{H}$. Jede Formschranke für Q ist eine Normschranke für T. Beschränkten quadratischen Formen Q entsprechen auf diese Weise beschränkte symmetrische Operatoren T. Diese sind durch die Werte $\langle u, Tu \rangle$ für $u \in \mathscr{H}$ eindeutig bestimmt.*

Beweis.

Die erste Behauptung ist leicht einzusehen, vgl. (a).

Für eine beschränkte Form Q auf $\mathscr{H}$ mit Formschranke C liefert

$$L_v u := Q(v, u)$$

ein lineares Funktional auf $\mathscr{H}$, denn es gilt $|L_v u| \le (C \cdot \|v\|) \cdot \|u\|$. Nach 2.2 gibt es daher einen mit Sv bezeichneten Vektor, so daß

$$Q(v, u) = L_v u = \langle Sv, u \rangle;$$

ferner gilt $\|Sv\| = \|L_v\| \le C \cdot \|v\|$.

Aus der Antilinearität von Q folgt, daß S linear ist [ÜA]. Somit gilt $S \in \mathscr{L}(\mathscr{H})$ und $\|S\| \le C$. Der Operator $T := S^*$ leistet das Gewünschte. Schließlich gilt $Q(v,u) = \overline{Q(u,v)} \iff \langle v, Tu \rangle = \overline{\langle u, Tv \rangle} = \langle Tv, u \rangle$. □

(d) **Positive Operatoren**. Ein Operator $T \in \mathscr{L}(\mathscr{H})$ heißt **positiv** ($T \ge \mathbb{0}$), wenn

$$\langle u, Tu \rangle \ge 0 \text{ für alle } u \in \mathscr{H}$$

und **positiv definit** ($T > \mathbb{0}$) wenn $\langle u, Tu \rangle > 0$ für alle $u \in \mathscr{H}$ mit $u \ne 0$. Nach (b) sind positive Operatoren $S, T \in \mathscr{L}(\mathscr{H})$ symmetrisch.

Für symmetrische $S, T \in \mathscr{L}(\mathscr{H})$ schreiben wir $S \le T$, falls $T - S \ge \mathbb{0}$. Zwei Operatoren müssen in diesem Sinn nicht vergleichbar sein. Es gilt

$$R \le S, \; S \le T \implies R \le T,$$

$$S \le T, \; T \le S \implies S = T.$$

Das erste ist klar. Die zweite Aussage ergibt sich aus (c):

$$\big\langle u, (S-T)u \big\rangle = 0 \text{ für alle } u \in \mathscr{H} \implies S - T = \mathbb{0}.$$

Für positive Operatoren gilt die **Cauchy–Schwarzsche Ungleichung**

$$\big|\langle v, Tu \rangle\big|^2 \le \langle v, Tv \rangle \langle u, Tu \rangle.$$

Denn für $T_n := T + \frac{1}{n}\mathbb{1}$ gilt $T_n > \mathbb{0}$, also liefert $\langle v, T_n u \rangle$ ein Skalarprodukt auf $\mathscr{H}$ und erfüllt die Cauchy–Schwarzsche Ungleichung

$$\big|\langle v, T_n u \rangle\big|^2 \le \langle v, T_n v \rangle \langle u, T_n u \rangle.$$

Die Behauptung folgt für $n \to \infty$ [ÜA]. □

4 Konvergenz von Operatoren

4.1 Drei Konvergenzbegriffe auf $\mathscr{L}(\mathscr{H})$

(a) Für beschränkte Operatoren $T, T_1, T_2, \ldots$ auf einem Hilbertraum $\mathscr{H}$ definieren wir die **Normkonvergenz (gleichmäßige Konvergenz, Konvergenz in der Operatornorm)** $T_n \to T$ durch

$$\lim_{n\to\infty} T_n = T \; :\iff \; \|T - T_n\| \to 0 \text{ für alle } n \to \infty.$$

Die **starke (punktweise) Konvergenz** $T_n \xrightarrow{s} T$ ist definiert durch

$$\operatorname*{s-lim}_{n\to\infty} T_n = T \; :\iff \; \lim_{n\to\infty} T_n u = Tu \text{ für alle } u \in \mathscr{H}$$

und die **schwache Konvergenz** $T_n \xrightarrow{\text{w}} T$ durch

$$\operatorname*{w-lim}_{n\to\infty} T_n = T \;:\Longleftrightarrow\; \lim_{n\to\infty} \langle v\,,T_n u\rangle = \langle v\,,Tu\rangle \;\text{ für alle }\; u,v \in \mathscr{H}\,.$$

In der Literatur finden Sie häufig die Bezeichnungen stop–lim für s–lim (von *strong operator limit*) und wop–lim für w–lim (von *weak operator limit*).

(b) *Genau dann gilt* $\operatorname*{w-lim}_{n\to\infty} T_n = T$, *wenn*

$$\lim_{n\to\infty} \langle u\,,T_n u\rangle = \langle u\,,Tu\rangle \;\textit{ für alle }\; u \in \mathscr{H}\,.$$

Das folgt unmittelbar aus der Polarisierungsgleichung 3.6 (a).

Schwache Konvergenz bedeutet daher in der Quantenmechanik die Konvergenz der Erwartungswerte, vgl. § 18 : 4.4.

4.2 Beziehungen zwischen den Konvergenzbegriffen

(a) $T_n \to T \implies T_n \xrightarrow{\text{s}} T$,

(b) $T_n \xrightarrow{\text{s}} T \implies T_n \xrightarrow{\text{w}} T$.

(c) *Für endlichdimensionale Hilberträume fallen alle diese Konvergenzbegriffe zusammen.*

(d) *Für unendlichdimensionale Hilberträume handelt es sich um drei verschiedene Arten von Konvergenz.*

Beweis.

(a) $\|T - T_n\| \to 0 \implies \|Tu - T_n u\| = \|(T - T_n)u\| \le \|T - T_n\| \cdot \|u\| \to 0.$

(b) $$T_n \xrightarrow{\text{s}} T \implies |\langle v\,,Tu\rangle - \langle v\,,T_n u\rangle| = |\langle v\,,Tu - T_n u\rangle| \le \|v\| \cdot \|Tu - T_n u\| \to 0\,.$$

(c) Da jeder N–dimensionale Hilbertraum über $\mathbb{C}$ nach § 9 : 1.2 isomorph zu $\mathbb{C}^N$ ist, müssen wir nur zeigen: Für lineare Abbildungen $T, T_n : \mathbb{C}^N \to \mathbb{C}^N$ folgt aus schwacher Konvergenz die Normkonvergenz. Für die Matrizen

$$M_{\mathcal{K}}(T_n) = A_n = \left(a_{ik}^{(n)}\right) \quad\text{und}\quad M_{\mathcal{K}}(T) = A = (a_{ik})$$

folgt aus $T_n \xrightarrow{\text{w}} T$

$$a_{ik}^{(n)} = \langle \mathbf{e}_i\,, A_n\mathbf{e}_k\rangle \to \langle \mathbf{e}_i\,, A\mathbf{e}_k\rangle = a_{ik} \;\text{ für }\; n \to \infty\,.$$

Daraus ergibt sich

$$\|T - T_n\|^2 \le \|A - A_n\|_2^2 = \sum_{i,k} |a_{ik} - a_{ik}^{(n)}|^2 \to 0 \;\text{ für }\; n \to \infty. \qquad \square$$

(d) Nach § 9 : 4.8 ist jeder separable, unendlichdimensionale Hilbertraum isomorph zu ℓ^2; es genügt also, Gegenbeipiele in ℓ^2 zu finden. Daß aus starker Konvergenz nicht die Normkonvergenz folgt, zeigen die iterierten Linksshifts

$$T_n = L^n : x = (x_1, x_2, \dots) \mapsto (x_{n+1}, x_{n+2}, \dots), \quad \text{vgl. 2.3.}$$

Wegen $\|T_n x\|^2 = \sum\limits_{k=n+1}^{\infty} |x_k|^2 = \|x\| - \sum\limits_{k=1}^{n} |x_k|^2 \to 0$ für $n \to \infty$ gilt $T_n \xrightarrow{\text{s}} \mathbb{0}$.
Für $m > n$ erhalten wir

$$\|T_m - T_n\| \geq \|(T_m - T_n) e_m\| = \|e_{m-n}\| = 1,$$

also bilden die T_n keine Cauchy–Folge in der Operatornorm. Eine schwach, aber nicht stark konvergente Folge von Operatoren bilden die iterierten Rechtsshifts $T_n = R^n$, vgl. 2.3:
Für $x = (x_1, x_2, \dots)$ und $y = (y_1, y_2, \dots)$ gilt

$$\left| \langle y, T_n x \rangle \right| = \left| \sum_{k=1}^{\infty} \overline{y}_{n+k}\, x_k \right| \leq \|x\| \left(\sum_{k=n+1}^{\infty} |y_k|^2 \right)^{1/2} \to 0$$

für $n \to \infty$, also $T_n \xrightarrow{\text{w}} \mathbb{0}$.

Schon die Folge $(T_n e_1) = (e_{n+1})$ kann nicht konvergieren, denn

$$\|T_m e_1 - T_n e_1\| = \|e_{m+1} - e_{n+1}\| = \sqrt{2} \text{ für } m > n. \qquad \square$$

4.3 Der Satz von der gleichmäßigen Beschränktheit

Eine Folge von Operatoren $T_n : V_1 \to V_2$ zwischen normierten Räumen heißt **punktweise beschränkt**, wenn die Folge $(T_n u)$ für jedes $u \in V_1$ beschränkt ist. Die Folge heißt **normbeschränkt**, wenn die Folge $(\|T_n\|)$ beschränkt ist.

SATZ. *Jede punktweise beschränkte Folge stetiger Operatoren $T_n : V_1 \to V_2$ auf einem Banachraum V_1 ist normbeschränkt.*

Den nichttrivialen BEWEIS finden Sie in [128] § 8 und [132, I] III.9.

Eine Folge von Operatoren $T_n \in \mathscr{L}(\mathscr{H})$ heißt *schwach beschränkt*, wenn es zu je zwei Vektoren $u, v \in \mathscr{H}$ eine Zahl $c(u, v)$ gibt mit $|\langle v, T_n u \rangle| \leq c(u, v)$ für $n = 1, 2, \dots$.

FOLGERUNG. *Jede schwach beschränkte Folge von Operatoren $T_n \in \mathscr{L}(\mathscr{H})$ ist normbeschränkt.*

BEWEIS.
Für einen festen Vektor $v \in \mathscr{H}$ sind durch $L_n u = \langle v, T_n u \rangle = \langle T_n^* v, u \rangle$ lineare Funktionale L_n gegeben mit $|L_n u| \leq c(u, v) =: k(u)$ für alle $n \in \mathbb{N}$. Aus der punktweisen Beschränktheit der L_n folgt Normbeschränktheit, d.h. es gibt eine Zahl $c(v)$ mit $\|L_n\| = \|T_n^* v\| \leq c(v)$ für $n = 1, 2, \dots$. Damit sind die T_n^* punktweise beschränkt, also normbeschränkt: $\|T_n\| = \|T_n^*\| \leq C$ mit passendem C.
$\square$

4.4 Rechenregeln für konvergente Folgen und Reihen

(a) Aus der gleichmäßigen/starken/schwachen Konvergenz $S_n \to S$, $T_n \to T$ folgt jeweils die entsprechende Konvergenz der Linearkombinationen

$$\alpha S_n + \beta T_n \;\to\; \alpha S + \beta T\,.$$

(b) Aus der gleichmäßigen/starken/schwachen Konvergenz $T_n \to T$ folgt jeweils die entsprechende Konvergenz

$$ST_n \;\to\; ST \;\text{ und }\; T_nS \;\to TS \;\text{ für }\; S \in \mathscr{L}(\mathscr{H})\,.$$

(c) Für Normkonvergenz/starke Konvergenz gilt jeweils die Implikation

$$S_n \;\to\; S\,,\;\; T_n \;\to\; T \;\Longrightarrow\; S_nT_n \;\to\; ST\,.$$

(d) Für Normkonvergenz/schwache Konvergenz gilt jeweils

$$T_n \;\to\; T \;\Longrightarrow\; T_n^* \;\to\; T^*\,.$$

(e) Die gleichmäßige/starke/schwache Konvergenz von Reihen in $\mathscr{L}(\mathscr{H})$ definieren wir in naheliegender Weise durch

$$S = \sum_{k=0}^{\infty} A_k \;\Longleftrightarrow\; S_n := \sum_{k=0}^{n} A_k \;\to\; S \;\text{ für }\; n \to \infty\,.$$

Aus (a) und (b) ergibt sich

$$S = \sum_{k=0}^{\infty} A_k\,,\;\; T \in \mathscr{L}(\mathscr{H}) \;\Longrightarrow\; TS = \sum_{k=0}^{\infty} TA_k \;\text{ und }\; ST = \sum_{k=0}^{\infty} A_kT\,.$$

(f) Aus $S_n \xrightarrow{\text{w}} S$ und $T_n \xrightarrow{\text{w}} T$ folgt nicht $vS_nT_n \xrightarrow{\text{w}} ST$.

(g) Aus $T_n \xrightarrow{\text{s}} T$ folgt nicht $T_n^* \xrightarrow{\text{s}} T^*$.

BEWEIS.
(a), (b) und (d) als ÜA.

(c) Wegen der punktweisen Konvergenz $S_n \xrightarrow{\text{s}} S$ gibt es nach 4.3 eine Konstante C mit $\|S_n\| \le C$ für alle $n \in \mathbb{N}$. Die Behauptung über die Normkonvergenz folgt aus

$$\begin{aligned}\|S_nT_n - ST\| &= \|(S_n - S)T + S_n(T_n - T)\| \\ &\le \|S_n - S\| \cdot \|T\| \;+\; C \cdot \|T_n - T\|\,.\end{aligned}$$

Zum Beweis der Aussage über punktweise Konvergenz fixieren wir $u \in \mathscr{H}$ und erhalten entsprechend

$$\begin{aligned}\|S_nT_nu - STu\| &\le \|S_nTu - STu\| \;+\; \|S_n(T_nu - Tu)\| \\ &\le \|S_n(Tu) - S(Tu)\| \;+\; C \cdot \|T_nu - Tu\| \;\to\; 0 \;\text{ für }\; n \to \infty\,.\end{aligned}$$

(f) Betrachten Sie die iterierten Shifts $S_n = L^n$, $T_n = R^n$ auf ℓ^2, vgl. 4.2 (d).

(g) Für $T_n = L^n$ gilt $T_n^* = R^n$, vgl. 3.4 (b) und 3.3 (3). Aus dem Beispiel zu 4.2 (d) entnehmen wir, daß die T_n stark konvergieren, die T_n^* aber nicht. □

4.5 Der Satz von der monotonen Konvergenz

(a) **Konvergenz schwacher Cauchy–Folgen**. *Eine Folge von Operatoren $T_n \in \mathscr{L}(\mathscr{H})$ konvergiert genau dann schwach gegen einen Operator $T \in \mathscr{L}(\mathscr{H})$, wenn die Folge der Skalarprodukte $(\langle u, T_n u\rangle)$ für jedes $u \in \mathscr{H}$ eine Cauchy–Folge in $\mathbb{C}$ ist.*

Beweis.

Sei $(\langle u, T_n u\rangle)$ für jedes $u \in \mathscr{H}$ eine Cauchy–Folge. Aus der Polarisierungsgleichung 3.6 (b) folgt: Für $u, v \in \mathscr{H}$ ist $(\langle v, T_n u\rangle)$ eine Cauchy–Folge, also existiert

$$Q(v, u) := \lim_{n\to\infty} \langle v, T_n u\rangle .$$

Nach der Folgerung 4.3 gibt es ein Konstante C mit $\|T_n\| \le C$ für alle $n \in \mathbb{N}$, also gilt $|Q(v, u)| \le C \cdot \|v\| \cdot \|u\|$. Nach 3.6 (c) gibt es einen Operator $T \in \mathscr{L}(\mathscr{H})$ mit

$$\lim_{n\to\infty} \langle v, T_n u\rangle = Q(v, u) = \langle v, Tu\rangle \quad \text{für } u, v \in \mathscr{H} . \qquad \square$$

(b) **Satz von der monotonen Konvergenz**. *Jede absteigende Folge positiver Operatoren $T_n \in \mathscr{L}(\mathscr{H})$ konvergiert stark gegen einen positiven Operator $T \in \mathscr{L}(\mathscr{H})$.*

Beweis.

(i) *Schwache Konvergenz.* Es gelte $T_1 \ge T_2 \ge \cdots \ge \mathbb{0}$. Dann existiert nach dem Monotoniekriterium für reelle Folgen $\lim\limits_{n\to\infty} \langle u, T_n u\rangle$ für alle $u \in \mathscr{H}$. Nach (a) gibt es daher einen Operator $T \in \mathscr{L}(\mathscr{H})$ mit

$$T = \operatorname*{w-lim}_{n\to\infty} T_n ,$$

und es gilt $T_n \ge T \ge \mathbb{0}$ für $n = 1, 2, \ldots$.

(ii) *Starke Konvergenz.* Wir setzen $B := T_n - T$ und $v := Bu = (T_n - T)u$ für ein festes $u \in \mathscr{H}$. Anwendung der Cauchy–Schwarzschen Ungleichung 3.6 (d) auf $B \ge \mathbb{0}$ ergibt

$$\begin{aligned} \|(T_n - T)u\|^4 &= |\langle (T_n - T)u, (T_n - T)u\rangle|^2 = |\langle v, Bu\rangle|^2 \\ &\le \langle v, Bv\rangle \cdot \langle u, Bu\rangle \end{aligned}$$

$$
\begin{aligned}
&= \langle v, (T_n - T)v\rangle \cdot \langle u, Bu\rangle \\
&\le \langle v, (T_1 - T)v\rangle \cdot \langle u, Bu\rangle \\
&\le \|T_1 - T\| \cdot \|v\|^2 \cdot \langle u, Bu\rangle \\
&= \|T_1 - T\| \cdot \|(T_n - T)u\|^2 \langle u, Bu\rangle ,
\end{aligned}
$$

also

$$\|(T_n - T)u\|^2 \le \|T_1 - T\| \cdot \langle u, (T_n - T)u\rangle \to 0 \text{ für } n \to \infty . \qquad \square$$

4.6 Konvergenz von Multiplikatoren auf $\mathrm{L}^2(\Omega, \mu)$

(a) *Normkonvergenz.* Eine Folge von Multiplikatoren M_{v_n} ist genau dann normkonvergent, wenn die v_n eine Cauchy–Folge in $\mathrm{L}^\infty(\Omega, \mu)$ bilden. Da der Raum $\mathrm{L}^\infty(\Omega, \mu)$ vollständig ist, gibt es dann ein $v \in \mathrm{L}^\infty(\Omega, \mu)$ mit

$$\|M_v - M_{v_n}\| = \|v - v_n\|_\infty \to 0 \text{ für } n \to \infty .$$

Das folgt unmittelbar aus $\|M_v\| = \|v\|_\infty$, vgl. 2.7.

(b) *Monotone Konvergenz.* Für die reellwertigen Funktionen $v_n \in \mathcal{L}^\infty(\Omega, \mu)$ gelte $v_1(\omega) \ge v_2(\omega) \ge \cdots \ge 0$ für alle $\omega \in \Omega$. Dann existiert

$$v(\omega) = \lim_{n\to\infty} v_n(\omega)$$

für alle $\omega \in \Omega$, und es gilt $v \in \mathcal{L}^\infty(\Omega, \mu)$ sowie

$$M_v = \operatorname*{s-lim}_{n\to\infty} M_{v_n} .$$

Daß die M_{v_n} stark gegen einen Operator $T \ge \mathbb{0}$ konvergieren, ergibt sich wegen $M_{v_1} \ge M_{v_2} \ge \cdots \ge \mathbb{0}$ aus 4.5 (b). Die Gleichung $T = M_v$ ist eine Folge des Satzes von der monotonen Konvergenz für μ–Integrale: Für $u \in \mathscr{H}$ bilden die $f_n := |v_n \cdot u - v \cdot u|^2 = |v_n - v|^2 \cdot |u|^2$ eine absteigende Folge μ–integrierbarer Funktionen mit $\lim\limits_{n\to\infty} f_n(\omega) = 0$ für alle $\omega \in \Omega$. Daraus folgt

$$\|v_n \cdot u - v \cdot u\|^2 = \int_\Omega f_n \, d\mu \to 0 \text{ für } n \to \infty .$$

4.7 Starke Konvergenz orthogonaler Projektoren

Konvergieren die orthogonalen Projektoren P_n stark gegen einen Operator P, so ist auch P ein orthogonaler Projektor.
Vertauschen die P_n mit einem Operator $T \in \mathscr{L}(\mathscr{H})$, $P_nT = TP_n$, so vertauscht auch P mit T.

BEWEIS als [ÜA] unter Beachtung von § 9 : 2.6.

5 Das Spektrum beschränkter Operatoren

5.1 Spektrum und Resolvente

(a) Das Spektrum ist für die Theorie beschränkter wie unbeschränkter Operatoren ein zentraler mathematischer Begriff. Daß ein in der Optik gebräuchliches Wort Namensgeber wurde – denken Sie an Prismenspektrum, Spektralanalyse, Spektrallinien – ist kein Zufall. Wird eine quantenmechanische Observable durch einen beschränkten symmetrischen Operator (allgemeiner durch einen selbstadjungierten Operator) dargestellt, so erweist sich das Spektrum im mathematischen Sinn als die Menge der möglichen Meßwerte dieser Observablen, vgl. § 18 : 3.3 und § 25 : 4.4.

Vereinbarung. Im folgenden schreiben wir $T - \lambda$, $\lambda - T$ für $T - \lambda\mathbb{1}$, $\lambda\mathbb{1} - T$.

(b) Definition. Das **Spektrum** $\sigma(T)$ eines Operators $T \in \mathscr{L}(\mathscr{H})$ ist definiert als die Menge

$$\sigma(T) := \left\{ \lambda \in \mathbb{C} \;\middle|\; T - \lambda \text{ ist nicht invertierbar} \right\}.$$

Beachten Sie, daß nach 3.1 der Operator $T - \lambda : \mathscr{H} \to \mathscr{H}$ genau dann bijektiv ist, wenn er eine stetige Inverse besitzt. In 6.3 zeigen wir $\sigma(T) \neq \emptyset$.

Das Komplement des Spektrums,

$$\varrho(T) := \mathbb{C} \setminus \sigma(T) = \left\{ \lambda \in \mathbb{C} \;\middle|\; T - \lambda \text{ ist invertierbar} \right\},$$

heißt **Resolventenmenge** von T. Für $\lambda \in \varrho(T)$ heißt

$$R(\lambda, T) := (\lambda - T)^{-1} = -(T - \lambda)^{-1} \in \mathscr{L}(\mathscr{H})$$

die **Resolvente** von T zum Wert λ.

(c) **Einteilung des Spektrums.** Das Spektrum von T zerfällt in drei disjunkte Mengen: Das **Punktspektrum (Eigenwertspektrum)**

$$\sigma_p(T) := \left\{ \lambda \in \mathbb{C} \;\middle|\; T - \lambda \text{ ist nicht injektiv} \right\},$$

das **kontinuierliche Spektrum**

$$\sigma_c(T) := \left\{ \lambda \in \sigma(T) \;\middle|\; T - \lambda \text{ ist injektiv, Bild}\,(T - \lambda) \text{ ist dicht in } \mathscr{H} \right\}$$

und das **Restspektrum**

$$\sigma_c(T) := \left\{ \lambda \in \mathbb{C} \;\middle|\; T - \lambda \text{ ist injektiv, } \overline{\text{Bild}\,(T - \lambda)} \neq \mathscr{H} \right\}$$

(d) Bemerkungen. (i) Ist $\mathscr{H}$ endlichdimensional, so besteht das Spektrum eines Operators $T \in \mathscr{L}(\mathscr{H})$ nur aus Eigenwerten, denn $T - \lambda : \mathscr{H} \to \mathscr{H}$ ist genau dann bijektiv, wenn $T - \lambda$ injektiv ist. Im unendlichdimensionalen Fall gibt es dagegen Operatoren mit rein kontinuierlichem Spektrum; dies ergibt sich in 5.3, Bemerkung (iii).

(ii) Die Bezeichnungen Punktspektrum und kontinuierliches Spektrum sind nicht wörtlich zu nehmen. Es gibt Operatoren, deren Punktspektrum ein Gebiet ist und Operatoren, deren kontinuierliches Spektrum aus isolierten Punkten besteht (Beispiele in 5.6 und 5.2). Die Wortwahl „kontinuierlich" erklärt sich aus Eigenschaften der Spektralschar (§ 22 : 1.5, 1.6).

(iii) In der Literatur wird auch der Begriff *Residualspektrum* verwendet, teils für das Restspektrum, teils in der Bedeutung $\{ \lambda \in \mathbb{C} \mid \overline{\text{Bild}\,(T - \lambda)} \neq \mathscr{H} \}$.

(e) AUFGABEN. Zeigen Sie:

(i) $\sigma(\mathbb{1}) = \sigma_p(\mathbb{1}) = \{1\}$, $\sigma(\mathbb{0}) = \sigma_p(\mathbb{0}) = \{0\}$,

(ii) $\lambda \in \sigma(T) \iff \lambda - \lambda_0 \in \sigma(T - \lambda_0)$,

(iii) $\lambda \in \sigma(T) \implies \lambda^2 \in \sigma(T^2)$.

5.2 Das Spektrum von Multiplikatoren in ℓ^2

Sei $a = (a_1, a_2, \dots)$ eine beschränkte Folge komplexer Zahlen und

$$M_a : \ell^2 \to \ell^2, \quad x = (x_1, x_2, \dots) \longmapsto (a_1 x_1, a_2 x_2, \dots).$$

Nach 2.6 gilt $M_a \in \mathscr{L}(\mathscr{H})$ und $\|M_a\| = \|a\|_\infty = \sup\{|a_n| \mid n \in \mathbb{N}\}$.

SATZ. $\sigma_p(M_a) = \{a_n \mid n \in \mathbb{N}\}$, $\sigma_r(M_a) = \emptyset$, $\sigma(M_a) = \overline{\sigma_p(M_a)}$.

BEWEIS.

(i) Die Eigenwertgleichung $M_a x = \lambda x$ für $x = (x_1, x_2, \dots) \in \ell^2$ ist äquivalent zu $(a_n - \lambda)x_n = 0$ für $n = 1, 2, \dots$.

Ist $\lambda \neq a_n$ für alle $n \in \mathbb{N}$, so besitzt die Eigenwertgleichung nur die triviale Lösung $x_1 = x_2 = \dots = 0$. Jedes a_n ist Eigenwert mit zugehörigem Eigenvektor e_n. Also gilt $\sigma_p(M_a) = \{a_n \mid n \in \mathbb{N}\}$.

(ii) Es sei nun $\lambda \notin \sigma_p(M_a)$. Dann ist $M_a - \lambda$ injektiv, und es gilt

$$\lambda \in \varrho(M_a) \quad M_a - \lambda : \ell^2 \to \ell^2 \text{ ist surjektiv.}$$

Zur Bestimmung von $\varrho(M_a)$ haben wir also die universelle Lösbarkeit der Gleichung $(M_a - \lambda)x = y$ für gegebenes $y = (y_1, y_2, \dots) \in \ell^2$ zu untersuchen. Diese besagt für die Koordinaten

$$(a_n - \lambda)x_n = y_n\,, \quad \text{d.h.} \quad x_n = \frac{y_n}{a_n - \lambda} \quad \text{für } n = 1, 2, \dots.$$

Es stellt sich die Frage, ob der hierdurch eindeutig bestimmte Koordinatenvektor $x = (x_1, x_2, \dots)$ immer zu ℓ^2 gehört, d.h. ob der Multiplikator M_b mit $b = ((a_1 - \lambda)^{-1}, (a_2 - \lambda)^{-1}, \dots)$ jedem $y \in \ell^2$ ein $x = M_b y = (M_a - \lambda)^{-1} y \in \ell^2$ zuordnet. Nach 2.6 ist das genau dann der Fall, wenn die Folge b beschränkt ist, d.h. wenn $\lambda \notin \overline{\{a_n \mid n \in \mathbb{N}\}}$.

(iii) Für $\lambda \notin \sigma_p(M_a)$ hat die Gleichung $(M_a - \lambda)x = e_n$ die Lösung $x = \dfrac{e_n}{a_n - \lambda}$. Somit umfaßt Bild $(M_a - \lambda)$ die in ℓ^2 dichte Menge Span $\{e_1, e_2, \dots\}$. Es folgt $\sigma_r(M_a) = \emptyset$. □

5.3 Das Spektrum beschränkter Multiplikatoren in $\mathbf{L}^2(\Omega, \mu)$

Für eine Funktion $v \in \mathcal{L}^\infty(\Omega, \mu)$ ist durch $M_v u := v \cdot u$ nach 2.7 ein beschränkter Operator M_v auf $\mathscr{H} = \mathrm{L}^2(\Omega, \mu)$ gegeben mit $\|M_v\| = \|v\|_\infty$. Wir setzen wie in § 20 : 3.1

$$\{v \le c\} := \{\omega \in \Omega \mid v(\omega) \le c\},$$

$$\{|v - \lambda| < \varepsilon\} := \{\omega \mid |v(\omega) - \lambda| < \varepsilon\} \text{ usw.}$$

Satz. (a) $\lambda \in \sigma(M_v) \iff \mu(\{|v - \lambda| < \varepsilon\}) > 0$ *für alle* $\varepsilon > 0$,

(b) $\lambda \in \sigma_p(M_v) \iff \mu(\{v = \lambda\}) > 0$,

(c) $\sigma_r(M_v) = \emptyset$,

(d) $\mu(\{v \in \varrho(M_v)\}) = 0$,

(e) *Für* $\lambda \in \varrho(M_v)$ *ist* $R(\lambda, M_v)$ *der Multiplikator* M_g *mit* $g := \dfrac{1}{\lambda - v}$.

Bemerkungen. (i) Zwei μ–f.ü. gleiche $\mathcal{L}^\infty$–Funktionen sind im L^∞–Sinn gleich und definieren denselben Multiplikator. In Hinblick auf (c) können wir den Multiplikator M_v durch eine $\mathcal{L}^\infty$–Funktion v mit $v(\omega) \in \sigma(M_v)$ für alle $\omega \in \Omega$ repräsentieren.

(ii) Die Aussage (a) drücken wir so aus: $\sigma(M_v)$ *ist der essentielle Wertevorrat von* v.

(iii) Für den Operator M_x auf $\mathrm{L}^2\,[a, b]$, d.h. den Operator M_v mit $v(x) = x$, gilt $\sigma(M_x) = \sigma_c(M_x) = [a, b]$. Denn aus (a) folgt $\sigma(M_x) = [a, b]$ ÜA. Aus (b) und (c) folgt $\sigma_p(M_x) = \emptyset$, $\sigma_r(M_x) = \emptyset$.

Bei quantenmechanischen Modellrechnungen wird M_x als Ortsoperator eines in das Intervall $[a, b]$ eingesperrten Teilchens verwendet.

Beweis.

(b) Die Die Eigenwertgleichung $M_v u = \lambda u$ ist für $u \in \mathcal{L}^2(\Omega, \mu)$ äquivalent zu $(v - \lambda)u = 0$ μ–f.ü. Ist $\mu(\{v = \lambda\}) = 0$, so folgt aus $M_v u = \lambda u$ also $u = 0$ μ–f.ü., somit kann λ kein Eigenwert von M_v sein.

Ist $M := \{v = \lambda\}$ keine μ–Nullmenge, so gibt es wegen der σ–Endlichkeit von μ eine Menge $B \subset M$ mit $0 < \mu(B) < \infty$. Dann ist χ_B ein Eigenvektor zum Eigenwert λ; außerdem gilt $\mu(\{|v - \lambda| < \varepsilon\}) \ge \mu(\{v = \lambda\}) > 0$ für jedes $\varepsilon > 0$.

(a) und (e): Für $\lambda \notin \sigma_p(M_v)$ setzen wir

$$g(\omega) := \begin{cases} \frac{1}{\lambda - v(\omega)} & \text{für } v(\omega) \ne \lambda, \\ 0 & \text{auf der } \mu\text{–Nullmenge } \{v = \lambda\}. \end{cases}$$

Dann ist g μ–meßbar, und für meßbare Funktionen u, w gilt

$$(M_v - \lambda)u = w \iff u = -g \cdot w .$$

Die Gleichung $(M_v - \lambda)u = w$ ist also genau dann universell und eindeutig lösbar, wenn $g \cdot w \in \mathrm{L}^2(\Omega, \mu)$ für alle $w \in \mathrm{L}^2(\Omega, \mu)$. Nach 2.7 ist dies äquivalent zu $g \in \mathrm{L}^\infty(\Omega, \mu)$. In diesem Fall ist $R(\lambda, M_v) = M_g$. Wir haben also

$$\lambda \in \sigma(M_v) \setminus \sigma_p(M_v) \iff g \notin \mathrm{L}^\infty(\Omega, \mu) \iff$$

$$B_\varepsilon = \left\{ |g| > \tfrac{1}{\varepsilon} \right\} = \left\{ |v - \lambda| < \varepsilon \right\} \text{ hat positives Maß für alle } \varepsilon > 0.$$

(d) Für $B_n := \left\{\lambda \in \mathbb{C} \;\middle|\; \mu(\{|v - \lambda| < \frac{1}{n}\}) = 0\right\}$ gilt nach (a)

$$B_n \subset \varrho(M_v) \text{ und } \varrho(M_v) = \bigcup_{n=1}^{\infty} B_n .$$

Wir zeigen $\mu(\{v \in B_n\}) = 0$. Sei $\lambda_0 \in B_n$ und $|\lambda - \lambda_0| < 1/2n$. Dann gilt

$$\left\{ |v - \lambda| < 1/2n \right\} \subset \left\{ |v - \lambda_0| < 1/n \right\}, \text{ also } \mu(\{|v - \lambda| < 1/2n\}) = 0 .$$

Zu jedem $\lambda_0 \in B_n$ ist also $\mu(\{v \in K_{1/2n}(\lambda_0)\}) = 0$. Da B_n durch abzählbar viele Kreise $K_{1/2n}(\lambda_0)$ überdeckt wird, folgt $\mu(\{v \in B_n\}) = 0$ und somit auch

$$\mu(v \in \varrho(M_v)) \le \mu\Big(\bigcup_{n=1}^{\infty} \{v \in B_n\}\Big) = 0 .$$

(c) ergibt sich als einfache Folgerung des folgenden Satzes 5.4. □

5.4 Spektrum und Resolvente von T^*

Das Spektrum von $T \in \mathscr{L}(\mathscr{H})$ korrespondiert auf folgende Weise mit dem Spektrum von T^*:

(a) $\lambda \in \sigma(T) \iff \overline{\lambda} \in \sigma(T^*)$,

(b) $\lambda \in \sigma_c(T) \iff \overline{\lambda} \in \sigma_c(T^*)$,

(c) $\lambda \in \sigma_r(T) \implies \overline{\lambda} \in \sigma_p(T^*)$,

(d) Für $\lambda \in \varrho(T)$ gilt $\overline{\lambda} \in \varrho(T^*)$ und $R(\overline{\lambda}, T^*) = R(\lambda, T)^*$.

Bemerkungen.

(i) Für $\lambda \in \sigma_p(T)$ kann jeder der Fälle $\overline{\lambda} \in \sigma_p(T^*)$, $\overline{\lambda} \in \sigma_r(T^*)$ eintreten, s.u.

(ii) Aus (c) folgt, daß Multiplikatoren auf $\mathrm{L}^2(\Omega, \mu)$ kein Restspektrum besitzen (ÜA , beachten Sie $M_v^* = M_{\overline{v}}$).

Beweis.

Grundlage ist der Satz 3.5 zusammen mit den Rechenregeln 3.3 für Adjungierte.

(a) und (d). Nach 3.3 (2) gilt $(\lambda - T)^* = \overline{\lambda} - T^*$. Mit 3.3 (c) folgt

$$\lambda \in \varrho(T) \iff \lambda - T \text{ ist invertierbar}$$
$$\iff (\overline{\lambda} - T^*)^{-1} = ((\lambda - T)^{-1})^* \text{ existiert} \iff \overline{\lambda} \in \varrho(T^*)\,.$$

Für (b) und (c) stützen wir uns auf die nach 3.5 (b) geltende Beziehung

$$(*) \qquad \text{Kern}\,(T^* - \overline{\lambda})^{\perp} = \overline{\text{Bild}\,(T - \lambda)}$$

sowie auf den Zerlegungssatz § 9 : 2.4.

(c) Sei $\lambda \in \sigma_r(T)$, also $\overline{\text{Bild}\,(T-\lambda)} \neq \mathscr{H}$. Nach $(*)$ und dem Zerlegungssatz folgt $\text{Kern}\,(T^* - \overline{\lambda}) \neq \{0\}$, d.h. $\overline{\lambda} \in \sigma_p(T^*)$.

(b) Sei $\lambda \in \sigma_c(T)$. Aus (a) folgt $\overline{\lambda} \in \sigma(T^*)$. Wir schließen die Fälle $\overline{\lambda} \in \sigma_r(T^*)$ und $\overline{\lambda} \in \sigma_p(T^*)$ aus: Im Fall $\overline{\lambda} \in \sigma_p(T^*)$ wäre nach $(*)$ und dem Zerlegungssatz $\overline{\text{Bild}\,(T-\lambda)} \neq \mathscr{H}$ im Widerspruch zu $\lambda \in \sigma_c(T)$. Im Fall $\overline{\lambda} \in \sigma_r(T^*)$ würde nach (c) folgen $\lambda = \overline{\overline{\lambda}} \in \sigma_p(T^{**}) = \sigma_p(T)$.

Zu Bemerkung (i): In endlichdimensionalen Räumen folgt aus $\lambda \in \sigma_p(T)$ immer $\overline{\lambda} \in \sigma(T^*) = \sigma_p(T^*)$. Im unendlichdimensionalen Fall gilt das nicht: Für den Linksshift L im ℓ^2 gilt $0 \in \sigma_p(L)$ wegen $Le_1 = 0$. Für $L^* = R$ ist 0 kein Eigenwert, da R eine Isometrie ist. Wegen Bild $R \perp e_1$ ist daher $0 \in \sigma_r(L^*)$. □

5.5 Das approximative Eigenwertspektrum

Eine Zahl $\lambda \in \mathbb{C}$ heißt **approximativer Eigenwert** des Operators $T \in \mathscr{L}(\mathscr{H})$, wenn es eine Folge (u_n) gibt mit

$$\|u_n\| = 1\,, \quad Tu_n - \lambda u_n \to 0 \text{ für } n \to \infty\,.$$

Die u_n heißen **approximative Eigenvektoren** von T zum Wert λ. Die Gesamtheit $\sigma_{\text{app}}(T)$ der approximativen Eigenwerte wird **approximatives Eigenwertspektrum** oder **approximatives Punktspektrum** von T genannt.

Approximative Eigenwerte gehören zum Spektrum.

Denn würde $R(\lambda, T)$ existieren, so folgte aus $v_n := \lambda u_n - Tu_n \to 0$ für $n \to \infty$ auch $u_n = R(\lambda, T)v_n \to 0$ für $n \to \infty$, im Widerspruch zu $\|u_n\| = 1$.

Satz. *Das approximative Eigenwertspektrum umfaßt das Eigenwertspektrum, das kontinuierliche Spektrum und den Rand des Spektrums.*

Bemerkungen. Das approximative Punktspektrum kann auch Teile des Restspektrums enthalten; ein Beispiel wird in 5.6 (b) gegeben. Beispiele dieser Art sind allerdings eher pathologisch. Unser Interesse richtet sich in diesem Paragraphen auf Operatoren mit leerem Restspektrum, für die also das Spektrum nur aus approximativen Eigenwerten besteht. Dies gilt insbesondere für beschränkte symmetrische Operatoren. Bei unbeschränkten symmetrischen Operatoren, auf die sich die vorangehenden Begriffe übertragen lassen, liegen die Dinge etwas komplizierter.

ÜA Zeigen Sie: $|\lambda| > \|T\| \implies \lambda \notin \sigma_{\text{app}}(T)$ (Dreiecksungleichung nach unten).

Allgemein gilt $|\lambda| \leq \|T\|$ für $\lambda \in \sigma(T)$, wie in Abschnitt 6 gezeigt wird.

Beweis.
(a) Gilt $Tu = \lambda u$, $\|u\| = 1$, so erhalten wir durch $u_n = u$ approximative Eigenvektoren.

(b) Sei $\lambda \in \sigma_c(T)$, also $T - \lambda$ injektiv und $W := \text{Bild}\,(T - \lambda)$ dicht in $\mathscr{H}$. Wir betrachten den linearen Operator $S : W \to \mathscr{H}$, $w \mapsto (\lambda - T)^{-1}w$.

Angenommen S ist beschränkt, $\|Sw\| \leq C$ für alle $w \in W$ mit $\|w\| \leq 1$. Dann läßt sich S nach 2.9 zu einem beschränkten Operator $\overline{S} \in \mathscr{L}(\mathscr{H})$ mit Normschranke C fortsetzen. Für $u = \lim\limits_{n\to\infty} w_n$ mit $w_n \in W$ gilt dann $\overline{S}u = \lim\limits_{n\to\infty} Sw_n$. Daraus folgt $\overline{S}(\lambda - T) = (\lambda - T)\overline{S} = \mathbb{1}$, also $\lambda \in \varrho(T)$ und $\overline{S} = R(\lambda, T)$ im Widerspruch zu $\lambda \in \sigma_c(T)$. Somit ist S unbeschränkt: Es gibt eine Folge (w_n) mit $\|w_n\| = 1$ und $\|Sw_n\| \to \infty$. Für $u_n := Sw_n/\|Sw_n\|$ gilt dann $\|u_n\| = 1$ und $(\lambda - T)u_n = w_n/\|Sw_n\| \to 0$ für $n \to \infty$.

(c) Wir nehmen vorweg, daß $\sigma(T)$ nach 6.3 abgeschlossen ist. Sei $\lambda \in \partial\sigma(T)$. Dann gilt $\lambda \in \sigma(T)$, und es gibt Zahlen $\varrho_n \in \varrho(T)$ mit $\lambda = \lim\limits_{n\to\infty} \varrho_n$. Wegen der Bijektivität von $\varrho_n - T$ gibt es zu jedem $u \in \mathscr{H}$ eindeutig bestimmte Vektoren $v_n \in \mathscr{H}$ mit

$$(*) \qquad u = (\varrho_n - T)v_n = (\lambda - T)v_n + (\varrho_n - \lambda)v_n \,.$$

Zwei Fälle sind denkbar:

(I) Für jedes $u \in \mathscr{H}$ ist die so definierte Folge (v_n) beschränkt;

(II) Es gibt ein $u \in \mathscr{H}$, so daß die zugeordnete Folge (v_n) unbeschränkt ist.

Im Fall (I) folgt jeweils $(\varrho_n - \lambda)v_n \to 0$, mit $(*)$ also $u = \lim\limits_{n\to\infty}(\lambda - T)v_n \in \overline{\text{Bild}\,(T - \lambda)}$ für jeden Vektor $u \in \mathscr{H}$. Es folgt $\lambda \in \sigma_p(T)$ oder $\lambda \in \sigma_c(T)$, insgesamt $\lambda \in \sigma_{\text{app}}(T)$ nach (a) und (b).

Im Fall (II) setzen wir $c_n := \|v_n\|$. Für $u_n := v_n/c_n$ gilt dann $\|u_n\| = 1$, $\|(\varrho_n - \lambda)u_n\| = |\varrho_n - \lambda| \to 0$. Da nach $(*)$ die Folge $((\varrho_n - T)v_n)$ beschränkt ist, erhalten wir

$$\begin{aligned} \|(\lambda - T)u_n\| &= \|(\varrho_n - T)u_n + (\lambda - \varrho_n)u_n\| \\ &\leq \frac{1}{c_n}\|(\varrho_n - T)v_n\| + |\lambda - \varrho_n| \;\to\; 0 \;\text{ für } n \to \infty\,, \end{aligned}$$

somit $\lambda \in \sigma_{\text{app}}(T)$. □

5.6 Aufgaben. (a) *Spektrum von Rechts– und Linksshift.* Zeigen Sie

$$\sigma(L) = \sigma(R) = \overline{K_1(0)} = \{\lambda \in \mathbb{C} \mid |\lambda| \le 1\},$$

$$\sigma_p(R) = \emptyset, \quad \sigma_r(R) = K_1(0),$$

$$\sigma_p(L) = K_1(0), \quad \sigma(L) = \sigma_{\text{app}}(L).$$

Das Punktspektrum von L besteht also nicht aus isolierten Punkten.

Anleitung: Zeigen Sie unter Verwendung der Sätze 5.4, 5.5 (einschließlich der ÜA in 5.5) der Reihe nach: $\sigma_p(R) = \emptyset$, $\sigma_r(L) = \emptyset$, $\sigma(L) = \sigma_{\text{app}}(L) \subset \overline{K_1(0)}$, $\sigma(R) \subset \overline{K_1(0)}$, $\sigma_p(L) = K_1(0) = \sigma_r(R)$, $\partial\sigma(L) = \{\lambda \in \mathbb{C} \mid |\lambda| = 1\}$.

(b) Zeigen Sie für den Operator

$$T : \ell^2 \to \ell^2, \quad x = (x_1, x_2, x_3, \dots) \longmapsto (0, x_1, \tfrac{1}{2}x_2, \tfrac{1}{3}x_3, \dots),$$

daß $0 \in \sigma_{\text{app}}(T) \cap \sigma_r(T)$.

5.7 Zur Namensgeschichte

Die Gelehrten des islamischen Kulturkreises, insbesondere ALHAZEN (IBN AL–HAYTHAM, um 1000), bezeichneten in ihren Untersuchungen zur Optik das Prismenspektrum mit *aš–šabaḥ* (Phänomen, Erscheinung, Gestalt, auch Geist, Gespenst, Schrägbild). Von den Übersetzern des Mittelalters wurde dies durch das lateinische Wort *spectrum* (für Erscheinung, Schemen, Gesicht) wiedergegeben.

Mit der Entwicklung der Spektralanalyse (WOLLASTON 1802, BUNSEN und KIRCHHOFF 1859) entstanden Wortverbindungen wie Spektrallinien, Bandenspektrum, Emissions– und Absorptionsspektrum. Um 1900 wurde auch im Zusammenhang mit akustischen und mechanischen Schwingungsproblemen von Spektren gesprochen. So heißt es bei W. WIRTINGER (Mathematische Annalen 1897): „In der Ausdrucksweise der Optik würde also die Schwingung einer unendlich langen Saite im Allgemeinen einem Bandenspektrum entsprechen.“ Und etwas später: „Die Intervalle für λ schließen sich nun lückenlos aneinander, das Bandenspektrum wird zum continuirlichen Spektrum.“

In seiner vierten Mitteilung über „Grundzüge einer allgemeinen Theorie der linearen Integralgleichungen“ definiert HILBERT 1906: „Die Gesamtheit dieser n Eigenwerte heiße das Spektrum der Form K_n“. Mit Bezug auf quadratische Formen im Folgenraum ℓ^2 sagt er an späterer Stelle: „Die Gesamtheit der Stellen $\lambda_1, \lambda_2, \dots$ werde das Punktspektrum oder diskontinuirliche Spektrum der Form K genannt.“ Anschließend führt HILBERT das „Streckenspektrum oder kontinuirliche Spektrum“ ein.

In einem Aufsatz über „Naturerkennen und Logik“ schreibt HILBERT 1930: „In neuster Zeit häufen sich die Fälle, daß gerade die wichtigsten im Mittelpunkt des Interesses der Mathematik stehenden mathematischen Theorien zugleich die in der Physik benötigten sind. Ich hatte die Theorie der unendlich vielen Variablen aus rein mathematischem Interesse entwickelt und dabei sogar die Bezeichnung Spektralanalyse angewandt, ohne ahnen zu können, daß diese einmal später in dem wirklichen Spektrum der Physik realisiert werden würde.“

Dies klingt einigermaßen erstaunlich aus dem Munde eines Gelehrten, der wie kaum ein anderer die mathematisch–naturwissenschaftliche Diskussion seiner Zeit überblickte und anregte, der in seinen „Mitteilungen“ ausführlich auf die Bedeutung seiner Methode für die mathematische Physik eingegangen war und der sehr wahrscheinlich die Arbeit von WIRTINGER kannte.

6 Analytizität der Resolvente, Folgerungen für das Spektrum

6.1 Die Neumannsche Reihe

SATZ. *Aus* $\|T\| < 1$ *folgt die Invertierbarkeit von* $1-T$ *und die Normkonvergenz der Reihenentwicklung*

$$(1-T)^{-1} = \sum_{k=0}^{\infty} T^k .$$

Dasselbe ergibt sich unter der schwächeren Voraussetzung $\sum\limits_{k=0}^{\infty} \|T^k\| < \infty$.

BEWEIS.

Aus $\|T\| < 1$ und $\|T^k\| \le \|T\|^k$ folgt die Konvergenz der Reihe $\sum\limits_{k=0}^{\infty} \|T^k\|$.

Wir setzen letzteres voraus und betrachten $S_n := \sum\limits_{k=0}^{n} T^k$. Wegen

$$\|S_m - S_n\| = \Big\| \sum_{k=n+1}^{m} T^k \Big\| \le \sum_{k=n+1}^{m} \|T^k\| \quad \text{für} \quad m > n$$

ist (S_n) eine Cauchy–Folge in der Operatornorm. Für den nach 2.1 existierenden Normlimes $S = \lim\limits_{n\to\infty} S_n$ gilt

$$\|(1-T)S - (1-T)S_n\| = \|(1-T)(S-S_n)\| \le \|1-T\| \cdot \|S-S_n\| \to 0$$

für $n \to \infty$. Daraus folgt, da $(\|T^{n+1}\|)$ eine Nullfolge ist,

$$\begin{aligned}(1-T)S &= \lim_{n\to\infty} (1-T)S_n = \lim_{n\to\infty} (1-T)(1+T+\cdots+T^n) \\ &= \lim_{n\to\infty} (1-T^{n+1}) = \mathbb{1} .\end{aligned}$$

Entsprechend erhalten wir $S(1-T) = \mathbb{1}$ ÜA. □

6.2 Reihenentwicklungen der Resolvente

SATZ. (a) *Für* $|\lambda| > \|T\|$ *gilt* $\lambda \in \varrho(T)$ *und*

$$R(\lambda, T) = \sum_{k=0}^{\infty} \frac{1}{\lambda^{k+1}} T^k$$

im Sinne der Normkonvergenz.

(b) *Für* $\lambda_0 \in \varrho(T)$ *und* $r := \|R(\lambda_0, T)\|^{-1}$ *gilt* $K_r(\lambda_0) \subset \varrho(T)$.

Für $|\lambda - \lambda_0| < r$ *erhalten wir die normkonvergente Potenzreihenentwicklung*

$$R(\lambda, T) = \sum_{k=0}^{\infty} (\lambda_0 - \lambda)^k R(\lambda_0, T)^{k+1}.$$

(c) *Insbesondere ist für beliebige* $u, v \in \mathscr{H}$ *durch* $f(\lambda) := \langle v, R(\lambda, T)u \rangle$ *eine auf der offenen Menge* $\varrho(T)$ *holomorphe Funktion* f *gegeben mit* $\lim\limits_{|\lambda| \to \infty} f(\lambda) = 0$.

BEWEIS.

(a) Für $|\lambda| > \|T\|$ und $A := \lambda^{-1}T$ gilt $\|A\| < 1$. Nach 6.1 existiert daher $(1-A)^{-1} = \lambda \cdot (\lambda - T)^{-1} = \lambda R(\lambda, T)$ und ist gegeben durch die normkonvergente Reihe

$$\lambda R(\lambda, T) = (1 - A)^{-1} = \sum_{k=0}^{\infty} A^k = \sum_{k=0}^{\infty} \lambda^{-k} T^k.$$

(b) Wegen $(\lambda_0 - T)R(\lambda_0, T) = \mathbb{1}$ ist $\|R(\lambda_0, T)\| > 0$.

Für $|\lambda - \lambda_0| < r := \|R(\lambda_0, T)\|^{-1}$ setzen wir $B := (\lambda_0 - \lambda)R(\lambda_0, T)$. Dann gilt $B \in \mathscr{L}(\mathscr{H})$ und

$$\begin{aligned} (1) \qquad (1 - B)(\lambda_0 - T) &= (1 - (\lambda_0 - \lambda)R(\lambda_0, T))(\lambda_0 - T) \\ &= \lambda_0 - T - (\lambda_0 - \lambda) = \lambda - T. \end{aligned}$$

Nach Wahl von λ gilt ferner $\|B\| < 1$, also ist $1 - B$ nach 6.1 invertierbar, und $(1 - B)^{-1}$ ist gegeben durch die normkonvergente Reihe

$$(2) \qquad (1 - B)^{-1} = \sum_{k=0}^{\infty} B^k.$$

Aus (1) und 3.1 (b) erhalten wir daher die Existenz von

$$(3) \qquad R(\lambda, T) = R(\lambda_0, T)(1 - B)^{-1} \quad \text{für } |\lambda - \lambda_0| < r.$$

Die Reihendarstellung für $R(\lambda, T)$ ergibt sich aus (3), (2) und der Definition von B nach der Regel 4.4 (e):

$$R(\lambda, T) = \sum_{k=0}^{\infty} R(\lambda_0, T) B^k = \sum_{k=0}^{\infty} (\lambda_0 - \lambda)^k R(\lambda_0, T)^{k+1}$$

für $|\lambda - \lambda_0| < r$. Damit folgt die Offenheit von $\varrho(T) \subset \mathbb{C}$.

(c) Aus der Normkonvergenz der Reihe für $R(\lambda, T)$ folgt nach 4.2 die schwache Konvergenz, somit erhalten wir für $f(\lambda) = \langle v, R(\lambda, T)u \rangle$:

$$f(\lambda) = \sum_{k=0}^{\infty} (-1)^k \big\langle v, R(\lambda_0, T)^{k+1} u \big\rangle (\lambda - \lambda_0)^k \quad \text{für } |\lambda - \lambda_0| < r,$$

d.h. f ist analytisch und somit holomorph in der nach (b) offenen Menge $\varrho(T)$.

(d) Für $|\lambda| > \|T\|$ gilt nach (a) erstens $\lambda \in \varrho(T)$ und zweitens

$$\|R(\lambda, T)\| = \lim_{n\to\infty} \Big\| \frac{1}{\lambda} \sum_{k=0}^{n} \frac{1}{\lambda^k} T^k \Big\| \le \frac{1}{|\lambda|} \lim_{n\to\infty} \sum_{k=0}^{n} |\lambda|^{-k} \|T\|^k = \frac{1}{|\lambda| - \|T\|}.$$

Es folgt $\lim\limits_{|\lambda|\to\infty} \|R(\lambda, T)\| = 0$ und damit auch

$$\lim_{|\lambda|\to\infty} \langle v, R(\lambda, T)u \rangle = 0. \qquad \square$$

6.3 Die Existenz von Spektralwerten

SATZ. *Das Spektrum $\lambda \in \sigma(T)$ eines Operators $T \in \mathscr{L}(\mathscr{H})$ ist nichtleer, kompakt und liegt in der abgeschlossenen Kreisscheibe mit Radius $\|T\|$.*

BEWEIS.

Nach 6.2 ist $\varrho(T)$ offen, und für $|\lambda| > \|T\|$ gilt $\lambda \in \varrho(T)$. Zu zeigen bleibt, daß $\sigma(T) \neq \emptyset$. Angenommen $\varrho(T) = \mathbb{C}$. Dann ist für beliebige $u, v \in \mathscr{H}$ durch $f(\lambda) := \langle v, R(\lambda, T)u \rangle$ nach 6.2 (c) eine auf ganz $\mathbb{C}$ definierte holomorphe, d.h. ganze Funktion f gegeben. Wegen $\lim\limits_{|\lambda|\to\infty} f(\lambda) = 0$ ist f beschränkt. Nach dem Satz von Liouville (Bd. 1, § 27 : 6.3) ist f konstant, also $f = 0$. Aus $\langle v, R(\lambda, T)u \rangle = 0$ für alle $u, v \in \mathscr{H}$ folgt $R(\lambda, T) = 0$ für alle $\lambda \in \mathbb{C}$ im Widerspruch zu $R(\lambda, T)(\lambda - T) = \mathbb{1}$. $\square$

Wir definieren den **Spektralradius** von T durch

$$r(T) := \max\big\{ |\lambda| \;\big|\; \lambda \in \sigma(T) \big\}.$$

Es gilt demnach $r(T) \le \|T\|$. Für symmetrische Operatoren T zeigen wir in 6.5, daß $r(T) = \|T\|$. In 6.4 (b) wird ein Operator T mit $r(T) < \|T\|$ angegeben.

6.4 Aufgaben

(a) Zeigen Sie mit Hilfe von 5.2, daß es zu jeder kompakten Menge $K \subset \mathbb{C}$ einen beschränkten Operator T auf ℓ^2 gibt mit $\sigma(T) = K$.

(b) *Das Spektrum des Operators des unbestimmten Integrals.*
Für $u \in \mathrm{L}^2\,[0,1]$ sei

$$(Tu)(x) := \int_0^x u(t)\,dt\,, \quad \text{vgl. 3.4 (f)}\,.$$

Zeigen Sie per Induktion mit Hilfe der Cauchy–Schwarzschen Ungleichung

$$\left|\,(T^n u)(x)\,\right|^2 \le \frac{x^n}{n!}\,\|u\|^2\,.$$

Folgern Sie daraus mit Hilfe der letzten Aussagen von 6.1 die Existenz von

$$(\lambda - T)^{-1} = \frac{1}{\lambda}\left(1 - \frac{1}{\lambda}T\right)^{-1} \quad \text{für alle } \lambda \ne 0.$$

Es ist also $\sigma(T) = \{0\}$, insbesondere $0 = r(T) < \|T\|$.
Warum gilt $0 \in \sigma_c(T)$?

6.5 Das Spektrum symmetrischer Operatoren

(a) *Für einen Operator $T \in \mathscr{L}(\mathscr{H})$ sind folgende Bedingungen äquivalent:*

(1) $\langle v\,, Tu\rangle = \langle Tv\,, u\rangle$ *für* $u, v \in \mathscr{H}$ *(Symmetrie)*,

(2) $T^* = T$,

(3) $\langle u\,, Tu\rangle \in \mathbb{R}$ *für alle* $u \in \mathscr{H}$, *vgl.* 3.6 (b).

Wir notieren, daß für symmetrische $T \in \mathscr{L}(\mathscr{H})$ und für $\lambda = \alpha + i\beta \in \mathbb{C}$

$$\left\|(T-\lambda)u\right\|^2 \ge |\beta|^2\,\|u\|^2\,.$$

Dies folgt aus der Symmetrie von $T - \alpha$ für $\alpha \in \mathbb{R}$ durch Ausmultiplizieren:

$$\begin{aligned}\langle (T-\lambda)u\,, (T-\lambda)u\rangle &= \langle (T-\alpha)u - i\beta u\,, (T-\alpha)u - i\beta u\rangle \\ &= \|(T-\alpha)u\|^2 + i\beta\langle u\,, (T-\alpha)u\rangle - i\beta\langle (T-\alpha)u\,, u\rangle + |\beta|^2 \cdot \|u\|^2\,.\end{aligned}$$

(b) SATZ. *Symmetrische Operatoren $T \in \mathscr{L}(\mathscr{H})$ haben ein reelles Spektrum.*
Alle Spektralwerte sind approximative Eigenwerte.
Für den Spektralradius gilt $r(T) = \|T\|$, also gehört wenigstens eine der Zahlen $\|T\|$, $-\|T\|$ zum Spektrum von T.

BEWEIS.
(i) Alle Eigenwerte von T sind reell: Aus $Tu = \lambda u$, $\|u\| = 1$ folgt

$$\lambda = \lambda\langle u\,, u\rangle = \langle u\,, \lambda u\rangle = \langle u\,, Tu\rangle \in \mathbb{R}\,.$$

(ii) Daher hat T kein Restspektrum, denn für $\lambda \in \sigma_r(T)$ folgt nach 5.4, daß $\overline{\lambda} \in \sigma_p(T^*) = \sigma_p(T)$, also $\overline{\lambda} \in \mathbb{R}$ und damit $\lambda \in \sigma_p(T)$, ein Widerspruch.

(iii) Nach 5.5 folgt $\sigma(T) = \sigma_{\text{app}}(T)$. Für $\lambda \notin \mathbb{R}$ gilt nach (a)

$$\|(T-\lambda)u\| \geq |\operatorname{Im}\lambda|\,\|u\|,$$

also kann λ nicht zu $\sigma_{\text{app}}(T) = \sigma(T)$ gehören.

(iv) Für $\varrho := \|T\| = \sup\{\|Tu\| \mid \|u\| = 1\}$ gibt es Vektoren $u_n \in \mathscr{H}$ mit

$$\|u_n\| = 1, \quad \|Tu_1\| \leq \|Tu_2\| \leq \ldots, \quad \lim_{n\to\infty} \|Tu_n\| = \varrho.$$

Für diese gilt wegen der Symmetrie von T

$$\begin{aligned}\|(T^2-\varrho^2)u_n\|^2 &= \big\langle (T^2-\varrho^2)u_n, (T^2-\varrho^2)u_n \big\rangle \\ &= \|T^2u_n\|^2 - 2\varrho^2\langle u_n, T^2u_n\rangle + \varrho^4 \\ &= \|T(Tu_n)\|^2 - 2\varrho^2\|Tu_n\|^2 + \varrho^4 \\ &\leq \|T\|^2\|Tu_n\|^2 - 2\varrho^2\|Tu_n\|^2 + \varrho^4 \;\to\; 0 \;\text{ für }\; n\to\infty.\end{aligned}$$

Somit gilt $\varrho^2 = \|T\|^2 \in \sigma_{\text{app}}(T^2)$, d.h. $T^2 - \varrho^2 = (T-\varrho)(T+\varrho)$ ist nicht invertierbar. Dann können $T+\varrho$, $T-\varrho$ nicht beide invertierbar sein (vgl. 3.1 (b)), also gilt $-\varrho \in \sigma(T)$ oder $\varrho \in \sigma(T)$. □

(c) Satz. *Für symmetrische Operatoren $T \in \mathscr{L}(\mathscr{H})$ gilt*

$$\|T\| = \sup\Big\{ |\langle u, Tu\rangle| \;\Big|\; \|u\| = 1\Big\}.$$

Beweis.
Wegen $|\langle u, Tu\rangle| \leq \|u\| \cdot \|Tu\| \leq \|T\| \cdot \|u\|^2$ gilt

$$s := \sup\Big\{ |\langle u, Tu\rangle| \;\Big|\; \|u\| = 1\Big\} \leq \|T\|.$$

Nach (b) gibt es ein $\lambda \in \sigma(T) = \sigma_{\text{app}}(T)$ mit $|\lambda| = \|T\|$. Da es $u_n \in \mathscr{H}$ gibt mit $\|u_n\| = 1$ und $Tu_n - \lambda u_n \to 0$ für $n\to\infty$, ergibt sich

$$|\langle u_n, (T-\lambda)u_n\rangle| \leq \|u_n\| \cdot \|Tu_n - \lambda u_n\| \;\to\; 0 \;\text{ für }\; n\to\infty,$$

also $\lambda = \lim\limits_{n\to\infty} \langle u_n, Tu_n\rangle$ und somit

$$\|T\| = |\lambda| = \lim_{n\to\infty} |\langle u_n, Tu_n\rangle| \leq s. \qquad \square$$

7 Der Funktionalkalkül für symmetrische Operatoren

In diesem Abschnitt geht es darum, für einen symmetrischen Operator $T \in \mathscr{L}(\mathscr{H})$ den Operator $f(T)$ zu definieren, wobei zunächst stetige Funktionen $f : \mathbb{R} \to \mathbb{C}$ und später auch charakteristische Funktionen $f = \chi_{]-\infty,\lambda]}$ betrachten werden. Die Bedeutung dieses Funktionalkalküls soll durch zwei Beispiele beleuchtet werden:

Für einen symmetrischen Operator $H \in \mathscr{L}(\mathscr{H})$ liefert

$$u(t) = \mathrm{e}^{-iHt}\varphi$$

eine Lösung des Problems

$$\dot{u}(t) = -iHu(t), \quad u(0) = \varphi,$$

Näheres dazu in 7.8.

Für $e_\lambda = \chi_{]-\infty,\lambda]}$ und $\|u\| = 1$ ist durch

$$F(\lambda) := \langle u, e_\lambda(T)u \rangle$$

eine Verteilungsfunktion gegeben und damit die Möglichkeit einer wahrscheinlichkeitstheoretischen Interpretation des Operatorenkalküls eröffnet.

Das Spektrum von T spielt dabei eine wesentliche Rolle: $f(T)$ hängt nur von den Werten von f auf $\sigma(T)$ ab.

7.1 Einsetzen symmetrischer Operatoren in Polynome

Für symmetrische $T \in \mathscr{L}(\mathscr{H})$ und für $p(x) = a_0 + a_1 x + \ldots + a_n x^n$ setzen wir

$$p(T) = a_0 + a_1 T + \ldots + a_n T^n .$$

(Nach der Vereinbarung 5.1 steht a_0 für $a_0 \cdot \mathbb{1} = a_0 T^0$.) Dann gilt [ÜA]

(a) $(\alpha p + \beta q)(T) = \alpha p(T) + \beta q(T)$ für $\alpha, \beta \in \mathbb{C}$,

(b) $(p \cdot q)(T) = p(T) \cdot q(T) = q(T) \cdot p(T)$,

(c) $p(T)^* = \overline{p}(T)$ mit $\overline{p}(x) := \overline{a}_0 + \overline{a}_1 x + \ldots + \overline{a}_n x^n$.

7.2 Der spektrale Abbildungssatz für Polynome

SATZ. *Es gilt*

(a) $\sigma(p(T)) = \sigma_{\text{app}}(p(T)) = p(\sigma(T))$, *d.h.*

$$\mu \in \sigma(p(T)) \iff \mu \in \sigma_{\text{app}}(p(T))$$
$$\iff \textit{es gibt ein } \lambda \in \sigma(T) \textit{ mit } \mu = p(\lambda).$$

(b) $\sigma_p(p(T)) = p(\sigma_p(T))$, *falls p nicht konstant ist. Dabei ist jeder Eigenvektor von T auch Eigenvektor von* $p(T)$.

(c) $\|p(T)\| = \max\left\{ |p(\lambda)| \;\middle|\; \lambda \in \sigma(T) \right\}$.

(d) $p(T) = q(T)$, *falls p und q auf* $\sigma(T)$ *übereinstimmen.*

Beweis.
Wir betrachten zunächst konstante Polynome $p(x) = a_0$. Für solche hat $p(T) = a_0\mathbb{1}$ ein einpunktiges Spektrum: $\sigma(p(T)) = \sigma_p(p(T)) = \{a_0\}$. Jeder Vektor $u \neq 0$ ist Eigenvektor von $p(T)$ zum Eigenwert a_0. Nach 6.3 ist $\sigma(T)$ nicht leer. Für alle $\lambda \in \sigma(T)$ gilt $p(\lambda) = a_0$. Schließlich ist $\|p(T)\| = |a_0| = |p(\lambda)|$ für alle $\lambda \in \sigma(T)$.

Für den Rest des Beweises setzen wir Grad $(p) = n \geq 1$ voraus:

$$p(x) = a_0 + \ldots + a_n x^n, \quad n \geq 1, \quad a_n \neq 0.$$

(a) Zu jeder Zahl $\mu \in \mathbb{C}$ gibt es Zahlen $\lambda_1, \ldots, \lambda_n \in \mathbb{C}$, so daß

(1) $$p(x) - \mu = a_n \cdot (x - \lambda_1) \cdots (x - \lambda_n), \quad (a_n \neq 0).$$

Aus 7.1 folgt

(2) $$p(T) - \mu = a_n(T - \lambda_1) \cdots (T - \lambda_n).$$

Da das Produkt invertierbarer Operatoren nach 3.1 (b) invertierbar ist, ergibt sich daraus

$$\mu \in \sigma(p(T)) \implies \lambda_k \in \sigma(T) \text{ für wenigstens ein } k;$$

dabei ist $p(\lambda_k) = \mu$.

Sei umgekehrt $\lambda \in \sigma(T)$ und $\mu = p(\lambda)$. Dann gibt es ein Polynom q mit

(3) $$p(x) - \mu = (x - \lambda)q(x), \quad \text{also} \quad p(T) - \mu = q(T)(T - \lambda).$$

Wegen $\sigma(T) = \sigma_{\text{app}}(T)$ (vgl. 6.5 (b)) gibt es Vektoren $u_n \in \mathscr{H}$ mit

$$\|u_n\| = 1, \quad (T - \lambda)u_n \to 0 \text{ für } n \to \infty.$$ Aus (3) folgt

(4) $$(p(T) - \mu)u_n = q(T)(T - \lambda)u_n \to 0 \text{ für } n \to \infty,$$

da $q(T)$ stetig ist. Somit haben wir

$$\lambda \in \sigma(T) = \sigma_{\text{app}}(T) \implies p(\lambda) \in \sigma_{\text{app}}(p(T)).$$

(b) Sei $Tu = \lambda u$ mit $\|u\| = 1$ und $\mu = p(\lambda)$. Aus (4) mit $u_n = u$ folgt

$$(p(T) - \mu)u = q(T)(T - \lambda)u = 0.$$

Somit ist u Eigenvektor von $p(T)$ zum Eigenwert μ.

Sei umgekehrt $p(T)v = \mu \cdot v$ mit $v \neq 0$. Wir verwenden die Darstellungen (1), (2) und erhalten

$$(T - \lambda_1) \cdots (T - \lambda_n)v = 0.$$

Für $w := (T - \lambda_n)v$ gilt entweder $w = 0$, dann ist $\lambda_n \in \sigma_p(T)$, oder es gilt $w \neq 0$ und $(T - \lambda_1) \cdots (T - \lambda_{n-1})w = 0$. Auf diese Weise fortfahrend erhalten wir schließlich ein $u \neq 0$ und ein k mit $(T - \lambda_k)u = 0$, d.h. $\lambda_k \in \sigma_p(T)$. Also ist $\mu = p(\lambda)$ mit einem geeigneten $\lambda \in \sigma_p(T)$.

(c) Für $\lambda \in \mathbb{R}$ und das in 7.1 (c) definierte Polynom $\overline{p}$ gilt $\overline{p}(\lambda)p(\lambda) = |p(\lambda)|^2$. Nach 7.1 gilt

$$(\overline{p} \cdot p)(T) = \overline{p}(T) \cdot p(T) = p(T)^* \cdot p(T),$$

also ist $(\overline{p} \cdot p)(T)$ symmetrisch und positiv, vgl. 3.3 (3). Aus (a) und den Sätzen 6.5 (b) und (c) folgt daher

$$\begin{aligned}
\max\left\{ |p(\lambda)|^2 \;\middle|\; \lambda \in \sigma(T) \right\} &= \max\left\{ (\overline{p} \cdot p)(\lambda) \;\middle|\; \lambda \in \sigma(T) \right\} \\
&= \max\left\{ \mu \;\middle|\; \mu \in \sigma((\overline{p}p)(T)) \right\} = \sup\{ \langle u, (\overline{p}p)(T)u \rangle \mid \|u\| = 1 \} \\
&= \sup\{ \langle u, p(T)^* p(T)u \rangle \mid \|u\| = 1 \} = \sup\left\{ \|p(T)u\|^2 \;\middle|\; \|u\| = 1 \right\} \\
&= \|p(T)\|^2 .
\end{aligned}$$

□

7.3 Der Funktionalkalkül für stetige Funktionen

(a) Satz. *Zu jedem symmetrischen Operator $T \in \mathscr{L}(\mathscr{H})$ und jeder stetigen Funktion $f : \mathbb{R} \to \mathbb{C}$ gibt es einen Operator $f(T)$ mit folgender Eigenschaft:*

Ist $[a, b]$ ein beliebiges kompaktes Intervall mit $\sigma(T) \subset [a, b]$ und (p_n) eine auf $[a, b]$ gleichmäßig gegen f konvergierende Folge von Polynomen, so gilt

$$f(T) = \lim_{n \to \infty} p_n(T)$$

im Normsinn. Dieser Operator hängt nur von den Werten von f auf $\sigma(T)$ ab:

$$\left\| f(T) \right\| = \max\left\{ |f(\lambda)| \;\middle|\; \lambda \in \sigma(T) \right\} .$$

Beweis.

Sei $\sigma(T) \subset [a, b]$. Nach dem Weierstraßschen Approximationssatz § 6 : 2.9 gibt es Polynome p_n, die auf $[a, b]$ gleichmäßig gegen f konvergieren. Nach 7.2 (c) gilt

$$\left\| p_m(T) - p_n(T) \right\| = \max\left\{ |p_m(\lambda) - p_n(\lambda)| \;\middle|\; \lambda \in \sigma(T) \right\} ,$$

also bilden die $p_n(T)$ eine Cauchy–Folge im Raum $\mathscr{L}(\mathscr{H})$. Da dieser vollständig ist, existiert der Normlimes $S := \lim\limits_{n \to \infty} p_n(T)$.

Ist $\sigma(T) \subset [c, d]$ und konvergieren die Polynome q_n auf $[c, d]$ gleichmäßig gegen f, so existiert entsprechend der Normlimes $\lim\limits_{n \to \infty} q_n(T)$. Nach 7.2 (c) gilt

$$\left\| p_n(T) - q_n(T) \right\| = \max\left\{ |p_n(\lambda) - q_n(\lambda)| \;\middle|\; \lambda \in \sigma(T) \right\} \to 0$$

für $n \to \infty$, somit $\lim\limits_{n\to\infty} p_n(T) = \lim\limits_{n\to\infty} q_n(T)$.

Mit der Abkürzung $\|u\|_\infty = \max\{|u(\lambda)| \mid \lambda \in \sigma(T)\}$ erhalten wir wegen der Stetigkeit der Norm aus 7.3 (a)

$$\|f(T)\| = \lim_{n\to\infty} \|p_n(T)\| = \lim_{n\to\infty} \|p_n\|_\infty = \|f\|_\infty . \qquad \square$$

(b) Die Einschränkung einer stetigen Funktion $F : \mathbb{R} \to \mathbb{C}$ auf das Spektrum $\sigma(T)$ liefert eine Funktion $f \in \mathrm{C}(\sigma(T))$. Umgekehrt gibt es nach dem Satz von Tietze–Uryson § 10 : 5.3 zu jeder stetigen Funktion $f : \sigma(T) \to \mathbb{C}$ eine beschränkte stetige Funktion $F : \mathbb{R} \to \mathbb{C}$ mit $F(\lambda) = f(\lambda)$ für $\lambda \in \sigma(T)$. Für jede solche stetige Fortsetzung F von f ergibt $F(T)$ nach 7.3 denselben Operator. Wir sind daher zu folgender Definition berechtigt:

Definition. *Für $f \in \mathrm{C}(\sigma(T))$ setzen wir $f(T) := F(T)$, wobei $F : \mathbb{R} \to \mathbb{C}$ eine beliebige stetige Fortsetzung von f ist.*

7.4 Eigenschaften des Funktionalkalküls für stetige Funktionen

(a) *Für $f \in \mathrm{C}(\sigma(T))$ gilt*

$$\|f(T)\| = \|f\|_\infty := \max\left\{ |f(\lambda)| \;\middle|\; \lambda \in \sigma(T)\right\} \quad \textit{und}$$

$$f(T)^* = \overline{f}(T) .$$

Ist f also reellwertig auf $\sigma(T)$, so ist $f(T)$ symmetrisch.

(b) *Für $f, g \in \mathrm{C}(\sigma(T))$ gilt*

$$(\alpha f + \beta g)(T) = \alpha f(T) + \beta g(T) \qquad (\alpha, \beta \in \mathbb{C}) ,$$

$$(f \cdot g)(T) = f(T)g(T) = g(T)f(T) .$$

Die erste Aussage (a) wurde in 7.3 bewiesen; die restlichen Aussagen ergeben sich aus den entsprechenden Eigenschaften 7.1 des polynomialen Funktionalkalküls durch Grenzübergang [ÜA].

(c) **Zusammenfassung**. *Der Normabschluß von* $\mathrm{Span}\,\{\mathbb{1}, T, T^2, \ldots\}$,

$$\mathrm{C}^*(T) := \overline{\{p(T) \mid p \textit{ ist Polynom}\}} ,$$

ist eine kommutative C^*-Algebra und als solche isomorph zu $(\mathrm{C}(\sigma(T)), \|\cdot\|_\infty)$: Die Einsetzungsabbildung $\mathcal{E} : \mathrm{C}(\sigma(T)) \to \mathrm{C}^*(T)$, $f \mapsto f(T)$ ist bijektiv und hat die Eigenschaften (a), (b). *Insbesondere ist also*

$$\mathrm{C}^*(T) = \left\{ f(T) \;\middle|\; f \in \mathrm{C}(\sigma(T))\right\} .$$

Die einzige über das Vorangehende hinausgehende Behauptung,

$$\mathrm{C}^*(T) = \{f(T) \mid f \in \mathrm{C}(\sigma(T))\},$$

ist folgendermaßen einzusehen. Zu jedem Operator $S \in \mathrm{C}^*(T)$ gibt es Polynome p_n mit $S = \lim\limits_{n\to\infty} p_n(T)$. Wegen $\|p_m(T) - p_n(T)\| = \|p_m - p_n\|_\infty$ ist (p_n) ein Cauchy–Folge in $\mathrm{C}(\sigma(T))$, konvergiert also gleichmäßig gegen eine Funktion $f \in \mathrm{C}(\sigma(T))$. Definitionsgemäß ist $f(T) = \lim\limits_{n\to\infty} p_n(T) = S$.

(d) AUFGABE. *Für jeden Operator $R \in \mathscr{L}(\mathscr{H})$ mit $RT = TR$ gilt $RS = SR$ für alle $S \in \mathrm{C}^*(T)$.*

7.5 Der spektrale Abbildungssatz

Für symmetrische Operatoren $T \in \mathscr{L}(\mathscr{H})$ und $f \in \mathrm{C}(\sigma(T))$ gilt

(a) $\sigma(f(T)) = \sigma_{\mathrm{app}}(f(T)) = f(\sigma(T))$.

(b) $Tu = \lambda u \implies f(T)u = f(\lambda)u$.

(c) $\|u_n\| = 1, \ (T - \lambda)u_n \to 0 \implies f(T)u_n - f(\lambda)u_n \to 0$.

(d) *Für* $\mu \in \varrho(f(T))$ *gilt* $R(\mu, f(T)) = g(T)$ *mit* $g = \frac{1}{\mu - f} \in \mathrm{C}(\sigma(T))$.

BEMERKUNG. Die für Polynome f gültige Beziehung $\sigma_p(f(T)) = f(\sigma_p(T))$ überträgt sich nicht; ein Gegenbeispiel wird in 7.6 (b) gegeben.

BEWEIS.
(i) $\sigma(f(T)) \subset f(\sigma(T))$: Für $\mu \notin f(\sigma(T))$ ist $g(\lambda) := 1/(\mu - f(\lambda))$ stetig auf $\sigma(T)$. Somit ist der Operator $g(T)$ definiert, und aus 7.4 (b) ergibt sich

$$(\mu - f(T))g(T) = g(T)(\mu - f(T)) = \mathbb{1}.$$

Damit gilt:
$\mu \notin f(\sigma(T)) \implies \mu \in \varrho(f(T))$ und die Aussage (d) über $R(\mu, f(T))$.

(ii) $f(\sigma(T)) \subset \sigma_{\mathrm{app}}(f(T))$: Sei $\mu = f(\lambda)$ mit $\lambda \in \sigma(T)$. Wegen $\sigma(T) = \sigma_{\mathrm{app}}(T)$ gibt es approximative Eigenvektoren u_n mit $\|u_n\| = 1$ und $(T - \lambda)u_n \to 0$. Aus dem Beweisteil (4) von 7.2 entnehmen wir

(1) $\quad (p(T) - p(\lambda))u_n \to 0$

für jedes nichtkonstante Polynom p; für konstante Polynome gilt dies trivialerweise ebenso. Zum Nachweis von $(f(T) - f(\lambda))u_n \to 0$ fixieren wir zu vorgebenem $\varepsilon > 0$ ein Polynom p mit

(2) $\quad \|f - p\|_\infty = \|f(T) - p(T)\| < \varepsilon$.

Für dieses Polynom gibt es aufgrund von (1) ein n_ε mit

(3) $\quad \|(p(T) - p(\lambda))u_n\| < \varepsilon \;$ für $\; n > n_\varepsilon \,.$

Aus (2) und (3) folgt für $n > n_\varepsilon$

$$\begin{aligned} &\|(f(T) - f(\lambda))u_n\| \\ &\qquad = \|(f(T) - p(T))u_n + (p(T) - p(\lambda))u_n + (p(\lambda) - f(\lambda))u_n\| \\ &\qquad \le \|f(T) - p(T)\| + \|(p(T) - p(\lambda))u_n\| + |p(\lambda) - f(\lambda)| \; < \; 3\varepsilon \,. \end{aligned}$$

Aus (i) und (ii) folgt (a), (c) und (d). Der Aussage (b) folgt aus (c) mit $u_n = u/\|u\| \;\; (n = 1, 2, \dots)$. □

7.6 Der stetige Funktionalkalkül für Multiplikatoren

(a) *Multiplikatoren in* ℓ^2. Sei $a = (a_1, a_2, \dots)$ eine beschränkte Folge reeller Zahlen und $T = M_a$ der Multiplikator

$$T : x = (x_1, x_2, \dots) \;\longmapsto\; (a_1 x_1, a_2 x_2, \dots)\,.$$

Nach 3.4 (c) ist T symmetrisch, und aus 5.2 folgt

$$\sigma(T) \;=\; \overline{\{a_n \mid n \in \mathbb{N}\}}.$$

Aufgaben. (i) Zeigen Sie

$$f(T)x \;=\; (f(a_1)x_1, f(a_2)x_2, \dots)$$

zunächst für Polynome f und dann für Funktionen $f \in \mathrm{C}(\sigma(T))$.

(ii) Was bedeutet $f \in \mathrm{C}(\sigma(T))$ für $T = M_a$ mit $a = (1, \frac{1}{2}, \frac{1}{3}, \dots)$?

(b) *Multiplikatoren in* $\mathrm{L}^2(\Omega, \mu)$. Für eine reellwertige Funktion $v \in \mathrm{L}^\infty(\Omega, \mu)$ sei $M_v : u \mapsto v \cdot u$. Nach 3.4 (d) ist M_v symmetrisch, und nach 5.3 ist $\sigma(M_v)$ der essentielle Wertebereich von v; ferner dürfen wir $v(\Omega) \subset \sigma(M_v)$ annehmen.

Aufgaben. (i) Zeigen Sie

$$f(M_v) \;=\; M_{f \circ v}$$

zunächst für Polynome f und dann mit Hilfe des kleinen Satzes von Lebesgue für $f \in \mathrm{C}(\sigma(M_v))$.

(ii) Für den Multiplikator M_x auf $\mathrm{L}^2\,[a, b]$ ist $\sigma_p(M_x) = \emptyset$, vgl. Bemerkung (iii) in 5.3. Geben Sie ein $f \in \mathrm{C}(\sigma(M_x))$ an mit $\sigma_p(f(M_x)) \neq \emptyset$.

7.7 Spektralzerlegung und Funktionalkalkül bei endlichem Spektrum

(a) Wir betrachten einen symmetrischen Operator T auf einem n–dimensionalen Hilbertraum $\mathscr{H}$. Bekanntlich gibt es eine Orthonormalbasis $\mathcal{B}$ für $\mathscr{H}$ aus Eigenvektoren zu reellen Eigenwerten λ_k von T, also $\sigma(T) = \sigma_p(T) = \{\lambda_1, \ldots, \lambda_m\}$. Dann bilden alle zum Eigenwert λ_k gehörigen Eigenvektoren aus $\mathcal{B}$ eine Orthonormalbasis für den Eigenraum $N_k = \operatorname{Kern}(T - \lambda_k)$. Bezeichnen wir den orthogonalen Projektor auf diesen Eigenraum mit P_k, so gilt ÜA

(1) $\quad P_1 + \ldots + P_m = \mathbb{1}\,,$

(2) $\quad T = \lambda_1 P_1 + \ldots + \lambda_m P_m$ (*Spektralzerlegung von* T),

(3) $\quad P_i P_k = P_k P_i = \delta_{ik} P_k\,.$

(b) Diese Formeln lassen sich auch mit Hilfe des Funktionalkalküls beweisen; dabei wird nur die Endlichkeit des Spektrums verwendet, nicht die Voraussetzung $\dim \mathscr{H} < \infty$.

SATZ. *Hat ein symmetrischer Operator $T \in \mathscr{L}(\mathscr{H})$ ein endliches Spektrum,*

$$\sigma(T) = \{\lambda_1, \ldots, \lambda_m\}\,,$$

so besteht dieses aus Eigenwerten. Für die orthogonalen Projektoren P_k auf die paarweis orthogonalen Eigenräume $N_k = \operatorname{Kern}(T - \lambda_k)$ gelten dann die Identitäten (1), (2), (3).

BEWEIS.
Auf der endlichen Menge $\sigma(T) = \{\lambda_1, \ldots, \lambda_m\}$ ist jede Funktion $f : \sigma(T) \to \mathbb{C}$ ist stetig. Wir betrachten für $k = 1, \ldots, m$ die Funktion $f_k : \sigma(T) \to \mathbb{C}$, die auf λ_k den Wert 1 annimmt und auf den übrigen Spektralwerten Null ist. Für diese gilt

(1′) $\quad f_1(x) + \ldots + f_m(x) = 1$ auf $\sigma(T)\,,$

(2′) $\quad \mathbb{1}_{\sigma(T)} = \lambda_1 f_1 + \ldots + \lambda_m f_m$

(3′) $\quad f_i \cdot f_k = \delta_{ik} f_k\,.$

Für die Operatoren $P_k := f_k(T)$ folgen nach 7.4 unmittelbar die Formeln (1), (2), (3). Ferner folgt $P_k^2 = P_k$ und die Symmetrie jedes P_k, da f_k reellwertig ist. Nach § 9 : 2.6 ist P_k ein orthogonaler Projektor, und nach 7.4 (a) gilt $\|P_k\| = \|f_k\|_\infty = 1$. Also ist $N_k = \operatorname{Bild} P_k \neq \{0\}$.

Aus $(2'), (1')$ folgt weiter $TP_k = P_kT = \lambda_k P_k$. Daher gilt

$$u \in N_k \implies P_k u = u \implies Tu = TP_k u = \lambda_k P_k u = \lambda_k u\,.$$

Wegen $N_k \neq \{0\}$ ist daher λ_k ein Eigenwert von T. Nach 7.5 (b) gilt

$$Tu = \lambda_k u \implies P_k u = f_k(T)u = f_k(\lambda_k)u = u \implies u \in N_k\,.$$

Somit ist N_k der Eigenraum $\text{Kern}\,(T - \lambda_k)$. Ferner gilt für $i \neq k$

$$u \in N_i\,,\quad v \in N_k \implies$$
$$\langle u, v \rangle = \langle P_i u, P_k v \rangle = \langle u, P_i P_k u \rangle = \langle u, 0 \rangle = 0\,.$$ □

(c) **Der Funktionalkalkül**. Aus den Identitäten (1)–(3) folgt per Induktion

$$T^k = \lambda_1^k P_1 + \ldots + \lambda_m^k P_m \quad \text{für } k = 0, 1, 2, \ldots \quad (T^0 := \mathbb{1})\,.$$

Daraus ergibt sich für Polynome p

$$p(T) = p(\lambda_1) P_1 + \ldots + p(\lambda_m) P_m\,.$$

Zu jeder Funktion $f \in \mathrm{C}(\sigma(T))$ gibt es ein eindeutig bestimmtes Interpolationspolynom p mit

$$f(\lambda_k) = p(\lambda_k) \quad \text{für } k = 1, \ldots, m, \qquad \text{Grad}\,(p_k) \leq m - 1$$

(Bd. 1, § 16 : 5). Aus 7.3 (a) folgt

$$f(T) = f(\lambda_1) P_1 + \ldots + f(\lambda_m) P_m\,.$$

Da $P_1, \ldots, P_m$ wegen $P_i P_k = \mathbb{0}$ für $i \neq k$ linear unabhängig sind, ist $\mathrm{C}^*(T)$ ein Vektorraum der Dimension m.

(d) Aufgaben. (i) Sei P ein orthogonaler Projektor mit $\mathbb{0} \neq P \neq \mathbb{1}$. Bestimmen Sie $\sigma(P)$ und $f(P)$ für $f \in \mathrm{C}(\sigma(P))$.

(ii) Für $\mathbf{x} \in \mathbb{C}^n$ sei $T\mathbf{x} = \langle \mathbf{e}, \mathbf{x} \rangle \mathbf{e}$ mit $\mathbf{e} = (1, 1, \ldots, 1)$. Bestimmen Sie die Matrix $A = M_{\mathcal{K}}(T)$ und deren Eigenwerte (vgl. Bd. 1, § 18 : 4.4). Geben Sie $f(T)$ für $f \in \mathrm{C}(\sigma(T))$ an.

7.8 Die von einem beschränkten symmetrischen Operator erzeugte unitäre Gruppe

(a) Für einen symmetrischen Operator $T \in \mathscr{L}(\mathscr{H})$ und $t \in \mathbb{R}$ sei

$$U(t) := \mathrm{e}^{-itT}\,, \quad \text{d.h. } U(t) := f_t(T) \text{ mit } f_t(x) = \mathrm{e}^{-ixt}\,.$$

Dann hat die Schar $\{U(t)\}$ die *Gruppeneigenschaft*

$$U(s + t) = U(s)\,U(t) = U(t)\,U(s) \quad \text{für } s, t \in \mathbb{R}, \quad U(0) = \mathbb{1}\,.$$

Ferner sind die $U(t)$ unitäre Operatoren mit

$$U(t)^* = U(t)^{-1} = U(-t) \quad (t \in \mathbb{R}).$$

Beweis als [ÜA] mit Hilfe von 7.4.

(b) Es gilt $\dot{U}(t) = -\,iTU(t) = -iU(t)T$ im Normsinn, d.h.

$$\lim_{h \to 0} \left\| \frac{1}{h} \big(U(t+h) - U(t)\big) + iTU(t) \right\| = 0 \text{ für alle } t \in \mathbb{R}.$$

Beweis als [ÜA]: Zeigen Sie für $h \neq 0$

$$\left\| \frac{1}{h} \big(U(t+h) - U(t)\big) + iTU(t) \right\| = \left\| \frac{1}{h} \big(U(h) - \mathbb{1}\big) + iT \right\| \le |h| \cdot \|T\|^2$$

durch Taylorentwicklung von $\cos(hx)$, $\sin(hx)$ mit Restglied zweiter Ordnung und unter Verwendung von $\|f(T)\| = \|f\|_\infty$, $\|T\| = r(T)$.

(c) Eine Funktion $u : I \to \mathscr{H}$ auf einem Intervall I heißt **differenzierbar im Hilbertraumsinn** mit Ableitung $\dot{u} = v$, wenn

$$\lim_{h \to 0} \left\| \frac{1}{h} \big(u(t+h) - u(t)\big) - v(t) \right\| = 0 \quad \text{für alle } t \in I.$$

Ist $u : I \to \mathscr{H}$ differenzierbar im Hilbertraumsinn, so ist u stetig.

Sind $u, v : I \to \mathscr{H}$ differenzierbar im Hilbertraumsinn, so ist die reellwertige Funktion $t \mapsto \langle u(t), v(t) \rangle$ im gewöhnlichen Sinn differenzierbar mit

$$\frac{d}{dt} \langle u(t), v(t) \rangle = \langle \dot{u}(t), v(t) \rangle + \langle u(t), \dot{v}(t) \rangle \quad \text{(Produktregel)}.$$

Beweis als [ÜA]. Beweisen und verwenden Sie die Stetigkeit des Skalarprodukts in beiden Variablen: $u_n \to u$, $v_n \to v \implies \langle u_n, v_n \rangle \to \langle u, v \rangle$.

(d) Satz. *Zu jedem vorgegebenen Vektor $u_0 \in \mathscr{H}$ gibt es eine eindeutig bestimmte Lösung des Cauchy–Problems im Hilbertraumsinn*

$$\dot{u}(t) = -\,iTu(t), \quad u(0) = u_0 .$$

Diese ist gegeben durch $u(t) = U(t)\,u_0 = \mathrm{e}^{-itT} u_0$.

Beweis als [ÜA] in folgenden Schritten:

(i) Aus (b) folgt, daß $U(t)u_0$ eine Lösung liefert.

(ii) Sei v eine für $|t| \le \delta$, $\delta > 0$ definierte Lösung. Betrachten Sie die Funktion $w(t) := U(-t)v(t)$ und zeigen Sie $\langle h, w(t) \rangle = \langle h, u_0 \rangle$ für jeden Vektor $h \in \mathscr{H}$.

8 Positive Operatoren und Zerlegung von Operatoren

8.1 Das Spektrum positiver Operatoren

Ein Operator $T \in \mathscr{L}(\mathscr{H})$ heißt positiv (in Zeichen $T \geq \mathbb{0}$), wenn $\langle u, Tu \rangle \geq 0$ für alle $u \in \mathscr{H}$ gilt.

Positive Operatoren sind symmetrisch vgl. 3.6 (d).

(a) BEISPIELE. *Für jeden Operator $T \in \mathscr{L}(\mathscr{H})$ ist T^*T positiv.*

Ist T symmetrisch und $f : \sigma(T) \to \mathbb{R}_+$ stetig, so ist $f(T)$ positiv.

Für $f, g \in \mathrm{C}(\sigma(T))$ mit $f \leq g$ gilt also $f(T) \leq g(T)$.

Ersteres folgt aus $\langle u, T^*Tu \rangle = \langle Tu, Tu \rangle \geq 0$.

Für $f \in \mathrm{C}(\sigma(T))$ mit $f \geq 0$ ist $g = \sqrt{f}$ stetig und reellwertig auf $\sigma(T)$. Daher ist $g(T)$ ein symmetrischer Operator, und wegen $f = g^2$ gilt

$$f(T) = g^2(T) = g(T)^* g(T) \geq \mathbb{0}.$$

(b) SATZ. *Ein symmetrischer Operator $T \in \mathscr{L}(\mathscr{H})$ ist genau dann positiv, wenn $\sigma(T) \subset \mathbb{R}_+$.*

BEWEIS.
Ist T symmetrisch und $\sigma(T) \subset \mathbb{R}_+$, so ist $w(x) = \sqrt{x}$ stetig auf $\sigma(T)$. Wie in (a) ergibt sich $T = w(T)^2 \geq \mathbb{0}$. Außerdem gilt $T^{1/2} := w(T) \geq \mathbb{0}$.

Sei umgekehrt $T \geq \mathbb{0}$. Wegen der Symmetrie von T ist $\sigma(T) = \sigma_{\mathrm{app}}(T) \subset \mathbb{R}$ nach 6.5 (b). Für $\lambda < 0$ und $\|u\| = 1$ gilt

$$\|Tu - \lambda u\|^2 = \|Tu\|^2 - 2\lambda \langle u, Tu \rangle + |\lambda|^2 \geq |\lambda|^2 > 0,$$

also $\lambda \notin \sigma_{\mathrm{app}}(T)$, was die Behauptung $\sigma(T) = \sigma_{\mathrm{app}}(T) \subset \mathbb{R}_+$ liefert. □

8.2 Die Quadratwurzel eines positiven Operators

Für jeden positiven Operator $T \in \mathscr{L}(\mathscr{H})$ gibt es genau einen positiven Operator $S \in \mathscr{L}(\mathscr{H})$ mit $S^2 = T$, nämlich $S = T^{1/2} \in \mathrm{C}^*(T)$.

BEWEIS.
(a) Für $S := T^{1/2}$ gilt $\mathbb{0} \leq S \in \mathrm{C}^*(T)$ und $S^2 = T$ nach dem Beweis 8.1 (b).

(b) Sei $R \in \mathscr{L}(\mathscr{H})$ ein positiver Operator mit $R^2 = T$. Dann gilt $RT = R^3 = TR$, also $RS = SR$ nach 7.4 (d). Es folgt $(S - R)(S + R) = S^2 - R^2 = \mathbb{0}$. Für $A := (S - R)S(S - R)$ und $B := (S - R)R(S - R)$ gilt $A \geq \mathbb{0}$, $B \geq \mathbb{0}$ $\boxed{\text{ÜA}}$ und

$$A + B = (S - R)(S + R)(S - R) = \mathbb{0}.$$

Wir haben also $\mathbb{0} \leq A, B \leq A + B \leq \mathbb{0}$. Nach 3.6 (d) folgt $A = B = \mathbb{0}$. Daraus erhalten wir $(S - R)^3 = A - B = \mathbb{0}$. Der spektrale Abbildungssatz 7.5 liefert $\sigma(S - T) = \{0\}$. Mit 6.5 (b) folgt $\|S - T\| = 0$, also $S = T$. □

8.3* Betrag und Polarzerlegung von Operatoren

(a) Für $T \in \mathscr{L}(\mathscr{H})$ setzen wir $|T| := (T^*T)^{1/2}$, vgl. 8.1 (a), 8.2. Dann gilt $\mathbb{0} \leq |T| \in \mathrm{C}^*(T)$, $\| \, |T| \, \| = \|T\|$ und $\mathrm{Kern}\,|T| = \mathrm{Kern}\,T$, denn

$$\|Tu\|^2 = \langle u, T^*Tu \rangle = \left\langle u, |T|^2 u \right\rangle = \langle |T|u, |T|u \rangle = \| \, |T|u \, \|^2 .$$

(b) SATZ. *Zu jedem Operator $T \in \mathscr{L}(\mathscr{H})$ gibt es einen eindeutig bestimmten Operator $U \in \mathscr{L}(\mathscr{H})$ mit*

$$T = U\,|T|, \quad \mathrm{Kern}\,U = \mathrm{Kern}\,T \quad (\textit{Polarzerlegung von } T).$$

U ist eine partielle Isometrie: Die Einschränkung

$$U : \overline{\mathrm{Bild}\,|T|} \;\to\; \overline{\mathrm{Bild}\,T}$$

ist bijektiv und isometrisch.

BEWEIS.
Für einen Operator U mit den behaupteten Eigenschaften gilt notwendigerweise

$$(*) \qquad U(|T|u) = Tu .$$

Umgekehrt läßt sich durch $(*)$ ein Operator $U : \overline{\mathrm{Bild}\,|T|} \to \overline{\mathrm{Bild}\,T}$ definieren. Die Vorschrift $U(|T|u) := Tu$ macht Sinn: Aus $|T|u = |T|v$ folgt $u - v \in \mathrm{Kern}\,|T| = \mathrm{Kern}\,T$, also $Tu = Tv$. Daher ist

$$U : \mathrm{Bild}\,|T| \;\to\; \mathrm{Bild}\,T$$

bijektiv und isometrisch wegen $\| \, |T|u\|^2 = \|Tu\|^2$. Nach 2.9 läßt sich U zu einer bijektiven und isometrischen Abbildung

$$U : \overline{\mathrm{Bild}\,|T|} \;\to\; \overline{\mathrm{Bild}\,T}$$

fortsetzen.

Da $|T|$ symmetrisch ist, gilt $\overline{\mathrm{Bild}\,|T|} = \mathrm{Kern}\,|T|^{\perp} = \mathrm{Kern}\,T^{\perp}$ nach 3.5, also

$$\mathscr{H} = \overline{\mathrm{Bild}\,|T|} \oplus \mathrm{Kern}\,T$$

nach dem Zerlegungssatz § 9 : 2.4. Definieren wir also $Uv := 0$ für $v \in \mathrm{Kern}\,T$, so ist ein Operator der gewünschten Art konstruiert. □

8.4* Aufgaben

(a) Auf $\mathscr{H} = \mathbb{C}^2$ seien $S : \mathbf{x} \mapsto \begin{pmatrix} 1 & 0 \\ 0 & 0 \end{pmatrix} \mathbf{x}$ und $T : \mathbf{x} \mapsto \begin{pmatrix} 0 & 1 \\ 0 & 0 \end{pmatrix} \mathbf{x}$. Geben Sie $|S|$ und $|T|$ an. Zeigen Sie, daß weder $|ST| = |S|\,|T|$ noch $|S + T| \leq |S| + |T|$ gilt.

(b) Geben Sie die Polarzerlegung von T an.

(c) Zeigen Sie: Jeder Operator $T \in \mathscr{L}(\mathscr{H})$ läßt sich darstellen als

$$T = S_1 + iS_2 \,, \quad \text{wobei } S_1 := \tfrac{1}{2}\,(T + T^*) \,, \quad S_2 := \tfrac{i}{2}\,(T^* - T)$$

symmetrische Operatoren sind.

(d) Zeigen Sie: Für symmetrische Operatoren T mit $\|T\| \leq 1$ gilt $\mathbb{0} \leq T^2 \leq \mathbb{1}$, und

$$U_1 := T + i(1 - T^2)^{1/2} \,, \quad U_2 := T - i(1 - T^2)^{1/2}$$

sind unitäre Operatoren.

FOLGERUNG aus (c) und (d): *Jeder Operator $T \in \mathscr{L}(\mathscr{H})$ ist Linearkombination von vier unitären Operatoren.*

9 Erweiterung des Funktionalkalküls

9.1 Die Funktionenklasse $\mathcal{F}$

Mit $\mathcal{F}$ bezeichnen wir die Klasse aller Funktionen $f : \mathbb{R} \to \mathbb{R}_+$, welche punktweiser Limes einer absteigenden Folge beschränkter stetiger Funktionen $f_n : \mathbb{R} \to \mathbb{R}_+$ sind.

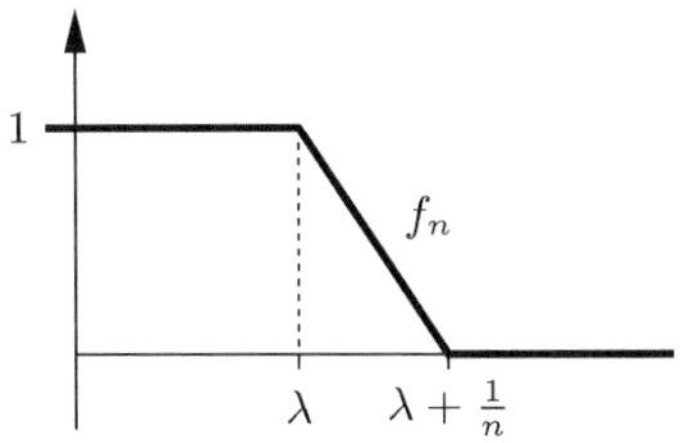

Das für uns wichtigste Beispiel ist die charakteristische Funktion

$$e_\lambda := \chi_{]-\infty,\lambda]} \quad \text{(Fig.).}$$

Unmittelbar aus der Definition ergibt sich

$$f, g \in \mathcal{F} \implies f \cdot g \in \mathcal{F} \quad \text{und} \quad \alpha f + \beta g \in \mathcal{F} \text{ für } \alpha, \beta \in \mathbb{R}_+ \,.$$

Die Funktionen $f \in \mathcal{F}$ sind an jeder Stelle x_0 nach oben halbstetig: Zu jedem $\varepsilon > 0$ gibt es ein $\delta > 0$, so daß

$$f(x) < f(x_0) + \varepsilon \quad \text{für } |x - x_0| < \delta \,.$$

Daraus folgt, daß f auf jeder kompakten Teilmenge $K \subset \mathbb{R}$ ein Maximum annimmt. Die Beweise dieser beiden für das Folgende unerheblichen Eigenschaften seien den Lesern als [ÜA] überlassen. Für beweistechnische Zwecke benötigen wir folgendes

LEMMA.

Seien $f = \lim\limits_{n\to\infty} f_n$, $g = \lim\limits_{n\to\infty} g_n$, wobei (f_n) und (g_n) jeweils absteigende Folgen beschränkter, stetiger und positiver Funktionen sind. Ist $K \subset \mathbb{R}$ kompakt und $f(x) \leq g(x)$ auf K, so gibt es zu jedem $n \in \mathbb{N}$ ein $M \in \mathbb{N}$, so daß

$$f_m(x) < g_n(x) + \frac{1}{n} \quad \textit{für } m > M \textit{ und } x \in K.$$

BEWEIS.
Wir fixieren n und betrachten einen Punkt $y \in K$. Zu diesem gibt es wegen $\lim_{k\to\infty} f_k(y) = f(y) < g(y) + \frac{1}{n} \le g_n(y) + \frac{1}{n}$ ein $k = k(y)$ mit

$$f_k(y) \;<\; g_n(y) + \frac{1}{n}\,.$$

Da f_k, g_n stetig sind, gilt diese Ungleichung auch in einer Umgebung $U(y)$ von y. Nach dem Überdeckungssatz von Heine–Borel (Bd. 1, § 21 : 6.3) wird K von endlich vielen solcher Umgebungen überdeckt: $K \subset U(y_1) \cup \cdots \cup U(y_N)$. Für $M := \max\{k(y_1), \dots, k(y_N)\}$ gilt dann wegen des Absteigens der Folge (f_n)

$$f_m(x) \;<\; g_n(x) + \frac{1}{n} \quad \text{für } \; x \in K \text{ und alle } \; m > M\,. \qquad \square$$

9.2 Der Funktionalkalkül für die Klasse $\mathcal{F}$

SATZ. *Es sei $T \in \mathscr{L}(\mathscr{H})$ symmetrisch und $f \in \mathcal{F}$. Für jede absteigende Folge beschränkter stetiger Funktionen $f_n : \mathbb{R} \to \mathbb{R}_+$ mit $f = \lim_{n\to\infty} f_n$ konvergiert dann die Folge der Operatoren $f_n(T)$ stark gegen einen und denselben positiven beschränkten Operator, den wir mit $f(T)$ bezeichnen. Dieser hängt nur von den Werten von f auf $\sigma(T)$ ab.*

BEWEIS.
(a) Nach 8.1 (a) folgt aus der Ungleichung $0 \le f_{n+1} \le f_n$, daß die Operatoren $f_n(T)$ positiv sind und daß

$$\mathbb{0} \;\le\; f_{n+1}(T) \;\le\; f_n(T) \quad \text{für } \; n = 1, 2, \dots\,.$$

Aus dem Satz von der monotonen Konvergenz 4.5 folgt die Existenz von

$$S \;:=\; \operatorname*{s-lim}_{n\to\infty} \; f_n(T) \;\ge\; \mathbb{0}\,.$$

(b) Sei (g_n) eine absteigende Folge beschränkter, positiver, stetiger Funktionen, deren Limes g auf $\sigma(T)$ mit f übereinstimmt. Nach dem Lemma 9.1 gibt es zu jedem $n \in \mathbb{N}$ ein $M \in \mathbb{N}$ mit

$$0 \;\le\; f_m(x) \;<\; g_n(x) + \frac{1}{n} \quad \text{für } \; m > M \quad \text{und } \; x \in \sigma(T)\,.$$

Nach 8.1 (a) folgt

$$\mathbb{0} \;\le\; f_m(T) \;\le\; g_n(T) \;+\; \frac{1}{n} \quad \text{für } \; m > M,$$

also

$$\langle u\,,\, Su\rangle \;=\; \lim_{m\to\infty} \,\langle u\,,\, f_m(T)u\rangle \;\le\; \langle u\,,\, g_n(T)u\rangle \;+\; \frac{1}{n}\,\|u\|^2\,.$$

Für den nach (a) existierenden $\text{s–}\lim_{n\to\infty} g_n(T) =: R$ folgt $S \le R$. Durch Vertauschung der Rollen von (f_n) und (g_n) erhalten wir ebenso $R \le S$ und damit $R = S$ nach 3.6 (d). □

9.3 Eigenschaften des erweiterten Funktionalkalküls

Für $f, g \in \mathcal{F}$ gilt

(a) $(\alpha f + \beta g)(T) = \alpha f(T) + \beta g(T)$, falls $\alpha, \beta \in \mathbb{R}_+$,

(b) $(f \cdot g)(T) = f(T) \cdot g(T) = g(T) \cdot f(T)$,

(c) $f(\lambda) \le g(\lambda)$ für $\lambda \in \sigma(T) \implies f(T) \le g(T)$,

(d) $\|f(T)\| \le \|f\|_\infty = \sup\big\{\, |f(\lambda)| \;\big|\; \lambda \in \sigma(T)\big\}$,

(e) $\|f(T) - g(T)\| \le \|f - g\|_\infty := \sup\big\{|f(\lambda) - g(\lambda)| \;\big|\; \lambda \in \sigma(T)\big\}$.

Bemerkung. Daß in (d) das „<“–Zeichen stehen kann und daß sich der spektrale Abbildungssatz nicht übertragen läßt, zeigt das Beispiel in 9.4 (b).

Beweis.

Sei $f = \lim_{n\to\infty} f_n$, $g = \lim_{n\to\infty} g_n$ punktweise auf $\mathbb{R}$, wobei (f_n), (g_n) absteigende Folgen beschränkter, positiver, stetiger Funktionen sind. Dann sind auch die Folgen $(\alpha f_n + \beta g_n)$, $(f_n \cdot g_n)$ absteigend mit Grenzwerten

$$\alpha f + \beta g = \lim_{n\to\infty} (\alpha f_n + \beta g_n)\,, \quad f \cdot g = \lim_{n\to\infty} f_n \cdot g_n\,.$$

Die Rechenregeln (a), (b) ergeben sich daraus mit Hilfe der Rechenregeln 4.4 für starke Konvergenz; (c) ergibt sich aus dem Beweis 9.2 (b).

Zu zeigen bleibt (e); (d) folgt daraus mit $g = 0$.

Sei $M := \|f - g\|_\infty$. Dann gilt

$$f \le g + M\,, \quad g \le f + M \quad \text{in } \sigma(T)\,, \quad \text{also mit (c)}$$

$$f(T) \le g(T) + M\,, \quad g(T) \le f(T) + M\,.$$

Es folgt für $\|u\| = 1$

$$|\langle u, (f(T) - g(T))u\rangle| = |\langle u, f(T)u\rangle - \langle u, g(T)u\rangle| \le M\,.$$

Wegen $f(T) \ge 0$, $g(T) \ge 0$ ist $f(T) - g(T)$ symmetrisch. Aus 6.5 (c) folgt

$$\|f(T) - g(T)\| = \sup\big\{\, |\langle u, (f(T) - g(T))u\rangle| \;\big|\; \|u\| = 1\big\} \le M\,. \qquad \square$$

9.4 Der erweiterte Funktionalkalkül für Multiplikatoren

(a) *Für eine beschränkte reelle Folge* $a = (a_1, a_2, \dots)$ *und den Multiplikator*

$$M_a : (x_1, x_2, \dots) \longmapsto (a_1 x_1, a_2 x_2, \dots)$$

auf ℓ^2 *ist* $f(M_a)$ *für* $f \in \mathcal{F}$ *gegeben durch*

$$f(M_a) : (x_1, x_2, \dots) \longmapsto (f(a_1) x_1, f(a_2) x_2, \dots).$$

Beweis.
Sei $f = \lim\limits_{n\to\infty} f_n$ mit einer absteigenden Folge beschränkter, stetiger Funktionen $f_n : \mathbb{R} \to \mathbb{R}_+$. Dann gilt $0 \le f(\lambda) \le f_1(\lambda) \le C$ mit einer Konstanten C, also ist der Multiplikator

$$S : (x_1, x_2, \dots) \longmapsto (f(a_1) x_1, f(a_2) x_2, \dots)$$

beschränkt und positiv.

Zu zeigen ist $S = \text{s–}\lim\limits_{n\to\infty} f_n(M_a)$. Hierzu fixieren wir $x = (x_1, x_2, \dots) \in \ell^2$. Sei $\varepsilon > 0$ vorgegeben und

$$C^2 \sum_{k=N+1} |x_k|^2 < \varepsilon^2 .$$

Nach 7.6 gilt $f_n(M_a)x = (f_n(a_1)x_1, f_n(a_2)x_2, \dots)$, und nach Voraussetzung gilt $0 \le f_n(a_k) - f(a_k) \le f_1(a_k) - f(a_k) \le C$. Es folgt

$$\|f_n(M_a)x - Sx\|^2 < \sum_{k=1}^{N} (f_n(a_k) - f(a_k))^2 |x_k|^2 + \varepsilon^2 .$$

Nach Definition von $f(M_a)$ folgt wegen $\lim\limits_{n\to\infty} f_n(a_k) = f(a_k)$

$$\|f(M_a)x - Sx\| = \lim_{n\to\infty} \|f_n(M_a)x - Sx\| \le \varepsilon . \qquad \square$$

(b) Beispiel. Für $a = (1, \frac{1}{2}, \frac{1}{3}, \dots)$ gilt $\sigma(M_a) = \{0, 1, \frac{1}{2}, \frac{1}{3}, \dots\}$ nach 5.2. Sei $f := \chi_{]-\infty,0]}$. Nach 9.1 gilt $f \in \mathcal{F}$. Wegen $f(0) = 1$ und $f(\frac{1}{n}) = 0$ ist f nicht stetig auf $\sigma(M_a)$. Aus (a) ergibt sich $f(M_a) = \mathbb{0}$. Also gilt

$$0 = \|f(M_a)\| < \|f\|_\infty = 1 \quad \text{und} \quad \sigma(f(M_a)) = \{0\} \ne f(\sigma(M_a)) = \{0, 1\}.$$

In diesem Beispiel sind also folgende Eigenschaften des Funktionalkalküls mit stetigen Funktionen verletzt:

- Injektivität der Einsetzungsabbildung $f \mapsto f(T)$,
- Normisomorphie $\|f(T)\| = \|f\|_\infty = \max\{|f(\lambda)| \mid \lambda \in \sigma(T)\}$,
- spektraler Abbildungssatz $f(\sigma(T)) = \sigma(f(T))$.

(c) *Für den Multiplikator* $M_v : u \mapsto v \cdot u$ *auf* $\mathrm{L}^2(\Omega, \mu)$ *mit* $v \in \mathrm{L}^\infty(\Omega, \mu)$ *gilt*

$$f(M_v) = M_{f \circ v} \textit{ für alle } f \in \mathcal{F}.$$

Beweis.
Sei $f = \lim\limits_{n \to \infty} f_n$ mit einer absteigenden Folge beschränkter, stetiger Funktionen $f_n : \mathbb{R} \to \mathbb{R}_+$. Wegen $0 \le f \le f_1$ und der Beschränktheit von f_1 gilt dann $f \circ v \in \mathrm{L}^\infty(\Omega, \mu)$. Aus 7.6 (b) entnehmen wir $f_n(M_v) = M_{f_n \circ v}$. Aus

$$f_1 \circ v \ge f_2 \circ v \ge \ldots \ge 0 \quad \text{und} \quad f \circ v = \lim_{n \to \infty} f_n \circ v$$

folgt die Behauptung aus 4.6 (b). □

(d) Beispiel. Sei $v : [a, b] \to \mathbb{R}$ stetig und nicht konstant. Für den Multiplikator M_v auf $\mathrm{L}^2\,[a, b]$ ist $\sigma(M_v)$ der essentielle Wertebereich von v, vgl. 5.3. Da v stetig ist und wir das Lebesgue–Maß zugrundegelegt haben, gilt [ÜA]

$$\sigma(M_v) \; = \; v([a, b]),$$

also ist $\sigma(M_v)$ ein kompaktes Intervall mit nichtleerem Innern. Nach 9.1 gilt

$$e_\lambda \; := \; \chi_{]-\infty, 0]} \; \in \; \mathcal{F}.$$

Für $E_\lambda := e_\lambda(M_v)$ erhalten wir aus (c)

$$E_\lambda \; = \; M_{e_\lambda \circ v}.$$

Für innere Punkte λ von $\sigma(M_v)$ gilt offenbar $\mathbb{0} \neq E_\lambda \neq \mathbb{1}$, und wegen $e_\lambda^2 = e_\lambda$ ist E_λ ein nichttrivialer orthogonaler Projektor mit $\sigma(E_\lambda) = \{0, 1\}$, vgl. 7.7 (d). Damit haben wir einen beschränkten symmetrischen Operator T, für den der erweiterte Funktionalkalkül aus der C*–Algebra $\mathrm{C}^*(T)$ hinausführt. Denn nach 7.4 (c) besteht $\mathrm{C}^*(M_v)$ aus allen Operatoren $g(M_v)$ mit $g \in \mathrm{C}(\sigma(M_v))$, und nach 7.6 (b) ist $g(M_v) = M_{g \circ v}$ wieder ein Multiplikator mit einer stetigen Funktion. Dessen Spektrum ist aber nach den Ausführungen oben immer ein Intervall.

§ 22 Der Spektralsatz für beschränkte symmetrische Operatoren

1 Spektralzerlegung und Spektralsatz

1.1 Die Spektralschar

Im folgenden sei T ein beschränkter symmetrischer Operator auf einem separablen Hilbertraum $\mathscr{H}$. Gemäß § 21 : 9.1 definieren wir für $\lambda \in \mathbb{R}$

$$E_\lambda := e_\lambda(T) \quad \text{mit} \quad e_\lambda = \chi_{]-\infty,\lambda]} \,.$$

Die hierdurch gegebene **Spektralschar** $\{E_\lambda \mid \lambda \in \mathbb{R}\}$ von T hat folgende Eigenschaften:

(a) *E_λ ist ein orthogonaler Projektor für jedes $\lambda \in \mathbb{R}$.*

(b) *Für $\lambda \le \mu$ gilt $E_\lambda \le E_\mu$ und $E_\lambda E_\mu = E_\mu E_\lambda = E_\lambda$.*

(c) *Die Spektralschar ist stark rechtsseitig stetig*: $E_\lambda = \operatorname*{s-lim}_{\mu \to \lambda+} E_\mu$ für $\lambda \in \mathbb{R}$.

(d) $E_\lambda = \mathbb{0}$ *für* $\lambda < \min \sigma(T)$, $\quad E_\lambda = \mathbb{1}$ *für* $\lambda \ge \max \sigma(T)$.

Bemerkung. Aus (b) folgt, daß $E_\mu - E_\lambda$ für $\lambda \le \mu$ ein orthogonaler Projektor ist.

Beweis.

(a) Definitionsgemäß gilt $E_\lambda \ge \mathbb{0}$ (§ 21 : 9.2). Aus $e_\lambda^2 = e_\lambda$ folgt $E_\lambda^2 = E_\lambda$ (§ 21 : 9.3 (b)). Also ist E_λ ein orthogonaler Projektor (§ 9 : 2.6).

(b) Für $\lambda \le \mu$ gilt $e_\lambda e_\mu = e_\lambda$und $e_\lambda \le e_\mu$, somit $E_\lambda E_\mu = E_\mu E_\lambda = E_\lambda$ und $E_\lambda \le E_\mu$ nach § 21 : 9.3 (b), (c). Es folgt:
Für $\lambda \le \mu$ ist $E_\mu - E_\lambda$ ein orthogonaler Projektor, denn $E_\mu - E_\lambda$ ist symmetrisch, und nach dem Vorangehenden gilt

$$\begin{aligned}(E_\mu - E_\lambda)(E_\mu - E_\lambda) &= E_\mu^2 - E_\lambda E_\mu - E_\mu E_\lambda + E_\lambda^2 \\ &= E_\mu - 2E_\lambda + E_\lambda = E_\mu - E_\lambda \,.\end{aligned}$$

(c) Die nebenstehend skizzierten stetigen Funktionen $f_n \ge 0$ bilden eine absteigende Folge mit

$$e_\lambda = \lim_{n\to\infty} f_n .$$

Nach § 21 : 9.2 gilt daher

$$E_\lambda = \operatorname*{s-lim}_{n\to\infty} f_n(T) \,.$$

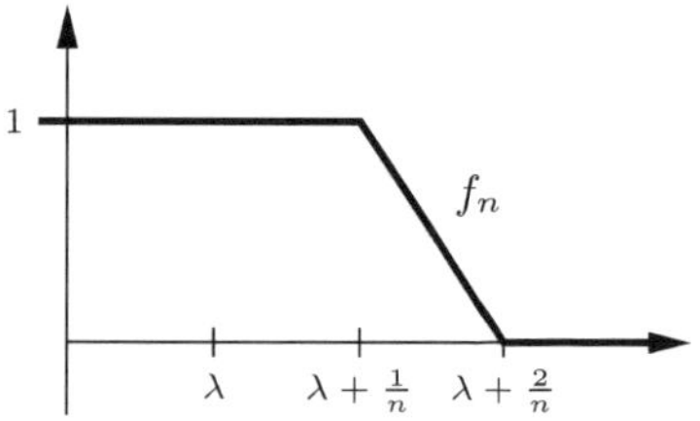

Für $\lambda < \mu < \lambda + \frac{1}{n}$ ist $P_\mu := E_\mu - E_\lambda$ ein orthogonaler Projektor, und wegen $e_\lambda \le e_\mu \le f_n$ gilt $E_\lambda \le E_\mu \le f_n(T)$, also

$$\mathbb{0} \le P_\mu \le f_n(T) - E_\lambda\,.$$

Es folgt

$$\|P_\mu u\|^2 = \langle P_\mu u, P_\mu u\rangle = \langle u, P_\mu u\rangle \le \langle u, (f_n(T) - E_\lambda)u\rangle\,.$$

Daher gilt $\|E_\mu u - E_\lambda u\| \le \|u\|\,\|f_n(T)u - E_\lambda u\|$ für $\lambda < \mu < \lambda + \frac{1}{n}$.

(d) Für $\lambda < \min \sigma(T)$ ist $\|E_\lambda\| \le \sup\{e_\lambda(x) \mid x \in \sigma(T)\} = 0$ nach § 21 : 9.3 (d), und für $\lambda \ge \max \sigma(T)$ gilt nach § 21 : 9.3 (e)

$$\|\mathbb{1} - E_\lambda\| \le \sup\left\{1 - e_\lambda(x) \;\middle|\; x \in \sigma(T)\right\} = 0\,.$$ □

(e) Satz. *An jeder Stelle $\lambda \in \mathbb{R}$ existiert der linksseitige starke Limes*

$$E_{\lambda-} := \operatorname*{s-lim}_{\mu \to \lambda-} E_\mu\,,$$

und dieser ist ein mit der Spektralschar vertauschender orthogonaler Projektor.

Beweis.
Die Projektoren $P_n = E_\lambda - E_{\lambda-1/n}$ bilden nach (b) eine absteigende Folge positiver Operatoren. Nach dem Satz § 21 : 4.5 von der monotonen Konvergenz existiert daher $P_\lambda := \operatorname*{s-lim}_{n\to\infty} P_n$. Wir definieren

$$E_{\lambda-} := E_\lambda - P_\lambda = \operatorname*{s-lim}_{n\to\infty} E_{\lambda-1/n}\,.$$

Daß P_λ und $E_{\lambda-}$ orthogonale Projektoren sind, die mit allen E_ν vertauschen, ergibt sich aus § 21 : 4.7. Sei $\lambda - \frac{1}{n} < \mu < \lambda$. Es ist leicht zu sehen, daß $E_{\lambda-} - E_\mu$ ein orthogonaler Projektor ist. Wegen $E_{\lambda-} - E_\mu \le E_{\lambda-} - E_{\lambda-\frac{1}{n}} = P_n - P_\lambda$ folgt

$$\|(E_{\lambda-} - E_\mu)u\|^2 = \langle u, (E_{\lambda-} - E_\mu)u\rangle \le \langle u, (P_n - P_\lambda)u\rangle\,.$$

Da die rechte Seite eine Nullfolge ist, ergibt sich die Behauptung (e). □

1.2 Spektralmaße

Für jeden Vektor $u \in \mathscr{H}$ mit $\|u\| = 1$ ist durch

$$F(\lambda) = \langle u, E_\lambda u\rangle = \|E_\lambda u\|^2$$

eine Verteilungsfunktion gegeben. Nach § 19 : 9.3 gibt es ein eindeutig bestimmtes Wahrscheinlichkeitsmaß μ_u auf $\mathbb{R}$ mit

$$\mu_u(]a,b]) = F(b) - F(a) = \langle u, (E_b - E_a)u\rangle = \|(E_b - E_a)u\|^2\,.$$

Wir nennen μ_u das zum Zustandsvektor u gehörige **Spektralmaß** *für T. Es gilt* supp $\mu_u \subset \sigma(T)$*, d.h. $\mathbb{R} \setminus \sigma(T)$ ist eine μ_u-Nullmenge.*

BEMERKUNG. Aus 1.1 (e) und § 19 : 9.2 erhalten wir

$$\mu_u([a,b]) = F(b) - F(a-) = \langle u, (E_b - E_{a-})u \rangle ,$$

$$\mu_u(\{\lambda\}) = F(\lambda) - F(\lambda-) = \langle u, (E_\lambda - E_{\lambda-})u \rangle .$$

BEWEIS.
(a) Aus 1.1 folgt, daß F monoton wächst und daß $F(\lambda) = 0$ für $\lambda < \sigma(T)$, $F(\lambda) = 1$ für $\lambda \geq \sigma(T)$. Da aus starker Konvergenz von Operatoren die schwache folgt, ist F rechtsseitig stetig. Also ist F eine Verteilungsfunktion und bestimmt nach § 19 : 9.3 ein Wahrscheinlichkeitsmaß μ_u auf den Borelmengen in $\mathbb{R}$.

(b) $\Omega = \mathbb{R} \setminus \sigma(T)$ ist offen, also Vereinigung abzählbar vieler kompakter Intervalle $[a,b]$ (Bd. 1, § 23 : 4.1). Für jedes solche Intervall gilt $\operatorname{dist}([a,b], \sigma(T)) > 0$, also gibt es ein $c < a$ mit $[c,b] \subset \Omega$. Dann ist $e_b(x) - e_c(x) = 0$ für $x \in \sigma(T)$, also $E_b - E_c = \mathbb{0}$ und somit

$$\mu_u([a,b]) \leq \mu_u(]c,b]) = F(b) - F(c) = \langle u, (E_b - E_c)u \rangle = 0 .$$

Daher ist Ω als abzählbare Vereinigung von μ_u–Nullmengen eine μ_u–Nullmenge. □

1.3 Spektralzerlegung beschränkter symmetrischer Operatoren

(a) Für einen symmetrischen Operator $T \in \mathscr{L}(\mathscr{H})$ mit $\sigma(T) \subset [a,b]$, eine auf $[a,b]$ stetige Funktion f und eine zu $[a,b]$ passende Einteilung

$$\mathcal{Z} = \{x_0, \ldots, x_N\} \quad \text{mit} \quad x_0 < a < x_1 < \ldots < x_N = b$$

definieren wir

$$\delta(\mathcal{Z}) := \max\{x_k - x_{k-1} \mid k = 1, \ldots, N\}$$

und

$$S(f, \mathcal{Z}) := \sum_{k=1}^{N} f(x_k) \left(E_{x_k} - E_{x_{k-1}} \right) ;$$

dabei ist $\{E_\lambda \mid \lambda \in \mathbb{R}\}$ die Spektralschar von T.

(b) **Spektralzerlegungssatz**. *Unter den Voraussetzungen und mit den Bezeichnungen* (a) *gilt im Sinne der Normkonvergenz*

$$f(T) = \lim_{n \to \infty} S(f, \mathcal{Z}_n)$$

für jede Folge von Einteilungen $\mathcal{Z}_n$ *mit* $\lim\limits_{n \to \infty} \delta(\mathcal{Z}_n) = 0$. *Wir schreiben hierfür*

$$f(T) = \int_a^b f(\lambda) \, dE_\lambda .$$

Insbesondere gilt

$$T = \int_a^b \lambda \, dE_\lambda \, .$$

BEWEIS.

(i) Sei zunächst $f \geq 0$. Wir dürfen annehmen, daß f auf ganz $\mathbb{R}$ stetig ist. Für jede Einteilung $\mathcal{Z}$ gemäß (a) gilt im Sinne von § 21 : 9.1, 9.2

$$S(f, \mathcal{Z}) = g(T) - h(T)$$

mit

$$g := \sum_{k=1}^{N} f(x_k) e_{x_k} \in \mathcal{F} ,$$

$$h := \sum_{k=1}^{N} f(x_k) e_{x_{k-1}} \in \mathcal{F} ,$$

$$f + h \in \mathcal{F} .$$

Aus § 21 : 9.3 (e) folgt

(1) $$\|f(T) - S(f, \mathcal{Z})\| = \|(f+h)(T) - g(T)\| \leq \|f + h - g\|_\infty .$$

Dabei ist

(2) $$f(x)+h(x)-g(x) = f(x)-f(x_k) \quad \text{für} \quad x_{k-1} < x \leq x_k \quad (k = 1, \dots, N) .$$

Seien $\mathcal{Z}_n$ Einteilungen mit $\delta(\mathcal{Z}_n) \to 0$ und $\varrho := \sup\{\delta(\mathcal{Z}_n) \mid n \in \mathbb{N}\}$. Da f auf $[a - \varrho, b]$ gleichmäßig stetig ist, gibt es nach (1), (2) zu vorgegebenem $\varepsilon > 0$ ein $\delta > 0$ mit $\delta \leq \varrho$ und $\|f(T) - S(f, \mathcal{Z}_n)\| < \varepsilon$, falls $\delta(\mathcal{Z}_n) < \delta$.

(ii) Für komplexwertige stetige Funktionen $f = u + iv$ wenden wir (i) auf u_+, u_-, v_+, v_- an und erhalten die Behauptung mit Hilfe der Dreiecksungleichung [ÜA]. □

1.4 Der Spektralsatz

(a) SATZ. *Sei $T \in \mathscr{L}(\mathscr{H})$ symmetrisch und $f \in \mathrm{C}(\sigma(T))$. Dann gilt*

$$\langle u, f(T) u \rangle = \int_{\sigma(T)} f \, d\mu_u$$

für jeden Vektor $u \in \mathscr{H}$ mit $\|u\| = 1$. Dabei ist μ_u das in 1.2 definierte Spektralmaß. Insbesondere gilt für den Erwartungswert $\widehat{\mu}_u = E(\mu_u)$ und die Varianz $V(\mu_u)$

$$E(\mu_u) = \widehat{\mu}_u = \langle u, Tu \rangle , \quad V(\mu_u) = \|(T - \widehat{\mu}_u) u\|^2 .$$

BEWEIS.
Wir setzen f stetig auf $\mathbb{R}$ fort. Die Art der Fortsetzung spielt dabei für $f(T)$ keine Rolle (§ 21 : 7.3); ebensowenig beeinflußt sie $\int f\,d\mu_u$, da μ_u nach 1.2 auf $\sigma(T)$ lebt.

Sei $\sigma(T) \subset [a,b]$ und $\mathcal{Z}$ eine Einteilung der in 1.3 (a) beschriebenen Art. Dann gilt für $\|u\| = 1$ und $F(\lambda) = \langle u, E_\lambda u\rangle$

$$(*) \qquad \begin{aligned} \langle u, S(f,\mathcal{Z})u\rangle &= \sum_{k=1}^{N} f(x_k)\big\langle u, (E_{x_k} - E_{x_{k-1}})u\big\rangle \\ &= \sum_{k=1}^{N} f(x_k)\,(F(x_k) - F(x_{k-1}))\,. \end{aligned}$$

Die rechte Seite ist eine Riemann–Stieltjes Summe für

$$\int_a^b f\,d\mu_u\,,$$

vgl. § 20 : 6.2. Wir setzen in $(*)$ Zerlegungen $\mathcal{Z}_n$ ein mit $\delta(\mathcal{Z}_n) \to 0$ und erhalten aus § 20 : 6.2 und 1.3 (aus Normkonvergenz folgt schwache)

$$\langle u, f(T)u\rangle = \lim_{n\to\infty} \langle u, S(f,\mathcal{Z}_n)u\rangle = \int_a^b f\,d\mu_u = \int_{\sigma(T)} f\,d\mu_u\,.$$

Die Formeln für $E(\mu_u)$ und $V(\mu_u)$ ergeben sich für $f(x) = x$ beziehungsweise für $f(x) = (x - \widehat{\mu}_u)^2$. □

(b) *Ein Grundpostulat der Quantenmechanik* (vgl. § 18 : 4). Für eine auf ein quantenmechanisches System mit Systemhilbertraum $\mathscr{H}$ bezogene Observable sei der Bereich der möglichen Meßwerte beschränkt. Dann wird diese durch einen beschränkten symmetrischen Operator T auf $\mathscr{H}$ dargestellt. Für jeden Vektorzustand $|\,u\,\rangle\langle\,u\,|$ des Systems bilden die Beobachtungswerte der Observablen eine Zufallsgröße X mit Verteilung μ_u und Erwartungswert $\widehat{X} = \widehat{\mu}_u = \langle u, Tu\rangle$.

Daraus ergibt sich folgende Deutung des Funktionalkalküls: Ist $f : \mathbb{R} \to \mathbb{R}$ stetig, so hat die transformierte Zufallsgröße $f(X)$ nach § 20 : 6.4 und nach (a) den Erwartungswert

$$\int f\,d\mu_u = \langle u, f(T)u\rangle\,,$$

wobei $f(T)$ symmetrisch ist. Nach § 21 : 3.6 (c) ist ein symmetrischer Operator durch die zugehörige quadratische Form eindeutig bestimmt, d.h. eine quantenmechanische Observable ist durch ihre Erwartungswerte in allen denkbaren Vektorzuständen festgelegt. Somit beschreibt $f(T)$ diejenige Observable, die aus der durch T beschriebenen Observablen durch die Meßtransformation $x \mapsto f(x)$ hervorgeht.

Weitere Anmerkungen zur Quantenmechanik folgen in 1.6.

1.5 Spektrum und Wachstumsstellen der Spektralschar

Wir erinnern an die Definition von E_λ und $E_{\lambda-}$ in 1.1.

SATZ. *Für die Spektralschar* $\{E_\lambda \mid \lambda \in \mathbb{R}\}$ *eines symmetrischen Operators* $T \in \mathscr{L}(\mathscr{H})$ *gilt:*

(a) $\lambda \in \sigma(T) \iff E_{\lambda+\varepsilon} - E_{\lambda-\varepsilon} \neq \mathbb{0}$ *für jedes* $\varepsilon > 0$. λ *heißt dann eine* **Wachstumsstelle** *der Spektralschar.*

(b) $\lambda \in \sigma_p(T) \iff E_\lambda - E_{\lambda-} \neq \mathbb{0}$, *d.h.* λ *ist eine* **Sprungstelle** *der Spektralschar. Dann ist* $Q_\lambda := E_\lambda - E_{\lambda-}$ *der orthogonale Projektor auf den Eigenraum* Kern $(T - \lambda)$.

(c) $\lambda \in \sigma_c(T) \iff \lambda$ *ist eine* **kontinuierliche Wachstumsstelle** *der Spektralschar, d.h. eine Wachstumsstelle, aber keine Sprungstelle.*

BEWEIS.
Grundlegend für das Folgende sind die Sachverhalte:

(1) $\mu_u(]\lambda - \varepsilon, \lambda + \varepsilon]) = \langle u, (E_{\lambda+\varepsilon} - E_{\lambda-\varepsilon})u \rangle$ für $\|u\| = 1$, vgl. 1.2,

(2) $\sigma(T) = \sigma_{\text{app}}(T)$, vgl. § 21 : 6.5, und

(3) $\|Tu - \lambda u\|^2 = \int\limits_{\mathbb{R}} (x - \lambda)^2 \, d\mu_u(x)$ für $\lambda \in \mathbb{R}$, $\|u\| = 1$.

Letzteres folgt aus dem Spektralsatz 1.4, da $T - \lambda$ symmetrisch ist:

$$\langle (T - \lambda)u, (T - \lambda)u \rangle = \langle u, (T - \lambda)^2 u \rangle = \langle u, f(T)u \rangle$$

mit $f(x) = (x - \lambda)^2$.

(a) Nach der Bemerkung 1.1 ist $P_\varepsilon := E_{\lambda+\varepsilon} - E_{\lambda-\varepsilon}$ ein orthogonaler Projektor. Gibt es ein $\varepsilon > 0$ mit $P_\varepsilon = \mathbb{0}$, so folgt aus (1) für $\|u\| = 1$

$$\mu_u(]\lambda - \varepsilon, \lambda + \varepsilon]) = \langle u, P_\varepsilon u \rangle = 0 .$$

Daher gilt $(x - \lambda)^2 \geq \varepsilon^2$ μ_u–f.ü., und aus (3) folgt

$$\|Tu - \lambda u\|^2 \geq \varepsilon^2$$

für alle $u \in \mathscr{H}$ mit $\|u\| = 1$. Daher kann λ nicht zu $\sigma_{\text{app}}(T) = \sigma(T)$ gehören.

Im Fall $P_\varepsilon \neq \mathbb{0}$ gibt es ein $v \in \mathscr{H}$ mit $P_\varepsilon v \neq 0$. Für $u := P_\varepsilon v / \|P_\varepsilon v\|$ gilt dann $\|u\| = 1$, $P_\varepsilon u = u$ und somit nach (1)

(4) $\mu_u(]\lambda - \varepsilon, \lambda + \varepsilon]) = \langle u, P_\varepsilon u \rangle = \langle u, u \rangle = 1 .$

Daher gilt $(x - \lambda)^2 \leq \varepsilon^2$ μ_u–f.ü., und aus (3) folgt

$$\|Tu - \lambda u\|^2 \leq \varepsilon^2 .$$

Gilt daher $P_\varepsilon \neq \mathbb{0}$ für alle $\varepsilon > 0$, so finden wir zu $\varepsilon = \frac{1}{n}$ jeweils einen Vektor $u_n \in \mathscr{H}$ mit $\|u_n\| = 1$ und $\|Tu_n - \lambda u_n\| \leq \frac{1}{n}$. Ist also λ eine Wachstumsstelle der Spektralschar, so gilt $\lambda \in \sigma_{\mathrm{app}}(T)$.

(b) Sei $Q_\lambda := E_\lambda - E_{\lambda-}$. Nach 1.1 (e) ist Q_λ ein mit allen E_ν vertauschender orthogonaler Projektor. Für $\|u\| = 1$ ergibt (1) wegen der Stetigkeitseigenschaft von μ_u (§ 19 : 6.3)

$$\begin{aligned}\|Q_\lambda u\|^2 \;=\; \langle u, Q_\lambda u\rangle \;&=\; \lim_{n\to\infty} \big\langle u, (E_\lambda - E_{\lambda-1/n})u\big\rangle \\ &=\; \lim_{n\to\infty} \mu_u(]\lambda - \tfrac{1}{n}, \lambda]) \;=\; \mu_u(\{\lambda\})\,.\end{aligned}$$

Für $\|u\| = 1$ gilt also

$$\begin{aligned} u \in \operatorname{Bild} Q_\lambda \;&\Longleftrightarrow\; u = Q_\lambda u \\ &\Longleftrightarrow\; \mu_u(\{\lambda\}) = \|Q_\lambda u\|^2 = 1 \qquad (5)\\ &\Longleftrightarrow\; \mu_u = \delta_\lambda\,.\end{aligned}$$

Aus $\mu_u = \delta_\lambda$ folgt mit (3) und § 20 : 6.1 (a)

$$\|Tu - \lambda u\|^2 \;=\; \int_{\mathbb{R}} (x-\lambda)^2\, d\mu_u \;=\; \int_{\mathbb{R}} (x-\lambda)^2\, d\delta_\lambda \;=\; 0\,,$$

also $Tu = \lambda u$. Umgekehrt folgt aus $Tu = \lambda u$, $\|u\| = 1$ mit (3)

$$0 \;=\; \int_{\mathbb{R}} (x-\lambda)^2\, d\mu_u\,,$$

also $x = \lambda$ μ_u–f.ü. und damit $\mu_u = \delta_\lambda$, d.h. $u \in \operatorname{Bild} Q_\lambda$. □

1.6 Spektrum und mögliche Meßwerte

Eine beschränkte Observable sei durch einen symmetrischen Operator T auf einem Hilbertraum $\mathscr{H}$ dargestellt. Die Werteverteilung der Observablen im Vektorzustand $|\,u\,\rangle\langle\,u\,|$ ist nach 1.4 (b) durch μ_u gegeben.

SATZ. (a) *Genau dann fällt ein Wert λ als scharfer Meßwert für T in einem geeigneten Zustand $|\,u\,\rangle\langle\,u\,|$ an (d.h. $\mu_u = \delta_\lambda$), wenn λ ein Eigenwert von T und u ein zugehöriger Eigenvektor ist.*

(b) *Alle übrigen Spektralwerte λ lassen sich beliebig genau messen: Zu jedem $\varepsilon > 0$ gibt es einen Zustandsvektor u mit*

$$\mu_u(]\lambda - \varepsilon, \lambda + \varepsilon]) \;=\; 1\,,$$

d.h. alle Beobachtungswerte für T im Zustand $|\,u\,\rangle\langle\,u\,|$ liegen in $]\lambda - \varepsilon, \lambda + \varepsilon]$.

(c) *Ist $\lambda \notin \sigma(T)$, so gibt es zu jedem Zustand $|\,u\,\rangle\langle\,u\,|$ ein $\varepsilon > 0$ mit*

$$\mu_u(]\lambda - \varepsilon, \lambda + \varepsilon]) \;=\; 0\,.$$

Beweis.

(a) folgt unmittelbar aus dem Beweisteil (b) von 1.5, Gleichung (5).

(b) folgt aus 1.5 (a) und dem zugehörigen Beweis (Gleichung (4)).

(c) Für $\lambda \in \varrho(T)$ gibt es nach 1.5 (a) und dem zugehörigen Beweis ein $\varepsilon > 0$, so daß $\mu(]\lambda - \varepsilon, \lambda + \varepsilon]) = 0$ für jeden Zustandsvektor u. □

(d) Die Aussage (b) läßt sich wie folgt verschärfen:
Das Spektrum von T ist die Menge der möglichen Meßwerte für T im Sinne von § 19 : 9.1 (b): Zu jedem $\lambda \in \sigma(T)$ gibt es einen Zustand mit zugehörigem Spektralmaß μ, so daß

$$\mu(]\lambda - \varepsilon, \lambda + \varepsilon]) > 0 \quad \textit{für jedes} \quad \varepsilon > 0\,.$$

Hierzu muß jedoch der allgemeine Zustandsbegriff zugrundegelegt werden, siehe 6.4. Der Beweis wird in § 25 : 4.4 gegeben.

2 Beispiele

2.1 Operatoren mit endlichem Spektrum

Hat ein symmetrischer Operator $T \in \mathscr{L}(\mathscr{H})$ ein endliches Spektrum $\sigma(T) = \{\lambda_1, \ldots, \lambda_m\}$ mit $\lambda_1 < \ldots < \lambda_m$, so gilt nach § 21 : 7.7 für jede auf $\sigma(T)$ definierte Funktion f

$$f(T) = f(\lambda_1)\, P_1 + \ldots + f(\lambda_m)\, P_m\,;$$

dabei ist P_k für $k = 1, \ldots, m$ der orthogonale Projektor auf den Eigenraum Kern $(T - \lambda_k)$. Insbesondere ist die Spektralschar von T gegeben durch

$$E_\lambda = e_\lambda(\lambda_1)\, P_1 + \ldots + e_\lambda(\lambda_m)\, P_m = \sum_{\lambda_k \le \lambda} P_k\,.$$

Aus 1.6 (b) folgt

$$E_{\lambda -} = \sum_{\lambda_k < \lambda} P_k\,.$$

Für $\|u\| = 1$ ist die Verteilungsfunktion des Spektralmaßes μ_u

$$F(\lambda) = \langle u\,, E_\lambda u\rangle = \sum_{\lambda_k \le \lambda} \langle u\,, P_k u\rangle\,,$$

also gilt

$$\mu_u(B) = \sum_{\lambda_k \in B} \langle u\,, P_k u\rangle = \sum_{\lambda_k \in B} \|P_k u\|^2$$

für jede Borelmenge B, d.h. μ_u ist das diskrete Wahrscheinlichkeitsmaß

$$\mu_u = \sum_{k=1}^{m} \|P_k u\|^2\, \delta_{\lambda_k}\,.$$

2.2 Orthogonale Projektoren und Ja/Nein–Experimente

Für einen orthogonalen Projektor P mit $\mathbb{0} \neq P \neq \mathbb{1}$ gilt $\sigma(P) = \{0, 1\}$. Der Eigenraum zum Eigenwert 0 ist $\operatorname{Kern} P = \operatorname{Bild}(1 - P)$; der Eigenraum zum Eigenwert 1 ist $\{u \in \mathscr{H} \mid Pu = u\} = \operatorname{Bild} P$. Somit erhalten wir aus 2.1 für $\|u\| = 1$

$$\mu_u = \|u - Pu\|^2 \delta_0 + \|Pu\|^2 \delta_1 .$$

Dies ist eine Bernoulli–Verteilung mit Erfolgswahrscheinlichkeit $\|Pu\|^2$; das zugehörige Ja/Nein–Experiment zielt auf die Frage „ $Pu = u$?“. Als Beispiel betrachten wir im Einteilchenhilbertraum $\mathscr{H} = \mathrm{L}^2(\mathbb{R}^3)$ den Orthogonalprojektor $P : u \mapsto u\,\chi_\Omega$; dabei ist Ω ein Raumgebiet. Die Frage „Teilchen in Ω?“ wird mit Wahrscheinlichkeit

$$\|Pu\|^2 = \int\limits_\Omega |u|^2\, d^3V$$

bejaht.

2.3 Multiplikatoren in $\mathrm{L}^2(\Omega, \mu)$

Die Spektralschar des Multiplikators M_v mit $v \in \mathcal{L}^\infty(\Omega, \mu)$ ist nach § 21 : 9.4 (c) gegeben durch

$$E_\lambda = e_\lambda(M_v) = M_{e_\lambda \circ v} ;$$

dabei ist $e_\lambda \circ v$ die charakteristische Funktion der Menge $\{v \leq \lambda\}$. Sei $\|u\| = 1$. Die Verteilungsfunktion F des Spektralmaßes μ_u ergibt sich durch

$$F(\lambda) = \langle u, E_\lambda u \rangle = \langle u, e_{\lambda \circ v} u \rangle = \int\limits_{\{v \leq \lambda\}} |u|^2\, d\mu .$$

Daher gilt für Intervalle $I = \,]a, b]$

(1) $$\mu_u(I) = \int\limits_{v^{-1}(I)} |u|^2\, d\mu .$$

Auf den μ–meßbaren Mengen $A \subset \Omega$ ist durch $\nu(A) := \int\limits_A |u|^2\, d\mu$ ein Wahrscheinlichkeitsmaß gegeben; wir bezeichnen es mit $\nu = |u|^2 \mu$. Aus (1) folgt nach dem Fortsetzungssatz von Carathéodory (§ 19 : 7.2):

$$\mu_u \text{ ist das Bildmaß von } \nu = |u|^2 \mu \quad \text{unter} \quad v ,$$

vgl. § 20 : 6.4. Nach dem Spektralsatz gilt für $f \in \mathrm{C}(\sigma(M_v))$

(2) $$\int\limits_\Omega f \circ v\, |u|^2\, d\mu = \int\limits_\Omega f \circ v\, d\nu = \int\limits_{\sigma(M_v)} f\, d\mu_u .$$

Da wir nach § 21 : 5.3 annehmen dürfen, daß $v(\Omega) \subset \sigma(M_v)$ und daß $\sigma(M_v)\setminus v(\Omega)$ eine μ–Nullmenge ist [ÜA], folgt aus (2)

$$\int\limits_{\Omega} f \circ v \, d\nu = \int\limits_{v(\Omega)} f \, d\mu_u .$$

Dies entspricht der Aussage des Transformationssatzes für Bildmaße § 20 : 6.4 (b).

3 Diagonalisierung beschränkter symmetrischer Operatoren

3.1 Nichtentartete Spektren und zyklische Vektoren

(a) *Charakterisierung nichtentarteter Spektren in endlichdimensionalen Hilberträumen.* Für einen symmetrischen Operator T auf einem n–dimensionalen Hilbertraum $\mathscr{H}$ gilt nach § 21 : 7.7

(1) $\quad T = \lambda_1 P_1 + \ldots + \lambda_m P_m ;$

dabei sind $\lambda_1 < \ldots < \lambda_m$ die verschiedenen Eigenwerte von T und P_k die orthogonalen Projektoren auf die Eigenräume $\mathrm{Kern}\,(T - \lambda_k)$ für $k = 1, \ldots, m$. Ferner gilt für Polynome p und für $a \in \mathscr{H}$ nach § 21 : 7.7

(2) $\quad p(T)a = p(\lambda_1)\, P_1 a + \ldots + p(\lambda_m)\, P_m a \ \in \ \mathrm{Span}\,\{P_1 a, \ldots, P_m a\} .$

Das Spektrum von T heißt *nichtentartet*, wenn $m = n$ gilt, d.h. wenn alle Eigenwerte von T einfach und die zugehörigen Eigenräume eindimensional sind. Aus (2) erhalten wir im Fall $\dim \mathscr{H} < \infty$ das folgende Kriterium:

SATZ. *Genau dann ist $\sigma(T)$ nichtentartet, wenn es ein $a \in \mathscr{H}$ gibt mit*

$$\{p(T)\,a \mid p \text{ Polynom}\} = \mathscr{H} .$$

BEWEIS.
Ist $\sigma(T)$ entartet, also $m < n$, so folgt aus (2) $\dim\{p(T)a \mid p \text{ Polynom}\} \leq m < n$ für jeden Vektor $a \in \mathscr{H}$.
Ist $\sigma(T)$ nichtentartet, so gibt es eine Orthonormalbasis $(v_1, \ldots, v_n)$ für $\mathscr{H}$ mit $Tv_k = \lambda_k v_k$ $(k = 1, \ldots, n)$, wobei $\lambda_1 < \ldots < \lambda_n$. Wir setzen $a := v_1 + \ldots + v_n$. Wegen $P_k\, a = \langle v_k \,, a \rangle\, v_k = v_k$ folgt aus (2)

$$p(T)a = p(\lambda_1)\, v_1 + \ldots + p(\lambda_n)\, v_n .$$

Für einen beliebigen Vektor $u = x_1 v_1 + \ldots + x_n v_n \in \mathscr{H}$ sei p das Interpolationspolynom mit $p(\lambda_1) = x_1, \ \ldots, \ p(\lambda_n) = x_n$. Dann gilt $p(T)\,a = u$.
□

(b) *Multiplikatoren in ℓ^2.* Für eine beschränkte reelle Folge $\lambda = (\lambda_1, \lambda_2, \ldots)$ betrachten wir den Multiplikator

$$M_\lambda : (x_1, x_2, \ldots) \longmapsto (\lambda_1 x_1, \lambda_2 x_2, \ldots)$$

in ℓ^2. Das Spektrum von M_λ heißt *nichtentartet*, wenn $\lambda_m \neq \lambda_n$ für $m \neq n$.

SATZ. *Genau dann ist $\sigma(M_\lambda)$ nichtentartet, wenn es ein $a \in \ell^2$ gibt mit*

$$Z(a) := \overline{\{\, p(M_\lambda)\, a \mid p \text{ Polynom}\,\}} = \ell^2 .$$

BEWEIS.
Nach § 21 : 7.6 (a) gilt für Polynome p und für $a = (a_1, a_2, \dots) \in \ell^2$

$$(*) \quad p(M_\lambda)a = (p(\lambda_1)a_1, p(\lambda_2)a_2, \dots) .$$

(i) Sei $Z(a) = \ell^2$. Dann kann keine Koordinate von a Null sein, denn im Fall $a_n = 0$ ist $e_n \perp p(T)a$ für jedes Polynom p. Ferner muß $\lambda_m \neq \lambda_n$ für $n \neq m$ gelten, denn andernfalls ist $p(\lambda_m) = p(\lambda_n)$ und somit $a_n e_m - a_m e_n$ ein zu $Z(a)$ orthogonaler Vektor. Also ist $\sigma(M_\lambda)$ nichtentartet.

(ii) Ist $\sigma(M_\lambda)$ nichtentartet und $a = (a_1, a_2, \dots) \in \ell^2$ ein beliebiger Vektor mit nichtverschwindenden Koordinaten, so gilt $Z(a) = \ell^2$. Denn zu gegebenem Einheitsvektor e_m gibt es für jedes $n \geq m$ ein Interpolationspolynom $p = p_n$ mit

$$p(\lambda_m) = \frac{1}{a_m}, \quad p(\lambda_k) = 0 \text{ für } k \leq n, \quad k \neq m .$$

Aus $(*)$ folgt mit $\|p\|_\infty = \sup\{\, |p(\lambda_k)| \mid k = 1, 2, \dots\}$

$$\|p(M_a)\,a - e_m\|^2 = \sum_{k=n+1}^{\infty} |p(\lambda_k)|^2 |a_k|^2 \leq \|p\|_\infty^2 \sum_{k=n+1}^{\infty} |a_k|^2 \to 0$$

für $n \to \infty$. Somit gilt $e_m \in Z(a)$ für $m = 1, 2, \dots$. Es folgt $\ell^2 = Z(a)$, da $\ell_0^2 = \text{Span}\,\{e_1, e_2, \dots\}$ dicht in ℓ^2 ist. □

(c) DEFINITION. Es sei $T \in \mathscr{L}(\mathscr{H})$ ein symmetrischer Operator. Ein Vektor $a \in \mathscr{H}$ heißt **zyklischer Vektor** für T, wenn $\{a, Ta, T^2a, \dots\}$ eine in $\mathscr{H}$ dichte Menge ist, d.h. wenn

$$\overline{\{p(T)a \mid p \text{ Polynom}\}} = \mathscr{H} .$$

Das Spektrum von T heißt **nichtentartet**, wenn es einen zyklischen Vektor für T gibt.

(d) BEISPIELE. (i) Der Multiplikator $M_x := M_v$ mit $v(x) = x$ auf $\mathrm{L}^2[-1, 1]$ hat ein nichtentartetes Spektrum: Nach § 21 : 3.6 (b) gilt

$$p(M_x) = M_p \quad \text{für Polynome } p.$$

Für die konstante Funktion $a = 1$ ist also $M_p a = p$. Da die Polynome dicht in $\mathrm{L}^2[-1, 1]$ liegen, ist a ein zyklischer Vektor für M_x.

(ii) Das Spektrum des Multiplikators M_{x^2} ist dagegen entartet. Zum Nachweis betrachten wir den durch $(Su)(x) = u(-x)$ gegebenen unitären Operator S auf $\mathrm{L}^2[-1,1]$. Wegen $SM_{x^2} = M_{x^2}S$ und $S^2 = S$ gilt $Sp(M_{x^2})S = Sp(M_{x^2})$ für jedes Polynom p. Angenommen, es gibt einen zyklischen Vektor a für M_{x^2}. Dann gilt für $u \in \mathrm{L}^2[-1,1]$ und jedes Polynom p

$$\| p(M_{x^2})a - u \| = \| Sp(M_{x^2})Sa - Su \| = \| p(M_{x^2})Sa - u \| .$$

Mit Hilfe der Dreiecksungleichung folgt, daß $\frac{1}{2}(a + Sa)$ ebenfalls ein zyklischer Vektor ist. Wir dürfen also gleich annehmen, daß a gerade ist: $Sa = a$. Wählen wir nun $u(x) := xa(x)$, so kann es keine Polynomfolge (p_n) geben mit

$$\| p_n(M_{x^2})a - u \|^2 = \int_{-1}^{1} |p_n(x^2) - x|^2 \, |a(x)|^2 \, dx \;\to\; 0 \;\text{ für }\; n \to \infty$$

im Widerspruch dazu, daß a zyklisch ist.

3.2 Multiplikatordarstellung bei nichtentartetem Spektrum

Der symmetrische Operator $T \in \mathscr{L}(\mathscr{H})$ besitze einen zyklischen Vektor a mit $\|a\| = 1$, und $\mu = \mu_a$ sei das zu a gehörige Spektralmaß. Dann gibt es eine unitäre Abbildung

$$U : \mathscr{H} \to \mathrm{L}^2(\sigma(T), \mu)$$

mit

$$T = U^{-1} M_x U .$$

$$\begin{array}{ccc} \mathscr{H} & \xrightarrow{\;T\;} & \mathscr{H} \\ {\scriptstyle U}\downarrow & & \uparrow{\scriptstyle U^{-1}} \\ \mathrm{L}^2(\sigma,\mu) & \xrightarrow[\;M_x\;]{} & \mathrm{L}^2(\sigma,\mu) \end{array}$$

Dabei ist M_x der Multiplikator M_v mit $v(x) = x$.
Dieses Ergebnis ist eine Verallgemeinerung der Diagonalisierbarkeit symmetrischer Matrizen, vgl. die Bemerkung in § 21 : 2.7.

Beweis.
(a) *Konstruktion der unitären Abbildung $U : \mathscr{H} \to \mathrm{L}^2 := \mathrm{L}^2(\sigma(T), \mu)$* mit $\mu = \mu_a$. Wir bezeichnen im folgenden die Norm in L^2 mit $\| \;\|_2$. Für Polynome p gilt nach dem Spektralsatz und nach § 21 : 7.1 (c)

$$(*) \qquad \|p(T)a\|^2 = \left\langle a, \overline{p}(T)\, p(T)\, a \right\rangle = \left\langle a, |p|^2(T)\, a \right\rangle = \int_{\sigma(T)} |p|^2 \, d\mu ,$$

d.h. $\| p(T)a \| = \|p\|_2$.

Sei $u \in \mathscr{H}$ vorgegeben. Da a ein zyklischer Vektor ist, gibt es Polynome p_n mit $\|p_n(T)a - u\| \to 0$ für $u \to \infty$. Insbesondere ist $(p_n(T)a)$ eine Cauchy–Folge in $\mathscr{H}$. Nach $(*)$ ist (p_n) eine Cauchy–Folge in L^2, also gibt es ein $f \in \mathrm{L}^2$ mit

$\|p_n - f\|_2 \to 0$. Für jede andere Polynomfolge (q_n) mit $\|q_n(T)a - u\| \to 0$ folgt aus $(*)$ $\|p_n - q_n\|_2 = \|p_n(T)a - q_n(T)a\| \to 0$ für $n \to \infty$. Also ist f durch u eindeutig bestimmt. Wir definieren

$$Uu := \mathrm{L}^2\text{-}\lim_{n\to\infty} p_n\,, \quad \text{falls} \quad p_n(T)a \;\to\; u\,.$$

Es gilt $\|Uu\|_2 = \lim\limits_{n\to\infty} \|p_n\|_2 = \lim\limits_{n\to\infty} \|p_n(T)a\| = \|u\|$ wegen der Stetigkeit der Normen. Offenbar ist $Ua = 1$. Die Linearität von U ist leicht einzusehen $\boxed{\text{ÜA}}$.

(b) *U ist surjektiv.* Sei $g \in \mathrm{L}^2$. Nach § 20 : 8.5 (c) gibt es Polynome q_n mit $g = \mathrm{L}^2\text{-}\lim\limits_{n\to\infty} q_n$. Nach $(*)$ existiert $w := \lim\limits_{n\to\infty} q_n(T)a$, und nach Konstruktion von U ist dann $Uw = g$.

(c) *Darstellung von T.* Für jedes Polynom p gilt $T\,p(T) = p(T)\,T = q(T)$ mit $q(x) = x\,p(x)$. Sei $u = \lim\limits_{n\to\infty} p_n(T)\,a$ mit Polynomen p_n. Da T stetig ist, gilt

$$Tu = \lim_{n\to\infty} T\,p_n(T)\,a = \lim_{n\to\infty} q_n(T)\,a \quad \text{mit} \quad q_n(x) = x\,p_n(x)\,.$$

Daher ist $UTu = \mathrm{L}^2\text{-}\lim\limits_{n\to\infty} q_n$. Für $f := \mathrm{L}^2\text{-}\lim\limits_{n\to\infty} p_n$ gilt

$$\int\limits_{\sigma(T)} |M_x f - q_n|^2\,d\mu = \int\limits_{\sigma(T)} x^2 |f(x) - p_n(x)|^2\,d\mu(x) \;\le\; \|T\|^2\,\|f - p_n\|_2^2$$

wegen $\sigma(T) \in \big[-\|T\|, \|T\|\big]$. Es folgt

$$UTu = \mathrm{L}^2\text{-}\lim_{n\to\infty} q_n = M_x f = M_x\,Uu\,,$$

also $Tu = U^{-1}M_xUu$. □

3.3 Zyklische Teilräume und Teildarstellungen

(a) Für einen symmetrischen Operator $T \in \mathscr{L}(\mathscr{H})$ und für $0 \neq a \in \mathscr{H}$ heißt

$$Z(a) := \overline{\{a, Ta, T^2a, \ldots\}} = \overline{\{p(T)\,a \mid p \text{ Polynom}\}}$$

der von a erzeugte **zyklische Teilraum** für T.

$Z(a)$ und der Orthogonalraum $Z(a)^\perp$ sind T–invariant.

Das erste folgt aus der Stetigkeit von T $\boxed{\text{ÜA}}$, das zweite aus der Symmetrie von T, denn allgemein gilt:

Ist $T \in \mathscr{L}(\mathscr{H})$ symmetrisch und V ein T–invarianter Teilraum von $\mathscr{H}$, so ist $V^\perp$ ein abgeschlossener T–invarianter Teilraum $\boxed{\text{ÜA}}$.

(b) Für die Einschränkung T_0 von T auf $\mathscr{H}_0 := Z(a)$ mit $\|a\| = 1$ ist a ein zyklischer Vektor. Da T_0 symmetrisch ist, gilt [ÜA]

$$\sigma(T_0) = \sigma_{\text{app}}(T_0) \subset \sigma_{\text{app}}(T) = \sigma(T).$$

Daher gibt es nach 3.2 ein auf $\sigma(T)$ lebendes Wahrscheinlichkeitsmaß μ_0 und eine unitäre Abbildung $U_0 : \mathscr{H}_0 \to \mathrm{L}^2(\mathbb{R}, \mu_0)$ mit

$$T_0 = U_0^{-1} M_x U_0 .$$

(c) Hat T ein entartetes Spektrum, so zerlegen wir $\mathscr{H}$ in mehrere zyklische Teilräume. Um die gemäß (b) zugehörigen Teildarstellungen voneinander zu trennen, führen wir Translationen im Argument nach folgendem Muster durch: Für ein auf $\sigma(T)$ lebendes Wahrscheinlichkeitsmaß μ_0 und für $\tau \neq 0$ setzen wir

$$\mu(B) := \mu_0(B - \tau) \quad \text{für } B \in \mathcal{B}.$$

Dann ist μ ein auf $S := \sigma(T) + \tau$ lebendes Wahrscheinlichkeitsmaß, desweiteren ist $\mathrm{L}^2(\mathbb{R}, \mu)$ ist unitär isomorph zu $\mathrm{L}^2(\mathbb{R}, \mu_0)$: Ordnen wir der Funktion $f \in \mathrm{L}^2(\mathbb{R}, \mu_0)$ die durch $g(x) := f(x - \tau)$ gegebene Funktion g zu, so gilt $g \in \mathrm{L}^2(\mathbb{R}, \mu)$ und $\int\limits_{\mathbb{R}} |g|^2 \, d\mu = \int\limits_{\mathbb{R}} |f|^2 \, d\mu_0$. Dies gilt offenbar zunächst für $g = \chi_B$ [ÜA], damit für Elementarfunktionen und dann auch allgemein, da die Elementarfunktionen nach § 20 : 8.2 dicht im L^2 liegen. Jeder Funktion $M_x f \in \mathrm{L}^2(\mathbb{R}, \mu_0)$ wird dabei die Funktion $x \mapsto (x - \tau) g(x)$ zugeordnet.

Somit vermittelt $(Uf)(x) = f(x - \tau)$ für $f \in \mathscr{H}_0 = \mathrm{L}^2(\sigma(T), \mu_0)$ eine unitäre Abbildung

$$U : \mathscr{H}_0 \to \mathrm{L}^2(S, \mu) \quad \text{mit} \quad M_x = U^{-1} M_v U, \quad \text{wobei} \quad v(x) = x - \tau .$$

3.4 Multiplikatordarstellung bei einfach entartetem Spektrum

(a) Das Spektrum eines symmetrischen Operators $T \in \mathscr{L}(\mathscr{H})$ heißt *einfach entartet*, wenn es Vektoren $a_1, a_2 \in \mathscr{H}$ gibt mit $\|a_1\| = \|a_2\| = 1$ und

$$\mathscr{H} = Z(a_1) \oplus Z(a_2), \quad Z(a_2) \perp Z(a_1).$$

(b) Satz. *Hat ein symmetrischer Operator $T \in \mathscr{L}(\mathscr{H})$ ein einfach entartetes Spektrum, so gibt es ein Wahrscheinlichkeitsmaß μ auf $\mathbb{R}$, eine Zickzackfunktion v der nebenstehend skizzierten Art und eine unitäre Abbildung $U : \mathscr{H} \to \mathrm{L}^2(\mathbb{R}, \mu)$ mit*

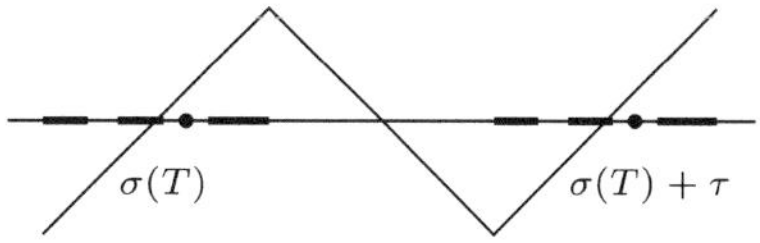

$$T = U^{-1} M_v U .$$

Beweis.

Im Fall $T = \mathbb{0}$ ist nach Voraussetzung $\dim \mathscr{H} = 2$, also $\mathscr{H}$ isomorph zu $\mathrm{L}^2(\mathbb{R}, \mu)$ mit $\mu := \frac{1}{2}(\delta_0 + \delta_1)$. Sei also $T \neq \mathbb{0}$, $c := \|T\| > 0$ und $\tau := 4c$.

Nach 3.3 sind $\mathscr{H}_1 := Z(a_1)$ und $\mathscr{H}_2 := Z(a_2)$ abgeschlossene T–invariante Teilräume von $\mathscr{H}$.

Für $k = 1, 2$ seien T_k die Einschränkungen von T auf $\mathscr{H}_k$. Ferner seien $S_1 = \sigma(T)$, $S_2 = \sigma(T) + \tau$. Dann gilt $S_1 \cap S_2 = \emptyset$. Nach 3.3 gibt es für $k = 1, 2$ Wahrscheinlichkeitsmaße μ_k mit Träger in S_k und unitäre Abbildungen $U_k : \mathscr{H}_k \to \mathrm{L}^2(\mathbb{R}, \mu_k)$, so daß

$$T_k = U_k^{-1} M_v \, U_k \,,$$

v wie oben.

Das Wahrscheinlichkeitsmaß $\mu := \frac{1}{2}(\mu_1 + \mu_2)$ lebt auf $S_1 \cup S_2$, und jede Funktion $f \in \mathrm{L}^2(\mathbb{R}, \mu)$ läßt sich in der Form

$$f = f_1 + f_2 \quad \text{mit} \quad f_k = f \, \chi_{S_k} \in \mathrm{L}^2(\mathbb{R}, \mu_k) = \mathrm{L}^2(S_k, \mu_k)$$

darstellen, dabei ist

$$(*) \qquad \int_{\mathbb{R}} |f|^2 \, d\mu = \frac{1}{2} \int_{S_1} |f_1|^2 \, d\mu_1 + \frac{1}{2} \int_{S_2} |f_2|^2 \, d\mu_2 \,, \qquad \int_{\mathbb{R}} \overline{f}_1 \, f_2 \, d\mu = 0 \,.$$

Umgekehrt: Für $f_1 \in \mathrm{L}^2(\mathbb{R}, \mu_1)$, $f_2 \in \mathrm{L}^2(\mathbb{R}, \mu_2)$ ist $f = f_1 + f_2 \in \mathrm{L}^2(\mathbb{R}, \mu)$, und es gelten die Gleichungen $(*)$, denn $f_k = f_k \, \chi_{S_k}$ μ_k–f.ü.

Für $u \in \mathscr{H}$ gibt es nach dem Zerlegungssatz eindeutig bestimmte Vektoren u_1, u_2 mit

$$u = u_1 + u_2 \,, \quad u_1 \in \mathscr{H}_1 \,, \quad u_2 \in \mathscr{H}_2 \,.$$

Dabei gilt $\|u\|^2 = \|u_1\|^2 + \|u_2\|^2$. Setzen wir daher

$$Uu := \sqrt{2} \, U_1 u_1 + \sqrt{2} \, U_2 u_2$$

so ist $U : \mathscr{H} \to \mathrm{L}^2(\mathbb{R}, \mu)$ unitär:

Für $f_1 := U_1 u_1$, $f_2 := U_2 u_2$, $f := f_1 + f_2$ gilt

$$\begin{aligned} \|u\|^2 &= \|u_1\|^2 + \|u_2\|^2 = \int_{\mathbb{R}} |f_1|^2 d\mu_1 + \int_{\mathbb{R}} |f_2|^2 d\mu_2 \\ &\overset{(*)}{=} 2 \int_{\mathbb{R}} |f|^2 d\mu = \|Uu\|^2. \end{aligned}$$

Ferner ist $Tu = T_1 u_1 + T_2 u_2$, also

$$UTu = \sqrt{2}(U_1 T_1 u_1 + U_2 T_2 u_2) = \sqrt{2} \, v \, (f_1 + f_2) = v \, \sqrt{2} f = v \, Uu. \qquad \square$$

3.5 Direkte Summen und direkte Zerlegung von Hilberträumen

(a) SATZ. *Seien* $\mathscr{H}_1, \mathscr{H}_2, \ldots$ *abgeschlossene, paarweis zueinander orthogonale Teilräume von* $\mathscr{H}$ ($\dim \mathscr{H} = \infty$) *und* $P_1, P_2, \ldots$ *die zugehörigen orthogonalen Projektoren. Dann konvergiert für jeden Vektor* $u \in \mathscr{H}$ *die Reihe*

$$Pu := \sum_{k=1}^{\infty} P_k u$$

und liefert einen orthogonalen Projektor P. *Für den abgeschlossenen Teilraum* $V = \operatorname{Bild} P$ *gilt*

$$v \in V \iff \|v\|^2 = \sum_{k=1}^{\infty} \|P_k v\|^2 .$$

Jeder Vektor $v \in V$ *besitzt eine eindeutig bestimmte Zerlegung*

$$v = \sum_{k=1}^{\infty} v_k \quad \text{mit } v_k \in \mathscr{H}_k \quad (k = 1, 2, \ldots);$$

diese ist gegeben durch $v_k = P_k v$ *für* $k = 1, 2, \ldots$.

V heißt die **direkte Summe** der $\mathscr{H}_k$, bezeichnet mit

$$V = \bigoplus_{k=1}^{\infty} \mathscr{H}_k .$$

Gilt $\mathscr{H}_k = \{0\}$ für $k > N$, so schreiben wir $V = \mathscr{H}_1 \oplus \cdots \oplus \mathscr{H}_N$.

Im wichtigsten Fall $V = \mathscr{H}$ ergibt sich eine direkte Zerlegung von $\mathscr{H}$:

$$\mathscr{H} = \bigoplus_{k=1}^{\infty} \mathscr{H}_k \quad \text{bzw.} \quad \mathscr{H} = \mathscr{H}_1 \oplus \cdots \oplus \mathscr{H}_N .$$

BEWEIS.

Durch Ausmultiplizieren ergeben sich wegen $\langle u, P_k u \rangle = \langle P_k u, u \rangle = \|P_k u\|^2$ und wegen $P_k u \perp P_\ell u$ für $k \neq \ell$ die Gleichungen

$$(1) \quad \Big\| u - \sum_{k=1}^{n} P_k u \Big\|^2 = \|u\|^2 - \sum_{k=1}^{n} \|P_k u\|^2 ,$$

$$(2) \quad \Big\| \sum_{k=n+1}^{m} P_k u \Big\|^2 = \sum_{k=n+1}^{m} \|P_k u\|^2 .$$

Aus (1) folgt $\sum\limits_{k=1}^{\infty} \|P_k u\|^2 \le \|u\|^2$, aus (2) dann die Konvergenz der Reihe

$$Pu := \sum_{k=1}^{\infty} P_k u \quad \text{für alle } u \in \mathscr{H}.$$

P ist symmetrisch als starker Limes symmetrischer Operatoren; außerdem gilt $P^2 = P$ wegen $\Big(\sum\limits_{k=1}^{n} P_k\Big)^2 = \sum\limits_{k=1}^{n} P_k$. Also ist P der orthogonale Projektor auf einen abgeschlossenen Teilraum V. Aus (1) folgt

$$v \in V \iff v = Pv \iff v = \sum_{k=1}^{\infty} P_k v \iff \|v\|^2 = \sum_{k=1}^{\infty} \|P_k v\|^2 ,$$

insbesondere die Existenz von Vektoren $v_k \in \mathscr{H}_k$, $(k = 1, 2, \dots)$ mit

$$(3) \quad v = \sum_{k=1}^{\infty} v_k .$$

Umgekehrt folgt für $v \in V$ aus dem Bestehen einer Zerlegung (3), daß

$$P_i v = \sum_{k=1}^{\infty} P_i v_k = P_i v_i = v_i \quad (i = 1, 2, \dots) .$$ □

(b) SATZ. *Zu jedem symmetrischen Operator $T \in \mathscr{L}(\mathscr{H})$ gibt es eine direkte Zerlegung von $\mathscr{H}$ in höchstens abzählbar viele zyklische Teilräume für T.*

BEWEIS.
Da $\mathscr{H}$ separabel ist, gibt es eine abzählbare Menge $M = \{u_1, u_2, \dots\}$ mit $\overline{M} = \mathscr{H}$, $u_i \neq u_j$ für $i \neq j$ und $u_1 \neq 0$. Wir setzen

$$a_1 := \|u_1\|^{-1} u_1 \quad \text{und} \quad \mathscr{H}_1 := Z(a_1) .$$

Im Fall $M \subset \mathscr{H}_1$ gilt $\mathscr{H} = \overline{M} \subset \overline{\mathscr{H}_1} = \mathscr{H}_1$. Andernfalls existiert

$$m_1 = \min \{ k \in \mathbb{N} \mid u_k \notin \mathscr{H}_1 \} .$$

Mit dem orthogonalen Projektor P_1 auf $\mathscr{H}_1$ definieren wir

$$a_2 := \|u_{m_1} - P_1 u_{m_1}\|^{-1} (u_{m_1} - P_1 u_{m_1}) \quad \text{und} \quad \mathscr{H}_2 := Z(a_2) .$$

Dann gilt $a_2 \perp \mathscr{H}_1$, und daher $\mathscr{H}_2 \perp \mathscr{H}_1$:
Für $h_1 \in \mathscr{H}_1$ $h_2 \in \mathscr{H}_2$ gibt es es Polynome p_n mit $h_2 = \lim\limits_{n \to \infty} p_n(T)\, a_2$. Da $\mathscr{H}_1$ nach 3.3 T–invariant ist, gilt

$$\langle h_1 , h_2 \rangle = \lim_{n \to \infty} \langle h_1 , p_n(T) a_2 \rangle = \lim_{n \to \infty} \langle \overline{p}_n(T) h_1 , a_2 \rangle = 0$$

wegen $\overline{p}_n(T)\, h_1 \in \mathscr{H}_1$.
Im Fall $M \subset \mathscr{H}_1 \oplus \mathscr{H}_2$ gilt $\mathscr{H} = \overline{M} \subset \overline{\mathscr{H}_1 \oplus \mathscr{H}_2} = \mathscr{H}_1 \oplus \mathscr{H}_2$. Andernfalls betrachten wir den orthogonalen Projektor $Q = P_1 + P_2$ auf $\mathscr{H}_1 \oplus \mathscr{H}_2$ und setzen $m_2 := \min \{ k \in \mathbb{N} \mid u_k \notin \mathscr{H}_1 \oplus \mathscr{H}_2 \}$,

$$a_3 := \|u_{m_2} - Q u_{m_2}\|^{-1} (u_{m_2} - Q u_{m_2}) , \quad \mathscr{H}_3 := Z(a_3) .$$

Wie oben folgt $\mathscr{H}_3 \perp \mathscr{H}_1 \oplus \mathscr{H}_2$, also $\mathscr{H}_3 \perp \mathscr{H}_1, \mathscr{H}_2$ [ÜA].
So fahren wir fort. Bricht das Verfahren nicht ab, so betrachten wir $V := \bigoplus_{k=1}^{\infty} \mathscr{H}_k$. Nach Konstruktion gilt $u_n \in \bigoplus_{k=1}^{n} \mathscr{H}_k$, also $M \subset V$. Es folgt

$$\mathscr{H} = \overline{M} \subset \overline{V} = V .$$ □

3.6 Die Multiplikatordarstellung im allgemeinen Fall

SATZ. *Zu jedem symmetrischen Operator* $T \in \mathscr{L}(\mathscr{H})$ *gibt es*

eine stetige, periodische Funktion $v : \mathbb{R} \to [\,-\,\|T\|\,,\|T\|\,]$,

ein Wahrscheinlichkeitsmaß μ *auf* $\mathbb{R}$ *und*

eine unitäre Abbildung $U : \mathscr{H} \to \mathrm{L}^2(\mathbb{R},\mu)$ *mit*

$$T = U^{-1} M_v\, U\,.$$

BEWEIS.
Im Fall $T = \mathbb{0}$ wählen wir ein Wahrscheinlichkeitsmaß μ, für welches $\mathrm{L}^2(\mathbb{R},\mu)$ isomorph zu $\mathscr{H}$ ist (z.B. eine diskrete Verteilung)und setzen $v := 0$.

Sei also $T \neq \mathbb{0}$, $c := \|T\|$ und $\tau := 4c$. Wir setzen die durch

$$v(x) := c - |\,c - x\,| \quad \text{für} \quad -c \leq x \leq 3c$$

definierte Funktion zu einer τ–periodischen Funktion fort:

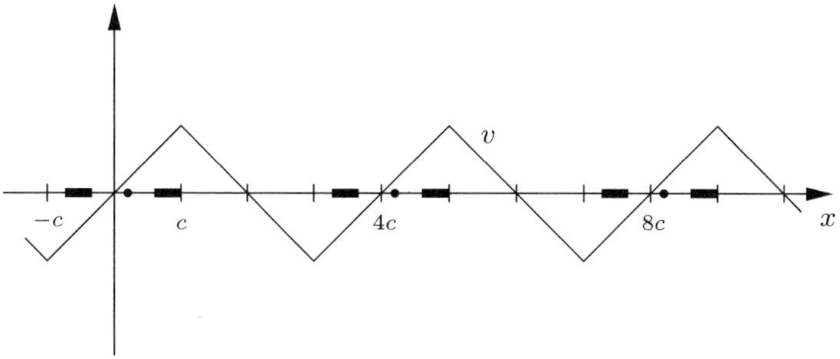

Nach 3.5 (b) gibt es eine direkte Zerlegung von $\mathscr{H}$ in zyklische Teilräume für T:

$$\mathscr{H} = \bigoplus_{k=1}^{N} Z(a_k) \quad \text{oder} \quad \mathscr{H} = \bigoplus_{k=1}^{\infty} Z(a_k)\,.$$

Wir betrachten nur den zweiten Fall; bei endlich vielen direkten Summanden verläuft die Argumentation ähnlich, vgl. 3.4.

Wir verschaffen uns abzählbar viele Kopien $S_k = \sigma(T) + \tau(k-1)$ des Spektrums von T (in der Figur durch fette Striche bzw. Punkte angedeutet). Nach 3.3 gibt es für $k = 1, 2, \ldots$ auf S_k lebende Wahrscheinlichkeitsmaße μ_k und unitäre Abbildungen $U_k : Z(a_k) \to \mathrm{L}^2(\mathbb{R},\mu_k)$, so daß die Einschränkungen T_k von T auf $Z(a_k)$ dargestellt werden können durch

$$T_k = U_k^{-1} M_v\, U_k\,.$$

Nun setzen wir $\mu := \sum\limits_{k=1}^{\infty} 2^{-k}\, \mu_k$. Wie in 3.4 erhalten wir

$$f \in \mathrm{L}^2(\mathbb{R},\mu) \iff f = \sum_{k=1}^{\infty} f_k \quad \text{mit} \quad f_k \in \mathrm{L}^2(\mathbb{R},\mu_k)\,,$$

wobei jeweils $f_k(x) = 0$ außerhalb von S_k gilt, so daß die Reihe für jedes $x \in \mathbb{R}$ höchstens ein von Null verschiedenes Glied besitzt. Es gilt dann

$$\int\limits_{\mathbb{R}} |f|^2\, d\mu \;=\; \sum_{k=1}^{\infty} 2^{-k} \int\limits_{\mathbb{R}} |f_k|^2\, d\mu_k\,.$$

Für $u = \sum\limits_{k=1}^{\infty} u_k$ mit $u_k \in Z(a_k)$ definieren wir $f := Uu$ durch

$$f = \sum_{k=1}^{\infty} f_k \quad \text{mit} \quad f_k := 2^{k/2} g_k\,, \qquad g_k = U_k u_k \quad (k \in \mathbb{N})\,.$$

Nach dem oben Gesagten ist $U : \mathscr{H} \to \mathrm{L}^2(\mathbb{R},\mu)$ surjektiv. Die Isometrie von U und die Behauptung $T = U^{-1} M_v U$ ergeben sich wie in 3.4. □

3.7 Der Funktionalkalkül für beschränkte meßbare Funktionen

(a) **Unitär äquivalente Operatoren**. Zwei Operatoren $T \in \mathscr{L}(\mathscr{H})$ und $S \in \mathscr{L}(\mathscr{H}')$ werden unitär äquivalent genannt, wenn es eine unitäre Abbildung $U : \mathscr{H} \to \mathscr{H}'$ gibt mit

$$T \;=\; U^{-1} S\, U\,.$$

Sei dies der Fall. Da unter unitären Abbildungen die lineare Struktur sowie Normen und Skalarprodukte unverändert bleiben, ergibt sich

$$\|T\| \;=\; \|S\|\,, \quad T^* \;=\; U^{-1} S^*\, U\,, \quad T \geq \mathbb{0} \iff S \geq \mathbb{0}\,,$$

$$\sigma(T) = \sigma(S)\,, \quad \sigma_{\mathrm{app}}(T) = \sigma_{\mathrm{app}}(S)\,, \quad \sigma_p(T) = \sigma_p(S)\,, \quad \sigma_c(T) = \sigma_c(S)\,.$$

Ferner gilt $T^2 = U^{-1} S U U^{-1} S\, U = U^{-1} S^2 U$ und entsprechend

$$T^k = U^{-1} S^k\, U \quad \text{für} \;\; k \in \mathbb{N}_0\,.$$

Falls S, T symmetrisch sind, folgt daraus

$$f(T) \;=\; U^{-1} f(S)\, U$$

zunächst für Polynome f und daher wegen der Konvergenztreue von U, U^{-1} auch für $f \in \mathcal{F}$. Insbesondere gilt für die Spektralscharen $\{E_\lambda(T) \mid \lambda \in \mathbb{R}\}$ von T, $\{E_\lambda(S) \mid \lambda \in \mathbb{R}\}$ von S,

$$E_\lambda(T) \;=\; U^{-1} E_\lambda(S)\, U\,.$$

Für $\|u\| = 1$ und $u' := Uu$ folgt die Gleichheit der Spektralmaße μ_u bezüglich T und $\nu_{u'}$ bezüglich S.

(b) SATZ. *Sei $T \in \mathscr{L}(\mathscr{H})$ symmetrisch und $f : \mathbb{R} \to \mathbb{C}$ eine meßbare, auf $\sigma(T)$ beschränkte Funktion. Dann gibt es einen beschränkten Operator $f(T)$ mit der Eigenschaft*

$$f(T) = U^{-1} M_{f \circ v} U$$

für jede Multiplikatordarstellung

$$T = U^{-1} M_v U$$

mit einer unitären Abbildung $U : \mathscr{H} \to \mathrm{L}^2(\mathbb{R}, \mu)$, $\mu(\mathbb{R}) = 1$ und $v(\mathbb{R}) \subset \sigma(T)$.

$f(T)$ ist schwacher Limes von Operatoren aus der von T erzeugten C^*–Algebra $\mathrm{C}^*(T)$.

BEWEIS.
(i) Sei $T = U^{-1} M_v U$, wobei $U : \mathscr{H} \to \mathrm{L}^2(\mathbb{R}, \mu)v$ unitär ist und μ ein Wahrscheinlichkeitsmaß auf $\mathbb{R}$. Ferner sei $v(\mathbb{R}) \subset \sigma(T)$.

Für $u \in \mathscr{H}$ mit $\|u\| = 1$ sei $w := Uu \in \mathrm{L}^2(\mathbb{R}, \mu)$. Dann folgt aus dem Spektralsatz 1.4 und den Folgerungen 2.3 für Multiplikatoren nach den Überlegungen (a)

$$(*) \qquad \langle u, g(T)u \rangle = \int_{\mathbb{R}} g \, \mu_u = \int_{\mathbb{R}} (g \circ v) \, |w|^2 \, d\mu$$

für jede auf $\sigma(T)$ stetige Funktion g.

(ii) Es genügt, reellwertige, auf $\sigma(T)$ beschränkte Funktionen f zu betrachten. Für solche ist $f \circ v$ beschränkt und reellwertig. Der Operator $F := U^{-1} M_{f \circ v} U$ ist daher nach (a) ebenso wie $M_{f \circ v}$ beschränkt und symmetrisch.
Da f μ_u–integrierbar ist, gibt es nach § 20 : 8.5 (b) stetige Funktionen g_n mit $\int_{\mathbb{R}} f \, d\mu_u = \lim\limits_{n \to \infty} \int_{\mathbb{R}} g_n \, d\mu_u$. Also konvergieren die Operatoren $g_n(T) \in \mathrm{C}^*(T)$ schwach gegen F. Die Formel $(*)$ zeigt, daß

$$\begin{aligned} \langle u, Fu \rangle &= \lim_{n \to \infty} \langle u, g_n(T)u \rangle = \lim_{n \to \infty} \int_{\mathbb{R}} g_n \, d\mu = \int_{\mathbb{R}} f \, d\mu_u \\ &= \int_{\mathbb{R}} f \circ v \, |w|^2 \, d\mu = \langle w, M_{f \circ v} w \rangle_{\mathrm{L}^2} \end{aligned}$$

nicht von der Multiplikatordarstellung abhängt. Da der symmetrische Operator F nach § 21 : 3.6 (c) durch seine quadratische Form festgelegt ist, folgt die Behauptung des Satzes. □

3.8 Vertauschbarkeit beschränkter symmetrischer Operatoren

(a) SATZ (v. NEUMANN). *Sind zwei symmetrische Operatoren* $S, T \in \mathscr{L}(\mathscr{H})$ *vertauschbar* ($ST = TS$), *so gibt es einen symmetrischen Operator* $A \in \mathscr{L}(\mathscr{H})$ *und beschränkte meßbare Funktionen* $g, h : \mathbb{R} \to \mathbb{R}$ *mit*

$$S = g(A)\,, \quad T = h(A)\,,$$

Hat T *zusätzlich ein nichtentartetes Spektrum, so gibt es eine beschränkte meßbare Funktion* f *mit*

$$S = f(T)\,.$$

Beachten Sie die Bemerkungen 1.4 (b) zur physikalischen Interpretation.

Den komplizierten Beweis der ersten Aussage finden Sie in [133], Abschnitt 130. Auf dem verbandstheoretischen Zugang zur Quantenmechanik basiert ein kürzerer Beweis von VARADARAJAN vgl. [138] 6–7. Relativ einfach ist der

BEWEIS der zweiten Behauptung.

Nach 3.2 und den Bemerkungen 3.7 (a) dürfen wir annehmen, daß

$$T = M_x \quad \text{auf} \quad \mathrm{L}^2(\mathbb{R}, \mu)\,,$$

wobei μ das zur konstanten Funktion $a = 1$ gehörige Spektralmaß für M_x ist, siehe Beweis zu 3.2 (a). Vertauscht S mit T und setzen wir $v(x) = x$, $f := Sa$, so ergibt sich der Reihe nach

$$Sv = STa = TSa = vf\,,$$

$$Sv^2 = ST^2a = T^2Sa = v^2f\,,$$

allgemein $Sv^n = v^n f$ und daher $Sp = pf$ für alle Polynome p. Da die Polynome gleichmäßig dicht in $\mathrm{C}(\sigma(T))$ liegen und $C(\sigma(T))$ eine dichte Teilmenge von $\mathrm{L}^2(\mathbb{R}, \mu)$ ist, gibt es zu jedem $u \in \mathrm{L}^2(\mathbb{R}, \mu)$ ein Folge von Polynomen p_n mit

$$p_n \to u \quad \text{und} \quad Sp_n = p_n f \to Su \quad \text{für } n \to \infty\,.$$

Nach § 20 : 7.2 gibt es eine wieder mit (p_n) bezeichnete Teilfolge dieser Polynomfolge, die μ–f.ü. konvergiert. Daher gilt

$$(Su)(x) = \lim_{n\to\infty} p_n(x)\, f(x) = u(x)\, f(x) \quad \mu\text{–f.ü.}$$

Es folgt

$$Su = f\,u = M_f u = M_{f\circ v}\, u = f(T)u$$

für alle $u \in \mathrm{L}^2(\mathbb{R}, \mu)$ und nach § 21 : 2.7 daher $f \in \mathrm{L}^\infty(\mathbb{R}, \mu)$. □

(b) Für symmetrische Operatoren $S, T \in \mathscr{L}(\mathscr{H})$ heißt

$$[S,T] := ST - TS$$

der **Kommutator**. Für einen Zustandsvektor $u \in \mathscr{H}$ ($\|u\| = 1$) seien

$$E_u(S) = \langle u, Su \rangle, \quad E_u(T) = \langle u, Tu \rangle$$

die Erwartungswerte bezüglich S, T; die zugehörigen Varianzen seien

$$V_u(S) = \|(S - E_u(S))u\|^2, \quad V_u(T) = \|(T - E_u(T))u\|^2.$$

Dann gilt folgende **Unschärferelation**:

$$V_u(S)\, V_u(T) \geq \tfrac{1}{4} \left| \left\langle u, [S,T]\, u \right\rangle \right|^2.$$

BEWEIS als ÜA: Betrachten Sie zur Vereinfachung der Rechnung die Operatoren

$$A := S - E_u(S), \quad B := T - E_u(T)$$

und bestimmen Sie zunächst $E_u(A)$, $E_u(B)$, $V_u(A)$, $V_u(B)$.

BEMERKUNG. Auf den ersten Blick scheint hiermit die *Heisenbergsche Unschärferelation* bewiesen. Es zeigt sich aber, daß die kanonische Vertauschungsrelation $[S,T] = -i\hbar$ nicht durch beschränkte symmetrische Operatoren S, T erfüllt werden kann (§ 23 : 1.2). Die Rechnung war dennoch nicht umsonst; sie läßt sich ohne weiteres auf unbeschränkte selbstadjungierte Operatoren wie z.B. Orts– und Impulsoperator übertragen.

4 Spektralzerlegung kompakter symmetrischer Operatoren

4.1 Kompakte Operatoren

(a) Ein linearer Operator $T : \mathscr{H} \to \mathscr{H}$ heißt **kompakt** (vollstetig), wenn es zu jeder beschränkten Folge (u_n) eine Teilfolge $(u_{n_k})_k$ gibt, für welche die Bildfolge (Tu_{n_k}) konvergiert. Dies ist gleichbedeutend damit, daß es zu jeder beschränkten Menge $B \subset \mathscr{H}$ eine kompakte Menge $K \subset \mathscr{H}$ gibt mit $T(B) \subset K$ ÜA.

Kompakte Operatoren sind beschränkt, ÜA.

(b) **Operatoren endlichen Rangs**, *d.h. Operatoren* $T \in \mathscr{L}(\mathscr{H})$ *mit endlichdimensionalem Bildraum sind kompakt.*

Denn für $\|u_n\| \leq C$ gilt $Tu_n \in \{w \in \operatorname{Bild} T \mid \|w\| \leq \|T\|\, C\} =: K$. Wegen $\dim \operatorname{Bild} T < \infty$ ist K kompakt, vgl. § 21 : 2.8. Somit enthält die Bildfolge (Tu_n) eine konvergente Teilfolge.

LEMMA. *Genau dann ist T von endlichem Rang, wenn es ein $N \in \mathbb{N}$ und Vektoren $u_1, \dots, u_N,\ v_1, \dots, v_N$ gibt mit*

$$Tu = \sum_{k=1}^{N} \langle u_k\,, u\rangle\, v_k \quad \textit{für alle} \quad u \in \mathscr{H}\,.$$

In Bracket–Schreibweise lautet diese Gleichung

$$T = \sum_{k=1}^{N} |\, v_k\,\rangle\langle\, u_k\,| \quad \text{mit} \quad |\, v_k\,\rangle\langle\, u_k\,| :\ u \mapsto \langle u_k\,, u\rangle\, v_k\,,$$

vgl. § 9 : 2.8.

BEWEIS.
Jeder so dargestellte Operator ist offenbar stetig und von endlichem Rang. Ist umgekehrt $(v_1, \dots, v_N)$ eine ONB für Bild T und $T \in \mathscr{L}(\mathscr{H})$, so gilt

$$Tu = \sum_{k=1}^{N} \langle v_k\,, Tu\rangle v_k = \sum_{k=1}^{N} \langle T^* v_k\,, u\rangle\, v_k\,, \quad \text{also}$$

$$T = \sum_{k=1}^{N} |\, T^* v_k\,\rangle\langle\, v_k\,|\,. \qquad \square$$

(c) *Die Identität* $\mathbb{1}$ *ist genau dann kompakt, wenn* $\mathscr{H}$ *endlichdimensional ist.*

Denn im Fall $\dim \mathscr{H} = N$ ist $\mathbb{1}$ nach (b) kompakt. Ist $\mathscr{H}$ unendlichdimensional und $v_1, v_2, \dots$ ein abzählbares ONS, so gilt $\|v_m - v_n\| = \sqrt{2}$ für $m \neq n$, also kann (v_n) keine konvergente Teilfolge enthalten.

(d) Weitere Beispiele folgen in 4.3.

4.2 Das C*–Ideal $\mathscr{K}(\mathscr{H})$

SATZ. *Die kompakten Operatoren bilden eine* C*–*Unteralgebra* $\mathscr{K}(\mathscr{H})$ *von* $\mathscr{L}(\mathscr{H})$ *mit der Eigenschaft* $T \in \mathscr{K}(\mathscr{H}) \implies ST,\ TS \in \mathscr{K}(\mathscr{H})$ *für alle* $S \in \mathscr{L}(\mathscr{H})$. *Das bedeutet im einzelnen:*

(a) *Die kompakten Operatoren bilden einen Vektorraum.*

(b) *Der Limes einer normkonvergenten Folge kompakter Operatoren ist kompakt.*

(c) *Für* $T \in \mathscr{K}(\mathscr{H})$ *und* $S \in \mathscr{L}(\mathscr{H})$ *sind* ST *und* TS *kompakt.*

(d) *Mit* T *ist auch* T^* *kompakt.*

BEWEIS.
(a) Seien $S, T \in \mathscr{L}(\mathscr{H})$ kompakt und (u_n) eine beschränkte Folge. Dann gibt es eine Teilfolge $(u_{n_k})_k$, für die $(Su_{n_k})_k$ konvergiert und davon eine mit (v_m) bezeichnete Teilfolge, für die auch (Tv_m) und damit $(\alpha S v_m + \beta T v_m)$ für $\alpha, \beta \in \mathbb{C}$ konvergiert.

(b) Bilden die kompakten Operatoren $T_n \in \mathscr{L}(\mathscr{H})$ eine Cauchy–Folge in der Operatornorm, so gibt es einen Operator $T \in \mathscr{L}(\mathscr{H})$ mit $\|T - T_n\| \to 0$.

Sei (u_k) eine beschränkte Folge, o.B.d.A. $\|u_k\| \le 1$ für $k = 1, 2, \ldots$. Dann gibt es eine mit $(u_{1,k})$ bezeichnete Teilfolge, für die $(T_1 u_{1,k})$ konvergiert. Davon gibt es eine mit $(u_{2,k})$ bezeichnete Teilfolge, für die auch $(T_2 u_{2,k})$ konvergiert. So fortfahrend erhalten wir ein Schema von zeilenweise notierten Teilfolgen

$$\begin{array}{cccc} u_{1,1} & u_{1,2} & u_{1,3} & \cdots \\ u_{2,1} & u_{2,2} & u_{2,3} & \cdots \\ \vdots & \vdots & \ddots & \ddots \\ u_{n,1} & u_{n,2} & u_{n,3} & \ddots \\ \vdots & \vdots & \vdots & \end{array}$$

mit folgenden Eigenschaften:

(i) Jede Zeile beschreibt eine Teilfolge aller vorausgehenden Zeilenfolgen,

(ii) für jedes $n \in \mathbb{N}$ konvergieren die Folgen $(T_1 u_{n,k})_k, \ldots, (T_n u_{n,k})_k$.

Wir bezeichnen die *Diagonalfolge* $(u_{n,n})$ mit v_n. Da v_n in jeder der vorangehenden Zeilen auftritt, ist (v_n) eine Teilfolge der ursprünglichen Folge (u_k) und $(v_n)_{n \ge m}$ eine Teilfolge von $(u_{m,k})_k$. Daher konvergiert die Folge $(T_m v_n)_n$ für jedes $m \in \mathbb{N}$.

Wir zeigen die Konvergenz der Folge $(T v_n)$ durch ein 3ε–Argument: Sei $\varepsilon > 0$ gegeben. Wir fixieren ein $m \in \mathbb{N}$ mit $\|T - T_m\| < \varepsilon$. Wegen der Konvergenz der Folge $(T_m v_n)_n$ gibt es ein n_ε mit

$$\|T_m v_k - T_m v_n\| < \varepsilon \quad \text{für} \quad k > n > n_\varepsilon \,.$$

Wegen $\|v_n\| \le 1$ folgt für $k > n > n_\varepsilon$

$$\begin{aligned} \|T v_k - T v_n\| &= \|(T - T_m) v_k + (T_m v_k - T_m v_n) + (T_m - T) v_n\| \\ &\le 2\,\|T - T_m\| + \|T_m v_k - T_m v_n\| < 3\varepsilon \,. \end{aligned}$$

(c) folgt direkt aus der Definition 4.1 (a) und der Stetigkeit von S [ÜA].

(d) Nach (c) ist TT^* kompakt. Sei $\|u_n\| \le C$ für $n \in \mathbb{N}$. Dann gibt es eine wieder mit (u_n) bezeichneten Teilfolge, für die $(TT^* u_n)$ konvergiert. Die Folge $(T^* u_n)$ ist eine Cauchy–Folge wegen

$$\begin{aligned} \|T^* u_m - T^* u_n\|^2 &= \langle u_m - u_n \,,\, TT^*(u_m - u_n) \rangle \\ &\le 2C\,\|TT^* u_m - TT^* u_n\| \,. \end{aligned}$$ □

4.3 Beispiele

(a) *Der Multiplikator* $M_a : (x_1, x_2, \dots) \mapsto (a_1 x_1, a_2 x_2, \dots)$ *in* ℓ^2 *ist genau dann kompakt, wenn* (a_n) *eine Nullfolge ist.*

BEWEIS.

(i) Sei (a_n) keine Nullfolge. Dann gibt es ein $\varepsilon > 0$ mit $|a_n| \geq \varepsilon$ für unendlich viele $n \in \mathbb{N}$, also gibt es eine Teilfolge $(a_{n_k})_k$ mit $|a_{n_k}| \geq \varepsilon$ für alle $k \in \mathbb{N}$. Für die Einheitsvektoren $u_k := e_{n_k}$ gilt $\|u_k\| = 1$ und

$$\|M_a u_k - M_a u_m\|^2 = |a_{n_k}|^2 + |a_{n_m}|^2 \geq 2\varepsilon^2 ,$$

also kann die Bildfolge $(M_a u_k)$ keine Cauchy–Folge enthalten.

(ii) Sei (a_n) eine Nullfolge. Die Operatoren

$$T_n : (x_1, x_2, \dots) \mapsto (a_1 x_1, \dots, a_n x_n, 0, 0, \dots)$$

sind von endlichem Rang, also nach 4.1 (b) kompakt. Sei $\varepsilon > 0$ gegeben und n_ε so gewählt, daß $|a_k| < \varepsilon$ für $k > n_\varepsilon$. Dann gilt

$$\|M_a x - T_n x\|^2 = \sum_{k=n+1}^{\infty} |a_k|^2 \, |x_k|^2 \leq \varepsilon^2 \, \|x\|^2 \quad \text{für} \quad n > n_\varepsilon ,$$

also $\|M_a - T_n\| \leq \varepsilon$ für $n > n_\varepsilon$. Nach 4.2 (b) ist M_a kompakt. □

(b) **Integraloperatoren vom Hilbert–Schmidt–Typ**. Sei Ω ein Gebiet des $\mathbb{R}^n$ und $G : \Omega \times \Omega \to \mathbb{C}$ eine meßbare Funktion, für welche die Integrale

$$F(\mathbf{x}) := \int_\Omega |G(\mathbf{x}, \mathbf{y})|^2 \, d^n\mathbf{y} \quad \text{und} \quad S^2 := \int_\Omega F(\mathbf{x}) \, d^n\mathbf{x}$$

konvergieren. Nach § 21 : 2.5 ist durch

$$(Tu)(\mathbf{x}) := \int_\Omega G(\mathbf{x}, \mathbf{y}) u(\mathbf{y}) \, d^n\mathbf{y}$$

ein beschränkter Operator T auf $\mathscr{H} = \mathrm{L}^2(\Omega)$ gegeben mit $\|T\| \leq S$.

SATZ. *T ist kompakt.*

BEWEIS.

Nach dem Satz von Tonelli § 8 : 1.8 gilt $G \in \mathrm{L}^2(\Omega \times \Omega)$. Nach § 20 : 8.3 gibt es daher eine Folge von Treppenfunktionen φ_m auf $\Omega \times \Omega$ mit

$$(*) \qquad \iint_{\Omega \times \Omega} \left| G(\mathbf{x}, \mathbf{y}) - \varphi_m(\mathbf{x}, \mathbf{y}) \right|^2 d^n\mathbf{x} \, d^n\mathbf{y} \to 0 \quad \text{für} \quad m \to \infty .$$

Jede Treppenfunktion φ_m auf Ω hat die Form

$$\varphi_m(\mathbf{x},\mathbf{y}) = \sum_{k=1}^{N} c_k\, \chi_{I_k}(\mathbf{x})\, \chi_{J_k}(\mathbf{y}) \quad \text{f.ü.},$$

wo I_k, J_k kompakte Intervalle in Ω sind. Wir betrachten den zugehörigen Integraloperator T_m, gegeben durch

$$(T_m u)(\mathbf{x}) := \int_\Omega \varphi_m(\mathbf{x},\mathbf{y})\, u(\mathbf{y})\, d^n\mathbf{y}\,.$$

Mit dem Skalarprodukt $\langle\ .\ ,\ .\ \rangle$ auf $\mathrm{L}^2(\Omega)$ gilt

$$T_m u = \sum_{k=1}^{N} \langle \chi_{J_k}\,, u\rangle\, c_k \chi_{I_k}\,,$$

also ist jeder der Operatoren T_m von endlichem Rang und somit kompakt. Aus $(*)$ folgt $\|T - T_m\| \to 0$ für $m \to \infty$, also ist auch T kompakt nach 4.2 (b). □

4.4 Das Spektrum kompakter symmetrischer Operatoren

SATZ. *Für einen kompakten symmetrischen Operator T auf einem unendlichdimensionalen Hilbertraum $\mathscr{H}$ gilt:*

(a) $0 \in \sigma(T)$.

(b) *Jeder von 0 verschiedene Spektralwert λ ist ein Eigenwert endlicher Vielfachheit, d.h.* $\dim \mathrm{Kern}\,(T-\lambda) < \infty$.

(c) *Ist T nicht von endlichem Rang, so bilden die Eigenwerte von T eine Nullfolge und umgekehrt.*

BEWEIS.

(a) Im Fall $0 \in \varrho(T)$ hätte T eine stetige Inverse. Nach 4.2 (c) wäre dann $\mathbb{1} = T^{-1}T$ kompakt im Widerspruch zu 4.1 (c). Somit gilt $0 \in \sigma(T)$.

(b) Sei $0 \neq \lambda \in \sigma(T)$. Da T symmetrisch ist, gilt $\sigma(T) = \sigma_{\mathrm{app}}(T)$, also gibt es Vektoren $u_n \in \mathscr{H}$ mit $\|u_n\| = 1$ und $Tu_n - \lambda u_n \to 0$ für $n \to \infty$. Wir wählen diese Folge gleich so, daß die Bildfolge (Tu_n) konvergiert. Wegen $\lambda \neq 0$ und $Tu_n - \lambda u_n \to 0$ existiert dann

$$v := \lim_{n\to\infty} \frac{1}{\lambda}\, Tu_n = \lim_{n\to\infty} u_n\,,$$

und es gilt $\|v\| = \lim\limits_{n\to\infty} \|u_n\| = 1$. Da T stetig ist, folgt

$$\lambda v = \lim_{n\to\infty} Tu_n = Tv\,, \quad \text{also} \quad \lambda \in \sigma_p(T)\,.$$

Wäre Kern $(T - \lambda)$ unendlichdimensional, so gäbe es ein ONS $v_1, v_2, \ldots$ mit $Tv_n = \lambda v_n$ $(n = 1, 2, \ldots)$. Wegen

$$\|Tv_m - Tv_n\|^2 = |\lambda|^2 \|v_m - v_n\|^2 = 2\,|\lambda|^2 \text{ für } m \neq n$$

könnte die Folge (Tv_n) keine konvergente Teilfolge besitzen.

(c) Besitzt T nur endlich viele von Null verschiedene Eigenwerte $\lambda_1, \ldots, \lambda_m$, so gilt nach § 21 : 7.7

$$T = \lambda_1 P_1 + \ldots + \lambda_m P_m ,$$

wobei die P_k die orthogonalen Projektoren auf die (nach (b) endlichdimensionalen) Eigenräume Kern $(T - \lambda_k)$ sind. Somit gilt $\dim \operatorname{Bild} T < \infty$. Ist also T nicht von endlichem Rang, so gibt es eine Folge von Eigenwerten λ_n mit $|\lambda_1| \geq |\lambda_2| \geq \ldots$ und ein ONS $v_1, v_2, \ldots$ zugehöriger Eigenvektoren: $Tv_n = \lambda_n v_n$ für $n = 1, 2, \ldots$. Wir können diese gleich so auswählen, daß die Folge (Tv_n) konvergiert. Aus der Abschätzung

$$\|Tv_m - Tv_n\|^2 = \|\lambda_m v_m - \lambda_n v_n\|^2 = |\lambda_m|^2 + |\lambda_n|^2 \geq 2\,|\lambda_n|^2$$

für $n > m$ entnehmen wir, daß (Tu_n) nur eine Cauchy–Folge sein kann, wenn $\lambda_n \to 0$ für $n \to \infty$.

Bilden die Eigenwerte von T eine Nullfolge, so muß es abzählbar viele von diesen geben, und die zugehörigen Eigenvektoren liefern ein abzählbares ONS in Bild T. □

4.5 Der Hauptsatz für kompakte symmetrische Operatoren

SATZ (HILBERT 1904, SCHMIDT 1907). *Sei $T \in \mathscr{L}(\mathscr{H})$ kompakt, symmetrisch und nicht von endlichem Rang. Dann gibt es ein abzählbares ONS $v_1, v_2, \ldots$ aus Eigenvektoren von T und zugehörige, von Null verschiedene Eigenwerte $\lambda_k = \langle v_k , Tv_k \rangle$ mit folgenden Eigenschaften:*

(a) $|\lambda_1| \geq |\lambda_2| \geq \ldots , \quad \lim\limits_{n \to \infty} \lambda_n = 0.$

(b) $Tu = \sum\limits_{k=1}^{\infty} \lambda_k \langle v_k , u \rangle v_k$ *gilt für jeden Vektor $u \in \mathscr{H}$, d.h. $v_1, v_2, \ldots$ ist ein vollständiges ONS für* Bild T.

(c) *Die λ_k, v_k ergeben sich nach dem* **Rayleigh–Prinzip**

$$|\lambda_1| = \max\left\{ |\langle u, Tu \rangle| \;\middle|\; \|u\| = 1 \right\} = \left| \langle v_1 , Tv_1 \rangle \right| ,$$

$$\begin{aligned} |\lambda_{n+1}| &= \max\left\{ |\langle u, Tu \rangle| \;\middle|\; \|u\| = 1,\ u \perp v_1, \ldots, v_n \right\} \\ &= \left| \langle v_{n+1} , Tv_{n+1} \rangle \right| \quad \text{für } n = 1, 2, \ldots . \end{aligned}$$

(d) Weiter gilt

$$|\lambda_1| = \max\left\{ \|Tu\| \;\middle|\; \|u\| = 1 \right\} = \|Tv_1\|,$$

$$|\lambda_{n+1}| = \max\left\{ \|Tu\| \;\middle|\; \|u\| = 1\,,\; u \perp v_1, \dots, v_n \right\} = \|Tv_{n+1}\|$$

für $n = 1, 2, \dots$.

Bemerkungen.

(i) Nach dem Maximierungsprinzip (c), (d) ergeben sich alle von Null verschiedenen Eigenwerte von T.

(ii) Ist 0 kein Eigenwert von T, so gilt $\overline{\operatorname{Bild} T} = \operatorname{Kern} T^\perp = \mathscr{H}$, also ist $v_1, v_2, \dots$ ein vollständiges ONS für $\mathscr{H}$, da $\operatorname{Span}\{v_1, v_2, \dots\}$ dicht in $\operatorname{Bild} T$ und somit auch in $\mathscr{H}$ liegt. (Beachten Sie, daß in diesem Fall $\operatorname{Bild} T \neq \mathscr{H}$, da $0 \in \sigma_c(T)$ nach 4.4 (a).) Ist 0 ein Eigenwert von T, so kann der Eigenraum $\operatorname{Kern} T$ unendlichdimensional sein (Beispiel M_a auf ℓ^2 mit $a = (1, 0, \frac{1}{2}, 0, \frac{1}{3}, \dots)$). Nehmen wir zu $v_1, v_2, \dots$ eine ONB bzw. ein vollständiges ONS $u_1, u_2, \dots$ für $\operatorname{Kern} T$ hinzu, so erhalten wir nach geeigneter Durchnumerierung insgesamt ein vollständiges ONS für $\mathscr{H}$, Näheres in 4.6.

(iii) Die Existenz der in (c), (d) angegebenen Maxima liegt nicht auf der Hand, denn nach Voraussetzung gilt $\dim \mathscr{H} = \infty$, also ist $\{u \in \mathscr{H} \mid \|u\| = 1\}$ nicht kompakt.

Beweis.

(i) Nach Voraussetzung ist $T \neq \mathbb{0}$. Aus § 21 : 6.5 (b), (c) entnehmen wir:

$$\|T\| = \sup\left\{ \langle u\,, Tu \rangle \;\middle|\; \|u\| = 1 \right\} > 0\,,$$

und $\|T\|$ oder $-\|T\|$ gehören zum Spektrum von T. Nach 4.4 (b) gibt es also einen Eigenwert λ_1 von T und einen zugehörigen Eigenvektor v_1 mit $\|v_1\| = 1$ und

$$|\lambda_1| = \|T\| = \sup\left\{ \|Tu\| \;\middle|\; \|u\| = 1 \right\} = \sup\left\{ \langle u\,, Tu \rangle \;\middle|\; \|u\| = 1 \right\}.$$

Wegen $|\lambda_1| = |\langle v_1\,, Tv_1 \rangle| = \|Tv_1\|$ kann sup jeweils durch max ersetzt werden.

(ii) Die restlichen Behauptungen (c), (d) ergeben sich durch Induktion. Ist $v_1, \dots, v_n$ ein ONS mit $Tv_k = \lambda_k v_k$ für $k = 1, \dots, n$, so setzen wir

$$V_n := \operatorname{Span}\{v_1, \dots, v_n\}\,, \quad \mathscr{H}_n := V_n^\perp\,.$$

Offenbar ist V_n ein T–invarianter Teilraum, also ist $\mathscr{H}_n$ ein T–invarianter, abgeschlossener Teilraum von $\mathscr{H}$, vgl. 3.3 (a). Wir betrachten die Einschränkung T_n von T auf $\mathscr{H}_n$. Nach Voraussetzung gilt $T_n \neq \mathbb{0}$, denn sonst wäre $\mathscr{H}_n \subset \operatorname{Kern} T$, also $\overline{\operatorname{Bild} T} = \operatorname{Kern} T^\perp \subset \mathscr{H}_n^\perp = V_n$. Mit T ist auch T_n kompakt und symmetrisch. Wie in (i) erhalten wir die Existenz eines Eigenwerts λ_{n+1} und eines zugehörigen Eigenvektors v_{n+1} von T_n (und damit auch von T) mit

$$|\lambda_{n+1}| = \max\left\{ \left|\langle u, Tu\rangle\right| \;\middle|\; \|u\| = 1, \quad u \in \mathscr{H}_n \right\}$$
$$= \max\left\{ \|Tu\| \;\middle|\; \|u\| = 1, \quad u \in \mathscr{H}_n \right\} = \|T_n\| .$$

(iii) Daraus ergibt sich die Behauptung (a): Sei $u \in \mathscr{H}$ und

$$u_n := u - \sum_{k=1}^{n} \langle v_k , u\rangle v_k = u - P_n u ,$$

wo P_n der orthogonale Projektor auf V_n ist. Dann gilt $u_n \in \mathscr{H}_n = (\operatorname{Bild} P_n)^\perp$ und $\|u\|^2 = \|u_n\|^2 + \|P_n u\|^2 \geq \|u_n\|^2$, also

$$\|Tu_n\| = \|T_n u_n\| \leq \|T_n\| \cdot \|u_n\| \leq |\lambda_{n+1}| \cdot \|u\| \to 0 \text{ für } n \to \infty ,$$

da (λ_n) eine Nullfolge ist. Nach Definition der u_n folgt

$$Tu = \lim_{n\to\infty} \sum_{k=1}^{n} \langle v_k , u\rangle T v_k = \lim_{n\to\infty} \sum_{k=1}^{n} \lambda_k \langle v_k , u\rangle \, v_k .$$

Zu Bemerkung (i). Sei $Tu = \lambda u$, $u \neq 0$, $\lambda \neq 0$. Dann gilt $u = \frac{1}{\lambda} Tu \in \operatorname{Bild} T$. Da $v_1, v_2, \ldots$ ein vollständiges ONS für $\operatorname{Bild} T$ ist, folgt $u = \sum\limits_{k=1}^{\infty} \langle v_k , u\rangle \, v_k$. Daher gilt aufgrund des Entwicklungssatzes (b)

$$0 = Tu - \lambda u = \sum_{k=1}^{\infty} (\lambda_k - \lambda)\langle v_k , u\rangle \, v_k .$$

Wegen $u \neq 0$ gibt es ein m mit $\langle v_m , u\rangle \neq 0$, also $\lambda = \lambda_m$. □

4.6 Darstellungen kompakter symmetrischer Operatoren

(a) Satz. *Ein linearer Operator $T : \mathscr{H} \to \mathscr{H}$ auf einem unendlichdimensionalen Hilbertraum $\mathscr{H}$ ist genau dann kompakt und symmetrisch, wenn es ein vollständiges ONS $v_1, v_2, \ldots$ für $\mathscr{H}$ und eine reelle Nullfolge (λ_n) gibt, so daß*

$$T = \sum_{k=1}^{\infty} \lambda_k \, |\, v_k \rangle\langle v_k \,|$$

im Normsinn gilt. Dabei ist $|\, v_k \rangle\langle v_k \,|$ der Projektor $u \mapsto \langle v_k , u\rangle \, v_k$.
Mit der unitären Abbildung $U : \mathscr{H} \to \ell^2$, $u \mapsto (\langle v_1 , u\rangle, \langle v_2 , u\rangle, \ldots)$ gilt also

$$T = U^{-1} M_\lambda U ;$$

dabei ist M_λ der Multiplikator $(x_1, x_2, \ldots) \mapsto (\lambda_1 x_1, \lambda_2 x_2, \ldots)$ auf ℓ^2.

Für jede Funktion $f : \sigma(T) \to \mathbb{C}$ *mit* $\lim\limits_{n\to\infty} f(\lambda_n) = f(0)$ *ist daher*

$$f(T) = \sum_{k=1}^{\infty} f(\lambda_k)\, |\, v_k\, \rangle\langle\, v_k\, | \,.$$

Beweis.

(i) Für jedes ONS $v_1, v_2, \ldots$ und jede reelle Nullfolge (λ_n) sind

$$T_n := \sum_{k=1}^{n} \lambda_k\, |\, v_k\, \rangle\langle\, v_k\, |$$

symmetrische Operatoren endlichen Rangs, insbesondere kompakt. Bilden diese eine Cauchy–Folge in der Operatornorm, so ist ihr Normlimes T kompakt und symmetrisch.

(ii) Sei T kompakt und symmetrisch. Dann gilt $\mathscr{H} = \operatorname{Kern} T \oplus \overline{\operatorname{Bild} T}$, wobei $\operatorname{Kern} T$ und $\overline{\operatorname{Bild} T} = \operatorname{Kern} T^{\perp}$ beide T–invariant sind, vgl. 3.3 (a).

Ist T von endlichem Rang, so gibt es nach Bd. 1, § 20 : 3 eine ONB $(v_1, \ldots, v_m)$ für $\operatorname{Bild} T$, bestehend aus Eigenvektoren zu von Null verschiedenen Eigenwerten $\lambda_1, \ldots, \lambda_m$. Wir ergänzen diese durch ein vollständiges abzählbares ONS $v_{m+1}, v_{m+2}, \ldots$ für $\operatorname{Kern} T$ zu einem vollständigen ONS $v_1, v_2, \ldots$ für $\mathscr{H}$ und setzen $\lambda_k := 0$ für $k > m$.

Sei T nicht von endlichem Rang. Im Fall $\operatorname{Kern} T = \{0\}$ folgt die Behauptung aus 4.5, Bemerkung (ii). Andernfalls gibt es ein (endliches oder abzählbares) vollständiges ONS $u_1, u_2, \ldots$ für $\operatorname{Kern} T$ und ein vollständiges ONS $w_1, w_2, \ldots$ für $\operatorname{Bild} T$ aus Eigenvektoren, $Tw_k = \mu_k w_k$ $(k \in \mathbb{N})$, wobei $|\mu_1| \geq |\mu_2| \geq \ldots$. Im Fall $\dim \operatorname{Kern} T = m$ setzen wir

$$v_k := u_k \,, \quad \lambda_k := 0 \quad \text{für } k = 1, \ldots, m \,,$$

$$v_{m+k} := w_k \,, \quad \lambda_{m+k} := \mu_k \quad \text{für } k \geq m \,.$$

Im Fall $\dim \operatorname{Kern} T = \infty$ setzen wir

$$v_{2k-1} := w_k \,, \quad \lambda_{2k-1} := \mu_k \,,$$

$$v_{2k} := u_k \,, \quad \lambda_{2k} := 0 \quad \text{für } k = 1, 2, \ldots \,.$$

In jedem Fall ist dann $v_1, v_2, \ldots$ ein vollständiges ONS für $\mathscr{H}$ aus Eigenvektoren, und die zugehörigen Eigenwerte bilden eine reelle Nullfolge. Für $u \in \mathscr{H}$ gilt also

$$u = \sum_{k=1}^{\infty} \langle v_k \,, u \rangle v_k \,,$$

und wegen der Stetigkeit von T

$$Tu = \sum_{k=1}^{\infty} \langle v_k \,, u \rangle\, T v_k = \sum_{k=1}^{\infty} \lambda_k \langle v_k \,, u \rangle\, v_k \,.$$

Definieren wir die Operatoren T_n wie oben, so folgt aus der Besselschen Ungleichung

$$\|(T-T_n)u\|^2 = \sum_{k=n+1}^{\infty} |\lambda_k|^2 |\langle v_k, u\rangle|^2 \le \max\{|\lambda_k|^2 \mid k>n\}\,\|u\|^2,$$

also $\|T-T_n\| \to 0$ für $n \to \infty$.

Die letzte Behauptung des Satzes folgt aus § 21 : 7.6 (a): Gilt $\lim\limits_{n\to\infty} f(\lambda_n) = f(\mathbb{0})$, so ist f stetig auf $\sigma(T) = \{(0, \lambda_1, \lambda_2, \ldots)\}$, also ist nach den Bemerkungen 3.7 (a)

$$f(T) = U^{-1} M_{f\circ\lambda}\, U$$

mit

$$M_{f\circ\lambda} = (x_1, x_2, \ldots) \mapsto (f(\lambda_1)x_1, f(\lambda_2)x_2, \ldots).$$ □

(b) **Spektralzerlegung positiver kompakter Operatoren**. Für einen positiven kompakten Operator T ordnen wir die von Null verschiedenen Eigenwerte der Größe nach:

$$\mu_1 > \mu_2 > \ldots > 0$$

und bezeichnen die orthogonalen Projektoren auf die Eigenräume Kern $(T-\mu_k)$ mit P_k $(k = 1, 2, \ldots)$. Nach 4.5 ist dann

$$T = \sum_k \mu_k P_k$$

eine endliche Summe oder eine normkonvergente Reihe. Da die Funktionen $e_\lambda = \chi_{]-\infty,\lambda]}$ für alle $\lambda \ne 0$ stetig auf $\sigma(T)$ sind ÜA, erhalten wir aus (a) die Spektralschar auf folgende Weise: Wir setzen $\mu_0 = 0$ und bezeichnen den orthogonalen Projektor auf Kern T mit P_0. Dann gilt wegen $E_0 = \lim\limits_{\lambda\to 0+} E_\lambda$ ÜA

$$E_\lambda = \sum_{\mu_k \le \lambda} P_k \quad \text{für alle } \lambda \in \mathbb{R}.$$

Für einen Vektor $u \in \mathscr{H}$ mit $\|u\| = 1$ ist dann das Spektralmaß

$$\mu_u = \sum_{k\ge 0} \|P_k u\|^2\, \delta_{\mu_k}$$

ein diskretes Wahrscheinlichkeitsmaß.

5 Anwendung auf Rand–Eigenwertprobleme

5.1 Umkehrung des Hamilton Operators eines in $]0,1[$ eingesperrten Teilchens

(a) *Für eine gegebene Funktion* $f \in \mathrm{C}\,[0,1]$ *besitzt das Randwertproblem*

$$(*) \qquad -u'' = f\,, \quad u(0) = u(1) = 0$$

eine eindeutig bestimmte Lösung $u \in \mathrm{C}^2[0,1]$, *gegeben durch*

$$u(x) = \int_0^1 G(x,t)\,f(t)\,dt \quad \textit{mit} \quad G(x,t) = \begin{cases} t(1-x) & \textit{für} \quad t \le x\,, \\ x(1-t) & \textit{für} \quad t \ge x\,. \end{cases}$$

Diese Lösungsformel läßt sich wie folgt gewinnen: Für eine Lösung u von $(*)$ gilt

$$u(x) = \int_0^x u'(t)\,dt \quad \text{mit} \quad u'(t) = u'(0) - \int_0^t f(s)\,ds\,.$$

Daraus ergibt sich durch partielle Integration wegen $u(0) = u(1) = 0$

$$(1) \qquad \begin{aligned} u(x) &= u'(0)\,x - \int_0^x 1 \int_0^t f(s)\,ds\,dt \\ &= u'(0)\,x - (x-1)\int_0^x f(t)\,dt + \int_0^x (t-1)\,f(t)\,dt\,. \end{aligned}$$

Wegen $u(1) = 0$ folgt $u'(0) = \int_0^1 (1-t)\,f(t)\,dt$. Setzen wir dies in (1) ein, so erhalten wir nach passender Umstellung ÜA

$$(2) \qquad u(x) = (1-x)\int_0^x t\,f(t)\,dt + x\int_x^1 (1-t)\,f(t)\,dt = \int_0^1 G(x,t)\,f(t)\,dt\,.$$

Erfüllt u umgekehrt die Gleichung (2) mit $f \in \mathrm{C}\,[0,1]$, so folgt offenbar $u(0) = u(1) = 0$. Differentiation ergibt zunächst

$$(3) \qquad u'(x) = -\int_0^x t\,f(t)\,dt + \int_x^1 (1-t)\,f(t)\,dt\,,$$

woraus die C^2–Differenzierbarkeit von u und $u'' = -f$ folgt ÜA.

(b) Im Hinblick auf die im nächsten Paragraphen behandelte Theorie unbeschränkter Operatoren geben wir diesem Ergebnis eine andere Fassung. Sei

$$\mathrm{C}_0^2\,[0,1] := \left\{ u \in \mathrm{C}^2\,[0,1] \;\middle|\; u(0) = u(1) = 0 \right\}.$$

Da dieser Raum die Testfunktionen mit Träger in $]0,1[$ umfaßt, liegt er nach § 20 : 8.5 dicht in $\mathrm{L}^2\,[0,1]$. Für $u \in \mathrm{C}_0^2\,[0,1]$ sei

$$H_0 u := -u''.$$

Dann ist $H_0 : \mathrm{C}_0^2\,[0,1] \to \mathrm{C}\,[0,1]$ bijektiv, und für $f \in \mathrm{C}\,[0,1]$ gilt

$$H_0 u = f \iff u = Tf \quad \text{mit} \quad (Tf)(x) := \int_0^1 G(x,t)\, f(t)\, dt\,.$$

(c) Der Operator T ist für alle $f \in \mathrm{L}^2\,[0,1]$ definiert. Bevor wir seine Eigenschaften analysieren, setzen wir den Operator H_0 auf einen größeren Definitionsbereich fort. Hierzu berufen wir uns auf den Begriff der Absolutstetigkeit (§ 8 : 3.1) und auf den verallgemeinerten Hauptsatz § 8 : 3.2. Sei

$$\mathcal{D}(H) := \left\{ u \in \mathrm{C}^1\,[0,1] \;\middle|\; u(0) = u(1)\,,\ u' \text{ ist absolutstetig, } u'' \in \mathrm{L}^2\,[0,1] \right\}$$

und $Hu := -u''$ für $u \in \mathcal{D}(H)$. Der hierdurch definierte Operator H (genauer $\frac{1}{2}H$) dient als Hamilton–Operator eines in $]0,1[$ eingesperrten Teilchens. Dieser ist unbeschränkt, denn für

$$v_n(x) := \frac{1}{\sqrt{2}} \sin(\pi n x)$$

gilt $\|v_n\| = 1,\ \|Hv_n\| = \pi^2 n^2$.

(d) Satz. *T ist ein kompakter symmetrischer Operator auf $\mathrm{L}^2\,[0,1]$ mit folgenden Eigenschaften:*

T ist injektiv,

$\operatorname{Bild} T = \mathcal{D}(H)$,

der Operator H besitzt also die kompakte Inverse T.

Ferner gilt

$$\|Tf\|_\infty^2 \le \frac{1}{12} \int_0^2 |f(x)|^2\, dx \quad \textit{für } f \in \mathrm{L}^2\,[0,1]\,,$$

d.h. für jede in $\mathrm{L}^2\,[0,1]$ konvergente Folge (f_n) ist die Bildfolge (Tf_n) gleichmäßig konvergent.

Beweis.

(i) Die Kompaktheit von T folgt aus 4.3 (b), da G auf $[0,1] \times [0,1]$ stetig ist. Wegen $G(t,x) = G(x,t)$ für $0 \le x,t \le 1$ ÜA ist T symmetrisch (§ 21 : 3.4 (e)).

(ii) Sei $u = Tf$ mit $f \in \mathrm{L}^2\,[0,1]$. Dann folgt aus (2) nach dem Hauptsatz § 8 : 3.2 aufgrund derselben Rechnung wie oben $u(0) = u(1) = 0$ und

$$\text{(3)} \qquad u'(x) = -\int_0^x t\,f(t)\,dt + \int_x^1 (1-t)\,f(t)\,dt \quad \text{f.ü.}$$

Wiederum nach dem Hauptsatz folgen die Absolutstetigkeit von u' und daher die C^1–Differenzierbarkeit von u als unbestimmtes Integral von u'. Differentiation von (3) ergibt $u'' = -f$ f.ü., d.h. $u'' \in \mathrm{L}^2\,[0,1]$.

Aus $Tf = 0$ folgt insbesondere $f = -(Tf)'' = 0$ f.ü.

(iii) Für $u \in \mathcal{D}(H)$ und $f := -u'' \in \mathrm{L}^2\,[0,1]$ ergibt sich die Formel (1), d.h. $u = Tf$, wie in (a) mittels des Hauptsatzes und partieller Integration (vgl. § 8 : 3.3).

(iv) Für $u = Tf$ gilt nach der Cauchy–Schwarzschen Ungleichung

$$|u(x)|^2 \le \int_0^1 G(x,t)^2\,dt \int_0^1 |f(t)|^2\,dt\,, \quad \text{dabei ist} \quad \int_0^1 G(x,t)^2\,dt \le \frac{1}{48}$$

für alle $x \in [0,1]$ ÜA. □

(e) Bemerkung. In § 9 : 4.5 (b) wurde gezeigt, daß durch $v_n(x) = \sqrt{2}\,\sin(\pi n x)$ $(n = 1, 2, \ldots)$ ein vollständiges ONS für $\mathrm{L}^2\,[0,1]$ gegeben ist. Aus dem Satz (d) ergibt sich ein weiterer Beweis dieses Sachverhalts. Da 0 nach (d) kein Eigenwert von T ist, gibt es nach 4.5, Bemerkung (ii) ein vollständiges ONS für $\mathrm{L}^2\,[0,1]$ aus Eigenvektoren $v \in \mathrm{L}^2\,[0,1]$ zu Eigenwerten $\lambda \neq 0$ von T. Für solche gilt $v = T(v/\lambda) \in \mathrm{Bild}\,T = \mathcal{D}(H)$, insbesondere $v \in \mathrm{C}\,[0,1]$. Nach (a) folgt dann sogar $v \in \mathrm{C}_0^2\,[0,1]$ und

$$v'' + \lambda v = 0\,, \quad v(0) = v(1) = 0\,.$$

Die einzigen Lösungen dieses Eigenwertproblems ergeben sich aber bekanntlich durch $\lambda = \pi^2 n^2$, $v = c\,v_n$ mit geeignetem $n \in \mathbb{N}$ und einer Konstanten $c \neq 0$.

5.2* Die inhomogene schwingende Saite

(a) **Separationsansatz und Eigenwertproblem.** Eine elastische, an den Enden eingespannte Saite der Länge 1 mit der stetigen Massendichte $\varrho > 0$ unter der Spannung σ möge kleine Transversalschwingungen in der x,u–Ebene ausführen. Für die Auslenkung $u(x,t)$ aus der Ruhelage an der Stelle $x \in [0,1]$ zur Zeit t ergeben sich wie in § 1 : 2 die Wellengleichung und die Einspannbedingungen

$$\text{(1)} \qquad p(x)\,\frac{\partial^2 u(x,t)}{\partial t^2} = \frac{\partial^2 u(x,t)}{\partial x^2}\,, \quad u(0,t) = u(1,t) = 0\,,$$

dabei ist $p(x) = \varrho(x)/\sigma$ stetig und strikt positiv. Gegeben seien ein Anfangsprofil f und eine Anfangsgeschwindigkeit g. Wir fragen nach der Existenz und Eindeutigkeit einer Lösung u von (1) mit den Anfangsbedingungen

$$(2) \quad u(x,0) = f(x), \quad \frac{\partial u}{\partial t}(x,0) = g(x).$$

Die Separationsmethode zur Lösung dieses Problems besteht darin, wie in § 6 zunächst alle Produktlösungen $u(x,t) = v(x)\,w(t)$ von (1) zu bestimmen (stehende Wellen) und dann zu zeigen, daß sich die Lösung von (1), (2) als Superposition $u(x,t) = \sum\limits_{k=1}^{\infty} v_k(x)\,w_k(t)$ von Produktlösungen ergibt.

Für die Produktlösungen erhalten wir in gewohnter Weise die Bedingungen

$$(*) \quad -v''(x) = \lambda p(x)\,v(x), \quad v(0) = v(1) = 0$$

und $w''(t) + \lambda w(t) = 0$ mit einer passenden Konstanten λ. Durch partielle Integration ergibt sich aus $(*)$ $\lambda \int\limits_0^1 p\,|v|^2 = \int\limits_0^1 |v'|^2$, also $\lambda > 0$ für $v \neq 0$.

(b) Das Eigenwertproblem $(*)$ für $0 \neq v \in \mathrm{C}^2\,[0,1]$ ist nach 5.1 äquivalent zur Integralgleichung

$$v(x) = \lambda \int\limits_0^1 G(x,t)\,p(t)\,v(t)\,dt \quad (0 \leq x \leq 1).$$

Wir schreiben diese in der Form

$$(**) \quad Sv = \mu v \quad \text{mit} \quad \mu = \frac{1}{\lambda}, \quad (Sv)(x) := \int\limits_0^1 G(x,t)\,p(t)\,v(t)\,dt.$$

(c) SATZ. *S ist ein kompakter symmetrischer Operator auf dem Hilbertraum $\mathscr{H} = \mathrm{L}^2\,[0,1]$ mit dem Skalarprodukt*

$$\langle u, v \rangle_p := \int\limits_0^1 \overline{u(x)}\,v(x)\,p(x)\,dx.$$

Es gibt ein vollständiges ONS $v_1, v_2, \ldots$ für $\mathscr{H}$ aus Eigenfunktionen von S und zugehörige Eigenwerte $\mu_1 > \mu_2 > \ldots > 0$ mit folgenden Eigenschaften:

Die v_k sind reellwertige C^2-Funktionen mit

$$-v_k'' = \frac{1}{\mu_k}\,p\,v_k, \quad v_k(0) = v_k(1) = 0.$$

Für die Eigenwerte gilt die Abklingbedingung

$$\sum_{k=1}^{\infty} \mu_k^2 = \int\limits_0^1 \int\limits_0^1 G(x,t)^2\,p(x)\,p(t)\,dx\,dt.$$

Beweis.

(i) Nach Voraussetzung $0 < p \in \mathrm{C}\,[0,1]$ gibt es Zahlen $0 < p_0 < p_1$ mit

$$p_0 \int_0^1 |u(x)|^2\,dx \;=\; p_0\|u\|^2 \;\le\; \|u\|_p^2 \;\le\; p_1\|u\|^2\,,$$

also sind die gewöhnliche L^2–Norm und die Norm $\|\,.\,\|_p$ äquivalent. Daraus folgt die Vollständigkeit von $\mathscr{H}$ und die Kompaktheit von S, denn $Su = T(pu)$, und T ist kompakt. Die Symmetrie von S ergibt sich aus $\langle u\,,\,Sv\rangle_p = \langle u\,,\,pTpv\rangle = \langle pu\,,\,Tpv\rangle = \langle Tpu\,,\,pv\rangle = \langle Su\,,\,pv\rangle = \langle Su\,,\,v\rangle_p\,.$

(ii) 0 ist kein Eigenwert von S, denn $Sv = Tpv = 0 \implies pv = 0 \implies v = 0$ f.ü. nach 5.1 (d). Aus $Sv = \mu v$, $0 \neq v \in \mathscr{H}$, $\mu \neq 0$ folgt nach 5.1 (b) zunächst, daß $v = \mu^{-1}Tpv$ stetig ist mit $v(0) = v(1) = 0$. Nach 5.1 (a) ist v dann sogar eine C^2–Lösung des Rand–Eigenwertproblems $(*)$ mit $\lambda = 1/\mu > 0$.

(iii) Für zwei reellwertige Lösungen u, v von $(*)$ ist die Wronski–Determinante

$$W(x) \;=\; u(x)\,v'(x) \;-\; u'(x)\,v(x)$$

konstant und verschwindet daher wegen der Randbedingungen identisch. Daher sind u, v linear abhängig, vgl. § 4 : 2.2. Da für jede komplexwertige Lösung $(*)$ auch Real– und Imaginärteil Lösungen von $(*)$ liefern, sind die Eigenräume von S eindimensional und werden von reellwertigen Funktionen aufgespannt.

(iv) Aus (ii) und (iii) und 4.5, Bemerkung (ii) ergibt sich die Existenz eines vollständigen ONS $v_1, v_2, \ldots$ der oben angegebenen Art für $\mathscr{H}$.

Für $G_x(t) := G(x,t)$ gilt $G_x \in \mathscr{H}$ und damit $G_x = \sum\limits_{k=1}^{\infty} \langle v_k\,,\,G_x\rangle_p v_k$ im Hilbertraumsinn für jedes feste $x \in [0,1]$. Dabei ist

$$\langle v_k\,,\,G_x\rangle_p \;=\; \int_0^1 G(x,t)\,p(t)\,v_k(t)\,dt \;=\; (Sv_k)(x) \;=\; \mu_k v_k(x)\,.$$

Aus der Parsevalschen Gleichung folgt somit

$$\int_0^1 G(x,t)^2\,p(t)\,dt \;=\; \|G_x\|_p^2 \;=\; \sum_{k=1}^{\infty} \mu_k^2 v_k(x)^2 \quad \text{für } 0 \le x \le 1\,.$$

Nach dem Satz von Beppo Levi ist die gliedweise Integration dieser Reihe erlaubt und ergibt

$$\int_0^1 \Big(\int_0^1 G(x,t)^2\,p(t)\,dt\Big)\,p(x)\,dx \;=\; \sum_{k=1}^{\infty} \mu_k^2 \int_0^1 v_k^2(x)\,p(x)\,dx \;=\; \sum_{k=1}^{\infty} \mu_k^2\,. \qquad \square$$

Als Folgerung erhalten wir den

(d) **Entwicklungssatz**. *Jede Funktion* $u \in \mathrm{C}_0^2\,[0,1]$ *besitzt die für* $0 \le x \le 1$ *gleichmäßig konvergente Reihenentwicklung*

$$u(x) \;=\; \sum_{k=1}^{\infty} \langle v_k\,,\,u\rangle_p\, v_k(x)\,.$$

BEWEIS.
Nach 5.1 (a) gilt $u = T(-u'') = Sf$ mit $f := -u''/p \in \mathscr{H}$. Mit dem im Satz genannten ONS $v_1, v_2, \ldots$ erhalten wir die Entwicklung

$$f \;=\; \sum_{k=1}^{\infty} \langle v_k\,,\,f\,\rangle_p\, v_k$$

in $\mathscr{H}$. Wegen der nach 5.1 (b) bestehenden Abschätzung

$$\|Sw\|_\infty^2 \;=\; \|T(pw)\|_\infty^2 \;\le\; \frac{1}{48}\,\|p\|_\infty\,\|w\|_p^2$$

führt S jede in $\mathscr{H}$ konvergente Reihenentwicklung in eine gleichmäßig konvergente Reihenentwicklung über, also konvergiert die Reihe

$$u \;=\; Sf \;=\; \sum_{k=1}^{\infty} \langle v_k\,,\,f\,\rangle_p\, Sv_k$$

gleichmäßig in $[0,1]$. Die Behauptung ergibt sich nun aus

$$\begin{aligned}\langle v_k\,,\,f\,\rangle_p\, Sv_k &= \langle v_k\,,\,f\,\rangle_p\, \mu_k\, v_k \;=\; \langle \mu_k v_k\,,\,f\,\rangle_p\, v_k \\ &= \langle Sv_k\,,\,f\,\rangle_p\, v_k \;=\; \langle v_k\,,\,Sf\,\rangle_p\, v_k \\ &= \langle v_k\,,\,u\rangle_p\, v_k\,. \end{aligned}$$

□

(e) AUFGABE. Zeigen Sie, daß jede Lösung u des Randwertproblems (1) der schwingenden Saite Superposition von Produktlösungen ist:

$$u(x,t) \;=\; \sum_{k=1}^{\infty} w_k(t)\, v_k(x)\,,$$

wobei $\ddot{w}_k + \lambda_k\, w_k = 0$.

Anleitung: Wenden Sie auf $u_t : x \mapsto u(x,t)$ den Entwicklungssatz (d) an und untersuchen Sie $w_k(t) = \langle v_k\,,\,u_t\,\rangle_p$ in Analogie zu § 6 : 3.1.

(f) AUFGABE. Seien $f = S^3 f_0$, $g = S^3 g_0$ mit $f_0, g_0 \in \mathrm{L}^2\,[0,1]$. Zeigen Sie, daß dann das Anfangs–Randwertproblem (1), (2) eine Lösung besitzt.

Anleitung: Gehen Sie analog zu § 6 : 3.2 vor: Reihenansatz gemäß (e) mit

$$w_k(t) = \alpha_k \cos\sqrt{\lambda_k}\,t + \beta_k \sin\sqrt{\lambda_k}\,t\,,\;\; \alpha_k = \langle v_k\,,\,f\,\rangle_p\,,\;\; \beta_k = \sqrt{\mu_k}\,\langle v_k\,,\,g\,\rangle_p\,,$$

und Nachweis der zweimaligen gliedweisen Differenzierbarkeit der Reihe für u. Beachten Sie dabei, daß nach 5.1 (b) $\|v_k\|_\infty \le \lambda_k\, c$ mit einer Konstanten c gilt und daß die Reihe $\sum\limits_{k=1}^{\infty} \mu_k^2$ konvergiert.

6 Der allgemeine Zustandsbegriff

6.1 Die Spurklasse

(a) Sei T ein symmetrischer Operator auf einem n–dimensionalen Hilbertraum $\mathscr{H}$, $\mathcal{A} = (\varphi_1, \ldots, \varphi_n)$ eine ONB für $\mathscr{H}$ und $A = (a_{ik}) = M_{\mathcal{A}}(T)$ die Koeffizientenmatrix von T. Ferner sei $\mathcal{B} = (v_1, \ldots, v_n)$ ein ONB aus Eigenvektoren von T zu den Eigenwerten $\lambda_k = \langle v_k \,, Tv_k \rangle$ $(k = 1, \ldots, n)$.

Dann gilt bekanntlich $a_{ik} = \langle \varphi_i \,, T\varphi_k \rangle$ und

$$\operatorname{Spur} A = \sum_{k=1}^{n} a_{kk} = \sum_{k=1}^{n} \langle \varphi_k \,, T\varphi_k \rangle = \sum_{k=1}^{n} \lambda_k = \sum_{k=1}^{n} \langle v_k \,, Tv_k \rangle \,.$$

Wir verallgemeinern dieses Ergebnis auf unendlichdimensionale Hilberträume, wobei geeignete Voraussetzungen über die Konvergenz der an die Stelle der Summen tretenden Reihen zu machen sind.

(b) Ein Operator $T \in \mathscr{L}(\mathscr{H})$ heißt **Spurklasse–Operator**, wenn es ein vollständiges ONS $\varphi_1, \varphi_2, \ldots$ für $\mathscr{H}$ gibt mit

$$\sum_{k} \langle \varphi_k \,, |T| \, \varphi_k \rangle < \infty \,.$$

Dabei ist $|T| := (T^*T)^{1/2}$, vgl. § 21 : 8.3*. Die Gesamtheit $\mathcal{T}(\mathscr{H})$ der Spurklasse–Operatoren auf $\mathscr{H}$ wird die **Spurklasse** (**trace class**) genannt.

Hat $\mathscr{H}$ endliche Dimension, so gehört jeder Operator $T : \mathscr{H} \to \mathscr{H}$ zur Spurklasse. Unser Interesse gilt vor allem positiven Spurklasse–Operatoren auf unendlichdimensionalen Hilberträumen $\mathscr{H}$.

Beispiel. Ist $T \in \mathscr{L}(\mathscr{H})$ kompakt und positiv, so gibt es ein vollständiges ONS $v_1, v_2, \ldots$ aus Eigenvektoren und zugehörige Eigenwerte $\lambda_1, \lambda_2, \ldots$. Wegen $\langle v_k \,, Tv_k \rangle = \lambda_k \geq 0$ gehört T sicher dann zur Spurklasse, wenn

$$\sum_{k=1}^{\infty} \lambda_k < \infty \,.$$

Satz. *Spurklasseoperatoren sind kompakt. Ist T ein ein positiver Spurklasseoperator, so hat die* **Spur**

$$\operatorname{tr}(T) := \sum_{k=1}^{\infty} \langle \varphi_k \,, T\varphi_k \rangle$$

von T für jedes vollständige ONS $\varphi_1, \varphi_2, \ldots$ denselben Wert.
Ist insbesondere $v_1, v_2, \ldots$ ein vollständiges ONS aus Eigenvektoren von T mit zugehörigen Eigenwerten $\lambda_k = \langle v_k \,, Tv_k \rangle, \ldots$, so gilt

$$\operatorname{tr}(T) = \sum_{k=1}^{\infty} \lambda_k \,.$$

Die entsprechenden Aussagen für $\dim \mathscr{H} < \infty$ wurden unter (a) aufgeführt.

BEWEIS.

(i) Es genügt, die Kompaktheit positiver Spurklasseoperatoren zu zeigen, denn mit T ist definitionsgemäß auch $|T|$ ein Spurklasseoperator. Ist $|T|$ kompakt, so auch T wegen der Polardarstellung $T = U|T|$, vgl. § 21 : 8.3*. Wir betrachten im folgenden neben $T \geq \mathbb{0}$ die positive Quadratwurzel $T^{1/2}$ (§ 21 : 8.2) und beachten, daß

$$\langle v \,, Tu \rangle = \langle v \,, T^{1/2}T^{1/2}u \rangle = \langle T^{1/2}v \,, T^{1/2}u \rangle \,, \langle u, Tu \rangle = \|T^{1/2}u\|^2 \,.$$

also $\langle u, Tu \rangle = \|T^{1/2}u\|^2$.

Sei $\dim \mathscr{H} = \infty$, $\mathbb{0} \leq T \in \mathcal{T}(\mathscr{H})$ und $\varphi_1, \varphi_2, \ldots$ ein vollständiges ONS für $\mathscr{H}$ mit

$$\sum_{k=1}^{\infty} \langle \varphi_k \,, T\varphi_k \rangle \;=\; \sum_{k=1}^{\infty} \|T^{1/2}\varphi_k\|^2 \;<\; \infty \,.$$

Durch

$$T_n u \;:=\; \sum_{k=1}^{n} \langle \varphi_k \,, Tu \rangle \varphi_k$$

sind Operatoren endlichen Rangs gegeben. Mit der Parsevalschen Gleichung und der Cauchy–Schwarzschen Ungleichung erhalten wir für $\|u\| \leq 1$

$$\begin{aligned} \|Tu - T_n u\|^2 \;&=\; \sum_{k=n+1}^{\infty} |\langle \varphi_k \,, Tu \rangle|^2 \;=\; \sum_{k=n+1}^{\infty} |\langle T^{1/2}\varphi_k \,, T^{1/2}u \rangle|^2 \\ &\leq\; \|T^{1/2}u\|^2 \sum_{k=n+1}^{\infty} \|T^{1/2}\varphi_k\|^2 \\ &\leq\; \|T^{1/2}\|^2 \sum_{k=n+1}^{\infty} \langle \varphi_k \,, T\varphi_k \rangle \, \|u\|^2 \,, \end{aligned}$$

also gilt $\lim\limits_{n\to\infty} \|T - T_n\| = 0$, und T ist nach 4.2 (b) kompakt.

(ii) Somit gibt es ein vollständiges ONS $v_1, v_2, \ldots$ aus Eigenvektoren von T mit zugehörigen Eigenwerten $\lambda_1 \geq \lambda_2 \geq \ldots$. Aus den Darstellungen

$$\varphi_k \;=\; \sum_{n=1}^{\infty} \langle v_n \,, \varphi_k \rangle v_n \,, \quad T\varphi_k \;=\; \sum_{n=0}^{\infty} \langle v_n \,, T\varphi_k \rangle v_n$$

folgt mit der allgemeinen Parsevalschen Gleichung § 9 : 4.4 (c)

$$\begin{aligned} \langle \varphi_k \,, T\varphi_k \rangle \;&=\; \sum_{n=1}^{\infty} \overline{\langle v_n \,, \varphi_k \rangle} \langle v_n \,, T\varphi_k \rangle \;=\; \sum_{n=1}^{\infty} \overline{\langle v_n \,, \varphi_k \rangle} \langle Tv_n \,, \varphi_k \rangle \\ &=\; \sum_{n=1}^{\infty} \lambda_n |\langle v_n \,, \varphi_k \rangle|^2 \,. \end{aligned} \tag{1}$$

Da nach der Parsevalschen Gleichung die Reihe

$$\sum_{k=1}^{\infty} |\langle v_n \,, \varphi_k \rangle|^2 \;=\; \|v_n\|^2 \;=\; 1 \tag{2}$$

konvergiert und wegen der vorausgesetzten Konvergenz der Reihe $\sum_{k=1}^{\infty} \langle \varphi_k , T\varphi_k \rangle$ erhalten wir aus dem großen Umordnungssatz Bd. 1, § 7 : 6.6

$$
\begin{aligned}
\sum_{k=1}^{\infty} \langle \varphi_k , T\varphi_k \rangle &= \sum_{k=1}^{\infty} \Big(\sum_{n=1}^{\infty} \lambda_n |\langle v_n , \varphi_k \rangle|^2 \Big) \\
&= \sum_{n=1}^{\infty} \lambda_n \Big(\sum_{k=1}^{\infty} |\langle v_n , \varphi_k \rangle|^2 \Big) = \sum_{n=1}^{\infty} \lambda_n \|v_n\|^2 = \sum_{n=1}^{\infty} \lambda_n ,
\end{aligned} \tag{3}
$$

insbesondere die Konvergenz der letzten Reihe.

(iii) Ist $\psi_1, \psi_2, \ldots$ ein anderes vollständiges ONS für $\mathscr{H}$, so gelten die Gleichungen (1), (2) mit ψ_k statt φ_k. Da $\sum_{n=1}^{\infty} \lambda_n$ konvergiert, erhalten wir mit (2) die Konvergenz der Reihen

$$
\sum_{n=1}^{\infty} \lambda_n = \sum_{n=1}^{\infty} \Big(\sum_{k=1}^{\infty} \lambda_n |\langle v_n , \psi_k \rangle|^2 \Big) = \sum_{k=1}^{\infty} \Big(\sum_{n=1}^{\infty} \lambda_n |\langle v_n , \psi_k \rangle|^2 \Big)
$$

nach dem großen Umordnungssatz. Aufgrund von (1) mit ψ_k statt φ_k folgt die Konvergenz der Reihe

$$
\sum_{k=1}^{\infty} \langle \psi_k , T\psi_k \rangle = \sum_{n=1}^{\infty} \lambda_n = \sum_{k=1}^{\infty} \langle \varphi_k , T\varphi_k \rangle .
$$

Im Fall $\dim \mathscr{H} < \infty$ sind die Reihen durch endliche Summen zu ersetzen. □

6.2 Die allgemeine Spur

Satz. *Für einen positiven Spurklasseoperator T und einen Operator $A \in \mathscr{L}(\mathscr{H})$ hat die Spur*

$$
\operatorname{tr}(AT) := \sum_n \langle \varphi_n , AT\varphi_n \rangle
$$

für jedes vollständige ONS $\varphi_1, \varphi_2, \ldots$ denselben endlichen Wert. Insbesondere gilt

$$
\operatorname{tr}(AT) = \sum_k \lambda_k \langle v_k , Av_k \rangle
$$

für jede nach 4.6 (a) und 6.1 bestehende Darstellung $T = \sum_k \lambda_k \, | v_k \rangle\langle v_k |$.

Für den Projektor $T = | \varphi \rangle\langle \varphi |$ auf $\operatorname{Span}\{\varphi\}$ mit $\|\varphi\| = 1$ ergibt sich

$$
\operatorname{tr}(AT) = \langle \varphi , A\varphi \rangle , \quad A \in \mathscr{L}(\mathscr{H}) .
$$

Beweis.

Da T nach 6.1 kompakt ist, gibt es nach 4.6 (a) ein vollständiges Orthonormalsystem $v_1, v_2, \ldots$ aus Eigenvektoren von T zu den Eigenwerten $\lambda_1, \lambda_2, \ldots \in \mathbb{R}_+$ mit $\sum\limits_k \lambda_k = 1$.

Sei $\varphi_1, \varphi_2, \ldots$ ein beliebiges vollständiges ONS. Dann gilt für $n = 1, 2, \ldots$

$$T\varphi_n = \sum_k \langle v_k, T\varphi_n \rangle v_k = \sum_k \langle Tv_k, \varphi_n \rangle v_k = \sum_k \lambda_k \langle v_k, \varphi_n \rangle v_k .$$

Da A stetig ist, folgt

$$AT\varphi_n = \sum_k \lambda_k \langle v_k, \varphi_n \rangle Av_k ,$$

und wegen der Stetigkeit des Skalarprodukts ergibt sich daraus

$$(1) \qquad \langle \varphi_n, AT\varphi_n \rangle = \sum_k \lambda_k \overline{\langle \varphi_n, v_k \rangle} \langle \varphi_n, Av_k \rangle .$$

Die Parsevalsche Gleichung § 9 : 4.4 liefert die absolute Konvergenz der Reihe

$$(2) \qquad \langle v_k, Av_k \rangle = \sum_n \overline{\langle \varphi_n, v_k \rangle} \langle \varphi_n, Av_k \rangle .$$

Wegen $|\lambda_k \langle v_k, Av_k \rangle| \leq |\lambda_k| \, \|Av_k\| \leq |\lambda_k| \, \|A\|$ konvergiert die Reihe

$$s := \sum_k \lambda_k \langle v_k, Av_k \rangle$$

absolut. Aus dem großen Umordnungssatz folgt mit (2) und (1)

$$\begin{aligned} s &\overset{(2)}{=} \sum_k \lambda_k \sum_n \overline{\langle \varphi_n, v_k \rangle} \langle \varphi_n, Av_k \rangle = \sum_n \Big(\sum_k \lambda_k \overline{\langle \varphi_n, v_k \rangle} \langle \varphi_n, Av_k \rangle \Big) \\ &\overset{(1)}{=} \sum_n \langle \varphi_n, AT\varphi_n \rangle \quad \text{im Sinne absoluter Konvergenz.} \end{aligned}$$

Ist $\|\varphi\| = 1$ und $T = |\, \varphi \rangle \langle \varphi \,|$, so ergänzen wir $\varphi_1 := \varphi$ zu einem vollständigen ONS $\varphi_1, \varphi_2, \ldots$ für $\mathscr{H}$. Wegen $T\varphi_1 = T\varphi = \varphi$ und $T\varphi_n = 0$ für $n \geq 2$ folgt nach dem Vorangehenden

$$\operatorname{tr}(AT) = \sum_n \langle \varphi_n, AT\varphi_n \rangle = \langle \varphi_1, AT\varphi_1 \rangle = \langle \varphi, A\varphi \rangle . \qquad \square$$

Bemerkung. Die Spurklasse $\mathcal{T}(\mathscr{H})$ ist bezüglich der Spurnorm $\|T\|_1 = \operatorname{tr}(|T|)$ ein Banachraum. Jedes stetige lineare Funktional L auf $(\mathcal{T}(\mathscr{H}), \|\ \|_1)$ hat die Form

$$L(T) = \operatorname{tr}(AT) \quad \text{für } T \in \mathcal{T}(\mathscr{H})$$

mit einem geeigneten Operator $A \in \mathscr{L}(\mathscr{H})$.

Für den Beweis verweisen wir auf [132] VI.6.

6.3 Zusammensetzen zweier Vektorzustände

(a) Im folgenden seien $\varphi, \psi \in \mathscr{H}$ linear unabhängige Vektoren mit $\|\varphi\| = \|\psi\| = 1$. Wir betrachten eine Linearkombination $\eta = \alpha\varphi + \beta\psi$ mit $\|\eta\| = 1$. Der Zustand $P_\eta = |\,\eta\,\rangle\langle\,\eta\,|$ wird *kohärente Überlagerung* der Zustände P_φ, P_ψ genannt.

(b) Eine Gesamtheit heißt echtes *statistisches Gemisch* der durch φ, ψ beschriebenen Gesamtheiten, wenn ihre Teilchen mit einer Wahrscheinlichkeit $p > 0$ im Zustand P_φ und mit Wahrscheinlichkeit $q = 1 - p > 0$ im Zustand P_ψ präpariert sind.

Eine illustrative Diskussion der physikalischen Bedeutung und der Abgrenzung dieser Begriffe gegeneinander finden Sie in [158] Ch. III E.

Wir betrachten eine beschränkte Observable, beschrieben durch einen symmetrischen Operator $A \in \mathscr{L}(\mathscr{H})$. Sind μ_φ, μ_ψ die zugehörigen Spektralmaße und $\widehat{\mu}_\varphi$, $\widehat{\mu}_\psi$ deren Erwartungswerte, so ist es naheliegend, die Verteilung μ der Beobachtungswerte der Observablen A im statistischen Gemisch in der Form

$$\mu := p\,\mu_\varphi + q\,\mu_\psi$$

anzusetzen mit Erwartungswert

$$(*) \qquad \widehat{\mu} = p\,\widehat{\mu}_\varphi + q\,\widehat{\mu}_\psi = p\,\langle\varphi, A\varphi\rangle + q\,\langle\psi, A\psi\rangle\,.$$

Aus der letzten Formel entnehmen wir: *Echte statistische Gemische sind keine Vektorzustände, insbesondere keine kohärenten Überlagerungen.* Denn es gibt keinen Vektor η mit $\|\eta\| = 1$, so daß $\widehat{\mu}_\eta = p\,\widehat{\mu}_\varphi + q\,\widehat{\mu}_\psi$, d.h.

$$\langle\eta, A\eta\rangle = p\langle\varphi, A\varphi\rangle + q\langle\psi, A\psi\rangle$$

für jede beschränkte Observable A gilt ($\boxed{\text{ÜA}}$, betrachten Sie $A = P_\eta$).

(c) Dem Zustand des oben genannten statistischen Gemischs soll ein Operator W so zugeordnet werden, daß sich Vektorzustände P_φ als Spezialfall unterordnen. Dies soll vor allem die Formel für die Erwartungswerte betreffen. Dazu beachten wir, daß $P_\varphi = |\,\varphi\,\rangle\langle\,\varphi\,|$ ein positiver Spurklasseoperator mit Spur 1 ist und daß nach 6.2

$$\widehat{\mu}_\varphi = \langle\varphi, A\varphi\rangle = \operatorname{tr}(AP_\varphi)$$

für jede Observable A gilt.

Der Ansatz

$$W := p\,|\,\varphi\,\rangle\langle\,\varphi\,| + q\,|\,\psi\,\rangle\langle\,\psi\,|$$

zur Beschreibung des Zustands unseres statistischen Gemischs leistet das Gewünschte:

(d) SATZ. *W ist ein positiver Spurklasseoperator mit*

$$\operatorname{tr}(AW) = p\langle \varphi, A\varphi\rangle + q\langle \psi, A\psi\rangle = p\,\widehat{\mu}_\varphi + q\,\widehat{\mu}_\psi$$

für alle symmetrischen Operatoren $A \in \mathscr{L}(\mathscr{H})$. *Für* $A = \mathbb{1}$ *folgt insbesondere*

$$\operatorname{tr} W = 1.$$

BEWEIS.
Aus $Wu = p\langle \varphi, u\rangle\varphi + q\langle \psi, u\rangle\psi$ folgt $\dim \operatorname{Bild} W = 2$ und

$$\langle u, Wu\rangle = p\,|\langle \varphi, u\rangle|^2 + q\,|\langle \psi, u\rangle|^2 \geq 0.$$

Als positiver Operator endlichen Rangs gehört W also zur Spurklasse $\mathcal{T}$ und ist insbesondere kompakt. Also gibt es eine ONB v_1, v_2 für Bild W und zugehörige Eigenwerte $\lambda_1 > \lambda_2 > 0$ mit

$$W = \lambda_1\,|\,v_1\,\rangle\langle\,v_1\,| + \lambda_2\,|\,v_2\,\rangle\langle\,v_2\,|\,.$$

Wir ergänzen v_1, v_2 durch ein vollständiges ONS $v_3, v_4, \ldots$ von Kern W zu einem vollständigen ONS $v_1, v_2, \ldots$ für $\mathscr{H}$. Nach 6.2 gilt für $A \in \mathscr{L}(\mathscr{H})$

$$\begin{aligned}
\operatorname{tr}(AW) &= \langle v_1, AWv_1\rangle + \langle v_2, AWv_2\rangle \\
&= \langle v_1, A(p\langle \varphi, v_1\rangle\varphi + q\langle \psi, v_1\rangle\psi)\rangle + \langle v_2, A(p\langle \varphi, v_2\rangle\varphi + q\langle \psi, v_2\rangle\psi)\rangle \\
&= p\,(\langle \varphi, v_1\rangle\langle v_1, A\varphi\rangle + \langle \varphi, v_2\rangle\langle v_2, A\varphi\rangle) \\
&\quad + q\,(\langle \psi, v_1\rangle\langle v_1, A\psi\rangle + \langle \psi, v_2\rangle\langle v_2, A\psi\rangle) \\
&= p\,\langle \varphi, A\varphi\rangle + q\,\langle \psi, A\psi\rangle
\end{aligned}$$

nach der Parsevalschen Gleichung § 9 : 4.4 (c). Für $A = \mathbb{1}$ folgt

$$\operatorname{tr} T = p\,\langle \varphi, \varphi\rangle + q\,\langle \psi, \psi\rangle = p + q = 1.$$ □

6.4 Der allgemeine Zustandsbegriff

(a) Der Zustand eines quantenmechanischen Systems mit Systemhilbertraum $\mathscr{H}$ wird durch einen positiven Spurklasseoperator W mit $\operatorname{tr} W = 1$ (**Dichteoperator**) beschrieben. Nach 4.6 besitzt jeder Dichteoperator eine Darstellung

$$W = \sum_{k=1}^{\dim \mathscr{H}} p_k\,|\,v_k\,\rangle\langle\,v_k\,|\,,$$

wobei $v_1, v_2, \ldots$ ein vollständiges ONS für $\mathscr{H}$ aus Eigenvektoren von W zu den Eigenwerten $p_1, p_2, \ldots \in \mathbb{R}_+$ ist sowie (nach 6.1)

$$\sum_k p_k = 1 = \operatorname{tr} W\,.$$

Ist eine Observable durch einen symmetrischen Operator $A \in \mathscr{L}(\mathscr{H})$ beschrieben und sind μ_{v_1}, μ_{v_2} die zugehörigen Spektralmaße, so deuten wir deren Konvexkombination

$$\mu = \mu_W := \sum_k p_k \, \mu_{v_k}$$

als die Verteilung der Beobachtungswerte für A im Zustand W. Demgemäß ist

$$\widehat{\mu} = \sum_k p_k \, \widehat{\mu}_{v_k} = \sum_k p_k \langle v_k , A v_k \rangle = \operatorname{tr}(AW) .$$

(b) SATZ. *Seien* $u_1, u_2, \dots$ *Vektoren der Norm* 1 *und* $c_1, c_2, \dots$ *nichtnegative Zahlen mit* $\sum_{n=1}^{\infty} c_n = 1$. *Dann ist durch die normkonvergente Reihe*

$$W := \sum_{n=1}^{\infty} c_n \, | \, u_n \rangle \langle \, u_n \, |$$

ein Dichteoperator gegeben.

BEWEIS.
Für den Projektor $P_n = | \, u_n \rangle \langle \, u_n \, |$ vom Rang 1 gilt $\|P_n\| = 1$. Für die Partialsummen $S_m = \sum_{n=1}^{m} c_n \, | \, u_n \rangle \langle \, u_n \, |$ ist daher $\|S_{m+k} - S_m\| \le \sum_{n=m+1}^{m+k} c_n$.

Somit ist W nach 4.2 (b) kompakt.

Wegen $P_n \varphi = \langle u_n , \varphi \rangle u_n$ gilt $W \ge 0$, denn

$$\langle \varphi , W \varphi \rangle = \sum_{n=1}^{\infty} c_n \langle \varphi , u_n \rangle \langle u_n , \varphi \rangle = \sum_{n=1}^{\infty} c_n \, |\langle u_n , \varphi \rangle|^2 \ge 0 .$$

Für jedes vollständige ONS $\varphi_1, \varphi_2, \dots$ folgt mit dem Umordnungssatz und der Parsevalschen Gleichung

$$\begin{aligned} \sum_{k=1}^{\infty} \langle \varphi_k , W \varphi_k \rangle &= \sum_{n=1}^{\infty} c_n \sum_{k=1}^{\infty} |\langle u_n , \varphi_k \rangle|^2 = \sum_{n=1}^{\infty} c_n \|u_n\|^2 \\ &= \sum_{n=1}^{\infty} c_n = 1 . \end{aligned}$$

□

(c) BEMERKUNGEN. (i) Durch die Überlegungen 6.3 wurde der allgemeine Zustandsbegriff allenfalls plausibel gemacht. Daß der Ansatz 6.4 vom Grundlagenstandpunkt aus zwingend ist, wurde 1953 von GLEASON gezeigt, Näheres dazu in [139] 2–2.

(ii) Die Frage, ob alle Dichteoperatoren möglichen Zuständen eines konkreten quantenmechanischen Systems entsprechen, soll uns hier nicht beschäftigen. Wir kommen in § 25 : 4.7, 4.8 darauf zurück.

6.5 Ideale Messungen

Gegeben sei ein symmetrischer Operator A mit nichtentartetem diskreten Spektrum, den wir in der Form

$$A = \sum_k \lambda_k P_k \quad \text{mit} \quad P_k = |\,\varphi_k\,\rangle\langle\,\varphi_k\,|$$

darstellen; dabei ist $\varphi_1, \varphi_2, \ldots$ ein vollständiges ONS, die λ_k sind paarweise verschieden und $\sigma(A) = \{\lambda_k \mid k \in \mathbb{N}\}$. Ob die Folge (λ_k) beschränkt ist (wie bisher immer angenommen) oder unbeschränkt sein darf wie in den nächsten Paragraphen, ist dabei unerheblich.

Führen wir für die durch A beschriebene Observable eine Messung durch, so bedeutet dies einen Eingriff ins System und bewirkt im allgemeinen eine Zustandsänderung. Wir studieren dies zunächst für den einfachsten Fall eines Vektorzustands $W = |\,\psi\,\rangle\langle\,\psi\,|$ mit $\|\psi\| = 1$. Da die Spektralschar nur Sprungstellen besitzt und nach 1.5 an den Stellen λ_k um P_k springt, erhalten wir für das Spektralmaß

$$\mu_\psi = \sum_k \|P_k\psi\|^2\,\delta_{\lambda_k} = \sum_k |\langle\,\varphi_k\,,\,\psi\,\rangle|^2\delta_{\lambda_k}\,.$$

Dies bedeutet, daß $\lambda_1, \lambda_2, \ldots$ die einzigen möglichen Meßwerte sind und daß im Zustand $W = |\,\psi\,\rangle\langle\,\psi\,|$ der Meßwert λ_k mit Wahrscheinlichkeit $\|P_k\psi\|^2$ anfällt.

Das **Reduktionsprinzip** der Quantenmechanik besagt, daß sich das System nach einer Messung eines Eigenwerts λ_k in einem Eigenzustand befindet. Demnach muß das System dann im Zustand P_k sein, da die Eigenräume eindimensional sind, und der Zustand kann sich bei nochmaliger Messung nicht mehr ändern.

Wir drücken die Wahrscheinlichkeit $\|P_k\psi\|^2$, im Zustand $W = |\,\psi\,\rangle\langle\,\psi\,|$ den Wert λ_k zu beobachten, auf andere Weise aus. Nach 6.1 gilt

$$\|P_k\psi\|^2 = \langle\,\psi\,,\,P_k\psi\,\rangle = \operatorname{tr}(P_k W)\,.$$

Sei nun das System vor der Messung im gemischten Zustand

$$W = \sum_n p_n\,|\,\psi_n\,\rangle\langle\,\psi_n\,|$$

mit $p_1, p_2, \ldots \in \mathbb{R}_+$, $\sum\limits_k p_k = 1$ und einem vollständigen ONS $\psi_1, \psi_2, \ldots$. Für das zum Zustand W und zur Observablen A gehörige Spektralmaß μ gilt dann nach 6.4 und der Rechnung oben

$$\begin{aligned}\mu &= \sum_n p_n \mu_{\psi_n} = \sum_n \sum_k p_n \|P_k\psi_n\|^2\delta_{\lambda_k} = \sum_k \Big(\sum_n p_n\,\|P_k\psi_n\|^2\Big)\,\delta_{\lambda_k}\\ &= \sum_k \Big(\sum_n p_n\,\langle\,\psi_n\,,\,P_k\psi_n\,\rangle\Big)\,\delta_{\lambda_k} = \sum_k \operatorname{tr}(P_k W)\,\delta_{\lambda_k}\,,\end{aligned}$$

d.h. der Wert λ_k hat auch hier die Wahrscheinlichkeit $\operatorname{tr}(P_k W)$. Daher haben wir den Zustand W' nach der Messung anzusetzen als

$$W' = \sum_k \operatorname{tr}(P_k W)\, P_k \,.$$

Um diese Gleichung umzuformen, testen wir den Operator $\operatorname{tr}(P_k W) P_k$ mit dem ONS $\varphi_1, \varphi_2, \dots$. Wir erhalten $\operatorname{tr}(P_k W) P_k \varphi_i = 0$ für $k \neq i$ und

$$\begin{aligned}
\operatorname{tr}(P_k W) P_k \varphi_k &= \operatorname{tr}(P_k W) \varphi_k = \sum_n p_n \langle \psi_n , P_k \psi_n \rangle \varphi_k \\
&= \sum_n p_n \langle \psi_n , \varphi_k \rangle \langle \varphi_k , \psi_n \rangle \varphi_k \\
&= \langle \varphi_k , \sum_n p_n \langle \psi_n , \varphi_k \rangle \psi_n \rangle \varphi_k \\
&= \langle \varphi_k , W \varphi_k \rangle \varphi_k = P_k W \varphi_k = P_k W P_k \varphi_k \,.
\end{aligned}$$

Wegen $P_k W P_k \varphi_i = 0$ für $i \neq k$ gilt somit

$$(*) \qquad W' = \sum_k P_k W P_k \,.$$

Unabhängig von den oben gemachten Annahmen heißt eine Messung *ideal*, wenn für den Zustand W vor der Messung und den Zustand W' nach der Messung eine Formel der Bauart $(*)$ gilt, wobei die P_k orthogonale Projektoren sind mit $P_i P_k = \delta_{ik} P_k$. Für solche folgt aus $(*)$ wegen der Stetigkeit der Projektoren und aus $P_i P_k = \delta_{ik} P_k$ [ÜA] : Der Zustand

$$W'' = \sum_i P_i W' P_i$$

nach einer nochmaligen Messung der Observablen A ist wieder W'.

Zur Diskussion des Meßprozesses bei entarteten oder kontinuierlichen Spektren aus physikalischer Sicht verweisen wir auf [158] Ch. III E.

§ 23 Unbeschränkte Operatoren

Vorkenntnisse. Maß und Integral (§ 19, § 20), Spektraltheorie beschränkter symmetrischer Operatoren (§ 21, § 22), Testfunktionen und Glättung von Funktionen (§ 10), Fouriertransformation auf $\mathscr{S}(\mathbb{R}^n)$ (§ 12 : 3). Einige Beispiele und Sätze beziehen sich auf die Theorie des Laplace–Operators auf Gebieten des $\mathbb{R}^n$ und erfordern zusätzliche, separat ausgewiesene Vorkenntnisse; sie können von nur an der Quantenmechanik interessierten Lesern übergangen werden.

1 Definitionen und Beispiele

1.1 Orts– und Impulsoperator auf dem Schwartzraum $\mathscr{S}$

Wir realisieren die Heisenbergsche Vertauschungsrelation $AB - BA = -i\mathbb{1}$ ($\hbar = 1$ gesetzt) durch das Operatorenpaar

$$P, Q : \mathscr{S} \to \mathscr{S}, \quad Pu := -iu', \quad Qu := x \cdot u \quad \text{für } u \in \mathscr{S}$$

auf dem Schwartz–Raum $\mathscr{S} = \mathscr{S}(\mathbb{R})$ der schnellfallenden Funktionen; dabei steht $x \cdot u$ für die Funktion $x \mapsto x \cdot u(x)$.

Diese Operatoren erfüllen in der Tat die Vertauschungsrelation

$$PQ - QP = -i\,\mathbb{1}_{\mathscr{S}},$$

denn für $u \in \mathscr{S}$ gilt

$$(PQu)(x) = -i\,\frac{d}{dx}(x\,u(x)) = -\,iu(x) - ix\,u'(x) = -\,iu(x) + (QPu)(x).$$

In § 18 : 4.5* wurde plausibel gemacht, warum P als Impulsoperator und Q als Ortsoperator eines spinlosen Teilchens mit einem Freiheitsgrad aufgefaßt werden.

Wir notieren einige typische Eigenschaften dieser Operatoren:

(a) *Der Definitionsbereich $\mathscr{S}$ ist ein dichter Teilraum von $\mathscr{H} = \mathrm{L}^2(\mathbb{R})$.*

(b) *P und Q sind symmetrisch:*

$$\langle u, Pv\rangle = \langle Pu, v\rangle, \quad \langle u, Qv\rangle = \langle Qu, v\rangle \quad \textit{für alle } u, v \in \mathscr{S}.$$

(c) *P und Q sind unbeschränkt.*

(e) *P und Q besitzen symmetrische Fortsetzungen.*

Nachweis der Eigenschaften (a)–(e):

(a) folgt aus § 20 : 8.5 (a) und $\mathrm{C}_c^\infty(\mathbb{R}) \subset \mathscr{S}$.

(b) Es gilt

$$\langle u, Qv\rangle = \int\limits_{-\infty}^{+\infty} \overline{u(x)}\,x\,v(x)\,dx = \int\limits_{-\infty}^{+\infty} \overline{x\,u(x)}\,v(x)\,dx = \langle Qu, v\rangle,$$

und partielle Integration ergibt

$$\langle u, Pv \rangle = -i \int_{\mathbb{R}} \overline{u}\, v'\, dx = i \int_{\mathbb{R}} \overline{u'}\, v\, dx = \int_{\mathbb{R}} \overline{-iu'}\, v\, dx = \langle Pu, v \rangle.$$

(c) Für $u_n(x) := \sqrt[4]{2n/\pi}\ \mathrm{e}^{-nx^2}$ gilt $\|u_n\| = 1$, $\|Pu_n\|^2 = \|u_n'\|^2 = n$ [ÜA], also $\|\widehat{u}_n\| = 1$, $\|Q\widehat{u}_n\|^2 = n$ nach § 12 : 3.

(d) Eine Fortsetzung $\overline{Q} : \mathcal{D} \to \mathscr{H}$ des Ortsoperators $Q : \mathscr{S} \to \mathscr{H}$ erhalten wir durch $\overline{Q}u = x{\cdot}u$ auf $\mathcal{D} = \{u \in \mathscr{H} \mid \int_{-\infty}^{+\infty} |x{\cdot}u(x)|^2\, dx < \infty\}$. Der Impulsoperator P läßt sich durch $\overline{P}u = -iu'$ auf den Teilraum

$$\mathrm{W}^1(\mathbb{R}) = \{\, u \in \mathrm{L}^2(\mathbb{R}) \mid u \text{ absolutstetig, } u' \in \mathrm{L}^2(\mathbb{R})\,\}$$

fortsetzen, vgl. § 8 : 3.1, 3.2. Wir zeigen später, daß die so definierten Fortsetzungen maximal symmetrisch sind, d.h. ihrerseits keine echten symmetrischen Fortsetzungen besitzen.

1.2 Vertauschungsrelation und unbeschränkte Operatoren

Typisch für die Quantenmechanik ist das Auftreten von Observablenpaaren, welche die kanonische Vertauschungsrelation $AB - BA = -i\mathbb{1}$ erfüllen. Die dieser Relation genügenden Operatoren P und Q erwiesen sich als unbeschränkt. Daß die Vertauschungsrelation prinzipiell nicht durch beschränkte Operatoren, insbesondere nicht durch $n \times n$–Matrizen erfüllbar ist, besagt der folgende

Satz von Wintner (1929). *Für beschränkte Operatoren A, B auf einem normierten Raum kann die Gleichung $AB - BA = \alpha\mathbb{1}$ nur für $\alpha = 0$ gelten.*

Beweis nach Wielandt (1949).

Aus $AB - BA = \alpha\mathbb{1}$ folgt

$$A^2B - BA^2 = A(AB - BA) + (AB - BA)A = 2\alpha A\,,$$
$$A^3B - BA^3 = A(A^2B - BA^2) + (AB - BA)A^2 = 3\alpha A^2$$

und entsprechend durch Induktion

$$A^nB - BA^n = n\alpha A^{n-1} \quad \text{für alle } n \in \mathbb{N}.$$

Daraus ergibt sich

$$n \cdot |\alpha| \cdot \|A^{n-1}\| \le \|A^{n-1}\, AB\| + \|BA\, A^{n-1}\| \le 2\,\|A\| \cdot \|B\| \cdot \|A^{n-1}\|\,.$$

Im Fall $A^n \ne \mathbb{0}$ für alle $n \in \mathbb{N}$ folgt $n\,|\alpha| \le 2\|A\| \cdot \|B\|$ für alle $n \in \mathbb{N}$, also $\alpha = 0$.

Im Fall $A^m = \mathbb{0}$ und $A^{m-1} \ne \mathbb{0}$ für ein $m \in \mathbb{N}$ gilt $m\alpha A^{m-1} = A^mB - BA^m = \mathbb{0}$, also ebenfalls $\alpha = 0$. □

1.3 Lineare Operatoren

(a) Ein **linearer Operator** auf einem Hilbertraum $\mathscr{H}$ ist ein Paar $A = (\mathcal{D}, L)$, bestehend aus einem dichten Teilraum $\mathcal{D}$ von $\mathscr{H}$ und einer linearen Abbildung

$$L : \mathcal{D} \to \mathscr{H} .$$

Gleichheit zweier Operatoren $A_1 = (\mathcal{D}_1, L_1)$ und $A_2 = (\mathcal{D}_2, L_2)$ bedeutet im folgenden in erster Linie Gleichheit der Definitionsbereiche und dann natürlich auch der Operationsvorschriften:

$$\mathcal{D}_1 = \mathcal{D}_2 \quad \text{und} \quad L_1 u = L_2 u \quad \text{für alle} \quad u \in \mathcal{D}_1 = \mathcal{D}_2 .$$

Daß der Definitionsbereich eine entscheidende Rolle spielen wird, hat folgenden Grund: Dieselbe Operationsvorschrift L (z.B. $u \mapsto -\Delta u$) kann je nach Definitionsbereich Operatoren mit ganz verschiedenen Eigenschaften liefern, wie wir in den folgenden Beispielen vorführen.

Meist werden wir bequemlichkeitshalber dem in der Literatur üblichen, nicht ganz konsequenten Sprachgebrauch folgen: Ein linearer Operator A ist gegeben durch seinen **Definitionsbereich** $\mathcal{D}(A)$ und die Vorschrift

$$A : \mathcal{D}(A) \to \mathscr{H}, \quad u \mapsto Au .$$

Von besonderem Interesse sind **symmetrische Operatoren** A, gekennzeichnet durch

$$\langle u, Av \rangle = \langle Au, v \rangle \quad \text{für} \quad u, v \in \mathcal{D}(A) .$$

(b) Beispiele. Auf $\mathscr{H} = \mathrm{L}^2\,[a,b]$ betrachten wir die Operatoren A_0, A_1, A_2, A_3 mit der Operationsvorschrift

$$L = -\Delta : u \mapsto -u''$$

und den Definitionsbereichen

$$\mathcal{D}(A_0) = \mathrm{C}_c^\infty(]a,b[),$$

$$\mathcal{D}(A_1) = \mathrm{C}_0^2\,[a,b] := \left\{ u \in \mathrm{C}^2\,[a,b] \mid u(a) = u(b) = 0 \right\},$$

$$\mathcal{D}(A_2) = \mathrm{C}_{\text{per}}^2\,[a,b] := \left\{ u \in \mathrm{C}^2\,[a,b] \mid u(a) = \mathrm{e}^{i\varphi}\, u(b)\,,\ u'(a) = \mathrm{e}^{i\varphi}\, u'(b) \right\}$$

mit einer festen Zahl $\varphi \in \mathbb{R}$,

$$\mathcal{D}(A_3) = \mathrm{C}^2\,[a,b] .$$

A_0 heißt der minimale Laplace–Operator auf $[a,b]$, A_1 ist im wesentlichen der Hamilton–Operator eines in $]a,b[$ eingesperrten Teilchens mit einem Freiheitsgrad und A_2 tritt im Zusammenhang mit periodischen Bewegungen bzw. Bewegungen eines Teilchens in einer Raumrichtung eines Kristallgitters auf. A_3 hat keine physikalische Bedeutung.

Wir machen uns zunächst klar, daß A_0, A_1, A_2, A_3 lineare Operatoren sind. Hierzu ist zu zeigen, daß sie **dicht definiert**, d.h. daß ihre Definitionsbereiche dicht in $\mathscr{H}$ sind. Dies folgt für A_0 aus § 20 : 8.5 (a) und für die anderen Operatoren wegen $\mathcal{D}(A_0) \subset \mathcal{D}(A_k)$ für $k = 1, 2, 3$.

Die Operatoren A_1, A_2, A_3 sind zwar Fortsetzungen von A_0, unterscheiden sich aber in folgenden Punkten:

A_0 und A_1 sind injektiv, $\operatorname{Kern} A_2 = \{ u \in \mathcal{D}(A_2) \mid u'' = 0 \}$ ist für $\varphi = 0$ eindimensional, und $\operatorname{Kern} A_3$ ist zweidimensional.

A_0, A_1 und A_2 sind symmetrisch ($\boxed{\text{ÜA}}$, zweimalige partielle Integration).

A_3 ist nicht symmetrisch ($\boxed{\text{ÜA}}$, betrachten Sie $u(x) = 1$, $v(x) = x^2$).

Weitere wesentliche Unterschiede zwischen A_1 und A_2 werden in 3.6 (a) diskutiert.

(c) Wir betrachten im folgenden mehrfach den Raum

$$\mathscr{H} \times \mathscr{H} = \{ (u_1, u_2) \mid u_1, u_2 \in \mathscr{H} \}$$

mit der Vektorraumoperation

$$\alpha(u_1, u_2) + \beta(v_1, v_2) = (\alpha u_1 + \beta v_1, \alpha u_2 + \beta v_2).$$

Ausgestattet mit dem Skalarprodukt

$$\langle (u_1, u_2), (v_1, v_2) \rangle_{\mathscr{H} \times \mathscr{H}} := \langle u_1, v_1 \rangle + \langle u_2, v_2 \rangle$$

und der zugehörigen Norm

$$\|(u_1, u_2)\|_{\mathscr{H} \times \mathscr{H}} = \left(\|u_1\|^2 + \|u_2\|^2 \right)^{1/2}$$

ist $\mathscr{H} \times \mathscr{H}$ ein Hilbertraum $\boxed{\text{ÜA}}$.

Der **Graph** $\mathcal{G}(A)$ eines Operators A,

$$\mathcal{G}(A) := \{ (u, Au) \mid u \in \mathcal{D}(A) \},$$

ist offenbar ein Teilraum von $\mathscr{H} \times \mathscr{H}$.

Zwei Operatoren A, B sind genau dann gleich, wenn ihre Graphen als Mengen gleich sind: $\mathcal{G}(A) = \mathcal{G}(B)$.

1.4 Fortsetzung von Operatoren

(a) Ein Operator $A_2 = (\mathcal{D}_2, L_2)$ heißt eine Fortsetzung des Operators $A_1 = (\mathcal{D}_1, L_1)$, wenn $\mathcal{D}_1 \subset \mathcal{D}_2$ und $L_2 u = L_1 u$ für $u \in \mathcal{D}_1$ gilt. Für die Graphen bedeutet dies $\mathcal{G}(A_1) \subset \mathcal{G}(A_2)$. Wir schreiben hierfür kurz

$$A_1 \subset A_2 .$$

Für die in 1.3 (b) beschriebenen Operatoren gilt $A_0 \subset A_1$, $A_2 \subset A_3$. Dagegen gilt weder $A_1 \subset A_2$ noch $A_2 \subset A_1$ [ÜA].

(b) Ist ein Operator $A = (\mathcal{D}, L)$ beschränkt, so besitzt er eine eindeutig bestimmte Fortsetzung zu einem beschränkten Operator $\overline{A} \in \mathscr{L}(\mathscr{H})$, vgl. § 21 : 2.9. Unbeschränkte Operatoren lassen sich dagegen auf verschiedene Weise fortsetzen, vgl. 1.3 (b).

(c) Von besonderem Interesse sind symmetrische Fortsetzungen symmetrischer Operatoren. Ohne Beweis sei mitgeteilt, daß jeder symmetrische Operator A mindestens eine **maximal symmetrische** Fortsetzung B besitzt, d.h. es gibt wenigstens einen symmetrischen Operator B, der seinerseits keine echte symmetrische Fortsetzung besitzt, siehe [132, II] X.3, [133] Nr. 123.

Ein unbeschränkter Operator läßt sich nicht zu einem auf dem ganzen Raum $\mathscr{H}$ definierten symmetrischen Operator fortsetzen. Dies besagt der

Satz von Hellinger und Toeplitz (1910). *Ein symmetrischer Operator A mit $\mathcal{D}(A) = \mathscr{H}$ ist beschränkt.*

Beweis.

Angenommen, $A : \mathscr{H} \to \mathscr{H}$ ist symmetrisch und unbeschränkt. Dann gibt es Vektoren $v_n \in \mathscr{H}$ mit $\|v_n\| = 1$ und $\|Av_n\| \to \infty$. Wir betrachten die Folge von linearen Funktionalen

$$L_n : u \mapsto \langle Av_n \, , u \rangle = \langle v_n \, , Au \rangle \, .$$

Wegen $|L_n u| \leq \|v_n\| \cdot \|Au\| = \|Au\|$ sind diese punktweise beschränkt, also normbeschränkt (§ 21 : 4.3). Mit $\|L_n\| = \|Av_n\| \to \infty$ für $n \to \infty$ ergibt sich ein Widerspruch. □

1.5 Unbeschränkte Multiplikatoren

(a) **Multiplikatoren im ℓ^2.** *Für jede komplexe Zahlenfolge $a = (a_1, a_2, \dots)$ ist durch*

$$\mathcal{D}(M_a) := \left\{ x = (x_1, x_2, \dots) \in \ell^2 \;\middle|\; \sum_{k=1}^{\infty} |a_k|^2 \cdot |x_k|^2 < \infty \right\} ,$$

$$M_a \,:\, x = (x_1, x_2, \dots) \longmapsto (a_1 x_1, a_2 x_2, \dots)$$

ein linearer Operator M_a definiert, denn $\mathcal{D}(M_a)$ enthält offensichtlich den in ℓ^2 dichten Teilraum $\ell_0^2 = \operatorname{Span}\{e_1, e_2, \dots\}$.

Dieser Operator ist nach § 21 : 2.6 genau dann überall definiert und damit beschränkt, wenn die Folge (a_n) beschränkt ist.

(b) **Multiplikatoren in $\mathrm{L}^2(\Omega, \mu)$.** *Sei $(\Omega, \mathcal{A}, \mu)$ ein σ-endlicher Maßraum und $v : \Omega \to \mathbb{C}$ eine beliebige $\mathcal{A}$-meßbare Funktion. Dann ist durch*

$$\mathcal{D}(M_v) := \left\{u \in \mathrm{L}^2(\Omega, \mu) \mid v \cdot u \in \mathrm{L}^2(\Omega, \mu)\right\}$$

und die Vorschrift $u \mapsto v \cdot u$ ein linearer Operator M_v auf $\mathrm{L}^2(\Omega, \mu)$ definiert.

Nach § 21 : 2.7 ist dieser genau dann unbeschränkt, wenn $v \notin \mathrm{L}^\infty(\Omega, \mu)$.

Daß $\mathcal{D}(M_v)$ dicht in $\mathrm{L}^2(\Omega, \mu)$ liegt, ergibt sich wie folgt: Für $n = 1, 2, \ldots$ sei

$$B_n := \left\{ |v| \le n \right\} = \left\{ \omega \in \Omega \;\middle|\; |v(\omega)| \le n \right\} \in \mathcal{A}.$$

Für eine gegebene Funktion $u \in \mathrm{L}^2(\Omega, \mu)$ und $u_n := u \cdot \chi_{B_n}$ gilt

$$|u_n|^2 \le |u|^2 \quad \text{und} \quad |v \cdot u_n|^2 \le n^2 \, |u|^2 ,$$

also $u_n,\ v \cdot u_n \in \mathrm{L}^2(\Omega, \mu)$ und somit $u_n \in \mathcal{D}(M_v)$. Nach Konstruktion besitzt die Funktionenfolge $(|u - u_n|^2)$ die Majorante $|u|^2$ und konvergiert punktweise gegen Null. Daher gilt $\|u - u_n\|^2 \to 0$ nach dem Satz von der majorisierten Konvergenz § 20 : 5.2. □

2 Abgeschlossene Operatoren

2.1 Der Abschluß eines symmetrischen Operators

(a) Im folgenden stellen wir lineare Operatoren in der vereinfachten Form

$$A : \mathcal{D}(A) \to \mathscr{H}, \quad u \mapsto Au$$

dar, siehe 1.3 (a). Für einen symmetrischen Operator A mit Definitionsbereich $\mathcal{D}(A)$ konstruieren wir eine Fortsetzung $\overline{A}$ durch Grenzübergang:

Wir legen den Definitionsbereich $\mathcal{D}(\overline{A})$ fest durch

$$u \in \mathcal{D}(\overline{A}) \; : \Longleftrightarrow \; \begin{cases} \text{Es gibt eine Folge } (u_n) \text{ in } \mathcal{D}(A) \text{ mit } u = \lim\limits_{n\to\infty} u_n, \\ \text{für welche die Folge } (Au_n) \text{ konvergiert.} \end{cases}$$

Für $u \in \mathcal{D}(\overline{A})$ und eine Folge (u_n) der genannten Art setzen wir

$$\overline{A}u := \lim_{n\to\infty} Au_n .$$

SATZ. *Durch diese Vorschrift ist eine symmetrische Fortsetzung $\overline{A}$ von A definiert. Der Graph von $\overline{A}$ ist der Abschluß des Graphen von A in $\mathscr{H} \times \mathscr{H}$.*

Wir nennen $\overline{A}$ den **Abschluß** von A. Durch Abschließung entstandene Operatoren haben ausgezeichnete Eigenschaften, die wir in 2.2 diskutieren. Weitere Anmerkungen folgen in 2.3, Beispiele werden in Abschnitt 3 gegeben.

BEWEIS.

(i) *Wohldefiniertheit von $\overline{A}$.* Seien $(u_n), (v_n)$ Folgen in $\mathcal{D}(A)$, so daß

$$u = \lim_{n\to\infty} u_n = \lim_{n\to\infty} v_n , \quad g = \lim_{n\to\infty} Au_n , \quad h = \lim_{n\to\infty} Av_n$$

existieren.

Zu zeigen ist $g = h$. Nach dem Fundamentallemma § 9 : 3.2 genügt es nachzuweisen, daß $g - h$ orthogonal zu dem in $\mathscr{H}$ dichten Teilraum $\mathcal{D}(A)$ ist.

Sei $v \in \mathcal{D}(A)$. Wegen der Symmetrie von A, der Stetigkeit des Skalarprodukts und wegen $\lim\limits_{n\to\infty} (u_n - v_n) = 0$ ergibt sich

$$\langle v, g - h \rangle = \lim_{n\to\infty} \langle v, A(u_n - v_n) \rangle = \lim_{n\to\infty} \langle Av, u_n - v_n \rangle = 0 .$$

(ii) *Die Linearität und die Symmetrie von* $\overline{A}$ folgen direkt aus der Definition von $\overline{A}$ und der Stetigkeit des Skalarprodukts $\boxed{\text{ÜA}}$.

(iii) $\overline{A}$ *ist eine Fortsetzung von* A *und daher dicht definiert*, denn für $u \in \mathcal{D}(A)$ hat die konstante Folge $u_n = u$ die Eigenschaften $\lim\limits_{n\to\infty} u_n = u$, $\lim\limits_{n\to\infty} Au_n = Au$. Es folgt $u \in \mathcal{D}(\overline{A})$ und $\overline{A}u = Au$.

(iv) $\mathcal{G}(\overline{A})$ *ist der Abschluß von* $\mathcal{G}(A)$ *in* $\mathscr{H} \times \mathscr{H}$. Dies liegt daran, daß eine Folge (u_n, v_n) in $\mathscr{H} \times \mathscr{H}$ genau dann gegen (u, v) konvergiert, wenn $u_n \to u$ und $v_n \to v$ in $\mathscr{H}$. Daher gilt $(u, v) \in \overline{\mathcal{G}(A)}$ genau dann, wenn es eine Folge (u_n) in $\mathcal{D}(A)$ gibt mit $u_n \to u$, $Au_n \to v$ für $n \to \infty$. Dies heißt aber gerade $u \in \mathcal{D}(\overline{A})$ und $v = \overline{A}u$, d.h. $(u, v) \in \mathcal{G}(\overline{A})$. □

(b) Ein Operator A heißt **abschließbar**, wenn folgendes gilt: Sind $(u_n), (v_n)$ Folgen in $\mathcal{D}(A)$ mit demselben Limes u und konvergieren die Folgen (Au_n), (Av_n), so ist $\lim\limits_{n\to\infty} Au_n = \lim\limits_{n\to\infty} Av_n$. Wir können dann den **Abschluß** $\overline{A}$ wie oben definieren:

$$u \in \mathcal{D}(\overline{A}), \quad \overline{A}u = v \;:\Longleftrightarrow\; \begin{cases} \text{Es gibt eine Folge } (u_n) \text{ in } \mathcal{D}(A) \\ \text{mit } u = \lim\limits_{n\to\infty} u_n, \ v = \lim\limits_{n\to\infty} Au_n . \end{cases}$$

Wie in (a) folgt: $\mathcal{G}(\overline{A})$ *ist der Abschluß von* $\mathcal{G}(A)$ *in* $\mathscr{H} \times \mathscr{H}$.

Nicht jeder Operator ist abschließbar.

Das zeigt das folgende Beispiel: Sei $\mathscr{H} = \mathrm{L}^2[0,2]$ und $0 \neq h \in \mathscr{H}$. Für $v \in \mathcal{D}(A) := \mathrm{C}[0,2]$ sei $Av := v(0)\, h$. Für die Funktion $u := \chi_{[0,1]} \in \mathscr{H} \setminus \mathcal{D}(A)$ gibt es stetige Funktionen u_n, v_n mit $\lim\limits_{n\to\infty} u_n = u = \lim\limits_{n\to\infty} v_n$ und $u_n(0) = 1$, $v_n(0) = 0$ ($\boxed{\text{ÜA}}$, Skizze). Für diese gilt $Au_n = h$, $Av_n = 0 \neq h$.

Der Beweis der folgenden Aussagen sei den Lesern zur Einübung der Begriffe nahegelegt.

(c) *Für abschließbare Operatoren gilt*

$$A \subset B \implies \overline{A} \subset \overline{B} .$$

(d) *Sei* A *abschließbar und* T *ein beschränkter Operator. Wir definieren* $A + T$ *durch*

$$(A + T)u := Au + Tu \quad \textit{für } u \in \mathcal{D}(A + T) := \mathcal{D}(A) .$$

Dann ist $A+T$ abschließbar, und es gilt

$$\overline{A+T} = \overline{A}+T\,, \quad \mathcal{D}(\overline{A+T}) = \mathcal{D}(\overline{A})\,.$$

Insbesondere ist für jeden symmetrischen Operator A und für $\lambda \in \mathbb{C}$ der auf $\mathcal{D}(A)$ definierte Operator $A-\lambda : u \mapsto Au - \lambda u$ abschließbar mit

$$\overline{A-\lambda} = \overline{A}-\lambda\,.$$

2.2 Abgeschlossene Operatoren und Graphennorm

(a) Ein Operator A heißt **abgeschlossen**, wenn der Graph von A in $\mathscr{H} \times \mathscr{H}$ abgeschlossen ist, d.h. wenn folgendes gilt:

Existieren für eine Folge (u_n) in $\mathcal{D}(A)$ die Limites $u = \lim\limits_{n\to\infty} u_n$, $v = \lim\limits_{n\to\infty} Au_n$, so folgt $u \in \mathcal{D}(A)$ und $Au = v$.

(b) Beispiele. (i) Für einen abschließbaren Operator A ist $\overline{A}$ abgeschlossen, da $\mathcal{G}(\overline{A}) = \overline{\mathcal{G}(A)}$ abgeschlossen in $\mathscr{H} \times \mathscr{H}$ ist.

(ii) Jeder Operator $T \in \mathscr{L}(\mathscr{H})$ ist abgeschlossen. (iii) Die in 1.5 (b) definierten Multiplikatoren M_v sind abgeschlossen. Denn sei (u_n) eine Folge in $\mathcal{D}(M_v)$, für welche die Grenzwerte

$$u = \lim_{n\to\infty} u_n\,, \quad w = \lim_{n\to\infty} M_v u_n = \lim_{n\to\infty} v\, u_n$$

existieren. Nach § 20 : 7.2 gibt es eine Teilfolge $(u_{n_k})_k$ mit

$$u(\omega) = \lim_{k\to\infty} u_{n_k}(\omega) \quad \mu\text{–f.ü.}$$

$$w(\omega) = \lim_{k\to\infty} v(\omega)\, u_{n_k}(\omega) \quad \mu\text{–f.ü.}$$

Es folgt $v(\omega)\,u(\omega) = \lim\limits_{k\to\infty} v(\omega)\,u_{n_k}(\omega) = w(\omega)$ μ–f.ü., d.h. $u \in \mathrm{L}^2(\Omega,\mu)$, $v\,u = w \in \mathrm{L}^2(\Omega,\mu)$ und damit $u \in \mathcal{D}(M_v)$, $w = M_v u$.

(iv) [ÜA] Zeigen Sie: Die in 1.5 (a) definierten Multiplikatoren auf ℓ^2 sind abgeschlossen.

(c) Für einen Operator $A : \mathcal{D}(A) \to \mathscr{H}$ ist durch

$$\langle u, v\rangle_A := \langle u, v\rangle + \langle Au, Av\rangle$$

offensichtlich ein Skalarprodukt auf $\mathcal{D}(A)$ gegeben. Die zugehörige Norm $\|\cdot\|_A$ heißt die **Graphennorm** von A. Bezüglich dieser Norm ist A ein stetiger Operator, genauer:

$$T : (\mathcal{D}(A), \|\cdot\|_A) \mapsto (\mathscr{H}, \|\cdot\|)\,, \quad u \mapsto Au$$

ist stetig mit $\|T\| \le 1$ und $\|T\| = 1$, falls A unbeschränkt ist [ÜA].

(d) SATZ. *Ein Operator A ist genau dann abgeschlossen, wenn $\mathcal{D}(A)$ bezüglich des zur Graphennorm gehörigen Skalarprodukts ein Hilbertraum ist.*

Ein abgeschlossener Operator vermittelt also eine beschränkte lineare Abbildung zwischen den Hilberträumen $(\mathcal{D}(A), \|\cdot\|_A)$ und $(\mathscr{H}, \|\cdot\|)$.

BEWEIS.
Wir bezeichnen das Skalarprodukt in $\mathscr{H} \times \mathscr{H}$ mit $\langle\,\cdot\,,\,\cdot\,\rangle_{\mathscr{H}\times\mathscr{H}}$ und die zugehörige Norm mit $\|\cdot\|_{\mathscr{H}\times\mathscr{H}}$. Offenbar ist die Abbildung

$$U : (\mathcal{D}(A), \|\cdot\|_A) \rightarrow (\mathcal{G}(A), \|\cdot\|_{\mathscr{H}\times\mathscr{H}}), \quad u \mapsto (u, Au)$$

bijektiv und wegen der Linearität von A linear. Nach Definition der Graphennorm ist sie ferner isometrisch, also insgesamt unitär. Somit ist $(\mathcal{D}(A), \|\cdot\|_A)$ genau dann vollständig, wenn $(\mathcal{G}(A), \|\cdot\|_{\mathscr{H}\times\mathscr{H}})$ vollständig, d.h. abgeschlossen in $\mathscr{H} \times \mathscr{H}$ ist, vgl. § 9 : 2.1. □

(e) FOLGERUNG. *Ist ein abgeschlossener Operator*

$$A : \mathcal{D}(A) \rightarrow \mathscr{H}$$

bijektiv, so ist $A^{-1} : \mathscr{H} \rightarrow \mathcal{D}(A)$ beschränkt.

Diese Folgerung bildet die Grundlage für die Übertragung der Sätze über Spektrum und Resolvente auf abgeschlossene unbeschränkte Operatoren, Näheres in Abschnitt 5.

BEWEIS.
Nach dem Satz § 21 : 3.1 (a) über stetige Inverse gibt es eine Konstante $C \geq 0$ mit

$$\left\|A^{-1}u\right\|_A \leq C\,\|u\|$$

für alle $u \in \mathscr{H}$. (Beachten Sie, daß Bild $A^{-1} = \mathcal{D}(A)$.) Es folgt

$$\left\|A^{-1}u\right\|^2 \leq \left\|A^{-1}u\right\|^2 + \|u\|^2 = \left\|A^{-1}u\right\|_A^2 \leq C^2\|u\|^2$$

für alle $u \in \mathscr{H}$. □

2.3 Gene abgeschlossener Operatoren

(a) Sei A ein abgeschlossener Operator. Jeder Operator B mit $\overline{B} = A$ heißt ein **Gen** für A; sein Definitionsbereich $\mathcal{D}(B)$ heißt **Genbereich** (engl. **core** = Kern, Kernstück) für A.

Zwei Operatoren B, C heißen **wesentlich gleich**, wenn sie abschließbar sind und wenn $\overline{B} = \overline{C}$ gilt.

Folgende Aussagen über einen Operator B sind äquivalent:

(i) *B ist ein Gen für den abgeschlossenen Operator A,*

(ii) *$\mathcal{G}(A)$ ist der Abschluß von $\mathcal{G}(B)$ in $\mathscr{H} \times \mathscr{H}$,*

(iii) *$B \subset A$ und $\mathcal{D}(B)$ liegt dicht in $\mathcal{D}(A)$ bezüglich der Graphennorm $\|\cdot\|_A$.*

Dies ergibt sich aus dem Vorangehenden.

(b) Bemerkungen. Die Namensgebung ist in der Literatur nicht einheitlich. Die von uns vorgeschlagene Wortwahl soll zum Ausdruck bringen, daß ein Gen eines abgeschlossenen Operators A bereits alle wesentlichen Informationen über die Eigenschaften von A bietet.

Im allgemeinen ist die explizite Bestimmung des Abschlusses eines konkret gegebenen Operators schwierig, wenn überhaupt möglich; denken Sie etwa an den Laplace–Operator $-\Delta$ auf einem Gebiet Ω des $\mathbb{R}^n$ mit dem natürlichen Definitionsbereich $\{u \in \mathrm{C}^2(\Omega) \cap \mathrm{C}(\overline{\Omega}) \mid u = 0 \text{ auf } \partial\Omega\}$. Für die Anwendung von Hilbertraummethoden auf Differentialgleichungen und für die mathematischen Grundlagen der Quantenmechanik genügt zunächst allein die Existenz des Abschlusses, um die Lösbarkeit bestimmter Gleichungen zu garantieren. Erst wenn spezielle Eigenschaften dieser Lösungen gefragt sind, z.B. Differenzierbarkeitseigenschaften im klassischen Sinn, muß der Definitionsbereich des Abschlusses genauer untersucht werden. Hierfür gibt es eine ganze Industrie (Theorie der Sobolew–Räume, Regularitätstheorie, siehe § 14, Abschnitt 6).

Für eine Reihe gewöhnlicher Differentialoperatoren läßt sich der Abschluß explizit bestimmen. Wir führen dies im nächsten Abschnitt aus, um Beispielmaterial auch für die nachfolgenden Begriffe zur Verfügung zu haben. Wie schon oben bemerkt wurde, ist die Bestimmung solcher Abschlüsse für den Fortgang der Theorie nicht unbedingt erforderlich.

3 Der Abschluß gewöhnlicher Differentialoperatoren

3.1 Der Raum $\mathbf{W}^1[a,b]$

Satz. *Für jedes kompakte Intervall $[a,b]$ ist der Raum*

$$\mathrm{W}^1[a,b] := \left\{u \in \mathrm{L}^2[a,b] \;\middle|\; u \text{ ist absolutstetig, } u' \in \mathrm{L}^2[a,b]\right\}$$

versehen mit dem Skalarprodukt

$$\langle u, v\rangle_1 = \langle u, v\rangle + \langle u', v'\rangle = \int_a^b \overline{u}\, v\, d\lambda + \int_a^b \overline{u}'\, v'\, d\lambda$$

ein Hilbertraum.

Die Konvergenz $\|u - u_n\|_1 \to 0$ impliziert die gleichmäßige Konvergenz $u_n \to u$ auf $[a,b]$.

Der Raum $\mathrm{C}^\infty[a,b]$ liegt bezüglich der Norm $\|\cdot\|_1$ dicht in $\mathrm{W}^1[a,b]$.

Folgerung. *Die Räume* $\mathrm{C}^\infty[a,b]$ *und* $\mathrm{C}^1[a,b]$ *sind Genbereiche für den abgeschlossenen Operator*

$$A : u \mapsto -iu' \quad mit \quad \mathcal{D}(A) = \mathrm{W}^1[a,b]\,.$$

Beweis.

(a) Sei (u_n) eine Cauchy–Folge in $\mathrm{W}^1[a,b]$. Wegen

$$\|u_m - u_n\|_1^2 = \|u_m - u_n\|^2 + \|u_m' - u_n'\|^2$$

sind (u_n), (u_n') Cauchy–Folgen in $\mathrm{L}^2\,[a,b]$, also gibt es Funktionen $u, v \in \mathrm{L}^2\,[a,b]$ mit

$$u_n \to u\,, \quad u_n' \to v \quad \text{im Quadratmittel.}$$

Nach dem Hauptsatz § 8 : 3.2 gilt

$$(*) \qquad u_n(x) - u_n(a) = \int_a^x u_n'\,d\lambda\,.$$

Für

$$f_n(x) := u_n(x) - u_n(a) = \int_a^x u_n'\,d\lambda\,, \quad f(x) := \int_a^x v\,d\lambda$$

gilt

$$|\,f(x) - f_n(x)\,| = \Big|\int_a^x (v - u_n')\,d\lambda\,\Big| \le \int_a^b 1 \cdot |\,v - u_n'\,|\,d\lambda$$
$$\le \sqrt{b-a}\cdot\|v - u_n'\|$$

nach der Cauchy–Schwarzschen Ungleichung, also gilt $f_n \to f$ gleichmäßig auf $[a,b]$. Es folgt $f_n \to f$ im Quadratmittel, also

$$u_n(a)\cdot\chi_{[a,b]} = u_n - f_n \to u - f \quad \text{im Quadratmittel.}$$

Dies ist nur möglich, wenn $\alpha := \lim\limits_{n\to\infty} u_n(a)$ existiert.

Damit haben wir die gleichmäßige Konvergenz $u_n(x) \to \alpha + f(x)$ auf $[a,b]$, also mit $(*)$

$$u(x) - \alpha = \lim_{n\to\infty} f_n(x) = \int_a^x v\,d\lambda\,.$$

Nach dem Hauptsatz folgt die Absolutstetigkeit von u, $\alpha = u(a)$ und $u' = v$.

Damit gilt $u \in \mathrm{W}^1[a,b]$ und $u_n(x) \to u(a) + f(x) = u(x)$ gleichmäßig auf $[a,b]$. Da daraus $\|u - u_n\| \to 0$ folgt und wegen $\|u_n' - v\| = \|u_n' - u'\| \to 0$ ergibt sich

$$\|u - u_n\|_1 \to 0 \quad \text{für } n \to \infty\,.$$

(b) Für $u \in \mathrm{W}^1[a,b]$ gilt $u' \in \mathrm{L}^2[a,b]$, also gibt es nach § 20 : 8.5 (a) Funktionen $\psi_n \in \mathrm{C}_c^\infty(]a,b[)$ mit $\|u' - \psi_n\| \to 0$. Wir setzen

$$\varphi_n(x) := u(a) + \int_a^x \psi_n \, d\lambda .$$

Dann gilt $\varphi_n \in \mathrm{C}^\infty[a,b]$ sowie $\varphi_n(x) \to u(a) + \int_a^x u' \, d\lambda = u(x)$ gleichmäßig auf $[a,b]$ und somit $\|u - \varphi_n\|_1 \to 0$ nach denselben Schlüssen wie oben.

(c) Die Norm $\|\cdot\|_1$ ist die Graphennorm von $A : u \mapsto -iu'$ auf $\mathrm{W}^1[a,b]$, daher ist A abgeschlossen nach 2.2 (d). Da $\mathrm{C}^\infty[a,b]$ und damit auch $\mathrm{C}^1[a,b]$ bezüglich dieser Norm dicht in $\mathcal{D}(A)$ liegen, folgen die übrigen Behauptungen aus 2.3 (a). □

3.2 Symmetrische Differentialoperatoren 1. Ordnung auf $[a, b]$

Der durch $\mathcal{D}(A) = \mathrm{W}^1[a,b]$, $Au = -iu'$ definierte Operator ist also abgeschlossen, aber nicht symmetrisch. Denn für $u, v \in \mathcal{D}(A)$ ergibt sich durch partielle Integration gemäß § 8 : 3.3

$$(*) \qquad \langle u, Av \rangle - \langle Au, v \rangle = i\left(\overline{u(b)}\,v(b) - \overline{u(a)}\,v(a)\right),$$

und für $u(x) = x - a$, $v(x) = 1$ ist die rechte Seite von Null verschieden.

Um einen symmetrischen Operator B mit der Vorschrift $u \mapsto -iu'$ zu erhalten, muß der Definitionsbereich von A eingeschränkt werden, z.B. durch Randbedingungen. Als notwendige Bedingung für die Symmetrie von B ergibt sich aus $(*)$ $\overline{u(b)}\,v(b) = \overline{u(a)}\,v(a)$ für $u, v \in \mathcal{D}(B)$, insbesondere $|u(a)| = |u(b)|$ für $u \in \mathcal{D}(B)$. Existiert daher ein $u \in \mathcal{D}(A)$ mit $u(b) \neq 0$, so gibt es ein $\varphi \in \mathbb{R}$ mit $u(a) = e^{i\varphi} u(b)$ und damit auch $v(a) = e^{i\varphi} v(b)$ für alle $v \in \mathcal{D}(B)$. Andernfalls gilt $u(a) = u(b) = 0$ für alle $u \in \mathcal{D}(B)$.

Soll also der Operator A allein durch Randbedingungen zu einem symmetrischen Operator eingeschränkt werden, so müssen diese entweder von der Form $u(a) = u(b) = 0$ oder von der periodischen Form $u(a) = e^{i\varphi} u(b)$ sein.

SATZ. (a) *Der Operator* $A_0 : u \mapsto -iu'$ *auf*

$$\mathcal{D}(A_0) = \mathrm{W}_0^1[a,b] := \left\{ u \in \mathrm{W}^1[a,b] \;\middle|\; u(a) = u(b) = 0 \right\}$$

ist symmetrisch und abgeschlossen. Ein Genbereich für A_0 *ist* $\mathrm{C}_c^\infty(]a,b[)$.

(b) *Der Operator* A_0 *besitzt unendlich viele symmetrische abgeschlossene Fortsetzungen: Für jede Zahl* $\varphi \in \,]-\pi, \pi]$ *ist der Operator* $P_{\mathrm{per}} : u \mapsto -iu'$ *mit*

$$\mathcal{D}(P_{\mathrm{per}}) = \mathcal{D}_\varphi := \left\{ u \in \mathrm{W}^1[a,b] \;\middle|\; u(a) = e^{i\varphi} u(b) \right\}$$

symmetrisch und abgeschlossen mit Genbereich $\{u \in \mathrm{C}^\infty[a,b] \mid u(a) = e^{i\varphi} u(b)\}$.

Bemerkungen. Dies sind die einzigen abgeschlossenen symmetrischen, in A enthaltenen Fortsetzungen von A_0, denn eine Fortsetzung kann nur durch Abschwächung der an $\mathcal{D}(A_0)$ gestellten Bedingungen, also der Randbedingungen geschehen. Hierfür kommen nach den oben angestellten Überlegungen nur noch die periodischen in Frage. In § 24 zeigen wir, daß jeder der Operatoren P_{per} maximal symmetrisch ist. Eine ausführliche Diskussion der Fortsetzungen von A_0 finden Sie in [132, II] X.1, example 1.

Beweis.

(i) *Symmetrie und Abgeschlossenheit.* Die Symmetrie der Operatoren A_0, P_{per} folgt unmittelbar aus $(*)$. Ist (u_n) eine Folge in $\mathcal{D}(A_0)$ (bzw. $\mathcal{D}(P_{\text{per}})$), für welche $u = \lim\limits_{n\to\infty} u_n$, $v = \lim\limits_{n\to\infty} u_n'$ im L^2–Sinn existieren, so folgt nach 3.1 erstens $u \in \mathrm{W}^1[a,b]$, $u' = v$ und zweitens $u(a) = u(b) = 0$ (bzw. $u(a) = \mathrm{e}^{i\varphi}\, u(b)$), da die u_n gleichmäßig gegen u konvergieren.

(ii) Wegen $\mathrm{C}_c^\infty(]a,b[) \subset \mathcal{D}(A_0)$ ist der Abschluß von $\mathrm{C}_c^\infty(]a,b[)$ bezüglich der Graphennorm von A_0 in der diesbezüglich abgeschlossenen Menge $\mathcal{D}(A_0)$ enthalten. Wir konstruieren zu gegebener Funktion $u \in \mathcal{D}(A_0)$ Testfunktionen φ_n mit $\|u-\varphi_n\|^2 + \|u'-\varphi_n'\|^2 = \|u-\varphi_n\|_{A_0} \to 0$ für $n \to \infty$.

Da $\mathrm{C}_c^\infty(]a,b[)$ in $\mathrm{L}^2\,[a,b]$ dicht ist, gibt es Funktionen $\psi_n \in \mathrm{C}_c^\infty(]a,b[)$ mit

$$\big\|u' - \psi_n\big\|^2 \;=\; \int_a^b |u' - \psi_n|^2\, d\lambda \;\to\; 0\,.$$

Mit der Cauchy–Schwarzschen Ungleichung ergibt sich die gleichmäßige Konvergenz

$$\Big|\, u(x) - \int_a^x \psi_n\, d\lambda \,\Big| \;=\; \Big|\, \int_a^x (u' - \psi_n)\, d\lambda \,\Big| \;\le\; \sqrt{b-a}\, \|u' - \psi_n\| \;\to\; 0$$

für $n \to \infty$; für $c_n := \int_a^b \psi_n\, d\lambda$ folgt insbesondere $\lim\limits_{n\to\infty} c_n = u(b) = 0$.

Durch

$$\Psi_n(x) \;=\; \int_a^x \psi_n\, d\lambda$$

sind C^∞–Funktionen gegeben, die in einer rechtsseitigen Umgebung von a verschwinden und in einer linksseitigen Umgebung von b konstant gleich c_n sind. Sind alle Ψ_n Testfunktionen, so setzen wir $\varphi_n := \Psi_n$ und erhalten $\|u - \varphi_n\| \to 0$. Andernfalls wählen wir ein Ψ_m mit $\Psi_m(b) \ne 0$, setzen $\eta := \Psi_m/\Psi_m(b)$ und definieren

$$\varphi_n \;:=\; \Psi_n - c_n\, \eta \;\in\; \mathrm{C}_c^\infty(]a,b[)\,.$$

Mit den Ψ_n konvergieren auch die φ_n gleichmäßig und damit im L^2–Sinn gegen u, und es gilt $\|u' - \varphi_n'\| \le \|u' - \psi_n\| + |c_n| \cdot \|\eta'\| \to 0$ für $n \to \infty$.

Der Rest des Beweises ergibt sich aus der Tatsache, daß P_{per} als Genbereich die Klasse $\{\, u \in \mathrm{C}^\infty[a,b] \;\big|\; u(a) = \mathrm{e}^{i\varphi}\, u(b) \,\}$ besitzt (Nachweis als nachfolgende Aufgabe). □

(c) Aufgabe. Zeigen Sie auf ähnliche Weise wie oben, daß

$$\left\{ u \in \mathrm{C}^\infty[a,b] \;\middle|\; u(a) = \mathrm{e}^{i\varphi}\, u(b) \right\} \text{ ein Genbereich für } P_{\text{per}} \text{ ist.}$$

3.3 Die Sobolew–Räume $\mathrm{W}^1(\mathbb{R}_+)$ und $\mathrm{W}^1(\mathbb{R})$

Satz. *Für jedes der Intervalle $I = \mathbb{R}_+$ bzw. $I = \mathbb{R}$ ist*

$$\mathrm{W}^1(I) := \left\{ u \in \mathrm{L}^2(I) \;\middle|\; u \text{ ist absolutstetig, } u' \in \mathrm{L}^2(I) \right\}$$

ein Hilbertraum mit dem Skalarprodukt

$$\langle u, v \rangle_1 = \langle u, v \rangle + \langle u', v' \rangle = \int_I \overline{u}\, v \, d\lambda + \int_I \overline{u}'\, v' \, d\lambda .$$

Für $u \in \mathrm{W}^1(I)$ gilt $\lim\limits_{|x| \to \infty} u(x) = 0$ und

$$\|u\|_\infty \le \|u\|_1 ,$$

also impliziert die Konvergenz $\|u - u_n\|_1 \to 0$ die gleichmäßige Konvergenz $u_n \to u$ auf I.

Der Raum $\mathrm{C}_c^\infty(\mathbb{R})$ liegt bezüglich der Norm $\|\cdot\|_1$ dicht in $\mathrm{W}^1(\mathbb{R})$.

Beweis.

(a) Sei (u_n) eine Cauchy–Folge in $(\mathrm{W}^1(I), \|\cdot\|_1)$. Dann sind $(u_n), (u_n')$ Cauchy–Folgen in $(\mathrm{L}^2(I), \|\cdot\|)$, also gibt es Funktionen $u, v \in \mathrm{L}^2(I)$ mit

$$\|u - u_n\| \to 0, \quad \|v - u_n'\| \to 0 \quad \text{für } n \to \infty .$$

Für jedes kompakte Intervall $J \subset I$ ist (u_n) auch eine Cauchy–Folge in $\mathrm{W}^1(J)$. Aus 3.1 erhalten wir daher die Absolutstetigkeit von u und $u' = v$ auf jedem kompakten Intervall, somit $u' = v \in \mathrm{L}^2(I)$ und

$$\|u - u_n\| \to 0, \quad \|u' - u_n'\| \to 0 .$$

(b) Es bleibt zu zeigen, daß u absolutstetig auf ganz I ist und im Unendlichen verschwindet. Wir betrachten hierzu der Einfachheit halber $I = \mathbb{R}_+$. Nach § 8 : 3.1 und dem Hauptsatz § 8 : 3.2 gilt

$$|u(x)|^2 = |u(0)|^2 + \int_0^x (\overline{u} \cdot u)' \, d\lambda = |u(0)|^2 + \int_0^x (\overline{u}' \cdot u + \overline{u} \cdot u') \, d\lambda$$

für alle $x \ge 0$. Somit existiert

$$\lim_{x \to \infty} |u(x)|^2 = |u(0)|^2 + \langle u', u \rangle + \langle u, u' \rangle .$$

Wegen $u \in \mathrm{L}^2(\mathbb{R}_+)$ muß dieser Limes Null sein. Zum Nachweis der Absolutstetigkeit von u auf $\mathbb{R}_+$ gemäß der Definition § 8 : 3.1 wählen wir zu gegebenem $\varepsilon > 0$ ein $R > 0$ mit $|u(x)| < \varepsilon$ für $x > R$ und nützen die Absolutstetigkeit von u auf $[0, R]$ aus ÜA.

Für $I = \mathbb{R}$ argumentieren wir entsprechend.

(c) Wie in (b) erhalten wir für $u \in \mathrm{W}^1(I)$

$$|u(x)|^2 = |u(y)|^2 + \int_y^x (\overline{u}' \cdot u + \overline{u} \cdot u')\, d\lambda .$$

Für $y \to \infty$ ergibt sich nach (b) und der Cauchy–Schwarzschen Ungleichung

$$|u(x)|^2 = \Big| \int_x^\infty (\overline{u}' \cdot u + \overline{u} \cdot u')\, d\lambda \Big| \le 2 \cdot \|u\| \cdot \|u'\| \le \|u\|^2 + \|u'\|^2$$

für alle $x \in I$, somit $\|u\|_\infty \le \|u\|_1$.

(d) Sei $u \in \mathrm{W}^1(\mathbb{R})$ und $\varepsilon > 0$ vorgegeben. Wir wählen ein $R > 0$ mit

$$|u(x)| \le \varepsilon \quad \text{für } |x| \ge R \quad \text{und} \quad \int_{|x| \ge R} \left(|u|^2 + |u'|^2\right) d\lambda < \varepsilon^2 .$$

Für

$$v(x) := \begin{cases} u(x) & \text{für} \quad -R \le x \le R, \\ u(R)\,(R + 1 - x) & \text{für} \quad R < x < R + 1, \\ u(-R)\,(x + R + 1) & \text{für} \quad -R - 1 < x < -R, \\ 0 & \text{sonst} \end{cases}$$

gilt dann ÜA $v \in \mathrm{W}^1(\mathbb{R})$ und $\|u - v\|_1 < 3 \cdot \sqrt{2} \cdot \varepsilon$. (Beachten Sie, daß $|u(x) - v(x)| \le 2\varepsilon$ und $|u'(x) - v'(x)| \le |u'(x)| + \varepsilon$ für $R < |x| < R + 1$.) Nach 3.2 (b) gibt es eine auf $]-R-1, R+1[$ lebende Testfunktion φ mit $\|v - \varphi\|_1 < \varepsilon$. Für diese gilt dann $\|u - \varphi\|_1 < 6\varepsilon$. □

3.4 Der Impulsoperator auf $\mathbf{W}^1(\mathbb{R})$

(a) *Der auf* $\mathrm{W}^1(\mathbb{R})$ *definierte Operator* $P : u \mapsto -iu'$ *ist abgeschlossen und symmetrisch. Genbereiche für* P *sind* $\mathrm{C}_c^\infty(\mathbb{R})$ *und* $\mathscr{S}$ (vgl. 1.1).

P heißt der (maximal definierte) **Impulsoperator** auf $\mathbb{R}$. Dieser dient zur Beschreibung des Impulses eines längs einer Geraden frei beweglichen Teilchens.

(b) *Der durch* $\mathcal{D}(A) := \mathrm{W}_0^1(\mathbb{R}_+) = \{u \in \mathrm{W}^1(\mathbb{R}_+) \mid u(0) = 0\}$ *und* $Au = -iu'$ *für* $u \in \mathcal{D}(A)$ *gegebene Differentialoperator* A *ist ebenfalls abgeschlossen und symmetrisch; ein Genbereich ist* $\mathrm{C}_c^\infty(\mathbb{R}_{>0})$.

Wie wir später sehen werden, entspricht diesem keine quantenmechanische Observable.

Beweis.

(a) Die Graphennorm von P ist gegeben durch $\|u\|_P^2 = \|u\|^2 + \|u'\|^2$. Nach 3.3 liegt $\mathrm{C}_c^\infty(\mathbb{R})$ bezüglich dieser Norm dicht in $\mathrm{W}^1(\mathbb{R})$.

Wegen $\mathrm{C}_c^\infty(\mathbb{R}) \subset \mathscr{S} \subset \mathrm{W}^1(\mathbb{R})$ ist daher auch $\mathscr{S}$ ein Genbereich für P. Da der auf $\mathscr{S}$ definierte Impulsoperator nach 1.1 symmetrisch ist, gilt dies nach 2.1 auch für den Abschluß.

(b) Die Symmetrie von A ergibt sich durch partielle Integration wegen der Randbedingungen $u(a) = 0$ und $\lim\limits_{x\to\infty} u(x) = 0$ für $u \in \mathcal{D}(A)$ [ÜA].

Ist (u_n) eine Cauchy–Folge in $(\mathcal{D}(A), \|\cdot\|_A)$, so gibt es nach 3.3 ein $u \in \mathrm{W}^1(\mathbb{R}_+)$ mit $\lim\limits_{n\to\infty} \|u - u_n\|_1 = 0$. Da (u_n) auf $\mathbb{R}_+$ gleichmäßig konvergiert, folgt $u(0) = \lim\limits_{n\to\infty} u_n(0) = 0$, also $u \in \mathcal{D}(A)$. Daß $\mathrm{C}_c^\infty(\mathbb{R}_{>0})$ ein Genbereich ist, ergibt sich wie im Beweis 3.3 (c) [ÜA]. □

3.5 Der Hamilton–Operator eines in $]a, b[$ eingesperrten Teilchens

(a) *Der Laplace–Operator*

$$-\Delta : u \mapsto -u''$$

mit Definitionsbereich

$$\begin{aligned} \mathcal{D}(-\Delta) &= \{\, u \in \mathrm{W}_0^1\,[a,b] \mid u' \in \mathrm{W}^1[a,b] \,\} \\ &= \{\, u \in \mathrm{C}^1[a,b] \mid u' \in \mathrm{W}^1[a,b]\,, \quad u(a) = u(b) = 0 \,\} \end{aligned}$$

ist abgeschlossen und symmetrisch.

(b) *Ein Genbereich für* $-\Delta$ *ist* $\mathrm{C}_0^2\,[a,b] = \{\, u \in \mathrm{C}^2\,[a,b] \mid u(a) = u(b) = 0 \,\}$.

Der Operator $H := -\frac{1}{2}\Delta$ wird als Hamilton–Operator eines in $]a,b[$ eingesperrten Teilchens mit einem Freiheitsgrad aufgefaßt ($\hbar = m = 1$).

Beweis.

(a) Wir lassen den Vorfaktor $\frac{1}{2}$ außer Acht und bezeichnen den Operator $-\Delta$ mit H. Partielle Integration und die Cauchy–Schwarzsche Ungleichung ergeben

$$\int_a^b |u'|^2\, d\lambda = [\,\overline{u}\, u'\,]_a^b - \int_a^b \overline{u}\, u''\, d\lambda = -\langle\, u\,,\, u''\,\rangle \le \|u\| \cdot \|u''\|\,,$$

also

$$(*) \qquad \|u'\|^2 \le \|u\|\,\|u''\| \le \tfrac{1}{2}\left(\|u\|^2 + \|u''\|^2\right) .$$

Ist daher (u_n) eine Cauchy–Folge in $(\mathcal{D}(H), \|\cdot\|_H)$, so ist (u_n) eine Cauchy–Folge in $(\mathrm{W}_0^1\,[a,b]\,, \|\cdot\|_1)$ und (u_n') eine Cauchy–Folge in $(\mathrm{W}^1[a,b]\,, \|\cdot\|_1)$.

Nach 3.1 und 3.2 (a) gibt es daher Funktionen $u \in \mathrm{W}_0^1[a,b]$, $v \in \mathrm{W}^1[a,b]$ mit $\|u-u_n\|_1 \to 0$, $\|v-u_n'\|_1 \to 0$ für $n \to \infty$. Da dann insbesondere $(\|u'-u_n'\|)$, $(\|v-u_n'\|)$, $(\|v'-u_n''\|)$ Nullfolgen sind, folgt $v=u'$ und $\|u-u_n\|_H \to 0$ für $n \to \infty$.

Die Symmetrie von H erhalten wir durch zweimalige partielle Integration ÜA.

(b) Wir dürfen uns auf das Intervall $[0,1]$ beziehen, der allgemeine Fall kann per Substitution auf diesen speziellen zurückgeführt werden ÜA. Für den in § 22 : 5.1 eingeführten Integraloperator T gilt

$$T : \mathrm{L}^2[0,1] \to \mathcal{D}(H)\,, \quad TH = \mathbb{1}_{\mathcal{D}(H)}\,, \quad HT = \mathbb{1}\,.$$

Für $u \in \mathcal{D}(H)$ gibt es Testfunktionen ψ_n mit $\|Hu - \psi_n\| \to 0$ für $n \to \infty$. Nach § 22 : 5.1 gilt $\varphi_n := -T\psi_n \in \mathrm{C}_0^2[a,b]$ und $\varphi_n'' = \psi_n$. Da T stetig ist, folgt

$$\varphi_n = -T\psi_n \to -Tu'' = u \quad \text{für } n \to \infty\,,$$

insgesamt

$$\|u-\varphi_n\|_H^2 = \|u-\varphi_n\|^2 + \|u''-\varphi_n''\|^2 \to 0 \quad \text{für } n \to \infty\,. \qquad \square$$

3.6 Weitere Energieoperatoren für einen Freiheitsgrad

(a) Für eine feste Zahl $\varphi \in \mathbb{R}$ betrachten wir den in 3.2 (c) eingeführten Operator P_{per} auf dem Definitionsbereich $\mathcal{D}_\varphi := \{u \in \mathrm{W}^1[a,b] \mid u(a) = \mathrm{e}^{i\varphi}\,u(b)\}$ und setzen

$$H_{\text{per}} := P_{\text{per}}^2 : u \mapsto -u'' \quad \text{auf}$$

$$\mathcal{D}(H_{\text{per}}) := \{u \in \mathcal{D}_\varphi \mid u' \in \mathcal{D}_\varphi\}\,.$$

Der Operator H_{per} ist symmetrisch und abgeschlossen. Ein Genbereich für H_{per} ist

$$\left\{ u \in \mathrm{C}^2[a,b] \;\middle|\; u(a) = \mathrm{e}^{i\varphi}\,u(b),\;\; u'(a) = \mathrm{e}^{i\varphi}\,u'(b) \right\}\,.$$

Für $\varphi = 0$ beschreibt $\frac{1}{2}H_{\text{per}}$ die kinetische Energie einer periodischen Bewegung ($\hbar = m = 1$). Der Phasenfaktor $\mathrm{e}^{i\varphi}$ wird eingeführt, um die kinetische Energie der Bewegung eines Teilchens in einer Raumrichtung eines Kristallgitters zu beschreiben. Der zugehörige Impulsoperator ist jeweils P_{per}.

Bemerkung. Für den Hamilton–Operator H von 3.5 gibt es keinen symmetrischen Operator P der Form $u \mapsto -i\,u'$ auf einem passenden Definitionsbereich, so daß $H = P^2$ gilt (ÜA mit Hilfe von 3.2). Dies führt auf die Frage, wie der Impulsoperator eines (etwa in einer Ionenfalle) eingesperrten Teilchens zu definieren ist und weist auf die Grenzen der Modellannahme unendlich hoher Potentialwälle in a und b hin.

BEWEIS als ÜA:
Verfahren Sie analog zum Beweis 3.5 (a), verwenden Sie das Ergebnis von 3.2 (b).

(b) Für den in 3.4 behandelten Impulsoperator P definieren wir

$$-\Delta = P^2 : u \mapsto -u'' \quad \text{mit}$$

$$\mathcal{D}(-\Delta) = \mathrm{W}^2(\mathbb{R}) := \{u \in \mathrm{W}^1(\mathbb{R}) \mid Pu = -iu' \in \mathrm{W}^1(\mathbb{R})\}.$$

Dieser Operator ist abgeschlossen und symmetrisch; Genbereiche sind der Raum $\mathrm{C}_c^\infty(\mathbb{R})$ und der Schwartzraum $\mathscr{S}$. Dies ergibt sich wie oben ÜA.

Der Operator $W_0 = \frac{1}{2}P^2$ wird als Hamilton–Operator eines in einer Raumrichtung ohne Einfluß eines Potentials bewegten, spinlosen Teilchens aufgefaßt ($\hbar = m = 1$).

4 Der adjungierte Operator

4.1 Definition und Anmerkungen

(a) DEFINITION. Für einen linearen Operator $A : \mathcal{D}(A) \to \mathscr{H}$ definieren wir die **Adjungierte** A^* durch

$$v \in \mathcal{D}(A^*) :\Longleftrightarrow \begin{cases} \text{Es gibt ein } w \in \mathscr{H} \text{ mit } \langle v, Au \rangle = \langle w, u \rangle \\ \text{für alle } u \in \mathcal{D}(A). \end{cases}$$

Wir setzen dann

$$A^* v := w .$$

Die Adjungierte ist also gekennzeichnet durch

$$\langle v, Au \rangle = \langle A^* v, u \rangle \quad \text{für} \quad u \in \mathcal{D}(A), \quad v \in \mathcal{D}(A^*).$$

Daß $w = A^* v$ durch v eindeutig bestimmt ist, folgt aus dem Fundamentallemma § 9 : 3.2. Es ist leicht einzusehen ÜA, daß $\mathcal{D}(A^*)$ ein Teilraum von $\mathscr{H}$ ist und $A^* : \mathcal{D}(A^*) \to \mathscr{H}$ linear, vgl. § 21 : 3.2.

(b) Genau dann gilt $v \in \mathcal{D}(A^*)$, wenn die Linearform

$$\mathcal{D}(A) \to \mathbb{C}, \quad u \mapsto \langle v, Au \rangle$$

auf $\mathcal{D}(A)$ beschränkt ist und somit zu einem linearen Funktional $u \mapsto \langle w, u \rangle$ auf $\mathscr{H}$ fortgesetzt werden kann.

(c) SATZ. *Genau dann ist A^* ein linearer Operator, d.h. dicht definiert, wenn A abschließbar ist, vgl.* 2.1 (b).

A^* heißt dann **der zu A adjungierte Operator**.

Daß aus $\overline{\mathcal{D}(A^*)} = \mathscr{H}$ die Abschließbarkeit von A folgt, ergibt sich wie im Beweisteil (i) von 2.1 mit der Abänderung $\langle v, A(u_n - v_n)\rangle = \langle A^*v, u_n - v_n\rangle$ an Stelle von $\langle v, A(u_n - v_n)\rangle = \langle Av, u_n - v_n\rangle$ ÜA.

Die Umkehrung: A abschließbar $\Longrightarrow$ A^* dicht definiert ergibt sich in 4.4 (c).

Als BEISPIEL eines linearen Operators, für den A^* nicht dicht definiert ist, wählen wir

$$A : \mathrm{C}[0,2] \to \mathrm{L}^2[0,2], \quad u \mapsto u(0)h \quad \text{mit} \quad 0 \neq h \in \mathrm{L}^2[0,2],$$

vgl. 2.1 (b). Hier gilt $\langle v, Au\rangle = u(0)\langle v, h\rangle$. Nach (b) gehört v genau dann zu $\mathcal{D}(A^*)$, wenn $u \mapsto u(0)\langle v, h\rangle$ beschränkt ist. Für $u_n(x) = \sqrt{n+\frac{1}{2}}\cdot(1-x)^n$ gilt $\|u_n\| = 1$ und $u_n(0) \to \infty$ für $n \to \infty$, also $v \in \mathcal{D}(A^*)$ nur, falls $v \perp h$. Es folgt $\mathcal{D}(A^*) \subset \{h\}^\perp$.

(d) *Ein linearer Operator A ist genau dann symmetrisch, wenn $A \subset A^*$.*

Denn die Symmetriebedingung

$$\langle v, Au\rangle = \langle Av, u\rangle \quad \text{für } v \in \mathcal{D}(A) \text{ und alle } u \in \mathcal{D}(A)$$

ist äquivalent zu $\mathcal{D}(A) \subset \mathcal{D}(A^*)$ und $A^*v = Av$ für $v \in \mathcal{D}(A)$.

(e) BEISPIELE. (i) Für Multiplikatoren M_v auf $\mathrm{L}^2(\Omega, \mu)$ gilt $M_v^* = M_{\overline{v}}$ ÜA.

(ii) Für Multiplikatoren M_a auf ℓ^2 gilt entsprechend $M_a^* = M_{\overline{a}}$ ÜA.

4.2 Elementare Eigenschaften der Adjungierten

(a) $B \subset A \Longrightarrow A^* \subset B^*$.

(b) *A^* ist abgeschlossen.*

(c) *Ist A abschließbar, so gilt $A^* = \overline{A}^*$,*

dabei steht $\overline{A}^*$ für $(\overline{A})^*$.

Zur Bestimmung von $\overline{A}^*$ ist also die Kenntnis von $\overline{A}$ unnötig.

(d) $(A+T)^* = A^* + T^*$ *für $T \in \mathscr{L}(\mathscr{H})$, insbesondere* $(A-\lambda)^* = A^* - \overline{\lambda}$.

Dabei ist $A+T$ für $T \in \mathscr{L}(\mathscr{H})$ hier wie im folgenden definiert durch

$$A + T : \mathcal{D}(A) \to \mathscr{H}, \quad u \mapsto Au + Tu.$$

BEWEIS.

(a) folgt direkt aus der Definition ÜA.

(b) Existieren für eine Folge (v_n) in $\mathcal{D}(A^*)$ die Grenzwerte $v = \lim\limits_{n\to\infty} v_n$ und $w = \lim\limits_{n\to\infty} A^*v_n$, so folgt für alle $u \in \mathcal{D}(A)$

$$\langle v, Au \rangle = \lim_{n\to\infty} \langle v_n, Au \rangle = \lim_{n\to\infty} \langle A^* v_n, v \rangle = \langle w, u \rangle .$$

Das bedeutet $v \in \mathcal{D}(A^*)$ und $A^* v = w$.

(c) Wegen $A \subset \overline{A}$ folgt $\overline{A}^* \subset A^*$ nach (a). Zu zeigen bleibt $A^* \subset \overline{A}^*$. Seien $v \in \mathcal{D}(A^*)$, $u \in \mathcal{D}(\overline{A})$. Dann gibt es eine Folge (u_n) in $\mathcal{D}(A)$ mit $u = \lim\limits_{n\to\infty} u_n$, $\overline{A}u = \lim\limits_{n\to\infty} Au_n$. Daher erhalten wir

$$\langle v, \overline{A}u \rangle = \lim_{n\to\infty} \langle v, Au_n \rangle = \lim_{n\to\infty} \langle A^* v, u_n \rangle = \langle A^* v, u \rangle .$$

Das bedeutet $v \in \mathcal{D}(\overline{A}^*)$ und $\overline{A}^* v = \mathcal{A}^* v$.

(d) als einfache ÜA. □

4.3 Selbstadjungiertheit und Symmetrie

(a) Ein linearer Operator A heißt **selbstadjungiert**, wenn $A^* = A$ gilt. Als Observable abgeschlossener quantenmechanischer Systeme kommen nur selbstadjungierte Operatoren in Frage; Näheres hierzu in § 25 : 4.1.

Nach 4.1 (b) sind reelle Multiplikatoren selbstadjungiert.

In der Physikliteratur wird statt *selbstadjungiert* häufig der Begriff *hermitesch* verwendet, wobei unklar bleibt, ob hiermit nicht *symmetrisch* gemeint ist. Hierzu notieren wir zunächst:

Selbstadjungierte Operatoren sind symmetrisch und abgeschlossen.

Das erste folgt aus 4.1 (d), das zweite aus 4.2 (b).

Die Umkehrung gilt nicht, wie das folgende Beispiel zeigt.

(b) Nach 3.2 (a) ist der (hier anders bezeichnete) Operator

$$A : \mathrm{W}_0^1 [a, b] \to \mathrm{L}^2 [a, b] , \quad u \mapsto -iu'$$

symmetrisch und abgeschlossen. Wir zeigen im folgenden, daß A^* der Operator

$$B : \mathrm{W}^1 [a, b] \to \mathrm{L}^2 [a, b] , \quad u \mapsto -iu'$$

mit $\overline{B} = B$, $\mathrm{Kern}\, B \neq \mathrm{Kern}\, A$ ist. Somit ist A nicht selbstadjungiert.

Für $v \in \mathcal{D}(B)$ und $u \in \mathcal{D}(A)$ erhalten wir mittels partieller Integration

$$\langle v, Au \rangle = -i \int_a^b \overline{v}\, u'\, d\lambda = i \int_a^b \overline{v}'\, u\, d\lambda = \int_a^b \overline{(-iv')}\, u\, d\lambda = \langle Bv, u \rangle ,$$

also $v \in \mathcal{D}(A^*)$ und $A^* v = Bv$. Somit gilt $B \subset A^*$.

Sei umgekehrt $v \in \mathcal{D}(A^*)$ und $h := A^* v$. Wir setzen

$$w(x) := \int_a^x h(t)\, dt .$$

Wegen $h \in \mathrm{L}^2[a,b] \subset \mathrm{L}^1[a,b]$ ist w absolutstetig und $w' = h \in \mathrm{L}^2[a,b]$, somit $w \in \mathcal{D}(B)$. Für $u \in \mathcal{D}(A)$ ergibt partielle Integration

$$\langle h, u \rangle = \langle w', u \rangle = -\langle w, u' \rangle = \langle iw, -iu' \rangle = \langle iw, Au \rangle .$$

Es folgt $\langle v, Au \rangle = \langle A^*v, u \rangle = \langle h, u \rangle = \langle iw, Au \rangle$, d.h. $v - iw$ ist orthogonal zu Bild A. Aufgrund des nachfolgenden Lemmas muß $v - iw$ dann gleich einer Konstanten c sein, also $v = c + iw \in \mathcal{D}(B)$ und

$$A^*v = h = w' = i(c - v)' = -iv' = Bv .$$

Somit ist auch $A^* \subset B$.

Hilbertsches Lemma. *Eine Funktion* $f \in \mathrm{L}^2[a,b]$ *ist genau dann orthogonal zu* Bild $A = \{u' \mid u \in \mathrm{W}^1[a,b]\}$, *wenn sie konstant ist.*

Beweis.

(i) Ist $f = c$ konstant, so gilt

$$\langle f, u' \rangle = \overline{c}\,(u(b) - u(a)) = 0 \quad \text{für alle } u \in \mathcal{D}(A).$$

(ii) Sei umgekehrt $f \perp$ Bild A, $d := \langle 1, f \rangle$ und $u(x) := \int_a^x f\,d\lambda - d\,\frac{x-a}{b-a}$. Dann gilt $u \in \mathcal{D}(A)$ und $u' = f - c$ mit $c := d/(b-a)$.Nach (i) ist $f - c = u'$ orthogonal zur konstanten Funktion c, und nach Voraussetzung gilt $\langle f, f - c \rangle = \langle f, u' \rangle = 0$. Es folgt

$$\|f - c\|^2 = \langle f - c, f - c \rangle = \langle f, f - c \rangle - \langle c, f - c \rangle = 0 . \qquad \square$$

4.4 Der Graph des adjungierten Operators

(a) In diesem Unterabschnitt betrachten wir Teilräume $\mathcal{V}$ des Hilbertraums $\mathscr{H} \times \mathscr{H}$ mit dem Skalarprodukt $\langle (u_1, u_2), (v_1, v_2) \rangle_{\mathscr{H}\times\mathscr{H}} = \langle u_1, v_1 \rangle + \langle u_2, v_2 \rangle$. Unter $\overline{\mathcal{V}}$ ist der Abschluß von $\mathcal{V}$ in der Norm $\|\cdot\|_{\mathscr{H}\times\mathscr{H}}$ und unter $\mathcal{V}^\perp$ ist das orthogonale Komplement von $\mathcal{V}$ in $\mathscr{H} \times \mathscr{H}$ zu verstehen. Die Abbildung

$$U : \mathscr{H} \times \mathscr{H} \to \mathscr{H} \times \mathscr{H},$$
$$(u_1, u_2) \mapsto (u_2, -u_1)$$

ist unitär ÜA. Daher gilt

$$U(\mathcal{V}^\perp) = U(\mathcal{V})^\perp$$

und

$$U(\overline{\mathcal{V}}) = \overline{U(\mathcal{V})} = U(\mathcal{V})^{\perp\perp} = U(\mathcal{V}^\perp)^\perp$$

für jeden Teilraum $\mathcal{V}$ von $\mathscr{H} \times \mathscr{H}$, vgl. § 9 : 2.5.

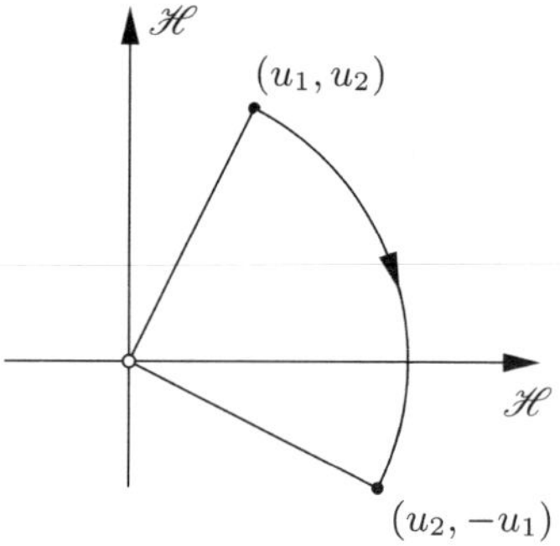

(b) SATZ. *Zwischen dem Graphen $\mathcal{G}(A)$ eines linearen Operators A und dem Graphen $\mathcal{G}(A^*)$ seiner Adjungierten besteht die Beziehung*

$$\mathcal{G}(A^*) = U(\mathcal{G}(A))^\perp = U(\mathcal{G}(A)^\perp).$$

Denn es gilt

$$\begin{aligned}(v,w) \in \mathcal{G}(A^*) &\iff \langle v\,, Au\rangle = \langle w\,, u\rangle \text{ für alle } u \in \mathcal{D}(A) \\ &\iff 0 = \langle v\,, Au\rangle + \langle w\,, -u\rangle = \langle (v,w)\,, (Au, -u)\rangle_{\mathscr{H}\times\mathscr{H}} \\ &\qquad = \langle (v,w)\,, U(u, Au)\rangle_{\mathscr{H}\times\mathscr{H}} \text{ für alle } u \in \mathcal{D}(A) \\ &\iff (v,w) \perp U(\mathcal{G}(A)).\end{aligned}$$

□

(c) FOLGERUNG. *Für abschließbare Operatoren A ist A^* ein linearer Operator (d.h. dicht definiert), und es gilt*

$$A^{**} := (A^*)^* = \overline{A}.$$

BEWEIS.
(i) Nach (a) und 2.1 (b) gilt

$$(*) \qquad \mathcal{G}(A^*)^\perp = (U(\mathcal{G}(A)^\perp))^\perp = U(\mathcal{G}(A)^{\perp\perp}) = U(\overline{\mathcal{G}(A)}) = U(\mathcal{G}(\overline{A})).$$

Angenommen, $\mathcal{D}(A^*)$ ist nicht dicht in $\mathscr{H}$. Dann gibt es ein $w \in \mathscr{H}$ mit $w \neq 0$ und $\langle w\,, v\rangle = 0$ für alle $v \in \mathcal{D}(A^*)$. Es folgt

$$\langle (w, 0)\,, (v, A^*v)\rangle_{\mathscr{H}\times\mathscr{H}} = \langle w\,, v\rangle = 0$$

für alle $v \in \mathcal{D}(A^*)$ und somit nach $(*)$ $(w,0) \in \mathcal{G}(A^*)^\perp = U(\mathcal{G}(\overline{A}))$. Daher gilt $(0,w) = U^{-1}(w,0) \in \mathcal{G}(\overline{A})$ im Widerspruch zu $\overline{A}0 = 0$.

(ii) Offenbar ist $U^2 = -\mathbb{1}_{\mathscr{H}\times\mathscr{H}}$, also $U^2(\mathscr{V}) = \mathscr{V}$ für Teilräume $\mathscr{V}$ von $\mathscr{H}\times\mathscr{H}$. Somit ergibt sich aus (b) und aus $(*)$

$$\mathcal{G}(A^{**}) = U(\mathcal{G}(A^*)^\perp) = U(U(\mathcal{G}(\overline{A}))) = \mathcal{G}(\overline{A}).$$

□

4.5 Kerne und Bildräume von A und A^*

Für lineare Operatoren $A : \mathcal{D}(A) \to \mathscr{H}$ seien wie immer

$$\operatorname{Kern} A := \{\, u \in \mathcal{D}(A) \mid Au = 0 \,\} \quad \text{und} \quad \operatorname{Bild} A := \{\, Au \mid u \in \mathcal{D}(A) \,\},$$

entsprechend $\operatorname{Kern} A^*$ und $\operatorname{Bild} A^*$.

SATZ. (a) $\operatorname{Kern} A^* = (\operatorname{Bild} A)^\perp$.

(b) $(\operatorname{Kern} A^*)^\perp = \overline{\operatorname{Bild} A}$.

(c) *Für abgeschlossene Operatoren A ist* $\operatorname{Kern} A = (\operatorname{Bild} A^*)^\perp$ *ein abgeschlossener Teilraum von $\mathscr{H}$.*

Beweis.

(a) Kern $A^* \subset (\text{Bild}\,A)^\perp$: Für $v \in \text{Kern}\,A^*$ und $u \in \mathcal{D}(A)$ gilt

$$\langle v, Au\rangle = \langle A^*v, u\rangle = \langle 0, u\rangle = 0 .$$

Ist umgekehrt $v \in (\text{Bild}\,A)^\perp$, so gilt für alle $u \in \mathcal{D}(A)$

$$\langle v, Au\rangle = 0 = \langle 0, u\rangle ,$$

somit $v \in \mathcal{D}(A^*)$ und $A^*v = 0$, d.h. $v \in \text{Kern}\,A^*$ nach Definition von A^*.

(b) Daraus folgt mit § 9 : 2.5

$$(\text{Kern}\,A^*)^\perp = (\text{Bild}\,A)^{\perp\perp} = \overline{\text{Bild}\,A} .$$

(c) Für abgeschlossene Operatoren A gilt $A^{**} = A$ nach 4.4 (c), also mit (a)

$$(\text{Bild}\,A^*)^\perp = \text{Kern}\,A^{**} = \text{Kern}\,A . \qquad \square$$

5 Spektrum und Resolvente

5.1 Definition und Anmerkungen

(a) Für einen abgeschlossenen Operator A definieren wir die **Resolventenmenge** $\varrho(A)$ und die **Resolvente** $R(\lambda, A)$ durch

$$\lambda \in \varrho(A) \iff \lambda - A : \mathcal{D}(A) \to \mathscr{H} \ \text{besitzt eine stetige Inverse } R(\lambda, A) .$$

Aus 2.2 (e) entnehmen wir

$$\lambda \in \varrho(A) \iff (A - \lambda) : \mathcal{D}(A) \to \mathscr{H} \ \textit{ist bijektiv}.$$

Das **Spektrum** $\sigma(A)$ von A ist definiert als

$$\sigma(A) := \mathbb{C} \setminus \varrho(A) = \{\lambda \in \mathbb{C} \mid A - \lambda : \mathcal{D}(A) \to \mathscr{H} \ \text{ist nicht bijektiv}\}.$$

(b) Anmerkungen. (i) Gibt es für einen linearen Operator ein $\lambda \in \mathbb{C}$, so daß $\lambda - A : \mathcal{D}(A) \to \mathscr{H}$ eine Inverse $R(\lambda, A) \in \mathscr{L}(\mathscr{H})$ besitzt, so ist A abgeschlossen.

Denn sei (u_n) eine Folge in $\mathcal{D}(A)$, für die $u = \lim\limits_{n\to\infty} u_n$ und $v = \lim\limits_{n\to\infty} Au_n$ existieren. Dann gilt $\lambda u - v = \lim\limits_{n\to\infty} (\lambda - A)u_n$, und wegen der Stetigkeit von $R(\lambda, A)$ folgt

$$u = \lim_{n\to\infty} u_n = \lim_{n\to\infty} R(\lambda, A)(\lambda - A)u_n = R(\lambda, A)(\lambda u - v) \in \mathcal{D}(A) ,$$

$$(\lambda - A)u = \lim_{n\to\infty} (\lambda - A)u_n = \lambda u - v ,$$

somit $Au = v$.

Daher macht der Begriff des Spektrums nur für abgeschlossene Operatoren Sinn; gleichwohl schreiben wir für abschließbare (z.B. symmetrische) Operatoren A manchmal $\sigma(A)$ statt $\sigma(\overline{A})$.

(ii) *Das Spektrum eines unbeschränkten abgeschlossenen Operators kann leer sein.*

Als Beispiel betrachten wir $A : u \mapsto -iu'$ auf

$$\mathcal{D}(A) := \left\{ u \in \mathrm{W}^1[a,b] \;\middle|\; u(a) = 0 \right\} .$$

Die Abgeschlossenheit von A ergibt sich wie im Beweis 3.2 (a) [ÜA]. Für beliebige $\lambda \in \mathbb{C}$ ist $A - \lambda$ injektiv, denn aus $Au - \lambda u = 0$ mit $u \in \mathcal{D}(A)$ folgt $u' = i\lambda u \in \mathrm{C}[a,b]$, also $u(x) = u(a)\mathrm{e}^{i\lambda(x-a)}$ und somit $u = 0$ wegen $u(a) = 0$.

$A - \lambda : \mathcal{D}(A) \to \mathrm{L}^2[a,b]$ ist surjektiv, denn für $f \in \mathrm{L}^2[a,b]$ ist die Gleichung $Au - \lambda u = f$ äquivalent zu $u' - i\lambda u = if,\ u(a) = 0$. Es ist leicht nachzurechnen, daß die Variation–der–Konstanten–Formel

$$u(x) = i\mathrm{e}^{i\lambda x} \int_a^x f(t)\,\mathrm{e}^{-i\lambda t}\,dt$$

eine Lösung $u \in \mathcal{D}(A)$ liefert. Somit gilt $\varrho(A) = \mathbb{C}$.

5.2 Einteilung des Spektrums

(a) Jeder Spektralwert eines abgeschlossenen Operators A gehört zu genau einer der folgenden Mengen, dem **Punktspektrum** (**Eigenwertspektrum**)

$$\sigma_p(A) := \{\, \lambda \in \mathbb{C} \mid A - \lambda \text{ ist nicht injektiv} \},$$

dem **kontinuierlichen Spektrum**

$$\sigma_c(A) := \{\, \lambda \in \sigma(A) \mid A - \lambda \text{ ist injektiv, Bild}\,(A-\lambda) \text{ ist dicht in } \mathscr{H} \},$$

oder dem **Restspektrum**

$$\sigma_r(A) := \{\, \lambda \in \mathbb{C} \mid A - \lambda \quad \text{ist injektiv, } \overline{\text{Bild}\,(A-\lambda)} \neq \mathscr{H} \}.$$

Für $\lambda \in \sigma_c(A)$ ist

$$(A-\lambda)^{-1} : \text{Bild}\,(A-\lambda) \to \mathcal{D}(A)$$

ein unbeschränkter und abgeschlossener linearer Operator ([ÜA], beachten Sie daß $A - \lambda$ nach 2.1 (d) abgeschlossen ist).

Unbeschränkte symmetrische Operatoren können, anders als beschränkte symmetrische, ein nichtleeres Restspektrum haben, vgl. 6.3 (b).

(b) Eine Zahl $\lambda \in \mathbb{C}$ heißt **approximativer Eigenwert**, wenn es eine Folge (u_n) in $\mathcal{D}(A)$ gibt mit

$$\|u_n\| = 1\,, \quad Au_n - \lambda u_n \;\to\; 0 \;\text{ für } n \to \infty\,.$$

Die approximativen Eigenwerte bilden das **approximative Punktspektrum** $\sigma_{\text{app}}(A)$.

SATZ. *Das approximative Punktspektrum ist eine Teilmenge des Spektrums. Es umfaßt das Punktspektrum und das kontinuierliche Spektrum.*

BEWEIS.
(i) Für die Folge (u_n) in $\mathcal{D}(A)$ mit $\|u_n\| = 1$ sei $\lim\limits_{n\to\infty} (\lambda - A)u_n = 0$. Hätte $\lambda - A$ eine stetige Inverse $R(\lambda, A)$, so würde ein Widerspruch folgen:

$$u_n = R(\lambda, A)(\lambda - A)u_n \to 0 \;\text{ für }\; n \to \infty\,.$$

(ii) Es ist einfach zu sehen, daß $\sigma_p(A) \subset \sigma_{\text{app}}(A)$ ÜA.

(iii) Sei $\lambda \in \sigma_c(A)$ und $w \notin \text{Bild}\,(A - \lambda)$. Da $\text{Bild}\,(A - \lambda)$ dicht in $\mathscr{H}$ ist, gibt es eine Folge (v_n) in $\mathcal{D}(A)$ mit $w_n := (A - \lambda)v_n \to w$ für $n \to \infty$. Die Folge (v_n) kann nicht konvergieren, denn aus

$$v_n \to v\,, \quad (A - \lambda)v_n \to w$$

würde wegen der Abgeschlossenheit von $A - \lambda$ folgen, daß v in $\mathcal{D}(A)$ liegt und $(A - \lambda)v = w$ gilt.

Da (v_n) keine Cauchy–Folge ist, gibt es ein $\varepsilon > 0$, zu dem kein $N \in \mathbb{N}$ existiert mit $\|v_m - v_n\| < \varepsilon$ für $m > n > N$. Daher gibt es Teilfolgen (a_k), (b_k) von (v_n) mit $\|a_k - b_k\| \ge \varepsilon$ für $k = 1, 2, \ldots$ sowie

$$\lim_{k\to\infty} (A - \lambda)a_k \;=\; w \;=\; \lim_{k\to\infty} (A - \lambda)b_k\,.$$

Für $u_k := (a_k - b_k)/\|a_k - b_k\|$ gilt dann $u_k \in \mathcal{D}(A)$, $\|u_k\| = 1$ und

$$\big\|(A - \lambda)u_k\big\| \;\le\; \varepsilon^{-1}\,\big\|(A - \lambda)a_k - (A - \lambda)b_k\big\| \;\to\; 0 \;\text{ für }\; k \to \infty\,. \qquad \square$$

5.3 Das Spektrum des adjungierten Operators

(a) SATZ. *Ist $A : \mathcal{D}(A) \to \mathscr{H}$ abgeschlossen und bijektiv, so ist mit A auch A^* stetig invertierbar, und es gilt*

$$(A^*)^{-1} \;=\; (A^{-1})^*\,.$$

Denn nach 4.5 ist dann A^* injektiv. Für $T := A^{-1} \in \mathscr{L}(\mathscr{H})$, $h \in \mathscr{H}$ gilt ferner

$$\langle h\,, u\rangle \;=\; \langle h\,, TAu\rangle \;=\; \langle T^*h\,, Au\rangle \;\text{ für }\; u \in \mathcal{D}(A)\,,$$

somit $T^*h \in \mathcal{D}(A^*)$ und $A^*T^*h = h$ für alle $h \in \mathscr{H}$. Somit ist A^* auch surjektiv, und es gilt $(A^*)^{-1}h = T^*h = (A^{-1})^*h$ für alle $h \in \mathscr{H}$.

(b) FOLGERUNGEN. *Für abgeschlossene Operatoren A gilt*

$$\begin{aligned}
\lambda \in \sigma(A) &\iff \overline{\lambda} \in \sigma(A^*)\,,\\
\lambda \in \sigma_c(A) &\iff \overline{\lambda} \in \sigma_c(A^*)\,,\\
\lambda \in \sigma_r(A) &\implies \overline{\lambda} \in \sigma_p(A^*)\,,\\
\lambda \in \sigma_r(A^*) &\implies \overline{\lambda} \in \sigma_p(A)\,.
\end{aligned}$$

BEWEIS als ÜA mit Hilfe von (a), $\overline{A-\lambda} = A - \lambda$, $A^{**} = A$ und 4.5.

5.4 Beispiele und Aufgaben

(a) Wir betrachten die in 4.3 (b) untersuchten abgeschlossenen Operatoren

$$A : \mathcal{D}(A) := \mathrm{W}_0^1\,[a,b] \to \mathrm{L}^2\,[a,b]\,,\quad u \mapsto -iu'\,,$$
$$B : \mathcal{D}(B) := \mathrm{W}^1[a,b] \to \mathrm{L}^2\,[a,b]\,,\quad u \mapsto -iu'\,,$$

Nach 4.3 (b) ist $B = A^*$ und aus 4.4 (c) folgt $B^* = A^{**} = A$. Es gilt

$$(*)\qquad u \in \mathrm{Kern}\,(B-\lambda) \iff u' = i\lambda u \in \mathrm{C}\,[a,b] \iff u(x) = c\,\mathrm{e}^{i\lambda x}$$

mit einer geeigneten Konstanten c. Somit haben wir

$$\sigma_p(B) \,=\, \mathbb{C}\,,\quad \mathrm{Kern}\,(B-\lambda) \,=\, \mathrm{Span}\,\{f_\lambda\} \ \text{ mit }\ f_\lambda(x) \,=\, \mathrm{e}^{i\lambda x}\,.$$

Aus 4.5 folgt $\overline{\mathrm{Bild}\,(A-\overline{\lambda})} = \{f_\lambda\}^\perp$ und damit

$$\sigma(A) \,=\, \sigma_r(A) \,=\, \mathbb{C}\,,$$

denn in $(*)$ wird $c = 0$, falls $u(a) = 0$ gilt, woraus $\sigma_p(A) = \emptyset$ folgt.

(b) AUFGABE. Zeigen Sie für den auf $D_\varphi = \{u \in \mathrm{W}^1[a,b] \mid u(a) = \mathrm{e}^{i\varphi}\,u(b)\}$ definierten Impulsoperator $P := P_{\mathrm{per}}$

$$\sigma(P) \,=\, \sigma_p(P) \,=\, \left\{ \frac{2\pi n - \varphi}{b-a} \;\middle|\; n \in \mathbb{Z} \right\},$$

indem Sie zunächst $\sigma_p(P)$ bestimmen und dann zeigen, daß für $\lambda \notin \sigma_p(P)$ und beliebiges $f \in \mathrm{L}^2\,[a,b]$ die Gleichung $Pu - \lambda u = f$ immer eine Lösung $u \in \mathcal{D}_\varphi$ der Form

$$u(x) \,=\, \mathrm{e}^{i\lambda x}\left(c + i\int_a^x f(t)\,\mathrm{e}^{-i\lambda t}\,dt\right)$$

mit einer passenden Konstanten c besitzt.

(c) Der Operator $H : u \mapsto -u''$ auf $\mathcal{D}(H) = \{u \in \mathrm{C}_0^1\,[0,1] \mid u' \in \mathrm{W}^1\,[0,1]\}$ ist symmetrisch und abgeschlossen, vgl. 3.5. Sein Spektrum ist gegeben durch

$$\sigma(H) \,=\, \sigma_p(H) \,=\, \{\pi^2 n^2 \mid n \in \mathbb{N}\}\,.$$

Denn aus § 22 : 5.1 entnehmen wir, daß H eine kompakte, symmetrische Inverse

$$T = H^{-1} : \mathrm{L}^2\,[0,1] \to \mathcal{D}(H)$$

besitzt mit

$$\sigma_p(T) = \{\, 1/\pi^2 n^2 \mid n \in \mathbb{N}\}\,, \quad \sigma(T) = \sigma_p(T) \cup \{0\}\,,$$

und daß $\sigma_p(H) = \{\, \pi^2 n^2 \mid n \in \mathbb{N}\}$. Insbesondere ist $0 \in \varrho(H)$, und zu zeigen bleibt $\lambda \in \varrho(H)$ für alle $\lambda \neq 0$ mit $\lambda \notin \sigma_p(H)$. Für diese λ ist die Gleichung $Hu - \lambda u = f$ äquivalent zu $\mu u - Tu = \mu T f$ mit $\mu = 1/\lambda$, und diese besitzt wegen $\mu \notin \sigma(T)$ für jede Funktion $f \in \mathrm{L}^2\,[0,1]$ eine eindeutig bestimmte Lösung $u \in \operatorname{Bild} T = \mathcal{D}(H)$.

5.5 Das Spektrum von Multiplikatoren

(a) Für eine Folge $a = (a_1, a_2, \ldots)$ setzen wir

$$\mathcal{D}(M_a) := \Big\{\, x = (x_1, x_2, \ldots) \in \ell^2 \;\Big|\; \sum_{k=1}^{\infty} |\, a_k x_k\,|^2 < \infty \Big\}$$

und

$$M_a x = (a_1 x_1, a_2 x_2, \ldots) \quad \text{für } x = (x_1, x_2, \ldots) \in \ell^2\,.$$

Dann gilt wie für beschränkte Multiplikatoren

$$\sigma_p(M_a) = \{\, a_n \mid n \in \mathbb{N}\,\}\,, \quad \sigma(M_a) = \overline{\sigma_p(M_a)}\,, \quad \sigma_r(M_a) = \emptyset\,.$$

Dies ergibt sich wörtlich wie in § 21 : 5.2; der dort gegebene Beweis macht an keiner Stelle von der Beschränktheit von M_a Gebrauch.

ÜA: Prüfen Sie das nach.

(b) Für einen unbeschränkten Multiplikator $M_v : u \mapsto v \cdot u$ mit Definitionsbereich $\{u \in \mathrm{L}^2(\Omega, \mu) \mid v \cdot u \in \mathrm{L}^2(\Omega, \mu)\}$ gilt wie für beschränkte Multiplikatoren

$$\lambda \in \sigma(M_v) \iff \mu(\{|v - \lambda| < \varepsilon\}) > 0 \text{ für alle } \varepsilon > 0\,,$$

$$\lambda \in \sigma_p(M_v) \iff \mu(\{v = \lambda\}) > 0\,,$$

$$\sigma(M_v) = \sigma_{\mathrm{app}}(M_v)\,,$$

$$\sigma_r(M_v) = \emptyset\,.$$

Ferner ist $\mu(\{v \notin \sigma(M_v)\}) = 0$, so daß wir annehmen dürfen

$$v(\omega) \in \sigma(M_v) \text{ für alle } \omega \in \Omega\,.$$

Dies ergibt sich wörtlich wie in § 21 : 5.3 ÜA.

(c) Demnach gilt für den Ortsoperator $Q = M_x$ auf $\mathrm{L}^2(\mathbb{R})$ ÜA

$$\sigma(Q) = \sigma_c(Q) = \mathbb{R}\,.$$

Genbereiche für Q sind $\mathrm{C}^\infty(\mathbb{R})$ bzw. der Schwartzraum $\mathscr{S}(\mathbb{R})$.

(d) *Für* $\mathbf{x} \in \mathbb{R}^n$ *sei* $v(\mathbf{x}) := \|\mathbf{x}\|^2 = x_1^2 + \ldots + x_n^2$ *und* M_v *der Multiplikator* $u \mapsto v\,u$ *mit* $\mathcal{D}(M_v) := \{u \in \mathrm{L}^2(\mathbb{R}^n) \mid v\,u \in \mathrm{L}^2(\mathbb{R}^n)\}$. *Für diesen ist*

$$\sigma(M_v) = \sigma_c(M_v) = \mathbb{R}_+\,.$$

Genbereiche für M_v *sind* $\mathrm{C}^\infty\mathbb{R}^n)$ *und der Schwartzraum* $\mathscr{S}(\mathbb{R}^n)$.

BEWEIS.
Die Behauptungen über die Genbereiche für M_v ($v(x) = x$ bzw. $v(\mathbf{x}) = \|\mathbf{x}\|^2$) ergeben sich wie folgt: Für $u \in \mathcal{D}(M_v)$ gilt $(i+v)u \in \mathrm{L}^2$ $(= \mathrm{L}^2(\mathbb{R})$ bzw. $\mathrm{L}^2(\mathbb{R}^n))$. Nach § 20 : 8.5 gibt es Testfunktionen ψ_n mit $(i+v)u = \mathrm{L}^2\text{-}\lim\limits_{n\to\infty} \psi_n$. Dann sind auch $\varphi_n := \psi_n/(i+v)$ Testfunktionen mit $(i+v)\,\varphi_n \to (i+v)\,u$ und (da v reellwertig ist)

$$|\varphi_n - u| = \frac{|\psi_n - (i+v)\,u|}{|i+v|} \le |\psi_n - (i+v)\,u|\,,$$

also $u = \mathrm{L}^2\text{-}\lim\limits_{n\to\infty} \varphi_n$, und wegen $(i+v)\,u = \mathrm{L}^2\text{-}\lim\limits_{n\to\infty} (i+v)\,\varphi_n$ ergibt sich auch $v\,u = \mathrm{L}^2\text{-}\lim\limits_{n\to\infty} v\,\varphi_n$

Die Behauptung (d) folgt aus (b): Die Mengen $\{v = \lambda\}$ sind entweder leer oder einpunktig oder Sphären, also Lebesgue–Nullmengen. Daher ist $\sigma_p(M_v)$ leer.

Für $\lambda \in \mathbb{R}_+$ und $\varepsilon > 0$ ist $\{|v - \lambda| < \varepsilon\}$ nichtleer und offen, somit von positivem Lebesgue–Maß. Für $\lambda \notin \mathbb{R}_+$ besitzt die Gleichung $v\,u - \lambda u = w$ für jedes $w \in \mathrm{L}^2(\mathbb{R}^n)$ die eindeutige Lösung

$$u := \frac{w}{v - \lambda} \in \mathcal{D}(M_v)\,,$$

denn wegen $|u| \le \operatorname{dist}(\lambda, \mathbb{R}_+)^{-1}\,|w|$ gilt $u \in \mathrm{L}^2(\mathbb{R}^n)$ und daher auch $(v-\lambda)u = w \in \mathrm{L}^2(\mathbb{R}^n)$, also $u \in \mathcal{D}(M_v - \lambda) = \mathcal{D}(M_v)$. □

5.6 Die Analytizität der Resolvente

(a) *Die Resolventenmenge eines abgeschlossenen Operators* A *ist offen: Für* $\lambda_0 \in \varrho(A)$ *und alle* $\lambda \in \mathbb{C}$ *mit* $|\lambda - \lambda_0| < \|R(\lambda_0, A)\|^{-1}$ *gilt* $\lambda \in \varrho(A)$ *und*

$$R(\lambda, A) = \sum_{k=0}^{\infty} (\lambda_0 - \lambda)^k\, R(\lambda_0, A)^{k+1} \quad \textit{im Normsinn.}$$

Das Spektrum $\sigma(A)$ *ist also abgeschlossen.*

(b) Für $\lambda, \mu \in \varrho(A)$ besteht die **Resolventengleichung**

$$R(\lambda, A) - R(\mu, A) = (\mu - \lambda)R(\lambda, A)R(\mu, A) = (\mu - \lambda)R(\mu, A)R(\lambda, A).$$

Beweis.

(a) Sei $R_0 := R(\lambda_0, A)$ und $|\lambda - \lambda_0| \cdot \|R_0\| < 1$. Dann konvergiert nach § 21 : 6.1 die Neumannsche Reihe

$$S := \sum_{k=0}^{\infty} (\lambda_0 - \lambda)^k R_0^{k+1} = \lim_{n\to\infty} S_n \quad \text{mit} \quad S_n := \sum_{k=0}^{n} (\lambda_0 - \lambda)^k R_0^{k+1}$$

im Normsinn. Zu zeigen ist, daß S die Inverse von $\lambda - A$ ist, d.h.

(i) $S : \mathscr{H} \to \mathcal{D}(A)$, $(\lambda - A)S = \mathbb{1}$, (ii) $S(\lambda - A) = \mathbb{1}_{\mathcal{D}(A)}$.

Den Beweis in § 21 : 6.2 müssen wir dahingehend modifizieren, daß an die Stelle der dort vorausgesetzten Stetigkeit die Abgeschlossenheit tritt.

Zu (i): Sei $u \in \mathscr{H}$ und $v_n := S_n u$. Wegen $\text{Bild}\, R_0 = \mathcal{D}(A)$ gilt $\text{Bild}\, R_0^k \subset \mathcal{D}(A)$, also

(1) $v_n \in \mathcal{D}(A)$, $\lim\limits_{n\to\infty} v_n = Su$.

Aus $(\lambda_0 - A)R_0 = \mathbb{1}$ erhalten wir

$$\begin{aligned}(\lambda - A)v_n &= (\lambda - \lambda_0)v_n + (\lambda_0 - A)v_n \\ &= (\lambda - \lambda_0)S_n u + (\lambda_0 - A)S_n u \\ &= -\sum_{k=1}^{n} (\lambda_0 - \lambda)^{k+1} R_0^{k+1} u + \sum_{k=1}^{n} (\lambda_0 - \lambda)^k R_0^k u \\ &= u - (\lambda_0 - \lambda)^{n+1} R_0^{n+1} u.\end{aligned}$$

Mit der Abschätzung $\left\|(\lambda_0 - \lambda)^{n+1} R_0^{n+1} u\right\| \le (|\lambda_0 - \lambda| \cdot \|R_0\|)^{n+1} \|u\|$ folgt

(2) $\lim\limits_{n\to\infty} (\lambda - A)v_n = u$.

Aus (1) und (2) folgt $Su \in \mathcal{D}(A)$ und $(\lambda - A)Su = u$, da A abgeschlossen ist.

Zu (ii): Für $u \in \mathcal{D}(A)$ ergibt sich wie oben [ÜA]

$$S_n(\lambda - A)u = S_n((\lambda_0 - A)u + (\lambda - \lambda_0)u) = u - (\lambda_0 - \lambda)^{n+1} R_0^{n+1} u, \quad \text{d.h.}$$

$$S_n(\lambda - A)u \to u \quad \text{für} \quad n \to \infty.$$

Wegen der Normkonvergenz $S_n \to S$ gilt also

$$u = \lim_{n\to\infty} S_n(\lambda - A)u = S(\lambda - A)u \quad \text{für} \quad u \in \mathcal{D}(A).$$

(b) Die Resolventengleichung folgt aus der Identität

$$R(\lambda, A) = R(\lambda, A)(\mu - A)R(\mu - A) \quad \text{für } \lambda, \mu \in \varrho(A) \quad \boxed{\text{ÜA}}. \qquad \square$$

6 Zur praktischen Bestimmung des Spektrums

6.1 Ein Kriterium für die Invertierbarkeit des Abschlusses

Für viele symmetrische, nicht abgeschlossene Operatoren A können Aussagen über das Spektrum von $\overline{A}$ gemacht werden, ohne daß der Abschluß $\overline{A}$ bestimmt werden muß. Grundlage dafür sind die folgenden Sätze.

(a) LEMMA. *Für abschließbare Operatoren A und für $\lambda \in \mathbb{C}$ gilt* $\boxed{\text{ÜA}}$

$$\text{Bild}\,(\overline{A} - \lambda) \subset \overline{\text{Bild}\,(A - \lambda)}\,.$$

Ist daher $\text{Bild}\,(A - \lambda)$ nicht dicht in $\mathscr{H}$, so gehört λ zum Punktspektrum oder zum Restspektrum von $\overline{A}$.

(b) SATZ. *Ist A abschließbar und gibt es eine Konstante $\varrho > 0$ mit*

$$(*) \qquad \|Au - \lambda u\| \geq \varrho\,\|u\| \quad \textit{für } u \in \mathcal{D}(A)\,,$$

so gilt

$$\text{Bild}\,(\overline{A} - \lambda) = \overline{\text{Bild}\,(A - \lambda)}\,.$$

Daher gehört λ genau dann zur Resolventenmenge von $\overline{A}$, wenn $\text{Bild}\,(A - \lambda)$ *dicht in $\mathscr{H}$ ist und die Bedingung $(*)$ erfüllt ist.*

In diesem Fall ergibt sich die Resolvente $R(\lambda, \overline{A})$ durch stetige Fortsetzung des beschränkten, dicht definierten und bijektiven Operators

$$(\lambda - A)^{-1} : \text{Bild}\,(A - \lambda) \to \mathcal{D}(A)$$

mit Normschranke $1/\varrho$, und es gilt $\|\overline{A}u - \lambda u\| \geq \varrho\,\|u\|$ für $u \in \mathcal{D}(\overline{A})$.

BEWEIS.

(i) Wir zeigen zunächst $\overline{\text{Bild}\,(A - \lambda)} \subset \text{Bild}\,(\overline{A} - \lambda)$.

Ist $h = \lim\limits_{n\to\infty} (Au_n - \lambda u_n)$ mit $u_n \in \mathcal{D}(A)$ für $n \in \mathbb{N}$, so folgt aus $(*)$, daß (u_n) eine Cauchy–Folge ist. Für $u = \lim\limits_{n\to\infty} u_n$ gilt dann

$$\lim_{n\to\infty} Au_n = h + \lambda u\,,$$

also $u \in \mathcal{D}(\overline{A})$ und $\overline{A}u = h + \lambda u$, somit $h = (\overline{A} - \lambda)u \in \text{Bild}\,(\overline{A} - \lambda)$. Mit Lemma (a) ergibt sich die erste Behauptung.

(ii) Für $\lambda \in \varrho(\overline{A})$ gilt daher $\mathscr{H} = \text{Bild}\,(\overline{A} - \lambda) = \overline{\text{Bild}\,(A - \lambda)}$ und

$$\|u\| = \left\|R(\lambda, \overline{A})(\lambda - \overline{A})u\right\| \leq \left\|R(\lambda, \overline{A})\right\| \cdot \left\|\overline{A}u - \lambda u\right\|$$

für $u \in \mathcal{D}(\overline{A})$, d.h. $(*)$ ist erfüllt mit $\varrho := \|R(\lambda, \overline{A})\|^{-1} > 0$.

(iii) Ist $(*)$ mit $\varrho > 0$ erfüllt, so folgt $\|\overline{A}u - \lambda u\| \geq \varrho \cdot \|u\|$ für $u \in \mathcal{D}(\overline{A})$ [ÜA], somit ist $\overline{A} - \lambda$ injektiv. Ist zusätzlich Bild $(A - \lambda)$ dicht in $\mathscr{H}$, so folgt aus (b), daß $\overline{A} - \lambda$ surjektiv ist und daher $\lambda \in \varrho(\overline{A})$.

(iv) Ferner ist dann $T = (\lambda - A)^{-1} : \text{Bild}\,(A - \lambda) \to \mathcal{D}(A)$ dicht definiert und beschränkt mit Normschranke $1/\varrho$. Nach dem Fortsetzungssatz § 21 : 2.9 läßt sich T zu einem Operator $\overline{T} \in \mathscr{L}(\mathscr{H})$ mit Normschranke $1/\varrho$ fortsetzen.

Für $u \in \mathcal{D}(\overline{A})$ gibt es eine Folge (u_n) in $\mathcal{D}(A)$ mit $u = \lim\limits_{n\to\infty} u_n$, $\overline{A}u = \lim\limits_{n\to\infty} Au_n$, somit $(\lambda - \overline{A})u = \lim\limits_{n\to\infty} (\lambda - A)u_n$. Wegen der Stetigkeit von $\overline{T}$ folgt

$$\overline{T}(\lambda - \overline{A})u = \lim_{n\to\infty} \overline{T}(\lambda - A)u_n = \lim_{n\to\infty} T(\lambda - A)u_n = \lim_{n\to\infty} u_n = u\,,$$

somit $\overline{T}(\lambda - \overline{A}) = \mathbb{1}_{\mathcal{D}(\overline{A})}$. Andererseits gilt $R(\lambda, \overline{A})(\lambda - \overline{A}) = \mathbb{1}_{\mathcal{D}(\overline{A})}$.

Wegen der Surjektivität von $\lambda - \overline{A}$ folgt $\overline{T} = R(\lambda, \overline{A})$. □

6.2 Das Spektrum symmetrischer Operatoren

(a) *Für symmetrische Operatoren A gilt $\sigma_{\text{app}}(\overline{A}) \subset \mathbb{R}$, insbesondere sind alle Eigenwerte reell. Nichtreelle Spektralwerte gehören somit immer zum Restspektrum.*

Dies folgt unmittelbar aus der Abschätzung

$$\left\|\overline{A}u - \lambda u\right\| \geq |\operatorname{Im} \lambda| \cdot \|u\| \quad \text{für } u \in \mathcal{D}(\overline{A})\,,$$

die sich wie in § 21 : 6.5 (a) ergibt.

(b) *Ein unbeschränkter symmetrischer Operator kann ein nichtleeres Restspektrum mit reellen Anteilen haben, wie das Beispiel 6.3 (b) zeigt.*

Für beschränkte symmetrische Operatoren T ist das Restspektrum leer. Das ergibt sich unter Verwendung von $T^* = T$ wie folgt:

$$\lambda \in \sigma_r(T) \implies \overline{\lambda} \in \sigma_p(T^*) = \sigma_p(T) \implies \overline{\lambda} \in \mathbb{R} \implies \lambda = \overline{\lambda} \in \sigma_p(T).$$

Hiervon läßt sich für unbeschränkte symmetrische Operatoren A der Schluß

$$\lambda \in \sigma_r(A) \implies \overline{\lambda} \in \sigma_p(A^*)$$

übernehmen, denn aus 4.5 folgt $\text{Kern}\,(A^* - \overline{\lambda}) = \text{Bild}\,(A - \lambda)^{\perp}$. Doch nur im Fall $A^* = A$ kommt wie oben ein Widerspruch zustande.

(c) FOLGERUNG. *Für selbstadjungierte Operatoren A gilt* $\sigma(A) = \sigma_{\text{app}}(A) \subset \mathbb{R}$.

(d) Aus 6.1 und der Abschätzung (a) ergibt sich der

SATZ. *Für einen symmetrischen Operator A gehört λ genau dann zur Resolventenmenge von $\overline{A}$, wenn* Bild $(A - \lambda)$ *dicht in $\mathscr{H}$ ist und wenn es ein $\varrho > 0$ gibt mit*

$$\|Au - \lambda u\| \geq \varrho \|u\| \quad \textit{für } u \in \mathcal{D}(A).$$

Für nichtreelle λ ist die letzte Bedingung automatisch erfüllt ($\varrho = |\operatorname{Im} \lambda|$), somit gehört $\lambda \in \mathbb{C} \setminus \mathbb{R}$ genau dann zum Spektrum (und zwar zum Restspektrum) von $\overline{A}$, wenn Bild $(A - \lambda)$ *nicht dicht in $\mathscr{H}$ ist.*

6.3 Beispiele

(a) **Der Laplace–Operator auf dem $\mathbb{R}^n$**

Wir bezeichnen den Schwartzraum $\mathscr{S}(\mathbb{R}^n)$ im folgenden kurz mit $\mathscr{S}$ und betrachten den Laplace–Operator

$$L : \mathscr{S} \to \mathscr{S}, \quad u \mapsto -\Delta u.$$

SATZ. *L ist symmetrisch mit* $\sigma(\overline{L}) = \sigma_{\text{app}}(\overline{L}) = \mathbb{R}_+$.

BEWEIS.
Nach § 12 : 3.3 ist die Fouriertransformation $F : \mathscr{S} \to \mathscr{S}, \quad u \mapsto \widehat{u}$ unitär, und es gilt

$$-\widehat{\Delta u}(\mathbf{y}) = \|\mathbf{y}\|^2 \,\widehat{u}(\mathbf{y}) \quad \text{für } u \in \mathscr{S} \quad \text{und} \quad \mathbf{y} \in \mathbb{R}^n,$$

d.h.

(1) $\quad L = F^{-1} A F,$

wobei A die Einschränkung des Multiplikators $M_{\|\mathbf{y}\|^2}$ auf $\mathscr{S}$ ist. Es folgt

(2) $\quad Lu - \lambda u = w \iff A\widehat{u} - \lambda \widehat{u} = \widehat{w}$ für $u, w \in \mathscr{S}$ und

(3) $\quad \|Lu - \lambda u\|^2 = \|A\widehat{u} - \lambda \widehat{u}\|^2$ für $u \in \mathscr{S}$.

Wir zeigen zunächst, daß $\sigma(\overline{L}) \subset \mathbb{R}_+$. Sei $\lambda \notin \mathbb{R}_+$, also $\varrho := \operatorname{dist}(\lambda, \mathbb{R}_+) > 0$. Für $u \in \mathscr{S}$ folgt aus (3) wegen $|\,\|\mathbf{y}\|^2 - \lambda\,| \geq \varrho$

(4) $\quad \|Lu - \lambda u\| = \|A\widehat{u} - \lambda \widehat{u}\| \geq \varrho \|\widehat{u}\| = \varrho \|u\|.$

Für eine gegebene Funktion $w \in \mathscr{S}$ ist die Gleichung $Lu - \lambda u = w$ für $u \in \mathscr{S}$ nach (2) äquivalent zur Gleichung

$$\widehat{u}(\mathbf{y}) = (\|\mathbf{y}\|^2 - \lambda)^{-1} \widehat{w}(\mathbf{y}) \quad (\mathbf{y} \in \mathbb{R}^n).$$

Es ist leicht zu sehen, daß im Fall $\lambda \notin \mathbb{R}_+$ hierdurch eine Funktion $\widehat{u} \in \mathscr{S}$ definiert ist. Für $u := F^{-1}\widehat{u}$ gilt somit $u \in \mathscr{S}$ und $Lu - \lambda u = w$.

Daher umfaßt Bild $(L - \lambda)$ den in $\mathscr{H} = \mathrm{L}^2(\mathbb{R}^n)$ dichten Teilraum $\mathscr{S}$. Aus (4) und 6.2 (d) folgt $\lambda \in \varrho(\overline{L})$. Somit haben wir gezeigt: $\lambda \notin \mathbb{R}_+ \implies \lambda \in \varrho(\overline{L})$, d.h. $\sigma(\overline{L}) \subset \mathbb{R}_+$.

Wir zeigen nun

$$\mathbb{R}_+ \subset \sigma_c(\overline{L}) = \sigma_{\mathrm{app}}(\overline{L}) = \sigma_{\mathrm{app}}(\overline{A}) = \sigma_c(\overline{A}).$$

Seien $\lambda \in \mathbb{R}_+$ und $\varepsilon > 0$ vorgegeben. Wir wählen eine Funktion $\varphi \in \mathrm{C}_c^\infty(\mathbb{R})$ mit $\operatorname{supp} \varphi \subset \,]\lambda - \varepsilon, \lambda + \varepsilon[$ und setzen

$$v(\mathbf{x}) := c\,\varphi(\|\mathbf{x}\|^2),$$

wobei wir die Konstante $c > 0$ so wählen, daß $\|v\| = 1$. Dann gilt $v \in \mathrm{C}_c^\infty(\mathbb{R}^n)$ und $v(\mathbf{x}) = 0$ für $|\,\|\mathbf{x}\|^2 - \lambda\,| \geq \varepsilon$, somit $|Av - \lambda v| \leq \varepsilon |v|$, also

$$\|Av - \lambda v\| \leq \varepsilon .$$

Für $\varepsilon = 1/n$ erhalten wir auf diese Weise Funktionen $v_n \in \mathscr{S}$ mit $\|v_n\| = 1$, $\|Av_n - \lambda v_n\| \leq 1/n$. Für $u_n := F^{-1} v_n$ gilt dann $u_n \in \mathscr{S}$, $\|u_n\| = 1$ und $\|Lu_n - \lambda u_n\| \leq 1/n$ wegen (4). Somit gilt $\lambda \in \sigma_{\mathrm{app}}(\overline{A})$ und $\lambda \in \sigma_{\mathrm{app}}(\overline{L})$. Nach 5.5 (b) ist $\sigma(A) = \sigma_{\mathrm{app}}(A) = \sigma_c(A)$. □

Bemerkung. Bei diesem und den folgenden Beispielen geht es darum, zu Demonstrationszwecken das Spektrum eines abgeschlossenen symmetrischen Operators allein mit Hilfe eines Gens zu bestimmen.

(b) Der Operator $u \mapsto -iu'$ auf der Halbgeraden

Für den durch

$$\mathcal{D}(A) := \{u \in \mathrm{C}^1(\mathbb{R}_+) \cap \mathrm{L}^2(\mathbb{R}_+) \mid u(0) = 0,\ u' \in \mathrm{L}^2(\mathbb{R}_+)\},$$

$$Au = -iu'$$

definierten, symmetrischen Operator A gilt

$$\sigma(\overline{A}) = \{\lambda \in \mathbb{C} \mid \operatorname{Im} \lambda \leq 0\}, \quad \lambda \in \sigma_r(\overline{A}) \ \textit{für}\ \operatorname{Im} \lambda < 0 .$$

Beweis.
Wegen $\mathrm{C}_c^\infty(\mathbb{R}_{>0}) \subset \mathcal{D}(A)$ ist A dicht definiert. Die Symmetrie von A ergibt sich durch partielle Integration [ÜA].

Wir betrachten die Gleichung $Au - \lambda u = v$ für $v \in \mathrm{C}^1(\mathbb{R}_+) \cap \mathrm{L}^2(\mathbb{R}_+)$. Nach Wahl von $\mathcal{D}(A)$ ist diese äquivalent zum inhomogenen linearen AWP

(1) $\quad u' - i\lambda u = iv, \quad u(0) = 0, \quad u \in \mathrm{C}^1(\mathbb{R}_+)$

mit der Zusatzbedingung $u \in \mathrm{L}^2(\mathbb{R}_+)$. Für jede Lösung $u \in \mathrm{L}^2(\mathbb{R}_+)$ von (1) gilt auch $u' = i\lambda u + iv \in \mathrm{L}^2(\mathbb{R}_+)$, also $u \in \mathcal{D}(A)$.

Die Gleichung (1) ist für $u \in \mathcal{D}(A)$ äquivalent zu

(2) $\quad u(x) = i\,\mathrm{e}^{i\lambda x} \int\limits_0^x v(t)\,\mathrm{e}^{-i\lambda t}\,dt \quad$ (Variation der Konstanten).

Wir setzen $g(x) := \mathrm{e}^{i\lambda x}$, $h(x) := \mathrm{e}^{-i\lambda x}$.

Für $\operatorname{Im}\lambda = \omega > 0$ gilt $|g(x)| = \mathrm{e}^{-\omega x}$, $|h(x)| = \mathrm{e}^{\omega x}$, insbesondere $g \in \mathrm{L}^2(\mathbb{R}_+)$.

Wählen wir $v \in \mathrm{C}_c^\infty(\mathbb{R}_{>0})$ mit $\operatorname{supp} v \subset \,]0, R[$, so folgt aus (2)

$$|u(x)| \le \mathrm{e}^{-\omega x} \int\limits_0^R |v(t)|\,\mathrm{e}^{\omega t}\,dt \quad \text{für } x \ge R,$$

somit liefert (2) eine Lösung $u \in \mathcal{D}(A)$ von $Au - \lambda u = v$. In diesem Fall umfaßt Bild $(A - \lambda)$ die in $\mathrm{L}^2(\mathbb{R}_+)$ dichte Menge $\mathrm{C}_c^\infty(\mathbb{R}_{>0})$. Aus 6.2 (d) folgt $\lambda \in \varrho(\overline{A})$.

Im Fall $\operatorname{Im}\lambda = -\omega < 0$ gilt $|g(x)| = \mathrm{e}^{\omega x} \ge 1$, somit $g \notin \mathrm{L}^2(\mathbb{R}_+)$, aber $h \in \mathrm{L}^2(\mathbb{R}_+)$.

Aus (2) folgt

$$|u(x)| = \mathrm{e}^{\omega x} \left| \int\limits_0^x v(t)\,h(t)\,dt \right| \ge \left| \int\limits_0^x v(t)\,h(t)\,dt \right|.$$

Daher kann u nur dann zu $\mathrm{L}^2(\mathbb{R}_+)$ gehören, wenn

$$\int\limits_0^\infty v(t)\,h(t)\,dt = 0,$$

also $v \perp \overline{h}$. Daher ist in diesem Fall Bild $(A - \lambda)$ nicht dicht in $\mathrm{L}^2(\mathbb{R}_+)$. Es folgt $\lambda \in \sigma_r(\overline{A})$ aus 6.2 (d). Im Fall $\omega = 0$ ergibt sich $\lambda \in \sigma(\overline{A})$ wegen der Abgeschlossenheit des Spektrums. □

(c) **Das Spektrum des Impulsoperators auf $\mathbb{R}$.**

Die Fouriertransformation $u \mapsto \widehat{u}$ liefert eine unitäre Abbildung des Schwartzraums $\mathscr{S}$ der schnellfallende Funktionen auf sich (§ 12 : 3.1, 3.4). Für $u \in \mathcal{D}(A) := \mathscr{S}$ sei $Au := -iu$. Dann gilt $\widehat{Au}(y) = y \cdot \widehat{u}(y)$ (§ 12 : 3.3), d.h. der Operator A ist unitär äquivalent zum Multiplikator M_y mit Definitionsbereich $\mathscr{S}$. Nach 5.5 (c) ist dessen Abschluß der Ortsoperator Q, und es ist $\sigma(Q) = \sigma_{\mathrm{app}}(Q) = \mathbb{R}$. Also gilt für den Impulsoperator $P = \overline{A}$ ebenfalls

$$\sigma(P) = \sigma_{\mathrm{app}}(P) = \mathbb{R}.$$

Für dieses Ergebnis war die Kenntnis des genauen Definitionsbereichs von $P = \overline{A}$ nicht erforderlich ($\mathcal{D}(P) = \mathrm{W}^1(\mathbb{R})$ nach 3.4 (a)).

§ 24 Selbstadjungierte und wesentlich selbstadjungierte Operatoren

1 Charakterisierung selbstadjungierter Operatoren

1.1 Selbstadjungiertheit und maximale Symmetrie

(a) Ein Operator A heißt **selbstadjungiert**, wenn $A = A^*$ gilt. Die Bedeutung selbstadjungierter Operatoren für die Quantenmechanik wurde in § 18 : 3.1 (b) schon kurz angesprochen; mehr hierzu folgt in § 25 : 4. Ihre Rolle in der Analysis, insbesondere der Differentialgleichungstheorie ergibt sich aus der Existenz einer Spektralzerlegung (Abschnitt 3 und § 25 : 1.4), dem Spektralsatz und dem Satz von Stone (§ 25 : 3.2, 3.4). In diesem Paragraphen sollen Kriterien aufgestellt werden, die es gestatten, aus Eigenschaften eines symmetrischen Operators A auf die Selbstadjungiertheit von $\overline{A}$ zu schließen, ohne $\overline{A}$ explizit bestimmen zu müssen. Hierzu stellen wir zunächst Bedingungen für die Selbstadjungiertheit eines Operators auf.

In § 23 : 4.3 wurde festgestellt, daß selbstadjungierte Operatoren symmetrisch und abgeschlossen sind. Darüberhinaus gilt der folgende

(b) SATZ. *Selbstadjungierte Operatoren sind maximal symmetrisch: Ist A selbstadjungiert und B eine symmetrische Fortsetzung von A, so gilt $B = A$.*

Mit Hilfe dieses Satzes kann die Gleichheit zweier selbstadjungierter Operatoren nachgewiesen werden.

BEWEIS.

Nach Voraussetzung gilt $A = A^*$ und $A \subset B \subset B^*$. Mit § 23 : 4.2 (a) folgt

$$B \subset B^* \subset A^* = A \subset B\,, \quad \text{also} \quad A = B\,. \qquad \square$$

Nicht jeder maximal symmetrische Operator ist selbstadjungiert.

Nach § 23 : 6.3 (b) ist der auf $\mathrm{W}_0^1(\mathbb{R}_+)$ definierte Operator $A : u \mapsto -iu'$ abgeschlossen und symmetrisch, und es gilt $i \in \varrho(A)$, also ist $A - i : \mathcal{D}(A) \to \mathrm{L}^2(\mathbb{R}_+)$ bijektiv. Für eine echte symmetrische Fortsetzung B von A wäre $B - i$ zwar surjektiv, aber nicht mehr injektiv und somit $i \in \sigma_p(B)$, was nicht sein kann (§ 23 : 6.2 (a)). A ist nicht selbstadjungiert, denn $\mathcal{D}(A^*)$ umfaßt $\mathrm{W}^1(\mathbb{R})$, wie sich leicht durch partielle Integration ergibt.

1.2 Das Spektrum selbstadjungierter Operatoren

SATZ. *Ein abgeschlossener symmetrischer Operator A ist genau dann selbstadjungiert, wenn sein Spektrum reell ist. Es ist dann $\sigma(A) = \sigma_{\mathrm{app}}(A)$.*

Beweis.

(a) Sei $A = A^*$. Dann ist A abgeschlossen und symmetrisch, ferner $\sigma(A) \subset \mathbb{R}$ nach § 23 : 6.2 (c).

(b) Sei A symmetrisch und abgeschlossen mit $\sigma(A) \subset \mathbb{R}$. Wegen $A \subset A^*$ bleibt zu zeigen, daß $A^* \subset A$. Wir fixieren ein $\lambda \in \mathbb{C} \setminus \mathbb{R}$. Dann ist nach Voraussetzung $\lambda, \overline{\lambda} \in \varrho(A)$, also ist

(1) $\quad A - \overline{\lambda} : \mathcal{D}(A) \to \mathscr{H}$ surjektiv,

(2) $\quad \overline{\text{Bild}\,(A - \lambda)} = \mathscr{H}$ (sogar $\text{Bild}\,(A - \lambda) = \mathscr{H}$).

Für $v \in \mathcal{D}(A^*)$ gibt es nach (1) ein $u \in \mathcal{D}(A)$ mit

(3) $\quad (A - \overline{\lambda})u = (A^* - \overline{\lambda})v$.

Wegen $A \subset A^*$ folgt $(A^* - \overline{\lambda})u = (A^* - \overline{\lambda})v$, also mit § 23 : 4.5

$$u - v \in \text{Kern}\,(A^* - \overline{\lambda}) = \text{Kern}\,(A - \lambda)^* = \text{Bild}\,(A - \lambda)^{\perp} = \{0\}$$

aufgrund von (2). Somit gilt $v = u \in \mathcal{D}(A)$, und aus (3) folgt $A^*v = Au = Av$. Dies zeigt $A^* \subset A$. □

Folgerung. *Gibt es für einen symmetrischen Operator A eine Zahl $\lambda \in \mathbb{C}$ mit*

$$\text{Bild}\,(A^* - \overline{\lambda}) \subset \text{Bild}\,(A - \overline{\lambda}) \quad \textit{und} \quad \overline{\text{Bild}\,(A - \lambda)} = \mathscr{H},$$

so ist A selbstadjungiert und damit auch abgeschlossen.

Ist insbesondere A symmetrisch und $\text{Bild}\,(A - \lambda) = \mathscr{H}$ *für ein $\lambda \in \mathbb{R}$, so ist A selbstadjungiert.*

Dies ergibt eine nochmalige Durchsicht des Beweises (b); andere als die genannten Voraussetzungen werden nicht benötigt.

1.3 Die Hauptkriterien für Selbstadjungiertheit

Für einen symmetrischen Operator A sind folgende Aussagen äquivalent:

(a) *A ist selbstadjungiert.*

(b) *A ist abgeschlossen und $\sigma(A) \subset \mathbb{R}$.*

(c) *$A + i$ und $A - i$ sind surjektiv.*

(d) *$A - \lambda$ und $A - \overline{\lambda}$ sind surjektiv für mindestens ein $\lambda \in \mathbb{C}$.*

Beweis.

(a) $\iff$ (b) nach 1.2.

(b) $\Longrightarrow$ (c) $\Longrightarrow$ (d) nach der Definition von $\sigma(A)$ und $\rho(A)$.

(d) $\Longrightarrow$ (a) nach der Folgerung von 1.2, denn im Fall $\text{Bild}\,(A - \overline{\lambda}) = \mathscr{H}$ gilt natürlich $\text{Bild}\,(A^* - \overline{\lambda}) \subset \text{Bild}\,(A - \overline{\lambda})$. □

(e) FOLGERUNG. *Ein symmetrischer Operator A ist genau dann selbstadjungiert, wenn er abgeschlossen ist und*

$$\mathrm{Kern}\,(A^* - \lambda) = \mathrm{Kern}\,(A^* - \overline{\lambda}) = \{0\} \quad \text{für ein} \quad \lambda \in \mathbb{C} \setminus \mathbb{R}.$$

gilt. Dann besteht diese Beziehung für alle $\lambda \in \mathbb{C} \setminus \mathbb{R}$.

BEWEIS.
(i) Ist A selbstadjungiert, so ist A abgeschlossen und $\sigma(A) \subset \mathbb{R}$. Für alle $\lambda \in \mathbb{C} \setminus \mathbb{R}$ gilt dann $\lambda, \overline{\lambda} \in \varrho(A)$, somit wegen $A = A^*$

$$\mathrm{Kern}\,(A^* - \lambda) = \mathrm{Kern}\,(A - \lambda) = \{0\} = \mathrm{Kern}\,(A - \overline{\lambda}) = \mathrm{Kern}\,(A^* - \overline{\lambda})\,.$$

(ii) Sei A symmetrisch und abgeschlossen, und es existiere ein $\lambda \in \mathbb{C} \setminus \mathbb{R}$ mit $\mathrm{Kern}\,(A^* - \lambda) = \mathrm{Kern}\,(A^* - \overline{\lambda}) = \{0\}$. Nach § 23 : 4.5 (b) und 6.1 (b) folgt

$$\begin{aligned}\mathrm{Bild}\,(A - \overline{\lambda}) \;&=\; \overline{\mathrm{Bild}\,(A - \overline{\lambda})} \;=\; \{0\}^\perp = \mathscr{H} \;=\; \overline{\mathrm{Bild}\,(A - \lambda)} \\ &=\; \mathrm{Bild}\,(A - \lambda).\end{aligned}$$

Somit ist A selbstadjungiert nach dem Kriterium 1.3 (d). □

1.4 Beispiele selbstadjungierter Operatoren

(a) **Reelle Multiplikatoren**. Für eine μ–meßbare Funktion $v : \Omega \to \mathbb{R}$ ist der Multiplikator

$$M_v : u \mapsto v \cdot u \quad \text{mit} \quad \mathcal{D}(M_v) = \{u \in \mathrm{L}^2(\Omega, \mu) \mid v \cdot u \in \mathrm{L}^2(\Omega, \mu)\}$$

selbstadjungiert. Das folgt aus $M_v^* = M_{\overline{v}} = M_v$, vgl. § 23 : 4.1 (e).

Entsprechend folgt die Selbstadjungiertheit des Multiplikators M_a auf ℓ^2 mit einer reellen Zahlenfolge $a = (a_1, a_2, \dots)$.

Ein anderer, die Kenntnis von M_a^* nicht voraussetzender Nachweis der Selbstadjungiertheit stützt sich auf 1.3 (c): M_a ist offenbar symmetrisch. Für $y = (y_1, y_2, \dots) \in \ell^2$ und $x = (x_1, x_2, \dots)$ mit $x_k = y_k/(a_k \pm i)$ gilt $|x_k| \le |y_k|$, also $x \in \ell^2$ und $(M_a \pm i)x = y$.

(b) **Impulsoperatoren**.

(i) Der auf $\mathrm{W}^1(\mathbb{R})$ definierte Impulsoperator $P : u \mapsto -iu'$ eines geradlinig bewegten Teilchens ist nach 1.2 und § 23 : 6.3 (c) selbstadjungiert.

(ii) Der auf $\mathcal{D}_\varphi := \{u \in \mathrm{W}^1\,[a, b] \mid u(a) = \mathrm{e}^{i\varphi} u(b)\}$ definierte Impulsoperator $P_{\mathrm{per}} := u \mapsto -iu'$ ist selbstadjungiert. Wir können dies aus 1.3 (b) folgern, indem wir die in § 23 : 3.2 bewiesene Abgeschlossenheit heranziehen und das Ergebnis der Aufgabe § 23 : 5.4 (b) verwenden: $\sigma(P_{\mathrm{per}}) = \sigma_p(P_{\mathrm{per}}) \subset \mathbb{R}$.

Direkter führt das Kriterium 1.3 (c) zum Ziel: Für $f \in \mathrm{L}^2\,[a, b]$ liefert

$$u(x) := e^{\pm x}\left(c + i\int_a^x f(t)\,e^{\mp t}\,dt\right)$$

eine absolutstetige Lösung der DG $u' = \pm u + if$, d.h. der Gleichung

$$P_{\text{per}}u \pm iu = f\,.$$

Es ist leicht zu sehen, daß $\alpha := e^{\pm a} - e^{i\varphi}e^{\pm b}$ für $a \neq b$ von Null verschieden ist. Legen wir c durch $\alpha \cdot c = ie^{i\varphi}e^{\pm b}\int_a^b f(t)\,e^{\mp t}\,dt$ fest, so erfüllt u die Randbedingung $u(a) = e^{i\varphi}\,u(b)$ ÜA.

(c) Der Hamilton–Operator H eines in $]a,b[$ eingesperrten Teilchens mit

$$\mathcal{D}(H) := \left\{u \in C_0^1\,[0,1] \;\middle|\; u' \in W^1[0,1]\right\}, \qquad Hu = -\tfrac{1}{2}\,u'' \text{ für } u \in \mathcal{D}(H)$$

ist aufgrund des Kriteriums 1.3 (b) selbstadjungiert, denn nach § 23 : 5.4 (c) ist $u \mapsto -u''$ auf $\mathcal{D}(H)$ symmetrisch mit reellem Spektrum.

1.5 Die Selbstadjungiertheit von A^*A

SATZ. *Für jeden abgeschlossenen Operator A ist A^*A mit*

$$\mathcal{D}(A^*A) := \{\,u \in \mathcal{D}(A) \mid Au \in \mathcal{D}(A^*)\,\}$$

selbstadjungiert.

Für jeden selbstadjungierten Operator A ist somit A^2 selbstadjungiert.

BEMERKUNG. Für einen linearen Operator A ist $\{u \in \mathcal{D}(A) \mid Au \in \mathcal{D}(A^*)\}$ i.a. kein dichter Teilraum von $\mathscr{H}$, also A^*A nicht notwendig ein linearer Operator.

BEWEIS.

(a) Für $u, v \in \mathcal{D}(A^*A)$ gilt $\langle A^*Au, v\rangle = \langle Au, Av\rangle = \langle u, A^*Av\rangle$, also ist A^*A ein symmetrischer Operator, falls $D(A^*A)$ dicht in $\mathscr{H}$ ist.

(b) Wir zeigen, daß sich jeder Vektor $h \in \mathscr{H}$ in der Form $h = u + A^*Au$ mit $u \in \mathcal{D}(A^*A)$ darstellen läßt. Nach § 23 : 2.2 (a) ist $\mathcal{G}(A) = \{(u, Au) \mid u \in \mathcal{D}(A)\}$ und damit auch $U(\mathcal{G}(A)) := \{(Au, -u) \mid u \in \mathcal{D}(A)\}$ abgeschlossen in $\mathscr{H} \times \mathscr{H}$. Nach § 23 : 4.4 ist

$$\mathcal{G}(A^*) = U(\mathcal{G}(A))^\perp \quad \text{(Orthogonalität in } \mathscr{H} \times \mathscr{H})$$

ebenfalls abgeschlossen in $\mathscr{H} \times \mathscr{H}$. Nach dem Zerlegungssatz § 9 : 2.4 läßt sich daher jedes Paar $(0, -h) \in \mathscr{H} \times \mathscr{H}$ in der Form

$$(0, -h) = (v, A^*v) + (Au, -u) \quad \text{mit} \quad u \in \mathcal{D}(A)\,, \quad v \in \mathcal{D}(A^*)$$

darstellen. Dann gelten die Gleichungen

$$0 = v + Au\,, \qquad h = u - A^*v\,.$$

Aus diesen folgt $Au = -v \in \mathcal{D}(A^*)$ und $h = u + A^*Au$.

(c) $D(A^*A)$ ist dicht in $\mathscr{H}$: Sei $h \perp \mathcal{D}(A^*A)$ und $u \in \mathcal{D}(A^*A) \subset \mathcal{D}(A)$ so gewählt, daß $h = u + A^*Au$. Dann folgt mit (a)

$$0 = \langle h, u \rangle = \|u\|^2 + \|Au\|^2, \quad \text{also } u = 0 \text{ und somit } h = 0.$$

(d) Nun folgt die Selbstadjungiertheit von A^*A aus dem Kriterium 1.3 (d) mit $\lambda = \overline{\lambda} = -1$, da $A^*A + 1$ nach (b) surjektiv ist. □

2 Wesentlich selbstadjungierte Operatoren

2.1 Definition und Beispiele

(a) Die Zielsetzung dieses Abschnitts wird am besten durch ein Beispiel verdeutlicht. Die Energie eines freien, spinlosen Teilchens im Raum soll, wie jede Observable der Quantenmechanik, durch einen selbstadjungierten Operator H beschrieben werden. Unter Vernachlässigung physikalischer Konstanten wird $H := -\frac{1}{2}\overline{\Delta}$ gesetzt, wobei $-\Delta$ der auf $\mathscr{S}(\mathbb{R}^n)$ definierte Laplace–Operator ist.

Die direkte Anwendung eines der Kriterien 1.3 wäre für $n > 1$ relativ schwierig, dies würde Kenntnisse über den Sobolew–Raum $\mathcal{D}(\overline{\Delta}) = \mathrm{W}^2(\mathbb{R}^n)$ voraussetzen. Wir nützen daher das Kriterium 1.3 (b) indirekt aus, indem wir uns nur auf die Eigenschaften des Gens $-\Delta$ auf $\mathscr{S}(\mathbb{R}^n)$ stützen. Die entsprechenden Rechnungen wurden in § 23 : 6.3 (a) durchgeführt mit dem Ergebnis $\sigma(-\overline{\Delta}) = \mathbb{R}_+$. Offenbar gilt auch $\sigma(H) = \frac{1}{2}\,\sigma(-\overline{\Delta}) = \mathbb{R}_+$.

(b) Ein symmetrischer Operator A heißt **wesentlich selbstadjungiert**, wenn sein Abschluß $\overline{A}$ selbstadjungiert ist.

Für einen symmetrischen Operator A gilt $A \subset A^* = \overline{A}^*$ nach § 23 : 4.2 (c); somit ist A genau dann wesentlich selbstadjungiert, wenn $A \subset A^* \subset \overline{A}$.

(c) Beispiele.

(i) Der auf $\mathscr{S}(\mathbb{R}^n)$ definierte Laplace–Operator $u \mapsto -\Delta u$ ist nach (a) wesentlich selbstadjungiert.

(ii) Der Operator $P_\varphi : u \mapsto -iu'$ mit $\mathcal{D}(P_\varphi) = \{u \in \mathrm{C}^\infty[a,b] \mid u(a) = \mathrm{e}^{i\varphi}u(b)\}$ ist wesentlich selbstadjungiert. Denn sein Abschluß ist nach § 23 : 3.2 (b) der auf $D_\varphi = \{u \in \mathrm{W}^1[a,b] \mid u(a) = \mathrm{e}^{i\varphi}u(b)\}$ definierte Impulsoperator $u \mapsto -iu'$, und dieser ist nach 1.4 (b) selbstadjungiert.

(iii) Der auf $\mathrm{C}_0^2[a,b] = \{u \in \mathrm{C}^2[a,b] \mid u(a) = u(b) = 0\}$ definierte Laplace–Operator $u \mapsto -u''$ ist wesentlich selbstadjungiert, vgl. § 23 : 3.5 und § 23 : 5.4 (c).

(iv) Der auf dem Schwartzraum $\mathscr{S}(\mathbb{R}^n)$ eingeschränkte Multiplikator M_v mit $v(\mathbf{x}) = \|\mathbf{x}\|^2$ ist nach § 23 : 5.5 (d) ein Gen für den maximal definierten Multiplikator M_v, dessen Selbstadjungiertheit in 1.4 (a) festgestellt wurde.

2.2 Kriterien für wesentliche Selbstadjungiertheit

Für einen symmetrischen Operator A sind folgenden Aussagen äquivalent:

(a) *A ist wesentlich selbstadjungiert.*

(b) Bild $(A-i)$ *und* Bild $(A+i)$ *sind dicht in* $\mathscr{H}$.

(c) *Es gibt eine Zahl $\lambda \in \mathbb{C}$ und ein $\varrho > 0$, so daß $A-\lambda$, $A-\overline{\lambda}$ dichtes Bild haben und daß*

$$\|Au - \lambda u\| \ge \varrho \|u\|, \quad \|Au - \overline{\lambda} u\| \ge \varrho \|u\| \quad \text{für } u \in \mathcal{D}(A).$$

(d) Kern $(A^* + i)$ = Kern $(A^* - i)$ = $\{0\}$.

Bemerkungen. (i) Nach § 23 : 6.1 (b) ist die Bedingung (c) äquivalent zu $\lambda, \overline{\lambda} \in \varrho(\overline{A})$. Für nichtreelle λ gilt $\|Au - \lambda u\| \ge |\mathrm{Im}\,\lambda| \cdot \|u\|$ für $u \in \mathcal{D}(A)$, vgl. § 23 : 6.2, also ist für nichtreelle λ die Bedingung (c) schon dann erfüllt, wenn Bild $(A-\lambda)$ und Bild $(A-\overline{\lambda})$ dicht in $\mathscr{H}$ sind.

(ii) Ist A wesentlich selbstadjungiert, so ist die Bedingung (c) für alle nichtreellen λ erfüllt, denn nach 1.3 (b) gilt $\sigma(\overline{A}) \subset \mathbb{R}$.

Beweis.

(a) $\Longrightarrow$ (b). Ist $\overline{A}$ selbstadjungiert, so gilt $\sigma(\overline{A}) \subset \mathbb{R}$, also Bild $(\overline{A}-\lambda) = \mathscr{H}$ für alle nichtreellen λ. Nach § 23 : 6.1 (a) folgt $\overline{\text{Bild}\,(A-\lambda)} = \mathscr{H}$ für alle $\lambda \in \mathbb{C} \setminus \mathbb{R}$, insbesondere für $\lambda = \pm i$.

(b) $\Longrightarrow$ (c) mit $\lambda = i$ nach Bemerkung (i).

(c) $\Longrightarrow$ (a). Nach Bemerkung (i) folgt aus (c) die Existenz einer Zahl λ mit $\lambda, \overline{\lambda} \in \varrho(\overline{A})$, woraus Bild $(\overline{A}-\lambda)$ = Bild $(\overline{A}-\overline{\lambda}) = \mathscr{H}$ folgt. Somit ist $\overline{A}$ selbstadjungiert aufgrund von 1.3 (d).

(a) $\Longleftrightarrow$ (d) nach dem Kriterium 1.3 (e), denn nach § 23 : 2.1 (d), § 23 : 4.2 (c) gilt $(\overline{A} \pm i)^* = (\overline{A \pm i})^* = (A \pm i)^*$. □

2.3 Halbbeschränkte Operatoren

Ein linearer Operator A heißt **positiv** ($A \ge 0$), wenn

$$\langle u, Au \rangle \ge 0 \quad \text{für } u \in \mathcal{D}(A)$$

und **halbbeschränkt** mit unterer Schranke ϱ, wenn $A - \varrho$ positiv ist, d.h. wenn

$$\langle u, Au \rangle \ge \varrho \|u\|^2 \quad \text{für } u \in \mathcal{D}(A).$$

Wegen $\langle u, Au \rangle \in \mathbb{R}$ für $u \in \mathcal{D}(A)$ sind halbbeschränkte Operatoren symmetrisch (Polarisierungsgleichung § 21 : 3.6 (b)). Aus $A - \varrho \ge \mathbb{0}$ folgt $\overline{A} - \varrho \ge \mathbb{0}$ [ÜA].

SATZ. (a) *Ist A halbbeschränkt mit unterer Schranke* ϱ, *so gilt*

$$\|\overline{A}u - \lambda u\| \geq (\varrho - \lambda)\,\|u\| \quad \text{für } \lambda < \varrho\,.$$

(b) *Gibt es daher ein* $\lambda_0 < \varrho$, *so daß* Bild $(A - \lambda_0)$ *dicht in* $\mathscr{H}$ *ist, so ist A wesentlich selbstadjungiert und* $\sigma(\overline{A}) \subset [\varrho, \infty[$.

Für alle $\lambda < \varrho$ *ist dann* $R(\lambda, \overline{A})$ *die Fortsetzung des beschränkten, dicht definierten Operators* $(\lambda - A)^{-1} : \text{Bild}\,(A - \lambda) \to \mathcal{D}(A)$.

(c) *Andernfalls gilt* $\lambda \in \sigma_r(\overline{A})$ *für alle* $\lambda < \varrho$, *und A besitzt unendlich viele selbstadjungierte Fortsetzungen.*

BEWEIS.

(a) $B := \overline{A} - \varrho$ ist symmetrisch mit $B \geq \mathbb{0}$. Für $u \in \mathcal{D}(\overline{A})$, $\lambda < \rho$ gilt somit

$$\begin{aligned}\|\overline{A}u - \lambda u\|^2 &= \langle Bu + (\varrho - \lambda)u\,,\, Bu + (\varrho - \lambda)u\rangle \\ &= \|Bu\|^2 + 2(\varrho - \lambda)\langle u\,,\, Bu\rangle \,+\, (\varrho - \lambda)^2\,\|u\|^2 \\ &\geq (\varrho - \lambda)^2\,\|u\|^2\,.\end{aligned}$$

(b) Die wesentlich Selbstadjungiertheit von A folgt unmittelbar aus dem Kriterium 2.2 (c). Die Aussage über die Resolvente folgt aus § 23 : 6.1. Aufgrund von (a) schließen wir: $\lambda < \varrho \implies \lambda \notin \sigma_{\text{app}}(\overline{A}) = \sigma(\overline{A})$, vgl. 1.2.

(c) Tritt der Fall (b) nicht ein, so gilt $\lambda \in \sigma_r(\overline{A})$ für alle $\lambda < \varrho$, denn für $\lambda < \varrho$ ist $\lambda \notin \sigma_p(\overline{A})$ nach (a). Für den Beweis der Fortsetzbarkeit und Einzelheiten hierzu verweisen wir auf [133] Nr. 122–125 und [132, II] Ch. X (Stichworte „Defektindizes“, „Friedrichs–Erweiterung“). □

BEISPIEL. Der Operator $B : \mathrm{W}_0^1\,[a,b] \to \mathrm{L}^2\,[a,b]$, $u \mapsto -iu'$ ist symmetrisch und abgeschlossen, aber nicht selbstadjungiert (§ 23 : 4.3). Setzen wir B auf den Definitionsbereich $\mathcal{D}_\varphi := \{u \in \mathrm{W}^1\,[a,b] \mid u(a) = \mathrm{e}^{i\varphi}u(b)\}$ fort, so entsteht nach 1.4 (b) jeweils ein selbstadjungierter Operator $B_\varphi : u \mapsto -iu'$. Somit besitzt der Operator $A = B^2 \geq 0$ die nach 1.5 selbstadjungierten Fortsetzungen B_φ^2.

3 Symmetrische Operatoren mit diskretem Spektrum

3.1 Wesentliche Selbstadjungiertheit und Spektralzerlegung

In einer Reihe von Anwendungen sind folgende Bedingungen erfüllt:

(a) A ist ein symmetrischer Operator auf einem unendlichdimensionalen Hilbertraum.

(b) Es gibt ein vollständiges ONS $v_1, v_2, \ldots$ für $\mathscr{H}$, bestehend aus Eigenvektoren von A.

(c) Die zugehörigen Eigenwerte $\lambda_k = \langle v_k\,,\, Av_k\rangle$ bilden eine monoton wachsende Folge reeller Zahlen mit $\lim\limits_{k\to\infty} \lambda_k = \infty$.

SATZ. *Unter diesen Voraussetzungen ist A wesentlich selbstadjungiert und halbbeschränkt mit unterer Schranke λ_1.*

Der Abschluß $\overline{A}$ und sein Spektrum sind gegeben durch

$$u \in \mathcal{D}(\overline{A}) \iff \sum_{k=1}^{\infty} \lambda_k^2 |\langle v_k , u \rangle|^2 < \infty ,$$

$$\overline{A}u = \sum_{k=1}^{\infty} \lambda_k \langle v_k , u \rangle v_k = \sum_{k=1}^{\infty} \langle v_k , u \rangle A v_k \quad \text{für } u \in \mathcal{D}(\overline{A}) ,$$

$$\sigma(\overline{A}) = \sigma_p(\overline{A}) = \{\lambda_n \mid n \in \mathbb{N}\} .$$

Die Eigenräume $\operatorname{Kern}(\overline{A} - \lambda_k) = \operatorname{Kern}(A - \lambda_k)$ *haben endliche Dimension.*

Ein Operator A mit den Eigenschaften (a), (b), (c) heißt ein **symmetrischer Operator mit diskretem Spektrum**.

BEWEIS.

Sei $u \in \mathcal{D}(\overline{A})$. Da $v_1, v_2, \dots$ ein vollständiges ONS ist mit $\overline{A}v_k = Av_k = \lambda_k v_k$ und wegen der Symmetrie von $\overline{A}$ ergibt sich

$$\overline{A}u = \sum_{k=1}^{\infty} \langle v_k , \overline{A}u \rangle v_k = \sum_{k=1}^{\infty} \langle \overline{A}v_k , u \rangle v_k = \sum_{k=1}^{\infty} \lambda_k \langle v_k , u \rangle v_k ,$$

$$\sum_{k=1}^{\infty} \lambda_k^2 \, |\langle v_k , u \rangle|^2 = \|\overline{A}u\|^2 < \infty .$$

Konvergiert umgekehrt $\sum\limits_{k=1}^{\infty} \lambda_k^2 \, |\langle v_k , u \rangle|^2$, so gibt es wegen der Isomorphie von $\mathscr{H}$ und ℓ^2 ein $v \in \mathscr{H}$ mit

$$v = \lim_{n\to\infty} s_n , \quad s_n := \sum_{k=1}^{n} \lambda_k \langle v_k , u \rangle v_k .$$

Für $u_n := \sum\limits_{k=1}^{n} \langle v_k , u \rangle v_k$ gilt dann $u_n \in \mathcal{D}(A)$, $u = \lim\limits_{n\to\infty} u_n$ und $s_n = Au_n \to v$. Es folgt $u \in \mathcal{D}(\overline{A})$ und $\overline{A}u = v$.

Mit der unitären Abbildung $U : \mathscr{H} \to \ell^2$, $u \mapsto (\langle v_1 , u \rangle, \langle v_2 , u \rangle, \dots)$ drückt sich dies wie folgt aus:

$$\overline{A} = U^{-1} M_\lambda U ;$$

dabei ist M_λ der maximal definierte, nach 1.4 (a) selbstadjungierte Multiplikator

$$M_\lambda : (x_1, x_2, \dots) \longmapsto (\lambda_1 x_1, \lambda_2 x_2, \dots)$$

auf ℓ^2. Da U die Hilbertraumstruktur überträgt, ist $\overline{A}$ ebenfalls selbstadjungiert, und es gilt $\sigma(\overline{A}) = \sigma(M_\lambda)$, $\sigma_p(\overline{A}) = \sigma_p(M_\lambda)$. Aus § 23 : 5.5 (a) entnehmen wir $\sigma(M_\lambda) = \sigma_p(M_\lambda) = \{\lambda_k \mid k \in \mathbb{N}\}$, denn wegen $\lim\limits_{k\to\infty} \lambda_k = \infty$ ist die Menge $\{\lambda_k \mid k \in \mathbb{N}\}$ abgeschlossen, und jedes λ_n kommt in der Folge (λ_k) nur endlich oft vor. Insbesondere ist $\dim \operatorname{Kern}(\overline{A} - \lambda_n) = \dim \operatorname{Kern}(M_\lambda - \lambda_n)$ endlich.

Aus der Reihendarstellung für $\overline{A}u$ folgt schließlich

$$\langle u, \overline{A}u \rangle \geq \lambda_1 \|u\|^2 \quad \text{für } u \in \mathcal{D}(\overline{A}). \qquad \square$$

FOLGERUNGEN.

(a) *Unter den obengenannten Voraussetzungen ist* $(\overline{A} - \lambda)^{-1}$ *für* $\lambda < \lambda_1$ *kompakt und positiv definit.*

(b) *Ist umgekehrt* T *kompakt und positiv definit, so ist* $A = T^{-1} : \text{Bild}\, T \to \mathscr{H}$ *ein positiver, abgeschlossener Operator mit diskretem Spektrum und* $0 \notin \sigma_p(A)$.

BEWEIS.

(a) Wegen $\sigma(\overline{A}) \subset [\lambda_1, \infty[$ gilt für $\lambda < \lambda_1 : \lambda \in \varrho(\overline{A})$, also $T := (\overline{A} - \lambda)^{-1} \in \mathscr{L}(\mathscr{H})$. Daher ist jeder Vektor $u \in \mathscr{H}$ von der Form $u = (\overline{A} - \lambda)v$ mit $v \in \mathcal{D}(\overline{A})$. Für $u \neq 0$ gilt $v \neq 0$, somit

$$\langle u, Tu \rangle = \langle (\overline{A} - \lambda)v, v \rangle = \langle v, (\overline{A} - \lambda)v \rangle \geq (\lambda_1 - \lambda) \|v\|^2 > 0 .$$

Wegen $v_k = T(\overline{A} - \lambda)v_k = (\lambda_k - \lambda)Tv_k$ für $k = 1, 2, \ldots$ gibt es ein vollständiges ONS aus Eigenvektoren von T, und die zugehörigen Eigenwerte $(\lambda_k - \lambda)^{-1}$ bilden eine Nullfolge. Daher ist T kompakt nach § 22 : 4.6.

(b) Nach § 22 : 4.6 gibt es ein vollständiges ONS $v_1, v_2, \ldots$ für $\mathscr{H}$ und eine monoton fallende Nullfolge (μ_n) mit $Tv_k = \mu_k v_k$ $(k = 1, 2, \ldots)$. Wegen $AT = \mathbb{1}$ gilt $v_k = \mu_k A v_k$, also $Av_k = \lambda_k v_k$ mit $\lambda_k := 1/\mu_k$ für $k = 1, 2, \ldots$.

Zu jedem $u \in \mathcal{D}(A)$ gibt es ein $v \in \mathscr{H}$ mit $u = Tv$. Für $u \neq 0$ folgt $v \neq 0$, also $Au = ATv = v \neq 0$ sowie

$$\langle u, Au \rangle = \langle Tv, v \rangle > 0 .$$

Sei $u = \lim\limits_{n\to\infty} u_n$ mit $u_n \in \mathcal{D}(A)$ für $n = 1, 2, \ldots$, und $v = \lim\limits_{n\to\infty} Au_n$ existiere. Da es Vektoren v_n gibt mit $u_n = Tv_n$ für $n \in \mathbb{N}$, gilt

$$v_n = Au_n \to v \quad \text{für } n \to \infty \quad \text{und } Tv_n = u_n \to u \quad \text{für } n \to \infty .$$

Da T stetig ist, folgt $Tv = u$, also $u \in \mathcal{D}(A)$ und $Au = v$. $\square$

3.2 Operatoren mit diskretem Spektrum und unitäre Gruppen

SATZ. *Sei A ein selbstadjungierter Operator mit diskretem Spektrum, d.h. A genüge den Bedingungen 3.1 und sei abgeschlossen. Dann besitzt das Cauchy–Problem*

$$(*) \qquad \dot{\varphi}_t = -i\,A\varphi_t\,, \quad \varphi_0 \in \mathcal{D}(A) \ \textit{vorgegeben}$$

eine eindeutig bestimmte Lösung $t \mapsto \varphi_t$ im Hilbertraumsinn, d.h. im Sinne von

$$\lim_{h\to 0} \left\| \frac{1}{h}\,(\varphi_{t+h} - \varphi_t) + i\,A\varphi_t \right\| = 0\,.$$

Diese existiert für alle $t \in \mathbb{R}$ und ist gegeben durch

$$(**) \quad \varphi_t = \sum_{k=1}^{\infty} \mathrm{e}^{-i\lambda_k t} \langle v_k\,, \varphi_0 \rangle v_k = U(t)\,\varphi_0\,,$$

$$U(t)u := \sum_{k=1}^{\infty} \mathrm{e}^{-i\lambda_k t}\,\langle v_k\,, u \rangle v_k.$$

Die $U(t) : \mathscr{H} \to \mathscr{H}$ sind unitäre Operatoren mit der Gruppeneigenschaft

$$U(s+t) = U(s)U(t) = U(t)U(s) \ \textit{für}\ s,t \in \mathbb{R}\,, \quad U(0) = \mathbb{1},$$

$$U(t)^* = U(-t) = U(t)^{-1} \ \textit{für}\ t \in \mathbb{R}\,.$$

Ferner gilt $\lim\limits_{s\to t} U(s)u = U(t)u$ für alle $u \in \mathscr{H}$.

BEWEIS.

(a) *Eindeutigkeit.* Für jede Lösung φ_t der Gleichung $\dot{\varphi}_t = -\,i\,A\varphi_t$ gilt

$$\varphi_t = \sum_{k=1}^{\infty} \langle v_k\,, \varphi_t \rangle v_k \in \mathcal{D}(A)\,.$$

Die Differenzierbarkeit im Hilbertraumsinn hat zur Folge, daß die Fourierkoeffizienten $c_k(t) := \langle v_k\,, \varphi_t \rangle$ im gewöhnlichen Sinn differenzierbar sind mit

$$\dot{c}_k(t) = \langle v_k\,, \dot{\varphi}_t \rangle = -i\,\langle v_k\,, A\varphi_t \rangle = -i\,\langle Av_k\,, \varphi_t \rangle = -\,i\,\lambda_k\,c_k(t)\,,$$

also $c_k(t) = c_k(0)\,\mathrm{e}^{-i\lambda_k t} = \langle v_k\,, \varphi_0 \rangle \mathrm{e}^{-i\lambda_k t}$ für $k \in \mathbb{N}$. Es folgt $(**)$.

(b) *Die Operatoren $U(t)$.* Wegen der Isomorphie von $\mathscr{H}$ und ℓ^2 folgt

$$(1) \quad \sum_{k=1}^{\infty} \left| \mathrm{e}^{-i\lambda_k t} \langle v_k\,, u \rangle \right|^2 = \sum_{k=1}^{\infty} |\langle v_k\,, u \rangle|^2 = \|u\|^2$$

und somit die Konvergenz der Reihe

(2) $$U(t)u = \sum_{k=1}^{\infty} e^{-i\lambda_k t}\langle v_k, u\rangle v_k$$

sowie die Isometriebedingung $\|U(t)u\| = \|u\|$ für alle $u \in \mathscr{H}$. Aus der Darstellung (2) folgt ferner

$$\begin{aligned}\langle v_k, U(s+t)u\rangle &= e^{-i\lambda_k s}e^{-i\lambda_k t}\langle v_k, u\rangle = e^{-i\lambda_k s}\langle v_k, U(t)u\rangle \\ &= \langle v_k, U(s)U(t)u\rangle\end{aligned}$$

für $k = 1, 2, \ldots$ und somit $U(s+t)u = U(s)U(t)u$ für $s, t \in \mathbb{R}$. Offenbar gilt $U(0) = \mathbb{1}$. Es folgt $U(-t)U(t) = U(t)U(-t) = U(0) = \mathbb{1}$, und damit existiert $U(t)^{-1} = U(-t)$ für alle $t \in \mathbb{R}$. Da $U(t)$ unitär ist, folgt $U(t)^* = U(t)^{-1}$ [ÜA].

(c) *Existenz einer Lösung.* Für gegebenes $\varphi_0 \in \mathcal{D}(A)$ sei $\varphi_t := U(t)\varphi_0$ gemäß (2) bzw. (∗∗) definiert. Nach (1) und 3.1 konvergiert die Reihe

(3) $$\sum_{k=1}^{\infty} \lambda_k^2 |\langle v_k, \varphi_t\rangle|^2 = \sum_{k=1}^{\infty} \lambda_k^2 \left|e^{-i\lambda_k t}\langle v_k, \varphi_0\rangle\right|^2 = \sum_{k=1}^{\infty} \lambda_k^2 |\langle v_k, \varphi_0\rangle|^2,$$

also gilt $\varphi_t \in \mathcal{D}(A)$ für alle $t \in \mathbb{R}$. Aus (∗∗) erhalten wir

$$\begin{aligned}|\langle v_k, \varphi_{t+h} - \varphi_t + ihA\varphi_t\rangle| &= |\langle v_k, \varphi_{t+h} - \varphi_t\rangle + \langle Av_k, ih\varphi_t\rangle| \\ &= |\langle v_k, \varphi_{t+h} - \varphi_t + ih\lambda_k\varphi_t\rangle| = \left|e^{-i\lambda_k t}\left(e^{-i\lambda_k h} - 1 + i\lambda_k h\right)\langle v_k, \varphi_0\rangle\right| \\ &= \left|e^{-i\lambda_k h} - 1 + i\lambda_k h\right| \cdot |\langle v_k, \varphi_0\rangle| = |f(\lambda_k h)| \cdot |\langle v_k, \varphi_0\rangle|\end{aligned}$$

mit $f(x) = e^{-ix} - 1 + ix$. Wir setzen $g(x) := f(x)/x$ für $x \neq 0$ und $g(0) := 0$. Dann ist $g : \mathbb{R} \to \mathbb{R}_+$ stetig und beschränkt [ÜA], es gibt also eine Konstante C mit $|g(x)| \leq C$ für $x \in \mathbb{R}$. Mit der Parsevalschen Gleichung folgt für $h \neq 0$

(4) $$\begin{aligned}\left\|\frac{1}{h}(\varphi_{t+h} - \varphi_t) + iA\varphi_t\right\|^2 &= \frac{1}{h^2}\sum_{k=1}^{\infty} |f(\lambda_k h)|^2 |\langle v_k, \varphi_0\rangle|^2 \\ &= \sum_{k=1}^{\infty} \lambda_k^2 |g(\lambda_k h)|^2 |\langle v_k, \varphi_0\rangle|^2 \leq C^2 \sum_{k=1}^{\infty} \lambda_k^2 |\langle v_k, \varphi_0\rangle|^2.\end{aligned}$$

Die letzte Reihe liefert eine von h unabhängige Majorante für die vorletzte, die somit aufgrund gleichmäßiger Konvergenz eine für alle h stetige, für $h = 0$ verschwindende Funktion darstellt. Die Behauptung $\dot{\varphi}_t = -iA\varphi_t$ folgt aus (4) für $h \to 0$.

(d) *Stetigkeit von* $t \mapsto U(t)u$. Sei $u \in \mathscr{H}$. Wegen

$$\|(U(t+h) - U(t))u\| = \|U(t)(U(h) - \mathbb{1})u\| = \|U(h)u - u\|$$

ist nur zu zeigen, daß

$$\|U(h)u - u\|^2 = \sum_{k=1}^{\infty} \left|e^{-i\lambda_k h} - 1\right|^2 \cdot |\langle v_k, \varphi_0 \rangle|^2 \to 0 \quad \text{für } h \to 0 .$$

Dies folgt wie oben aus $\left|e^{-ix} - 1\right| = |f(x) + ix| \leq (1 + C)\,|x|$ ÜA. □

3.3 Die Schrödinger–Gleichung für ein in $]0,1[$ eingesperrtes Teilchen

Wir betrachten den durch $Hu = -\frac{1}{2}u''$ auf $\mathcal{D}(H) = C_0^2\,[0,1]$ definierten Operator H. Durch $v_k(x) := \sqrt{2}\,\sin(\pi k x)$ für $k = 1, 2, \ldots$ ist nach § 22 : 5.1 (e) ein vollständiges ONS für $\mathscr{H} := L^2\,[0,1]$ gegeben mit

$$Hv_k = \tfrac{1}{2}\,\pi^2 k^2\, v_k \quad (k = 1, 2, \ldots)\,,$$

somit ist H ein positiv definiter Operator mit diskretem Spektrum.

Das Schrödingersche Anfangswertproblem auf $]0,1[\, \times \mathbb{R}$,

$$(1) \qquad \frac{\partial \varphi(x,t)}{\partial t} = \frac{i}{2}\,\frac{\partial^2 \varphi(x,t)}{\partial x^2}\,, \quad \varphi(x,0) = \varphi_0(x)\,,$$

schreiben wir in der Form

$$(1') \qquad \dot{\varphi}_t = -iH\varphi_t \quad \text{mit } \varphi_t(x) := \varphi(x,t)\,.$$

Die Hilbertraumlösung mit $\varphi_0 \in \mathcal{D}(H)$ ist nach 3.2 gegeben durch

$$(2) \qquad \varphi_t = \sum_{k=1}^{\infty} e^{-\frac{1}{2}i\pi^2 k^2 t}\, \langle v_k, \varphi_0 \rangle\, v_k\,.$$

Setzen wir zusätzlich $\varphi_0 \in \mathcal{D}(H^2)$ voraus, so gilt

$$\left\langle v_k, H^2\varphi_0 \right\rangle = \left\langle H^2 v_k, \varphi_0 \right\rangle = \tfrac{1}{4}\,\pi^4 k^4\, \langle v_k, \varphi_0 \rangle\,,$$

also $|\langle v_k, \varphi_0 \rangle| \leq c_k\, k^{-4}$ mit $c_k := 4\,\pi^{-4} |\langle v_k, H^2\varphi_0 \rangle| \leq 4\pi^{-4} \left\|H^2\varphi_0\right\|$. Daher konvergiert die Reihe

$$(2') \qquad \varphi(x,t) = \sum_{k=1}^{\infty} e^{-i\pi^2 k^2 t/2}\, \langle v_k, \varphi_0 \rangle\, v_k(x)$$

gleichmäßig auf $\mathbb{R}$, und die gliedweise einmal nach t bzw. zweimal nach x differenzierte Reihe besitzen die Majorante

$$\frac{\pi^2}{\sqrt{2}} \sum_{k=1}^{\infty} \frac{c_k}{k^2} \quad \text{mit} \quad \sum_{k=1}^{\infty} |c_k|^2 < \infty\,.$$

Somit liefern (2) bzw. (2′) eine Lösung von (1) im klassischen Sinn.

3.4 Der quantenmechanische harmonische Oszillator

(a) In der klassischen Mechanik ist die Hamilton–Funktion eines Teilchens mit einem Freiheitsgrad, das sich unter dem Einfluß einer linear von der Ortskoordinate abhängigen Rückstellkraft (Hookesches Gesetz) bewegt, nach Umskalierung gegeben durch

$$h(q,p) = \frac{1}{2}p^2 + \frac{1}{2}q^2 .$$

(b) In der Quantenmechanik beschreiben wir die Zeitentwicklung der Wellenfunktion eines Teilchens mit einem Freiheitsgrad unter dem Einfluß des Potentials $v(q) = \frac{1}{2}q^2$ durch die Schrödinger–Gleichung

$$(*) \qquad \dot{\varphi}_t = -iH\varphi_t$$

mit dem Hamilton–Operator

$$H = \frac{1}{2}P^2 + \frac{1}{2}Q^2 ;$$

dabei ist $P : u \mapsto -iu'$ der Impulsoperator und $Q = M_x$ der Ortsoperator, vgl. § 23 : 1.1. Es gilt also

$$(Hu)(x) = -\frac{1}{2}u''(x) + \frac{1}{2}x^2 u(x).$$

Als Definitionsbereich für H wählen wir einfachheitshalber den Schwartzraum $\mathscr{S}$.

(c) $H : \mathscr{S} \to \mathscr{S}$ ist ein symmetrischer Operator mit diskretem Spektrum. Denn für die Hermite–Funktionen h_n gilt nach § 12 : 5.2

$$(1) \qquad -h_n''(x) + x^2 h_n(x) = (2n+1)h_n(x), \quad \text{also} \quad Hh_n = \left(n+\tfrac{1}{2}\right)h_n$$

für $n = 0, 1, 2, \ldots$, und die h_n bilden ein vollständiges ONS für $\mathscr{H} = \mathrm{L}^2(\mathbb{R})$.

Nach 3.2 ist die Hilbertraumlösung von $(*)$ mit vorgegebenem Anfangszustand $\varphi_0 \in \mathscr{S}$ gegeben durch

$$\varphi_t = \sum_{n=0}^{\infty} \mathrm{e}^{-i(n+\frac{1}{2})t} \langle h_n, \varphi_0 \rangle h_n .$$

Ähnlich wie in 3.3 ergibt sich, daß wegen $\varphi_0 \in \mathscr{S}$ die Reihe

$$(2) \qquad \varphi(x,t) = \sum_{n=0}^{\infty} \mathrm{e}^{-i(n+\frac{1}{2})t} \langle h_n, \varphi_0 \rangle h_n(x)$$

gliedweise einmal nach t und zweimal nach x differenzierbar ist und damit die klassische Lösung der Schrödinger–Gleichung

$$(3) \qquad i\,\frac{\partial\varphi(x,t)}{\partial t} = -\frac{1}{2}\,\frac{\partial^2\varphi(x,t)}{\partial x^2} + \frac{1}{2}x^2\varphi(x,t), \quad \varphi(x,0) = \varphi_0(x)$$

liefert:

BEWEISSKIZZE.

Wegen $\varphi_0 \in \mathcal{D}(H^k)$ für $k \in \mathbb{N}$ gilt

$$\big\langle h_n\,,\, H^k\varphi_0 \big\rangle \;=\; \big\langle H^k h_n\,,\, \varphi_0 \big\rangle \;=\; \big(n+\tfrac{1}{2}\big)^k \,\langle h_n\,,\, \varphi_0\rangle\,.$$

Daher gibt es für jedes $k \in \mathbb{N}$ eine Konstante c_k mit $|\langle h_n\,,\,\varphi_0\rangle| \le c_k\, n^{-k}$ für $n = 1, 2, \ldots$. Es läßt sich zeigen, daß $|h_n(x)| \le 2\sqrt[4]{n}$ und $|h_n'(x)| \le 8(n+1)$ für $n \in \mathbb{N}$.

Daher ist die Gleichung (2) einmal gliedweise nach x differenzierbar, und die einmal nach x abgeleitete Reihe konvergiert gleichmäßig auf ganz $\mathbb{R}$. Aus der Differentialgleichung der h_n folgt für $|x| \le R$

$$|h_n''(x)| \;\le\; \big(R^2 + 2n + 1\big)\,|h_n(x)| \;\le\; 2\,\sqrt[4]{n}\,\big(R^2 + 2n + 1\big)\,,$$

$$x^2|h_n(x)| \;\le\; 2R^2\,\sqrt[4]{n}\,.$$

Daher läßt sich die Gleichung (2) zweimal gliedweise nach x differenzieren, denn die zweimal gliedweise abgeleitete Reihe konvergiert gleichmäßig in jedem kompakten Intervall. Die gliedweise Differenzierbarkeit der Reihe (2) nach t ist unproblematisch. □

3.5* Formen und selbstadjungierte Operatoren

(a) Sei V ein dichter Teilraum des Hilbertraums $\mathscr{H}$ und Q eine auf V definierte quadratische Form, vgl. § 21 : 3.6. Diese heißt **positiv**, wenn $Q(u,u) \ge 0$ für alle $u \in V$. Für positive Formen Q ist durch

$$\langle u\,,\, v\rangle_Q \;=\; Q(u,v) \,+\, \langle u\,,\, v\rangle$$

ein Skalarprodukt auf V gegeben. Die Form Q heißt **abgeschlossen**, wenn $(V, \langle\,\cdot\,,\,\cdot\,\rangle_Q)$ ein Hilbertraum ist.

(b) BEISPIEL. Sei $\Omega \subset \mathbb{R}^n$ ein beschränktes Gebiet, $\mathscr{H} = \mathrm{L}^2(\Omega)$ und $V = \mathrm{W}_0^1(\Omega)$, vgl. § 14 : 6.2 (b). Für $u \in V$ liefert

$$Q(u,v) \;=\; \int\limits_\Omega \langle \nabla u\,,\, \nabla v\rangle\, dV^n$$

eine abgeschlossene, positiv definite quadratische Form (§ 14 : 6.2 (c)), und die Normen

$$\|u\|_Q = (\langle u\,,\, u\rangle_Q)^{1/2} \quad \text{und} \quad \|u\|_V = Q(u,u)^{1/2}$$

sind zueinander äquivalent (§ 14 : 6.2 (d)).

(c) Satz. *Zu jeder positiven abgeschlossenen Form Q auf V ist durch*

$$\begin{aligned}\mathcal{D}(A) &:= \{ u \in V \mid v \mapsto Q(u,v) \ \textit{ist stetig auf } V \} \\ &= \{ u \in V \mid Q(u,v) = \langle f, v \rangle \ \textit{gilt für ein } f \in \mathscr{H} \ \textit{und alle } v \in V \}, \\ Au &:= f\end{aligned}$$

ein selbstadjungierter Operator A mit

$$\langle Au, v \rangle = Q(u,v) \quad \textit{für } u \in \mathcal{D}(A), \ v \in V$$

definiert.

Im Fall des Laplace–Operators für auf $\partial\Omega$ verschwindende Funktionen ist A die in § 15 : 1.2 (c) eingeführte Fortsetzung. Nach § 15 : 1.2 (a) hat diese ein diskretes Spektrum.

Beweis.

(i) Für $u \in \mathcal{D}(A)$ läßt sich $v \mapsto Q(u,v)$ zu einem linearen Funktional auf $\mathscr{H}$ fortsetzen; daher gibt es ein eindeutig bestimmtes $f \in \mathscr{H}$ mit $Q(u,v) = \langle f, v \rangle$ für alle $v \in V$. Wir definieren A durch die Vorschrift $Au := f$. Dann gilt

$$\langle Au, u \rangle = \langle f, u \rangle = Q(u,u) \geq 0$$

für alle $u \in \mathcal{D}(A)$, also ist A positiv, insbesondere symmetrisch, vgl. § 21 : 3.6.

(ii) Wir zeigen, daß $A + 1$ surjektiv ist. Sei $h \in \mathscr{H}$ gegeben. Dann ist $v \mapsto \langle h, v \rangle$ stetig auf $(V, \|\cdot\|_Q)$ wegen $|\langle h, v \rangle| \leq \|h\| \cdot \|v\| \leq \|h\| \cdot \|v\|_Q$.
Also gibt es ein $u \in V$ mit

$$\langle h, v \rangle = \langle u, v \rangle_Q = \langle u, v \rangle + Q(u,v) \ \text{für alle } v \in V.$$

Da $v \mapsto Q(u,v) = \langle h - u, v \rangle$ stetig auf $\mathscr{H}$ ist, folgt $u \in \mathcal{D}(A)$ und $Au = h - u$, d.h. $(A+1)u = h$.

(iii) Wir zeigen, daß A ein linearer Operator, d.h. dicht definiert ist. Dann ist A selbstadjungiert nach 1.3 (d).

Erster Schritt: $\mathcal{D}(A)$ ist dicht in V bezüglich $\|\cdot\|_Q$. Angenommen, es gibt ein $v \in V$ mit $\langle u, v \rangle_Q = 0$ für alle $u \in \mathcal{D}(A)$. Da es ein $u \in \mathcal{D}(A)$ gibt mit $(A+1)u = v$, folgt nach Definition von A

$$\langle v, v \rangle = \langle Au + u, v \rangle = Q(u,v) + \langle u, v \rangle = \langle u, v \rangle_Q = 0,$$

also $v = 0$.

Zweiter Schritt: Ist also $w \in V$ gegeben, so gibt eine Folge (u_n) in $\mathcal{D}(A)$ mit $\|w - u_n\|_Q \to 0$. Dann gilt auch $\|w - u_n\| \leq \|w - u_n\|_Q \to 0$. Somit liegt $\mathcal{D}(A)$ bezüglich der Norm $\|\cdot\|$ dicht in V und damit auch in $\mathscr{H}$. □

4 Störung wesentlich selbstadjungierter Operatoren

4.1 Problemstellung, Schrödinger–Operatoren

(a) Für ein Gebiet Ω des $\mathbb{R}^n$ betrachten wir das Problem

$$(*) \qquad \dot{\varphi}_t = -\,i H \varphi_t \,, \quad \varphi_0 \in \mathcal{D}(H)\,,$$

wobei der Operator H auf $\mathcal{D}(H) \subset \mathrm{L}^2(\Omega)$ gegeben ist durch

$$Hu = -\tfrac{1}{2}\,\Delta u + v \cdot u \quad \text{mit einer meßbaren Funktion } v : \Omega \to \mathbb{R}\,.$$

Dieses Problem hat genau dann für alle $\varphi_0 \in \mathcal{D}(H)$ eine eindeutig bestimmte, für alle $t \in \mathbb{R}$ definierte Lösung φ_t, wenn H selbstadjungiert ist. Das ergibt sich aus dem Satz von Stone § 25 : 3.4. In diesem Fall heißt H ein **Schrödinger–Operator** und $(*)$ die zugehörige Schrödinger–Gleichung.

Wir lassen im folgenden bequemlichkeitshalber den Vorfaktor $\frac{1}{2}$ weg und schreiben

$$H = A + B \quad \text{mit} \quad A = -\,\Delta\,, \quad B = M_v\,.$$

Dabei soll A eine selbstadjungierte Fortsetzung des Laplace–Operators sein, also der Abschluß des auf $\mathscr{S}(\mathbb{R}^n)$ definierten Laplace–Operators für $\Omega = \mathbb{R}^n$ (vgl. 2.1 (c) (i)) oder der Abschluß des auf $\mathrm{C}_0^2(\overline{\Omega})$ definierten Laplace–Operators, vgl. 3.5*. Da reelle Multiplikatoren nach 1.4 (a) selbstadjungiert sind, werden wir auf folgende Frage geführt:

Seien A, B selbstadjungiert. Unter welchen Voraussetzungen ist die Summe

$$A + B : \mathcal{D}(A) \cap \mathcal{D}(B) \to \mathscr{H}\,, \quad u \mapsto Au + Bu$$

selbstadjungiert?

(b) Als erstes erhebt sich die Frage, ob $A+B$ ein linearer Operator, d.h. dicht definiert ist. Ist z.B. A der Operator

$$u \mapsto -\,u'' \quad \text{auf} \quad \mathcal{D}(A) = \mathrm{W}^2(\mathbb{R})$$

und die Funktion $v \in \mathrm{L}^1(\mathbb{R})$ über kein offenes Intervall $]a,b[$ quadratintegrierbar, so ist $\mathcal{D}(A) \cap \mathcal{D}(M_v) = \{0\}$, denn dann ist $|v\,u|^2$ für keine Funktion $0 \neq u \in \mathrm{W}^2(\mathbb{R})$ integrierbar [ÜA]. Eine solche Funktion v erhalten wir durch

$$v(x) := \sum_{k=1}^{\infty} \frac{1}{2^k}\,\varphi(x - r_k) \quad \text{mit} \quad \varphi(0) = 0\,, \quad \varphi(x) = \frac{1}{\sqrt{|x|}}\mathrm{e}^{-|x|} \quad \text{für} \quad x \neq 0\,,$$

wenn die r_k alle rationalen Zahlen durchlaufen ([ÜA], Satz von Beppo Levi).

(c) Der Definitionsbereich von $A+B$ ist sicher dann dicht in $\mathscr{H}$, wenn $\mathcal{D}(A) \subset \mathcal{D}(B)$ gilt. Auch dann folgt aus der Selbstadjungiertheit von A, B nicht die Selbstadjungiertheit von $A+B$. Ein Gegenbeispiel wird in 4.3, Bemerkung (iii) gegeben.

(d) Da wir in der Regel die Bestimmung des Abschlusses wesentlich selbstadjungierter Operatoren vermeiden wollen, ist folgendes Problem von großer praktischer Bedeutung:

Seien A, B wesentlich selbstadjungiert mit $\mathcal{D}(A) \subset \mathcal{D}(B)$. Gesucht sind hinreichende Kriterien für die wesentliche Selbstadjungiertheit von $A+B$.

4.2 Kleine Störungen

(a) Seien A, B symmetrische Operatoren mit $\mathcal{D}(A) \subset \mathcal{D}(B)$. Der Operator B heißt *A-beschränkt*, wenn es Zahlen $a, b \in \mathbb{R}_+$ gibt mit

$$(*) \qquad \|Bu\| \le a\,\|Au\| + b\,\|u\| \quad \text{für alle} \quad u \in \mathcal{D}(A)\,.$$

Läßt sich dabei $a < 1$ wählen, so heißt B eine **kleine Störung** von A.

Gibt es zu jedem $a \in \,]0,1]$ ein $b \ge 0$ mit $(*)$, so heißt B eine **unendlich kleine Störung** von A.

(b) Genau dann ist ein symmetrischer Operator B eine kleine Störung des symmetrischen Operators A mit $\mathcal{D}(A) \subset \mathcal{D}(B)$, wenn es Konstanten α, β gibt mit

$$(**) \quad 0 \le \alpha < 1\,, \ \beta \ge 0\,, \ \ \|Bu\|^2 \le \alpha\,\|Au\|^2 + \beta\,\|u\|^2 \ \text{ für alle } \ u \in \mathcal{D}(A)\,.$$

Aus $(*)$ folgt $(**)$ mit $\alpha = \beta$ und geeignetem $\beta > b$. Aus $(**)$ folgt $(*)$ mit $a = \sqrt{\alpha}$ und geeignetem b [ÜA].

(c) BEISPIELE. (i) Ist A symmetrisch und B beschränkt und symmetrisch, so ist B eine unendlich kleine Störung von A ($a = 0$ bzw. $\alpha = 0$).

(ii) Für $u \in \mathcal{D}(A) = \left\{u \in \mathrm{W}_0^1\,[a,b] \mid u' \in \mathrm{W}^1\,[a,b]\right\}$ sei $Au = -u''$, und für $u \in \mathcal{D}(B) = \mathrm{W}_0^1\,[a,b]$ sei $Bu = -iu'$. Dann ist B eine unendlich kleine Störung von A: Denn A ist selbstadjungiert, B ist symmetrisch mit $\mathcal{D}(A) \subset \mathcal{D}(B)$, und für $u \in \mathcal{D}(A)$ gilt

$$\langle u, Au\rangle = -\int_a^b \overline{u}\,u''\,d\lambda = \int_a^b |u'|^2\,d\lambda = \|Bu\|^2\,,$$

also

$$\|Bu\|^2 = \langle u, Au\rangle \le \|Au\| \cdot \|u\| \le \left(\alpha\,\|Au\| + \frac{1}{2\alpha}\|u\|\right)^2$$

für beliebige $\alpha \in \,]0,1[$.

4.3 Der Satz von Kato–Rellich

Für jede kleine symmetrische Störung B eines selbstadjungierten Operators A ist die Summe $A+B : \mathcal{D}(A) \to \mathscr{H}$ selbstadjungiert.

BEMERKUNGEN. (i) B muß weder selbstadjungiert noch abgeschlossen sein.

(ii) Der Satz geht auf RELLICH (1939) zurück. Eine Reihe von Verallgemeinerungen und Anwendungen wurden von KATO [130] 1966 angegeben; Anwendungsbeispiele folgen in 4.5, 4.6.

(iii) Für die in 4.2 zuletzt angegebenen Operatoren A, B ist demnach

$$C := -A + B : \mathcal{D}(A) \to \mathrm{L}^2\,[a,b]\,, \quad u \mapsto u'' - iu'$$

selbstadjungiert, denn nach 1.4 (a) sind A und damit auch $-A$ selbstadjungiert.

Dies Beispiel zeigt auch, daß die Summe zweier selbstadjungierter Operatoren i.a. nicht selbstadjungiert ist: $B = A + C : \mathcal{D}(A) \to \mathrm{L}^2\,[a,b]$, $u \mapsto -iu'$ ist nach § 23 : 3.2 (a), 4.3 (a) weder abgeschlossen noch wesentlich selbstadjungiert.

BEWEIS.

(a) Da $A+B$ symmetrisch ist, genügt es nach 1.3 (d) zu zeigen, daß es ein $t > 0$ gibt, so daß $A+B+it$, $A+B-it$ surjektiv sind. Wir betrachten zunächst $A+B+it$ für $t > 0$. Da A selbstadjungiert ist, ist $A+it$ stetig invertierbar. Aus der Gleichung

$$\|(A+it)u\|^2 = \|Au\|^2 + t^2\|u\|^2 \quad \text{für } u \in \mathcal{D}(A) \quad \text{folgt}$$

(1) $$\left\|(A+it)^{-1}\right\| \le \frac{1}{t} \quad \text{und}$$

(2) $$\|Au\| \le \|(A+it)u\| \quad \text{für } u \in \mathcal{D}(A)\,.$$

Zu gegebenem $v \in \mathscr{H}$ gibt es genau ein $u \in \mathcal{D}(A)$ mit $v = (A+it)u$. Aus (2) folgt

(3) $$\left\|A(A+it)^{-1}v\right\| = \|Au\| \le \|(A+it)u\| = \|v\|\,.$$

Daher ist $A(A+it)^{-1}$ beschränkt mit Normschranke 1.

(b) Für den symmetrischen Operator B gibt es nach Voraussetzung Zahlen a, b mit $0 \le a < 1$, $b \ge 0$ und $\|Bu\| \le a\,\|Au\| + b\,\|u\|$ für $u \in \mathcal{D}(A)$. Für $v \in \mathscr{H}$ gilt $(A+it)^{-1}v \in \mathcal{D}(A) \subset \mathcal{D}(B)$. Daher folgt mit (3) und (1)

(4) $$\left\|B(A+it)^{-1}v\right\| \le a\left\|A(A+it)^{-1}v\right\| + b\left\|(A+it)^{-1}v\right\| \le \left(a + \frac{b}{t}\right)\|v\|\,.$$

Somit ist $\mathbb{1} + B(A+it)^{-1}$ für $a + b/t < 1$ stetig invertierbar (§ 21 : 6.1).

(c) Ist also $v \in \mathscr{H}$ vorgegeben, so gibt es ein $w \in \mathscr{H}$ mit

$$v = w + B(A+it)^{-1}w\,.$$

Da $A + it$ surjektiv ist, gibt es ein $u \in \mathcal{D}(A)$ mit $w = (A+it)u$, also

$$v = (\mathbb{1} + B(A+it)^{-1})(A+it)u = (A+it+B)u\,.$$

(d) Die Surjektivität von $A-it+B$ folgt wie oben, indem überall $A+it$ durch $A-it$ ersetzt wird. □

4.4 Kriterien für die wesentliche Selbstadjungiertheit

Satz. (a) *Für jede kleine symmetrische Störung B eines wesentlich selbstadjungierten Operators A ist $A+B$ wesentlich selbstadjungiert.*

(b) *Es gilt dann*

$$\mathcal{D}(\overline{A+B}) = \mathcal{D}(\overline{A}) \subset \mathcal{D}(\overline{B}) \quad \textit{und} \quad \overline{A+B} = \overline{A} + \overline{B}.$$

Im Fall $\mathcal{D}(\overline{A}) \subset \mathcal{D}(B)$ gilt darüberhinaus $\overline{A+B} = \overline{A} + B$.

Bemerkung. Die Aussage (b) gilt für jede kleine symmetrische Störung B eines beliebigen symmetrischen Operators A, wie der folgende Beweis zeigt.

(c) Satz von Wüst (1971). *Sei A selbstadjungiert und B ein symmetrischer Operator mit $\mathcal{D}(A) \subset \mathcal{D}(B)$. Gibt es eine Zahl $b \geq 0$ mit*

$$\|Bu\| \leq \|Au\| + b\|u\| \quad \textit{für alle} \quad u \in \mathcal{D}(A)\,,$$

so ist $A+B$ wesentlich selbstadjungiert auf jedem Genbereich für A.

Den Beweis von (c) finden Sie in [132, II] Thm.X.14.

Beweis.

(b) Nach Voraussetzung ist $\mathcal{D}(A) \subset \mathcal{D}(B)$, und es gibt Zahlen a, b mit $a < 1$, $b \in \mathbb{R}_+$ und

(1) $\quad \|Bu\| \leq a\,\|Au\| + b\,\|u\|$ für $u \in \mathcal{D}(A)$.

Für $u \in \mathcal{D}(A+B) := \mathcal{D}(A)$ folgt

$$\|Au\| = \|(A+B)u - Bu\| \leq \|(A+B)u\| + a\,\|Au\| + b\,\|u\|\,, \quad \text{also}$$

(2) $$\|Au\| \leq \frac{1}{1-a}\,\|(A+B)u\| + \frac{b}{1-a}\,\|u\|\,.$$

Mit A, B ist auch $A+B$ symmetrisch, also abschließbar. Wir zeigen zunächst

(i) $$\begin{cases} \mathcal{D}(\overline{A}) \subset \mathcal{D}(\overline{B})\,, \quad \mathcal{D}(\overline{A}) \subset \mathcal{D}(\overline{A+B}) \quad \text{und} \\ (\overline{A+B})u = \overline{A}u + \overline{B}u \quad \text{für } u \in \mathcal{D}(\overline{A}). \end{cases}$$

Sei $u \in \mathcal{D}(\overline{A})$, also $u = \lim\limits_{n\to\infty} u_n$ und $\overline{A}u = \lim\limits_{n\to\infty} Au_n$ mit einer Folge (u_n) in $\mathcal{D}(A)$. Nach (1), angewandt auf $u_m - u_n$, ist (Bu_n) eine Cauchy–Folge, somit gilt $u \in \mathcal{D}(\overline{B})$, $\overline{B}u = \lim\limits_{n\to\infty} Bu_n$. Da $\lim\limits_{n\to\infty}(Au_n + Bu_n) = \overline{A}u + \overline{B}u$ existiert, folgt $u \in \mathcal{D}(\overline{A+B})$ und $(\overline{A+B})u = \overline{A}u + \overline{B}u$.

Im Fall $\mathcal{D}(\overline{A}) \subset \mathcal{D}(B)$ gilt zusätzlich $u \in \mathcal{D}(B)$, also $\overline{B}u = Bu$ und somit $(\overline{A+B})u = \overline{A}u + Bu$.

(ii) Die Inklusion $\mathcal{D}(\overline{A+B}) \subset \mathcal{D}(\overline{A})$ ergibt sich analog mit Hilfe von (2): Für $u \in \mathcal{D}(\overline{A+B})$ gibt es eine Folge (u_n) in $\mathcal{D}(A+B) = \mathcal{D}(A)$ mit $u_n \to u$ und $Au_n + Bu_n \to (\overline{A+B})u$. Aus (2) folgt, daß die Folge (Au_n) konvergiert, somit $u \in \mathcal{D}(\overline{A})$. Dann konvergiert auch die Folge (Bu_n), und wir erhalten $(\overline{A+B})u = \lim\limits_{n\to\infty}(Au_n + Bu_n) = \overline{A}u + \overline{B}u$; im Fall $\mathcal{D}(\overline{A}) \subset \mathcal{D}(B)$ wieder $\overline{B}u = Bu$.

(a) Ist A wesentlich selbstadjungiert und B eine symmetrische Störung mit (1), so gilt also $\mathcal{D}(\overline{A+B}) = \mathcal{D}(\overline{A}) \subset \mathcal{D}(\overline{B})$, $\overline{A+B} = \overline{A} + \overline{B}$.

Für $u \in \mathcal{D}(\overline{A})$, $u = \lim\limits_{n\to\infty} u_n$, $\overline{A}u = \lim\limits_{n\to\infty} Au_n$ mit $u_n \in \mathcal{D}(A)$ folgt aus den Überlegungen (i), daß $u \in \mathcal{D}(\overline{B})$ und $\overline{B}u = \lim\limits_{n\to\infty} Bu_n$. Aus (1) erhalten wir

$$\|\overline{B}u\| \le a\,\|\overline{A}u\| + b\,\|u\|\,.$$

Somit ist $\overline{B}$ eine kleine symmetrische Störung von $\overline{A}$, und die Behauptung folgt aus 4.3. □

(d) FOLGERUNG. *Ist A abgeschlossen und B eine kleine Störung von A, so ist $A+B$ mit dem Definitionsbereich $\mathcal{D}(A)$ abgeschlossen.*

Denn im Beweisteil (b) wurde von der Symmetrie kein Gebrauch gemacht, und wegen der Voraussetzung $\mathcal{D}(\overline{A}) = \mathcal{D}(A) \subset \mathcal{D}(B)$ folgt $\overline{A+B} = \overline{A} + B = A + B$.

4.5 Anwendung auf $Hu = -u'' + v \cdot u$

Sei $v \in \mathrm{L}^2(\mathbb{R}) + \mathrm{L}^\infty(\mathbb{R})$, d.h. $v = f + g$ mit $f \in \mathrm{L}^2(\mathbb{R})$ und $g \in \mathrm{L}^\infty(\mathbb{R})$. Dann ist der Operator

$$-\Delta + M_v : u \mapsto -u'' + v \cdot u \quad \textit{mit Definitionsbereich } \mathscr{S}$$

wesentlich selbstadjungiert, und sein Abschluß

$$H : u \mapsto -u'' + v\,u \quad \textit{mit Definitionsbereich } \mathrm{W}^2(\mathbb{R})$$

ist ein Schrödinger–Operator.

Hierbei ist $\mathrm{W}^2(\mathbb{R}) = \{u \in \mathrm{W}^1(\mathbb{R}) \mid u' \in \mathrm{W}^1(\mathbb{R})\} = \mathcal{D}(P^2)$.

Beispiel. Durch $v(x) = |x|^{-1/4}$ für $x \neq 0$ ist ein Potential gegeben, das über $[-1,1]$ quadratintegrierbar und für $|x| \geq 1$ beschränkt ist. Daher erfüllt v die Voraussetzung des Satzes mit $f := v\,\chi_{[-1,1]}$, $g = v - f$.

Beweis.

(a) Es gilt $-\Delta + M_v = A + B$ mit $A = -\Delta + M_f$ und dem beschränkten Operator $B = M_g$. Falls A wesentlich selbstadjungiert ist, gilt dies auch für $A+B$, denn B ist eine (nach 4.2 (c) unendlich) kleine Störung von A mit $\mathcal{D}(\overline{A}) \subset \mathcal{D}(B) = \mathrm{L}^2(\mathbb{R})$, somit folgen die wesentliche Selbstadjungiertheit von $A+B$ und die Beziehung $\overline{A+B} = \overline{A} + B$ aus 4.4. Wir dürfen daher g ignorieren und von vornherein $v = f \in \mathrm{L}^2 := \mathrm{L}^2(\mathbb{R})$ annehmen.

(b) Nach 2.1 (c) (i) ist der auf $\mathscr{S}$ definierte Operator $-\Delta$ wesentlich selbstadjungiert.

(c) Wir zeigen zunächst, daß $\mathcal{D}(-\overline{\Delta}) \subset \mathcal{D}(M_v)$. Hierzu genügt es wegen $v \in \mathrm{L}^2$ zu zeigen, daß alle Funktionen $u \in \mathcal{D}(-\overline{\Delta})$ beschränkt sind. Für $u \in \mathscr{S}$ gilt

$$(1) \qquad |u(x)|^2 = \overline{u(x)}\,u(x) = \int\limits_{-\infty}^{x} (\overline{u}\,u' + \overline{u}'\,u)\,d\lambda \leq 2\,\|u\| \cdot \|u'\|\,.$$

Ferner folgt für $u \in \mathscr{S}$ durch partielle Integration $\langle\, u\,,\, -u''\,\rangle = \langle\, u'\,,\, u'\,\rangle$, also

$$(2) \qquad \|u'\|^2 \leq \|u\| \cdot \|u''\|\,.$$

Aus (1) und (2) ergibt sich

$$(3) \qquad \|u\|_\infty^2 \leq 2\,\|u\|^{3/2} \cdot \|u''\|^{1/2} \leq \begin{cases} 2\,\|u\|^2\,, & \text{falls } \|u''\| \leq \|u\|\,, \\ 2\,\|u\| \cdot \|u''\| & \text{sonst.} \end{cases}$$

In jedem Fall gilt

$$\|u\|_\infty^2 \leq 2\,\left(\|u\|^2 + \|u''\|^2\right) = 2\,\|u\|_\Delta^2 \quad \text{für } u \in \mathscr{S}\,.$$

Für $u \in \mathcal{D}(-\overline{\Delta})$ gibt es schnellfallende Funktionen u_n mit $\|u - u_n\|_\Delta \to 0$. Es folgt $\|u - u_n\|_\infty \to 0$, also

$$\|u\|_\infty = \lim_{n\to\infty} \|u_n\|_\infty \leq \sqrt{2}\,\lim_{n\to\infty} \|u_n\|_\Delta = \sqrt{2}\,\|u\|_\Delta\,.$$

(d) M_v ist eine unendlich kleine Störung von $-\Delta$. Denn für $u \in \mathscr{S}$ und jede Zahl $a \in \,]0,1[$ folgt aus (3) durch Fallunterscheidung ÜA

$$\|u\,v\|^2 \leq \|u\|_\infty^2 \cdot \|v\|^2 \leq \left(\frac{a}{2}\,\|u''\| + \frac{2}{a}\,\|u\|\right)^2 \|v\|^2\,. \qquad \square$$

4.6 Beispiele für Schrödinger–Operatoren auf $\mathrm{L}^2(\mathbb{R}^3)$

SATZ (Kato 1951). *Der auf $\mathscr{S}(\mathbb{R}^3)$ definierte Operator*

$$-\Delta + M_v : u \mapsto -\Delta u + v \cdot u$$

ist für jedes Potential $v \in \mathrm{L}^2(\mathbb{R}^3) + \mathrm{L}^\infty(\mathbb{R}^3)$ wesentlich selbstadjungiert.

Das wichtigste Beispiel ist das durch $v(\mathbf{x}) := 1/\|\mathbf{x}\|$ für $\mathbf{x} \neq \mathbf{0}$, $v(\mathbf{0}) = 0$ gegebene Coulomb–Potential: Mit der charakteristischen Funktion φ der Einheitskugel $K_1(\mathbf{0})$ und mit $f := v\,\varphi$, $g := v\,(1-\varphi)$ gilt

$$v = f + g\,, \quad \text{wobei } g \in \mathrm{L}^\infty(\mathbb{R}^3) \text{ und } f \in \mathrm{L}^2(\mathbb{R}^3)\,, \quad \|f\|^2 = 4\pi^2\,,$$

vgl. Bd. 1, § 23 : 8.3.

BEWEIS.

(a) Es genügt, den Operator $-\Delta + M_v$ mit $v \in \mathrm{L}^2(\mathbb{R}^3)$ zu betrachten, wie am Beginn des Beweises 4.5 dargelegt wurde.

(b) Nach 2.1 (c) (i) ist der auf $\mathscr{S}(\mathbb{R}^3)$ definierte Laplace–Operator wesentlich selbstadjungiert. Ferner gilt $\mathscr{S}(\mathbb{R}^3) \subset \mathcal{D}(M_v)$, denn für $u \in \mathscr{S}$ gilt

$$|u \cdot v| \leq \|u\|_\infty\,|v|\,, \quad \text{somit} \quad u \cdot v \in \mathrm{L}^2 := \mathrm{L}^2(\mathbb{R}^3)\,.$$

(c) Für $r(\mathbf{x}) := \|\mathbf{x}\|$ gehört $(1+r^2)^{-1}$ zu L^2 (§ 20 : 7.3). Wir setzen

(1) $\quad K := (2\pi)^{-3/2}\,, \quad L := \|(1+r^2)^{-1}\| := \|(1+r^2)^{-1}\|_{\mathrm{L}^2}\,.$

(d) Sei $\varphi \in \mathscr{S} := \mathscr{S}(\mathbb{R}^3)$. Nach § 12 : 3.4 gilt

$$\varphi(\mathbf{x}) = K \int_{\mathbb{R}^3} \widehat{\varphi}(\mathbf{y})\, \mathrm{e}^{i\langle \mathbf{x},\mathbf{y}\rangle}\, d^3\mathbf{y}\,.$$

Es folgt

(2) $\quad \|\varphi\|_\infty \leq K\,\|\widehat{\varphi}\|_1 = K \int_{\mathbb{R}^3} |\widehat{\varphi}|\, dV^3\,.$

Wegen $(1+r^2)\,\widehat{\varphi} \in \mathscr{S} \subset \mathrm{L}^2$ folgt mit der Cauchy–Schwarzschen Ungleichung

(3) $\quad \|\widehat{\varphi}\|_1 = \int_{\mathbb{R}^3} (1+r^2)^{-1}(1+r^2)\,|\widehat{\varphi}|\, dV^3 \leq L\,\big\|\,(1+r^2)\,\widehat{\varphi}\,\big\|\,.$

Nach dem Multiplikations– und Ableitungssatz § 12 : 3.3 gilt

$$(1+r^2)\,\widehat{\varphi} = \widehat{\varphi} - \widehat{\Delta\varphi} = (\varphi - \Delta\varphi)\widehat{\ }\,.$$

Wegen der Isometrie der Fouriertransformation ist also

(4) $\quad \big\|\,(1+r^2)\,\widehat{\varphi}\,\big\| = \|\,\varphi - \Delta\varphi\,\| \leq \|\varphi\| + \|\Delta\varphi\|\,.$

Aus (2), (3), (4) erhalten wir somit für $\varphi \in \mathscr{S}$ mit der Graphennorm

(5) $$\|\varphi\|_\infty \leq KL\,(\|\varphi\| + \|\Delta\varphi\|) \leq \sqrt{2}KL(\|\varphi\|^2 + \|\Delta\varphi\|^2)^{\frac{1}{2}} = \sqrt{2}\,KL\,\|\varphi\|_\Delta .$$

Für $u \in \mathcal{D}(-\overline{\Delta})$ gibt es Funktionen φ_n aus $\mathscr{S}$ mit $\|u - \varphi_n\|_\Delta \to 0$. Es folgt $\|u - \varphi_n\|_\infty \to 0$, also mit $C := (\sqrt{2}KL)^{1/2}$

(5′) $$\|u\|_\infty \leq \lim_{n\to\infty} \|\varphi_n\|_\infty \leq C \lim_{n\to\infty} \|\varphi_n\|_\Delta = C\,\|u\|_\Delta .$$

Also gilt $\mathcal{D}(-\overline{\Delta}) \subset \mathcal{D}(M_v)$, denn $u\,v \in \mathrm{L}^2$ für $u \in \mathcal{D}(-\overline{\Delta})$.

(e) Wir zeigen abschließend, daß M_v eine unendlich kleine Störung von $-\Delta$ ist. Sei $u \in \mathscr{S} = \mathcal{D}(-\Delta)$ und $\varphi_t(\mathbf{y}) := t^3\,\widehat{u}(t\mathbf{y})$ mit $t > 0$. Wegen $\varphi_t \in \mathrm{L}^1(\mathbb{R}^3)$ folgt aus dem Transformationssatz für Integrale ÜA

$$\|\varphi_t\|_1 = \|\widehat{u}\|_1 , \quad \|\varphi_t\| = t^{3/2}\|\widehat{u}\| = t^{3/2}\|u\|$$

und

$$\|r^2\varphi_t\| = t^{-1/2}\|r^2\widehat{u}\| = t^{-1/2}\|\Delta u\|$$

wegen $\widehat{\Delta u} = -\,r^2\,\widehat{u}$.

Aus (3) ergibt sich also, da φ_t eine Fouriertransformierte ist,

(6) $$\begin{aligned}\|\widehat{u}\|_1 = \|\varphi_t\|_1 &\leq L\,\big(\|\varphi_t\| + \|r^2\varphi_t\|\big)\\ &= L\,\big(t^{-1/2}\,\|\Delta u\| + t^{3/2}\,\|u\|\big)\,.\end{aligned}$$

Aus (2) mit u statt φ erhalten wir schließlich

$$\|v\cdot u\| \leq \|u\|_\infty \cdot \|v\| \leq a_t\,\|\Delta u\| + b_t\,\|u\|$$

mit $a_t := K\,L\,\|v\|\,t^{-1/2}$ und $b_t \in \mathbb{R}_+$. Hierbei kann a_t beliebig klein gewählt werden. □

4.7 Weitere Störungssätze

Die Potentiale $v \in \mathrm{L}^2(\mathbb{R}^3) + \mathrm{L}^\infty(\mathbb{R}^3)$ sind längst nicht die einzigen, welche Schrödinger–Operatoren liefern. Für das Studium von Wechselwirkungspotentialen und von Schrödinger–Operatoren im $\mathbb{R}^n$ sind eine ganze Reihe weiterer Störungssätze entwickelt worden. Wir verweisen hierzu auf [132, II] Ch. X.2 und [130].

§ 25 Der Spektralsatz und der Satz von Stone

1 Spektralzerlegung und Funktionalkalkül selbstadjungierter Operatoren

1.1 Übersicht

In § 22 wurde der Spektralsatz für beschränkte symmetrische Operatoren T in drei Versionen formuliert: *Spektralzerlegung* $T = \int \lambda \, dE_\lambda$, *Erwartungswert-Formel* $\langle u, f(T)u \rangle = \int f \, d\mu_u$ und *Multiplikatordarstellung* $T = U^{-1} M_v U$. Grundlage dafür war der zuvor entwickelte *Funktionalkalkül.*

In diesem Abschnitt werden entsprechende Ergebnisse für *unbeschränkte selbstadjungierte Operatoren* A auf einem Hilbertraum $\mathscr{H}$ gewonnen, doch in anderer Reihenfolge. Ausgangspunkt ist eine *Multiplikatordarstellung* für A, deren Existenz sich im Fall $\sigma(A) \neq \mathbb{R}$ relativ einfach beweisen läßt. Für Multiplikatoren M_v bietet sich die im folgenden entwickelte Methode der Zurückführung auf spektrale Teilräume in natürlicher und anschaulicher Weise an. Wir schildern zunächst Vorgehen und Ergebnisse; die Beweise werden dann in Abschnitt 2 zusammengefaßt.

Ein Ziel dieses Paragraphen ist die Begründung des Funktionalkalküls und dessen wahrscheinlichkeitstheoretische Deutung durch den Spektralsatz. Der Kalkül des Einsetzens von A in Funktionen gestattet die Übertragung von Lösungsformeln für gewöhnliche Differentialgleichungen auf partielle. Insbesondere sichert er die Existenz und Eindeutigkeit einer für alle $t \in \mathbb{R}$ definierten Hilbertraumlösung des Cauchy–Problems $\dot{\varphi}_t = -iA\varphi_t$, $\varphi_0 \in \mathcal{D}(A)$ in der Form $\varphi_t = \mathrm{e}^{-iAt}\varphi_0$, was die entscheidende Eigenschaft ist, welche die selbstadjungierten Operatoren A vor den symmetrischen auszeichnet. Dies besagt der Satz von Stone.

Am Ende dieses Paragraphen diskutieren wir einige Konsequenzen der Hilbertraumtheorie für die physikalische Interpretation: Verteilung der Meßwerte, Heisenbergsche Unschärferelation, die Rolle des Spektrums als Menge der möglichen Beobachtungswerte einer Observablen A und die Bedeutung der Vertauschbarkeit von Observablen.

1.2 Multiplikatordarstellung selbstadjungierter Operatoren

(a) *Ist A ein selbstadjungierter Operator auf einem Hilbertraum $\mathscr{H}$, so gibt es ein Wahrscheinlichkeitsmaß μ auf $\mathbb{R}$, eine meßbare Funktion $v : \mathbb{R} \to \mathbb{R}$, und eine unitäre Abbildung $U : \mathscr{H} \to \mathrm{L}^2(\mathbb{R}, \mu)$ mit*

$$A = U^{-1} M_v U \, .$$

Die Funktion v kann dabei so gewählt werden, daß ihr Wertevorrat $v(\mathbb{R})$ im Spektrum von A liegt und die Menge ihrer Unstetigkeitsstellen in einer diskreten μ–Nullmenge $N = \{n\delta \mid n \in \mathbb{Z}\}$ mit $\delta > 0$.

BEWEIS.

Wir betrachten zunächst nur den am meisten interessierenden Fall $\sigma(A) \neq \mathbb{R}$, der z.B. bei halbbeschränkten Operatoren vorliegt. Wir können dann $\varrho \in \mathbb{R}$ so wählen, daß die Resolvente $R(\varrho, A)$ existiert und wegen $\varrho \in \mathbb{R}$ symmetrisch ist. Nach § 22 : 3.6 gibt es ein Wahrscheinlichkeitsmaß μ auf $\mathbb{R}$, eine stetige, periodische Sägezahnfunktion $w : \mathbb{R} \to \sigma(R(\varrho, A))$ und eine unitäre Abbildung $U : \mathscr{H} \to \mathrm{L}^2(\mathbb{R}, \mu)$ mit

$$R(\varrho, A) = U^{-1} M_w U .$$

Da 0 kein Eigenwert von $R(\varrho, A)$ ist, gilt für die äquidistante Nullstellenmenge N von w nach § 21 : 5.3 (b) $\mu(N) = \mu(\{w = 0\}) = 0$. Wir setzen

$$v(x) := \begin{cases} \varrho - \dfrac{1}{w(x)} & \text{falls } w(x) \neq 0 , \\ \nu & \text{für } x \in N \end{cases}$$

mit einer Zahl $\nu \in \sigma(A)$.

Mit dem Operator M_v ist auch der Operator

$$B := U^{-1} M_v U$$

selbstadjungiert, wie sich z.B. aus dem Kriterium § 24 : 1.3 (c) ergibt.

Wir zeigen $A = B$. Da selbstadjungierte Operatoren maximal symmetrisch sind (§ 23 : 1.2), genügt hierzu der Nachweis von $A \subset B$.

Sei $u \in \mathcal{D}(A)$. Dann gibt es ein $h \in \mathscr{H}$ mit $u = R(\varrho, A)h$. Für $f := Uu$ und $g := Uh$ gilt $f = w \cdot g \in \mathcal{D}(M_v)$, somit $u \in \mathcal{D}(B)$ und

$$(\varrho - B)u = U^{-1}((\varrho - v)f) = U^{-1}g = h = (\varrho - A)u . \qquad \square$$

Für Operatoren A mit $\sigma(A) = \mathbb{R}$ wird der Beweis in 2.6 nachgetragen.

(b) Die unitäre Äquivalenz $A = U^{-1} M_v U$ gestattet es, die Spektralzerlegung und den Spektralsatz in anschaulicher Weise auf die Analyse unbeschränkter Multiplikatoren zurückzuführen. Aus den Ergebnissen von § 23 : 5.5 über deren Spektrum und den allgemeinen Ausführungen § 9 : 1.3 über unitäre Äquivalenz ergibt sich z.B. ÜA

$$\begin{aligned} \sigma(A) &= \sigma(M_v) = \big\{\lambda \in \mathbb{R} \;\big|\; \mu(\{|v - \lambda| < \varepsilon\}) > 0 \text{ für alle } \varepsilon > 0\big\}, \\ \sigma_p(A) &= \sigma_p(M_v) = \big\{\lambda \in \mathbb{R} \;\big|\; \mu(\{v = \lambda\}) > 0\big\}, \\ \sigma_c(A) &= \sigma_c(M_v). \end{aligned}$$

Außerdem dürfen wir $v(x) \in \sigma(A)$ für alle $x \in \mathbb{R}$ annehmen.

1.3 Einschränkung auf spektrale Teilräume

(a) Aus dem Vorangehenden ergibt sich, daß das Spektrum eines unbeschränkten selbstadjungierten Operators A nichtleer und unbeschränkt ist. In der Quantenmechanik wird das Spektrum von A als die Menge der möglichen Meßwerte für die durch A beschriebene Observable gedeutet, Näheres hierzu in 4.4.

Registrieren wir nur die in ein Intervall $I =]a, b]$ fallenden Werte, so ist dadurch eine neue Observable definiert.

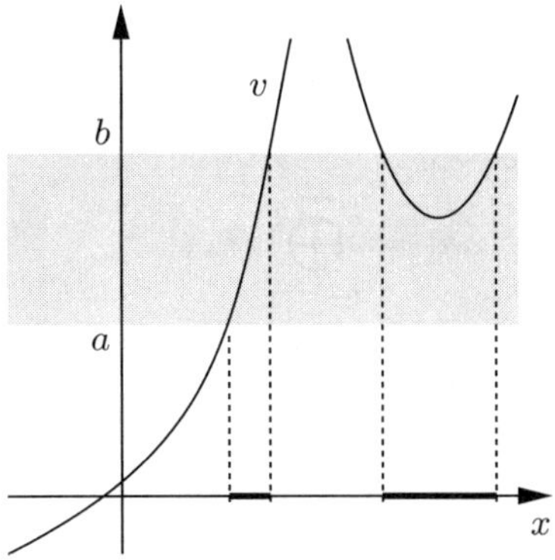

Diese ergibt sich in naheliegender Weise aus einer Multiplikatordarstellung $A = U^{-1} M_v U$ gemäß 1.2. Da $\sigma(A) = \sigma(M_v)$ der essentielle Wertevorrat von v ist, können wir die nicht ins Intervall I fallenden Werte wie folgt ausblenden.

Wir betrachten die μ–meßbare Menge

$$S := \{a < v \le b\} = v^{-1}(]a, b])$$

und $w := \chi_S = \chi_I \circ v$. Durch

$$Pf := w \cdot f \quad \text{für} \quad f \in \mathrm{L}^2(\mathbb{R}, \mu)$$

ist ein symmetrischer Multiplikator P mit $P^2 = P$ definiert. Daher vermittelt P die orthogonale Projektion auf einen abgeschlossenen Teilraum V_I von $\mathrm{L}^2(\mathbb{R}, \mu)$. Dieser Teilraum wird durch M_v in sich übergeführt: Für $g = f \cdot \chi_S \in V_I$ gilt $|v \cdot g| \le c\,|f|$ mit $c := \max\{|a|, |b|\}$, also $v \cdot g \in \mathrm{L}^2(\mathbb{R}, \mu)$ und damit $g \in \mathcal{D}(M_v)$ sowie $v \cdot g = v \cdot g \cdot \chi_S \in V_I$. Dem Teilraum V_I von $\mathrm{L}^2(\mathbb{R}, \mu)$ entspricht in $\mathscr{H}$ der **spektrale Teilraum**

$$\mathscr{H}_I := U^{-1}(V_I)\,.$$

$\mathscr{H}_I$ ist abgeschlossen und **A–invariant**, d.h. $\mathscr{H}_I \subset \mathcal{D}(A)$ und $A(\mathscr{H}_I) \subset \mathscr{H}_I$.

Der orthogonale Projektor P_I mit $\mathscr{H}_I = P_I(\mathscr{H})$ heißt der zu I gehörige **Spektralprojektor.**

(b) SATZ. *Sei A ein selbstadjungierter Operator auf dem Hilbertraum $\mathscr{H}$. Dann sind für jedes beschränkte Intervall $I =]a, b]$ ein Spektralprojektor P_I und ein spektraler Teilraum $\mathscr{H}_I$ definiert mit folgenden Eigenschaften:*

(i) *$\mathscr{H}_I$ ist A–invariant; $\mathscr{H}_I = \{0\}$, falls $\sigma(A) \cap I = \emptyset$.*

(ii) *Im Fall $\mathscr{H}_I \ne \{0\}$ ist die Einschränkung A_I von A auf $\mathscr{H}_I$ ein beschränkter symmetrischer Operator auf $\mathscr{H}_I$ mit*

$$\sigma(A_I) = \sigma(A) \cap [a, b]\,, \quad \sigma_p(A_I) = \sigma_p(A) \cap]a, b]\,.$$

(iii) *Für jede Multiplikatordarstellung $A = U^{-1} M_v U$ von A gilt*

$$P_I = U^{-1} M_w U \quad \textit{mit} \quad w = \chi_I \circ v\,.$$

(iv) *Jeder A–invariante Teilraum liegt in einem spektralen Teilraum $\mathscr{H}_I$.*

Die Aussage (i) ergibt sich aus (a), die anderen anschaulich plausiblen Behauptungen werden in 2.1, 2.2 bewiesen. Beachten Sie, daß die $\mathscr{H}_I$, P_I nach (iii) wohldefiniert sind, d.h. nicht von der Multiplikatordarstellung abhängen.

1.4 Der Spektralzerlegungssatz

(a) *Jeder unbeschränkte selbstadjungierte Operator A läßt sich auf folgende Weise aus beschränkten symmetrischen Anteilen aufbauen:*

Für $n \in \mathbb{Z}$ seien $I_n =]\alpha_n, \alpha_{n+1}]$ nichtleere Intervalle mit $\bigcup_{n\in\mathbb{Z}} I_n = \mathbb{R}$, z.B. $I_n =]n, n+1]$. Wir betrachten die für die I_n gemäß 1.3 definierten Spektralprojektoren $P_n = P_{I_n}$ und die zugehörigen spektralen Teilräume $\mathscr{H}_n = P_n(\mathscr{H})$. Dann gilt

$$\mathscr{H} = \bigoplus_{n=-\infty}^{+\infty} \mathscr{H}_n ,$$

d.h. die $\mathscr{H}_n$ sind paarweise zueinander orthogonal, und jeder Vektor $u \in \mathscr{H}$ besitzt eine eindeutige Darstellung

$$u = \sum_{n=-\infty}^{+\infty} u_n \quad \textit{mit} \quad u_n := P_n u \in \mathscr{H}_n .$$

Wegen der A–Invarianz der $\mathscr{H}_n$ vertauscht A mit allen Spektralprojektoren: $P_n A P_n = A P_n$ und $P_n A u = A P_n u$ für $u \in \mathcal{D}(A)$. Es gilt

$$u \in \mathcal{D}(A) \iff \sum_{n=-\infty}^{+\infty} \|AP_n u\|^2 < \infty ,$$

$$Au = \sum_{n=-\infty}^{+\infty} AP_n u \quad \textit{für } u \in \mathcal{D}(A) .$$

Für jedes Intervall I_n mit $\sigma(A) \cap I_n \neq \emptyset$ ist die Einschränkung A_n von A auf $\mathscr{H}_n$ ein beschränkter symmetrischer Operator mit

$$\sigma(A_n) = \sigma(A) \cap \overline{I_n} , \quad \sigma_p(A_n) = \sigma_p(A) \cap I_n .$$

Der mit Hilfe einer Multiplikatordarstellung leicht zu führende Beweis wird in 2.3 gegeben.

Aus der A–Invarianz der $\mathscr{H}_n$ folgt für $u \in \mathscr{H}_n$, daß $A^k u$ für $k = 1, 2, \ldots$ definiert ist und wieder zu $\mathscr{H}_n$ gehört.

(b) SATZ. *Durch*

$$A^k = \sum_{n=-\infty}^{+\infty} A^k P_n , \quad \textit{d.h.}$$

$$u \in \mathcal{D}(A^k) \iff \sum_{n=-\infty}^{+\infty} \|A^k P_n u\|^2 < \infty ,$$

$$A^k u = \sum_{n=-\infty}^{+\infty} A^k P_n u \quad \textit{für } u \in \mathcal{D}(A^k) ,$$

sind selbstadjungierte Operatoren A^k $(k = 1, 2, \ldots)$ gegeben.

Die Selbstadjungiertheit der Operatoren A^k folgt aus einer Multiplikatordarstellung $A = U^{-1}M_vU$ wegen $A^k = U^{-1}M_{v^k}U$ oder ergibt sich aus Lemma (c). Der Rest folgt aus (a).

(c) Damit steht einer Definition des selbstadjungierten Operators $p(A)$ für reelle Polynome p nichts mehr im Wege. Für die Definition eines allgemeinen Funktionalkalküls in 1.5 benötigen wir das folgende

LEMMA. *Auf jedem spektralen Teilraum $\mathscr{H}_n \neq \{0\}$ sei ein beschränkter symmetrischer Operator $B_n : \mathscr{H}_n \to \mathscr{H}_n$ gegeben. Dann ist durch*

$$u \in \mathcal{D}(B) \;:\Longleftrightarrow\; \sum_{n\in\mathbb{Z}} \|B_nP_nu\|^2 < \infty\,, \qquad Bu := \sum_{n\in\mathbb{Z}} B_nP_nu \quad \textit{für} \quad u \in \mathcal{D}(B)$$

(Summation nur über die $n \in \mathbb{Z}$ mit $\mathscr{H}_n \neq \{0\}$) ein selbstadjungierter Operator B definiert.

BEWEIS.

Es ist leicht zu sehen, daß B symmetrisch ist. Wir wenden das Kriterium § 24 : 1.3 (c) an.

Sei $v = \sum\limits_{n\in\mathbb{Z}} v_n \in \mathscr{H}$ mit $v_n = P_nv$. Wegen $i \notin \sigma(B_n)$ gibt es im Fall $\mathscr{H}_n \neq \{0\}$ Vektoren $u_n \in \mathscr{H}_n$ mit $(B_n - i)u_n = v_n$. Im Fall $\mathscr{H}_n = \{0\}$ setzen wir $u_n = 0$. Wegen $\|v_n\|^2 = \|(B_n - i)u_n\|^2 = \|B_nu_n\|^2 + \|u_n\|^2$ konvergieren die Reihen

$$\sum_{n\in\mathbb{Z}} \|u_n\|^2\,, \quad u := \sum_{n\in\mathbb{Z}} u_n\,, \quad \sum_{\mathscr{H}_n\neq\{0\}} \|B_nu_n\|^2\,, \quad \sum_{\mathscr{H}_n\neq\{0\}} B_nu_n = iu + v.$$

Somit gilt $u \in \mathcal{D}(B)$ und $(B - i)u = v$. Analog folgt die Surjektivität von $B + i$. □

1.5 Der Funktionalkalkül

(a) DEFINITION. Sei A ein unbeschränkter selbstadjungierter Operator, ferner sei $f : \mathbb{R} \to \mathbb{C}$ stetig oder gehöre zur Klasse $\mathcal{F}$ aller Funktionen $f : \mathbb{R} \to \mathbb{R}_+$, die punktweiser Limes einer absteigenden Folge beschränkter stetiger Funktionen $f_n : \mathbb{R} \to \mathbb{R}_+$ sind (vgl. § 21 : 9.2). Ferner seien seien $I_n = \,]\alpha_n, \alpha_{n+1}]$ beschränkte Intervalle mit $\bigcup_{n\in\mathbb{Z}} I_n = \mathbb{R}$, P_n die nach 1.3 für die Intervalle I_n definierten Spektralprojektionen und $\mathscr{H}_n = \operatorname{Bild} P_n$ die zugehörigen spektralen Teilräume. Für $\mathscr{H}_n \neq \{0\}$ ist die Einschränkung A_n von A auf $\mathscr{H}_n$ beschränkt und symmetrisch, also ist $f(A_n)$ für $f \in \mathrm{C}(\mathbb{R})$ nach § 21 : 7.3 bzw. für $f \in \mathcal{F}$ nach § 21 : 9.2 erklärt. Wir definieren $f(A)$ durch

$$u \in \mathcal{D}(f(A)) \;:\Longleftrightarrow\; \sum_{n\in\mathbb{Z}} \|f(A_n)P_nu\|^2 < \infty \quad \text{und}$$

$$f(A)u \;=\; \sum_{n\in\mathbb{Z}} f(A_n)P_nu \quad \text{für} \quad u \in \mathcal{D}(A)\,;$$

dabei ist nur über die $n \in \mathbb{Z}$ mit $\sigma(A) \cap I_n \neq \emptyset$ zu summieren.

Nach 1.4 (c) ist $f(A)$ selbstadjungiert, falls f reellwertig ist.

(b) SATZ. *Für stetige Funktionen* $f : \mathbb{R} \to \mathbb{C}$ *bzw. für* $f \in \mathcal{F}$ *und jede Multiplikatordarstellung* $A = U^{-1} M_v U$ *von* A *ist*

$$f(A) = U^{-1} M_{f \circ v} U\,.$$

Daher ist $f(A)$ *abgeschlossen für unbeschränkte stetige Funktionen* $f : \mathbb{R} \to \mathbb{C}$ *und beschränkt für beschränkte Funktionen* $f \in \mathrm{C}(\mathbb{R})$ *bzw. für* $f \in \mathcal{F}$.

Den Beweis von (b) führen wir in 2.4 (b). Auf den Spezialfall $f = e_\lambda = \chi_{]-\infty,\lambda]}$ gehen wir in 1.7 ein.

(c) *Zu jeder meßbaren Funktion* $f : \mathbb{R} \to \mathbb{C}$ *gibt es einen abgeschlossenen Operator* $f(A)$ *mit der Eigenschaft*

$$f(A) = U^{-1} M_{f \circ v} U \quad \textit{für jede Multiplikatordarstellung} \quad A = U^{-1} M_v U\,.$$

Der Beweis folgt als Anmerkung zum Beweis des Spektralsatzes in 1.8.

1.6 Eigenschaften des Funktionalkalküls für beschränkte stetige Funktionen

Mit $\mathrm{C_b}(\mathbb{R})$ bezeichnen wir den Vektorraum der beschränkten stetigen Funktionen $f : \mathbb{R} \to \mathbb{C}$. Für $f \in \mathrm{C_b}(\mathbb{R})$ gilt

(a) $f(A) \in \mathscr{L}(\mathscr{H}), \quad \|f(A)\| = \|f\|_\infty := \sup\{|f(\lambda)| \mid \lambda \in \sigma(A)\}$,

(b) $f(A)^* = \overline{f}(A)$,

(c) $f(A) \geq \mathbb{0}$, falls $f(\lambda) \geq 0$ für $\lambda \in \sigma(A)$.

Für $f, g \in \mathrm{C_b}(\mathbb{R})$ ergibt sich

(d) $(\alpha f + \beta g)(A) = \alpha f(A) + \beta g(A)$,

(e) $(fg)(A) = f(A)\, g(A) = g(A) f(A)$.

Dies folgt unmittelbar aus 1.5 (b) und den entsprechenden Eigenschaften von Multiplikatoren [ÜA].

1.7 Spektralschar und Spektralmaß

(a) Nach 1.5 ist für einen selbstadjungierten Operator A und $f \in \mathcal{F}$ ein beschränkter symmetrischer Operator $f(A) \geq 0$ erklärt mit $f(A) = U^{-1} M_{f \circ v} U$ für jede Multiplikatordarstellung $A = U^{-1} M_v U$. Aus der Multiplikatordarstellung folgt unmittelbar für $f, g \in \mathcal{F}$:

$$(f\,g)(A) = f(A) g(A) = g(A) f(A)\,,$$

$$\|f(A) - g(A)\| \leq \|f - g\|_\infty\,,$$

$$f \leq g \implies f(A) \leq g(A)\,.$$

(b) Wir definieren die **Spektralschar** $\{E_\lambda \mid \lambda \in \mathbb{R}\}$ von A durch

$$E_\lambda := e_\lambda(A) \quad \text{mit} \quad e_\lambda = \chi_{]-\infty,\lambda]} \in \mathcal{F}\,.$$

Die Einschränkung von E_λ auf einen spektralen Teilraum $\mathscr{H}_I \neq \{0\}$ mit einem Intervall $I =]\alpha_n, \alpha_{n+1}]$ ist nach 1.5 (a) die Spektralschar der Einschränkung A_I von A auf $\mathscr{H}_I$.

SATZ. *Die E_λ sind symmetrische Projektoren mit folgenden Eigenschaften:*

(i) $\lambda \leq \mu \implies E_\lambda \leq E_\mu$ *und* $E_\lambda = E_\lambda E_\mu = E_\mu E_\lambda$.

(ii) $E_\lambda = \underset{\mu\to\lambda+}{\text{s–lim}}\, E_\mu$; *ferner existiert* $E_{\lambda-} := \underset{\mu\to\lambda-}{\text{s–lim}}\, E_\mu$.

(iii) $\underset{\lambda\to-\infty}{\text{s–lim}}\, E_\lambda = \mathbb{0}\,, \quad \underset{\lambda\to\infty}{\text{s–lim}}\, E_\lambda = \mathbb{1}\,.$

(iv) $E_\lambda = U^{-1} M_{e_\lambda \circ v} U$ *für jede Multiplikatordarstellung* $A = U^{-1} M_v U$.

(v) *Für jedes Intervall* $I =]a,b]$ *ist* $E_b - E_a$ *der Projektor* P_I *auf den spektralen Teilraum* $\mathscr{H}_I$.

Der Beweis wird in 2.5 gegeben.

(c) **Spektralmaße**. Für $\|u\| = 1$ ist wegen der Eigenschaften (i), (ii), (iii) der Spektralschar durch

$$F(\lambda) = \langle u, E_\lambda u\rangle = \|E_\lambda u\|^2$$

eine Verteilungsfunktion F gegeben. Das nach § 19 : 9.3 durch F bestimmte Wahrscheinlichkeitsmaß auf $\mathbb{R}$ bezeichnen wir mit μ_u . In der Quantenmechanik liefert μ_u die Verteilung der Meßwerte der durch A beschriebenen Observablen A für ein System im Zustand $|\,u\,\rangle\langle\,u\,|$.

Für einen selbstadjungierten Multiplikator M_v auf $\mathrm{L}^2(\mathbb{R},\mu)$ gilt

$$\mu_u(B) = \int\limits_{v^{-1}(B)} |u|^2\, d\mu$$

für jede Borelmenge B, vgl. § 22 : 2.3.

1.8 Spektralsatz und Erwartungswerte

(a) **Der Spektralsatz**. *Seien A ein selbstadjungierter Operator auf einem separablen Hilbertraum $\mathscr{H}$, $f : \mathbb{R} \to \mathbb{C}$ stetig und $\|u\| = 1$. Dann gilt*

$$u \in \mathcal{D}(f(A)) \iff \int\limits_{\mathbb{R}} |f|^2\, d\mu_u < \infty \quad \textit{und}$$

$$\langle u, f(A)u\rangle = \int\limits_{\mathbb{R}} f\, d\mu_u \quad \textit{für } u \in \mathcal{D}(f(A))\,.$$

Hierbei ist μ_u das zu u gehörige Spektralmaß bezüglich A, vgl. 1.7 (c).

Durch die obengenannten Eigenschaften ist dieses und damit die Spektralschar eindeutig bestimmt.

(b) *Für $u \in \mathcal{D}(A)$ existieren insbesondere Erwartungswert und Varianz von μ_u,*

$$E(\mu_u) = \widehat{\mu}_u = \int_{\mathbb{R}} x \, d\mu_u(x) = \langle u, Au \rangle ,$$

$$V(\mu_u) = \int_{\mathbb{R}} (x - \widehat{\mu}_u)^2 \, d\mu_u(x) = \|(A - \widehat{\mu}_u)u\|^2 .$$

(c) Aus (a) ergibt sich folgende Deutung des Funktionalkalküls für die Quantenmechanik: Beschreibt A eine Observable, so beschreibt $f(A)$ die durch Transformation $x \mapsto f(x)$ der Meßwerte x für A hervorgehende Observable. Dies wurde bereits in § 22 : 1.4 begründet.

Beweis.

(i) Der einfachste Beweis beruht auf dem Transformationssatz für Bildmaße § 20 : 6.4. Da nach Definition des Funktionalkalküls $\langle u, f(A)u \rangle$ invariant unter unitären Transformationen ist, dürfen wir annehmen, daß A ein Multiplikator M_v auf einem $\mathrm{L}^2(\mathbb{R}, \mu)$ ist. Nach 1.7 (c) gilt dann für $\|u\| = 1$ und $I =]a, b]$

$$\mu_u(I) = \langle u, (\chi_I \circ v) \cdot u \rangle = \int_{v^{-1}(I)} |u|^2 \, d\mu .$$

Für das durch $\nu(B) = \int_B |u|^2 \, d\mu$ gegebene Wahrscheinlichkeitsmaß ν ist also $\mu_u(I) = \nu(v^{-1}(I))$. Wie in § 22 : 2.3 ergibt sich mit Hilfe des Fortsetzungssatzes § 19 : 7.2, daß μ_u das Bildmaß von ν unter v ist.

Nach dem Transformationssatz für Bildmaße folgt

$$\|f(M_v)u\|^2 = \int_{\mathbb{R}} |(f \circ v) \cdot u|^2 \, d\mu = \int_{\mathbb{R}} |f \circ v|^2 \, d\nu = \int_{\mathbb{R}} |f|^2 \, d\mu_u ,$$

falls einer dieser Terme Sinn macht. In diesem Fall gilt wegen $\mathrm{L}^1(\mathbb{R}, \mu_u) \subset \mathrm{L}^2(\mathbb{R}, \mu_u)$ und $\mathrm{L}^1(\mathbb{R}, \nu) \subset \mathrm{L}^2(\mathbb{R}, \nu)$ ebenfalls nach dem Transformationssatz

$$\langle u, f(M_v)u \rangle = \int_{\mathbb{R}} (f \circ v) \cdot |u|^2 \, d\mu = \int_{\mathbb{R}} f \circ v \, d\nu = \int_{\mathbb{R}} f \, d\mu_u .$$

(ii) *Charakterisierung der Spektralschar.* Seien $\{E_\lambda \mid \lambda \in \mathbb{R}\}$, $\{F_\lambda \mid \lambda \in \mathbb{R}\}$ zwei Spektralscharen und μ_u, ν_u die jeweils zugehörigen Spektralmaße für $\|u\| = 1$ derart, daß

$$(*) \qquad \int_{\mathbb{R}} f \, d\mu_u = \langle u, f(A)u \rangle = \int_{\mathbb{R}} f \, d\nu_u$$

für alle $f \in \mathrm{C_b}(\mathbb{R})$ und alle $u \in \mathscr{H}$ mit $\|u\| = 1$.

Nach dem Satz von Beppo Levi folgt $(*)$ auch für alle $f \in \mathcal{F}$, insbesondere

$$\langle u, E_\lambda u \rangle = \mu_u(]-\infty, \lambda]) = \int_{\mathbb{R}} e_\lambda \, d\mu_u = \int_{\mathbb{R}} e_\lambda \, d\nu_u = \nu_u(]-\infty, \lambda]) = \langle u, F_\lambda u \rangle$$

und damit $E_\lambda = F_\lambda$ für alle $\lambda \in \mathbb{R}$. Da Wahrscheinlichkeitsmaße durch ihre Verteilungsfunktionen eindeutig bestimmt sind, folgt $\mu_u = \nu_u$ für alle $u \in \mathscr{H}$ mit $\|u\| = 1$. □

ANMERKUNG. Auf Grund dieser Betrachtungen ergibt sich die in 1.5 (c) behauptete Eindeutigkeit des Funktionalkalküls für meßbare Funktionen $f : \mathbb{R} \to \mathbb{C}$. Sei $A = U^{-1} M_v U$ mit einem unitären Operator $U : \mathscr{H} \to L^2(\mathbb{R}, \mu)$. Für $\|u\| = 1$ und $w = Uu$ ist μ_u eindeutig bestimmt durch

$$\langle u, f(A)u \rangle = \int_{\mathbb{R}} (f \circ v)\, |w|^2\, d\mu = \int_{\mathbb{R}} f\, d\mu_u \quad \text{für } f \in \mathcal{F}.$$

Sei nun $f : \mathbb{R} \to \mathbb{C}$ eine meßbare Funktion und $B := U^{-1} M_{f\circ v} U$. Dann folgt wie in (i) für $u \in \mathcal{D}(B)$, d.h. $(f \circ v)\, w \in \mathrm{L}^2(\mathbb{R}, \mu)$ die Beziehung

$$\begin{aligned} \langle u, Bu \rangle_{\mathscr{H}} &= \left\langle U^{-1} w, U^{-1} U B U^{-1} w \right\rangle_{\mathscr{H}} = \langle w, M_{f\circ v}\, w \rangle_{\mathrm{L}^2} \\ &= \int_{\mathbb{R}} (f \circ v)\, |w|^2\, d\mu = \int_{\mathbb{R}} f\, d\mu_u\,. \end{aligned}$$

Die rechte Seite hängt nur von u und f ab. Da $M_{f\circ v}$ und damit auch B dicht definiert sind, ist B durch die quadratische Form $\langle u, Bu \rangle_{\mathscr{H}}$ festgelegt.

1.9 Weiteres zu Erwartungswert und Varianz

(a) **Die Heisenbergsche Unschärferelation**. Für selbstadjungierte Operatoren A, B und für $u \in \mathcal{D}(A) \cap \mathcal{D}(B)$ mit $\|u\| = 1$ seien

$$E_u(A) := \langle u, Au \rangle\,, \quad E_u(B) := \langle u, Bu \rangle\,,$$

$$V_u(A) := \|(A - E_u(A))u\|^2\,, \quad V_u(B) := \|(B - E_u(B))u\|^2\,.$$

Dann ergibt sich nach der Anleitung § 22 : 3.8 (b)

$$V_u(A)\, V_u(B) \ \geq\ \tfrac{1}{4}\, |\langle Au, Bu \rangle - \langle Bu, Au \rangle|^2 \quad \text{für } u \in \mathcal{D}(A) \cap \mathcal{D}(B).$$

Stehen die Operatoren A, B in der **kanonischen Vertauschungsrelation**

$$[A, B] = AB - BA = -i\hbar\mathbb{1}_{\mathcal{D}}$$

mit dem in $\mathscr{H}$ dichten Definitionsbereich

$$\mathcal{D} := \{u \in \mathcal{D}(A) \cap \mathcal{D}(B) \mid Au \in \mathcal{D}(B),\ Bu \in \mathcal{D}(A)\}$$

des Kommutators $[A, B]$, so folgt die **Heisenbergsche Unschärferelation**

$$V_u(A)\, V_u(B) \geq \tfrac{1}{4}\, \hbar\,.$$

(b) **Erwartungswerte in allgemeinen Zuständen**. Nach § 22 : 6.4 werden allgemeine Zustände durch Spurklasseoperatoren

$$W = \sum_k p_k \,|\, v_k \,\rangle\langle\, v_k \,|$$

mit einem vollständigen ONS $v_1, v_2, \ldots$ für $\mathscr{H}$ und Zahlen $p_k \in \mathbb{R}_+$ mit

$$\sum_k p_k = 1$$

beschrieben. W heißt **zulässig** für den selbstadjungierten Operator A, wenn alle v_k zu $\mathcal{D}(A)$ gehören. In diesem Fall gilt für das zu W gehörige **Spektralmaß**

$$\mu_W := \sum_k p_k \, \mu_{v_k}$$

bezüglich A $\boxed{\text{ÜA}}$

$$E(\mu_W) = \widehat{\mu}_W = \operatorname{tr}(AW) := \sum_k p_k \, \langle v_k \,,\, A v_k \rangle \,,$$

$$V(\mu_W) = \sum_k p_k \, \|(A - \widehat{\mu}_W) v_k\|^2 \,,$$

vgl. § 22 : 6.4. Aus der letzten Beziehung folgt, daß die Heisenbergsche Unschärferelation auch für allgemeine Zustände gilt $\boxed{\text{ÜA}}$.

Ferner ergibt sich mit Hilfe von § 22 : 1.6 (a): Genau dann ist $\lambda \in \mathbb{R}$ ein scharfer Meßwert für die Observable A im Zustand W, wenn λ ein Eigenwert von A ist und $\operatorname{Bild} W \subset \operatorname{Kern}(A - \lambda)$ $\boxed{\text{ÜA}}$.

2 Ausführung der Beweise für 1.3 – 1.7

2.1 Spektrum der Einschränkung auf einen spektralen Teilraum

Es genügt, die Behauptungen (i) und (ii) von 1.3 (b) für einen Multiplikator $A = M_v$ auf $\mathrm{L}^2(\mathbb{R}, \mu)$ mit $\mu(\mathbb{R}) = 1$ zu beweisen, wobei wir nach 1.2 (a) voraussetzen dürfen, daß $v(\mathbb{R}) \subset \sigma(A)$.

Seien $I = \,]a, b]$, $w := \chi_I \circ v$ und $P = M_w$ der Orthogonalprojektor auf den Teilraum $V = \operatorname{Bild} P$.

(i) Im Fall $\sigma(A) \cap I = \emptyset$ ist $v(x) \notin I$ für alle $x \in \mathbb{R}$, somit gilt $w = 0$, $P = 0$, $V = \{0\}$.

(ii) Sei $V \neq \{0\}$. Die Einschränkung von $A = M_v$ auf V bezeichnen wir mit

$$T : V \to V, \quad u \mapsto v \cdot u.$$

T ist beschränkt und symmetrisch. Wir zeigen

$$\sigma(T) = \sigma(A) \cap \overline{I} \quad \text{und} \quad \sigma_p(T) = \sigma_p(A) \cap I.$$

Da Eigenvektoren bzw. approximative Eigenvektoren von T auch solche von A sind, gilt

$$\sigma(T) = \sigma_{\rm app}(T) \subset \sigma_{\rm app}(A) = \sigma(A) \quad \text{und} \quad \sigma_p(T) \subset \sigma_p(A).$$

Für $\lambda \notin [a,b]$, $\rho = \operatorname{dist}(\lambda,[a,b]) > 0$ gilt $\|(T-\lambda)u\| = \|(v-\lambda)u\| \geq \rho\,\|u\|$ für $u \in V$, also $\lambda \notin \sigma_{\rm app}(T)$. Somit haben wir $\sigma(T) \subset \sigma(A) \cap [a,b]$.

Wir zeigen $\sigma(A) \cap]a,b[\subset \sigma(T)$, woraus wegen der Abgeschlossenheit der Spektren $\sigma(A) \cap [a,b] \subset \sigma(T)$ folgt. Sei also $\lambda \in \sigma(A) \cap]a,b[$. Für $I_n := [\lambda - \frac{1}{n}, \lambda + \frac{1}{n}]$ folgt dann nach § 23 : 5.5, daß $B_n := v^{-1}(I_n)$ positives Maß hat. Für $I_n \subset]a,b[$ gilt dann $u_n := \chi_{B_n} \cdot \mu(B_n)^{-1/2} \in V$, $\|u_n\| = 1$ und $\|Tu_n - \lambda u_n\| = \|(v-\lambda)u_n\| \leq 1/n$.

Nach § 23 : 5.5 (b) ist λ genau dann Eigenwert von $A = M_v$, wenn $\{v = \lambda\} = v^{-1}(\lambda)$ positives Maß hat. In diesem Fall ist $u_\lambda = \chi_{\{v=\lambda\}}$ zugehörige Eigenfunktion von A. Für $a < \lambda \leq b$ gehört u_λ zu V, also gilt $\sigma_p(A) \cap I \subset \sigma_p(T)$. Schließlich ist $a \notin \sigma_p(T)$, denn für $u \in V$ gilt $Tu - \lambda u = 0 \iff (v-\lambda)u = 0 \iff u = 0$.

Die Aussagen (i) und (ii) übertragen sich auf jeden zu M_v unitär äquivalenten Operator. □

2.2 Zur Definition der spektralen Teilräume

(a) **M_v–invariante Teilräume.** Sei V ein abgeschlosser, M_v–invarianter Teilraum von $\mathrm{L}^2(\mathbb{R},\mu)$: $u \in V \implies v \cdot u \in V$. Wir betrachten die Einschränkung $T = M_v|_V$ von M_v auf V. Da T auf ganz V definiert ist, gilt nach dem Satz von Hellinger–Toeplitz § 23 : 1.4 (c):

$$T : V \to V, \quad u \mapsto v \cdot u \quad \text{ist ein beschränkter symmetrischer Operator..}$$

Daher ist $f(T)$ für Funktionen $f \in \mathrm{C}(\sigma(T))$ definiert sowie für Funktionen der Klasse $\mathcal{F}$ der Funktionen $f : \mathbb{R} \to \mathbb{R}_+$, die punktweiser Limes einer absteigenden Folge stetiger, beschränkter Funktionen sind. Erwartungsgemäß gilt

LEMMA. *Sei $V \neq \{0\}$ ein M_v–invarianter Teilraum von $\mathrm{L}^2(\mathbb{R},\mu)$ und T die Einschränkung von M_v auf V. Dann ist $f(T)$ für $f \in \mathrm{C}(\sigma(T))$ bzw. für $f \in \mathcal{F}$ die Einschränkung des Multiplikators $M_{f \circ v}$ auf V:*

$$(*) \qquad f(T)u = (f \circ v) \cdot u \quad \text{für } u \in V.$$

Insbesondere ist die Spektralschar $\{F_\lambda \mid \lambda \in \mathbb{R}\}$ von T gegeben durch

$$F_\lambda \cdot u = (e_\lambda \circ v) \cdot u \quad \text{für } u \in V.$$

BEWEIS.
V ist invariant unter M_v^2, M_v^3, … ; für $u \in V$ und jedes Polynom p ist also $p(v) \cdot u \in V$. Nach Definition des Funktionalkalküls für $f \in \mathrm{C}(\sigma(T))$ und mit Hilfe des kleinen Satzes von Lebesgue ergibt sich $(*)$ für $f \in \mathrm{C}(\sigma(T))$ wie in § 21 : 7.6 (b). Für $f \in \mathcal{F}$ folgt $(*)$ wie in § 21 : 9.4 (c) mit Hilfe des Satzes von Beppo Levi. □

Folgerung. *Ist $I =]a,b]$ ein beschränktes Intervall mit $\sigma(T) \subset \overline{I}$, $\sigma_p(T) \subset I$, so ist V ein Teilraum des in* 1.3 (a) *definierten spektralen Teilraums V_I,*

$$V_I = \text{Bild}\, P, \quad P = M_w \quad \textit{mit} \quad w = \chi_I \circ v\,.$$

Denn für die Spektralschar $\{F_\lambda \mid \lambda \in \mathbb{R}\}$ von T gilt nach § 22 : 1.2, 1.5

$$F_\lambda = 0_V \ \text{ für } \lambda \le a \ \ (\text{wegen } a \notin \sigma_p(T)) \ \text{ und } \ F_\lambda = \mathbb{1}_V \ \text{ für } \lambda \ge b\,.$$

Für $u \in V$ folgt

$$u = (F_b - F_a)u = (e_b \circ v - e_a \circ v)\cdot u = (\chi_I \circ v)\cdot u \in V_I\,.$$

Bemerkung. Nicht jeder M_v–invarianter Teilrauum ist ein spektraler. Dies zeigt das Beispiel $v(x) = x^2$, $V = \{u \in \mathrm{L}^2(\mathbb{R},\mu) \mid u(x) = 0 \text{ für } x \le 0\}$ mit der Normalverteilung μ.

(b) **Eindeutige Bestimmtheit der spektralen Teilräume.** *Sei A ein selbstadjungierter Operator auf einem Hilbertraum $\mathscr{H}$. Dann gibt es zu jedem beschränkten Intervall $I =]a,b]$ einen abgeschlossenen A–invarianten Teilraum $\mathscr{H}_I$ mit folgender Eigenschaft:*
Für jede Darstellung $A = U^{-1}M_vU$ von A als Multiplikator auf $\mathrm{L}^2(\mathbb{R},\mu)$ ist

$$\mathscr{H}_I = U^{-1}(V_I) \quad \textit{mit} \quad V_I = \{\, (\chi_I \circ v)u \mid u \in \mathrm{L}^2(\mathbb{R},\mu)\,\}\,.$$

Beweis.
Es genügt den Fall zu betrachten, daß A ein Multiplikator M_v auf einem $\mathrm{L}^2(\mathbb{R},\nu)$ mit einer reellen Verteilung ν ist und daß es eine unitäre Abbildung $U : \mathrm{L}^2(\mathbb{R},\nu) \to \mathrm{L}^2(\mathbb{R},\mu)$ gibt mit $A = U^{-1}M_vU$. Für $u \in \mathrm{L}^2(\mathbb{R},\nu)$ gilt dann

$$UAu = (Uw)\cdot u = v\cdot(Uu)\,.$$

Für $I =]a,b]$ seien

P_I der Multiplikator mit $\chi_I \circ v$ auf $\mathrm{L}^2(\mathbb{R},\mu)$, $V_I = \text{Bild}\,(P_I)$,
Q_I der Multiplikator mit $\chi_I \circ w$ auf $\mathrm{L}^2(\mathbb{R},\nu)$, $W_I = \text{Bild}\,(Q_I)$.

Zu zeigen ist $W_I = U^{-1}(V_I)$. Sei $W' := U^{-1}(V_I)$.

Für die Einschränkung T von M_v auf V_I gilt $\sigma(T) \subset \overline{I}$, $\sigma_p(T) \subset I$. Für $u \in W'$ ist $Uu \in V_I$, also $UAu = v\cdot(Uu) \in V_I$ und daher $Au \in W'$. Somit ist W' A–invariant, und die Einschränkung S von A auf W' ist unitär äquivalent zu T, insbesondere ist $\sigma(S) \subset \overline{I}$, $\sigma_p(S) \subset I$. Nach 2.2 (a), angewandt auf M_w, folgt $W' \subset W_I$. Durch Vertauschung der Rollen von v und w ergibt sich entsprechend $UW_I \subset V_I$. □

2.3 Beweis des Spektralzerlegungssatzes 1.4

Nach dem Vorangehenden gilt für jede Darstellung $A = U^{-1} M_v U$ von A als Multiplikator M_v auf einem $\mathrm{L}^2(\mathbb{R},\mu)$, daß $\mathscr{H}_I = U^{-1} V_n$ mit

$$V_n = \{\, (\chi_{I_n} \circ v) \cdot f \mid f \in \mathrm{L}^2(\mathbb{R},\mu) \,\}.$$

Für $h_n \in V_n$, $h_m \in V_m$ mit $m \neq n$ ist $h_n \cdot h_m = 0$, also gilt $V_n \perp V_m$ und entsprechend $\mathscr{H}_n \perp \mathscr{H}_m$ für $m \neq n$. Für $n \in \mathbb{Z}$ sei h_n die orthogonale Projektion von $h \in \mathrm{L}^2(\mathbb{R},\mu)$ auf V_n. Dann gilt

$$|h(x)|^2 = \sum_{n\in\mathbb{Z}} |h_n(x)|^2 \quad \text{für jedes } x \in \mathbb{R},$$

da die Reihe jeweils höchstens ein von Null verschiedenes Glied enthält. Mit dem Satz von Beppo Levi folgt

$$\|h\|^2 = \sum_{n\in\mathbb{Z}} \|h_n\|^2, \quad \text{also } h = \sum_{n\in\mathbb{Z}} h_n \text{ im Hilbertraumsinn,}$$

d.h. im Quadratmittel, vgl. § 25 : 4.2 (a). Anwendung von U^{-1} ergibt als erstes Ergebnis

$$\mathscr{H} = \bigoplus_{n=-\infty}^{\infty} \mathscr{H}_n,$$

d.h. jedes $u \in \mathscr{H}$ besitzt die Zerlegung $u = \sum\limits_{n=-\infty}^{\infty} u_n$ mit $u_n = P_n u \in \mathscr{H}_n$.

Wir können nun zum Operator A auf $\mathscr{H}$ zurückkehren. Für $u \in \mathcal{D}(A)$ und $h \in \mathscr{H}$ gilt wegen $P_n h \in \mathcal{D}(A)$ und weil $P_n A P_n$ beschränkt und symmetrisch ist

$$\begin{aligned}\langle h, P_n A u\rangle &= \langle A P_n h, u\rangle = \langle P_n A P_n h, u\rangle = \langle h, P_n A P_n u\rangle \\ &= \langle h, A P_n u\rangle \quad \text{für } u \in \mathcal{D}(A),\end{aligned}$$

somit

$$P_n A P_n = A P_n \quad \text{und} \quad P_n A u = A P_n u \quad \text{für } u \in \mathcal{D}(A).$$

Für $u \in \mathcal{D}(A)$ konvergiert daher nach dem oben Bewiesenen die Orthogonalreihe

$$Au = \sum_{n\in\mathbb{Z}} P_n A u = \sum_{n\in\mathbb{Z}} A P_n u,$$

und deren Konvergenz ist äquivalent zu $\sum\limits_{n\in\mathbb{Z}} \|AP_n\|^2 < \infty$, vgl. § 9 : 4.2 (b).

Existiert umgekehrt

$$w = \sum_{n\in\mathbb{Z}} P_n A u = \lim_{m\to\infty} \sum_{n=-m}^{m} A P_n u = \lim_{m\to\infty} A \sum_{n=-m}^{m} P_n u,$$

so folgt aus $u = \lim\limits_{m\to\infty} \sum\limits_{n=-m}^{m} P_n u$ und der Abgeschlossenheit von A, daß $u \in \mathcal{D}(A)$ und $Au = w$. Die Aussagen über die A_n wurden in 2.1 bewiesen. □

2.4 Zum Funktionalkalkül

(a) Für die Definition 1.5 (a) beachten wir, daß $\sum\limits_{n\in\mathbb{Z}} f(A_n)P_n u$ eine Orthogonalreihe ist (s.o.).

(b) Sei $A = U^{-1}M_v U$ mit dem Multiplikator M_v auf $\mathrm{L}^2(\mathbb{R},\mu)$. Da $f(T)$ für beschränkte, symmetrische Operatoren Stop–Limes von Operatoren $p(T)$ (p Polynom) ist, geht $f(A_n)$ unter U in $f(M_n)$ über, wo M_n die Einschränkung von M_v auf $V_n = U(\mathscr{H}_n)$ ist. Nach 2.2 (a) ist $M_n u_n = (f\circ v)\cdot u_n$ für $u_n \in V_n$. Zu zeigen ist daher nur $f(M_v) = M_{f\circ v}$. Da beide Operatoren selbstadjungiert und daher maximal symmetrisch sind, bleibt für $u = \sum\limits_{n\in\mathbb{Z}} u_n$ mit $u_n \in V_n$ zu zeigen:

$$u \in \mathcal{D}(M_{f\circ v}) \implies u \in \mathcal{D}(f(M_v))\,,$$

$$f(M_v)u = \sum_{n\in\mathbb{Z}} f(M_n)u_n = \sum_{n\in\mathbb{Z}} (f\circ v)\cdot u_n = (f\circ v)\cdot u\,.$$

Hierfür beachten wir, daß die $u_n = (\chi_{I_n}\circ v)\cdot u$ paarweise disjunkte Träger haben. Für die Partialsummen $s_m = \sum\limits_{n=-m}^{m} u_n$ der Orthogonalreihe für u gilt daher

$$|s_m(x)|^2 = \sum_{n=-m}^{m} |u_n(x)|^2 \le |u(x)|^2\,, \quad |u(x) - s_m(x)|^2 \le |u(x)|^2\,.$$

Es folgt

$$\sum_{n=-m}^{m} \|f(M_n)u_n\|^2 = \sum_{n=-m}^{m} \|(f\circ v)\cdot u_n\|^2 \le \|(f\circ v)\cdot u\|^2\,,$$

$$\|(f\circ v)\cdot u - \sum_{n=-m}^{m} (f\circ v)\cdot u_n\|^2 = \|(f\circ v)(u - s_m)\|^2 \to 0 \text{ für } m\to\infty\,,$$

letzteres nach dem Satz von Lebesgue mit der Majorante $|(f\circ v)\cdot u|^2$. □

2.5 Zur Spektralschar

Die Aussage (i) von 1.7 (b) folgt aus $E_\lambda E_\mu = E_\lambda$ für $\lambda \le \mu$, (ii) ergibt sich durch Einschränkung von E_λ auf einen spektralen Teilraum $\mathscr{H}_I$ mit $\lambda \in I$, (iv) folgt nach 1.5 (b).

Für die Intervalle $I_n = \,]n, n+1]$ betrachten wiir die zugehörigen spektralen Teilräume $\mathscr{H}_n$. Wir fixieren $u = \sum\limits_{n\in\mathbb{Z}} u_n$ mit $u_n \in \mathscr{H}_n$ für $n \in \mathbb{Z}$. Zu gegebenem $\varepsilon > 0$ gibt es ein $m \in \mathbb{N}$, so daß $s_m := \sum\limits_{n=-m}^{m} u_n$ die Ungleichung $\|u - s_m\| < \varepsilon$ erfüllt. Für $\lambda \le -m$ gilt $E_\lambda = 0$, falls $|n| \le m$. Es folgt

$$\|E_\lambda u\| = \|E_\lambda u - E_\lambda s_m\| \le \|u - s_m\| < \varepsilon\,, \quad \text{für } \lambda \le -m\,.$$

Im Fall $\lambda \geq m$ gilt $E_\lambda u_n = u_n$, falls $|n| \leq m$ und somit $E_\lambda s_m = s_m$, also

$$\begin{aligned} \|E_\lambda u - u\| &= \|E_\lambda u - E_\lambda s_m + E_\lambda s_m - u\| \\ &\leq \|E_\lambda u - E_\lambda s_m\| + \|s_m - u\| < 2\varepsilon \text{ für } \lambda \geq m\,. \end{aligned}$$

Es genügt, die Behauptung (v) für Multiplikatoren M_v zu nachzuweisen. Für diese ist $E_\lambda = M_{e_\lambda \circ v}$, also $E_b - E_a$ nach 1.3 der Projektor auf V_I.

2.6* Multiplikatordarstellung im allgemeinen Fall

(a) Der Satz über die Multiplikatordarstellung eines selbstadjungierten Operators A wurde in 1.2 nur für den Fall $\sigma(A) \neq \mathbb{R}$ bewiesen. Der folgende Beweis erfaßt auch den Fall $\sigma(A) = \mathbb{R}$ und beruht auf folgender Idee: Angenommen $A = M_v$. Dann ist der Operator $T := f(A)$ mit der bijektiven Funktion $f : \mathbb{R} \to]-1,1[\,,\ x \mapsto x\cdot(1+x^2)^{-1/2}$ beschränkt und symmetrisch, und mit der Umkehrfunktion $g : y \mapsto y\cdot(1-y^2)^{-1/2}$ von f gilt $A = g(T)$. Wir konstruieren im folgenden einen beschränkten symmetrischen Operator T mit $A = g(T)$.

(b) Nach § 24 : 1.5 und § 24 : 2.3 ist $\mathbb{1}+A^2$ ein selbstadjungierter, halbbeschränkter Operator mit unterer Schranke 1, also $\sigma(\mathbb{1} + A^2) \subset [1,\infty[$. Daher ist

$$R = (\mathbb{1} + A^2)^{-1}$$

beschränkt und symmetrisch mit $0 \notin \sigma_p(R)$, $\mathbb{0} \leq R \leq \mathbb{1}$, $\|R\| \leq 1$ ÜA.

Ferner gilt $Ru \in \mathcal{D}(A^2)$ für alle $u \in \mathscr{H}$, $(\mathbb{1}+A^2)R = \mathbb{1}_{\mathscr{H}}$, $R(\mathbb{1}+A^2) = \mathbb{1}_{\mathcal{D}(A^2)}$.

(c) *Der Operator $S := AR$ ist beschränkt und symmetrisch mit*

$$RS = SR\,, \quad R^2 + S^2 = R\,, \quad \|S\| \leq 1\,.$$

Zum Nachweis zeigen wir zunächst, daß

(1) $\quad ARu = RAu \quad$ für $u \in \mathcal{D}(A)$.

Dazu beachten wir, daß $i, -i \in \varrho(A)$ und $(A+i)(A-i) = \mathbb{1}+A^2 = (A-i)(A+i)$, somit $R(A+i) = (A-i)^{-1} = (A+i)R$. Für $u \in \mathcal{D}(A)$ erhalten wir daher

$$RAu = R(A+i)u - iRu = (A-i)^{-1}u - iRu = (A+i)Ru - iRu = ARu\,.$$

Daraus ergibt sich wegen $Ru \in \mathcal{D}(A)$ für alle $u \in \mathscr{H}$

(2) $\quad SRu = AR^2u = RARu = RSu\,.$

Wegen Bild $R \subset \mathcal{D}(A)$ erhalten wir ferner für alle $u \in \mathscr{H}$

(3) $\quad (R^2 + S^2)u = R^2u + ARARu = R^2u + A^2R^2u = (\mathbb{1} + A^2)R^2u = Ru\,.$

S ist überall definiert und symmetrisch: Für $u \in \mathcal{D}(A)$ und $v \in \mathscr{H}$ gilt mit (1)

(4) $\langle u, Sv \rangle = \langle u, ARv \rangle = \langle Au, Rv \rangle = \langle RAu, v \rangle = \langle ARu, v \rangle = \langle Su, v \rangle .$

Schließlich erhalten wir $\|S\| \le 1$ aus $R \le \mathbb{1}$ und aus (3):

(5) $\|Su\|^2 = \langle u\,,\, S^2 u \rangle \le \langle u\,,\, (R^2 + S^2)u \rangle = \langle u,\, Ru \rangle \le 1 \quad \text{für } \|u\| \le 1 .$

(d) *Der Operator $R^{1/2}$ ist beschränkt, symmetrisch und injektiv. Ferner gilt* Bild $R^{1/2} \subset \mathcal{D}(A)$.

Die Injektivität ergibt sich wie folgt: $R^{1/2}u = 0 \implies Ru = R^{1/2}R^{1/2}u = 0 \implies u = 0$ wegen $0 \notin \sigma_p(R)$.

Wegen $\overline{\text{Bild}\, R^{1/2}} = (\text{Kern}\, R^{1/2})^{\perp} = \mathscr{H}$ gibt es zu jedem $h \in \mathscr{H}$ Vektoren u_n mit $h = \lim\limits_{n\to\infty} R^{1/2}u_n$, also $R^{1/2}h = \lim\limits_{n\to\infty} Ru_n$. Aus (5) ergibt sich

$$\left\|Su_m - Su_n\right\|^2 \le \left\langle u_m - u_n\,,\, R(u_m - u_n)\right\rangle = \left\|R^{1/2}(u_m - u_n)\right\|^2 ,$$

also existiert $\lim\limits_{n\to\infty} Su_n = \lim\limits_{n\to\infty} ARu_n$. Wegen der Abgeschlossenheit von A folgt

$$R^{1/2}h \in \mathcal{D}(A) \quad \text{und} \quad AR^{1/2}h = \lim_{n\to\infty} ARu_n = \lim_{n\to\infty} Su_n .$$

(e) *Durch $T := AR^{1/2}$ ist ein symmetrischer Operator $T \in \mathscr{L}(\mathscr{H})$ definiert mit*

$$R = 1 - T^2 , \quad S = AR = T(1 - T^2)^{1/2} , \quad \sigma(T) \subset [-1, 1] , \quad 1 \notin \sigma_p(T) .$$

Denn nach (d) ist T überall definiert. Aus (1) folgt für $u \in \mathcal{D}(A)$

(6) $f(R)Au = Af(R)u$

zunächst für $f(x) = x^n$ und daher auch für Polynome f. Da A abgeschlossen ist, gilt (6) für alle auf $\sigma(R) \subset [0, 1]$ stetigen Funktionen. Für $u \in \mathcal{D}(A)$, $v \in \mathscr{H}$ folgt

$$\langle u, Tv \rangle = \langle u\,,\, AR^{1/2}v \rangle = \langle R^{1/2}Au\,,\, v \rangle = \langle AR^{1/2}u\,,\, v \rangle = \langle Tu, v \rangle .$$

Da $\mathcal{D}(A)$ dicht in $\mathscr{H}$ ist, folgt die Symmetrie von T.

Aus (6) mit $f(x) = \sqrt{x}$ folgt $T^2 = AR^{1/2}AR^{1/2} = A^2R = (1+A^2)R - R = 1 - R$, also

$$R^{1/2} = (1 - T^2)^{1/2} , \quad S = AR = AR^{1/2}R^{1/2} = T(1 - T^2)^{1/2} .$$

Aus dem spektralen Abbildungssatz folgt $\sigma(T^2) = 1 - \sigma(R) \subset [0, 1]$, also $\sigma(T) \subset [-1, 1]$. Aus $Tu = u$ folgt $T^2u = u$, also $Ru = 0$ und damit $u = 0$ nach (b).

(f) *Die Multiplikatordarstellung.* Nach § 22 : 3.6 gibt es ein Wahrscheinlichkeitsmaß μ auf $\mathbb{R}$, eine Sägezahnfunktion $w : \mathbb{R} \to [-1, 1]$ und eine unitäre Abbildung $U : \mathscr{H} \to \mathrm{L}^2(\mathbb{R}, \mu)$ mit $T = U^{-1} M_w U$. Wegen $1 \notin \sigma_p(T)$ gilt $w(x) \in [-1, 1[$ μ–f.ü. Durch Abänderung von w auf einer μ–Nullmenge erreichen wir $w(x) \subset [-1, 1[$ für alle $x \in \mathbb{R}$. Dann ist w auf $\mathbb{R} \setminus \{4n + 1 \mid n \in \mathbb{Z}\}$ periodisch und stetig. Wir definieren

$$\widehat{T} := UTU^{-1}, \quad \widehat{R} := URU^{-1}, \quad \widehat{S} := USU^{-1}, \quad \widehat{A} := UAU^{-1}, \quad v := \frac{w}{\sqrt{1 - w^2}} .$$

Nach § 21 : 7.6 gilt

$$\widehat{T} = M_w , \quad \widehat{R} = M_{1-w^2} , \quad \widehat{S} = M_{w\sqrt{1-w^2}} .$$

Zum Nachweis von $\widehat{A} = M_v$, d.h. $A = U^{-1} M_v U$, genügt es zu zeigen, daß $M_v \subset \widehat{A}$, da beide Operator maximal symmetrisch sind (§ 24 : 1.1 (b)).

Sei also $f \in \mathcal{D}(M_v)$ und $M_n := \{1 - w^2 \geq 1/n^2\}$ für $n \in \mathbb{N}$. Für $f_n := f \chi_{M_n}$ und $g_n := (1 - w^2)^{-1} f_n$ gilt

$$|f_n| \leq |f|, \quad |f - f_n| \leq |f|, \quad |g_n| \leq n^2 |f|, \quad |v f_n| \leq |v f|, \quad |v(f - f_n)| \leq |v f|,$$

ferner $f_n \to f$, $v f_n \to v f$ punktweise auf $\mathbb{R} = \bigcup\limits_{n \in \mathbb{N}} M_n$.

Aus dem Satz von Lebesgue erhalten wir $\|f - f_n\| \to 0$, $\|v f - v f_n\| \to 0$. Andererseits gilt wegen $g_n \in \mathrm{L}^2(\mathbb{R}, \mu)$ und Bild $R \subset \mathcal{D}(A)$

$$f_n = (1 - w^2) g_n = \widehat{R} g_n \in \mathcal{D}(\widehat{A}) \quad \text{und}$$

$$\widehat{A} f_n = \widehat{A}\widehat{R} g_n = \widehat{S} g_n = v f_n \to v f \quad \text{in } \mathrm{L}^2(\mathbb{R}, \mu) .$$

Da $\widehat{A}$ abgeschlossen ist, folgt $f \in \mathcal{D}(\widehat{A})$ und $\widehat{A} f = v f$. Somit ist $A = U^{-1} M_v U$. □

3 Selbstadjungierte Operatoren und unitäre Gruppen

3.1 Die von einem selbstadjungierten Operator erzeugte unitäre Einparametergruppe

Für einen selbstadjungierten Operator A ist durch

$$U(t) := \mathrm{e}^{-iAt} = f_t(A) \quad \textit{mit} \quad f_t(x) = \mathrm{e}^{-ixt} \quad (t \in \mathbb{R})$$

eine stark stetige Einparametergruppe von unitären Operatoren gegeben:

$$U(s + t) = U(s)U(t) = U(t)U(s) , \quad U(0) = \mathbb{1} ,$$

$$U(t)^* = U(-t) = U(t)^{-1} ,$$

$$U(t) = \operatorname*{s-lim}_{h \to 0} U(t + h) .$$

Denn aus den Eigenschaften 1.6 des Funktionalkalküls für beschränkte stetige Funktionen folgt $U(0) = f_0(A) = 1(A) = \mathbb{1}$,

$$U(s+t) = f_{s+t}(A) = (f_s\, f_t)(A) = f_s(A) f_t(A) = U(s)U(t)\,,$$
$$U(t)^* = \overline{f}_t(A) = f_{-t}(A) =, U(-t)\,,$$
$$\mathbb{1} = U(0) = U(t-t) = U(t)U(-t)\,.$$

Für $\|u\| = 1$ ergibt sich aus dem Spektralsatz

$$\left\|\big(U(t+h) - U(t)\big)\, u\right\|^2 = \int\limits_{\mathbb{R}} |\, f_{t+h} - f_t\,|^2 d\mu_u = \int\limits_{\mathbb{R}} |\, f_h - 1\,|^2 d\mu_u \;\to\; 0$$

für $h \to 0$ nach dem Satz von Lebesgue, denn

$$\lim_{h\to 0} (f_h(x) - 1) = 0 \quad \text{und} \quad |f_h(x) - 1| \le 2 \;\text{ für alle }\; x \in \mathbb{R}\,.$$

3.2 Das mit einem selbstadjungierten Operator verbundene Cauchy–Problem

SATZ. *Für einen selbstadjungierten Operator A besitzt das Cauchy–Problem*

$$\dot u(t) = -\,iAu(t)\,, \quad u(0) = u$$

genau dann eine Lösung $t \mapsto u(t)$ im Hilbertraumsinn,

$$\lim_{h\to 0} \left\| \frac{1}{h}\big(u(t+h) - u(t)\big) + iAu(t) \right\| = 0 \quad \textit{für alle} \;\; t \in \mathbb{R}\,,$$

wenn $u \in \mathcal{D}(A)$. Die Lösung ist dann eindeutig bestimmt und gegeben durch

$$u(t) = U(t)u\,.$$

ZUSATZ. *Es gilt sogar* $u \in \mathcal{D}(A) \iff \lim\limits_{h\to 0} \frac{1}{h}\big(U(h) - 1\big)\, u$ *existiert.*

BEWEIS.

(a) Nach den Überlegungen in § 24 : 3.2 (c) gibt es eine Konstante C mit

$$(*) \qquad |\, f_h(x) - 1 + ihx\,| = \left| \mathrm{e}^{-ihx} - 1 + ihx \right| \le C\,|hx| \quad \text{für alle } \; x, h \in \mathbb{R}.$$

Nach dem Spektralsatz 1.8 konvergiert für $u \in \mathcal{D}(A)$ mit $\|u\| = 1$ das Integral $\int\limits_{\mathbb{R}} x^2 d\mu_u(x)$, und es folgt für $u(t) = U(t)u$ und $h \ne 0$

$$\left\| \tfrac{1}{h}\big(u(t+h) - u(t)\big) + iAu(t) \right\|^2 = \int\limits_{\mathbb{R}} \left| \tfrac{1}{h}\big(f_{t+h}(x) - f_t(x)\big) + ixf_t(x) \right|^2 d\mu_u(x)$$
$$= \int\limits_{\mathbb{R}} \left| \tfrac{1}{h}\big(f_h(x) - 1\big) + ix \right|^2 d\mu_u(x) \;\to\; 0 \;\text{ für }\; h \to 0 \;\text{ und alle }\; t \in \mathbb{R}\,.$$

Dies ergibt sich aus dem Satz von Lebesgue, denn nach $(*)$ hat der Integrand im letzten Integral die μ_u–Majorante C^2x^2 und den punktweisen Limes 0.

(b) Zum Beweis des Zusatzes definieren wir einen Operator B durch

$$u \in \mathcal{D}(B) \iff \lim_{h \to 0} \tfrac{1}{h}\bigl(U(h)u - u\bigr) \quad \text{existiert und}$$

$$Bu = \lim_{h \to 0} \tfrac{i}{h}\bigl(U(h)u - u\bigr) \quad \text{für } u \in \mathcal{D}(B)\,.$$

Nach (a) gilt $A \subset B$. Zu zeigen ist, daß B symmetrisch ist. Dann folgt $A = B$, da nach § 24 : 1.1 (b) selbstadjungierte Operatoren maximal symmetrisch sind.

In der Tat gilt für $u, v \in \mathcal{D}(B)$ wegen $U(h)^* = U(-h)$

$$\begin{aligned} \langle v\,,\, Bu\rangle &= i \lim_{h\to 0} \bigl\langle v\,,\, \tfrac{1}{h}(U(h) - 1)u\bigr\rangle = i \lim_{h\to 0} \bigl\langle \tfrac{1}{h}(U(-h) - 1)v\,,\, u\bigr\rangle \\ &= -i \lim_{k\to 0} \bigl\langle \tfrac{1}{k}(U(k) - 1)v\,,\, u\bigr\rangle = \langle Bv\,,\, u\rangle\,. \end{aligned}$$

(c) *Eindeutigkeit.* Für eine Lösung $t \mapsto v(t)$ des Cauchy–Problems $\dot{v}(t) = -iAv(t)$, $v(0) = u$ setzen wir $w(t) := U(-t)v(t)$ und erhalten wie in § 21 : 7.7 ÜA

$$\frac{d}{dt}\langle h\,,\, w(t)\rangle \;=\; \langle h\,,\, \dot{w}(t)\rangle \;=\; 0 \quad \text{für alle } t \in \mathbb{R}\,,$$

somit $\dot{w}(t) = 0$ und daraus $u = w(t) = U(-t)v(t)$ für alle $t \in \mathbb{R}$. □

3.3 Beispiele

(a) **Selbstadjungierte Operatoren mit diskretem Spektrum**. Hierfür wird auf § 24 : 3.2 verwiesen.

(b) Für den **Ortsoperator** $Q = M_x$ und für $f \in \mathrm{C_b}(\mathbb{R})$ ist $f(Q) = M_f$ nach § 21 : 7.6. Somit ist $U(t) = \mathrm{e}^{-itQ}$ der Multiplikator mit e^{-itx}:

$$U(t)u : x \mapsto \mathrm{e}^{-itx}u(x)\,.$$

ÜA Rechnen Sie für $u_t(x) = e^{-itx}u(x)$ nach, daß entsprechend dem Zusatz 3.2

$$\lim_{h\to 0} \Bigl\|\, \frac{1}{h}\,(u_h - u) + iQu \,\Bigr\| \;=\; 0 \iff \int_{\mathbb{R}} x^2 |u(x)|^2 dx \;<\; \infty\,.$$

(c) **Impulsoperator und Translationsgruppe**. Für die Fouriertransformation $F_0 : \mathscr{S} \to \mathscr{S}$, $u \mapsto \widehat{u}$ und die Einschränkung P_0 von P und Q_0 von Q auf $\mathscr{S}$ gilt $P_0 = F_0^{-1}Q_0F_0$ nach § 12 : 3.3. Für die Fouriertransformation F auf $\mathrm{L}^2(\mathbb{R})$ folgt $P = F^{-1}QF$ ÜA. Nach 1.5 (b) folgt

$$(*) \qquad \mathrm{e}^{-itP} \;=\; F^{-1}\mathrm{e}^{-itQ}F\,.$$

Für $u \in \mathscr{S}$ sei $u_t := \mathrm{e}^{-itP}u$. Mit (b) und $(*)$ folgt $\widehat{u_t}(y) = \mathrm{e}^{-ity}\widehat{u}(y)$ ÜA. Der Umkehrsatz für die Fouriertransformation liefert

$$u_t(x) = \frac{1}{\sqrt{2\pi}} \int_{-\infty}^{+\infty} \mathrm{e}^{-ity} \widehat{u}(y) \mathrm{e}^{ixy} dy = \frac{1}{\sqrt{2\pi}} \int_{-\infty}^{+\infty} \widehat{u}(y) \mathrm{e}^{i(x-t)y} dy = u(x-t)$$

für $u \in \mathscr{S}$. Da e^{-itP} stetig ist und die Translation im Argument eine Isometrie, gilt diese Beziehung für alle $u \in \mathrm{L}^2(\mathbb{R})$.

(d) *Ein anderer Zugang.* Sei $t \mapsto u_t(x) = \varphi(x,t)$ eine klassische Lösung des AWP $\dot{u}_t = -iPu_t$, $u_0 = u$, d.h. es sei $\varphi \in \mathrm{C}^1(\mathbb{R}^2)$. Dann erfüllt φ die Wellengleichung $\frac{\partial \varphi}{\partial t} + \frac{\partial \varphi}{\partial x} = 0$. Daher gilt $\frac{d}{dt}\varphi(t, t+c) = 0$ für $t, c \in \mathbb{R}$. Es folgt $\varphi(t, t+c) = \varphi(0,c) = u(0)$ für $t, c \in \mathbb{R}$ und daher $\varphi(x,t) = u(x-t)$ für $x, t \in \mathbb{R}$.

Definieren wir nun $u_t(x) := u(x-t)$ für $u \in \mathcal{D}(P) = \mathrm{W}^1(\mathbb{R})$, so erhalten wir

$$\lim_{h \to 0} \left\| \tfrac{1}{h}(u_h - u) + iPu \right\| = 0$$

ÜA. Zeigen Sie $\widehat{u_t}(y) = e^{-iyt}\,\widehat{u}(y)$ und wenden Sie (b) an.

3.4 Der Satz von Stone

SATZ (M.H. STONE 1932). *Zu jeder unitären stark stetigen Einparametergruppe* $\{ U(t) \mid t \in \mathbb{R} \}$ *auf* $\mathscr{H}$ *gibt es einen eindeutig bestimmten selbstadjungierten Operator* A *mit* $U(t) = \mathrm{e}^{-itA}$ *für* $t \in \mathbb{R}$. *Dieser ist gegeben durch*

$$u \in \mathcal{D}(A) \iff Au := i \lim_{t \to 0} \tfrac{1}{t}\,(U(t)u - u) \quad \textit{existiert},$$

vgl. den Zusatz 3.2. Auf die Bedeutung dieses Satzes für die Quantenmechanik gehen wir in 4.1 (a) kurz ein. Der BEWEIS beruht auf mehreren Lemmata, die auch von eigenem Interesse sind.

(a) Integration stetiger Funktionen mit Werten im Hilbertraum

LEMMA. *Zu jeder stetigen Funktion* $u : [a,b] \to \mathscr{H}$ *gibt einen eindeutig bestimmten Vektor* $h \in \mathscr{H}$ *mit*

$$(1) \quad \langle h, v \rangle = \int_a^b \langle u(t), v \rangle \, dt \quad \text{für alle } v \in \mathscr{H}.$$

Wir bezeichnen diesen mit $h = \int_a^b u(t)\,dt$. *Per Definition gilt also*

$$(2) \quad \left\langle \int_a^b u(t)\,dt\,,\, v \right\rangle = \int_a^b \langle u(t), v \rangle \, dt\,.$$

Das so definierte Integral hat die Eigenschaften

$$(3) \quad \left\| \int_a^b u(t)\,dt \right\| \le \int_a^b \|u(t)\|\,dt\,,$$

$$(4) \quad \int_{a+s}^{b+s} u(\tau - s)\,d\tau = \int_a^b u(t)\,dt\,.$$

Bemerkung. Zur Festlegung von h genügt es, daß (1) bzw. (2) für alle v aus einem dichten Teilraum von $\mathscr{H}$ gilt [ÜA].

Beweis.

Die Funktion $t \mapsto \|u(t)\|$ ist stetig, ebenso die Funktion $t \mapsto \langle u(t), v\rangle$ für beliebige $v \in \mathscr{H}$. Mit der Cauchy–Schwarzschen Ungleichung ergibt sich

$$\Big| \int_a^b \langle u(t), v\rangle\, dt \Big| \le \int_a^b \big|\langle u(t), v\rangle\big|\, dt \le \|v\| \int_a^b \|u(t)\|\, dt .$$

Daher liefert $Lv := \int_a^b \langle u(t), v\rangle\, dt$ ein lineares Funktional auf $\mathscr{H}$ mit Normschranke $\int_a^b \|u(t)\|\, dt$ und bestimmt somit einen Vektor $h \in \mathscr{H}$ mit $Lv = \langle h, v\rangle$ für alle $v \in \mathscr{H}$. Für diesen gilt $\|h\| = \|L\| \le \int_a^b \|u(t)\|\, dt$; das ist die Abschätzung (3). Die Beziehung (4) ist leicht einzusehen [ÜA].

(b) **Eine verallgemeinerte Fouriertransformation**

Für jede stetige Funktion $\varphi : [a,b] \to \mathbb{C}$ und für jeden Vektor $u \in \mathscr{H}$ ist die hilbertraumwertige Funktion $t \mapsto \varphi(t)U(t)u$ stetig [ÜA]. Für Testfunktionen $\varphi \in \mathrm{C}_c^\infty(\mathbb{R})$ dürfen wir daher definieren

$$(5)\qquad [\varphi, u] := \int_{-\infty}^{+\infty} \varphi(t)U(t)u\, dt = \int_a^b \varphi(t)U(t)u\, dt\,, \quad \text{falls } \operatorname{supp}\varphi \subset [a,b]\,.$$

Beispiel. Für die vom Ortsoperator $Q = M_x$ auf $\mathrm{L}^2(\mathbb{R})$ erzeugte unitäre Gruppe ist $U(t)u$ die Funktion $x \mapsto \mathrm{e}^{-itx}u(x)$. Für $u \in \mathrm{L}^2(\mathbb{R})$ und $\operatorname{supp}\varphi \subset [a,b]$ ist die Funktion $[\varphi, u] \in \mathrm{L}^2(\mathbb{R})$ nach (a) und (5) festgelegt durch

$$\langle v, [\varphi, u]\rangle = \int_a^b \langle v, \varphi(t)U(t)u\rangle\, dt \quad \text{für } v \in \mathscr{S}\,.$$

Für $u \in \mathscr{S}$ ergibt sich durch Vertauschung der Integrationsreihenfolge

$$\begin{aligned}\langle v, [\varphi, u]\rangle &= \int_a^b \Big(\int_{-\infty}^{+\infty} \overline{v}(x)\, \varphi(t)\, \mathrm{e}^{-ixt}\, u(x)\, dx \Big)\, dt \\ &= \int_{-\infty}^{+\infty} \Big(\overline{v}(x)\, u(x) \int_a^b \mathrm{e}^{-ixt}\, \varphi(t)\, dt \Big)\, dx \\ &= \sqrt{2\pi} \int_{-\infty}^{+\infty} \overline{v}(x)\, u(x)\, \widehat{\varphi}(x)\, dt = \big\langle v, \sqrt{2\pi}\, \widehat{\varphi}\, u \big\rangle\,,\end{aligned}$$

also

$$[\varphi, u] = \sqrt{2\pi}\, \widehat{\varphi}\, u\,.$$

Es folgt $[\varphi, u] \in \mathscr{S}$ und $Q[\varphi, u] = \sqrt{2\pi}\, Q\, \widehat{\varphi} u = \sqrt{2\pi}\, \widehat{P\varphi}\, u = -i[\varphi', u]$ für $u \in \mathscr{S}$.

Entsprechend ergibt sich im folgenden: Ist $\{U(t) \mid t \in \mathbb{R}\}$ eine stark stetige unitäre Gruppe und $[\varphi, u]$ gemäß (5) definiert, so ergibt sich der gesuchte Generator A aus $A[\varphi, u] = -i\,[\varphi', u]$.

(c) Lemma. *$\mathcal{D} := \operatorname{Span}\{[\varphi, u] \mid \varphi \in \mathrm{C}_c^\infty(\mathbb{R}),\ u \in \mathscr{H}\}$ ist ein dichter Teilraum von $\mathscr{H}$, welcher unter der Gruppe $\{U(t) \mid t \in \mathbb{R}\}$ invariant ist,*

$$U(t)[\varphi, u] = [\varphi, U(t)u] \in \mathcal{D} \quad \text{für alle } t \in \mathbb{R}.$$

Weiter gilt

$$\lim_{s\to 0} \tfrac{1}{s}\,(U(s)-1)[\varphi, u] = [-\varphi', u].$$

Setzen wir die Vorschrift

$$A[\varphi, u] := -i\,[\varphi', u]$$

linear auf $\mathcal{D}$ fort, so erhalten wir einen symmetrischen Operator A auf $\mathcal{D}$.

Beweis.

(i) Seien $u \in \mathscr{H}$ und $\varepsilon > 0$. Dann gibt es ein $\delta > 0$ mit $\|U(t)u - u\| \le \varepsilon$ für $|t| \le \delta$. Für den Standardbuckel $j_\delta \in \mathrm{C}_c^\infty(\mathbb{R})$ mit $j_\delta \ge 0$, $\operatorname{supp} j_\delta = [-\delta, \delta]$, $\int_{\mathbb{R}} j_\delta\, d\lambda = 1$ (vgl. § 10 : 1.2) setzen wir $u_\delta := [j_\delta, u]$ und erhalten aus (3) wegen

$$\int_{|t|\le\delta} j_\delta(t)\, u\, dt = u$$

die Ungleichung

$$\|u - u_\delta\| = \Big\| \int_{-\delta}^{\delta} j_\delta(t)(u - U(t)u)\, dt \Big\| \le \int_{-\delta}^{\delta} j_\delta(t)\, \|u - U(t)u\|\, dt \le \varepsilon.$$

(ii) Die Beziehung $U(t)[\varphi, u] = [\varphi, U(t)u]$ erhalten wir aus der Integraldefinition (1),(2): Sei $\operatorname{supp}\varphi \subset [a,b]$ und $v \in \mathscr{H}$ beliebig. Dann gilt

$$\begin{aligned}
\langle U(t)[\varphi, u], v\rangle &= \langle [\varphi, u], U(-t)v\rangle = \Big\langle \int_a^b \varphi(s)\, U(s)u\, ds\,,\, U(-t)v \Big\rangle \\
&= \int_a^b \langle \varphi(s)U(s)u, U(-t)v\rangle\, ds = \int_a^b \langle \varphi(s)\, U(t)U(s)u, v\rangle\, ds \\
&= \Big\langle \int_a^b \varphi(s)\, U(s)U(t)u\, ds\,,\, v \Big\rangle = \langle [\varphi, U(t)u], v\rangle.
\end{aligned}$$

(iii) Insbesondere gilt $(U(s)-1)[\varphi, u] = [\varphi, (U(s)-1)u]$, also für $s \ne 0$

$$\begin{aligned}
\frac{1}{s}\,(U(s)-1)[\varphi, u] &= \frac{1}{s} \int_{-\infty}^{+\infty} \varphi(t)U(t)(U(s)-1)u\, dt \\
&= \frac{1}{s} \int_{-\infty}^{+\infty} \varphi(t)(U(s+t) - U(t))u\, dt \overset{(4)}{=} \int_{-\infty}^{+\infty} \frac{\varphi(\tau - s) - \varphi(\tau)}{s}\, U(\tau)u\, d\tau.
\end{aligned}$$

Da $\operatorname{supp}\varphi$ kompakt ist, gilt $\lim_{s\to 0} \frac{1}{s}(\varphi(\tau - s) - \varphi(\tau)) = -\varphi'(\tau)$ gleichmäßig auf $\mathbb{R}$. Mit Hilfe der Integralabschätzung (3) erhalten wir ÜA

$$\lim_{s\to 0} \frac{1}{s}\,(U(s)-1)[\varphi, u] = [-\varphi', u].$$

(iv) Für $\varphi, \psi \in C_c^\infty(\mathbb{R})$, $u, v \in \mathscr{H}$ und $A[\varphi, u] := -i\,[\varphi', u]$ folgt

$$\langle A[\varphi, u], [\psi, v] \rangle = \lim_{s \to 0} \left\langle -\tfrac{i}{s}(U(s) - 1)[\varphi, u], [\psi, v] \right\rangle$$

$$= \lim_{s \to 0} \left\langle [\varphi, u], \tfrac{i}{s}(U(-s) - 1)[\psi, v] \right\rangle = \langle [\varphi, u], -i[\psi', v] \rangle$$

$$= \langle [\varphi, u], A[\psi, v] \rangle .$$

Diese Symmetrieeigenschaft überträgt sich auf alle Linearkombinationen von Vektoren der Form $[\varphi, u]$, $[\psi, v]$ und damit auf $\mathcal{D}$. □

(d) LEMMA. *Der Operator A ist wesentlich selbstadjungiert.*

Nach dem Kriterium § 24 : 2.2 (d) ist $\text{Kern}\,(A^* + i) = \text{Kern}\,(A^* - i) = \{0\}$ zu zeigen. Sei also $v \in \text{Kern}\,(A^* - i)$, d.h.. $A^* v = iv$. Dann ergibt sich für $h := [\varphi, u] \in \mathcal{D}$ mit Hilfe des Lemmas (c)

$$\frac{d}{dt}\langle v, U(t)h \rangle = \lim_{s \to 0} \left\langle v, \tfrac{U(s)-1}{s} U(t)\, h \right\rangle \overset{(c)}{=} \lim_{s \to 0} \left\langle v, \tfrac{U(s)-1}{s} [\varphi, U(t)\, u] \right\rangle$$

$$\overset{(c)}{=} \langle v, -iA\,[\varphi, U(t)\, u] \rangle \overset{(c)}{=} -\langle v, iAU(t)\, h \rangle = -\langle A^* v, iU(t)\, h \rangle$$

$$= -\langle iv, i(U(t)\, h \rangle = -\langle v, U(t)\, h \rangle$$

und somit $\langle v, U(t)h \rangle = e^{-t}\langle v, h \rangle$. Da $\langle v, U(t)h \rangle$ beschränkt ist, folgt für $t \to -\infty$ ein Widerspruch, falls nicht $\langle v, h \rangle = 0$. Damit ist v orthogonal zum in $\mathscr{H}$ dichten Teilraum $\mathcal{D}$, also $v = 0$. Entsprechend folgt $\text{Kern}\,(A^* + i) = \{0\}$.

(e) LEMMA. *Der Abschluß $\overline{A}$ erzeugt die Gruppe $\{U(t) \mid t \in \mathbb{R}\}$.*

Denn da $\overline{A}$ selbstadjungiert ist, liefert $V(t) = e^{-it\overline{A}}$ eine stark stetige unitäre Einparametergruppe. Für diese gilt nach 3.2 mit $h = [\varphi, u] \in \mathcal{D}$

$$\tfrac{d}{dt}\langle v, V(t)h \rangle = -i\left\langle v, \overline{A}V(t)h \right\rangle .$$

Da $\mathcal{D}$ invariant unter $U(t)$ ist und in $\mathcal{D}(\overline{A})$ enthalten, folgt nach der Rechnung in (d)

$$\tfrac{d}{dt}\langle v, U(t)h \rangle = -i\langle v, AU(t)h \rangle = -i\left\langle v, \overline{A}U(t)h \right\rangle .$$

Für $w(t) = \langle v, U(t)h \rangle - \langle v, V(t)h \rangle$ ist also $\dot{w} = 0$ und $w(0) = 0$, somit $w = 0$. Nach dem Fundamentallemma folgt $U(t)h = V(t)h$ für alle $h \in \mathcal{D}$ und wegen der Stetigkeit der Operatoren $U(t)$, $V(t)$ dann auch für alle $h \in \mathscr{H}$.

(f) LEMMA. *Der Operator A ist eindeutig bestimmt.*

Denn sind A, B selbstadjungierte Operatoren mit $e^{-itA} = e^{-itB}$ für alle $t \in \mathbb{R}$, so folgt nach dem Zusatz zu 3.2 zunächst $\mathcal{D}(A) = \mathcal{D}(B)$ und daher für $u \in \mathcal{D}(A) = \mathcal{D}(B)$

$$-iAu = \lim_{t \to 0} \frac{1}{t}\left(e^{-itA} - 1\right)u = \lim_{t \to 0} \left(e^{-itB} - 1\right)u = -iBu .$$ □

3.5 Aufgaben

(a) *Impulsoperator und Translationsgruppe.* Sei $\mathbf{v} \in \mathbb{R}^3$, $\|\mathbf{v}\| = 1$ und $Pu := -i\,\langle \nabla u\,,\, \mathbf{v}\rangle$ für $u \in \mathscr{S}(\mathbb{R}^3)$. Dann ergibt sich wie in 3.3 (c) ÜA

$$(\mathrm{e}^{-itP}u)(\mathbf{x}) \;=\; u(\mathbf{x} - t\mathbf{v})\,.$$

(b) *Das Cauchy–Problem für den Operator* $u \mapsto -iu'$ *auf* $\mathrm{W}_0^1(\mathbb{R}_+)$. Durch $Au = -iu'$ für $u \in \mathrm{W}_0^1(\mathbb{R}_+)$ ist ein abgeschlossener und symmetrischer, aber nicht selbstadjungierter Operator gegeben, vgl. § 23 : 6.3 (b). Nach dem Satz von Stone kann das Cauchy–Problem

$$(**)\quad \dot{u}_t \;=\; -iAu_t\,, \qquad u_0 \;=\; u \in \mathrm{W}_0^1(\mathbb{R}_+)$$

keine für alle $t \in \mathbb{R}$ definierte, durch u eindeutig bestimmte Lösung mit $\|u_t\| = \|u\|$ für alle $t \in \mathbb{R}$ besitzen.

Rechnen Sie in Analogie zum Vorgehen in 3.3 (d) nach, daß jede klassische Lösung der DG $(**)$ konstant längs jeder Geraden mit der Gleichung $t = x + c$ ist (Skizze). Zeigen Sie für $u \in \mathrm{C}_c^\infty(\mathbb{R}_{>0})$:

(i) Das Problem $(**)$ besitzt für $t > 0$ unendlich viele klassische Lösungen.

(ii) Für $t < 0$ ist die Lösung von $(**)$ durch Vorgabe von u eindeutig bestimmt; für die Lösung fällt $\|u_t\|$ für $t \to -\infty$ monoton gegen Null.

(iii) Der Operator $-A$ erzeugt eine Kontraktionshalbgruppe: Die Lösung des Cauchy–Problems $\dot{u}_t = iAu_t$ für $t \geq 0$, $u_0 = u$ ist von der Form $u_t = V(t)u$ mit

$$V(s+t) = V(s)V(t) \;=\; V(t)V(s) \quad \text{für} \quad s, t \in \mathbb{R}_+\,,$$

$$\|V(t)\| \leq 1\,, \qquad \operatorname*{s-lim}_{t\to\infty} V(t) = 0\,.$$

(c) *Drehimpulsoperatoren.* Für $k = 1, 2, 3$ seien $D_k(t)$ die Matrizen der Drehung im $\mathbb{R}^3$ um die x_k–Achse mit Drehwinkel t. Zeigen Sie:

(i) Durch $U_k(t)u \,:\, \mathbf{x} \mapsto u(D_k^{-1}(t)\mathbf{x})$ sind unitäre Einparametergruppen $\{U_k(t) \mid t \in \mathbb{R}\}$ auf $\mathrm{L}^2(\mathbb{R}^3)$ gegeben.

(ii) Bestimmen Sie $A_k u = i \lim\limits_{t\to 0} \frac{1}{t}\,(U_k(t)u - u)$ für $u \in \mathscr{S}(\mathbb{R}^3)$.

4 Hilbertraumtheorie und Quantenmechanik

Wir fassen die Hauptergebnisse dieses Kapitels unter dem Aspekt ihrer Bedeutung für die Quantenmechanik zusammen. Dabei müssen wir den Standpunkt der von Primas so genannten **Pionier–Quantenmechanik** beziehen; der heutige Diskussionsstand (vgl. [138], [139], [141]) erfordert weitergehende mathematische Hilfsmittel. Bemerkungen hierzu folgen in 4.7.

4.1 Observable

(a) Zur Beschreibung eines quantenmechanischen Systems wird zunächst ein Systemhilbertraum $\mathscr{H}$ zugrundegelegt; einfache Beispiele wurden in § 18 : 4.1 angegeben. Observable werden grundsätzlich durch selbstadjungierte, i.a. unbeschränkte Operatoren A auf einem in $\mathscr{H}$ dichten Definitionsbereich $\mathcal{D}(A)$ beschrieben. Wir fassen im folgenden die Gründe hierfür zusammen.

(b) *Warum unbeschränkte Operatoren?*
Beschränkte Operatoren A, B können niemals die Heisenbergsche Vertauschungsrelation $AB - BA = -i\mathbb{1}$ erfüllen (§ 23 : 1.2). Ein unbeschränkter symmetrischer Operator kann nicht auf dem ganzen Hilbertraum definiert sein (§ 23 : 1.4).

(c) *Warum selbstadjungierte Operatoren?*
Die Deutung von $\langle u, Au\rangle$ als Erwartungswert und die Forderung nach reellen Erwartungswerten führen zunächst auf die Symmetrie von A (§ 21 : 3.6 (b)). In 4.4 führen wir aus, daß das Spektrum einer Observablen die Menge der möglichen Meßwerte ist. Die Forderung nach reellen Meßwerten führt nach § 24 : 1.2 auf selbstadjungierte Operatoren. Nicht jeder abgeschlossene symmetrische Operator ist selbstadjungiert (§ 23 : 4.3, 6.3 (b)).

Der tiefere Grund, warum wir nur selbstadjungierte Operatoren betrachten, liegt darin, daß sie die einzigen sind, welche unitäre Einparametergruppen erzeugen (3.1 und 3.4). Für einen Hamilton–Operator H bedeutet dies, daß zu einem gegebenen Anfangszustand $|\,\varphi\,\rangle\langle\,\varphi\,|$ mit $\varphi \in \mathcal{D}(H)$, $\|\varphi\| = 1$ das Schrödinger–Problem

$$\dot{u}_t = -iHu_t\,, \quad u_0 = \varphi$$

eine eindeutig bestimmte, für alle Zeiten definierte Lösung $t \mapsto u_t$ besitzt, gegeben durch $u_t = U(t)u$ mit den unitären Abbildungen $U(t) = \mathrm{e}^{-itH}$. Wegen der Gruppeneigenschaft der $U(t)$ ist die Zeitentwicklung $t \mapsto u_t$ deterministisch, d.h. jeder Zustandsvektor u_{t_0} legt alle anderen u_t fest. Da H mit allen $U(t)$ vertauscht, sind die Erwartungswerte konstant: $\langle u_t\,, Hu_t\,\rangle = \langle\,\varphi, H\varphi\rangle$ für $t \in \mathbb{R}$.

(d) *Quantisierung klassisch–mechanischer Observablen.*
Ist ein System der klassischen Mechanik invariant unter einer Einparameter–Untergruppe der Galilei–Gruppe, so besitzt es nach dem Noetherschen Satz eine Erhaltungsgröße: Invarianz unter Zeitverschiebungen führt auf Erhaltung der Gesamtenergie, Translationsinvarianz in einer Richtung bedeutet Erhaltung der Impulskomponente in dieser Richtung, Rotationssymmetrie bezüglich einer festen Achse bedeutet Erhaltung des Drehimpulses bezüglich dieser Achse usw. Näheres hierzu in Band 3, § 4 : 3.4.

In speziellen Fällen ergibt sich die Quantisierung dieser Erhaltungsgröße aus einer Darstellung der Einparametergruppe auf dem Systemhilbertraum. Wir betrachten den einfachsten Fall eines spinlosen Teilchens im Raum unter dem Einfluß eines Potentials und setzen die Invarianz des Systems unter einer räumlichen Einparametergruppe $\{\tau_t \mid t \in \mathbb{R}\}$ voraus, wobei jede der Transformationen τ_t zu SO_3 gehört. Die zugehörige klassische Erhaltungsgröße sei a. Nach dem Transformationssatz für Integrale ist durch

$$(U(t)u)(\mathbf{x}) := u(\tau_t^{-1}(\mathbf{x}))$$

eine stark stetige Einparametergruppe unitärer Operatoren auf $L^2(\mathbb{R}^3)$ gegeben, und wir ordnen der klassischen Observablen a den nach 3.4 beschriebenen selbstadjungierten Operator A mit $U(t) = e^{-itA}$ zu, vgl. 3.3 (c) sowie 3.5 (a),(c). Diese Betrachtungen lassen sich leicht auf ein N–Teilchen–System mit Systemhilbertraum $\mathbb{R}^{3N}$ übertragen. Genaueres zur kanonischen Quantisierung klassisch–mechanischer Observablen finden Sie in [139] 2-3, 2-4 und in [141] 3.3.

(e) *Orthogonalprojektoren.*
Einem Ja/Nein–Experiment wird ein symmetrischer Operator $P \in \mathscr{L}(\mathscr{H})$ mit $P^2 = P$ zugeordnet. Jedem Vektor $\varphi \in \mathscr{H}$ mit $\|\varphi\| = 1$ entpricht dabei eine Bernoulli–Verteilung mit Erfolgswahrscheinlichkeit $\|P\varphi\|^2$, vgl. § 22 : 2.2.

Von besonderer Wichtigkeit sind die einem selbstadjungierten Operator A und den Intervallen $I =]a, b]$ zugeordneten Spektralprojektoren $P_I = \chi_I(A)$, vgl. 1.3 (b). Wir interpretieren $\|P_I\varphi\|^2$ als Wahrscheinlichkeit, daß die Meßwerte der Observablen A im Zustand $|\,\varphi\,\rangle\langle\,\varphi\,|$ (siehe 4.2) ins Intervall I fallen.

Jeder selbstadjungierte Operator A läßt sich nach dem Spektralzerlegungssatz 1.4 mit Hilfe der Spektralprojektoren $P_n = \chi_{]n,n+1]}(A)$ in beschränkte Anteile P_nAP_n zerlegen.

(f) *Funktionalkalkül.*
Für Observable A und meßbare Funktionen $f : \mathbb{R} \to \mathbb{R}$ wurde in 1.5 ein selbstadjungierter Operator $f(A)$ definiert. Wir deuten $f(A)$ als diejenige Observable, die den Meßwerten x für A jeweils den Wert $f(x)$ zuordnet (indirekte Messung oder Umskalierung der Meßwerte).

4.2 Zustände

(a) Der Zustand eines quantenmechanischen Systems mit Systemhilbertraum $\mathscr{H}$ wird durch einen Dichteoperator

$$W = \sum_k p_k \,|\,\varphi_k\,\rangle\langle\,\varphi_k\,|$$

beschrieben; dabei ist $\varphi_1, \varphi_2, \ldots$ ein vollständiges ONS für $\mathscr{H}$ und $p_1, p_2, \ldots$ sind nichtnegative Zahlen mit $\sum\limits_k p_k = 1$, vgl. § 22 : 6.4. Im Fall $\dim \mathscr{H} = \infty$ ist die Reihe für W normkonvergent.

(b) Einen Spezialfall bilden die Vektorzustände

$$|\,\varphi\,\rangle\langle\,\varphi\,| : u \mapsto \langle \varphi, u \rangle \varphi$$

mit $\|\varphi\| = 1$. Offenbar gilt $|\, c\varphi \rangle\langle c\varphi \,| = |\, \varphi \rangle\langle \varphi \,|$ für $|c| = 1$; deshalb ist $|\, \mathrm{e}^{i\omega t}\varphi \rangle\langle \mathrm{e}^{i\omega t}\varphi \,|$ als Zustand zeitunabhängig.

4.3 Die Verteilung der Beobachtungswerte

(a) Zu jedem selbstadjungierten Operator A und jedem Vektor $\varphi \in \mathscr{H}$ mit $\|\varphi\| = 1$ ist nach 1.7 ein Wahrscheinlichkeitsmaß μ_φ mit Verteilungsfunktion $F(\lambda) = \langle \varphi, E_\lambda \varphi \rangle$ definiert; dabei ist $E_\lambda = e_\lambda(A)$. Wir deuten μ_φ als Verteilung der Beobachtungswerte für die durch A beschriebene Observable im Zustand $|\, \varphi \rangle\langle \varphi \,|$. Für $\varphi \in \mathcal{D}(A)$ existieren nach 1.8 (b)

$$E(\mu_\varphi) = \langle \varphi, A\varphi \rangle, \quad V(\mu_\varphi) = \|A\varphi - E(\mu_\varphi)\varphi\|^2 .$$

(b) Legen wir die Interpretation 4.1 (d) des Funktionalkalküls zugrunde, so ist diese Deutung des Spektralmaßes zwangsläufig! Bezeichnen wir nämlich für einen Zustand $|\, \varphi \rangle\langle \varphi \,|$ die zu A gehörige Verteilung der Beobachtungswerte mit μ_φ, die zu $f(A)$ gehörige Verteilung mit ν_φ, so muß nach der Interpretation 4.1 (d) gelten

$$\nu_\varphi(B) = \mu_\varphi(f^{-1}(B)) \quad \text{für } B \in \mathcal{B} ,$$

d.h. ν_φ ist das Bildmaß von μ_φ unter f. Für $f \in \mathrm{C_b}(\mathbb{R})$ folgt nach dem Transformationssatz für Bildmaße § 20 : 6.4 und dem Spektralsatz 1.8

$$E(\nu_\varphi) = \int_{\mathbb{R}} f \, d\mu_\varphi = \langle \varphi, f(A)\varphi \rangle ,$$

und nach 1.8 (a) ist μ_φ hierdurch eindeutig bestimmt.

(c) Die Verteilung μ_W der Beobachtungswerte für A im gemischten Zustand

$$W = \sum_k p_k \,|\, \varphi_k \rangle\langle \varphi_k \,|$$

mit einem vollständigen ONS $\varphi_1, \varphi_2, \ldots$ ist gegeben durch

$$\mu_W = \sum_k p_k \, \mu_{\varphi_k} .$$

Ist $I =]a, b]$ und $P = P_I = E_b - E_a$ der Orthogonalprojektor auf den spektralen Teilraum $\mathscr{H}_I$, so gilt nach 6.2

$$\mu_W(I) = \sum_k p_k \langle \varphi_k , P\varphi_k \rangle = \mathrm{tr}\,(PW) .$$

Diese Formel gestattet die Charakterisierung von μ_W ohne Rückgriff auf die Darstellung von W.
Gehören alle φ_k zum Definitionsbereich von A, so gilt ÜA

$$E(\mu_W) = \mathrm{tr}\,(AW) = \sum_k p_k \, E(\mu_{\varphi_k}) , \quad V(\mu_W) = \sum_k p_k \, V(\mu_{\varphi_k}) .$$

4.4 Spektrum und mögliche Meßwerte

(a) Eine Zahl λ heißt **möglicher Meßwert** einer Zufallsgröße X mit Verteilung μ, wenn

$$\mu(]\lambda-\varepsilon,\lambda+\varepsilon]) > 0 \quad \text{für alle } \varepsilon > 0\,.$$

(b) SATZ. *Genau dann gilt $\lambda \in \sigma(A)$, wenn es einen Zustand W gibt mit*

$$\mu_W(]\lambda-\varepsilon,\lambda+\varepsilon]) > 0 \quad \textit{für alle } \varepsilon > 0\,.$$

BEWEIS.

(i) Wir fixieren ein $\lambda \in \mathbb{R}$. Für $\varepsilon > 0$ sei $P_\varepsilon := E_{\lambda+\varepsilon} - E_{\lambda-\varepsilon}$ der Orthogonalprojektor auf den zum Intervall $I_\varepsilon =]\lambda-\varepsilon,\lambda+\varepsilon]$ gehörigen spektralen Teilraum $\mathscr{H}_\varepsilon = \text{Bild}\,P_\varepsilon$, vgl. 1.7 (b) (v).

(ii) Im Fall $\lambda \notin \sigma(A)$ gibt es wegen $\sigma(A) = \overline{\sigma(A)}$ ein $\varepsilon > 0$ mit $\sigma(A) \cap I_\varepsilon = \emptyset$. Nach 1.3 (b) folgt $\mathscr{H}_\varepsilon = \{0\}$, $P_\varepsilon = \mathbb{0}$ und somit $\mu_\varphi(I_\varepsilon) = \langle \varphi, P_\varepsilon\varphi \rangle = 0$ für $\|\varphi\| = 1$. Es folgt $\mu_W(I_\varepsilon) = 0$ für jeden Dichteoperator W.

(iii) Im Fall $\lambda \in \sigma(A)$ gilt $P_\varepsilon \neq \mathbb{0}$ für jedes $\varepsilon > 0$. Dies gilt nach § 22 : 1.5 für jede Einschränkung A_I von A auf einen spektralen Teilraum und daher wegen 1.3 (b) auch für A selbst. Für jeden Zustandsvektor φ ($\|\varphi\| = 1$) in $\mathscr{H}_\varepsilon$ ist $P_\varepsilon\varphi = \varphi$, also

$$\mu_\varphi(]\lambda-\varepsilon,\lambda+\varepsilon]) = \langle \varphi, P_\varepsilon\varphi \rangle = \langle \varphi, \varphi \rangle = 1\,,$$

d.h. für den Zustand $|\,\varphi\,\rangle\langle\,\varphi\,|$ liegen alle Meßwerte in $]\lambda-\varepsilon,\lambda+\varepsilon]$.

(iv) Wir betrachten für $n \in \mathbb{N}$ die Intervalle $I_n =]\lambda - \frac{1}{n}, \lambda + \frac{1}{n}]$ und die zugehörigen Spektralprojektoren P_n auf die spektralen Teilräume $\mathscr{H}_n$. Aus $E_\lambda E_\mu = E_\lambda$ für $\lambda \le \mu$ folgt $P_m P_n = P_n$ für $m \le n$, d.h. aus $P_n u = u$ folgt $P_m u = u$ für $m \le n$.

Sei nun $u_1, u_2, \dots$ eine Folge von Vektoren mit $\|u_n\| = 1$, $u_n = P u_n$.

Dann ist

$$W := \sum_{n=1}^{\infty} c_n\,|\,u_n\,\rangle\langle\,u_n\,| \quad \text{mit} \quad c_n := 2^{-n}$$

ein Dichteoperator (§ 22 : 6.4 (b)). Für $v_n := \sqrt{c_n}\,u_n$ ist $W := \sum_n |\,v_n\,\rangle\langle\,v_n\,|$, also

$$W\varphi = \sum_{n=1}^{\infty} \langle v_n\,,\varphi\rangle\,v_n, \quad \langle \varphi, P_m W\varphi\rangle = \langle P_m\varphi, W\varphi\rangle = \sum_{n=1}^{\infty} \langle v_n\,,\varphi\rangle\langle P_m\varphi, v_n\rangle.$$

Nach 4.3 (c) ist $\mu_W(I_m) = \text{tr}(P_m W)$. Mit der Parsevalschen Gleichung für vollständige ONS $\varphi_1, \varphi_2, \dots$ folgt

$$
\begin{aligned}
\operatorname{tr}(P_m W) &= \sum_{k=1}^{\infty}\sum_{n=1}^{\infty} \langle v_n , \varphi_k \rangle \langle P_m \varphi_k , v_n \rangle \\
&= \sum_{n=1}^{\infty}\Big(\sum_{k=1}^{\infty} \langle v_n , \varphi_k \rangle \overline{\langle P_m v_n , \varphi_k \rangle}\Big) \\
&= \sum_{n=1}^{\infty} \langle v_n , P_m v_n \rangle \\
&= \sum_{n=1}^{m-1} \langle v_n , P_m v_n \rangle + \sum_{n=m}^{\infty} \|v_n\|^2 \geq \sum_{n=m}^{\infty} 2^{-n} > 0
\end{aligned}
$$

wegen $P_m \geq 0$ und $P_m v_n = v_n$ für $n \geq m$.

Somit ist $\mu_W(]\lambda - \frac{1}{m}, \lambda + \frac{1}{m}]) > 0$ für alle $m \in \mathbb{N}$. □

4.5 Scharfe und unscharfe Messungen

(a) *Ein Spektralwert λ der Observablen A tritt genau dann als scharfer Meßwert auf, d.h. $\mu_W = \delta_\lambda$ für einen geeigneten Zustand W, wenn λ ein Eigenwert von A ist.*

Denn ist

$$W = \sum_k p_k \, | \varphi_k \rangle\langle \varphi_k |$$

ein für A zulässiger Zustand, d.h. gehören alle φ_k zu $\mathcal{D}(A)$, so gilt nach 4.3 (c)

$$
\begin{aligned}
E(\mu_W) = \widehat{\mu}_W &= \sum_k p_k \langle \varphi_k , A\varphi_k \rangle , \\
V(\mu_W) &= \sum_k p_k \|A\varphi_k - \widehat{\mu}_W \varphi_k\|^2 ,
\end{aligned}
$$

also $V(\mu_W) = 0$ genau dann, wenn mit $\lambda := \widehat{\mu}_W$

$$p_k > 0 \quad \Longleftrightarrow \quad A\varphi_k = \lambda\varphi_k .$$

Ist λ ein einfacher Eigenwert von A, so ist W ein Bindungszustand (= Eigenzustand).

(b) Ist ein Spektralwert λ von A kein Eigenwert, so gibt es nach 4.4 (b) (ii) zu jedem $\varepsilon > 0$ einen Vektorzustand $| \varphi \rangle\langle \varphi |$ mit $\mu_\varphi(]\lambda - \varepsilon, \lambda + \varepsilon]) = 1$, also $E(\mu_\varphi) \in]\lambda - \varepsilon, \lambda + \varepsilon]$ und $V(\mu_\varphi) < 2\varepsilon$.

4.6 Kompatible Observable

Zwei Observable A, B heißen **kompatibel**, wenn es im Prinzip möglich ist, die Beobachtungswerte für A und B simultan beliebig genau zu messen, d.h. wenn es zu jedem Paar von Werten $\lambda_1 \in \sigma(A)$, $\lambda_2 \in \sigma(B)$ und jedem $\varepsilon > 0$ einen Zustand W gibt, so daß das zu A gehörige Spektralmaß μ_W auf $]\lambda_1 - \varepsilon, \lambda_1 + \varepsilon]$ lebt und das zu B gehörige Spektralmaß ν_W auf $]\lambda_2 - \varepsilon, \lambda_2 + \varepsilon]$.

Nach [142] Chapter IV, 1.2, 1.3 gilt für zwei kompatible Observable A, B, daß die Spektralscharen $\{E_\lambda(A) \mid \lambda \in \mathbb{R}\}$ von A und $\{E_\lambda(B) \mid \lambda \in \mathbb{R}\}$ von B

vertauschen: $E_\lambda(A)E_\mu(B) = E_\mu(B)E_\lambda(A)$ für alle $\lambda, \mu \in \mathbb{R}$. Daraus folgt wiederum die Existenz einer Observablen C und zweier meßbarer Funktionen $f, g : \mathbb{R} \to \mathbb{R}$, so daß $A = f(C)$, $B = g(C)$, vgl. [133] 130.

Zu jedem symmetrischen Operator $A \in \mathscr{L}(\mathscr{H})$ gibt es im Fall $\dim \mathscr{H} \geq 2$ einen symmetrischen Operator $B \in \mathscr{L}(\mathscr{H})$ mit $AB \neq BA$ ÜA.

4.7 Kritik der Pionier–Quantenmechanik

Wir stützen uns hier auf die ausführliche Übersicht [141] von Primas über die historische Entwicklung der Pionier–Quantenmechanik, verschiedene Interpretationen und die Diskussion darüber.

Zusammengefaßt ergeben sich folgende Kritikpunkte:

- Die Pionier–Quantenmechanik ist unvereinbar mit der klassischen Mechanik, wenn auch formale Analogien bestehen.
- Beim Konzept der Quantisierung ist sie über ad–hoc–Regeln wie Korrespondenzprinzip $\hbar \to 0$ oder Plausibilitätsbetrachtungen wie in 4.1 (d) nicht hinausgekommen.
- Sie bietet keine umfassende Theorie der molekularen Materie (Thermodynamik, Chemie); eine solche muß makroskopische Observable vorsehen.
- Die Beschreibung des Meßprozesses im Rahmen der Theorie ist mit wissenschaftstheoretisch schwer zu akzeptierenden Annahmen verbunden. Das v. Neumannsche Reduktionspostulat führt in letzter Konsequenz dazu, das Bewußtsein des Beobachters ins Spiel zu bringen und verträgt sich dadurch schlecht mit der Vorstellung einer unabhängig vom Bewußtsein existierenden realen physikalischen Welt.

Bei der Messung quantenmechanischer Observabler findet in der Regel eine Interaktion statt zwischen den interessierenden Mikroobjekten, beschreibbar im Formalismus der Quantenmechanik und dem Meßapparat, dessen Wirkungsweise durch die klassische Physik beschrieben wird. Die Beschreibung der Gesamtsituation durch eine umfassende Theorie muß daher auch klassische Eigenschaften wie Masse, Ladung und Temperatur erfassen. Klassische makroskopische Observable müssen mit allen in Betracht kommenden Observablen kompatibel und damit vertauschbar sein, vgl. 4.6. Werden alle selbstadjungierten Operatoren des Systemhilbertraums als Observable zugelassen (v. Neumannsche Irreduzibilitätsannahme), so gibt es keine nichttriviale klassische Observable, da nur Vielfache der Identität mit $\mathscr{L}(\mathscr{H})$ vertauschen.

Ebensowenig können alle Vektoren des Systemhilbertraums Zustände beschreiben, d.h. das Superpositionsprinzip gilt nicht uneingeschränkt. Vielmehr gibt es Auswahlregeln (Wick, Wightman, Wigner 1952). Beispielsweise führt die Invarianz unter Galilei–Transformationen und das Massenerhaltungsgesetz auf Bargmanns Superauswahlregel (1954).

4.8 Axiomatische Grundlegung der neueren Quantenmechanik

Die Pionier–Quantenmechanik kann nur einfache Situationen zutreffend beschreiben. Von den verschiedenen Ansätzen, eine umfassende Quantenmechanik axiomatisch aufzubauen, skizzieren wir den von MACKEY gewählten Zugang ([139], Chap. 2):

Jedem System wird eine Observablenmenge $\mathcal{A}$, ein Zustandsmenge $\mathcal{Z}$ und eine Funktion $p : \mathcal{A} \times \mathcal{Z} \times \mathcal{B} \to [0,1]$ zugrundegelegt. Dabei wird folgendes verlangt:

I. $\mu_{A,\omega} : B \mapsto p(A,\omega,B)$ ist für jede Observable A und jeden Zustand ω ein Wahrscheinlichkeitsmaß; $p(A,\omega,B)$ gibt die Wahrscheinlichkeit an, daß im Zustand ω ein Meßwert für A in die Borelmenge $B \subset \mathbb{R}$ fällt.

II. Aus $p(A,\omega,B) = p(A',\omega,B)$ für alle $\omega \in \mathcal{Z}$, $B \in \mathcal{B}$ folgt $A = A'$; aus $p(A,\omega,B) = p(A,\omega',B)$ für alle $A \in \mathcal{A}$, $B \in \mathcal{B}$ folgt $\omega = \omega'$.

III. Zu jeder Observablen A und jeder meßbaren Funktion $f : \mathbb{R} \to \mathbb{R}$ gibt es eine Observable $A' \in \mathcal{A}$ mit $p(A',\omega,B) = p(A,\omega,f^{-1}(B))$ für alle $\omega \in \mathcal{Z}$ und alle $B \in \mathcal{B}$, d.h. $p(A',\omega,B)$ ist die Wahrscheinlichkeit, daß im Zustand ω für einen Meßwert x von A der Meßwert $f(x)$ in die Menge B fällt. Die Observable A' wird mit $f(A)$ bezeichnet.

IV. Zu je abzählbar vielen Zuständen $\omega_1, \omega_2, \ldots$ und Zahlen $p_1, p_2, \ldots \geq 0$ mit $\sum\limits_{k=1}^{\infty} p_k = 1$ gibt es einen Zustand $\omega \in \mathcal{Z}$ mit

$$p(A,\omega,B) = \sum_{k=0}^{\infty} p_k \, p(A,\omega_k,B) \quad \text{für alle} \quad A \in \mathcal{A}, \; B \in \mathcal{B}.$$

Die weiteren Axiome betreffen die sogenannten *questions* (Ja/Nein–Fragen, Propositionen), dies sind Observable Q, für die $\mu_{Q,\omega}$ eine Bernoulli–Verteilung mit Erfolgswahrscheinlichkeit $m_\omega(Q) = p(Q,\omega,\{1\})$ ist. Sie werden zum Fragenverband $\mathcal{Q}$ zusammengefaßt. Es zeigt sich

$$Q \in \mathcal{Q} \implies Q^2 = Q \quad \text{und} \quad 1 - Q \in \mathcal{Q} \;\; \text{vgl. III..}$$

Mit der Festlegung $Q_1 \leq Q_2 :\iff m_\omega(Q_1) \leq m_\omega(Q_2)$ für alle $\omega \in \mathcal{Z}$ ergibt sich eine Ordnungsrelation, die der von Orthogonalprojektoren entspricht. Zwei Fragen Q_1, Q_2 heißen unvereinbar, wenn $Q_1 \leq 1 - Q_2 \iff m_\omega(Q_1) + m_\omega(Q_2) \leq 1$ für alle $\omega \in \mathcal{Z}$. Unvereinbare Fragen können nicht simultan mit Ja beantwortet werden.

Spezialfälle sind die Fragen „Meßwert der Observablen A in B?", gegeben durch $\chi_B(A)$.

V. Zu je abzählbar vielen paarweis unvereinbaren $Q_1, Q_2, \ldots \in \mathcal{Q}$ gibt es ein $Q \in \mathcal{Q}$ mit der Eigenschaft $m_\omega(Q) = \sum\limits_{k=1}^{\infty} m_\omega(Q_k)$ für alle $\omega \in \mathcal{Z}$, d.h. eine Frage Q, die genau dann bejaht wird, wenn wenigstens ein Q_k bejaht wird.

VI. Sei jeder Borelmenge B eine Frage Q_B zugeordnet, und es gelte

$$Q_\emptyset = \mathbb{O}\,, \quad Q_\mathbb{R} = \mathbb{1}\,,$$

$$Q_{B_1} \text{ und } Q_{B_2} \text{ sind unvereinbar für } B_1 \cap B_2 = \emptyset\,,$$

$$\text{aus } B = \bigcup_{k=1}^{\infty} B_k \text{ mit paarweis disjunkten } B_k \in \mathcal{B} \text{ folgt } Q_B = \sum_{k=1}^{\infty} Q_{B_k}\,.$$

Dann gibt es eine Observable $A \in \mathcal{A}$ mit $Q_B = \chi_B(A)$ für alle $B \in \mathcal{B}$.

VII. Zu jedem $Q \in \mathcal{Q}$ mit $Q \neq \mathbb{O}$ gibt es ein $\omega \in \mathcal{Z}$ mit $m_\omega(Q) = 1$, d.h. $\mu_{Q,\omega} = \delta_1$.. (Bei MACKEY ist dies Axiom VIII.) Das Axiom VII bei Mackey läßt sich grob so formulieren:

VIII. Es gibt eine äquivalente Darstellung von $\mathcal{A}$ und $\mathcal{Z}$ auf einem separablen Hilbertraum $\mathscr{H}$ derart, daß $\mathcal{A}$ aus den symmetrischen Operatoren einer Unteralgebra von $\mathscr{L}(\mathscr{H})$ besteht, $\mathcal{Z}$ aus einer Teilmenge der Dichteoperatoren und $\mu_{A,\omega}$ das in 4.3 (c) beschriebene Spektralmaß ist.

Die Pionier–Quantenmechanik ordnet sich dieser Axiomatik unter, indem für $\mathcal{Z}$ die Menge aller Dichteoperatoren und für $\mathcal{A}$ die Menge aller symmetrischen Operatoren $A \in \mathscr{L}(\mathscr{H})$ gewählt werden. (Unbeschränkte selbstadjungierte Operatoren sind durch die Folge ihrer spektralen Anteile gegeben.)

Die klassische statistische Mechanik ordnet sich wie folgt ein: Zustände sind die Wahrscheinlichkeitsmaße ω auf dem Phasenraum $\mathbf{\Phi}$, Observable sind meßbare Funktionen $A : \mathbf{\Phi} \to \mathbb{R}$, und p ist definiert durch

$$p(A, \omega, B) = \omega(A^{-1}(B))\,.$$

Dann ist $f(A)$ die Funktion $f \circ A$, und Fragen sind durch zweiwertige Funktionen $q : \mathbf{\Phi} \to \{0, 1\}$ gegeben, eindeutig bestimmt durch die Menge $q^{-1}(\{1\})$.

Die Punktmechanik ergibt sich durch Spezialisierung der Zustandsmenge: Zustände werden durch Dirac–Maße auf dem Phasenraum beschrieben.

Für die Einbeziehung der Thermodynamik und der Chemie sei auf [141] verwiesen.

Die neuere Quantenmechanik bedient sich der Theorie der C*–Algebren. Hierfür ist die in diesem Kapitel entwickelte Operatorentheorie ein Grundbaustein, nicht zuletzt weil wichtige Observablenalgebren Darstellungen als Unteralgebren eines passenden $\mathscr{L}(\mathscr{H})$ besitzen. In echten Unteralgebren $\mathcal{A}$ von $\mathscr{L}(\mathscr{H})$ kann es Operatoren geben, die mit $\mathcal{A}$ vertauschen; somit leuchtet ein, daß die Berücksichtigung von Superauswahlregeln und die entsprechende Einschränkung der zulässigen Observablenmenge die Einbeziehung makroskopischer Observabler ermöglicht. Für den operatoralgebraischen Zugang zur Quantenmechanik verweisen wir auf [141] Ch. 4.

Namen und Lebensdaten

d'Alembert, Jean Baptiste Le Rond (1717–1783)

Alhazen (Ibn Al–Haytham) (965–1040?)

Banach, Stefan (1892–1945)

Bendixson, Ivar (1861–1935)

Bernoulli, Jakob (1655–1705)

Bernoulli, Johann (1667–1748)

Bernoulli, Daniel (1700–1782)

Bessel, Friedrich Wilhelm (1784–1846)

Borel, Emile (1871–1956)

Born, Max (1882–1970)

Browder, Felix, E. (*1927)

Carathéodory, Constantin (1873–1950)

Cauchy, Augustin–Louis (1789–1857)

Christoffel, Elwin Bruno (1829–1900)

Clairaut, Alexis Claude (1717–1765)

Courant, Richard (1888–1972)

Darboux, Jean Gaston (1842–1917)

Dirac, Paul Adrien Maurice (1902–1984)

Dirichlet, Gustav Peter Lejeune (1805–1859)

du Bois–Reymond, Paul (1831–1889)

Duhamel, Jean Marie Constant (1797–1872)

Einstein, Albert (1879–1955)

Euler, Leonard (1707–1783)

Faraday, Michael (1791–1867)

Fischer, Ernst (1875–1959)

Fermat, Pierre de (1607–1665)

Fourier, Jean Baptiste Joseph (1768–1830)

Fredholm, Erik Ivar (1866–1927)

Friedrichs, Kurt Otto (1901–1982)

Frobenius, Kurt Otto Georg (1849–1917)

Fubini, Guido (1879–1943)

Gauss, Carl Friedrich (1777–1855)

Green, George (1793–1841)

Gronwall, Thomas Hakon (1877–1932)

Hadamard, Jacques (1865–1963)

Hamilton, Sir William Rowan (1805–1865)

Hankel, Hermann (1839–1873)

Heaviside, Oliver (1850–1925)

Heisenberg, Werner (1901–1976)

Hellinger, Ernst (1883–1950)

Hermite, Charles (1822–1901)

Hilbert, David (1862–1943)

Hölder, Otto (1859–1937)

Hopf, Eberhard (1902–1983)

Hugoniot, Pierre Henri (1851–1887)

Huygens, Christiaan (1629–1695)

Jacobi, Carl Gustav (1804–1851)

Jordan, Pascual (1902–1980)

Kato, Tosio (1917–1999)

Kelvin (Thomson), Lord William (1824–1907)

Kolmogorow, Andrej Nikolajewitsch (1903–1987)

KORN, Arthur (1870–1945)

LADYZHENSKAJA, Olga Alexandrowa (1922–2004)

LAGRANGE, Joseph Louis (1736–1813)

LAGUERRE, Edmond (1834–1886)

LAPLACE, Pierre Simon (1749–1827)

LEBESGUE, Henri (1875–1941)

LEGENDRE, Adrien Marie (1752–1833)

LEVI, Beppo (1875–1961)

LICHTENSTEIN, Leon (1878–1933)

LINDELÖF, Ernst Leonard (1870–1946)

LIOUVILLE, Joseph (1809–1882)

LIPSCHITZ, Rudolph Otto Sigismund (1832–1903)

LJAPUNOW, Alexander Michailowitsch (1856–1918)

MAXWELL, James Clerk (1831–1879)

MILGRAM, Arthur Norton (1912–1961)

MINKOWSKI, Hermann (1864–1909)

MOIVRE, Abraham de (1667–1754)

MONGE, Gaspard (1746–1818)

MORREY, Charles Bradfield (1907–1984)

NAVIER, Claude Louis Marie Henri (1785–1836)

NEUMANN, Carl Gottfried (1832–1925)

NEUMANN, Johann von (1903–1957)

NEWTON, Isaac (1643–1727)

NIRENBERG, Louis (*1925)

PAULI, Wolfgang (1900–1958)

PARSEVAL, Marc Antoine (1755–1836)

PERRON, Oskar (1880–1975)

PICARD, Emile (1856–1941)

PLANCHÉREL, Michel (1885–1967)

PLANCK, Max (1858–1947)

POINCARÉ, Henri (1854–1912)

POISSON, Siméon–Denis (1781–1840)

RAYLEIGH, Lord John William Strutt (1842–1919)

RELLICH, Franz (1906–1955)

RIESZ, Friedrich (1880–1956)

RODRIGUES, Olinde (1794–1851)

SCHMIDT, Erhard (1876–1959)

SCHRÖDINGER, Erwin (1887–1961)

SCHWARTZ, Laurent (1915–2002)

SCHWARZ, Hermann Amandus (1843–1921)

SOBOLEW, Sergei Lwowitsch (1908–1989)

SOMMERFELD, Arnold (1868–1951)

STOKES, Sir Georg Gabriel (1819–1903)

STONE, Marshall Harvey (1903–1989)

STURM, Charles (1803–1855)

TOEPLITZ, Otto (1881–1940)

TONELLI, Leonida (1885–1946)

TSCHEBYSCHEW, Pafnuti Lwowitsch (1821–1894)

WEIERSTRASS, Karl (1815–1897)

WEYL, Hermann (1885–1955)

ZAREMBA, Stanislaw (1863–1942)

Literaturverzeichnis

Methoden der Mathematischen Physik

[1] ARFKEN, G.B., WEBER, H.J.: *Mathematical Methods for Physicists*. Academic Press 2001.

[2] COURANT, R., HILBERT, D.: *Methoden der Mathematischen Physik I, II*. Springer 1924/37, 1968 und Nachdrucke.

[3] COURANT, R., HILBERT, D.: *Methods of Mathematical Physics I, II*. Interscience Publ. 1953/62

[4] DAUTRAY, R., LIONS, J.L.: *Mathematical Analysis and Numerical Methods for Science and Technology 1–6*. Springer 2000.

[5] FRANK, P., VON MISES, R.: *Die Differential– und Integralgleichungen der Mechanik und Physik I, II*. Nachdruck Dover und Vieweg 1967.

[6] SMIRNOW, W.I.: *Lehrgang der Höheren Mathematik II–V*. VEB Deutscher Verlag der Wissenschaften 1963–71.

Gewöhnliche Differentialgleichungen, Dynamische Systeme

Einführende Werke

[7] ARROWSMITH, D.K., PLACE, C.M.: *Dynamical systems. Differential equations, maps and chaotic behaviour*. Chapman and Hall 1992.

[8] BIRKHOFF, G., ROTA, G.C.: *Ordinary Differential Equations*. Wiley 1969.

[9] HEUSER, H.: *Gewöhnliche Differentialgleichungen*. Teubner 2006.

[10] HIRSCH, M.W., SMALE, S., DEVANEY, R.: *Differential Equations, Dynamical Systems, and an Introduction to Chaos*. Elsevier 2003.

[11] MILLER, R.K., MICHEL, A.N.: *Ordinary Differential Equations*. Acad. Press 1982.

[12] WALTER, W.: *Gewöhnliche Differentialgleichungen*. Springer 1993.

Weiterführende Werke

[13] AMANN, H.: *Gewöhnliche Differentialgleichungen*. de Gruyter 1983.

[14] ARNOLD, V.I.: *Gewöhnliche Differentialgleichungen*. Springer 1979.

[15] ARROWSMITH, D.K., PLACE, C.M.: *An Introduction to Dynamical Systems*. Cambridge Univ. Press 1990.

[16] CHICONE, C.: *Ordinary Differential Equations with Applications*. Springer 2006.

[17] CODDINGTON, E.A., LEVINSON, N.: *Theory of Ordinary Differential Equations*. Mc Graw–Hill 1955.

[18] HAHN, W.: *Stabilty of Motion*. Springer 1967.

[19] HALE, J.: *Ordinary Differential Equations*. Wiley–Interscience 1969/R. Krieger Publ. Co. 1980.

[20] HARTMAN, P.: *Ordinary Differential Equations*. Wiley 1964.

[21] INCE, E.L.: *Ordinary Differential Equations*. Longmans, Green and Co. 1927.

[22] KAMKE, E.: *Differentialgleichungen. Lösungsmethoden und Lösungen 1, 2*. Teubner 1983.

[23] KNOBLOCH, H.W., KAPPEL, F.: *Gewöhnliche Differentialgleichungen*. Teubner 1974.

[24] PALIS, J., DE MELO, W.: *Geometric Theory of Dynamical Systems*. Springer 1982.

[25] PERKO, L.: *Differential Equations and Dynamical Systems*. Springer 1991.

Verzweigung, Attraktoren

[26] BERRY, M.V.: Regular and Irregular Motion, in *Topics in Nonlinear Dynamics*. (Jorna, Ed.). Americ. Inst. Phys. 1978, p. 16–121.

[27] CHOW, S.N., HALE, J.: *Methods of Bifurcation Theory*. Springer 1982.

[28] GUCKENHEIMER, J., HOLMES, P.: *Nonlinear Oscillations, Dynamical Systems, and Bifurcations of Vectorfields*. Springer 2002.

[29] HALE, J., KOCIAK, H.: *Dynamics and Bifurcation*. Springer 1991.

[30] KIELHÖFER, H.: *Methods of Bifurcation Theory. An Introduction with Applications to PDEs*. Springer 2004.

[31] MOSER, J.: *Stable and Random Motion in Dynamical Systems*. Princeton Univ. Press 1973.

siehe auch [70]

Fourieranalysis, Distributionen, Integraltransformationen

[32] BOCHNER, S.: *Vorlesungen über Fouriersche Integrale*. Akad. Verlagsgesellschaft 1932 / repr. Chelsea 1949.

[33] DAUBECHIES, I.: *Ten Lectures on Wavelets*. Soc. Indust. Appl. Math. 1992.

[34] DYM, H., MC KEAN, H.P.: *Fourier Series and Integrals*. Acad. Press 1972.

[35] FOLLAND, G.B.: *Fourier Analysis and its Applications*. Wadsworth and Brooks/Cole 1992.

[36] FRIEDLANDER, F.G.: *Introduction to the Theory of Distributions*. Cambridge Univ. Press 1982.

[37] GASQUET, C., WITOMSKI, P.: *Fourier Analysis with Applications*. Springer 1999.

[38] GELFAND, I.M., SCHILOW, G.E.: *Verallgemeinerte Funktionen (Distributionen) I–IV*. Deutscher Verlag der Wissenschaften 1960–64.

[39] GÓNZALEZ–VELASCO, E.A.: *Fourier Analysis and Boundary Value Problems*. Acad. Press 1995.

[40] HARDY, G.H., ROGOSINSKI, W.W.: *Fourier Series*. MacMillan Comp. 1944.

[41] SCHEMPP, W., DRESELER, B.: *Einführung in die harmonische Analyse*. Teubner 1980.

[42] SCHWARTZ, L.: *Mathematics for the Physical Sciences*. Hermann/Addison–Wesley 1966.

[43] STEIN, E.M., WEISS, G.: *Introduction to Fourier Analysis on Euclidean Spaces.* Princeton Univ. Press 1971.

[44] TEMPLE, G.: Theories and Applications of Generalized Functions. *J. London Math. Soc. 28 (1953) 134–148.*

[45] WIDDER, D.V.: *The Laplace–Transform.* Acad. Press 1975.

[46] ZYGMUND, A.: *Trigonometric Series.* Cambridge Univ. Press 1968.

siehe auch [2, 1], [4, 2], [56], [92, I]

Partielle Differentialgleichungen

Einführende Werke

[47] GARABEDIAN, P.R.: *Partial Differential Equations.*Wiley 1964.

[48] HELLWIG, G.: *Partielle Differentialgleichungen.* Teubner 1960.

[49] JOHN, F.: *Partial Differential Equations.* Springer 1993.

[50] LEIS, R.: *Vorlesungen über partielle Differentialgleichungen 2. Ordnung.* Bibl. Inst. 1967.

[51] MICHLIN, S.G.: *Partielle Differentialgleichungen in der Mathematischen Physik.* Verlag Harri Deutsch 1978.

[52] PROTTER, M.H., WEINBERGER, H.F.: *Maximum Principles in Differential Equations.* Prentice–Hall 1967 / repr. Springer 1984.

[53] STRAUSS, W.A.: *Partielle Differentialgleichungen. Eine Einführung.* Vieweg 1995.

[54] TYCHONOFF, A.N., SAMARSKI, A.A.: *Differentialgleichungen der Mathematischen Physik.* Deutscher Verlag der Wissenschaften 1959.

[55] WEINBERGER, H.F.: *A First Course in Partial Differential Equations.* Blaisdell Publ. Comp. 1965 / repr. Dover.

[56] WLADIMIROW, W.S.: *Gleichungen der Mathematischen Physik.* Deutscher Verlag der Wissenschaften 1972.

[57] ZAUDERER, E.: *Partial Differential Equations of Applied Mathematics.* Wiley 1983.

siehe auch [3, 2], [22, 2].

Weiterführende Werke

[58] BERS, L., JOHN, F., SCHECHTER, M.: *Partial Differential Equations.* Interscience Publ. 1964 / repr. Amer. Math. Soc.

[59] DIBENEDETTO, E.: *Partial Differential Equations.* Birkhäuser 2008.

[60] EVANS, L.C.: *Partial Differential Equations.* Amer. Math. Soc. 1998.

[61] FOLLAND, G.B.: *Introduction to Partial Differential Equations.* Princeton Univ. Press 1976.

[62] FRIEDMAN, A.: *Partial Differential Equations.* Holt, Rinehart and Winston 1969.

[63] HÖRMANDER, L.: *The Analysis of Partial Differential Operators I–IV.* Springer 2003–07.

[64] Jost, J.: *Partial Differential Equations.* Springer 2007.

[65] Ladyzhenskaya, O.A.: *Boundary Value Problems of Mathematical Physics.* Springer 1985.

[66] Lions, J.L., Magenes, E.: *Non–homogenous Boundary Value Problem and Applications I.* Springer 1972/73.

[67] Rauch, J.: *Partial Differential Equations.* Springer 1991.

[68] Sobolew, S. L.: *Einige Anwendungen der Funktional Analysis auf Gleichungen der Mathematischen Physik.* Akademie–Verlag 1964.

[69] Taylor, M. E.: *Partial Differential Equations I–III.* Springer 1996.

[70] Temam, R.: *Infinite–Dimensional Dynamical Systems in Mechanics and Physics.* Springer 1997.

[71] Treves, F.: *Basic Linear Partial Differential Equations* . Academic Press 1975.

[72] Wloka, J.: *Partielle Differentialgleichungen.* Teubner 1982.

[73] Zeidler, E.: *Nonlinear Functional Analysis with Applications I–IV.* Springer 1985–90.

siehe auch [3, 2], [4, 1], [4, 5], [4, 6], [6, IV]

Elliptische und parabolische Differentialgleichungen

[74] Chavel, I.: *Eigenvalues in Riemannian Geometry.* Academic Press 1984.

[75] Dacorogna, B.: *Direct Methods in the Calculus of Variations.* Springer 1989.

[76] Egorov, Y., Kondratiev, V.: *On Spectral Theory of Elliptic Operators.* Birkhäuser 1996.

[77] Eidelman, S.D., Zhitarashu, N.V.: *Parabolic boundary problems.* Birkhäuser 1998.

[78] Friedman, A.: *Partial Differential Equations of Parabolic Type.* Prentice–Hall 1964.

[79] Gilbarg, D., Trudinger, N.S.: *Elliptic Differential Equations of Second Order.* Springer 2001.

[80] Grisvard, P.: *Elliptic Problems in Nonsmooth Domains.* Pitman 1985.

[81] Krylow, N.V.: *Lectures on Elliptic and Parabolic Equations in Hölder Spaces.* Amer. Math. Soc. 1996.

[82] Ladyzhenskaya, O.A., Uraltseva, N.N.: *Linear and Quasilinear Elliptic Equations.* Acad. Press 1968.

[83] Ladyzhenskaya, O.A., Solonnikov, V.A., Uraltseva, N.N.: *Linear and Quasilinear Equations of Parabolic Type.* Acad. Press 1968 / repr. Amer. Math. Soc..

[84] Lichtenstein, L.: *Neuere Entwicklung der Potentialtheorie. Konforme Abbildung.* Encykl. der Math. Wiss. Bd. II.3.1, 177–377. Teubner 1919.

[85] Lieberman, G.M.: *Second Order Parabolic Equations.* World Scient. Publ. 1996.

[86] Nazarov, S.A., Plamenevsky, B.A.: *Elliptic Problems in Domains with Piecewise Smooth Boundaries.* de Gruyter 1994.

[87] Necas, J.: *Les Méthodes Directes en Théorie des Équations Elliptiques.* Masson/Academia 1967.

siehe auch [3, 2] [4, 1], [4, 4]

Hyperbolische Gleichungen, Wellenausbreitung

[88] Cakoni, F., Colton, D.: *Qualitative Methods in Inverse Scattering Theory.* Springer 2006.

[89] Colton, D., Kress, R.: *Integral Equation Methods in Scattering Theory.* Wiley 1983.

[90] Dafermos, C.M.: *Hyperbolic Conservation Laws in Continuum Physics.* Springer 2005.

[91] Hadamard, J.: *Leçons sur la propagation des ondes et les équations de l'hydrodynamique.* Hermann 1903.

[92] Hörmander, L.: *Nonlinear Hyperbolic Differential Equations.* Springer 1997.

[93] Jackson, J.D.: *Classical Electrodynamics.* Wiley 1975.

[94] Jeffrey, A., Taniuti, T.: *Nonlinear Wave Propagation.* Acad. Press 1966.

[95] John, F.: *Nonlinear Wave Equations, Formation of Singularities.* Amer. Math. Soc. 1990.

[96] Kichenassamy, S.: *Nonlinear Wave Equations.* Marcel Dekker 1996.

[97] Kato, T.: The Cauchy Problem for Quasi–Linear Symmetric Hyperbolic Systems. *Archive Rat. Mech. Anal. 58 (1975) 181–205.*

[98] Lax, P.: *Hyperbolic Systems of Conservation Laws and the Mathematical Theory of Shock Waves.* SIAM 1973.

[99] Leis, R.: *Initial Boundary Value Problems in Mathematical Physics.* Teubner / Wiley 1986.

[100] Racke, R.: *Lectures on Nonlinear Evolution Equations.* Vieweg 1992.

[101] Sogge, C. D..: *Lectures on Nonlinear Wave Equations.* Internat. Press 1995.

[102] Taniuti, T., Nishihara, K.: *Nonlinear Waves.* Pitman 1983.

[103] Toda, M.: *Nonlinear Waves and Solitons.* Kluwer Acad. Publ. 1989.

[104] Whitham, C.B.: *Linear and Nonlinear Waves.* Wiley 1974.

[105] Wilcox, C.H.: *Scattering Theory for the d'Alembert Equations in Exterior Domains.* Springer 1975.

siehe auch [3, 2]

Spezielle Funktionen der Mathematischen Physik, Entwicklung nach Eigenfunktionen

Spezielle Funktionen der mathematischen Physik

[106] Hobson, E.W.: *The Theory of Spherical and Ellipsoidal Harmonics.* Chelsea Publ. Comp. 1931.

[107] Lebedev, N.N.: *Special Functions and their Applications.* Prentice–Hall 1965.

[108] Lense, J.: *Reihenentwicklungen in der Mathematischen Physik.* de Gruyter 1953.

[109] Sansone, G.: *Orthogonal Functions.* Interscience Publ. 1959.

[110] Szegö, G.: *Orthogonal Polynomials.* Amer. Math. Soc. 1939.

[111] Watson, G.N.: *A Treatise on the Theory of Bessel Functions.* Cambridge Univ. Press 1944.

siehe auch [1], [2, 1], [6, III], [4, 2], [4, 3]

Entwicklung nach Eigenfunktionen

[112] JÖRGENS, K., RELLICH, F.: *Eigenwerttheorie gewöhnlicher Differentialgleichungen.* Springer 1976.

[113] LEVITAN, B.M., SARGSJAN, I.S.: *Introduction to Spectral Theory.* Amer. Math. Soc. 1975.

[114] TITCHMARSH, E.C.: *Eigenfunction Expansions I, II.* Clarendon Press 1962/58.

[115] YOSIDA, K.: *Lectures on Differential and Integral Equations.* Interscience Publ. 1960.

siehe auch [2], [9], [17]

Wahrscheinlichkeit, Maß, Integral

[116] BAUER, H.: *Wahrscheinlichkeitstheorie.* de Gruyter 1990.

[117] BEHNKEN, K., NEUHAUS, G.: *Grundkurs Stochastik.* Teubner 1984.

[118] ELSTRODT, J.: *Maß– und Integrationstheorie.* Springer 2007.

[119] FLORET, K.: *Maß– und Integrationstheorie.* Teubner 1981.

[120] FREUDENTHAL, H.: *Wahrscheinlichkeit und Statistik.* Oldenbourg 1963.

[121] HALMOS, P.R.: *Measure Theory.* Van Nostrand 1950.

[122] KRENGEL, U.: *Einführung in die Wahrscheinlichkeitstheorie und Statistik.* Vieweg 2003.

[123] LANG, S.: *Analysis II.* Addison–Wesley 1973.

[124] RENYI, A.: *Wahrscheinlichkeitsrechnung mit einem Anhang über Informationstheorie.* Deutscher Verlag der Wissenschaften 1962.

siehe auch [123], [142].

Funktionalanalysis, Operatoren im Hilbertraum

Lineare Operatoren im Hilbertraum

[125] ACHIESER, N.L., GLASMANN, I.M.: *Theorie der linearen Operatoren im Hilbertraum.* Akademie–Verlag 1968.

[126] EDMUNDS, D.E., EVANS, W.D.: *Spectral Theory and Differential Operators.* Clarendon Press 1987.

[127] FARIS, W.G.: *Self–adjoint Operators.* Springer 1975.

[128] HIRZEBRUCH, F., SCHARLAU, W.: *Einführung in die Funktionalanalysis.* Bibl. Inst. 1971.

[129] HEUSER, H.: *Funktionalanalysis.* Teubner 2006.

[130] KATO, T.: *Perturbation Theory of Linear Operators.* Springer 1966.

[131] NEUMARK, M.A.: *Lineare Differentialoperatoren.* Akademie–Verlag 1967.

[132] REED, M., SIMON, B.: *Methods of Modern Physics I–IV.* Acad. Press 1972–75.

[133] RIESZ, F., NAGY, B.SZ.: *Vorlesungen über Funktionalanalysis.* Verlag Harri Deutsch 1982.

siehe auch [4, 2], [4, 3]

Sobolew–Räume

[134] Adams, R.A.: *Sobolev Spaces*. Acad. Press 1975.

[135] Brezis, H.: *Analyse fonctionelle. Théorie et applications*. Masson 1983.

[136] Kufner, A. et al.: *Function Spaces*. Noordhoff Int. Pub. & Academia 1977.

[137] Ziemer, W.P.: *Weakly Differentiable Functions*. Springer 1989.

siehe auch [4, 2]

Mathematische Grundlagen der Quantenmechanik

[138] Jauch, J.M.: *Mathematical Foundations of Quantum Mechanics*. Addison–Wesley 1988.

[139] Mackey, G.W.: *The Mathematical Foundations of Quantum Mechanics*. Benjamin 1963.

[140] von Neumann, J.: *Mathematische Grundlagen der Quantenmechanik*. Springer 1932/1996.

[141] Primas, H.: *Chemistry, Quantum Mechanics and Reductionism*. Springer 1981.

[142] Prugovečki, E.: *Quantum Mechanics in Hilbert Space*. Acad. Press 1971.

siehe auch [4, 3]

Lineare Algebra, Analysis, Topologie

[143] Barner, M., Flohr, F.: *Analysis I, II*. de Gruyter 2000.

[144] Bröcker, T., Jänich, K.: *Einführung in die Differentialtopologie*. Springer 1990.

[145] Cigler, J., Reichel, H.–C.: *Topologie*. Bibl. Inst. 1978.

[146] Fischer, G.: *Lineare Algebra*. Vieweg 2005.

[147] Fleming, W.: *Functions of Several Variables*. Springer 1977.

[148] Forster, O.: *Analysis 3*. Vieweg 1984.

[149] Jänich, K.: *Vektoranalysis*. Springer 1972.

[150] Königsberger, K.: *Analysis 2*. Springer 2004.

[151] Schubert, H.: *Topologie*. Teubner 1964.

Geometrische Optik und Hamiltonsche Mechanik

[152] Arnold, V.I.: *Mathematical Methods of Classical Mechanics*. Springer 1997.

[153] Giaquinta, M., Hildebrandt, S.: *Calculus of Variations I, II*. Springer 2004.

[154] Rund, H.: *The Hamilton–Jacobi–Theory in the Calculus of Variations*. Van Nostrand 1966.

siehe auch [3, 2]

Theoretische Physik

Gesamtdarstellungen

[155] FEYNMAN, R.P., LEIGHTON, R.B., SANDS, M.: *The Feynman Lectures on Physics I–III*. Addison–Wesley Publ. Comp. 1964.

[156] LANDAU, L.D., LIFSCHITZ, E.M.: *Lehrbuch der Theoretischen Physik 1–10*. Verlag Harri Deutsch 1986–2004.

[157] SOMMERFELD, A.: *Vorlesungen über Theoretische Physik I–VI*. Akad. Verlagsgesellschaft 1962–68.

Quantenmechanik

[158] COHEN–TANNOUDJI, C., DIU, B., LALOË, F.: *Quantenmechanik 1,2*. de Gruyter 2007/1999.

[159] BOHM, A.: *Quantum Mechanics: Foundations and Applications*. Springer 1986.

[160] DIRAC, P.A.M.: *The Principles of Quantum Mechanics*. Clarendon Press 1974.

[161] d'ESPAGNAT, B.: *Conceptual Foundations of Quantum Mechanics*. Benjamin 1971.

[162] FICK, E.: *Einführung in die Grundlagen der Quantentheorie*. Akad. Verlagsgesellschaft 1968.

[163] MESSIAH, A.: *Quantenmechanik 1,2*. de Gruyter 1991/1990.

[164] PRIMAS, H., MÜLLER–HEROLD, U.: *Elementare Quantenchemie*. Teubner 1990.

siehe auch [141], [155, III]

Numerik

Numerische Mathematik

[165] BULIRSCH, R., STOER, J.: *Numerische Mathematik*. Springer 2007.

[166] DEUFLHARD, P., HOHMANN, A.: *Numerische Mathematik I*. de Gruyter 2002.

[167] DEUFLHARD, P., BORNEMANN, F.: *Numerische Mathematik II*. de Gruyter 2002.

[168] HANKE–BOURGEOIS, M.: *Grundlagen der numerischen Mathematik und des wissenschaftlichen Rechnens*. Teubner 2006.

[169] PLATO, R.: *Numerische Mathematik kompakt*. Vieweg 2006.

[170] QUARTERONI, A., SACCO, R., SALIERI, F.: *Numerische Mathematik 1,2*. Springer 2002.

[171] STRANG, G.: *Introduction to applied Mathematics*. Wellesley–Cambridge Press 1986.

[172] WERNER, J.: *Numerische Mathematik 1,2*. Vieweg 1992.

Matrizennumerik

[173] CIARLET, P.G.: *Introduction to Numerical Linear Algebra and Optimization*. Cambridge Univ. Press 1989.

[174] GOLUB, G.H., VAN LOAN, C.F.: *Matrix Computations*. John Hopkins Univ. Press 1996.

[175] HACKBUSCH, W.: *Iterative Lösung großer schwach besetzter Gleichungssysteme.* Teubner 1993.

[176] SAAD, Y.: *Numerical Methods for Large Eigenvalue Problems.* Manchester Univ. Press 1992.

[177] SAAD, Y.: *Iterative Methods for Sparse Linear Systems.* PWS Publ. Comp. 2003.

[178] VARGA, R.S.: *Matrix Iterative Analysis.* Springer 2000.

[179] YOUNG, D.M.: *Iterative Solution of Large Linear Systems.* Acad. Press 1971.

Numerik von Differentialgleichungen

[180] BONDESON, A., RYLANDER, T., INGELSTRÖM, P..: *Computational electromagnetics.* Springer 2005.

[181] BOSSAVIT, A.: *Computational electromagnetism. Variational formulations, complementary, edge elements.* Acad. Press 1998.

[182] BRAESS, D.: *Finite Elements: Theory, Fast Solvers, and Applications in Solid Mechanics.* Cambridge Univ. Press 2001.

[183] GROSSMANN, C., ROOS, H.E.: *Numerische Behandlung partieller Differentialgleichungen.* Teubner 2005.

[184] HACKBUSCH, W.: *Theorie und Numerik elliptischer Differentialgleichungen.* Teubner 1986.

[185] HACKBUSCH, W.: *Integralgleichungen.* Teubner 1989.

[186] HAIRER, E., NØRSETT, S.P., WANNER, G.: *Solving Ordinary Differential Equations I.* Springer 1987.

[187] HAIRER, E., WANNER, G.: *Solving Ordinary Differential Equations II.* Springer 2004.

[188] HAIRER, E., LUBICH, C., WANNER, G.: *Geometric numerical integration. Structure–preserving algorithms for ordinary differential equations.* Springer 2006.

[189] KNABNER, P., ANGERMANN, L.: *Numerical methods for Elliptic and Parabolic Partial Differential Equations.* Springer 2003.

[190] MITCHELL, A.R., GRIFFITHS, D.F.: *The Finite Difference Method in Partial Differential Equations.* Wiley 1980.

[191] MITCHELL, A.R., WAIT, R.: *The Finite Element Method in Partial Differential Equations.* Wiley 1977.

[192] MORTON, K.W., MAYERS, D.F.: *Numerical Solution of Partial Differential Equations.* Cambridge Univ. Press 2005.

siehe auch [4, 4] [4, 6]

Geschichte

[193] BEMELMANS, J., HILDEBRANDT, S., VON WAHL, W.: *Partielle Differentialgleichungen und Variationsrechnung. Ein Jahrhundert Mathematik 1890–1990, Festschrift zum Jubiläum der DMV.* (Fischer, Hirzebruch, Scharlau, Törnig, Hrsg.), pp.149–230. Vieweg 1990.

[194] BURKHARDT, H.: *Entwicklungen nach oscillierenden Functionen und Integration der Differentialgleichungen der mathematischen Physik*. Jahresber. DMV 10 (1908), pp.1–1804.

[195] BURKHARDT, H., MEYER, W.F.: *Potentialtheorie*. Encykl. der Math. Wiss. Bd. II.1, pp.464–503. Teubner 1900.

[196] HELLINGER, E.: *Hilberts Arbeiten über Integralgleichungen und unendliche Gleichungssysteme*. David Hilbert, Gesammelte Abhandlungen III, pp.94–145. Springer 1970.

[197] HUND, F.: *Geschichte der Quantentheorie*. Bibl. Inst. 1975.

[198] KLINE, M.: *Mathematical Thought from Ancient to Modern Times*. Oxford Univ. Press 1972.

[199] LEIS, R.: *Zur Entwicklung der angewandten Analysis und mathematischen Physik in den letzten 100 Jahren. Ein Jahrhundert Mathematik 1890–1990, Festschrift zum Jubiläum der DMV.* (Fischer, Hirzebruch, Scharlau, Törnig, Hrsg.), pp.491–535. Vieweg 1990.

[200] LÜTZEN, J.: *The Solution of Partial Differential Equations by Separation of Variables*. A Historical Survey. Studies in the History of Mathematics (Phillips, Ed.). The Math. Association of America 1987.

[201] TER HAAR, D.: *The Old Quantum Theory*. Pergamon Press 1967.

[202] SZABÓ, I.: *Geschichte der mechanischen Prinzipien*. Birkhäuser 1979.

[203] VAN DER WAERDEN, B.L.: *Sources of Quantum Mechanics*. Dover 1967.

siehe auch [9]

Handbücher, Tabellenwerke

[204] ABRAMOVITZ, M., STEGUN, I.A. (EDS.): *Handbook of Mathematical Functions*. Dover 1970.

[205] BRONSTEIN, I.N., SEMENDJAJEW, K.A.: *Taschenbuch der Mathematik*. Teubner 1996.

[206] DOETSCH, G.: *Handbuch der Laplace–Transformation 1–3*. Birkhäuser 1971–73.

[207] ERDELYI, A., MAGNUS, W., OBERHETTINGER, F., TRICOMI, F.G.: *Higher Transcendental Functions 1–3*. Mc Graw–Hill Book Comp. 1953, Krieger Publ. Co. 1981.

[208] GRADSHSTEYN, I.S., RYZHIK, I.M.: *Table of Integrals, Series, and Products*. Acad. Press 1994.

[209] GROSCHE, G. et al. (Hrsg.): Teubner–Taschenbuch der Mathematik II. Teubner 2003.

[210] JAHNKE, E., EMDE, F., LÖSCH, F.: *Tafeln höherer Funktionen*. Teubner 1966.

[211] MAGNUS, W., OBERHETTINER, F., SONI, R.P.: *Formulas and Theorems for the Special Functions of Mathematical Physics*. Springer 1966.

[212] ZEIDLER, E. (Hrsg.): Teubner–Taschenbuch der Mathematik. Teubner 2003.

Symbole und Abkürzungen

Index